EINFÜHRUNG IN DIE OPTIK

OPTIK

VON

ROBERT WICHARD POHL

O. O. PROFESSOR DER PHYSIK AN DER UNIVERSITÄT GOTTINGEN

SIEBENTE UND ACHTE AUFLAGE

MIT 565 ABBILDUNGEN IM TEXT
UND AUF EINER TAFEL
DARUNTER 18 ENTLEHNTEN

BERLIN · GÖTTINGEN · HEIDELBERG
SPRINGER-VERLAG
1948

ISBN 978-3-642-49524-3   ISBN 978-3-642-49815-2 (eBook)
DOI 10 1007/978-3-642-49815-2

Aus den Vorworten der drei ersten Auflagen.

In den ersten sechs Kapiteln steht die Begrenzung der Lichtbündel im Vordergrund. Ihre entscheidende Bedeutung drängt sich ja einem jeden auf, der die Tatsachen aus eigener Erfahrung kennt und nicht nur fremden Quellen entnimmt. Dabei ist oft auf die Bedürfnisse der Lehrer Rucksicht genommen, z. B. bei dem Vergleich der verschiedenen Interferenzversuche. Dort wird wohl einiges zum ersten Male veröffentlicht.

Besonderer Wert wurde auf eine einheitliche Behandlung des Röntgenlichtes und des „gewöhnlichen" Lichtes gelegt, z. B. Abb. 361 oder § 110. Eine Vorliebe für die optischen Erscheinungen in festen Körpern wird nicht verborgen bleiben, aber wohl durch mein eigenes Arbeitsgebiet gerechtfertigt.

Der Anfanger wird, mehr noch als in den beiden anderen Bänden, zunächst manches zuruckstellen müssen, insbesondere in den Kapiteln IX, X und am Schluß von XI; doch wird er, Kleindruck und Rechnungen überschlagend, auch in den schwierigeren Gebieten dem Gedankengang folgen können. Die Beersche Formel läßt sich nicht ohne Rechnung erhalten, die hohe Lichtreflexion stark absorbierender Körper (Metalle) ohne weiteres an Hand eines Modellversuches verstehen (S. 143). Das gleiche gilt von manchem anderen, z. B. der Dispersionsformel, aber der entscheidende Punkt, die Rolle der phasenverschobenen Sekundärwellen, wird jedem Anfanger einleuchten (§ 104).

In den Bezeichnungen habe ich mich nach Moglichkeit an das Herkömmliche gehalten, jedoch das Wort „weiße Licht" peinlich vermieden und statt dessen „Glühlicht" gebraucht. Maßgebend war mir dabei nicht Goethes Entrüstung über „das ekelhafte Newtonische Weiß"; ich selbst bin als Lernender zu oft durch „weißes Licht" irregeführt worden.

Der Titel „Optik" deckt nicht den ganzen Inhalt des Buches; größere Abschnitte behandeln „Atom-Physik".

Bei der Herstellung der Abbildungen haben mir Herr Dr. H. Pick und Herr Mechaniker W. Nabel sehr geholfen.

Vorwort zur siebenten und achten Auflage.

Dieses 1940 zuerst erschienene Buch ist vier Jahre lang vergriffen gewesen. Es mußte neu gesetzt werden und dadurch erklart sich in der Hauptsache eine Vergrößerung seines Umfanges um 21 Seiten. Größere Änderungen gegenüber der sechsten Auflage finden sich in den §§ 7, 19, 30, 31, 60, 62 62a, 62b, 81, 98, 160, 162, 181.

Für die photometrischen Größen habe ich leider die heute gebräuchlichsten Buchstaben nicht anwenden können und daher Buchstaben nach Möglichkeit vermieden. Bei einer umfassenderen Darstellung der Physik ist man ja stets in der Auswahl der Buchstaben mehr beschrankt als bei der Behandlung eines Teilgebietes. Um Sauberkeit der Definitionen und Dimensionsangaben habe ich mich weiter bemüht, z. B. beim Lichtaquivalent in § 177, bei den visuellen Größenklassen in § 178, bei der Dosierung des Röntgenlichtes (S. 337) und der Winkelmessung (S. 360).

Den Herren Dr. Pick und Dr. Stöckmann habe ich wieder für mancherlei Hilfe zu danken, Herrn cand. phys. R. Hagedorn für Korrekturlesen.

Göttingen, im Mai 1948.

R. W. Pohl.

Inhaltsverzeichnis.

Alle Gleichungen sind als Größengleichungen geschrieben; wo elektrische Größen eingehen, wird neben Länge, Zeit, Masse und Temperatur eine fünfte Grundgröße, eine elektrische, benutzt und außerdem die rationale Schreibweise. — Für jeden Buchstaben sind also ein Zahlenwert und eine Einheit einzusetzen. Die Wahl der Einheiten steht frei. Die unter manchen Gleichungen genannten sind keineswegs notwendig, sondern nur bequem. Gelegentlich in rechteckigen Klammern angefugte Einheiten bilden keinen Bestandteil der Gleichungen. Sie sollen nur die Dimensionen der dargestellten Größen an Hand geläufiger Einheiten erlautern.

I. Die einfachsten optischen Beobachtungen.

§ 1. Einführung. Man stecke des Nachts im dunklen Zimmer seinen Kopf unter die Bettdecke und drücke ein Auge im oberen Nasenwinkel. Dann *sieht* man *helles Licht*, und zwar einen *farbigen, gelben, glänzenden* Ring. Mit den hier kursiv gedruckten Worten beschreibt unsere Sprache Empfindungen. Jede Beschäftigung mit dem *Licht* und seiner Messung (Photometrie) sowie jede Untersuchung der *Farben* und des *Glanzes* gehört nicht in den Arbeitsbereich der Physik. Hier sind Psychologie und Physiologie zuständig. Bei Beachtung dieser grundlegenden Tatsache kann man von vornherein vielerlei unfruchtbare Erörterungen ausschalten.

Die normale Erregung der bekannten Empfindungen, *Licht, Helligkeit, Farbe* und *Glanz*, geschieht durch eine Strahlung. Von strahlenden Körpern oder Lichtquellen ausgehend, gelangt irgend etwas in unser Auge. Es braucht auf seinem Wege zum Auge keinerlei greifbare Übertragungsmittel. Die Strahlung der Sonne und der übrigen Fixsterne erreicht uns durch den leeren Weltenraum hindurch. Man nennt diese *licht*erregende Strahlung oft Lichtstrahlung oder noch kürzer Licht. Man behält das Wort Licht im Sinne von Strahlung selbst für unsichtbare Strahlungen bei. Dieser Doppelsinn, *Licht* als Empfindung und Licht als physikalische Strahlung, entspricht dem gleichen Sprachgebrauch in der Akustik. Auch dort wird die Empfindung *Schall* durch eine Strahlung erregt. Man bezeichnet die schallerregende Strahlung meist kurz als Schall. Auch in diesem Fall wird das Wort Schall unbedenklich selbst auf unhörbare Schallstrahlungen angewandt.

In der Akustik ist uns der physikalische Vorgang der Strahlung wohl bekannt, es handelt sich um elastische Wellen in greifbaren Mitteln. Was wissen wir über das Licht, also die physikalische Strahlung, die unser Auge erregen kann? Das ist die Fragestellung dieses Bandes. Das Ergebnis wird sein: Wir können über die Lichtstrahlung vielerlei sehr bestimmte Aussagen machen. Diese lassen sich aber noch nicht zu einem restlos geschlossenen und allseitig befriedigenden Bilde zusammenfassen.

Die Physik ist und bleibt eine Erfahrungswissenschaft. Wie in den anderen Gebieten, haben auch in der Optik Beobachtung und Experiment den Ausgangspunkt zu liefern. Zweckmäßigerweise beginnt man auch in der Optik mit den einfachsten Erfahrungen des täglichen Lebens. Dabei darf man ohne Bedenken allbekannte technische Hilfsmittel ausnutzen.

§ 2. Lichtbündel und Lichtstrahlen. Jeder Mensch kennt den Unterschied von klarer und trüber Luft, von klarer und trüber Flussigkeit. Trübe Luft enthalt eine Unmenge winziger Schwebeteilchen, meist Qualm, Dunst oder Staub genannt. In gleicher Weise werden Flüssigkeiten durch winzige Schwebeteilchen getrübt. Wir trüben z. B. klares Wasser durch eine Spur chinesischer Tusche, d. h. feinst verteilten Kohlenstaub, oder durch einige Tropfen Milch, d. h. eine Aufschwemmung von Fett- und Käseteilchen von mikroskopischer Kleinheit.

Zimmerluft ist immer trübe, stets wimmelt es in ihr von Staub- oder Schwebeteilchen. Nötigenfalls hilft ein Raucher nach. In Zimmerluft machen wir jetzt folgenden Versuch (Abb. 1): Wir nehmen als Lichtquelle eine Bogenlampe in ihrem ublichen Blechgehause. Die Vorderwand des Gehäuses enthalt als Austrittsöffnung ein kreisrundes Loch B. Von der Seite blickend, sehen wir von diesem Loch aus einen weißlich schimmernden Kegel weit in den Raum hineinragen. Das Licht breitet sich also innerhalb eines geradlinig begrenzten Kegels aus. Man nennt ihn Lichtbundel. — Dies Lichtbundel hat einen großen „Öffnungswinkel" u, er wird durch das Loch B als „Aperturblende" bestimmt. — Eine Ausbreitung in geradlinig begrenzten Bundeln kennen wir fur mechanische Wellen, z. B. Wasser- und Schallwellen (Abb. 2).

Der Versuch in Abb. 1 zeigte uns die sichtbare Spur des Lichtes in einem truben Mittel. Die vom Licht getroffenen oder beleuchteten Staubteilchen „zerstreuen" einen kleinen Bruchteil des Lichtes nach allen Seiten, und etwas von diesem zerstreuten Licht kann unser Auge erreichen. — Eine allseitige Zerstreuung an winzigen Hindernissen ist uns in der Mechanik fur Wellen bekannt.

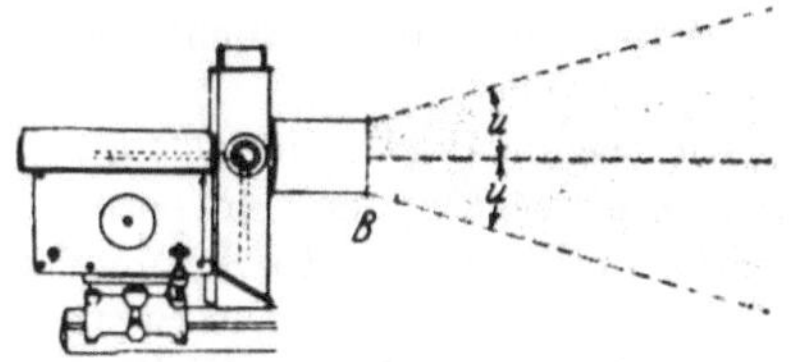

Abb 1. Die sichtbare Spur eines Lichtbundels in staubhaltiger Luft Gestrichelte Strahlen nachtraglich eingezeichnet.

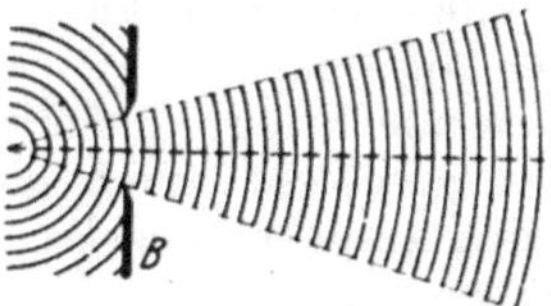

Abb. 2 Ausbreitung mechanischer Wellen in einem geradlinig begrenzten Bundel. Die Skizze zeigt Wasserwellen vor und hinter einer weiten Öffnung. Schematisch nach Abb 372 des Mechanikbandes

Wir erinnern an einen Stock in einer glatten Wasserflache. Von Wellen getroffen, wird der Stock zum Ausgangspunkt eines sich allseitig ausbreitenden „sekundären" Wellenzuges (vgl. Mechanik, Abb. 379).

Je weiter wir in Abb. 1 die Austrittsöffnung des Lichtes von der Lichtquelle (dem Bogenkrater) entfernen, desto schlanker wird das Lichtbündel, desto kleiner sein Öffnungswinkel u. Im Grenzfall werden die Begrenzungen in Seitenansicht praktisch parallel. Dann sprechen wir von einem Parallellichtbündel — Zeichnerisch geben wir ein Lichtbündel auf zwei Arten wieder:

1. Durch zwei das Bundel seitlich begrenzende Strahlen (Kreidestriche) Sie definieren den doppelten Öffnungswinkel $2\,u$

2. Durch einen die Bundelachse darstellenden Strahl (Kreidestrich). Mit ihm definiert man die Richtung des Lichtbündels gegenuber irgendeiner Bezugsrichtung.

Man verfahrt also bei den Lichtbündeln nicht anders als bei den Kegeln oder Bündeln mechanischer Wellen (vgl. Abb. 2). Dort haben die eingezeichneten Strahlen ersichtlicherweise die Bedeutung von Wellennormalen.

Beobachten kann man nur Lichtbundel. Lichtstrahlen existieren nui auf der Wandtafel oder auf dem Papier. Sie sind — ebenso wie später die Lichtwellen — lediglich ein Hilfsmittel der zeichnerischen und rechnerischen Darstellung.

Spater werden wir experimentell in entsprechender Weise zu krummen Lichtbundeln gelangen und sie mit Hilfe krummer Striche oder Strahlen zeichnen.

Bei Vorfuhrungen in großem Kreise braucht man schon recht staubhaltige Luft, sonst sieht man die Spur des Lichtes nicht hell genug. Doch können wir diese Schwierigkeit umgehen. Statt trüber Luft nehmen wir eine trube Flussigkeit in einem Trog oder noch bequemer einen trüben Anstrich auf einer glatten ebenen Unterlage. Zur Herstellung einer solchen Schicht haben wir ein gut ebenes

Brett mit einem der handelsüblichen weißen Farbstoffe öder mit einem Blatt weißen Papieres zu überziehen.

Der Staub in weißen technischen Farbstoffen besteht aus sehr feinem Pulver eines farblosen klaren Körpers. So sieht glasklares Steinsalz, zu Speisesalz gepulvert, weiß aus. Klares Eis gibt in Pulverform weißen Schnee usf. Weißes Papier ist ebenso wie ein weißes Pigment aufgebaut. An die Stelle des staubfeinen Kristallpulvers in Leinölfirnis treten staubfeine verfilzte und durch eine harzige Lackschicht zusammengehaltene Fasern (vgl. § 172).

Wir lassen also das Licht an einem weiß getünchten Brett streifend entlang laufen. Dann sehen wir die Spur des Lichtes in fast blendender Helligkeit. Bei der Vorführung von Parallellichtbündeln nimmt man zweckmäßigerweise noch einen in Abb 3 erläuterten Kunstgriff zu Hilfe.

Mit dieser Anordnung können wir bequem auch „bunte"[1] Lichtbündel vorführen, z. B. ein rotes. Wir haben nur vor das Loch ein Rotfilter zu setzen, z. B. ein Dunkelkammerglas. Wir arbeiten bis auf weiteres nur mit Rotfilterlicht.

Für das im täglichen Leben gebräuchliche Licht,

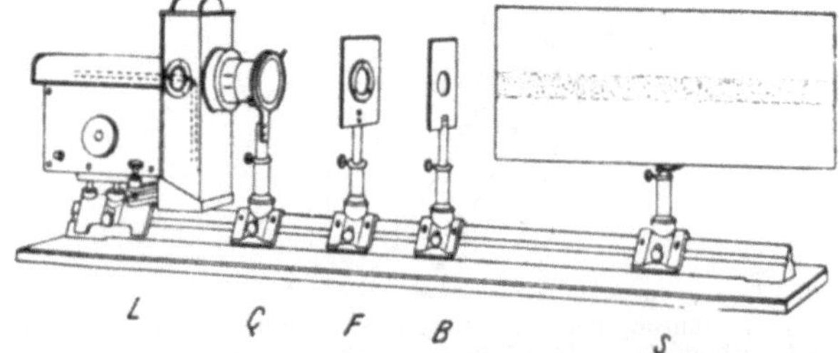

Abb. 3 Sichtbare Spur eines Parallellichtbündels längs eines weiß getünchten Brettes S. B = Lochblende. F = Rotfilter. Zur Vermeidung eines großen Abstandes der Lampe und der damit verbundenen Nachteile ist vor die Lampe eine Hilfslinse C von etwa 7 cm Brennweite gesetzt.

also die Strahlung der Sonne, des Himmels, der elektrischen Glühbirnen, der Kerzen, der Auerbrenner und des Kohlelichtbogens benutzen wir den kurzen Sammelnamen „Glühlicht". Das übliche Wort „weißes" Licht ist gar zu irreführend.

§ 3. Punkt- und linienförmige Lichtquellen. Für viele Versuche benötigt man eine Lichtquelle von besonderer Gestalt und Größe. Insbesondere verlangt eine einfache Darstellung vieler optischer Erscheinungen eine möglichst punktförmige oder mindestens linienförmige Lichtquelle. Die Auswahl ist gering.

Als punktförmige Lichtquellen großer Leuchtdichte sind heute verfügbar die Kohlenkrater kleiner Bogenlampen ($\bigcirc \approx 3$ mm) oder die winzigen Lichtbögen in kleinen Hg-Hochdrucklampen ($\bigcirc \approx 0{,}3$ mm)[2]. Im allgemeinen ist aber die Begrenzung der Lampen nicht scharf genug. Deswegen benutzt man meistens statt einer Lampe als Lichtquelle eine von rückwärts beleuchtete Öffnung von gewünschter Gestalt und Größe, z. B. einen Pfeil, ein kreisförmiges Loch oder einen Spalt mit geraden Backen. Zur rückwärtigen Beleuchtung schaltet man zwischen Öffnung und Lampe eine Hilfslinse kurzer Brennweite, Kondensor genannt. Eines der vielen Beispiele findet sich in Abb. 41. Die technischen Einzelheiten einer sachgemäßen Beleuchtung werden später in Abb. 81 erläutert werden.

§ 4. Die Grundtatsachen der Spiegelung und Brechung. Mit den uns jetzt bekannten Hilfsmitteln erinnern wir zunächst an zwei im Schulunterricht ausgiebig behandelte Gesetze, das Reflexionsgesetz und das Brechungsgesetz für durchsichtige Stoffe.

---

[1] „Buntes Licht" oder „rotes Licht" steht sprachlich auf der gleichen Stufe wie „hoher Ton". Beide Ausdrücke sind nur durch ihre bequeme Kürze zu rechtfertigen.

[2] Selbst dieser Durchmesser ist noch sehr groß gegenüber der Wellenlänge des sichtbaren Lichtes (§ 9). In der Akustik hingegen kann man den Durchmesser strahlender Öffnungen (z. B. von Pfeifen) leicht kleiner machen als die Wellenlänge des Schalles.

In Abb. 4 fällt ein schlankes rotes Lichtbündel I schräg von links oben auf die ebene polierte Oberflache eines Glasklotzes. An der Oberflache wird es in zwei Teilbündel II und III aufgespalten. Das eine, II, wird nach oben rechts gespiegelt. Nach der Spiegelung scheinen die eingezeichneten Strahlen von dem „virtuellen" Schnittpunkt L', dem „Spiegelbild" des Dingpunktes, auszugehen. Das andere, III, tritt in den Glasklotz ein, ändert dabei seine Richtung, es wird

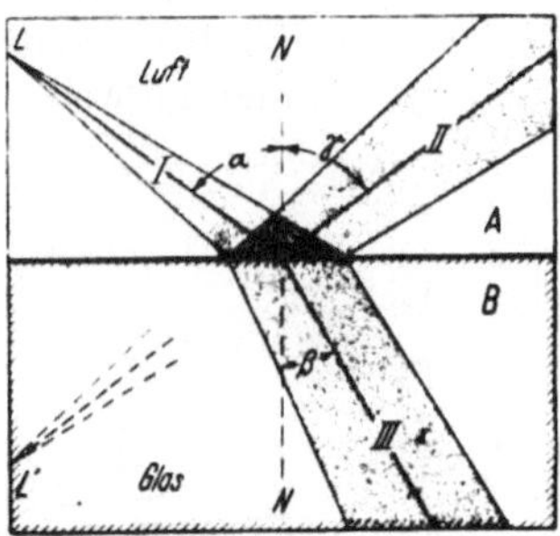

Abb. 4. Vorfuhrung der Spiegelung und Brechung eines Lichtbundels an der ebenen Oberflache eines Glasklotzes (Flint). Dieser steht vor einer mattweißen Flache, außerdem ist seine Ruckseite matt geschliffen Rotfilterlicht.

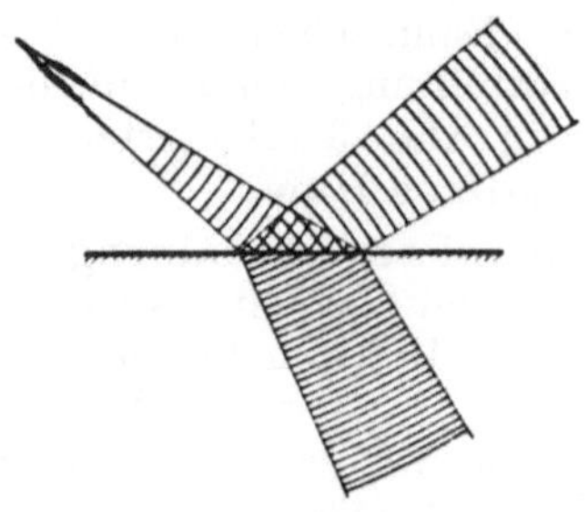

Abb. 5. Brechung und Spiegelung mechanischer Wellen (z. B. Wasserwellen) an der Grenze zweier Stoffe mit verschiedener Wellengeschwindigkeit (oben großer als unten, daher unten kleinere Wellenlange). Schematisch.

gebrochen. Alle eingezeichneten Strahlen liegen in derselben Ebene, der „Einfallsebene" (Zeichenebene). Je drei von ihnen gehören zusammen, sie bilden mit ihrem „Einfallslot" N je drei zusammengehörige Winkel α, β, γ. Diese Winkel sind in Abb. 4 fur die Bundelachsen eingezeichnet, für die Randstrahlen jedoch der Übersichtlichkeit halber fortgelassen. Für je drei zusammengehörige Winkel gilt das Reflexionsgesetz:

$$\alpha = \gamma, \tag{1}$$

und das Snelliussche[1] Brechungsgesetz:

$$\frac{\sin \alpha}{\sin \beta} = \text{const} = \text{Brechzahl } n. \tag{2}$$

Einige Werte für Brechzahlen n findet man in der Tabelle 1.

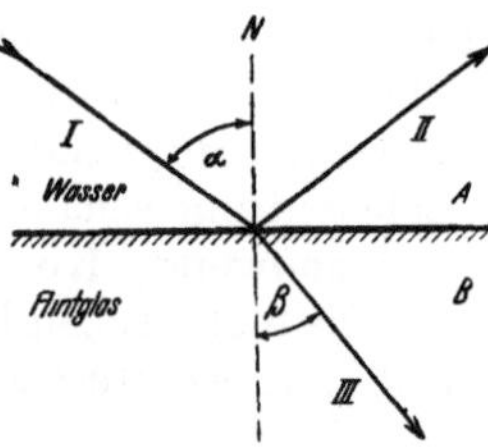

Abb 6. Spiegelung und Brechung an der ebenen Trennflache zweier Stoffe A und B von verschiedenen Brechzahlen n_A und n_B. Rotfilterlicht. Nur die Achsen der Lichtbundel gezeichnet.

Tabelle 1.

Fur den Ubergang von Rotfilterlicht[2] aus Luft in	ist die Brechzahl[3] $n =$
Flußspat	1,43
Quarzglas	1,46
leichtes Kronglas	1,51
Steinsalz	1,54
leichtes Flintglas	1,60
schweres Flintglas . . .	1,74
Diamant	2,40 (!)
Wasser	1,33
Schwefelkohlenstoff . . .	1,62
Methylenjodid	1,74

Beim Vergleich zweier Stoffe nennt man denjenigen mit der höheren Brechzahl den „optisch dichteren".

---

[1] Willebrord Snell van Royen in Leiden, 1581—1626.

[2] $\lambda \approx 0,65\ \mu$.   [3] Bei Zimmertemperatur.

In Abb. 4 benutzten wir eine ebene Trennfläche zwischen Luft und Glas Statt dessen kann man auch eine ebene Trennfläche zwischen zwei beliebigen durchsichtigen Stoffen A und B (mit den Brechzahlen n_A und n_B) verwenden, z. B. in Abb. 6 zwischen Wasser und Flintglas. Das Reflexionsgesetz gilt unverändert, für die Brechung findet man

$$\frac{\sin \alpha}{\sin \beta} = \frac{n_B}{n_A} = \text{const},\tag{3}$$

zum Beispiel für den Übergang Wasser $\rightarrow$ Flintglas const $= \dfrac{1,60}{1,33} = 1,20$ (vgl Tabelle 1).

Ein Vergleich der Gl. (2) und (3) ergibt $n_A = n_{\text{Luft}} = 1.$. Wir haben also nach allgemeinem und zweckmäßigem Gebrauch die Brechzahl eines Stoffes durch den Übergang des Lichtes aus Zimmerluft in den Stoff aefiniert. Für den Übergang Vakuum $\rightarrow$ Stoff findet man alle Brechzahlen um rund 0,3 Tausendstel hoher. Somit hat Zimmerluft bei der Definition durch diesen Übergang die Brechzahl $n_{\text{Vakuum}\rightarrow\text{Luft}} = 1,0003$.

Fur die mechanischen Wellen beobachteten wir die Spiegelung und die Brechung in der in Abb. 5 skizzierten Form. Die eingezeichneten Strahlen bleiben auch nach der Spiegelung Wellennormale (Satz von Malus).

Dabei findet man quantitativ $\quad \dfrac{\lambda_A}{\lambda_B} = \dfrac{n_B}{n_A},\tag{4}$

d. h. die Wellenlange ist dem Kehrwert der Brechzahl proportional. Diese Gleichung wird sich spater auch fur das Licht als brauchbar erweisen.

Die Abb. 7 beschreibt den gleichen Versuch wie Abb. 6, jedoch für den Sonder-

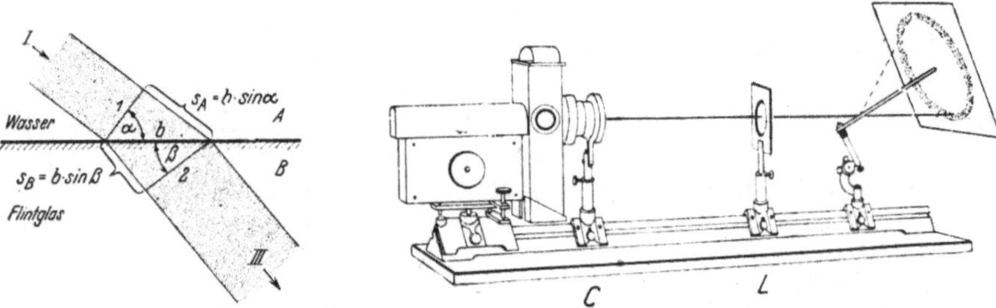

Abb. 7 Zur Definition der optischen Weglange mit einem parallel begrenzten Lichtbundel. Das reflektierte Lichtbundel ist der Ubersichtlichkeit halber nicht mitgezeichnet worden.

Abb. 7a. Der Reflexionskegel bei der Lichtreflexion an der Oberflache eines zylindrischen Glasstabes $C = $ Kondensor, $L = $ Linse ($f = 20$ cm).

fall eines Parallellichtbündels. Außer den beiden Seitenstrahlen sind zwei senkrechte Querschnitte des Bundels als Schnittlinien 1 und 2 eingezeichnet Im Wellenbilde bedeuten sie eine Wellenflache, etwa einen Wellenberg. Aus dieser Skizze entnimmt man

$$\frac{s_A}{s_B} = \frac{\sin \alpha}{\sin \beta} = \frac{n_B}{n_A}$$

oder

$$s_A \cdot n_A = s_B \cdot n_B.\tag{4a}$$

Das Produkt aus Weg und Brechzahl nennt man ,,optische Weglange" oder ,,optischer Weg". Dieser Hilfsbegriff wird oft gebraucht werden.

§ 4a. Eine Folgerung aus dem Reflexionsgesetz finden wir in Abb. 7a. Ein schlankes Lichtbundel fällt schräg auf die glatte Oberfläche eines zylindrischen Stabes. Nach der Reflexion bildet das Licht einen Hohlkegel. Die Kegelachse fällt mit der Stabachse zusammen. Daher wird ein zur Stabachse senkrecht stehender Schirm vom Hohlkegel mit einer kreisformigen Spur getroffen. Die Richtung des einfallenden Lichtbündels ist im Kegelmantel enthalten. Je steiler das Licht einfällt, desto großer der Öffnungswinkel des Hohlkegels. Diese wenig bekannte Tatsache spielt bei vielen optischen Beobachtungen eine wesentliche Rolle.

Als Beispiele nennen wir die Untersuchung stabformiger Gebilde mit Dunkelfeldbeleuchtung, z. B. im Mikroskop (§ 23), im Ultramikroskop (§ 113) und im Elektronenmikroskop (§ 168). Ferner die Beugung des Rontgenlichtes in Kristallgittern und die Entstehung der atmospharischen Haloerscheinungen, bei denen ein Ring das Gestirn von außen beruhrt.

§ 5. Das Reflexionsgesetz als Grenzgesetz. Streulicht. Nach der Darstellung der Abb. 4 soll das reflektierte Licht auf den Bereich des Bündels II, also auf einen raumlichen Kegel mit der Spitze in L', beschrankt sein. Diese Darstellung gilt aber nur für einen idealisierten Grenzfall: In Wirklichkeit konnen wir die Auftreffstelle des Lichtbundels I auf die Grenzfläche aus jeder beliebigen Richtung sehen. Es muß also ein Teil des auffallenden Lichtes diffus in alle Richtungen „zerstreut" werden und so in unser Auge gelangen. Dies „Streulicht" wird von Physikern und Technikern als lastige Fehlerquelle verwunscht, von Familienvatern jedoch als Wohltat gepriesen: Ohne das Streulicht wurden die Kinder in jede Spiegelglasscheibe hineinlaufen. Denn alle nicht selbstleuchtenden Korper werden für uns nur durch Streulicht sichtbar.

Das Streulicht entsteht uberwiegend durch Unvollkommenheiten der glatten Oberflache, z. B. durch Staubteilchen, Polierfehler und Inhomogenitaten. Der Durchmesser von Staubteilchen ist selten kleiner als etwa 10 μ. Dann entsteht die Zerstreuung des Lichtes noch uberwiegend durch Reflexion an zahllosen kleinen, regellos orientierten Spiegelflachen. Deswegen nennt man diese Art der Lichtzerstreuung zweckmaßigerweise „Streureflexion". Das Streulicht verschwindet weitgehend bei sehr vollkommenen, ohne mechanische Bearbeitung hergestellten Oberflachen. Als Beispiele nennen wir frische Oberflachen von reinem Quecksilber oder frische Spaltflachen von Glimmerkristallen.

Von Hg-Flachen kann man nachtraglich darauffallende Staubteilchen durch Überstreichen mit einer Bunsenflamme wegbrennen. — Von Glimmerblattern muß man sowohl Ober- wie Unterseite abspalten.

Im Fall mechanischer Wellen entsteht die diffuse Zerstreuung neben der Spiegelung nach dem Reflexionsgesetz ebenfalls durch Rauhigkeiten der spiegelnden Flachen. Die Große dieser Rauhigkeiten muß den benutzten Wellenlangen vergleichbar sein, die Rauhigkeiten durfen nicht viel kleiner sein als die Wellenlänge. Man kann auch hier die mechanischen Erfahrungen auf das Licht ubertragen und die Ausbreitung des Lichtes durch einen Wellenvorgang darzustellen versuchen. In diesem Fall muß man für rotes Licht eine Wellenlange in der Größe der Polierrauhigkeiten suchen, also im Bereiche einiger Zehntel μ.

§ 6. Umkehr der Lichtrichtung. Totalreflexion. In unseren bisherigen Anordnungen (Abb 4 und 6) lief das Licht aus dem optisch dünneren Stoff in den optisch dichteren. Man kann auch die umgekehrte Lichtrichtung benutzen Diesen Fall skizzieren wir in den Abb. 8 und 9. Dabei verlauft die Lichtrichtung (allem technischen Gebrauch entgegen!) ausnahmsweise einmal von rechts nach links. Die zusammengehörigen Winkel sind wieder nur für die Bundelachsen eingezeichnet. Wir entnehmen diesen Bildern zweierlei:

1. Das gebrochene Lichtbündel *III* liegt dem Einfallslot *N* ferner als das einfallende. *I* Quantitativ gilt

$$\frac{\sin \alpha}{\sin \beta} = \frac{n_A}{n_B}.\tag{5}$$

Die Achsen des einfallenden und des gebrochenen Lichtbündels zeigen in den Abb. 4 und 8 den gleichen Verlauf „Der Lichtweg ist umkehrbar."

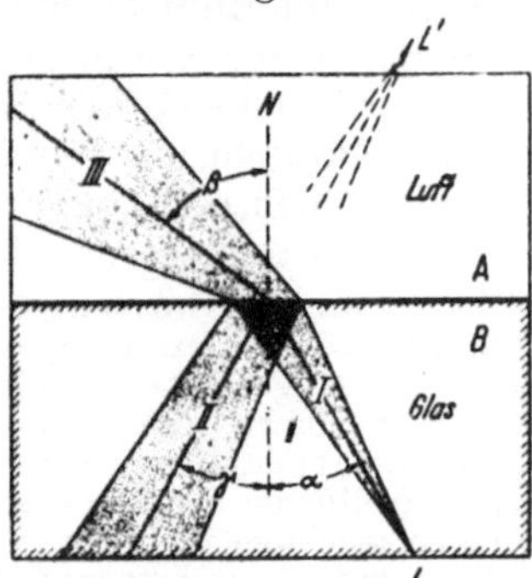

Abb 8 Reflexion und Brechung eines Lichtbündels beim Übergang in einen optisch dünneren Stoff Rotfilterlicht. Der Einfallswinkel ist wieder mit α bezeichnet

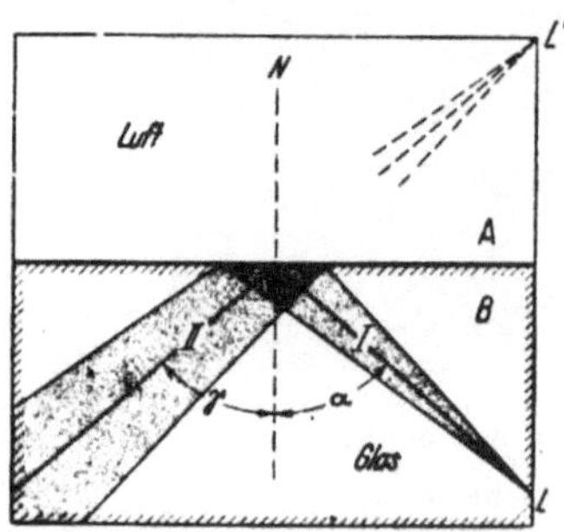

Abb. 9 Fortsetzung von Abb 8 Nach Vergrößerung des Einfallswinkels α, fehlt ein gebrochenes Lichtbündel, es ist Totalreflexion eingetreten.

2. Für große Einfallswinkel α fehlt ein gebrochenes Bündel *III*. Alles einfallende Licht wird reflektiert; es tritt „Totalreflexion" auf (Abb. 9). — Quantitativ: Der Winkel β kann für einen Strahl nicht größer als 90° oder sein Sinus nicht größer als 1 werden Demnach bestimmt

$$\sin \alpha_T = \frac{n_A}{n_B}\tag{6}$$

den „Grenzwinkel" α_T der Totalreflexion. Dem Grenzwinkel α_T entspricht im optisch dünneren Medium ein „streifender", d h. der Grenzfläche parallel verlaufender Strahl. (vgl. Mechanikband Abb. 383)

Die Totalreflexion ist ein beliebter Gegenstand für Schauversuche, es gibt viele Ausführungsformen. Am bekanntesten ist eine Spielerei, die Weiterleitung des Lichtes in Wasserstrahlen (Leuchtfontänen). In der Natur beobachtet man Totalreflexion häufig an Luftblasen unter Wasser, man denke an die hellen silberglänzenden Blasen am Rumpf von Wasserkäfern.

Der Grenzwinkel der Totalreflexion

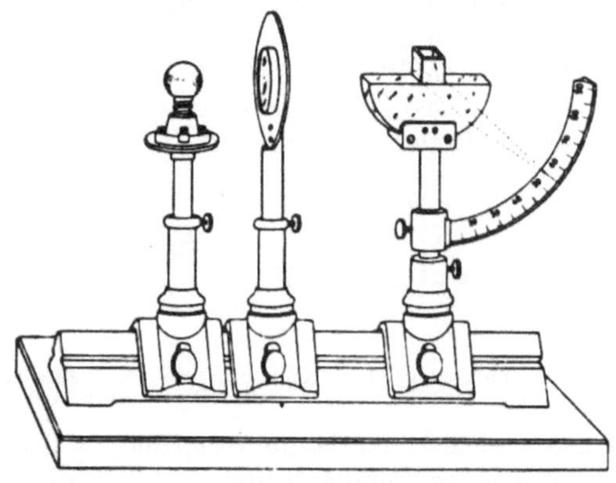

Abb. 10 Ein für Schauversuche geeignetes Totalrefraktometer. Eine dicke, halbkreisförmige Glasplatte von hoher und bekannter Brechzahl n_B trägt eine rechteckige, aufgekittete Glaskammer zur Aufnahme einer Flüssigkeit mit unbekannter Brechzahl n_A Links steht in der Höhe des Scheibendurchmessers in etwa 30 cm Abstand eine Lampe mit vorgesetztem Rotfilter *F* Das durch die Flüssigkeit streifend in den Glasklotz eintretende Licht erscheint auf der Winkelskala als schmaler, roter Streifen mit einem scharfen, für den Beschauer rechts gelegenen Rand. So kann man den Grenzwinkel α_T ablesen und n_A nach Gl (6) berechnen oder die Skala gleich an Hand dieser Gleichung eichen Der runde Glasklotz wirkt als Zylinderlinse Das ist durch zwei gestrichelte Strahlen angedeutet

läßt sich auf mannigfache Weise recht genau bestimmen . Diese Tatsache verwertet die Meßtechnik beim Bau von Refraktometern: Das sind Apparate zur raschen und bequemen Messung von Brechzahlen, sehr beliebt bei Chemikern und Medizinern. Das Wesentliche ist aus Abb. 10 nebst Satzbeschriftung ersichtlich.

Ferner benutzt die Technik die Totalreflexion gern statt der Reflexion an Metallspiegeln. Auch benutzt man die Totalreflexion zur Beleuchtung auf Glas geritzter Zeichnungen. Als Beispiel erwahnen wir neben den bekannten Reklameschildern glaserne Skalen mit Millimeterteilung: Man laßt das Licht von den beiden Endflachen aus in den Glasstab eintreten und deckt an beiden Enden ein Stuck des Glasstabes lichtdicht ab. Das Licht kann dann nur noch aus den rauhen, geritzten Skalenstrichen und -zahlen durch Streuung entweichen

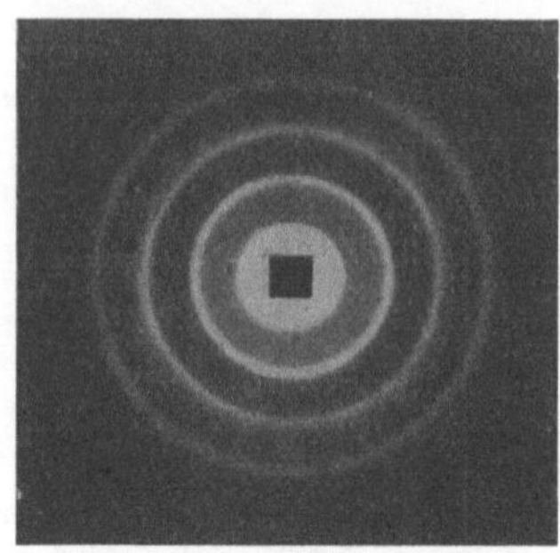

Abb 11 Auf einer einseitig bestaubten und punktformig beleuchteten Glasplatte entstehen durchTotalreflexion konzentrische Ringe. Der zentrale Lichtfleck ist abgedeckt, aber trotzdem ist·die Flache des innersten Ringes im Lichtbild noch uberstrahlt Bequemer Schauversuch zur Messung der Brechzahl der Platten Rotfilterlicht Plattendicke = 8,7 mm, Ringabstande = 15 mm

Bei physikalischen Beobachtungen wird man gelegentlich durch einen Sonderfall der Totalreflexion irregefuhrt. Man weist gern unsichtbare Strahlungen mit einem Fluoreszenzschirm nach. Ein solcher Schirm besteht meist aus einer Glasplatte mit aufgestäubtem, fluoreszenzfahigem Kristallpulver. — Die auftreffende Strahlung erzeuge einen nahezu punktformigen leuchtenden Fleck. Diesen sieht man von einer Reihe aquidistanter konzentrischer Ringe umgeben (Abb. 11). Der Versuch ist unschwer zu deuten: Austritt des reflektierten Lichtes nur bis zum Grenzwinkel der Totalreflexion. Dabei wird die Helligkeitsverteilung durch die „Machschen Streifen" ubertrieben, man vgl. S. 2 des Mechanikbandes.

Totalreflexion kann schon an der Grenze zweier Stoffe mit sehr geringen Unterschieden ihrer Brechzahlen auftreten; man muß die Strahlung nur streifend, d. h. mit sehr großem Einfallswinkel auffallen lassen. So wurden z. B. in der Mechanik Schallbundel an der Grenzfläche zwischen warmer und kalter Luft reflektiert. Das Entsprechende gilt fur Lichtbundel (Abb. 12): Ein Parallellichtbundel lauft flach schrag von unten in einen unten offenen, elektrisch geheizten

Abb 12. Spiegelung (Totalreflexion) eines Parallellichtbundels an der Grenze zwischen heißer und kalter Luft. Bundel am rechten Ende etwa 2 cm dick. K = Krater einer Bogenlampe.

Kasten. Die Innenfläche des Kastens ist geschwarzt. Beim Anheizen füllt sich der Kasten mit heißer Luft. Ein Teil quillt uber den Rand, der Rest bildet eine ziemlich ebene Oberflache (Diffusionsgrenze als Oberflachenersatz, vgl. Mechanikband, § 82) Diese Grenzflache zwischen heißer und kalter Luft wirkt wie ein leidlich ebener Spiegel. Starker Luftzug stort den Versuch.

Die Totalreflexion an einer warmen Luftschicht wird oft in der Natur verwirklicht. Ein heißer Wustenboden oder eine heiße Autobahn erhitzt die unten anliegende Luftschicht. Der Reisende sieht bei flacher Aufsicht das Spiegelbild von einem Stuck heller Himmelsfläche, manchmal auch ein Spiegelbild ferner Gegenstande. Stets erscheint ihm die totalreflektierende Grenzschicht als Wasserflache.

§ 7. Prismen. flache Linsen und Hohlspiegel. Prismen und Linsen zeigen uns allbekannte Anwendungen des Brechungsgesetzes. In Abb. 13 schließen die beiden ebenen Oberflachen eines Prismas den „brechenden Winkel" φ ein. Senkrecht zu beiden Flachen steht als „Prismenhauptschnitt" die Zeichenebene. Im

Prismenhauptschnitt verläuft ein Parallellichtbündel. Gezeichnet ist nur die Bündelachse als Strahl. Die Brechung an den beiden Prismenflächen ändert die Richtung des Bündels um den Ablenkungswinkel δ. Quantitativ findet man durch Anwendung der Gleichung

$$\sin \alpha = n \sin \beta \qquad (2)$$

nach einigen Umformungen

$$\operatorname{tg}\left(\beta - \frac{\varphi}{2}\right) = \operatorname{tg}\frac{\varphi}{2} \cdot \frac{\operatorname{tg}\left(\alpha - \dfrac{\delta + \varphi}{2}\right)}{\operatorname{tg}\left(\dfrac{\delta + \varphi}{2}\right)} \qquad (7)$$

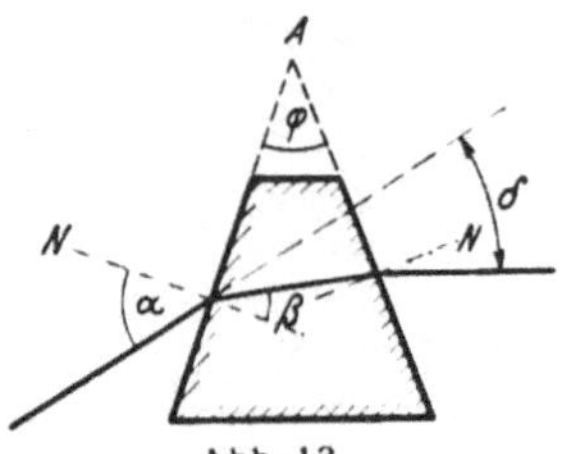

Abb. 13.

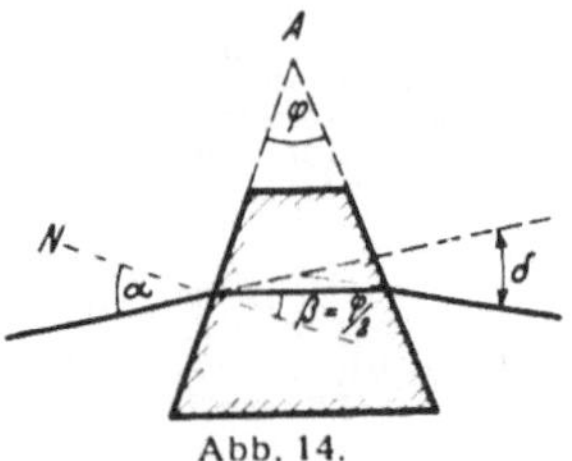

Abb. 14.

Abb. 13 und 14. Zur Ablenkung eines Strahles (Lichtbundelachse) durch ein Prisma bei unsymmetrischem Strahlengang (Abb 13) und bei symmetrischem (Abb. 14) Die im Punkte A zur Papierebene senkrecht stehende Gerade heißt die brechende Kante des Prismas. Rotfilterlicht.

Das Minimum der Ablenkung wird erreicht, wenn das Parallellichtbündel das Prisma **symmetrisch** durchsetzt, Abb. 14. Dann wird $\beta = \frac{1}{2}\varphi$ und $\alpha = \frac{1}{2}(\delta + \varphi)$. Dadurch ergibt sich aus Gl. (2)

$$n = \frac{\sin \frac{1}{2}(\delta + \varphi)}{\sin \varphi/2} \qquad (8) \quad \text{und} \quad n = \frac{\sin \alpha}{\sin \varphi/2}. \qquad (9)$$

Beide Gleichungen eignen sich zur Bestimmung der Brechzahl n. Man mißt entweder δ oder α.

Beim Minimum der Ablenkung δ, also bei symmetrischem Strahlengang, läuft das gebrochene Parallellichtbündel parallel einem an der Prismenbasis reflektierten (Vorfuhrungsversuch gemäß Abb. 15).

Das wird fur die Meßtechnik ausgenutzt: Eine Änderung der Brechzahl n (z. B. durch Änderung von Temperatur oder Wellenlange) ändert sowohl den fur symmetrischen Strahlengang erforderlichen Einfallswinkel α, als auch den Ablenkungswinkel δ. Infolgedessen muß man zur Messung von n mit dem Minimum der Ablenkung nicht nur das Prisma drehen, sondern auch den Beobachtungsort verschieben. Das ist oft recht unbequem (insbesondere bei Messungen mit unsichtbarem Licht). Diese lastige Verschiebung laßt sich jedoch kompensieren, wenn man die symmetrische Brechung mit einer Spiegelung kombiniert. Anknüpfend an Abb. 15b verbindet man in Abb. 16 einen Spiegel starr mit dem Prisma und macht beide um eine gemeinsame Achse drehbar. In Abb. 16 ist ein vom Prisma symmetrisch **gebrochener** Strahl dick gezeichnet, ein an der Prismenbasis **reflektiert** gedachter hingegen dünn. Der von Prisma und Spiegel gemeinsam erzeugte Ablenkungswinkel $\varDelta$ ist von der Brechzahl unabhangig; das ist fur den an der Prismenbasis **reflektierten** evident (Winkelspiegel § 12), und daher gilt es auch fur den ihm **parallelen** gebrochenen Strahl. Es ist $\varDelta = 180° - 2\,\gamma$. Bei Änderung der Brechzahl n kann daher sowohl die Lichtquelle wie der Beobachtungsort eine feste Lage behalten. Man braucht nur Prisma und Spiegel gemeinsam zu drehen, bis der zu n gehorende Einfallswinkel α des symmetrischen Strahlenganges gefunden ist. Er wird in Gl. (9) eingesetzt und n berechnet.

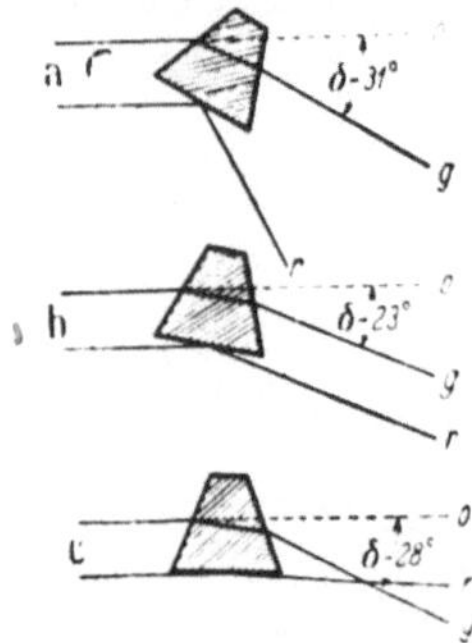

Abb. 15. Beim Minimum der Ablenkung (Fall *b*) lauft der gebrochene Strahl parallel mit einem an der Basis reflektierten, also symmetrisch zum Prisma Rotfilterlicht.

Im Grenzfall kleiner brechender Winkel kann man in den Gl. (7) und (8) den Sinus und Tangens durch die Winkel selbst ersetzen. Dann findet man sowohl für unsymmetrischen wie symmetrischen Strahlengang den Ablenkungswinkel

$$\delta = (n - 1)\,\varphi, \qquad (10)$$

d. h. der Ablenkungswinkel δ ist dem brechenden Winkel φ des Prismas proportional. Anwendungsbeispiel in Abb. 48a, § 12.

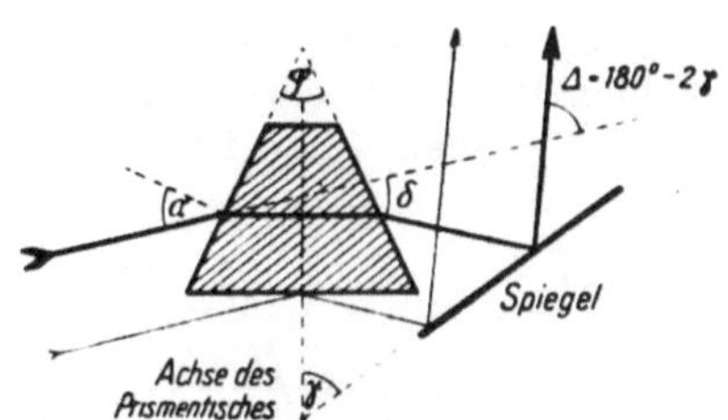

Abb. 16 Ein drehbares Prisma mit einem starr angefugten Spiegel liefert beim Minimum des Ablenkungswinkels δ eine gemeinsame Ablenkung $\varDelta$, die von der Brechzahl des Prismas unabhangig ist Zweckmaßigerweise laßt man die Oberflache des Hilfsspiegels ebenso wie die Mittellinie des Prismas durch die Drehachse des Prismentisches hindurchgehen dann erfahrt das um $\varDelta$ abgelenkte Lichtbundel bei der Drehung des Prismentisches keine Parallelversetzung Ein zur Prismenbasis paralleler Hilfsspiegel macht $\varDelta=0$ (Fuchs-Wadsworth) Rotfilterlicht

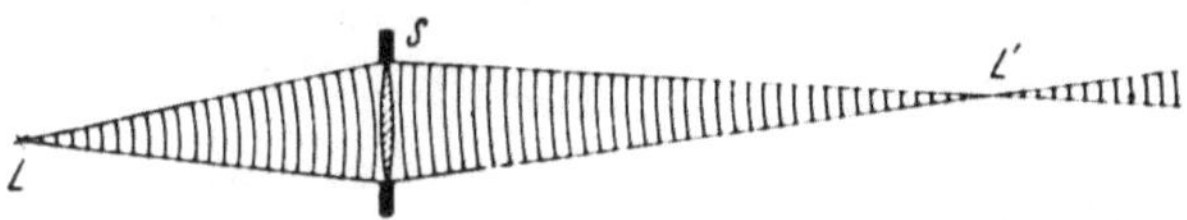

Abb 17. Eine Linse macht ein divergentes Bundel mechanischer Wellen konvergent. Schematisch nach Abb 381 des Mechanik-bandes

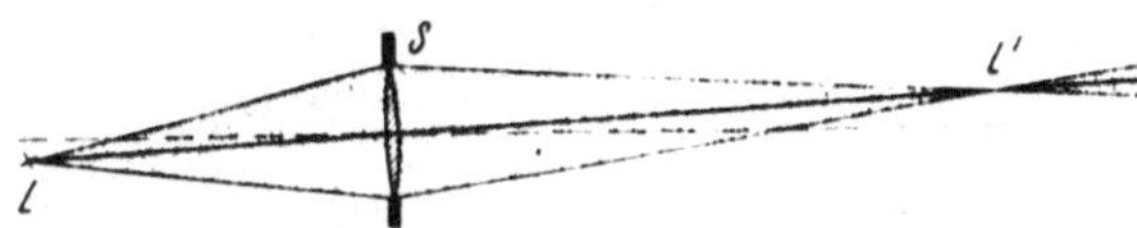

Abb. 18. Eine Linse macht ein divergentes, durch die Fassung S begrenztes Lichtbundel konvergent. Schematisch

Abb 19 Abbildung eines fernen Dingpunktes durch eine Zylinderlinse in einem Bildstrich L'. Man kann die Breite B des einfallenden Lichtbundels mit einer Spaltblende einengen und dadurch den „Bildstrich" in einen „Bildpunkt" verwandeln

Abb 20 Abbildung eines fernen Dingpunktes durch zwei gekreuzte Zylinderlinsen a) mit gleicher Krummung man erhalt einen Bildpunkt L', b) mit ungleicher Krummung man erhalt zwei getrennte Bildstriche L' und L'' (vgl § 19, Astigmatismus) Man kann mit einer Spaltblende entweder die Breite B oder die Breite C des einfallenden Lichtbundels einengen und dadurch entweder den Bildstrich L' oder den Bildstrich L'' in einen „Bildpunkt" verwandeln

Soweit die Prismen. Jetzt etwas über Linsen. Die Wirkungsweise der Linsen ist uns aus der Mechanik bekannt. Ein divergentes Büschel von Wasserwellen wird durch eine Linse konvergent gemacht (Abb. 17). So gelangt man zu einer starken Einschnürung der Wellen in einem engen Bereich, kurz „Bildpunkt" L' genannt. Analog lassen wir in der Optik ein Lichtbundel divergierend auf eine Offnung S auffallen und durch eine Linse in dieser Offnung in ein konvergentes verwandeln (Abb. 18). So wird eine punktformige Lichtquelle L „abgebildet". In Abb. 18 sind die Bundelachse und die beiden Seitenstrahlen eingezeichnet. Die Begrenzung des Bündels erfolgt in Abb. 18 durch die Linsenfassung. Der Mittelpunkt dieser bundelbegrenzenden Blende liegt also hier auf der strichpunktierten Linsenachse. In diesem Fall bekommt die Achse des Lichtbundels einen besonderen Namen, nämlich Hauptstrahl.

Unsere quantitative Behandlung der Linsen geht von Zylinderlinsen aus. Eine Zylinderlinse erzeugt für einen Dingpunkt L einen Bildstrich L' (Abb. 19); zwei hintereinandergestellte gekreuzte Zylinderlinsen gleicher Krummung wirken wie eine spharische Linse: D. h. sie, geben fur einen Dingpunkt L einen Bildpunkt L' (Abb. 20a) und liefern gute Bilder. Zwei gekreuzte Zylinderlinsen von verschiedener Krummung geben statt eines Bildpunktes zwei durch einen Abstand getrennte zueinander senkrecht stehende Bildstriche L' und L'' (Abb. 20b). An die Zylinderlinse anknüpfend, führt man die Wirkung einer Linse auf die Wirkung von Prismen zuruck. Dabei beschrankt man sich auf eine Zylinderlinse geringer Wölbung (Abb. 21) und auf beiderseits schlanke, der Linsenachse nahe Lichtbundel. (Leider muß man in den Skizzen der Übersichtlichkeit halber

die Öffnungen der Lichtbündel viel zu groß zeichnen!) Diese Lichtbundel zerlegt man gemäß Abb. 21 in Teilbundel und verfolgt von jedem Teilbündel nur die Achse. Gleichzeitig zerlegt man die Linse in eine Reihe übereinandergestellter Prismen.

So gelangt man zu den bekannten Linsenformeln[1]

$$(n-1)\left(\frac{1}{r_1}+\frac{1}{r_2}\right)=\frac{1}{f'}, \quad (15)$$

$$\frac{1}{a}+\frac{1}{b}=\frac{1}{f'}, \quad (16)$$

f' heißt die bildseitige Brennweite. Sie ist der Grenzwert des Bildabstandes b fur einen sehr großen Dingabstand a (Abb. 23). Die Abstande a und b sowie die Brennweite werden vorlaufig von der Mittelebene der Linse aus gemessen (Genaueres in § 17).

Die Gesamtheit der Bildpunkte aller sehr fernen Dingpunkte bildet die bildseitige Brennebene. Ihren Schnittpunkt mit der Linsenachse nennt man den bildseitigen Brennpunkt F'

In entsprechender Weise definiert man die dingseitige Brennebene und den dingseitigen Brennpunkt F, Abb. 24. Von einem Punkt L der dingseitigen

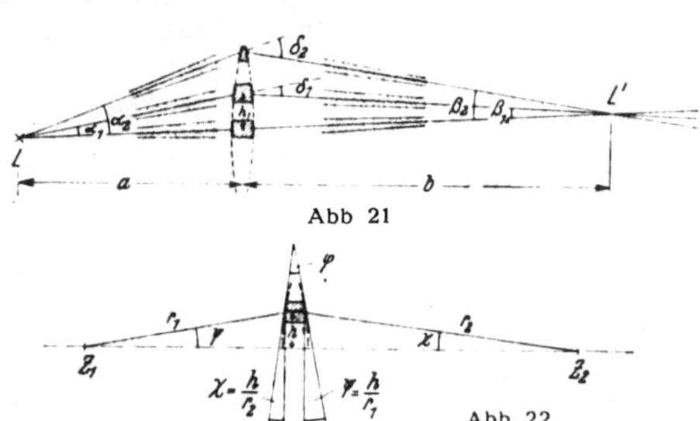

Abb 21

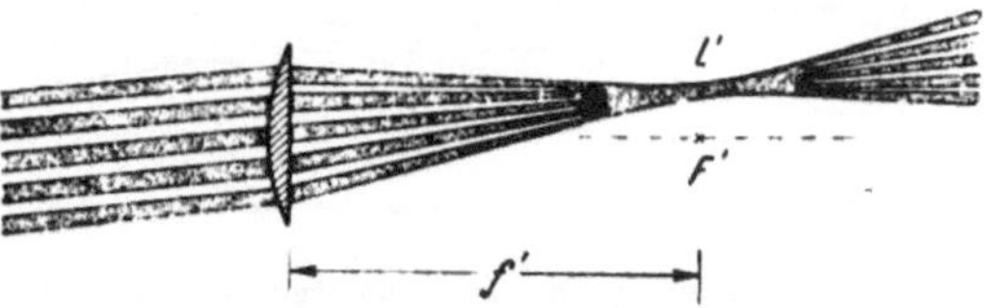

Abb. 22.

Abb 21 und 22 Zusammenhang von Linsen- und Prismenwirkung Z_1 und Z_2 sind die Krummungsmittelpunkte der Flachen mit den Radien r_1 und r_2

Abb 23 Zur Definition der bildseitigen Brennebene, vorgefuhrt mit einer Reihe von Parallellichtbundeln. Diese entstammen dem gleichen fernen Dingpunkt L Man erhalt sie durch Unterteilung eines breiten Bundels mit einer Gitterblende Hier wie in Abb 24 kleiner Zeichenfehler· Die eine Pfeilspitze sollte unter der Mittelebene der Linse enden.

---

[1] Herleitung (Abb. 21, 22): Die von den Einzelprismen abgelenkten Bundelachsen sollen sich alle in einem engen Bereich, dem Bildpunkt L', vereinigen. Dazu muß die Ablenkung δ mit dem Abstande h des Einzelprismas von der Linsenmitte zunehmen. Quantitativ muß gelten

$$\delta = \text{const} \cdot h. \quad (11)$$

Begründung dieser Forderung: Nach Abb. 21 gilt für die als klein angenommenen Winkel

$$\alpha + \beta = \delta \quad \text{und} \quad h/a + h/b = \delta,$$

folglich

$$\delta = h\left(\frac{1}{a}+\frac{1}{b}\right) = \text{const } h. \quad (12)$$

Diese Forderung (11) wird nun von den Einzelprismen aus zwei Grunden erfullt: Erstens haben alle Prismen kleine brechende Winkel φ. Infolgedessen ist die Ablenkung δ einfach dem brechenden Winkel φ proportional. Es gilt nach S. 9

$$\delta = (n-1)\,\varphi. \quad (10)$$

Zweitens sind die brechenden Winkel φ der Prismen ihrem Abstande h von der Linsenachse proportional, es gilt

$$\varphi = \text{const} \cdot h. \quad (13)$$

Beweis von (13): Nach Abb. 22 wird fur jede Linse der brechende Winkel φ in Hohe h durch die beiden in der Hohe h gezogenen Tangenten T_1 und T_2 bestimmt. Fur hinreichend flache Linsen entnehmen wir der Abb. 22 die geometrische Naherung:

$$\varphi = \varphi + \chi = h\left(\frac{1}{r_1}+\frac{1}{r_2}\right) = \text{const} \cdot h. \quad (14)$$

(10) und (13) erfüllen also zusammen die Forderung (11). Man faßt die Gl. (10), (12) und (14) zusammen, schreibt zur Abkurzung die Gl. (15) und erhalt als Ergebnis die Gl. (16).

Brennebene divergent ausgehend, verlassen die Lichtbündel die Linse mit parallelen Grenzen. Zum Vergleich mit mechanischen Wellen sind einige Wellenberge

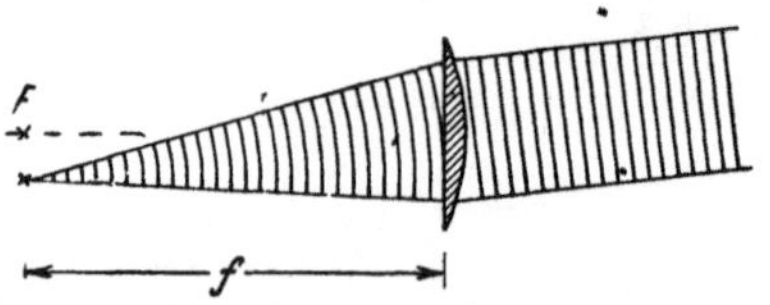

Abb 24. Zur Definition der dingseitigen Brennebene.

als Querstriche eingezeichnet. — Für Linsen in Luft (oder allgemein gleichen Stoffen auf beiden Seiten) sind ding- und bildseitige Brennweite gleich groß.

Praktiker bezeichnen den Kehrwert der Brennweite als Stärke der Linse, also Stärke $= 1/f$. Als Einheit benutzen sie $1\,\mathrm{m}^{-1} = 1$ Dioptrie (entsprechend $1\,\mathrm{sec}^{-1} = 1$ Hertz). Eine Linse mit der Stärke $1/f$ $= 3$ Dioptrieen $= 3\,\mathrm{m}^{-1}$ hat also die Brennweite $f = 0,33$ m. Beim Hintereinanderschalten mehrerer Linsen addieren sich (angenahert) ihre Stärken.

Oft zählt man den Dingabstand x und den Bildabstand x' von dem zugehörigen Brennpunkte aus statt von der Linsenmitte. Man setzt in Gl. (16) $f' = f$, $a = x + f$ und $b = x' + f$ und erhalt

$$x \cdot x' = f^2. \tag{17}$$

Die Abbildung eines ausgedehnten Dinges führt man auf die Abbildung seiner einzelnen Punkte durch je ein Lichtbundel zurück. Das zeigt Abb. 25

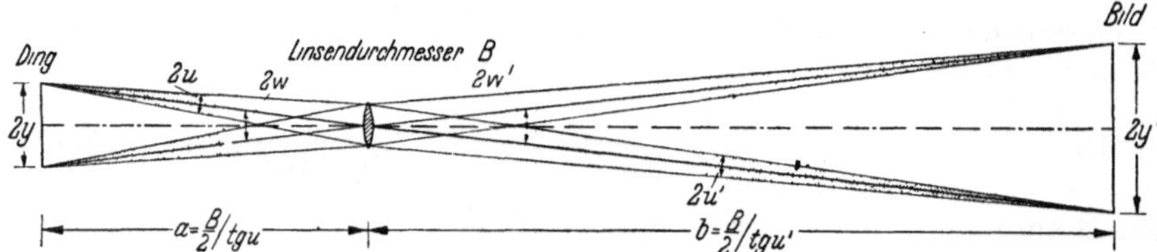

Abb 25. Zur Abbildung eines ausgedehnten Gegenstandes durch einzelne, von seinen Dingpunkten ausgehende Lichtbundel u und u' heißen ding- und bildseitiger Öffnungswinkel. w und w' Neigungswinkel der Hauptstrahlen. Hier ist $w = w'$.

fur den oberen und unteren Punkt eines Dinges. Für viele Zwecke genügt die Skizzierung der hier dicker gezeichneten Hauptstrahlen[1] (z. B. in Abb. 104) Man entnimmt der Abb. 25 die oft gebrauchten Beziehungen

$$\text{Vergrößerung} = \frac{\text{Bildgröße } 2\,y'}{\text{Dinggröße } 2\,y} = \frac{\text{Bildabstand } b}{\text{Dingabstand } a}, \tag{18}$$

ferner die „Tangentenbeziehung"

$$\text{Vergrößerung } \frac{y'}{y} = \frac{\operatorname{tg} u}{\operatorname{tg} u'} \tag{19}$$

($u =$ dingseitiger, $u' =$ bildseitiger Öffnungswinkel) und endlich

$$\text{Bildgröße } 2\,y' = \text{Bildabstand } b \cdot 2 \operatorname{tg} w \tag{20}$$

oder für kleine Winkel

$$2\,y' = b \cdot \operatorname{tg} 2\,w \tag{20a}$$

($w =$ Winkel zwischen Hauptstrahl und Linsenachse).

Man darf ja nicht bei diesen Gleichungen — insbesondere nicht bei (19)! — die Voraussetzungen außer acht lassen, namlich flache Linsen und schlanke achsennahe Lichtbundel.

Gl. (18) ergibt zusammen mit Gl. (16): Beim Ding- und Bildabstand gleich der doppelten Brennweite ($a = b = 2\,f$) wird ein Gegenstand in natürlicher Größe ($y' = y$) abgebildet.

---

[1] Wir wiederholen: Hauptstrahl ist der Name der Lichtbundelachse, falls der Mittelpunkt der Bündelbegrenzung (in Abb. 25 also der Linsenfassung) auf der Symmetrieachse der Linse liegt (S. 10).

Ferner ein Beispiel zu Gl. (20a): Die Sonnenscheibe hat einen Winkeldurchmesser $2\,w = 32$ Bogenminuten. Ihr Bild liegt im Abstande $b = f$ hinter der Linse, also $2\,y' = \mathrm{tg}\,32' \cdot f = 9{,}3 \cdot 10^{-3} \cdot f$. Eine Linse von 1 m Brennweite gibt also ein Sonnenbild von $2\,y' = 9{,}3$ mm Durchmesser.

Ein Lichtbündel von einem Dingpunkt L innerhalb der dingseitigen Brennebene (Abb 26) wird nicht konvergent, sondern nur weniger divergent gemacht. Die gestrichelte Ruckwärtsverlangerung der zwei eingezeichneten Strahlen fuhrt auf den virtuellen Bildpunkt L_1

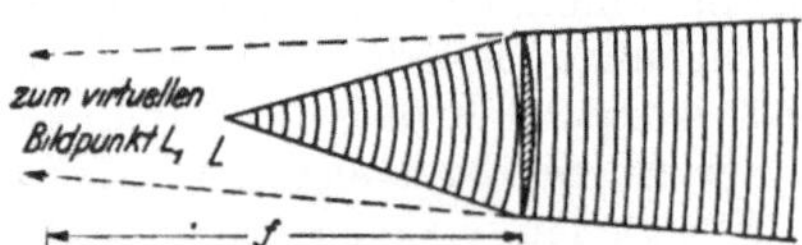

Abb 26 Dingpunkt innerhalb der dingseitigen Brennebene Die Linse verringert die Divergenz des Bundels.

Des Vergleiches halber sind auch in Abb 26 Wellen eingezeichnet

Hohllinsen bringen nichts grundsätzlich Neues. Sie vergrößern die Divergenz der Lichtbundel. Die Abb. 27 zeigt das fur den Fall von links einfallender Parallellichtbundel. Sie dient gleichzeitig zur Definition des bildseitigen Brennpunktes F'. Die Gl. (11) bis (17) bleiben bei sinngemaßer Wahl der Vorzeichen gültig

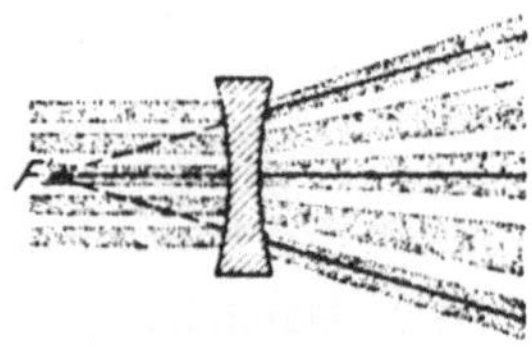

Abb. 27. Zur Wirkungsweise einer Hohllinse.

Hohlspiegel sind fur physikalische und astronomische Zwecke praktisch nur in einer Anwendungsart von Bedeutung: Ding- oder Bildpunkt befinden sich unweit der Spiegelachse in der Brennebene, und der Offnungswinkel des Lichtbundels ist von mäßiger Größe. Die Wirkung der Hohlspiegel ergibt sich dann mit einfachsten geometrischen Betrachtungen aus der Anwendung des Reflexionsgesetzes. Die Brennweite des Hohlspiegels ist gleich der Halfte seines Krümmungsradius R (Abb. 28).

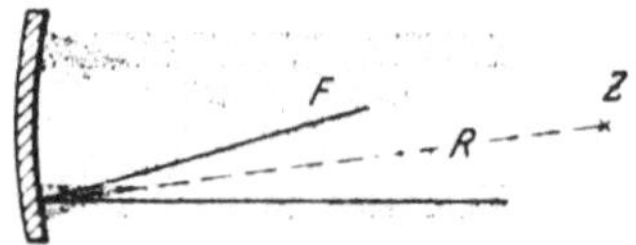

Abb 28. Zur Wirkungsweise eines Hohlspiegels.

§ 8. Trennung von Parallellichtbündeln durch Abbildung. Viele optische Erscheinungen nehmen bei Benutzung von Parallellichtbundeln ihre einfachste Gestalt an. Bei solchen Versuchen handelt es sich oft um eine Aufspaltung eines Parallellichtbundels in zwei oder mehrere solcher Bundel. Im einfachsten Fall haben wir das Schema der Abb. 29. Von links kommt ein Parallellichtbundel und durchsetzt irgendeinen Apparat G. Dabei wird es in zwei gegeneinander geneigte Parallellichtbundel zerlegt. Doch ist die Trennung ungenugend, die Bundel überlappen sich stark.

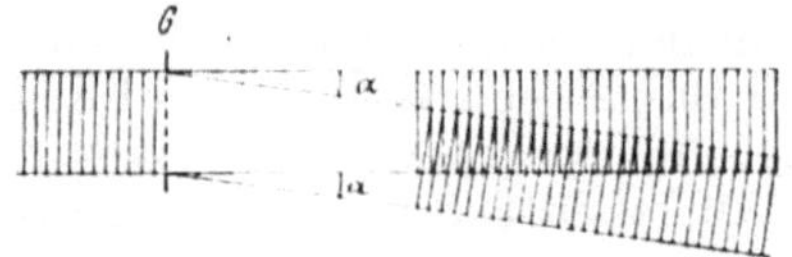

Abb. 29 Unzureichende Trennung zweier Parallellichtbundel hinter irgendeinem Apparat G.

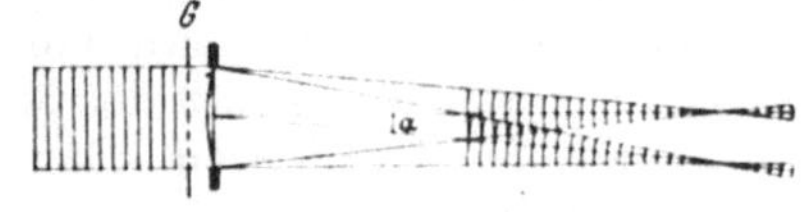

Abb 30 Die storende Uberlappung wird durch Vereinigung beider Bundel in je einem Bildpunkt beseitigt

Wie laßt sich eine ausreichende Trennung beider Bundel erzielen? Nach geometrischem Augenschein wird man sagen: Erstens mache man den Querschnitt der Parallellichtbundel klein, und zweitens verlege man die Beobachtungsebene in Abb. 29 weiter nach rechts.

Beide Vorschläge setzen eine streng parallele Begrenzung der Bundel voraus. Die Bundel durfen weder bei Querschnittsverkleinerung noch in großem Abstande von G unscharf werden und sich seitlich verbreitern. Diese Voraussetzungen

sind aber fur Lichtbundel keineswegs erfullt. Alle sogenannten Parallellichtbundel sind in Wirklichkeit etwas divergent. Von mehreren Grunden nennen wir
hier nur einen, namlich den endlichen Durchmesser aller verfugbaren Lichtquellen

Die ungenügende Trennung beseitigt man mit Hilfe einer Linse (Abb. 30).
Diese verwandelt jedes Parallellichtbündel in ein konvergentes Man beobachtet
in der Ebene der engsten Einschnürung, der Bildebene.

Fur Schauversuche reicht stets eine Naherung. Man setzt gemaß Abb. 31
eine Linse vor den Apparat G Das Licht fallt divergent auf die Linse Die Bild-

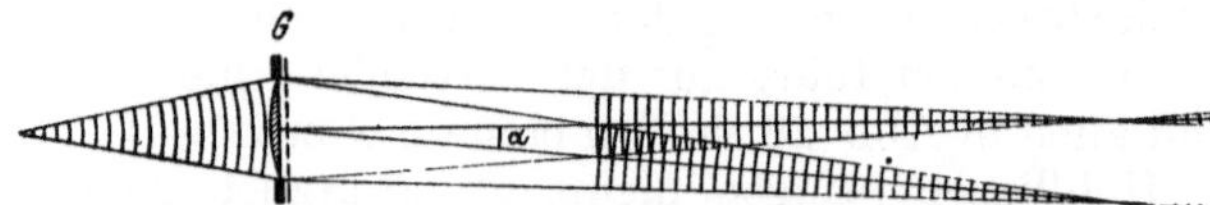

Abb. 31 Fur Schauversuche ausreichende Vereinfachung der in
Abb 30 skizzierten Anordnung
Zum Vergleich mit Wellenbundeln
sind den Abb. 29—21 etliche Wellenberge als Querstriche eingezeichnet

ebene wird weit nach rechts verlegt, meist einige Meter. Dann sind die zu den
Bildpunkten konvergierenden Lichtbundel sehr schlank, und der Apparat G wird
von nahezu parallel begrenzten Lichtbündeln durchsetzt.

§ 9. Darstellung der Lichtausbreitung durch fortschreitende Wellen. Die Ausbreitung mechanischer Wellen kann durch Hindernisse, z. B die Backen eines
Spaltes, seitlich begrenzt werden. Die seitliche Begrenzung laßt sich mit Hilfe
gerader Striche oder Strahlen darstellen, jedoch immer nur in einer mehr oder
minder guten Naherung. In Wirklichkeit werden die geometrisch konstruierten
Bundelgrenzen stets uberschritten, die Wellen laufen uber die Grenzen hinweg
Dies Verhalten der Wellen wird torichterweise sprachlich in Passivform wiedergegeben; man sagt: Die Wellen werden gebeugt.

Diese Beugung ist untrennbar mit jeder Bundelbegrenzung verknüpft. Man
darf sie nur in einem Grenzfall vernachlassigen. Er ist durch zwei einfache
Bedingungen gekennzeichnet: Die geometrischen Dimensionen der Hindernisse,
z. B die Weite B des Spaltes in Abb. 2, mussen groß gegen die Wellenlange sein,
und außerdem darf der Beobachtungsort nicht allzu weit hinter dem Hindernis
liegen. Das kann man fur mechanische Wellen sehr anschaulich durch eine
allmahliche Verkleinerung der Spaltweite B vorfuhren (vgl. Mechanikband,
§ 114). Bei hinreichend engen Spalten beobachtet man die in Abb. 32—34
wiedergegebene Erscheinung: Die geometrisch konstruierten, gestrichelten Grenzen werden weit uberschritten, und neben ihnen zeigen sich mehrere Maxima
und Minima.

In Abb. 32—34 sind die geometrischen Bedingungen besonders einfach gewahlt
worden: Von der einen Seite (hier oben) fallt ein Bundel ebener Wellen auf den
Spalt. Der Winkelabstand der Minima von der Symmetrieebene wird erst weit
hinter dem Spalt gemessen. Dann gilt für den Winkelabstand des ersten Minimums die Gleichung

$$\sin \alpha_1 = \frac{\lambda}{B} \tag{21}$$

und für den des ersten Nebenmaximums

$$\sin \alpha'_1 = \frac{3}{2} \frac{\lambda}{B}. \tag{21a}$$

Durch Ausmessen der Winkel und der Spaltbreite B gelangt man so zu einer
recht genauen Bestimmung der Wellenlange λ.

All dies hier fur mechanische Wellen Wiederholte gilt in entsprechender
Weise fur die Ausbreitung des Lichtes. So laßt sich auch das Licht durch zwei

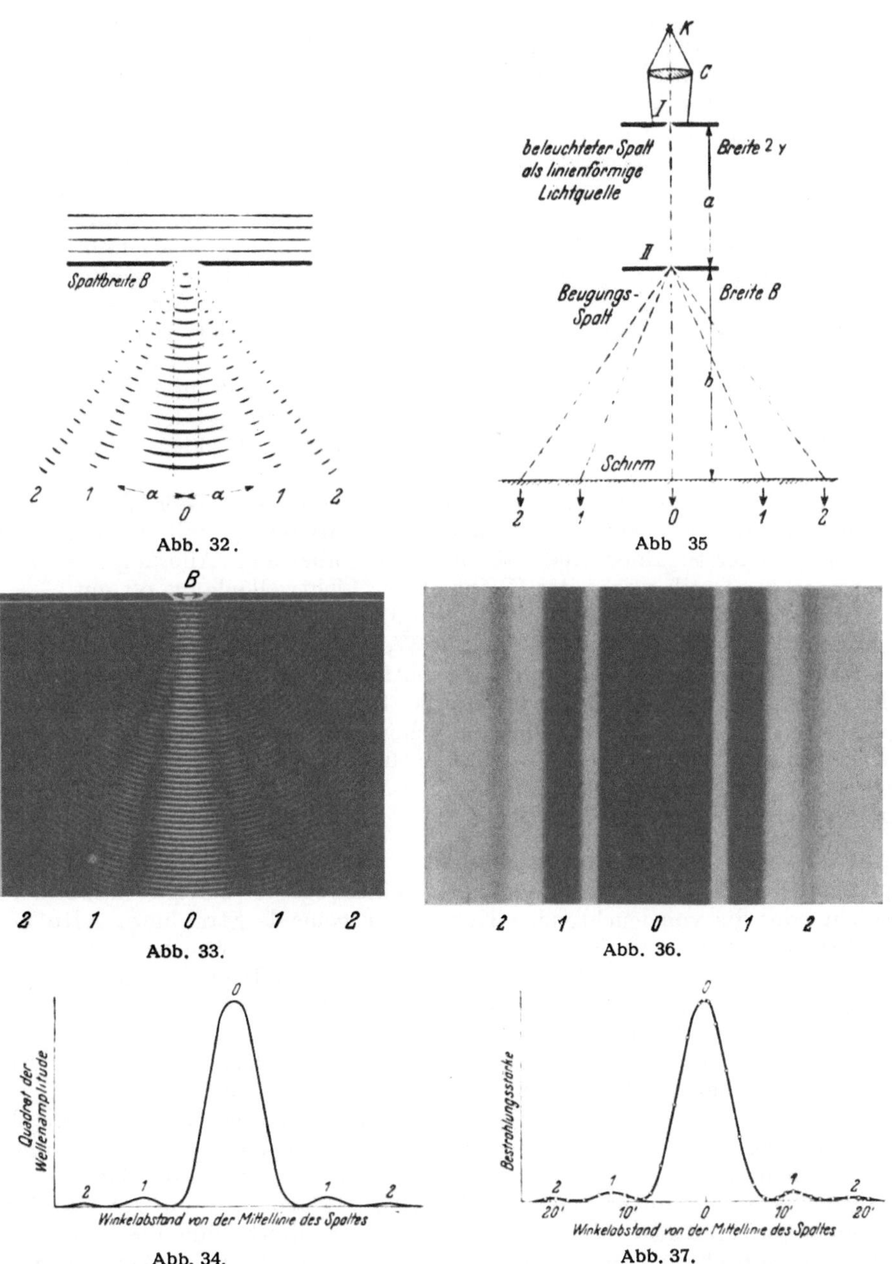

Abb. 32—34. Die Begrenzung ebener Wellen durch einen Spalt. Abb. 32 schematisch, Abb 33 im Modell-versuch (vgl. S. 26), Abb. 34 in graphischer Darstellung (vgl. Mechanikband § 121).

Abb. 35—37. Die Begrenzung des Lichtes (Rotfilterlicht) durch einen Spalt. — Abb. 35. Versuchsanord-nung, die gestrichelten Winkel stark übertrieben. — Abb. 36. Kurzer vertikaler Ausschnitt aus der auf dem Schirm entstehenden Beugungsfigur. Photographisches Negativ in natürlicher Größe für $B = 0,3\ mm$, $b = 3,8\ m$; $a = 1\ m$; $2\ y = 0,2$ mm. — Die Abb. 37 gehört zu S. 17 und zeigt die mit einem Lichtelement ausgemessene Verteilung der Bestrahlungsstärke (d. h. das Verhältnis Strahlungsleistung/Fläche, gemessen z. B. in Watt/m²) in der „Beugungsfigur eines Spaltes". ($B = 0,31$ mm; $b = 1$ m; $a = 0,75$ m; $2\ y = 0,26$ mm; benutzte Breite des Lichtelementes $= 0,55$ mm.)

Spaltbacken nicht in ein beliebig enges Bundel eingrenzen. Auch Licht überschreitet die geometrisch mit Strahlen konstruierten Grenzen, „es wird gebeugt". Im Gebiet der Beugung findet man eine periodische Verteilung der Strahlung mit Maximis und Minimis.

Zur Vorführung dient die in Abb. 35 skizzierte Anordnung. Man beachte die Maßangaben in der Satzbeschriftung. Der Spalt *II* soll ein schmales Lichtbundel eingrenzen, und dieses soll nach der geometrischen Konstruktion auf dem Schirm einen Streifen von rund 2 mm Breite beleuchten. Statt dessen findet man auf dem Schirm die in Abb. 36 photographierte Erscheinung. Man nennt sie kurz, aber nicht gerade glucklich, „Beugungsfigur des Spaltes". Die Ausbreitung des Lichtes laßt sich in diesem Fall nicht mehr mit Strahlen, sondern nur noch mit einem Wellenvorgang beschreiben, in formaler Analogie zu den bekannten Schall- und Wasserwellen.

Mit Gl. (21) und den angegebenen Abmessungen gelangt man fur Rotfilterlicht zu einer Wellenlange von etwa 0,65 μ. Sie ist rund dreißigtausendmal kleiner als die der von uns in der Mechanik benutzten Schall- oder Wasserwellen ($\lambda \approx 2$ cm).

Beim Licht liegen die Dinge also nicht anders als bei Schall- oder Wasserwellen Geradlinig-scharf begrenzte Bundel und ihre Darstellung mit Hilfe gerader Kreidestriche oder Strahlen sind lediglich eine Naherung. Allerdings ist diese Naherung in der Optik wegen der Kleinheit der Lichtwellenlange oft gut.

Meist bezeichnet man die Darstellung optischer Vorgänge mit Strahlen als geometrische Optik, die Darstellung mit Wellen hingegen als physikalische Optik. Diese Unterscheidung ist nicht gerechtfertigt: Die Wellenoptik ist ebenso mathematisch-formal wie die Strahlenoptik. Sowohl Wellen wie Strahlen sind Begriffe der höchstentwickelten aller Sprachen, namlich der Mathematik

Der nachste Paragraph soll eine wesentliche Erganzung des Wellenbildes bringen. Er beginnt mit der Einführung eines neuen und weiterhin oft gebrauchten experimentellen Hilfsmittels.

§ 10. Strahlung als Energietransport. Messung der Strahlungsleistung. Amplitude der Lichtwellen.

Unser Auge ist keineswegs der einzige Indikator fur das Licht oder die von leuchtenden Korpern ausgehende Strahlung: Alle von Strahlung getroffenen Korper werden erwarmt, erhalten also eine Energiezufuhr Im Sonnenlichte oder im Lichte einer Bogenlampe spuren wir diese Erwarmung schon mit unserem Hautsinn. Besonders empfindlich ist die Innenflache unserer Hande.

Der Nachweis der Strahlung durch Warmewirkung hat vor dem Nachweis mit dem Auge einen großen Vorteil: Unser Auge leistet bei der physikalischen Erforschung der Lichtstrahlen sehr viel. Es bringt uns erheblich weiter als das Ohr bei den analogen Aufgaben der Schallstrahlung Aber wie jedes Sinnesorgan, versagt auch unser Auge bei quantitativen Fragen, es versagt bei der zahlenmaßigen Erfassung von Weniger oder Mehr. Die Warmewirkung der Strahlung hingegen ist gut meßbar. Man hat nur die Temperaturerhohung des bestrahlten Korpers zu beobachten. Die Temperatur stellt sich nach einiger Zeit auf einen stationären Wert ein. Dann ist Gleichgewicht erreicht: Es wird je Sekunde durch die Strahlung ebensoviel Energie zugeführt, wie durch Warmeleitung usw. verlorengeht. Diese Tatsache hat man zum Bau von „Strahlungsmessern" ausgenutzt. Als Beispiel nennen wir das „Thermoelement" (Abb. 129).

Ein Thermoelement besteht z. B. aus einem Tellurblech mit einem angeschweißten Konstantandraht. Das Blech ist zur möglichst vollständigen

Absorption der Strahlung mit Ruß überzogen. Durch die Temperaturerhöhung wird die Schweißstelle zu einer elektrischen Stromquelle. Man verbindet Blech und Draht mit einem empfindlichen Strommesser. Der Ausschlag des Strommessers ist der Temperaturerhohung des bestrahlten Bleches proportional. Folglich gibt der Ausschlag ein, wenngleich zunächst nur relatives Maß fur die „Strahlungsleistung $\dot{W}$" (vgl. S. 56). Seine bequemste Eichung in internationalem Maß, also in Watt, wird spater in § 171 beschrieben.

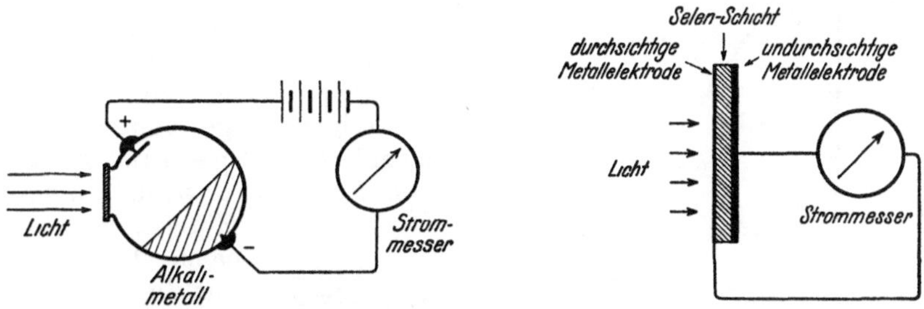

Abb. 38. Photozelle.   Abb. 39. Selenlichtelement.
Abb. 38 und 39 Zwei Strahlungsmesser fur Schauversuche.

Für Schauversuche mit Filterlicht konnen wir statt des Thermoelementes einen in der Handhabung noch einfacheren Strahlungsmesser benutzen: ine Photozelle, mit einem elektrischen Strommesser und einer Batterie in Reihe geschaltet (Abb. 38). Eine Photozelle besteht aus einer luftleeren Glaskugel mit zwei Elektroden. Auf der Kathode befindet sich fein verteiltes Alkalimetall. Unter Einwirkung des Lichtes geht von diesem Metall ein Elektronenstrom aus. Seine Stromstarke ist erfahrungsgemaß der Strahlungsleistung des Filterlichtes weitgehend proportional. Naheres folgt in § 159. — Kaum weniger brauchbar als die Photozelle ist ein Selenlichtelement (Abb. 39). Es besteht aus einer Selenplatte zwischen einer durchsichtigen und einer undurchsichtigen Elektrode. Es wird ohne Batterie mit dem Strommesser verbunden.

Anwendungsbeispiel: Wir messen die Verteilung der Bestrahlungsstärke (d. h. das Verhaltnis Strahlungsleistung / bestrahlte Flache) in unserem ersten, in Abb. 35 gezeigten Beugungsversuch. Wir setzen vor den Strahlungsmesser eine schmale Spaltblende, benutzen also einen nur etwa $\frac{1}{2}$ mm breiten Streifen seiner Fläche. Dann bringen wir den Strahlungsmesser an die Stelle des Schirmes in das Lichtbundel und verschieben ihn langsam quer zur Richtung der Bundelachse. Für jede Stellung wird der Ausschlag des Strommessers notiert und dann graphisch aufgetragen. So bekommt man die Abb. 37, sie erganzt quantitativ das in Abb. 36 photographierte Beugungsbild.

Nutzlich ist ein Vergleich. — Die Abb. 34 gilt für beliebige Wellen, ihre Ordinate bedeutet das Quadrat der Wellenamplitude. Die Abb. 37 bezieht sich auf Licht, ihre Ordinate bedeutet die Bestrahlungsstärke. In beiden Abbildungen zeigen die Kurven die gleiche Gestalt. Folglich ist die Bestrahlungsstärke ein relatives Maß für das Quadrat der Wellenamplitude. Oder anders gesagt: Unter Amplitude einer Lichtwelle verstehen wir eine der Wurzel aus dem Ausschlag des Strahlungsmessers proportionale Größe. Das mag das Bedürfnis nach „Anschaulichkeit" nicht befriedigen, es reicht aber für die quantitative Behandlung zahlloser optischer Erscheinungen.

§ 11. Strahlung verschiedener Wellenlängen. Dispersion. Wir wiederholen den in Abb. 4, S. 4, gezeigten Grundversuch der Brechung, jedoch mit zwei Abänderungen. Erstens benutzen wir statt des Rotfilterlichtes das gewöhnliche Glühlicht. Wir lassen ein schmales, nahezu parallel begrenztes Bündel von unter 1 mm Durchmesser auf den planparallelen Glasklotz auffallen. Zweitens verfolgen wir das gebrochene Bündel auch nach seinem Wiederaustritt aus der unteren, zur oberen streng parallelen Fläche des Glasklotzes. Dabei machen wir

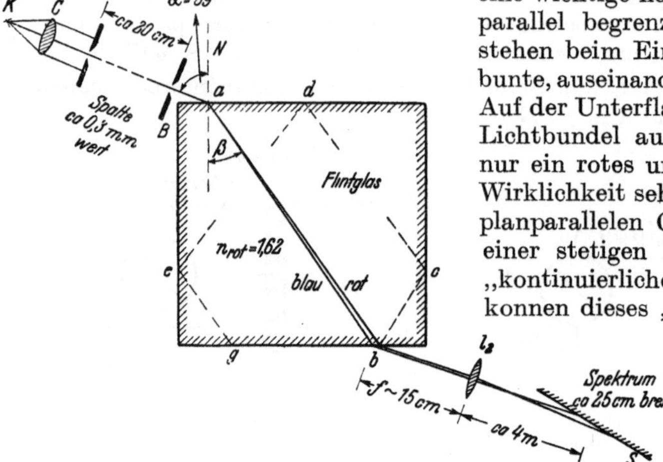

eine wichtige neue Beobachtung: Aus dem parallel begrenzten Glühlichtbündel entstehen beim Eindringen in den Glasklotz bunte, auseinanderfächernde Einzelbündel. Auf der Unterfläche treten parallele bunte Lichtbündel aus. Die Abb. 40 vermerkt nur ein rotes und ein blaues Bündel. In Wirklichkeit sehen wir aber unterhalb des planparallelen Glasklotzes ein Band mit einer stetigen Folge bunter Farben, ein „kontinuierliches Spektrum" genannt. Wir können dieses „Spektrum" einem großen Hörerkreis sichtbar machen. Dazu haben wir nur die Austrittsstelle b der Lichtbündel mit einer Linse stark vergrößert auf einen Wandschirm abzubilden.

Die Brechung in einem planparallelen Glasklotz erzeugt also aus einem Bündel unbunten Glühlichtes eine Reihe bunter Bündel. Diese bunten

Abb. 40   Herstellung eines Spektrums durch Brechung in einem planparallelen Glasklotz. Von a ab rechts bis zur Linse l_2 bedeuten die Striche ausnahmsweise keine Strahlen, sondern divergierende Lichtbündel. Sie sind deswegen mit zunehmender Dicke gezeichnet Für die übliche Darstellung in Punktiertechnik reichte der Platz nicht. Der Schirm S muß schräg gestellt werden, damit der Farbenfehler der Linse l_2 ausgeglichen und das Band des Spektrums oben und unten praktisch parallel begrenzt wird. Bei b ist das Spektrum etwa 2,5 mm breit Man kann jedoch auch das längs des Weges c, d, e, g reflektierte Licht bei g beobachten Dort hat das Spektrum wegen des dreifach größeren Glasweges schon etwa 8 mm Breite und mit der Linse l_2 auf den Schirm projiziert, etwa ¾ Meter

Bündel fächern im Inneren des Glasklotzes auseinander, laufen aber hinter dem Glasklotz einander parallel   Wir wollen wie bisher an dem Ausdruck „bunte" Bündel keinen Anstoß nehmen und zunächst versuchen, die Fächerung der bunten Bündel auch unterhalb des Glasklotzes fortzusetzen. Das erreichen wir unschwer: Wir haben nur die Parallelität der oberen und unteren Glasflächen aufzugeben und dem Glasklotz die Gestalt eines Prismas zu geben.

Bei der so vergrößerten Fächerung können wir ein viel breiteres Parallellichtbündel benutzen als im Falle der planparallelen Platte. Aber auch hier stört uns noch die Überlappung der einzelnen bunten Bündel. Darum nehmen wir den in Abb. 31 erläuterten Kunstgriff zu Hilfe. Wir benutzen eine Linse und machen alle austretenden Lichtbündel konvergent, d. h. wir bilden die linienhafte und zur Papierebene senkrechte Lichtquelle auf

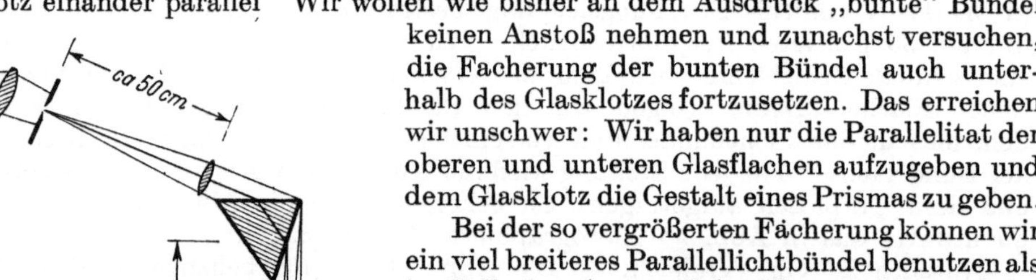

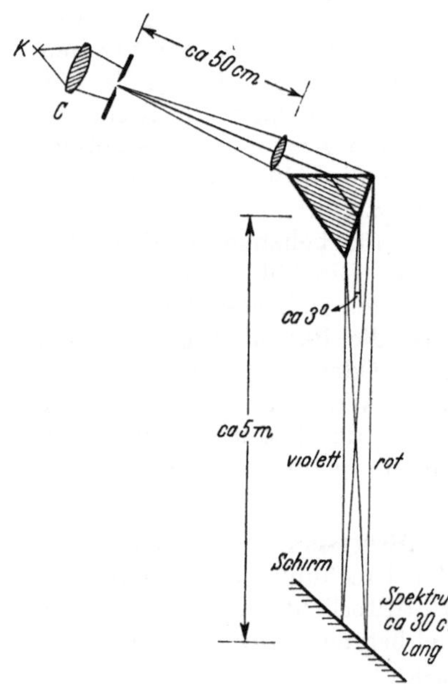

Abb 41 Herstellung eines Spektrums mit einem Prisma im Schauversuch. Das ins Prisma einfallende Lichtbündel ist nur angenähert parallel Die Linse bildet den Spalt (linienhafte Lichtquelle) auf dem einige Meter entfernten Wandschirm ab Von den bunten Lichtbündeln sind hinter dem Prisma nur ein rotes und ein violettes gezeichnet Die Schrägstellung des Schirmes hat wieder den in der Satzbeschriftung von Abb 40 angegebenen Grund — Eine für Meßzwecke übliche Anordnung mit strengem parallelem Lichtbundel findet man später in Abb 195

einem Wandschirm ab (Abb. 41) Dort finden wir das leuchtende bunte Band eines kontinuierlichen Spektrums.

Jetzt folgt die quantitative -Auswertung dieser Beobachtung. Zunachst müssen wir die unphysikalischen Bezeichnungen „rotes", „blaues" usw. Lichtbündel beseitigen und die verschiedenartigen Strahlungen physikalisch, d. h. durch eine Zahl charakterisieren. Dazu dient uns der Begriff der Wellenlange: Wir blenden aus dem Spektrum ein schmales, dem Auge einfarbiges Lichtbündel aus und messen für dieses nach dem uns bekannten Verfahren der Spaltbeugung eine Wellenlange (Abb. 35, Praktikumsaufgabe). Wir finden so für Lichtbundel

im violetten	Spektralbereich Wellenlangen von	400—440 mμ[1]
im blauen	Spektralbereich Wellenlangen von	440—495 mμ
im grunen	Spektralbereich Wellenlängen von	495—580 mμ
im gelben und orangen	Spektralbereich Wellenlangen von	580—640 mμ
im roten	Spektralbereich Wellenlangen von	640—750 mμ.

Der Vorgang der Brechung erzeugt also aus der Strahlung des Glühlichtes verschiedenartige, für das Auge bunte Strahlungen, und jeder von ihnen läßt sich ein Wellenlangenbereich zwischen 0,4 und 0,8 μ zuordnen. Bis auf weiteres genügt uns die Angabe einer mittleren Wellenlänge. Wir meinen aber immer einen Bereich. Gleiches gilt auch für unser Rotfilterlicht.

Für jede so durch eine (mittlere) Wellenlänge gekennzeichnete Strahlung kann man die Brechzahl n eines Stoffes bestimmen. Im Prinzip genugt dafür die Anordnung der Abb. 4. So bekommt man für etliche optisch oft gebrauchte Stoffe folgende Brechzahlen:

Tabelle 2.

Stoff	Brechzahl fur die Wellenlange			
	$\lambda = 0,656\,\mu$	$\lambda = 0,578\,\mu$	$\lambda = 0,436\,\mu$	$\lambda = 0,405\,\mu$
Leichtes Kronglas (Borkron BK 1[2])	1,5076	1,5101	1,5200	1,5236
Leichtes Flintglas (F 1[2])	1,6150	1,6200	1,6421	1,6507
Schweres Flintglas (SF 4[2]) . . .	1,7473	1,7552	1,7913	1,8060
Diamant	2,4099	2,4175	2,4499	2,4621

Meßtechnische Einzelheiten sind ohne Belang. Hier beschaftigt uns zunachst eine weitere Beobachtung von grundsätzlicher Bedeutung. Wir ersetzen das Auge durch einen physikalischen Indikator, durch eine Thermosaule. Diese bewegen wir in Abb. 41 durch die Ebene des Spektrums hindurch. Der Ausschlag des Strommessers verschwindet keineswegs an den sichtbaren Enden des Spektrums, also an den Grenzen des Violetten auf der einen, des Roten auf der anderen Seite. Wir finden vielmehr beiderseits des sichtbaren Spektrums noch Strahlungen von erheblichem Betrage. Die Brechung erzeugt also außer sichtbaren auch unsichtbare Lichtbündel. Man benennt sie mit den beiden Sammelnamen „Ultraviolett" und „Ultrarot".

Für Schauversuche haben wir fruher rotes Licht nicht durch Brechung, sondern mit Hilfe eines Rotfilters hergestellt. Wir ließen das Glühlicht einer Bogenlampe durch ein rotes Glas hindurchgehen. Dem Wort „Filter" liegt eine zwar rohe, aber oft brauchbare Vorstellung zugrunde. Diese betrachtet die unbunte Strahlung des Gluhlichtes als ein Gemisch verschiedener, bunter Strahlungen. Das Filter soll nur eine von ihnen hindurchlassen.

In entsprechender Weise kann man auch Filter für die unsichtbaren Strahlungen herstellen. Als Ultraviolettfilter benutzt man am bequemsten ein stark

---

[1] Lies Millimikron; 1 m$\mu = 10^{-3}\,\mu = 10^{-9}$ m $= 10^{-7}$ cm; 0,1 m$\mu = 10^{-10}$ m nennt man Ångström-Einheit, abgekürzt ÅE.

[2] Bezeichnung des Glaswerkes Schott und Gen. in Jena.

nickelhaltiges Glas. Dem Auge erscheint es undurchlässig wie Pech, aber es läßt, in der Sprache obigen Bildes, ultraviolettes Licht aus dem ·Strahlungsgemisch der Bogenlampe hindurch. Zur Sichtbarmachun g ultravioletter Lichtbundel benutzt man in Schauversuchen die Erregung der Fluoreszenz. Zahlreiche Substanzen leuchten, von ultraviolettem Licht getroffen, hell auf, d. h. sie senden sichtbares Licht aus, sie „fluoreszieren". So benutzen wir in Abb. 3 zum Tünchen des Brettes ein fluoreszenzfähiges Pigment, z. B. eine Lackschicht mit einem Zinksalzpulver. Eine helle, schwach grünliche Fluoreszenz zeigt uns die Spur des unsichtbaren, ultravioletten Parallellichtbündels.

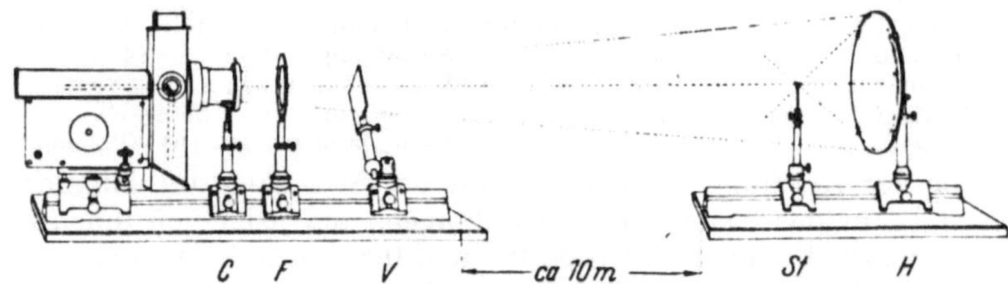

Abb. 42. Entzundung eines Streichholzes *St* durch ein Bundel unsichtbarer ultraroter Strahlung. *C* Hilfslinse, *F* Ultrarotfilter, *V* Verschlußklappe, *H* Hohlspiegel.

Als Filter für ultrarote Strahlung eignen sich MnO-haltige Glasplatten. Zum Nachweis des Ultrarot nimmt man meist die Erwärmung der bestrahlten Körper.

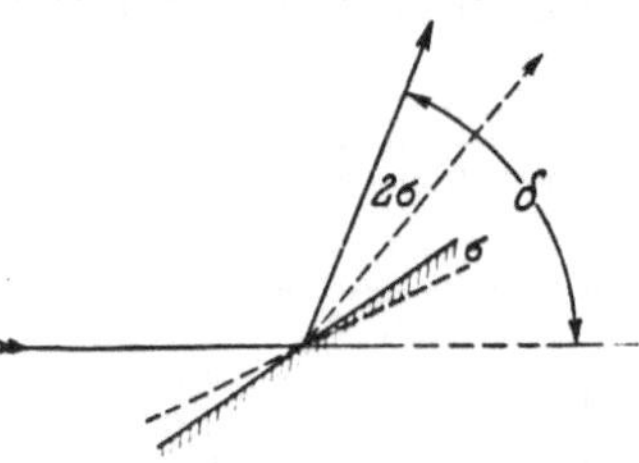

Abb. 43. Einfluß der Kippung eines Spiegels auf die Richtung eines gespiegelten Lichtbundels. Nur Bundelachse gezeichnet.

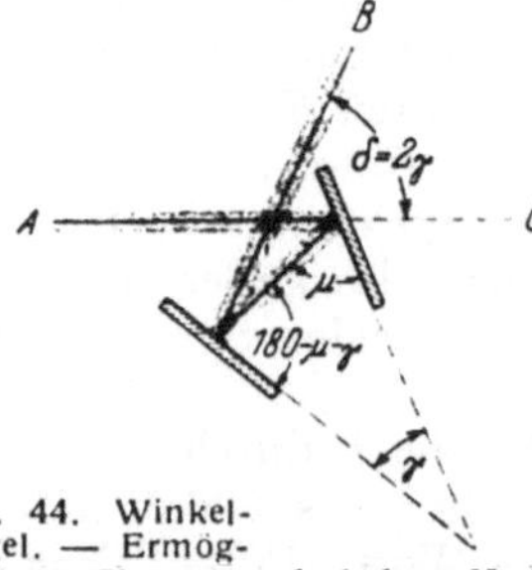

Abb. 44. Winkelspiegel. — Ermöglicht bei meßbar veranderlichem Keilwinkel γ eine freihandige Messung des Winkelabstandes δ zweier Gegenstande in Richtung *B* und *C* (Sextant der Seefahrer und Astronomen) Man denke sich das Auge bei *A* und die rechte Spiegelplatte teilweise durchsichtig, z. B. nur halbseitig versilbert.

So machen wir uns in Abb. 42 mit Hilfe einer Bogenlampe und eines Ultrarotfilters einen Scheinwerfer für ultrarotes Licht und entzünden in 10 m Abstand mit der unsichtbaren Strahlung ein Streichholz.

§ 12. Technischer Anhang. Winkel⌐p·egel und Sp·egelprismen ind oft gebrauchte technische Hilfsmittel. Überdies gibt die Rolle von Brechung und Dispersion bei den Spiegelprismen Anlaß zu nützlichem Nachdenken.

Häufig braucht man die Ablenkung eines Lichtbündels um einen bestimmten Winkel δ. Man erzielt das am einfachsten mit einer einmaligen Spiegelung nach dem Schema der Abb. 43. Aber diese Anordnung ist gegen seitliche Kippungen des Spiegels empfindlich. Bei einer Kippung um den Winkel σ (Achse senkrecht zum Hauptschnitt, also hier Zeichenebene) andert sich der Winkel δ zwischen einfallendem und reflektiertem Strahl um den Betrag 2 σ.

Bei einer zweimaligen Spiegelung durch einen Winkelspiegel hingegen bleiben seitliche Kippungen des Winkelspiegels ohne Einfluß. Denn nach Abb. 44 ist der Winkel δ zwischen einfallendem und zweifach reflektiertem Strahl nur vom Keilwinkel γ zwischen beiden Spiegelflachen abhängig. Es gilt

$$\delta = 2\,\gamma. \tag{22}$$

Für eine Strahlenknickung um 90° muß $\gamma = 45^c$ gewählt werden. — Zwei zueinander senkrechte Spiegel ($\gamma = 90°$) geben $\delta = 180°$, werfen demnach den einfallenden Strahl sich selbst parallel zuruck usw. Man kann das außer mit Lichtbündeln und Spiegeln noch recht nett mit Stahlkugeln und Stahlwanden (elastischer Stoß) vorfuhren (oder Kinderball und Zimmerwande).

Für saubere Spiegelungen sind rückwarts versilberte Glasplatten unzureichend. Sie geben stets doppelte Reflexionen hinten am Metallbelag und vorn an der freien Glasoberfläche, Metallspiegel ohne Glasschutz hingegen sind weniger haltbar. Darum füllt man in der Technik den Winkelbereich zwischen den beiden Metallspiegelflachen mit Glas aus. Vorn läßt man den Glasklotz als Dach mit dem Giebelwinkel $\varepsilon = 2\,\gamma$ auslaufen, hinten wird die überflüssige Spitze abgeschnitten (Abb. 45). So verwandelt man den Winkelspiegel in ein Spiegelprisma. Bei allen Formen des Spiegelprismas wirkt außer der Reflexion auch die Brechung mit. Deshalb setzen wir hier zunächst Rotfilterlicht voraus. In Abb. 45 schließen die Achsen des ankommenden wie des weggehenden Lichtbündels mit den Innenflächen des Glasklotzes den gleichen Winkel ein. In den Luftraum verlängert, werden diese beiden Strahlen um gleiche Beträge durch Brechung geknickt. Der Winkel zwischen ihnen bleibt also ungeändert $\delta = 2\,\gamma$. Das alles ist geometrisch leicht zu übersehen.

Für $\delta = 180°$, d. h. einfallendes und rückkehrendes Bündel einander entgegengerichtet, wird der Keilwinkel $\gamma = 90°$ Gl. (22). Also ist der Giebelwinkel $\varepsilon = 2\,\gamma = 180°$, das Spiegelprisma entartet zu dem in Abb. 46 skizzierten Dreiecksprisma. Solche Dreiecksprismen sind durch die Prismenfeldstecher allgemein bekannt geworden.

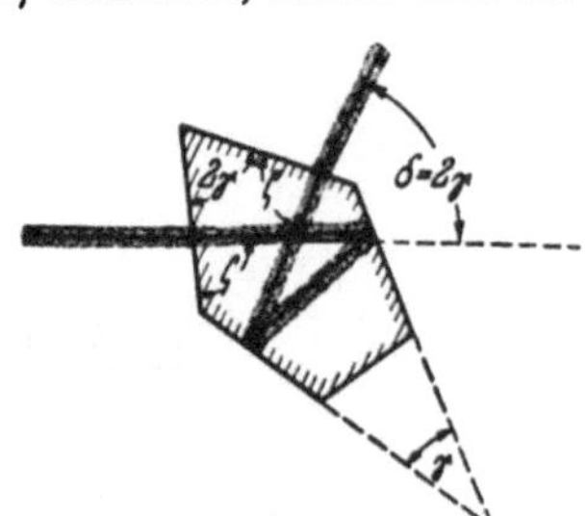

Abb. 45. Spiegelprisma. Die Achsen des Lichtbündels nach dem Eintritt und vor dem Austritt müssen gegen die Innenfläche des Giebels um den gleichen Winkel γ geneigt sein. Das erzielt man mit dem Giebelwinkel $\varepsilon = 2\,\gamma$. (Anderenfalls wurde die Brechung an beiden Giebelflächen verschieden groß.)

Die Abb. 47 zeigt uns das Dreiecksspiegelprisma noch in einer anderen Anwendungsform, nämlich als Umkehrprisma. Man benutzt es zum Aufrichten auf dem Kopf stehender Bilder, vor allem bei der Projektion kleiner physikalischer Apparate.

Als letztes Beispiel sei der Eckenspiegel genannt. Er soll, unabhängig von allen Kippungen und Wackeleien, ein Lichtbündel sich selbst parallel zurückwerfen. Bei Kippungen um nur eine Achse leistet das schon ein Winkelspiegel oder Spiegelprisma mit einem Keilwinkel $\gamma = 90°$ (vgl. Abb. 46, Kippachse senkrecht zur Zeichenebene). Bei Kippungen um beliebige Achsen braucht man jedoch drei aufeinander senkrechte Spiegelflächen (vgl. Abb. 48). Aus dem obengenannten Grunde füllt man auch hier den ganzen Raum zwischen den Spiegeln mit einem massiven Glasklotz aus. Seine vordere Grenzfläche ist eine Ebene. Man denke sich von einem Glaswürfel eine gleichseitige Ecke abgeschnitten. Zur Vorführung dieses „Tripelspiegels" umgibt man die Austrittsöffnung des Lichtbündels aus der Lampe mit einem weißen Papierschirm und halt den Eckenspiegel in beliebigem Abstand in das Lichtbündel hinein. Dann sieht

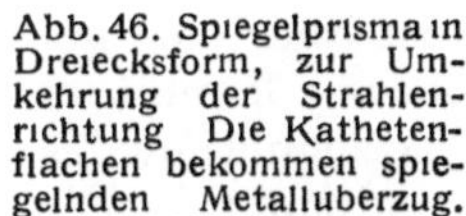

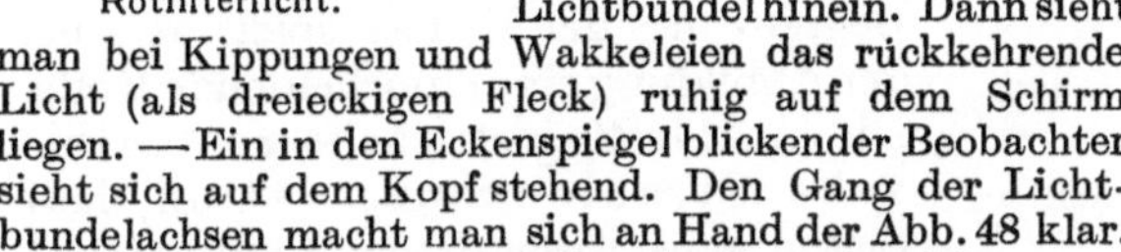

Abb. 46. Spiegelprisma in Dreiecksform, zur Umkehrung der Strahlenrichtung. Die Kathetenflächen bekommen spiegelnden Metallüberzug. Rotfilterlicht.

Abb. 47. Dreieckiges Spiegelprisma als Umkehrprisma benutzt. Die Hypotenusenfläche bekommt spiegelnden Metallüberzug. Rotfilterlicht.

man bei Kippungen und Wackeleien das rückkehrende Licht (als dreieckigen Fleck) ruhig auf dem Schirm liegen. — Ein in den Eckenspiegel blickender Beobachter sieht sich auf dem Kopf stehend. Den Gang der Lichtbündelachsen macht man sich an Hand der Abb. 48 klar.

Ein Mosaik von Eckenspiegeln mit sechseckigen vorderen Grenzflächen gibt gute „Katzenaugen" für Fahrzeuge.

Die obige Darstellung der Spiegelprismen war der Brechung halber ausdrücklich auf Filterlicht beschränkt worden. Bei „Glühlicht" tritt Dispersion auf: Nach dem Verlassen des Spiegelprismas sind die verschieden stark gebrochenen bunten Lichtbündel parallel gegeneinander versetzt. Warum sieht man trotzdem bei Benutzung von Spiegelprismen die Gegenstände ohne farbige Ränder? Diese Frage möge sich der Leser selbst beantworten.

Für die Messung kleiner Winkel benutzt man die Ablenkung durch ein Prisma mit meßbar veränderlichem Keilwinkel. Näheres in und unter Abb. 48a.

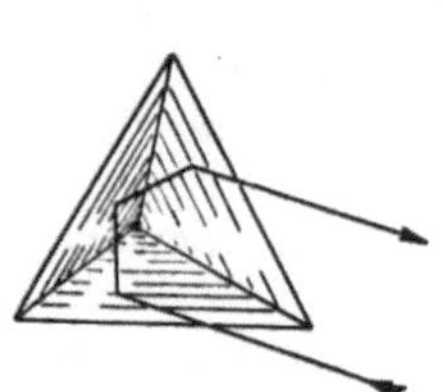

Abb. 48. Strahlengang in einer rechtwinkligen Spiegelecke.

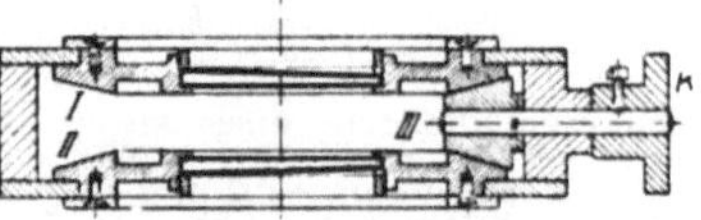

Abb. 48a. Prisma mit veränderlichem kleinem brechendem Winkel: Zwei sehr flache Prismen mit den brechenden Winkeln φ können um die strichpunktierte Achse gegenläufig um gleiche Winkel β gedreht werden. Beide Einzelprismen sitzen in der durchbrochenen Scheibe je eines großen Kegelrades I und II. In beide greift ein kleines drittes Kegelrad III ein, dieses dreht man mit der Kordel K. In der gezeichneten Stellung wirken beide zusammen wie ein Prisma mit dem brechenden Winkel $2\,\varphi$. Nach $\beta = 90°$ Drehung liegen die brechenden Kanten oberhalb und unterhalb der Papierebene zu dieser parallel. Dann wirken beide Prismen zusammen wie eine planparallele Platte, der brechende Winkel ist Null. Allgemein gilt für die Ablenkung δ des durchgehenden Strahles $\delta = 2\,\varphi\,(n - 1)\,\cos\beta$.

II. Abbildung und die Bedeutung der Lichtbündelbegrenzung.

§ 13. Die Bildpunkte einer Linse als Beugungsfiguren der Linsenöffnung.

In der Mechanik haben wir die Wirkung der Linsen an Hand von Wasserwellen kennengelernt. Wir wiederholen in Abb. 49 den grundlegenden Versuch: Wasserwellen fallen divergierend auf eine Öffnung. In der Öffnung liegt unterhalb der Wasseroberfläche eine Glasplatte von linsenförmigem Querschnitt. Im flachen Wasser laufen die Wellen langsamer als im tiefen. Die Wellen werden beim Passieren der dicken Linsenmitte am meisten verzögert, weniger in den dünneren Randgebieten. Infolgedessen ändert sich die Krümmung der Wellen. Sie konvergieren hinter der Linse und ziehen sich in einem „Bildpunkte" auf einen engen Bereich zusammen. Voraussetzung ist aber eine genügende Weite der Linsenöffnung. Bei kleiner Öffnung (Abb. 50) kommt es nicht mehr zu einer Einschnürung des Bundels in einem „Bildpunkt". Die Begrenzung der Wellen spielt also bei der Abbildung eine entscheidende Rolle. Die in Abb. 49 gestrichelte geometrische Strahlenkonstruktion läßt diesen ganz wesentlichen Punkt nicht erkennen.

Genau die gleichen Tatsachen gelten für die Abbildung in der Optik. Das wollen wir der grundsätzlichen Bedeutung halber zunächst experimentell vorführen. Für das Verstandnis genügen dabei unsere bisherigen Kenntnisse der Beugung. Wir werden sie in § 15 ein wenig vertiefen.

In Abb. 51 werfen wir das Bild eines Punktgitters mit einer guten Fernrohrlinse (Objektiv von 70 cm Brennweite) auf einen 5 m entfernten Schirm. Das Punktgitter (3 mm Seitenlänge) haben wir uns aus 25 Dingpunkten zusammengesetzt, Löchern von 0,2 mm Durchmesser, von hinten intensiv mit rotem Licht beleuchtet. Die in die Linse eintretenden Lichtbündel werden durch die kreis-

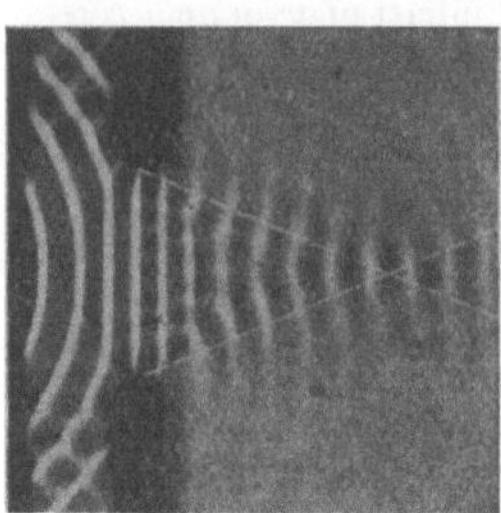

Abb. 49.

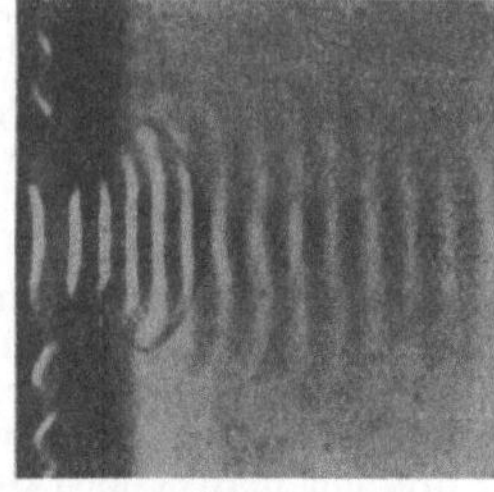

Abb 50.

Abb 49 und 50 Eine Flachwasserlinse, links mit weiter, rechts mit enger Öffnung benutzt Abb. 50 sah links vor der Linse ebenso aus wie Abb. 49 Der Bildrand ist durch ein Versehen bei der Aufnahme zu dicht an die Linse herangelegt worden.

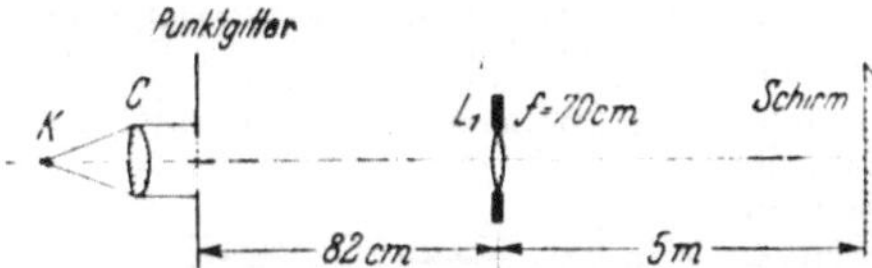

Abb. 51. Abbildung eines kleinen Punktgitters durch ein Fernrohrobjektiv Das Gitter besteht aus 25 Lochern von je 0,2 mm Durchmesser in je 0,7 mm Abstand Vgl. Abb. 53. Fur große Sale muß man f kleiner wahlen.

Abb. 52. Eine Hilfslochblende deckt 24 von den 25 Öffnungen des Punktgitters ab Die eine verbleibende Öffnung wird von dem gleichen Objektiv wie in Abb. 51 abgebildet. Doch wird diesmal das Lichtbundel durch eine Blende B_2 rechteckig begrenzt.

runde Linsenfassung (5 cm Durchmesser) begrenzt[1]. Das Bild auf dem Schirm ist in Abb. 53 photographiert; es zeigt uns ein Gitter, aufgebaut aus 25 sauber getrennten Kreisscheibchen Sie geben uns einen oberen Grenzwert für den Durchmesser eines „Bildpunktes". — Dann setzen wir unmittelbar vor das Gitter eine Hilfsblende B_1 (Abb. 52) und geben nur noch das mittlere Loch frei, einen einzelnen „Dingpunkt". Auf dem Schirm verbleibt sein Bild in unverminderter Schärfe.

Abb. 53. Das auf den Schirm der Abb 51 entworfene Bild des Punktgitters. Negativ in ½ nat. Größe.

Jetzt kommt die entscheidende Beobachtung: Wir setzen dicht hinter die Linse in Abb. 52 als Aperturblende (S. 2) einen rechteckigen Spalt B_2, aber seine Längsrichtung zunächst in der Papierebene. Dadurch bekommt das aus der Linse austretende Lichtbündel eine rechteckige Begrenzung, beispielsweise von $B = 0{,}3$ mm Breite. Auf dem Schirm sehen wir die in Abb. 54 photographierte Erscheinung (½ natürliche Größe): Dem Dingpunkt entspricht in der Bildebene ein langer „Pinselstrich", beiderseits mit kürzeren seitlichen Wiederholungen. Mit „Blaufilterlicht" bekommen wir die gleichen „Pinselstriche", nur etwas kürzer (Abb. 55).

In beiden Fällen gleichen die Figuren einem horizontalen Ausschnitt aus der uns bekannten Beugungsfigur eines Spaltes (Abb. 36). Dabei liegen die Minima in den gleichen Winkelabständen wie früher (man vgl. Abb. 54 mit Abb. 36). Demnach kann die Deutung der Abb. 54 und 55 nicht zweifelhaft sein: Ein Bildpunkt ist in Wahrheit eine Beugungsfigur der Linsenbegrenzung. Ihr erstes Minimum erscheint von der Linse aus gesehen beiderseits von der Bildmitte unter dem Winkel α, definiert durch die Gl. (21)[2]

$$\boxed{\sin \alpha = \frac{\lambda}{B}.} \qquad (21)$$

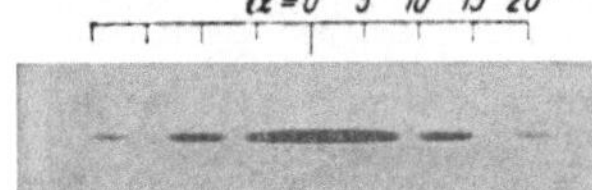

Abb. 54. Der pinselstrichartige Bildpunkt einer Linse bei schmaler rechteckiger Begrenzung der Lichtbündel durch einen zur Längsrichtung dieser Figur senkrechten Spalt von $B_2 = 0{,}30$ mm Breite. Die Figur ist mit Rotfilterlicht in 5 m Abstand photographiert ($\lambda \sim 0{,}66\,\mu$) Negativ in ½ natürlicher Größe

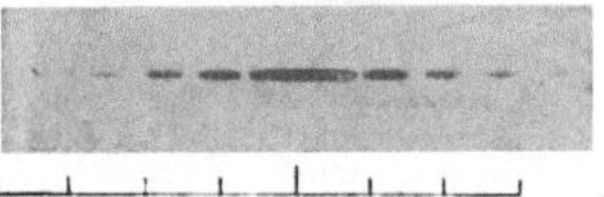

Abb. 55. Wie Abb. 54, jedoch mit Blaufilterlicht von $\lambda \sim 0{,}47\,\mu$.

Normalerweise ist die Linsenbegrenzung nicht rechteckig, sondern kreisförmig: An die Stelle des Spaltes tritt das kreisrunde Loch der Linsenfassung. Darum ersetzen wir bei der Fortführung der Versuche die Spaltblende in Abb. 52 durch eine Lochblende (z. B. Durchmesser $= 1{,}5$ mm). Das Ergebnis sehen wir in Abb. 56. Es ist die Beugungsfigur einer Kreisöffnung. Qualitativ kann man sagen, sie entstehe durch Rotation einer Spaltbeugungsfigur (Abb. 54) um ihren Mittelpunkt. Quantitativ stimmt das nicht ganz. Man muß im Falle der kreisförmigen Öffnung auf der rechten Seite der Gl. (21) einen Zahlenfaktor von rund 1,2 hinzufügen. Das ist aber bei dem weiten Spielraum der Wellenlänge λ im sichtbaren Spektralbereich (rund 0,4—0,8 μ) praktisch **ohne Belang**.

Ergebnis: Der Bildpunkt einer Linse ist eine Beugungsfigur der die Linse begrenzenden Öffnung. Man darf ohne nennenswerte Übertreibung behaupten: Bei der Abbildung durch Linsen ist das bündelbegrenzende Loch wichtiger als die Linse selbst. Die Rolle der Linse ist nur eine sekundäre. Sie macht die eben oder divergierend einfallenden Wellenzüge konvergent und zieht sie in einen engen Bereich zusammen. Dadurch verlegt sie die Beugungs-

---

[1] Vorausgesetzt, daß der Vorführende die Beleuchtungslinse C richtig anzuwenden versteht! (Vgl. Abb. 80 und 81.)

[2] In Abb. 52 kann man das auf die Spaltblende B_2 auffallende Lichtbündel mit großer Näherung als parallel begrenzt betrachten Somit ist die Voraussetzung für die Anwendbarkeit der Gl. (21) gegeben.

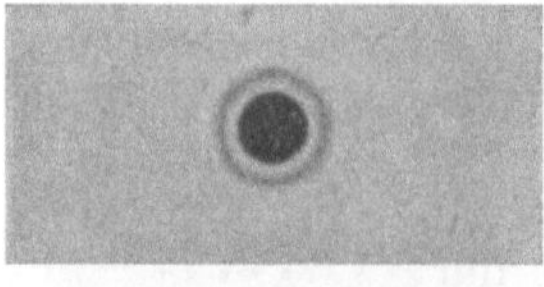

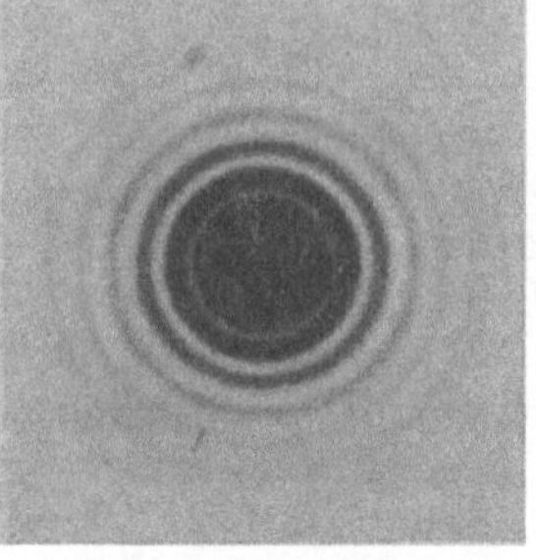

Abb. 56. Der Bildpunkt eines Fernrohrobjektives bei Begrenzung durch eine kreisrunde Öffnung von 1.5 mm Durchmesser, in 5 mm Abstand photographiert (oberes Bild 1 Minute, unteres Bild 5 Minuten belichtet). Rotfilterlicht Negative in natürlicher Große

figur der Öffnung in einen bequem zugänglichen Abstand; das aus diesen „Beugungsfigur-Bildpunkten" zusammengesetzte Bild bekommt eine kleine handliche Größe.

Nach Entfernung der Linse wirkt das verbleibende Loch ebenso wie bei der allbekannten Lochkamera (Abb. 119). Je größer das Loch, desto größer muß der Abstand zwischen Loch und Schirm gewählt werden. Dadurch kommt man schon bei einem Lochdurchmesser von 1 cm zu äußerst unbequemen Abmessungen von Schirmabstand und Bilddurchmesser. Doch kann man ohne Linse stets Bilder von gleicher Zeichnungsscharfe erreichen wie mit einer Linse. Zwischen dem Bildpunkt einer Lochkamera und dem einer Linse existiert kein Unterschied von grundsätzlicher Art. Beide sind lediglich Beugungsfiguren der Öffnung.

§ 14. Die Leistungsgrenze der Linsen, insbesondere im Auge und im astronomischen Fernrohr.

Die große Bedeutung der eben gezeigten Experimente soll durch einige Beispiele erläutert weiden. Wir greifen auf Abb. 52 zurück, entfernen die Hilfsblende B_1 und geben so alle 25 Dingpunkte des Punktgitters frei. Dann begrenzen wir die Linsenöffnung wieder rechteckig, benutzen also als Bildpunkte wieder lange „Pinselstriche" (Abb. 54), und zwar zunächst in horizontaler Lage (Spaltblende B_2 vertikal). So entwirft uns die Linse das linke Bild der Abb. 57. Statt des Punktgitters (Abb. 53) erscheinen funf horizontale helle Linien, entstanden durch Überlappung der horizontalen Bildpunktpinselstriche. — Wir kippen darauf den Spalt B_2 und somit auch die Pinselstriche um 45° gegen die Vertikale. Statt eines Punktgitters finden wir das Bild der Abb. 57 b, usf. — Eine unzweckmäßige Begrenzung der Lichtbündel kann also Bild und Ding einander völlig unähnlich machen.

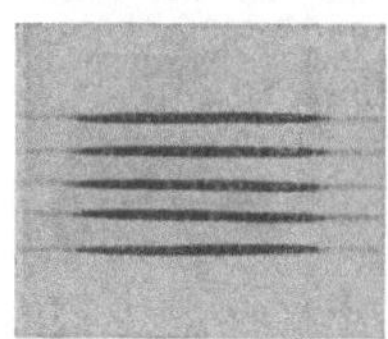  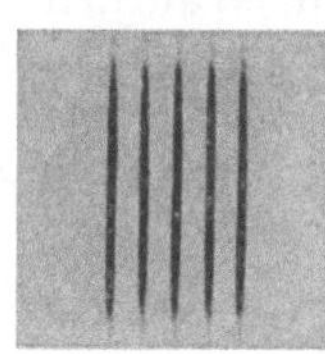

a   b   c

Abb 57. Die Bilder des Punktgitters in Abb. 51 werden entscheidend durch die Gestalt der Objektivbegrenzung bestimmt. Rotfilterlicht. Photographisches Negativ. ½ nat Größe.

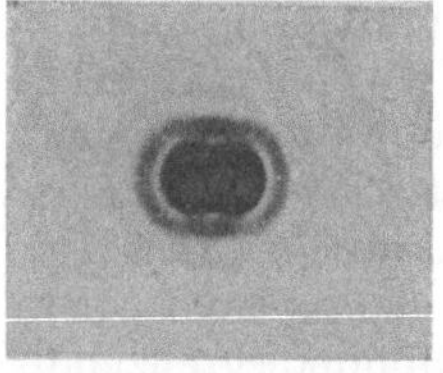

Abb. 58. Zur Auflosung einer Linse Trennung der beiden als Bildpunkte dienenden Beugungsfiguren. Kreisformige Linsenoffnung von 1,5 mm Durchmesser Das Ding bestand aus 2 Lochern von 0,2 mm Durchmesser in 0,3 mm Abstand Aufnahme mit Rotfilterlicht in 5 m Abstand. Negativ nat Gr

Für die übliche Form der Linsenbegrenzung, eine kreisrunde Fassung, bekommen wir als „Bildpunkt" eine kreisrunde Beugungsscheibe, umgeben von konzentrischen Ringen abnehmender Starke (Abb. 56). Für einen fernen Dingpunkt kann man den Halbmesser des ersten, die zentrale Beugungsscheibe umgebenden Minimums nach Gl. (21) berechnen. Er beträgt bei einem Linsendurchmesser B im Winkelmaß

$$\sin \alpha \approx \frac{\lambda}{B}. \tag{21}$$

Für eine Trennung zweier Dingpunkte muß man ungefähr so weit gehen wie in Abb. 58: Die Zentralscheibe des einen Bildpunktes muß in das erste Minimum des anderen fallen. Das heißt, der Winkelabstand $2\,w$ der Dingpunkte soll nicht wesentlich kleiner sein als der aus Gl. (21) berechnete Winkel α. Somit bekommen wir für den kleinsten „auflösbaren" Winkelabstand

$$\sin 2\,w_{\min} \approx \frac{\lambda}{B} \qquad (23)$$

Beispiel: Unser Auge ist im Grundsatz eine photographische Kamera. An die Stelle der Platte tritt die mosaikartig zusammengesetzte Netzhaut. Zur Begrenzung der Augenlinse dient die Iris. Ihr Lochdurchmesser beträgt im Tageslicht etwa 3 mm. Als mittlere Wellenlänge des Tageslichtes dürfen wir $\lambda = 0,6\,\mu = 6 \cdot 10^{-4}$ mm ansetzen. Somit erhalten wir nach Gl. (23)

$$\sin 2\,w_{\min} = \frac{6 \cdot 10^{-4}}{3} = 2 \cdot 10^{-4}$$

oder

$$2\,w_{\min} = 40 \text{ Bogensekunden} \approx 1 \text{ Bogenminute.}$$

Das heißt, unser Auge muß noch zwei Dingpunkte mit einem Winkelabstand von rund 1 Bogenminute unterscheiden können. Oder mit anderen Worten: Rund 1 Bogenminute ist der kleinste vom Auge „auflösbare" Sehwinkel $2\,w$ (vgl. Abb. 101). Diese Überschlagsrechnung stimmt mit den praktischen Erfahrungen überein. Zur Vorführung genügt ein schwarz und weiß geteiltes Strichgitter. Für einen Beschauer in 10 m Entfernung muß der Strichabstand rund 3 mm betragen. Daraus folgt

$$2\,w_{\min} = 3 \cdot 10^{-4} \text{ oder } 2\,w_{\min} = 1 \text{ Bogenminute.}$$

Bei günstiger Beleuchtung läßt sich etwa die Hälfte dieses Wertes erreichen. Man braucht also mit der Trennung nicht so weit zu gehen wie in Abb. 58.

Das moderne astronomische Fernrohr ist praktisch ebenfalls nur eine Abart der photographischen Kamera: eine Linse oder ein Hohlspiegel und in der Brennebene eine photographische Platte. Für einen Linsen- oder Spiegeldurchmesser von 300 mm wird der kleinste auflösbare Sehwinkel 100mal kleiner als bei freiem Auge, also rund 0,4 Bogensekunden. Mit einer Öffnung von 1,2 m kann man noch zwei Fixsterne mit 0,1 Bogensekunden Abstand trennen, usf. — Jeder der beiden Sterne macht sich lediglich durch eine Beugungsfigur der Linsen- oder Spiegelöffnung bemerkbar. Für eine dreieckige Begrenzung eines Fernrohrobjektives wird die Beugungsfigur eines Fixsternes in Abb. 59 gezeigt. Ein wirkliches Bild der Fixsternscheiben, entsprechend dem Bilde der Sonnenscheibe, können wir mit unseren heutigen Fernrohren nicht herstellen. Der Durchmesser der Sonnenscheibe beträgt 32 Bogenminuten, der Scheibendurchmesser selbst näher Fixsterne jedoch

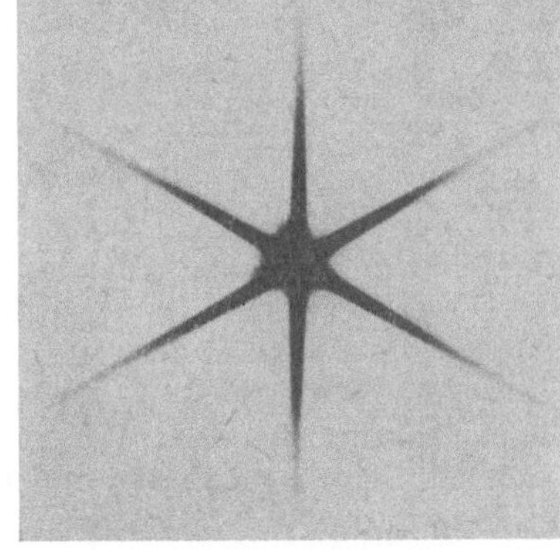

Abb. 59 Der Bildpunkt einer Linse bei Begrenzung durch eine dreieckige Öffnung von 1 cm Kantenlänge. In 5 m Abstand mit Rotfilterlicht, in natürlicher Größe photographiert (Negativ).

weniger als 0,01 Bogensekunden. Für die Abbildung der Fixsternscheiben sind die Bildpunkte auch des größten vorhandenen Fernrohres (Durchmesser des Spiegels = 5 m) noch viel zu grob.

Die Leistungsgrenze des Auges und des Fernrohres wird durch die Begrenzung der Lichtbündel, nicht durch Einzelheiten des Linsenbaues bestimmt. Das ist das wesentliche Ergebnis dieses Paragraphen.

§ 15. Zur Entstehung der Beugung. Unterscheidung von Fraunhoferscher und Fresnelscher Beugung.

In § 13 haben wir den Bildpunkt einer Linse als Beugungsfigur ihrer Öffnung erkannt. — Diese zunachst experimentell gewonnene Tatsache ist in Analogie zu mechanischen Wellen unschwer zu deuten: Man hat den bisher ganz formal eingeführten Wellen in Glas eine kleinere Geschwindigkeit zuzuschreiben als in Luft, also

$$\frac{\lambda_{\text{Luft}}}{\lambda_{\text{Glas}}} = \frac{v_{\text{Luft}}}{v_{\text{Glas}}} = n. \tag{4}$$

$(\lambda = \text{Wellenlange}, \ v = \text{Geschwindigkeit}, \ n = \text{Brechzahl.})$

Das soll im folgenden gezeigt werden. Wir wahlen wiederum den einfachsten Fall: Die Wellen sollen als parallel begrenztes Bundel, also praktisch eben, senkrecht auf eine Öffnung auffallen.

Ohne Linse hieß es in der Mechanik: Nach dem Huyghens-Fresnelschen Prinzip wird jeder Punkt der Öffnung zum Ausgangspunkt eines elementaren Wellenzuges (Mechanikband, Abb. 378). Hinter der Öffnung tritt eine Überlagerung aller elementaren Wellenzüge auf. Sie erzeugt die seitliche Begrenzung des Bündels. Die Abweichung von den mit Strahlen konstruierten Grenzen ist die Beugung.

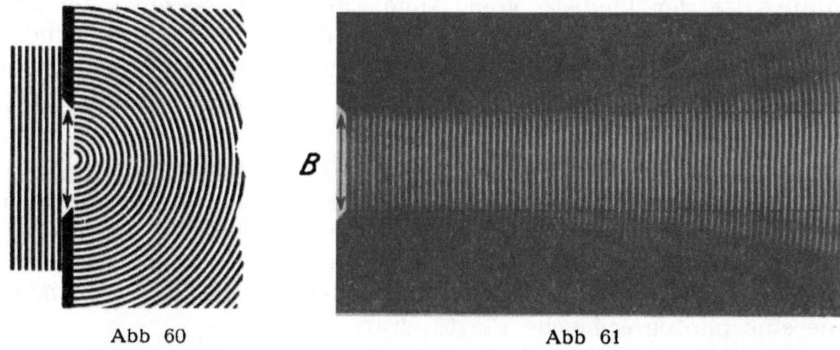

Abb 60   Abb 61

Abb. 60 und 61   Modellversuch zur Begrenzung ebener Wellen durch einen weiten Spalt — Zugleich Schema einer „Fresnelschen Beugung"   In Abb 60 sind die Wellen auf eine Glasplatte gezeichnet Ihr Profil ist nicht sinus-, sondern kastenformig gewahlt, weil die Feinheiten doch im Druck verlorengehen. Bei einwandfreier Wiedergabe sollten in Abb. 61 der Grund dem Auge grau erscheinen, Wellenberge grauweiß bis weiß, Wellentaler grauschwarz bis schwarz   Meist werden im Druck die Farben des Grundes denen der Taler zu ahnlich   Dieser Schonheitsfehler muß auch bei allen spateren Modellversuchen zum Wellenverlauf in Kauf genommen werden.

In der Mechanik haben wir diesen Vorgang graphisch behandelt (§ 115). Einfacher und anschaulicher ist jedoch ein Modellversuch. In Abb. 60 bedeutet der Doppelpfeil einen in der Öffnung angelangten Wellenberg, seine Länge also zugleich die Breite B der Öffnung. Ferner bedeutet das System konzentrischer Kreise einen einzigen elementaren Wellenzug, ausgehend von einem Punkte dieser Öffnung. — Dies Wellenbild denken wir uns auf Glas ubertragen und auf einen Schirm projiziert, den Doppelpfeil auf den Schirm gezeichnet. Alsdann denken wir uns mit Hilfe weiterer Projektionsapparate eine stetige Folge derartiger Glasbilder nebeneinander auf den Schirm geworfen. Praktisch wird geschickter verfahren: Wir benutzen nur das eine Glasbild der Abb. 60 und bewegen sein Wellenzentrum mit irgendeiner mechanischen Vorrichtung rasch in der Richtung des Doppelpfeiles hin und her, etwa 20mal je Sekunde. Auge und photographische Platte vermögen die raumlich und zeitlich aufeinanderfolgenden Bilder nicht mehr zu trennen; sie verzeichnen nur die Uberlagerung samtlicher Elementarwellenzuge. So entsteht das in Abb. 61 abgedruckte Wellenbild

Eine Fortführung dieses Versuches wird uns jetzt die Linsenwirkung erlautern. Zu diesem Zweck zeichnen wir in Abb 62 eine größere Öffnung und dicht vor sie eine Sammellinse. Die Wellen sollen im Glas der Linse langsamer laufen als in

Luft [Gl. (4)]. Infolgedessen bleibt ihre Mitte gegenüber dem Rande zurück. Die Wellenfläche wird hohl gewölbt, der in Abb. 60/61 gerade Doppelpfeil ist durch einen kreisförmig gekrümmten zu ersetzen. Alles übrige verlauft dann genau wie oben. Wir bewegen (mit irgendeiner mechanischen Vorrichtung) das Wellenzentrum längs des gekrümmten Doppelpfeiles. Das Ergebnis zeigt eine Photographie in Abb. 62: Der Wellenzug konvergiert auf den Krümmungsmittelpunkt des Doppelpfeiles. Aber dieser Ort wird keineswegs zu einem punktförmigen Konvergenzzentrum. Es besteht nur eine enge Einschnürung des Wellenzuges, und neben ihr erscheinen einige schwachere Begleiter. Wir denken uns in der engsten Stelle senkrecht zur Papierebene und senkrecht zur Laufrichtung der Wellen eine Beobachtungsebene gestellt.

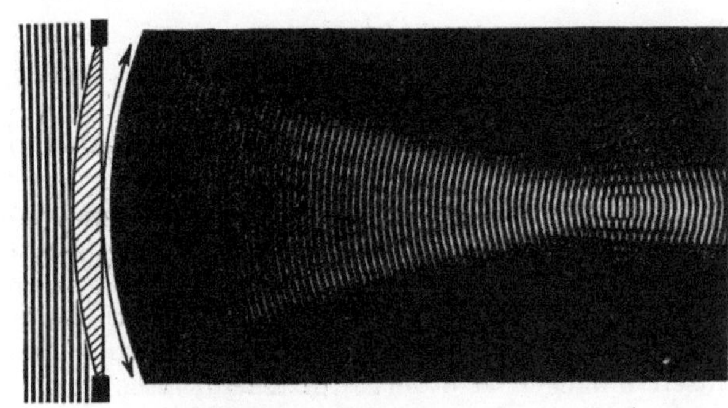

Abb 62 Modellversuch zur Entstehung des Bildpunktes einer Linse als Beugungsfigur ihrer Öffnung — Zugleich Schema einer Fraunhoferschen Beugung — Im „Bildpunkt" und in seiner Nahe sind die Wellen eben

Auf ihr entsteht eine Beugungsfigur nach Art der Abb. 56. Es ist eine Beugungsfigur der benutzten Linsenöffnung B, der wirkliche oder physikalische Bildpunkt im Gegensatz zu einem mit Strahlen konstruierten.

Die Abb. 63 zeigt uns links zwei extrafokale Beugungsbilder eines fernen Lichtpunktes (Fixsternes) in 30facher Vergrößerung photographiert Rechts findet sich der zugehörige Modellversuch. Er ist in gleicher Weise gewonnen wie Abb. 62, zeigt aber nur die Wellen in der Nachbarschaft des Brennpunktes.

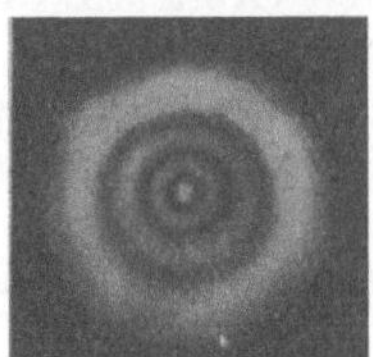 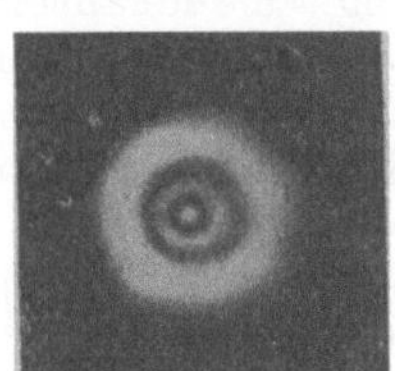 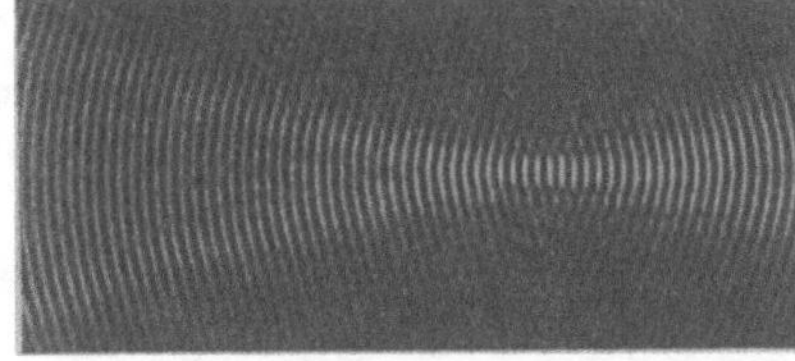

Abb. 63 Links. Zwei „extrafokale Beugungsfiguren" eines fernen Lichtpunktes Sie sind mit einem Fernrohrobjektiv ($f = 4$ m, $\varnothing = 12$ cm) in 35 und 25 mm Abstand von der Brennebene mit 30facher Vergroßerung photographiert. Rechts: Modellversuch zur Entstehung dieser Beugungsfigur. Man besehe das Bild schrag in seiner Langsrichtung. Es ist genau wie in Abb. 62 ausgefuhrt, doch ist nur die Umgebung des Brennpunktes photographiert worden

Das in Abb. 62 vorgefuhrte Wellenfeld entsteht durch konvergente Wellen. Der Querschnitt des Lichtbündels zeigt in der Nahe des Linsenbrennpunktes eine deutliche Struktur (Abb. 63). In der Brennebene ist diese Struktur von besonderer Einfachheit, und dort nennt man sie eine Fraunhofersche Beugungsfigur. — Von Fresnelscher Beugung spricht man bei divergenten Wellenzügen, z. B. in Abb. 61. Der Querschnitt des divergierenden Lichtbündels zeigt in allen Abständen von der Öffnung eine deutliche Struktur. Sie ändert sich mit dem Öffnungswinkel u des auffallenden Lichtbündels und dem Abstand des Beobachtungsschirmes von der Öffnung. Für sehr kleine Öffnungswinkel und große Schirmabstande gewinnt sie schließlich die einfache Gestalt der Fraunhoferschen Beugungsfigur. — Mit den Worten Fraunhofersche und Fresnelsche Beugungsfigur unterscheidet man also nur zwei praktisch wichtige Falle, aber nicht etwa grundsatzlich verschiedene Erscheinungen (vgl. Abb 29/30).

III. Einzelheiten, auch technische,
über Abbildung und Bündelbegrenzung.

§ 16. Vorbemerkung. Allgemeines über Abbildungsfehler. In der Optik spielen
Linsen etwa die gleiche Rolle wie die Leitungsdrähte in der Elektrizitatslehre.
Beide sind ein unentbehrliches technisches Hilfsmittel der experimentellen Be-
obachtung. Die Handhabung der Leitungsdrähte ist rasch erlernt und weit-
gehend aus alltäglichen Erfahrungen bekannt. Eine sinngemäße Benutzung von
Linsen hingegen erfordert Einzelkenntnisse von nicht unerheblichem Umfang.
Die fünf Druckseiten des § 7 genügen keineswegs. Leider ist der Stoff ein wenig
spröde. Überdies ist er als Objekt einer hemmungslosen Kreidephysik nicht ohne
Grund in Mißkredit geraten. — Unsere Darstellung erstrebt darum eine recht
enge Anlehnung an das Experiment und an praktische Anwendungen.

In den §§ 13 bis 15 entnahmen wir der Beobachtung drei wichtige Ergebnisse:

1. Zum feineren Verständnis der Linsenwirkung muß man die Lichtbundel
wie Bündel fortschreitender Wellen behandeln. Man hat die an mechanischen
Wellen so anschaulich gewonnenen Erfahrungen auf die Lichtstrahlung zu übertragen. Man muß die mechanisch bewahrten Beziehungen, z. B. Gl. (21) v. S. 14,
auch beim Licht benutzen. Die Darstellung der Lichtbundel durch gerade Striche,
also Strahlen, erweist sich als eine Näherung. Sie idealisiert einen Grenzfall, die
Ausbreitung von Wellen mit verschwindend kleiner Wellenlange.

2. Der Schnittpunkt der Strahlen hat physikalisch immer die Bedeutung
einer Beugungsfigur. Der physikalische Bildpunkt hat eine endliche Ausdehnung,
wie der Schlußpunkt dieses Satzes.

3. Größe und Gestalt dieser Beugungsfigur werden entscheidend durch die
Begrenzung des einfallenden Lichtbündels bestimmt.

Damit ist unsere Aufmerksamkeit auf die Wichtigkeit der Lichtbündelbegrenzung gelenkt worden. Dieser Punkt wird für den Inhalt dieses Kapitels
von entscheidender Bedeutung werden.

Unsere bisherige Behandlung der Linsenwirkung (§ 7) war an drei Voraussetzungen gebunden:

1. Die Lichtbündel sollten zu beiden Seiten der Linse schlank, d. h. sowohl
der dingseitige Öffnungswinkel u (Abb. 25) wie der bildseitige u' sollten klein
sein. (Experimentell verwirklichten wir das durch kleine flache Linsen großer
Brennweite.)

2. Die Richtung der Bündelachsen, d. h. der Hauptstrahlen, sollte mit der
Linsenachse nur kleine Winkel w bilden (Abb. 25).

3. Das benutzte Licht sollte eine praktisch konstante Brechzahl haben, also
einem engen Wellenlängenbereich angehören.

Diese drei Voraussetzungen sind mit den meisten Ansprüchen der Praxis
nicht vereinbar. Die Praxis stellt an die Linsen fast immer drei Forderungen:

A. Große Öffnungswinkel u. — Grund: Die von der Linse aufgenommene und
zum Bilde durchgelassene Strahlungsleistung (Energie/Zeit, gemessen in Watt)

steigt proportional zu $\sin^2 u$. Das zeigt man experimentell mit der in Abb. 64 dargestellten Anordnung.

B. Große Winkel w zwischen Hauptstrahlen und Linsenachse. Man denke an das Photographieren einer Landschaft mit einer Taschenkamera.

C. Anwendung von Tageslicht, also bildlich gesprochen eines Strahlungsgemisches verschiedener Wellenlange.

Trotz dieser Ansprüche soll die Abbildung „gut" bleiben, d. h drei weitere Forderungen erfullen:

D. Jeder Dingpunkt soll als scharfer Bildpunkt wiedergegeben werden; es sollen keine „Schärfenfehler" auftreten.

E. Eine zur Linsenachse senkrechte Dingebene soll wieder als Bildebene abgebildet werden, Bildfeldwölbungen sollen vermieden werden.

F. Die Vergrößerung soll für alle Punkte der Dingebene die gleiche sein. Bild und Ding müssen einander ähnlich bleiben. Gerade Linien dürfen nicht in krumme verzeichnet werden.

Eine einfache Linse vermag die Forderungen der Gruppe A—C und D—F nicht gleichzeitig zu erfüllen. Bei allen Bemühungen dieser Art stößt man auf eine Reihe mehr oder minder schwerer „Abbildungsfehler". Ihre grundsatzliche Behebung ist nicht möglich. Doch hat die Optotechnik diese Fehler teils

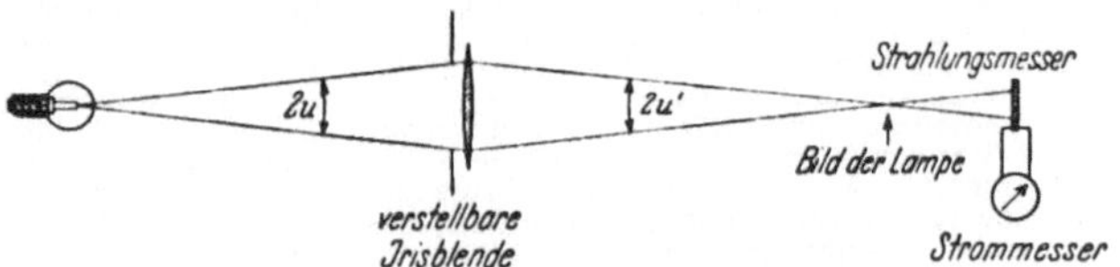

Abb. 64. Von einer kleinen Gluhlampe (rotes Glas) wird Energie auf die Linse gestrahlt und durch die Linse auf einen Strahlungsmesser weitergeleitet. Dieser mißt die auffallende Strahlungsleistung, d. h. die Energie je Sekunde, in willkurlichem Maß. Die gemessene Strahlungsleistung steigt proportional mit $\sin^2 u$ — $\sin u$ nennt man die Apertur des Lichtbundels.

einzeln, teils gemeinsam weitgehend zu vermindern vermocht. Sie verwendet dabei ganz überwiegend Mehrfachlinsen. Diese bestehen aus einer zentrierten[1] Folge von Einzellinsen mit Kugelschliff. Verhaltnismäßig selten werden nichtspharische Schlifflächen angewandt, z. B. eine parabolische Krümmung für Spiegelteleskope und Scheinwerfer oder nichtspharische Linsen für Kondensoren der Projektionsapparate.

Jede Linse (und jeder Spiegel) muß dem Sonderzweck genau angepaßt werden. An das Objektiv eines Mikroskopes werden völlig andersartige Anforderungen gestellt als an das eines Fernrohres. Eine Lupe zur Ablesung einer Skala muß anders gebaut sein als die zum Besehen einer Photographie usf. Man kennt heute zwar allgemeine Methoden zur Herabsetzung der einzelnen Abbildungsfehler, doch verlangt die Behandlung jedes Einzelfalles weitgehende numerische Durchrechnung unter geschickter Ausnutzung der verschiedenen Glassorten. Die Technik hat in dieser Beziehung Bewundernswertes geleistet und dadurch die Arbeit der Forschung erheblich gefördert.

Wir bringen in den §§ 18 bis 21 einen knappen Überblick über die wichtigsten Abbildungsfehler und die Verfahren zu ihrer Herabsetzung. Zuvor haben wir in § 17 drei nachher notwendige Dinge zu behandeln, die Begriffe der Hauptebenen, Knotenpunkte und Pupillen.

§ 17. Hauptebenen, Knotenpunkte und Pupillen. Bei der Behandlung einfacher, dünner Linsen zählt man Brennweite, Dingabstand und Bildabstand von der Mittelebene der Linse aus. Diese Mittelebene benutzt man auch bei den

---

[1] D. h. die Krümmungsmittelpunkte aller Linsenflächen liegen auf einer gemeinsamen Achse.

bekannten, im Schulunterricht sehr beliebten graphischen Konstruktionen des Bildortes (Abb. 65 und 66 nebst Satzbeschriftungen).

Man vernachlässigt also die endliche Dicke der Linsen als unerheblich. Das ist jedoch bei dicken Linsen und Mehrfachlinsen (z. B. Objektiven der Mikroskopie und Photographie) fast immer unzulässig. Zur Behandlung des Strahlenganges reicht die Mittelebene nicht aus. Man muß vielmehr zwei zur Linsenachse

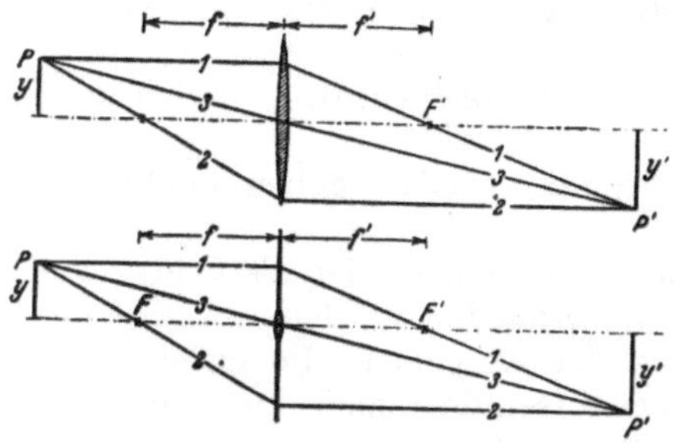

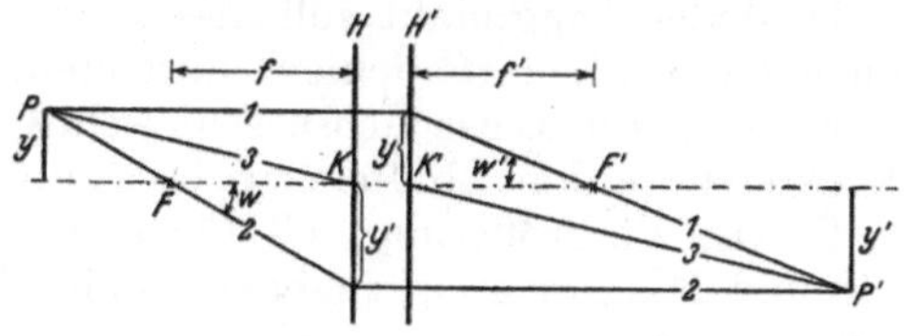

Abb. 65 und 66   Graphische Konstruktion des zum Dingpunkte P gehörigen Bildpunktes P'. Brennpunkte F und F' gegeben. Es genügen je zwei der Strahlen 1—3. — Diese Konstruktion ist rein formal. Die Dinggröße 2 y kann beliebig größer sein als der Durchmesser der Linse, z. B. bei der photographischen Kamera. Dann erreichen die Strahlen 1 und 2 nicht mehr die Linse selbst, sondern nur ihre Mittelebene. Trotzdem werden sie in der Linsenebene abgeknickt, das zeigt Abb 66

Abb. 67. Zur Definition der ding- und bildseitigen Hauptebenen H und H'. Von ihnen aus zählt man bei dicken Linsen und Mehrfachlinsen im Ding- und Bildraum Brennweiten und Abstande von Ding und Bild. K und K' dienen dem Vergleich mit der Abb. 72 Will man zur Messung der Brennweite nach Gl. (24) z B. den Strahl 2 als Lichtbundelachse realisieren, so muß man den Brennpunkt F mit einer Lochblende als Eintrittspupille umgeben. Damit wird 2 zum Hauptstrahl, und deswegen ist fur seinen dingseitigen Neigungswinkel in ublicher Weise der Buchstabe w gewahlt worden

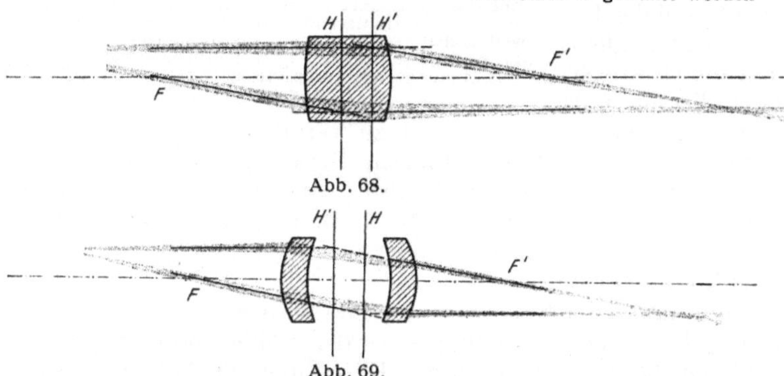

Abb. 68.

Abb. 69.

Abb. 68 und 69   Schauversuche zur Erlauterung der schematischen Abb 67. Rotfilterlicht Der Übersichtlichkeit halber werden nur die zu den Strahlen 1 und 2 gehorenden Lichtbundel vorgefuhrt. $^{1}/_{9}$ nat Große. — Im Falle Abb. 69 liegt die bildseitige Hauptebene H' dem Dinge naher als die dingseitige H

senkrechte Bezugsebenen einführen, die beiden Hauptebenen H und H', und Brennweiten, Ding- und Bildabstand von ihnen aus zählen (C. F. Gauss). Ebenso muß man bei der zeichnerischen Bestimmung des Bildortes die Strahlen bis zu einer der Hauptebenen fuhren und dort abknicken. Das zeigen wir in Abb. 67. Der physikalische Sinn dieser Konstruktion ergibt sich aus den Schauversuchen der Abb. 68 und 69. Die durch F gehenden Bündelachsen (Strahlen) nennt man bildseitig telezentrisch, die durch F' gehenden dingseitig telezentrisch.

Abb. 67 veranschaulicht uns zugleich eine allgemeine Definition der Brennweiten, nämlich

bildseitig:
$$f' = \frac{y}{\tang w'},\qquad\qquad(24\,\text{a})$$

dingseitig·
$$f = \frac{y'}{\tang w}.\qquad\qquad(24\,\text{b})$$

Zur experimentellen Bestimmung der Hauptebenen benutzt man zwei telezentrische Lichtbundel. Man laßt sie parallel zur Linsenachse erst, von rechts (Abb. 70) und dann von links (Abb. 71) einfallen. Man bestimmt die Lage der Brennpunkte F und F' und bringt die gestrichelten Verlangerungen der Bundelachsen zum Schnitt. Bei dieser Mehrfachlinse liegen die beiden Hauptebenen H und H' nicht zwischen den Einzellinsen (einer großen Wölb- und einer kleinen Hohllinse), außerdem sieht man deutlich den sehr ungleichen Abstand der beiden Brennpunkte von der Mittelebene der Mehrfachlinse.

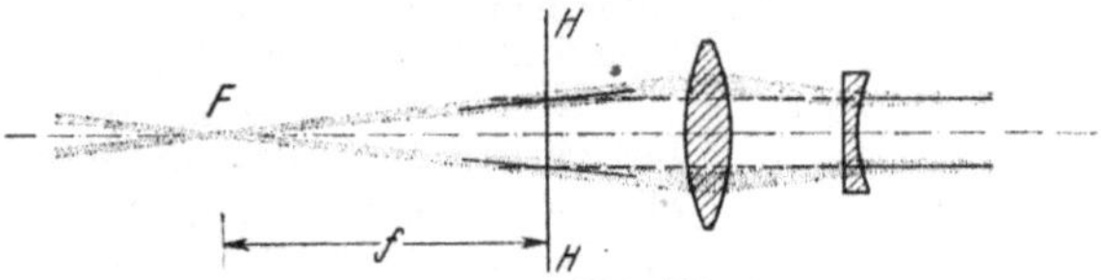

Abb. 70.

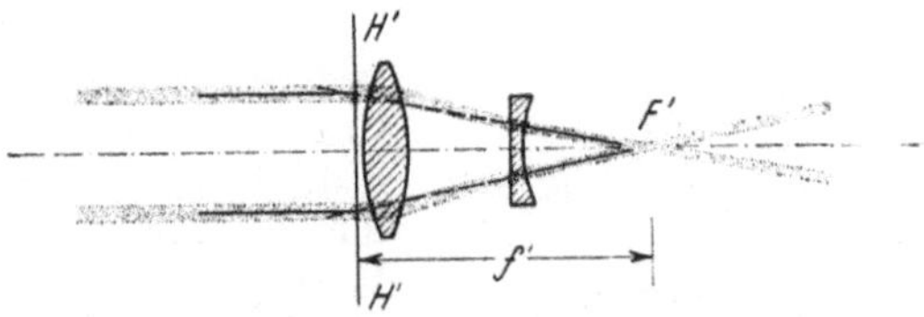

Abb. 71.

Abb. 70 und 71 Schauversuch zur Bestimmung der Hauptebenen einer aus Wolb- und Hohllinse zusammengesetzten Mehrfachlinse. — Derartige Mehrfachlinsen benutzt man bei der photographischen Kamera als „Teleobjektive zur Herstellung von Großaufnahmen ferner Gegenstande, z B. von Tieren in freier Wildbahn. Dazu braucht man eine große Brennweite, siehe Gl. (20a) auf S 12 Bei gewohnlichen Objektiven muß die Kameralange mindestens gleich der Brennweite sein, beim Teleobjektiv hingegen genugt der viel kleinere Abstand zwischen der hinteren Hohllinse und dem Brennpunkt F'

Bei der häufigsten Anwendung der Abbildung sind Ding- und Bildraum vom gleichen Stoff erfüllt, namlich Luft. In einigen Fallen enthalt aber der Bildraum einen anderen, meist flüssigen Stoff (Auge!). Dann braucht man den Begriff der Knotenpunkte. Man erlautert ihn am einfachsten für den Sonderfall einer Lochkamera mit Wasserfullung (Abb 72) Man kann die Abbildung des Dingpunktes A in seinem Bildpunkt A' auf zwei Weisen beschreiben: Entweder mit den Strahlen a und a'; beide sind gegeneinander durch Brechung geknickt. Oder mit den Strahlen a und a''. Diese verlaufen im Ding- und Bildraum einander parallel. Ihre Schnittpunkte mit der strichpunktierten Symmetrieachse der abbildenden Öffnung definieren zwei Punkte K und K', genannt die Knotenpunkte.

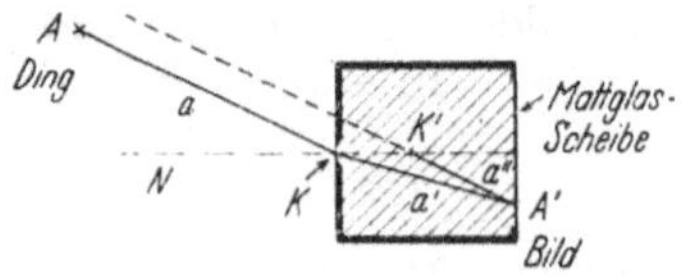

Abb. 72 Die Lage der beiden Knotenpunkte K und K' in einer mit Wasser gefullten Lochkamera Die abbildende Öffnung wird mit einer dunnen Glasplatte verschlossen

In entsprechender Weise definiert man die Knotenpunkte auch dann, wenn man in die abbildende Öffnung eine Linse einfügt. Als Beispiel nennen wir das Auge. Im Dingraum befindet sich Luft, im Bildraum, der Augenkammer, Flüssigkeit.

Die beiden Knotenpunkte des entspannten Auges liegen beim normalen (nicht peripheren) Sehen 7 und 7,3 mm hinter dem Hornhautscheitel. Die Hauptebenen hingegen nur etwa 1,35 und 1,65 mm hinter dem Hornhautscheitel.

Im allgemeinen befinden sich aber auf beiden Seiten der Linse gleiche Stoffe. Dann werden die Schnittpunkte der Hauptebenen mit der Linsenachse (Hauptpunkte) zu „Knotenpunkten" K und K': D. h. die durch sie gehenden Strahlen verlaufen im Ding- und Bildraum einander parallel. Derartige Strahlen (3) sind in Abb. 67 gezeichnet.

Diese Eigenschaft der Knotenpunkte läßt sich zur experimentellen Festlegung der Hauptebenen benutzen. Man setzt die Mehrfachlinse auf einen Schlitten, und zwar mit ihrer strichpunktierten Symmetrieachse parallel zur Nutenrichtung (Abb. 73). Diesen

Schlitten setzt man auf eine vertikale Drehachse. Dann entwir't man mit der Linse das Bild einer Lichtquelle auf einem sehr entfernten Schirm und schwenkt die Achse hin und her. Dabei bewegt sich im allgemeinen das Bild auf dem Schirm. Durch Verschieben des Schlittens kann man diese Bewegung zum Verschwinden bringen. In diesem Fall steht die Achse gerade unter dem gesuchten dingseitigen Knotenpunkt, die Achsenrichtung liegt in der dingseitigen Hauptebene.

Bei hoheren Genauigkeitsansprüchen hat man auch bei einfachen Linsen maßiger Dicke die beiden Hauptebenen zu bestimmen. Ihr Ersatz durch die Mittelebene der Linse ist lediglich eine Näherung. Die Abb. 74 und 75 zeigen einige Beispiele.

Die nächsten Absätze sind von besonderer Wichtigkeit. — Die in den Abb. 65 und 66 skizzierten Strahlen sind als Achsen oder als Grenzen von Lichtbündeln möglich, sie sind mit der Iage der Brennpunkte F und F' vereinbar. Doch brauchen diese Lichtbündel in Wirklichkeit keineswegs vorhanden zu sein. Die tatsächlich vorhandenen Lichtbündel sehen meist ganz anders aus als die auf Papier gezeichneten Strahlen. Ihre Gestalt wird durch Pupillen bestimmt. — Als Pupille bezeichnet man sowohl für den Dingwie für den Bildraum je einen allen Lichtbündeln gemeinsamen Querschnitt. Er heißt für die dingseitigen Lichtbündel Eintrittspupille, für die bildseitigen Lichtbündel Austrittspupille (E. Abbe).

Beispiele:

1. Bei der einfachsten Anwendung einer Linse, etwa in Abb. 25 auf S. 12, begrenzt die Linsenfassung die dingseitigen Lichtbündel (Öffnungswinkel u) und wirkt so als „Eintrittspupille". Sie begrenzt außerdem die bildseitigen Lichtbündel (Öffnungswinkel u') und wirkt so als „Austrittspupille". In diesem einfachsten Beispiel fallen also beide Pupillen zusammen.

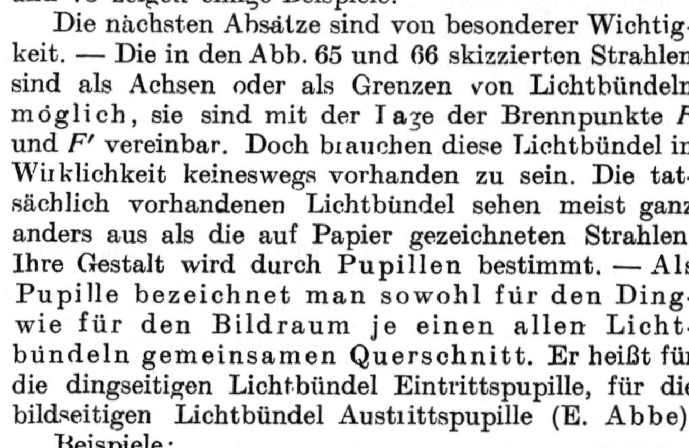

Abb. 73. Fur die experimentelle Bestimmung der bildseitigen Hauptebene durch Aufsuchen des bildseitigen Knotenpunktes Die Linse kann um eine vertikale Achse gedreht und in Richtung des Schlittens relativ zu dieser Achse verschoben werden.

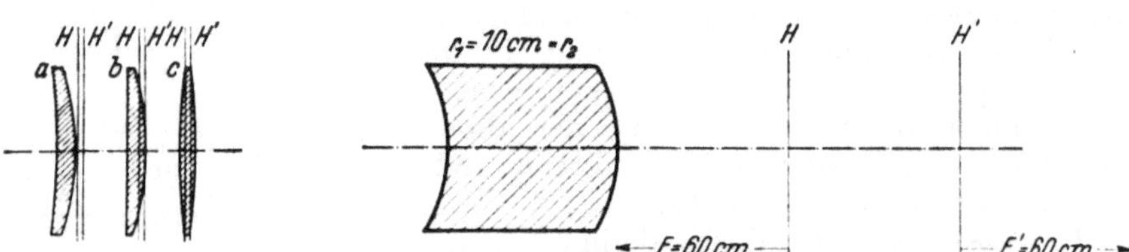

Abb. 74. Hauptebenen von drei flachen Linsen Sie weichen selbst bei der Meniskuslinse a praktisch nur wenig von der Mittelebene der Linse ab. ($^1/_6$ nat Große. $f_a = 28\,$cm; $f_b = 20\,$cm; $f_c = 21$ cm)

Abb. 75 Eine dicke, trotz beiderseitig gleicher Krummungsradien noch sammelnde Meniskuslinse mit weit außerhalb gelegenen Hauptebenen. (Ebenfalls $^1/_6$ naturlicher Große.)

2. In Abb. 76 unten steht vor der Linse eine Lochblende B. Sie begrenzt als Eintrittspupille die dingseitigen Lichtbündel (Öffnungswinkel u). Hinter der Linse liegt ihr reelles Bild B'. Dies Blendenbild begrenzt als Austrittspupille die bildseitigen Lichtbündel (Öffnungswinkel u'). Man verfolge die dick ausgezogenen Strahlen zwischen dem unteren Rand von B und dem oberen von B'. Sie lassen B' als Bild von B erkennen. Oft tritt an die Stelle einer Durchlaßblende eine Spiegelblende (Abb. 76, oben). Beispiel: Der Spiegel einer Spule eines empfindlichen elektrischen Strommessers und die Linse als Objektiv eines Ablesefernrohres.

Die Blende B wird in Abb. 76 in natürlicher Größe abgebildet. Der Abstand der Blende von der Linse ist in der Zeichnung zufällig $= 2\,f$ gewählt worden. Bei Annäherung der Blende B an die Linse verschiebt sich die Austrittspupille nach rechts. Gleichzeitig nimmt ihre Größe zu. Erreicht die Blende B den ding-

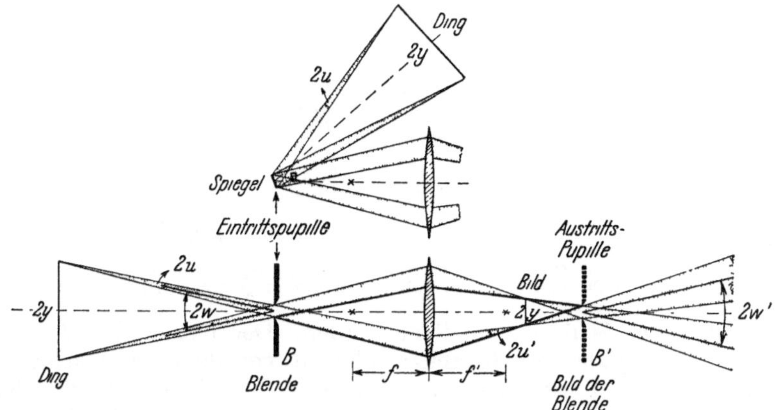

Abb. 76 Zur Begrenzung der abbildenden Lichtbundel durch Pupillen Die Eintrittspupille ist in beiden Figuren eine korperliche Blende B, unten eine Durchlaßblende (Öffnung), oben eine Spiegelblende Als Austrittspupille wirkt das reelle Bild von B. — w und w' sind die ding- bzw. bildseitigen Hauptstrahlneigungswinkel.

seitigen Brennpunkt, so liegt der gemeinsame Querschnitt der bildseitigen Lichtbündel, die Austrittspupille, rechts im Unendlichen. Damit wird der bildseitige Hauptstrahlneigungswinkel $w' = 0$ und der Strahlengang bildseitig telezentrisch. Beispiel in Abb. 240. Der in Abb. 76 skizzierte Verlauf der Lichtbündel

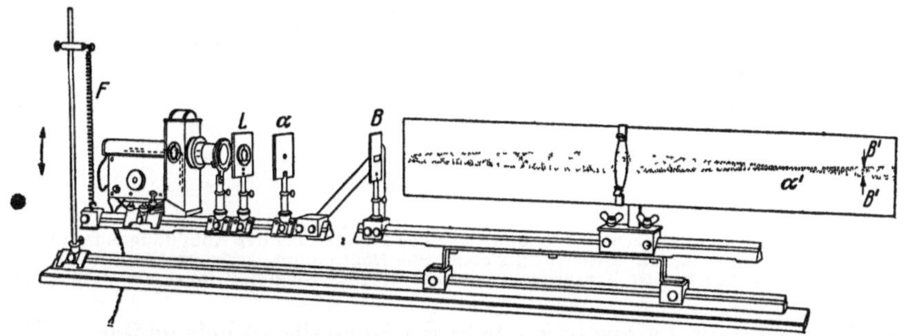

Abb 77. Schauversuch zur Pupillenlage. Die eine Halfte einer optischen Bank ist um die Mitte der Eintrittspupille B drehbar an einer Feder F aufgehangt Daher las e sich ein Dingpunkt $α$, ein ruckwarts beleuchtetes Loch, schwingend auf- und niederbewegen, und gleichzeitig sein B ldpunkt $α'$ dabei wandert das Lichtbundel im Ding- und Bildraum auf und nieder. In Ruhe bleiben nur zwei Querschnitte: Die durch die Blende B festgelegte Eintrittspupille und ihr Bild B', die Austrittspupille. — Man kann zur Kennzeichnung den oberen Rand der Eintrittspupille mit einem roten, den unteren mit einem grunen Filterglas abdecken. Dann erscheint der untere Rand der Austrittspupille rot, der obere grun Man sieht also B' als Bild von B entstehen Hingegen bleibt der auf- und niederwandernde Bildpunkt $α'$ unbunt, er entsteht sowohl durch rote wie grune (zueinander komplementare) Bundelteile.

und die Lage der beiden Pupillen läßt sich experimentell recht eindrucksvoll vorfuhren. Naheres in und unter Abb. 77.

3. In Abb. 78 steht hinter der Linse eine Blende B innerhalb der bildseitigen Brennweite f'. B' ist ihr virtuelles Bild. Dieses Blendenbild B' wirkt als Eintrittspupille. B' begrenzt, obwohl hinter dem Bilde gelegen, die dingseitig nutzbaren Lichtbundel (Öffnungswinkel u). Die Blende B selbst wirkt als Austrittspupille, sie begrenzt die bildseitigen Lichtbundel (Öffnungswinkel u').

Wieder lassen einige dick gezeichnete und teilweise gestrichelte Strahlen B' als (virtuelles, aufrechtes) Bild von B erkennen.

4. Haufig benutzt man als Ding eine beleuchtete Offnung; diese soll als Lichtquelle scharf umrissener Gestalt und Größe dienen (§ 3). In Abb. 79 soll eine solche

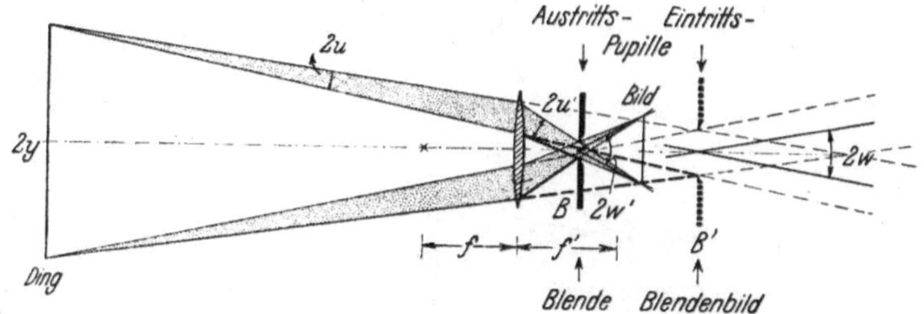

Abb. 78. Wie Abb. 76. Die Austrittspupille ist eine im Bildraum gelegene Lochblende B. Als Eintrittspupille wirkt ihr virtuelles, ebenfalls im Bildraum gelegenes Bild B'.

Öffnung A auf einem Schirm abgebildet werden. Der Krater der Bogenlampe wirkt als Eintrittspupille. Er begrenzt, obwohl vor dem Ding gelegen, den Öffnungswinkel u der dingseitigen Lichtbündel. Das reelle Bild des Kraters wirkt als Austrittspupille: Es begrenzt den Öffnungswinkel u' der Lichtbündel im Bildraum. — In der Abb. 80 ist der gleiche Abbildungsvorgang mit Hilfe von Wellen dargestellt. Die gezeichneten Wellen gehen von punktförmigen Zentren aus. Der ausgezogene Wellenzug veranschaulicht die Abbildung des oberen Randes α der Öffnung, der gestrichelte Wellenzug die Abbildung des oberen Kraterrandes (vgl. Abb. 134, Satzbeschriftung).

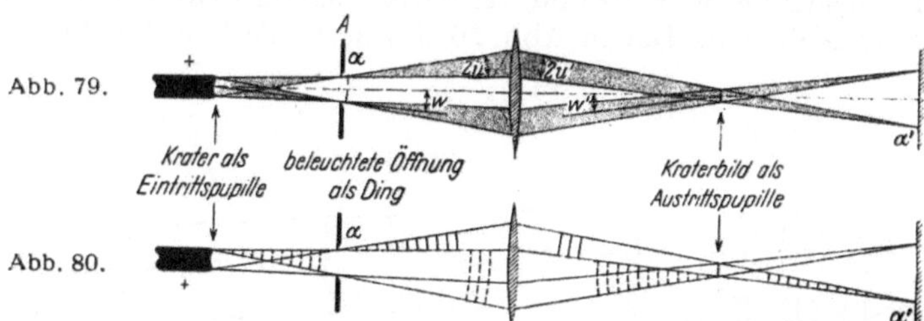

Abb 79 und 80. Begrenzung der Lichtbundel und Lage der Pupillen bei der Abbildung einer ohne Kondensor beleuchteten Öffnung A. Zur Beleuchtung dient eine Bogenlampe, gezeichnet ist nur die positive Kohle mit der leuchtenden, hohlen Kraterflache. w und w' sind Neigungswinkel von Hauptstrahlen.

5. Oft kann man die Lampe nicht dicht genug an die zu beleuchtende Öffnung heranbringen. Oft ist auch der Durchmesser der Lampe oder der abbildenden Linse zu klein. In diesen Fallen hilft man sich mit einer **Beleuchtungslinse** C, Kondensor genannt, zwischen Lampe und Öffnung. Die Anwendung eines Kondensors erlautern wir am Beispiel eines beleuchteten Spaltes, also einer linienförmigen Lichtquelle (§ 3): In Abb. 81 sei sowohl der Durchmesser der abbildenden Linse als auch der strahlenden Lampenfläche, z. B. des Bogenkraters, klein. Trotzdem soll der Spalt in ganzer Lange abgebildet werden und dabei **gleichmäßig** hell erscheinen. — Dann muß der Kondensor C ein Bild der Lampe auf die abbildende Linse werfen. Dies Lampenbild ist oft kleiner als die Flache der Linse. In diesem Fall wirkt nicht die Linsenfassung als Eintritts- und Austrittspupille für die Abbildung, sondern das Lampenbild. Es begrenzt die dingseitig nutzbaren Lichtbündel mit dem Öffnungswinkel u und die bildseitig nutzbaren mit dem Öffnungswinkel u'.

Die in den Abb. 76 bis 81 erlauterten Tatsachen lassen sich folgendermaßen zusammenfassen: Die tatsachlich vorhandenen Lichtbündel (vom Dingpunkt zur Linse und von der Linse zum Bildpunkt verlaufend) werden durch die Eintritts- und die Austrittspupille bestimmt. Diese Pupillen sind entweder eine körperliche Blende (z. B Loch, Linsenfassung, Spiegel) oder die leuchtende Fläche einer Lampe, oder endlich ein Bild der Blende oder der Lampe. Dies Bild kann reell oder virtuell sein. Die Eintrittspupille ist der allen Lichtbündeln des Dingraumes gemeinsame Querschnitt, die Austrittspupille der allen Lichtbündeln des Bildraumes gemeinsame Querschnitt. Die Durchmesser der Pupillen bedingen

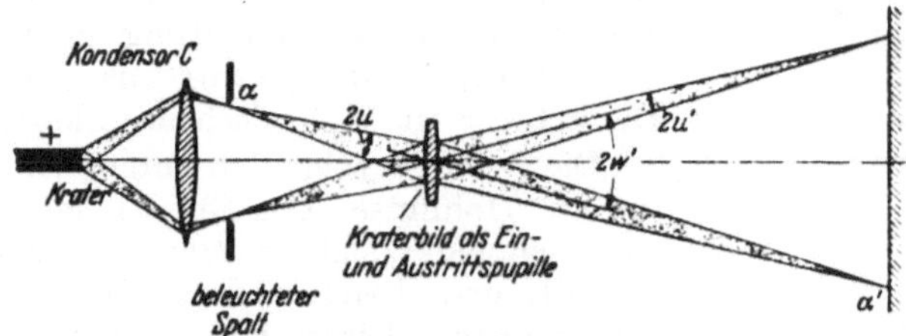

Abb. 81. Begrenzung der Lichtbundel und Lage der Pupillen bei der Abbildung einer mit einem Kondensor gleichformig beleuchteten Öffnung (Spalt)

die nutzbaren Öffnungswinkel u und u'. Die Mittelpunkte der Pupillen liegen in der Praxis fast immer auf der Symmetrieachse der Linsen. Dann sind diese Mittelpunkte die Schnittpunkte der ding- bzw. bildseitigen Hauptstrahlen und somit die Scheitel der Hauptstrahlneigungswinkel w und w'

In einigen der obigen Beispiele (Abb. 79 und 81) und manchen spateren (etwa Abb. 116 und 273) ist neben dem abbildenden auch ein beleuchtendes System vorhanden. In diesen Fallen ist fur die Anordnung als Ganzes Pupillen angegeben. So ist z. B. in Abb. 81 die Lampenflache Eintrittspupille, ihr Bild auf der abbildenden Linse Austrittspupille. — Bei Anwesenheit mehrerer Blenden muß man die fur die Pupillenbildung maßgebende von den übrigen unterscheiden. Man nennt sie Aperturblende (S. 2).

Beim Gebrauch der Linsen muß man also zwei Dinge sauber auseinanderhalten: die auf das geduldige Papier gezeichneten Strahlen, z. B. Abb. 65, und die wirklich benutzbaren, durch Pupillen begrenzten Lichtbundel. Selbstverstandlich lassen sich die in den Abb. 76 ff. gezeichneten Bilder auch nach dem Zeichenschema der Abb. 65 konstruieren. Der Leser möge sogar auf diese Weise die Richtigkeit der Abb. 76 oder 78 nachprüfen. Nur darf man nie die gezeichneten Strahlen mit den Achsen oder den Grenzen der im Experiment verwendbaren Lichtbündel verwechseln.

Eine genaue Einsicht in die Begrenzung der Lichtbündel durch Pupillen ist fur alle optischen Apparate und Versuchsanordnungen von schlechthin entscheidender Wichtigkeit. — Das wird sich schon bei unserem nächsten Thema zeigen, einem kurzen Überblick über die Abbildungsfehler.

§ 18. Öffnungsfehler (sphärische Aberration), aplanatische Abbildung und Sinusbedingung. Vorbemerkung: In den §§ 18—20 setzen wir die Anwendung von Rotfilterlicht voraus. Ferner wird stets, solange nichts anderes ausdrücklich angegeben wird, eine Bundelbegrenzung durch eine kreisförmige Öffnung, im einfachsten Falle die Linsenfassung, vorausgesetzt. Ihr Mittelpunkt soll stets auf der Symmetrieachse der Linse liegen, d. h. windschiefe Bündel sollen nicht betrachtet werden.

Öffnungsfehler nennt man die schlechte Vereinigung achsensymmetrischer Lichtbündel großer Öffnung. Sie beeinträchtigt das Bild auf der Achse liegender

Dingpunkte. Zur Vorführung legen wir in Abb. 82 den Dingpunkt (Krater einer Bogenlampe) weit nach links. Die Zeichenebene (im Versuch der streifend getroffene mattweiße Schirm) ist durch die Linsenachse gelegt. Außerdem setzen wir in kleinem Abstand vor die Linse eine Blende mit vier Öffnungen. Sie liefert

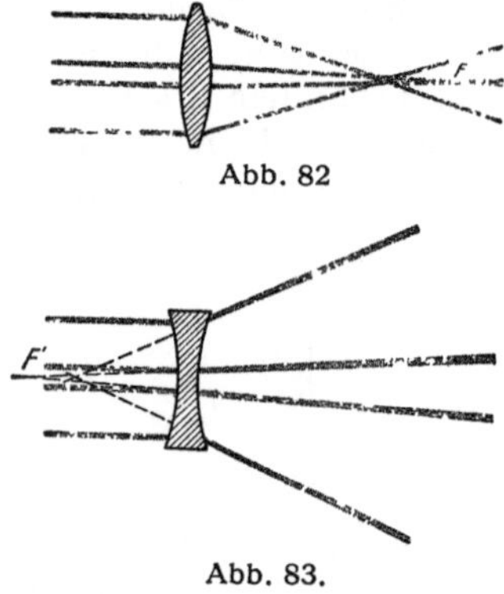

Abb. 82

Abb. 83.

Abb. 82 und 83. Vorfuhrung des Öffnungsfehlers mit Zylinderlinsen. Zylinderachsen senkrecht zur Papierebene. Bei Abb. 82 spharische Unterkorrektion, bei Abb. 83 spharische Überkorrektion.

uns vier leidlich parallel begrenzte Lichtbündel. Ihr Durchschnitt mit der Zeichenebene zeigt uns ein außeres und ein inneres Bundelpaar. Das innere Paar durchsetzt die nachste Umgebung der Linsenmitte, das außere eine nahe dem Rande gelegene Linsenzone. Der Schnitt des äußeren Bündelpaares erfolgt, in der Lichtrichtung gezahlt, vor dem Schnitt des Bündelpaares aus der Linsenmitte: Diese Linse ist „spharisch unterkorrigiert".

Die Abb. 83 zeigt den entsprechenden Versuch für eine Hohllinse. Das Bundelpaar aus der Randzone schneidet sich, wieder in der Lichtrichtung gezahlt, erst hinter dem Bündelpaar aus der Linsenmitte. Diese Linse ist „spharisch überkorrigiert".

Zur Behebung des Öffnungsfehlers hat man demnach Wölb- und Hohllinsen in passender Auswahl zusammenzustellen. Der Öffnungsfehler laßt sich immer nur für zwei schmale Zonen streng beheben und außerdem nur für einen bestimmten Ding- und Bildabstand. Für Fernrohr- und Kameraobjektive wahlt man einen unendlich fernen Dingpunkt. Mikroskopobjektive korrigiert man für einen Dingpunkt dicht vor dem dingseitigen Brennpunkt.

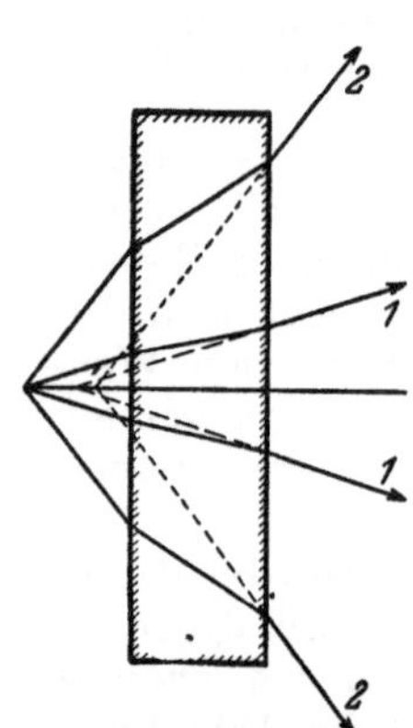

Abb. 84. Die Brechung in einer planparallelen Platte verwandelt ein von einem Punkte P ausgehendes Lichtbundel in ein solches mit spharischer Überkorrektion. Nach der Brechung liegt der Schnitt der äußeren Strahlen 2 in der Lichtrichtung gezahlt hinter dem der inneren 1.

Bei vielen Abbildungen (z. B. im Hörsaal) sind Ding- und Bildabstand sehr verschieden groß. In diesen Fallen genügen oft einfache plankonvexe Linsen: Man laßt das Lichtbündel mit dem größeren Öffnungswinkel auf die plane Fläche auffallen. Dann durchsetzen die Strahlen die äußeren Zonen der Linse angenahert „im Minimum der Ablenkung" (§ 7). Dadurch wird der Öffnungsfehler stark vermindeit und die Abbildung achsennaher Dingpunkte recht befriedigend (vgl. auch Abb. 116).

Die Einschaltung einer planparallelen Glasplatte in ein Lichtbündel bewirkt eine spharische Überkorrektion. Das zeigt Abb. 84. Infolgedessen konnen Mikroskopopjektive fur weit geoffnete Lichtbündel (d. h. Lichtbündel großer Apertur, vgl. S. 46) stets nur für eine vorgeschriebene Deckglasdicke korrigiert werden. Diese muß man bei der Benutzung des Objektivs innehalten.

Nach Behebung des Öffnungsfehlers für einen bestimmten Punkt P der Linsenachse werfen mit ausreichender Näherung alle Zonen der Linse das Bild dieses Dingpunktes in einen einzigen Punkt P' der Linsenachse[1]. Für einen dem Punkte P seitlich in der Dingebene eng benachbarten Dingpunkt (Abstand Δy) gilt das dann aber überraschenderweise noch nicht. Die einzelnen Zonen entwerfen von diesem Dingpunkt Bildpunkte in verschiedenen seitlichen Abstanden $\Delta y'$

---

[1] Früher nannte man eine solche Abbildung schon aplanatisch. Neuerdings benutzt man dieses Wort nur bei Erfüllung der Sinusbildung.

von P'. Die von den einzelnen Zonen gelieferten Bildpunkte fallen nicht mehr genügend zusammen. Oder mit anderen Worten: Die Linse vermag ein zu P senkrechtes Flächenelement nicht abzubilden. Jede Zone liefert ein Bild des Flächenelementes in anderer Größe. Dieser Fehler würde die Anwendung weit geöffneter Bündel für alle praktischen Zwecke ausschließen. Er läßt sich aber

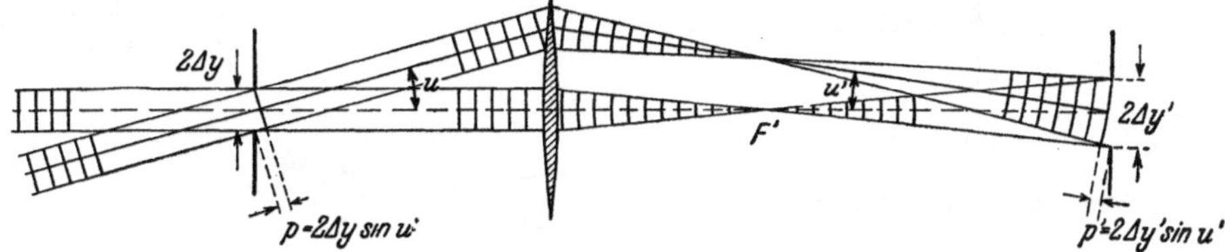

Abb. 85. Zur Herleitung der Sinusbedingung durch Abbildung eines beleuchteten Loches; vgl. Abb. 80.

beheben, und zwar durch eine bestimmte Vorschrift für das Verhältnis zwischen dem dingseitigen Öffnungswinkel u und dem bildseitigen u'. Diese müssen die „Sinusbedingung" erfüllen

$$\frac{\sin u}{\sin u'} = \frac{\Delta y'}{\Delta y} = \text{const.} \tag{25}$$

Zur Herleitung der Sinusbedingung benutzt man am einfachsten einen Sonderfall, nämlich die Abbildung einer von hinten beleuchteten kleinen Blendenöffnung vom Durchmesser $2\,\Delta y$. Zur Beleuchtung dient eine weit links gelegene Lichtquelle von großer Flächenausdehnung. Wir zeichnen zwei Parallellichtbündel, ausgehend von je einem Punkte der fernen Lichtquelle. In beiden Bündeln sind einige Wellenflächen angedeutet. Das eine Bündel durchsetzt die Linsenmitte, das andere die Randzone (Abb. 85). Die Achsen dieser Parallellichtbündel schließen miteinander dingseitig den Öffnungswinkel u ein, und bildseitig den Öffnungswinkel u'. Beide Bündel sollen die Bildebene mit gleich großer Fläche schneiden (Bilddurchmesser $2\,\Delta y'$). Die Wellenflächen stehen überall senkrecht zu den Bündelgrenzen. Im Dingraum erscheinen sie als gerade Linien. Im Bildraum kann man ihre Krümmung kurz vor dem Bilde als gering vernachlässigen. Man darf die letzte rechts gezeichnete Wellenfläche als Gerade betrachten. Dann entnimmt man der Abb. 85 unmittelbar die Gleichheit der beiden Strecken $p = 2\,\Delta y \cdot \sin u$ und $p' = 2\,\Delta y' \cdot \sin u'$. Aus dieser Gleichheit folgt dann Gl. (25).

Die Sinusbedingung tritt für Lichtbündel größerer Öffnung an die Stelle der früher für achsennahe schlanke Lichtbündel hergeleiteten Tangentenbezeichnung [Gl. (19)]. Darum wurde auf S. 12 ausdrücklich vor einer Anwendung der Tangentenbeziehung außerhalb ihres engen Gültigkeitsbereiches gewarnt.

Eine Abbildung unter Innehaltung der Sinusbedingung nennt man heute **aplanatisch**. Sie vermag also ein bestimmtes, senkrecht zur Linsenachse stehendes Flächenelement, und nicht nur einen Dingpunkt auf der Linsenachse, mit weit geöffneten Bündeln abzubilden. Doch kann eine Linse eine solche aplanatische Abbildung stets nur für einen bestimmten, beim Bau der Linse zugrunde gelegten Ding- und Bildabstand liefern.

§ 19. Die beiden Bildflächenwölbungen und der Astigmatismus.

Der Öffnungsfehler erscheint schon bei Dingpunkten auf der Linsenachse, also bei rotationssymmetrischen Lichtbündeln. Im allgemeinen liegt aber der Dingpunkt P weit außerhalb der Linsenachse, z. B. in Abb. 86. Dann erzeugt eine bündelbegrenzende Kreisöffnung (z. B. Linsenfassung) ein Lichtbündel von elliptischem Querschnitt (Abb. 88). also ein Lichtbündel mit zwei zueinander senkrechten Symmetrieebenen. Die Richtung der großen Ellipsenachse steht senkrecht zur Einfallsebene, die Richtung der kleinen Ellipsenachse liegt in der Einfallsebene. Für diese Richtungen sind noch einige andere, in Abb. 88 erläuterte Namen gebräuchlich.

Dieser schräge Einfall der Lichtbündel ist mit zwei wichtigen Abbildungsfehlern verknüpft, der Bildflächenwölbung und dem Astigmatismus. Zur Vorfuhrung dieser Abbildungsfehler ersetzen wir die kreisförmige Blende (Anfang

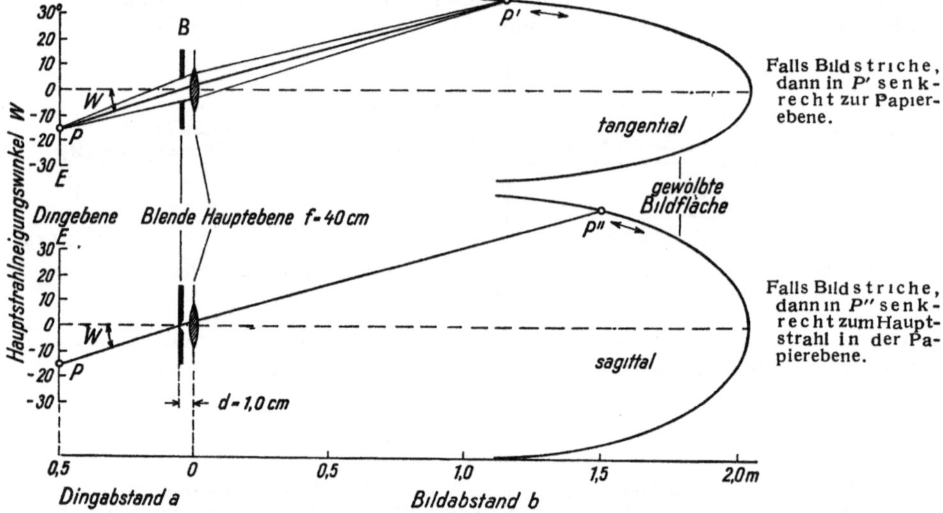

Abb. 86 und 87. Vorfuhrung der Bildflachenwolbung und des Astigmatismus, mit sehr schmalen, durch einen Spalt begrenzten oder „ebenen" Lichtbundeln. Versuchsanordnung in Draufsicht dargestellt, nicht in Seitenansicht   In Abb. 86 liegt das „ebene" Lichtbundel in der Zeichenebene. In Abb 87 steht das ebene Lichtbundel senkrecht zur Zeichenebene. Man sieht nur seinen Hauptstrahl. Die vom Spalt ausgehenden seitlichen Strahlen verlaufen oberhalb und unterhalb der Papierebene. Ersetzt man die Spaltblende durch eine Kreisblende, so erhalt man keine Bildpunkte, sondern Bildstriche. Um sie auch in großem Horerkreise gut sichtbar zu machen, benutze man eine Linse mit großem Durchmesser, etwa 10 cm.

von § 18!) durch eine schmale spaltförmige. Ihre Längsrichtung kann abwechselnd parallel zur kleinen Ellipsenachse liegen (Abb. 86) oder parallel zur großen (Abb. 87)   In beiden Fallen können wir unmißverständlich von einem „ebenen" Lichtbündel sprechen.

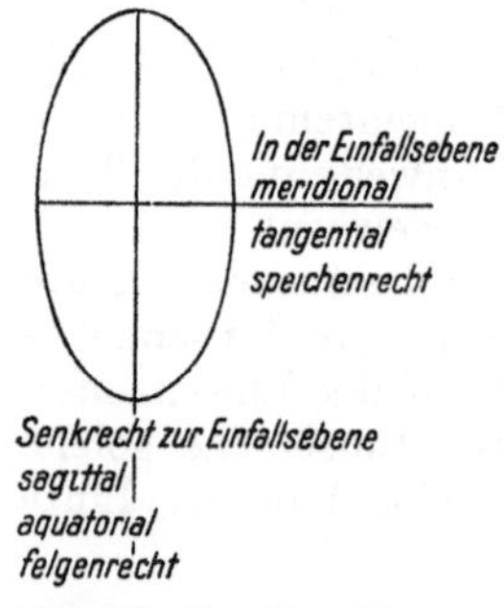

Abb. 88. Zur Bezeichnung der Richtung „ebener" Lichtbundel („Strahlenbuschel"). Man denke sich in Abb. 86 die Blende B als Kreisblende. Dann hat das Lichtbundel rechts von B einen elliptischen Querschnitt, d. h. ein zur Bundelachse senkrechter Schirm wird innerhalb einer Ellipsenflache beleuchtet   Die kleine Achse liegt in der Einfallsebene, also in der Zeichenebene von Abb 86

Für die Beobachtung verändern wir den Neigungswinkel w der dingseitig einfallenden Hauptstrahlen, indem wir den Dingpunkt P (Bogenkrater) längs einer Schiene EE verschieben. Gleichzeitig ermitteln wir den Abstand b des Schirmes, in dem ein scharfer Bildpunkt erscheint. (Die dazu erforderlichen großen Verschiebungen, oft mehrere Meter, bewerkstelligt man am bequemsten mit Hilfe eines Wagens, ähnlich wie in Abb 91.)

Für jeden Neigungswinkel w finden wir zwei recht scharfe Bildpunkte, P' und P'', jedoch in verschiedenen Abstanden von der Linse. Nur im Grenzfall $w = 0$ fallen beide Bildpunkte zusammen. Die Differenz der beiden Bildpunktsabstande (gelegentlich auch die halbe Differenz) nennt man den Astigmatismus. Die Gesamtheit aller Bildpunkte P' und P'' für die in der Einfallsebene und für die senkrecht zur Einfallsebene liegenden Lichtbündel bildet je eine zur Linsenachse rotationssymmetrische Hohlflache. Die beiden Bildflächen sind gewölbt, sie berühren sich im Grenzfalle $w = 0$, also Ding- und Bildpunkt auf der Linsenachse.

Bisher haben wir Bildflachenwölbung und Astigmatismus fur den Sonderfall „ebener", durch schmale Spalte eingegrenzter Lichtbündel beobachtet. Nunmehr kehren wir zur normalen, kreisförmigen Blende (meist Linsenfassung!) zurück. Dadurch ergibt sich eine weitere Komplikation: Die beiden scharfen Bildpunkte treten gleichzeitig auf, jedoch entartet in zwei zueinander senkrechte „Bildstriche". Zur Erklarung all dieser Erscheinungen greife man auf die Abb. 20b zurück: In jeder Richtung laßt sich eine schräg getroffene Linse für Lichtbündel kleiner Öffnung durch zwei Zylinderlinsen von verschiedener Krümmung ersetzen, und diese Krummungen ändern sich mit der Richtung.

Wie ist der Astigmatismus herabzusetzen? Antwort: Bei Linsen in Meniskusform vertauscht sich bei geeigneter Blendenstellung die Reihenfolge der hohl gewolbten Bildflachen, d. h. die der Linse nahere rührt vom sagittalen Lichtbundel her.

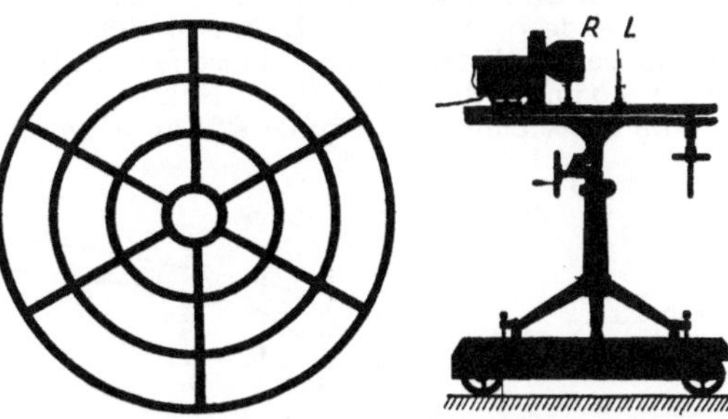

Abb 89a und 89b. Ein auf Mattglas gezeichnetes System von Kreisen und Radien (Kreise und Radien klar, ubrige Flache undurchlassig) eignet sich vorzuglich zur Prufung von Linsen auf Astigmatismus und Bildflachenwolbung. Etwa ½ naturliche Große Sehr eindrucksvoll ist u. a. ein Schauversuch mit einer Plankonvexlinse von etwa 13 cm Brennweite und 4 cm Durchmesser Ist die plane Flache dem Dinge zugekehrt, so gibt es starke Bildflachenwolbung und großen Astigmatismus Kreise (Radien) werden in den Bildabstanden scharf, in denen tangentiale (sagittale) Lichtbundel ihre Bildstriche zeichnen. — Man setzt die optische Bank zweckmaßig auf einen Wagen (Abb. 89b). Man muß den Wagen oft mehrere Meter verschieben, um entweder Kreise oder Radien, entweder nahe der Bildmitte oder nahe dem Bildrande scharf einzustellen. — Wird die konvexe Seite der Linse dem Speichenrad zugekehrt, so ist die Bildflache überraschend eben, aber jetzt macht ein großer Öffnungsfehler die Kreise nach innen hin einseitig verwaschen.

Durch Zusammenfassung von Wolb- und Meniskuslinsen kann man beide Hohlflachen naherungsweise vereinigen und gleichzeitig die Bildflache einebnen. Derartige Mehrfachlinsen mit stark vermindertem Astigmatismus und mit angenahert ebener Bildflache nennt man Anastigmate.

Zur Prufung einer Linse auf Bildfeldwolbung und auf den Grad ihres Astigmatismus benutzt man die Entartung der Bildpunkte zu Bildstrichen: Man stellt senkrecht und symmetrisch auf die Linsenachse die Zeichnung eines Rades mit Speichen und Felgen. Bei schlechter Korrektur kann man entweder nur die Speichen oder nur die Felgen scharf einstellen. Meist zeichnet man mehrere konzentrische Felgen (Abb. 89a). Bei gut korrigierten Linsen müssen auch die außeren Felgen zugleich mit den Speichen auf einem ebenen Bildschirm scharf erscheinen.

§ 20. Die Koma und die Verzeichnung. Aus einer Reihe verschiedener Gründe kann die Symmetrie des Lichtbündels im Bildraum noch geringer werden als die der schief einfallenden Lichtbündel von kleiner Öffnung. Dann behält das Lichtbundel im Bildraum nur noch eine Symmetrieebene. Diese Verminderung der Symmetrie entsteht z. B. in zusammengesetzten Linsen bei schlechter Zentrierung der Einzellinsen oder bei schrägem Lichteinfall durch eine einseitige Abschattierung (Vignettierung). Solche Lichtbündel mit nur einer Symmetrieebene ergeben einseitig verzerrte Lichtpunkte. An einen hellen und meist leidlich scharfen Kern schließt sich einseitig wie bei einem Kometen ein Schwanz an. Daher der Name „die Koma". Meist hat der Schwanz die Richtung des Radius. Bei der Abbildung eines Rades (Nabe auf der Linsenachse) erscheint dann die Felge innen oder außen mit unscharfem Rande (innere oder äußere Koma).

Eine Verzeichnung des Bildes verändert die Krümmung der Linien. Die Seiten eines Quadrates (Mittelpunkt auf der Linsenachse) werden nach außen oder innen durchgebogen, d. h. tonnen- oder kissenformig verzeichnet (Abb. 90—92). Die Verzeichnung hängt ebenfalls mit der Begrenzung der Lichtbündel zusammen.

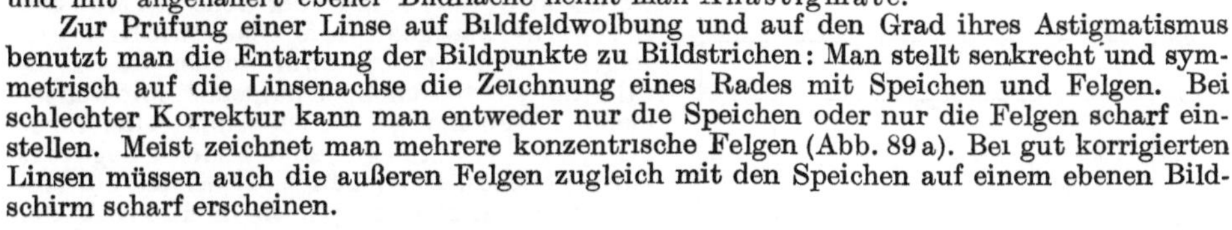

Abb 90—92. Ein zur Linsenachse zentriertes Quadrat A wird bei B tonneñformig und bei C kissenformig verzeichnet. (A in etwa 10facher Große auf Mattglas gezeichnet, am besten hell auf dunklem Grund)

Die Hauptstrahlen der ding- und der bildseitigen Lichtbündel haben ihr Zentrum im Mittelpunkt der Eintritts- und der Austrittspupille. Eine der Pupillen ist das Bild einer

Lochblende. Jetzt entsteht folgende Schwierigkeit: Man kann den Öffnungsfehler einer Linse immer nur für einen bestimmten Ding- und Bildabstand beheben (S. 36). In jedem anderen Abstand wird eine Dingebene mit einer Langsabweichung abgebildet, d. h. jede Zone der Linse liefert ein Bild in anderem Abstand. Das gilt nun auch für die als Pupillen dienenden Bilder der Blende B. So liegt z. B. in Abb. 93 die Austrittspupille B' für eine achsennahe Zone der Linse der Mittelebene der Linse ferner als eine Austrittspupille B'_a der Randzone. Dadurch bekommen die bildseitigen Hauptstrahlen für achsenferne Bildpunkte P_i ihr Zentrum im Mittelpunkt der Pupille B'_a, für achsennahe Bildpunkte P_1 im Mittelpunkt der

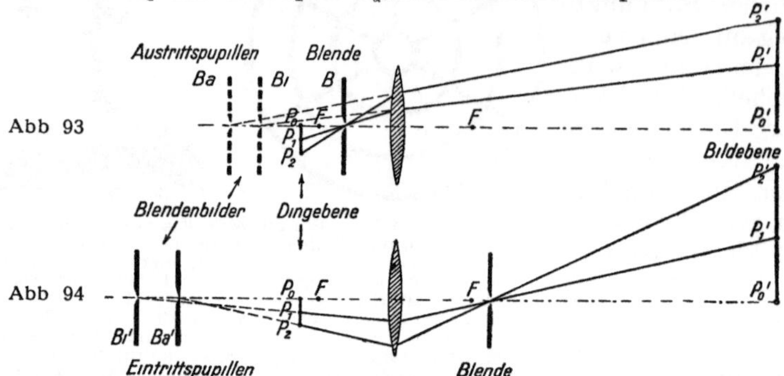

Abb. 93 und 94 Zur Entstehung der Verzeichnung. Im Ding sind die Abstände $P_2 P_1 = P_1 P_0$ Die tonnenförmige (Abb 93, $P'_2 P'_1 < P'_1 P'_0$) entsteht durch eine für die einzelnen Linsenzonen verschiedene Lage der Austrittspupille Die kissenförmige (Abb 94, $P'_2 P'_1 > P'_1 P'_0$) entsteht durch eine für die einzelnen Linsenzonen verschiedene Lage der Eintrittspupille. Aus Platzgründen konnten nur Hauptstrahlen gezeichnet werden. Die Gestalt der zugehörigen Lichtbundel ist aus Abb. 76 und 78 zu entnehmen.

Pupille B'_1. So wird ein achsenferner Dingpunkt, z. B. in Abb. 92 die Ecke eines Quadrates, zu nahe der Achse abgebildet, es entsteht eine tonnenförmige Verzeichnung.

Zur Vorführung einer kissenförmigen Verzeichnung hat man nur die Blende in den Bildraum zu legen (vgl. Abb. 94).

§ 21. Die Farbenfehler. Die Brennweite einer Linse hängt außer von der Linsenform von der Brechzahl n des benutzten Baustoffes ab. Die Brennweite f ist proportional dem Kehrwert von $(n-1)$ [man vergleiche Gl. (15) von S. 11]. Alle Linsenbaustoffe, Gläser wie Kristalle, zeigen Dispersion, und zwar wächst die Brechzahl im sichtbaren Spektralgebiet mit abnehmender Wellenlange. So bekommt eine Linse für jede Wellenlange eine andere Lage des Brennpunktes. Das ist für ein Beispiel, ein einfaches Brillenglas, graphisch in Kurve A der Abb. 95 dargestellt.

Die Brennweite bestimmt sowohl die Lage des Bildes wie seine Größe. Infolgedessen gibt es eine Farbabweichung des Bildortes und eine Farbabweichung der Vergrößerung. (Außerdem bekommen auch die übrigen Linsenfehler, insbesondere der Öffnungsfehler, eine praktisch bedeutsame Abhangigkeit von der Wellenlange. Doch führt das her zu weit.)

Beide Farbenfehler lassen sich bequem mit einem einfachen Brillenglas vorführen. Man entwirft mit diesem das Bild eines Spaltes auf einem fernen, in der Lichtrichtung verschiebbaren Schirm und schaltet vor den Spalt abwechselnd ein Rot- und ein Blaufilter. Zur Scharfstellung des blauen Bildes muß man den Schirm erheblich dichter an die Linse heran-

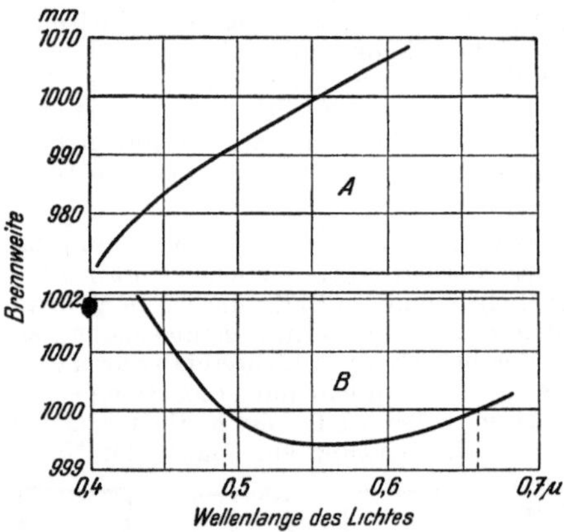

Abb. 95 und 96. Zum Farbenfehler dunner Linsen und seiner Behebung.

Abb. 97. Schauversuch zum Farbenfehler dunner Linsen. Neigungswinkel α des Schirmes etwa 10°.

schieben als beim roten: „Farbabweichung des Bildortes". Das blaue Bild ist um etwa
ein Achtel kleiner als das rote: „Farbabweichung der Bildgröße". — Bei der Schrägstellung
des Auffangschirmes (siehe Abb. 97) bekommt man statt des Spaltbildes ein breites, buntes
Band: Der Laie würde dies Band ebenso unbedenklich wie das eines Regenbogens ein Spektrum nennen. Der Physiker kann in beiden Fallen nur eine entfernte Ähnlichkeit gelten
lassen.

Wie alle Abbildungsfehler lassen sich auch die Farbenfehler nur vermindern, aber nicht
beseitigen. Für diese „Achromatisierung" benutzt man in der Praxis ganz uberwiegend die
Zusammenstellung einer Wolb- und einer Hohllinse aus verschieden brechenden Glasern[1].
So erreicht man z. B. die Kurve B
der Abb. 96 fur die Abhangigkeit
der Brennpunktslage von der Wellenlange. Der Abstand zwischen
Brennpunkt und Linsenmitte
durchlauft bei $\lambda = 0,555\ \mu$ (dem
Gebiet der größten Augenempfindlichkeit) ein Minimum, beiderseits
finden sich dann gleiche Brenn-
punktslagen paarweise im Gebiet
kurzer und langer Wellen.

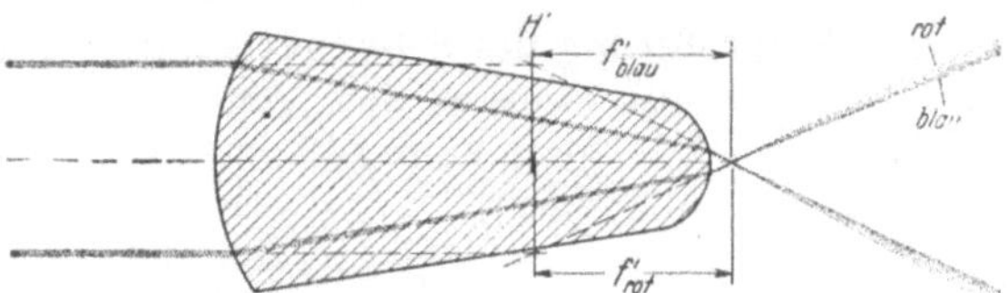

Abb. 98. Eine Einzellinse mit achromatisierter Brennweite.
Fur blaues und rotes Licht sind die Brennweiten gleich, die
Lage der Hauptebenen H' und der Brennpunkte jedoch ver-
schieden. Etwa $^1/_6$ nat. Große.

Bei der Berechnung legt man für Beobachtungen mit dem Auge das Paar 0,49 und 0,66 μ
zugrunde, für photographische Zwecke das Paar 0,41 und 0,59 μ, und zwar dann mit einem
kleinsten Brennpunktsabstand bei etwa $\lambda = 0,44\ \mu$.

Durch Hinzunahme einer dritten Linse kann man die Kurve der Brennpunktslage in
Abb. 96 noch weiter strecken, oder in technischer Sprache: „das sekundare Spektrum beheben". — Für dünne Linsen, z. B. Fernrohrobjektive, ist mit dieser Festlegung der Brennpunktslage alles Notwendige erreicht: Sie ergibt eine Unabhängigkeit der Brennweite von
der Wellenlange. Mit dieser Konstanz der Brennweite sind dann bei dunnen Linsen beide
F rbfehler zugleich behoben, man bekommt für die wichtigen Wellenlangenbereiche gleiche
Bildorte und gleiche Bildgröße.

Anders bei dicken Linsen: Bei ihnen bedeutet eine gleiche Lage des Brennpunktes fur
die verschiedenen Wellenlangen noch keineswegs eine gleiche Lange der Brennweiten. Diese
zahlen ja nicht von der Linsenmitte, sondern von der zugehörigen Hauptebene aus, und
deren Lage andert sich ebenfalls mit der Wellenlänge. Somit hat man mit der Festlegung
des Brennpunktes bei dicken Linsen zwar den Farbfehler des Bildortes behoben, aber nicht
den der Bildgröße. Ein Beispiel dieser Art hat man bei den „Apochromate" benannten
Mikroskopobjektiven. Lie verschiedenfarbigen Bilder liegen in der gleichen Ebene, haben

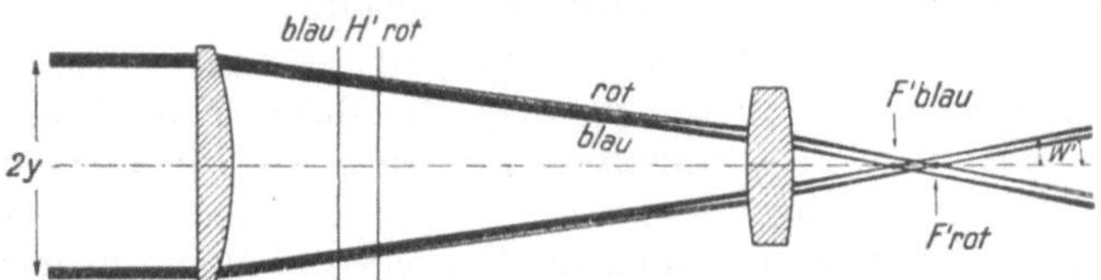

Abb. 99. Achromatisierung der Brennweite schlanker, achsenparalleler Lichtbundel durch zwei Linsen
aus gleichem Glas. Man benutzt sie fur Okulare optischer Instrumente Die notwendige Bundelbegrenzung
wird dann durch die Augenpupille vorgenommen. In diesem Beispiel ist f_1 nahezu gleich f_2. Die allgemeine
Bedingung dieser Achromatisierung lautet: Linsenabstand $= \frac{1}{2}(f_1 + f_2)$.

aber verschiedene Größe. Diese Größenunterschiede werden durch besondere „Kompen-
sationsokulare" ausgeglichen.

Den umgekehrten Fall, Brennweite und Bildgröße gleich, Bildorte verschieden, hat
man bei Mehrfachlinsen nach Art der Abb. 99. Diese achromatisieren jedoch nur achsen-
parallel einfallende Lichtbündel von sehr kleiner Öffnung. — Im Schauversuch schaltet
man vor die Lichtquelle ein Rot und Blau durchlassendes Filter. Die beiden in Hohe y einfallenden Lichtbündel werden von der linken Linse in je ein rotes und ein blaues Bundel
aufgespalten. Jedes dieser beiden Bündel ist konvergent, aber die Achsen des blauen und
des roten Bündels divergieren gegeneinander. Die rechte Linse folgt angenähert im Abstand
ihrer Brennweite f_2, und daher macht sie die beiden divergierenden Bündelachsen einander
praktisch parallel. Folglich schneiden die Achsen der blauen und der roten Bündel die Linsen-

---

[1] Man kann auch eine Einzellinse nach Wahl entweder für den Bildort oder für die
Bildvergroßerung achromatisieren. Doch gelingt das nur mit sehr dicken, wegen anderer
Fehler unbrauchbaren Linsenformen (vgl. Abb. 98).

achse nacheinander (erst Blau, dann Rot) unter dem gleichen Neigungswinkel w'. Folglich ist die Brennweite $f' = y/\mathrm{tg}\, w'$ des Linsensystems für beide Lichtarten gleich. Der Brennpunkt des roten Lichtes liegt zwar weiter rechts als der des blauen, doch folgen auch die zugehörigen Hauptebenen in gleichem Sinne und Abstande aufeinander. — Dieser Sonderfall der Achromatisierung gewinnt erst in Verbindung mit unserem Auge praktischen Wert. Für unser Auge ist es gleichgültig, wenn die Achsen schlanker, verschiedenfarbiger Lichtbündel innerhalb der Pupillenfläche gegeneinander parallel versetzt sind (vgl. S. 21). Daher benutzt man diese eigenartige Achromatisierung sehr häufig bei den Okularen von Fernrohren und Mikroskopen.

§ 22. Vergrößerung des Sehwinkels durch Lupe und Fernrohr.

Für das Auge können wir bis auf weiteres den Vergleich mit der photographischen Kamera beibehalten. — Das Auge kann akkommodieren, d. h. von Gegenstanden in verschiedenem Abstand scharfe Bilder entwerfen. Bei der Kamera wird für diesen Zweck die Entfernung zwischen der starren Glaslinse und der Platte verändert. Das Auge hingegen verändert durch Muskeltätigkeit die Wölbung und damit die Brennweite f' seiner elastisch verformten Linse.

Der Akkomodationsbereich reicht beim normalsichtigen Auge vom beliebig großen Abstand herab bis zur „Nahpunktsentfernung". Die mit starker Akkommodation erreichbare Nahpunktsentfernung geht bei Kindern bis unter 10 cm herab. Im Lebensalter zwischen 30 und 40 Jahren findet man Nahpunktsentfernungen von etwa 20—25 cm usw. — Starke Akkommodationen sind aber unbequem. Beim Schreiben, Lesen und Handarbeiten wird im allgemeinen ein Abstand von ungefähr 20—25 cm bevorzugt. Diesen üblichen Arbeitsabstand nennt man (nicht gerade geschickt!) die „deutliche Sehweite".

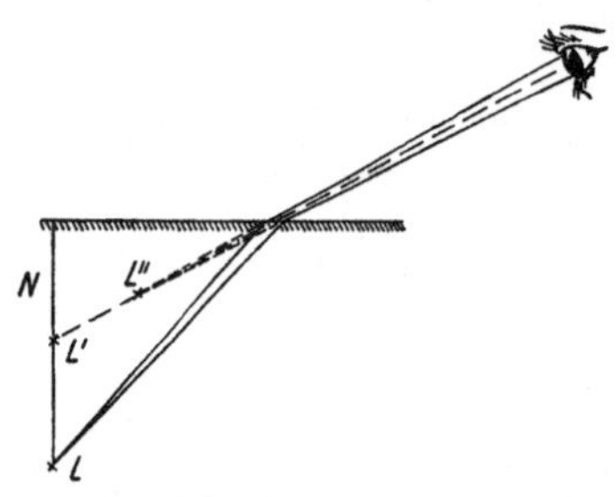

Abb. 100 Ein unter Wasser befindlicher Dingpunkt L wird von zwei Augen genau senkrecht angehoben im Punkte L' gesehen Das kann man mit dieser nur für ein Auge ausgeführten Konstruktion nicht erklaren Man muß vielmehr diese Konstruktion für beide Augen getrennt ausführen. Dann schneiden sich die beiden Einfallsebenen im Lote N. und auf diesem Lot liegt auch L' als Schnittpunkt der beiden Lichtbündelachsen

Ein ebenso wichtiger wie verwickelter Vorgang ist das räumliche Sehen, sei es direkt oder über einen Spiegel hinweg oder durch eine Wasseroberfläche hindurch. Die wesentlichen Gesichtspunkte werden in der Physiologie behandelt.

Bei der Beschreibung selbst elementarer optischer Beobachtungen ist eine Tatsache sehr zu beachten: Ein allein im Gesichtsfeld befindlicher Dingpunkt kann nur von zwei Augen lokalisiert werden. Ein Auge kann stets nur die Richtung angeben, in der wir einen solchen Dingpunkt L sehen, aber nicht seinen Abstand (vgl. Abb. 100).

Mit Abb. 101 definiert man den Sehwinkel. Der Sehwinkel darf aus bekannten Gründen (S. 25) einen gewissen Mindestwert (rund 1 Bogenminute) nicht unterschreiten, sonst vermag das Auge die Punkte nicht mehr zu trennen oder aufzulösen.

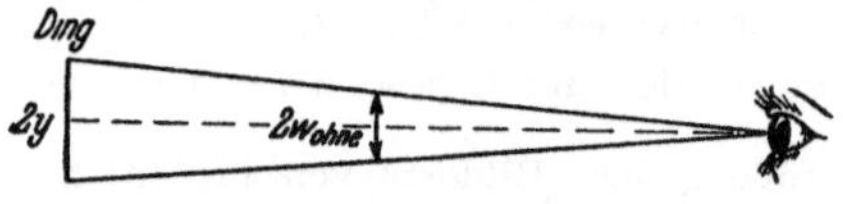

Abb. 101 Zur Definition des Sehwinkels $2w$.

Wie läßt sich ein Sehwinkel vergrößern, wie kann man zuvor nicht sichtbare Einzelheiten eines Gegenstandes erkennbar machen? Antwort: Man geht dichter an den Gegenstand heran. — Wie dicht kann man herangehen? Normalerweise bequem bis auf 25 cm, die übliche deutliche Sehweite. Für noch kleinere Abstände mag der Normalsichtige nur ungern akkommodieren, und ohne Akkommodation sieht er nur ein verwaschenes Bild. Doch läßt sich die Wölbung des Auges durch eine vorgesetzte Wölblinse unterstützen (Abb. 102). Dann kann man ohne jede Akkommodationsanstrengung dichter herangehen, z. B. auf 12 cm, und trotzdem ein scharfes Bild erhalten. Durch diese Annäherung wird der Sehwinkel gegenüber dem der deutlichen Sehweite rund verdoppelt. Oder mit anderen Worten: Man hat vor das Auge eine zweifach vergrößernde Lupe gesetzt. Eine noch stärker gewölbte Lupe er-

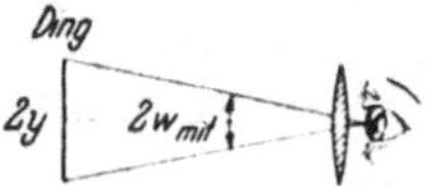
Abb. 102. Die Vergroßerung des Sehwinkels durch eine Lupe, dargestellt in erster Naherung: Lupe, Hornhaut und Augenlinse werden wie eine einzige dunne Linse mit dem Mittelpunkt im Hornhautscheitel behandelt

laube eine Annaherung auf 5 cm, dann vergrößert die Lupe rund funffach usf. Zweck einer Lupe ist also Vergrößerung des Sehwinkels durch größere Annäherung des Auges an den Gegenstand. Dabei ist die Vergrößerung einer Lupe keine Konstante im physikalischen Sinne. Sie wächst mit dem Lebensalter ihres Benutzers. Denn im Alter hat der Mensch eine größere deutliche Sehweite als in der Jugend.

Geübte Beobachter benutzen eine Lupe stets mit entspanntem, d. h. auf große Entfernungen eingestelltem Auge. Sie legen also das Ding in die Brennebene der Lupe (Abb. 103). Dann treten die von den einzelnen Dingpunkten ausgehenden Lichtbündel als Parallellichtbündel ins Auge ein. Die Augenlinse macht die Bündel wieder konvergent und legt ihre engsten Einschnürungen als Bildpunkte auf die Netzhaut.

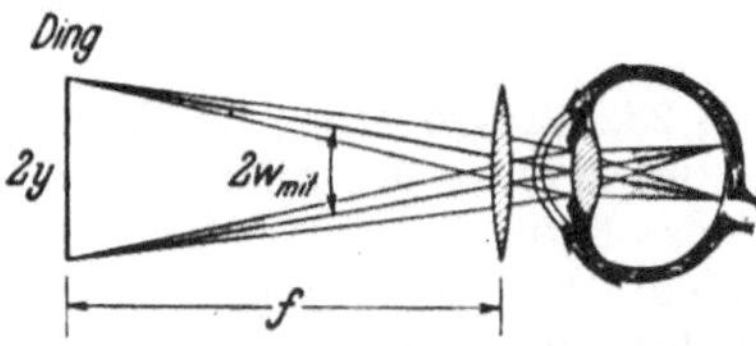
Abb. 103. Vergroßerung des Sehwinkels durch eine Lupe, dargestellt in zweiter Naherung. Statt der Bilder des Irisloches wird dieses selbst naherungsweise als Ein- und Austrittspupille benutzt. Uberdies werden die Unterschiede von Haupt- und Knotenpunkten vernachlassigt Eine noch strengere Behandlung der Lupe uberschreitet den Rahmen dieses Buches

Oft kann man nicht dicht an einen Gegenstand herangehen (Flugzeug in der Luft, Mond usw.). Dann entwirft man sich mit einer Linse, Objektiv genannt, ein Bild. Dies Bild ist zwar sehr viel kleiner als der Gegenstand selbst, aber man kann mit dem Auge bis auf ungefahr 20 cm (deutliche Sehweite) herangehen und dadurch den Sehwinkel vergrößern. So entsteht in Abb. 104 ein einlinsiges Fernrohr. Durch Vorschalten einer Lupe vor das Auge kann man das Auge dem Bilde noch weiter nähern und den Sehwinkel noch mehr vergrößern. Damit gelangt man zum zweilinsigen Fernrohr in Abb. 105. Objektiv und Lupe werden durch ein Rohr verbunden, die Lupe wird meist Okular genannt.

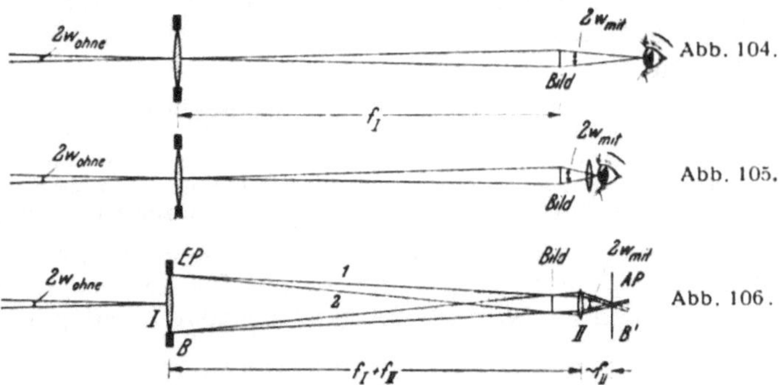

Abb. 104. Vergroßerung des Sehwinkels durch ein einlinsiges Fernrohr in einfacher Hauptstrahldarstellung Man kann sich in der Bildebene eine Mattglasscheibe angebracht denken, aber notwendig ist sie nicht (Zahlenbeispiel: $f = 4$ m, Augenabstand vom Bild = 20 cm, Vergroßerung 20fach)

Abb. 105 Die Hinzufugung einer Lupe (Okular genannt) erlaubt, das Auge dem Bilde weiter zu nahern und dadurch den Sehwinkel noch mehr zu vergroßern. Okular, Hornhaut und Augenlinse werden in dieser einfachen Darstellung wie eine einfache dunne Linse mit dem Mittelpunkt im Hornhautscheitel behandelt.

Abb. 106. Die Vergroßerung des Sehwinkels durch ein zweilinsiges Fernrohr in zweiter Naherung dargestellt Dingseitig sind wieder nur die von den Dinggrenzen ausgehenden Hauptstrahlen gezeichnet, bildseitig aber die zugehorigen Lichtbundel. Die Objektivfassung dient als Eintrittspupille, ihr reelles, vom Okular entworfenes Bild B' als Austrittspupille $A P$. (Die Strahlen 1 und 2 lassen B' als Bild von B erkennen)

Auch das Fernrohr soll also lediglich den Sehwinkel vergrößern. Als Vergrößerung eines Fernrohres bezeichnet man das Verhältnis „Sehwinkel mit" durch „Sehwinkel ohne" Instrument (Meßverfahren in § 24).

Bei der häufigsten Benutzungsart des Fernrohres ist der Dingabstand sehr groß gegenüber der Fernrohrlange. Dann ist die Vergroßerung eine das Instrument kennzeichnende Konstante. Bei der Beobachtung naher Gegenstände hingegen, etwa einer Skala an einem schwer zugänglichen Teil einer Maschine, hangt die Vergroßerung von der besonderen Benutzungsart des Fernrohres ab, und man nennt sie dann zweckmaßigerweise Ablesevergroßerung. Man kann ja oft das Objektivende eines schlanken Fernrohres zwischen den Hindernissen hindurch viel dichter an den Gegenstand heranbringen als den ganzen Kopf. In diesem Fall setzt man sinngemäß als Sehwinkel ohne Instrument denjenigen ein, den man nach Lage der Hindernisse noch mit dem freien Auge erreichen kann. Dann heißt z. B. Ablesevergroßerung = 5: Nach Einbau des Fernrohres kann man auf der Skala funfmal kleinere Ziffern ablesen als zuvor.

Das in Abb. 105 und 106 skizzierte Fernrohr ist von Johannes Kepler vorgeschlagen worden und heißt das „astronomische". Es zeigt die Gegenstande auf dem Kopfe stehend. Zur Aufrichtung der Bilder gibt es verschiedene Vorrichtungen, z. B. weitere Linsen oder Spiegelprismen zwischen Objektiv und Okular.

§ 23. Vergrößerung des Sehwinkels durch Projektionsapparat und Mikroskop. Leistungsgrenze des Mikroskops. Projektionsapparat und Mikroskop dienen — wie das Fernrohr — der Vergrößerung des Sehwinkels. Beide stimmen im Prinzip überein. Bei beiden liegt das Ding kurz vor dem dingseitigen Brennpunkt einer Objektivlinse. Diese entwirft daher bei beiden ein erheblich vergrößertes Bild des Gegenstandes. Man kann es auf einem Schirm auffangen.

Bei hinreichender Größe wird das Bild auch von fein sitzenden Beobachtern unter einem ausreichenden Sehwinkel gesehen: Projektionsapparat (Kino!). — Das Mikroskop hingegen ist fur Einzelbeobachtung bestimmt. Das von der Objektivlinse entworfene Bild liegt im oberen Ende des Rohres (Tubus). Der Beobachter geht mit der Okular genannten Lupe dicht an das Bild heran und betrachtet es so unter großem Sehwinkel. — Als Vergrößerung bezeichnet man auch beim Mikroskop das Verhältnis „Sehwinkel mit" zu „Sehwinkel ohne" Instrument.

Zur Messung der Mikroskopvergrößerung legt man einen Millimeterstab auf den Tisch des Mikroskops und laßt ein Stuck von ihm seitlich überstehen, z. B. rechts. Dann blickt man mit dem linken Auge ins Mikroskop, mit dem rechten unmittelbar auf den Maßstab. Man bringt unschwer beide Sehfelder zur Deckung. Man sieht z. B. 1 mm im Mikroskop auf 130 mm des direkt beobachteten Maßstabes. Dann ist die Vergrößerung 130fach.

Die Ausführungen des § 14 über die Leistungsgrenze der Linsenabbildung gelten für das Mikroskop genau so wie für das Auge und das Fernrohr. Der Winkelabstand zweier noch getrennt sichtbarer Dingpunkte — in Abb. 107 $2w$

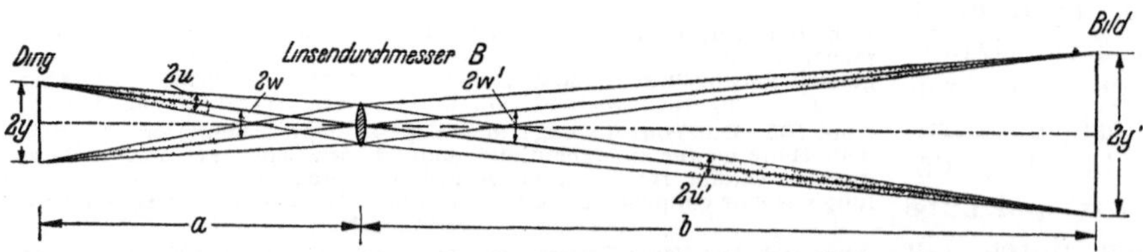

Abb. 107. Zur Auflosung des Mikroskops. — Man hat hier die gleichen Bedingungen wie auf S 25 bei der Herleitung der Gl (23) tur Auge und Fernrohr. Auf der rechten Seite der Linse sind die Lichtbundel in Wirklichkeit praktisch parallel begrenzt. Die Dingpunkte liegen auf der linken Seite praktisch in der Brennebene des Objektivs. In der Zeichnung mußte der Ubersichtlichkeit halber der Dingabstand a zu groß, der Bildabstand b zu klein gemacht werden.

genannt — darf nicht kleiner werden als der aus der Gleichung

$$\sin \alpha = \frac{\lambda}{B} \qquad \text{(21) v. S. 24}$$

berechnete Winkel α. Also

$$\sin 2\,w_{\min} = \frac{\lambda}{B} \quad \text{oder nach Abb. 107} \quad \frac{2\,y'}{b} = \frac{\lambda}{B}. \qquad (26)$$

Doch interessiert beim Mikroskop weniger die kleinste auflösbare Winkelgröße $2\,w_{\min}$ als der kleinste noch trennbare Abstand zweier Dingpunkte, also in Abb. 107 die Strecke $2\,y_{\min}$, gemessen im Längenmaß.

Fur ihre Berechnung entnehmen wir der Abb. 107 für den bildseitigen Öffnungswinkel u' die Beziehung

$$\sin u' = \frac{B}{2\,b}. \qquad (27)$$

Ferner muß im Mikroskop die Sinusbedingung erfüllt sein, d. h. der bildseitige Öffnungswinkel u' muß mit dem dingseitigen Öffnungswinkel u verknüpft sein durch die Beziehung

$$\frac{\sin u}{\sin u'} = \frac{2\,y'}{2\,y}, \qquad (25)$$

(25), (26) und (27) zusammengefaßt ergeben

$$2\,y_{\min} = \frac{\lambda}{2 \sin u}. \qquad (28)$$

In einem Stoff der Brechzahl n ist die Wellenlange λ des Lichtes n-mal kleiner als in Luft. Daher füllt man den Raum zwischen Ding und Mikroskopobjektiv oft mit einer „Immersionsflussigkeit" (Wasser oder Öl) mit der Brechzahl n. Dann erhält man statt Gl. (28) die kleinere Lange

$$2\,y_{\min} = \frac{\lambda}{2\,n \sin u}. \qquad (28\,\text{a})$$

D. h. die Leistungsgrenze des Mikroskops wird durch zwei Größen bestimmt: erstens durch die Wellenlange λ des Lichtes und zweitens durch eine das Objektiv kennzeichnende Größe ($n \sin u$), genannt die „numerische Apertur". In ihr ist u der Öffnungswinkel der vom Objektiv aufgenommenen Lichtbündel und n die Brechzahl des Stoffes (Luft oder Immersionsflussigkeit) zwischen Objektiv und Praparat (z. B. Dunnschnitt).

Die Optotechnik hat mit Immersionsflüssigkeiten numerische Aperturen $n \sin u$ bis zu etwa 1,4 verwirklichen können ($u = 70°$, $\sin u = 0,94$, $n = 1,5$). Die mittlere Wellenlänge λ des sichtbaren Lichtes betragt rund $6 \cdot 10^{-5}$ cm. Somit wird nach Gl. (28a)

$$2\,y_{\min} = \frac{6 \cdot 10^{-5}}{2 \cdot 1,4} = 2,2 \cdot 10^{-5} \text{ cm.}$$

$2\,y$, der kleinste, im besten Mikroskop noch erkennbare Abstand zwischen zwei Dingpunkten, ist also nur etwas kleiner als die halbe Wellenlange des benutzten Lichtes. — Der Größenordnung nach entspricht das den Erfahrungen in der Mechanik. Dort (Abb. 373 ff.) haben wir mit Wasserwellen Schattenbilder eintauchender Körper entworfen. Fur diese einfachste Art der Abbildung durften die Körper nicht kleiner gewahlt werden als ungefahr die Wellenlange der Wasserwellen.

Man vergleiche später die Gl. (28) mit der Abb. 148 auf S. 68. Sie wird dadurch einen sehr anschaulichen Sinn bekommen!

Eine mikroskopische Abbildung mit großer Auflösung verlangt dingseitig Lichtbündel von großem Öffnungswinkel u. Das zeigt der Nenner der Gl. (28). Bei selbstleuchtenden Dingen, etwa einem glühenden Draht, wird der nutzbare Öffnungswinkel nur durch die Bauart des Objektivs bestimmt. Bei nicht selbstleuchtenden Dingen hingegen, z. B. den üblichen Dünnschnitten, hängt er überdies von der Art der Beleuchtung ab. Für diese benutzt man Beleuchtungslinsen, genannt „Kondensoren"[1]. Die Abb. 108 und 109 zeigen zwei Ausführungs-

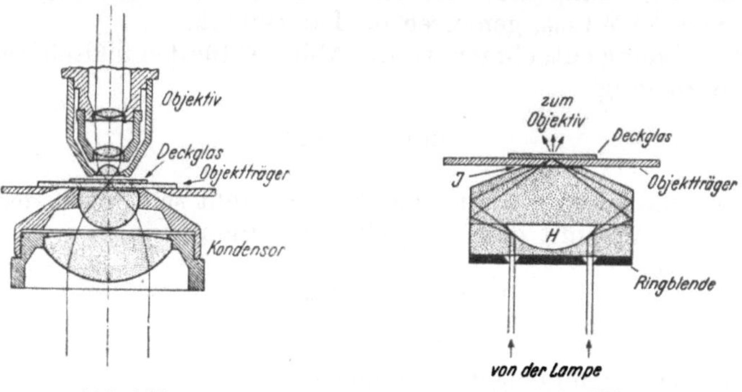

Abb. 108   Abb. 109.

Abb. 108 und 109. Zwei Kondensoren. Beide entwerfen ein Bild einer flächenhaften Lichtquelle in ihrer Brennebene und diese wird in die Ebene des Dünnschnittes gelegt. Die flächenhafte Lichtquelle kann durch eine Sammellinse verwirklicht werden, die eine Lampe in der Eintrittspupille des Kondensors abbildet. Abb. 108. Hellfeldkondensor. Abb. 109 Dunkelfeldkondensor mit zweifacher Spiegelung an der Innenfläche des Glaskörpers. H ist ein Hohlraum. $J =$ Immersionsflüssigkeit (Wasser oder Öl) zur Vermeidung der Totalreflexion an der oberen Fläche des Kondensors.

formen. In Abb. 108 gelangt das Licht nach Durchsetzen des Dünnschnittes ins Objektiv und ins Auge. Man beobachtet auf hellem Grunde oder mit Hellfeldbeleuchtung. In Abb. 109 hingegen wird das beleuchtende Licht dem Mikroskopobjektiv (durch Totalreflexion am Deckglas) ferngehalten. Nur vom Dünnschnitt zerstreutes oder abgelenktes Licht (drei kleine Pfeile!) kann ins Objektiv eintreten. Man sieht die Dinge hell auf dunklem Grunde oder in Dunkelfeldbeleuchtung.

Hellfeld- und Dunkelfeldbeleuchtung sind uns auch im täglichen Leben geläufig. Eine große Spitze hängt man als Gardine vor ein helles Fenster: Hellfeldbeleuchtung. Eine

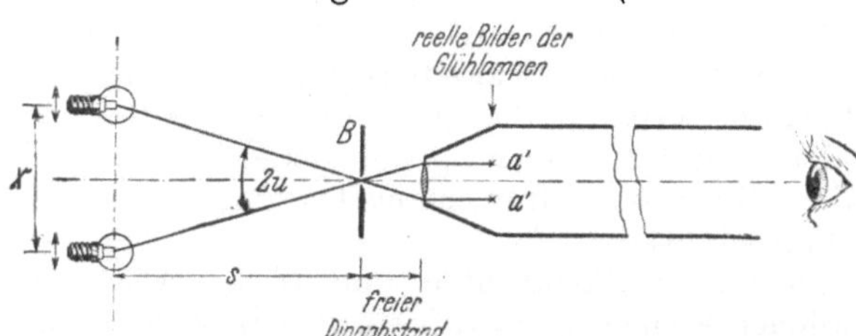

Abb. 110. Messung der Apertur (sin u) eines Mikroskopobjektivs. Die von den Lampen durch die feinen Öffnungen B gezeichneten Linien sind die Achsen sehr schlanker Lichtbündel.

zarte Brüsseler Spitze legt man auf dunklen, nicht reflektierenden Samt und hält so das beleuchtende Licht dem Auge fern: Dunkelfeldbeleuchtung.

Bei der grundlegenden Bedeutung der Apertur für das Mikroskopobjektiv beschreiben wir ein Verfahren für ihre Messung: Man setzt in Abb. 110 vor das Objektiv als Ding eine sehr feine, von links beleuchtete Lochblende B (Lampe nicht gezeichnet). Wir nähern

---

[1] Ihre Apertur sollte im Idealfall ebenso groß sein wie die des Objektivs. In der Praxis aber darf die Apertur des Kondensors nur etwa ein Drittel von der des Objektivs betragen. Andernfalls stört die diffuse Zerstreuung des Lichtes in trüben Teilen der Dünnschnitte zu sehr. Man kann den Nachteil der kleinen Beleuchtungsapertur oft durch einen geschickt gewählten schrägen Einfall des beleuchtenden Lichtes ausgleichen.

dieses Ding dem Objektiv, bis rechts von ihm in 20 cm Abstand auf einer (ebenfalls nicht gezeichneten Mattscheibe) sein scharfes Bild erscheint. Der dann eingestellte Dingabstand[1] entspricht der normalen Benutzungsart des Objektivs in den handelsublichen Mikroskopen von rund 20 cm Tubuslange. — Nach diesen Vorbereitungen werden Lampe und Mattscheibe entfernt und seitlich der Linsenachse zwei kleine, senkrecht zur Linsenachse verschiebbare Gluhlampen hinzugefugt. Diese Lampen nahern wir langsam der Linsenachse. Beim Eintritt in den Bereich des dingseitigen Öffnungswinkels 2 u blitzen ihre reellen Bilder a' kurz hinter der Brennebene des Objektivs auf. (Bei Vorfuhrungen wirft man sie mit einer weiter rechts befindlichen Hilfslinse auf den Wandschirm.) Wir messen die mit x und s benannten Langen und erhalten als Apertur

$$\sin u = \frac{x}{2}\left(s^2 + \frac{x^2}{4}\right)^{-\frac{1}{2}} \quad \text{oder naherungsweise} = \frac{x}{2\,s}.$$

Nicht die Anordnung der Linsen, sondern die Begrenzung der Lichtbündel vermittelt uns ein tieferes Verständnis des Mikroskops und seiner Leistungsgrenze. Das ist der Inhalt dieses Paragraphen.

§ 24. Teleskopische Systeme. In unserer Darstellung der optischen Instrumente war kein Platz fur ein besonders einfaches Fernrohr mit geringer Vergrößerung und aufrechtem Bild, bekannt unter dem Namen **Nachtglas** oder **holländisches Fernrohr** und für den Seemann unentbehrlich. Deswegen bringen wir für die Fernrohre noch eine zweite, für alle Typen brauchbare Darstellung.

Bei der üblichen Benutzungsart des **Keplerschen Fernrohres** ist der Dingabstand sehr groß gegenüber der Brennweite des Objektivs. Daher liegt das Bild eines fernen Dingpunktes in der Brennebene des Objektivs. In die gleiche Ebene

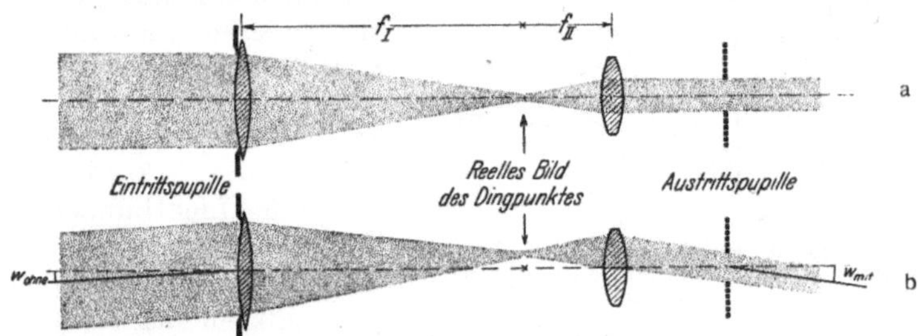

Abb 111 Schauversuch zum teleskopischen Strahlengang im Keplerschen Fernrohr fur einen fernen Dingpunkt. Bei a) auf, bei b) außerhalb der Linsenachse. Dreifache Vergroßerung des Sehwinkels Die Scheitel der Hauptstrahlneigungswinkel w_{ohne} und w_{mit} liegen im Zentrum der Eintritts- und der Austrittspupille. Die Versuchsanordnung ist ahnlich wie in Abb 77. Sie erlaubt, den Neigungswinkel w_{ohne} des links einfallenden Parallellichtbundels periodisch zu andern. Die Lage und die Entstehung der Austrittspupille treten klar hervor. Am besten setzt man auch hier zur Kennzeichnung vor den oberen Rand der Eintrittspupille ein Rotfilter, vor den unteren ein Grunfilter.

verlegt man die dingseitige Brennebene des Okulars (vgl. Abb. 106). Auf diese Weise entsteht ein „teleskopisch" oder „brennpunktlos" genannter Strahlengang: Vom Dingpunkt geht ein Parallellichtbündel zum Objektiv, und aus dem Okular tritt wiederum ein Parallellichtbündel aus, jedoch mit kleinerem Durchmesser. Das zeigt uns ein Schauversuch in Abb. 111a für einen auf der Achse gelegenen fernen Dingpunkt.

Bei der Fortfuhrung dieses Schauversuches verschieben wir den Dingpunkt abwechselnd über oder unter die Linsenachse (Abb. 111b). Bei diesen Bewegungen sehen wir mit großer Deutlichkeit die Lage der Austrittspupille, also des gemeinsamen Querschnittes aller Lichtbundel des Bildraumes. Die Bundel behalten vor und hinter dem Fernrohr ihre parallele Begrenzung, aber — nun kommt der ent-

---

[1] Von der Frontfläche des Objektivs aus gezählt, heißt er in der Praxis der „freie Dingabstand".

scheidende Punkt! — die Neigungswinkel beider Bündel gegen die Achse haben hinter und vor dem Fernrohr ungleiche Größe. Wir nennen diesen Neigungswinkel wie früher in Abb. 106 die Sehwinkel w_{mit} und w_{ohne} und bekommen quantitativ

$$\text{Vergrößerung} = \frac{w_{\text{mit}}}{w_{\text{ohne}}} = \frac{\text{Bündeldurchmesser vor dem Fernrohr}}{\text{Bündeldurchmesser hinter dem Fernrohr}}. \tag{29}$$

Die hier experimentell gezeigte Tatsache ist unschwer zu deuten: Die Abb. 112 wiederholt schematisch den Schauversuch der Abb. 111b, doch sind nur die bündelbegrenzenden Strahlen vor und hinter dem Fernrohr gezeichnet. Hinzugefügt ist beiderseits je eine zu den Strahlen senkrechte Gerade a und b, sie markieren je eine Wellenfläche. — Alsdann denken wir uns das einfallende Bündel um einen kleinen Winkel in die gestrichelte Stellung gekippt. a geht in a', b in b' über. Dabei müssen die Lichtwege s und s' gleich groß bleiben. Somit haben wir $D' \cdot w_{\text{mit}} = D \cdot w_{\text{ohne}}$.

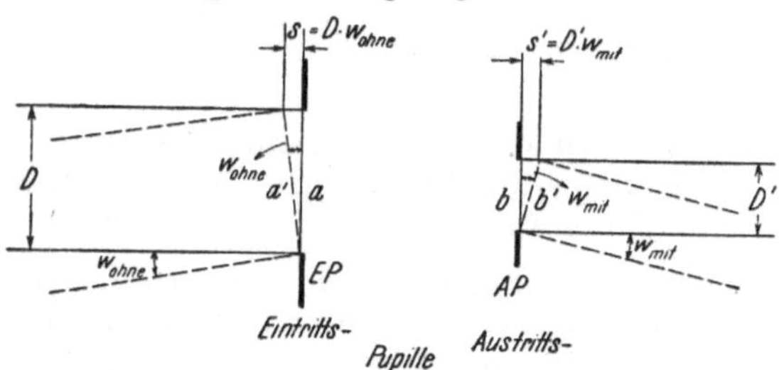

Abb. 112. Zur Herleitung des Zusammenhanges von Winkelvergrößerung und Änderung des Bündeldurchmessers.

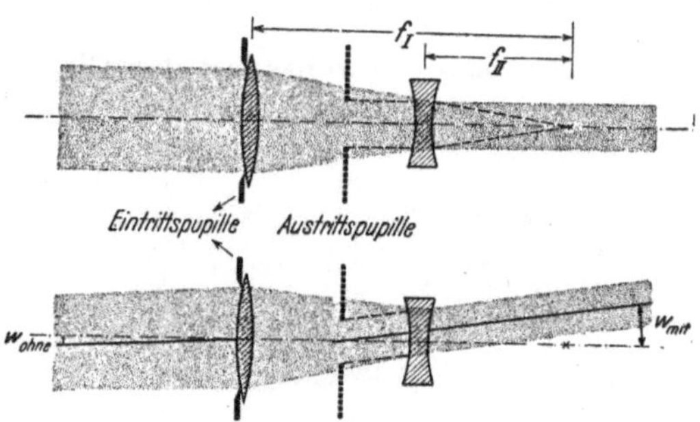

Abb. 113. Schauversuch zum teleskopischen Strahlengang im holländischen Fernrohr für je einen fernen Dingpunkt auf und unterhalb der Linsenachse. Sehwinkelvergrößerung 2,2fach. Die Austrittspupille ist ein virtuelles vom Okular entworfenes Bild der Objektivfassung. Zwischen Objektiv und Okular liegt im Gegensatz zum Keplerschen Fernrohr kein Bild des Dingpunktes. Man baut holländische Fernrohre nur für kleine Vergrößerungen (etwa 2—6). Ihr Hauptvorzug ist die geringe Zahl der Glasflächen und daher die Kleinheit der Lichtverluste. Als „Nachtglas" ist das holländische Fernrohr noch heute unübertroffen.

Nach diesen Darlegungen braucht man zum Bau eines Fernrohres nur die Herstellung eines teleskopischen Strahlenganges. Dieser läßt sich auch mit anderen Anordnungen erzielen, z. B. einer Sammellinse und einer Hohllinse: So entsteht das holländische Fernrohr. Der Schauversuch in Abb. 113 gibt uns den Verlauf eines Lichtbündels für je einen fernen Dingpunkt auf und unterhalb der Linsenachse.

Man kann aber einen teleskopischen Strahlengang auch ganz ohne Linsen (oder Hohlspiegel) herstellen, nämlich mit Prismen. Am besten nimmt man deren vier. Zwei von ihnen sind in Abb. 114 in den Gang eines Parallellichtbündels geschaltet, und zwar weit aus der Stellung ihrer Minimalablenkung herausgedreht. Der Verlauf der Lichtbündel entspricht durchaus dem des holländischen Fernrohres in Abb. 113. Infolgedessen kann man bequem durch diese Prismen hindurch einen fernen Gegenstand betrachten, etwa ein Rad. Man sieht, es vergrößert, aber nur in einer Richtung. Das Rad erscheint zur Ellipse ausgezogen. Man kann jedoch jedes der beiden Prismen durch zwei mit ihren brechenden Kanten gekreuzte Prismen ersetzen. Dann fällt die Verzerrung fort.

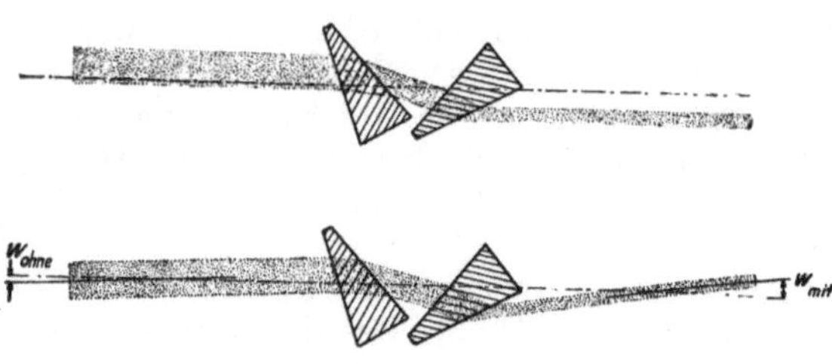

Abb. 114. Zur Herstellung eines teleskopischen Strahlenganges mit Prismen. Nach dem Lichtbild eines Schauversuches, in der Mitte unwesentlicher Zeichenfehler.

Man sieht das Rad in allen Speichenrichtungen gleichmäßig vergrößert. Man hat ein Fernrohr ohne alle Linsen und Hohlspiegel mit aufrechtem Bild und frei von Farbfehlern. —

Praktisch spielt dies Fernrohr keine Rolle, doch zeigt es vortrefflich die Bedeutung des teleskopischen Strahlenganges für die Vergroßerung des Sehwinkels.

Die Kenntnis des teleskopischen Strahlenganges gibt ein einfaches Verfahren zur Messung der Fernrohrvergrößerung; man hat lediglich den Durchmesser eines Parallellichtbündels vor und hinter dem Fernrohr zu messen und Gl. (29) v. S. 48 anzuwenden.

Die Durchmesser der Lichtbündel stimmen mit denen der Eintritts- und der Austrittspupille überein. Als Eintrittspupille dient bei einwandfreier Bauart praktisch stets die Objektivfassung. Die Austrittspupille, das vom Okular entworfene Bild der Objektivfassung, ist nur beim Keplerschen Fernrohr und seinen Abarten (z. B. den Prismenfeldstechern) zuganglich. Beim holländischen Fernrohr liegt sie als virtuelles Bild im Rohrinneren zwischen Objektiv und Okular (vgl. Abb. 113). Man halte das Keplersche Fernrohr mit seinem Objektiv gegen den Himmel oder ein helles Fenster und blicke aus etwa 30 cm Abstand auf das Okular. Dann sieht man die Austrittspupille als kleines helles Scheibchen vor dem Okulare schweben. Man mißt seinen Durchmesser mit einem mm-Maßstab. Der Objektivdurchmesser, dividiert durch diesen Pupillendurchmesser, gibt die gesuchte Vergrößerung. — Beim holländischen Fernrohr muß man statt dessen den Schauversuch der Abb. 113 ausführen und die Bündeldurchmesser bestimmen.

§ 25. Gesichtsfeld der optischen Instrumente. Vorbemerkung: Beim Sehen mit freiem Auge wird das Gesichtsfeld meist durch irgendwelche Hindernisse begrenzt, z. B. den Rahmen eines Fensters. Sehr kleine Gesichtsfelder betrachten wir mit ruhendem Auge, Gesichtsfelder von wenigen Winkelgraden aufwärts

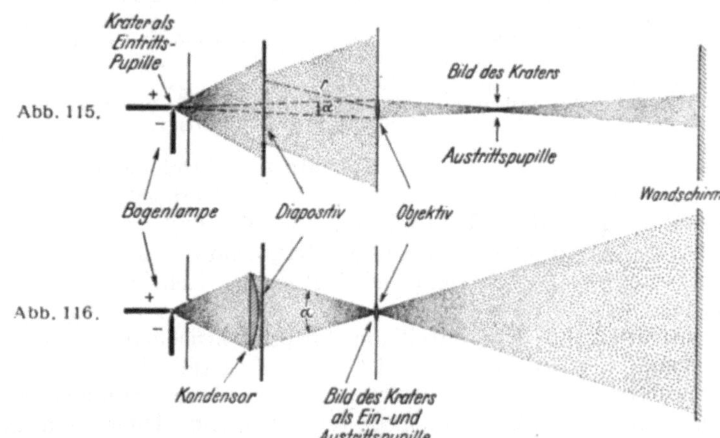

Abb. 115. Falsch zusammengesetzter Projektionsapparat Die Objektivfassung bestimmt als Gesichtsfeldblende den Gesichtswinkel $\alpha = 2 w_{max}$, d h den großten noch dingseitig nutzbaren Winkel zwischen zwei Hauptstrahlen. Der Scheitel dieses Winkels liegt wie immer im Zentrum der Eintrittspupille (vgl. Abb. 78). Der Wandschirm ist zu weit rechts gezeichnet worden

Abb 116 Richtig zusammengesetzter Projektionsapparat. Der Kondensor wirft ein Bild des Kraters ins Objektiv (der Verlauf eines abbildenden Teilbundels und sein Öffnungswinkel u ist aus Abb. 80 zu entnehmen) Der Rahmen des Diapositivs ist Gesichtsfeldblende Von seinen Randern fuhren Hauptstrahlen mit großem Gesichtsfeldwinkel $\alpha = 2 w_{max}$ zur Mitte der fur die Abbildung maßgebenden Eintrittspupille Im gezeichneten Beispiel bedeckt diese Eintrittspupille nur einen kleinen mittleren Fleck des abbildenden Objektivs Daher genugt als solches fast immer ein Brillenglas oder ein einfacher Achromat Fur Sale bis zu 500 Horern reicht vollauf der Krater einer 5-Ampere-Bogenlampe — Gluhlampen als Lichtquellen bedeuten fur physikalische Zwecke eine unnotige Erschwerung, desgleichen Kondensoren mit nicht frei zuganglicher Vorderflache

jedoch mit bewegtem: Das Auge „blickt", es vollführt (uns unbewußt) ruckweise Drehungen in seiner Höhle und „fixiert" in den Ruhepausen einzelne Bereiche des Gesichtsfeldes. Diese Blickbewegungen lassen sich durch Drehungen und Verschiebungen des ganzen Kopfes unterstützen, doch sieht man dann die einzelnen Bereiche des Gesichtsfeldes nacheinander. Das erschwert die Übersicht. Das Sehen durch ein Schlüsselloch gibt ein gutes Beispiel.

In den optischen Instrumenten sind Objektiv und Okularlupe ohne Zweifel die wesentlichen Linsen. Sie reichen aber beim praktischen Bau der Instrumente nicht aus. Mit ihnen allein bekommt man zu kleine Gesichtsfelder. Man muß weitere Linsen hinzufügen, Kondensoren oder Kollektive genannt. — Beispiele sind lehrreicher als langatmige Erörterungen allgemeiner Art.

Abb. 115 zeigt das Schema eines falsch zusammengesetzten Projektionsapparates mit Lichtquelle (Bogenkrater), Diapositiv und abbildendem Objektiv. Auf dem Wandschirm erscheint nur ein kleiner Ausschnitt aus der Mitte des Diapositivs. Das Gesichtsfeld ist viel zu klein (und unscharf begrenzt). Grund. Hier wirkt die Fassung des Objektivs als Gesichtsfeldblende. Sie läßt nur Licht im engen Winkelbereich α von der Lampe zum Schirm gelangen. Der Strahl r hat keine physikalische Bedeutung, verläuft doch in seiner Richtung kein Lichtbündel. Daher können die äußeren Teile des Diapositivs nicht abgebildet werden. Abhilfe ist leicht zu schaffen (Abb. 116): Man setzt unmittelbar vor das Diapositiv eine große Linse, Kondensor genannt, und bildet mit ihr die Licht-

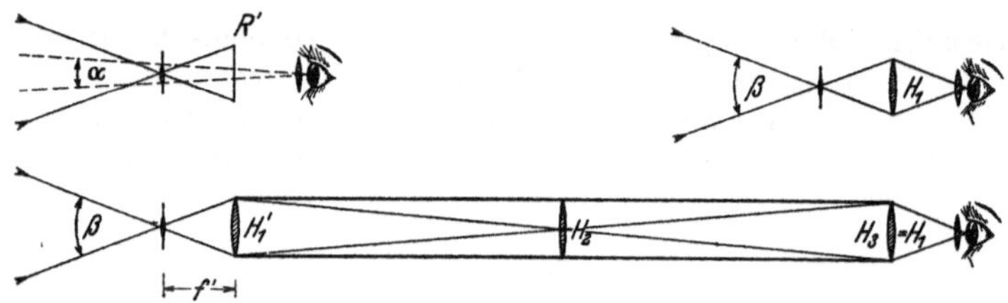

Abb. 117. Schema eines Sehrohres mit Bildaufrichtung. Die Rohrlänge ist im Verhältnis zum Durchmesser erheblich zu klein gezeichnet worden. Zahlenbeispiel: $f' = 5$ cm; Brennweite von H_1 und H_3 je 15 cm, von H_2 40 cm; Abstände $H_1 H_2 = 75$ cm, $H_3 H_2 = 100$ cm.

quelle in der Öffnung des Objektivs ab. So kann alles durch das Diapositiv gehende Licht auch durch das Objektiv hindurchgehen. Das Diapositiv erscheint in seiner ganzen Ausdehnung auf dem Wandschirm. Der Bildrand ist scharf. Jetzt wirkt der Rahmen des Diapositivs als Gesichtsfeldblende. Ihr Bild begrenzt als „Austrittsluke" das Gesichtsfeld und liegt dabei „richtig", d. h. in der Ebene des Wandbildes.

Der Kondensor muß dem jeweiligen Abstand zwischen Objektiv und Diapositiv angepaßt werden. Für Projektionen in verschiedenen Bildgrößen und Schirmabständen braucht man Objektive verschiedener Brennweite. Für jede von ihnen muß ein passender Kondensor verfügbar sein. Diese wichtige Tatsache wird nur allzu oft außer acht gelassen. Wohl nirgends findet man so viel Unkenntnis elementarer optischer Dinge wie bei der Beschaffung und Handhabung von Projektionsapparaten.

In Sonderfällen muß man durch lange enge Rohre hindurchsehen. Bei dieser Beobachtungsart ist das Gesichtsfeld außerordentlich eingeengt. Doch kann man mit Hilfslinsen, meist Kollektiven genannt, auch hier zu Gesichtsfeldern von brauchbarer Größe gelangen. Praktische Beispiele bieten das Cystoskop zum Einblick in Hohlräume des menschlichen Körpers (Magen, Harnblase) und das Sehrohr der Tauchboote. — Das Wesentliche soll an Hand der Abb. 117 erläutert werden. Das geschieht in drei Schritten. Zunächst wird in Abb. 117a eine ferne Landschaft in der Brennebene des Objektivs' abgebildet. Das reelle Bild R' wird von einem Auge ohne Kopfbewegungen betrachtet. (Vor dem Auge befindet sich zweckmäßigerweise eine Lupe mit einer Brennweite gleich der des Objektivs. Dann werden die Abstände zwischen Objektiv und Bild einerseits, Bild und Auge andererseits gleich groß, und die Dinge erscheinen mit unverzerrter

Perspektive.) Das Gesichtsfeld umfaßt nur den kleinen Winkel α. Die Objektivfassung wirkt für das Auge als Gesichtsfeldblende.

In Abb. 117 b wird in die Ebene des reellen Bildes eine Hilfslinie H_1 gestellt. Diese bildet das Objektiv in die Pupille des Auges ab. Jetzt wirkt die Kollektivfassung als Gesichtsfeldblende, das Gesichtsfeld umfaßt den großen Winkel β.

Nach diesem Vorversuch wird die Bildebene an das linke Ende eines langen Rohres verlegt und als Hilfslinse H_1 eine Linse mit größerer Brennweite benutzt (Abb. 117 c). In der Rohrmitte sitzt eine weitere Hilfslinse H_2 und bildet das Bild R' in der Ebene des rechten Rohrendes ab. Dort folgt dann genau wie in Abb. 117 b eine dritte Hilfslinse $H_3 = H_1$ und das lupenbewehrte Auge. Das Gesichtsfeld umfaßt den großen Winkel β.

In ganz entsprechender Weise benutzt man Kollektive im Mikroskop und im Keplerschen Fernrohr. Auch dort sollen sie das nutzbare Gesichtsfeld vergrößern. Man legt das Kollektiv in die Ebene des reellen, vom Objektiv entworfenen Bildes oder in dessen Nähe. So hält man die schräg verlaufenden Lichtbündel von den Rohrwanden fern und lenkt sie in die Okularlupe hinein. Kollektiv und Lupe werden meist in einem kurzen Rohrstutzen vereinigt und gemeinsam Okular genannt. Beim Huyghensschen Okular liegt das reelle Bild zwischen Kollektiv und Lupe, beim Ramsdenschen Okular aber kurz vor dem Kollektiv. Infolgedessen kann man in die Ebene des reellen Bildes bequem Fadenkreuze, Mikrometerskalen und dergleichen hineinbringen und beim Auswechseln des Okulars an ihrem Platz belassen. — Die Achromatisierung der genannten Okulare erfolgt nach dem eigenartigen, in Abb. 99 erläuterten Schema.

Man beobachtet — herkömmlichen Darstellungen entgegen — beim Mikroskop und Fernrohr fast nie mit ruhendem Auge. Man muß Drehungen des Augapfels und Verschiebungen des ganzen Kopfes zu Hilfe nehmen. Grund: Der Winkelbereich großer Sehschärfe umfaßt nur wenige Bogengrade. Er liegt symmetrisch zum Mittelpunkt des „fovea centralis“ benannten Netzhautgebietes. Die ·Sehschärfe fällt schon innerhalb $\pm 2°$ auf die Hälfte ihres Höchstwertes und innerhalb $\pm 10°$ sogar auf ein Fünftel des Höchstwertes. Die Bewegungen des Auges und des Kopfes sind bei der Bestimmung des Gesichtsfeldes zu berücksichtigen. — Beim Keplerschen Fernrohr bewegt man meist das Auge vor der Austrittspupille des Fernrohres (Abb. 106, 111) wie vor einem Schlüsselloch. Beim holländischen Fernrohr benutzt

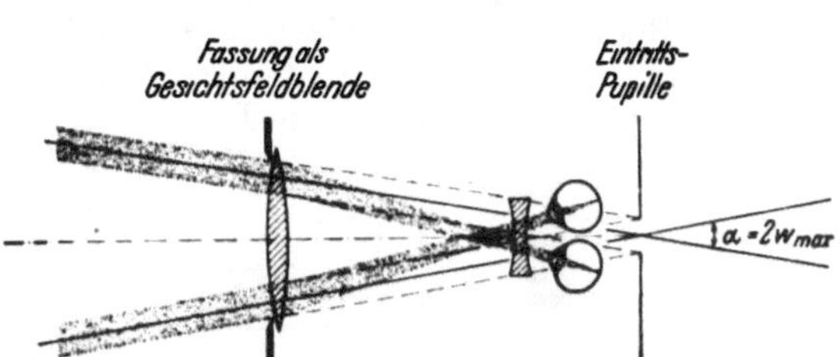

Abb. 118. Zur Benutzung eines 2mal vergrößernden holländischen Fernrohres mit einem bewegten Auge. Die Pupille des Auges ist erheblich kleiner als die aus Abb. 113 bekannte Austrittspupille des Fernrohres.

das Auge für jeden „Augenblick“ (Handlung oder Zeitabschnitt!) nur einen Teil der Objektivfläche. Das zeigt die Abb. 118 für zwei extreme Stellungen des Auges. Die jeweils benutzten dingseitigen Lichtbündel sind geradlinig verlängert worden. Der Schnitt der gestrichelten Geraden ergibt die Eintrittspupille des aus Fernrohr und frei bewegtem Auge gebildeten Systems. Diese Pupille liegt im Inneren des Kopfes. Sie liegt also ganz anders als die des Fernrohres allein (Abb. 113!). Ihr Zentrum ist wie ·stets der Schnittpunkt der dingseitigen Hauptstrahlen. Der größte nutzbare Hauptstrahlneigungswinkel w_{max} bestimmt den Blickfeldwinkel α. Es ist $\alpha = 2\,w_{max}$. Die Objektivfassung wirkt als Gesichtsfeldblende. Beim Überschreiten von α bleibt der Bündelquerschnitt nicht mehr kreisförmig.

Er bekommt zunächst die Gestalt eines Kreiszweieckes. Das Bild verblaßt zum Rande hin, es wird vignettiert.

§ 26. Abbildung räumlicher Gegenstände und Perspektive. Zunächst eine Vorbemerkung von entscheidener Wichtigkeit. In unserer bisherigen Darstellung des Abbildungsvorganges wurde ein Bildpunkt mit der engsten Einschnürung eines Lichtbündels gleichgesetzt. Das entspricht zwar allgemeiner Übung, ist aber keineswegs allgemein zutreffend. Man denke an die jedem Kinde bekannte Lochkamera (Abb. 119). Diese benutzt enge Lichtbündel ohne jede Einschnürung im Bildraum. Trotzdem liefert sie gute (und dabei völlig verzeichnungsfreie) Bilder[1]. Das ist recht

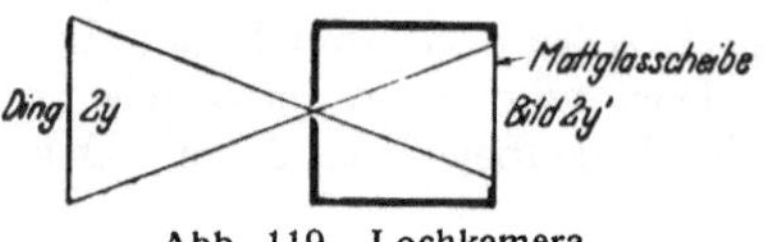

Abb. 119. Lochkamera.

überraschend. Der Bildpunkt, also die Beugungsfigur der Öffnung, ist unter sonst gleichen Umständen bei einer Lochkamera mit einem Lochdurchmesser von 1 mm 20mal größer als der eines Objektivs von 20 mm Durchmesser [Gl. (21) von S. 24]. Aber ein Maler vermag ja auch mit groben Pinselstrichen sehr befriedigende Bilder zu liefern. Das ist auf psychologische Vorgänge zurückzuführen und gehört nicht in diesen Paragraphen. Uns genügt die vielfach gesicherte Erfahrung: Gute, für unser Auge brauchbare Bilder sind keineswegs identisch mit Bildern großer Zeichnungsschärfe.

Selbst die technisch vollkommensten Linsen können immer nur eine Dingebene als eine Bildebene abbilden. Dabei müssen diese beiden Ebenen zur Linsenachse senkrecht stehen. Trotzdem bildet man in der Praxis ganz überwiegend Gegenstände von räumlicher Ausdehnung auf einer Ebene ab. Bekanntlich bekommt man auch in diesen Fällen durchaus brauchbare Bilder: Auge, Feldstecher und Kamera haben eine meist beträchtliche „Tiefenschärfe". Das beruht aber nur auf der obengenannten Eigenart unseres Auges. Dieses läßt, wie wir sahen, keineswegs nur die engste Einschnürung eines Lichtbündels als Bildpunkt gelten.

Ebene Bilder räumlicher Gegenstände haben stets eine bestimmte geometrische Perspektive, d. h. ein bestimmtes Verhältnis zwischen Größe und Abstand der hintereinander befindlichen Dinge. Der Künstler stellt diese Perspektive mit einer Zentralprojektion her. Dabei verfährt er im Prinzip gemäß Abb. 120: Er schaltet zwischen die Dinge und eines seiner Augen einen durchsichtigen Schirm W und vermerkt auf diesem die Durchstoßpunkte seiner Blickrichtungen. Der Künstler benutzt

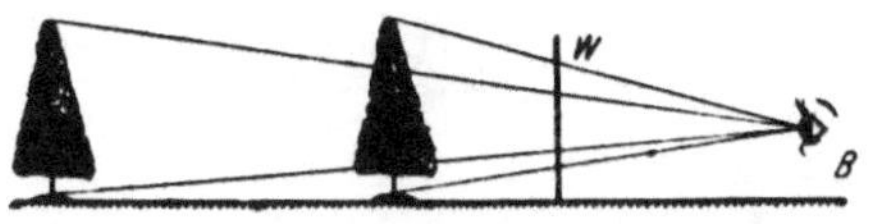

Abb. 120. Zentralprojektion zur Darstellung räumlicher Gegenstände auf einer Bildfläche W. B = Auge des Künstlers.

also als Projektionszentrum den Drehpunkt seines Augapfels.

Bei der Abbildung durch eine Linse stellt man die Linse zwischen die Dinge und den Schirm. Es handelt sich auch hier um eine Zentralprojektion, jedoch mit zwei Projektionszentren. Diese liegen in den Mittelpunkten der Eintritts- und der Austrittspupille. Somit ist die Begrenzung der Lichtbündel auch für die Perspektive entscheidend. Das belegen wir mit einem eindrucksvollen Schauversuch.

In Abb. 121 stehen zwei helleuchtende gleich große Mattglasfenster in verschiedenen Abständen von der Linse. Das eine Fenster befindet sich in Wirklich-

---

[1] Bei Kenntnis des § 47 läßt sich für die günstigste Lochweite eine einfache Regel angeben: Vom Bildort aus gesehen, soll das Loch $^9/_{10}$ vom Durchmesser der zentralen Fresnelschen Zone freilassen.

keit etwas vor, das andere etwas hinter der Zeichenebene. Das hintere Fenster trägt ein H, das vordere ein V. Die Linse hat einen großen Durchmesser, doch benutzen wir eine enge Blende B und schlanke Lichtbündel. Infolgedessen erscheinen beide Fenster auf dem Schirm nebeneinander gleich scharf. Während

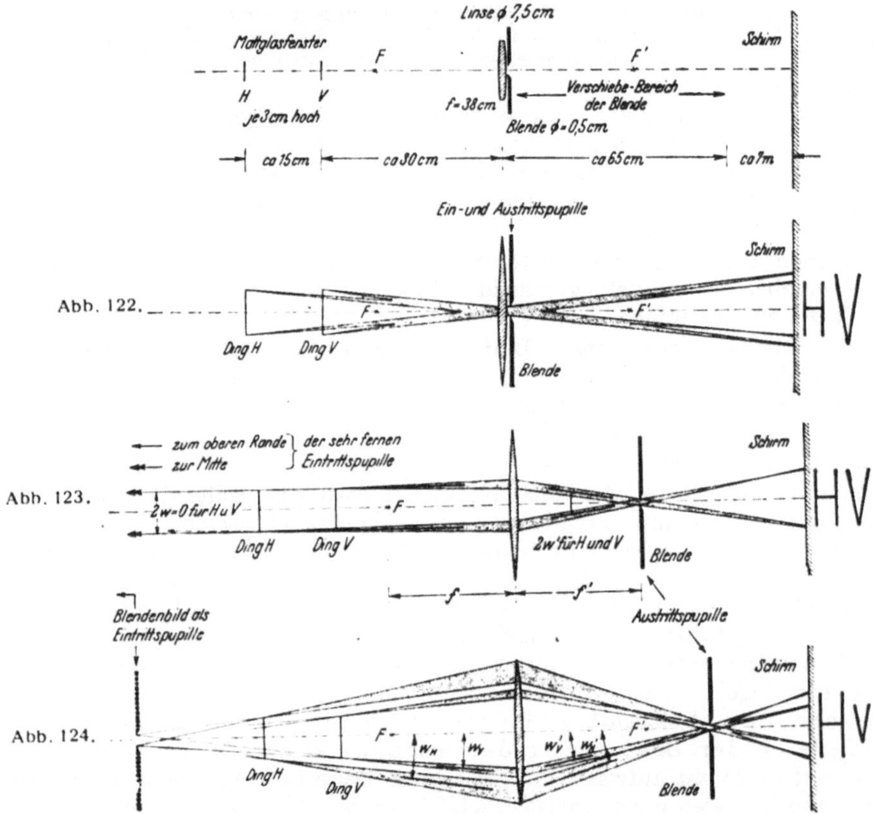

Abb. 121—124 Einfluß der Lichtbündelbegrenzung auf die Perspektive: — Abb 121. Versuchsanordnung. Das eine Fenster ist etwas vor, das andere Fenster etwas hinter der Papierebene zu denken — Abb. 122 bis 124. Das Großenverhaltnis zwischen H und V wird nur durch Verschiebung der bündelbegrenzenden Blende geandert. Dingseitig dient jedesmal der Mittelpunkt der Eintrittspupille als Projektionszentrum. Von ihm aus „besieht sich die Linse" die Dinge H und V. — In Abb. 123 ist der Übersichtlichkeit halber nur das von V oben und von H unten ausgehende Bündel gezeichnet worden Ein hubscher Freihandversuch zur umgestulpten Perspektive in Abb. 124: Man halte eine Linse von etwa 10 cm Durchmesser und etwa 20 cm Brennweite etwa 30 cm vor das Auge und besehe sich eine Streichholzschachtel Dann sieht man die fernen Kanten großer als die nahen.

des Versuches bleibt die Aufstellung (Abb. 121) ungeandert, es wird lediglich die Blende längs der Linsenachse verschoben. Der Versuch wird in drei Schritten ausgeführt:

1. Die Blende steht unmittelbar an der Linse (Abb. 122). Beide Pupillen fallen praktisch mit der Linsenmitte zusammen. Diese dient als Projektionszentrum. Das fernere H wird auf dem Wandschirm kleiner abgebildet als das nähere V.

2. Die Blende wird in den bildseitigen Brennpunkt F' geschoben (Abb. 123). Dadurch wird das dingseitige Projektionszentrum (die Mitte der Eintrittspupille) links ins Unendliche verlegt: Die beiden Bilder von H und V werden auf dem Schirm gleich groß.

Abb. 123 zeigt den Grenzfall des dingseitig telezentrischen Strahlenganges. Dieser wird oft benutzt, unerläßlich ist er z. B. beim Meßmikroskop. Beim Meßmikroskop ist der Auffangsschirm eine Glasskala in der Bildebene. Die Skala wird von rechts durch eine feststehende Okularlinse betrachtet. Man kann den Gegenstand, entsprechend einem Fenster in Abb. 123, in die Stellung H oder V bringen, d. h. seinen Abstand vom Mikroskopobjektiv verändern. Trotzdem behält sein Bild auf der Skala die gleiche Größe. Ohne diese Begrenzung der Lichtbündel würden sich die Hauptstrahlen in den Knotenpunkten des Mikroskopobjektivs schneiden, also naherungsweise in der Mitte des Objektivs. Infolgedessen würde jede Abstandsänderung zwischen Gegenstand und Mikroskop eine Längenänderung des Gegenstandes vortäuschen.

3. In Abb. 124 wird die Blende bildseitig über den Brennpunkt F' hinaus verschoben. Damit rückt das dingseitige Projektionszentrum (die Mitte der Eintrittspupille) dichter an das Fenster H als an das Fenster V heran. Erfolg: Das H auf dem Wandschirm wird größer (!) als das V, die Perspektive ist umgestülpt.

Wir können also die geometrische Perspektive des Wandschirmbildes allein durch Verschieben der bündelbegrenzenden Blende in weiten Grenzen verändern. — So weit der Schauversuch.

Von Künstlerhand geschaffene Bilder soll man von gleichem Projektionszentrum wie der Künstler betrachten. Man soll also nur ein Auge benutzen und in Abb. 120 an den Ort B bringen. Dann bekommt man bei guten Bildern einen naturgetreuen räumlichen Eindruck.

Beim Photographieren gelangen die Hauptstrahlen vom Mittelpunkt der Austrittspupille zur Platte. Der Mittelpunkt der Austrittspupille dient als bildseitiges Projektionszentrum. Folglich muß man beim Besehen einer Photographie den Augendrehpunkt in dieses Projektionszentrum verlegen. Das macht keine Schwierigkeit: In den heute gebräuchlichen Objektiven fallen Eintritts- und Austrittspupille nahezu mit der Objektivmitte zusammen. Man hat also praktisch nur ein Projektionszentrum nach dem Schema der Abb. 122. Außerdem liegt die Platte fast stets nahezu in der Brennebene des Objektivs. Damit ergibt sich folgende Regel: Man betrachte eine Photographie stets einäugig und mache den Abstand zwischen Augendrehpunkt und Photographie gleich der Brennweite der Aufnahmekamera. — Für Brennweiten von etwa 25 cm aufwärts geht das ohne weiteres. Die üblichen kleinen Handapparate hingegen haben meist erheblich kürzere Brennweiten, oft nur von wenigen Zentimetern Länge. In diesem Fall muß man zwischen Photographie und Auge eine Linse schalten und als Lupe benutzen. Dann kann man auch hier den richtigen Augenabstand innehalten. Bei Beachtung dieser Regel zeigt jede Photographie eine überraschend gute Plastik und lebenswahre Perspektive.

Gute Bildbetrachtungslupen sollen für ein „blickendes" Auge konstruiert sein und den Abstand zwischen Augendrehpunkt und Linse durch eine geeignete Form der Linsenfassung festlegen (z. B. Verantlupen). — Bei n-facher Linearvergrößerung des Bildes gegenüber dem Negativ muß der Augenabstand gleich $n f$ sein. Leider ist diese Bedingung in einem großen Hörerkreis (Kino!) stets nur für wenige und mit der Vergrößerung wechselnde Plätze zu erfüllen.

Einäugig betrachtet sollten alle Bilder, sowohl die von Künstlern wie die mit der Kamera verfertigten, auch bei falschem Abstand immer einen räumlichen Eindruck ergeben, wenn auch einen perspektivisch verzerrten. Die Tiefenausdehnung sollte bei zu kleinem Augenabstand zu kurz, bei zu großem zu lang erscheinen (Abb. 125—127). Doch sind wir alle durch die Überschwemmung mit Bildern in den Tageszeitschriften abgestumpft worden. Wir haben das räumliche Sehen der Bilder aufgegeben und sehen Bilder aller Art gewohnheitsmäßig nur noch als Flächen. Erst unter ungewohnten Bedingungen tritt die wahre

Fähigkeit des Auges wieder hervor. So sehen wir z. B. die flächenhaften
Bilder in der Brennebene eines Fernrohres durch die Okularlupe hindurch immer

räumlich, doch ist die
Tiefenausdehnung aller Gegenstände verkürzt. Besonders eignet sich die Längsachse einer Straße oder
Allee. Das Bild wird vom
Objektiv mit langer Brennweite f entworfen, kann also
nur aus dem Abstande f
mit richtiger Tiefenwirkung
gesehen werden. Eine Oku-
larlupe mit der Brennweite f
würde aber die Sehwinkel-
vergrößerung gleich eins
machen, d. h. also, den Zweck
des Fernrohres vereiteln.
Nur mit einer Okularlupe
kurzer Brennweite lassen

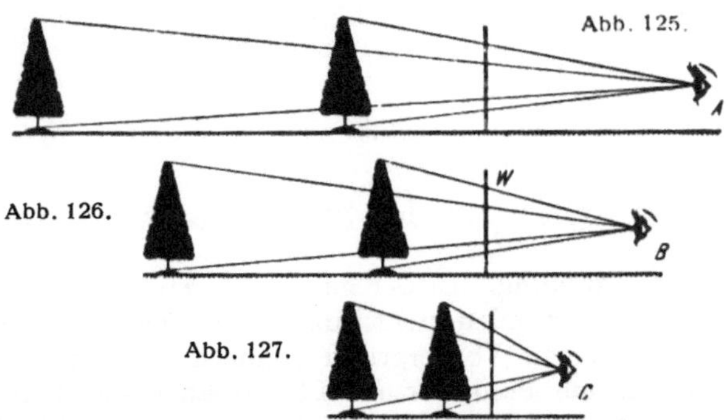

Abb. 125—127. Gleich große Dinge in verschiedener Tiefenanord-
nung werden von den Zentren A, B, C auf die gleiche Bildebene W
projiziert. Dabei liegen die Durchstoßpunkte der Blicklinien in
allen drei Beispielen auf der Bildfläche W gleich. — Mit diesen
Figuren deutet man die Verzerrung der Perspektive bei Betrachtung eines Bildes aus falschem Abstand: Ein vom Zentrum B
aus gezeichnetes Bild erscheint von C aus in der Tiefe verkurzt,
von A aus in der Tiefe verlangert.

sich die Sehwinkel vergrößern. Aber dann macht sie unvermeidlich den Betrach-
tungsabstand zu klein, und damit sehen wir alle Tiefen verkürzt. — Noch eindrucksvoller ist meist die Umkehr des Versuches. Man blickt verkehrt in das
Fernrohr hinein und benutzt das Objektiv als Lupe. Dann sieht man die Tiefen-
ausdehnungen in einer komisch wirkenden Weise in die Länge gezogen. Jetzt
entwirft das Okular ein flächenhaftes Bild mit kurzer Brennweite, und wir besehen
es durch das Objektiv hindurch aus viel zu großem Abstand.

IV. Energie der Strahlung und Bündelbegrenzung.

Vorbemerkung. In der ganzen Darstellung der Abbildung und der optischen Instrumente standen nicht Einzelheiten des Linsenbaues, auch keine Zeichnungen von Strahlen im Vordergrund, sondern die Begrenzung der Lichtbündel. Dieser entscheidende Punkt erschließt uns auch das Verständnis für die Übertragung der Strahlungsenergie, sei es mit, sei es ohne Abbildung.

§ 27. Strahlung und Öffnungswinkel. Definitionen. Wir haben bisher stets die „Bildpunkte" der Wirklichkeit entsprechend als kleine Flächen oder Flächenelemente behandelt, die Dingpunkte hingegen stillschweigend wie mathematische Punkte. Das hat bisher nicht gestört, muß aber doch einmal ausdrücklich berichtigt werden. In Wirklichkeit geht eine Strahlung von endlicher Energie stets von einem Flächenelement df von endlicher Größe aus.

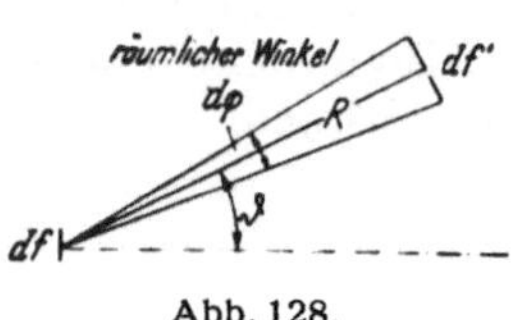

Abb. 128.

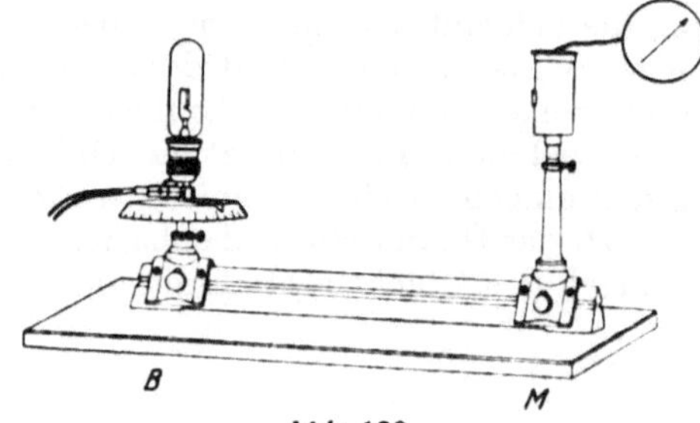

Abb. 129.

Abb. 128 und 129. Messung der Strahlungsleistung $d\dot{W}$, die vom Flächenelement df, etwa einer Wolframbandlampe, unter verschiedenen Neigungswinkeln ϑ in den räumlichen Winkel $d\varphi$ ausgesandt wird. df' = Fläche eines Strahlungsmessers, z. B. Thermoelement 128 Schema, 129 Anordnung.

In Abb. 128 sei df ein kleines glühendes Metallblech mit feinmattierter Oberfläche. Es wirke als „Sender". Es sende mit seiner Vorderfläche nach allen Seiten eine Strahlung aus, und zwar im Zeitabschnitt dt den Energiebetrag dW. Wie verteilt sich diese Energie im Raum? Zur Beantwortung dieser Frage fängt man die Strahlung mit einem Strahlungsmesser (S. 16) auf. Er soll als kleiner „Empfänger" dienen. Seine freie Fläche sei df', sie stehe senkrecht zur Strahlungsrichtung. Überdies seien sowohl die Abmessungen des Senders df wie des Empfängers df' klein gegenüber ihrem Abstande R gewählt.

Der Ausschlag des Strahlungsmessers gibt die auf den Empfänger fallende Strahlungsleistung $d\dot{W}$, also Energie/Zeit mit der Einheit 1 Watt, auch **Energiestrom** genannt. Wir verändern nun die Größe von df, df', R und ϑ und finden

$$d\dot{W}_\vartheta = \text{const} \cdot df \cdot \cos\vartheta \cdot \frac{df'}{R^2}. \tag{30}$$

Der Einfluß der Größen df, df' und R war nach einfachen geometrischen Überlegungen zu erwarten. Die Proportionalität der Strahlungsleistung in Richtung ϑ zu $\cos\vartheta$ hingegen (**Lambert**sches Gesetz genannt, 1760) kann allein dem Experiment entnommen werden. Sie ist im allgemeinen nur näherungsweise erfüllt (Beispiel in Abb. 130, Näheres in § 32). Streng aber gilt sie für ein strahlendes Loch df in der Wand eines glühenden, gleichtemperierten Hohlraumes, eines „schwarzen Körpers" (§ 161).

In der empirisch gefundenen Gl. (30) bedeutet das dimensionslose Verhältnis df'/R^2 einen räumlichen Winkel $d\varphi$. Er ist ein Hohlkegel. Seine Spitze steht im Mittelpunkt des Flächenelementes df, also des Senders. Seine Basis ist das bestrahlte Flächenelement df', also der Empfänger[1]. Daher kann man Gl. (30) umformen in

$$\frac{\dfrac{d\dot{W}_\vartheta}{d\varphi}}{df \cos \vartheta} = \text{const} = S^*. \qquad (30\,\text{a})$$

An diese Umformung schließen sich einige wichtige Definitionen an. — Das Verhältnis

$$\frac{d\dot{W}_\vartheta}{d\varphi} = \frac{\text{Strahlungsleistung in Richtung } \vartheta}{\text{Raumwinkel}} = J_\vartheta$$

kennzeichnet die Strahlung des Senders in Richtung ϑ, und daher bezeichnet man es als **Strahlungsstärke in Richtung** ϑ. Als Einheit benutzen wir 1 Watt/Rad² = 1 Watt.

Ein und dieselbe Strahlungsstärke J_ϑ kann von Sendern sehr verschiedener Größe erzeugt werden. Bei Weißglut genügt eine kleine Fläche, bei Rotglut ist eine große erforderlich. Zur vollständigen Kennzeichnung der Strahlungsfähigkeit eines Senders muß man daher seine Strahlungsstärke auf seine scheinbare Fläche $df \cos \vartheta$ (Abb. 131) beziehen und dem Verhältnis

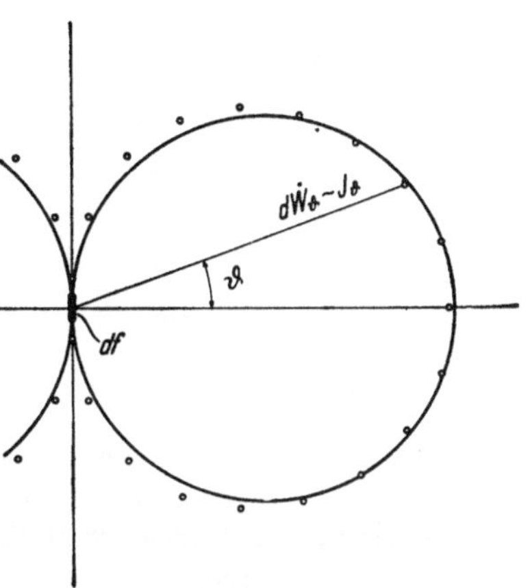

Abb. 130. Winkelabhängigkeit der zum Empfänger df' gelangenden Strahlungsleistung, Punkte gemessen gemäß Abb 129. Die großen Kreise nach Gl. (30) (Lambertsches Gesetz) berechnet.

$$\frac{J_\vartheta}{df \cos \vartheta} = \frac{\text{Strahlungsstärke in Richtung } \vartheta}{\text{zur Richtung } \vartheta \text{ senkrechte Projektion der Senderfläche}} = S^*$$

ebenfalls einen Namen geben: Man nennt S^* die **Strahlungsdichte** des Senders. Als Einheit benutzen wir 1 Watt/Rad² m² = 1 Watt/m².

Der Empfänger, die bestrahlte Fläche $df' = d\varphi\, R^2$ wird mit der Strahlungsleistung $d\dot{W}$ bestrahlt. Das Verhältnis

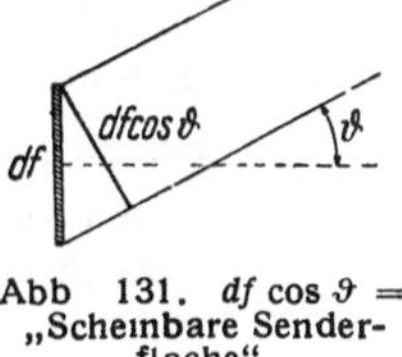

Abb 131. $df \cos \vartheta =$ „Scheinbare Senderfläche".

$$\frac{d\dot{W}}{df'} = \frac{\text{einfallende Strahlungsleistung}}{\text{Empfängerfläche}}$$
$$= \frac{\text{Strahlungsstärke } J_\vartheta \text{ des Senders}}{(\text{Abstand } R \text{ des Senders})^2} = b \qquad (30\,\text{b})$$

bekommt den Namen „**Bestrahlungsstärke**". Als Einheit benutzen wir 1 Watt/m²

Bisher sollte der Empfänger df' klein gegen den Abstand R sein, df' sollte als Flächenelement praktisch **senkrecht** von der Strahlung getroffen werden.

---

[1] Die Einheit des räumlichen Winkels ist wie die Einheit jeden Winkels die Zahl 1. Als Einheit des räumlichen Winkels gibt man der Zahl 1 oft zweckmäßig den Namen (Radiant)². Näheres unter Winkelmessung am Schluß des Buches.

Diese „Beschränkung lassen wir jetzt fallen. In Abb. 132 soll die bestrahlte
Fläche f' eine große Ausdehnung bekommen und, von ihrer Mitte abgesehen,

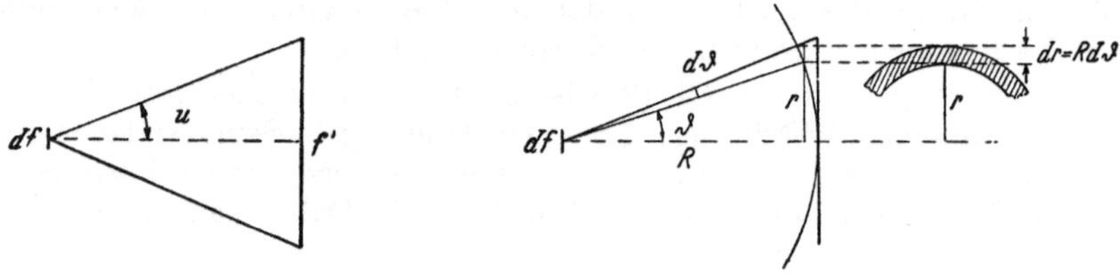

<table>
<tr><td>Abc. 132.</td><td>Abn. 133</td></tr>
</table>

Abb. 132 und 133. Zur Berechnung der von df (Sender) nach f' (Empfänger) gehenden Strahlungsleistung W, Gl. (31). df hat die Strahlungsdichte S^*

schräg von der Strahlung getroffen werden. Dann erhält der Empfänger f' die
Strahlungsleistung

$$\boxed{d\dot{W} = \pi\, S^*\, df\, \sin^2 u,}\tag{31}$$

sie wird ihm vom Sender der Größe df und der Strahlungsdichte S^* zugestrahlt.

Herleitung: Zur Berechnung der f' erreichenden Strahlungsleistung konstruieren wir in
Abb. 133 vor dem Empfänger f' eine kugelförmige Hilfsfläche. Alle nach f' gelangende Strahlung muß zuvor diese Kugelfläche passieren. Diese Kugelfläche zerlegen wir in eine Reihe
schmaler, konzentrischer ringförmiger Kreiszonen mit der Fläche

$$df' = 2\,\pi\, r \cdot dr = 2\,\pi\, R \cdot \sin \vartheta \cdot R \cdot d\vartheta.$$

Jede dieser Kreisringzonen erhält nach Gl. (30) die Strahlungsleistung

$$d\dot{W}_\vartheta = S^*\, df \cos \vartheta\, df'/R^2 = 2\,\pi\, S^*\, df \sin \vartheta \cos \vartheta\, d\vartheta.$$

Die Summe dieser einzelnen Leistungen aller Ringzonen zwischen $\vartheta = 0$ und dem vollen
Öffnungswinkel $\vartheta = u$ liefert als ganze zum Empfänger f' (Abb. 132) gelangende Strahlungsleistung $\dot{W}$, also Gl. (31).

Die vom Sender df ausgestrahlte und vom Empfänger f' aufgefangene Strahlungsleistung erreicht im Grenzfall $u = 90°$ ihren Höchstwert. Dann gilt

$$d\dot{W}_{\max} = \pi\, S^*\, df.\tag{32}$$

Das Verhältnis

$$\pi\, S^* = \frac{d\dot{W}_{\max}}{df} = \frac{\text{einseitige Strahlungsleistung des Senders}}{\text{Senderfläche}}\tag{32}$$

nennt man das „Emissionsvermögen des Senders". Bei doppelseitiger Ausstrahlung ist der Faktor 2 hinzuzufügen.

Der Übersicht halber stellen wir die wichtigen, an Abb. 128 anschließenden
Definitionen noch einmal zusammen:

Raumwinkel	$d\varphi$	$= df'/R^2$
Strahlungsstärke in Richtung ϑ	J_ϑ	$= d\dot{W}_\vartheta/d\varphi$
Strahlungsdichte des Senders	S^*	$= J_\vartheta/df \cos \vartheta$
Bestrahlungsstärke des Empfängers b		$= J_\vartheta/R^2$

und anschließend an Abb. 132

Emissionsvermögen des Senders	πS^*	$= d\dot{W}/df$ für $u = 90°$

Man kann die Lichtrichtung stets umkehren. Man darf in Abb. 134 die große
Fläche als Sender f mit der Strahlungsdichte S^* betrachten und die kleine
Fläche df' als Empfänger. Dann wird die auf df' ankommende Strahlungsleistung

$$\boxed{d\dot{W} = \pi\, S^*\, df'\, \sin^2 u'.}\tag{33}$$

Die Gl. (33) läßt sich im Schauversuch erläutern. Als Sender benutzt man einen „Sekundärstrahler", z. B. eine mit einer Bogenlampe bestrahlte Kreisfläche auf einer gut mattweißen Projektionswand (vgl. § 172 und Abb. 537). Man kann den Öffnungswinkel u' dann auf zweierlei Weise verändern, nämlich durch Änderung des Kreisdurchmessers oder des Abstandes zwischen Sender und Empfänger (Abb. 39). Im § 28 folgt eine Anwendung dieser wichtigen Gleichung.

§ 28. Strahlung der Sonnenoberfläche. Die Sonne bestrahlt die Erdoberfläche bei senkrechtem Einfall und ohne Absorptionsverluste in der Atmosphäre mit der Bestrahlungsstärke

$$b = 1,90 \frac{\text{cal}}{\text{cm}^2 \text{ Minute}} = 1,35 \frac{\text{Kilowatt}}{\text{m}^2}.$$

(Die Astronomen nennen diese Bestrahlungsstärke die „Solarkonstante".)

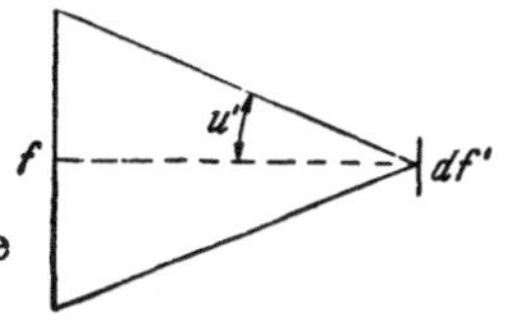

Die Sonnenscheibe hat für uns einen Winkeldurchmesser von 32 Bogenminuten. Folglich ist der Öffnungswinkel u' in Abb. 134 gleich 16 Bogenminuten, und es ist $\sin u' = 4{,}7$ $\cdot 10^{-3}$. Diese Werte der Bestrahlungsstärke $b = d\dot{W}/df'$ und des $\sin u'$ setzen wir in die Gl. (33) ein und berechnen für die Sonnenoberfläche das Emissionsvermögen

$$\pi S^* = 6{,}1 \cdot 10^4 \text{ Kilowatt/m}^2.$$

Abb. 134. Ein großer Sender f mit der Strahlungsdichte S^* bestrahlt einen kleinen Empfänger df', Gl. (33). In diesem Lichtbundel kann man kein einfaches Wellenbild skizzieren, ebensowenig wie etwa in Abb. 80 zwischen der Kraterfläche und dem Rande a.

1 m² Sonnenoberfläche liefert also dieselbe Leistung wie einer der größten heutigen Wechselstrom-Turbogeneratoren.

§ 29. Der Einfluß der Abbildung auf Strahlungsdichte S^* und Bestrahlungsstärke b. In zahlreichen Fällen befindet sich zwischen der Lichtquelle (dem Sender) und der bestrahlten Fläche (dem Empfänger) eine Linse oder eine Reihe von Linsen. Mit den Linsen, oder allgemein mit jeder Art von Abbildung, kann man nur die Bestrahlungsstärke b des Empfängers verändern, nie aber die verfügbare Strahlungsdichte S^*. Diese ist eine für den Sender charakteristische Größe. Ein Bild des Senders kann nie mit größerer Strahlungsdichte strahlen als der Sender selbst. Der nutzbare Wert der Strahlungsdichte kann im günstigsten Fall (absorptionsfreie Linsen oder Spiegel) bei einer Abbildung gerade erhalten bleiben. — Das wollen wir näher ausführen.

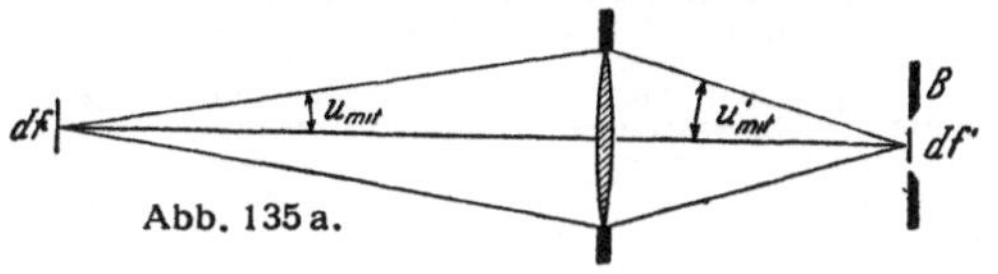

Abb. 135a.

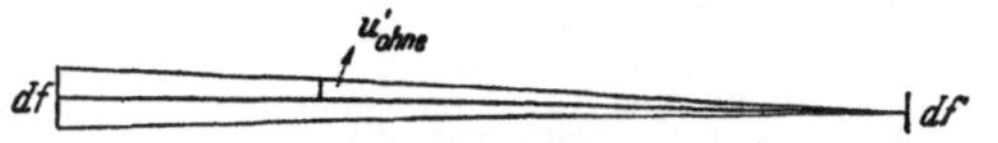

Abb. 135b.

Abb. 135a und 135b. Bestrahlung des Empfangers df' mit Linse und ohne Linse. Die Linse vergroßert den Öffnungswinkel u'.

In Abb. 135a entwirft eine Linse von einem Sender df ein Bild df'. Dies Bild wird von einem Empfänger der Größe df' aufgefangen. Nach dem Schema der Abb. 132 geht die Strahlungsleistung

$$d\dot{W}_m = \pi S^* \, df \sin^2 u_m \qquad (31\text{a})$$
$$(u_m \text{ lies „} u \text{ mit Linse")}$$

vom Sender df zur Linse, durchsetzt diese und erzeugt das Bild df'. Dabei wirkt die Linse wie ein Sender von zunächst noch unbekannter Strahlungsdichte S^*_x. Ihre Austrittspupille schickt nach dem Schema der Abb. 134 auf die Bildfläche df'

die Strahlungsleistung

$$d\dot{W}_m = \pi\, S_{\mathbf{x}}^{*}\, df'\, \sin^2 u'_m. \tag{33a}$$

Dabei haben wir stillschweigend einen Grenzfall idealisiert: Wir haben Strahlungsverluste durch Spiegelung an den Linsenflächen und durch Absorption im Glase vernachlässigt und die Strahlungsleistung vor und hinter der Linse als gleich angenommen. In diesem Grenzfall dürfen wir die beiden Gleichungen (31a) und (33a) zusammenfassen und bekommen

$$S^{*}\, df \sin^2 u_m = S_{\mathbf{x}}^{*}\, df' \sin^2 u'_m. \tag{34}$$

Wir benutzen weitgeöffnete Lichtbundel für die Abbildung von df in df'. Folglich' muß die Sinusbedingung erfüllt sein

$$df \cdot \sin^2 u_m = df' \sin^2 u'_m. \tag{25 von S. 37}$$

Gl. (34) und (25) zusammengefaßt liefern $S_{\mathbf{x}}^{*} = S^{*}$, ein wichtiges Ergebnis: **Die Linsenscheibe strahlt mit der gleichen Strahlungsstärke S^{*} wie die Senderfläche.** Diese überraschende Tatsache wird zunächst im Schauversuche vorgeführt (Abb. 136a). Aus ihr ergibt sich dann eine wichtige Konsequenz: Die Linse befindet sich näher am Empfänger als der Sender. Infolgedessen kann sie in Abb. 135a bei hinreichendem Durchmesser den Empfänger mit einem größeren Öffnungswinkel u'_m bestrahlen, als es der Sender df ohne Linse (Abb. 135b) vermag.

In beiden Fällen können wir aus Gl. (33) die Bestrahlungsstärke des Empfängers, also das Verhältnis

$$b = \frac{d\dot{W}}{df'} = \pi\, S^{*} \sin^2 u' \tag{33a}$$

berechnen; mit der Linse haben wir $u' = u_m$ zu setzen, ohne die Linse $u' = u'_0$. So erhalten wir als Verhältnis der beiden Bestrahlungsstärken mit und ohne Linse[1]

$$\frac{b_m}{b_0} = \frac{\sin^2 u'_m}{\sin^2 u'_0} \tag{35}$$

Die Sonne strahlt mit einem Emissionsvermögen $\pi\, S^{*} = 6{,}1 \cdot 10^4$ Kilowatt/m^2 (§ 28). Infolge ihres großen Abstandes ($R = 1{,}5 \cdot 10^{11}$ m) wird die Erde nur mit dem kleinen Öffnungswinkel $u'_0 = 16$ Bogenminuten (also $\sin u'_0 = 4{,}7 \cdot 10^{-3}$) bestrahlt. Demgemäß ist für ein Flächenelement df' an der Oberfläche die Be-

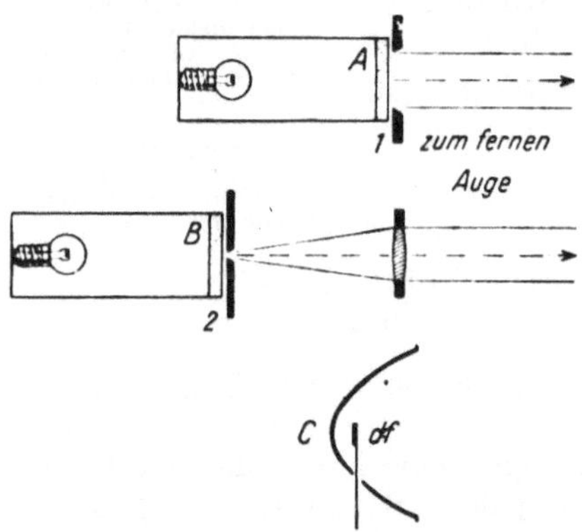

Abb. 136a. Zum Vergleich der Strahlungsdichte eines kleinen Senders und der Strahlungsdichte der großen Fläche einer ihn abbildenden Linse.— Zwei gleichartige Sender A und B bestehen aus zwei gleichen, von ruckwarts gleich bestrahlten Milchglasscheiben. Nach Feststellung dieser Gleichheit begrenzt man durch zwei kreisformige Blenden 1 und 2 den Durchmesser von A auf 10 cm, von B auf 5 mm und setzt B in den Brennpunkt einer Linse von 10 cm Durchmesser. Man beobachtet aus großem Abstand und sieht die große Linsenfläche mit der gleichen Strahlungsdichte strahlen, wie den Sender A — Auf die Brennweite f der Linse kommt es nicht an. Je großer f, desto enger der Winkelbereich der aus der Linsenflache austretenden Strahlung. Um kleine leuchtende Flachen df, z. B. von phosphoreszierenden Stoffen, in einem großen Kreise sichtbar zu machen, setzt man sie in den Brennpunkt eines Autoscheinwerfers, Teilbild C. Dann strahlt die große Öffnung des parabolischen Scheinwerferspiegels mit der Strahlungsdichte der kleinen Flache df Trotz seiner Trivialitat uberrascht dieser Versuch oft sogar Fachleute.

strahlungsstarke nur $b_0 = 1{,}35$ Kilowatt/m^2 (bei senkrechtem Einfall und unter Vernachlässigung von rund 50 % Verlust in der Atmosphäre). Mit Linsen oder Hohlspiegeln kann man Öffnungswinkel u'_m bis zu etwa 50° herstellen (also

---

[1] Dabei setzen wir, wie stets, vor und hinter der Linse das gleiche Mittel, nämlich Luft, voraus.

sin $u = 0{,}77$). Infolgedessen ergibt sich nach Gl. (35) als Bestrahlungsstärke des Sonnenbildes

$$b = 1{,}35 \,\frac{\text{Kilowatt}}{\text{m}^2} \left(\frac{0{,}77}{4{,}7 \cdot 10^{-3}}\right)^2 = 3{,}6 \,\frac{\text{Kilowatt}}{\text{cm}^2}.$$

Um eine solche Bestrahlungsstärke **ohne** Linse oder Hohlspiegel zu erreichen, müßten wir die Erde der Sonne so weit nähern, daß die Sonnenscheibe vom Horizont bis 10° über den Zenit hinausreichte!

Bei 1 m Brennweite bekommt man ein Sonnenbild von 0,6 cm² Fläche. Mit dem Öffnungswinkel von 50° beträgt also die Strahlungsleistung im Sonnenbild 0,6 cm². 3,6 Kilowatt/cm² $\approx$ 2 Kilowatt. Diese Leistung ist die eines elektrischen Lichtbogens mit 40 Ampere Strom bei 50 Volt Spannung[1].

§ 30. Beleuchtungsstärke und Fernrohr. Der Inhalt des vorigen Paragraphen ist bei der Benutzung optischer Instrumente zu beachten. Als Beispiel wählen wir das Fernrohr der Astronomen. Es besteht im einfachsten Falle aus einem Objektiv oder Hohlspiegel (Durchmesser B, Brennweite f) und einer photographischen Platte in der Brennebene. Für den bildseitigen Öffnungswinkel u'_m gilt

$$\sin u'_m \approx \frac{B}{2} \,/\, f.$$

Für ausgedehnte Gegenstände (z. B. Mond, Nebel, Himmelsfläche) besagt die Gl. (33a): Die Bestrahlungsstärke b der Bildebene wird allein vom Öffnungswinkel u'_m bestimmt; sie läßt sich bei gegebenem Öffnungswinkel **nicht** durch eine Vergrößerung des Objektiv- oder Spiegel **durchmessers** B steigern.

Ganz anders hingegen bei „punktförmigen" Dingen, den **Fixsternen**. Bei ihnen kommt überhaupt keine Abbildung zustande, einem Fixstern entspricht kein Bild, sondern nur ein **Beugungsscheibchen** (§ 14). Sein Winkeldurchmesser ist $2\,\alpha = 2\,\lambda/B$, ist also unabhängig vom Öffnungswinkel u'_m, nimmt aber ab mit wachsendem B. Daher wächst bei gegebenem Öffnungswinkel die Bestrahlungsstärke des Beugungsscheibchens mit B^2. Infolgedessen müssen Objektive (Hohlspiegel) zum Nachweis lichtschwacher Fixsterne außer einem großen Öffnungswinkel auch einen großen Durchmesser B besitzen.

Bei subjektiver Beobachtung besieht das Auge die Bildebene des Objektives durch eine Lupe, genannt Okular, mit der Vergrößerung

$$V = \frac{f_{\text{Objektiv}}}{f_{\text{Okular}}} = \frac{\text{Durchmesser der Eintrittspupille}}{\text{Durchmesser der Austrittspupille}}.$$

Wir lassen die Vergrößerung des Fernrohres allmählich anwachsen (durch Austausch der Okulare). Anfänglich ist die Austrittspupille des Fernrohres noch größer als das Irisloch; außer der Netzhaut wird auch die Iris beleuchtet, die Vergrößerung ist „unternormal". Alsdann macht man die Austrittspupille des Fernrohres ebenso groß wie das Irisloch, und damit die Vergrößerung „normal". Bis dahin ist der Öffnungswinkel im Auge mit und ohne Fernrohr der gleiche. Folglich ist bis dahin auch die Bestrahlungsstärke im Netzhautbild ausgedehnter Gegenstände mit und ohne Fernrohr gleich groß (abgesehen natürlich von Reflexionsverlusten). Schließlich wird bei „übernormaler" Vergrößerung die Austrittspupille des Fernrohres kleiner als das Irisloch des Auges. Dadurch wird der Öffnungswinkel der Lichtbündel im Auge kleiner als ohne das Fernrohr, und demgemäß wird die Bestrahlungsstärke im Bild ausgedehnter Gegenstände beim Überschreiten der Normalvergrößerung kleiner als ohne Fernrohr. Auf diese Weise wird die Himmelsfläche beim Überschreiten der Normalvergrößerung verdunkelt.

Anders bei punktförmigen Dingen, wie den **Fixsternen**. Bei kleinen Vergrößerungen ist das Beugungsscheibchen auf der Netzhaut kleiner als ein einzelnes Element des Netzhaut-

---

[1] E. W. Tschirnhaus, 1651—1708, Mathematiker, Gutsbesitzer in Kieslingswalde bei Görlitz und seit 1682 Mitglied der Pariser Akademie, baute 1636 einen Brennspiegel von 2 m Öffnung und 1,3 m Brennweite aus poliertem Kupfer als Schmelzofen.

mosaiks (Zäpfchen). Infolgedessen wird selbst noch bei der Normalvergroßerung V_n die gesamte durch die Objektivfläche eintretende Strahlungsleistung einem einzigen Netzhautelement zugeführt. Bei der Normalvergroßerung V_n ist sie V_n^2 mal so groß, wie für das unbewaffnete Auge, und daher sind auch lichtschwache Fixsterne sichtbar[1]. Die Beschrankung der ganzen Strahlungsleistung auf ein einziges Netzhautelement findet erst bei etwa dem Funffachen der Normalvergroßerung ihr Ende. Erst dann führt eine weitere Übervergroßerung auch bei Fixsternen zu einer Verteilung der Strahlungsleistung auf mehrere und nunmehr schwächer gereizte Netzhautelemente. Bis dahin wird ein Fixstern noch ebenso hell gesehen wie bei Normalvergroßerung, während der Untergrund, die Himmelsflache, durch die Übervergrößerung schon recht erheblich verdunkelt ist. Der so verbesserte Kontrast schiebt die Sichtbarkeitsgrenze der Fixsterne noch weiter um rund 1,5 Größenklassen (§ 178) hinaus, und Fixsterne können schon mit Objektiven mäßiger Größe am Tage sichtbar werden.

§ 31. Sender mit richtungsunabhängiger Strahlungsstärke. Das Lambertsche Gesetz [Gl. (30) v. S. 56] ist, wie betont, ein der Erfahrung entnommenes Grenzgesetz. Es gilt allgemein für solche strahlende Körper, die bei einer Umkehr der Lichtrichtung eine gleichartige in sie eindringende Strahlung vollständig festhalten und nicht teilweise hindurchlassen. Daher zeigen Körper mit starker Streuung oder Streureflexion stets besonders gute Annäherung an das Lambertsche Gesetz, gleichgültig, ob ihre Strahlung thermisch oder auf anderem Wege, z. B. als Fluoreszenz, erregt wird.

Ein ganz anderes Grenzgesetz findet man für die Strahlung aus dünnen Schichten klar durchsichtiger Körper. Man erhält als Strahlungsleistung in Richtung ϑ

$$d\dot{W}_\vartheta = \text{const } df \frac{df'}{R^2} = \text{const } df \cdot d\varphi$$

d. h. die Strahlungsstärke in Richtung ϑ

$$J_\vartheta = \frac{d\dot{W}_\vartheta}{d\varphi} = \text{const } df \qquad (36)$$

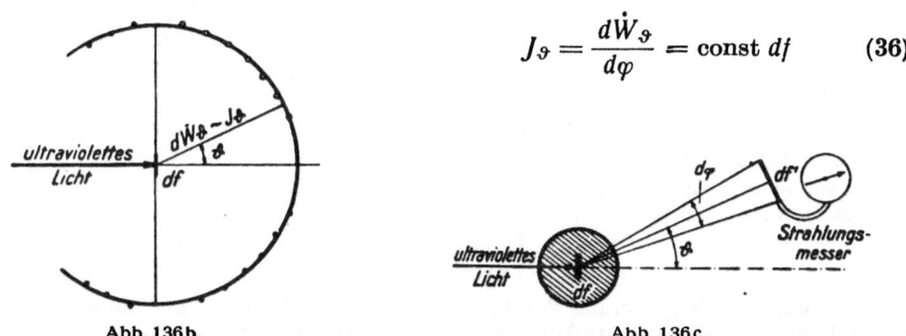

Abb. 136b und c. Vorfuhrung einer richtungsunabhangigen Strahlungsstärke. Als Sender dient eine Uranglasplatte, deren oberflachliche Schicht durch stark absorbiertes ultraviolettes Licht zur sichtbaren Fluoreszenz angeregt wird. (Zur Verhinderung einer Reflexion an der Oberflache ist die Uranglasplatte in ein Gemisch von Benzol und Schwefelkohlenstoff eingebettet, dessen Brechzahl fur das Fluoreszenzlicht mit der des Glases ubereinstimmt.)

ist vom Emissionswinkel ϑ unabhängig. In graphischer Darstellung (Abb. 136b) ergibt sich ein Kreis mit dem Sender df als Mittelpunkt und nicht, wie beim Lambertschen Gesetz, zwei zum Sender symmetrisch liegende Kreise (Abb. 130).

---

[1] Bei unternormaler Vergrößerung dient nicht mehr die Objektivfassung als Aperturblende und Eintrittspupille für das aus Auge und Fernrohr bestehende System. Als Aperturblende wirkt die Iris des Auges, als Eintrittspupille ihr vom Okular in der Objektivebene entworfenes Bild. Dieses ist kleiner als die Objektivfläche. Infolgedessen wird nur ein Teil der Fläche zur Bestrahlung des Beugungsscheibchens auf der Netzhaut ausgenutzt, und daher sieht man bei unternormaler Vergrößerung den Fixstern nicht so hell, wie bei Normalvergrößerung.

Dieser Grenzfall der richtungsunabhängigen Strahlungsstärke läßt sich auf mannigfache Weise verwirklichen, am einfachsten mit der Fluoreszenzstrahlung einer dünnen klaren Glasschicht. Die Abb. 136c zeigt eine geeignete, störende Reflexionen ausschaltende Anordnung.

Die Unabhängigkeit der Strahlungsstärke J von der Richtung hat eine wichtige Konsequenz: Die Strahlungsdichte der Senderfläche, also das Verhältnis

$$\frac{J_\vartheta}{df \cos \vartheta} = S^*$$

wächst mit zunehmendem Emissionswinkel ϑ: flach auf die Senderfläche blickend, sieht unser Auge die dünne fluoreszierende Schicht mit fast blendender Leuchtdichte.

Die richtungsunabhängige Strahlungsstarke findet sich auch an der Antikathode der Röntgenlampen. Grund: Die Kathodenstrahlen konnen nur in eine dünne Oberflächenschicht der Antikathode eindringen, das Röntgenlicht hingegen kann unbehindert austreten. — Nutzanwendung: Man benutze nahezu parallel der Antikathodenflächen austretendes Röntgenlicht, um durch perspektivische Verkürzung einen recht scharfen Brennfleck mit großer Strahlungsdichte („Strichfokus") zu erhalten (W. C. Rontgen 1896).

§ 32. Parallellichtbündel als nicht realisierbarer Grenzfall. Nach aller experimentellen Erfahrung lassen sich „Parallellichtbündel" immer nur mit gewisser Näherung herstellen. Die Gründe sind uns schon bekannt: Erstens hat jede Lichtquelle eine, wenn auch oft kleine, so doch endliche Ausdehnung. Von einer solchen Lichtquelle können bei allen ersinnbaren Blenden- und Linsenanordnungen immer nur Lichtbündel mit einem endlichen Öffnungswinkel u ausgehen. Zweitens überschreitet jedes Lichtbündel durch Beugung die geometrisch konstruierten Grenzen. — Jetzt können wir sagen: Ein mit mathematischer Strenge parallel begrenztes Lichtbündel würde den Öffnungswinkel $u = 0$ besitzen. Infolgedessen würde seine Strahlungsleistung nach Gl. (31) gleich Null sein.

V. Interferenzerscheinungen nebst Anwendungen.

§ 33. Vorbemerkung. Die Beschreibung der Lichtausbreitung mit Hilfe von Wellen[1] haben wir, dem historischen Gange folgend, an die Beobachtung der Beugung angeschlossen. Die Beugungserscheinungen wurden durch die Überlagerung zahlloser Elementarwellen beschrieben. Sie führte außerhalb der Bündelgrenzen zur Interferenz, d. h. grob gesprochen: ,,Licht + Licht gab Dunkelheit". Die Beugung läßt sich also nicht ohne Interferenz des Lichtes behandeln. Insofern ist die allgemein übliche Trennung von Interferenz und Beugung nicht sachlich begründet. Man kann jedoch bei diesen Vorgängen sein Augenmerk bevorzugt auf die seitliche Begrenzung der Wellenausbreitung richten und vor allem die Abweichung vom geometrisch konstruierten Strahlenverlauf beachten: Dann spricht man von Beugung. — Oder man beachtet bevorzugt die innere Struktur des Wellenfeldes, meist bei einer Überlagerung mehr oder minder ebener Wellenzüge: Dann spricht man von Interferenz. Bei allen wirklichen Beobachtungen hat man auf beides zu achten.

Mit dem Worte Welle oder Wellenzug meinen wir stillschweigend eine mathematische Welle. Sie ist räumlich und zeitlich unbegrenzt und besitzt eine einzige Frequenz.

Die physikalischen Wellen sind immer Wellengruppen, sie haben Anfang und Ende, sie sind räumlich begrenzt. Ihnen entspricht stets ein gewisser Frequenzbereich. Mit dem Wort Frequenz meint man seinen Mittelwert.

In Abb. 137 zeichne eine Hand die Kurven *a* und *b*. Mathematisch lassen sich beide Kurven durch ein Spektrum unendlich vieler Sinuswellen ohne Anfang und Ende beschreiben. Physikalisch aber sagt man zweckmäßiger: Im Falle *a* bewegt sich die Hand unperiodisch, im Falle *b* periodisch. Im Falle *a* zeichnet sie einen ,,Stoß", im Falle *b* eine ,,Wellengruppe" mit Anfang und Ende.

Abb.137. *a* Stoß *b* eine aus 10 ,,Einzelwellen" (= Berg + Tal) bestehende Wellengruppe.

Die Verwechslung mathematischer und physikalischer Wellen führt zu mancherlei Scheinproblemen.

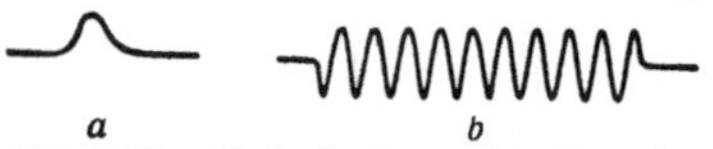

§ 34. Allgemeines über Interferenz von zwei Wellenzügen. Der Begriff und das Wort Interferenz stammen von Thomas Young (1801). Für Interferenzversuche hat man mindestens zwei Wellenzüge zur Überlagerung zu bringen. Das ist in der Mechanik ausgiebig behandelt worden (§ 124). Die Abb. 138 zeigt mit einem Modellversuch das allgemeine Schema für die Interferenz von zwei Wellenzügen mit den Zentren *I* und *II*. Man hat sich dieses Wellenbild räumlich zu ergänzen. Bei Kugelwellen ist das räumliche Wellenfeld rotationssymmetrisch zur Verbindungslinie *I—II*. Bei Zylinderwellen sind *I* und *II* die Durchstoßpunkte der Zylinderachsen durch die Zeichenebene. Das räumliche Wellenfeld entsteht hier durch eine Verschiebung der Abb. 138 parallel zu den Zylinderachsen.

In beiden Fällen hat das Wellenfeld zwei Symmetrieebenen. Die eine schneidet die Papierebene in der Verbindungslinie der beiden Wellenzentren, die andere steht senkrecht zu dieser Richtung und schneidet die Papierebene in der gestrichelten Linie *Q*. In dieser zweiten Symmetrieebene verläuft das zentrale

---

[1] Man beachte den vorletzten Absatz von § 9.

Maximum des Interferenzwellenfeldes. Es ist in Abb. 138 mit der „Ordnungszahl" 0 bezeichnet. Die beiderseits folgenden Maxima sind mit „Ordnungszahlen" $m = 1, 2, 3 \ldots$ numeriert (nur die geraden Nummern eingetragen). Diese Maxima entstehen durch Überlagerung von Wellen mit den Gangunterschieden $\varDelta_1 = 1\,\lambda$, $\varDelta_2 = 2\,\lambda$ usf., oder allgemein

$$\varDelta_m = \pm\, 2\,m\,\frac{\lambda}{2}. \tag{37}$$

Genau so kann man die Minima mit Ordnungszahlen m numerieren, beiderseits der Symmetriebene mit 1 beginnend. Das ist z. B. in Abb. 139 geschehen. Diese Minima entstehen durch Wellen mit den Gangunterschieden $\varDelta_1 = 1 \cdot \dfrac{\lambda}{2}$; $\varDelta_2 = 3 \cdot \dfrac{\lambda}{2}$ usf., oder allgemein

$$\varDelta_m = \pm\,(2\,m - 1)\frac{\lambda}{2}. \tag{38}$$

Bei den Beobachtungen hat man die Symmetrierichtungen Q und L und beliebige schräge Richtungen S zu unterscheiden.

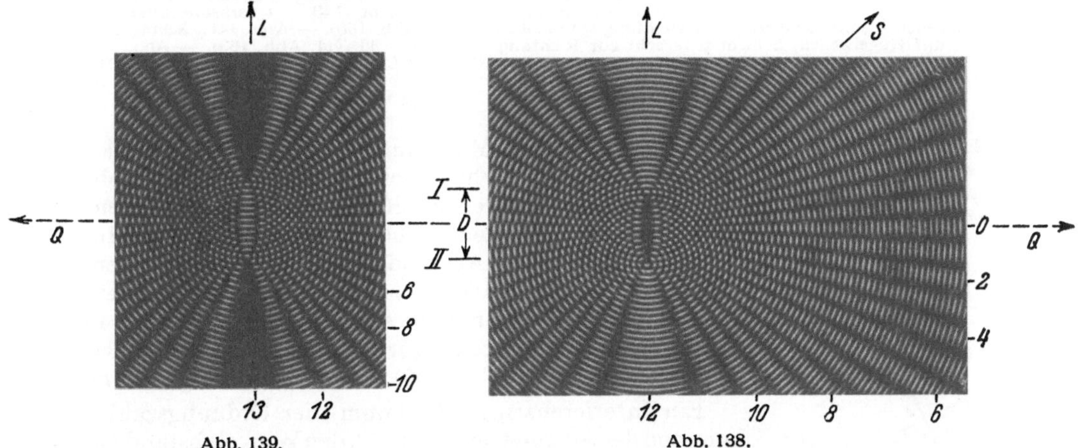

Abb. 139.   Abb. 138.

Abb. 138 und 139 Modellversuch zur Interferenz zweier Wellenzuge. Zwei auf Glas gezeichnete Wellenzuge (vgl. Abb. 33) werden aufeinander projiziert. In Abb. 138 ist der Abstand D beider Wellenzentren ein geradzahliges Vielfaches von $\lambda/2$, in Abb. 139 ein ungeradzahliges. Das Bild 138 ist zuerst von Thomas Young (1801/02) gezeichnet worden.

Bei Querbeobachtung steht die Beobachtungsrichtung senkrecht zur Verbindungslinie der Wellenzentren. Die Beobachtungsebene wird senkrecht zur Richtung Q gestellt. Man beobachtet so Interferenzen mit kleinen Gangunterschieden $\varDelta$ oder niedriger Ordnungszahl m. Ihre Maxima und Minima erzeugen auf dem Schirm ein Streifensystem. Bei Zylinderwellen werden diese Streifen geradlinig (Abb. 140). Meist macht man den Abstand des Schirmes groß gegenüber der Entfernung D der beiden Wellenzentren I und II. Dann hat das Maximum m-ter Ordnung von der Symmetrieebene Q den Winkelabstand

$$\sin \alpha_m = \frac{m\,\lambda}{D}. \tag{39}$$

Bei Schrägbeobachtung bildet die Beobachtungsrichtung einen Winkel ϑ mit der Verbindungslinie der beiden Wellenzentren I und II. Der Schirm wird auch hier senkrecht zur Beobachtungsrichtung (z. B. S) gestellt. Sein Schnitt mit dem Wellenfeld findet sich mit einem Beispiel für Kugelwellen in Abb. 141.

Bei Längsbeobachtung fallt die Beobachtungsrichtung mit der Verbindungslinie beider Wellenzentren zusammen. Der Schirm wird senkrecht zur

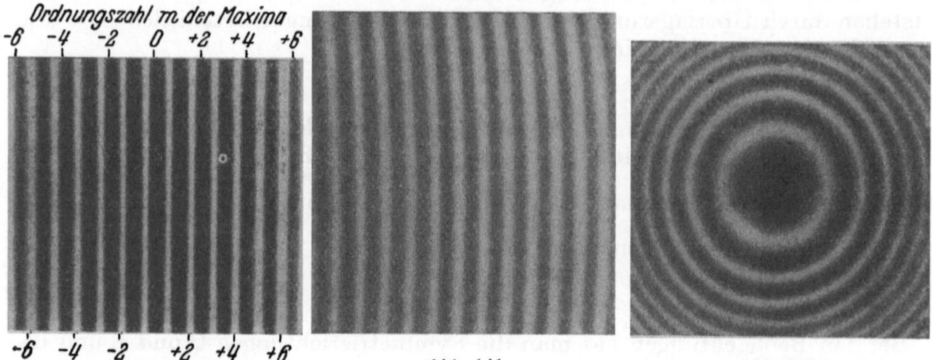

Abb. 140.   Abb 141.   Abb. 142.

Abb. 140—142 Drei Interferenzversuche, ausgefuhrt nach dem Schema der Abb. 138/139. — Abb. 140.   Querbeobachtung mit Zylinderwellen, Schirm senkrecht zur Richtung Q in Abb. 139 (vgl. Abb. 150). — Abb 141. Schragbeobachtung mit Kugelwellen, Schirm senkrecht zur Richtung S in Abb. 138 (vgl. Abb. 163). — Abb. 142. Langsbeobachtung mit Kugelwellen, Schirm senkrecht zur Richtung L in Abb. 139 (vgl. Abb. 161). Die kleinen Kreise in der schwarzen Mitte sind eine hier unerhebliche Nebenerscheinung. — Alle drei Bilder sind verkleinerte Ausschnitte aus Negativen.

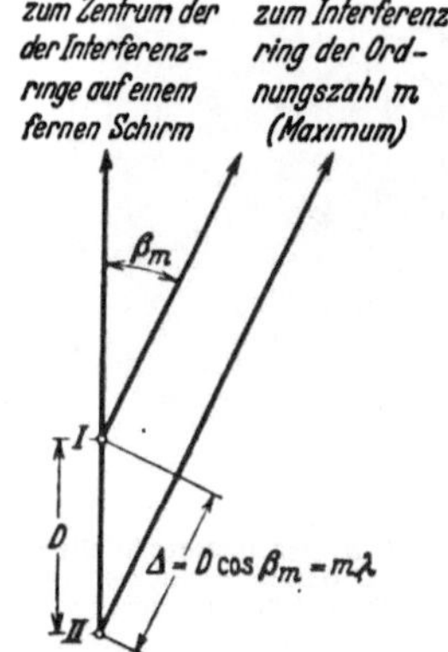

Abb. 143. Zur Herleitung der Gl. (40) fur gleichphasige Wellenzentren.

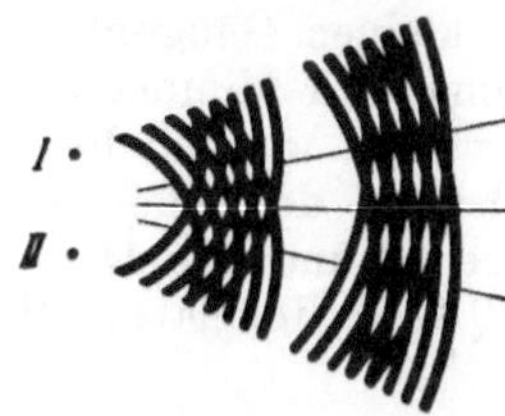

Abb. 144. Interferenz zweier Wellengruppen, links bei gleichzeitigem Beginn (Phasendifferenz $\Delta\varphi = 0$), rechts die eine gegen die andere um eine halbe Wellenlange zuruckgeblieben ($\Delta\varphi = 180°$)

Richtung L gestellt. Mit Längsbeobachtung kann man Interferenzen bis zu sehr hohen Ordnungszahlen m beobachten. Kugelwellen geben auf dem Schirm ein Streifensystem in Form konzentrischer Ringe (Abb. 142). Im Grenzfall kann D, der Abstand der beiden Wellenzentren, ein ganzzahliges Vielfaches von $\lambda/2$ werden, entweder ein gerades $2m$ oder ein ungerades $(2m-1)$. Dann fällt in die Mitte der Interferenzfigur ein Maximum (Abb. 138) oder ein Minimum (Abb. 139) mit der Ordnungszahl m.

Ein Interferenzring (Maximum) der Ordnungszahl m habe von der Symmetrierichtung L den Winkelabstand β_m. Dann gilt nach Abb 143

$$\cos \beta_m = \frac{m\,\lambda}{D}. \qquad (40)$$

§ 35. Kohärenz. Das allgemeine Schema der Interferenz (Abb. 138 und 139) läßt sich bequem mit Wasserwellen verwirklichen. Man kann mit einem periodisch eintauchenden Stift kontinuierliche Wellenzüge von beliebiger Dauer erhalten (Mechanikband, Abb. 371).

Ferner lassen sich auf Wasserflächen durch einmaliges Eintauchen Wellengruppen begrenzter Länge[1] herstellen (Mechanikband, Abb. 379). Auch mit solchen Wellengruppen kann man Interferenzversuche ausführen, doch müssen die Wellen „kohärent" sein. Für „punktförmige" Strahler (d. h. Durchmesser $2y \ll \lambda$) bedeutet das zweierlei:

---

[1] In der Elektrotechnik sagt man „Wanderwelle".

1. Die Wellengruppen müssen sich trotz ihrer begrenzten Länge im Beobachtungsgebiet überlappen oder durchschneiden. Die eine Wellengruppe darf den Beobachtungsort nicht vor oder nach der anderen passieren (vgl. Abb. 158 in § 38).

2. Bei Wiederholungen dieses Vorganges muß zwischen dem ʹEintreffen der ersten und der zweiten Wellengruppe stets die gleiche Zeit verstreichen. Andernfalls wechselt das Interferenzwellenfeld von Mal zu Mal seine Gestalt. Es wechselt zwischen den beiden in Abb. 144 skizzierten Grenzfällen. Maxima und Minima vertauschen bei regellos wechselnden Zeitunterschieden regellos ihre Richtung. Nur bei konstantem Zeitabstand zwischen dem Eintreffen der beiden Wellengruppen kann man jedesmal ein Wellenfeld mit gleicher Struktur beobachten.

Beide Bedingungen lassen sich bei Gruppen mechanischer Wellen auf mannigfache Weise innehalten. Man kann z. B. bei Wasserwellen die beiden als Sender oder Strahler dienenden Tauchstifte miteinander kuppeln. Noch einfacher ist aber die Aufspaltung einer Wellengruppe in zwei, beispielsweise nach dem Schema der Abb. 145 und 146. Nach diesen Verfahren und mancherlei Abarten kann man in der Mechanik auch kurze Wellengruppen kohärent machen.

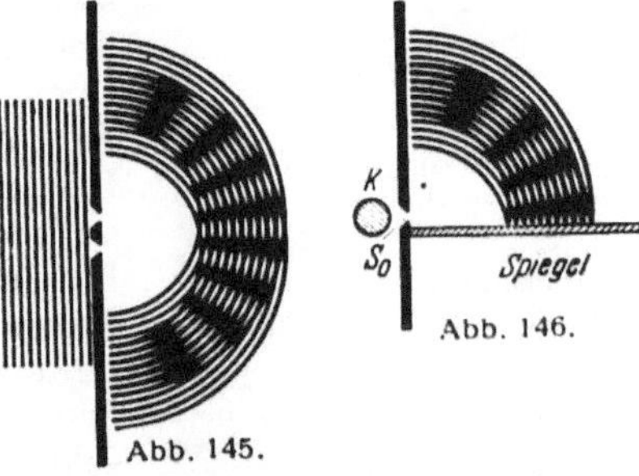

Abb. 145.

Abb. 146.

Abb. 145 und 146. Zwei in der Mechanik gebräuchliche Verfahren zur Herstellung kohärenter Wellengruppen. In Abb. 145 laufen die Wellen von links gegen zwei Spalte und machen diese zu Zentren zweier neuer Wellenzüge. In Abb. 146 wird das zweite Wellenzentrum durch ein Spiegelbild des ersten ersetzt. Als erstes Wellenzentrum dient der Spalt mit dem dicht vor ihnen stehenden Strahler K, z. B. einem Tauchstift.

3. Bei ausgedehnten Strahlern (d. h. Durchmesser $2\,y > \lambda$) kann noch ein dritter Punkt hinzukommen. Ein ausgedehnter Strahler braucht nicht einheitlich als Ganzes zu schwingen; er kann auch aus sehr vielen eng benachbarten, voneinander unabhängigen Teilsendern bestehen, und alle diese Einzelsender können ihreʹ Wellengruppen zwar mit gleicher Frequenz, aber mit beliebig und regellos wechselnden Phasen aussenden.

In diesem Fall kann man den ausgedehnten Sender nicht allgemein als Ersatz für ein punktförmiges Wellenzentrum anwenden. Dieser Ersatz ist nur innerhalb eines begrenzten Öffnungswinkels u möglich. Seine Größe wird durch die Kohärenzbedingung genannte Ungleichung

$$2\,y \cdot \sin u \ll \frac{\lambda}{2} \qquad (41)$$

Abb. 147 Zur Begrundung der „Koharenzbedingung". Der Winkel zwischen I und II wird u genannt.

bestimmt. Nur innerhalb des Öffnungswinkels u darf man die Strahlung eines ausgedehnten Wellensenders ebenso behandeln wie die eines punktförmigen. Diese Beschränkung kommt auf rein geometrischem Wege zustande, sie gilt für Wellen beliebiger Art.

Zur Begründung denke man sich in Abb. 147 den ausgedehnten Sender in seine einzelnen, unabhängig voneinander strahlenden Teilsender unterteilt. Jeder Phasensprung eines Teilsenders ändert die Phasen der bei I und II eintreffenden resultierenden Welle. In Richtung I ist die Große dieser Phasenänderung unabhangig von der Lage des die Phase wechselnden Teilsenders, nicht aber in schräger Richtung II. In schräger Richtung addiert sich dem Phasensprung des Teilsenders ein weiterer, durch eine Differenz der Weglängen bedingter Phasenunterschied. Die Weglängen hängen aber von der Lage des Teilsenders ab. Daher kann man bei regellos wechselnden Phasensprüngen zwischen den resultierenden Wellen I und II nur dann eine feste Phasendifferenz erhalten, wenn die von den Wegdifferenzen herrührenden Phasenunterschiede klein gegenüber $\lambda/2$ sind.

Soweit die Kohärenz beliebiger, z. B. mechanischer Wellen. Was beobachtet man im Falle des Lichtes ?

Erfahrungsgemäß kann man für optische Interferenzversuche als Wellenzentren *I* und *II* (Abb. 138 und 139) nie zwei getrennte Lichtquellen benutzen,

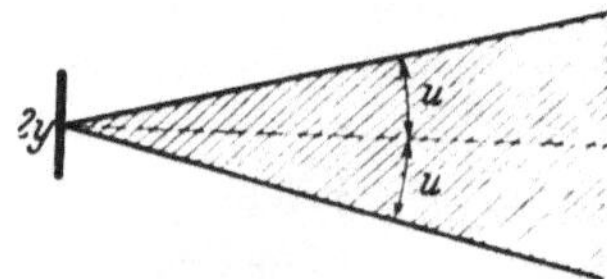

Abb. 148. Die Strahlung einer Lichtquelle vom Durchmesser 2 *y* kann nur dann als Ersatz für die Strahlung eines punktförmigen Wellenzentrums dienen, wenn der Öffnungswinkel des benutzten Lichtbundels die Koharenzbedingung 2 *y* sin *u* ≪ *ι*/2 erfüllt Auch an dieser Stelle sei noch einmal auf den Zusammenhang der Koharenzbedingung mit der Auflosungsgrenze des Mikroskopes [Gl. (28) v. S. 45] verwiesen: Man unterscheidet erst dann den Gegenstand von seiner Umgebung, wenn er auf eine beliebige Weise in einen Selbstleuchter verwandelt, inkoharentes Licht durch das Objektiv ins Auge gelangen laßt.

auch nicht zwei Punkte einer Lichtquelle. Das spricht für Wellengruppen und gegen die Existenz beliebig andauernder Wellenzüge. Außerdem aber fehlt es in der Optik an punktförmigen Lichtquellen. Die heute verfügbaren optischen Sender sind stets erheblich größer als die Wellenlänge. Infolgedessen ist man bei allen Interferenzversuchen auf ausgedehnte Lichtquellen angewiesen und muß für sie die Kohärenzbedingung beachten. Das bedeutet: Man entwirft jede Interferenzanordnung mit Hilfe von Strahlen (Kreidestrichen) und ermittelt den Gangunterschied beider Wellenzuge für die verschiedenen Punkte des Interferenzfeldes. Bei diesen Konstruktionen muß der von den Strahlen eingeschlossene Winkel 2 *u* die Bedingung (41) erfüllen. Nur dann darf man die strahlende Fläche vom Durchmesser 2 *y* als punktförmiges Wellenzentrum betrachten (Abb. 148). Somit spielt die Begrenzung der Lichtbündel auch bei allen Interferenzerscheinungen eine ausschlaggebende Rolle

Die in ihrem Öffnungswinkel *u* richtig begrenzten Lichtbundel kann man dann weiter in kohärente, interferenzfahige Teilbundel zerspalten. Dazu benutzt man

Abb 149. Herstellung koharenter Wellengruppen mit Amplitudenaufspaltung mittels eines durchlassigen Spiegels (Teilerplatte)

entweder Blenden oder Spiegel und oft auch eine geneigt in das Lichtbundel eingeschaltete planparallele Glasplatte (Abb. 149). Dann bekommt man neben dem durchgelassenen Lichtbündel ein reflektiertes von gleicher Gestalt (sogenannte Amplitudenaufspaltung).

Zur Begrenzung der Lampenflache 2 *y* benutzt man meist eine Loch- oder Spaltblende. Bei kleinen Öffnungswinkeln *u* braucht man die Blende nicht unmittelbar vor die strahlende Fläche zu setzen; es genügen Abstande von etlichen Zentimetern. Auch dann ist die strahlende Lampenfläche nicht merklich größer als die Öffnung der Blende.

Man darf sogar zur besseren Ausnutzung der Strahlungsleistung zwischen Lampe und Spalt einen Kondensor kurzer Brennweite setzen und die Lampe z. B. in Abb. 150 auf die Spalte S_1 und S_2 abbilden. Selbst in diesem Fall kann man mit noch ausreichender Näherung die strahlende Fläche und die Blendenoffnung als gleich groß betrachten.

§ 36. Der grundlegende Versuch zur Interferenz des Lichtes ist 1807 von Th. Young[1] ausgeführt worden. Wir zeigen diesen klassischen Versuch an Hand der Abb. 150. Die Wellenzentren *I* und *II* der Abb. 138 werden durch

---

[1] Thomas Young, 1773—1829, hat in Gottingen studiert und lebte als praktischer Arzt in London; ein selten universeller Naturforscher, auch an der Entzifferung der Hieroglyphen wesentlich beteiligt. Young hat 1802 als erster für die einzelnen Spektralbereiche Wellenlängen bestimmt, und zwar mit Interferenzstreifen in dunnen Keilplatten (§ 41). Er fand z. B. als Wellenlangen an den Enden des sichtbaren Spektrums 0,7 μ (rot) und 0,4 μ (violett). Auch hat er schon 1803 Interferenzstreifen des ultravioletten Lichtes auf einem mit Silbernitrat getränkten Papier photographiert!

zwei Spalte S_1 und S_2 verwirklicht. Diese Spalte werden links von praktisch ebenen Wellen getroffen. Diese entstammen einer rund 1 m entfernten Lichtquelle, einer durch einen Spalt S_0 begrenzten Bogenlampe. So bekommt man zwei getrennte Lichtbündel. Nach einer geometrisch gezeichneten Strahlenkonstruktion (Bündelachsen· in Abb. 150 gestrichelt) können sich diese beiden Lichtbündel nicht überschneiden, also nicht interferieren. In Wirklichkeit aber divergieren beide Lichtbündel infolge der Beugung. Ihr Verlauf wird durch den Modellversuch der Abb. 151 und 152 veranschaulicht.

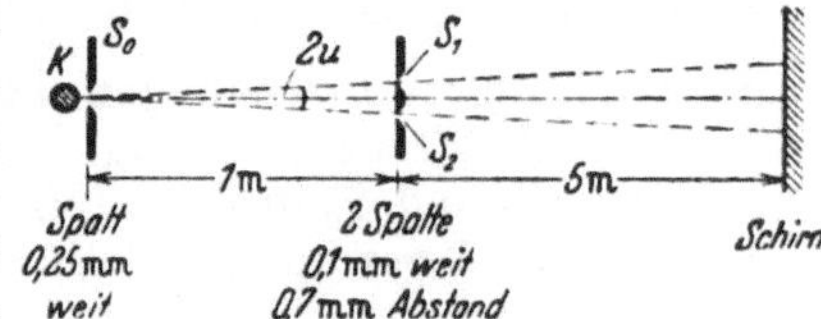

Abb. 150. Der Interferenzversuch von Thomas Young 1807 Rotfilterlicht. K = Bogenlampe, vgl Schluß von § 35. Die Interferenzfigur ist in Abb. 140 photographiert.

So überschneiden sich in Abb 150 die beiden Lichtbündel schon wenige Meter hinter dem Spaltpaar. Von da an fängt man irgendwo im Wellenfeld die Interferenzfigur mit einem Schirm auf. Die in Abb. 140 abgedruckte ist in 5 m Abstand

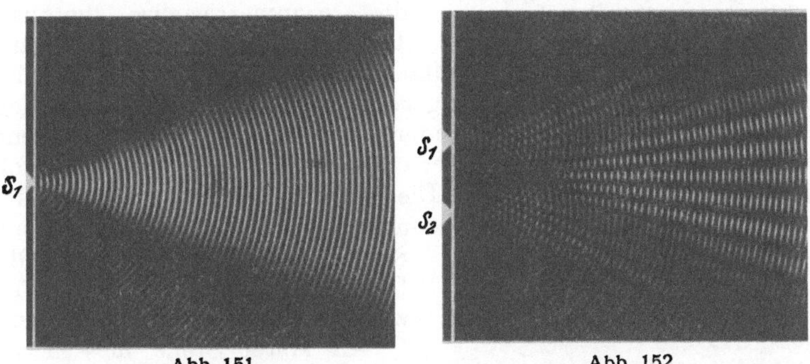

Abb. 151.   Abb 152

Abb. 151 und 152 Zwei Modellversuche zum Youngschen Interferenzversuch. Links das divergent aus einem Spalt austretende Lichtbündel, rechts die Durchschneidung der aus beiden Spalten austretenden Bündel. Abb. 151 ist ebenso entstanden wie Abb. 61. Zur Herstellung der Abb. 152 sind zwei Glasbilder der Abb 151 übereinander gelegt worden.

photographiert worden. — Das Produkt aus der Weite 2 y des Spaltes S_0 und dem Sinus des Öffnungswinkels u muß der Kohärenzbedingung [Gl. (41) von S. 67] genügen. Daher verschwinden die Streifen bei zu großer Breite von S_0.

Die im Youngschen Versuch entdeckten Interferenzstreifen sind, wie betont, nicht an eine bestimmte Beobachtungsebene gebunden. Man kann sie an einer beliebigen Stelle des Wellenfeldes auffangen. Interferenzstreifen dieser Art nennen wir „Young-Fresnelsche"; sie sind durch A. Fresnel (1788—1827), einen genialen französischen Physiker, in weiten Kreisen bekannt geworden.

H. Lloyd hat den Youngschen Versuch nach dem Schema der Abb. 146 umgestaltet. Er behält von den drei Spalten in Abb. 150 nur den mit S_1 bezeichneten bei, setzt vor ihn eine Lampe K und in die strichpunktierte Symmetrieebene einen Spiegel (etwa 20 cm lang). Längs

Abb 153 Zum Interferenzversuch von H Lloyd (1837) nach dem Schema der Abb 146 Die Abbildung entspricht der rechten Hälfte von Abb 140 Rotfilterlicht, photographisches Positiv Leichter Vorführungsversuch Streifenbreite etwa 1 cm bei einigen Metern Schirmabstand Links eine Störung durch Beugung am Spiegelrande; das Verblassen der Streifen rechts wird in § 38 erklärt.

des Spiegels blickend, sieht man den Spalt als erstes Wellenzentrum und als zweites sein Spiegelbild, einige zehntel Millimeter seitlich verschoben. Man findet die Interferenzfigur (Abb. 153) dicht neben der Spiegelebene[1].

§ 37. Einige Anwendungen des Youngschen Interferenzversuches. Vorführung der Kohärenzbedingung.

Beim Youngschen Interferenzversuch dienen zwei Spalte (S_1 und S_2 in Abb. 150) als Wellenzentren. Ihr Abstand D kann bei der einfachsten Anordnung höchstens wenige Millimeter groß gewählt werden, sonst überlappen sich die beiden Lichtbündel nicht mehr Dieser kleine Spaltabstand ist oft lästig. Doch kann man sich von dieser Beschränkung frei machen und Spaltabstände D beliebiger Größe verwenden: Man muß (Abb. 154) eine Linse L_1 zu Hilfe nehmen und mit ihr die beiden Lichtbündel an die Symmetrieachse heranknicken. Dann durchschneiden sie sich in der Bildebene mit praktisch ebenen Wellenflächen (vgl. Abb. 62, Satzbeschriftung), aber diese sind stärker als ohne Linse gegeneinander verkippt. Daher liegen die Interferenzstreifen jetzt enger beieinander als ohne Linse. Man betrachtet die Streifen entweder mit einer Lupe L_2 oder wirft sie mit einem Projektionsobjektiv vergrößert auf einen Mattglasschirm. Die Linse L_1 und die Lupe L_2 bilden zusammen ein Fernrohr. Tatsächlich benutzt man meist ein Fernrohr mit zwei Spalten S_1 und S_2 vor dem Objektiv. Diese Anordnung wollen wir für einige wichtige Beobachtungen anwenden.

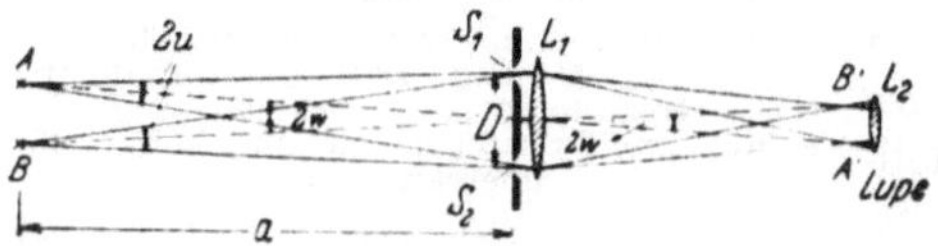

Abb. 154. „Doppelsternversuch". Er benutzt eine Youngsche Interferenzanordnung mit Fraunhoferscher Beobachtungsart. Als künstliche Fixsterne oder Lichtpunkte A und B dienen die mit einer polierten Metallkugel (Uniformknopf) hergestellten Spiegelbilder zweier Bogenlampen.

An erster Stelle messen wir den Winkelabstand zweier punktförmiger Lichtquellen, z. B. der beiden Komponenten A und B eines Doppelsternes. Wir sehen in Abb. 154 zwei Lichtpunkte A und B. — Der erste Lichtpunkt allein gibt mit einem der beiden Spalte S_1 oder S_2 die Beugungsfigur der Abb. 155. Ihr Maximum liegt symmetrisch zur Linsenachse. Er gibt ferner mit beiden Spalten zugleich die Interferenzfigur der Abb. 156. Der zweite Lichtpunkt gibt eine ebensolche Interferenzfigur, jedoch, von der Linse aus gesehen, um den Winkel $2\,w$ gegen die erste verkippt. Die Mitte der einen Interferenzfigur liegt in der Bildebene bei A', die der anderen bei B'. In beiden Interferenzfiguren folgen die Minima auf die Maxima im Winkelabstand $\alpha = \lambda/2\,D$. Im Falle

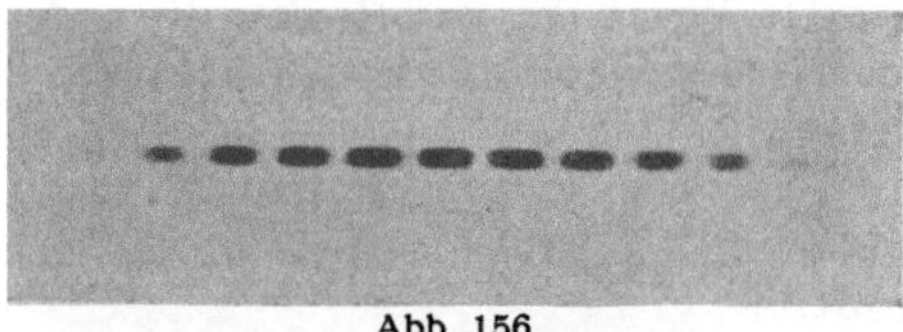

Abb. 155

Abb. 156.

Abb. 155 und 156. Beugungsbilder zum „Doppelsternversuch". In Abb. 155 sieht man nur das zentrale Maximum aus den Beugungsfiguren der Abb. 54 und 55, also den Beugungsfiguren eines einzelnen Spaltes (S_1 oder S_2).

$$2\,w = \frac{\lambda}{2\,D} \tag{42}$$

---

[1] Bei streifender Reflexion entsteht immer (also nicht nur bei Reflexion an einem optisch dichteren Stoff!) zwischen dem direkten und dem reflektierten Strahl ein Gangunterschied von 180°. Das muß bei quantitativer Auswertung dieses Interferenzversuches beachtet werden [vgl. Gl. (86) und (87) in § 84]

fallen die Maxima des einen Streifensystems auf die Minima des anderen, man sieht dasselbe wie bei der Beugungsfigur eines Spaltes S_1 oder S_2 (Abb. 155).

Nach weiterem Anwachsen des Winkels kommen bei $2\,w = \lambda/D$ Maxima der einen Interferenzfigur mit Maximis der anderen zur Deckung; man sieht wieder Streifen wie in Abb. 156 und so fort in mehrfacher, nur durch die Streifenzahl begrenzter Wiederholung. Auf diese Weise läßt sich der Winkel $2\,w$ bestimmen. (Gute Praktikumsaufgabe.)

An diesen „Doppelsternversuch" anknüpfend, wollen wir alsdann die Kohärenzbedingung [Gl. (41) v. S. 67] experimentell vorführen. Zu diesem Zweck ersetzen wir die beiden Lichtquellen A und B des Doppelsternversuches durch eine einzige mit der Breite b: Wir benutzen in Abb. 157 eine Metalldampflampe L (Na oder Hg) und machen ihren Durchmesser b durch eine Spaltblende S_0 meßbar veränderlich (vgl. Schluß von § 35). Ebenso machen wir den Abstand D der Spalte S_1 und S_2 meßbar veränderlich. Dieser Abstand bestimmt den Öffnungswinkel u des benutzten Lichtbündels.

Es ist $\sin u = \dfrac{D}{2\,a}$.

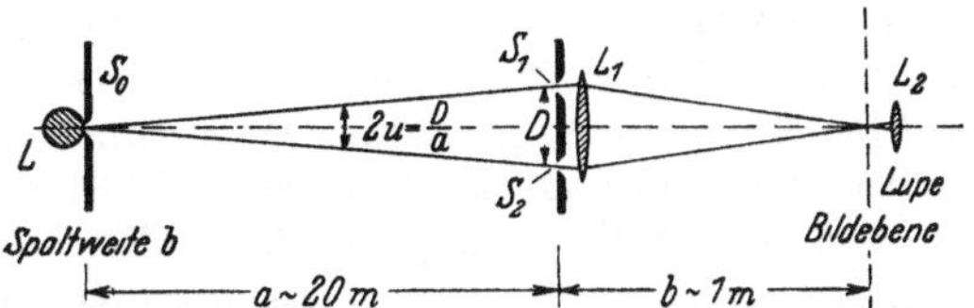

Abb. 157. Youngs Interferenzanordnung mit Fraunhoferscher Beobachtungsart, angewandt zur Vorführung der Kohärenzbedingung oder zur Messung des Durchmessers b einer fernen Lichtquelle — Zahlenbeispiel: $\lambda = 5{,}9 \cdot 10^{-4}$ mm; Spalte S_1 und S_2 je 0,4 mm weit; ihr Abstand $D = 6$ mm; $a = 20{,}4$ m, mit Spiegel unterteilt; $\sin u = D/2\,a = 1{,}47 \cdot 10^{-4}$. Die Breite des Spaltes S_0 ist $= 2$ mm, d. h. $b = \lambda/2 \sin u$ beim ersten Auftreten von Abb 155.

Jetzt der Versuch: Bei sehr kleiner Weite b des Spaltes S_0 sieht man eine Interferenzfigur wie in Abb. 156; der Strahler wirkt wie ein Wellenzentrum. Dann wird die Breite b des Spaltes S_0 allmählich erweitert. Dabei wiederholt sich, anfänglich gut, später schlecht, die Figurenfolge des Doppelsternversuches, also abwechselnd Abb. 155 und 156. Man kann im Beispiel der Abb. 157 bis zu

$$b = 4\ \text{mm} = \frac{\lambda}{\sin u} \tag{43}$$

gehen. Folgerung: Bis zu dieser Breite wirkt der Strahler näherungsweise wie zwei voneinander unabhängige punktförmige Wellenzentren, entsprechend den Sternen A und B in Abb. 154; man darf daher den Strahler in zwei Hälften zerlegen. Jede Hälfte strahlt trotz ihrer Breite von 2 mm — wir nennen sie wieder $2\,y$ — in einem Öffnungswinkel u noch näherungsweise wie ein punktförmiges Wellenzentrum. Wir setzen demgemäß $b = 2 \cdot 2\,y$ und erhalten aus (43) $2\,y \sin u = \lambda/2$. Das ist die Näherung. Aus ihr ergibt sich die Kohärenzbedingung genannte Forderung:

$$2\,y \sin u \ll \lambda/2. \tag{41 v. S. 67}$$

Nur dann vermag ein Strahler vom Durchmesser $2\,y$ und einem Öffnungswinkel u ein punktförmiges Wellenzentrum streng zu ersetzen. — Eine noch überzeugendere, aber leider für Schauversuche ungeeignete Prüfung der Kohärenzbedingung findet man in § 43.

Dieser Schauversuch zur Vorführung der Kohärenzbedingung ist auch meßtechnisch bedeutsam. Man kann mit ihrer Hilfe den Durchmesser b einer fernen Lichtquelle bestimmen (A. H. L. Fizeau 1868). Man vergrößert den Abstand D der Spalte S_1 und S_2 und damit $\sin u = D/2\,a$ bis zum ersten Verschwinden der Streifen. Dann ist der Lineardurchmesser $b = \lambda/2 \sin u = \lambda\,a/D$ und der Winkeldurchmesser der Lichtquelle $b/a = \lambda/D$. Dies Verfahren ist mit Erfolg zur Bestimmung des Durchmessers einiger naher Fixsterne angewandt worden

§ 38. Die Ordnungszahlen der Interferenzstreifen und die Länge der Wellengruppen. Man zählt die Maxima einer Interferenzfigur durch die Ordnungszahl m, in der Symmetrierichtung Q mit Null beginnend (z. B. Abb. 138). Die Symmetrierichtung ist mit Rotfilterlicht nicht leicht zu finden, das zentrale Maximum (nullter Ordnung!) unterscheidet sich nicht merklich von seinen beiderseits folgenden Nachbarn mit den Ordnungszahlen 1, 2 usw. Anders jedoch bei Benutzung von Glühlicht. Glühlicht verhält sich für unser Auge wie ein Gemisch von Strahlungen verschiedener Wellenlänge. Der Winkelabstand benachbarter Interferenzstreifen vermindert sich mit abnehmender Wellenlänge [Gl. (39) von S. 65]. Im Glühlicht überdecken sich daher für unser Auge die Interferenzstreifen der verschiedenen Wellenlängenbereiche. Infolgedessen sehen wir nur die Mitte der Figur deutlich. Wir sehen das zentrale Maximum mit der Ordnungszahl $m = 0$ als hellen, unbunten Streifen, beiderseits von je einem dunklen Minimum eingerahmt. Weiterhin folgen dann bunt abschattierte und mit wachsender Ordnungszahl verblassende Streifen. Aus der gesehenen Farbe kann man mit einiger Erfahrung unschwer die Ordnungszahl eines Streifens erkennen.

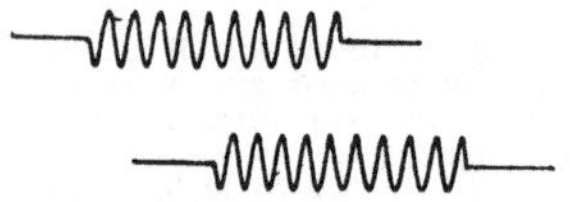

Abb. 158. Unvollkommene Überschneidung zweier aus je 10 „Einzelwellen" (= Berg + Tal) bestehenden Wellengruppen von Rotfilterlicht.

Mit Rotfilterlicht können wir im allgemeinen Interferenzstreifen bis zu Ordnungszahlen von $m = 10$, also mit Gangunterschieden bis zu $\pm 10\,\lambda$, beobachten. Daraus können wir die Länge seiner Wellengruppen abschätzen (vgl. S. 64). Man denkt sich eine Gruppe am einfachsten wie in Abb. 158 gezeichnet. Zwei solcher Wellengruppen überschneiden sich dann schon bei einem Gangunterschied von $\Delta = \pm 5\,\lambda$ nur noch mit der Hälfte ihrer Länge. Sie heben sich in einem Minimum der Interferenzfigur keineswegs ganz auf, sondern der Schirm wird durch die beiden „überstehenden" Enden beleuchtet. Bei $\Delta = \pm 10\,\lambda$ überschneiden sich die beiden Wellengruppen überhaupt nicht mehr. Sie passieren den Beobachtungsort nacheinander, die Interferenzstreifen bleiben aus, z B in Abb. 153.

Interferenzstreifen erheblich höherer Ordnungszahlen m, mit Gangunterschieden Δ bis zu vielen Tausenden, manchmal sogar über $10^6\,\lambda$, erhält man mit der Strahlung einiger elektrisch oder thermisch zum Leuchten angeregter Metalldämpfe. Besonders bequem ist das Licht der technischen Na-Dampflampen (elektrische Lichtbogen zwischen Elektroden nicht aus Kohle, sondern aus Natrium). Diesen Lichtquellen muß man dann Wellengruppen erheblich größerer Länge zuschreiben. Die Gruppen müssen Längen zwischen 1 mm ($m \sim 1500$) und 1 m ($m \sim 1,5 \cdot 10^6$) erreichen. Licht mit langen Wellengruppen nennt man „monochromatisch".

Wie hat man sich die Wellengruppen des Glühlichtes zu denken, also der Strahlung der glühenden festen Körper? (Sonne, Bogenlampe, Glühlampe, die winzigen Kohleteilchen in den heißen Flammengasen der Kerze usw.)

Wir sehen auch mit dem Glühlicht Interferenzstreifen. Das kann aber für unsere Frage nichts besagen. Unser Auge bevorzugt bestimmte Wellenlängenbereiche durch die Empfindung einer besonderen Farbe. Das Auge wirkt also letzten Endes „selektiv", d. h. „aussondernd", mehr noch als ein Rotfilterglas.

Ein für unsere Frage brauchbarer Strahlungsempfänger darf keinen Spektralbereich bevorzugen, muß sie vielmehr alle „mit gleichem Maße messen". Diese Bedingung erfüllt erfahrungsgemäß nur eine einzige Gruppe von Strahlungsanzeigern: Das sind die Instrumente zur Messung der Wärme, z. B. ein mit Ruß überzogenes (und daher praktisch nicht reflektierendes) Thermoelement Wir müssen daher eine Interferenzerscheinung des Glühlichtes mit einem solchen Thermoelement untersuchen. Dazu eignet sich z. B. die in Abb. 163 beschriebene Anordnung. Das Auge sieht ein Interferenzstreifensystem in leuchtender, bunter Farbfolge. Das Thermoelement hingegen, quer zur Streifenrichtung durch das Gesichtsfeld bewegt, zeigt eine fast gleichförmige Verteilung der Strahlungsstärke (Abb. 160).

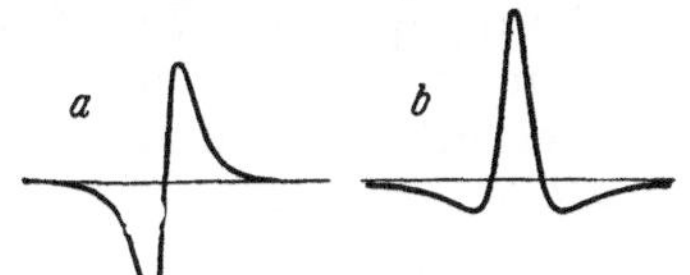

Abb. 159.

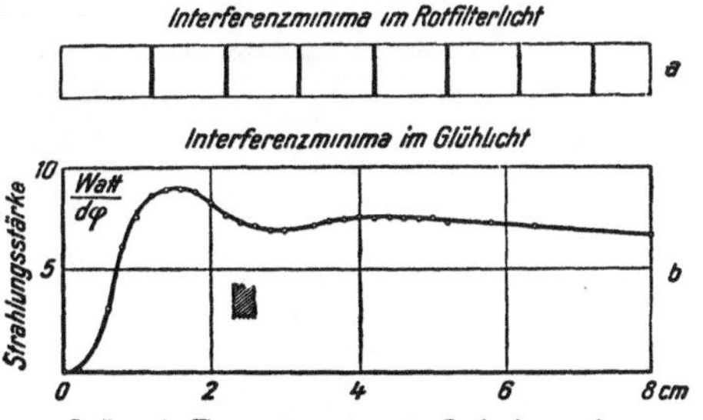

Abb 160

Abb. 159 und 160　Dem Glühlicht darf man verkümmerte Wellengruppen oder Stöße a und b und beliebige Zwischenformen zuordnen. Ihre Gestalt ist hergeleitet aus einer mit Glühlicht hergestellten Interferenzerscheinung Abb. 160. Diese ist mit der Anordnung von Abb. 163 gemessen, und zwar mit einem Luftkeil zwischen Platten aus Ultrarot nicht absorbierendem LiF. Thermoelement in der Schirmebene, seine Breite schraffiert　Zur Vermeidung störender Reflexionen bestehen beide Platten aus flachen Keilen　An der oberen ist überdies eine Facette angeschliffen, damit sich die Platten am Anfang der Abszissenachse in „optischem Kontakt" befinden: Bei 0 geht also die Strahlung ohne Refexion durch die Platten hindurch

Beim Glühlicht spricht also nichts für periodisch wiederkehrende Vorgänge Folglich müssen seine „Wellengruppen" zu Kurven eines nahezu oder ganz aperiodischen Ablaufes verkümmert sein. Beispiele dieser Art finden wir in Abb. 159. Man nennt eine so entartete Wellengruppe einen „Stoß". Seine Amplituden haben die gleiche Bedeutung wie die einer gewöhnlichen Wellengruppe. Dem Glühlicht hat man also eine regellose Folge von Stößen zuzuordnen. Die Spektralapparate (Prisma, Filter usw.) vermögen aus dem Glühlicht mehr oder minder monochromatische Strahlungen herzustellen. Erst diesen darf man die Eigenschaften langerer Wellengruppen zuschreiben (z. B. Abb. 158).

§ 39. Young-Fresnelsche Interferenzen mit zwei Spiegelbildern als Wellenzentren. Wir greifen wieder auf Abb. 138 zurück, also auf das allgemeine Schema der Interferenzversuche. Bei der Lloydschen Anordnung (Abb. 146) wurde das zweite Wellenzentrum durch ein Spiegelbild des ersten ersetzt. Man kann aber auch zwei Spiegelbilder als Wellenzentren I und II benutzen. Man erzeugt sie mit zwei Spiegeln, und zwar am einfachsten mit den beiden Oberflächen einer durchsichtigen Platte. Dann liegen die beiden spiegelnden Flächen hintereinander. Wir bringen zwei typische Beispiele:

I. Planparallele Platte.

Die Abb. 161 zeigt eine planparallele Platte (Dicke d). K ist eine Lampe, durch den kleinen Kasten R hinten und seitlich abgeblendet. Das Lichtbündel divergiert stark. Es wird sowohl an der Vorder- wie an der Rückseite der Platte reflektiert. Daher laufen hinterher zum Schirm zwei Lichtbündel. Die beiden Spiegelbilder der Lampe dienen als Wellenzentren I und II wie in dem Schema der Abb. 138 und 139. Es entstehen kreisförmige Interferenzstreifen.

Der für die Kohärenzbedingung maßgebende Winkel u ergibt sich näherungsweise zu

$$u \approx (d \sin 2\,\beta)/2\,A. \tag{44}$$

Herleitung: Bei hinreichend dünnen Platten und Vernachlässigung der Brechung gilt gemäß Abb. 161

$$\sin 2\,u = \frac{Z}{(A+B)/\cos\beta} = \frac{2\,d\sin\beta\cos\beta}{A+B} = \frac{d}{A+B}\sin 2\,\beta,$$

für kleine Winkel u ist $\sin 2\,u \approx 2\,u$. Außerdem darf man B neben A vernachlässigen, so ergibt sich (44).

Für dünne Platten, z. B. ein Glimmerblatt von etwa $^4/_{100}$ mm Dicke, kann sin u sehr klein werden, z. B. Größenordnung 10^{-6}. Daher kann die Lichtquelle mehrere Zentimeter Durchmesser besitzen und trotzdem wie eine „punktförmige" Lichtquelle wirken. Man kann z. B. eine kleine Hg-Lampe benutzen. So ist die in Abb. 162 photographierte Interferenzfigur erhalten worden. Sie überdeckt die Wandfläche eines großen Hörsaals.

Dieser eindrucksvolle Versuch erfordert keinerlei Justierung. Man kann die Interferenzringe an beliebiger Stelle im Raume auffangen. Es handelt sich demnach um Young-Fresnelsche Interferenzen (also um Interferenzen bei der Überlagerung zweier divergierender Lichtbündel).

Selbstverständlich läßt sich der Versuch auch mit einer dünnen Luftplatte ausführen. Dann kann man sogar als Lichtquelle eine Kohlebogenlampe (Glühlicht!) benutzen. Außerdem fällt bei der Luftplatte die geringfügige Störung durch die Doppelbrechung des Glimmers fort; sie macht sich in Abb. 162 unterhalb der Pfeile bemerkbar.

II. Keilplatte.

Die beiden hintereinander liegenden spiegelnden Flächen brauchen einander nicht parallel zu sein, sie können auch einen flachen Keil bilden. So gelangt man zu Abb. 163. Experimentell benutzt man meist einen „Luftkeil" zwischen zwei aufeinandergelegten Glasplatten. Als Lichtquelle K dient eine kleine Metalldampflampe oder der Krater einer Bogenlampe (mit oder ohne Rotfilter). So ist z. B. die in Abb. 141 photographierte Interferenzfigur erhalten worden. Sie war über 1 m² groß. Die Lampe stand dabei nicht, wie in

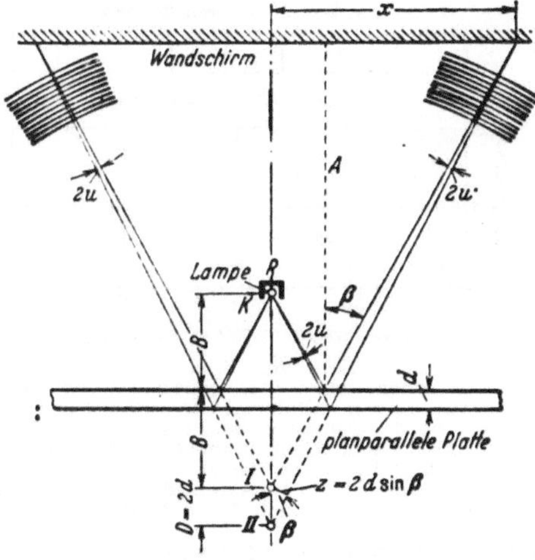

Abb. 161.

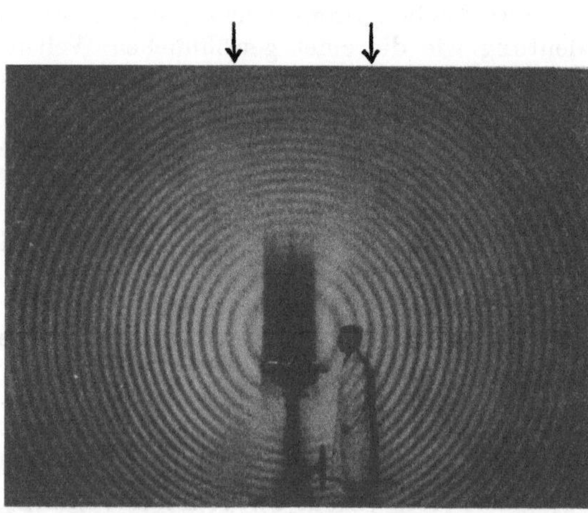

Abb. 162.

Abb. 161 und 162. Der Interferenzversuch des Verfassers erzeugt Young-Fresnelsche Interferenzen mit einer planparallelen Platte und divergierenden Lichtbündeln. Abstand zwischen Lampe und Platte einige Zentimeter, zwischen Lampe und Wandschirm etliche Meter.

Für eine Luftplatte gilt bei großem Schirmabstand A für den Winkelabstand β_m des Interferenzminimums m-ter Ordnung cos $\beta_m = m \cdot \lambda/D$, und sein Ringradius wird

$$x = (A + B)\sqrt{\left(\frac{D}{m\lambda}\right)^2 - 1}$$

Die Zahl N der Ringe ist begrenzt. Es gilt $N = D/\lambda$; der innerste Ring hat die größte Ordnungszahl m.

Abb. 163, über der Mitte der Keilplatte, sondern seitlich von der Keilkante, etwa 50 cm entfernt (Rotfilter).

Man kann Interferenzfiguren außer in „auffallendem" auch in „durchfallendem" Licht beobachten. Dann interferieren das direkte und das zweimal reflektierte Lichtbündel miteinander. Die Amplituden ihrer Wellengruppen sind recht ungleich und die Minima daher keineswegs so dunkel wie in auffallendem Licht. Diese bequeme Beobachtungsart läßt sich auch bei den meisten Versuchen der folgenden Paragraphen anwenden.

§ 40. Eine historische Notiz: Der Fresnelsche Zweispiegelversuch.

Für jeden optischen Interferenzversuch muß man ein Lichtbündel in zwei kohärente Teilbündel aufspalten und diese zur Durchschneidung bringen. Dafür kann man nach Belieben Beugung, Brechung oder Spiegelung benutzen, desgleichen irgendwelche Kombinationen. Das alles hatte Thomas Young (1807) veröffentlicht. Daran anknüpfend hat Fresnel als erster Spiegelbilder als Wellenzentren benutzt. Er zerlegte ein von der Lichtquelle (Spalt S_0) kommendes Lichtbündel nicht wie in Abb. 150 durch zwei Spalte, sondern durch zwei Spiegel in zwei Teilbündel (Abb. 65). Diese Spiegel wurden um einen kleinen Winkel a gegeneinander geneigt und die beiden Teilbündel dadurch zur Durchschneidung gebracht. Die Interferenzfigur stimmt mit der in Abb. 140 abgedruckten überein.

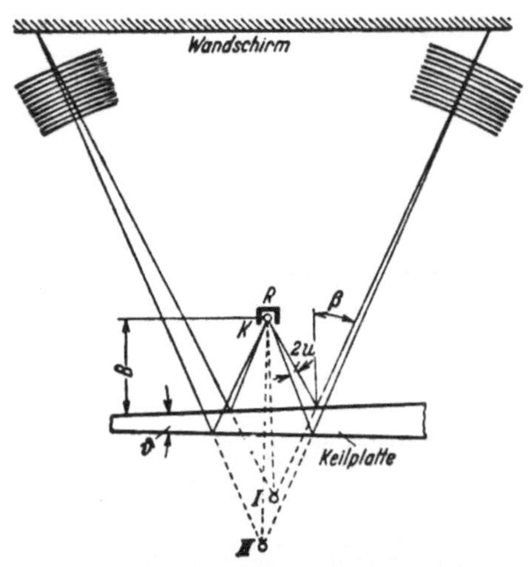

Abb. 163. Vorfuhrung Young-Fresnelscher Interferenzen mit einer keilformigen Luftplatte und divergierenden Lichtbundeln. Plattendurchmesser etwa 7 cm. Zur Herstellung des Luftkeiles legt man zwei dicke Glasplatten aufeinander und klemmt zwischen sie auf der einen Seite einen dunnen Stanniolstreifen. Statt der Glasplatten kann man auch zwei rechtwinkelige Glasprismen benutzen und mit ihren Basisflachen aufeinandersetzen. Doch wird man dann leicht durch Totalreflexion an der Prismenbasis gestort.

Die Fresnelsche Anordnung unterscheidet sich von der in Abb. 163 dargestellten nur in einer Äußerlichkeit: Die beiden Spiegel sind neben- statt hintereinandergestellt. Diese geringfügige Änderung bringt aber einen großen Nachteil mit sich: Der Winkelbereich der ganzen Interferenzfigur ist nur gleich 2 a, man darf also den Neigungswinkel a beider Spiegel nicht beliebig klein machen. Gleichzeitig muß man die Kohärenzbedingung [Gl. (41) von S. 67] noch bis zu den mit Pfeilspitzen markierten Strahlen erfüllen, also bis zu einem Öffnungswinkel $u = a$. Das setzt aber dem Durchmesser 2 y der Lichtquelle (Spalt S_0) eine obere Grenze. Darunter leidet die Sichtbarkeit der Interferenzfigur. Bei der Keilanordnung (Abb. 163) hingegen ist die Winkelausdehnung des Interferenzfeldes von a unabhängig. Sie wird durch den Durchmesser der Platten bestimmt. Folglich kann man ohne Nachteil a (in Abb. 163 ϑ genannt) und damit u sehr klein machen. Ein kleiner Öffnungswinkel u ermöglicht die Anwendung einer Lichtquelle von großem Durchmesser 2 y, z. B. eines Bogenkraters.

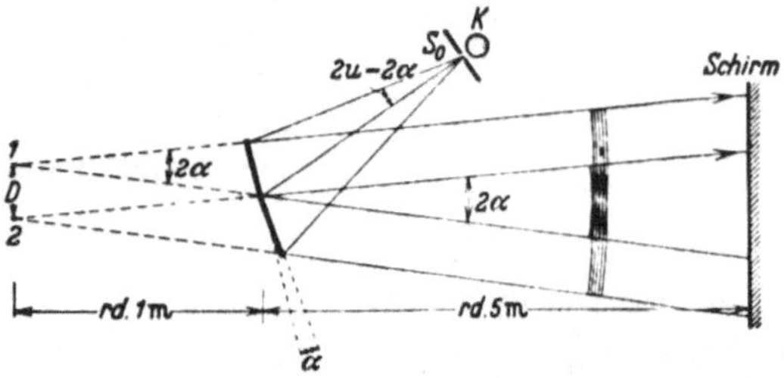

§ 41. Interferenzstreifen in der Bildebene einer Linse.

Wir behandeln wieder, und zwar in Analogie zu § 39, zwei Fälle:

Abb. 164 Interferenzversuch von A. Fresnel, 1816. Als Wellenzentren dienen die beiden Spiegelbilder 1 und 2 einer linienformigen Lichtquelle S_0. K = Bogenlampe (vgl. Schluß von § 3). Die nutzbare Breite eines Spiegels ist nicht großer als der Abstand D der beiden Wellenzentren. Bei großerer Spiegelbreite schneiden sich die mit Pfeilspitzen bezeichneten Strahlen nicht einmal mehr in sehr großem Abstand. Die Außenteile der Spiegel liefern dann nur einen hellen strukturlosen Rahmen fur die Interferenzfigur. — Die Oberflachen beider Spiegel durfen an der Stoßstelle keine Stufe bilden. Diese wurde einen zusatzlichen Gangunterschied liefern und die Anordnung nur fur lange Wellengruppen (z. B. einer Natriumdampflampe) verwendbar machen.

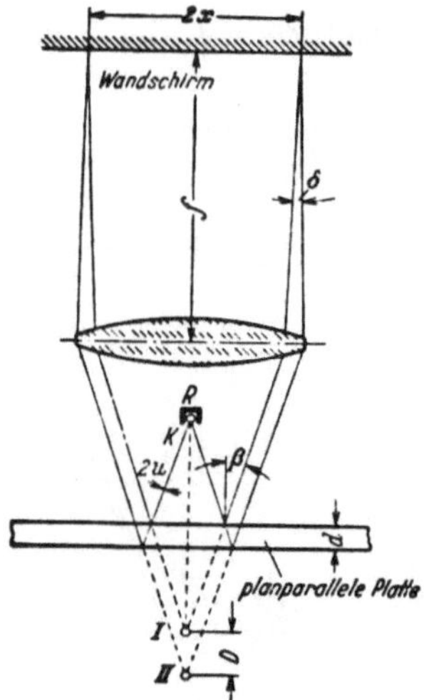

Abb. 165 Interferenzkurven gleicher Neigung in der Brennebene einer Linse, hergestellt mit einer planparallelen Platte, Langsbeobachtung. (W Haidinger 1849, O. Lummer 1884) — Form und Große der Lampe ist unwesentlich, desgleichen der Abstand des Lampenbildes von der Linse. Dieser Abstand bestimmt nur den Durchmesser 2 x der Interferenzfigur. Im Beispiel ist er $= f$ gewahlt und dadurch 2 x gleich dem Durchmesser der Linse gemacht. Der zwischen *I* und *II* gelegene gemeinsame Querschnitt der reflektierten Parallelstrahlbundel ist die Eintrittspupille bei der Abbildung einer unendlich fernen Ebene

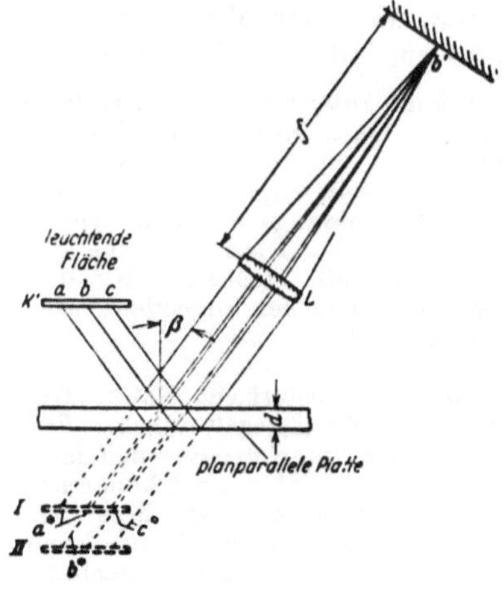

Abb 166 Strahlengang bei der subjektiven Beobachtung von praktisch gradlinigen Teilstucken aus Interferenzkurven gleicher Neigung. L = Augenlinse, Schirm = Netzhaut Als Lichtquelle dient irgendeine beleuchtete Flache K', also ein „Fremdstrahler" Das ausgenutzte Stuck $a \ldots c$ wird durch die Linsenfassung begrenzt In diesem Beispiel wirkt also die Iris des Auges als Eintrittspupille.

I. Planparallele Platte.

Mit wachsendem Schirmabstand wird der Winkel *u* in der Abb. 161 gleich Null. die beiden reflektierten Strahlen also einander parallel. Dann muß der Wandschirm unendlich weit von der Platte entfernt sein. Diesen fernen Schirm kann man durch einen Schirm in der Brennebene einer Linse ersetzen. So entsteht aus Abb. 161 die Abb. 165. Diesmal finden sich die Interferenzringe nur in der Brennebene der Linse, vor und hinter ihr verschwinden sie.

Da $u = 0$ ist, wirkt eine Lichtquelle beliebiger Ausdehnung noch als punktförmig. Man beleuchte z. B. ein Zimmer mit einer Na- oder Hg-Dampflampe und betrachte eine beliebige Flache, indem man irgendeine planparallele Platte, am einfachsten

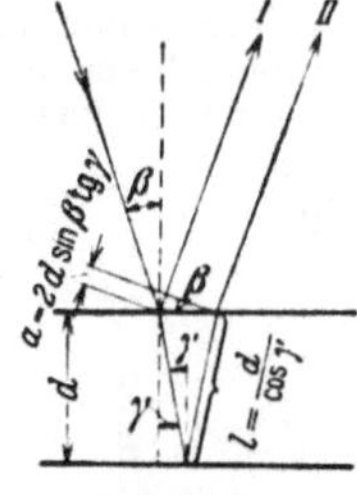

Abb. 167.
Zur Herleitung der Gl. (46)

$$\varDelta = 2\,n\,l - a = \frac{2\,n\,d}{\cos\gamma} - 2\,d\sin\beta\,\mathrm{tg}\,\gamma,$$

$$\varDelta = 2\,d\left(\frac{n - \sin\beta\sin\gamma}{\cos\gamma}\right).$$

Dann setzt man

$$\cos\gamma = \sqrt{1 - \sin^2\gamma} \quad \text{und} \quad \sin\gamma = \frac{\sin\beta}{n}$$

und erhalt

$$\varDelta = 2\,d\,\frac{n - \dfrac{\sin^2\beta}{n}}{\sqrt{1 - \dfrac{\sin^2\beta}{n^2}}}$$

$$\varDelta = 2\,d\sqrt{n^2 - \sin^2\beta}.$$

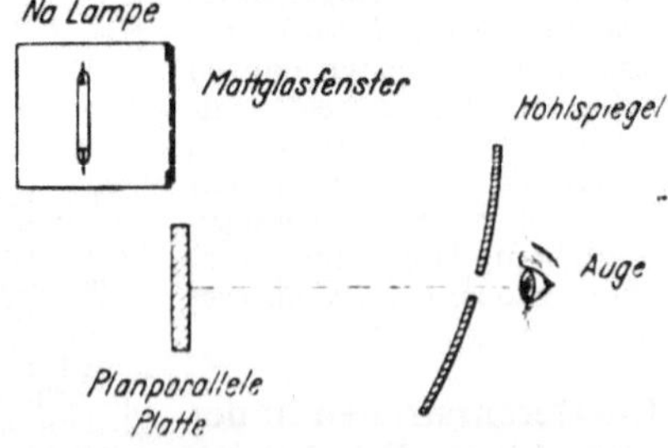

Abb. 168. Subjektive Beobachtung des vollstandigen Ringsystems von Kurven gleicher Neigung. Iris als Eintrittspupille. Bei engem Streifenabstand unterstutzt man das Auge durch ein vorgesetztes, auf Unendlich eingestelltes Fernrohr

ein Glimmerblatt, als Spiegel benutzt. Stets sieht man Interferenzkurven, sie entstehen in der Brennebene unseres auf die Ferne akkommodierten Auges. Es sind kurze, meist praktisch geradlinige Ausschnitte aus den Interferenzringen. Der Strahlengang wird für diesen Fall durch Abb. 166 erlautert. Man denke sich die Linse L als die des Auges, den Schirm als Netzhaut. — Die Linse bildet ein Stück einer unendlich fernen Ebene ab Dabei gelangen die mit gleichem Neigungswinkel β verlaufenden Strahlen zum gleichen Bildpunkt b', unabhängig von ihrem Ausgangspunkt $a, b, c \ldots$ in der leuchtenden Fläche K'. — Der Gangunterschied Δ je zweier zusammengehöriger Strahlen wird für eine gegebene Platte allein vom Neigungswinkel β bestimmt. Es gilt für eine Luftplatte

$$\Delta = 2\,d\,\cos\beta \tag{45}$$

und für eine Platte der Brechzahl n

$$\Delta = 2\,d\,\sqrt{n^2 - \sin^2\beta}. \tag{46}$$

(Herleitung gemäß Abb. 167. Bei Messungen ist der Phasensprung von $\lambda/2$ bei der Reflexion des Lichtes an Glas zu berücksichtigen.)

Aus diesem Grunde spricht man von „Interferenzkurven gleicher Neigung". Sie werden also mittels einer Planparallelplatte in der Brennebene einer Linse erzeugt.

Die Kurven gleicher Neigung spielen in Forschung und Technik eine große Rolle. Man kann auch subjektiv ihr vollstandiges Ringsystem beobachten, die Abb. 168 zeigt eine bewahrte Anordnung.

II. Keilplatte.

Bei Abb. 166 kann man sagen: Die Interferenzstreifen liegen unterhalb der Platte im Unendlichen. Ihre Ebene wird durch die Schnittpunkte a^*, b^*, c^* der paarweise parallel reflektierten Strahlen bestimmt. Die Linse bildet diese Schnitt- oder Streifenebene in der Brennebene ab. — Die Abb. 169 entspricht der Abb. 166, nur ist die planparallele Platte durch eine Keilplatte ersetzt. Durch diese geringfügige Änderung treten recht verwickelte Verhältnisse auf. Je zwei zusammengehörige reflektierte Strahlen gelangen divergierend zur Linse. Ihre Schnittpunkte bilden die Schnitt- oder Streifenebene $a^* b^*$. Die Fassung der Linse L_1 begrenzt wieder das ausgenutzte Stück der ausgedehnten Lichtquelle, aber diesmal ist jedem Punkt a, b der Lichtquelle ein eigener Punkt a', b' der Bildebene zugeordnet.

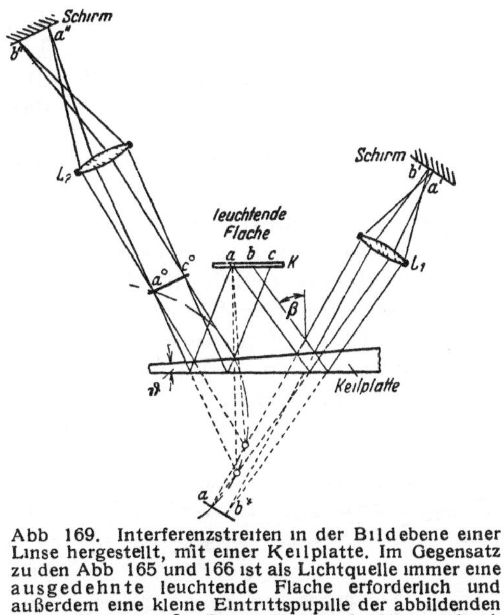

Abb 169. Interferenzstreifen in der Bildebene einer Linse hergestellt, mit einer Keilplatte. Im Gegensatz zu den Abb 165 und 166 ist als Lichtquelle immer eine ausgedehnte leuchtende Flache erforderlich und außerdem eine kleine Eintrittspupille der abbildenden Linse Bei zu großer Pupille werden die Minima durch nichtinterferierende Strahlen aufgehellt. — Auf dem strichpunktierten Kreise liegen die den Punkten a^* und a_0 entsprechenden Punkte für die zu anderen Einfallswinkeln β gehorenden Ebenen, in denen die abgebildeten Interferenzstreifen lokalisiert werden. Bei Mitwirkung mehrfacher Reflexionen, z. B. bei durchsichtig versilberten Platten, bekommt man statt $a^0 c^0$ und $a^* b^*$ eine Folge ausgezeichneter Ebenen, also $a_1^0 c_1^0$ $a_2^0 c_2^0$ und $a_1^* b_1^*$, $a_2^* b_2^* \ldots$

Die Schnittebene hat für jeden Wert des Einfallswinkels β einen anderen Abstand von der Keilplatte. Infolgedessen muß man die Eintrittspupille der Linse (ihre Fassung) klein machen, um einen kleinen Bereich der β-Werte auszusondern.

Auf der Seite der Keilbasis liegt die Schnitt- oder Interferenzebene unter dem Keil, auf der Seite der Keilkante über dem Keil. Für den Abstand der Schnittebene von der Keilfläche gilt im Falle des Luftkeiles

$$x = d \frac{\sin \beta}{\sin \vartheta} \qquad (47)$$

(Herleitung unter der Hilfsskizze 170)

oder für einen Keil mit der Brechzahl n

$$x = d \frac{\sin \beta \cos \beta}{\sin \vartheta \, (n^2 - \sin^2 \beta)}. \qquad (48)$$

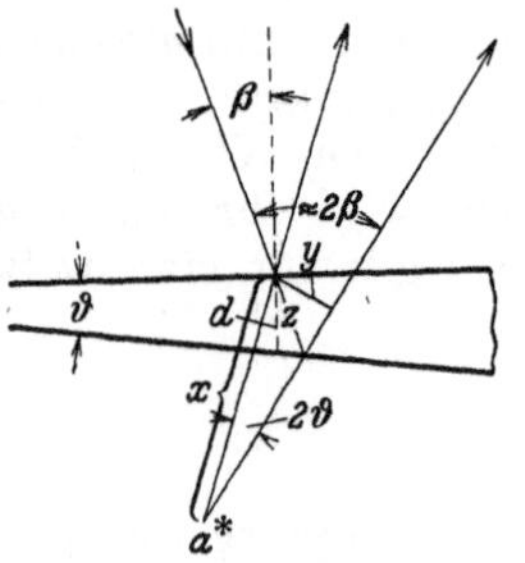

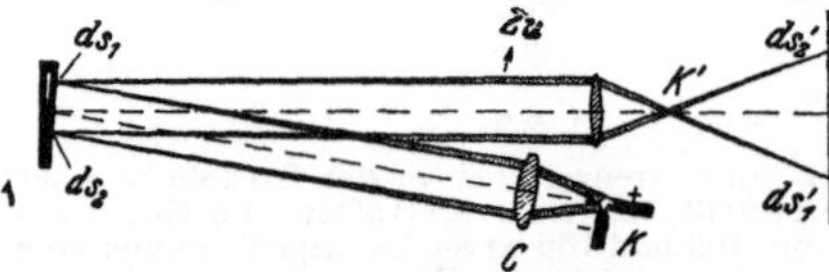

Abb. 170. Zur Herleitung der Gl. (47)

$$x = \frac{y}{\sin 2\,\vartheta} = \frac{y}{2 \sin \vartheta}. \qquad (1)$$

$$\frac{y}{z} = \sin 2\,\beta = 2 \sin \beta \cos \beta. \qquad (2)$$

$$\frac{d}{z} = \cos \beta. \qquad (3)$$

Aus (2) und (3)
$$y = 2\,d \sin \beta. \qquad (4)$$

Aus (1) und (4)
$$x = d \frac{\sin \beta}{\sin \vartheta}.$$

Zur Herleitung der Gl. (48) nehme man Abb. 167 zu Hilfe.

Es ist daher unmöglich, mit einem Keil die der Abb. 165 entsprechende Anordnung zu verwirklichen. Jeder enge Bereich des Einfallswinkels β verlangt eine eigene Linsenstellung. Das ist in Abb. 169 durch die Stellung der Linse L_2 angedeutet. Diese Linse bildet die Schnittebene $a° c°$ ab und benutzt dafür das Stück $a c$ der leuchtenden Fläche. Benutzt man statt der Linse das Auge, so muß man je nach der Blickrichtung auf eine andere Schnittebene akkommodieren; man sieht die Interferenzstreifen entweder über (z. B. bei $a°·c°$) oder unter der Platte (z. B. $a* b*$) schweben. Nur bei senkrechter Aufsicht sieht man Interferenzstreifen und Keilfläche zusammenfallen.

Im Sonderfall $\vartheta = 0$ entartet der Keil zu einer Planparallelplatte. Dann gibt Gl. (47) für x den Wert ∞, d. h. die „Kurven gleicher Neigung" liegen im Unendlichen. — Im Sonderfall senkrechter Inzidenz ist $\beta = 0$. Dann folgt aus Gl. (47) $x = 0$, d. h. die Interferenzstreifen liegen im Keil.

Im allgemeinen hängt der Gangunterschied außer von der Schichtdicke auch vom Neigungswinkel ab, unter dem man den Keil betrachtet [Gl. (46) von S. 77]. Nur bei konstantem Einfalls- und Reflexionswinkel verlaufen die Interferenzstreifen längs den Linien gleicher Keildicke; nur bei dieser Beobachtungsart darf man die Interferenzstreifen als „Kurven gleicher Dicke" bezeichnen. — Für Meßzwecke benutzt man stets senkrechten Lichteinfall, dazu braucht man eine richtige Wahl der Pupillen und Lichtbündel mit kleinem Öffnungswinkel u (Abb. 171, Weiteres am Ende von § 56).

Abb. 171. Vorführung von Kurven gleicher Dicke mit noch leidlich senkrechtem Lichteinfall. Der Strahlengang ist dingseitig telezentrisch. Das Kraterbild K' bildet die Austrittspupille in der Brennebene der abbildenden Linse.

Bei sehr dünnen Schichten, also d sehr klein, gibt Gl. (47) für beliebige Einfallswinkel β den Abstand x praktisch gleich Null. D. h. in sehr dünnen Schichten liegen die Interferenzstreifen bei jeder Blickrichtung in der Schichtoberfläche. Im Tages- oder Lampenlicht sieht das Auge die Streifen in den üblichen bunten Farben. Die Schichten erscheinen gefärbt, und man spricht dann von „Farben dünner Blättchen". Diese begegnen uns häufig im taglichen Leben. Als Beispiele sind zu nennen dünne Ölhäute auf Wasser und Seifenlamellen und (der Absorption halber!) mit Vorbehalt auch Oxydschichten auf blanken Metallen (Anlauffarben) usw. Besonders farbenprachtig sind beiderseits versilberte Glimmerblattchen. Auf der Rückseite wird die Silberschicht dick gemacht, auf der Vorderseite muß sie durchlässig bleiben. Das ist mit Kondensation von Ag-Dampf im Hochvakuum bequem zu erreichen.

Die Farben dünner Blättchen fehlen in keinem Schulbuch der Physik. Sie sind aber schwieriger zu behandeln als jede andere Interferenzerscheinung. Normalerweise erzeugt eine Keilplatte ein räumliches Interferenzwellenfeld, die Streifen lassen sich in beliebigem Abstande mit einem Schirm auffangen (Abb. 163). Die Farben dünner Blattchen hingegen sind flachenhaft auf den Keil beschränkt. Der Grund fur diese ganz verschiedene Lage der Interferenzerscheinung muß klargestellt werden. Das geht nur mit einigem Aufwand.

Die Farben dunner Blattchen haben mannigfache Anwendungen gefunden. Wir nennen zwei Beispiele aus neuerer Zeit:

1. Dünne Spaltstücke aus Glimmer haben nur innerhalb kleiner Flächen konstante Dicke. Benachbarte Gebiete verschiedener Dicke bilden Stufen. Aus den „Farben dünner Blättchen" läßt sich die Höhe der Stufen bestimmen. Sie ergibt sich stets als ganzzahliges Vielfaches von $7 \cdot 10^{-10}$ m. Das ist der Durchmesser eines einzelnen Moleküls; er ist so auf optischem Wege von René Marcelin bestimmt worden.

2. Photographische Platten sind im Ultraroten hochstens bis $\lambda = 2\,\mu$ brauchbar. Für Spektralaufnahmen bei längeren Wellen benutzt man dünne Ölhäute auf einer Cellonhaut. Die Haut wird von einer Metallplatte getragen. Die ultrarote Strahlung verdampft das Öl proportional der Bestrahlungsstärke (S. 57). So erzeugen die Spektren ein Relief. Man betrachtet die fertig exponierte Ölhaut in diffusem Tageslicht und sieht dann das Spektrum dargestellt durch Farben dünner Blättchen (M. Czerny).

§ 42. Interferenzringe in der Bildebene einer Linse, hergestellt mit streuenden Teilchen auf einem Spiegel.

Wir greifen auf Abb. 165 zurück; dort wurde jeder von der Lichtquelle kommende Strahl an der Oberfläche einer planparallelen Platte durch Spiegelung umgelenkt und in zwei Teilstrahlen aufgespalten. Die Spiegelung muß sich durch eine Streuung an kleinen Teilchen auf der oberen Fläche ersetzen lassen. — Dieser Grundgedanke läßt sich experimentell in mannigfacher Weise verwirklichen.

Man kommt schon mit einem sehr bescheidenen Aufwand aus. Es genügt ein gewöhnlicher, in jedem Haushalt vorhandener Spiegel von etwa 30 cm Durchmesser. Seine Glasoberfläche wird eingestaubt oder mit Plastilin, der Knetmasse der Kinder, eingerieben Etwa 2 m vor dem Spiegel steht eine kleine Lichtquelle und hinter dieser in beliebigem Abstand das Auge. In Abb. 172 ist schon mit einem gewissen Luxus

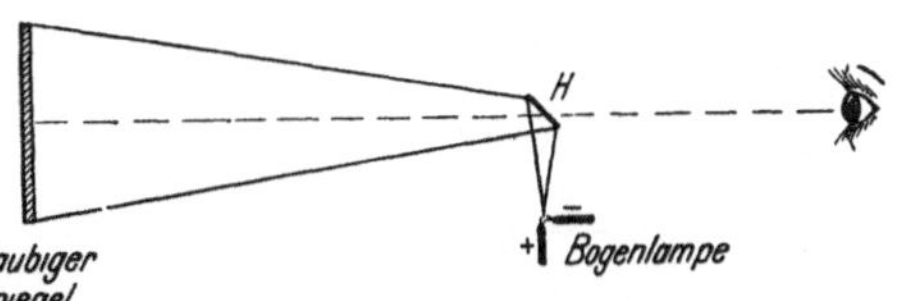

Abb. 172. Herstellung von Interferenzringen mit Hilfe eines oberflachlich eingestaubten Spiegels (schon 1704 in Newtons „Optik" beschrieben, oft „Queteletsche Ringe" genannt).

verfahren: Die Bogenlampe ist zur Seite gestellt und wirft ihr Licht über einen kleinen Metallspiegel H zur bestaubten Fläche. Dadurch kann man das Auge praktisch auch „an den Ort der Lichtquelle" bringen. Senkrecht auf den Spiegel blickend, sieht man auf seiner Oberfläche konzentrische, kreisförmige Interferenzringe. Sie sind von überraschender Deutlichkeit. Hinter ihrem Zentrum liegt das Bild der Lichtquelle. Der Durchmesser der Ringe ändert sich mit dem Abstand des Beobachters. Im Rotfilterlicht zählt man leicht die üblichen 10 bis 15 Ordnungen. Beim Übergang zu schräger Blickrichtung verschiebt sich das Zentrum der Ringe. Im Glühlicht sieht man einen hellen unbunten Ring nullter Ordnung, hinter ihm liegt das Bild der Lampe. Die beiderseits angrenzenden

Ringe erscheinen dem Auge tiefschwarz. Auf diese folgen dann die übrigen Ringe in den üblichen bunten, allmählich verblassenden Farben.

Interferenzstreifen niedriger Ordnungszahl können nur durch kleine Gangunterschiede entstehen. Wie aber können diese trotz der großen Dicke der Spiegelglasplatte zustande kommen? Antwort: Als kleine Differenz zweier großer Gangunterschiede. In Abb. 173 ist B ein einziges aus der großen Zahl der lichtzerstreuenden Staubteilchen. Sowohl von der Lichtquelle zum Teilchen B wie vom Teilchen zum Auge führen je zwei Wege. Längs *1* erreicht das Licht der Lampe das Teilchen B auf einem Umweg; von B aber aus gelangt es, durch Beugung abgelenkt, längs *1** direkt zum Auge. Längs *2* gelangt das Licht von der Lampe direkt nach B; von B aus aber, durch Beugung abgelenkt, längs *2** erst auf einem Umweg zum Auge. Der Gangunterschied Δ zwischen beiden Wellenzügen wird so nur klein, man findet mit einer einfachen Rechnung

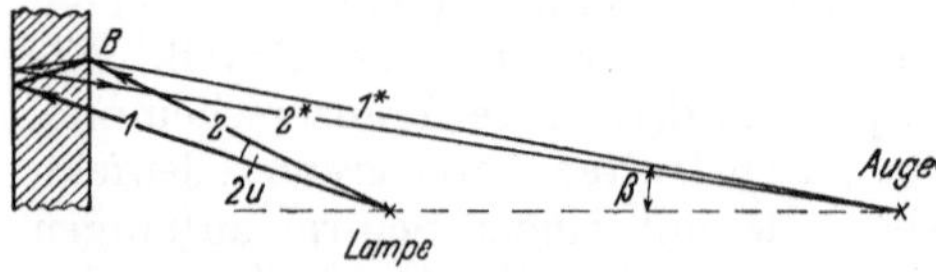

Abb 173 Entstehung kleiner Gangunterschiede in dicken Spiegelplatten, Brechung vernachlässigt (Thomas Young, 1802) Der Winkel zwischen *1** und *2** liegt unter der Auflösungsgrenze des Auges. Der für die Koharenzbedingung maßgebende Winkel 2 u ist sehr klein

$$\Delta = \sin^2 \beta \, \frac{d}{n} \, (q^2 - 1). \qquad (49)$$

Im m-ten Maximum soll $\Delta = \pm\, m\,\lambda$ sein, also gilt für dessen Winkelabstand

$$\sin^2 \beta = \pm\, \frac{m\,\lambda \cdot n}{d\,(q^2 - 1)}. \qquad (50)$$

(β = Neigungswinkel gemäß Abb. 175, d = Dicke, n = Brechzahl der Spiegelglasplatte, q = Augenabstand r durch Lampenabstand s. Das Minuszeichen gilt für q-Werte < 1.)

Der gleiche Winkel β erscheint demnach jeweils für zwei verschiedene Werte von q. Einmal liegt das Auge vor, das andere Mal (wie in Abb. 172) hinter der Lichtquelle.

Die Herleitung der Gl. (49) erfolgt an Hand der Hilfsskizze 174. In ihr sind der Übersichtlichkeit halber die Winkel β und γ groß gezeichnet. Doch rechnet man, den tatsächlichen Versuchsbedingungen entsprechend, nur mit kleinen Winkeln. Man setzt also $\sin \beta = \tan \beta$ usw.

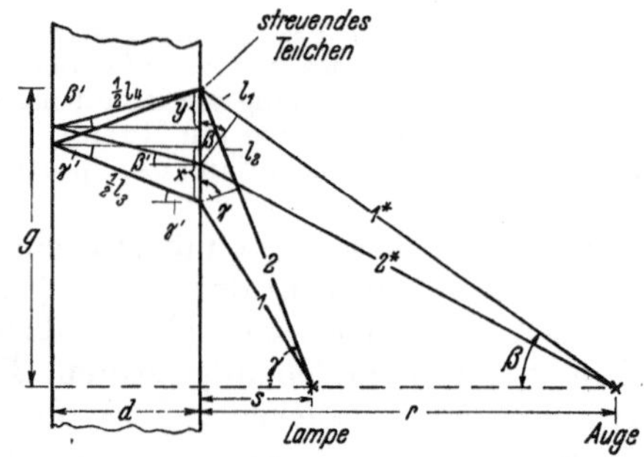

Abb 174 Zur Herleitung der Gl. (49)

Δ = optische Weglange *2* — optische Weglange *1*,

$\Delta = (l_2 + n\,l_4) - (l_1 + n\,l_3)$,

$l_2 = 2\,x \sin \gamma; \quad x = d \operatorname{tg} \gamma' = d \sin \gamma' = \dfrac{d}{n} \sin \gamma$,

$l_2 = \dfrac{2d}{n} \sin^2 \gamma$ und analog $l_1 = \dfrac{2d}{n} \sin^2 \beta$,

$n\,l_3 = \dfrac{2\,d\,n}{\cos \gamma'} = \dfrac{2\,d\,n}{\sqrt{1 - \sin^2 \gamma'}} = 2\,d\,n \left(1 + \dfrac{1}{2} \sin^2 \gamma'\right)$,

$n\,l_3 = 2\,d\,n \left(1 + \dfrac{1}{2} \dfrac{\sin^2 \gamma}{n^2}\right)$ und $n\,l_4 = 2\,d\,n \left(1 + \dfrac{1}{2} \dfrac{\sin^2 \beta}{n^2}\right)$,

$$\Delta = \frac{d}{n} \, (\sin^2 \gamma - \sin^2 \beta),$$

$$\frac{\sin \gamma}{\sin \beta} = \frac{\operatorname{tg} \gamma}{\operatorname{tg} \beta} = \frac{r}{s} = q,$$

$$\Delta = \sin^2 \beta \, \frac{d}{n} \, (q^2 - 1).$$

In Abb. 173 wurde eine dicke Platte benutzt. Infolgedessen konnte man kleine, noch für Glühlicht zulässige Gangunterschiede nur als Differenz zweier großer Gangunterschiede herstellen. Zu diesem Zweck wurde das Licht auf zwei Wegen *1* und *2* zu den Teilchen B geleitet. — Bei hinreichend dünnen Platten ist diese Differenzbildung entbehrlich. Um sie auszuschalten, muß man den Weg *1* durch einen geeigneten Kunstgriff beseitigen (Abb. 175, P. Selenyi). Das B verlassende Licht gelangt wieder auf zwei Wegen zum Auge, mit dem Strahl *1** direkt, mit dem Strahl *2** auf einem Umweg. Dabei schließen die von *B* ausgehenden Strahlen *1** und *2** einen Winkel $2\,u \approx 180°$ miteinander ein. Trotzdem können sie miteinander interferieren. Sie sind durch Beugung an kleinen Teilchen entstanden und daher kohärent.

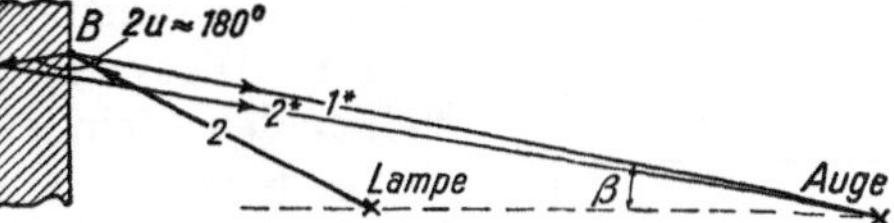

Abb 175. Interferenzversuch von P. Selenyi (Brechung vernachlassigt) Der fur die Koharenzbedingung maßgebende Winkel 2 u ist sehr groß, fast 180 °

Ohne diese altbekannte Koharenz des Streulichtes hätte es keinen Sinn, Mikroskopobjektive großer Apertur ($2\,u = 140°$, § 23) zu bauen (vgl. Text unter Abb. 148).

§43. Interferenzen mit Lichtquellen von großen Öffnungswinkeln.

In Abb. 175 kann man die **streuenden** Teilchen durch **selbstleuchtende,** z. B. fluoreszierende, ersetzen. Die Lampe dient dann nur noch dazu, die Eigenstrahlung der Lichtquellen *B* anzuregen, am besten durch unsichtbares, ultraviolettes Licht.

Jede dieser Lichtquellen *B* wird mit einem Öffnungswinkel $u \approx 90°$ benutzt. Es ist also $\sin u \approx 1$. Dieser Wert ist in die Kohärenzbedingung (41) von S. 67 einzusetzen. Man erhält $2\,y \ll \lambda/2$; d. h. man muß den fluoreszierenden Teilchen winzige Durchmesser $2\,y$ geben, erst dann kann man Interferenzstreifen erhalten.

P. Selenyi hat auch diesen Gedanken verwirklicht. Dabei hat er die fluoreszierenden Teilchen von winzigem **Durchmesser** durch eine fluoreszierende Schicht von winziger **Dicke** ersetzt. Leider eignet sich dieser lehrreiche und zu wenig bekannte Versuch nicht zur Vorführung in größerem Kreise.

§ 44. Stehende Lichtwellen.

Man kann bei Längsbeobachtung (Abb. 138 und 139) die Beobachtungsebene auch zwischen die beiden Wellenzentren verlegen. Dort laufen die beiden Wellen einander entgegen, im mittleren Bereich sind sie bei genügendem Abstande der Wellenzentren praktisch eben. So entsteht die charakteristische, unter dem Namen „stehende Wellen" bekannte Interferenzerscheinung: eine periodische Folge ebener, raumfester Bäuche und Knoten (vgl. Mechanikband, § 102 und § 104). Der Abstand zweier aufeinanderfolgender Bäuche ist stets gleich $\lambda/2$, d. h. der halben Wellenlänge. Folglich kann er beim sichtbaren Licht nur einige zehntel μ betragen. Trotzdem kann man auch beim Licht stehende Wellen nachweisen. Die Abb. 176 zeigt eine bewahrte Anordnung:

Ein Parallellichtbündel wird von einer durchsichtig versilberten Teilerplatte in zwei koharente Lichtbündel aufgespalten. Diese werden mittels zweier Spiegel umgeknickt und einander entgegengeschickt. Zwischen den Spiegeln entstehen die stehenden Wellen. Einige ihrer Bäuche sind in starker Vergrößerung eingezeichnet. Zur Sichtbarmachung der Bäuche braucht man einen durchsichtigen und sehr dünnen Auffangeschirm *W*, nahezu senkrecht zur Lichtrichtung aufgestellt. Dazu eignet sich besonders eine außerst dünne Cellonhaut (unter $0{,}1\,\mu$) mit leicht eingestaubter Oberflache. Man sieht die Schnittlinien dieses Schirmes mit den Ebenen der Bäuche. Es sind gerade, in Abb. 176 zur Papierebene senkrechte Streifen. Ihre Durchstoßpunkte sind schwarz markiert. — Dieser Versuch läßt sich nicht in großem Kreise vorführen.

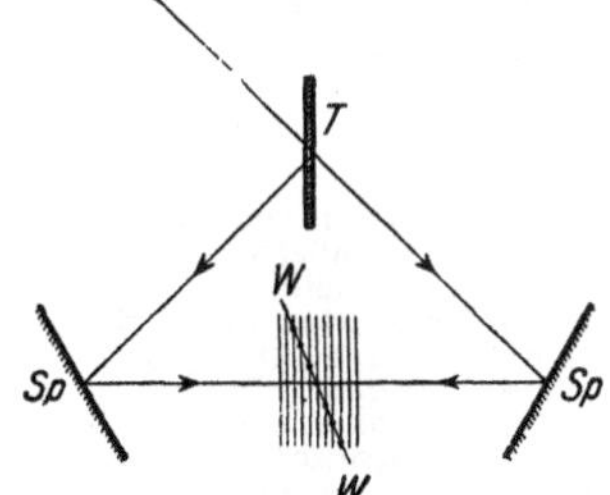

Abb. 176. Schema fur die Herstellung stehender Lichtwellen. *T* = Teilerplatte (vgl Abb. 149). *W* sehr dunne, durchsichtige und eingestaubte Cellonhaut. Neigung stark ubertrieben!

Es gibt zahlreiche Abarten. Man kann z B. ein Parallellichtbündel senkrecht an einem Metallspiegel reflektieren lassen und die Bäuche dicht vor der

Spiegeloberfläche beobachten. Unmittelbar an der Oberfläche des Metallspiegels liegt stets ein Knoten (Otto Wiener). In dieser Beziehung verhalten sich die Wellen des Lichtes wie elektrische Wellen.

Abb. 177. Photographischer Nachweis stehender Lichtwellen. Das Licht fiel von oben ein, der Hg-Spiegel saß unten.

Am besten preßt man einen flüssigen Hg-Spiegel gegen eine photographische Schicht. Das von der Glasseite her senkrecht einfallende und dann reflektierte Licht schwärzt die Platte in äquidistanten, um je $\lambda/2$ getrennten Schichten. Die Abb. 177 gibt einen senkrecht zur Plattenebene gelegten Dünnschnitt in starker Vergrößerung. Die Schichten sind trotz ihres Aufbaues aus einzelnen Silberkörnern gut zu erkennen.

§ 45. Optische Interferometer. Ein Teil der besprochenen Interferenzerscheinungen wird praktisch beim Bau der optischen Interferometer ausgenutzt. Diese Apparate dienen zu zweierlei Aufgaben:

1. Für möglichst genaue Vergleiche zwischen irgendwelchen Längen oder Abständen (z. B. Maßstäbe) einerseits, der Wellenlänge des Lichtes andererseits.

2. Für Vergleiche zweier kohärenter Lichtbündel nach verschiedener Vorgeschichte, z. B. nach dem Durchlaufen von Wegstrecken in verschiedenen Stoffen.

Das einfachste und schon überaus brauchbare Interferometer arbeitet mit Querbeobachtung. Es benutzt den Grundversuch von Thomas Young in der Ausführungsform der Abb. 157. Dort sind die beiden Lichtbündel hinter der Linse schon um einige Zentimeter seitlich voneinander getrennt. Man kann daher bequem das eine Lichtbündel durch Luft, das andere durch ein anderes Gas leiten und so die Wellenlängen in beiden Gasen vergleichen. Derartige Versuche folgen in § 108.

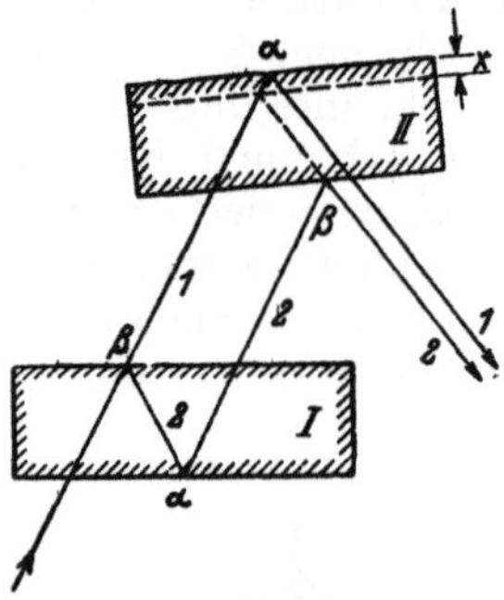

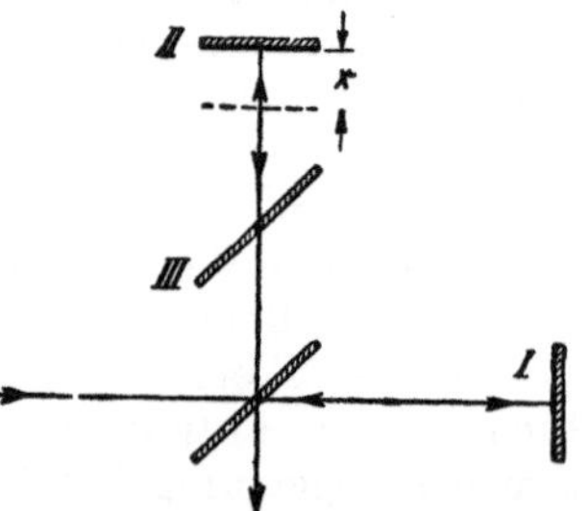

Abb. 179. Interferometer von Michelson. Bei den größten Ausführungen hat man die beiden zueinander senkrechten Lichtwege 30 m lang gemacht. Nur Bündelachsen gezeichnet.

Alle übrigen Interferometer benutzen Kurven gleicher Neigung oder Kurven gleicher Dicke. Sie lassen sich trotz der äußeren Mannigfaltigkeit ihrer Ausführungen alle auf das gleiche Schema zurückführen: Sie verwirklichen eine **Planparallelplatte der Dicke x als Differenz zweier Platten ungleicher Dicke** (Th. Young, 1817). Das zeigt z. B. Abb. 178 mit eingezeichneten Achsen für zwei parallel zueinander versetzte Lichtbündel. Oft ersetzt man die Platten ganz oder teilweise durch Spiegel (z. B. bei α) und durchlässige Spiegel (bei β).

Abb. 178. Interferometer mit zwei seitlich parallel versetzten Parallellichtbündeln. Die wirksame Dicke x wird durch die Neigung beider Platten gegeneinander geändert. Bei Parallelstellung wird x und damit auch der Gangunterschied beider Lichtbündel 1 und 2 gleich Null. Alle unnötigen und in Wirklichkeit durch Blenden ausgeschalteten Reflexionen sind fortgelassen.

So gelangt man u. a. zum Interferometer von Albert A. Michelson (Abb. 179) mit zwei zueinander senkrecht gerichteten Lichtbündeln (vgl. Elektrizitätslehre, § 159). Die wirksame Plattendicke ist wieder mit x bezeichnet. Durch eine Kippung des Spiegels II kann man auch eine Keilplatte realisieren. Die Platte III ist zwar nicht grundsätzlich notwendig, doch erreicht man mit ihr für beide Lichtbündel Glaswege von gleicher Länge. Das vereinfacht die Beobachtungen.

VI. Beugung nebst Anwendungen.

Erster Teil: Beugung an undurchsichtigen Strukturen.

§ 46. Schattenwurf. Keine optische Erscheinung wird häufiger wahrgenommen als der Schattenwurf. Durch ihn hat man die geradlinige Ausbreitung des Lichtes kennengelernt, der Schattenwurf hat zum Begriff der Lichtstrahlen geführt. — Bei verfeinerter Beobachtung erweist sich jedoch der Schattenwurf als eine durchaus nicht einfache Erscheinung. Die mit Strahlen gezeichneten Grenzen werden durch Beugung überschritten,

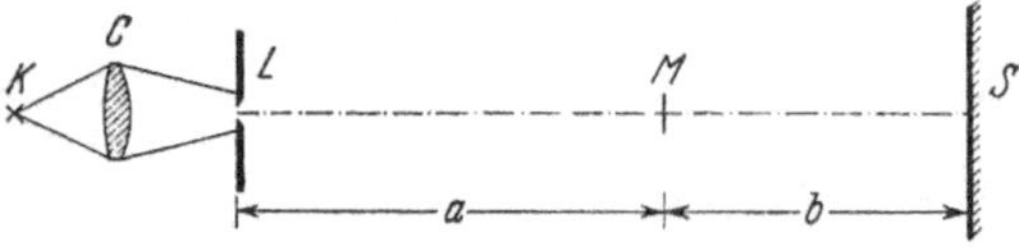

Abb. 180. Zum Vergleich des Schattens einer Kreisscheibe mit der Beugungsfigur einer gleich großen Kreisöffnung

und im Schattenbereich gibt es mannigfache Strukturen. Das Wichtigste ist schon im Mechanikbande am Beispiel der Wasser- und Schallwellen behandelt worden (siehe dort Abb. 373 und 401). Im Falle des Lichtes müssen wir noch auf einige Einzelheiten eingehen.

Wir beginnen mit der experimentellen Beobachtung und vergleichen den Schattenwurf kleiner völlig undurchsichtiger Kreisscheiben mit den Beugungsfiguren gleich großer, völlig durchsichtiger Öffnungen. In Abb. 180 ist L eine punktförmige Lichtquelle, M ist entweder eine Kreisscheibe oder eine Lochblende von gleicher Größe, z. B. beide von 5 mm Durchmesser. Rechts steht ein Schirm oder eine photographische Platte. Die Abstände a und b betragen je einige Meter.

Für $a = b = 9,5$ m bekommt man die in den Abb. 181 und 182 photographierten Figuren. Bei Änderungen des Abstandes ändern sich diese

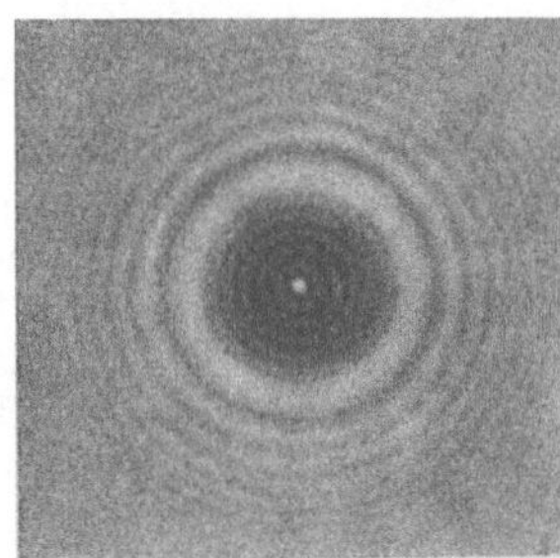

Abb. 181.

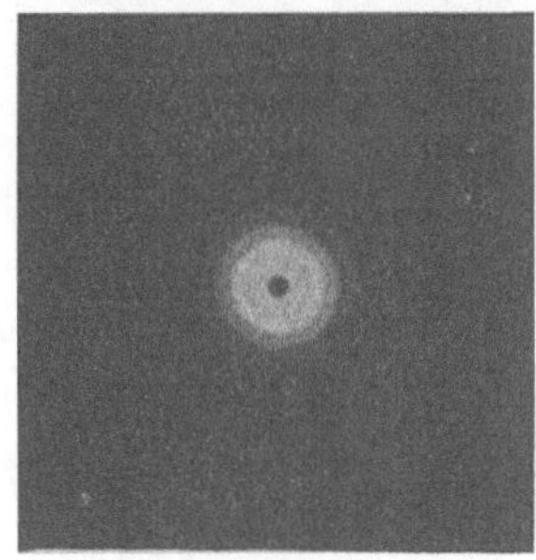

Abb. 182.

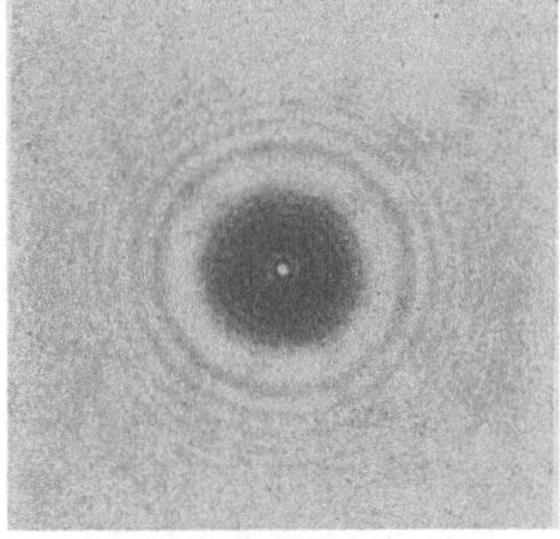

Abb. 183.

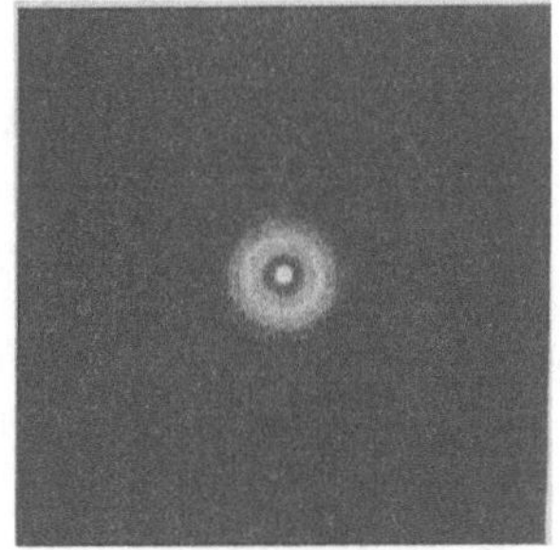

Abb. 184.

Abb. 181 bis 184. Links zwei Schatten einer Kreisscheibe (Stahlkugel) von 5 mm Durchmesser, rechts zwei Beugungsfiguren einer gleich großen Kreisöffnung. Bei Abb. 181 und 182 war $a = b = 9,5$ m; bei Abb. 183 und 184 = 6,5 m. Rotfilterlicht. Durchmesser der Lichtquelle $L = 0,2$ mm. Photographische Positive.

Figuren stetig. Für $a = b = 6{,}5$ m ergeben sich z. B. die Figuren der Abb. 183 und 184. Die Figuren zeigen für die Öffnung und die gleich große Scheibe stets erhebliche Unterschiede. Hinter der Scheibe wächst die Zahl der Ringe bei Verkleinerung von a und b, aber die Figurenmitte bleibt immer bestrahlt (Chr. Huyghens). Hinter der Öffnung hingegen sieht man immer nur wenige Ringe, und in ihrer Mitte bekommt man bei Änderungen von a und b abwechselnd Maxima und Minima.

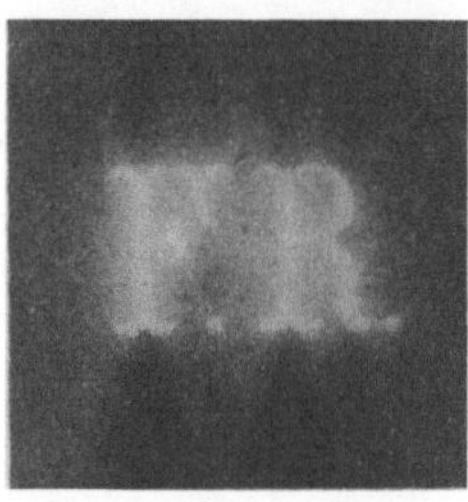

Abb 185. Ein mit einer Stahlkugel als Objektiv hergestelltes Lichtbild in natürlicher Größe. Anordnung wie in Abb. 180. Das Ding ist eine Metallschablone von etwa 7 mm Höhe an Stelle der Lochblende L. Kugeldurchmesser 4 cm, $a = 12$ m, $b = 18$ m.

Bei starker Bestrahlung oder langen Belichtungen der Platte verbleibt im Schatten der Scheibe nur die helle Stelle im Zentrum. Man nennt sie den Poissonschen Fleck. Er ist im Schatten einer Kreisscheibe ein „Punkt", im Schatten eines Rechteckes eine gerade „Linie" usw. Der Poissonsche Fleck war schon beim Schattenwurf mit Wasserwellen bequem zu beobachten (vgl. Mechanikband, Abb. 375). In der Optik kann man mit ihm einen lehrreichen Versuch ausführen. Er liefert ein Gegenstück zur altbekannten Lochkamera. Man kann, kurz gesagt, ein photographisches Objektiv durch eine undurchsichtige Kreisscheibe ersetzen. Praktisch nimmt man eine Stahlkugel (Abb. 185) oder eine versilberte Glasplatte. Bei dieser kann man die Zahl der beugenden Ränder und damit die Lichtstärke des Bildes vergrößern: Man umgibt eine zentrale Kreisscheibe mit konzentrisch eingekratzten Ringen, deren Radien ungeordnet, d. h. statistisch, verteilt sind. Nutzanwendung: Jeder Bildpunkt ist eine Beugungsfigur.

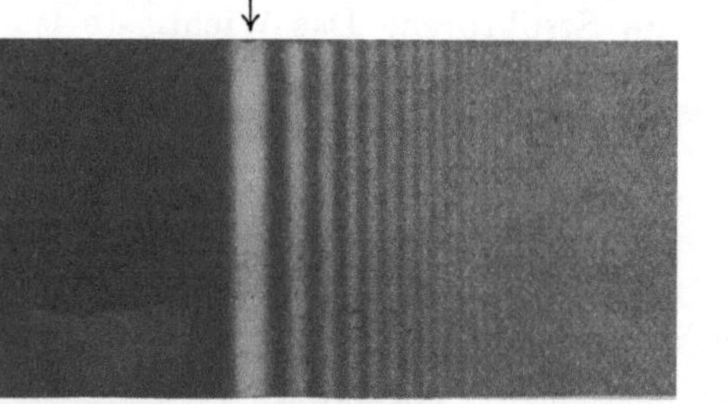

Abb. 186. Die Beugungsstreifen an der Schattengrenze ($\downarrow$) einer Halbebene. $a = b = 18$ m. Photographisches Positiv. Rotfilterlicht.

Mit wachsendem Durchmesser führen Scheibe und Öffnung beide auf den gleichen Grenzfall, nämlich eine einseitig unbegrenzte Halbebene. Die an dieser entstehende Beugungsfigur ist in Abb. 186 photographiert.

§ 47. Fresnelsche Zonenkonstruktion, Zonenplatte. Die soeben beobachteten Tatsachen müssen gedeutet werden. Für die Beugungsfiguren der Öffnungen ist das Wesentliche schon im Modellversuch der Abb. 61 enthalten. Man denke sich die

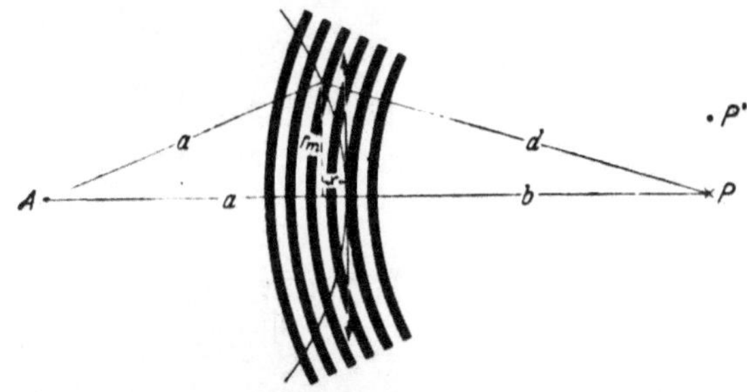

Abb. 187. Zur Fresnelschen Zonenkonstruktion.
$$r_m^2 = a^2 - (a - x)^2, \qquad r_m^2 = d^2 - (b + x)^2, \qquad d = b + \frac{m\,\lambda}{2},$$
aus diesen drei Gleichungen rechnet man r_m^2 aus, indem man Glieder mit $\frac{\lambda^2}{4}$ als klein vernachlässigt.

Abb. 61 um die horizontale Symmetrieachse rotationssymmetrisch ergänzt. Man sieht die Struktur des Wellenfeldes hinter der Öffnung und auf der Mittellinie abwechselnd Maxima und Minima. Man kann den entsprechenden Modellversuch auch für den Schattenwurf durchführen.

Wir bringen jedoch ihrer Wichtigkeit halber eine andere Darstellung, bekannt unter dem Namen Fresnelsche Zonenkonstruktion. Diese wenden wir gleichzeitig auf die Beugungsfigur hinter einer Öffnung an:

a soll wieder den Abstand zwischen Loch oder Scheibe einerseits und Lichtquelle andererseits bedeuten. Wir beginnen mit einem Beobachtungspunkt P, oder kürzer Aufpunkt P, auf der Symmetrieachse Wir zeichnen in Abb. 187 um P als Zentrum ein System von Kugelwellen mit der Wellenlänge des benutzten Lichtes (Wellenberge schwarz, -täler weiß). Außerdem schlagen wir um die punktförmige Lichtquelle A als Zentrum eine Kugelfläche mit dem Radius a. Sie schneidet aus den gezeichneten Wellen ringförmige, abwechselnd weiße und schwarze Zonen. Man sieht von P aus eine Kugelfläche mit einem System konzentrischer Ringe, ähnlich wie später in Abb. 191 Für den Halbmesser r_m der m-ten Zone auf der Kugelfläche gilt die einfache geometrische Beziehung

$$r_m^2 = m \, \lambda \, b \left(\frac{1}{1+\dfrac{b}{a}} \right) \qquad (53)$$

(Herleitung unter Abb. 187.) Alle Zonen haben angenähert gleich große Flächen, nämlich

$$F = \pi \, \lambda \, b \Big/ \left(1 + \frac{b}{a}\right). \qquad (54)$$

Jetzt fügen wir in die Zeichnung 187 den Gegenstand ein, also die Lochblende oder die Scheibe· Der Doppelpfeil soll ihren Durchmesser bedeuten. Dann bleibt

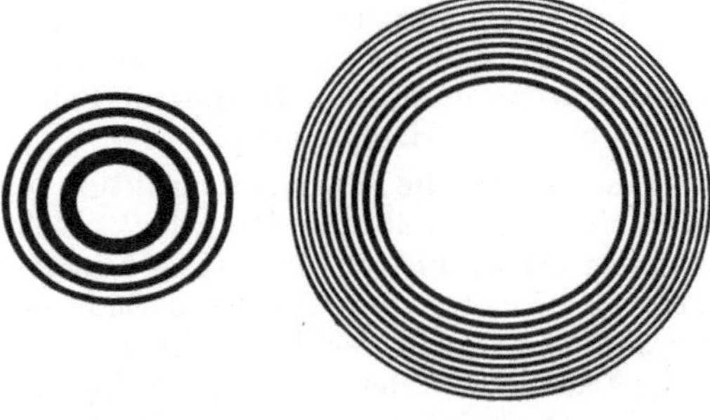

Abb 188   Abb 189

Abb. 188 und 189. Die von einer Kreisöffnung und von einer gleich großen Kreisscheibe nicht abgeblendeten Zonen, gegenüber Abb. 187 auf zwei Drittel verkleinert. Abb 189 muß man sich außen durch weitere Ringe mit abnehmender Strichdicke ergänzt denken

nur noch ein Teil der Zonen vom Aufpunkt P aus sichtbar. Man sieht von P aus die (kugelförmig gewölbten) Zonenflächen der Abb. 188 oder 189. Die Zahl der „verbleibenden" Zonen ändert sich bei Änderungen der Abstände a und b. Weiter betrachtet Fresnel in seiner Weise jede der verbleibenden Zonen als Ausgangsgebiet neuer Elementarwellen. Diese interferieren miteinander Die Resultierende aller ankommenden Elementarwellen gibt die Amplitude im Aufpunkt P. — Beispiele:

1. n, die Zahl der von einer Öffnung durchgelassenen Zonen, ist gerade. Je eine schwarze und eine weiße Zone heben sich in ihrer Wirkung weitgehend (aber nicht gänzlich!) auf. Der Aufpunkt wird wenig bestrahlt und erscheint dunkel, z. B. in Abb. 182.

2. n, die Zahl der von einer Öffnung durchgelassenen Zonen, ist ungerade. Die Wirkung der bei der Paarbildung überzähligen Zone bleibt ungeschwächt Der Aufpunkt wird stark bestrahlt und erscheint hell (Abb. 184).

3. Hinter einer Scheibe vereinigen sich im Aufpunkt die Elementarwellen aller Zonen mit höherer Nummer. Auf eine mehr oder

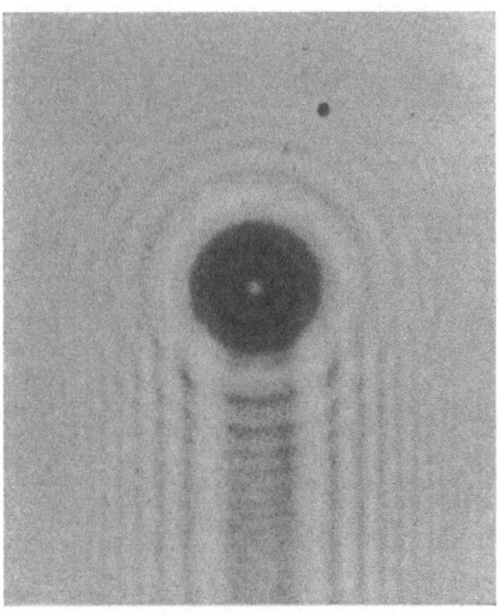

Abb. 190 Etwa $^1/_{25}$ natürlicher Größe So sieht im Abstande $a = b = 11$ km der Schatten eines Tellers aus, der 12 cm Durchmesser hat und an einem Stiel von 1,2 cm Dicke gehalten wird Aufnahme mit einem kleinen Modell von 4,8 mm Durchmesser im Abstande $a = b = 18$ m.

weniger kommt es nicht an. Die Resultierende hat praktisch stets denselben endlichen Wert. Der Aufpunkt wird immer bestrahlt, in der Mitte des Schattens liegt immer ein heller Fleck (Abb. 181 und 183).

4. Im Abstande $a = b = 11$ km ist für Rotfilterlicht ($\lambda = 0,65\ \mu$) der Durchmesser der Zentralzone $2\,r_1 = 12$ cm. Das ist die Größe eines Tellers. Dieser blendet also aus dem freien Wellenfeld nur die Zentralzone aus, und demgemäß bekommt man das recht unvollkommene, in Abb. 190 photographierte Schattenbild. Bei großem Abstande wird also auch der Schattenwurf großer Körper durch die Beugung stark gestört. Das wird von Anfängern oft übersehen.

5. Für $a = \infty$ (ebene Wellen) und $b = 1$ m hat die Zentralzone für Rotfilterlicht schon einen Durchmesser von 1,6 mm. Folglich läßt ein rechteckiger Spalt von 1 mm Breite senkrecht zu seiner Längsrichtung nur noch einen Bruchteil der Zentralzone hindurch. In diesem Fall entsteht die besonders einfache, aus Abb. 36 bekannte Beugungsfigur.

6. Man kann die Zonenkonstruktion auch für Aufpunkte außerhalb der Symmetrielinie ausführen. Man denkt sich zu diesem Zweck die Zonenfläche auf einem schwenkbaren Arm ($a + b$ in Abb. 187) befestigt. Sein Drehpunkt liegt in der Lichtquelle, sein freies Ende im Aufpunkt. So verschiebt man mit einer Seitenbewegung des Aufpunktes von P nach P' zugleich die ganze Zonenfläche: Dadurch werden nun durch die Öffnung oder neben der Scheibe (feststehender Doppelpfeil in Abb. 187!) andere Zonen als zuvor freigelassen. Die Resultierende ihrer Elementarwellen gibt die Maxima und Minima außerhalb der Bildmitte (vgl. Abb. 181—186). — Genau so verfährt man bei dem obenerwähnten Grenzfall, dem Schattenwurf durch eine Halbebene.

7. Für große Werte von a werden die Zonenflächen praktisch eben. Dann kann man das Zonenbild einer Kreisöffnung ohne nennenswerten Fehler auf eine Glasplatte übertragen. Die schwarzen Ringe macht man undurchsichtig, die weißen klar durchsichtig (Abb. 191): „Zonenplatte".

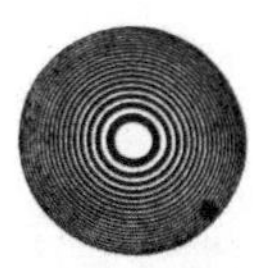

Abb. 191. Zonenplatte mit einer längsten Brennweite von $f = 2,8$ m für Rotfilterlicht. Von den kurzeren etwa 10 bequem zu beobachten. Nat. Große.

Mit jeder Kreisstruktur kann man abbilden (§ 46, vorletzter Absatz). In der Zonenplatte haben die Ringradien eine bestimmte Ordnung, folglich ergibt eine Zonenplatte feste Bildlagen, und zwar mehrere hintereinander. Grund: Die gezeichneten Zonendurchmesser gehören nach Gl. (53) zu einem bestimmten Verhältnis

$$m\,\lambda \left/ \left(\frac{1}{a} + \frac{1}{b}\right)\right. = m\,\lambda\,f. \tag{55}$$

Dieser Ausdruck kann bei gegebenem a (Dingabstand) durch Veränderung von b (Schirmabstand) sowohl für λ wie für $2\,\lambda$, $3\,\lambda$ usf. den gleichen Wert erhalten. Das bedeutet: Die Wellen gehen vom Dingpunkt aus und erreichen, von benachbarten Zonen durch Beugung abgelenkt, Punkte P_1, P_2, P_3, ... mit je den gleichen Gangunterschieden λ, $2\,\lambda$, $3\,\lambda$, ... In diesen Punkten können die Wellen ihre Amplituden addieren und dadurch lichtstarke Bildpunkte erzeugen. Der Bildpunkt P_1 liegt der Zonenplatte am fernsten.

§ 48. Das Babinetsche Theorem liefert uns eine weitere Hilfe für die Behandlung von Beugungsvorgängen. Die Abb. 192 veranschaulicht uns ein Gedankenexperiment: Von links fällt ein schwach divergentes Lichtbündel auf eine etliche Zentimeter weite Öffnung $A\,B$. Rechts tritt ein Lichtbündel aus. Seine Grenzen sind infolge der Beugung ein wenig verwaschen. Das wird durch eine seitliche Fiederung angedeutet.

Dann zeichnen wir einen kleinen Strich x ein. Dieser bedeutet entweder ein kleines Hindernis oder eine ihm genau gleiche Öffnung in einer zweiten, $A\,B$ ganz überdeckenden Blende.

Bei hinreichender Kleinheit von x werden die Winkelablenkungen der gebeugten Strahlung groß, das Licht kann in die zuvor dunklen Bereiche $D\,D'$ eindringen und dort den Beobachtungsschirm beleuchten. Die Beugungsfigur muß für x als Hindernis und für x als Loch die gleiche Gestalt haben. Grund: Bei Benutzung der freien Öffnung $A\,B$ ohne x treten beide Beugungsfiguren gleichzeitig auf. Folglich müssen die Wellenamplituden der beiden Beugungsfiguren sich in jedem Augenblick an jedem Punkt der dunklen Bereiche $D\,D'$ gegenseitig aufheben. Die Amplituden müssen für Scheibe und Loch gleich groß sein und entgegengesetzte Phasen haben ($\delta = 180°$).

Dies Gedankenexperiment hat uns zum Babinetschen Theorem geführt. Es besagt: Man bringe in ein weites Lichtbündel nacheinander ein Hindernis und eine Öffnung mit demselben Querschnitt; man beschränke die Beobachtung auf den bei freiem Lichtbündel ganz dunklen (auch von Randbeugung freien) Bereich: Dann findet man in diesem Bereich für das Hindernis und für die Öffnung die gleiche Beugungsfigur.

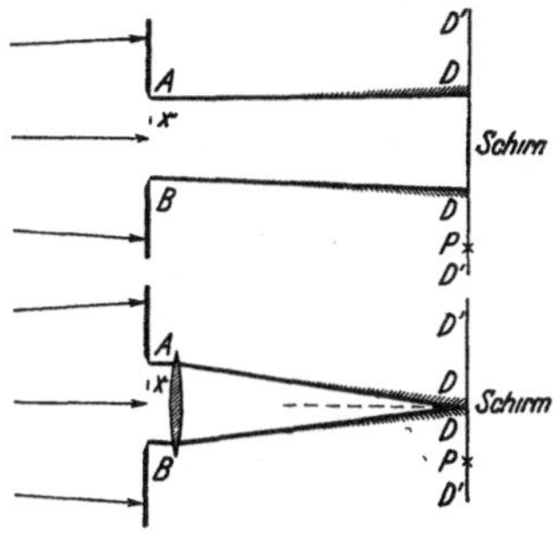

Abb. 192 und 193. Zur Herleitung des Babinetschen Theorems bei Fresnelscher und bei Fraunhoferscher Beobachtungsart.

Das Babinetsche Theorem gilt sowohl für die Fresnelsche wie für die Fraunhofersche Beobachtungsart. Bei der Fresnelschen Art muß man aber den Durchmesser von x meist kleiner als 0,1 mm machen. Nur dann hat das gebeugte Licht eine ausreichende Winkelablenkung, nur dann kann es in die Dunkelbereiche $D\,D'$ hineingelangen[1]. Ein einziges derartig kleines Scheibchen oder ein einziges solches Loch liefert aber nur eine äußerst lichtschwache Beugungsfigur.

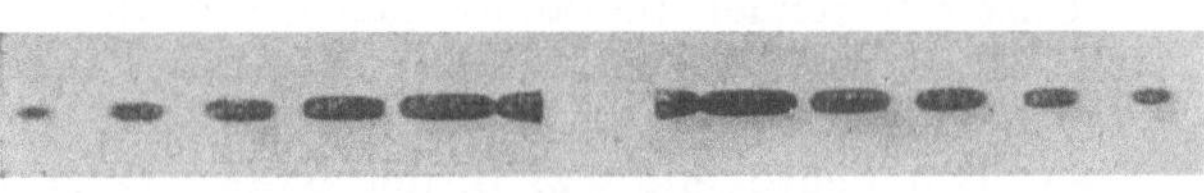

Abb 194a

Abb. 194b.

Abb. 194. Beugungsfigur, oben eines Drahtes von 0,5 mm Durchmesser, unten eines ebenso breiten Spaltes. Fraunhofersche Beobachtungsart wie in Abb. 193. Photographisches Negativ Bildmitte trotz Ausblendung überstrahlt. Plattenabstand etwa 5 m

Erst einige Tausend derartiger Teilchen oder Löcher x erzeugen eine leicht sichtbare Figur. Daher werden wir das Babinetsche Theorem mit der Fresnelschen Beobachtungsart erst in § 59 vorführen.

Bei der Fraunhoferschen Beobachtungsart haben wir die Abb. 192 durch Abb. 193 zu ersetzen. Dann wird das freie Lichtbündel der Öffnung $A\,B$ im „Bildpunkt" auf einen schmalen Bereich eingeengt. Die dunklen Bereiche $D\,D'$ treten beiderseits bis dicht an die strichpunktierte Symmetrielinie heran. Infolgedessen fallen schon die wenig abgelenkten Beugungsstreifen großer Hin-

---

[1] In den Abb. 181 bis 184 lagen alle Beugungsvorgänge noch innerhalb des anfanglich vorhandenen freien Lichtbündels. Folglich war die entscheidende Voraussetzung des Babinetschen Theorems nicht erfüllt, und daher waren die Beugungsfiguren für Scheibe und Loch völlig verschieden.

dernisse oder Öffnungen x in die dunklen Bereiche $D\,D'$. Dabei liefert dann be
reits ein Hindernis oder eine Öffnung eine gut sichtbare Beugungsfigur. — Die
Abb. 194 gibt als Beispiel die Fraunhofersche Beugungsfigur eines Drahtes
und eines gleich breiten Spaltes. Bei der Beobachtung wird das Zentrum der
Beugungsfigur durch einen kleinen Schirm ausgeschaltet

**§ 49. Die Bedeutung der Beugung für den Prismen-Spektralapparat. Spektral-
linien.** Den Prismenspektralapparat haben wir in Abb. 41 auf S. 18 kennengelernt. Das Prisma wurde von einem angenähert parallel begrenzten Lichtbündel durchsetzt. Diese Anordnung genügt vollauf für Vorführungszwecke.
Für Meßzwecke macht man die Bündelgrenzen strenger parallel. Man verwendet
zwei Linsen. Die Abb. 195 zeigt schematisch eine der vielen Möglichkeiten. Der beleuchtete Spalt S_0 steht in der Brennebene der Linse I. Diese Zusammenstellung nennt man einen „Kollimator". Aus der Linse I tritt ein Parallellichtbündel aus. Es fällt in diesem Beispiel senkrecht auf die eine Fläche eines 30°-Prismas. Rechts vom Prisma folgt die Linse II und in deren Brenn-

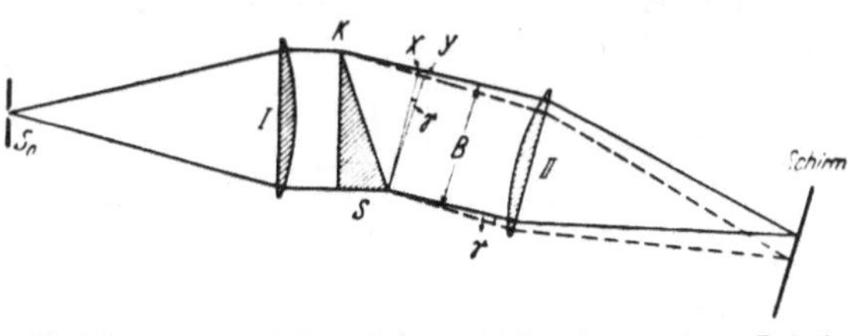

Abb. 195. Schema eines Prismenspektralapparates. Bei der
Beleuchtung des Spaltes S_0 sind die Abb 80 und 81 und 210
zu beachten. Für die Bestrahlungsstärke des Schirmes
(Watt/m²) ist allein die Apertur der Lichtbündel rechts von der
Linse II maßgebend (also der Sinus der Bündel-Öffnungswinkel).
Daher braucht bei der Beobachtung von Linienspektren weder
die Kollimatorlinse I eine kurze Brennweite zu haben noch der
Spalt S_0 unbequem eng zu sein.

ebene ein Schirm (oder eine photographische Platte). Für Einzelbeobachtung
läßt man den Schirm weg und besieht die Schirmebene mit einer Lupe („Okular"
genannt). In diesem Fall bilden die Linse II und die Lupe zusammen ein Fernrohr. Unsere folgenden Betrachtungen gelten für beide Beobachtungsarten.

Was sehen wir im Spektralapparat? Das hängt hauptsächlich von der benutzten Lichtquelle ab.

Eine „Glühlichtquelle", z. B. der Krater einer Bogenlampe, gibt das breite
Band eines kontinuierlichen Spektrums. Sein eines Ende ist rot, sein anderes
violett.

Rotfilterlicht (Filter am besten zwischen Lampe und S_0) liefert einen breiten, beiderseits abschatterten Streifen. Man kann ihn als das rote Stück eines kontinuier-
lichen Spektrums beschreiben. Der übliche Name eines
solchen breiten, abschatterten Streifens ist „Bande".
Die Abb. 196 zeigt eine graphische Darstellung einer
Bande.

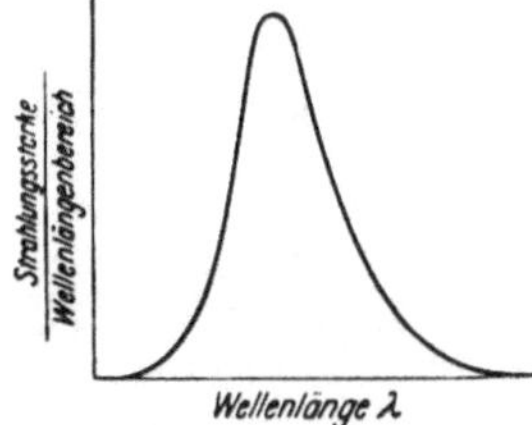

Abb. 196. Graphische Dar-
stellung einer Bande. In der
Ordinate kann man statt der
Strahlungsstärke je Wellenlängenbereich auch die Bestrahlungsstärke des Schirmes (Watt/m²) einsetzen.

An dritter Stelle nehmen wir als Lichtquelle eine
technische Metalldampflampe, z. B. mit Hg-Füllung.
Diesmal sehen wir statt eines kontinuierlichen Spektrums ein sogenanntes Linienspektrum: Es besteht aus
einigen einfarbigen Bildern des Spaltes. In unserem
Beispiel sind die drei auffallendsten gelb, grün und
blau[1]. Eine Na-Dampflampe gibt für das Auge nur ein einziges Bild des
Spaltes, einen Streifen von gelber Farbe. Je enger der Spalt, desto schmaler die

---

[1] Alle diese Bilder sind gekrümmt, zum roten Ende des Spektrums hin durchgewölbt.
Die Krümmung entsteht durch Strahlen außerhalb des Prismenhauptschnittes (§ 7). Sie
laufen also in Abb. 195 gegen die Papierebene geneigt. Diese Strahlen werden stärker abgelenkt als nach den Gl. (7) und (8) von S. 9.

Bilder. Doch gelangt man zu einer Grenze: Von einer bestimmten Spaltweite abwarts behalten die bunten Streifen ihre Breite. Die Rander sind abschattiert. Man sieht nicht mehr **Bilder** des Spaltes, sondern **Beugungsfiguren** eines Parallellichtbündels der Breite B. Jede solche Beugungsfigur nennt man eine **Spektrallinie**. Ihre graphische Darstellung findet man in Abb. 197.

Die ersten Minima der Beugungsfigur sind beiderseits gegen die Mitte um einen Winkel α verschoben, definiert durch die Gleichung

$$\sin \alpha = \frac{\lambda}{B}. \qquad (21) \text{ von S. 14}$$

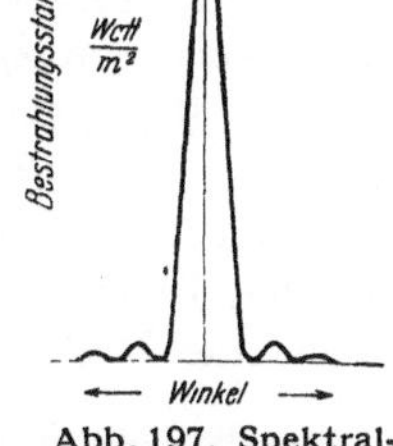

Abb. 197. Spektrallinie als Beugungsbild, schematisch. Ordinate = Bestrahlungsstarke der Bildebene

Die Herleitung dieser Gleichung setzte eine mathematische Sinuswelle ohne Anfang und Ende voraus. In der Optik kennen wir aber nur Wellengruppen endlicher Lange (S. 72). Ihnen entsprechen Wellenlangenbereiche um eine mittlere Wellenlange λ. Für experimentelle Zwecke kann man aber manche dieser Wellengruppen in hinreichender Näherung als unbegrenzte Wellenzüge benutzen. Oft genügt schon das Licht einer Na-Dampflampe. Mit diesem lassen sich die drei wesentlichen Punkte bequem vorführen:

1. Eine Spektrallinie entsteht nur bei hinreichend engem Kollimatorspalt (S_0 in Abb. 195)

2. Eine Spektrallinie ist die **Fraunhofersche** Beugungsfigur eines Parallellichtbündels. (Zur Vorführung mache man B in Abb. 195 etwa 5 mm weit!)

3. Ein weiter Kollimatorspalt läßt keine Spektrallinien entstehen. Ein weiter Spalt wird **abgebildet**. Die Breite der Bilder hängt von der Breite des Spaltes ab. (Trotzdem nennt man die Gesamtheit dieser Bilder ein Linienspektrum.)

§ 50. Auflösungsvermögen und Dispersion eines Prismas. Die soeben vorgefuhrten Tatsachen fuhren zur **Leistungsgrenze** eines Prismen-Spektralapparates.

Ein Spektralapparat soll Lichtarten verschiedener Wellenlange räumlich nebeneinander ordnen. In Abb 195 möge das links einfallende Lichtbündel aus zwei Lichtarten bestehen, die eine mit der mittleren Wellenlange λ und der Brechzahl n, die andere mit $(\lambda - d\lambda)$ und $(n + dn)$. Nach der Brechung erscheinen rechts zwei um den Winkel γ getrennte Parallellichtbündel, fur λ ausgezogen, für $(\lambda - d\lambda)$ gestrichelt eingezeichnet. Dabei gilt

$$\sin \gamma = S \cdot dn/B \qquad (56)$$

(S = Lange der Prismenbasis, B = Durchmesser der Lichtbündel nach der Brechung).

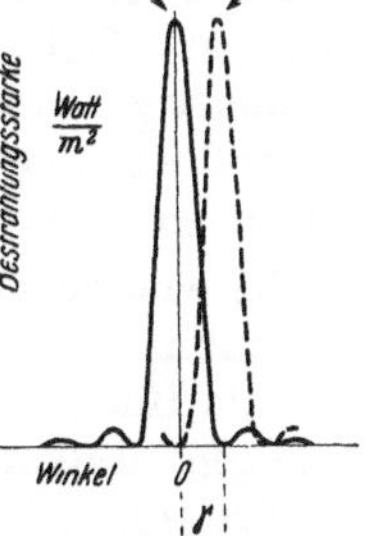

Abb 198 Zwei gerade „aufgeloste", d. h. voneinander getrennte Spektrallinien.

Herleitung: Fur die Lichtart λ ist die optische Weglange (S. 5) $KX = Sn$, fur die Lichtart $(\lambda - d\lambda)$ ist sie $KY = S(n + dn)$. Der Abstand XY ist mit großer Naherung $= KY - KX$, also $XY = S \cdot dn$. — Ferner ist $\sin \gamma = XY/B$.

Jedes der beiden Bundel erzeugt für sich in der Brennebene der Linse II eine „Spektrallinie", d. h. eine Beugungsfigur. Beide sind in Abb. 198 skizziert. Die Spektrallinie der Wellenlänge $(\lambda - d\lambda)$ soll deutlich von der Spektrallinie der Wellenlange λ getrennt sein, also muß sie mindestens in das mit γ markierte Minimum fallen. Das geschieht fur $\alpha = \gamma$. So bekommen wir durch Zusammenfassung der Gl (21) und (56)

$$\lambda = S \cdot d\, n \qquad (57)$$

oder

$$\lambda/d\,\lambda = - S \cdot d\, n/d\,\lambda \qquad (58)$$

($d\,n/d\,\lambda$ ist immer negativ, das willkürlich eingefügte Minuszeichen macht den Zahlenwert von $\lambda/d\,\lambda$ positiv).

Das Verhältnis $\lambda/d\,\lambda$ nennt man das Auflösungsvermögen des Prismas (Lord Rayleigh, 1842—1919). Das Auflösungsvermögen hängt überraschenderweise nicht vom brechenden Winkel des Prismas ab, sondern bei gegebenem Prismenbaustoff nur von der Länge S der Prismenbasis. Es läßt sich durch eine Reihenschaltung mehrerer Prismen vergrößern.

Beispiel: Die beiden D-Linsen des Natriums (§ 119) haben die Wellenlängen

$$\lambda_{D1} = 0{,}5890\ \mu \text{ und } \lambda_{D2} = 0{,}5896\ \mu,$$

also $\lambda/d\,\lambda \approx 10^3$. Welche Basislänge S muß ein Flintglasprima haben, das zur Trennung der beiden D-Linien ausreicht?

Für Flintglas ändert sich bei $d\,\lambda = 0{,}1\ \mu$ die Brechzahl n um rund $-0{,}01$, also

$$\frac{d\,n}{d\,\lambda} = - \frac{10^{-2}}{10^{-1}\,\mu} = - 10^{-1}\,\mu^{-1}.$$

Einsetzen der Werte von $\lambda/d\,\lambda$ und $d\,n/d\,\lambda$ in Gl. (58) liefert

$$S = - \frac{10^3}{-10^{-1}\,\mu^{-1}} = 10^4\ \mu = 10\ \text{mm} = 1\ \text{cm}.$$

Zur Trennung der beiden D-Linsen genügt also ein Flintglasprisma von nur 1 cm Basislänge.

Zum Schluß noch zwei Bemerkungen: 1. Man verwechsle nicht die „Dispersion" eines Prismas, definiert durch das Verhältnis $\gamma/d\,\lambda$ (Abb. 195) mit seinem Auflösungsvermögen, definiert durch Gl. (58). — Bei symmetrischem Strahlengang (Abb. 14) ist die Ablenkung des austretenden Lichtbündels am kleinsten, sein Durchmesser B aber am größten. Ein unsymmetrischer Strahlengang vergrößert zwar die Dispersion $\gamma/d\,\lambda$, aber nicht die Auflösung $\lambda/d\,\lambda$.

2. Das Wort Spektrallinie ist leider sehr abgegriffen. Man benutzt es neben seiner ursprünglichen Bedeutung oft in übertragenem Sinne. Ein Beispiel gab schon S. 89 oben das Wort „Linienspektrum". Weiteres in § 56.

§ 51. Das Beugungsgitter und seine Anwendung im Spektralapparat. Der wichtigste Teil eines Spektralapparates, das Prisma, läßt sich durch eine ganz andersartige Vorrichtung ersetzen, nämlich ein Gitter. — Der Gitterspektralapparat ist nicht minder bedeutsam als der Prismenapparat. Beide Typen ergänzen sich in glücklichster Weise.

Die elementare Darstellung des Prismas läßt die Begrenzung der Lichtbündel und damit die Beugung außer acht. Man muß dann die Spektrallinien als sehr schmale Bilder des Spaltes einführen. Das genügt für viele Zwecke. Beim Gitter hingegen muß auch die einfachste Darstellung die Beugung als wesentlich an den Anfang stellen.

Wir knüpfen an den klassischen Interferenzversuch von Thomas Young an. Wir zeigten ihn in Abb. 150, S. 69, im Modellversuch. Von zwei kleinen Öffnungen gingen zwei Wellenzüge aus. Beide divergierten stark infolge der Beugung, und aus diesem Grunde konnten sie sich durchschneiden. So entstand die Interferenzfigur der Abb. 152. Diesen Modellversuch führen wir jetzt fort. Wir benutzen erst drei, dann vier und endlich allgemein N Öffnungen als Wellenzentren. Sie werden in gleichen Abständen auf eine gerade Linie gelegt. Für drei und für vier

Wellenzentren sind die Interferenzfiguren in den Abb. 199 und 200 abgedruckt. —
Bei der Erhöhung der Zentrenzahl finden wir zweierlei[1]:

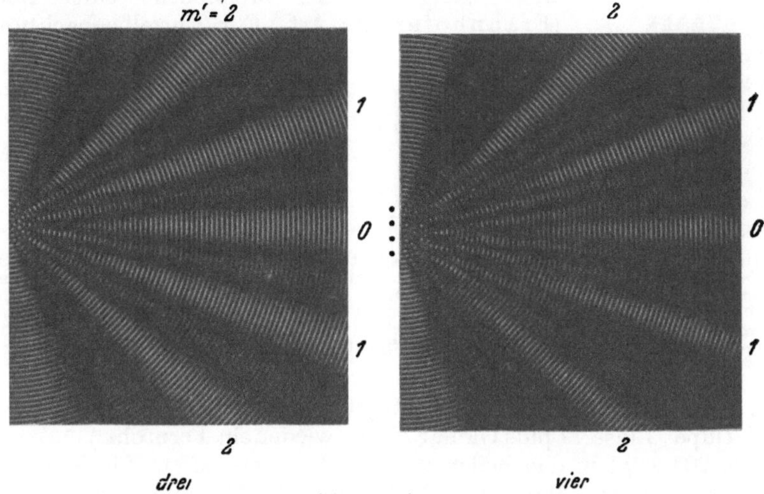

Abb. 199.   Abb. 200

Abb. 199 und 200. Modellversuch zur Interferenz von drei und vier Wellenzugen mit aquidistanten, durch
Punkte markierten Zentren Es werden drei bzw. vier Glasbilder (vgl. Abb. 60) aufeinander projiziert.
Die Ziffern bedeuten die Ordnungszahlen m'.

1. Mit wachsendem N bleiben die schon · bei zwei Zentren vorhandenen
Maxima erhalten, doch wird jedes einzelne auf einen engeren Winkelbereich
zusammengedrängt.

2. Zwischen je zwei benachbarten Maximis erscheinen $(N-2)$ Nebenmaxima,
also eins in Abb. 199, zwei in Abb. 200 usf.

Derartige Anordnungen von N äquidistanten Wellenzentren auf einer geraden
Linie nennt man ein lineares Punktgitter. Im Grenzfall großer N, also sehr
vieler Gitterpunkte, kann man die $(N-2)$ kleinen
Nebenmaxima außer acht lassen. Dann gilt für die
Interferenzfigur eines linearen Punktgitters das einfache,
in Abb. 201 skizzierte Schema. Der Winkelabstand des
Maximums m'-ter Ordnung berechnet sich ebenso wie
früher für zwei Wellenzentren nach der Gleichung

$$\sin \alpha'_m = \frac{m'\,\lambda}{D'}. \qquad \text{Gl. (39) von S. 65}$$

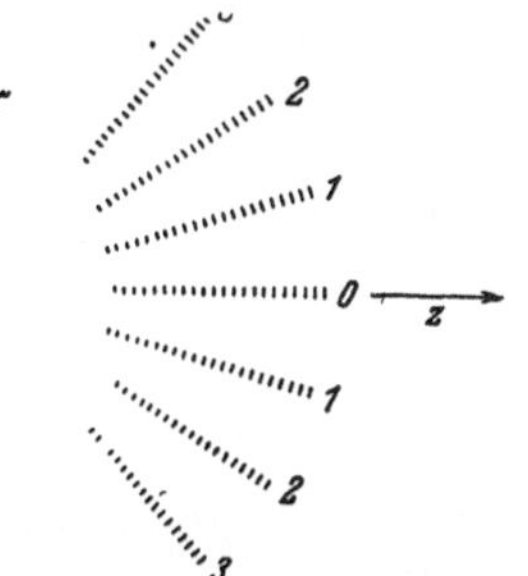

($D' =$ Abstand zweier benachbarter Wellenzentren oder
„Gitterkonstante". $m'\,\lambda =$ Gangunterschied der Wellenzüge
aus je zwei benachbarten Öffnungen.)

Die mit dem Modellversuch gewonnenen Kenntnisse
sind auf das Licht zu übertragen. Als Gitter genügt
eine Reihe äquidistanter kleiner Löcher. Doch lassen
diese nur wenig Licht hindurch, und daher ersetzt
man sie zweckmäßig durch eine Reihe paralleler Spalt-
öffnungen. Eine solche Anordnung heißt ein Strich-

Abb. 201. Die Interferenzfigur eines linearen, vertikal
stehenden Punktgitters in
schematischer Darstellung.
Die Ziffern bedeuten die Ordnungszahlen m'. Die Wellen
fallen in der Z-Richtung senkrecht auf die Reihe der Gitterpunkte. Der schrage Einfall wird erst in Abb. 222a
behandelt werden.

---

[1] Beides läßt sich unschwer graphisch herleiten. Das Verfahren ist im Mechanikband,
§ 115, erläutert.

gitter (Abb. 202). (Thomas Young, 1801.) Man kann es an Stelle eines Prismas in den Spektralapparat setzen (Abb. 203). Dann beobachtet man die Beugungsfigur in der Brennebene einer Linse II. (Fraunhofersche Art. Für Einzelbeobachtung läßt

Abb. 202. Strichgitter in 20facher Vergrößerung. Die Gitterstäbe sind Furchen in einer Glasoberfläche, ausgefüllt mit einem lichtundurchlässigen Stoff.

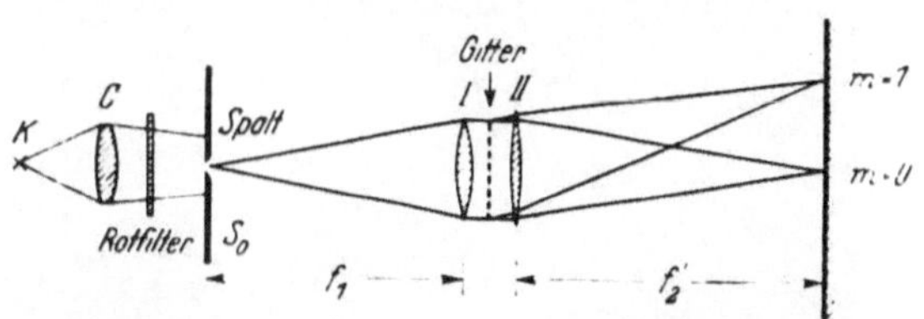

Abb. 203. Gitterspektralapparat (J. Fraunhofer, 1821). Der rückwärts beleuchtete Spalt S_0 und die Linse I werden zusammen wieder Kollimator genannt. m = Ordnungszahl. Bei Schauversuchen wird die rechte Linse meist fortgelassen und der Schirm in einigen Metern Abstand aufgestellt (vgl. Abb. 31). Für das zentrale Maximum ($m = 0$) und eine Spektrallinie erster Ordnung ($m = 1$) sind die Bündelgrenzen eingezeichnet.

man auch hier den Schirm fort und betrachtet die Brennebene der Linse II mit einer Okularlupe. Linse II plus Okular bilden wieder ein Fernrohr.)

Die Abb. 204 zeigt in den Zeilen a—e die Interferenzfigur für $N = 3, 4, 5, 6$ und 10 Gitteröffnungen. Man erhält 1, 2, 3, 4 und 8 Nebenmaxima. Die Hauptmaxima kennzeichnet man auch hier durch Ordnungszahlen m ($m\lambda$ bedeutet wieder den Gangunterschied der beiden Wellenzüge aus je zwei benachbarten Gitteröffnungen.) Mit wachsenden Werten von N (Zahl der Gitteröffnungen) werden die Hauptmaxima schmaler und die Nebenmaxima kleiner. In Abb. 204, Zeile f, betrug die Zahl N rund 250, und außerdem wurde das Licht einer Na-Dampflampe benutzt. Hier sind die Nebenmaxima praktisch verschwunden. Die Hauptmaxima sind zu recht scharfen Bildern des Kollimatorspaltes S_0 geworden.

Jetzt geht es genau so weiter wie beim Prismenspektralapparat. Je enger der Spalt, desto schmaler die Bilder. Doch gelangt man auch hier zu einer Grenze: Von einem bestimmten Wert des Spaltes S_0 abwärts behalten die Streifen ihre Breite. Man sieht eine Beugungsfigur nach dem Schema der Abb. 205. Man denke sich diese Beugungsfigur in vielfacher Wiederholung verlangert. Sie hat, anders als beim Prisma, für eine Wellenlänge λ nicht ein Maximum,

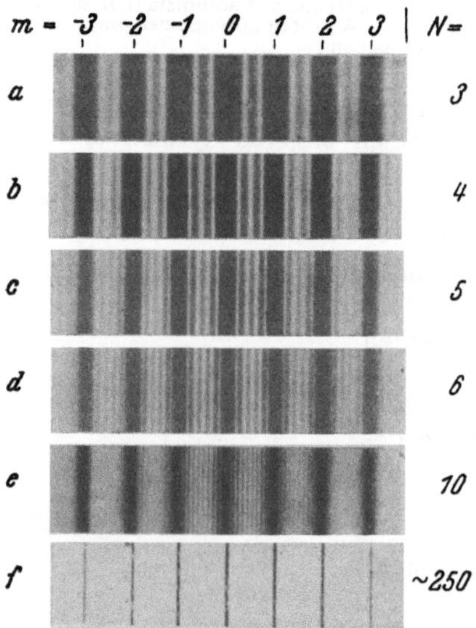

Abb. 204. Die Beugungsfigur eines Strichgitters (Abb. 202) in Abhängigkeit von der Zahl N der Gitteröffnungen, m = Ordnungszahl. Für die Bilder a—e genügt Rotfilterlicht (photographisches Negativ).

sondern eine ganze Reihe. Jedes einzelne Maximum der Beugungsfigur nennt man eine Spektrallinie der Wellenlänge λ. Man unterscheidet beim Gitter die verschiedenen Spektrallinien der gleichen Wellenlänge durch ihre Ordnungszahl m [vgl. oben Gl. (39)].

§ 52. Das Auflösungsvermögen des Gitters und der nutzbare Wellenlängenbereich. Vorzerlegung. Wie für das Prisma, kann man auch für das Gitter ein

Auflösungsvermógen $\lambda/d\,\lambda$ berechnen. — Wir knüpfen an den Anfang des Paragraphen 51 an und können jetzt sagen:

Bei N Wellenzentren (z. B. Gitteröffnungen) ist eine Spektrallinie m-ter Ordnung von der benachbarten mit $(m+1)$-ter Ordnung durch $(N-2)$ Nebenmaxima, also durch $(N-1)$ Minima
getrennt (Abb. 205). Die Spektrallinie m-ter Ordnung entsteht bei
einem Gangunterschied von $m\,\lambda$
zwischen zwei benachbarten Wellenzügen. Bei der nächstfolgenden
Spektrallinie von $(m+1)$-ter Ordnung ist dieser Gangunterschied um
eine ganze Wellenlänge λ angewachsen. Folglich ist er beim ersten
auf die Linie m-ter Ordnung folgenden Minimum γ erst um einen
Bruchteil von λ angewachsen,
nàmlich von $m\,\lambda$ auf $m\,\lambda + \lambda/N$. —
Jetzt soll eine Spektrallinie m-ter
Ordnung der Wellenlänge $(\lambda + d\,\lambda)$ von der Spektrallinie m-ter Ordnung der
Wellenlänge λ zu unterscheiden sein. Dazu muß die Linie der Wellenlänge
$(\lambda + d\,\lambda)$ mindestens in das erste Minimum γ neben der Spektrallinie der
Wellenlange λ fallen. Somit erhalten wir

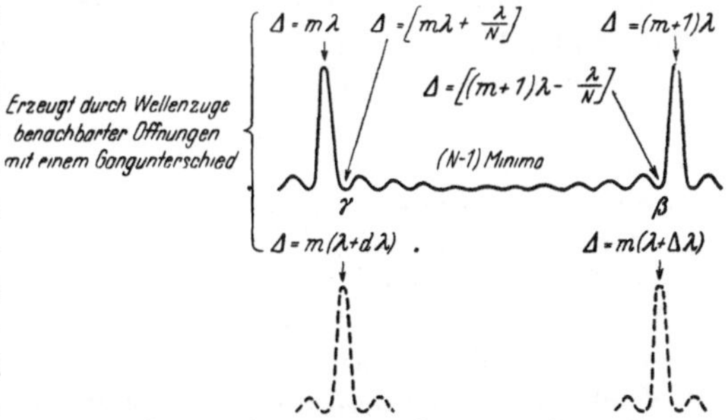

$$m\,(\lambda + d\,\lambda) = m\,\lambda + \lambda/N$$

oder
$$\lambda/d\,\lambda = N \cdot m. \tag{59}$$

In Worten: Beim Gitter ist das Auflösungsvermögen für eine Spektrallinie erster
Ordnung gleich der Zahl der Gitteröffnungen N. Für Spektrallinien höherer
Ordnungszahl m steigt es proportional mit m.

Zahlenbeispiele für das Auflösungsvermögen praktisch üblicher Gitter werden
in § 53 folgen. Dabei wird sich das Gitter als dem Prisma uberlegen erweisen.

Bei einem Vergleich von Gitter und Prisma darf man jedoch nicht allein das
Auflösungsvermögen bewerten. Sehr wichtig ist auch der „nutzbare Wellenlängenbereich $\triangle\,\lambda$"[1].

Ein Prisma macht immer nur ein einziges Spektrum. In ihm gehört zu jeder
Richtung nur eine Wellenlänge.

Ein Gitter hingegen macht stets eine ganze Reihe von Spektren mit verschiedenen Ordnungszahlen m, und alle diese Spektren uberlappen sich. Zu
jeder Richtung gehören mehrere Wellenlangen, namlich λ für $m=1$, $\lambda/2$ fur
$m=2$, $\lambda/3$ für $m=3$ usf. Eine eindeutige Zuordnung zwischen Wellenlänge
und Richtung gibt es immer nur in einem Bereiche $\triangle\,\lambda$. — Man nehme die Abb. 205
zur Hand. Eine Spektrallinie der Wellenlange $(\lambda + \triangle\,\lambda)$ und der Ordnungszahl m
darf höchstens in das Minimum β unmittelbar vor der Spektrallinie $(m+1)$-ter
Ordnung der Wellenlange λ fallen. Sonst geht die eindeutige Zuordnung zwischen
Spektrallinie und Ablenkungswinkel verloren.

So bekommen wir
$$m\,(\lambda + \triangle\,\lambda) = (m+1)\,\lambda - \lambda/N$$

oder, falls λ/N neben λ vernachlassigt wird,
$$\triangle\,\lambda = \lambda/m. \tag{60}$$

Abb. 205 Zur Auflosung und zum nutzbaren Wellenlangenbereich $\triangle\,\lambda$ eines Gitterspektralapparates Der
Ubersichtlichkeit halber sind die Spektrallinien (ausgezogen und gestrichelt) nicht wie in Abb 198 neben-,
sondern untereinander gezeichnet. Nebenmaxima
uberhoht. Hauptmaxima zu schmal gezeichnet

---

[1] Der Leser verwechsle nicht das Zeichen $\triangle$ mit dem für den Gangunterschied benutzten
Buchstaben $\varDelta$.

Der günstigste Fall ergibt sich für $m = 1$, dann wird $\triangle \lambda = \lambda$. D. h. ein Spektrum erster Ordnung gibt in einem Bereich von λ bis 2λ, also innerhalb einer vollen Oktave, eine eindeutige Zuordnung zwischen Wellenlänge und Winkelablenkung. — Sind noch Wellenlängen außerhalb des Oktavenbereiches vorhanden, so müssen diese irgendwie ausgesondert werden.

Für Beobachtungen mit dem Auge (zum Unterschied etwa von einer photographischen Platte) bedarf es für diese Aussonderung keiner Hilfsvorrichtung. Unser Auge wirkt selbst selektiv, es reagiert nur auf Wellen im Bereiche von rund einer Oktave (etwa 0,4 bis 0,75 μ). Infolge dieses Umstandes vermag das Auge ein ganzes Spektrum erster Ordnung ungestört zu überblicken.

Anders aber im Bereich hoher Ordnungszahlen, z. B. $m = 3$: Hier ist der nutzbare Wellenlängenbereich $\triangle \lambda$ nur noch gleich $^1/_3\,\lambda$. Infolgedessen bedarf selbst das Auge einer „Vorzerlegung" durch eine Hilfsvorrichtung. Diese muß die unerwünschten Wellen aussondern. Oft genügt ein Filter. Dies darf für $m = 3$ z. B. Wellen zwischen 0,45 und 0,6 μ oder zwischen 0,6 und 0,8 μ durchlassen usf.

§ 53. Ausführungsformen von Beugungsgittern.
Das Beugungsgitter stammt, wie erwähnt, von Thomas Young (1801). Es ist 1821 von J. Fraunhofer zu dem heute unentbehrlichen Meßinstrument ausgestaltet worden. Das Fraunhofersche Gitter benutzt kleine Ordnungszahlen m, meist zwischen 1 und 5, und sehr viele Gitteröffnungen. Man geht heute bis zu $N = 10^5$. So erreicht man schon in der zweiten Ordnung ein Auflösungsvermögen von $2 \cdot 10^5$ [Gl. (59)]. D. h. das Gitter vermag noch zwei Lichtarten mit einem Wellenlangenunterschied von nur 5 Millionstel voneinander zu trennen. Dabei ist der nutzbare Wellenlängenbereich $\triangle \lambda$ noch sehr groß. Man bekommt in der zweiten Ordnung $\triangle \lambda = 0,5\,\lambda$. Man kann also z. B das sichtbare Spektrum von 0,75 bis 0,4 μ zugleich überblicken.

Sämtliche Gitteröffnungen müssen vor der Fläche einer Linse oder eines Hohlspiegels untergebracht werden. Linsen und Hohlspiegel sind im Laboratorium nur selten mit einem Durchmesser von mehr als 20 cm verfügbar. Allein aus diesem (finanziellen) Grunde muß man die Öffnungen des Fraunhoferschen Gitters äußerst eng zusammendrängen und alle 10^5 Öffnungen nebeneinander auf einer Fläche von nur 20 cm Durchmesser unterbringen. Das kann man nicht mehr wie beim Bau eines Gartenzaunes mit Stäben und Lücken erreichen. Man ritzt vielmehr die Gitterteilung mit parallelen Furchen auf eine hochglanzpolierte Metallfläche. Man benutzt dazu eine vollautomatische Teilmaschine mit einem Diamantstichel. Man erreicht so 800 Furchen je Millimeter, bei 10 cm Furchenlänge eine erstaunliche Leistung! (H. A. Rowland 1882.) Die so geritzten Gitter verwendet man am besten als Reflexionsgitter. Oft benutzt man sie auch als Matrizen zum Abguß durchlässiger Gitter aus Zelluloid oder dergleichen. Viele Gitter werden auf einen metallischen Hohlspiegel geritzt. Mit einem solchen „Konkavgitter" erspart man die Linse vor dem Gitter.

Gleichförmig geteilt ist die Sehne, nicht ein Großkreis der Kugelfläche. — Bei einem Konkavgitter vom Krümmungsradius ϱ müssen die Lichtquelle, der Mittelpunkt des Gitters und der Mittelpunkt des Beobachtungsschirmes auf Punkten eines Kreises vom Radius $\varrho/2$ liegen. Der Beobachtungsschirm muß den Krümmungsradius $\varrho/2$ erhalten. Seine Normale muß ebenso wie die des Gitters zum Krummungsmittelpunkt des genannten Kreises weisen.

Bei der quantitativen Behandlung der Beugungsgitter ist die wesentliche Größe der Abstand D benachbarter Wellenzentren. Man nennt ihn die Gitterkonstante. Sie bestimmt die Lage der Interferenzmaxima [Gl. (39)].

Im Bereich einer Gitterkonstante liegt eine Spaltöffnung und ein Gitterbalken. Beide zusammen bilden einen „Elementarbereich" des Gitters. Ein solcher kann in sehr verschiedener Weise ausgestaltet werden. Damit beeinflußt man nur die Verteilung der Strahlungsleistung auf die Spektrallinien verschiedener Ordnung und die Phasen. Beide Einflüsse zusammen bezeichnet man kurz als „Formfaktor". Wir bringen zwei Beispiele von Strichgittern mit verschieden gestalteten Elementarbereichen.

I. Rastergitter.

Dies Gitter besteht aus durchlässigen Spalten und undurchlässigen Balken von genau gleicher Breite. Es erzeugt nur Spektrallinien von ungerader Ordnungszahl. — Grund: In den Richtungen der geraden Ordnungszahlen hat die Beugungsfigur jeder einzelnen Spaltöffnung gerade ein Minimum [Gl. (21) von S. 14]. In dieser Richtung fehlt also jegliche Strahlung.

II. Spiegelflächengitter.

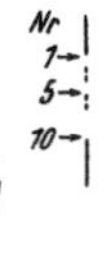

In eine spiegelnde Metalloberfläche werden Furchen mit einem einseitigen Dreiecksprofil gedrückt, beispielsweise wie in Abb. 206. Man läßt ein Parallellichtbündel 1 in Richtung der Gitternormale einfallen. Der größte Teil seiner Energie wird nach dem Reflexionsgesetz in Richtung 2 reflektiert. Durch passende Wahl der Gitterkonstanten d kann man in diese Richtung und ihre Nachbarschaft das Spektrum erster Ordnung verlegen. Dann bekommt dieses eine weitaus größere Strahlungsleistung als die

Abb. 206. Spiegelflächengitter (Echelette).

Spektra aller übrigen Ordnungen beiderseits der Gitternormalen. Das Gitter hat praktisch nur noch ein Spektrum. — Solche Spiegelflächengitter lassen sich besonders gut für die langen Wellen des Ultrarot herstellen ($\lambda =$ etwa 10 bis 300 μ), gelingen aber auch für den sichtbaren Spektralbereich.

§ 54. Die Erzeugung von Wellengruppen durch den Spektralapparat.

Bisher haben wir die Wirkungsweise des Gitters mit Hilfe von monochromatischem Licht beschrieben. Wir ließen Sinuswellen das Gitter passieren. Man kann jedoch ebensogut vom Glühlicht ausgehen und zu einer recht brauchbaren Beschreibung der Gitterwirkung gelangen. Dem Glühlicht konnten wir keine langen Wellengruppen zuordnen, sondern nur eine regellose Folge fast unperiodischer Stöße (S. 72). Monochromatische Strahlungen, mit den Eigenschaften langer Wellengruppen, werden erst vom Spektralapparat erzeugt. Das ist im Falle des Gitters anschaulich zu übersehen. Wir wollen daher die Entstehung des kontinuierlichen sichtbaren Spektrums erster Ordnung behandeln.

Die Abb. 207 zeigt ein Beugungsgitter mit N Öffnungen. Auf seine Fläche fällt senkrecht ein parallel begrenztes Bündel Glühlicht. Die Linie A soll diesmal nicht einen Wellenberg bedeuten, sondern einen Stoß, z. B. mit dem Profil a (Abb. 208). Ein zweiter, ihm vorangegangener Stoß hat bereits das Gitter passiert und ist dabei in N Stöße von gleichem Profil aufgespalten worden. Diese Stöße laufen in Form exzentrisch angeordneter Kreise nach rechts unten, gezeichnet ist aber nur ein Stück der Kreisbögen. Längs einer Pfeilrichtung r (oder v) zeigt die Folge dieser Stöße die Kurve b einer nichtsinusförmigen Wellengruppe (Abb. 208). Sie besteht aus N aufeinanderfolgenden Stößen vom Profil a. Der Abstand zweier Stöße ist in Richtung r groß, in Richtung v klein. Längs r möge er beispielsweise 0,75 μ betragen, längs v nur 0,4 μ.

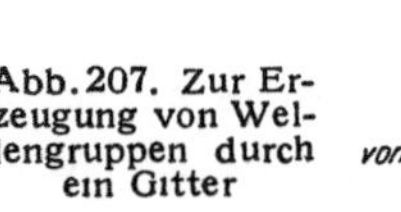

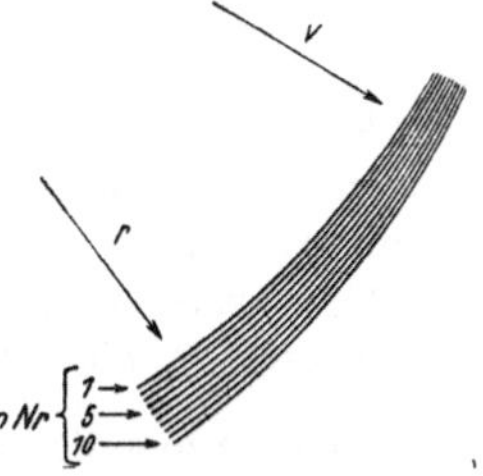

Abb. 207. Zur Erzeugung von Wellengruppen durch ein Gitter

Jede solche nichtsinusförmige Wellengruppe b läßt sich (nach Fourier) auffassen als die Überlagerung gleich langer Gruppen von Sinuswellen mit den Wellenlängen λ, $\lambda/2$, $\lambda/3$ usw. Das ist in den Zeilen c, d, e, f usw. dargestellt. (Mechanikband § 99.)

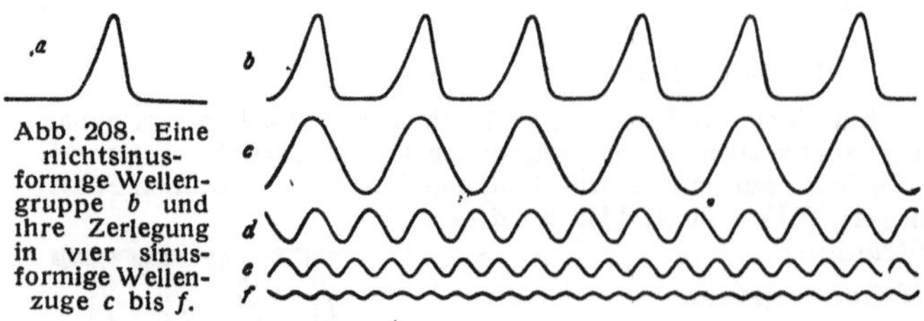

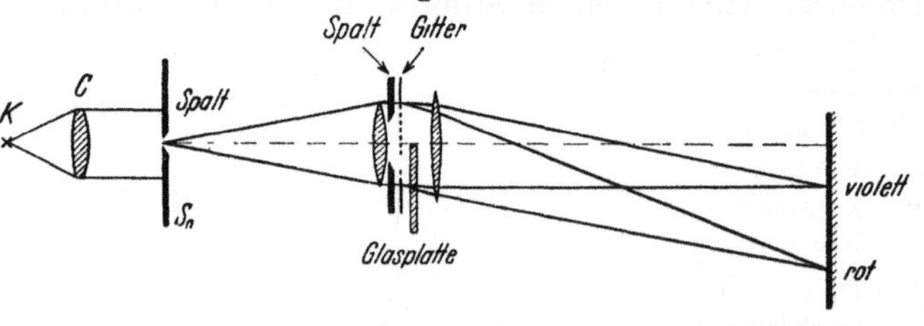

Abb. 208. Eine nichtsinusförmige Wellengruppe b und ihre Zerlegung in vier sinusförmige Wellenzuge c bis f.

Jetzt kommt ein wesentlicher Punkt: Wir wollen mit dem Auge beobachten. Das Auge wirkt selektiv, d. h. aussondernd. Es reagiert nur auf Wellen zwischen 0,75 μ und 0,4 μ. Folglich sieht es in der Richtung r nur eine sinusförmige Wellengruppe (Kurve c) mit λ = 0,75 μ (rot) und in Richtung v mit $\lambda = 0,4$ μ (violett). So darf man knapp, aber unmißverständlich sagen: Das kontinuierliche Spektrum entsteht als eine Gruppe exzentrischer Sinuswellen. Die Zahl der Einzelwellen[1] in dieser Gruppe ist hier im Spektrum erster Ordnung gleich der Zahl der Gitteröffnungen N. N ist aber im Spektrum erster Ordnung gleichzeitig $= \lambda/d\,\lambda$ [Gl. (59)]. So bekommt das Auflösungsvermögen eine einfache Bedeutung. Es ist die Zahl der Wellen[1], die das Gitter aus Glühlicht herstellt und zu einer Gruppe vereinigt. Dieser Satz läßt sich allgemein für Spektren beliebiger Ordnungszahlen m herleiten. Für die zweite Ordnung muß man mit der Kurve d beginnen. Ebenso gilt der Satz für das Prisma, nur ist er dort weniger einfach zu begründen.

Den entsprechenden akustischen Versuch (Th. Young 1801, J. J. Oppel 1855) beobachtet man nicht selten auf der Straße. Geht man auf hartem Steinplattenboden neben einem Gartenzaun, so hört man bei jedem Schritt einen pfeifenden Klang von merklicher Dauer. Der Zaun wirkt als Reflexionsgitter. Jede Latte wirft den vom Fuß ausgehenden Luftstoß zurück, und so macht das Gitter aus einem unperiodischen Stoß eine nichtsinusförmige Wellengruppe. Unser Ohr ist viel weniger selektiv als das Auge. Das Ohr reagiert auf etwa 10 Oktaven. Es reagiert also nicht nur auf die längste Welle λ, sondern auch auf $\lambda/2$, $\lambda/3$ usw. Es hört daher die nichtsinusformige Wellengruppe als Klang und nicht, wie im Falle eines Sinusprofiles, als Ton.

Den Nutzen dieser Beschreibungsweise zeigen wir in § 55 an einem Beispiel.

§ 55. Talbotsche Interferenzstreifen im kontinuierlichen Spektrum.
In einem kontinuierlichen Spektrum lassen sich in verschiedener Weise Interferenzstreifen herstellen. Man hat irgendeine Interferenzanordnung und einen Spektralapparat hintereinanderzuschalten (§ 74). Diese Interferenzstreifen werden für mancherlei Messungen benutzt, z. B. zur Bestimmung von Dispersionskurven und zur Wellenlängeneichung von Spektralapparaten.

Abb. 209. Zur Vorfuhrung Talbotscher Streifen mit einem Gitterspektralapparat.

Die Abb. 209 zeigt eine wichtige von Talbot herrührende Anordnung. In einem Gitterspektralapparat wird das durch das Gitter gehende Parallellichtbündel durch einen veränderlichen Spalt begrenzt. Seine eine Hälfte wird durch eine planparallele Glasplatte abgedeckt, z. B. ein mikroskopisches Deckglas der

---

[1] Als Einzelwelle bezeichnen wir „Berg + Tal", vgl. Abb. 137a, S. 64.

Dicke d. Dadurch entsteht zwischen den beiden Bündelhälften ein Gangunter-schied, d. h eine Differenz der optischen Wege

$$\Delta = d\,(n-1) \tag{61}$$

oder

$$\Delta/\lambda = d\,(n-1)/\lambda = a.$$

Die Wellengruppen der freien Öffnung laufen den durch das Glas gehenden um a Wellenlangen voraus.

Mit dieser Anordnung ergeben sich einige anfanglich recht überraschende Beobachtungen. Wir deuten sie mit Hilfe der Abb. 207.

1. Die Glasplatte habe die in Abb. 209 gezeichnete Stellung. D. h. sie liegt auf der **roten** Seite des Spektrums. Dann wird das Spektrum senkrecht zu seiner Langsausdehnung von einer großen Zahl dunkler Interferenzstreifen durchzogen. — Deutung: Die **vordere** Hälfte der exzentrischen, vom Gitter hergestellten Wellengruppe (Wellenberge Nr. 6—10 in Abb. 207) wird durch die Glasplatte verzögert. Infolgedessen überlagert sie sich der hinteren Hälfte (Nr. 1—5) und interferiert mit ihr.

2 Die Stellung der Glasplatte wird gewechselt. Die Platte wird auf die **violette** Seite des Spektrums gesetzt. Es treten keinerlei Interferenzstreifen auf. Deutung nach Abb. 207: Die **hintere** Halfte der Wellengruppe (Nr. 1—5 in Abb. 207) ist durch die Glasplatte verzögert worden Infolgedessen klafft zwischen beiden Halften der Wellengruppe eine Lücke. Es gibt keine Über-lagerung und keine Interferenz.

3. Die Glasplatte bekommt wieder die ursprungliche, in Abb 209 skizzierte Stellung: Man verändert die Weite des Spaltes und findet für sie einen günstigsten Wert: Bei ihm sind die **Talbot**schen Streifen am deutlichsten, bei kleinerer oder größerer Spaltweite verblassen sie. Deutung: Die Weite des Spaltes be-stimmt die Zahl N der benutzten Gitteröffnungen und damit die Lange der vom Gitter hergestellten Wellen-gruppen. Im Spektrum erster Ordnung besteht die ganze Gruppe aus N Wellenbergen bzw. -tälern. (N ist gleich dem Auflosungsvermögen des Gitters.) Die Glasplatte verzögert die Halfte der Gruppe um a Wellenlangen [Gl. (61)]. Folglich ergibt $a = N/2$ den günstigsten Fall: Die beiden Halften der Wellen-gruppe überlagern sich vollstandig. Bei anderen Werten von N hingegen gibt es überstehende nicht interferierende Enden (Abb 158, S. 72). Bei $a > N$ kommt es überhaupt nicht zu einer Überlagerung beider Teilgruppen.

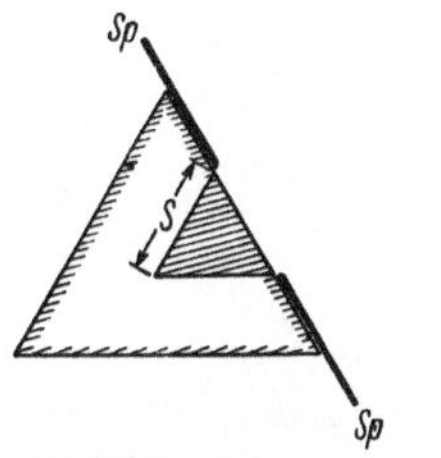

Talbotsche Streifen lassen sich mit einem Pris-menspektralapparat ebenso vorführen wie mit einem Gitterapparat. Auch beim Prisma verändert die Weite des Spaltes Sp das Auflösungsvermögen $\lambda/d\lambda = N$ = Zahl der Wellen in den vom Prisma hergestellten Gruppen (siehe Abb. 210!). Die Entstehung der

Abb. 210. Veranderung des Auflosungsvermogens $\frac{\lambda}{d\,\lambda}$

(= Zahl N der Wellen in den vom Prisma hergestellten Wellen-gruppen) mit Hilfe eines Spal-tes Sp. Hinter dem Spalt wirkt das Prisma nur wie das kleine schraffierte Teilprisma mit der Basislange S. Ebenso wie der Spalt Sp wurde eine falsche Be-leuchtung des Spaltes S_0 in Abb 195 wirken Dann ge-langte nur Licht zu einem schmalen rechteckigen Strei-fen der Kollimatorlinse I Die Linse ware dann „ungenugend gefullt" und das Auflosungs-vermogen des Apparates da-durch heruntergesetzt

Gruppen ist lediglich eine Folge der **Dispersion** und nicht an die Facher-wirkung des Prismas (§ 11) gebunden.

§ 56. Interferometer als Spektralapparate hoher Auflösung. Den Bau ganzer Linienspektra mißt man am besten mit Hilfe großer **Fraunhofer**scher Gitter

Sie vereinigen ein großes **Auflösungsvermögen**

$$\lambda/d\,\lambda = N\,m \qquad\qquad \text{(59) v. S. 93}$$

mit einem großen **nutzbaren Wellenlängenbereich**

$$\triangle\,\lambda = \lambda/m \qquad\qquad \text{(60) v. S. 93}$$

(N = Zahl der interferierenden Wellenzüge, m = Ordnungszahl,
$m\,\lambda$ = Gangunterschied je zweier benachbarter Wellenzüge).

Nicht minder häufig ist jedoch eine andere Aufgabe. Es soll nur die Struktur einer einzelnen Spektrallinie untersucht werden. Das bedeutet: Die Mehrzahl der sogenannten Spektrallinien sind in Wirklichkeit „Banden" (Abb. 196) von einer zwar geringen, aber durchaus endlichen Breite. Sie sind breiter als die eigentlichen Spektrallinien, die der Apparat selbst infolge seines Auflösungsvermögens aus Wellenzügen unbegrenzter Länge herzustellen vermag. Infolgedessen kann der Apparat die Struktur der Banden „auflösen", d. h. ihre Einzelheiten richtig wiedergeben. Für solche Untersuchungen der sogenannten „Linienstruktur" (§ 138) braucht man zwar auch das hohe Auflösungsvermögen $\lambda/d\,\lambda$ eines großen Gitters [Gl. (59)], doch genügt ein kleiner nutzbarer Wellenbereich $\triangle\,\lambda$ [Gl. (60) von S. 93]. Infolgedessen braucht man nicht N, die **Zahl** der interferierenden Wellenzüge, groß zu machen, sondern nur $m\,\lambda$, den **Gangunterschied** je zweier benachbarter Wellenzüge. Das ist experimentell erheblich einfacher: Man benutzt zunächst einen Prismenapparat zur Vorzerlegung (gelegentlich genügt sogar ein Filterglas) und sondert so die zu untersuchenden Spektrallinien von den übrigen ab. Das verbleibende Licht schickt man durch ein Platteninterferometer[1], spaltet aber das einfallende Lichtbündel nicht nur in zwei Teilbündel auf, sondern durch **mehrfache Reflexion** in eine größere Anzahl N. Je größer die Zahl N der austretenden Teilbündel, desto schärfer die Interferenzringe. Man beobachtet sie meist als Kurven gleicher Neigung. Beispiele:

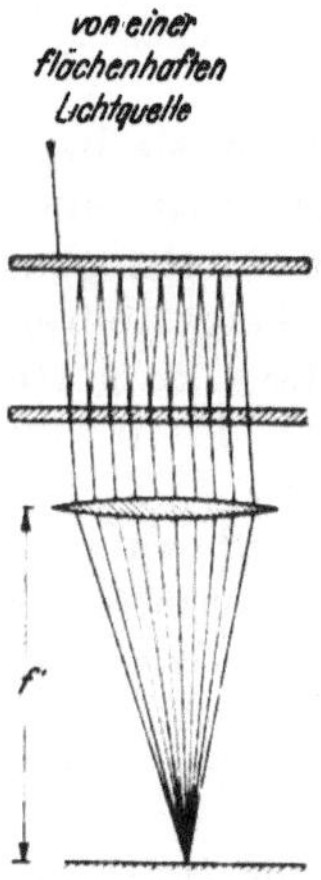

Perot und **Fabry** benutzen eine Luftplatte zwischen zwei halbdurchlässig versilberten Glasplatten (Abb. 211). Es sind die Achsen von 10 äquidistanten Lichtbündeln oder Wellenzügen eingezeichnet.

In einer planparallelen Glasplatte kann man eine hohe Reflexion dicht vor der Grenze der Totalreflexion erzielen. So gelangt man zur **Lummer - Gehrcke** schen Interferenzplatte (Abb. 212).

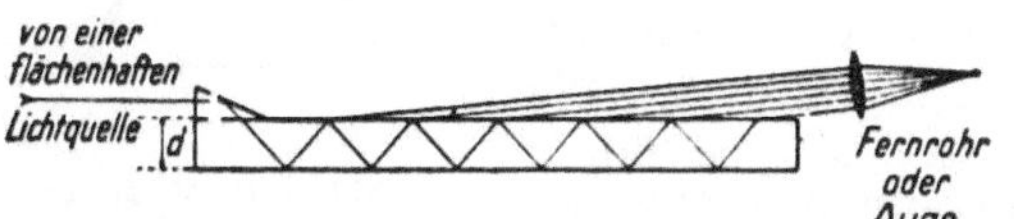

Abb. 211. Schema des Platten-Interferenzspektroskopes nach Perot und Fabry. Nur die Achse eines einfallenden Lichtbündels gezeichnet. Die inneren Oberflächen durchlässig versilbert.

Abb. 212. Schema des Platten-Interferenzspektroskopes von Lummer und Gehrcke. Vom einfallenden (keineswegs parallel begrenzten) Lichtbündel nur die Achse gezeichnet. Außerdem sind die auf der Unterseite austretenden Teilbündel fortgelassen. Plattendicke in Wirklichkeit etwa $^1/_{30}$ der Plattenlänge. Zur Vorführung genügt ein gutes mikroskopisches Deckglas (Hg-Bogenlampe).

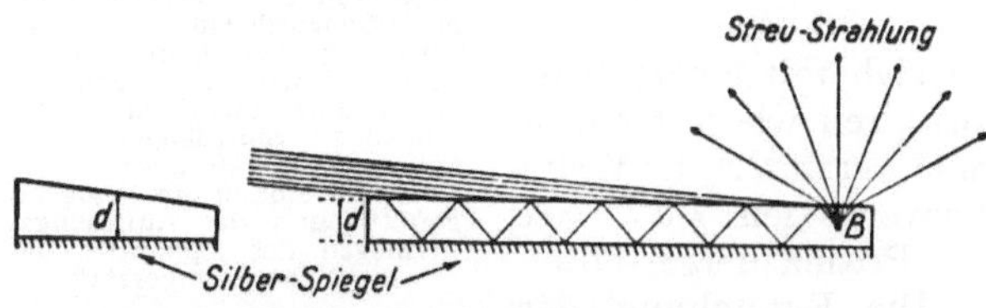

Abb. 213. Zur Herstellung von Interferenzstreifen gleicher Dicke in einer Keilschicht mit Zwischenempfängern. Die Dicke der Keilschicht beträgt im Unterschied von Abb. 212 nur etwa 1 μ.

---

[1] In Wirklichkeit benutzt man die umgekehrte Reihenfolge: Man läßt das Licht einer ausgedehnten Lichtquelle erst durch das Interferometer gehen, und dann bildet man die Interferenzstreifen quer zur Spaltrichtung auf der Spaltebene des Spektralapparates ab.

Der Gangunterschied benachbarter Wellenzüge ist in beiden Abbildungen ohne weiteres ersichtlich. Er beträgt je nach der Dicke der Luft- oder Glasplatte meist einige Zehntausende von Wellenlängen. D. h. die Spektrallinien entstehen durch Interferenzen mit Ordnungszahlen m zwischen 10^4 und 10^5. Demgemäß ist der nutzbare Wellenlängenbereich $\triangle \lambda = \lambda/m$ kleiner als $^1/_{10\,000}$ der Wellenlänge.

Leider eignen sich diese hoch auflösenden Spektralapparate nur für Vorführungen in kleinerem Kreise, doch sind es hervorragende Hilfsmittel des Laboratoriums.

Die Verschärfung der Interferenzstreifen durch eine Vermehrung der interferierenden Wellenzüge erfolgt allgemein bei allen Interferenzerscheinungen, also beispielsweise auch an Keilschichten (§ 41). Bei diesen sind die Interferenzstreifen nur bei festem Einfallswinkel Kurven gleicher Dicke. Infolgedessen verwendet man für Meßzwecke senkrechten Lichteinfall mit einem dingseitig telezentrischen Strahlengang (Abb. 171). Neuerdings aber kann man Kurven gleicher Dicke mit geringerem Aufwand erhalten: Wenn es sich um etwas getrübte Keilschichten handelt, genügt ein streifender Lichteinfall. Eine solche Keilschicht, z. B. aus LiF auf einem Silberspiegel, ist in Abb. 213 skizziert, links im Langsschnitt, rechts im Querschnitt an einer beliebigen Stelle d. Sie zeigt weiter den streifenden Einfall paralleler Strahlen. Sie alle erreichen teils direkt, teils nach mehrfachen Reflexionen einzelne der die Trübung bewirkenden Teilchen. Nur ein einziges von ihnen ist durch den Punkt B angedeutet. Jedes dieser Teilchen wirkt als Zwischenempfänger: Es sendet, von der Resultierenden aller zu ihm gelangenden Wellenzüge erregt, eine allseitige Sekundarstrahlung (Pfeile) aus. Die Große der Resultierenden hangt vom Gangunterschied zwischen den einzelnen benachbarten Strahlen ab, und damit von der Schichtdicke d. Auf diese Weise entstehen an Querschnitten der richtigen Schichtdicke d sehr schmale, helleuchtende Interferenzstreifen quer zur Keilrichtung. Man kann eine solche trübe Keilschicht als einfaches Spektroskop benutzen; es trennt ohne weiteres die Spektrallinien einer Hg-Lampe. — Hauptanwendungsgebiet dieser Interferenzkurven gleicher Dicke mit Zwischenempfängern ist aber die genaue Messung kleiner Schichtdicken. Dabei sind etliche Feinheiten zu beachten: Man muß linear polarisiertes Licht verwenden und die Phasensprünge an der Grenze zwischen der trüben Schicht und ihrer Metallunterlage berücksichtigen (E. Mollwo).

§ 57. Beugung an flächenhaften Punktgittern.

Flächenhafte Punktgitter (Kreuzgitter) bekommt man am einfachsten durch Kreuzen zweier Strichgitter. Die Abb. 214a und 214b zeigen zwei gleichwertige Ausführungen in 20facher Ver-

Abb. 214a.		Abb 214b.		Abb 215. Beugungsfigur der beiden einander komplementaren Punktgitter der Abb. 214a und b.

Abb. 214a und 214b. Zwei flachenhafte Punktgitter mit gleicher Gitterkonstante in 20facher Vergroßerung. Das rechte ein Negativ des linken. Beide Gitter sind zueinander komplementar.

größerung. In Abb. 214a sind die Gitterpunkte durchsichtige Öffnungen, in Abb. 214b gleich große undurchsichtige Scheiben. Man setzt diese Gitter an die Stelle des Strichgitters in Abb. 203 und ersetzt den Spalt S_0 durch ein kleines Loch. Beide Gitter erzeugen die gleiche in Abb. 215 abgedruckte Beugungsfigur. Wir befinden uns also im Gültigkeitsbereich des Babinetschen Theorems (§ 48). Wir suchen die Beugungsfigur zu deuten.

Die Abb. 201 zeigte uns schematisch die Interferenzfigur eines linearen Punktgitters. Die Skizze ist rotationssymmetrisch zu ergänzen, und zwar um die vertikale Punktfolge (x-Richtung) als Achse. So entsteht ein räumliches Wellenfeld, und in diesem bilden die Interferenzmaxima ein System koaxialer Hohlkegel: Jedem Kegel entspricht eine Ordnungszahl m'. Für seinen Öffnungswinkel $(90° - \alpha_{m'})$ gilt

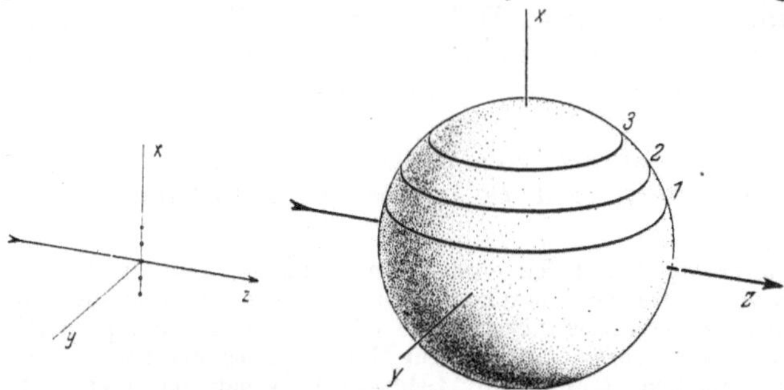

Abb. 216 Zur Beugung durch ein lineares Punktgitter Das links stark vergrößert gezeichnete Gitter ist im Mittelpunkt der Kugel der x-Richtung parallel zu denken. Siehe Text. Der Kegel mit der Ordnungszahl $m' = 0$ ist die yz-Ebene. Sein Schnitt mit der Kugeloberfläche wurde als Äquator zu zeichnen sein.

$$\sin \alpha_{m'} = \frac{m'\,\lambda}{D'}. \qquad (39)$$

Dies Gitter denken wir uns in Abb. 216 mit einer Kugel umgeben. Ihr Radius sei groß gegen die Länge des Punktgitters. Die Kugelfläche wird von den Hohlkegeln in Kreisen geschnitten. Es sind deren drei mit den Ordnungszahlen $m' = 1$ bis $m' = 3$ gezeichnet.

Alsdann gehen wir zu einer flächenhaften Punktfolge über, einem ebenen Flächengitter mit zwei verschiedenen Gitterkonstanten D' und D''. Jetzt ist die Abb. 216 durch ein zweites System konzentrischer Hohlkegel zu ergänzen, und zwar diesmal mit horizontaler Achse. Jedem dieser Hohlkegel entspricht eine Ordnungszahl m''. Für seinen Öffnungswinkel $(90° - \beta_{m''})$ gilt

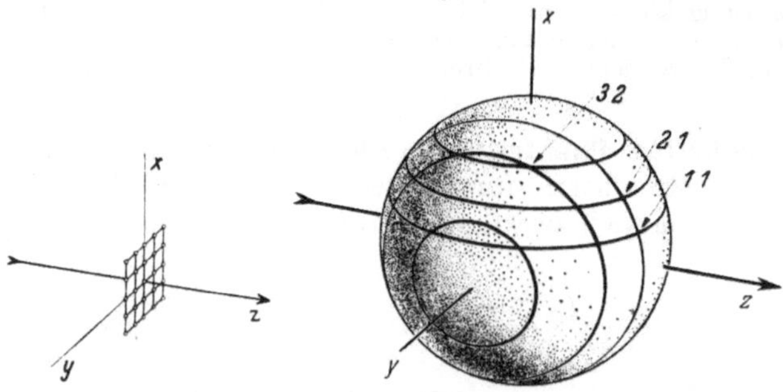

Abb 217 Zur Beugung durch ein flächenhaftes Punktgitter Das links stark vergrößert gezeichnete Punktgitter denke man sich im Mittelpunkt der Kugel. Die Beobachtungsebene (Abb. 220) denke man sich senkrecht zur z-Richtung Der Übersichtlichkeit halber sind die beiden Kreise mit den Ordnungszahlen $m' = 0$ (gelegen in der xz- und in der yz-Ebene) nicht eingezeichnet.

$$\sin \beta_{m''} = \frac{m''\,\lambda}{D''}. \qquad (62)$$

In Abb. 217 sind die Durchstoßkreise beider Kegelsysteme auf der Kugelfläche gezeichnet. Beide Kreissysteme durchschneiden sich. Die Verbindung der Schnittpunkte mit der Gittermitte legt bestimmte Vorzugslinien oder -richtungen fest. In ihnen werden die Gl. (39) und (62) gleichzeitig erfüllt. Das heißt: Alle Abstände zwischen einem beliebigen Punkte dieser Vorzugslinien einerseits, allen Wellenzentren andererseits unterscheiden sich voneinander nur um ganzzahlige Vielfache einer Wellenlänge (Null einbegriffen). Folglich fällt in jede dieser Vorzugsrichtungen ein Interferenzmaximum. Jedes von ihnen ist durch ein bestimmtes Wertepaar der Ordnungszahlen m' und m'' gekennzeichnet. In Abb. 217 sind einige Wertepaare vermerkt.

Bisher haben wir für die Gitterpunkte rechteckige Elementarbereiche angenommen, im allgemeinen werden es schiefwinklige Parallelogramme sein. In diesem Fall müssen die Achsen beider Kegelsysteme die Richtung der Parallelogrammseiten bekommen. Sonst bleibt alles ungeändert.

Schließlich ist noch eine weitere Beschrankung aufzugeben: In den Abb. 216 und 217 fiel die Strahlung in der Richtung z senkrecht auf die Reihen der Gitterpunkte. Das ist keinesfalls notwendig. Auch der allgemeine Fall schräger Inzidenz ist leicht zu übersehen. Man verfährt gemäß Abb. 218. In ihr sind nur die Kegel mit den Ordnungszahlen $m' = 0$ und $m' = 1$ gezeichnet. Ein Vergleich mit der Abb. 7a auf S. 5 gibt

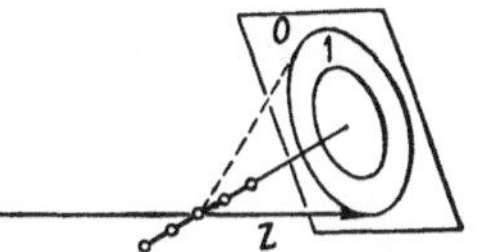

Abb 218. Zur Beugung durch ein lineares Punktgitter bei schrager Inzidenz des Lichtes (z-Richtung).

ein gut zu merkendes Ergebnis: Für das abgebeugte Licht mit der Ordnungszahl Null wirkt das lineare Punktgitter wie ein reflektierender zylindrischer Stab; die Richtung des einfallenden Lichtes ist im Kegelmantel des „reflektierten" enthalten. In Abb. 218 hat dieser Kegelmantel für $m' = 0$ einen Öffnungswinkel von 'nur 60°, in Abb. 216 hingegen waren es 180°.

§ 58. Beugung an räumlichen Punktgittern. Dem Röntgenlicht hat man Wellenlängen zwischen etwa 10^{-13} m und $5 \cdot 10^{-8}$ m zuordnen können. (Oft wählt man für sie eine besondere Längeneinheit, die X-Einheit oder XE $= 10^{-13}$ m.)

Die grundlegenden Versuche über Beugung und Interferenz lassen sich mit Röntgenlicht genau so gut ausführen wie mit sichtbarem Licht. Wir nennen die Beugung an einem Spalt (Abb. 35) (Spaltweite 5 bis 10 μ) den Interferenzversuch von Lloyd (Abb. 146, 153), und vor allem die Herstellung von Beugungsspektren mit den üblichen optischen Reflexionsgittern aus Metall oder Glas. Man benutzt nahezu streifende Inzidenz, die Gitterteilung ist nur bei starker perspektivischer Verkürzung fein genug.

Die perspektivische Verkürzung der Gitterteilung läßt sich mit einem guten Schauversuch erlautern. Man benutzt die Millimeterteilung eines gewöhnlichen Maßstabes als Beugungsgitter für sichtbares Licht (Abb. 218a). Bei streifender Reflexion kann man die Linien eines Hg-Spektrums sauber trennen.

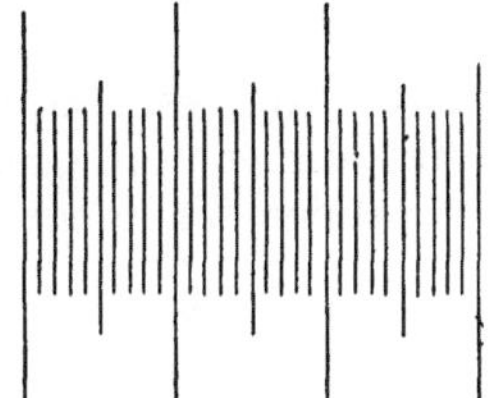

Abb. 218a. Ein etwa 15 cm langes Stück dieser groben, auf Glas geteilten Millimeterskala genugt, um bei streifender Inzidenz eines Lichtbunrels die Linien eines Hg-Spektrums sauber zu trennen. (Nat Große)

Bei der Anwendung von Spiegeln und Gittern für Rontgenlicht ist ein Punkt zu beachten: Die Brechzahl aller Stoffe ist für Röntgenlicht nahezu gleich 1 und daher die Reflexion verschwindend gering. Doch hilft ein glucklicher Umstand über diese Schwierigkeit hinweg: Die Brechzahl aller Stoffe ist für Rontgenlicht etwas kleiner als 1 (§ 107). Infolgedessen bekommt man bei nahezu streifendem Einfall eine Totalreflexion.

Für kurzwelliges Röntgenlicht ($\lambda < 2 \cdot 10^{-9}$ m) spielen mechanisch geteilte Beugungsgitter nur eine geringe Rolle. Statt ihrer benutzt man nach einem Vorschlag von M. von Laue (1912) die von der Natur gelieferten Raumgitter der Kristalle. Eine Darstellung des Laueschen Verfahrens hat an § 57 anzuknüpfen Dort wurden die Flächengitter behandelt, also eine zweidimensionale Punktfolge mit den Gitterkonstanten D' und D''. Die Interferenzmaxima lagen auf den Schnittlinien zweier Systeme von Kegelflächen (man vgl. Abb. 217).

Beim Raumgitter haben wir eine dreidimensionale Punktfolge mit den Gitterkonstanten D', D'' und D'''. Man hat daher in Abb. 219 ein drittes System von Hohlkegeln hinzuzufugen. Der Einfachheit halber soll das Raumgitter einen kistenförmigen Elementarbereich haben und daher alle drei Kegelachsen aufeinander senkrecht stehen. Außerdem soll wieder ein parallel begrenztes Lichtbundel einfallen, und zwar senkrecht auf eine der Gitterflächen (z. B. eine Spaltfläche von Steinsalz). Zu den Gl. (39) und (62) von S. 100 kommt als dritte hinzu

$$\sin \gamma_{m'''} = m''' \, \lambda/D'''\qquad(63)$$

Somit ist die Abb. 217 jetzt durch die Abb. 219 zu ersetzen. Sie zeigt wieder eine das Gitter umhüllende Kugelfläche. Diesmal wird sie von den Kegelsystemen in drei Kreissystemen durchschnitten. Diese Abbildung zeigt uns sogleich den springenden Punkt: Im allgemeinen schneiden sich nur Kreise aus je zwei von den drei Kreissystemen in einem Punkt. Nur in Sonderfällen fallen die Schnittpunkte dreier Kreise in einen einzigen zusammen. In diesem Fall legt die Verbindungslinie eines solchen Schnittpunktes mit der Gittermitte eine Vor-

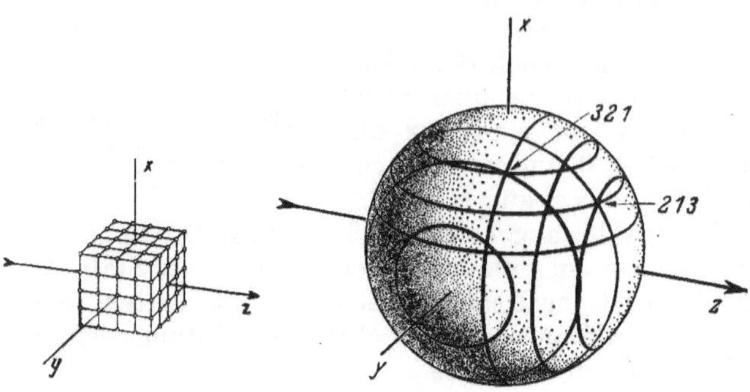

Abb 219. Zur Beugung durch ein räumliches Punktgitter Das links stark vergrößert gezeichnete Gitter denke man sich im Mittelpunkt der Kugel. Die Beobachtungsebene (Abb. 220) denke man sich senkrecht zur z-Richtung gestellt. Anschließend an Abb. 218 kann man die x-, y- und z-Reihen eines räumlichen Punktgitters und eventuell auch einige Diagonalreihen durch je einen reflektierenden zylindrischen Stab (z. B. in einen Korken gesteckte Nahnadel) ersetzen, in ein Parallellichtbündel halten und den Schnitt der Reflexionskegel mit der Projektionswand beobachten.

zugsrichtung fest. Dann unterscheiden sich alle Abstände zwischen einem beliebigen Punkt dieser Vorzugslinie einerseits und allen Gitterpunkten andererseits um ganzzahlige Vielfache von λ (Null eingeschlossen). Zu jeder Vorzugsrichtung

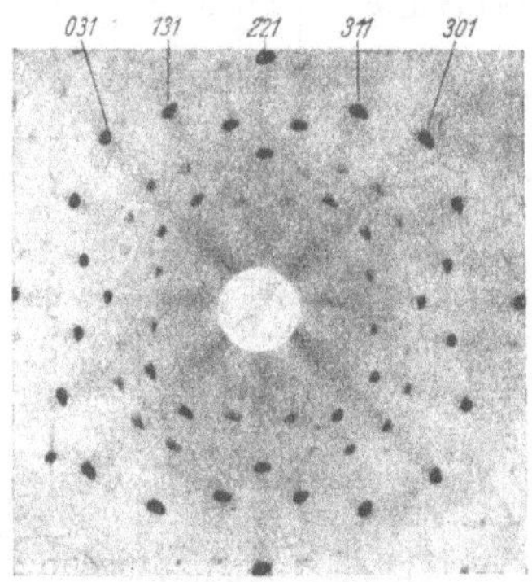

Abb. 220. Laue-Diagramm von NaCl. Die z-Richtung wie in Abb. 219 links parallel zu einer vierzähligen Symmetrieachse des Kristalles.

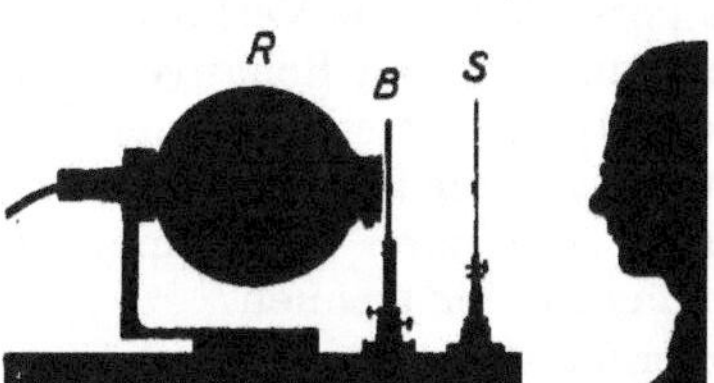

Abb 220a Bequeme Anordnung zur Einzelbeobachtung von Laue-Diagrammen. R Röntgenlampe zum direkten Anschluß an das städtische Wechselstromnetz (220 Volt, Wolfram-Antikathode, Scheitelspannung $6 \cdot 10^4$ Volt) B Bleischirm, in seiner Mitte ein LiF-Kristall vor einem 2,5 mm breiten Loch S Leuchtschirm, in seiner Mitte eine Metallscheibe zum Ausblenden des direkten Lichtbündels.

gehört ein Wertetripel der Ordnungszahlen m', m'', m'''. Jedem solchen Wertetripel entspricht ein Interferenzmaximum mit der Vorzugsrichtung als Achse. Wir denken uns in Abb. 219 senkrecht zur z-Richtung eine Beobachtungsebene. Jede Durchstoßstelle eines Interferenzmaximums durch die Beobachtungsebene gibt einen Interferenzfleck. In Abb. 220, einem sogenannten Laue-Diagramm, sind für einige Punkte die drei Ordnungszahlen m', m'' und m''' vermerkt. Für die Aufnahme eines solchen Interferenzbildes hat man ein dem Glühlicht entsprechendes Röntgenlicht zu benutzen. Nur einige wenige enge Bereiche aus seinem breiten kontinuierlichen Spektrum erfüllen gleichzeitig alle drei Bedingungen (39), (62) und (63) Das Gitter läßt nur Licht aus diesen engen Spektralbereichen hindurch (abgesehen von der nullten Ordnung, der geradlinigen Fortsetzung des einfallenden Lichtbündels).

Genau wie im Bereich des sichtbaren Lichtes haben auch im Röntgengebiet keineswegs alle Lichtquellen ein breites kontinuierliches Spektrum. Oft besitzen Röntgenlampen, wie etwa Na-Dampflampen im Sichtbaren, nur eine Strahlung in einem sehr engen Spektralbereich. Ihre Strahlung ist auf den Bereich einer (oder weniger) Spektrallinien zusammengedrängt, z. B. der Wellenlänge $1,5 \cdot 10^{-10}$ m für die K_α-Spektrallinie der Cu-Atome.

Mit solchem ,,monochromatischen" Licht entwirft jedes Strich- und Flächengitter ohne weiteres ein Beugungspektrum. Ein Raumgitter hingegen muß man erst der Wellenlänge der Spektrallinie anpassen, d. h. man muß eine seiner drei Gitterkonstanten[1] kontinuierlich verändern und sie passend einstellen. Das ist praktisch unschwer zu erreichen: Für jedes Gitter (auch Strich- und Flächengitter) wirkt eine Änderung des Lichteinfallswinkels ebenso wie eine Änderung der Gitterkonstanten, und zwar für die in der Einfallsebene liegende Punkt- oder Öffnungsfolge. Für die Raumgitter ist diese Tatsache zuerst von W. L. und W. H. Bragg (Vater und Sohn) verwertet worden. Die Braggsche Anordnung ist in § 123 des Mechanikbandes mit Hilfe von Schallwellen ausführlich behandelt. Sie benutzt die kontinuierliche Drehung eines räumlichen Gitters um eine Achse parallel zu einer der Netzebenen. In Abb. 221 steht diese Achse senkrecht zur Zeichenebene. Bei bestimmten ,,Glanzwinkeln"[2] γ_m (Abb. 221!), definiert durch die Braggsche Gleichung

$$\sin \gamma_m = \frac{m}{2}\frac{\lambda}{D},\tag{64}$$

reflektiert das räumliche Gitter ein Parallellichtbündel ebensogut wie ein flächenhaftes Gitter. Man kann Spektra von einwandfreier Zeichnungsschärfe erhalten; die Abb. 221a gibt ein Beispiel.

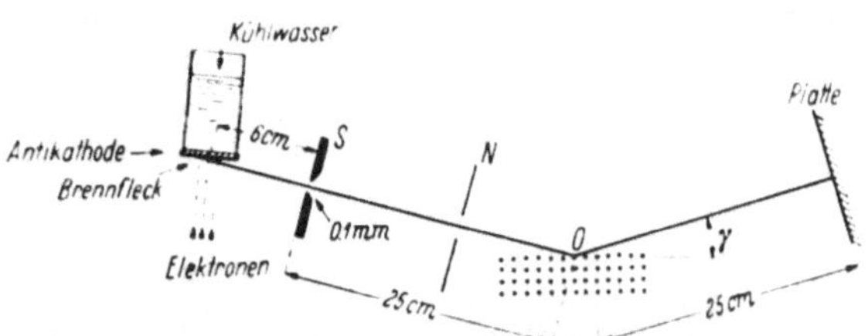

Abb. 221. Braggscher Spektrograph fur Rontgenlicht Schematisch. Das Gitter ist viel zu grob gezeichnet. Infolgedessen konnte nur die Reflexion an der obersten Netzebene dargestellt werden. In Wirklichkeit sind viele, ihr parallele, tiefer gelegene Netzebenen beteiligt. Der Brennfleck der Rontgenlampe bildet, vom Spalt S aus in perspektivischer Verkurzung gesehen, eine linienhafte Lichtquelle Der Spalt blendet ein schwach divergierendes Bundel aus Der weite Spalt N dient nur als Schutz gegen Nebenlicht (,,Sekundarstrahlen") Der Kristall (meist NaCl oder Kalkspat) wird mit einem Uhrwerk hin und her geschwenkt Die Drehachse steht in 0 senkrecht zur Papierebene Zur Erzielung scharfer Bilder (,,Fokussierung") muß der Abstand $S — 0 = 0 —$ Platte sein und die Drehachse durch die Kristalloberflache hindurchgehen. Fur $\lambda >$ etwa $2 \cdot 10^{-10}$ m wird die ganze Anordnung in ein evakuiertes Metallgefaß eingebaut: Vakuumspektrograph, besonders erfolgreich angewandt durch M Siegbahn.

---

[1] Als optische Gitterkonstante D eines Kristalles wirkt in den Braggschen Spektrographen der Abstand D zweier benachbarter Netzebenen, z. B. $D = 2,8 \cdot 10^{-10}$ m in einem NaCl-Kristall (Elektr.-Band, Abb. 364). — Die kristallographische Gitterkonstante hingegen ist der Abstand zweier gleicher Gitterbausteine in homologer Lage, also in einem NaCl-Gitter der Abstand a zweier Na$+$-Ionen oder Cl — -Ionen. a ist im NaCl-Gitter $= 5,6 \cdot 10^{-10}$ m. Ein Würfel der Kantenlänge a bildet den Elementarbereich des NaCl-Gitters. D. h. man kann das ganze Gitter durch reine Translation dieses Elementarbereiches parallel zu seinen Kanten aufbauen.

[2] Als Glanzwinkel bezeichnet man den Ergänzungswinkel zum Einfallswinkel. Der Buchstabe γ_m wird hier also in anderer Bedeutung gebraucht als in Gl. (63). Die Herleitung von Gl. (64) findet sich im Mechanikband § 123.

Das Wesentliche des Braggschen Verfahrens läßt sich auch einem mit Beugung nicht Vertrauten erläutern. Man kann das Braggsche Verfahren als „Reflexion an einem Schichtgitter" kennzeichnen. Auch kann man es, wie in der Mechanik mit Schallwellen, so in der Optik mit sichtbarem Licht im Schauversuch vorfuhren:

In Abb. 222 bedeuten die horizontalen Striche etliche äquidistante, zur Papierebene senkrechte, lichtdurchlässige spiegelnde Schichten, also ein „Schichtgitter". Man erzeugt ein solches Schichtgitter auf optischem Wege, nämlich durch stehende Lichtwellen in einer photographischen Schicht (Abb. 177). Diese Schicht wird in der Mitte eines Glaszylinders in eine Flüssigkeit mit gleicher Brechzahl eingebettet, um eine Brechung des Lichtes beim Eintritt in das Schichtgitter zu verhindern. Näheres in der Satzbeschriftung.

In Abb. 221 wird die zur Spaltfläche des Kristalles (NaCl) parallele Netzebenenschar benutzt. Man kann auch andere, z. B. diagonal verlaufende, anwenden und somit · in Gl. (64) einen kleineren Netzebenenabstand B.

Leider gibt es fur Röntgenlicht keine Linsen und Hohlspiegel[1]. Daher kann man Parallellichtbundel nur mit Hilfe enger Lochblenden herstellen. Dabei geht viel Strahlungsenergie ungenutzt verloren. Das erschwert die Vorführungsversuche. — Das Braggsche

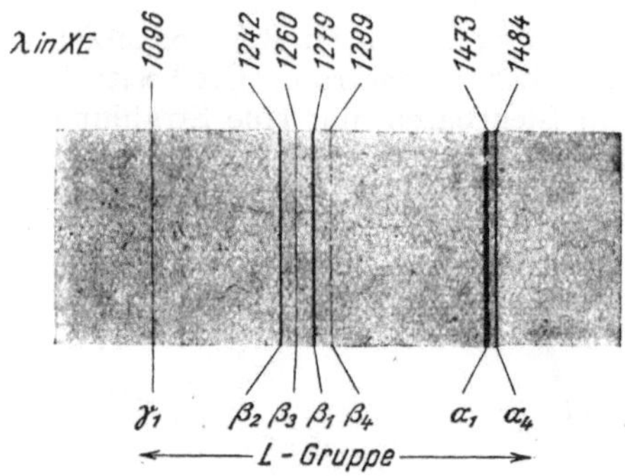

Abb. 221a. Linienspektrum der L-Strahlung des Wolframs, photographiert mit einem Vakuumspektrographen (Abb. 221). Naturliche Große. (Kalkspatkristall mit $D =$ 3,029 ÅE) (1 ÅE = 10^{-10} m)

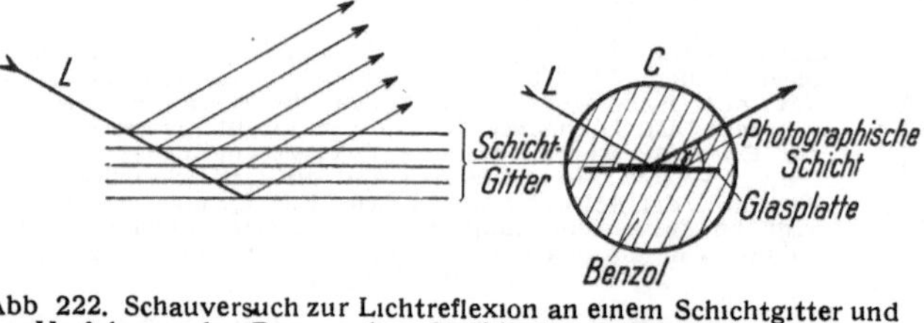

Abb. 222. Schauversuch zur Lichtreflexion an einem Schichtgitter und zur Vorfuhrung der Braggschen Gl (64) Links Schema des Schichtgitters, rechts die dunne, das Schichtgitter enthaltende, photographische Schicht. Zur Herstellung des Schichtgitters werden die stehenden Wellen von Rotfilterlicht benutzt Infolgedessen wird von einfallendem Gluhlicht bei angenahert senkrechter Inzidenz ($\gamma \approx 90°$) nur der rote Anteil reflektiert Bei Verkleinerung des Glanzwinkels γ muß nach Gl. (64) die reflektierte Wellenlange abnehmen; demgemaß wird das reflektierte Licht der Reihe nach orange, gelb, grun, blau und violett

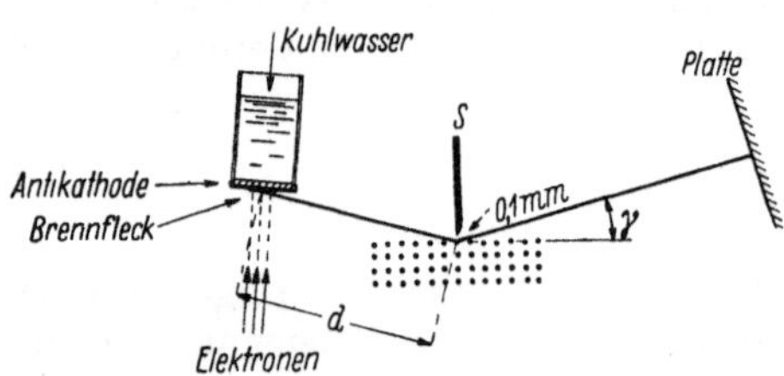

Abb. 223. Eine Abart des Braggschen Spektrographen, der im Handel befindliche Seemannsche Schneidenspektrograph fur „hartes Rontgenlicht", (d. h. Wellenlangen unter 10^{-10} m). Eine Schneide wird in etwa 0,1 mm Abstand vor die Kristalloberflache gestellt. Sie ersetzt zusammen mit ihrem „Spiegelbild" den Spalt S in Abb 221. Das ausgeblendete Bundel soll einen großeren Winkelbereich umfassen, d. h. der Abstand d soll nur wenige Zentimeter betragen. Dann braucht der Kristall wahrend der Aufnahme nicht hin und her gedreht zu werden Anderenfalls mussen Kristall und Platte gemeinsam gegenuber dem einfallenden Licht gedreht werden — Im Gegensatz zu Abb. 221 mittelt diese Anordnung nicht uber die ganze Kristallflache. Daher muß das unter der Schneide gelegene, allein benutzte Kristallstuck besonders fehlerfrei sein.

---

[1] Alle Ersatzvorschlage laufen auf die Anwendung gekrümmter Kristallflächen hinaus (Glimmer z. B. oder heißes NaCl läßt sich leicht zylindrisch biegen). Diese Anordnungen haben kleine Apertur und starke Farbenfehler. Das ist außerordentlich bedauerlich. Der kleinste von einem Mikroskop erkennbare Dingabstand ist proportional der benutzten Lichtwellenlänge [Gl. (28a) von S. 45]. Im Besitz einwandfreier Linsen oder Hohlspiegel könnte man also mit Röntgenlicht die Leistungsgrenze des Mikroskopes erheblich hinausschieben.

Glanzwinkelverfahren läßt sich abwandeln. Ein Beispiel wird in Abb. 223 beschrieben.

Dieser kurze Uberblick zeigt die Bedeutung der Beugung des Röntgenlichtes durch Kristallgitter nur fur einen verhaltnismäßig engen Aufgabenkreis: die Trennung der verschiedenen Arten des Röntgenlichtes nach ihren Wellenlangen und die Messung dieser Wellenlangen. Die Messung erfolgt durch einen Vergleich mit der bekannten Gitterkonstante einfacher Kristalle, z. B. $D' = D'' = D'''$ $= 2{,}814 \cdot 10^{-10}$ m für den kubischen Kristall des NaCl

Ihre Hauptbedeutung hat die Beugung des Röntgenlichtes auf kristallographischem Gebiet gewonnen. Sie ist das wichtigste Hilfsmittel zur Untersuchung des Kristallbaues geworden. Man benutzt Röntgenlicht von bekannter Wellenlänge und bestimmt nicht nur die **Lage** der Interferenzstreifen, sondern die **Verteilung der Strahlungsleistung** auf die Spektra verschiedener Ordnungszahlen. Aus dieser Verteilung kann man rückwarts den Formfaktor des Gitters berechnen, d. h. den feineren Aufbau der elementaren Gitterbereiche. Das Grundsätzliche findet sich in § 62.

Man kann dies wichtige kristallographische Untersuchungsverfahren keineswegs nur auf große Kristallstucke anwenden. Es genügt bereits jedes beliebig feine kristalline Pulver (P. Debye und P. Scherrer 1916). Man schickt gemäß Abb. 224 ein schmales Parallellichtbündel (etwa 1 mm² Durchmesser) durch das Pulver hindurch und fängt die Beugungsfigur mit einem kreisförmig gebogenen photographischen Film auf. Sie besteht

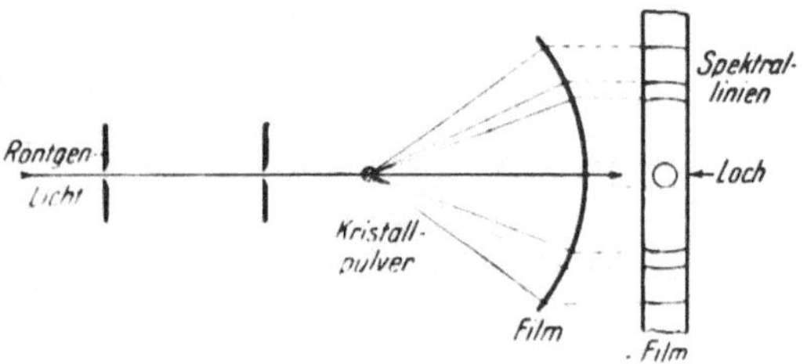

Abb. 224 Anordnung von **Debye** und **Scherrer** zur Untersuchung des Kristallbaues mit Rontgenlicht

aus einem System konzentrischer Ringe [den Schnittlinien von Kegelflachen mit der Zylinderflache (Abb. 224a) Kreisformig sind diese Ringe nur auf **ebenen** Filmen, vgl. Abb. 534]. Die Deutung ist einfach: In einem Pulver ist die

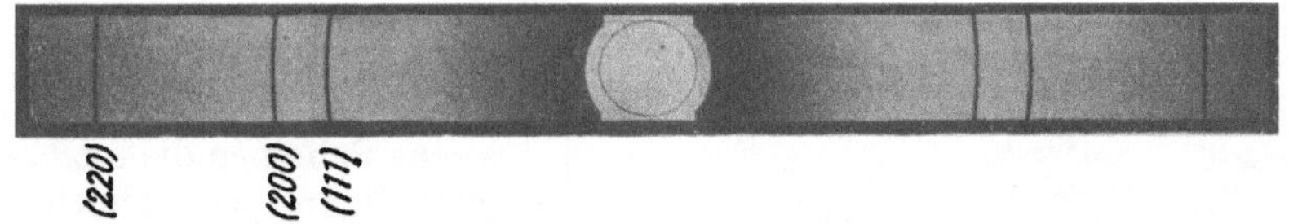

Abb. 224a Erganzung zu Abb. 224 Die $K\alpha$-Strahlung des Kupfers ($\lambda = 1{,}539$ ÅE) ist an drei verschiedenen Netzebenenscharen eines mikrokristallinen, gut ausgegluhten Nickeldrahtes (Ersatz für Ni-Pulver) reflektiert worden Der Krummungsradius r des Filmes war $= 121$ mm, die Lange des Filmes $= \pi r$ Gitterkonstante $D = 3{,}518$ ÅE. Die eingeklammerten Ziffern geben die Indizes der reflektierenden Netzebenen. In der Mitte des Films ein kreisformiges Loch.

Orientierung der kleinen Kristalle regellos. Alle unter einem „Glanzwinkel" getroffenen Netzebenen reflektieren das einfallende Licht. Bei groben Pulvern sieht man noch deutlich die Zusammensetzung der Ringe aus einer Reihe einzelner Punkte.

§ 59. Beugung an vielen, regellos angeordneten Öffnungen oder Teilchen.

Bei der **Fraunhofer**schen Beobachtungsart benutzt man fern auf der Achse einer Linse eine punktförmige Lichtquelle. Man setzt die beugende Öffnung dicht vor die Linse Die Beugungsfigur erscheint in der Brennebene. Ihre Gestalt ist uns für eine kleine kreisrunde Öffnung (z B. $\varnothing = 1{,}5$ mm) aus Abb 56 bekannt.

Die Lage der Beugungsfigur ist von seitlichen Verschiebungen der Öffnung unabhängig. Die verschiedenen Gebiete der Linse erzeugen die Beugungsfigur stets symmetrisch zur Linsenachse. Das führt zu einer praktisch wichtigen Folgerung.

Wir ersetzen die eine kreisrunde Öffnung durch eine große Zahl (etwa 2000) solcher Öffnungen ($\varnothing = 0,3$ mm) in möglichst regelloser Anordnung. Dann tritt zweierlei ein (Abb. 225):

1. Man bekommt praktisch die gleiche Beugungsfigur wie mit der einen kleinen Öffnung; doch ist sie jetzt weithin und für viele Beobachter zugleich sichtbar. Die Beugungsfiguren aller Öffnungen addieren sich praktisch ohne gegenseitige Beeinflussung. Grund: Die Lichtbündel von zwei oder mehreren Öffnungen können wohl miteinander interferieren und zusätzliche Interferenzstreifen bilden. Aber der Gangunterschied ist für alle Kombinationen verschieden. Daher überlagern sich Maxima und Minima der zusätzlichen Streifen. So bleibt im Mittel alles ungeändert, abgesehen von einer schwachen radialen Struktur. Diese ist eine Folge der statistischen Schwankungen in der Verteilung der Löcher. Sie kann also nur im Grenzfall unendlich vieler Öffnungen verschwinden.

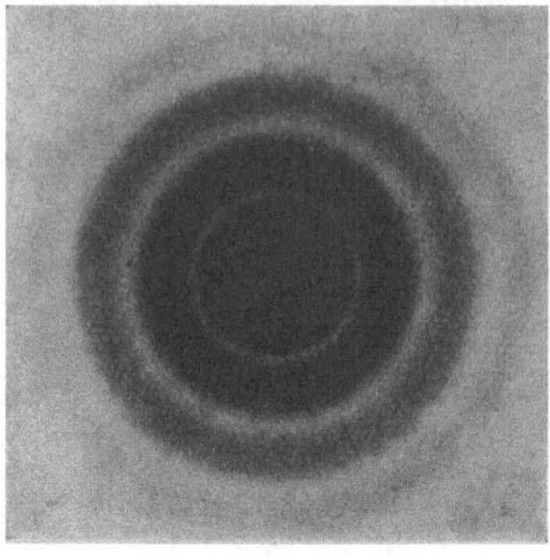

Abb 225 Beugungsfigur sehr vieler ungeordneter gleich großer Kreisöffnungen (etwa 2000 auf einer Kreisfläche von 5 cm Durchmesser; Durchmesser der Öffnungen 0,3 mm). Fraunhofersche Beobachtungsart. Photographisches Negativ. Ein kleines Bild der punktförmigen Lichtquelle im Zentrum ist in der Reproduktion verlorengegangen

2. In der Mitte der Beugungsfigur erscheint ein Bild der Lichtquelle, gezeichnet mit der vollen Schärfe der Linsenöffnung. — Grund: In Richtung ihrer Achsen können die Lichtbündel mit dem üblichen, durch den Glasweg bedingten und für jede Zone konstanten Gangunterschied interferieren und so das Bild der Lichtquelle erzeugen.

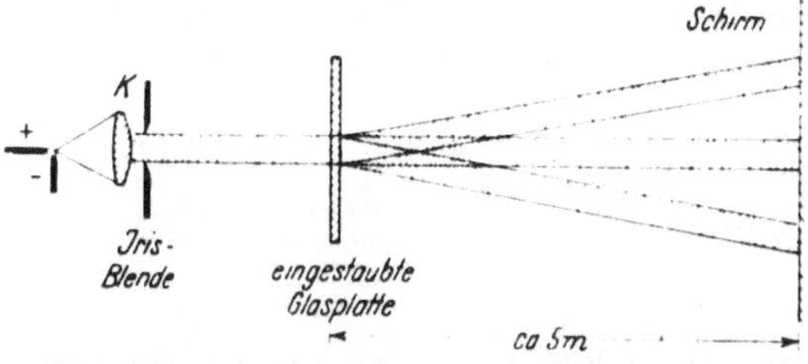

Im Gültigkeitsbereich des Babinetschen Theorems geben kleine Scheiben die gleiche Beugungsfigur wie gleich große Öffnungen. Infolgedessen können wir die regellos angeordneten Öffnungen durch regellos angeordnete Kreisscheiben ersetzen, und diese wiederum durch kleine Kugeln: Wir bestauben eine Glasplatte mit Bärlappsamen, winzigen Kugeln von rund 30 μ Durchmesser.

Abb. 226. Zur Vorführung der Beugungsfigur vieler regellos verteilter, gleich großer Kugeln in der Fresnelschen Beobachtungsart. Sie liefert bei den hier benutzten Abmessungen dasselbe wie die Fraunhofersche Beobachtungsart mit Linse und konvergenten Wellen: Die durch Beugung zur Seite abgelenkten Wellenbündel sind von dem ursprünglichen (der nullten Ordnung) auch ohne Hilfe einer Linse (§ 8) klar getrennt. Manche Autoren betrachten diese Trennung als das wesentliche Merkmal der Fraunhoferschen Beobachtungsart. Daher bezeichnen sie auch die Beugung des Röntgenlichtes in Kristallgittern (z B. Abb 224) als Fraunhofersche.

Für eine Wellenlänge von 0,65 μ (Rotfilterlicht) ist das erste Beugungsmaximum um etwa 1,3° gegen die Plattennormale geneigt [Gl. (21a) von S. 14]. Man kann daher bequem die Fresnelsche Beobachtungsart anwenden und die Beugungsringe mit einem Wandschirm auffangen. Die Abb. 226 zeigt eine geeignete Anordnung.

Zweiter Teil: Beugungserscheinungen an durchsichtigen Strukturen.

§ 60. Regenbogen. Die kleinen Kugeln des Bärlappsamens waren ungeordnet auf der Ebene einer Glasplatte verteilt. Man kann statt dessen auch eine räumlich ungeordnete Verteilung von Kugeln benutzen. Diese bietet uns die Natur in den feinen Wassertröpfchen von Nebeln und Wolken. Man kann Nebel leicht künstlich herstellen: Man füllt in eine Glaskugel ein wenig Wasser und vermindert den Luftdruck rasch mit einer Luftpumpe. Das führt zur Abkühlung der Luft, zur Übersättigung des Wasserdampfes und damit zur Tropfenbildung. Eine solche Glaskugel setzt man an die Stelle der eingestaubten Glasplatte in Abb. 226. Der Ringdurchmesser variiert mit dem Durchmesser der Tropfen. Die Tropfengröße wächst im Laufe der Zeit. Das läßt sich gut am Zusammenschrumpfen der Beugungsringe verfolgen.

Bei der quantitativen Behandlung dieser Erscheinung darf man natürlich die Wassertropfen nicht als undurchlässige Scheiben behandeln. Man muß auch die durch die Kugel hindurchgehende Strahlung berücksichtigen. Damit gelangen wir zu unserem ersten Beispiel für Beugungserscheinungen an durchsichtigen Strukturen.

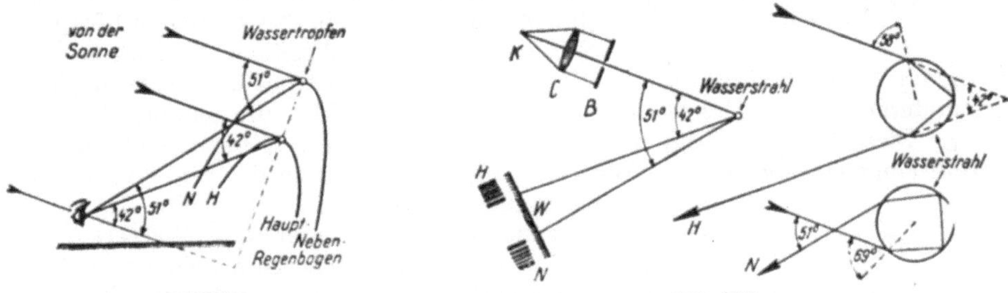

Abb. 227. Schema des Haupt- und des Nebenregenbogens. Abb. 228. Modellversuch zur Entstehung der Regenbogen. Den Schirm W denke man sich senkrecht zur Papierbene stehend. Auf ihm erscheinen die beiden Interferenzstreifensysteme H und N. Für die subjektive Beobachtung wäre eine ganze „Wolke" parallel gestellter Wasserstrahlen erforderlich. Nur dann konnten die Interferenzstreifen der verschiedenen Ordnungen aus beiden „Regenbogen" gleichzeitig in die Augenpupille eintreten.

Wir beginnen mit den an Regenbogen festgestellten Tatsachen (Abb. 227):

1. Der Hauptregenbogen entsteht nur bei tiefem Sonnenstande, die Sonne darf höchstens 42° über dem Horizont stehen.

2. Das Zentrum des Regenbogens liegt auf der von der Sonne durch das Auge des Beschauers führenden Geraden.

3. Um diese Symmetrielinie gruppiert sich ein Bogen von etwa 42° Durchmesser, in der Regel von außen nach innen rot, gelb, grün und blau abschattiert. Weiterhin nach innen folgen mehrere, allmählich verblassende rötliche und grünliche Ringe („sekundäre Regenbögen"). Die Farbenfolge hat eine entfernte Ähnlichkeit mit der eines Spektrums.

4. Ein zweites Ringsystem, der Nebenregenbogen, ist um 51° gegen die Symmetrielinie geneigt. Er zeigt die gleichen Farben wie der Hauptregenbogen, aber meist blasser, Rot liegt innen, dann folgt nach außen Gelb, Grün usw.

Die Deutung dieser Erscheinungen ergibt sich aus einem Zusammenwirken von Brechung und Beugung in den regellos angeordneten kugelförmigen Wassertropfen. Das Wesentliche übersieht man am bequemsten an einem Modellversuch (Abb. 228). Dieser ersetzt den Wassertropfen durch einen dünnen aus einem Trichter ausströmenden Wasserstrahl von etwa 1 mm Durchmesser. Als Ersatz der Sonne dient eine linienhafte Lichtquelle (beleuchteter Spalt mit Rotfilter). An die Stelle des Auges tritt der Schirm W. Auf ihm erscheinen zwei typische

Beugungsfiguren H und N. Im Glühlicht gibt es die bekannte Überlagerung. Durch Veränderung des Strahldurchmessers kann man mannigfache Farbenfolgen herstellen. Man kann alle in der Atmosphäre beobachteten Erscheinungen nachahmen, einschließlich der fast unbunten Regenbogen sehr feiner Nebeltropfen.

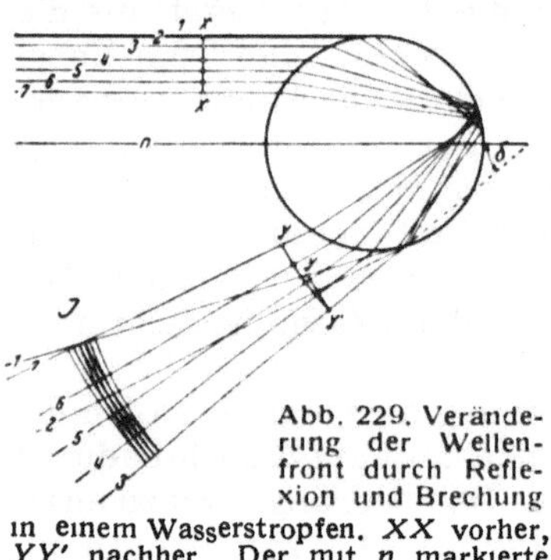

Abb. 229. Veränderung der Wellenfront durch Reflexion und Brechung in einem Wasserstropfen. XX vorher, YY' nachher. Der mit n markierte Strahl wird in sich selbst zurückgeworfen.

Diesen Modellversuch ergänzt man zunächst für den Hauptbogen H durch eine elementare Rechnung. Man läßt in Abb. 229 ein parallel begrenztes Lichtbündel auf einen Wassertropfen auffallen. Von diesem Lichtbündel zeichnet man erstens einige parallele Strahlen 1—7 und zweitens senkrecht zu ihnen eine ebene Wellenfläche XX. Für die einzelnen Strahlen berechnet man den Weg durch den Wassertropfen hindurch, zweimal das Brechungsgesetz und einmal das Reflexionsgesetz anwendend. Dann kommt der wesentliche Punkt: Man berechnet für irgendeinen willkürlich gewählten Weg der Länge s (im Maßstab der Abb. 229 rund 7 cm) für jeden Strahl die optische Weglänge L. Man zerlegt s in die im Wasser und die in der Luft liegenden Abschnitte s_W und s_L, multipliziert die ersteren mit der Brechzahl n des Wassers und bildet die Summe $L = n\,s_W + s_L$. Diese Länge L trägt man, bei der Wellenfläche XX beginnend, für jeden Strahl längs eines wirklichen Weges ab und kommt so zu den mit Kreisen markierten Endpunkten. Ihre Verbindung gibt die Gestalt der Wellenfläche nach dem Passieren des Wassertropfens. Statt einer ebenen Wellenfläche haben wir zwei, bei Y' zusammenhangende gekrümmte Wellenflächen. Einige der schon vorher eingetroffenen Wellenflächen sind bei J links vor der berechneten (YY') eingezeichnet. Ihre Durchschneidung gibt die in Abb. 228 bei H aufgefangenen Beugungsstreifen. Die im Nebenregenbogen oder bei N beobachteten erhält man in entsprechender Weise durch zweimal im Tropfeninneren reflektierte Wellen.

Der Punkt Y' liegt auf dem Strahl mit dem größten Ablenkungswinkel δ. Dieser Winkel ist bei einmaliger Reflexion $= 42°$. Descartes hat (1637) statt der oben benutzten sieben parallelen Strahlen deren 10 000 durchgerechnet. Die mit 8500 bis 8600 numerierten ergaben nach Passieren des Tropfens praktisch die gleiche Ablenkung. Sie können also das Auge des Beobachters als „Parallellichtbündel" erreichen. So deutete Descartes richtig die Winkelweite des Haupt- und des Nebenregenbogens. Die übrigen Ringe vermochte er noch nicht zu erklären.

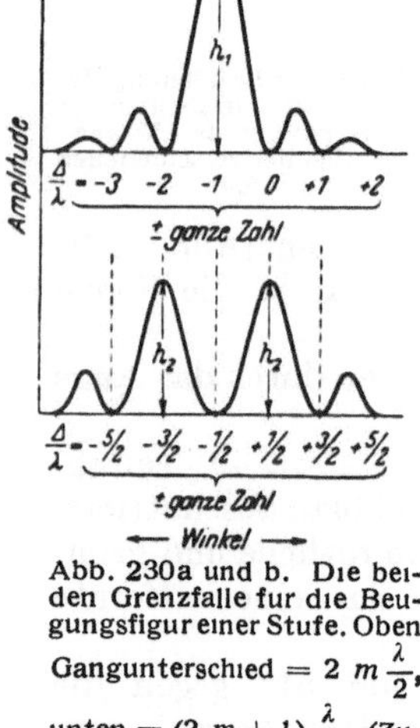

Abb. 230a und b. Die beiden Grenzfälle für die Beugungsfigur einer Stufe. Oben Gangunterschied $= 2\,m\,\dfrac{\lambda}{2}$, unten $= (2\,m + 1)\,\dfrac{\lambda}{2}$. (Zugleich Bild der Spektrallinien eines Stufengitters in Ein- und Zweiordnungsstellung.)

§ 61. Beugung an einer Stufe. Stufengitter. Die erste von uns untersuchte Beugungsfigur war die eines einfachen, durch zwei undurchsichtige Backen begrenzten Spaltes (§ 9). Jetzt bedecken wir diesen Spalt parallel seiner Längsrichtung zur Hälfte mit einer durchsichtigen Glasplatte, z. B. einem mikroskopischen Deckglas (Dicke d, Brechzahl n). Dann bilden die abgedeckte und die freie Hälfte gemeinsam eine

Stufe. Eine solche Stufe liefert im monochromatischen Licht asymmetrische Beugungsbilder. Doch gibt es zwei symmetrische Grenzfälle:

1. Der von der Platte erzeugte Gangunterschied $\Delta = (n-1)\, d$ ist ein geradzahliges Vielfaches von $\lambda/2$. Dann ergibt sich das gleiche Beugungsbild wie bei einem freien Spalt (Abb. 230a).

2. Δ ist ein ungeradzahliges Vielfaches von $\lambda/2$ (Abb. 230b). Der zentrale Gipfel ist verschwunden, und aus den ihm seitlich benachbarten Tälern sind zwei gleich hohe Gipfel aufgestiegen.

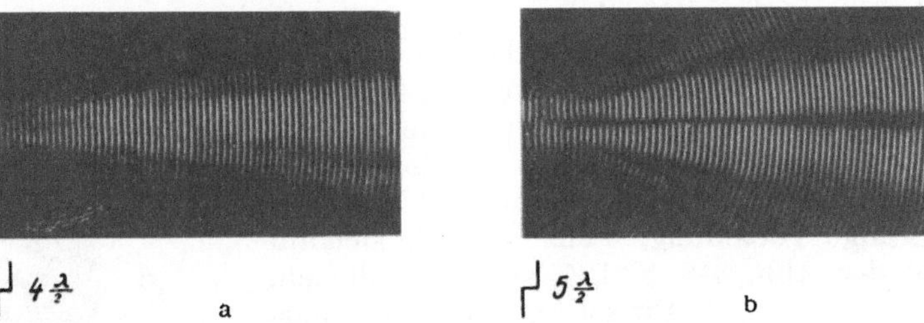

Abb. 231a und b. Modellversuche zur Beugung durch eine Stufe. Der Weg des hin und her bewegten Wellenzentrums enthält bei Abb. 231a eine Stufe der Höhe $4\frac{\lambda}{2}$, bei Abb. 231b der Höhe $5\frac{\lambda}{2}$. Die Bilder zeigen den Verlauf der Wellen für die Fresnelsche Beobachtungsart und entsprechen bei genügender Entfernung von der Stufe den in Abb. 230a und b graphisch dargestellten Grenzfällen.

Durch kleine Kippungen der Platte läßt sich d und damit Δ stetig verändern und der stetige Übergang zwischen den beiden Grenzfällen beobachten.

Die Entstehung dieser Beugungsfiguren ist im Modellversuch unschwer vorzuführen. Für den freien Spalt hatten wir früher das Bild eines Wellenzuges auf Glas gezeichnet und das Zentrum dieses Glasbildes rasch längs der Spaltweite hin und her bewegt (Abb. 60 und 61). Nunmehr unterteilen wir den Weg durch

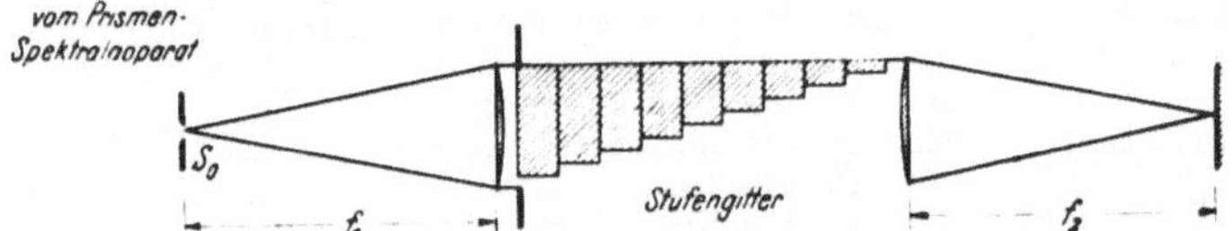

Abb. 232 Schema eines Stufengitters. Es sind 9 planparallele Glasplatten gleicher Dicke h (etwa 1 cm) treppenförmig aufeinander gelegt. So entstehen 10 Stufen als Gitteröffnungen. Der Gangunterschied $\Delta = h\,(n-1)$ der Wellenzüge aus zwei benachbarten Stufen ist ungefähr $= 10^4\,\lambda$, entsprechend einer Ordnungszahl $m = 10^4$. Jede Stufe oder Öffnung muß etwa 2 mm breit sein, sonst lassen die 10 Öffnungen zusammen keine ausreichende Strahlungsleistung hindurch. Bei Öffnungen dieser Werte werden aber die austretenden Wellen sehr wenig divergent (im Gegensatz zu Abb. 151). Daher wird die Winkelausdehnung des ganzen Spektrums sehr klein. Außerdem werden die Spektrallinien nicht die einfachen Beugungsfiguren einer rechteckigen Öffnung (Abb. 197), sondern die einer Stufe (vgl. Abb. 230). Die gleiche Wellenlänge erzeugt je nach dem Gangunterschied ($m\,\lambda$ gerade oder ungerade) eine oder zwei Spektrallinien (vgl. Abb. 230a und b). Der Spalt S_0 ist in die Bildebene des Prismenspektralapparates zu legen.

eine Stufe und bewegen das Wellenzentrum auf beiden Abschnitten dieses Stufenweges über die Breite der Spaltöffnung hinweg. Das Ergebnis findet sich für die beiden Grenzfälle in den Abb. 231a und b.

Durch Vereinigung mehrerer Stufen entsteht eine Treppe. Eine solche Treppe kann als Spektralapparat, genannt Stufengitter, benutzt werden. Es hat die gleichen Eigenschaften wie Platteninterferometer mit mehrfachen Reflexionen (§ 56), vereinigt also ein hohes Auflösungsvermögen $\lambda/d\lambda$ mit einem kleinen nutzbaren Wellenlängenbereich $\triangle\,\lambda$. In Abb. 232 ist ein Stufengitter skizziert, und zwar für die Fraunhofersche Beobachtungsart. Das Nähere findet sich in der Satzbeschriftung. Das Stufengitter ist ein recht kostspieliger Apparat, seine Leistungen rechtfertigen kaum den großen Aufwand.

§ 62. Verwaschene Gitter und Phasenstrukturen. Bei der Behandlung der Beugung ergeben periodische Strukturen, also Gitter aller Art, sehr übersichtliche Ergebnisse. Für Schauversuche sind Strichgitter besonders geeignet, darum benutzen wir auch im folgenden diese Form.

Undurchsichtige Gitterbalken (z. B. Abb. 202) schwächen die Amplituden des auffallenden Lichtes auf Null. Im allgemeinen Fall aber brauchen die Gitterbalken die Amplituden nur mehr zu schwachen als die Lücken. Die Gesamtheit dieser eine Lichtschwächung benutzenden Gitter nennt man Amplitudengitter. Analog bezeichnen wir allgemein durch Lichtschwächung gekennzeichnete Strukturen als Amplitudenstrukturen.

Die Grenzen zwischen den Gitterbalken und den Gitterlücken brauchen keineswegs scharf zu sein. Man kann den Übergang auch stetig gestalten oder, anders gesagt, den Öffnungen verwaschene Ränder geben. Im einfachsten Fall gibt man der Lichtdurchlässigkeit eine sinusförmige Verteilung. Man kann sie sich am unteren Teil der Abb. 248, S. 125, veranschaulichen.

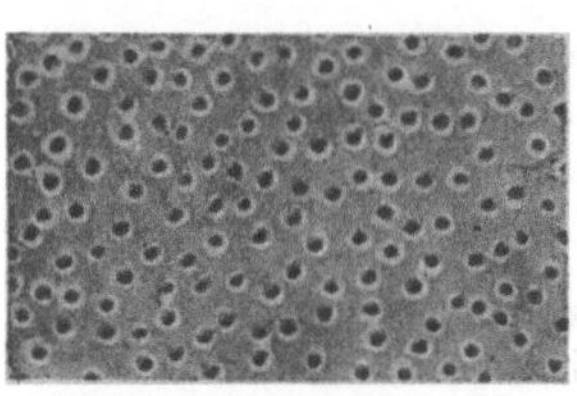

Abb. 233. Ausschnitt aus einer (etwa 3fach vergrößerten) Phasenstruktur, die ohne Anwendung besonderer Kunstgriffe (§ 62b) unsichtbar ist. Die kleinen Kreisscheiben bestehen aus LiF, eingebettet in Kanadabalsam. Das LiF ist im Hochvakuum aufgedampftworden. Als Schablone diente die aus ca. 2000 regellos angeordneten Lochern ($\emptyset = 0,3$ mm) bestehende Blende, mit der die Beugungsfigur in Abb. 225 hergestellt worden ist.

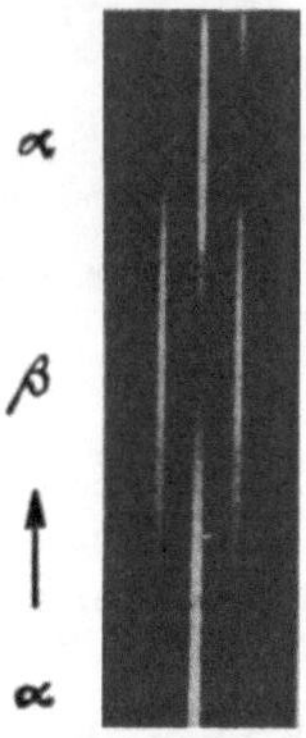

Ein solches Gitter mit sinusförmiger Durchlässigkeitsverteilung erzeugt mit monochromatischer Strahlung nur die beiden Spektrallinien erster Ordnung (Schauversuch!). — Auf dieser Tatsache beruht die Anwendung der Gitterbeugung zur Aufklärung unbekannter Gitterstrukturen (S. 105). — Lehrreich ist folgendes Beispiel:

Der Rand eines Tonfilmstreifens mit „Dichteschrift" läßt sich als Überlagerung von Sinusgittern mit verschiedenen Gitterkonstanten auffassen: Jedem einzelnen Teilton entspricht ein sinusförmig durchlässiges Teilgitter. Infolgedessen kann man einen Tonfilmrand als optisches Beugungsgitter verwenden. Mit monochromatischem Licht erzeugt jedes einzelne Teilgitter beiderseits der Symmetrieachse eine optische Spektrallinie. Ihr Winkelabstand ist ein Maß für die Gitterkonstante des Teilgitters und damit auch für die Frequenz des Teiltones. Die Strahlungsstärke der Spektrallinie ist ein Maß für die mehr oder minder starke Ausbildung des betreffenden Teilgitters und damit auch für die Stärke des zugehörigen Teiltones. Die nebeneinanderliegenden Spektrallinien aller im Film enthaltenen Teilgitter bilden in ihrer Gesamtheit einen breiten Streifen mit deutlicher Struktur: Es ist eine optische Wiedergabe des im Tonfilm enthaltenen akustischen Spektrums.

Man kann ferner die lichtschwächenden Balken durch völlig durchsichtige ersetzen. Sie brauchen sich von den Lücken lediglich durch ihre Brechzahl zu unterscheiden (G. Quincke, 1867). beschrieben. Diese durchsichtigen Strukturen ändern nur die Phase des hindurchgelassenen Lichtes; in den Gebieten großer Brechzahl wird die Phase mehr geändert als in den Gebieten kleiner Brechzahl. Deswegen spricht man kurz von Phasengittern oder allgemein von Phasenstrukturen.

Die Beugungsfigur einer Phasenstruktur (z. B. Abb. 233) unterscheidet sich geometrisch nicht von der einer Amplitudenstruktur gleicher Gestalt. Unterschiede

Abb. 234. Beugungsspektra eines Strichgitters mit Phasenstruktur, bei dem die Dicke der Balken in der Pfeilrichtung zunimmt. Bei α ist praktisch nur die zentrale, nullte Ordnung vorhanden, bei β nur rechts und links die erste ungeradzahlige Ordnung (vgl Rastergitter, S. 95) — Zur Herstellung des Gitters wird im Hochvakuum eine keilformige Ag-Schicht auf Glas aufgedampft. Nach Einritzen der Lucken, etwa 5 je mm, wird die Ag-Schicht mit Joddampf in durchsichtiges AgJ umgewandelt.

bestehen nur im Verhältnis der Amplituden und Phasen zwischen den höheren und der nullten Ordnung. Beispiel in Abb. 234.

Unterschiede der Brechzahl entstehen durch jede Änderung der Dichte. Schallwellen bestehen aus einer periodischen Folge von Gebieten gesteigerter und verminderter Dichte. Mit elektrischen Hilfsmitteln kann man in Flüssigkeiten leicht Schallwellen von der Größenordnung eines zehntel Millimeters herstellen und einen schmalen, von solchen Schallwellen durchlaufenen Trog als optisches Phasengitter benutzen (Abb. 235). Man beobachtet in der Fraunhoferschen Art: Bei ihr kann man die beugende Struktur vor der Öffnung der abbildenden Linse verschieben, ohne daß sich die Lage des Beugungsbildes ändert. Folglich spielt es bei ihm keine Rolle, daß das akustisch erzeugte Phasengitter mit Schallgeschwindigkeit vor der Linsenöffnung vorbeiläuft. Ein so hergestelltes Beugungsspektrum findet man unten in Abb. 235.

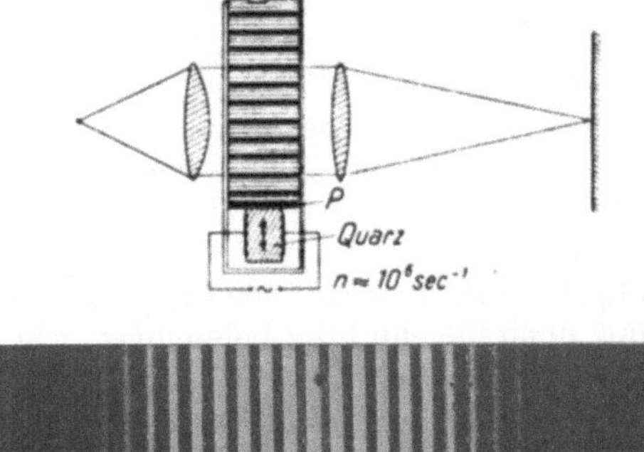

Abb. 235. Oben: Hochfrequente Schallwellen in einem flachen Flussigkeitstrog werden als optische Phasengitter benutzt.—Fraunhofersche Beobachtungsart: Die fortschreitenden Schallwellen sind in einem Momentbild dargestellt. Sie werden mit einem in Richtung des Doppelpfeils schwingenden Quarz hergestellt, der mit einem elektrischen Schwingungskreis piezoelektrisch erregt wird. Unten: Ein mit Rotfilterlicht photographiertes Beugungsspektrum dieses Phasengitters

Dritter Teil: Die Rolle der Beugung bei der Abbildung in der Darstellungsweise von Ernst Abbe (1873)

§ 62a. Allgemeines über die Abbildung von Nichtselbstleuchtern. Nicht selbstleuchtende Dinge müssen für die Abbildung mit Hilfe einer Lichtquelle beleuchtet werden. Der für Diapositive und Dünnschnitte gebräuchliche Strahlengang (Abb. 116) ist im Teilbild A der Abb. 236 noch einmal skizziert: Die Linse L_2 bildet das Ding α scharf in der Ebene W ab. Dicht vor dem Dinge steht die Linse L_1 („Kondensor") und lenkt die der Lichtquelle entstammende Strahlung in die abbildende Linse L_2 hinein. Zu diesem Zweck bildet die Linse L_1 die Lichtquelle in der Nähe der Linse L_2 ab, im Beispiel rechts von ihr in der Ebene Z.

Mit dieser Anordnung bringen wir jetzt einige für einen kleineren Hörerkreis geeignete Schauversuche. Sie betreffen Dinge verschiedener Beschaffenheit. Die wichtigsten Maße sind angegeben, experimentelle Einzelheiten aus der Satzbeschriftung von Abb. 236 ersichtlich. Die Lichtquelle soll einen kleinen, in der Skizze als Quadrat gezeichneten Querschnitt besitzen.

Im Teilbild B ist das Ding ein großer leerer Rahmen β. In der Ebene Z (Spalte IV) findet sich (als photographisches Negativ dargestellt) ein scharfes Bild der Lichtquelle, erzeugt von der vollen Öffnung der Linse L_1 (§ 13). Die von der Ebene Z zur Ebene W gelangende Strahlung entstammt ausschließlich diesem Bilde der Lichtquelle; sie erzeugt in der Ebene W das leere, gleichmäßig beleuchtete Gesichtsfeld, d. h. das Bild β' des leeren Rahmens β.

Im Teilbilde C hat das Ding eine Amplitudenstruktur: Es enthält eine kleine undurchlässige Kreisscheibe γ in einer sonst klaren Umgebung. In der Ebene Z erscheint außer dem scharfen Bild der Lichtquelle die Beugungsfigur der kleinen Kreisscheibe (beide dargestellt als photographisches Negativ). Diesmal gelangt aus der Ebene Z zur Bildebene W also nicht nur die Strahlung aus dem scharfen Bilde der Lichtquelle, sondern außerdem die Strahlung aus der Beugungsfigur. In der Ebene W wirken beide Strahlungen zusammen, und dabei erzeugen sie gemeinsam das scharfe Bild γ' der Scheibe, schwarz auf hellem Grunde (dargestellt als photographisches Positiv).

Die Notwendigkeit der beiden aus der Ebene Z kommenden Strahlungen für die Bilderzeugung in der Ebene W hat zuerst Ernst Abbe erkannt. Seine Erkenntnis laßt sich mit eindrucksvollen Versuchen belegen:

1. Wir setzen in die Ebene Z eine Irisblende, verengen sie allmählich und blenden so, von außen beginnend, die Beugungsfigur ab Erfolg: Das Bild der Scheibe γ wird unscharf und verblaßt.

2. Im Grenzfall läßt die Irisblende nur noch das Bild der Lichtquelle passieren. Erfolg: Vom Bilde γ' ist nichts mehr zu sehen, das Gesichtsfeld auf dem Schirm W ist nur noch gleichmäßig beleuchtet, wie im Fall B

3. Wir entfernen die Irisblende und fangen mit einer kleinen Scheibenblende das scharfe Bild der Lichtquelle aus der Ebene Z heraus. Erfolg: Auf dem Schirm W ist das Gesichtsfeld dunkel. Das Bild γ' der Scheibe γ erscheint nicht ganz scharf hell auf dunklem Grunde; wir haben die Amplitudenstruktur des Dinges mit „Dunkelfeldbeleuchtung" (Schluß von § 23) abgebildet.

Auf Grund dieser und ähnlicher Experimente beschreiben wir an Hand des Teilbildes C die Abbildung einer nichtselbstleuchtenden Amplitudenstruktur in folgender Weise: Nach dem Passieren des Dinges markieren wir die Phasenlage der verbleibenden Strahlungen durch Vektorpfeile in der Spalte II. Die Parallelrichtung der Vektoren soll ausdrücken, daß die Strahlungen die einzelnen Punkte der Bildebene W mit gleichen Phasen erreichen. In Spalte III zerlegen wir die Strahlungen formal in zwei Anteile:

1. eine Strahlung der ganzen Linsenflache L_1, dargestellt durch die nach oben zeigenden Pfeile *1*. Diese Strahlung erzeugt für sich allein in der Ebene Z das scharfe, Bild der Lichtquelle und in der Ebene W ein gleichmaßig beleuchtetes Gesichtsfeld. Im Teilbild C sind ferner in den Spalten IV und V nach oben weisende Pfeile gezeichnet. Diese sollen willkurlich eine Bezugsrichtung fur die Phasenlage derjenigen Strahlung angeben, die aus dem kleinen quadratischen Bild der Lichtquelle zu einem Bildpunkt in der Ebene W gelangt.

2. eine zusatzliche von dem Ding γ ausgehende Strahlung, dargestellt durch einen nach unten zeigenden Pfeil *2*. Diese Strahlung erzeugt in der Ebene Z die Beugungsfigur und interferiert in der Bildebene W am Bildort γ' mit der Strahlung der ganzen Linsenflache.

Zwischen diesen beiden Strahlungen besteht am Bildort nach dem Babinetschen Theorem (§ 48) eine Phasendifferenz von $180°$, dargestellt durch die gegeneinander gerichteten Pfeile in den Spalten IV und V. Infolgedessen heben sich die beiden Strahlungen auf, es verbleibt in Spalte V die dunkle Scheibe auf hellem Grunde.

Jeder Eingriff in eine der beiden Strahlungen *1* oder *2* verandert die zur Bilderzeugung fuhrende Interferenz in der Ebene W. Eine einwandfreie Wiedergabe der Amplitudenstruktur in der Bildebene W erfolgt also nur dann, wenn aus der Ebene Z sowohl die Strahlung *1* aus dem Bilde der Lichtquelle wie die Strahlung *2* aus der Beugungsfigur der Struktur unbehindert zur Bildebene W gelangen kann.

Die Fruchtbarkeit dieser Abbeschen Darstellungsweise wird sich im nachsten Paragraphen erweisen.

§ 62 b. Abbildung nicht absorbierender Strukturen (Phasenstrukturen). Phasenkontrastverfahren. Unser Auge sowohl wie die photographische Platte benutzen photochemische Vorgange, und diese unterscheiden zwar Strahlungen verschiedener Amplitude, aber nicht Strahlungen verschiedener Phase. Aus diesem Grunde erscheint eine Phasenstruktur, wie in Abb. 233, sowohl in Aufsicht wie in Durchsicht lediglich als eine klare, leere Glasplatte, sie läßt nichts von der Struktur in ihrem Inneren erkennen. Somit begegnen wir der gleichen Schwierigkeit wie bei den meisten Dünnschnitten organischer Praparate für mikroskopische Untersuchungen in der Biologie und in der Medizin. Diese Dünnschnitte sind durchsichtig und farblos, ihre chemisch verschiedenen Strukturelemente unterscheiden sich fur sichtbares Licht lediglich durch etwas verschiedene Brechzahlen; die meisten Dünnschnitte besitzen, kurz gesagt, praktisch nur eine Phasenstruktur. Um die Struktur sichtbar zu machen, muß man sie in eine Amplitudenstruktur umwandeln; man muß die kleinen Unterschiede der Brechzahl durch große Unterschiede der Lichtabsorption ersetzen. Zu diesem Zweck werden die Dünnschnitte mit Farbstoffen getränkt, die von den verschiedenen Strukturelementen verschieden stark aufgenommen werden.

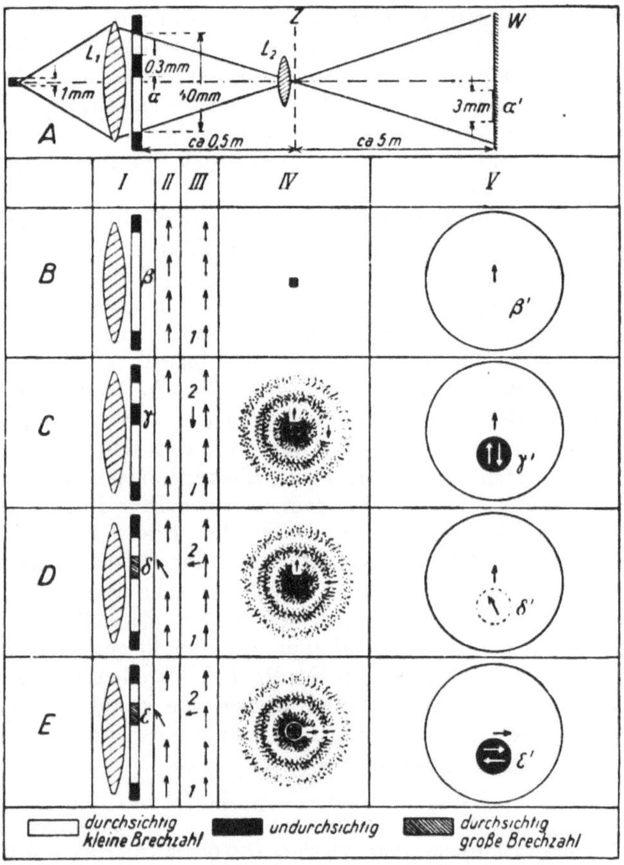

Das Anfarben ist ein chemischer Eingriff und schafft erhebliche Abweichungen vom Zustand des lebenden Gewebes. Aus diesem Grunde hat man für die Mikroskopie einige Verfahren entwickelt, die auch ohne Anwendung von Farbstoffen Phasenstrukturen sichtbar machen. Man erlautert diese Verfahren am besten in der Darstellungsweise Abbes (§ 62a). Wir setzen unsere Bilderfolge in Abb. 236 fort und bringen in der Reihe D ein Ding δ mit Phasenstruktur: Die undurchsichtige Scheibe γ in Reihe C ist durch eine durchsichtige δ ersetzt worden. Sie unterscheidet sich von ihrer Umgebung nur durch eine etwas größere Brechzahl. Das aus dieser Scheibe austretende Licht erreicht die Bildebene W mit einer Phasenverspatung. Das wird in den Spalten II und V durch eine Verdrehung der Vektoren gegen den Uhrzeigersinn dargestellt. Von dieser Phasenverschiebung abgesehen, ist in der Ebene Z gegenüber der Reihe C nichts verandert. Das Bild

Abb. 236. Zur Abbildung von Nichtselbstleuchtern mit Amplitudenstruktur und mit Phasenstruktur. Die Struktur besteht aus vielen regellos angeordneten kreisformigen Scheiben (je ca. 2000). Es ist sowohl im Ding als auch im Bild jeweils nur eine dieser Kreisscheiben γ und δ gezeichnet — Der Durchmesser der Beugungsfiguren in Spalte IV ist in Wirklichkeit kleiner als der Durchmesser der abbildenden Linse L_2.

der Lichtquelle ist von der Beugungsfigur der Scheibe umgeben. Aus beiden gelangt eine Strahlung zur Bildebene W. Ihr Zusammenwirken macht am Orte δ' die Belichtung genau so groß wie in der Umgebung, die Phasenstruktur also unsichtbar. Um sie sichtbar zu machen, genügt irgendein Eingriff in eine der beiden von der Ebene Z ausgehenden Strahlungen, z. B. eine teilweise Abblendung der Beugungsfigur oder eine Abblendung des Bildes der Lichtquelle. In jedem Fall wird am Bildorte δ' die Scheibe irgendwie sichtbar[1].

Besonders einfach erreicht man eine teilweise Abblendung der Beugungsfigur in der Ebene Z durch eine „schiefe Beleuchtung". Man schiebt die Lichtquelle zur Seite und damit zugleich (in entgegengesetzter Richtung) die Beugungsfigur. So kann man leicht ein äußeres Stuck der Beugungsfigur durch die Fassung der Objektivlinse L_2 abschneiden.

Eine Verstümmelung der Beugungsfigur oder eine Ausblendung des Bildes der Lichtquelle ist ein etwas roher Eingriff. Feiner und im Ergebnis viel besser ist das von F. Zernicke 1934 angegebene „Phasenkontrastverfahren". Wir erläutern es für den praktisch wichtigsten Fall mit kleinen Unterschieden der Brechzahlen. Dazu dienen die Teilbilder D und E der Abb. 236. — In ihnen war, wie schon oben betont, der Phasenvektor hinter der Scheibe δ (Spalte II) etwas gegen den Uhrzeiger verdreht. In der Spalte III sind die Phasenvektoren wieder formal in zwei Komponenten zerlegt. Die mit 1 markierten Komponenten erzeugen das Bild der Lichtquelle in der Ebene Z (Spalte IV, senkrechter Pfeil). Die mit 2 markierte Komponente erzeugt die Beugungsfigur in der Ebene Z (Spalte IV, fast waagerechter Pfeil). In der Spalte IV bilden also bei der Phasenstruktur die beiden Pfeile 1 und 2 miteinander einen Winkel von nur rund $90°$, während sie bei der Amplitudenstruktur mit $180°$ einander entgegengerichtet sind. Man kann aber den Winkel von rund $90°$ nachträglich auf rund $180°$ vergrößern. Zu diesem Zweck wird im Teilbild E das Bild der Lichtquelle mit einer kleinen durchsichtigen, das Licht um $90°$ verzögernden Scheibe (weißer Kreis in Spalte IV) abgedeckt. Mit dem so auf rund $180°$ vergrößerten Gangunterschied wirken die beiden Vektoren 1 und 2 am Orte der Bildebene nur noch mit ihrer Differenz, und diese ergibt gegenüber der Umgebung einen guten Kontrast (Abb. 233).

---

[1] **Grobe Phasenstrukturen, meist mit stetig veränderlicher Brechzahl, nennt man Schlieren.** Die Schlieren lenken durch Prismen- oder Linsenwirkung einen Teil des Lichtes zur Seite, machen also dasselbe wie die Beugung bei feinen Phasenstrukturen. Demgemäß benutzt die „Toeplersche Schlierenmethode" denselben Strahlengang wie Abb. 236 A mit irgendeiner Blende, die in der Ebene Z das scharfe Lampenbild ausschaltet. Näheres in Abb. 386, § 109.

VII. Geschwindigkeit des Lichtes und Licht in bewegten Bezugssystemen.

Vorbemerkung. Im Mechanikband ist die wichtige Unterscheidung zwischen Phasen- und Gruppengeschwindigkeit ausgiebig behandelt worden. Die Abb. 237 soll an das Wesentliche erinnern. Sie zeigt uns zwei Schattenrisse. Oben dreht sich eine Drahtspirale (Wendel) um eine Achse A. Der Schatten hat die Gestalt einer fortschreitenden Sinuswelle (Mechanikband S. 184). Ein Finger folgt einem einzelnen Wellenberg. Seine Geschwindigkeit ist die Phasengeschwindigkeit c. Unten verjüngt sich die Spirale nach beiden Seiten, ihr Schatten hat die Gestalt einer Wellengruppe. Die Achse A trägt diesmal ein Gewinde, ihr Lager C enthält eine Mutter. Die Ganghöhe der Schraube ist kleiner oder größer als die der Spirale. Infolgedessen rückt die Gruppe langsamer oder schneller vor als die Wellenberge. Die Geschwindigkeit des Anfanges oder des Endes der Gruppe nennt man die **Gruppengeschwindigkeit** v^* Quantitativ gilt

$$v^* = v - \lambda \cdot \frac{dv}{d\lambda}. \tag{65}$$

(Herleitung im Mechanikband S. 216.)

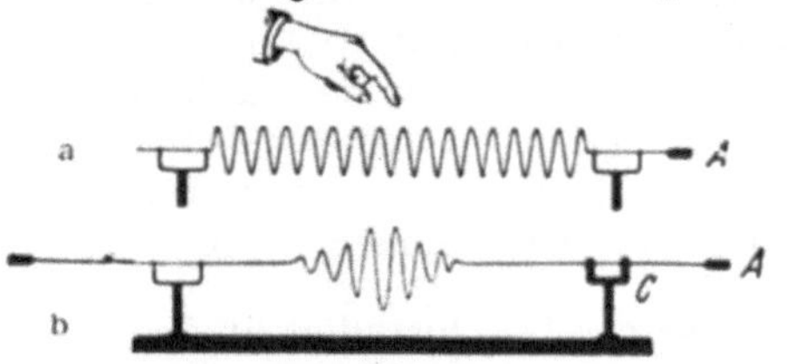

Abb. 237 Zur Unterscheidung von Phasen- und Gruppengeschwindigkeit. Im Bilde b ist das auf die Achse A geschnittene Gewinde im Schattenwurf nicht erkennbar.

In Worten: Gruppen- und Phasengeschwindigkeit sind verschieden, wenn Dispersion vorliegt, d. h. die Phasengeschwindigkeit v von der Wellenlänge abhängt. Positive (negative) Werte des Verhältnisses $dv/d\lambda$ machen die Gruppengeschwindigkeit v kleiner (größer) als die Phasengeschwindigkeit.

Infolge der Dispersion ändert sich die Gestalt der Wellengruppe während des Vorrückens. (Der Modellversuch in Abb. 237b vermag das nicht wiederzugeben.) Bei Wellenlängenabhängigkeit von $dv/d\lambda$ (vgl. § 168) erfolgt die Gestaltänderung sehr rasch. Dann verliert der Begriff der Gruppengeschwindigkeit seinen Sinn. Anfang und Ende des Wellenzuges laufen mit verschiedener Geschwindigkeit. Die Geschwindigkeit des Anfanges nennt man dann Signalgeschwindigkeit. Sie ist unabhängig von aller Dispersion gleich der Phasengeschwindigkeit im Vakuum. Diese Signalgeschwindigkeit hat jedoch in der Optik keine praktische Bedeutung.

In der Akustik kann man als Signal eine einzelne Wellengruppe erzeugen· In der Optik besteht jedes, auch das kürzeste heute herstellbare Signal (Lichtblitz) aus einer regellosen Folge vieler Wellengruppen.

§ 63. Erste Messung der Lichtgeschwindigkeit durch Olaf Römer. Die Entdeckung eines endlichen Wertes für die Geschwindigkeit des Lichtes ist eine Großtat ersten Ranges gewesen. Sie ist 1676 von dem Dänen Olaf Romer vollbracht worden, damals Erzieher des Dauphin am Hofe Ludwigs XIV. — Römer hat an astronomische Beobachtungen angeknüpft und aus ihnen einen größenordnungsmäßig richtigen Wert der Lichtgeschwindigkeit im Vakuum hergeleitet. Sein Verfahren läßt sich experimentell hübsch mit einer Messung der Schallgeschwindigkeit vorführen (Abb. 238).

Bei A steht eine elektrische Autohupe, verbunden mit einem Uhrwerksschalter. Alle drei Sekunden gibt sie ein kurzes Signal. Bei B steht ein Mann

8*

mit einer $^1/_{100}$-Sekunden-Stoppuhr. Ein voller Zeigerumlauf dieser Uhr erfolgt in 3 Sekunden. Bei einem beliebig herausgegriffenen Signal wird die Uhr in Gang

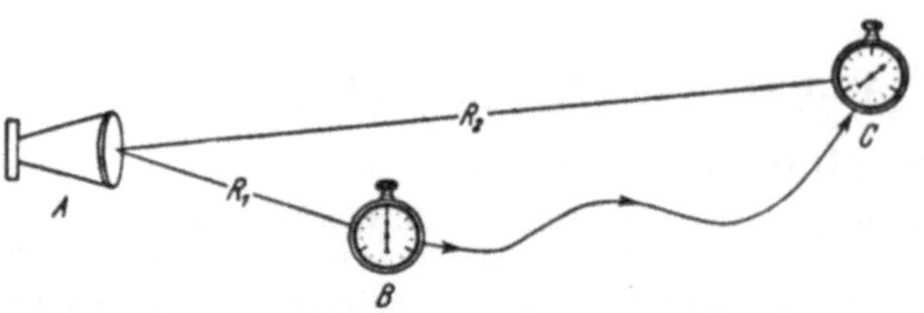

Abb. 238   Akustischer Modellversuch zur Messung der Lichtgeschwindigkeit durch Olaf Römer.

gesetzt. Bei jedem folgenden Signal findet der Mann den Zeiger oben bei der Nullmarke. Dann geht der Mann auf beliebigem Wege nach C und vergrößert seinen Abstand von der Schallquelle um die Wegstrecke $D = R_2 - R_1$. Dadurch verspätet sich das Signal gegenüber dem Uhrzeiger. Für $D = 114$ m findet der Mann den Zeiger beim Eintreffen des Signales 0,33 sec hinter der Nullmarke. Folglich beträgt die Schallgeschwindigkeit 114 m : 0,33 sec = 345 m/sec.

Römer benutzte statt der Schallsignale Lichtsignale, ausgesandt von einem Jupitermond bei seinem Austritt aus dem Jupiterschatten. Der Abstand dieser Signale war 42,5 Stunden, d. h. gleich der Dauer eines Mondumlaufes. Als Orte B und C nahm Römer den dem Jupiter nächsten und fernsten Teil der Erdbahn, also $D =$ Erdbahndurchmesser $= 3 \cdot 10^{11}$ m. Im Punkte C erschien das Signal gegenüber dem Uhrzeiger um 1320 Sekunden verspätet. Daraus berechnete

Römer als Geschwindigkeit des Lichtes $\dfrac{3 \cdot 10^{11}\,\mathrm{m}}{1,3 \cdot 10^3\,\mathrm{sec}} = 2,3 \cdot 10^8$ m/sec.

Man findet auch heute trotz der verfeinerten Beobachtungstechnik beim Aufblitzen des Jupitermondes keine Farben. Folglich läuft Licht von verschiedener Wellenlänge im Weltenraum mit der gleichen Phasengeschwindigkeit, d. h. im Vakuum wird keine Dispersion des Lichtes gefunden. Im Vakuum sind Gruppen- und Phasengeschwindigkeit des Lichtes gleich groß. Man bezeichnet sie allgemein mit dem Buchstaben c. Heute gilt $c = 2,998 \cdot 10^8$ m/sec als der zuverlässigste Wert.

In Luft ist die Lichtgeschwindigkeit um rund $0,3\,^0/_{00}$ kleiner als im Vakuum. Phasen- und Gruppengeschwindigkeit sind auch in Luft nicht meßbar voneinander verschieden. Die Meßverfahren folgen in § 64.

§ 64. Messungen der Lichtgeschwindigkeit auf der Erde. Bei dem astronomischen Verfahren von Olaf Römer durchläuft das Licht seinen Weg nur in einer Richtung, und man mißt die zugehörige Laufzeit. — Bei den jetzt folgenden irdischen Verfahren durchläuft das Licht eine geschlossene Bahn, z. B. den gleichen Weg zweimal in entgegengesetzter Richtung. Dabei mißt man lediglich die Wiederkehrzeit, die Zeit zwischen Abgang und Wiederkehr des Signales. Dieser Unterschied ist zu beachten.

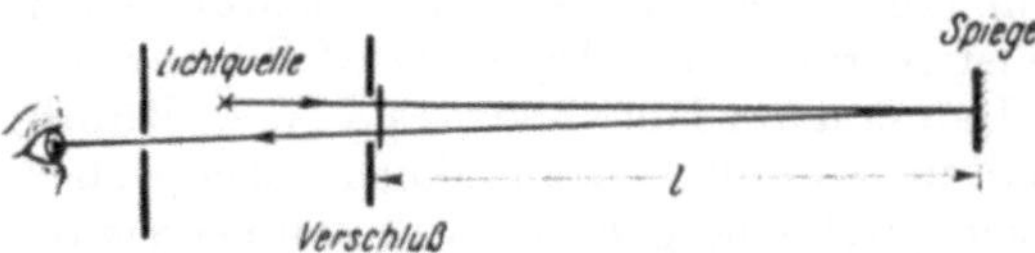

Abb. 239.   Schema der Messung der Lichtgeschwindigkeit durch Fizeau.

Die Abb. 239 zeigt das Hauptstrahlschema einer oft benutzten Anordnung (A. Fizeau, 1849). Das Licht einer Lampe wird durch einen periodisch arbeitenden Verschluß in der Zeit t in N einzelne Signale zerhackt. Diese laufen zu einem fernen Spiegel. Rückkehrend können die Signale den Verschluß noch verschlossen oder schon wieder offen antreffen.

Im zweiten Fall kann das Signal ins Auge des Beobachters gelangen. Dann gilt

Laufzeit des Lichtes = Periode des Verschlusses[1] = t/N

oder
$$\frac{2 \cdot l}{c} = \frac{t}{N}. \tag{66}$$

Der periodische Verschluß kann mechanisch (z. B. durch ein Zahnrad) oder elektrisch (durch hochfrequenten Wechselstrom) betätigt werden. Bei mechanischen Ausführungen wählt man den Laufweg $2\,l$ in der Größenordnung 20 km. Bei elektrischen Ausführungen kann man $2\,l$ bis auf wenige Meter verkleinern, doch benutzt man für Präzisionsmessungen Laufwege $2\,l$ von einigen 100 m Länge.

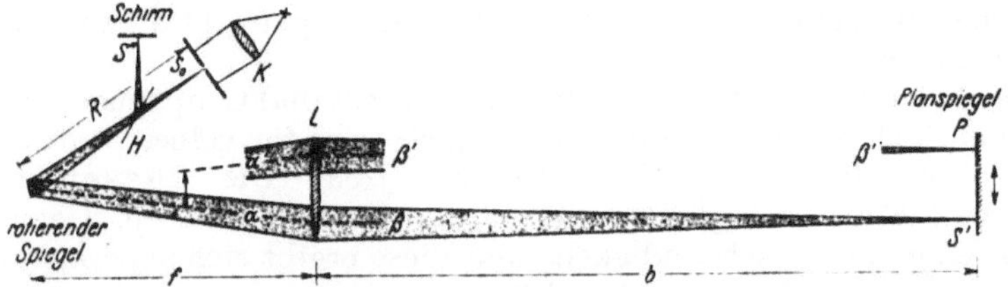

Abb 240. Zur Messung der Lichtgeschwindigkeit nach dem Verfahren von Foucault (1850), vereinfacht durch A. A Michelson 1878. Der rotierende Spiegel ist Eintrittspupille, der Strahlengang rechts von L telezentrisch Zahlenbeispiel: $R = 5{,}2$ m, $f = 10{,}5$ m; $b = 32$ m; Durchmesser von L und P je 30 cm Durchmesser des rotierenden doppelseitigen Spiegels 5 cm. N/t bis ca 400/sec, d. h. Drehfrequenz des Spiegels bis ca 200/sec; Verschiebung s des Spaltbildes bis zu 4 mm

Eine andere, für Vorführungszwecke bewährte Anordnung wird durch Abb. 240 erläutert. Diesmal sind nicht nur Hauptstrahlen, sondern die wirklich benutzten Lichtbündel dargestellt. S_0 ist die Lichtquelle, ein beleuchteter Spalt. Die Achse eines kleinen drehbaren Spiegels steht im Brennpunkt der Linse L. Bei (zunächst langsamer) Drehung sendet der Spiegel in der Zeit $t\,N$ Lichtsignale in die Öffnung der Linse L. Jedes Signal erzeugt ein Bild S' des Spaltes auf dem Planspiegel P. Nach der Spiegelung durchläuft das Lichtbündel rückkehrend den gleichen Weg in umgekehrter Richtung und entwirft am Ende ein Bild des ersten Spaltbildes S'. Das zweite Spaltbild S'' liegt innerhalb des Spaltes S_0, ist also unsichtbar. Man kann es aber mit Hilfe eines durchsichtigen Hilfsspiegels H (dunne planparallele Glasplatte) zur Seite legen und mit einem Schirm auffangen. Mit diesem Hilfsspiegel H besieht man sich das Prinzip der Anordnung: Zu diesem Zweck wird der Drehspiegel langsam mit der Hand hin und her bewegt. Dabei dreht sich der Teil α des Lichtbündels im Sinne des gebogenen Doppelpfeiles. Gleichzeitig verschiebt der Teil β des Lichtbündels sich selbst parallel. Beides ist mit den Bündelstücken α' und β' angedeutet. Das erste Spaltbild S' durchläuft dabei den ganzen Durchmesser des Planspiegels P im Sinne des geraden Doppelpfeiles. **Trotz dieser Bewegungen des Lichtbündels und des ersten Bildes S' bleibt das zweite Spaltbild S'' unverändert in Ruhe.** Das ist der entscheidende Punkt. Der Grund ist unschwer einzusehen: Bei kleinen Drehfrequenzen trifft jedes Lichtsignal den Drehspiegel auf dem Rückweg noch praktisch in der gleichen Stellung wie auf dem Hinweg.

Anders bei hohen Drehfrequenzen. Das rückkehrende Signal findet die Spiegeldrehung um einen kleinen Winkel fortgeschritten. Demgemäß ist auch das Spaltbild S'' um einen Weg s zur Seite verschoben. Man entfernt den Hilfsspiegel H und findet S'' jetzt auf der Spaltfläche im Abstand s seitlich neben

---

[1] Oder ganzzahliges Vielfaches.

dem Spalt S_0. Es gilt:

$$\text{Laufzeit} = \frac{\text{Laufweg}}{\text{Geschwindigkeit}}$$

oder

$$\frac{t}{N} \cdot \frac{s}{2\,R\,\pi} = \frac{2\,(f+b)}{c} \tag{67}$$

Die im Göttinger Hörsaal benutzten Daten sind aus der Satzbeschriftung ersichtlich. Sie ergeben bei $N/t = 400\ \text{sec}^{-1}$ eine Seitenversetzung $s = 3{,}7$ mm.

Man kann in Abb. 240 einen Teil des Laufweges in eine stark dispergierende Flüssigkeit verlegen, z. B. in Schwefelkohlenstoff. Dann kehrt das blaue Licht später zurück als das rote. Infolgedessen wird das Spaltbild S'' zu einem kurzen Spektrum ausgezogen.

Ferner ist jetzt die Unterscheidung von Phasen- und Gruppengeschwindigkeit zu beachten. Schwefelkohlenstoff hat beispielsweise für gelbes Licht der Wellenlänge $\lambda = 5{,}89 \cdot 10^{-7}$ m eine Brechzahl $n = 1{,}63$. Die Phasengeschwindigkeit v dieses Lichtes beträgt demnach $c/1{,}63 = 1{,}84 \cdot 10^8$ m/sec. Gemessen wird aber seine Gruppengeschwindigkeit, und diese ergibt sich experimentell erheblich kleiner, man erhält $v^* = 1{,}72 \cdot 10^8$ m/sec.

Dieser Wert von v^* entspricht der Gl. (65). Im CS_2 ist für gelbes Licht $\dfrac{d\,v}{d\,\lambda} = 2{,}12 \cdot 10^{13}\ \text{sec}^{-1}$. Das berechnet man aus der Dispersionszahl $\dfrac{d\,n}{d\,\lambda} = -1{,}88 \cdot 10^5\ \text{m}^{-1}$ und der Beziehung $\dfrac{d\,v}{d\,\lambda} = -\dfrac{c}{n^2}\dfrac{d\,n}{d\,\lambda}$.

§ 65. Messung der Lichtgeschwindigkeit mit Beobachtungen im beschleunigten Bezugssystem.

I. Fall: Lichtquelle außerhalb, Aberration.

In Abb. 241 fallen Wasserwellen mit gerader Front senkrecht auf eine Öffnung B. Die Öffnung sondert ein angenähert parallel begrenztes Bündel aus.

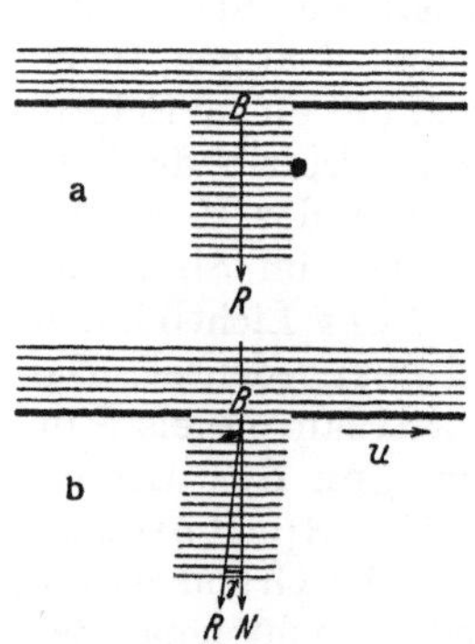

Abb. 241.   Aberration von Wasserwellen, schematisch.

Die Bündelbegrenzung ist auch hier ein wesentlicher Punkt. In Abb. 241 b wird der gleiche Versuch wiederholt, doch wird dabei diesmal die Öffnung B mit konstanter Geschwindigkeit u in der Pfeilrichtung bewegt. Jetzt wird der Hauptstrahl gebrochen. Bei dieser Art von Brechung weicht die Fortpflanzungsrichtung R der Welle hinter der Öffnung um den Winkel γ von der Wellennormalen N ab. Quantitativ gilt für kleine Ablenkungswinkel

$$\sin \gamma = \frac{u}{c}. \tag{68}$$

Dabei ist c die Phasengeschwindigkeit der Wellen in der Richtung N. Aus γ und u läßt sich c berechnen.

Der Ablenkungswinkel γ läßt sich nur feststellen, falls der Einfallswinkel (in Abb. 241 gleich Null) beobachtet werden kann. Anderenfalls muß man die Geschwindigkeit der Öffnung um einen bekannten Betrag $\varDelta u$ verändern und die zugehörige Richtungsänderung $\varDelta \gamma$ messen. Am einfachsten ändert man die Richtung der Geschwindigkeit um $180°$, man macht also $\varDelta u = 2\,u$ und erhält $\varDelta \gamma = 2\,\gamma$.

In der Optik führt der entsprechende Vorgang zur „Aberration des Lichtes".

Die Abb. 242 zeigt perspektivisch die Erde auf ihrer (praktisch kreisförmigen) Bahn um die Sonne, einmal an einem beliebigen Punkt J, ein halbes Jahr spater im Punkte D. Die beiden Pfeile geben nur die Bahngeschwindigkeit $u = 30$ km/sec zu den beiden Zeitpunkten. Die gemeinsame Geschwindigkeit unseres ganzen Planetensystems gegenuber der Milchstraße ist also außer acht gelassen. Wichtig ist nur die Geschwindigkeitsanderung Δu zwischen J und D. Ihr Betrag ist $2\,u = 60$ km/sec

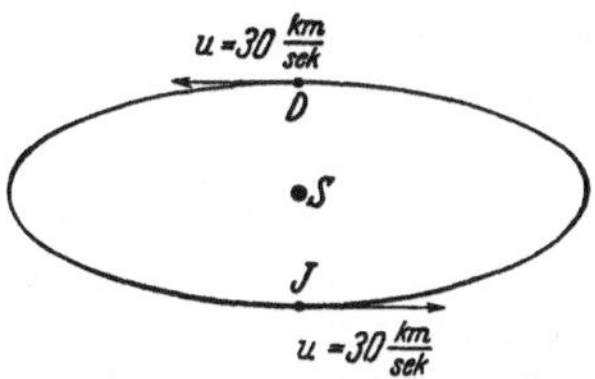

Abb 242. Anderung der Geschwindigkeit der. Erde langs ihrer Bahn um die Sonne.

In Abb. 243 wird der Winkelabstand δ der gleichen Fixsterne gemessen, oben von D, unten von J aus. Der eine Fixstern soll unweit der Erdbahnachse gesehen werden, der andere nahe der Erdbahnebene, und zwar in Richtung der Erdbahntangente. Der Winkel δ zwischen den beiden Sternen wird von J und D aus verschieden groß gemessen. Man findet $\delta_D - \delta_J = 2\,\gamma = 41$ Bogensekunden oder $\sin\gamma = 10^{-4}$. Daraus ergibt sich nach Gl. (68)

$$c = \frac{3 \cdot 10^4 \text{ sec}}{10^{-4} \text{ m}} = 3 \cdot 10^8 \frac{\text{m}}{\text{sec}}.$$

Infolge dieser Winkelanderungen vollfuhren alle Fixsterne nahe der Erdbahnachse im Laufe eines Jahres eine Kreisbahn von 41 Bogensekunden Durchmesser, ein kleines Abbild unserer Erdbahn. Man kann auch zwei Fixsterne nahe der Erdbahnebene beobachten, den einen in radialer, den anderen in tangentialer Richtung Ihr Winkelabstand schwankt ebenfalls im Jahre um $\pm\gamma = 20{,}5$ Bogensekunden, doch erscheint ihre Bahn als Gerade Sterne zwischen der Achse und der Ebene der Erdbahn durchlaufen im Jahre elliptische Bahnen mit einer großen Achse von 41 Bogensekunden. Die ganze Erscheinung heißt die Aberration. Sie ist von Bradley entdeckt und 1728 gedeutet

Abb. 243. Der Winkelabstand δ zweier Fixsterne andert sich mit der Jahreszeit Astronomische Aberration.

worden Das Verhaltnis $u/c = $ Erdbahn- zur Lichtgeschwindigkeit heißt bei den Astronomen die „Aberrationskonstante". Sie läßt sich für Fixsterne nahe der Erdbahn auch mit Hilfe des Dopplereffektes (§ 67) messen.

Bei den Wasserwellen (Abb. 241) kann man die Geschwindigkeit der Öffnung gegenüber dem Träger der Wellen, dem Wasser, angeben. Bei der Aberration des Lichtes ist uns die entsprechende Geschwindigkeit unbekannt. Daher enthält auch die Abb. 243 keine Angaben über die Richtung des Lichtes vor seinem Eintritt in die bündelbegrenzende Öffnung[1]. Die Aberration entsteht lediglich durch die bekannte Änderung einer Geschwindigkeit von unbekannter Größe. Wir benutzen die Erdbahn als großes Karussell, also als ein beschleunigtes Bezugssystem. (Bei Präzisionsmessungen ist natürlich auch die Achsendrehung der Erde sinngemäß zu berücksichtigen.)

II. Fall: Auch die Lichtquelle im beschleunigten Bezugssystem.

Die Aberration des Lichtes läßt sich bisher nicht mit Hilfsmitteln des Laboratoriums vorführen. Man kann noch keine Geschwindigkeit u in der erforderlichen Größe herstellen. Anders bei dem jetzt folgenden Versuch: Bei ihm befindet sich nicht nur der Beobachtungsapparat (Fernrohr), sondern auch die Lichtquelle innerhalb des beschleunigten Bezugssystems.

---

[1] In Abb. 243 oben ist die Öffnung mit einer Blende B markiert. Bei astronomischen Messungen ubernimmt naturlich die Linsenoffnung die Rolle der Blende.

Wir bringen das Schema in seiner einfachsten Form. Die Abb. 244 zeigt in Aufsicht ein Karussell, es sei zunächst in Ruhe. Vom Orte A gehen zwei kohärente Lichtbündel *1* und *2* aus. Sie gelangen durch Spiegel an den Ecken eines Polygons reflektiert zum Orte B. Dort werden sie in geeigneter Weise vereinigt, und dabei erzeugen sie eine Interferenzerscheinung, z B. Kurven gleicher Neigung. Die Lage der Streifen wird photographisch fixiert. Alsdann wird das Karussell dem Uhrzeigersinn entgegen in Drehung gesetzt und die Interferenzerscheinung abermals photographiert: Jetzt findet man die Streifen um den Bruchteil Z des Streifenabstandes verschoben. Aus der Größe dieser Verschiebung läßt sich die Lichtgeschwindigkeit berechnen.

Begründung: Wir wählen unseren Standpunkt außerhalb des Karussells. Außerdem denken wir uns den Polygonweg von A nach B durch den Halbkreisumfang ersetzt, also durch $r\pi$. Dann heißt es: Jedes der beiden Lichtbündel braucht für den Weg von A nach B die Zeit $t = r\pi/c$. Während dieser Zeit ist das Ziel, der Ort B, mit der Geschwindigkeit $u = \omega r$ vorgerückt, und zwar um die Wegstrecke

$$s = \omega r \cdot t = \frac{\omega r^2 \pi}{c} = \frac{\omega F}{c}.$$

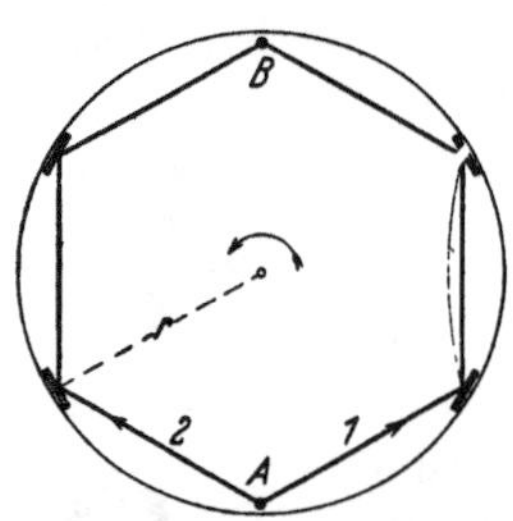

Abb. 244. Zur Messung der Lichtgeschwindigkeit durch Interferenzversuche auf einem Karussell. In diesem einfachen Schema sind die an den Orten A und B befindlichen Teile der Interferometeranordnung nicht mitgezeichnet worden.(Strenggenommen mußte man die Polygonseiten, also die Teilstrecken des Lichtweges, schwach gekrümmt zeichnen, entsprechend der Bahnkrümmung durch Corioliskräfte in der Mechanik. Das wird für den gewählten Drehsinn rechts im Bilde mit der punktierten Linie angedeutet.)

($\omega = 2\pi N/t =$ Winkelgeschwindigkeit des Karussells mit der Drehfrequenz N/t. F ist die von beiden Lichtwegen *1* und *2* umfaßte Fläche.)

Infolgedessen hat das Lichtbündel *1* einen um s längeren Weg zu durchlaufen, das Lichtbündel *2* einen um s kürzeren. Auf diese Weise entsteht zwischen den beiden Lichtbündeln als Folge der Rotation ein Gangunterschied

$$\Delta = 2s = \frac{2\omega F}{c} \tag{69}$$

Der Gangunterschied ergibt eine Verschiebung der Interferenzstreifen. Sie läßt sich unschwer um den Faktor 4 vergrößern. Erstens legt man die Punkte A und B nebeneinander und läßt beide Lichtbündel den vollen Karussellumfang durchlaufen. So verdoppelt man Weg und Streifenverschiebung. Zweitens wechselt man den Drehsinn während des Versuches und verdoppelt dadurch die Streifenverschiebung nochmals. Man erzielt so als Gesamtgangunterschied

$$\Delta = \frac{8\omega F}{c} \quad \text{oder} \quad \frac{\Delta}{\lambda} = \frac{8\omega F}{c\lambda}. \tag{70}$$

Zahlenbeispiel: Es soll ein Gangunterschied $\Delta = \lambda/3$ erreicht werden, also mit Wechsel des Drehsinnes eine Streifenverschiebung von $1/3$ Streifenabstand. Es ist für gelbes Licht $\lambda = 0,6\,\mu = 6 \cdot 10^{-7}$ m, ferner $c = 3 \cdot 10^8$ m/sec. Also muß das Produkt $NF/t = 1,2$ m²/sec gemacht werden. Das läßt sich experimentell auf recht verschiedene Weise erreichen. Beispiele:

1. Karussell mit 1,2 m² Fläche und $N/t = 1$ sec⁻¹, d. h. 1 Umlauf je Sekunde.

2. Die Interferenzanordnung wird an Bord eines Dampfers aufgestellt. Der Strahlengang umfaßt eine Fläche $F = 120$ m², und der Dampfer durchfährt in 100 sec einen vollen Kreis, also $N/t = 10^{-2}$ sec⁻¹ (bei Drehbewegungen ist die Winkelgeschwindigkeit von der Lage der Drehachse unabhängig).

3. Der Strahlengang umfaßt (durch oberirdische luftleere Rohrleitungen geschützt) eine Fläche der Größenordnung $F = 10^5$ m². Dann genügt als Winkelgeschwindigkeit $\omega = 2\pi N/t$ die der Erde oder, strenger, ihre zum Beobachtungsort senkrechte Komponente. So erhält man ein optisches Analogon zum Foucaultschen Pendelversuch (Mechanikband, § 67).

Man kann die Erde weder anhalten noch ihren Drehsinn andern. Infolgedessen verlangt die Bestimmung der ursprünglichen Streifenlage einen Kunstgriff: Man läßt das Licht der Interferenzanordnung erst eine verschwindend kleine Fläche umfassen, und dann spater die große. So verliert man zwar in Gl. (70) einen Faktor 2, aber trotzdem hat der von A. A. Michelson (1925) ausgeführte Versuch ein einwandfreies Ergebnis geliefert.

Keine dieser Ausführungsformen eignet sich für Schauversuche. Die Sicherung der Anordnung gegen Störungen durch Zentrifugalkräfte und Temperaturschwankungen erfordert erheblichen Aufwand. Deswegen ließen wir es oben mit dem einfachen Schema, ohne Einzelheiten des Strahlenganges, bewenden.

§ 66. Frequenz des Lichtes. Aus der Phasengeschwindigkeit c und der Länge einer Welle kann man eine Frequenz ν berechnen. Es gilt für jede Welle

$$\nu \cdot \lambda = c. \tag{71}$$

Mit dieser Gleichung bekommt man für sichtbares monochromatisches Licht ($\lambda \approx 0,6\ \mu$) eine Frequenz der Größenordnung $5 \cdot 10^{14}$ sec⁻¹.

Für Schallwellen und nicht allzu kurze elektrische Wellen kann man die Frequenz ν selbst messen. Man kann die Wellen an einem Beobachtungsort vorbeilaufen lassen und sie mit genügend trägheitsfreien Instrumenten registrieren oder abzählen. — Für Lichtwellen ist beides unmöglich.

Für Schallwellen und elektrische Wellen findet man ferner die nach Gl. (71) berechnete Frequenz in Übereinstimmung mit der Schwingungsfrequenz des Senders. Auch diese läßt sich meist direkt messen oder aus makroskopischen, mechanischen oder elektrischen Daten des Senders berechnen. Bei Lichtwellen ist auch das unmöglich, abgesehen von den langen Wellen der Reststrahlen ($\lambda = 50 - 150\ \mu$), vgl. § 112.

In der Optik werden immer Wellenlängen gemessen. Die Frequenzen des Lichtes sind uns nur als Rechengrößen zugänglich. Trotzdem ist der Begriff der Frequenz auch in der Optik von großem Nutzen. Wir werden ihn schon im nächsten Paragraphen verwenden. Später wird er uns zu einer brauchbaren Deutung der Dispersionserscheinungen führen und schließlich alle energetischen Beziehungen der Strahlung beherrschen.

§ 67. Der Dopplereffekt des Lichtes. Bei mechanischen Wellen, z. B. Schallwellen, kann sich sowohl der Empfänger wie der Sender gegenüber dem Übertrager der Wellen, z. B. der Luft, bewegen. Ihre Geschwindigkeit u läßt sich sauber definieren und messen. — Bei beiden Bewegungen stimmt die vom Empfanger beobachtete Frequenz ν' nicht mit der des Senders überein. Das nennt man den Dopplereffekt. Man bekommt (Mechanikband, S. 240) bei Bewegung des Empfängers

$$\nu' = \nu\left(1 \pm \frac{u}{c}\right), \tag{72}$$

hingegen bei Bewegung des Senders (obere Vorzeichen für Abstandsverminderung)

$$\nu' = \frac{\nu}{\left(1 \mp \dfrac{u}{c}\right)} = \nu\left(1 \pm \frac{u}{c} + \frac{u^2}{c^2} \pm \cdots\right). \tag{73}$$

Wir wollen uns in diesem Paragraphen auf kleine Werte des Verhältnisses u/c beschränken und daher das Glied u^2/c^2 sowie alle höheren vernachlässigen. Dann

sind die Gl. (72) und (73) nicht mehr verschieden. Die beobachtete Frequenzänderung $(v' - v)$ hängt dann nur noch von der **Relativgeschwindigkeit** u
zwischen Sender und Empfänger ab. Es gilt

$$v' = v\left(1 \pm \frac{u}{c}\right). \tag{74}$$

In dieser Form spielt der Dopplereffekt in der Optik eine große Rolle.

Für qualitative Schauversuche muß die Geschwindigkeit u einige Zehntel
der Lichtgeschwindigkeit c betragen. Das läßt sich im Laboratorium bis heute
nur mit elektrischen Hilfsmitteln erreichen. Man muß Kanalstrahlen als
schnell bewegte Lichtquelle anwenden
(Abb. 245).

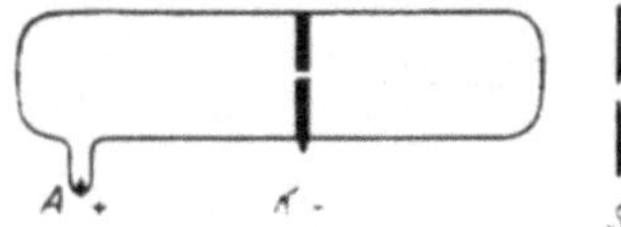

Abb. 245. Einfaches Kanalstrahlrohr zur Beobachtung des Dopplereffektes. Druck etwa 10^{-3} mm
Hg. U etwa 10^4 Volt (vgl. Elektr.-Lehre § 101).

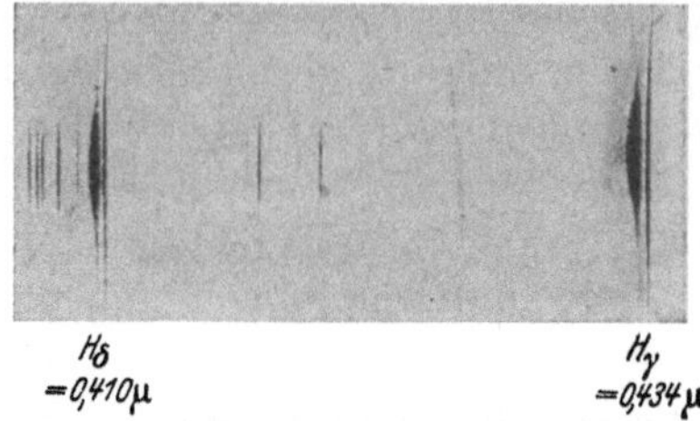

Abb. 245a. Dopplereffekt im Spektrum von H-
Kanalstrahlen. Die scharfen Linien H_γ und H_δ
ruhren von ruhenden Atomen her, die links anschließenden breiten von den mit uneinheitlicher
Geschwindigkeit bewegten.

Zwischen der Kathode K und der Anode A befindet sich Wasserstoff von etwa 10^{-3}
bis 10^{-4} mm Druck. Eine Spannung von etwa 30 000 Volt erzeugt eine selbständige Entladung. Aus dem Kanal schießen positiv geladene Wasserstoffionen als Kanalstrahlen
heraus. Beim Zusammenstoß mit den ruhenden Atomen werden die Wasserstoffionen zur
Lichtemission angeregt. Man beobachtet in der Flugrichtung der Kanalstrahlen mit einem
Spektralapparat und sieht das in Abb. 245a wiedergegebene Bild.

Man kann den optischen Dopplereffekt auch mit mechanisch erzeugten
Geschwindigkeiten beobachten. Derartige Versuche sind mehrfach ausgeführt
worden. Man hat entweder die Lichtquelle selbst (Hg-Bogenlampe) oder Teile
einer optischen Anordnung (Spiegel oder diffus reflektierende Flächen) auf die
Peripherie eines rasch umlaufenden Rades gesetzt und das Licht in tangentialer
Richtung beobachtet. Dabei konnte man aus Gründen mechanischer Festigkeit
kaum über Geschwindigkeiten von $\pm$ 100 m/sec herausgehen. Somit war u/c nur
etwa gleich $\pm 3 \cdot 10^{-7}$, d. h. man bekam Wellenlängenänderungen $\varDelta \lambda$, von noch
nicht $10^{-6} \lambda$. Diese ließen sich mit den leistungsfähigsten Interferenzspektralapparaten gerade noch nachweisen.

Die Versuche mit schnell bewegten reflektierenden Flächen rechtfertigen
kaum den großen experimentellen Aufwand. Sie zeigen im Grunde nicht mehr
als die Umdeutung einer allbekannten Beobachtung bei Interferenzversuchen.
Wir wählen für ein Beispiel einen aus zwei spiegelnden Flächen gebildeten Luftkeil (Abb. 162). Wir verschieben die eine Fläche langsam und ändern so stetig
den Gangunterschied der beiden einander durchschneidenden Wellenzüge. Dabei
wandern die Streifen durch das Gesichtsfeld. Infolgedessen schwankt die Bestrahlungsstärke an einem bestimmten Ort des Gesichtsfeldes periodisch. Diese
periodische Schwankung kann man als Schwebung zweier Lichtwellenzüge betrachten. Der für die Schwebung notwendige kleine Frequenzunterschied entsteht durch den Dopplereffekt an der bewegten spiegelnden Oberfläche. Diese
Betrachtung läßt sich einwandfrei quantitativ durchführen.

Der optische Dopplereffekt hat für die Astronomie außerordentliche Bedeutung gewonnen. Man beobachtet in Spektren ferner Fixsterne oder Sternsysteme die Linienspektra bekannter Elemente oft in Richtung längerer oder kürzerer Wellen verschoben. Diese Verschiebung deutet man in der Mehrzahl der Fälle wohl einwandfrei als Dopplereffekt. Aus seiner Größe berechnet man die Radialgeschwindigkeit u_r zwischen den Sternen und uns. Besonders große Verschiebungen, und zwar immer in Richtung längerer Wellen („Rotverschiebungen"), beobachtet man in den Spektren der außergalaktischen Spiralnebel (= Milchstraßensysteme). Sie führen überraschenderweise auf Radialgeschwindigkeiten bis über ein Zehntel der Lichtgeschwindigkeit.

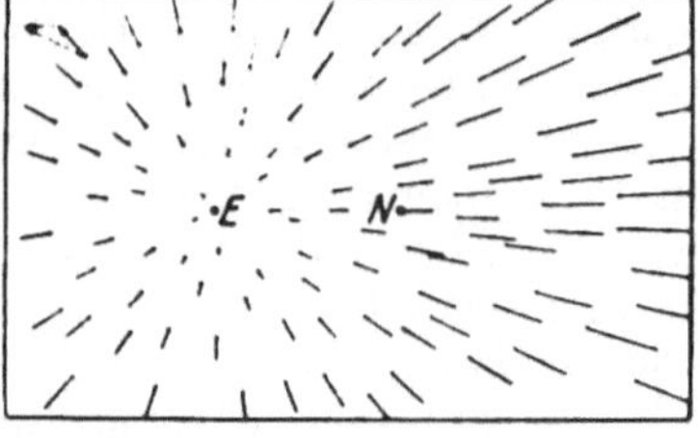

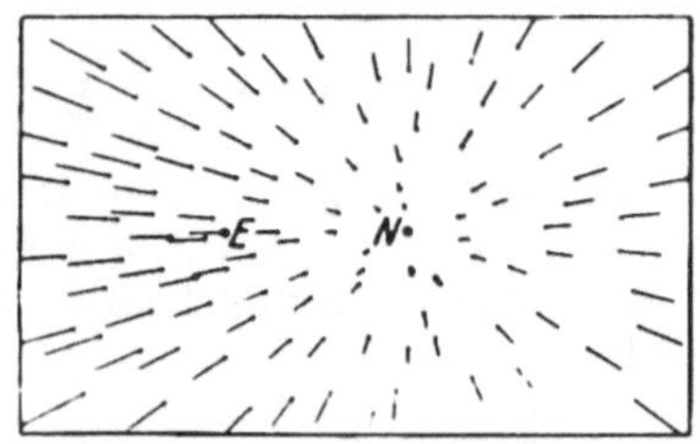

Dabei sind alle Geschwindigkeiten von der Erde fortgerichtet, ihre Größe steigt proportional zur Entfernung der Nebel von uns. Das wird durch das Teilbild a in Abb. 246 veranschaulicht (E = Erde). Die Strichlängen entsprechen den Geschwindigkeiten. Die heute beobachtbaren Entfernungen gehen bis zu $5 \cdot 10^8$ Lichtjahren.

Diese von E. Hubble entdeckte Beziehung scheint unserer Erde eine unwahrscheinliche Sonderstellung zuzuschreiben. Dem ist aber nicht so. Das Teilbild a kann auch ein Wettrennen von Schülern darstellen. Anfänglich waren alle Schuler am Orte E um den Lehrer geschart. Dann haben alle im

Abb. 246. Zur radialen Fluchtbewegung der Spiralnebel, erschlossen aus der „Rotverschiebung" der Spektrallinien Oben E, unten N Standpunkt des Beobachters.

gleichen Zeitpunkt ihren Lauf in beliebiger Richtung begonnen; ihr Ziel ist ein ferner, um E geschlagener Kreis. Im Augenblick der Beobachtung gibt jeder schwarze Punkt im Teilbild a den Ort eines Läufers, und die Strichlänge seine Geschwindigkeit. Die seit dem Start in E zurückgelegten Entfernungen sind der Geschwindigkeit der Läufer proportional. Die schnellsten Läufer sind am weitesten gekommen.

Das Teilbild b zeigt das gleiche Wettrennen, beobachtet im gleichen Zeitpunkt, jedoch nicht vom Standpunkt des Lehrers E, sondern von einem beliebigen, am Laufe beteiligten Schüler N. Das Bild b geht sehr einfach aus dem Bild a hervor. Man braucht nur den zu N gehörigen Geschwindigkeitspfeil im Teilbild a von allen übrigen, im Teilbild a vorhandenen Geschwindigkeitspfeilen vektoriell zu subtrahieren. (Links oben für ein Beispiel gestrichelt.) Jetzt steht nicht mehr E, sondern N im Mittelpunkt der allgemeinen radialen Fluchtbewegung.

§ 68. Der Dopplereffekt bei großen Geschwindigkeiten.

In § 67 haben wir uns auf kleine Werte des Verhältnisses u/c beschränkt und das quadratische Glied u^2/c^2 in Gl. (73) vernachlässigt. Diese Beschränkung lassen wir jetzt fortfallen. Dann können wir an Hand der Abb. 247 folgendes optische Gedankenexperiment anstellen.

In Zeile A sei S der Sender, E der Empfänger. Beide bewegen sich aufeinander zu, und zwar gegenüber dem Erdboden mit entgegengesetzt gleicher Geschwindigkeit $u_S = u_E = 30$ km/sec. Alsdann beachten wir die Bahngeschwindigkeit der Erde u_E. Wir

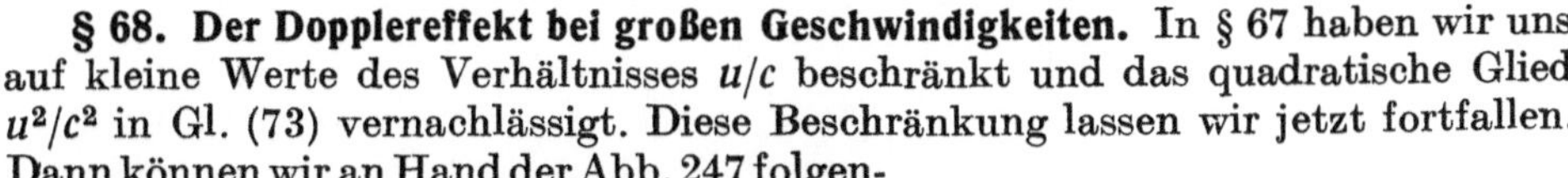

Abb. 247. Zum Dopplereffekt des Lichtes.

legen sie parallel zu u_S. Dann haben wir den Fall der Zeile B. Der Empfänger E ist in Ruhe, der Sender S bewegt sich mit der Geschwindigkeit $u_S + u_E = 60$ km/sec nach rechts, die Frequenzänderung ist nach Gl. (73) zu berechnen. Darauf drehen wir den Apparat und damit den Lichtweg um 180°. Jetzt haben wir den Fall der Zeile C. Jetzt ruht der Sender. Der Empfänger E bewegt sich mit der Geschwindigkeit 60 km/sec nach rechts. Wir haben Gl. (72) anzuwenden und finden eine um den Betrag u^2/c^2 kleinere Frequenzänderung.

Somit würde das Ergebnis dieser Dopplereffektbeobachtung abhängen von der **Orientierung** des Apparates relativ zur Erdbahngeschwindigkeit u_E. Eine solche Abhängigkeit des Beobachtungsergebnisses von der Orientierung des Apparates ist aber trotz hartnäckigen Suchens für kein einziges elektrisches und optisches Experiment gefunden worden, selbst nicht bei einer die achte Dezimale erfassenden Meßgenauigkeit (Elektrizitätslehre, Kapitel XVI). Daraus ergibt sich die zwingende Folgerung: Die in der Mechanik geltenden Gl. (72) und (73) dürfen **nicht** auf die Optik übertragen werden, wenn die Beobachtungsgenauigkeit auch das Glied zweiter Ordnung u^2/c^2 erfaßt. In der Optik darf man nicht zwischen bewegtem Sender und bewegtem Empfänger unterscheiden. Die beiden Gl. (72) und (73) sind durch eine einzige zu ersetzen, nämlich

$$\nu' = \nu\left(1 \pm \frac{u}{c}\right)\Big/ \sqrt{1 - \frac{u^2}{c^2}} = \nu\left(1 \pm \frac{u}{c} + \frac{1}{2}\frac{u^2}{c^2} \pm \cdots\right). \tag{75}$$

Zur Herleitung dieser Gleichung benutzt man die in der Elektrizitätslehre behandelten Lorentztransformationen. Die experimentelle Prüfung der Gl. (75) ist erst 1938 an Kanalstrahlen durchgeführt worden, und zwar mit positivem Erfolge.

VIII. Polarisiertes Licht.

§ 69. Unterscheidung von Quer- und Längswellen. In der Mechanik haben
wir Quer- und Längswellen unterscheiden gelernt. Die Abb. 248 gibt als Beispiel
zwei „Momentbilder". Das obere zeigt
eine Querwelle, z. B. längs eines Seiles.
Man sieht Wellenberge und -täler. Das
untere Momentbild zeigt eine Längswelle, z. B. eine Schallwelle in einem
Rohr. Man sieht Verdichtungen und
Verdünnungen[1]. — Eine Längswelle
zeigt um ihre Laufrichtung herum ein
allseitig gleiches Verhalten, eine Querwelle hingegen kann eine ausgesprochene

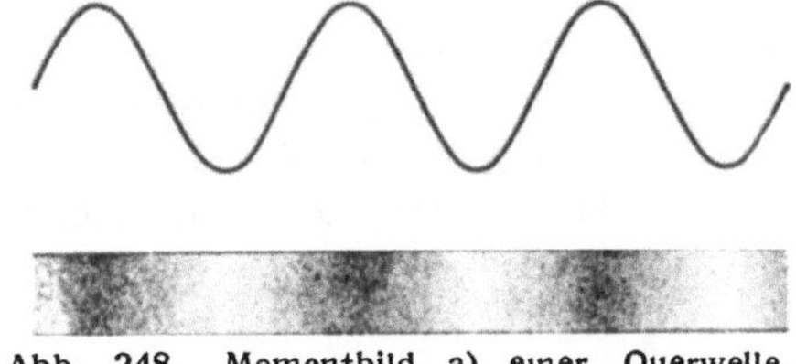

Abb 248. Momentbild a) einer Querwelle,
b) einer Langswelle.

„Einseitigkeit" besitzen. Sie kann, wie in Abb. 248 oben, „linear polarisiert"
sein. Das soll näher ausgeführt werden.

Man blicke senkrecht zur Laufrichtung der Welle und betrachte die Versuche.
Zunächst sei die Blickrichtung senkrecht zur Papierebene gestellt: Beide Wellen-
vorgänge erscheinen in voller Deutlichkeit. Dann denke man sich die Blickrichtung in die Papierebene gelegt: Am Aussehen der Längswelle hat sich nichts
geändert, die Querwelle hingegen ist unsichtbar geworden. Man sieht das Seil
nur noch als ruhende gerade Linie. Die Querwelle besitzt also in Abb. 248 eine
Einseitigkeit, gekennzeichnet durch eine „Schwingungsebene". Der Vorgang
der Querwelle wird unsichtbar, wenn sich das Auge in der Schwingungsebene
befindet.

In der Mechanik kann also Einseitigkeit oder Polarisation nur bei Querwellen
auftreten. Aber man hüte sich vor der Umkehr des Satzes: Das Fehlen der Einseitigkeit spricht nicht gegen Querwellen. Bei Querwellen kann nämlich die Lage
der Schwingungsebene rasch und
regellos wechseln. Dann fehlt auch bei
Querwellen im zeitlichen Mittel
eine Einseitigkeit.

Trotzdem ist auch in diesem Fall
eine experimentelle Entscheidung
zwischen Längs- und Querwellen
möglich. Das veranschaulichen wir
wieder mit einem mechanischen Versuch. In Abb. 249 erzeugt eine Hand

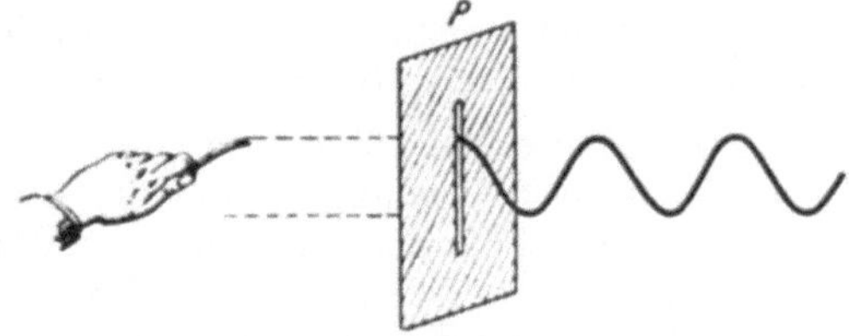

Abb. 249. Ein Spalt *P* als Polarisator bei mechanischen Querwellen.

Querwellen auf einem langen Gummiseil. Die Hand hat feste Frequenz und Amplitude, wechselt aber dauernd und regellos ihre Schwingungsrichtung. Infolgedessen wechselt die Schwingungsebene der Wellen regellos, die Wellen erfüllen

---

[1] Abb. 248 ist als „Momentphotographie" zweier Experimente zu denken, zeichnerisch
läßt sich auch jede Längswelle mit einer Wellenlinie darstellen. In der Zeichnung einer Schallwelle kann dann die Ordinate die Luftdichte bedeuten, also Wellenberg gleich Verdichtung.

einen zylindrischen Bereich mit der Laufrichtung als Achse. Der Schnitt des
Zylinders mit der Zeichenebene ist durch zwei gestrichelte Gerade angedeutet.
Dann kommt der wesentliche Punkt. Bei P durchsetzt das Seil einen schmalen
Spalt. Dieser Spalt wirkt als „Polarisator" Er sondert aus dem Gemisch der
rasch wechselnden Schwingungsebenen eine einzige feste Schwingungsebene
aus. Diese liegt in Abb. 249 der Papierebene parallel. Daher kann rechts vom
Polarisator P eine linearpolarisierte Welle beobachtet werden. Ihre Einseitigkeit
erweist eindeutig den Charakter der zum Polarisator laufenden Wellen: Es sind
Querwellen.

§ 70. Licht als Querwelle. Die in der Mechanik gewonnenen Erkenntnisse
sind sinngemäß auf die Optik zu übertragen. — Soll man das Licht mit Längs-
oder mit Querwellen beschreiben ?

Wir knüpfen an die Grundbeobachtung der Optik an, die sichtbare Spur des
Lichtes in einem trüben Mittel. Als solches wahlen wir Wasser mit feinen Schwebeteilchen Das Lichtbündel zeigt rings um seine Langsrichtung herum ein allseitig
gleiches Aussehen, man beobachtet keine Ein-
seitigkeit. Aber erst ein positiver Befund, das
Auftreten einer Einseitigkeit, kann Längswellen
ausschließen und eindeutig zugunsten von Querwellen entscheiden. Diesen positiven Befund
erhält man auf folgendem Wege:

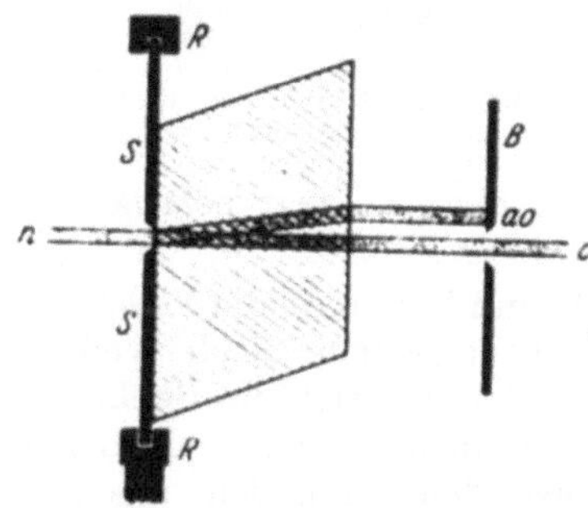

Abb. 250. Zur Vorfuhrung der Doppelbrechung. Eine dicke Kalkspatplatte
(naturliches rhomboedrisches Spaltstuck)
ist auf einer Scheibe SS befestigt. Diese
kann innerhalb des Ringes RR um die
Richtung $n-o$ als Achse gedreht werden Durch Hinzufugen der Lochblende B
entsteht ein einfacher Polarisator. (Fur
§ 72 ist die Richtung der optischen Achse
schraffiert worden)

Erasmus Bartholinus, ein Dane, hat 1669
die „Doppelbrechung" entdeckt. Er ließ
ein Lichtbündel n senkrecht auf eine Platte
aus isländischem Doppelspalt ($CaCO_3$) auffallen
(Abb. 250). Dabei fand er eine Aufspaltung
des Lichtbündels in zwei Teilbundel — Das
eine der beiden, das mit o bezeichnete, durchsetzt die Kristallplatte ohne Knickung in der
ursprünglichen Richtung. Es zeigt also den
gleichen Verlauf wie bei jeder senkrecht getroffenen Glasplatte. Man nennt das Teilbündel o daher das „ordentliche" (ordinare).
Das andere Teilbundel ao erfahrt trotz des senkrechten Auffalles eine Brechung
und verlaßt den Kristall mit einer Parallelversetzung. Dies zweite Teilbundel
heißt das „außerordentliche" (extraordinare).

Es gibt mehrere Möglichkeiten, das eine der beiden Teilbündel auszuschalten.
Im einfachsten Fall genugt schon die Blende B in Abb 250. Sie laßt nur das
ordentliche Lichtbundel hindurch. — Durch die Ausschaltung des einen Teilbündels entsteht aus einem doppelbrechenden Kristall ein Polarisator. Er
leistet fur das Licht die gleichen Dienste wie der Spaltpolarisator für die mechanischen Seilwellen (Abb. 249). Das wird der nachste Versuch ergeben.

Wir lassen das Licht einen Polarisator durchsetzen und verfolgen dann seine
Spur in einem Trog mit trubem Wasser. Jetzt zeigt das Lichtbundel eine krasse
Einseitigkeit: Wir können, senkrecht auf das Lichtbundel blickend, das Auge
rings um die Bundelachse herumfuhren. In zwei um 180° getrennten Stellungen
vermag das Auge nichts vom Lichtbündel zu sehen. In dieser Stellung befindet
sich das Auge innerhalb der Schwingungsebene. Die Lage dieser Schwingungsebene markieren wir am Polarisator mit einem Zeiger.

Nunmehr konnen wir die Beobachtung bequemer gestalten Wir behalten unsere Augenstellung bei, benutzen den Zeiger als Handgriff und drehen den Polarisator um die Bündelrichtung als Achse (Abb. 251). So läßt sich der Wechsel zwischen guter Sichtbarkeit des Lichtbündels und volliger Unsichtbarkeit ein-drucksvoll einem großen Kreise vorführen.

Wir fassen zusammen: Mit Hilfe eines Polarisators kann man Lichtbündel her-stellen, denen man Quer-wellen mit einer festen Schwingungsebene zuord-nen muß. Das Licht-bündel wird unsicht-bar, wenn sich das Auge innerhalb der Schwingungsebene be-

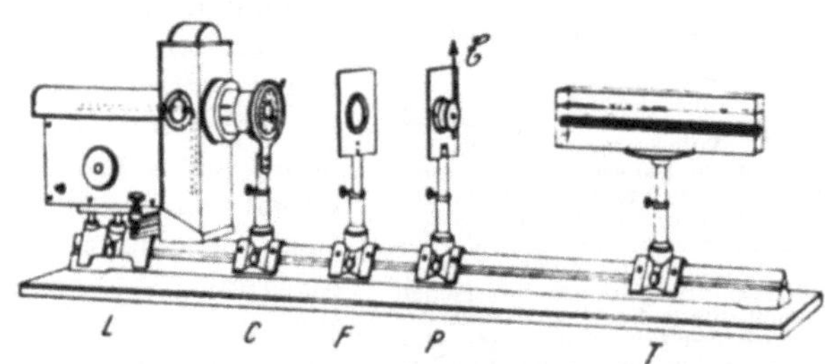

Abb. 251 Vorfuhrung der Schwingungsebene des Lichtes $P =$ Polarisator. (Das Wasser im Trog wird durch Zusatz einiger Tropfen alkoholischer Mastixlosung getrubt und vor Gebrauch filtriert)

findet So kann man die Lage der Schwingungsebene im Polarisator festlegen und mit einem Zeiger markieren.

Durch die Entdeckung der Polarisation hat die Darstellung des Lichtes mit Hilfe von Wellen erheblich an Inhalt gewonnen. Wir können jetzt sagen: Unser oft benutztes Wellenschema, eine Wellenlinie, im einfachsten Fall eine Sinuslinie, bedeutet in der Optik das Bild einer Querwelle. Ihre „Ausschlage" können parallel einer Ebene erfolgen, die Lichtwelle kann linear polarisiert sein. Folglich ist der „Ausschlag" und sein Höchstwert, „Amplitude"[1] genannt, eine gerichtete Größe, ein quer zur Laufrichtung der Welle gerichteter Vektor. Wir wollen daher den „Ausschlag" einer Lichtwelle fortan den „Lichtvektor" nennen und zunächst ihn selbst, später (nach § 79) auch seine Amplitude mit dem Buch-staben $\mathfrak{E}$ bezeichnen. Über die physikalische Natur des Lichtvektors brauchen wir einstweilen keine Aussage zu machen. Wir beschranken uns, wie bisher, bei der Darstellung der optischen Erscheinungen auf das unbedingt Notwendige.

§ 71. Polarisatoren verschiedener Bauart. Der in Abb. 250 skizzierte Polari-sator liefert nur Lichtbundel von einigen Millimetern Durchmesser, anderenfalls benötigt man dicke und kostspielige Platten aus Kalkspat oder einem anderen doppelbrechenden Kristall. Zur Vermeidung dieses Ubelstandes hat man eine Reihe anderer Polari-satorkonstruktionen ersonnen.

Bei der ersten Gruppe schaltet man das eine der beiden Teilbundel durch Reflexion aus, und zwar durch Totalreflexion. Zu diesem Zweck zerschneidet man ein Kalk-spatstuck[2] in schrager Richtung

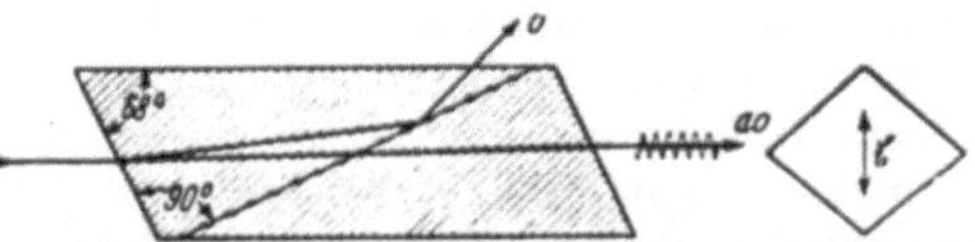

Abb 252 Ein „Nikol", d h ein Polarisator nach Wil-liam Nicol (1828) in Langs- und Querschnitt Nur fur bescheidene Anspruche Durchgelassen wird das außer-ordentliche Lichtbundel Seine Schwingungsebene (elektrischer Vektor) liegt parallel zur kurzen Diagonale des rautenformigen Querschnittes (Die optische Achse genannte Richtung ist durch Schraffierung angedeutet)

(Abb. 252) und trennt die beiden Stucke durch eine durchsichtige Zwischenschicht von passender Brechzahl (z. B. Kanadabalsam oder Leinol). Bei guten Aus-führungsformen sollen die beiden Endflachen senkrecht zur Langsrichtung stehen

---

[1] Vgl. § 10, Schluß.

[2] Alle aus Kalkspat hergestellten Polarisatoren sind im Ultravioletten unbrauchbar. Kalkspat und vor allem der Kitt der Trennflachen absorbieren die kurzen Wellen. Ersatz in Abb. 257. Im Ultraroten sind sie bis $\lambda = 2,5\,\mu$ anwendbar (weiteres S. 151).

(Abb. 253). Bei diesen Formen erfährt das durchgelassene Teilbündel keine seitliche Versetzung, beim Drehen des Polarisators „schlägt" es nicht

Bei der zweiten Gruppe von Polarisatoren schaltet man eines der beiden Teilbündel durch **Absorption** aus. Alle doppelbrechenden Kristalle sind dichroitisch, d. h. sie absorbieren ihre beiden polarisierten Teilbündel verschieden stark. Bei einigen von ihnen erstreckt sich das eine der beiden Absorptionsspektren bis zum Ultraroten, das andere endet schon im Ultravioletten. Derartige Kristalle lassen bei passend gewählter Schichtdicke praktisch nur eines der beiden polarisierten Teilbündel austreten. So gelangt man zu sehr handlichen plattenförmigen Polarisatoren. Für das sichtbare Spektrum eignen sich besonders etwa 0,3 mm dicke, für das Auge schwach olivgrüne Platten aus schwefelsaurem Jodchinin (W. B. Herapath

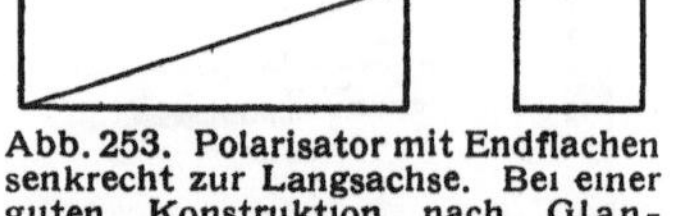

Abb. 253. Polarisator mit Endflächen senkrecht zur Langsachse. Bei einer guten Konstruktion nach Glan-Thompson umfaßt das sehr gleichmäßig polarisierte Gesichtsfeld etwa 30°. Verschiedene, äußerlich ähnliche Ausführungsformen unterscheiden sich durch die Orientierung der Achsenrichtung des Kalkspates. Man muß daher bei Unkenntnis der Bauart die Lage der Schwingungsebene experimentell bestimmen, z. B. nach § 70

1852). Diese Polarisatoren sind heute unter dem Namen „Herotar" bis zu etwa 6 cm Durchmesser käuflich.

Für technische Zwecke werden neuerdings außerdem „Polarisationsfolien" in beliebiger Größe hergestellt. Sie bestehen meistens aus zahlreichen kleinen, parallel gerichteten „Herapathit"-Kristallen in einem filmartigen Bindemittel.

Eine dritte Art von Polarisatoren wird in § 85 beschrieben werden.

§ 72. Doppelbrechung, insbesondere von Kalkspat und Quarz. Polarisiertes Licht spielt in der Optik eine große Rolle. Es wird uns in den späteren Kapiteln ständig begegnen. Die wichtigsten Hilfsmittel zur Herstellung und Untersuchung von polarisiertem Licht beruhen auf der Doppelbrechung der Kristalle. Deswegen müssen wir uns mit einigen weiteren Tatsachen aus dem Gebiet der Doppelbrechung bekannt machen.

Quarzkristalle sind allgemein in der Form („Tracht") sechsseitiger Säulen bekannt. Auch Kalkspat wird in der gleichen Form gefunden, bekannter sind allerdings seine rhomboedrischen Spaltstücke.

Wir legen zwei Flächen senkrecht zur Langsrichtung der Säule und lassen ein schmales Lichtbündel parallel zur Langsrichtung einfallen. Dann durchsetzt das Lichtbündel den Kristall ohne jede Knickung, es fehlt die Aufspaltung des Bündels in zwei räumlich voneinander getrennte Teilbündel (Abb. 250). — Die Längsrichtung der sechsseitigen Säule ist also optisch ausgezeichnet, in ihr gibt es keine Doppelbrechung. Diese ausgezeichnete **Richtung** wird — nicht gerade geschickt — **optische Achse** genannt. (Achse bezeichnet hier also abweichend vom üblichen Sprachgebrauch eine Richtung, nicht eine Linie!) Jede die optische Achse enthaltende Ebene wird Kristallhauptschnitt[1] genannt. Diesen Begriff werden wir oft gebrauchen.

Für den nächsten Versuch nehmen wir zwei geometrisch gleiche Kalkspatprismen, wie in Abb. 254 nebeneinandergestellt. Im oberen Prisma liegt die optische Achse parallel zur Prismenbasis, im unteren senkrecht zu ihr. Beides ist durch Schraffierung angedeutet.

Das Licht fällt von links auf beide Prismen senkrecht auf. Im oberen Prisma läuft es parallel, im unteren senkrecht zur optischen Achse. Infolgedessen tritt nur im unteren Prisma Doppelbrechung auf, und nur dort erhalten wir zwei getrennte

---

[1] Zum Unterschied vom Prismenhauptschnitt, einer Ebene senkrecht zur brechenden Kante eines Prismas (§ 7, Anfang).

Teilbündel. Das stärker abgelenkte (o) verläuft geradeso wie beim oberen Prisma, also wie beim Fehlen der Doppelbrechung. Daher ist es das ordentliche. Das weniger abgelenkte Teilbündel ($a\,o$) ist das außerordentliche. Beide Teilbündel durchsetzen dann weiter einen Polarisator P. Seine Schwingungsrichtung ist durch den Doppelzeiger $\mathfrak{E}$ markiert. In der gezeichneten Stellung läßt der Polarisator nur das außerordentliche Bündel passieren, nach einer Drehung um 90° (also $\mathfrak{E}$ senkrecht zur Papierebene) jedoch nur das ordentliche. Folglich stehen die Schwingungsebenen der beiden Teilbündel senkrecht aufeinander. Die Schwingungsebene des außerordentlichen Bündels liegt innerhalb eines Kristallhauptschnittes, die des ordentlichen hingegen senkrecht zu ihm.

Aus den Ablenkungswinkeln lassen sich die Brechzahlen berechnen. Man findet für grünes Licht

$$n_o = 1{,}66,$$

$$n_{ao} = 1{,}49.$$

Der außerordentliche Strahl wird schwächer gebrochen (Abb. 254 unten). Deswegen nennt man Kalkspat negativ doppelbrechend. Für Quarz gilt das Umgekehrte. Quarz ist positiv doppelbrechend.

In Abb. 254 fällt der Strahl im Inneren des Kristalles entweder mit der

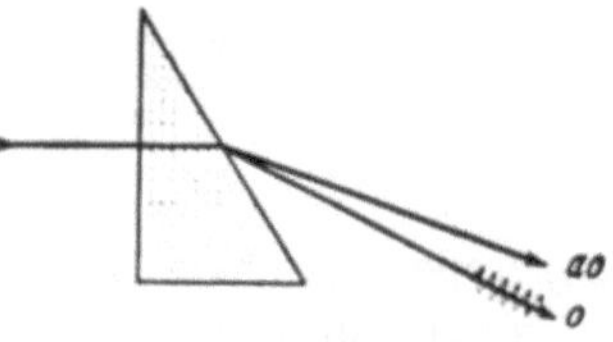

Abb. 254. Zur Doppelbrechung des Kalkspates. Die optische Achse genannte Richtung ist schraffiert, die Schwingungsebene des außerordentlichen Strahles ist bildlich angedeutet. Der Prismenhauptschnitt ist zugleich Kristallhauptschnitt.

optischen Achse zusammen (oben) oder steht senkrecht zu ihr (unten), d. h. der Winkel γ zwischen Strahl und optischer Achse war entweder Null oder 90°. Man kann die Messungen jedoch auch für Zwischenwerte von γ wiederholen, z. B. gemäß Abb. 255. Die Brechzahl n_o des ordentlichen Strahles wird für

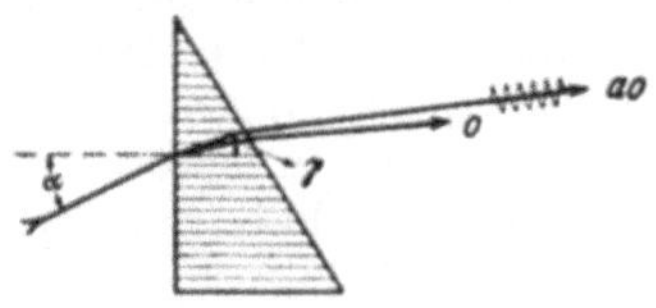

<table>
<tr><td>Abb. 255.</td><td>Abb. 256.</td></tr>
</table>

Abb. 255 und 256. Zur Doppelbrechung des Kalkspates. In Abb. 255 lassen sich die Brechzahlen bei verschiedenen Neigungswinkeln γ zwischen dem Strahl und der optischen Achse messen. In Abb. 256 hingegen ist γ konstant = 90°, weil die optische Achse parallel zur brechenden Kante des Prismas liegt.

jede Größe von γ gleich dem obengenannten Wert $n_o = 1{,}66$ gefunden. Die Brechzahl des außerordentlichen Strahles hingegen ändert sich mit α und γ. Sie erreicht für $\gamma = 90°$ ihren kleinsten Wert, für $\gamma = 0°$ ihren größten. Für $\gamma = 0°$ wird $n_{ao} = n_o$, d. h. in Richtung der optischen Achse verschwindet die Doppelbrechung.

In Abb. 256 ist ein Prisma mit anderer Orientierung skizziert. Bei ihm liegt die optische Achse parallel zur brechenden Kante, also senkrecht zur Papierebene. Das ist durch Punktierung angedeutet. Die beiden Bündel stehen im Inneren des Kristalles bei jedem Einfallswinkel α auf der optischen Achse senkrecht, also ist γ immer $= 90°$. Folglich mißt man für jeden Einfallswinkel die beiden obengenannten Brechzahlen $n_o = 1{,}66$ und $n_{ao} = 1{,}49$.

Die bisher in diesem Paragraphen behandelten Beispiele betreffen einige, auch für Anwendungen wichtige (Abb. 257) Sonderfälle: Sowohl die zuerst vom Licht getroffene Oberfläche als auch die Zeichenebene lagen parallel oder senkrecht zur optischen Achse. Ohne diese Beschränkung werden die Verhältnisse schon bei einachsigen Kristallen verwickelt.

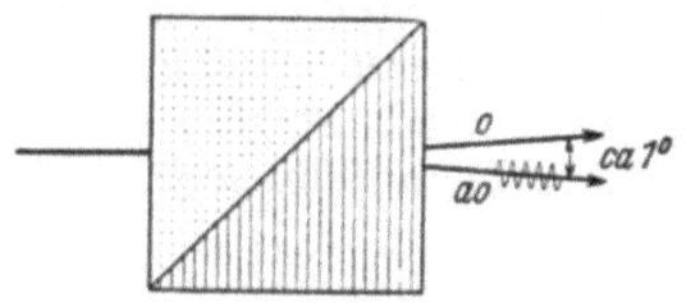

Abb. 257. Ein Doppelprisma aus Quarz liefert zwei nicht achromatisierte, symmetrisch abgelenkte Teilbündel (Wollaston). Es eignet sich, mit Wasser gekittet, zur Polarisation von ultraviolettem Licht. — Mit anderen Achsenrichtungen der Teilprismen kann man den ordentlichen Strahl unabgelenkt hindurchgehen lassen und dadurch achromatisieren. Man verliert aber die Hälfte der Bündeldivergenz (Rochon, Senarmont).

Den wesentlichen Punkt kann man gemäß Abb. 258 vorführen. Man benutzt die gleiche Anordnung wie in Abb. 250, läßt aber das Licht schräg einfallen und legt auf diese Weise mit dem Einfallswinkel α eine Einfallsebene fest. In der gezeichneten Stellung fällt die Einfallsebene mit einem Kristallhauptschnitt zusammen. Beide Teilbündel verlaufen in der Einfallsebene.

Dann wird die dicke Kalkspatplatte um das Einfallslot NN langsam in Drehung gesetzt. Dadurch verläßt die optische Achse die Einfallsebene. Für den ordentlichen Strahl ist das ohne Belang, er bleibt nach wie vor längs seines ganzen Weges in der Einfalls- oder Zeichenebene. Der außerordentliche Strahl hingegen läuft auch jetzt in einem Hauptschnitt des Kristalles. Dieser Hauptschnitt geht durch das Einfallslot und die optische Achse hindurch. Er befindet sich nicht mehr in der Einfallsebene und umkreist während der Drehung den ordentlichen Strahl innen auf einem Kegel, außen auf einem Zylindermantel. Abgesehen von den oben behandelten Sonderfällen, erfolgt also die Brechung des außerordentlichen Strahles nicht in der Einfallsebene. Das elementare Brechungsgesetz (Abb. 6) versagt. Man kann die Brechung des außerordentlichen Strahles im allgemeinen Fall nur in einer räumlich-perspektivischen Darstellung beschreiben.

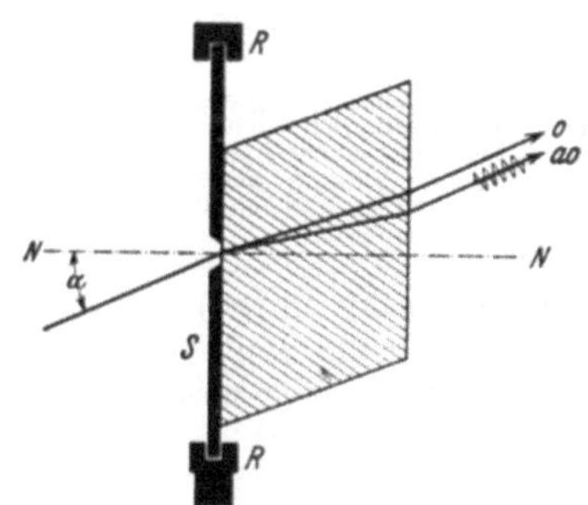

Abb. 258. Brechung außerhalb der Einfallsebene. Bei Drehung der Kalkspatplatte um das Einfallslot NN wird der außerordentliche Strahl die Einfallsebene (Papierebene) verlassen.

Noch verwickelter werden die Erscheinungen bei zweiachsigen Kristallen, d. h. bei Kristallen mit zwei von Doppelbrechung freien Richtungen. Bei ihnen gibt es überhaupt kein „ordentliches" Bündel. Beide Bündel sind „außerordentlich", d. h. bei beiden hängt die Brechzahl von der Richtung ab, und beide verlassen im allgemeinen bei der Brechung die Einfallsebene. Die Schwingungsebenen beider Bündel stehen auch bei den zweiachsigen Kristallen stets senkrecht aufeinander. Für physikalische Zwecke braucht man aus der Gruppe zweiachsiger Kristalle oft Spaltstücke aus klarem Glimmer[1].

Glimmerplatten haben mechanisch ausgezeichnete Richtungen. Man lege die Platte auf eine Schreibunterlage und steche mit einer Stecknadel ein Loch

---

[1] Seine beiden optischen Achsen schließen im Kristall einen Winkel von 45° ein. Die Mittellinie dieses Winkels steht nahezu senkrecht auf den Spaltflächen (Abweichungen unter 2°). Die durch die beiden optischen Achsen gelegte Ebene schneidet die Spaltflächen in Abb. 259 in der Richtung γ.

in die Platte. Dabei entsteht die in Abb. 259 photographierte „Schlagfigur". Sie besteht aus einem sechsstrahligen Stern mit zwei langen Armen. Die Richtung der letzteren heißt die β-Richtung, die auf ihr senkrechte Plattenrichtung die γ-Richtung.

Die beiden bei der Doppelbrechung entstehenden Lichtbundel schwingen parallel zur β-Richtung und zur γ-Richtung. Parallel zur β-Richtung schwingendes Rotfilterlicht (das im Kristall schnellere) hat die Brechzahl

$$n_\beta = 1,5908,$$

parallel zur γ-Richtung schwingendes Rotfilterlicht (das im Kristall langsamere) hat die Brechzahl

$$n_\gamma = 1,5950.$$

Fur die Kristallkunde sind noch viele weitere Einzelheiten der Doppelbrechung wichtig, aber nicht für ihre physikalischen Anwendungen.

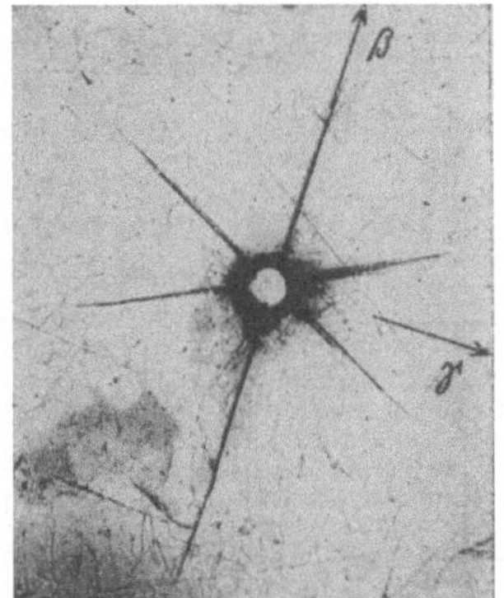

Abb 259. Schlagfigur auf einem Glimmerblatt

§ 73. Elliptisch polarisiertes Licht.

In der Mechanik ist die Zusammensetzung zweier zueinander senkrecht stehender Sinusschwingungen behandelt worden. Bei gleicher Frequenz beider Schwingungen gibt es im allgemeinen Fall elliptische Bahnen; Kreis und gerade Linie erscheinen als Grenzfalle. Die Gestalt der Ellipsen kann nach Belieben verandert werden, wir nennen zwei Verfahren.

A. Man gibt den beiden zueinander senkrechten Sinusschwingungen x und y die Amplituden A und B und verändert die Phasendifferenz δ. In diesem Fall (Abb. 260) liegen die Achsen der Ellipse schrag zwischen den Richtungen der beiden einzelnen Schwingungen

$$x = A \sin (\omega t + \delta),$$
$$y = B \sin (\omega t)$$
$$(\omega = 2 \pi \nu = \text{Kreisfrequenz})$$

Die Abb. 261 gibt einige Beispiele fur den Sonderfall $A = B$.

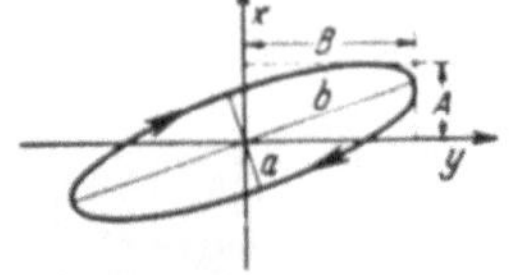

Abb 260 Entstehung einer elliptischen Schwingung aus zwei zueinander senkrechten linearen Schwingungen mit den Amplituden A und B und der Phasendifferenz $\delta = 45°$ (z-Achse = Lichtrichtung in den Abb 260 bis 267 nach hinten)

B. Man macht die Phasendifferenz δ beider Einzelschwingungen konstant $= 90°$ und verandert das Verhaltnis ihrer Amplituden. Dann liegen die Achsen

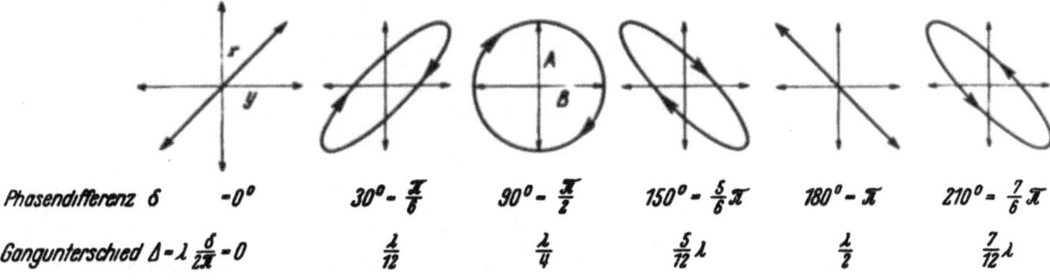

Phasendifferenz δ	$=0°$	$30° = \frac{\pi}{6}$	$90° = \frac{\pi}{2}$	$150° = \frac{5}{6}\pi$	$180° = \pi$	$210° = \frac{7}{6}\pi$
Gangunterschied $\Delta = \lambda \frac{\delta}{2\pi} = 0$		$\frac{\lambda}{12}$	$\frac{\lambda}{4}$	$\frac{5}{12}\lambda$	$\frac{\lambda}{2}$	$\frac{7}{12}\lambda$

Abb. 261. Beispiele elliptischer Schwingungen fur den Sonderfall $A = B$ x-Schwingung voraus.

der Ellipsen parallel zu den Richtungen der beiden Einzelschwingungen (siehe Abb. 262).

In entsprechender Weise kann man mit zwei fortschreitenden linear polarisierten Wellen verfahren. Man stellt ihre Schwingungsebenen senkrecht zueinander und setzt an jedem Punkt ihres Weges die „Vektoren" zusammen: Mit diesem Wort wollen wir kurz den gerichteten Ausschlag einer Querwelle bezeichnen.

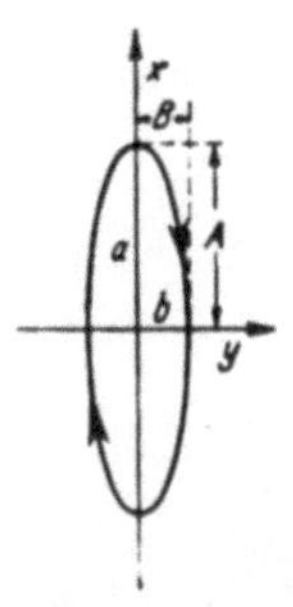

Abb. 262. Entstehung einer elliptischen Schwingung aus zwei zueinander senkrechten linearen Schwingungen mit den Amplituden A und B und der Phasendifferenz $\delta = 90°$. Die Halbachsen der Ellipse a und b sind gleich den Amplituden der linearen Schwingungen A und B.

Wir suchen die Zusammensetzung der Wellen und die Gestalt zirkular und elliptisch polarisierter Wellen an drei Beispielen mit perspektivischen Zeichnungen klarzumachen. Diese stellen — wie alle Bilder fortschreitender Wellen — „Momentaufnahmen" dar. Als Laufrichtuug wird die z-Achse von links vorn nach rechts hinten benutzt.

In Abb. 263 haben die beiden Teilwellen gleiche Amplituden, und ihr Gangunterschied $\varDelta$ ist Null. Bei der Zusammensetzung der Vektoren entsteht wieder eine linear polarisierte Welle. Ihre Schwingungsebene ist um 45° gegen die Vertikale geneigt (Abb. 264).

In Abb. 265 haben die beiden Teilwellen ebenfalls gleiche Amplituden, jedoch eilt die vertikal schwingende der horizontal schwingenden um $\lambda/4$ voraus, entsprechend einer Phasendifferenz $\varDelta = 90°$ oder $\pi/2$ Durch Zusammensetzung der Vektoren entsteht eine zirkular polarisierte Welle. In ihrem Momentbild erzeugt die Gesamtheit aller Vektoren eine Schraubenflache oder Wendeltreppe mit der Laufrichtung z als Achse. — In je zwei um eine

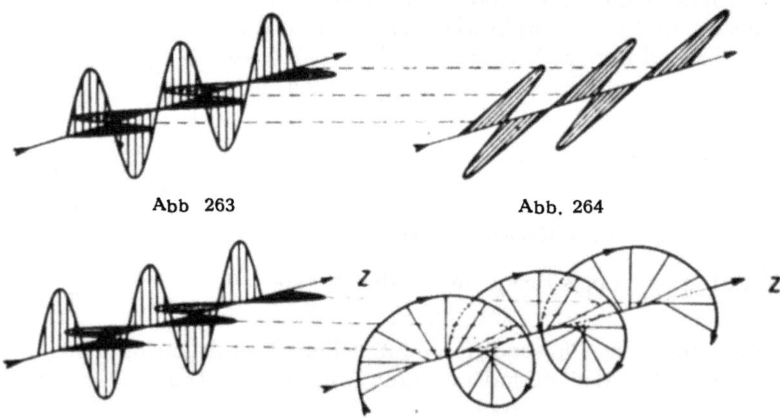

Abb 263   Abb. 264

Abb. 265.   Abb. 266.

Abb. 263—266. Zusammensetzung zweier zueinander senkrecht schwingender Querwellen gleicher Amplitude. Momentbilder. In Abb. 265 eilt die vertikal schwingende Welle mit einem Gangunterschied von $\lambda/4$ voraus. D. h. ihre positiven, nach oben gerichteten Ausschlage beginnen naher am Koordinatennullpunkt (ortliche Phasendifferenz) als die positiven, nach rechts gerichteten Ausschlage der horizontal schwingenden Welle. Die Pfeilspitzen langs des Schraubenumfanges sollen nur die Gestalt der Rechtsschraube besser hervortreten lassen. Die Schraubenflache rotiert beim Vorrucken der Welle keineswegs um z als Achse. Man denke sich vielmehr die ganze Schraubenflache ohne Drehung in Richtung z mit der fur die Wellen charakteristischen Geschwindigkeit bewegt. Eine hinten rechts zu z senkrecht stehende Bezugsebene wird dann zeitlich nacheinander von den einzelnen Vektoren (Stufen der Wendeltreppe) durchschnitten. Die Schnittlinie kreist fur einen in der Laufrichtung blickenden Beobachter dem Uhrzeiger entgegen. Anders fur einen der Laufrichtung der Wellen entgegenblickenden Beobachter. Er sieht die Schnittlinie mit dem Uhrzeiger kreisen, also nach rechts. Fur diesen Beobachter gehort zur Rechtsschraube des Momentbildes eine Rechtsdrehung der nacheinander die Bezugsebene passierenden Vektoren.

Wellenlange voneinander entfernten Punkten haben die Vektoren die gleiche Richtung, ein Umlauf der Schraubenflache entfällt auf eine Wellenlänge.

In Abb. 267 ist der Gangunterschied $\varDelta = \lambda/4$ zwischen den beiden Teilwellen beibehalten worden, doch sind die Amplituden der Teilwellen von ungleicher

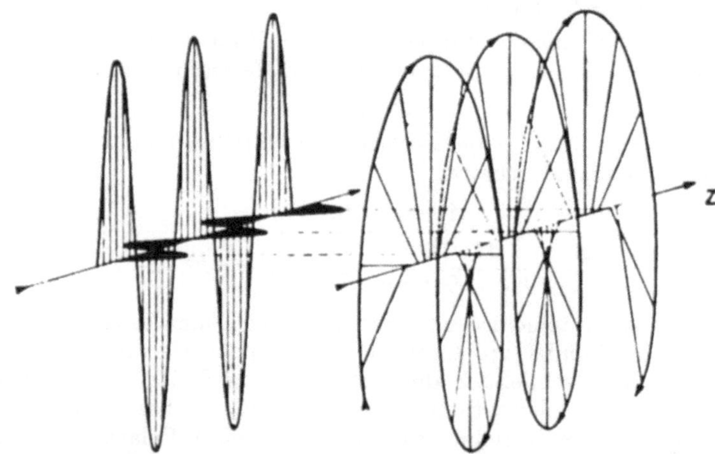

Abb. 267. Zusammensetzung zweier zueinander senkrecht schwingender Querwellen ungleicher Amplitude Die vertikal schwingende eilt mit einem Gangunterschied von $\lambda/4$ voraus. (Elliptisch polarisierte Wellen mit schrager Achsenlage, also Zwischenformen zwischen Abb. 264 und 266, geben auch bei einwandfreier perspektivischer Zeichnung kein fur das Auge brauchbares Bild.)

Größe. Die Zusammensetzung der Vektoren liefert eine elliptisch polarisierte Welle. Auch in ihrem Momentbild erzeugt die Gesamtheit aller Vektoren eine Schraubenfläche mit der Laufrichtung als Achse, aber die Länge der Vektoren andert sich periodisch längs der Schraube. Auch hier haben in je zwei um eine Wellenlange getrennten Punkten die Vektoren der elliptisch polarisierten Welle die gleiche Größe und die gleiche Richtung. Wieder entfällt also ein voller Schraubenumlauf auf eine Wellenlänge.

Dies allgemeine, für jede Art von Querwellen gültige Schema läßt sich zur Beschreibung wichtiger, mit der Doppelbrechung verknüpfter Vorgange benutzen. Das zeigen wir an Hand der Abb. 268. — Aus dem Kondensor C fallt angenähert

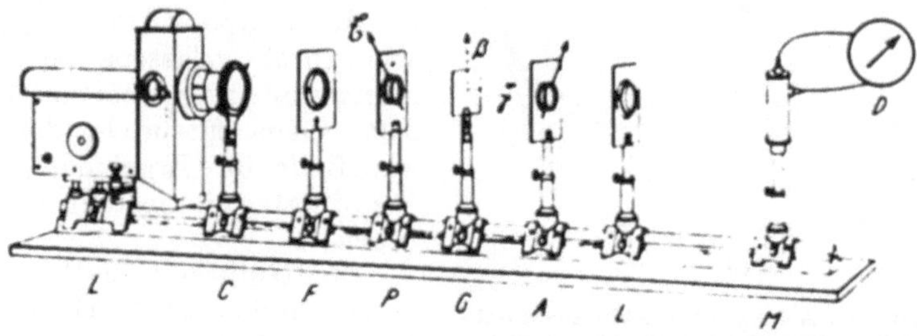

Abb. 268. Zur Herstellung von elliptisch polarisiertem Licht mit Hilfe eines Glimmerblattchens G. β und γ sind die aus Abb. 259 bekannten Richtungen. Ohne den Strahlungsmesser M dient die Anordnung außerdem zur Vorfuhrung von Interferenzerscheinungen von parallel gebundeltem polarisiertem Licht (§ 74)

parallel gebündeltes Licht durch ein Rotfilter F auf einen Polarisator P. Seine Schwingungsebene, kenntlich am Zeiger $\mathfrak{E}$, steht unter 45° zur Vertikalen geneigt. Das linear polarisierte Licht trifft dann senkrecht auf eine doppelbrechende Kristallplatte G. Der Billigkeit halber nehmen wir ein Glimmerblatt. Seine aus Abb. 259 bekannte β-Richtung steht vertikal, die γ-Richtung horizontal. In der

Kristallplatte zerfällt das Lichtbündel durch Doppelbrechung in zwei Teilbündel.
Das im Kristall schnellere hat eine vertikale, das im Kristall langsamere eine horizontale Schwingungsebene. Beide Bündel überlappen sich, im Unterschied von
Abb. 250, bei der geringen Plattendicke d praktisch vollständig, und zwar sowohl
im Kristall wie rechts hinter ihm.

Nach dem Austritt aus der doppelbrechenden Platte G besteht zwischen den
beiden Lichtbündeln ein Gangunterschied (d. h. Differenz der optischen Wege, S. 5)

$$\varDelta = d \, (n_\gamma - n_\beta). \tag{76}$$

Wir setzen die oben (S. 131) für die Brechzahl von Rotfilterlicht ($\lambda = 6{,}5 \cdot 10^{-4}$ mm)
gegebenen Werte ein und erhalten

$$\varDelta = 42 \cdot 10^{-4} \, d$$

oder
$$\frac{\varDelta}{\lambda} = \frac{42 \cdot 10^{-4}}{6{,}5 \cdot 10^{-4} \, \text{mm}} \cdot d = 6{,}5 \ \text{mm}^{-1} \cdot d \tag{77}$$

Infolge des Gangunterschiedes setzen sich die beiden senkrecht zueinander
schwingenden Lichtbündel zu einem elliptisch polarisierten Lichtbündel zusammen (natürlich einschließlich der Grenzfälle „zirkular" und „linear").

Zum Nachweis der Polarisationsart dient nun der rechts von G folgende Teil
der Anordnung: Das wesentliche Stück ist ein zweiter Polarisator A, in dieser
Verwendungsart „Analysator" (oder „Zerleger") genannt. Das von ihm durchgelassene Licht fällt auf eine Linse L, und diese bildet G entweder auf dem Strahlungsmesser M (z. B. Photozelle) oder auf einem Wandschirm ab. — So weit die
Anordnung des Versuches, jetzt seine Ausführung:

Man versetzt den Analysator in gleichförmige, langsame Drehung. Gleichzeitig beobachtet man die Ausschläge des Strahlungsmessers für verschiedene
Winkel ψ zwischen den Schwingungs-
ebenen des Analysators und des Polarisators. Beispiele:

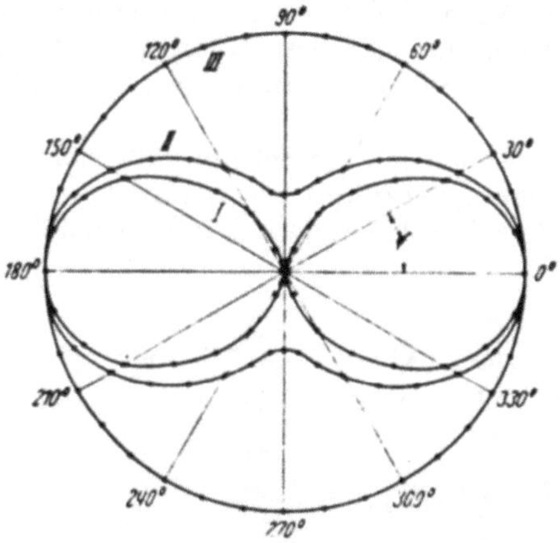

1. Leerversuch ohne Glimmerblatt
G (d. h. $d = 0$). Zum Analysator gelangt nur linear polarisiertes Licht.
Der Analysator läßt vom Lichtvektor
$\mathfrak{E}$ des ankommenden Lichtes jeweils
nur die Komponente $\mathfrak{E} \cos \psi$ passieren.
Die durch gelassene Strahlungslei-
stung muß also proportional zu $\cos^2 \psi$
sein. Dem entspricht die Messung,
man findet ihre Ergebnisse, mit Polar-
koordinaten dargestellt, in Abb. 269,
Kurve I.

Die Nullwerte erscheinen für ψ
$= 90°$ und $= 270°$. D. h. zwei „gekreuzte" Polarisatoren (P und A)
lassen kein Licht von der Lampe
zum Beobachtungsort gelangen.

2. Es wird ein Glimmerblatt der
Dicke $d = 0{,}154$ mm eingeschaltet.

Abb. 269. Die vom Analysator in Abb. 268 durchgelassene Strahlungsleistung (Ausschlag des Strahlungsmessers), dargestellt durch die Länge der Fahr-
strahlen. ψ ist der Winkel zwischen der Schwingungsebene des Analysators und der des Polarisators.
Kurve I bedeutet linear, II elliptisch, III zirkular
polarisiertes Licht. Die Bestimmung der Ellipsenbahn folgt in § 76.

Diese erzeugt nach Gl. (77) einen Gangunterschied $\varDelta = \lambda$. Das Licht bleibt linear
polarisiert, man erhält wieder Kurve I. Das gleiche gilt für Glimmerblätter von
einem Mehrfachen obiger Dicke, also mit Gangunterschieden $\varDelta = 2\,\lambda$, $3\,\lambda$ usw.

3. Glimmerblatt 0,077 mm dick. $\Delta = \lambda/2$. Man erhalt wieder eine Kurve der Gestalt I, jedoch um 90° gedreht. Bei $\psi = 0°$ und $\psi = 180°$ wird kein Licht durchgelassen. Also ist das Licht wiederum linear polarisiert, seine Schwingungsebene jedoch gegenuber der des Polarisators P um 90° gekippt (in Abb. 269 nicht gezeichnet).

4. Glimmerblatt 0,038 mm dick, $\Delta = \lambda/4$ („$\lambda/4$-Blattchen"). Der Ausschlag des Strahlungsmessers ist von ψ unabhängig, Kurve III. Das Licht ist zirkular polarisiert.

5. Glimmerblatt mit der Dicke $d = 0,167$ mm. $\Delta = (1^1/_{12})\,\lambda$, gleichwertig mit $\Delta = {}^1/_{12}\,\lambda$. Das Licht ist elliptisch polarisiert, man mißt Kurve II, der Analysator läßt bei jedem Winkel ψ Licht hindurch. Für $\psi = 90°$ und $\psi = 270°$ gibt es mehr oder minder flache Minima, aber nicht mehr, wie bei linear polarisiertem Licht, Null.

6. Bis hier haben wir die Amplituden der beiden Teilbündel konstant gehalten und ihren Gangunterschied verandert. Jetzt halten wir den Gangunterschied konstant $= \lambda/4$, d. h. wir benutzen ein $\lambda/4$-Blatt und verandern das Amplitudenverhaltnis. Zu diesem Zweck ändern wir den Winkel zwischen der Schwingungsebene des Polarisators P und der Vertikalen (d. h. der β-Richtung des Glimmerblattes). Auf diese Weise können wir mit einem einzigen Glimmerblatt elliptisch polarisiertes Licht beliebiger Schwingungsform herstellen. Wir können alle in Abb. 269 gemessenen Kurven und ihre Zwischenformen erhalten.

Zum Schluß ersetzen wir das bisher ausschließlich verwandte Rotfilterlicht durch gewöhnliches Glühlicht. Außerdem entfernen wir den Strahlungsmesser und beobachten die Bilder auf dem Wandschirm. Die Konstante der Gl. (77) S. 134, hat fur jeden Wellenlangenbereich eine andere Größe. So gilt z. B. für grünes Licht der Wellenlange $\lambda = 5,35 \cdot 10^{-4}$ mm (Thalliumdampflampe)

$$\frac{\Delta}{\lambda} = 7,1 \cdot \text{mm}^{-1} \cdot d. \tag{77a}$$

Die einzelnen Wellenlangenbereiche bekommen verschiedene Gangunterschiede und Polarisationszustande. Der Analysator läßt einzelne Spektralbereiche hindurch, andere wenig oder gar nicht, d. h. fur die einen gilt Kurve I der Abb. 269, fur andere Kurve II usw. Infolgedessen erscheint das Bild des Glimmerblattes in bunten, bei manchen Kristalldicken herrlich leuchtenden Farben.

§ 74. Allgemeines über Interferenz von polarisiertem Licht. Interferenz von parallel gebündeltem polarisiertem Licht.

Bei den letzten Versuchen haben wir zwei kohärente, aber senkrecht zueinander schwingende Querwellen mit beliebigen Gangunterschieden überlagert und zusammengesetzt. Es gab elliptisch polarisierte Wellen (einschließlich der Grenzfälle linear und zirkular), aber keine Interferenzen, d. h. keine Änderung in der räumlichen Verteilung der Wellen, keine Maxima und Minima wie etwa in Abb. 138 und 139. Zur Erzeugung von „Interferenzstreifen" genugt also nicht die „Kohärenz" der beiden Lichtbündel, vielmehr müssen beide außerdem eine gemeinsame Schwingungsebene besitzen.

Eine gemeinsame Schwingungsebene kann man stets durch Einfuhrung eines Analysators (z. B. A in Abb. 268) erzielen. Dieser laßt von den beiden senkrecht zueinander schwingenden Wellen nur die seiner eigenen Schwingungsebene parallele Komponente hindurch. In Abb. 268 stehen die Schwingungsebenen des Polarisators und des Analysators senkrecht zueinander. Man kann sie auch parallel stellen. Dann vertauschen alle Maxima und Minima in den Interferenzfiguren ihre Lage. Beides sei ein fur allemal angemerkt. — Nach dieser allgemeinen Vorbemerkung bringen wir Beispiele, und zwar in diesem Paragraphen nur fur parallel gebundeltes Licht.

1. Das Glimmerblatt G in Abb. 268 wird durch einen länglichen flachen Keil aus einem doppelbrechenden Kristall ersetzt (z. B. aus Quarz). Die als optische

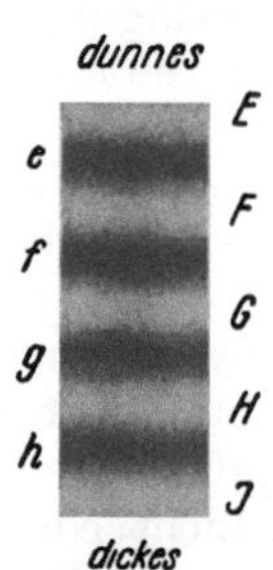

Abb. 270. Äquidistante Interferenzstreifen in einem parallel zur optischen Achse geschnittenen Quarzkeil. Parallel gebundeltes Rotfilterlicht, Keillänge 38,5 mm, Keildicke von 0,79 auf 0,48 mm abfallend. Photographisches Positiv, ebenso Abb. 271 und 272.

Achse bezeichnete Richtung sei der Kante des Keiles parallel (Abb. 256) und diese Kante liege horizontal. Der Strahlungsmesser M wird jetzt als überflüssig entfernt. Auf dem Wandschirm bekommt man mit Rotfilterlicht das in Abb. 270 photographierte Bild des Keiles. Es ist der Keilkante parallel von Interferenzstreifen durchzogen. — Deutung: Die Interferenzstreifen sind Kurven gleichen Gangunterschiedes. Der Kristall erzeugt durch Doppelbrechung zwei Teilbündel. Ihr Gangunterschied hängt von der Dicke der jeweils durchsetzten Schicht ab. Die Interferenzstreifen sind also eine Art Kurven gleicher Dicke. An den Stellen e, f, g usw. ist der Gangunterschied gleich einem Vielfachen der Wellenlänge, also $\varDelta = m \cdot \lambda$. Folglich ist das Licht hinter dem doppelbrechenden Kristall ebenso polarisiert wie ohne ihn. Es kann den Analysator nicht passieren, die Kristallstreifen e, f, g usw. erscheinen als Minima tiefschwarz. — Die Maxima E, F, G usw. entstehen bei Gangunterschieden $\varDelta = (m \cdot \lambda + \lambda/2)$. Das Licht ist hinter dem doppelbrechenden Kristall wieder linear polarisiert, seine Schwingungsebene ist aber um 90° gekippt und nunmehr der des Analysators parallel. In den Übergangsgebieten zwischen e und E, f und F usw. ist das Licht elliptisch polarisiert. Der Analysator läßt je nach der Gestalt der Ellipse Teile des Lichtes hindurch (vgl. Abb. 269).

Mit gewöhnlichem Glühlicht erscheinen die Interferenzstreifen als farbig abschattierte Bänder. Grund: Der Abstand benachbarter Interferenzstreifen vermindert sich mit abnehmender Wellenlänge. Daher überlagern sich im Glühlicht die Interferenzstreifen der verschiedenen Wellenlängenbereiche. Das gilt für alle Interferenzerscheinungen.

2. Der keilförmige doppelbrechende Kristall wird mit Glühlicht statt auf dem Wandschirm erst auf dem Spalt eines Spektralapparates abgebildet, und zwar mit seiner Längsrichtung der Spaltlänge parallel. Auf dem Wandschirm

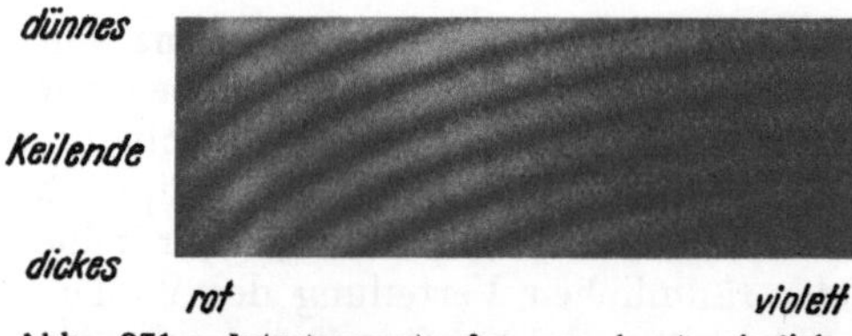

Abb. 271. Interferenzstreifen im kontinuierlichen Spektrum, hergestellt mit einem parallel zur optischen Achse geschnittenen Quarzkeil (Maße wie bei Abb. 270) Die Kante des Keiles stand senkrecht zum Spalt des Spektralapparates. Ein Interferenzstreifen nullter Ordnung würde das ganze Spektrum als horizontale Gerade durchziehen. (Man erhält ihn bei der Differenzwirkung zweier aufeinandergelegter Keile: Bei dem einen liegt die optische Achse parallel, beim anderen senkrecht zur Länge des Keiles. Ihre Differenz verwirklicht an einer Stelle die Dicke Null.)

erscheint dann ein kontinuierliches Spektrum mit gekrümmten, uberwiegend in der Längsrichtung verlaufenden Interferenzstreifen (Abb. 271). Der Streifenabstand ist im violetten kleiner als im roten Bereich. — Deutung: Der Spektralapparat legt die zu verschiedenen Wellenlängenbereichen gehörigen Interferenzstreifensysteme (Abb. 270) nebeneinander.

Eine solche spektrale Zerlegung kann man selbstverständlich mit jedem Interferenzstreifensystem beliebiger Herkunft ausführen (z. B. die „Vorzerlegung" bei Interferenzspektralapparaten hoher Auflösung [§ 56]). Die mit polarisiertem Licht hergestellten Interferenzstreifen geben aber besonders helle und daher für Vorlesungszwecke brauchbare Spektren.

3. Der Quarzkeil wird durch eine etwa 1 mm dicke planparallele Quarzplatte (ebenfalls parallel zur optischen Achse geschnitten) ersetzt. Ihr Bild zeigt

in seiner ganzen Ausdehnung die gleiche bunte Farbe wie ein Keilstück der gleichen Dicke. — Dann bilden wir diese Platte nicht auf dem Wandschirm, sondern auf dem Spalt eines Spektralapparates ab und werfen das Spektrum auf den Wandschirm. Diesmal ist das Spektrum quer zu seiner Längsrichtung von schwarzen Interferenzstreifen durchzogen (Abb. 272). Die fehlenden Wellen sind rechts hinter der doppelbrechenden Platte ebenso linear polarisiert geblieben wie links vor ihr. Infolgedessen konnen sie den Analysator nicht passieren.

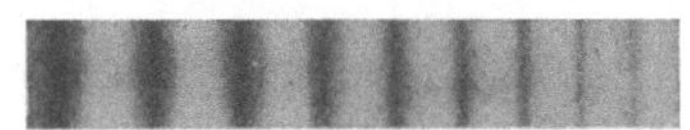

Abb 272 Interferenzstreifen in kontinuierlichem Spektrum, hergestellt mit einer parallel zur optischen Achse geschnittenen Quarzplatte von etwa 1,1 mm Dicke

§ 75. Interferenzerscheinungen mit divergentem polarisiertem Licht erzeugt man einwandfrei in der Brennebene Z einer Linse. Die Lichtquelle muß eine große Fläche besitzen. Der Strahlengang wird zweckmaßigerweise bildseitig telezentrisch gemacht (Abb. 273). Dann genügen kleine doppelbrechende Kristall-

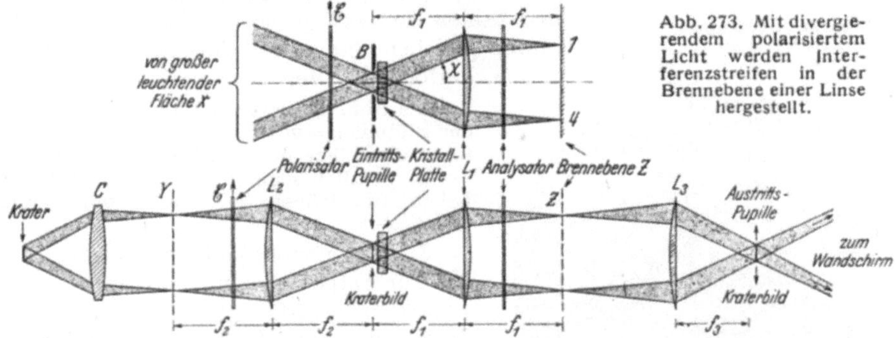

Abb. 273. Mit divergierendem polarisiertem Licht werden Interferenzstreifen in der Brennebene einer Linse hergestellt.

Abb 274 Desgleichen im Schauversuch. Als leuchtende Flache X dient eine beleuchtete Linse L_2 Das von L_2 entworfene Kraterbild wirkt als Eintrittspupille In Z wird nicht nur eine unendlich ferne Ebene abgebildet, sondern auch die durch f_2 bestimmte Ebene Y Ein Freihandversuch: Man legt die Kristallplatte zwischen zwei gekreuzte Polarisationsfolien, halt sie dicht vor den Krater einer Bogenlampe und beobachtet auf dem Wandschirm.

platten. Die zu den Bildpunkten 1 und 4 gehörenden Lichtbundel sind punktiert. Sie durchsetzen, ebenso wie die Lichtbundel aller übrigen Bildpunkte, die Kristallplatte mit parallelen Begrenzungen. Ferner durchsetzen alle Lichtbundel den Polarisator und den Analysator, in diesem Fall zwei Polarisationsfolien (§ 71). Die Schwingungsehenen beider stehen senkrecht aufeinander. Die Bildebene O ist also zunachst dunkel. Erst nach Einfügen der doppelbrechenden Kristallplatte erscheint in Z das Bild einer links unendlich fernen Ebene. Es ist von Interferenzstreifen durchzogen. — Beispiele:

1. Eine Kalkspatplatte, senkrecht zur optischen Achse geschnitten, gibt die in Abb. 276 photographierte Interferenzfigur. Sie zeigt kreisförmige Interferenzstreifen und ein dunkles Kreuz. — Deutung: Der Gangunterschied der beiden polarisierten Teilbündel hangt nur vom Neigungswinkel x (Abb. 273) ab. Daher sind die Kurven gleichen Gangunterschiedes, die Interferenzstreifen, kreisformig. (Also eine Art „Kurven gleicher Neigung".) — Die Kreuze sind interferenzfreie Gebiete. In ihnen gibt es nur ein polarisiertes Bundel. — Begrundung: Wir zeichnen die Kristallplatte in Abb. 275 vergroßert in Aufsicht. Die Ziffern 1 und 4 markieren die Durchstoßpunkte der Bundelachse fur die beiden in Abb. 273 skizzierten Lichtbundel. Außerdem sind noch die Durchstoßpunkte von drei weiteren Bundelachsen markiert. Fur jedes sind die Einfallsebene (ein Kristallhauptschnitt) und die zu dieser senkrechte Ebene durch die gestrichelten

Schnittlinien angedeutet. Die dicken Doppelpfeile bezeichnen die Schwingungsebene des vom Polarisator kommenden Lichtes. Dieses zerfällt an den Orten *2* und *3* in je ein ordentliches und ein außerordentliches Teilbündel. Das ist durch die dünnen Doppelpfeile angedeutet. An den Orten *1* und *4* hingegen entsteht nur ein außerordentliches und im Orte *5* nur ein ordentliches Bündel. Ein Bündel allein kann nie Interferenz geben. Folglich bleibt das einfallende Licht unverändert, es kann daher den Analysator nicht passieren, die Bildorte bleiben dunkel.

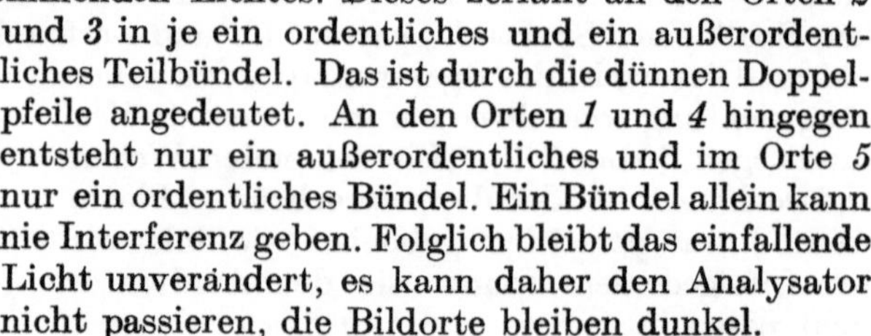

Abb. 275. Zur Deutung des dunklen Kreuzes in Abb. 276.

2. Eine dicke, einachsige Kristallplatte, parallel zur optischen Achse geschnitten, gibt die in Abb. 277 photographierte Interferenzfigur. Sie ist nur im monochromatischen Licht sichtbar (z. B. Natriumdampflampe). Für Glühlicht sind die Ordnungszahlen der Interferenzstreifen zu hoch. Die Kurven gleichen Gangunterschiedes haben Hyperbelform. Die Begründung führt hier zu weit.

Bei Abb. 276 war der Gangunterschied $\varDelta$ in der Bildmitte $= m\ \lambda$; für $\varDelta = (m + \frac{1}{2})\ \lambda$ vertauschen die hellen und dunklen Gebiete ihre Lage. — In parallel gebündeltem Licht (Abb. 268) haben wir früher nur die Bildmitte allein beobachtet.

3. Eine einachsige Kristallplatte, unter 45° zur optischen Achse geschnitten, zeigt praktisch geradlinige Interferenzstreifen. Man kann sie als die Fortsetzung der Hyperbeläste in Abb. 277 bezeichnen.

4. Wir legen zwei solcher Platten zusammen und verdrehen sie gegeneinander um 90°. Dann gibt es die verwickelte, in Abb. 278 photographierte Interferenzfigur.

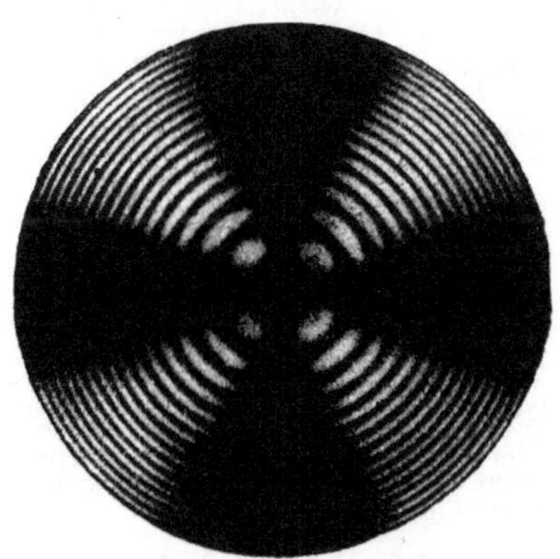

Abb. 276.

Abb. 277.

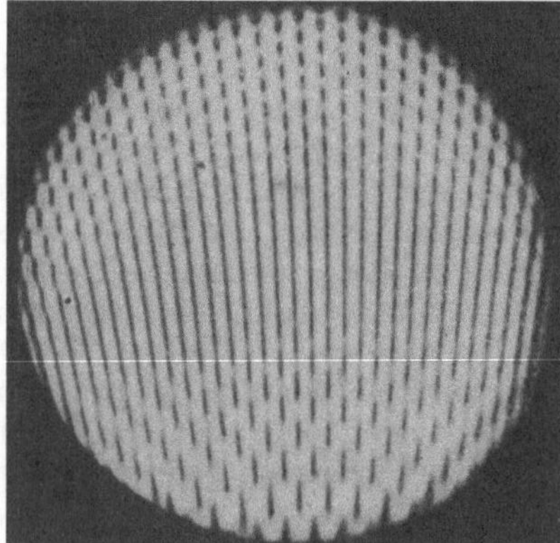

Abb. 278

Abb. 276—278. Drei Interferenzfiguren einachsiger Kristalle in divergentem polarisiertem Licht, photographiert in der Bildebene *Z* der Abb. 273, photographisches Positiv. In Abb. 276 eine Kalkspatplatte senkrecht zur optischen Achse geschnitten ($d = 2$ mm). In Abb. 277 eine Quarzplatte parallel zur optischen Achse geschnitten ($d = 9$ mm). Na-Licht. In Abb. 278 zwei ungefähr unter 45° zur optischen Achse geschnittene Quarzplatten gekreuzt aufeinandergelegt (Savartsche Doppelplatte).

Im Glühlicht erscheint einer der mittleren Streifen unbunt. Er entsteht also durch den Gangunterschied Null. Er ist ein Streifen nullter Ordnung (S. 67). Seine beiderseitigen Nachbarn erscheinen bunt, die übrige Struktur der Interferenzfigur bleibt im Glühlicht unsichtbar.

F. Savart hat zwei derart gekreuzte, unter 45° zur Achse geschnittene Quarzplatten mit einem Polarisationsprisma zusammen in eine Fassung eingesetzt und so ein sehr empfindliches „Polariskop" geschaffen. Es dient bei vielen Beobachtungen zum Nachweis kleiner Beimengungen polarisierten Lichtes zu natürlichem. Man betrachte durch das Polariskop den Himmel oder einen beliebigen beleuchteten Gegenstand und drehe dabei das Polariskop um seine Längsachse (Achse oder Fassung): Stets sieht man die Interferenzstreifen niederer Ordnung, den unbunten Mittelstreifen mit seinen bunten Nachbarn. Ein kleiner Anteil des Lichtes ist praktisch in allen Fällen polarisiert. Ganzlich unpolarisiertes Licht ist ein idealisierter Grenzfall (die Messung des polarisierten Anteiles wird in § 85 beschrieben werden).

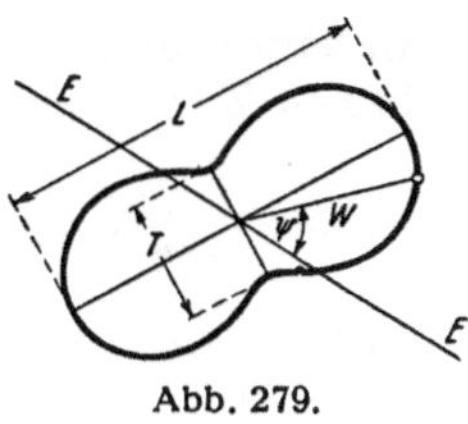

Abb. 279.

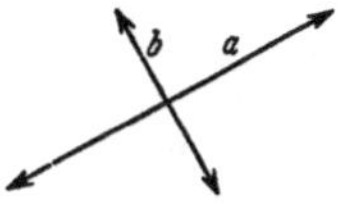

Abb. 280.

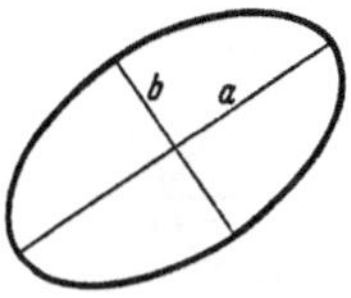

Abb. 281.

§ 76. Analyse von elliptisch polarisiertem Licht.

Bisher haben wir linear, elliptisch und zirkular polarisiertes Licht nur qualitativ unterschieden. Wir haben weder die Gestalt der Ellipsen noch den Umlaufssinn des Lichtvektors bestimmt. Beides soll nunmehr geschehen.

Wir nehmen elliptisch polarisiertes Licht beliebiger Herkunft und lassen es durch einen Analysator hindurch auf einen Strahlungsmesser fallen. Die Schwingungsebene des Analysators (Zeiger $\mathfrak{E}$) soll mit einer beliebigen Bezugsebene E den Winkel ψ bilden. Wir messen die durchgelassene Strahlungsleistung $\dot{W}$ in ihrer Abhängigkeit von ψ. Dabei ergibt sich die schon bekannte, in Abb. 279 dargestellte Kurve. Ihre beiden ausgezeichneten Durchmesser, also Länge L und Taillenweite T, geben die Richtungen der beiden Ellipsenachsen $2a$ und $2b$. Ferner gibt uns $\sqrt{L:T}$ das Verhältnis $a:b$ und damit das Achsenkreuz der Ellipse (Abb. 280).

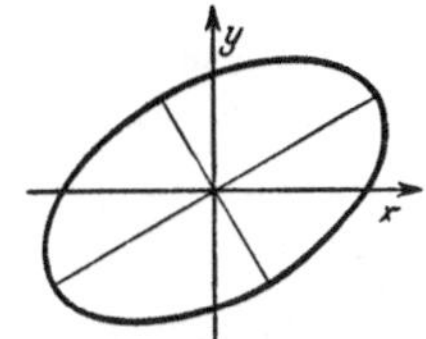

Abb. 282.

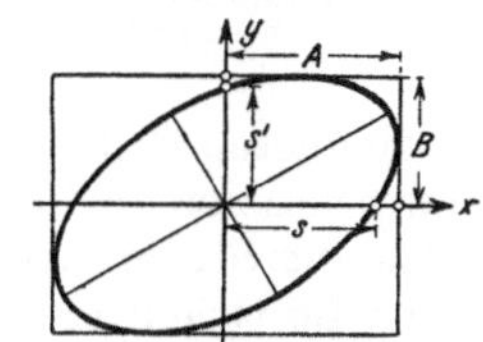

Abb. 283.

Abb. 279—283. Herleitung der Schwingungsellipse aus der Winkelverteilung der vom Analysator durchgelassenen Strahlungsleistung W. Das Licht läuft in der z-Richtung auf den Beschauer zu, also entgegengesetzt zu den Abb. 263 bis 267, lies $\dot{W}$ statt W.

Dann wird mit der bekannten Ellipsengleichung

$$\frac{x^2}{a^2} + \frac{y^2}{b^2} = 1$$

die Kurve selbst berechnet. Damit ist die Gestalt der Ellipse bekannt (Abb. 281).

Die elliptische Welle ist identisch mit je zwei ganz beliebig orientierten, aber zueinander senkrecht schwingenden, linear polarisierten Wellen. Als Beispiel wählen wir in Abb. 282 die Richtungen x und y und fragen:

1. Wie groß muß das Amplitudenverhältnis $A:B$ dieser beiden Wellen sein?
2. Wie groß muß ihre Phasendifferenz δ sein?

Antwort zu 1. Wir konstruieren das in Abb. 283 gezeichnete Rechteck. Das Verhältnis seiner Seiten gibt das gesuchte Verhältnis $A:B$ (vgl. Mechanikband, § 25).

Antwort zu 2. Wir bilden das Verhältnis $\dfrac{S}{A} = \dfrac{S'}{B}$. Dieses Verhältnis ist gleich $\sin \delta$. (Begründung: Bei $y = 0$ hat der Ausschlag x schon den Wert $A \cdot \sin \delta$.) — Im Beispiel ist $\sin \delta = 0{,}89$; $\delta = 62°$.

An letzter Stelle bleibt noch der Umlaufssinn des Lichtvektors zu bestimmen. Zu diesem Zweck legen wir die willkürlichen, aber zueinander senkrechten Richtungen x und y diesmal in die Richtungen der Ellipsenachse. Dann haben die beiden mit der elliptischen Welle identischen linearen Wellen die Phasendifferenz $\delta = 90°$ oder den Gangunterschied $\varDelta = \lambda/4$ (Abb. 262). Dabei haben wir die beiden in Abb. 284 und 285 dargestellten Möglichkeiten. Zwischen beiden Möglichkeiten unterscheidet man durch eine Kompensation der Phasendifferenz. Zu diesem Zweck schaltet man (in der Lichtrichtung z gezählt) vor den Analysator ein „$\lambda/4$-Glimmerblatt" (Senarmontscher Kompensator, S. 135). Seine β- und γ-Richtungen werden den Ellipsenachsen, also den x- und y-Richtungen parallel gestellt. Die parallel zu β schwingende Welle läuft im Glimmer schnell, die parallel zu γ schwingende langsam. Dadurch ergeben sich die beiden in Abb. 286 und 287

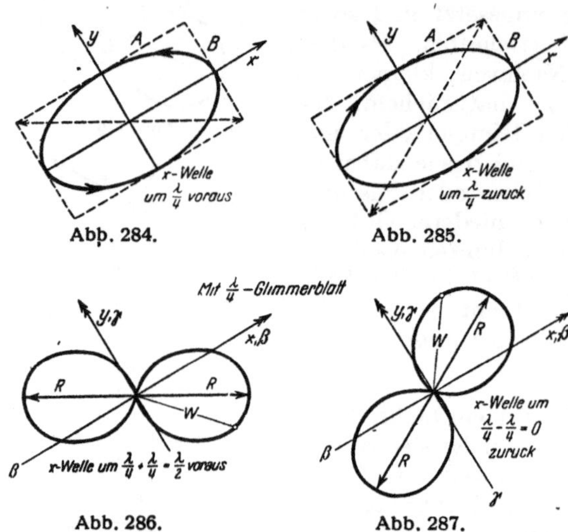

Abb. 284—287. Bestimmung des Drehsinnes in elliptisch polarisiertem Licht. Das Licht läuft in der z-Richtung auf den Beschauer zu. Es handelt sich hier nicht, wie in Abb. 266, um örtliche, sondern um zeitliche Phasendifferenzen. Die vorauseilende Welle erreicht die Bezugsebene $x\,y$ früher als die andere. Man sollte also strenger $\tau/4$ statt $\lambda/4$ schreiben, doch ist das nicht üblich. — Die Abb. 285 entspricht der Abb. 266. Zur Rechtsschraube des Momentbildes 266 gehört für den genannten Beobachter ein Rechtsumlauf des Vektors. Daher spricht man in Abb. 285 von rechtselliptischem Licht.

gezeichneten Fälle. In beiden ist das elliptisch polarisierte Licht durch die Phasenkompensation in lineares RR verwandelt worden. Die vom Analysator durchgelassene Strahlungsleistung W hat eine achtförmige Verteilung (vgl. Abb. 269). Aber die Orientierung der linearen Schwingung RR gegenüber dem Kreuze $\beta\,\gamma$ ist verschieden. Die Reihenfolge $\begin{smallmatrix} \beta \\ R\;\gamma \end{smallmatrix}$ bedeutet für einen dem Licht entgegenblickenden Beschauer einen Umlauf des Vektors im Uhrzeigersinn. Die Reihenfolge $\begin{smallmatrix} \gamma \\ R\;\beta \end{smallmatrix}$ bedeutet Umlauf gegen den Uhrzeiger.

§ 77. Optisch aktive Stoffe. Wir greifen auf Abb. 268 (S. 133) zurück und ersetzen die Glimmerplatte G durch eine senkrecht zur optischen Achse geschnittene Quarzplatte. Dabei tritt eine neuartige Erscheinung auf: Die Quarzplatte **dreht** die Schwingungsebene des Lichtes. Der Drehwinkel α ist der Plattendicke d proportional, also

$$\alpha = \text{const} \cdot d. \tag{78}$$

Die Konstante ist für Rotfilterlicht $= 18°/\text{mm}$, sie wächst aber stark mit abnehmender Wellenlänge. Daher gibt es mit Glühlicht statt Rotfilterlicht bei keiner Analysatorstellung Dunkelheit, sondern bei jeder ein helles, verschieden bunt gefärbtes Gesichtsfeld. — Zur Vorführung eignet sich besonders eine Quarzplatte von 3,75 mm Dicke. Am besten setzt man zwei dieser Platten nebeneinander, die eine aus rechtsdrehendem, die andere aus linksdrehendem Quarz. Eine solche „empfindliche Doppelplatte" zeigt nur zwischen streng parallel orientierten Nikols eine einheitliche Purpurfarbe. Schon bei kleinen Winkelabweichungen schlägt der Farbton der einen Gesichtsfeldhälfte nach Rot, der der anderen nach Blau um. Mit diesem Hilfsmittel kann man in Meßinstrumenten, z. B. den gleich zu nennenden Saccharimetern, die Schwingungsebenen von Analysator und Polarisator einander streng parallel stellen.

Das optische Drehungsvermögen, meist optische Aktivität genannt, ist nicht an einen kristallinen Aufbau des Stoffes gebunden. Man findet es auch bei Molekülen in Lösungen, z. B. von Zucker in Wasser. Die Drehung der Schwingungsebene ist in diesem Fall außer der Schichtdicke auch der Konzentration der Lösung proportional. Infolgedessen kann man unbekannte Konzentrationen aus dem Betrag der Drehung bestimmen („Saccharimeter"). Auch Zuckermoleküle können rechts- oder linksdrehend sein. Eine 50prozentige Mischung beider heißt „razemisch".

Jede linear polarisierte Schwingung läßt sich auffassen als Überlagerung von zwei zirkularen Schwingungen gleicher Frequenz und Amplitude, aber entgegengesetztem Drehsinn. In Abb. 288 ist l der links herum, r der rechts herum kreisende Vektor, R der resultierende Ausschlag. Sein Endpunkt durchläuft den Doppelpfeil $A\,A'$. Die halbe Länge $O\,A$ ist die Amplitude der linearen Schwingung (also der Maximalwert ihres Ausschlages). In Abb. 289 ist die gleiche Überlagerung gezeichnet, doch eilt die rechts herum kreisende Schwingung der anderen mit der Phasendifferenz δ voraus. Infolgedessen hat sich die resultierende lineare Schwingung um den Winkel $\delta/2$ im Uhrzeigersinne gedreht.

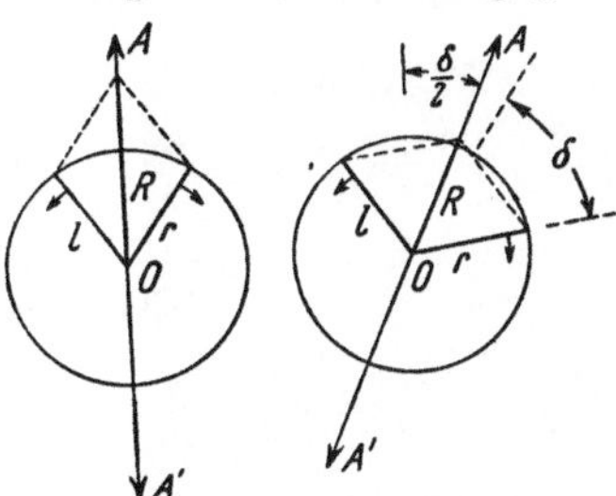

Abb. 288.   Abb. 289.
Abb. 288 und 289. Zusammensetzung zweier gegenläufig kreisender zirkularer Schwingungen von gleicher Frequenz und Amplitude.

Auf den Fall des Lichtes übertragen, heißt das: Ein rechtsdrehender Stoff läßt eine rechtszirkulare Lichtwelle früher ans Ziel kommen als eine linkszirkulare. Die rechtszirkulare Welle läuft im Stoff rascher als die andere, sie hat eine kleinere Brechzahl als diese. Ein optisch aktiver Stoff besitzt eine neue Art von Doppelbrechung: Sie zerspaltet natürliches Licht nicht in zwei linear, sondern in zwei zirkular polarisierte Teilbündel.

Diese eigenartige Doppelbrechung zeigt sich in allen Spektralapparaten mit einfachen Quarzprismen. Bei der Herstellung dieser Prismen wird die Symmetrielinie SS (Abb. 290a) senkrecht zur Längsrichtung der Quarzsäule gelegt, also senkrecht zur optischen Achse. Trotzdem sieht man alle Spektrallinien in zwei eng benachbarte Doppellinien aufgespalten. Beide sind zueinander gegenläufig zirkular polarisiert.

Der Betrag der Doppelbrechung ist sehr gering. Die Brechzahlen unterscheiden sich z. B. für $\lambda = 0,436\ \mu$ nur um 7 Einheiten der fünften Dezimale. Man darf daher im allgemeinen auch bei Quarz unbedenklich die optische Achse als die von Doppelbrechung freie Richtung definieren, ebenso wie für Kalkspat und alle anderen optisch nicht aktiven doppelbrechenden Kristalle.

Wegen der Geringfügigkeit dieser Doppelbrechung eignet sie sich nicht für Schauversuche. Für Einzelbeobachtung empfiehlt sich die blaue Linie einer Hg-Bogenlampe. Vor die Okularlupe schaltet man ein $\lambda/4$-Glimmerblatt und einen Analysator. Dann kann man je nach der Lage der β- und γ-Achse eine der beiden Spektrallinien zum Verschwinden bringen (vgl. Abb. 286 und 287).

Bei feineren Spektraluntersuchungen muß die Doppelbrechung des Quarzes seiner optischen Achse unschädlich gemacht werden. Man setzt das Prisma in Richtung seiner optischen Achse halbseitig aus einem Rechts- und einem Linksquarz zusammen (Abb. 290b, Cornu-Prisma).

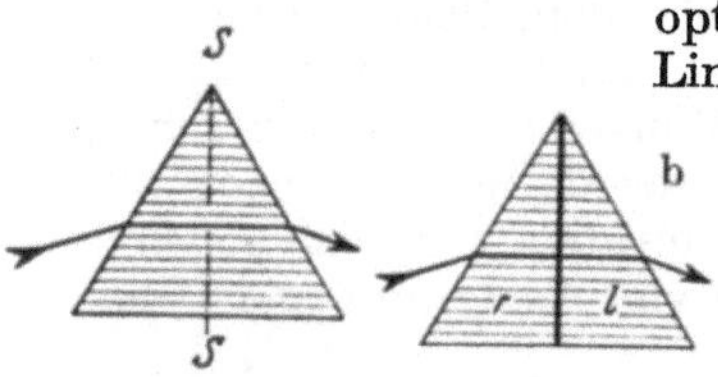

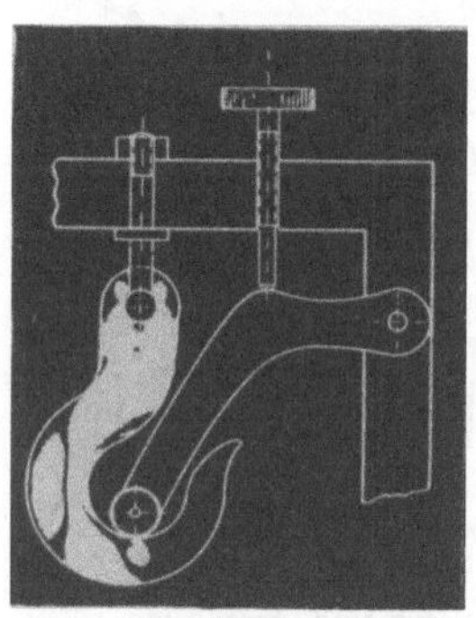

Abb. 290. Quarzprisma, a) mit, b) ohne Doppelbrechung in der schraffierten, als optische Achse bezeichneten Richtung.

§ 78. Spannungsdoppelbrechung. In der Elektrizitätslehre unterscheidet man Leiter und Isolatoren. Unter den festen Körpern gibt es zahllose Leiter (vor allem die Metalle), aber ein vollkommener Isolator bleibt ein idealisierter Grenzfall. — Ähnlich liegt es in der Optik mit der Einteilung in einfach- und doppelbrechende Substanzen. Unter den festen Körpern gibt es zahllose doppelbrechende, nämlich die Kristalle aller nicht regulären Systeme, aber ein streng einfach brechender Körper ist nur in Annäherung zu erreichen. Man bringe dickere Schichten (etliche Zentimeter) angeblich einfach brechender Körper (reguläre Kristalle, Gläser, durchsichtige Kunstharze) zwischen gekreuzte Polarisatoren, z. B. statt der Platte G in Abb. 268. Stets wird das Gesichtsfeld fleckig aufgehellt, und zwar buntfleckig bei der Anwendung von Glühlicht: Die Körper sind in vielen mehr oder minder ausgedehnten Gebieten doppelbrechend.

Diese Doppelbrechung entsteht durch örtlich wechselnde innere Verspannungen. Ihre praktische Beseitigung ist langwierig und kostspielig. Man muß die Körper bis dicht unter den Schmelzpunkt erhitzen und sehr langsam abkühlen. Bei Glasklötzen für große astronomische Linsen muß die Abkühlungszeit viele Monate betragen. „Feingekühlte" Gläser kommen dem optischen Ideal eines festen Körpers ohne Doppelbrechung schon recht nahe. Man muß sie aber peinlich vor mechanischen Beanspruchungen schützen. Schon eine Pressung zwischen Fingerspitzen erzeugt eine deutliche Doppelbrechung.

Für die Optotechnik ist die Spannungs-Doppelbrechung eine Quelle lästiger Störungen. Für ein anderes technisches Gebiet hingegen, die Festigkeitskunde, ist sie von erheblichem Nutzen. Mit ihrer Hilfe kann man die Verteilung von Druck- und Zugspannungen in Modellversuchen klarstellen. So zeigt

Abb. 291. Spannungsdoppelbrechung im Modell eines Kranhakens. Schwingungsebenen gekreuzt und um 45° gegen die Vertikale geneigt. Photographisches Positiv. Halter, Belastungshebel und Umriß des Hakens nachgezogen.

z. B. Abb. 291 das aus einem Kunstharz geschnittene Profil eines Kranhakens zwischen zwei gekreuzten Polarisatoren. Die Belastung wird durch den Druck eines einarmigen Hebels erzeugt. Die durch Druck- bzw. Zugspannungen beanspruchten Gebiete sind aufgehellt. Der dunkle Grenzstreifen zwischen ihnen ist das spannungsfreie Übergangsgebiet, die „neutrale Faser". Die quantitative Auswertung solcher Bilder ist nicht einfach. Sie wird in einem ausgedehnten technischen Schrifttum behandelt.

§ 79. Schlußbemerkung. Die Darstellung der Polarisation hat sich nur auf Versuche mit sichtbarer Strahlung gestützt. Im ultravioletten und ultraroten Spektralbereich findet man nichts anderes. Polarisatoren für Ultraviolett sind in Abb. 257 beschrieben worden, für Ultrarot folgen sie in § 85. — Die Polarisation im Gebiet des Röntgenlichtes wird zweckmäßigerweise erst später behandelt — Sie erfordert eine besondere Versuchstechnik (Abb. 339).

IX. Zusammenhang von Reflexion, Brechung und Absorption des Lichtes.

Vorbemerkung. Wir setzen in diesem ganzen Kapitel parallel gebundeltes Licht voraus, also ebene Wellen (Planwellen). Die Strahlung soll monochromatisch sein, für Messungen werden also einzelne Spektrallinien einer Metalldampflampe benutzt. — Bei allen Versuchen liegt die Einfallsebene des Lichtes horizontal. Die in ihr liegende Amplitude des Lichtes wird mit $\mathfrak{E}_{||}$ bezeichnet, die zu ihr senkrechte mit $\mathfrak{E}_{\perp}$.

§ 80. Extinktionskonstante und Absorptionskonstante. Die mittlere Reichweite w des Lichtes. Bislang haben wir das optische Verhalten eines Stoffes nur mit einer einzigen Zahl gekennzeichnet, namlich der Brechzahl n. Für das Weitere brauchen wir eine zweite Stoffzahl, die Extinktionskonstante K oder ihren Kehrwert, die mittlere Reichweite w des Lichtes. Man gewinnt diese Zahlen folgendermaßen:

In Abb. 292a lauft ein Parallellichtbündel zu einem Strahlungsmesser. In seinen Weg wird abwechselnd eine von zwei Schichten aus gleichem Stoff, aber verschiedener Dicke (x_1 bzw. x_2) eingeschaltet. Die Dickenunterschiede $\varDelta x = (x_2 - x_1)$ werden klein gegen die Schichtdicke x_1 gewählt. Die Ausschläge α des Strahlungsmessers geben ein relatives Maß für die

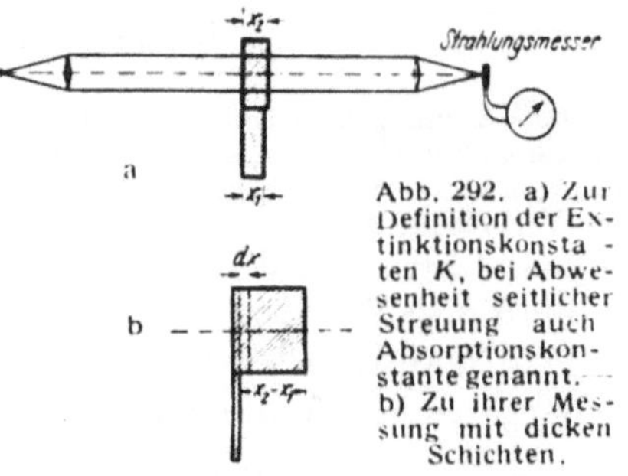

Abb. 292. a) Zur Definition der Extinktionskonstanten K, bei Abwesenheit seitlicher Streuung auch Absorptionskonstante genannt. b) Zu ihrer Messung mit dicken Schichten.

Leistungen $\dot{W}$ (Watt) der bis zum Strahlungsmesser durchgelassenen Strahlung. Diese Leistungen (W_1 und W_2) sind in beiden Fällen mit den Schichten kleiner als ohne sie. Das hat zwei Grunde: Erstens geht je ein Bruchteil der Strahlung durch Reflexion an der Vorder- und an der Hinterflache der Schicht verloren. Diese Bruchteile sind für beide Schichten die gleichen. Zweitens wird ein Bruchteil der Strahlung in den Schichten entweder „absorbiert" (= verschluckt, d. h. in Wärme, chemische oder elektrische Energie verwandelt), oder „zerstreut". Der so insgesamt beseitigte oder „ausgeloschte" Anteil ist für die dicke Schicht größer als für die dunne. Die Messungen ergeben

$$(\alpha_1 - \alpha_2) = \text{const } \alpha_1 \varDelta x, \\ \varDelta W = K \cdot \dot{W}_1 \varDelta x. \tag{79}$$

D. h. in Worten: Die in einer Schicht der Dicke $\varDelta x$ „ausgelöschte" (d. h. verschluckte und zerstreute) Strahlungsleistung $\varDelta \dot{W}$ eines parallel begrenzten Bündels ist proportional der eindringenden Leistung W_1 und der Schichtdicke $\varDelta x$. Der Proportionalitatsfaktor K wird Extinktionskonstante genannt (Extinktion = Auslöschung).

In vielen Fällen wird das ganze „ausgelöschte" Licht praktisch „absorbiert" d. h. in andere Energieformen verwandelt, aber nicht merklich „zerstreut".

Dann spricht man kurz von „Absorption" statt „Extinktion" und nennt K nicht Extinktions-, sondern Absorptionskonstante. Wir werden diesem allgemeinen Brauch folgen.

Die Gl. (79) dient zur Definition der Extinktionskonstanten (oder Absorptionskonstanten, siehe oben!). Für ihre praktische Messung wählt man die Dickendifferenz $(x_2 - x_1)$ fast stets in der Größenordnung der Schichtdicke d, also nicht, wie oben, klein gegen diese. Dann muß man sich die Strecke $(x_2 - x_1)$ aus dünnen Teilschichten dx zusammengesetzt denken (Abb. 292b) und die Absorption der Teilschichten summieren. So ergibt sich

$$\int_{\dot{W}_2}^{\dot{W}_1} \frac{d\,\dot{W}}{\dot{W}} = \int_0^d K \cdot dx,$$

$$\ln W_1 - \ln W_2 = K \cdot d,$$

$$\dot{W}_2 = \dot{W}_1\, e^{-Kd}. \tag{80}$$

Bei Messungen benutzt man dekadische statt der natürlichen Logarithmen und ersetzt die Strahlungsleistungen $\dot{W}$ durch die zugehörigen Ausschläge α des Strahlungsmessers. Also

$$\log_{10} \alpha_1 - \log_{10} \alpha_2 = \frac{1}{2{,}303} K \cdot d. \tag{80a}$$

Die Messung großer Absorptionskonstanten ($K > 10^4$ mm^{-1}) ist schwierig. Sie erfordert sehr dünne Schichten. In diesen treten Interferenzen auf und außerdem ist das Reflexionsvermögen von der Schichtdicke abhängig. Man vermeidet diese Schwierigkeiten mit folgendem Verfahren: Man mißt zunächst das Verhältnis von einfallender zu durchgelassener Strahlungsleistung $(\dot{W}_e/\dot{W}_d)$ in seiner Abhängigkeit von der Schichtdicke d. Dann trägt man $\log (\dot{W}_e/\dot{W}_d)$ als Funktion von d graphisch auf. Dabei erhält man für die größeren Werte von $(\dot{W}_e/\dot{W}_d)$ eine gerade Linie. Ihre Steigung ist die gesuchte Absorptionskonstante.

Längs der Schichtdicke $d = 1/K$ oder des Weges $w = 1/K$ sinkt die Strahlungsleistung eines Parallellichtbündels auf $\dfrac{1}{e} = \dfrac{1}{2{,}718} = 37\,\%$. Diesen Weg w nennen wir fortan die „mittlere Reichweite des Lichtes". Die Tabelle 3 gibt ein paar Zahlenwerte für K und w im Bereich des sichtbaren Spektrums.

Tabelle 3.

Stoff	Wellenlänge λ in μ	Absorptionskonstante K in mm^{1-}	Mittlere Reichweite des Lichtes $w = 1/K$	Reichweite w / Wellenlänge λ	Für § 88 $(n\,\varkappa) = \dfrac{1}{4\pi} \cdot \dfrac{\lambda}{w}$
Wasser	0,77	0,002$_4$	42 cm	550 000	$1{,}4 \cdot 10^{-7}$
Schweres Flintglas (Schott)	0,450	0,004$_6$	22 cm	500 000	$1{,}6 \cdot 10^{-7}$
„Schwarzes" Neutralglas	0,546	10	0,1 mm	180	$4{,}4 \cdot 10^{-4}$
Pech	0,546	140	7 μ	13	$6 \cdot 10^{-3}$
Brillantgrün . . .	0,436	7 000	0,14 μ	0,32	0,25
Kohle (Graphit) .	0,436	20 000	0,05 μ	0,11	0,72
Gold	0,546	80 000	0,01$_2$ μ	0,02$_2$	3,6

Im täglichen Leben spricht man von Stoffen verschiedener Durchsichtigkeit. Die Durchsichtigkeit hängt aber (bei gegebener Wellenlänge) nicht nur vom Stoff, sondern auch von der Schichtdicke ab. In der Dicke einiger μ wird auch Pech durchsichtig, bei zehnmal kleineren Dicken sogar jedes Metall.

In der Optik unterscheidet man Fälle schwacher und starker Absorption.

Schwache Absorption heißt: Starke Absorption heißt:

$$w = \frac{1}{K} > \lambda. \qquad (81) \qquad\qquad w = \frac{1}{K} < \lambda.$$

Diese Einteilung besagt letzten Endes: Für Wellen ist die Wellenlänge die sachgemäße Längeneinheit.

§ 81. Beersches Gesetz. Spezifische Extinktion. Extingierender Querschnitt eines einzelnen Moleküles.

Nicht selten findet man die Extinktionskonstante K des Stoffes seiner Dichte proportional, z. B. in manchen Gasen. Ebenso findet man häufig die Extinktionskonstante von Lösungen der Konzentration des gelösten Stoffes proportional (Beersches Gesetz, Beispiel in Abb. 292c). In solchen Fällen bestimmt man zweckmäßigerweise spezifische Extinktionskonstanten, definiert als Verhältnisse

$$K/\varrho \text{ und } K/c. \qquad (81a)$$

ϱ = Dichte des Stoffes = Masse/Volumen;
c = Konzentration = Masse des gelösten Stoffes/Volumen der Lösung

oder als Verhältnis

$$K/N_v. \qquad (81b)$$

N_v = Molekülzahl des Stoffes/Volumen = $N\varrho$,
N_v = Zahl der gelösten Moleküle/Volumen der Lösung = $N c$,
N = spezifische Molekülzahl = Molekülzahl/Masse
  = $6{,}02 \cdot 10^{2v}$/Kilomol.

Zahlenbeispiele unter Abb. 292c.

Ergibt sich experimentell die genannte Proportionalität, so erfolgt die Extinktion ohne Wechselwirkung zwischen den einzelnen Molekülen. Dann erfaßt das Verhältnis K/N_v den Beitrag eines einzelnen Moleküles, und zwar in recht anschaulicher Weise: K/N_v bedeutet den „extingierenden Querschnitt" eines einzelnen Moleküles, im Sonderfall also z. B. seinen „absorbierenden Querschnitt" oder seinen „streuenden Querschnitt".

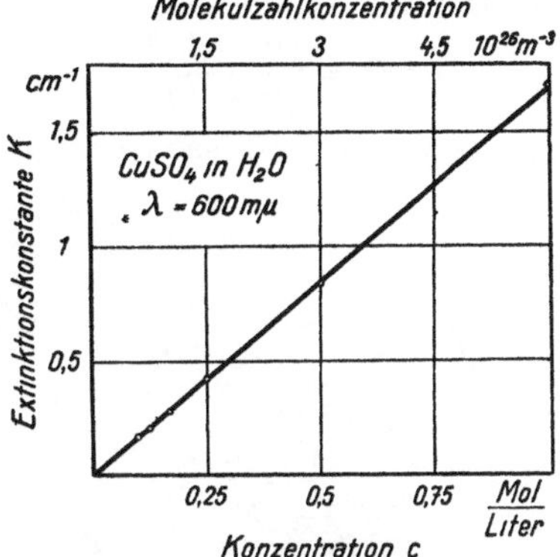

Abb. 292 c. Zum Beerschen Gesetz und zur Messung spezifischer Extinktionskonstanten. Abhängigkeit der Extinktionskonstante K von der Konzentration der Lösung. Aus der Neigung der Geraden folgt $\dfrac{K}{c} = \dfrac{1{,}71 \text{ cm}^{-1}}{1 \text{ Mol/Liter}}$; $1 \text{ cm}^{-1} = 100\,m^{-1}$; $1 \text{ Mol} = 10^{-3}$ Kilomol; $1 \text{ Liter} = 10^{-3}\,m^3$; also spezifische Extinktionskonstante $\dfrac{K}{c} = 171\,\dfrac{m^2}{\text{Kilomol}}$. Setzt man $N_v = c\,N = c \cdot 6{.}02 \cdot 10^{26}$/Kilomol, so ergibt sich für das einzelne Innenpaar ein absorbierender Querschnitt $K/N_v = 2{.}84 \cdot 10^{-25}\,m^2$.

Zur Erläuterung dieser Begriffe diene die Abb. 292d. Sie zeigt uns die Momentaufnahme eines aus Stahlkugeln gebildeten Modellgases von 1 cm Schichtdicke. Wir sehen die Querschnitte der einzelnen Moleküle auf eine Fläche projiziert. In irgendein paralleles Strahlenbündel gebracht, wirkt jeder Querschnitt als völlig undurchlässige Fläche: die Strahlung kann nur durch die verbleibenden Lücken in der ursprünglichen Richtung hindurchgehen. Legt man derartige Schichten eines Modellgases mit statistisch ungeordneter Molekülverteilung übereinander, so nimmt die Gesamtfläche der verbleibenden durchlässigen Lücken nach einem Exponentialgesetz ab, und dadurch ergibt sich die Gl. (80) von S. 144.

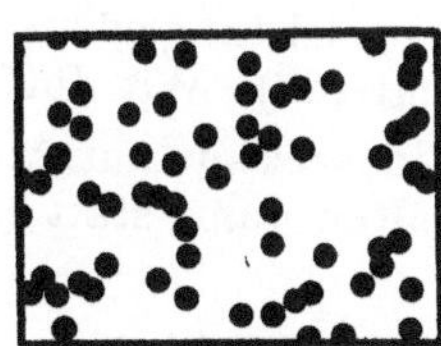

Abb. 292d. Modellversuch zur Veranschaulichung des absorbierenden Querschnitts einzelner Moleküle, also des Verhältnisses $\dfrac{\text{Extinktionskonstante } K}{\text{Molekülzahldichte } N_v}$.

§ 82. Lichtreflexion bei schwacher Absorption und senkrechtem Einfall.

Die Lichtreflexion an einer Fläche wird in folgender Weise gemessen: In Abb. 293 läuft ein Parallellichtbündel zu einem Strahlungsmesser, einmal direkt (Ausschlag α_1), das andere Mal an der Fläche gespiegelt (Ausschlag α_2). Der Einfallswinkel φ kann nach Belieben eingestellt werden. Der Grenzfall $\varphi = 0$ ist mit dieser einfachen Anordnung nur angenähert herzustellen

Bei senkrechtem Lichteinfall hängt das Verhältnis

$$R = \frac{\text{reflektierte Strahlungsleistung}}{\text{einfallende Strahlungsleistung}} = \frac{\alpha_2}{\alpha_1} \tag{82}$$

nur von der Brechzahl n ab. Man findet empirisch die Beziehung

$$R = \left(\frac{n-1}{n+1}\right)^2 \tag{83}$$

Man kann also mit senkrechter Spie-

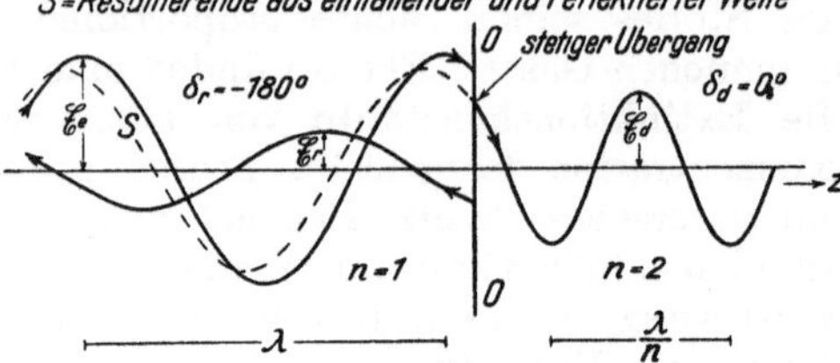

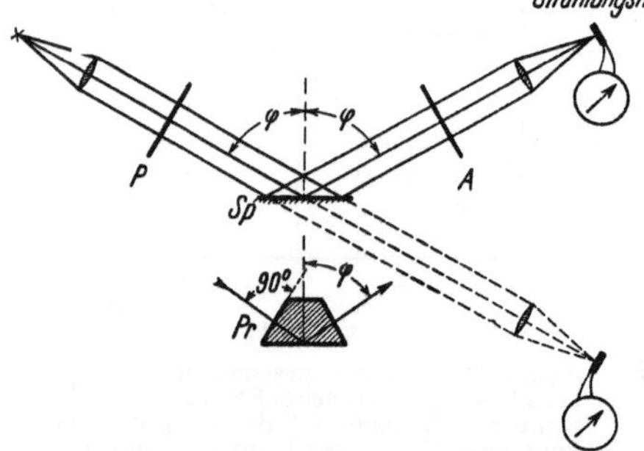

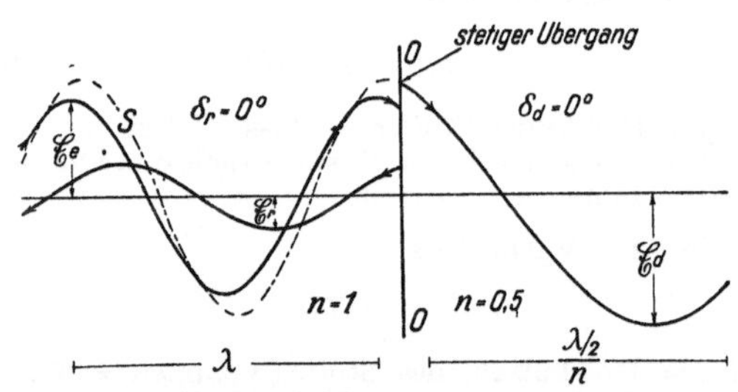

Abb. 293 Zur Messung des Reflexionsvermögens bei verschiedenen Einfallswinkeln φ, P = Polarisator. Der Analysator A wird ab S 148 zur Prüfung der Schwingungsform des Lichtes nach der Reflexion benutzt Das Prisma Pr wird erst in § 86 gebraucht

Abb 294 Zwei Beispiele für den Durchgang fortschreitender Wellen durch die Grenze 00 zwischen zwei Stoffen verschiedener Brechzahlen. Momentbild. An der Grenze ist in jedem Augenblick die Summe von einfallendem und reflektiertem Lichtvektor gleich dem durchgelassenen.

gelung an durchsichtigen Körpern kein großes Reflexionsvermögen R erhalten. Selbst eine im Sichtbaren nur selten vorkommende Brechzahl $n = 2$ gibt erst $R = 11\%$.

Laut Definition ist die Amplitude einer Lichtwelle der Wurzel aus der Strahlungsleistung oder aus dem Ausschlag des Strahlungsmessers proportional (vgl. S.17 und 127). Wir dürfen daher das Verhältnis der Amplitude[1] $\mathfrak{E}_r$ des reflektierten Lichtvektors zur Amplitude $\mathfrak{E}_e$ des einfallenden gleich $\pm \sqrt{\alpha_2 : \alpha_1}$ setzen und erhalten dann statt (83)

$$\frac{\mathfrak{E}_r}{\mathfrak{E}_e} = -\frac{n-1}{n+1}. \tag{84a}$$

Durch Wahl der negativen Wurzel berücksichtigen wir den Phasensprung bei der Reflexion (S. 70 und 150), also die einander entgegengesetzten Richtungen der zusammengehörigen Amplituden $\mathfrak{E}_r$ und $\mathfrak{E}_e$. Dann wird ihre Summe $\mathfrak{E}_r + \mathfrak{E}_e$ gleich der durchgelassenen Amplitude $\mathfrak{E}_d$, und somit gilt

$$\frac{\mathfrak{E}_d}{\mathfrak{E}_e} = \frac{2}{n+1}. \tag{84b}$$

Die Abb. 294 veranschaulicht den Inhalt der beiden Gl. (84) mit dem Zahlen-

---

[1] $\mathfrak{E}$ ist also in allen folgenden Formeln nicht als Vektorgröße zu lesen.

beispiel $n = 2$. Außerdem erläutern wir die Gleichungen noch an Hand mechanischer Wellen. Ihre Herleitung folgt auf S. 149.

Die Abb. 295 zeigt einige Glieder einer Torsions-Wellenmaschine. Diese besteht aus einer langen Reihe kleiner Hanteln an einem Neusilberdraht. Für die Beobachtung werden die Hanteln senkrecht zur Papierebene gestellt. Dann bilden die Hantelkörper eine vertikale Punktfolge. Unterhalb der Grenze 00 sind die Massen der Hantelkörper viermal so klein wie oberhalb. Unten beträgt die Wellengeschwindigkeit rund 0,25 m/sec, oben nur halb soviel. Zur Herstellung der Wellen bewegt man das untere Ende des Drahtes mit einer Kurbel hin und her. — Dann sieht man nacheinander die in Abb. 296 skizzierten Vorgange: Links läuft eine kurze Wellengruppe e von unten nach oben. Rechts hat sie die Grenze 00 passiert. Ihre Amplitude ist auf rund zwei Drittel gesunken. Ihre Wellenlänge und ihre Geschwindigkeit sind nur noch halb so groß wie zuvor. Das bedeutet eine Brechzahl $n = 2$. — Außerdem läuft eine zweite Wellengruppe r nach abwärts. Sie ist an der Grenze 00 reflektiert worden. Ihre Amplitude beträgt rund ein Drittel von der der einfallenden Wellen e.

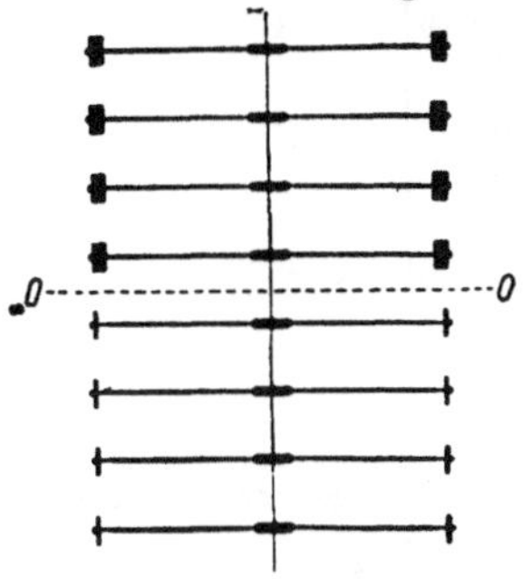

Abb. 295. Einige Glieder einer Wellenmaschine. Die Frequenz der oberen nur halb so groß wie die der unteren.

Den Zusammenhang zwischen Brechzahl und Reflexion zeigt man besonders eindrucksvoll mit der Streureflexion im „Christiansen-Filter". Das ist eine mindestens 1 cm dicke Schicht aus feinem, peinlich gesäubertem Glaspulver in einem Gemisch von Benzol und Schwefelkohlenstoff. Bei geeignetem Mischungsverhaltnis lassen sich die Dispersionskurven des Glases und der Flüssigkeit zur Durchschneidung bringen. Dann haben Glas und Umgebung für einen engen Wellenbereich praktisch die gleiche Brechzahl; es ist für den Übergang Glas $\rightarrow$ Flüssigkeit $n = 1$. Licht dieses Bereiches wird ungeschwacht hindurchgelassen, alles übrige durch Streureflexion seitlich entfernt.

Nach Gl. (83) könnte es unmoglich erscheinen, reflexionsfreie Glasoberflachen herzustellen. Das ist nicht der Fall. Man kann die Reflexion stark herabsetzen und dadurch die Lichtdurchlassigkeit optischer Gerate sehr verbessern. Zu diesem Zweck überzieht man die Glasoberflächen mit sehr dunnen (einige Zehntel μ) ein- oder mehrlagigen Schichten passend gewählter Brechzahl. Dann können sich die an den Schichtgrenzen reflektierten Wellen durch Interferenz bis auf einige Promille aufheben. Bei dem ersten praktisch erfolgreichen Verfahren wurden dunne Kristallschichten (z. B. aus KBr oder CaF_2) im Hochvakuum aufgedampft.

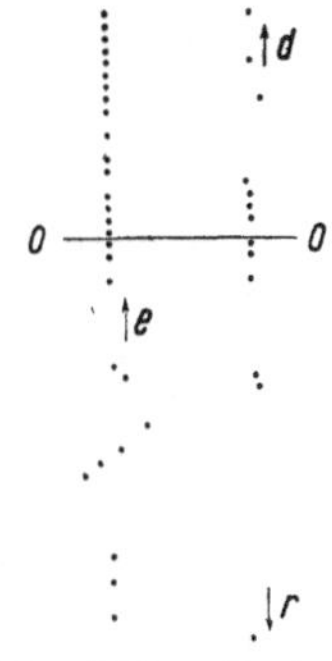

Abb. 296. Beobachtungen an der Wellenmaschine. Eine einfache Welle e wird an der Grenze 00 in eine durchgehende d und eine reflektierte r zerlegt

§ 83. Lichtreflexion bei schwacher Absorption und schrägem Einfall. Die Tatsachen.

Bei schrägem Lichteinfall hängt das Reflexionsvermögen R nicht nur ab von der Brechzahl n, sondern außerdem vom Einfallswinkel φ und vom „Azimut" ψ. So nennt man den Winkel zwischen der Schwingungsebene des Lichtes und seiner Einfallsebene. Man muß daher in Abb. 293 einen Polarisator P einschalten und zwei Meßreihen durchführen. Bei der ersten liegt der Vektor des Lichtes parallel zur Einfallsebene (kurz $\mathfrak{E}_{||}$), bei der anderen senkrecht ($\mathfrak{E}_\perp$). Die Abb. 297 zeigt die Ergebnisse derartiger Messungen an Kronglas ($n_{0,589\mu} = 1,5$; Fabrikat Schott BK4). Als Ordinate ist aufgetragen $\sqrt{\alpha_2 : \alpha_1} = \mathfrak{E}_r : \mathfrak{E}_e$.

Diese Messungen lassen sogleich einen ausgezeichneten Einfallswinkel φ_P erkennen (im Beispiel 56° 19'). Unter diesem Einfallswinkel wird parallel zur Einfallsebene schwingendes Licht überhaupt nicht reflektiert. Daher enthalt unpolarisiert einfallendes Licht nach der Spiegelung unter φ_P keine zur Einfallsebene parallele Schwingung.   Alles unter dem Winkel φ_P reflektierte Licht schwingt senkrecht zur Einfallsebene.   Das Licht ist also durch die Reflexion linear polarisiert 'worden.   Aus diesem Grunde nennt man φ_P den Polarisationswinkel.

Beim Polarisationswinkel findet man den reflektierten und den gebrochenen Strahl senkrecht aufeinander.   Daher gilt das „Brewstersche Gesetz"

$$\operatorname{tg} \varphi_P = n. \tag{85}$$

Herleitung: $\sin \varphi_P = n \sin \chi = n \sin (90° - \varphi_P)$
$$= n \cos \varphi_P.$$

Die bisherigen Angaben bezogen sich auf die beiden Grenzazimute $\psi = 0°$ (d. h. $\mathfrak{E}_{\|}$) und $\psi = 90°$ (d. h. $\mathfrak{E}_{\perp}$). — Im allgemeinen wird die Schwingungsebene des einfallenden Lichtes einen beliebigen Winkel ψ mit der Einfallsebene bilden.   Dann bleibt das Licht auch nach der Reflexion linear polarisiert, aber seine Schwingungsebene ist gegen die des einfallenden Lichtes gedreht. (Man schaltet in Abb. 293 bei A einen Analysator ein.) Die Abb. 298 zeigt diese Drehung gemessen an Kronglas. Die (erst bei $\varphi > 0$ definierte!)Einfallsebene liegt horizontal.   Der Beobachter blickt dem reflektierten Licht entgegen. Er sieht die Schwingungsebene des senkrecht ($\varphi = 0$) reflektierten Lichtes von rechts oben nach links unten verlaufen, also unter einem Azimut von $\psi = 45°$. (Die Schwingungsebene des zum Spiegel laufenden Lichtes hatte im Raume die gleiche Lage, aber das Azimut $\psi = 135°$. Das sieht man in Abb. 298a.)

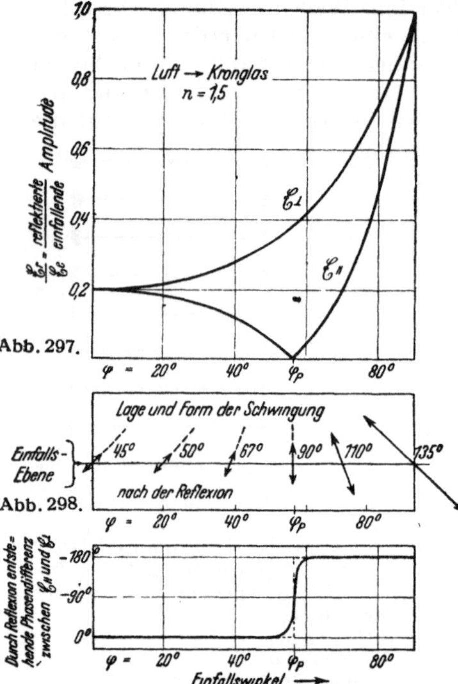

Abb. 297.

Abb. 298.

Abb. 299.

Abb. 297—299. Einfluß des Einfallswinkels auf die Lichtreflexion bei schwacher Absorption. Erster Fall: Das Licht geht vom optisch dünneren in den optisch dichteren Stoff. — In Abb. 298 blickt der Beobachter bei jedem Einfallswinkel dem reflektierten Licht entgegen. Die Amplituden sind gegenüber Abb. 297 im Verhältnis 1 : 7 verkleinert gezeichnet. — In Abb. 299 gilt für das Einfallsazimut $\varphi = 135°$, vgl. Abb. 298a. Die punktierte Gerade soll den idealisierten „Phasensprung" andeuten. Die Abb. 297 gibt nur die Beträge der Vektoren $\mathfrak{E}_{r\|}$ und $\mathfrak{E}_{r\perp}$. Über die Richtung der einzelnen Vektoren vor und nach der Reflexion geben die Gl. (86) und (87) Auskunft.

Aus den Azimuten nach der Reflexion und den aus Abb. 297 bekannten Amplituden berechnet man eine Phasendifferenz δ zwischen $\mathfrak{E}_{\|}$ und $\mathfrak{E}_{\perp}$. Sie ist in Abb. 299 dargestellt. Für kleine φ ist $\delta = 0$, für große $= -180°$. Der Übergang erfolgt im Bereich des Polarisationswinkels φ_P. Beiderseits von φ_P kann man im allgemeinen eine schwach elliptische Polarisation beobachten. Sie verschwindet jedoch bei sehr vollkommenen Flächen, z. B. frischen Oberflächen von Flüssigkeiten oder frischen Kristallspaltflächen (vgl. S. 6). Bei ihnen wird der Übergang zum „Phasensprung". Man darf ihn durch die punktierte Linie idealisieren.

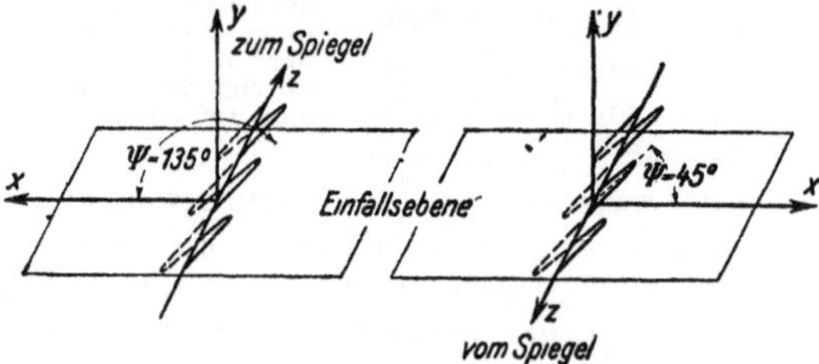

Abb. 298a. Die Rechtehand-Koordinatensysteme bei senkrechter Lichtreflexion. Für das einfallende Licht ist $\mathfrak{E}_{e\|} = -\mathfrak{E}_{e\perp}$, für das reflektierte $\mathfrak{E}_{r\|} = \mathfrak{E}_{r\perp}$.

§ 84. Die Fresnelschen Formeln. Den gesamten Erfahrungsinhalt der Abb. 297—299 hat A. Fresnel (1788—1827) mit zwei Formeln wiederzugeben vermocht. Sie lauten

$$\frac{\mathfrak{E}_{r\perp}}{\mathfrak{E}_{e\perp}} = -\frac{\sin(\varphi-\chi)}{\sin(\varphi+\chi)}. \tag{86}$$

(Wird die rechte Seite negativ, so haben $\mathfrak{E}_{r\perp}$ und $\mathfrak{E}_{e\perp}$ nach der Reflexion eine Phasendifferenz von 180°.)

$$\frac{\mathfrak{E}_{r\,||}}{\mathfrak{E}_{e\,||}} = \frac{n\cos\varphi - \cos\chi}{n\cos\varphi + \cos\chi} = \frac{\operatorname{tg}(\varphi-\chi)}{\operatorname{tg}(\varphi+\chi)}. \tag{87}$$

(Wird die rechte Seite positiv, so haben $\mathfrak{E}_{r\,||}$ und $\mathfrak{E}_{e\,||}$ nach der Reflexion eine Phasendifferenz von 180°, d. h. die Pfeile ihrer Tangentialkomponenten sind in Abb. 301 einander entgegengerichtet.)

Die Fresnelschen Formeln lassen sich — unabhängig von den näheren Vorstellungen über die Natur des Lichtes — aus zwei Voraussetzungen herleiten:

I. Beim Übergang vom ersten Stoff in den zweiten ändern sich die Tangentialkomponenten des Lichtvektors stetig, und zwar in einer gegenüber der Wellenlänge verschwindend dünnen Grenzschicht.

II. Die räumliche Energiedichte ϱ der Strahlung ist nicht nur proportional zu $\mathfrak{E}^2$, sondern außerdem zu n^2, also dem Quadrate der Brechzahl.

Das soll näher ausgeführt werden. — Die Energie W durchsetze in der Zeit t senkrecht die Fläche F. Dann ist $W/t = \dot{W}$ die Strahlungsleistung. Für parallel gebündelte Wellen kann man setzen (Mechanikband, § 126)

$$\dot{W} \quad = \quad \varrho \quad \cdot \quad c \quad \cdot \quad F \tag{89}$$

$$\underset{\substack{\text{Strahlungs-}\\\text{leistung}}}{} \quad \underset{\substack{\text{raumliche}\\\text{Energiedichte}\\\text{der Strahlung}}}{} \quad \underset{\substack{\text{Geschwin-}\\\text{digkeit}\\\text{der Wellen}}}{} \quad \underset{\substack{\text{durchsetzte}\\\text{Fläche}}}{}$$

Die Geschwindigkeit der Wellen ist im Stoff kleiner als in Luft, es gilt

$$c_{Stoff} = \frac{c_{Luft}}{n}. \tag{90}$$

Bei der Reflexion muß der Erhaltungssatz der Energie gelten, also

$$\dot{W}_e \quad = \quad \dot{W}_r \quad + \quad W_d \tag{91}$$

$$\text{einfallende} = \text{reflektierte} + \text{durchgehende}$$
$$\text{Strahlungsleistung.}$$

Die Gl. (89) bis (91) sind mit der Voraussetzung II zu vereinigen. Das tun wir zunächst für senkrechten Lichteinfall und erhalten für ein Bündel vom Querschnitt F

$$\mathfrak{E}_e^2 \cdot c\,F = \mathfrak{E}_r^2 \cdot c\,F + n^2\,\mathfrak{E}_d^2 \cdot \frac{c}{n}\,F. \tag{92}$$

$$\mathfrak{E}_e^2 = \mathfrak{E}_r^2 + n\,\mathfrak{E}_d^2. \tag{93}$$

Eine zweite Beziehung zwischen diesen drei Amplituden gibt uns die Voraussetzung I. Sie liefert

$$\mathfrak{E}_e + \mathfrak{E}_r \quad = \quad \mathfrak{E}_d \tag{94}$$

$$\underset{\substack{\text{Summe der Amplituden}\\\text{vor der Grenze}}}{} \quad \underset{\substack{\text{Amplitude hinter}\\\text{der Grenze}}}{}$$

Einsetzen von (94) in (93) ergibt

$$\mathfrak{E}_e - \mathfrak{E}_r = n\,\mathfrak{E}_d. \tag{95}$$

Mit (94) wird $\mathfrak{E}_d$ oder $\mathfrak{E}_r$ eliminiert. Es folgt

$$\frac{\mathfrak{E}_r}{\mathfrak{E}_e} = -\frac{n-1}{n+1} \tag{84a}$$

und

$$\frac{\mathfrak{E}_d}{\mathfrak{E}_e} = \frac{2}{n+1}. \tag{84b}$$

Das sind die für senkrechten Einfall geltenden Formeln. Das Minuszeichen in Gl. (84) bedeutet: $\mathfrak{E}_r$ und $\mathfrak{E}_e$ sind einander für $n > 1$ entgegengesetzt, für $n < 1$ gleichgerichtet. Die Reflexion erzeugt bei $n > 1$ einen Phasensprung von 180° oder $\lambda/2$. Bei $n < 1$ hingegen bleibt die Phase ungeändert.

Schauversuch von Thomas Young (1802): Man benetze die Rückseite einer dünnen Glasplatte etwa zur Hälfte mit einer stärker als Glas brechenden Flüssigkeit (z. B..Wintergrünöl). Mit dieser Platte betrachte man die Interferenzstreifen im monochromatischen Licht und stelle die Streifen ungefähr senkrecht zur Grenze der Benetzung. Dann vertauschen die Streifen beim Passieren der Grenze ihre Lage, die Maxima werden Minima und umgekehrt.

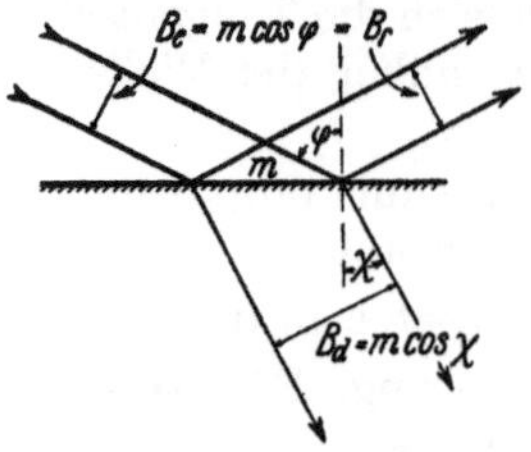

Bei schrägem Lichteinfall muß man die Änderung des Bündelquerschnittes B durch die Brechung berücksichtigen. Es ist nach Abb. 300

$$B_d = B_e \frac{\cos \chi}{\cos \varphi} \tag{96}$$

Daher liefert der Energiesatz an Stelle von (93) diesmal

$$\mathfrak{E}_e^2 = \mathfrak{E}_r^2 + n \, \mathfrak{E}_d^2 \frac{\cos \chi}{\cos \varphi}. \tag{97}$$

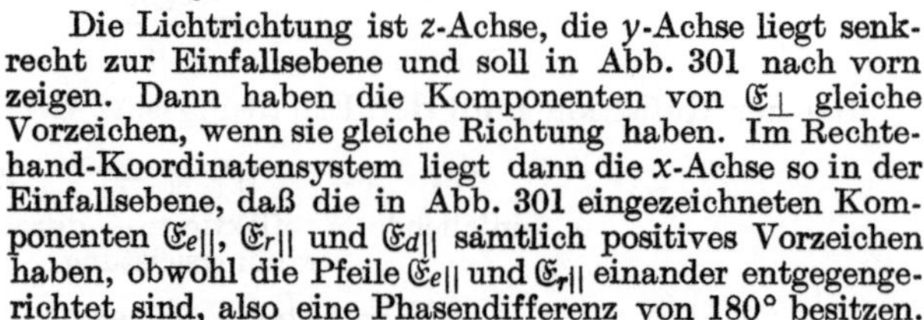

Abb. 300. Änderung des Bündelquerschnittes bei der Brechung des Lichtes.

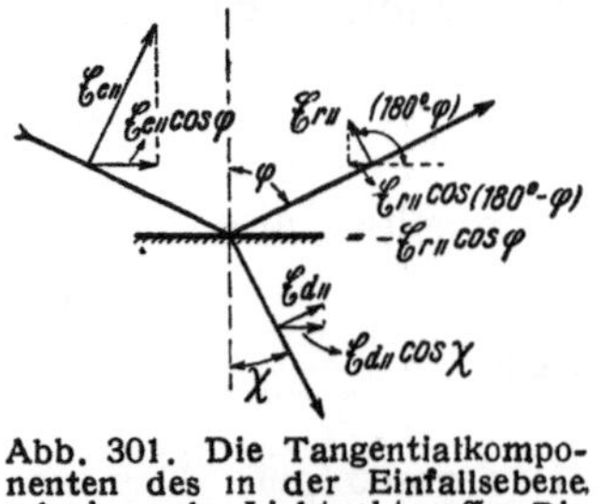

Abb. 301. Die Tangentialkomponenten des in der Einfallsebene. schwingenden Lichtvektors $\mathfrak{E}_{||}$. Die positiven Richtungen der Tangentialkomponenten von $\mathfrak{E}_{r||}$ und $\mathfrak{E}_{e||}$ sind einander entgegengerichtet.

Diese Gleichung gilt sowohl für $\mathfrak{E}_{||}$ wie $\mathfrak{E}_{\perp}$. Über die weitere Rechnung müssen wir nun eindeutige Festsetzung über die positiven Richtungen von $\mathfrak{E}_{||}$ und $\mathfrak{E}_{\perp}$ treffen. Wir halten uns dabei an das Koordinatensystem der Abb. 298a.

Die Lichtrichtung ist z-Achse, die y-Achse liegt senkrecht zur Einfallsebene und soll in Abb. 301 nach vorn zeigen. Dann haben die Komponenten von $\mathfrak{E}_{\perp}$ gleiche Vorzeichen, wenn sie gleiche Richtung haben. Im Rechtehand-Koordinatensystem liegt dann die x-Achse so in der Einfallsebene, daß die in Abb. 301 eingezeichneten Komponenten $\mathfrak{E}_{e||}$, $\mathfrak{E}_{r||}$ und $\mathfrak{E}_{d||}$ sämtlich positives Vorzeichen haben, obwohl die Pfeile $\mathfrak{E}_{e||}$ und $\mathfrak{E}_{r||}$ einander entgegengerichtet sind, also eine Phasendifferenz von 180° besitzen.

Die Voraussetzung I, die Stetigkeit der Tangentialkomponenten, führt nun für $\mathfrak{E}_{\perp}$ und für $\mathfrak{E}_{||}$ zu verschiedenen Gleichungen. — Es gilt

für $\mathfrak{E}_{\perp}$

$$\mathfrak{E}_{e\perp} + \mathfrak{E}_{r\perp} = \mathfrak{E}_{d\perp} \tag{98}$$

und zusammen mit Gl. (97)

$$(\mathfrak{E}_{e\perp} - \mathfrak{E}_{r\perp}) \cos \varphi = n \, \mathfrak{E}_{d\perp} \cos \chi. \tag{99}$$

für $\mathfrak{E}_{||}$ gemäß Abb. 301

$$(\mathfrak{E}_{e||} - \mathfrak{E}_{r||}) \cos \varphi = \mathfrak{E}_{d||} \cos \chi \tag{100}$$

$$\mathfrak{E}_{e||} + \mathfrak{E}_{r||} = n \, \mathfrak{E}_{d||}. \tag{101}$$

Alles weitere ist elementare Rechnung. Man eliminiert $\mathfrak{E}_d$ durch Zusammenfassung der Gleichungspaare (98/99) und (100/101) und erhält die Fresnelschen Formeln Gl. (86/87).

Statt $\mathfrak{E}_d$ kann man auch $\mathfrak{E}_r$ eliminieren, und dann bekommt man die entsprechenden Gleichungen für die Amplituden des in den Stoff eindringenden

Lichtes. Sie lauten

$$\frac{\mathfrak{E}_{d\|}}{\mathfrak{E}_{e\|}} = \frac{2 \sin \chi \cos \varphi}{\sin (\varphi + \chi) \cos (\varphi - \chi)} \qquad (102)$$

und $\quad \dfrac{\mathfrak{E}_{d\perp}}{\mathfrak{E}_{e\perp}} = \dfrac{2 \sin \chi \cos \varphi}{\sin (\varphi + \chi)} \cdot \qquad (103)$

Der Inhalt dieser Gleichungen wird graphisch in Abb. 302 dargestellt, und zwar wieder für $n = 1,5$.

§ 85. Anwendung von Reflexion und Brechung zur Herstellung und zur Untersuchung von ganz oder teilweise polarisiertem Licht.

Die in den vier Fresnelschen Formeln zusammengefaßten Tatsachen werden bei optischen Untersuchungen in mannigfacher Weise angewandt. Beispiele:

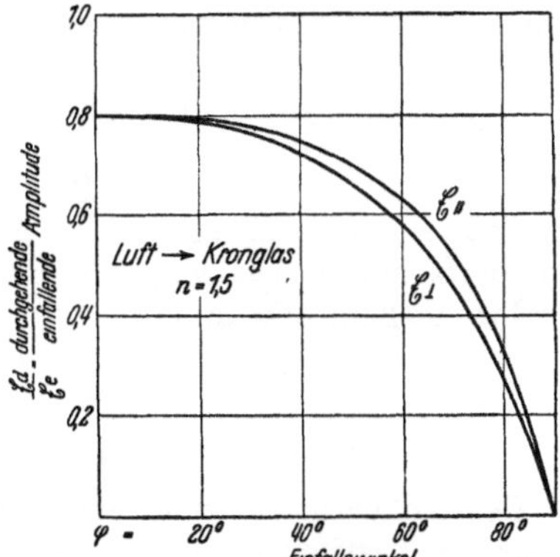

Abb. 302. Zum Eindringen des Lichtes in einen optisch dichteren Stoff bei schwacher Absorption. Das Verhältnis $\mathfrak{E}_\|/\mathfrak{E}_\perp$ erreicht nicht etwa beim Polarisationswinkel $\varphi_P = 56°\,19'$ (Abb. 297) seinen größten Wert, sondern wächst weiter mit zunehmendem Einfallswinkel.

1. Der Polarisator von Nörrenberg. Man läßt unpolarisiertes Licht unter dem Polarisationswinkel φ_P an einer Oberfläche reflektieren. Für sichtbares Licht nimmt man schwarzes Glas (vgl. Tabelle 3 auf S. 144). Dann wird man nicht durch eine zweite Reflexion an der Rückseite der Platte gestört. Das reflektierte Licht ist linear polarisiert. Seine Schwingungsebene liegt senkrecht zur Einfallsebene[1]. Der Polarisator von Nörrenberg ist zwar sehr einfach, doch verliert man rund 84% der einfallenden Strahlungsleistung. Außerdem ist die Knickung des Strahlenganges unbequem.

Im Ultraroten ist dieser Polarisator nicht zu entbehren. Für Wellenlängen größer als etwa 3 μ kann man Substanzen sehr hoher Brechzahlen benutzen, z. B. Selen oder Bleisulfid, und daher mit kleineren Verlusten arbeiten als im Sichtbaren. — Spiegelnde Flächen aus diesen Stoffen stellt man ebenso her wie aus den meisten Metallen: Man verdampft den Stoff im Hochvakuum und läßt ihn sich auf einer polierten (nötigenfalls gekühlten) Glasplatte kondensieren.

2. Der Plattensatzpolarisator. Man legt etwa 12 möglichst farblose, gut gesäuberte dünne Glasplatten aufeinander und läßt das Licht unter dem Polarisationswinkel durch diesen „Plattensatz" hindurchgehen. Die austretende Strahlung (im Idealfall fast 50% der einfallenden) ist nahezu ganz linear polarisiert. Ihre Schwingungsebene fällt mit der Einfallsebene zusammen. — Deutung: Die oberste Platte läßt für $\mathfrak{E}_\|$ etwa 20% mehr Strahlungsleistung hindurch als für $\mathfrak{E}_\perp$ (Abb. 303). Das Licht wird teilweise polarisiert. Der polarisierte Anteil passiert die folgende Platte ohne Verluste durch Reflexion. Der unpolarisierte Anteil wird durch die zweite Platte wieder teilweise polarisiert. Wieder geht der polarisierte Anteil verlustlos weiter, und so wiederholt sich das Spiel in den folgenden Platten

3. Der Polarisationsgrad von teilweise polarisiertem Licht. Als teilweise polarisiertes Licht bezeichnet man ein Gemisch von natürlichem und linear polarisiertem Licht.

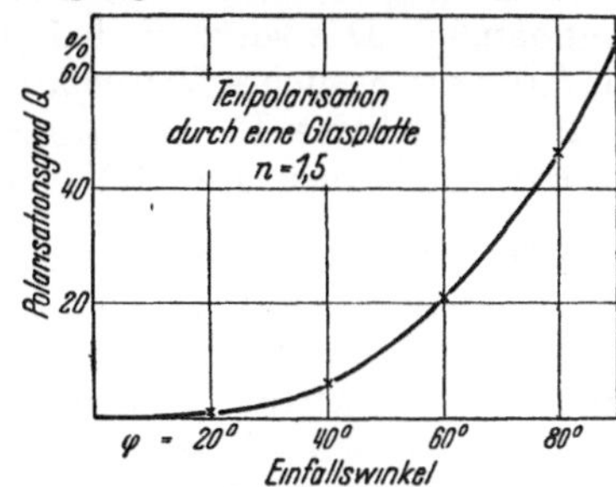

Abb. 303 Zur Herstellung von teilweise polarisiertem Licht

---

[1] Die Einfallsebene hat man bei der Entdeckung des Polarisationswinkels (E. L. Malus 1808) als Polarisationsebene bezeichnet. Dies überflüssige Wort sollte endlich aus dem Schrifttum verschwinden.

Quantitativ kennzeichnet man es durch den

$$\text{Polarisationsgrad } Q = \left| \frac{\dot{W}_{\mathfrak{E}\|} - \dot{W}_{\mathfrak{E}\perp}}{\dot{W}_{\mathfrak{E}\|} + \dot{W}_{\mathfrak{E}\perp}} \right| \tag{104}$$

($\dot{W}$ = Strahlungsleistung).

Teilweise polarisiertes Licht läßt sich nach verschiedenen Verfahren erzeugen. Am einfachsten läßt man ein Parallellichtbündel schräg durch eine Glasplatte hindurchgehen. Dann gilt

$$Q = \frac{1 - \cos^4 (\varphi - \chi)}{1 + \cos^4 (\varphi - \chi)} \tag{105}$$

(φ Einfallswinkel; $\sin \chi = 1/n \cdot \sin \varphi$).

Der Polarisationsgrad wird also bei gegebener Brechzahl n vom Einfallswinkel φ bestimmt. Die Abb. 303 gibt ein praktisch wichtiges Beispiel für $n = 1{,}5$.

Herleitung von Gl. (105): Aus den Gl. (102) und (103) ergibt sich für den Durchtritt durch eine Oberfläche

$$\frac{\mathfrak{E}_{d\|}}{\mathfrak{E}_{d\perp}} = \frac{1}{\cos (\varphi - \chi)} = a$$

und für zwei Oberflächen

$$\frac{\mathfrak{E}_{d\|}}{\mathfrak{E}_{d\perp}} = a^2.$$

Die Strahlungsleistungen $\dot{W}$ sind dem Quadrat der Amplituden proportional, also

$$\frac{\dot{W}_{\mathfrak{E}\|}}{\dot{W}_{\mathfrak{E}\perp}} = a^4.$$

$$Q = \left| \frac{\dot{W}_{\mathfrak{E}\|} - \dot{W}_{\mathfrak{E}\perp}}{W_{\mathfrak{E}\|} + W_{\mathfrak{E}\perp}} \right| = \frac{a^4 - 1}{a^4 + 1}$$

Einsetzen von $a = 1/\cos (\varphi - \chi)$ gibt Gl. (105).

Mit Hilfe der Gl. (105) läßt sich der unbekannte Polarisationsgrad von teilweise polarisiertem Licht ermitteln. Man kompensiert die unbekannte Teilpolarisation durch eine bekannte. Zu diesem Zweck schickt man das zu untersuchende Licht durch eine Glasplatte und einen Analysator zum Strahlungsmesser. Man ändert den Einfallswinkel φ und dreht außerdem die Platte um die Lichtrichtung als Achse. So kann man die von der Platte erzeugte Teilpolarisation der unbekannten entgegengesetzt gleich machen. Das erkennt man am Ausschlag des Strahlungsmessers: er wird von der Stellung des Analysators (seinem Azimut ψ) unabhängig. Das sei z. B. bei $\varphi = 60°$ der Fall. Dann ist nach Abb. 303 oder Gl. (105) die gesuchte Teilpolarisation rund $Q = 20\%$).

Für subjektive Beobachtungen setzt man eine Savartsche Platte (S. 138) vor den Analysator und stellt auf Verschwinden der Interferenzstreifen ein.

§ 86. Totalreflexion. Wir betrachten wiederum die Lichtreflexion bei schwacher Absorption (S. 143), aber diesmal soll das Licht vom optisch dichteren zum optisch dünneren Stoff laufen, also $n < 1$ sein. Die Anordnung gleicht der in Abb. 293 skizzierten; nur werden statt des einen Spiegels die Basisflächen mehrerer Prismen mit verschiedenen Dachwinkeln benutzt, z. B. Pr in Abb. 293. (Die Reflexionsverluste an den beiden senkrecht durchsetzten Prismenflächen lassen sich unschwer experimentell oder rechnerisch [Gl. (83)] ausschalten.) — Die Abb. 304 bis 306 enthalten die experimentellen Befunde. Diese Bilderfolge wird durch die Ordinate bei $\varphi_T = 41° 49'$ deutlich in zwei Bereiche zerlegt. Der linke Teilbereich ($\varphi = 0$ bis φ_T) enthält, seitlich zusammengedrängt, eine Wiederholung der Abb. 297—299. Alle in diesen Bereich fallenden Beobachtungen lassen sich wieder mit den Fresnelschen Formeln zusammenfassen. Der rechte Teilbereich bringt etwas grundsätzlich Neues, die Totalreflexion. Der Bereich der Totalreflexion ist durch drei Tatsachen gekennzeichnet.

1. Die reflektierten Amplituden $\mathfrak{E}_{||}$ und $\mathfrak{E}_{\perp}$ sind bei allen Einfallswinkeln über φ_T gleich den einfallenden Amplituden.

2. Linear polarisiert einfallendes Licht ist nach der Reflexion elliptisch polarisiert (abgesehen von den Grenzfallen $\psi = 0$ und $\psi = 90°$ (vgl. § 83) und $\varphi = \varphi_T$ und $\varphi = 90°$).

3. Die Phasendifferenz δ zwischen $\mathfrak{E}_{||}$ und $\mathfrak{E}_{\perp}$, die Ursache der elliptischen Polarisation, hängt von φ ab. Sie erreicht in der Gegend von $\varphi = 50°$ ihren kleinsten Wert. Bei φ_T und bei $\varphi = 90°$ ist $\delta = 180°$, also ebenso groß wie zwischen φ_P und φ_T.

In der elementaren Behandlung der Totalreflexion heißt es: Nach dem Snelliusschen Brechungsgesetz wird der Höchstwert von $\sin \varphi$, nämlich $\sin \varphi_T = n$, für $\chi = 90°$ erreicht. Für $\varphi > \varphi_T$ läßt sich kein gebrochener Strahl konstruieren. Folglich tritt überhaupt kein Licht in das optisch dünnere Medium ein. — Dieser letzte Satz muß berichtigt werden. Zu diesem Zweck betrachten wir die Totalreflexion zunächst einmal in einem anschaulichen Sonderfall, nämlich mit Schwere-Oberflächenwellen auf Wasser. Die Versuchsanordnung ist uns aus dem Mechanikband, § 114, bekannt.

In den Abb. 307 ff. trennt die Linie 00 einen Flachwasserbereich (unten) von einem Tiefwasserbereich (oben). Schräg von unten rechts laufen Parallelwellen gegen die Grenze und über sie hinweg. Wir sehen Brechung und Reflexion. Die reflektierten Wellen interferieren unten mit den einfallenden. Die gebrochenen Wellen sind gegen die einfallenden verkippt.

Unten ist die Wellenlänge λ_f klein, oben die Wellenlänge λ_t groß. Es gilt in unserem Beispiel

$$\frac{\sin \varphi}{\sin \chi} = \frac{\lambda_f}{\lambda_t} = n = 0{,}81.$$

Bei $\sin \varphi = 0{,}81$ oder $\varphi = 54°$ sollte Totalreflexion beginnen. Das ist in der Tat der Fall. In Abb. 308 ist $\varphi = 54°$ und χ ist $= 90°$ geworden. Die gebrochenen Wellen münden senkrecht auf der Grenze ein und gehen nach oben in gekrümmte „gebeugte" Wellen über.

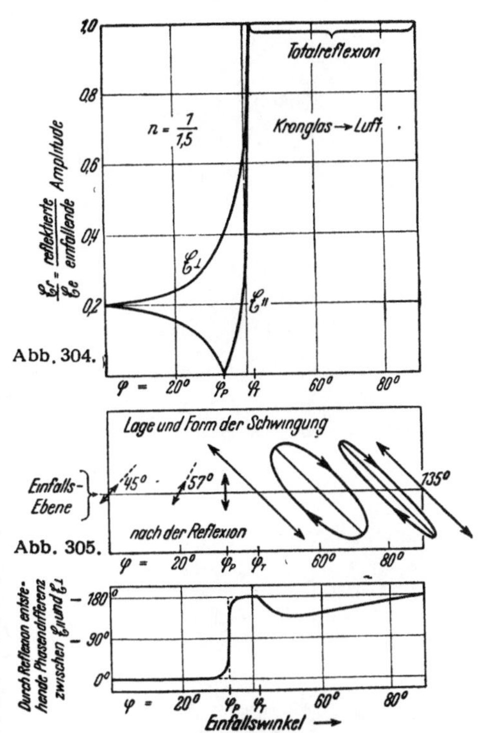

Abb. 304—306. Einfluß des Einfallswinkels auf die Lichtreflexion bei schwacher Absorption. Zweiter Fall: Das Licht geht vom optisch dichteren in den optisch dünneren Stoff. In Abb. 305 blickt der Beobachter bei jedem Einfallswinkel dem reflektierten Licht entgegen. Die Amplituden sind gegenüber Abb. 304 im Verhältnis 1 : 7 verkleinert gezeichnet worden. Die Abb. 306 gilt wieder für das Einfallsazimut $\psi = 135°$ (vgl. Abb. 298a), die punktierte Gerade soll den idealisierten „Phasensprung" andeuten. In Abb. 304 sind wiederum nur die Beträge der Vektoren $\mathfrak{E}_{||}$ und $\mathfrak{E}_{\perp}$ dargestellt. Über die Richtung der einzelnen Vektoren vor und nach der Reflexion geben wiederum die Gl. (86) und (87) Auskunft.

In Abb. 309 ist der Einfallswinkel φ bis auf 63° vergrößert worden. Damit befinden wir uns mitten im Winkelbereich der Totalreflexion, und dort beobachten wir folgende Tatsachen:

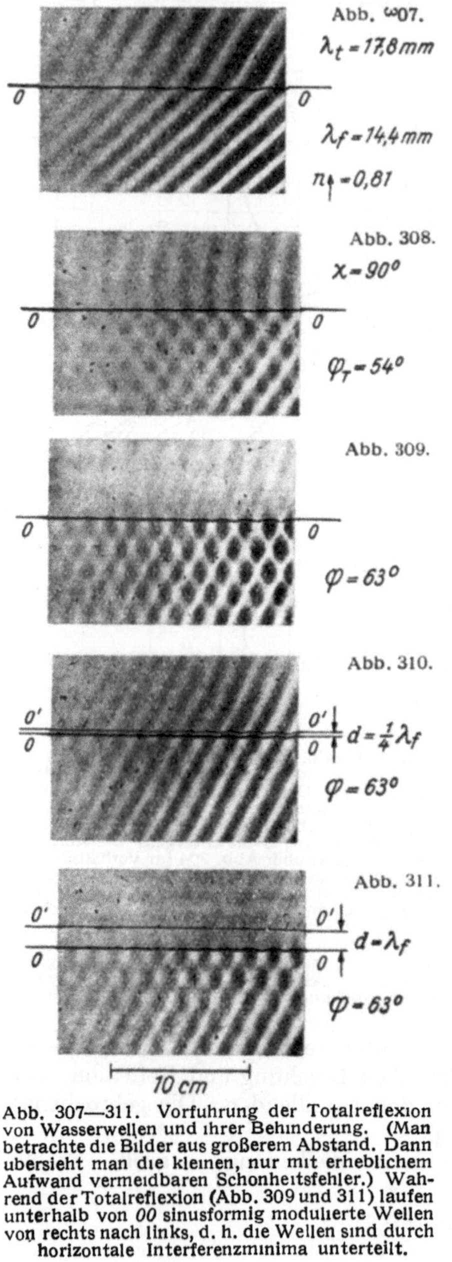

1. Nach wie vor verlaufen Wellen auch oberhalb der Grenze. Im Bilde überschreiten die weißen Wellenberge die Grenze um rund 1 mm. Ihre Richtung steht zur Grenze senkrecht. Die Amplitude dieser Wellen klingt nach oben, d. h. senkrecht zu ihrer Laufrichtung, sehr rasch ab. Die Wellen sind quer zu ihrer Laufrichtung gedämpft. (Ihre Fortsetzung in gekrümmten gebeugten Wellen ist sehr deutlich. Sie kann sogar zunächst in störender Weise die Aufmerksamkeit vom Wesentlichen ablenken. Aber Beugung gehört nun einmal untrennbar zu einer jeden Bündelbegrenzung.)

2. Die reflektierten Wellen sind gegen die einfallenden phasenverschoben. Man stelle auf die Trennlinie *00* senkrecht zur Papierebene einen Metallspiegel (nicht rückwärts belegten Glasspiegel!). Dann sieht man die zusammengehörigen Wellenberge deutlich gegeneinander versetzt.

3. Die Brechzahl $n = \lambda_f : \lambda_t$ beträgt 0,91. Vorher war ihr Wert 0,81. Im Bereich der Totalreflexion bleibt also die Brechzahl keine Konstante. Sie steigt vielmehr mit wachsendem Einfallswinkel φ.

Die „quergedämpften" Wellen im zweiten, nach elementarer Darstellung wellenfreien Stoff, sind für das Zustandekommen der Totalreflexion unentbehrlich. Das zeigen die beiden nächsten Versuche. In Abb. 310 ist der Tiefwasserbereich oberhalb der Grenze *00* auf einen schmalen Streifen eingeengt worden. Oberhalb von *0'0'* folgt wieder ein Bereich flachen Wassers. Der Abstand *00'* ist gleich einem Viertel der Wellenlänge. Der Tiefwasserbereich ist also schmaler als vorher die seitliche Ausdehnung der quergedämpften Welle in Abb. 309. Erfolg: Die Reflexion ist nicht mehr total, es laufen deutlich Wellen nach oben über die Grenze *00* hinweg.

Und schließlich der Gegenversuch: In Abb. 311 ist der Abstand *00'* bis zur Größe einer Wellenlänge erweitert worden. Der Tiefwasserbereich bietet also

Abb. 307.
$\lambda_t = 17{,}8\,mm$
$\lambda_f = 14{,}4\,mm$
$n_t = 0{,}81$

Abb. 308.
$\chi = 90°$
$\varphi_T = 54°$

Abb. 309.
$\varphi = 63°$

Abb. 310.
$d = \frac{1}{4}\lambda_f$
$\varphi = 63°$

Abb. 311.
$d = \lambda_f$
$\varphi = 63°$

10 cm

Abb. 307—311. Vorführung der Totalreflexion von Wasserwellen und ihrer Behinderung. (Man betrachte die Bilder aus größerem Abstand. Dann übersieht man die kleinen, nur mit erheblichem Aufwand vermeidbaren Schönheitsfehler.) Während der Totalreflexion (Abb. 309 und 311) laufen unterhalb von *00* sinusförmig modulierte Wellen von rechts nach links, d. h. die Wellen sind durch horizontale Interferenzminima unterteilt.

genugend Raum zur Ausbildung der quergedampften Wellen. Damit ist auch die Totalreflexion wiederhergestellt. — So weit die Wasserwellen.

Für die Wellen des Lichtes gilt das gleiche: Das zeigen wir mit Wellen des ultraroten Spektralbereiches. In Abb. 312 wird ein Bogenlampenkrater mit zwei gleichen Linsen aus Steinsalz auf einem Strahlungsmesser M abgebildet. Das parallel begrenzte Bündel zwischen den Linsen ist durch eine Blende B_1 in zwei Bündel zerteilt. Eine zweite vertikal verschiebbare Blende B_2 gibt nach Wahl eines der beiden Teilbündel frei. Die beiden Teilbündel fallen dann auf drei 90°-Prismen aus Steinsalz. Die Basisflachen der kleinen Prismen sind von der des

großen durch schmale Metallfolien getrennt, oben von 15 μ, unten von 5 μ Dicke.

Der sichtbare Anteil beider Teilbündel wird total reflektiert, er tritt seitlich in Richtung der Pfeile aus. Ebenso wird die ultrarote Strahlung des oberen Teilbündels total reflektiert. Beim unteren Bündel hingegen zeigt der Strahlungsmesser einen gro-

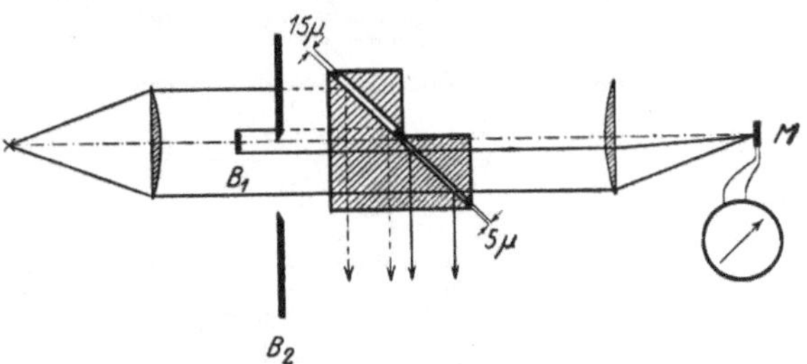

Abb. 312. Vorführung der Totalreflexion von ultrarotem Licht und ihrer Behinderung.

ßen Ausschlag. Es geht also Strahlung durch die Prismen hindurch. Das besagt: Eine 5 μ dicke Luftschicht hinter der Basisfläche des großen Prismas behindert die Totalreflexion. Aber eine 15 μ dicke Luftschicht läßt die Totalreflexion ungestört zur Ausbildung kommen. Aus dieser Tatsache folgern wir: In der ultraroten Strahlung der beiden Bündel sind Wellen bis zu etwa 15 μ Länge enthalten. Für sie gilt das gleiche wie für die Wasserwellen in der Abb. 310 und 311. (Wellen von mehr·als 15 μ Länge werden bereits durch die erste Steinsalzlinse absorbiert.)

Dieser Versuch mit den beiden Prismen ist auch technisch bedeutsam. Man macht den Abstand ihrer Basisflächen veränderlich. Dann hat man die Möglichkeit, mit winzigen Verschiebungen die (wie in Abb. 310) durchgelassene Strahlungsleistung zu verandern oder zu „steuern". Das geschieht z. B. beim Fernsprechen mit Lichtbündeln (Lichttelephonie). — Ferner kann man die beiden Prismen im ultraroten Spektralbereich als Filter benutzen. Sie halten die kurzen Wellen zurück und lassen die langen passieren.

Hingegen eignet sich die Anordnung nicht zur Herstellung monochromatischer Strahlung. Das zeigt ein Zahlenbeispiel für $n = 1{,}5$, $\varphi = 45°$ und unpolarisiertes Licht. Es werden

bei $d/\lambda =$	0,2	0,4	0,6	0,8	1,0
durchgelassen	71%	30%	16%	6%	2%

der einfallenden Strahlungsleistung.

Zum Schluß noch eine Erganzung zu Abb. 306. Dies Schaubild zeigte nach der Reflexion die Phasendifferenz δ zwischen den beiden parallel und senkrecht zur Einfallsebene schwingenden Lichtvektoren. Das Azimut ψ des einfallenden linear polarisierten Lichtes war dabei 135° (Abb. 298a!). Für diesen Fall läßt sich δ nach folgender Gleichung berechnen (mit $n < 1$).

$$\operatorname{tg} \frac{\delta}{2} = \frac{\sin^2 \varphi}{\cos \varphi \sqrt{\sin^2 \varphi - n^2}}. \tag{106}$$

Im Schrifttum wird oft als Azimut des einfallenden Lichtes $\psi = 45°$ benutzt. Dann müssen rechts Zähler und Nenner in Gl. (106) vertauscht werden.

Die Herleitung dieser Gleichung setzt die Kenntnis des § 88 voraus. — Das Brechungsgesetz $\sin \chi = \dfrac{1}{n} \sin \varphi$ kann für $n < 1$ Werte von $\sin \chi > 1$ geben. Dann wird χ ein imaginärer Winkel und

$$\cos \chi = \sqrt{1 - \sin^2 \chi} = i \cdot \frac{1}{n} \sqrt{\sin^2 \varphi - n^2} \tag{107}$$

eine komplexe Größe. Diese setzen wir in die Fresnelschen Formeln

$$\frac{\mathfrak{E}_{r\perp}}{\mathfrak{E}_{e\perp}} = - \frac{\sin(\varphi - \chi)}{\sin(\varphi + \chi)} \quad (86) \quad \text{und} \quad \frac{\mathfrak{E}_{r\parallel}}{\mathfrak{E}_{e\parallel}} = \frac{n \cos \varphi - \cos \chi}{n \cos \varphi + \cos \chi} \quad (87) \text{ von Seite 149}$$

ein und erhalten als Verhältnisse zweier komplexer Amplituden

$$\frac{\mathfrak{E}'_{r\perp}}{\mathfrak{E}'_{e\perp}} = - \frac{i \sqrt{\sin^2 \varphi - n^2} - \cos \varphi}{i \sqrt{\sin^2 \varphi - n^2} + \cos \varphi} = \frac{\mathfrak{E}_{r\perp}}{\mathfrak{E}_{e\perp}} e^{i \delta_\perp} \tag{108}$$

und

$$\frac{\mathfrak{E}'_{r\parallel}}{\mathfrak{E}'_{e\parallel}} = \frac{n \cos \varphi - \dfrac{i}{n} \sqrt{\sin^2 \varphi - n^2}}{n \cos \varphi + \dfrac{i}{n} \sqrt{\sin^2 \varphi - n^2}} = \frac{\mathfrak{E}_{r\parallel}}{\mathfrak{E}_{e\parallel}} e^{i \delta_\parallel} \tag{109}$$

Das bedeutet nach S. 160: Zwischen den reellen Amplituden $\mathfrak{E}_{r\perp}$ und $\mathfrak{E}_{e\perp}$ einerseits, $\mathfrak{E}_{r\parallel}$ und $\mathfrak{E}_{e\parallel}$ andrerseits liegen Phasenwinkel der Größe $\delta_\perp$ und $\delta_\parallel$.

Das einfallende linear polarisierte Licht soll das Azimut $\psi = 135°$ haben (Abb. 298a). Folglich ist $\mathfrak{E}_{e\perp} = - \mathfrak{E}_{e\parallel}$ und $\mathfrak{E}_{r\perp} = \mathfrak{E}_{r\parallel}$. Mit diesen Amplituden ergibt das Verhältnis der Gl. (109) zu Gl. (108) die relative Phasendifferenz

$$e^{i \delta_\parallel} : e^{i \delta_\perp} = e^{i \delta} = \frac{n \cos \varphi - \dfrac{i}{n} \sqrt{\cdots}}{n \cos \varphi + \dfrac{i}{n} \sqrt{\cdots}} \cdot \frac{i \sqrt{\cdots} + \cos \varphi}{i \sqrt{\cdots} - \cos \varphi} \tag{110}$$

Beim Ausrechnen ersetzt man $\cos^2 \varphi$ durch $(1 - \sin^2 \varphi)$ und erhält

$$e^{i \delta} = \frac{i \cos \varphi \sqrt{\cdots} - \sin^2 \varphi}{i \cos \varphi \sqrt{\cdots} + \sin^2 \varphi} \tag{110a}$$

Diese komplexe Zahl bringt man auf die Form $a + i b$, indem man Zähler und Nenner mit der komplex konjugierten Größe des Nenners multipliziert. Man bekommt

$$e^{i \delta} = \frac{- (\sin^2 \varphi - i \cos \varphi \sqrt{\cdots})^2}{\underbrace{\sin^4 \varphi + \cos^2 \varphi (\sin^2 \varphi - n^2)}_{A^2}} \tag{111}$$

oder

$$A \cdot e^{i \frac{\delta}{2}} = i \cdot \sin^2 \varphi + \cos \varphi \sqrt{\sin^2 \varphi - n^2}. \tag{112}$$

Endlich ist nach Gl. (121) von S. 160

$$\operatorname{tg} \frac{\delta}{2} = \frac{\text{Imaginärteil}}{\text{Realteil}} \Bigg\} \begin{array}{l} \text{der komplexen} \\ \text{Amplitude,} \end{array} \tag{121}$$

also

$$\operatorname{tg} \frac{\delta}{2} = \frac{\sin^2 \varphi}{\cos \varphi \sqrt{\sin^2 \varphi - n^2}} \tag{106}$$

§ 87. Lichtreflexion bei starker Absorption. Die Tatsachen.

Starke Absorption bedeutet: Die mittlere Reichweite w des Lichtes ist kleiner als seine Wellenlänge λ (S. 145).

Wir greifen auf Abb. 293 zurück, ersetzen aber die Glasplatte Sp durch einen Metallspiegel. Mit dieser Anordnung untersuchen wir wiederum die Reflexion polarisierten Lichtes in ihrer Abhängigkeit vom Einfallswinkel φ. Als Azimut des einfallenden Lichtes ist ebenso wie auf S. 148 $\psi = 135°$ gewählt worden.

Die Ergebnisse sind in Abb. 313—315 zusammengestellt. Sie sind mit der Bilderfolge 297—299 zu vergleichen. Dabei ergeben sich folgende Tatsachen:

1. Kleine Reichweite des Lichtes bedingt hohe Reflexion. Das Verhältnis der reflektierten zur einfallenden Amplitude ist sehr viel größer als bei schwacher Absorption (d. h. bei $w > \lambda$).

2. Im Falle $\mathfrak{E}_{\parallel}$ wird die Reflexion bei keinem Einfallswinkel φ gleich Null. Also gibt es bei kleiner Reichweite des Lichtes keinen Polarisationswinkel φ_P. Die Reflexion durchläuft mit wachsendem φ lediglich ein Minimum. Der zugehörige Winkel wird Haupteinfallswinkel Φ genannt.

3. Linear polarisiertes Licht ist nach der Reflexion elliptisch polarisiert (abgesehen von den Grenzfällen $\psi = 0$ und $\psi = 90°$, sowie $\varphi = 0$ und $\varphi = 90°$). —. Beim Haupteinfallswinkel Φ liegt die eine Ellipsenachse in der Einfallsebene, die andere senkrecht zu ihr.

4. Die Phasendifferenz δ zwischen $\mathfrak{E}_{\parallel}$ und $\mathfrak{E}_{\perp}$, die Ursache der elliptischen Polarisation, durchläuft alle Werte zwischen 0 und 180°. Der Wert $\delta = 90°$ wird beim Haupteinfallswinkel Φ erreicht. Nach zweimaliger Reflexion unter dem Haupteinfallswinkel Φ ist das Licht also wieder linear polarisiert. Darauf gründet sich eine bequeme Messung von Φ (J. Jamin 1849).

5. Qualitativ läßt sich sagen: Bei kleiner Reichweite des Lichtes tritt der Haupteinfallswinkel an die Stelle des Polarisationswinkels φ_P.

Starke Absorption, also $w < \lambda$, bedingt ein hohes „Reflexionsvermögen"

$$R = \left| \frac{\mathfrak{E}_r}{\mathfrak{E}_e} \right|^2.$$

Das ist die sinnfälligste der obigen Tatsachen. Sie stellt aber keineswegs eine Besonderheit der Licht wellen dar, sie findet sich allgemein bei Wellen jeglicher Art. Wir bringen abermals ein mecha nisches Beispiel:

Die Abb. 316 zeigt wieder einige Glieder der Torsions-Wellenmaschine. Diesmal haben alle Hantelkörper gleiche Massen. Infolgedessen ist die Fortpflanzungsgeschwindigkeit der Wellen längs des ganzen Weges konstant. Trotzdem ist mit 00 eine Grenze markiert. Oberhalb dieser Grenze besitzen die Glieder eine

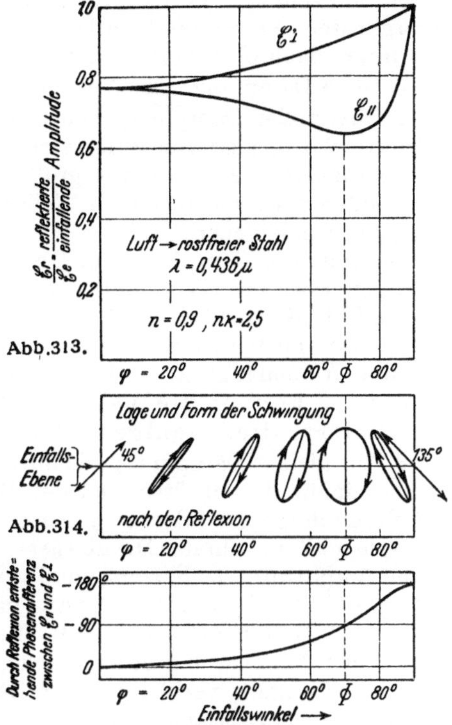

Abb. 313.

Abb. 314.

Abb. 315.

Abb. 313—315. Einfluß des Einfallswinkels auf die Lichtreflexion bei starker Absorption. In Abb. 314 blickt der Beobachter bei jedem Einfallswinkel φ dem reflektierten Licht entgegen.

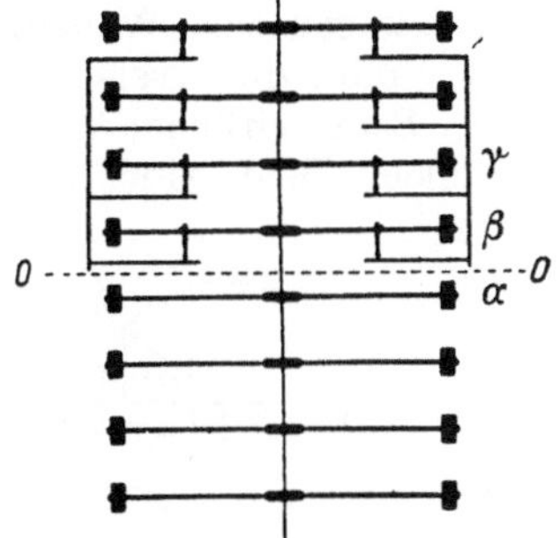

Abb. 316. Einige Glieder einer Wellenmaschine, die oberen mit einer einstellbaren Reibungsdampfung.

Dampfungsvorrichtung. Sie tragen beiderseits kleine Haarpinsel, und diese streichen über rauhe Papierflächen hinweg. Die Flächen lassen sich gemeinsam heben und senken. So wird die Dampfung nach Wunsch eingestellt. Längs der so erganzten Wellenmaschine lassen wir wieder Wellen von etwa 60 cm Länge von unten nach oben laufen. Dabei zeigen wir dreierlei:

1. Ohne Dämpfung: Die Wellengruppe nimmt von der Grenze 00 keine Notiz.

2. Mit großer Dämpfung: Die Hantel β wird durch die Dampfung stark behindert. Sie vermag von α nur einen kleinen Bruchteil der Schwingungsenergie zu übernehmen. Der weitaus größte Teil muß umkehren, die Amplitude der nach unten zurückgelangenden Wellengruppe ist kaum kleiner als die der zuvor nach oben gelaufenen.

Die trotz der Dampfung von β noch aufgenommene Energie wird größtenteils in Reibungswarme verwandelt. Ein verbleibender Rest wird an γ weitergeleitet und so fort. So stirbt die Wellenbewegung „im absorbierenden Stoff" auf kurzem Wege. Ihre mittlere Reichweite w ist in unserem Beispiel nur ein kleiner Bruchteil der Wellenlänge λ — Kurz zusammengefaßt: Bei „starker" Absorption, d. h. $w < \lambda$, können die Wellen nicht eindringen. Es wird wenig Energie absorbiert, dies wenige auf kurzem Wege.

3. Mit kleiner Dämpfung: Die mittlere Reichweite w wird etwa $= \lambda$ gemacht: β übernimmt den größten Teil der Schwingungsenergie von α, gibt ihn wenig durch Reibung vermindert an γ weiter usf. Nur ein kleiner Teil der ankommenden Energie muß umkehren. Die abwärts zurücklaufende Wellengruppe hat eine ganz keine Amplitude. D. h. sinngemäß verallgemeinert: Bei beliebig schwacher Absorption, d. h. $w \gg \lambda$ kann man die ganze auffallende Wellenenergie absorbieren lassen[1]). Man muß nur den Absorptionsweg (optisch die Schichtdicke) groß gegen w machen. [Natürlich gilt das nur für die Brechzahl $n = 1$, andernfalls verbleibt ein Reflexionsverlust gemäß Gl. (83) von S. 146.]

Wir fassen zusammen: Bei starker Absorption wird die Reflexion nicht nur von der Brechzahl n bestimmt, sondern außerdem vom Verhältnis zwischen Wellenlänge λ des Lichtes und seiner mittleren Reichweite w. — Die quantitative Darstellung dieses Sachverhaltes wird in § 89 folgen. Als Vorbereitung für diese und weitere Aufgaben bringen wir zunächst in § 88 einen kurzen Überblick über die mathematische Beschreibung von Schwingungen und Wellen.

§ 88. Einschaltung. Allgemeines über die mathematische Behandlung von Schwingungen und Wellen. Ein einfacher Schwingungsvorgang habe die Frequenz ν oder die Kreisfrequenz $\omega = 2\,\pi\,\nu$. Seine Amplitude (Höchstausschlag) sei A. Sein zeitlicher Ablauf läßt sich mit einer Sinus- oder Kosinusfunktion darstellen. Beide sind in Abb. 317 gezeichnet. Die Abszisse bedeutet die Zeit

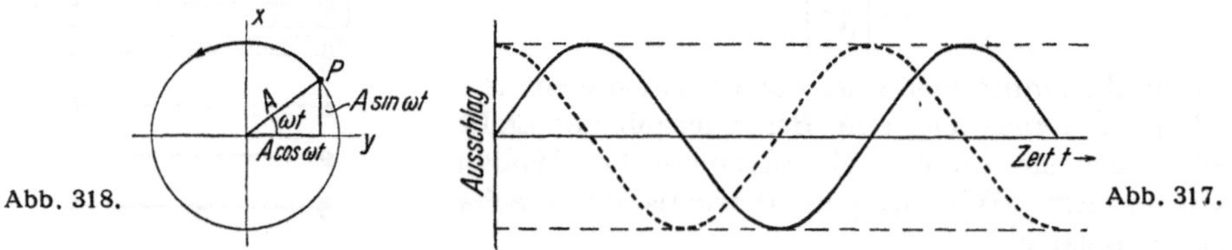

Abb. 317 und 318. Graphische Darstellung einfacher cos- und sin-Schwingungen.

---

[1] „Starke" und „schwache" Absorption sind also keine glücklich gewahlten Bezeichnungen. Sie bereiten dem Anfänger immer Schwierigkeiten. Deswegen betonen wir noch einmal: Stark absorbierende Stoffe (Metalle) können nur wenig von der auffallenden Strahlungsleistung absorbieren, schwach absorbierende hingegen viel.

oder die ihr proportionale „Phase" $\varphi = \omega\, t$. Die Ordinate bedeutet den Aus-schlag, und zwar

$$x = A \sin \omega\, t \tag{113}$$

für die ausgezogene und

$$y = A \cos \omega\, t \tag{114}$$

für die gestrichelte Kurve.

Die Entstehung beider Kurven wird durch Abb. 318 erläutert: Ein Zeiger mit der Länge A (= Amplitude) rotiert mit der konstanten Winkelgeschwindig-keit ω. Seine beiden Projektionen auf das Achsenkreuz liefern die zu einem Wert von $\omega\, t$ gehörenden Ausschläge y und x (vgl. Mechanikband, §§ 5 und 13).

Für die meisten physikalischen Rechnungen ersetzt man die trigonometrischen Funktionen durch eine Exponentialfunktion, und zwar mit Hilfe der Eulerschen) Beziehung

$$e^{i\,\varphi} = \cos \varphi + i \sin \varphi; \quad i = \sqrt{-1}\,. \tag{115}$$

Man rechnet mit Exponentialfunktionen au-ßerordentlich viel leichter als mit trigonometri-schen Funktionen. — Man schreibt für den perio-disch wiederkehrenden Ausschlag der Schwin-gung statt (113) oder (114)

$$x = A \cdot e^{i\,\omega t}. \tag{116}$$

Man rechnet also mit komplexen Zahlen[1] (Abb. 319)

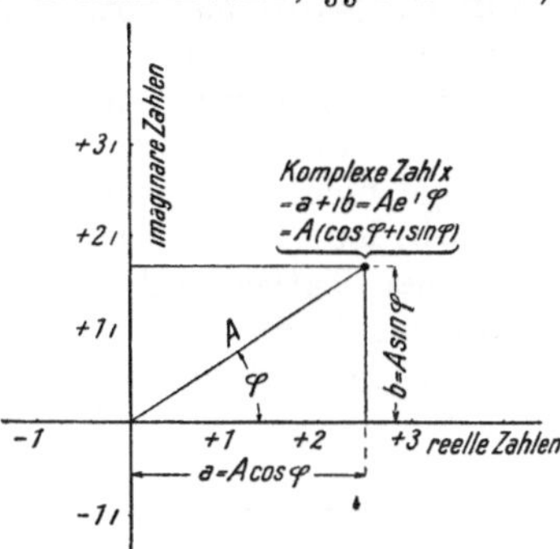

Abb. 319. Darstellung einer komplexen Zahl

$$x = A\, e^{i\varphi} = A\, (\cos \varphi + i \sin \varphi) = a + i\, b. \tag{117}$$

$(A = $ „Betrag", $\varphi = $ „Winkel" der komplexen Zahl x).

Bei diesen Rechnungen benutzt man sehr häufig die Beziehung

$$\operatorname{tg} \varphi = \frac{\sin \varphi}{\cos \varphi} = \left.\frac{\text{Imaginärteil}}{\text{Realteil}}\right\} \text{der komplexen Zahl } x. \tag{118}$$

Den „Betrag" A einer komplexen Zahl $(a \pm i\, b)$ bestimmt man, indem man sie mit ihrer „konjugiert komplexen" $(a \mp i\, b)$ multipliziert, also z. B.

$$A^2 = (a + i\, b)\, (a - i\, b) = a^2 + b^2.$$

Bei diesen beiden Rechnungsarten erscheinen im Endergebnis keine imaginären Zahlen. In anderen Fällen findet man im Endergebnis zu beiden Seiten des Gleichheitszeichens irgendwelche komplexe Zahlen, etwa

$$a + i\, b = C + i\, B.$$

Dann gibt sowohl $a = C$ wie $b = B$ ein physikalisches Ergebnis, d. h. einen Zusammenhang zwischen gleichartigen und vergleichbaren Größen.

In Abb. 317 beginnt die gestrichelte Kosinusschwingung früher als die aus-gezogene Sinusschwingung. (Vgl. Satzbeschriftung der Abb. 263 bis 266.) Man sagt: die gestrichelte Schwingung eilt der ausgezogenen voraus, sie hat einen „positiven Phasenwinkel" $\gamma = 90°$ oder $\pi/2$. Also

$$A \cos \omega\, t = A \sin \left(\omega\, t + \frac{\pi}{2}\right). \tag{119}$$

---

[1] „Imaginäre" und „komplexe" Zahlen erscheinen dem Anfänger leider oft als spuk-hafte Gebilde einer Geisterwelt. Komplexe Zahlen sind aber lediglich (durch Punkte einer Ebene darstellbare) Zahlenpaare mit bestimmten, für diese Paare entwickelten Rechen-regeln. Die Worte „imaginär" und „komplex" sind nur historisch bedingt. Man könnte z. B. statt $5 + i\, 7$ eine blaue 5 und eine rote 7 schreiben und die Worte reell durch blau, imaginär durch rot und komplex durch zweifarbig ersetzen. Die einfachen Rechenregeln für komplexe Zahlen findet man außer in Schulbüchern in dem überaus nützlichen Buche von Lorentz-Joos-Kaluza, Höhere Mathematik für den Praktiker. Leipzig: Joh. Ambr. Barth 1948.

Im allgemeinen beginnt eine Schwingung mit einem (positiven oder negativen)
Phasenwinkel δ. D. h. bei dem (irgendwie vereinbarten) Nullpunkt der Zeit t
besitzt ihre Phase die Größe δ. Also

$$x = A \sin (\omega\, t \pm \delta) \tag{120}$$

oder

$$x = A\, e^{i\,(\omega t \pm \delta)}. \tag{120a}$$

$$x = A\, e^{\pm i\,\delta} \cdot e^{i\,\omega t}. \tag{120b}$$

In dieser zweiten Schreibweise steht als Faktor vor $e^{i\,\omega t}$ nicht die reelle Größe A
(wie in Gl. (116)), sondern eine komplexe Größe $A \cdot e^{\pm i\,\delta}$. Man nennt sie eine
„komplexe Amplitude". Eine komplexe Amplitude enthält zwei Bestimmungsstücke der Schwingung, nämlich die Amplitude A und den Phasenwinkel δ. Man
suche hinter dem Wort „komplexe Amplitude" ja nichts geheimnisvoll Gelehrtes
und klage nicht über einen Mangel an „Anschaulichkeit". Es handelt sich in
Gl. (120b) lediglich um eine formal andere Schreibweise für den in Gl. (120)
enthaltenen Tatbestand. — Eine komplexe Amplitude heißt qualitativ: Die
Schwingung beginnt im zeitlichen Nullpunkt mit einem Phasenwinkel $\delta \neq 0$. —.
Quantitativ erhält man die Größe des Phasenwinkels im Anschluß an die Gl. (118),
nämlich

$$\operatorname{tg} \delta = \frac{A\,(\pm \sin \delta)}{A \cos \delta} = \frac{\text{Imaginärteil}}{\text{Realteil}} \left.\right\} \text{ der komplexen Amplitude } A\, e^{\pm i\,\delta}. \tag{121}$$

Soweit die Schwingungen, jetzt etwas über Wellen.

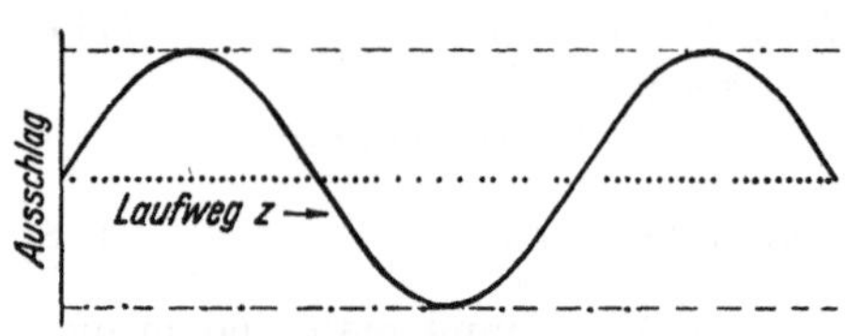

Abb. 320. Momentbild einer fortschreitenden Welle
mit konstanter Amplitude.

Die Abb. 320 gibt ein Momentbild
der einfachsten fortschreitenden Welle,
nämlich einer ungedämpften Sinus-
(oder Kosinus-) Welle. Die Abszisse ist
punktiert, sie bedeutet hier nicht die
Zeit, sondern den Laufweg z, gezählt
von einem vereinbarten Nullpunkt $z = 0$.

Eine fortschreitende Welle läßt sich
beschreiben als eine räumliche Folge
gleichartiger Schwingungen. Man denke sich die einzelnen Abszissenpunkte in
Abb. 320 sinusförmig auf und nieder schwingend. Alle besitzen die gleiche
Amplitude (Höchstausschlag), aber jeder einzelne Punkt hat gegenüber seinem
linken, dem Ausgangsort der Wellen näheren Nachbarn einen negativen Phasenwinkel: Sein Ausschlag beginnt später als der des linken Nachbarn. Der Stoff
habe die Brechzahl n, also soll die Phasengeschwindigkeit v der Welle im Stoff
n-mal kleiner sein als der außerhalb gültige Wert c. Kurz $v = c/n$. Dann gilt
für den Ausschlag x zur Zeit t am Orte z

$$x = A \sin \omega \left(t - \frac{z}{c/n} \right) \tag{122}$$

oder

$$x = A\, e^{i\,\omega\left(t - \frac{n\,z}{c}\right)}. \tag{123}$$

D. h. bei einer fortschreitenden Welle hängt der Ausschlag x nicht nur von der
Zeit t ab, sondern außerdem vom Orte z. Am Orte $(z + \Delta z)$ tritt die gleiche

Phase um die Zeitspanne $\Delta t = \dfrac{\Delta z}{v} = \dfrac{n\,\Delta z}{c}$ später auf als am Orte z.

In Abb. 320 blieb die Amplitude der Welle längs des Laufweges z konstant.
Das wird durch die beiden strichpunktierten horizontalen Hilfslinien angedeutet.

Im Gegensatz dazu soll in Abb. 321 die Amplitude der Welle beim Vordringen längs des Weges z durch Absorption geschwächt werden und dabei exponentiell abnehmen

In Abb. 321 soll α ein erstes Momentbild sein, β ein zweites, etwas später aufgenommenes. Oder anders gesagt: Im stationären Zustand soll jeder Punkt der Abszisse zwar mit zeitlich konstanten Amplituden schwingen, doch sollen

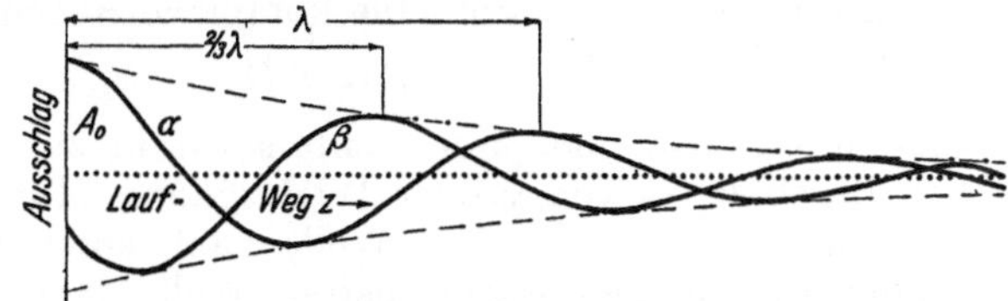

Abb. 321. Zwei im zeitlichen Abstand 2 $T/3$ aufeinanderfolgende Momentbilder fortschreitender Wellen mit raumlicher Dampfung. Die Amplituden nehmen in der Laufrichtung ab.

die Amplituden der verschiedenen Punkte durch die beiden strichpunktierten Exponentialkurven eingegrenzt werden. Die Amplitude soll also nicht mehr von z unabhängig sein, sondern von z abhängen nach der Gleichung

$$A = A_0\, e^{-\frac{K}{2}z} \tag{124}$$

Dabei ist K die auf S. 144 definierte Absorptionskonstante. Sie wurde durch eine Schwächung der Strahlungsleistung definiert. Die Leistung aber ist proportional zu A^2, folglich muß in der für Amplituden gültigen Gleichung $K/2$ geschrieben werden.

Die Absorptionskonstante K folgt direkt aus Messungen. Für Wellenvorgange ist die Wellenlänge die naturgemäße Längeneinheit. Demgemäß benutzt man diese Längeneinheit auch bei der rechnerischen Behandlung der Absorption. Man bezeichnet die Wellenlänge außerhalb des absorbierenden Stoffes mit λ, die Brechzahl des Stoffes mit n, die Wellenlänge im Stoff mit $\lambda' = \lambda/n$. So erhält man aus Gl. (124)

$$A/A_0 = e^{-\frac{K}{2}z} = e^{-\frac{K\lambda'}{2}\frac{z}{\lambda'}} = e^{-\frac{Kn\lambda'}{2}\frac{z}{\lambda}}.$$

Alsdann gibt man dem Produkt

$$K\,\lambda'/4\,\pi = \varkappa$$

den Namen Absorptionsindex und dem Produkt

$$K\,\lambda/4\,\pi = (n\,\varkappa) \tag{125}$$

den Namen Absorptionskoeffizient. In beiden Fällen ist der Faktor $1/4\,\pi$ nur hinzugefügt, um später das Rechnen mit Winkelfunktionen zu erleichtern.

Mit der neuen Absorptionsgröße $(n\,\varkappa)$ erhält man für die räumliche Abnahme der Amplitude statt (124) die Gleichung

$$A = A_0\, e^{-2\pi(n\varkappa)\frac{z}{\lambda}} \tag{126}$$

λ = Wellenlange vor dem Eindringen der Welle in den schwächenden Stoff, n dessen Brechzahl. $\varkappa$ allein wird Absorptionsindex genannt.)

Sie besagt: Längs des Weges $z = \lambda$ sinkt die Amplitude der Welle auf den Bruchteil $e^{-2\pi(n\varkappa)}$ herab.

Nach diesen vorbereitenden Definitionen können wir jetzt die Gleichung für eine durch Absorption räumlich abklingende Welle aufstellen. Zu diesem Zweck haben wir in die Gl. (123) eine exponentiell abklingende Amplitude einzusetzen. Dann erhalten wir für den Ausschlag x zur Zeit t am Orte z

$$x = A_0\, e^{-2\pi(n\varkappa)\frac{z}{\lambda}} \cdot e^{i\omega\left(t-\frac{nz}{c}\right)}. \tag{127}$$

Den Übergang von Gl. (123) (Welle ohne Absorption) zu Gl. (127) (Welle mit Absorption) kann man rein formal auch anders vollziehen: Man braucht nur die Brechzahl n in Gl. (123) durch eine komplexe Rechengröße zu ersetzen, nämlich die komplexe Brechzahl

$$n' = n\,(1 - i\,\varkappa).\qquad(128)$$

Auf diesem Wege gelangt man ebenfalls direkt zu Gl. (127).

Dies Ergebnis ist von großer Wichtigkeit. Man kann den Einfluß der Absorption auf den Verlauf einer Welle nach einer einfachen Regel berechnen: Man nimmt die für die absorptionsfreie Welle hergeleiteten Formeln und ersetzt die reelle Brechzahl n durch die komplexe $n' = n\,(1 - i\,\varkappa)$. Eine „komplexe Brechzahl" enthält, ebenso wie S. 160 eine komplexe Amplitude, wiederum zwei Bestimmungsstücke, nämlich die Brechzahl n und den Absorptionskoeffizienten $(n\,\varkappa)$. Sie leistet als formale Rechengröße ausgezeichnete Dienste, sie ist bei keiner Behandlung irgendwelcher Wellenabsorption zu entbehren. Das Ergebnis der Rechnung ist auch hier stets eine Beziehung zwischen gleichartigen, physikalisch vergleichbaren Großen. Ein erstes Beispiel findet sich schon am Anfang des nächsten Paragraphen.

§ 89. Quantitatives zur Lichtreflexion bei starker Absorption und senkrechtem Lichteinfall. Beersche Formel. Die Tatsachen sind in § 87 dargestellt und in den Abb. 313—315 zusammengefaßt worden. Die quantitative Behandlung beruht auf einer Erweiterung der Fresnelschen Formeln. Man berücksichtigt außer der Brechzahl n auch den Absorptionskoeffizienten $(n\,\varkappa)$. Das geschieht nach der allgemeinen, oben eingeführten Regel: Man ersetzt die reelle Brechzahl n durch die komplexe

$$n' = n\,(1 - i\,\varkappa).\qquad(128)$$

Wir behandeln den Sonderfall senkrechter Inzidenz, also Einfallswinkel $\varphi = 0$. Dann galt für die Reflexion

$$\frac{\mathfrak{E}_r}{\mathfrak{E}_e} = -\,\frac{n-1}{n+1}.\qquad\text{(84a) von S. 146}$$

Wir ersetzen die reelle Brechzahl n durch die komplexe und erhalten dann das Verhältnis zweier komplexer Amplituden

$$\frac{\mathfrak{E}_r'}{\mathfrak{E}_e} = -\,\frac{n - i\,(n\,\varkappa) - 1}{n - i\,(n\,\varkappa) + 1} = \varrho\,e^{i\,\delta_r}.\qquad(129)$$

Hierin bedeutet (vgl. S. 159) der „Betrag" ϱ das Verhältnis der reellen Amplituden, also

$$\varrho = \frac{\mathfrak{E}_r}{\mathfrak{E}_e}$$

und δ_r den Phasenwinkel zwischen $\mathfrak{E}_r$ und $\mathfrak{E}_e$, also zwischen reflektierter und einfallender Amplitude. — Beide wollen wir nach den Regeln von § 88 ausrechnen. Wir beginnen mit der Berechnung des

$$\text{Reflexionsvermögens } R = \varrho^2 = \left|\frac{\mathfrak{E}_r}{\mathfrak{E}_e}\right|^2$$

Dazu multiplizieren wir die komplexe Zahl in Gl. (129) mit ihrer „komplex konjugierten" also

$$R = \frac{(n - i\,(n\,\varkappa) - 1)\,(n + i\,(n\,\varkappa) - 1)}{(n - i\,(n\,\varkappa) + 1)\,(n + i\,(n\,\varkappa) + 1)}\qquad(130)$$

oder

$$R = \left|\frac{\mathfrak{E}_r}{\mathfrak{E}_e}\right|^2 = \frac{(n-1)^2 + (n\,\varkappa)^2}{(n+1)^2 + (n\,\varkappa)^2}.\qquad(131)$$

Das ist die vielbenutzte Formel von Aug. Beer (1854).

Zum Ausrechnen der Phasendifferenz bringen wir die Gl (129) auf die Form $a + i\,b$. Zu diesem Zweck multiplizieren wir Zähler und Nenner mit der komplex konjugierten Größe des Nenners, also

$$\varrho\,e^{i\,\delta_r} = -\frac{n - i\,(n\varkappa) - 1}{n - i\,(n\varkappa) + 1} \cdot \frac{n + i\,(n\varkappa) + 1}{n + i\,(n\varkappa) + 1} = \frac{1 - n^2 - (n\varkappa)^2 + i\,2\,(n\varkappa)}{n^2 + 2\,n + 1 + (n\varkappa)^2} \tag{132}$$

oder $\quad [(n + 1)^2 + (n\varkappa)^2] \cdot \varrho \cdot e^{i\,\delta_r} = \underbrace{1 - n^2 - (n\varkappa)^2}_{\text{Realteil}} + \underbrace{i\,2\,(n\varkappa)}_{\text{Imaginärteil}}.$

Dann benutzen wir die Gl. (118) von S. 159

$$\operatorname{tg}\delta_r = \frac{\text{Imaginärteil}}{\text{Realteil}} \quad\text{der komplexen Größe}$$

und erhalten

$$\operatorname{tg}\delta_r = \frac{2\,(n\varkappa)}{1 - n^2 - (n\varkappa)^2}. \tag{134}$$

In gleicher Weise kann man von der Fresnelschen Formel (84b) von S 146 ausgehen und das Verhältnis zwischen der durchgehenden Amplitude $\mathfrak{E}_d$ und der einfallenden $\mathfrak{E}_e$ berechnen, desgleichen den Phasenwinkel δ_d zwischen beiden. Man erhält dann

$$\left|\frac{\mathfrak{E}_d}{\mathfrak{E}_e}\right|^2 = \frac{4}{(n + 1)^2 + (n\varkappa)^2}. \tag{135}$$

$$\operatorname{tg}\delta_d = \frac{(n\varkappa)}{n + 1} \tag{136}$$

In Abb. 294 hatten wir die Fresnelsche Formel für senkrechten Lichteinfall und schwache Reflexion mit einem Momentbild erläutert, und zwar für das Zahlenbeispiel $n = 2$.

In entsprechender Weise geben die Abb. 322 und 323 Momentbilder zur Erläuterung der Gl. (131—136), und zwar Abb. 322 für $n = 2$ und $(n\varkappa) = 4$, Abb. 323 für $n = 2$ und $(n\varkappa) = 0{,}1$.

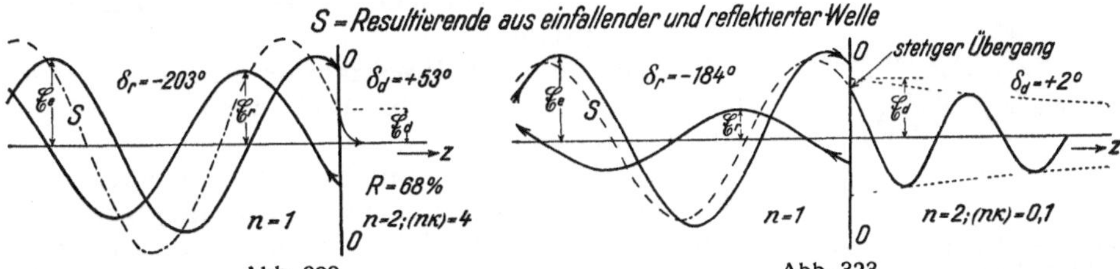

Abb. 322   Abb. 323

Abb. 322 und 323. Zur Erläuterung der Gl. (131 und 136) Abb. 322 paßt z. B. für die Reflexion roten Lichtes an Platin Abb. 323 übertreibt noch die Verhältnisse an Farbstofflösungen sehr hoher Konzentration.

Die Abb. 323 unterscheidet sich nicht mehr nennenswert von Abb. 294. D. h. ein Absorptionskoeffizient $(n\varkappa) = 0{,}1$ spielt bei der Reflexion schon praktisch keine Rolle mehr. $(n\varkappa) = 0{,}1$ (genauer 0,08) bedeutet $w = \lambda$, d. h. die mittlere Reichweite des Lichtes ist gleich seiner Wellenlänge. $w = \lambda$ hatten wir auf S. 145 als Grenze zwischen starker und schwacher Absorption eingeführt. Das findet nun hier seine Rechtfertigung

Bei Metallen überwiegt oft der Summand $(n\varkappa)^2$ im Zähler und Nenner der Beerschen Formel (131) Dann wird R vergleichbar mit 1. Es wird ein großer Bruchteil der einfallenden Strahlungsleistung reflektiert Im Beispiel der Abb. 313

waren es über 60%. Silber kann im Sichtbaren über 95% reflektieren. Im langwelligen Ultrarot erreichen alle Metalle ein Reflexionsvermögen R = praktisch 100%; vgl. Abb. 370.

§ 90. Messung der optischen Konstanten n und $(n\varkappa)$ mit Hilfe der Reflexion. In § 89 ist die Lichtreflexion bei starker Absorption und senkrechtem Einfall ($\varphi = 0$) recht ausführlich behandelt worden. Die Bedeutung der hergeleiteten Gleichungen geht weit über den Bereich der Optik hinaus. Die Gleichungen spielen auch in der Akustik und Elektrotechnik eine große Rolle. Sie enthalten ja, unabhängig von näheren Vorstellungen über die Natur der Wellen, nur zwei formal eingeführte Stoffzahlen, die Brechzahl n und den Absorptionskoeffizienten $(n\varkappa)$.

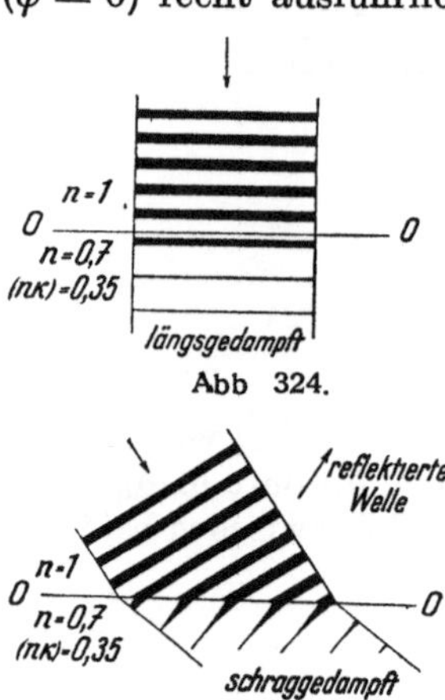

Abb. 324.

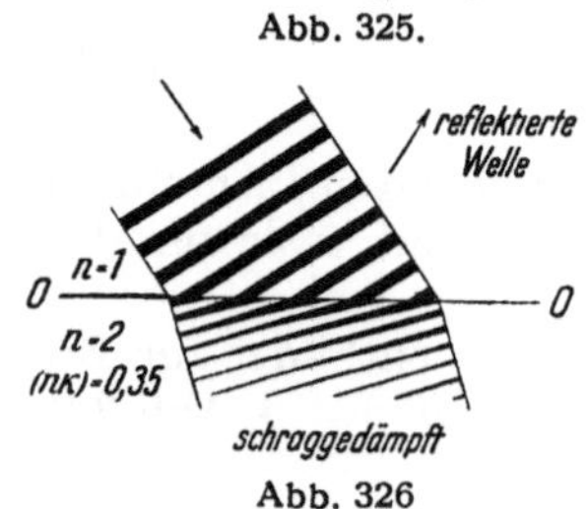

Abb. 325.

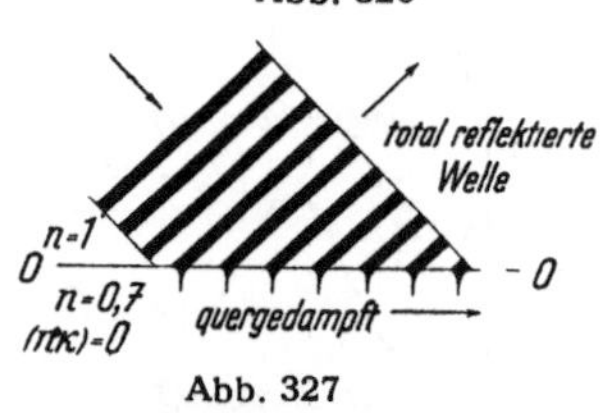

Abb. 326

Abb. 327

Abb. 324—327. Die verschiedenen Formen räumlicher Dämpfung fortschreitender Wellen. Strichdicke = Wellenamplitude.

Bei schrägem Lichteinfall ($\varphi > 0$) werden die Dinge verwickelter, es muß wieder die Polarisation des Lichtes, d. h. die Gestalt und die Lage der Schwingung berücksichtigt werden. Außerdem tritt infolge der Absorption eine neue, durch die Bilderfolge 324—327 erläuterte Schwierigkeit auf. In diesen Bildern sind die Wellenberge durch breite schwarze Linien markiert. Ihre Dicke soll — ein zeichnerischer Notbehelf — die Größe der Amplituden andeuten. In den ersten beiden Bildern soll die Brechzahl unterhalb der Grenze *00* kleiner sein als oberhalb.

In Abb. 324 ist $\varphi = 0$, das Licht fällt senkrecht ein. Die Linien gleicher Phase (Wellenberge) und die Linien gleicher Amplitude (gleicher Strichdicke) fallen zusammen: Wir haben eine Längsdämpfung.

In Abb. 325 beträgt φ etwa 33°. Jetzt fallen die Wellenberge unterhalb der Grenze nicht mehr mit Linien gleicher Amplitude, d. h. den Horizontalen gleicher Strichdicke, zusammen. Die Welle ist „inhomogen" und schraggedämpft.

In Abb. 326 ist die Brechzahl unterhalb der Trennlinie größer als oberhalb. Auch dann gibt es eine Schrägdämpfung.

Abb. 327 bezieht sich nicht mehr auf einen stark absorbierenden, sondern einen wie Glas durchsichtigen Stoff. Der Grenzwinkel der Totalreflexion ist bereits überschritten. Wieder ist die Welle unterhalb der Grenze inhomogen und diesmal sogar „quergedämpft". Die Linien gleicher Amplitude stehen senkrecht auf den Linien gleicher Phase, also den im Bilde vertikal stehenden Wellenbergen.

Experimentell äußert sich diese Schrägdämpfung in sehr unangemehmer Weise. Das Snelliussche Brechungsgesetz (Gl. (2) von S. 4) wird — ebenso wie S. 154 bei der Querdämpfung — ungültig. Die Brechzahl n hört auf, eine Konstante zu sein, sie wird vom Einfallswinkel abhängig (Abb. 328). Große Brechzahlen, z. B. von Pt, bleiben noch leidlich konstant. Brechzahlen unter 1 hingegen, z. B. von Cu, können sich mit wachsendem φ mehr als verdoppeln (vgl. dazu Abb. 328!).

Trotz dieser Verwicklungen kann man auch den schragen Lichteinfall bei hoher Absorption ebenso behandeln wie den senkrechten. Man geht wieder von

den entsprechenden Fresnelschen Formeln für schwache Absorption aus, also diesmal von den Gl. (86) und (87). Wiederum ersetzt man die reelle Brechzahl n durch eine komplexe, auch die Absorption berücksichtigende Brechzahl

$$n' = n - i\,(n\varkappa). \tag{128}$$

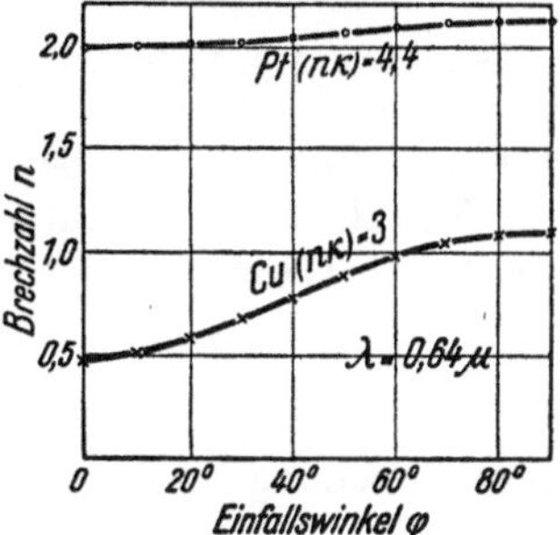

Abb. 328. Bei stark absorbierenden Stoffen hangen kleine Brechzahlen n stark vom Einfallswinkel φ ab. (Von D. Shea mit Hilfe sehr dunner Metallprismen gemessen.)

Leider werden die anschließenden Rechnungen in strenger Form recht umfangreich und unübersichtlich. Aus diesem Grunde beschränken wir die Aufgabe und fragen nur: Wie kann man aus Reflexionsmessungen bei schrägem Lichteinfall die optischen Konstanten n und $(n\varkappa)$ bestimmen? — Sicher braucht man dafür z w e i Messungen. Bei schwacher Absorption genügte e i n e. Denn dort war allein die Brechzahl n zu bestimmen, z. B. aus dem Polarisationswinkel (Gl. (85) von S. 148) oder dem Reflexionsvermögen R (Gl. (83) von S. 146).

Ohne Absorption galt das Snelliussche Gesetz

$$\sin \chi = \frac{\sin \varphi}{n}. \tag{2 von S. 4}$$

Mit einer komplexen Brechzahl ergibt sich statt dessen

$$\sin \chi = \frac{\sin \varphi}{n - i\,(n\varkappa)}, \tag{137}$$

und daher

$$\cos \chi = \frac{\sqrt{[n - i\,(n\varkappa)]^2 - \sin^2 \varphi}}{n - i\,(n\varkappa)}. \tag{138}$$

Dann bilden wir aus den beiden Fresnelschen Gl. (86) und (87) das Verhältnis der beiden reflektierten Amplituden, und zwar für den in Abb. 298a skizzierten Sonderfall $\mathfrak{E}_{e\perp} = -\mathfrak{E}_{e\parallel}$. D. h. die einfallenden Amplituden sollen die gleichen sein, wie in der Bilderfolge 313—315, S. 157. Das Verhältnis der reflektierten Amplituden wird komplex, wir erhalten

$$\frac{\mathfrak{E}'_{r\parallel}}{\mathfrak{E}'_{r\perp}} = \frac{\cos (\varphi + \chi)}{\cos (\varphi - \chi)} = \varrho\, e^{i\,\delta}. \tag{139}$$

Dabei ist ϱ wieder das Verhältnis der reellen Amplituden, also $\mathfrak{E}_{r\parallel}/\mathfrak{E}_{r\perp}$. — Aus (139) folgt nach elementarer Umrechnung

$$\frac{1 - \varrho\, e^{i\,\delta}}{1 + \varrho\, e^{i\,\delta}} = \frac{\sin \varphi \sin \chi}{\cos \varphi \cos \chi}. \tag{140}$$

Hierin ersetzen wir $\sin \chi$ und $\cos \chi$ gemäß den Gl. (137) und (138) und erhalten

$$\frac{1 - \varrho\, e^{i\,\delta}}{1 + \varrho\, e^{i\,\delta}} = \frac{\operatorname{tg} \varphi \sin \varphi}{\sqrt{[n - i\,(n\varkappa)]^2 - \sin^2 \varphi}}. \tag{141}$$

Bis hier ist alles streng und allgemein. Jetzt beschränken wir uns auf den Sonderfall $\varphi =$ Haupteinfallswinkel Φ (S. 157). Dadurch wird $\delta = -\dfrac{\pi}{2}$, $e^{-i\frac{\pi}{2}} = -i$ (Beweis: $e^{i\,\delta} = \cos \delta + i \sin \delta$, also für $\delta = -\dfrac{\pi}{2}$ gleich $0 - i \cdot 1$). Ferner nennen wir ϱ, das Verhältnis der beim Haupteinfallswinkel reflektierten Amplituden jetzt tg Ψ, definieren also

$$\text{tg } \Psi = \left(\frac{\mathfrak{E}_{r\parallel}}{\mathfrak{E}_{r\perp}}\right)_{\varphi\,=\,\Phi} \tag{142}$$

Der Haupteinfallswinkel Φ liegt bei Metallen meist in der Gegend von $70°$ und dann ist $\sin^2 \varphi = 0,9$. Diese Größe vernachlässigt man im Nenner der Gl. (141). Physikalisch bedeutet das: Man läßt die Abhängigkeit der Brechzahl n vom Einfallswinkel φ (Abb. 328) außer acht und betrachtet n auch bei starker Absorption als eine Konstante. So ergibt sich statt (141)

$$\frac{1 + i \text{ tg } \Psi}{1 - i \text{ tg } \Psi} = \frac{\text{tg } \Phi \sin \Phi}{n - i\,(n\,\varkappa)}. \tag{143}$$

Diese Gleichung wird mit ihrer komplex konjugierten multipliziert, also

$$\frac{1 + i \text{ tg } \Psi}{1 - i \text{ tg } \Psi} \cdot \frac{1 - i \text{ tg } \Psi}{1 + i \text{ tg } \Psi} = \frac{\text{tg } \Phi \sin \Phi}{n - i\,(n\,\varkappa)} \cdot \frac{\text{tg } \Phi \sin \Phi}{n + i\,(n\,\varkappa)} \tag{144}$$

oder

$$\text{tg } \Phi \sin \Phi = n\,\sqrt{1 + \varkappa^2}. \tag{145}$$

Dann bringen wir die Nenner in Gl. (143) auf die andere Seite des Gleichheitszeichens, setzen Gl. (145) ein und bekommen

$$[n - i\,(n\,\varkappa)]\,(1 + i \text{ tg } \Psi) = \left(n\,\sqrt{1 + \varkappa^2}\right)(1 - i \text{ tg } \Psi). \tag{146}$$

Wir rechnen aus, setzen beiderseits die reellen Teile einander gleich (vgl. S. 145) und erhalten

$$1 + \varkappa \text{ tg } \Psi = \sqrt{1 + \varkappa^2} \tag{147}$$

oder

$$\varkappa = \frac{2 \text{ tg } \Psi}{1 - \text{tg}^2 \Psi}. \tag{148}$$

$$\boxed{\varkappa = \text{tg } 2\,\Psi.} \tag{149}$$

Schließlich setzen wir Gl. (149) in (145) ein und erhalten

$$\boxed{n = \sin \Phi \text{ tg } \Phi \cos 2\,\Psi.} \tag{150}$$

Damit ist die S. 165 gestellte Aufgabe gelöst. Man hat zwei Gleichungen für die Bestimmung der optischen Konstanten n und $(n\,\varkappa)$. Gemessen wird die Größe des Haupteinfallswinkels Φ und tg Ψ, d. h. das Verhältnis der beiden beim Haupteinfallswinkel reflektierten Amplituden (Gl. (142) und Abb. 313).

Die beiden eingerahmten Gleichungen sind in der Meßtechnik von großer Bedeutung. Sie sind schon 1849 von A. L. Cauchy veröffentlicht worden. — Man soll sie daher, den eingebürgerten Darstellungen entgegen, nicht als Ergebnis der Maxwellschen Theorie bringen.

Für $\varkappa = 0$, also Lichtreflexion ohne Absorption, folgt aus Gl. (150)

$$n = \sin \varphi \text{ tg } \varphi$$

statt des Brewsterschen Gesetzes

$$n = \text{tg } \varphi. \tag{85} \text{ von S. 134}$$

Die Cauchyschen Formeln stellen eben nur eine Näherung dar. — Für sehr kleine Werte der Brechzahl n bleibt Gl. (150) brauchbar, Gl. (149) ersetzt man dann aber durch eine strengere Lösung.

$$\varkappa = \frac{\sqrt{\sin^2 \Phi \sin^2 2\,\Psi - \cos^2 \Phi}}{\sin \Phi \cos 2\,\Psi}. \tag{149a}$$

Für kleine Werte des Absorptionskoeffizienten $(n\,\varkappa)$ empfehlen sich andere Näherungslösungen, nämlich

$$\varkappa = \frac{\sin \Phi \sin 2\,\Psi}{\sqrt{1 - \sin^2 \Phi \sin^2 2\,\Psi}} \tag{149b}$$

und

$$n = \operatorname{tg} \Phi \sqrt{1 - \sin^2 \Phi \sin^2 2\,\Psi}. \tag{150a}$$

Gl. (150a) gibt für $\varkappa = 0$ richtig das Brewstersche Gesetz, also $n = \operatorname{tg} \Phi$.

Um die Phasendifferenz $\varDelta = \delta\,\mathfrak{E}_{r\|} - \delta\,\mathfrak{E}_{r\perp}$ und das Amplitudenverhältnis $\varrho = \mathfrak{E}_{r\|}/\mathfrak{E}_{r\perp}$ $= \operatorname{tg} \psi$ aus den optischen Konstanten zu berechnen, bildet man zwei Hilfsgrößen

$$\operatorname{tg} P = \frac{n\sqrt{1 + \varkappa^2}}{\sin \varphi \operatorname{tg} \varphi} \quad \text{und} \quad \operatorname{tg} Q = \varkappa. \tag{151}$$

Dann ist bei einem Azimut $\psi = 135°$ des einfallenden Lichtes

$$\operatorname{tg} \varDelta = -\sin Q \operatorname{tg} 2\,P \tag{152}$$

und

$$\cos 2\,\Psi = \cos Q \sin 2\,P. \tag{153}$$

§ 91. Schlußbemerkung. Die quantitative Behandlung der „starken" Lichtabsorption, also $w < \lambda$, ist kein erfreuliches Kapitel. Man muß ziemlich viel rechnen und gelangt trotzdem bei schragem Lichteinfall nur mit Näherungslösungen zu Formeln von brauchbarer Einfachheit.

Schlimmer aber ist etwas anderes. Schon der Anfanger verbindet mit optischen Messungen die Vorstellung besonderer Prazision, er kennt die vielen Dezimalen bei Brechzahlen, Wellenlangen usw. Bei starker Absorption ist es mit jeder Präzision vorbei. Eine Reproduzierung der Messungen von n und $(n\,\varkappa)$ innerhalb einiger Prozente muß schon als sehr befriedigend gelten. Der Grund ist klar: Bei starker Absorption spielen sich die gesamten Vorgange innerhalb dünner Oberflächenschichten ab, den Hauptbeitrag liefern Schichten unter 10^{-4} mm Dicke. Diese Schichten sind im Gegensatz zu den inneren des Körpers ungeschützt allen Einwirkungen von außen ausgesetzt, ihre Beschaffenheit ist zeitlich nicht konstant und von der Vorgeschichte abhängig. Das darf man keinesfalls außer acht lassen

Zum Schluß eine nachdenkliche Frage: Was heißt eigentlich Oberflache? Physikalisch zeigt eine frische Flüssigkeitsfläche, z B von Wasser, die geringsten Unebenheiten. Doch hat jede Flüssigkeit einen Dampfdruck, Wasser z. B. bei Zimmertemperatur von etwa 18 mm Hg-Säule Folglich herrscht an der Grenze Flussigkeit—Dampf ein statistisches Gleichgewicht zwischen abfliegenden und ins Wasser zurückkehrenden Molekülen. Je Sekunde und cm^2 vollziehen rund 10^{22} Moleküle diesen Übergang aus der Flüssigkeit zum Dampf und umgekehrt. In einem cm^2 Oberfläche haben aber nur 10^{15} Moleküle Platz. Jedes einzelne Molekül kann also nur rund 10^{-7} Sekunden in der Oberflache verweilen. Dann fliegt es wieder davon mit einer Geschwindigkeit von rund 700 m/s Dies tobende Gewimmel ist die beste, vom Physiker realisierbare Naherung an das von Mathematikern entworfene Idealbild einer ebenen Flache!

Keine mechanisch bearbeitete Oberflachenschicht zeigt die gleiche Eigenschaft wie der Stoff im Inneren. Man lege einen Glasklotz mit sehr sorgfaltig polierter Oberflache in eine Flussigkeit mit einer (für die benutzte Lichtart) genau übereinstimmenden Brechzahl. Stets macht sich die Trennschicht durch eine Reflexion von einigen Zehntel Prozent bemerkbar. Die Brechzahl der Grenzschicht ist also eine andere als die des Glases in seinem Inneren. Die Dicke der durch die Bearbeitung veranderten Glasschicht betragt nach Rayleigh (1937) etwa $3 \cdot 10^{-5}$ cm, die Erhöhung ihrer Brechzahl kann 10 % erreichen.

X. Streuung und Dispersion.

§ 92. Inhaltsübersicht. Alle kleinen Gebilde, nicht nur Staubteilchen, sondern selbst einzelne Moleküle, Atome und Elektronen senden, von Licht getroffen, ihrerseits Licht aus. Ein Teil der einfallenden Strahlung wird in Form von „Sekundärwellen" oder „Sekundafstrahlung" zerstreut. Bei staubfeinen Teilchen und Rauhigkeiten deutet man die Zerstreuung durch ihren dann noch überwiegenden Anteil: Eine Reflexion an zahllosen kleinen regellos orientierten Flächen, und daher spricht man kurz von „Streureflexion". Werden die Durchmesser der Teilchen der Wellenlänge vergleichbar oder gar kleiner, so verschwindet der reflektierte Anteil. Es verbleibt die Streuung im engeren Sinne, gedeutet als mehr oder minder allseitige Beugung. Näheres in den Paragraphen 103 und 172.

Die Streuung darf man getrost als eine Grunderscheinung der Optik bezeichnen. Durch die Streuung gelangen wir zum Begriff der Lichtbündel und ihrer zeichnerischen Darstellung mit geraden Kreidestrichen, Lichtstrahlen genannt. Die Streuung allein macht uns alle nicht selbst leuchtenden Körper sichtbar. Auf der Streuung beruht die Behandlung wichtiger Beugungs- und Interferenzerscheinungen. Die Streuung läßt durch ihre Einseitigkeit die Polarisation des Lichtes erkennen.

Mit diesen Beispielen ist aber die Bedeutung der Streuung noch keineswegs erschönft. Darum soll sie nunmehr in einer geschlossenen Darstellung behandelt werden. Dabei werden wir zunächst wie bisher die Brechzahl n und den Absorptionskoeffizienten ($n\varkappa$) als gegebene Größen betrachten. Dann aber werden wir die Brechung als einen Sonderfall der Streuung erkennen und ihre Abhängigkeit von der Wellenlänge, Dispersion genannt, klarstellen. — Die Dispersion ist aufs engste mit der Absorption des Lichtes verknüpft. Infolgedessen wird auch diese eingehender als bisher behandelt werden.

§ 93. Grundgedanken für die quantitative Behandlung der Streuung. Zur qualitativen Deutung der Streuung benutzt man die Analogie mit Wasserwellen: Ein kleines, von einem Wellenzug getroffenes Hindernis wird zum Ausgangspunkt eines neuen, sich allseitig ausbreitenden „sekundären" Wellenzuges (Mechanik-Band, Abb. 379).

Das Hindernis wird hierbei als starr und ruhend angenommen. Damit berücksichtigt man aber nur einen Sonderfall. Im allgemeinen wird das Hindernis ein schwingungsfähiges Gebilde sein und als „Resonator" von den auftreffenden Wellen zu erzwungenen Schwingungen angeregt werden. Erzwungene Schwingungen sind in der Mechanik (§ 107) ausgiebig behandelt worden. Das Wichtigste wird, durch quantitative Angaben ergänzt, in § 94 wiederholt.

Die erzwungenen Schwingungen verursachen ihrerseits die Ausstrahlung der sekundären Wellen. Der Mechanismus dieser Ausstrahlung muß quantitativ gefaßt werden. Das geht nun nicht mehr wie bisher ohne gewisse Annahmen über die Natur der Lichtwellen. Mechanische Bilder sind nach dem heutigen Stand unseres Wissens nicht mehr zeitgemäß. Es kommt nur noch ein elektrisches

Bild in Frage: Man betrachtet die Lichtwellen als kurze elektrische Wellen. Sie sollen von schwingenden Dipolen (Antennen) ausgestrahlt werden. Das Wichtigste über Dipole und ihre Entstehung wird in § 95 wiederholt. Elektrische Wellen sind heute kaum weniger „anschaulich" als mechanische Wellen. Anschaulichkeit beruht ja nur auf Gewöhnung. Wir verweisen auf die ausführliche Behandlung der Wellen im Elektrizitätsband und ergänzen sie in § 96 mit Angaben über die Ausstrahlung eines Dipoles.

Der Anfänger lasse sich nicht durch die Formeln der beiden nächsten Paragraphen abschrecken. Sie sind nur für die quantitative Erfassung der Streuung notwendig. — Qualitativ werden alle wesentlichen Dinge auch weiterhin ohne Rechnung, und mit Wasserwellen erläutert, dargestellt werden.

§ 94. Quantitative Behandlung erzwungener Schwingungen.

Die Abb. 329 und 330 erinnern kurz an die wichtigsten Tatsachen. Sowohl die Amplitude l der erzwungenen Schwingung wie ihre Phasendifferenz δ gegenüber der erregenden Schwingung hangen ab von dem Verhältnis

$$\frac{\nu}{\nu_0} = \frac{\text{Frequenz des Erregers}}{\text{Eigenfrequenz des Resonators}}.$$

Dieses Verhältnis ist die bei erzwungenen Schwingungen maßgebende Größe. Daneben kommt es noch auf die Dämpfung des Resonators an. Aus diesem Grunde werden in den Abb. 329/330 je zwei Beispiele gezeichnet, das eine für einen schwach, das andere für einen stark gedämpften Resonator. Der letztere ($\varLambda = 1$) vollführt nach einer Stoßerregung nur wenige, in Abb. 331 gezeichnete Schwingungen.

In Gleichungsform stellt man den Ausschlag x einer gedämpft abklingenden Schwingung dar durch

$$x = A \cdot e^{-\varLambda \frac{t}{T'}} \cos \omega_0 t \qquad (154)$$

oder

$$x = A \cdot e^{-\varLambda \frac{t}{T'}} e^{i\omega_0' t}. \qquad (155)$$

Dabei ist $\omega_0' = 2\pi \nu_0'$ die Kreiseigenfrequenz des gedämpften Systems und A die Anfangsamplitude. Sie unterscheidet sich nur bei starker Dämpfung (d. h. $\varLambda > 1$) merklich von der Kreisfrequenz ω_0 des gleichen Systems ohne Dämpfung. Es gilt nämlich streng

$$\nu_0' = \nu_0 \bigg/ \sqrt{1 + \frac{1}{4}\left(\frac{\varLambda}{\pi}\right)^2}. \qquad (156)$$

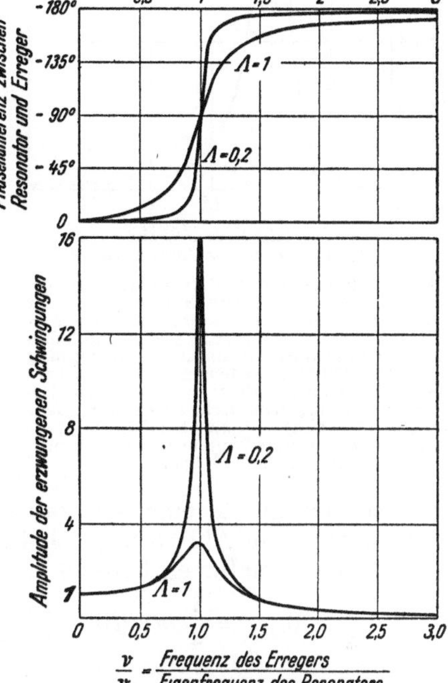

Abb. 329 und 330. Phasen und Amplituden erzwungener Schwingungen in ihrer Abhangigkeit von der Frequenz des Erregers. Die Ordinaten in Abb. 330 geben die Ausschlage in Vielfachen des zur Frequenz Null gehorigen Ausschlages.

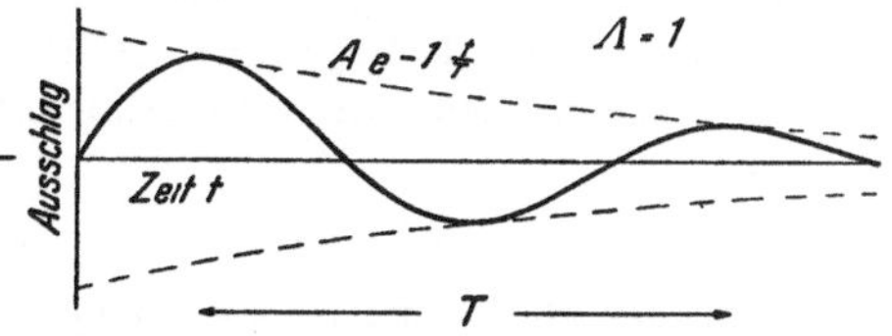

Abb. 331. Zwei graphische Darstellungen einer gedämpften Sinusschwingung.

Zwei im Abstande der Schwingungsdauer T' aufeinanderfolgende Amplituden unterscheiden sich um den Faktor $e^{-\Lambda}$, genannt „Dämpfungsverhältnis". Der Exponent Λ allein heißt „logarithmisches Dekrement". Sein Kehrwert bedeutet die Zahl der Schwingungen, innerhalb derer die Amplitude nach einer Stoßerregung auf den e-ten Teil oder 37% abnimmt (vgl. Abb. 331).

Das so gekennzeichnete gedämpfte Schwingungssystem soll nun erzwungene Schwingungen ausführen unter Einwirkung der periodischen Kraft

$$\Re_t = \Re_0 \cos \omega\, t \text{ oder } \Re_0 e^{\iota \omega t}. \qquad (157)$$

Dann erhält man für die in Abb. 330 dargestellten, fortan mit l bezeichneten Amplituden der erzwungenen Schwingung

$$l = \frac{1}{4\pi^2}\, \frac{\Re_0}{m\sqrt{(\nu_0^2 - \nu^2)^2 + \left(\dfrac{\Lambda}{\pi}\right)^2 \cdot \nu_0^2\, \nu^2}} \qquad (158)^1$$

und für die Phasendifferenz δ in Abb. 329

$$\operatorname{tg}\delta = -\frac{\Lambda}{\pi}\cdot\frac{\nu_0\,\nu}{\nu_0^2 - \nu^2}. \qquad (159)$$

Für $\nu = 0$ folgt aus Gl. (158)

$$l_{\iota = 0} = \frac{1}{4\pi^2}\cdot\frac{\Re_0}{m}\cdot\frac{1}{\nu_0^2}. \qquad (160)$$

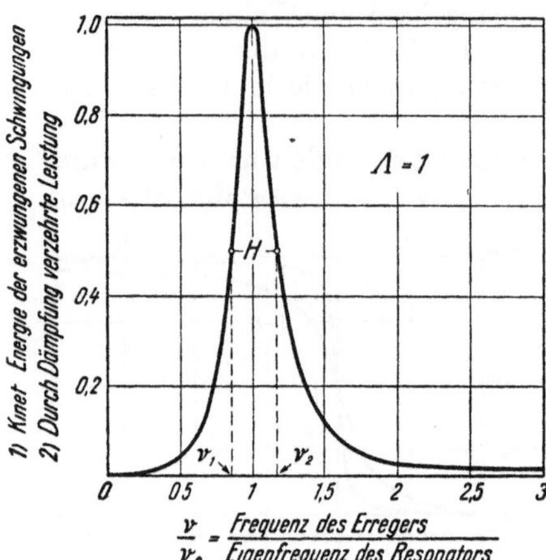

Abb. 332. Energieresonanzkurve eines stark gedämpften Resonators. Die Ordinate bedeutet — von Proportionalitätsfaktoren abgesehen — entweder die im Resonator enthaltene kinetische Energie oder die durch die Dämpfung verzehrte Leistung. In beiden Fällen benutzt man die Halbwertsbreite $H = (\nu_2 - \nu_1)$ zur Bestimmung des logarithmischen Dekrementes Λ (Gl. 162 und 162a). Im zweiten Fall dient sie außerdem zur Darstellung optischer Absorptionsbanden (§ 111)

Das ist der durch eine konstante Kraft hervorgerufene Ausschlag. Sein Zahlenwert ist in Abb. 330 gleich 1 gesetzt worden.

Die im Resonator enthaltene kinetische Energie hat den Mittelwert

$$\overline{W}_{\text{kin}} = \frac{1}{4}\, m\,(\omega l)^2 = \left(\frac{1}{4\pi}\right)^2\cdot\frac{\Re_0^2}{m}\cdot\frac{\nu^2}{(\nu_0^2 - \nu^2)^2 + \left(\dfrac{\Lambda}{\pi}\right)^2 \nu_0^2\,\nu^2}. \qquad (161)$$

Ihre Abhängigkeit von ν/ν_0 wird in Abb. 332 veranschaulicht. Der Höchstwert $(W_{\text{kin}})_{\text{max}}$ [vgl. später Gl. (163)!] ist in Abb. 332 mit dem Zahlenwert 1 eingesetzt worden. Er liegt bei $\nu = \nu_0$. Im Fall der „Energieresonanz" stimmt die Frequenz des Erregers mit der des ungedämpften Systems überein[2].

Die in Abb. 332 eingezeichnete Frequenzdifferenz $(\nu_2 - \nu_1)$ heißt die „Halbwertsbreite" H. Bei ν_2 und ν_1 hat die Energie des Resonators den Wert $\tfrac{1}{2}\,W_{\text{max}}$. Aus $H = (\nu_2 - \nu_1)$ berechnet man das logarithmische Dekrement Λ nach der Formel

$$\Lambda = \frac{2\pi\cdot H}{\sqrt{4\nu_0^2 - H^2}}. \qquad (162)$$

---

[1] Bei der Herleitung ist der völlig unerhebliche Unterschied von $\Lambda\,\nu_0'$ und $\Lambda\,\nu_0$ vernachlässigt worden. Daher tritt die durch die Dämpfung verkleinerte Eigenfrequenz ν_0' [Gl. (156!)] bei erzwungenen Schwingungen überhaupt nicht in Erscheinung.

[2] Die Amplitude der erzwungenen Schwingung erreicht ihren Höchstwert weder bei ν_0' der Eigenfrequenz des gedämpften Systems, noch bei ν_0, der Eigenfrequenz des ungedämpften Systems. Vielmehr tritt die „Amplitudenresonanz" auf bei der Frequenz

$$\nu_A = \nu_0\sqrt{1 - \frac{1}{2}\left(\frac{\Lambda}{\pi}\right)^2}$$

In den meisten Fällen darf man H^2 als klein neben $4\nu_0^2$ vernachlässigen. Dann bekommt man eine bequeme, viel benutzte Gleichung zur Bestimmung des logarithmischen Dekrementes, nämlich

$$\Lambda = \frac{\pi \cdot H}{\nu_0}. \tag{162a}$$

Mit dieser für $\Lambda \leqq 1$ sehr guten Näherung vereinfachen sich die Gl. (158) und (161) erheblich. So bekommt man z. B. aus Gl. (161) als Maximalwert der vom Resonator aufgenommenen kinetischen Energie (in Abb. 332 gleich 1 gesetzt!)

$$(\overline{W}_{\mathrm{kin}})_{\max} = \left(\frac{1}{4\pi}\right)^2 \cdot \frac{\mathfrak{K}_0^2}{m} \cdot \frac{1}{H^2}. \tag{163}$$

In der Optik muß man die durch Dämpfung verzehrte Leistung W_ν kennen. Sie ist proportional zum Mittelwert der aufgenommenen kinetischen Energie $\overline{W}_{\mathrm{kin}}$ [Gl. (161)]. Es gilt

$$\dot{\overline{W}}_\nu = 4\,\Lambda\,\nu_0 \cdot \overline{W}_{\mathrm{kin}} \tag{164a}$$

oder für $\Lambda \leqq 1$

$$\dot{\overline{W}}_\nu = 4\,\pi\,\mathrm{H} \cdot \overline{W}_{\mathrm{kin}}. \tag{164b}$$

Demnach bekommt man aus Gl. (163) als Höchstwert der verzehrten Leistung

$$(\dot{\overline{W}}_\nu)_{\max} = \frac{1}{4\pi} \cdot \frac{\mathfrak{K}_0^2}{m} \cdot \frac{1}{H}. \tag{164c}$$

Die Herleitung obiger Gleichungen aus der allgemeinen Schwingungslehre findet sich z. B. im Lehrbuch der Physik von Müller-Pouillet, Auflage von 1929, Bd. I, Teil I, zweiter Abschnitt, §§ 50—54, verfaßt von H. Diesselhorst.

§ 95. Dipole und ihr elektrisches Moment.

Die Abb. 333 zeigt das allgemeine Schema eines elektrischen Dipols: Zwei gleiche Ladungen q entgegengesetzten Vorzeichens im Abstand l. — Ein hantelförmiger Kondensator, zwei geladene Metallkugeln an den Enden einer isolierenden Stange, ist ein bekanntes Beispiel (Elektrizitätsband, Abb. 111). Das Produkt $q \cdot l$ wird „elektrisches Moment" des Dipols genannt und in Amperesekunden·Meter gemessen.

Im elektrischen Feld wird jeder Körper zum elektrischen Dipol: Jeder Leiter durch Influenz (z. B. Elektrizitätsband, Abb. 66 b), jeder Isolator durch „Elektrisierung des Dielektrikums". Diese kann auf zweifache Weise zustande kommen: Erstens durch eine Influenzwirkung auf die einzelnen Moleküle (Elektrizitätsband, Abb. 97) und zweitens durch eine Parallelrichtung schon ohne Feld vorhandener, aber infolge der Wärmebewegung regellos orientierter „polarer" Moleküle. Das sind Moleküle mit permanentem elektrischem Moment, z. B. H_2O und HCl (Elektrizitätsband, § 49). Diese polaren Moleküle scheiden wir einstweilen bei unseren Betrachtungen aus. Wir behandeln sie erst in § 112.

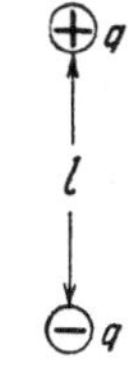

Abb. 333. Schema eines elektrischen Dipols.

In den Molekülen sind die Ladungen q durch irgendwelche Kräfte an Ruhelagen gebunden. Sie verhalten sich ähnlich einer Kugel an einer Feder. Sie können um die Ruhelage Schwingungen ausführen und besitzen eine Eigenfrequenz ν_0.

In einem elektrischen Wechselfeld wird jeder Körper zu einem schwingenden Dipol, er vollführt als Dipol erzwungene Schwingungen. Im einer 1sten Fall ändert sich sein elektrisches Moment sinusförmig, es gilt

$$\mathfrak{W}_t = \mathfrak{W}_0 \sin \omega\,t$$

$(\omega = 2\pi\nu = $ Kreisfrequenz des Wechselfeldes$)$.

Die Amplitude $\mathfrak{W}_0 = q\,l$ des Dipolmomentes läßt sich mit der Grundgleichung erzwungener Schwingungen berechnen, also mit Gl. (158)   Als Amplitude der erregenden Kraft ist einzusetzen $\mathfrak{K}_0 = q\,\mathfrak{E}_0$. Dabei ist $\mathfrak{E}_0$ die Amplitude der elektrischen Feldstärke · — Im allgemeinen Fall muß sowohl die Eigenfrequenz ν_0 wie das logarithmische Dekrement $\varLambda$ der gebundenen Ladungen bei der Berechnung der Amplitude berücksichtigt werden. Das wird auch spater in den §§ 107/11 geschehen.

Im Sonderfall langsamer Schwingungen, d. h. $\nu \ll \nu_0$, darf man ν neben ν_0 vernachlässigen. Dann wird die Amplitude $\mathfrak{W}_0$ des elektrischen Momentes von der Frequenz unabhängig. Das sieht man unten links in Abb. 330. Es gilt die aus der Elektrizitätslehre für statische Felder, d. h. $\nu = 0$, bekannte Beziehung[1])

$$\mathfrak{W} = V\,\mathfrak{E}\,\frac{\varepsilon_0\,(\varepsilon - 1)}{1 + N\,(\varepsilon - 1)}.\tag{165}$$

$\varepsilon_0 =$ Influenzkonstante $= 8{,}86 \cdot 10^{-12}\,\dfrac{\text{Amp Sek}}{\text{Volt-Meter}}$.

$\varepsilon =$ Dielektrizitatskonstante des Körpers. (Bei Schwebeteilchen in Flüssigkeiten das Verhältnis zwischen den Dielektrizitatskonstanten des Körpers und der Flüssigkeit.)
$N =$ Entelektrisierungsfaktor, abhängig von der Gestalt des Körpers.
$V =$ Volumen des Körpers.

Für Kugeln ist beispielsweise $N = \frac{1}{3}$. Folglich erzeugt ein elektrisches Feld $\mathfrak{E}$ in einer Kugel der Größe V das elektrische Moment

$$\mathfrak{W}_{\text{Kugel}} = V \cdot \mathfrak{E} \cdot 3\,\varepsilon_0\,\frac{\varepsilon - 1}{\varepsilon + 2}.\tag{166}$$

Dem Verhältnis

$$\frac{\mathfrak{W}}{\mathfrak{E}} = \frac{\text{elektrisches Moment eines Körpers}}{\text{erregende Feldstärke}} = \alpha'\tag{167}$$

gibt man den Namen „elektrische Polarisierbarkeit".

Im atomistischen Bilde deutet man das elektrische Moment eines Körpers als Summe der elektrischen Momente $\mathfrak{w}$ aller in ihm enthaltenen Moleküle.

Für die Polarisierbarkeit eines einzelnen Moleküles wurde im Elektrizitätsbande eine von Clausius und Mossotti angegebene Beziehung hergeleitet, nämlich

$$\alpha = \frac{\mathfrak{w}}{\mathfrak{E}} = \frac{3\,\varepsilon_0}{N\varrho} \cdot \frac{\varepsilon - 1}{\varepsilon + 2}.\quad (168) = \text{Gl. (65) des Elektrizitätsbandes}$$

$\left(\alpha \text{ in } \dfrac{\text{Amp. Sek. Meter}}{\text{Volt/Meter}};\quad N\varrho = N_v = \dfrac{\text{Molekulzahl } n}{\text{Volumen } V};\quad \varrho = \text{Dichte};\quad \text{spez. Molekulzahl } N = \dfrac{6{,}02 \cdot 10^{26}}{\text{Kilomol}}.\right)$

---

[1] Herleitung: Das elektrische Moment $\mathfrak{W}$ ist proportional zur „Elektrisierung" $\mathfrak{P}$ des Körpers, also
$$\mathfrak{W} = V \cdot \mathfrak{P}\quad (169) = (49) \text{ des Elektrizitätsbandes.}$$
Die Elektrisierung $\mathfrak{P}$ ist definiert durch die Gleichung
$$\mathfrak{P} = \mathfrak{E}_{|}\,\varepsilon_0\,(\varepsilon - 1).\tag{170}$$
Dabei ist $\mathfrak{E}_{|}$ die im Inneren des Körpers (d. h. in einem gedachten Längskanal) herrschende Feldstärke. Sie ist infolge der Entelektrisierung kleiner als die Feldstärke $\mathfrak{E}$ im Außenraum, es gilt
$$\mathfrak{E}_{|} = \mathfrak{E} - \frac{N}{\varepsilon_0}\,\mathfrak{P}\quad (171) = (53) \text{ des Elektrizitätsbandes}$$
oder mit (\text{\guillemotleft}te\guillemotright)
$$\mathfrak{E}_{|} = \frac{\mathfrak{E}}{1 + N\,(\varepsilon - 1)}.\quad (172) = (53a) \text{ des Elektrizitätsbandes}$$
Wir setzen (172) und (170) in (169) ein und erhalten die Gl. (165).

Man kann also aus der Dielektrizitätskonstanten ε eines Körpers sein elektrisches Moment $\mathfrak{W}$ berechnen (Gl. (165/66)) und außerdem seine elektrische Polarisierbarkeit (Gl. 167), z. B. die eines einzelnen Moleküles nach Gl. (168). Doch lasse man nicht die Voraussetzung $\nu \ll \nu_0$ außer acht! Nur durch sie wird $\mathfrak{w}$ bzw. α von ν unabhangig.

§ 96. Strahlung eines schwingenden Dipols.

Ein schwingender Dipol ist das Urbild eines elektrischen Strahlers (Heinrich Hertz 1887). Seine Strahlungsstärke J (Watt/Raumwinkeleinheit)[1] hängt von der Richtung ϑ ab (Abb. 334). In großem Abstande r (d. h. $r \gg l$) gilt

$$J_\vartheta = a\,\frac{\mathfrak{W}_0^2}{\lambda^4}\cos^2 \vartheta. \tag{173}$$

(Es ist die Konstante $a = \dfrac{c\,\pi^2}{\varepsilon_0}$. Dabei ist $c = 3 \cdot 10^8$ m/sec; Influenzkonstante

$$\varepsilon_0 = 8{,}86 \cdot 10^{-12} \text{ Amp.Sek./Volt-Meter.})$$

Die Winkelverteilung der Strahlungsstarke J ist in Abb. 334 gezeichnet. Sie besitzt Rotationssymmetrie um den Dipol als Achse. Die Strahlungsleistung erreicht ihr Maximum in der Äquatorebene des Dipols (Abb. 478 des Elektrizitätsbandes).

Eine Mittelung über alle Winkel ϑ gibt als gesamte vom Dipol ausgestrahlte Leistung (Watt)

$$\overline{W} = b \cdot \frac{\mathfrak{W}_0^2}{\lambda^4}. \tag{174}$$

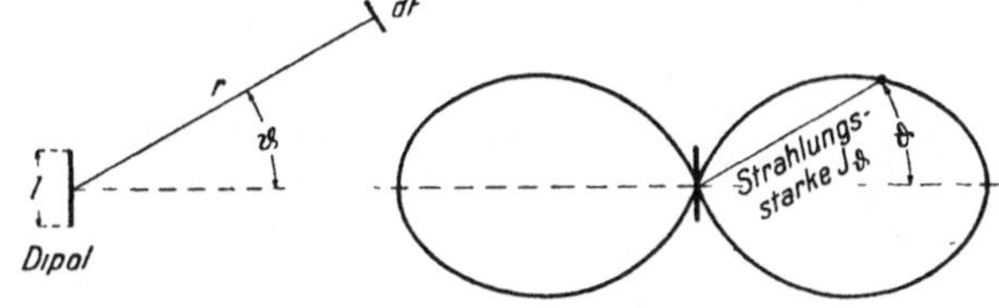

Abb 334. Winkelverteilung der Dipolstrahlung. $dF/r^2 =$ Raumwinkel $d\varphi$.

[Dabei ist die Konstante

$$b = \frac{4}{3}\frac{c\,\pi^3}{\varepsilon_0},$$

Bezeichnungen wie bei (173).]

Technisch verwirklicht man bekanntlich schwingende Dipole in Form von Antennen. Von Heinrich Hertz stammt die einfachste Form, ein gerader Draht. Bei passender Bauart (z. B. Abb. 335) kann man die Stromstärke I längs der Antenne praktisch konstant machen und mit einem eingeschalteten Hitzdrahtstrommesser bestimmen. Dann ist

$$I = \frac{I_0}{\sqrt{2}} = \frac{\mathfrak{W}_0}{l}\cdot\frac{\omega}{\sqrt{2}}. \tag{175}$$

($I =$ Effektivwert, I_0 Scheitelwert des Stromes.)
Man ersetzt $\mathfrak{W}$ in Gl. (174) mit Hilfe von (175) und erhält

$$\overline{W} = \frac{2}{3}\frac{\pi}{\varepsilon_0 c}\cdot\left(\frac{l}{\lambda}\right)^2 \cdot I^2. \tag{176}$$

Die ausgestrahlte Leistung ist ebenso wie die vom Strom entwickelte Wärme proportional zu I^2. Daher nennt man den Proportionalitätsfaktor

$$\frac{2}{3}\frac{\pi}{\varepsilon_0 c}\left(\frac{l}{\lambda}\right)^2 = R = 790\left(\frac{l}{\lambda}\right)^2 \text{ Ohm} \tag{177}$$

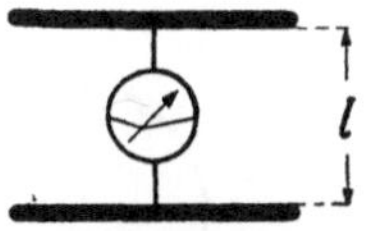

Abb. 335. Schwingender Dipol mit einer langs l praktisch konstanten Stromstarke. (2 Kondensatorplatten durch einen kurzen Draht verbunden.)

den Strahlungswiderstand der Antenne und schreibt kurz

$$\text{Strahlungsleistnng } \overline{W} = R \cdot I^2. \tag{177a}$$

§ 97. Kohärente Streustrahlung und ihre Einteilung.

Dieses Kapitel soll, bis zu § 114, nur von „kohärenter Streustrahlung" handeln. Die einfallenden Lichtwellen erregen irgendwelche Dipole zu erzwungenen Schwingungen. Die sekundären oder gestreuten Wellen sind mit ihrer Phase fest an die des Dipols

---

[1] Vgl. S. 350.

geknüpft. Es sollen zwischen der Aufnahme der Strahlungsenergie durch den Dipol und der Ausstrahlung der Sekundärwellen keine weiteren, die Frequenz oder die Phase verändernden Vorgänge eingeschaltet sein. Falle dieser Art (Raman-Effekt, Compton-Streuung, Fluoreszenz und verwandte Vorgange) werden erst später behandelt.

Die verschiedenen Möglichkeiten kohärenter Streuung unterscheiden wir durch das Verhältnis zwischen Wellenlänge λ einerseits, Teilchendurchmesser oder Teilchenabstand andererseits, sowie außerdem durch die Anordnung der Teilchen (ungeordnet oder geordnet).

§ 98. Rayleighsche Streuung durch schwach absorbierende Teilchen und die Polarisation des Lichtes.

Die Rayleighsche Streuung wird durch drei Voraussetzungen gekennzeichnet: Die Teilchen sollen kugelformig sein, ihr Durchmesser klein gegenüber der Wellenlänge. Ferner soll ihre Anordnung keine Phasenbeziehungen zwischen den Sekundarstrahlungen der einzelnen Teilchen entstehen lassen. Aus diesem Grunde soll die Anordnung der Teilchen ungeordnet sein. Das läßt sich am besten erreichen, wenn die Abstände der Teilchen groß gegen die Wellenlänge sind; doch genügen grundsätzlich alle mit der molekularen Unordnung erzeugten örtlichen Abweichungen von der mittleren Dichte. — In Abb. 251, S. 127, haben wir diese Bedingungen mit feinen Schwebeteilchen aus Mastixharz in Wasser verwirklicht, also mit Teilchen aus einem schwach absorbierenden Stoff.

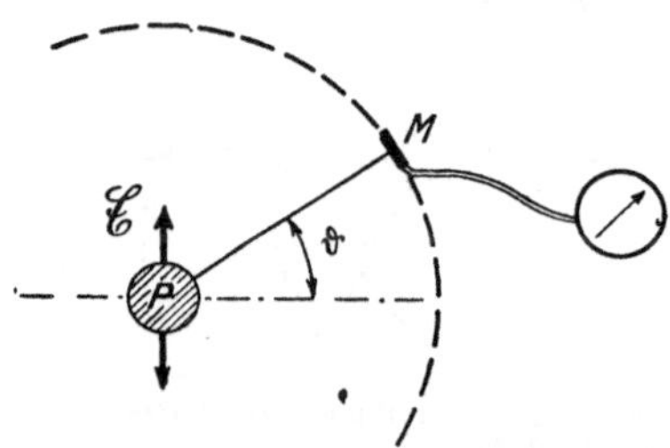

Abb. 336. Zur Messung der Streustrahlung unter verschiedenem Winkel ϑ. Bei P fällt das primare Licht linear polarisiert senkrecht zur Zeichenebene ein

Wir wiederholen den dort gezeigten Versuch in quantitativer Form. In Abb. 336 sei der schraffierte Kreis P der Querschnitt des primären Lichtbündels innerhalb des trüben Mediums. Die Schwingungsebene ist mit dem Doppelpfeil markiert. Auf dem großen Kreis führen wir einen Strahlungsmesser M um das Bündel als Mittelpunkt herum. Wir messen die Strahlungsstärke (Watt/Raumwinkel-Einheit) der zerstreuten Strahlung in ihrer Abhängigkeit vom Winkel ϑ.

Das Ergebnis findet sich in Abb. 337a, und zwar in der ausgezogenen Kurve. — Deutung: Die Primarwelle erregt die Schwebeteilchen als Dipole zu erzwungenen Schwingungen. Die Amplituden der Dipole liegen parallel zu $\mathfrak{E}$. Die Dipole senden eine Sekundärstrahlung aus. Diese erreicht senkrecht zu $\mathfrak{E}$, d. h. in der Äquatorebene der Dipole, ihr Maximum. Die gestrichelte Kurve ist die aus

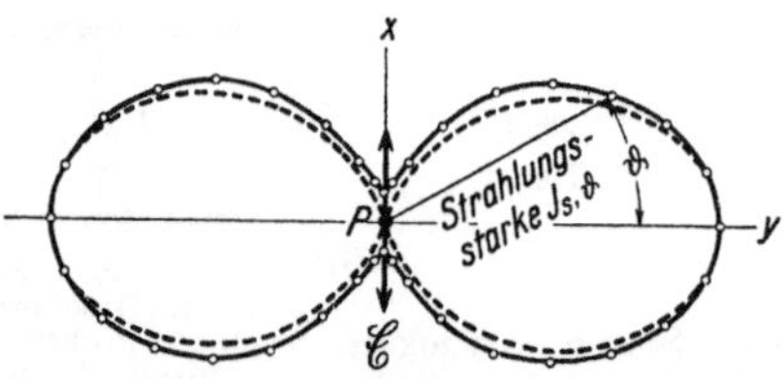

Abb. 337a. Zur Rayleighschen Streuung von polarisiertem Licht an kugelformigen isolierenden Teilchen. Das primare Lichtbundel steht in P senkrecht zur Papierebene, und $\mathfrak{E}$ markiert seine Schwingungsebene. Fahrstrahl = Strahlungsstarke (= Ausschlag α des Strahlungsmessers M in Abb. 336). Die Figur ist rotationssymmetrisch um den Doppelpfeil $\mathfrak{E}$ als Achse zu erganzen.

Gl. (173) berechnete Verteilung ($J_{s,\,\vartheta} = \text{const} \cdot \cos^2 \vartheta$). Sie stimmt gut mit der im Schauversuch gemessenen überein.

In entsprechender Weise bringt Abb. 337b die Winkelverteilung der Sekundärstrahlung für eine unpolarisierte Primärstrahlung. Doch ist diesmal die Richtung der Primärstrahlen (z) in die Papierebene verlegt. Quantitativ gilt für die Strahlungsstarke $J_{s,\,\vartheta}$ der Sekundarstrahlung in Richtung ϑ

$$J_{s,\,\vartheta} = \frac{1}{2}\, J_{s\,\mathrm{max}}\,(1 + \cos^2 \vartheta). \tag{178}$$

Dabei bedeutet $J_{s\,\mathrm{max}}$ den Hochstwert der Sekundarstrahlung in der Primärstrahlrichtung $\vartheta = 0$.

Herleitung: Die Amplitude $\mathfrak{E}$ der unpolarisierten Primarstrahlung besteht aus zwei gleich großen Komponenten $\mathfrak{E}_x$ und $\mathfrak{E}_y$. Diese erregen in Richtung Sekundarstrahlungen der Stärke [Gl. (173), W prop. $\mathfrak{E}$]

$$J_{s,\,x} = \mathrm{const}\ \mathfrak{E}_x^2 \cos^2 \vartheta\ (\infty\ \text{Kurve, Abb. 334})$$

und

$$J_{s,\,y} = \mathrm{const}\ \mathfrak{E}_y^2\ (\text{Kreis})$$

Ferner ist

$$\mathfrak{E}_x^{\,2} = \mathfrak{E}_y^2 = \frac{1}{2}\,\mathfrak{E}^2, \text{ und daher } J_s = \mathrm{const}\,\frac{1}{2}\,(1 + \cos^2 \vartheta)\,\mathfrak{E}^2.$$

Bei $\vartheta = 0$ bekommt man als Wert der Konstante u $J_{s\,\mathrm{max}}$.

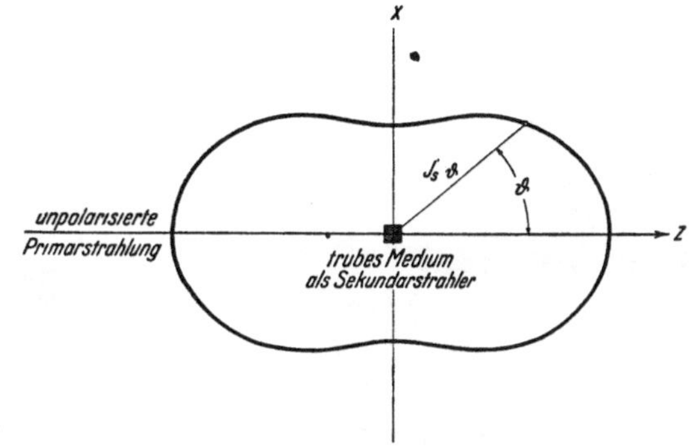

Fruher diente die Streuung zum Nachweis polarisierten Lichtes. Man kann sie jedoch auch zur Herstellung polarisierten Lichtes benutzen. — In Abb. 338 sei der schraffierte Kreis P wieder der Querschnitt des primaren Lichtbündels im truben Medium. Die primare Strahlung ist wiederum unpolarisiert, ihre Schwingungsrichtung wechselt regellos innerhalb der Papierebene Das ist mit einer Reihe kleiner Doppelpfeile angedeutet. Die

Abb. 337b. Zur Rayleighschen Streuung von naturlichem Licht an kugelformigen, isolierenden Teilchen. Diese biskuitformige Figur ist rotationssymmetrisch um die Primarstrahlung als Achse zu erganzen. Das Bild ist gegen Abb 334 auf ½ verkleinert

Dipole schwingen parallel zu diesen Pfeilen und strahlen senkrecht zu ihrer Langsrichtung die Sekundarwellen aus. Infolgedessen ist alles nur in der Papierebene verlaufende Licht linear polarisiert Das laßt sich mit einem beliebigen Polarisator nachweisen (Abb. 338). Alle zur Beobachtung benutzten (z. B. in Abb. 338 zur Linse gelangenden) Strahlen mussen praktisch senkrecht zum primaren Lichtbündel stehen. Anderenfalls bekommt man ein Gemisch von linear polarisiertem und unpolarisiertem Licht (man analysiert es gemaß § 85, Abschnitt 3)

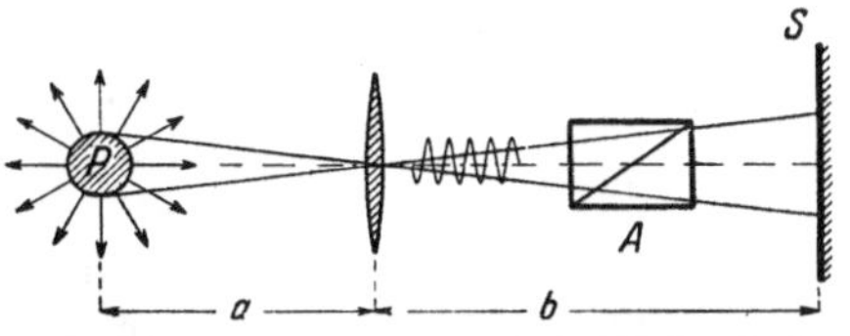

Grundsatzliche Bedeutung gewinnt die Polarisierung des Lichtes mit Hilfe der

Abb 338 Herstellung linear polarisierten Lichtes durch Rayleighsche Streuung von naturlichem Licht Letzteres steht in P senkrecht zur Papierebene Der Analysator A laßt in der gezeichneten Stellung das linear polarisierte Streulicht passieren. ($a \sim 0{,}3$ m, $b \sim 1{,}5$ m)

Streuung erst im Röntgengebiet. Dort versagen die ubrigen, im Ultravioletten, Sichtbaren und Ultraroten bewahrten Hilfsmittel (Polarisationsprismen und -folien, Spiegelpolarisatoren). Im Rontgenlicht kann man nur mit Streuung polarisieren. Als Dipole wirken die Atome der Korper[1]. Als Analysator

---

[1] Naheres in § 100.

wird ebenfalls ein streuender Körper benutzt. Wir zeigen das Verfahren in Abb. 339a—c sowohl für sichtbares wie für Röntgenlicht.

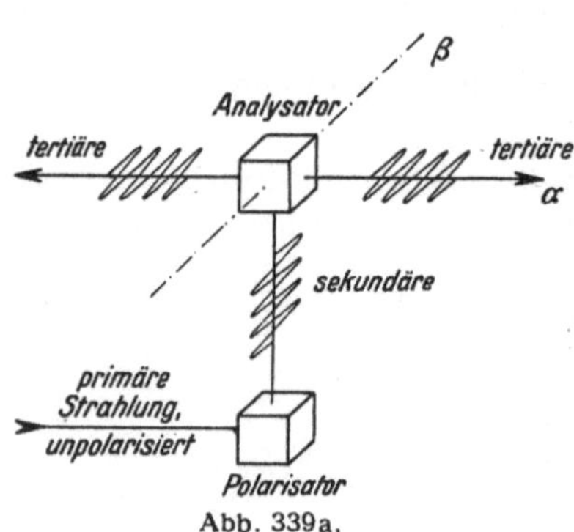

Abb. 339a.

In vielen Fällen sind die streuenden Teilchen nicht Kugeln, sondern längliche Gebilde, z. B. Stäbchen oder Plättchen. Dann ist das zerstreute Licht immer nur teilweise polarisiert, stets bekommt man neben linear polarisiertem auch natürliches Licht. Der Grund ist aus Abb. 340 ersichtlich. Z sei die Richtung des primären, linear polarisierten Lichtbündels. $\mathfrak{E}$ markiere die Lage seines elektrischen Vektors. Der Beobachter blicke senkrecht auf die Richtung von $\mathfrak{E}$. n sei eins aus der großen Zahl der regellos orientierten Teilchen. Seine Achse ist um Ψ_n gegen $\mathfrak{E}$

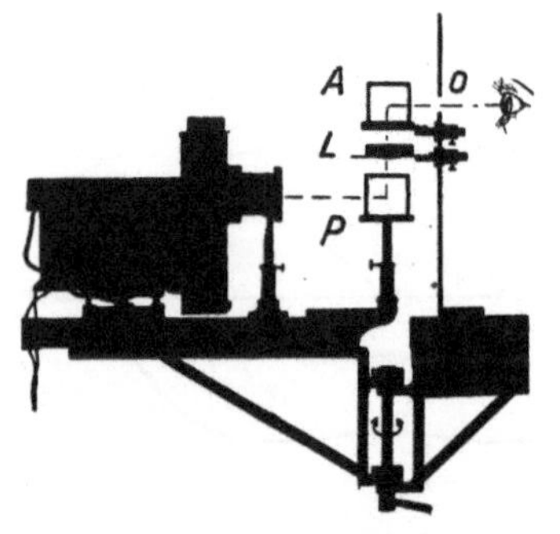

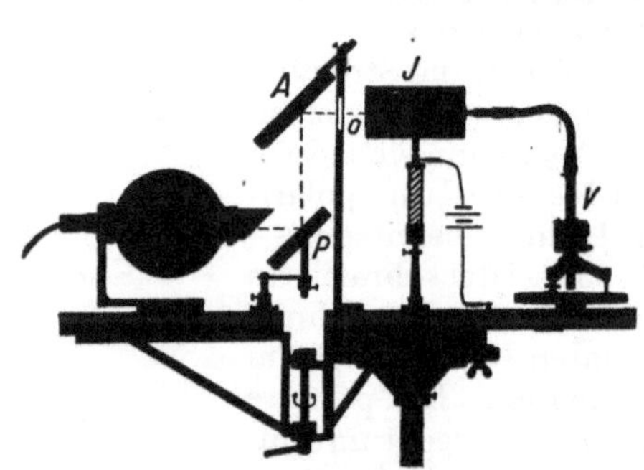

Abb. 339b.   Abb. 339c.

Abb. 339. Herstellung und Nachweis von linear polarisiertem Licht mit Hilfe von Streuung. a schematisch in Richtung β keine Tertiärstrahlung, b Schauversuch mit sichtbarem, c mit Röntgenlicht. — Analysator A feststehend, Polarisator P und Lampe gemeinsam auf einem Arm um die Vertikalachse schwenkbar. A und P bestehen für sichtbares Licht aus trübem Wasser (vgl. Abb 251, Satzbeschriftung), für Röntgenlicht aus Stoffen mit kleinen Atomgewichten, z. B. Paraffin. Die Platterform dient nur zur Verringerung der Absorptionsverluste. Röntgenlampe wie in Abb. 220a (Satzbeschriftung), J = Ionisationskammer, V = statisches Voltmeter mit Hilfsspannung und Lichtzeiger, L = Linse. Die im Schattenriß nicht erkennbaren, Oeffnungen o durch Zeichnung angedeutet, desgleichen ein Bernsteinisolator durch Schraffierung.

geneigt. In die Richtung der Teilchenachse fällt nur die Komponente $\mathfrak{E} \cos \Psi_n$. Stark geneigte Teilchen bekommen also nur ein kleines Dipolmoment, ihre Sekundärstrahlung ist sogar nur proportional zu $\cos^2 \Psi_n$.

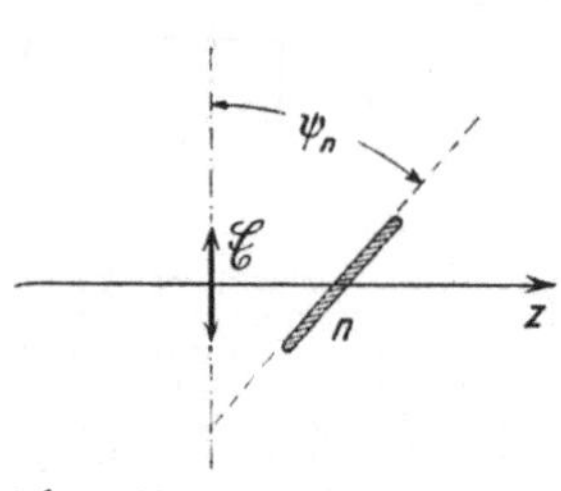

Abb. 340. Zur Depolarisation durch streuende Teilchen vorlänglicher Gestalt.

So schwingt die Sekundärstrahlung, wie natürliches Licht, zwar parallel zu allen möglichen Richtungen Ψ_n, aber die Schwingungskomponente parallel zum Doppelpfeil $\mathfrak{E}$ überwiegt. D. h. die Sekundärstrahlung ist teilweise polarisiert.

§ 99. Extinktion durch Rayleighsche Streuung. Spezifische Molekülzahl N.

Die Streuung führt zu einer Schwächung des primären Lichtbündels. Sie soll unter den Rayleighschen Voraussetzungen für ein Parallellichtbündel berechnet werden. — In einer durchsichtigen Substanz der Brechzahl $n \approx 1$ sei die Konzentration der streuenden Teilchen N_v, also N_v = (Zahl der streuenden Teilchen)/Volumen. Dann befinden sich in einem Bündelabschnitt mit der Länge Δx und F als Querschnitt

$N_v\,F\,\varDelta\,x$ streuende Teilchen. Sie erzeugen eine Extinktionskonstante

$$K = \frac{\varDelta\,\overline{\dot{W}}}{\overline{\dot{W}}_p}\,\frac{1}{\varDelta\,x}. \quad \text{[Definitionsgl. (79) von S 143]}$$

Dabei bedeutet hier $\varDelta\,\overline{\dot{W}}$ die Leistung der Sekundärstrahlung und

$$\overline{\dot{W}}_p = \frac{\varepsilon_0}{2}\,\mathfrak{C}_0^2\,c \cdot F \tag{179}$$

die Leistung der F durchsetzenden Primärstrahlung[1]. — $\varDelta\,\overline{\dot{W}}$ setzt sich additiv aus der Strahlungsleistung $\overline{\dot{W}}_s$ aller streuenden Teilchen zusammen. Jedes einzelne Teilchen streut die Leistung

$$\overline{\dot{W}}_s = \frac{4}{3}\,\frac{c\,\pi^3}{\varepsilon_0} \cdot \frac{\mathfrak{W}_0^2}{\lambda^4} \tag{174 von S. 173}$$

oder alle im Volumen $F\,d\,x$ enthaltenen Teilchen die oben mit $\varDelta\,\overline{\dot{W}}$ bezeichnete Summe, also

$$\varDelta\,\overline{\dot{W}} = N_v\,F\,\varDelta\,x\,\frac{4}{3}\,\frac{c\,\pi^3}{\varepsilon_0} \cdot \frac{\mathfrak{W}_0^2}{\lambda^4}. \tag{180}$$

Dabei ist $\mathfrak{W}_0$ das von der Feldstärke $\mathfrak{C}_0$ der erregenden Primärstrahlung erzeugte Dipolmoment e i n e s streuenden Teilchens.

Der Zusammenhang von $\mathfrak{W}_0 = q \cdot l$ und der Feldstärke $\mathfrak{C}_0$ ist allgemein nach Gl. (158) von S. 170 zu berechnen. Man hat die Kraft $\mathfrak{K}_0 = q \cdot \mathfrak{C}_0$ zu setzen. Die Voraussetzungen der Rayleighschen Streuung bringen aber eine wesentliche Vereinfachung: Die Teilchen sollen klein gegenüber der Wellenlänge λ sein. Folglich haben sie, als Antenne betrachtet, eine sehr hohe Eigenfrequenz ν_0. Neben ihr darf man die Frequenz ν der Primärstrahlung vernachlässigen. So wird die Amplitude l von ν unabhängig, d. h. man befindet sich in Abb. 330 bei dem mit der dicken Ziffer 1 markierten Punkt. Dort vereinfacht sich Gl. (158) zu

$$l = \frac{1}{4\,\pi^2} \cdot \frac{q \cdot \mathfrak{C}_0}{m\,\nu_0^2} \tag{181}$$

oder nach Multiplikation mit der Ladung q

$$\frac{\mathfrak{W}_0}{\mathfrak{C}_0} = \frac{1}{4\,\pi^2}\,\frac{q^2}{m\,\nu_0^2} = \alpha = \text{const.} \tag{182}$$

In Worten: Die Polarisierbarkeit $\alpha = \mathfrak{W}_0/\mathfrak{C}_0$ ist hier (wegen $\nu \ll \nu_0$) von λ unabhängig, wir dürfen $\mathfrak{W}_0$ in Gl. (180) durch $\alpha\,\mathfrak{C}_0$ ersetzen.

Jetzt haben wir alle zur Bestimmung von K notwendigen Größen, wir setzen die Gl. (180), $\mathfrak{W}_0 = \alpha\,\mathfrak{C}_0$ und (179) in die Definitionsgleichung (79) ein und erhalten als Extinktionskonstante

$$K = \left(N_v \cdot \frac{8\,\pi^3}{3\,\varepsilon_0^2}\,\alpha^2\right) \cdot \frac{1}{\lambda^4}. \tag{183}$$

Die Klammer enthält nur konstante Größen, und daher bedeutet Gl. (183):

Die von der Rayleighschen Streuung herrührende Extinktionskonstante K ist proportional zu λ^{-4} oder zu ν^4.

Die wichtige Beziehung (183) findet sich experimentell stets nur als Grenzfall verwirklicht. Ein gutes Beispiel gibt die Extinktion in einem NaCl-Kristall-

---

[1] Summe der mittleren elektrischen und magnetischen Leistungen, ausgerechnet mit Gleichungen des Elektrizitätsbandes, und zwar (30), (121) (93a) in der Form $\mathfrak{H}_0^2 = \mathfrak{C}_0^2/\mu_0^2\,c^2$ und (101).

mit kleinem Zusatz von $SrCl_2$ (Sr^{++}-Ionen: Na^+-Ionen $= 1 : 10^3$). Der Zusatz erzeugt im Kristall zahllose lokale Gitterstörungen. Der Kristall erscheint im auffallenden Tageslicht bläulich, im durchfallenden rotgelb. Die Abb. 341 bringt Messungen der Extinktionskonstanten zwischen $\lambda = 0{,}2$ und $1\,\mu$. Sie zeigt den jahen Anstieg dieser Größe mit abnehmender Wellenlänge. Die Abb. 342 wiederholt die gleichen Messungen mit logarithmischen Teilungen. Die Meßpunkte liegen auf der ausgezogenen Geraden, diese bedeutet $K \sim \lambda^{-3{,}8}$. Die gestrichelte Gerade würde $K \sim \lambda^{-4}$ entsprechen. Wir haben also die Gl (183) mit guter Näherung, aber nicht streng verwirklicht[1].

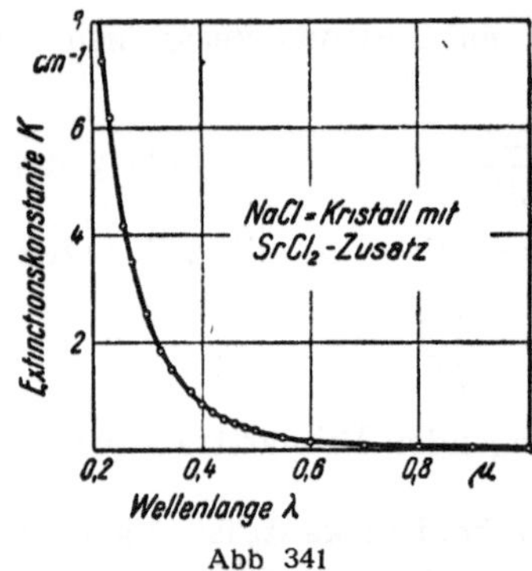

Abb 341

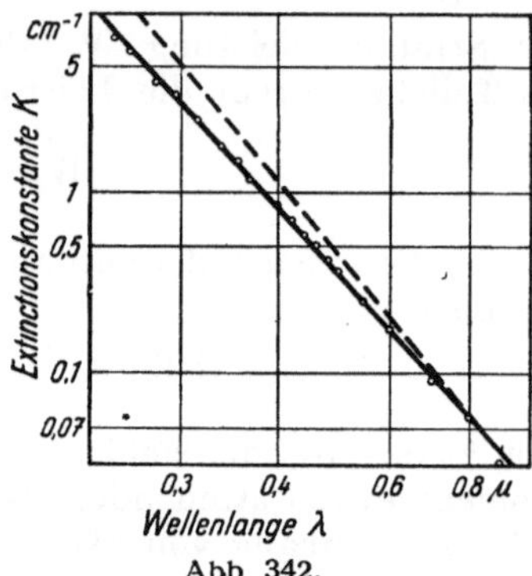

Abb 342.

Abb. 341 und 342. Zur Abhangigkeit der Extinktionskonstanten von der Wellenlange.

Qualitative Beispiele fur die bevorzugte Streuung der kurzen Wellen sind leicht zu finden. Wasser mit etwas Milch versetzt sieht bläulich aus. Bläulich sieht man zarte Haut auf dem dunklen Grund oberflächlicher Venen, z. B. an der Innenseite der Handgelenke. (Daher blaublutig = feinrassig.) — Das großartigste Beispiel bietet unserer Atmosphäre. Der klare Himmel erscheint tiefblau. Am Tage können wir, selbst im Schatten stehend, die Sterne nicht sehen. Die Sekundarstrahlung der Lufthülle blendet uns. Je langer der Weg des Lichtes durch die Luft, desto größer der Extinktionsverlust. Infolgedessen sehen wir die Sonnenscheibe am Horizont mit durchaus ertraglicher Helligkeit und gelbrot bis rot gefarbt. — Im Schauversuch zeigt man die Lichtstreuung durch Gase mit Ätherdampf in einer Glaskugel von etwa 10 cm Durchmesser. Als Lichtquelle genugt der Krater einer 5-Ampere-Bogenlampe.

In der klaren, staubfreien Atmosphäre streuen nur die einzelnen Moleküle. Daher kann man aus der Extinktionskonstanten K unserer Atmosphäre die Molekülzahldichte N_v der Luft bestimmen und aus ihr und der Luftdichte ϱ die spezifische Molekülzahl $\mathbf{N}$.

Wir setzen in Gl. (183)

$$N_v = \frac{\text{Molekülzahl}}{\text{Volumen}} = \mathbf{N}\,\varrho.$$

(N = spezifische Molekülzahl der Luft, ϱ ihre Dichte.)

---

[1] Die Polarisierbarkeit eines streuenden Teilchens, also $a = \pm/\mathfrak{E}$ in Gl. (182), ist nie ganz konstant. Für ihre Berechnung [Gl. (165) v. S. 172] braucht man ε, ihre Dielektrizitatskonstante. Strenger muß man ε durch n^2 ersetzen (vgl. spater S. 191). Im allgemeinen spielt das aber keine Rolle, weil sich n nur wenig mit λ ändert. — Das gilt auch bei der üblichen Einbettung streuender Teilchen in eine feste oder flüssige Umgebung.

Ferner benutzen wir als Polarisierbarkeit α eines einzelnen Luftmolekules den aus der Dielektrizitatskonstante ε hergeleiteten Wert

$$\alpha = \frac{\mathfrak{w}}{\mathfrak{E}} = \frac{3\,\varepsilon_0}{N\varrho} \cdot \frac{\varepsilon - 1}{\varepsilon + 2} \qquad \text{(168) v. S. 172}$$

oder, da $\varepsilon = 1{,}000\,63 = \approx 1$,

$$\alpha = \frac{\varepsilon_0}{N\,\varrho}\,(\varepsilon - 1). \qquad (184)$$

Mit diesen Werten fur N_v und α erhalten wir aus Gl. (183) als spezifische Molekulzahl der Luft

$$N = \frac{8\,\pi^3}{3\,K\,\varrho}\,\frac{(\varepsilon - 1)^2}{\lambda^4}. \qquad (185)$$

Die Beobachtungen (z. B. auf dem Pik von Teneriffa) ergeben zwischen $\lambda = 0{,}32$ und $0{,}48\ \mu$ mit leidlicher Konstanz das Produkt $K\,\lambda^4 = 1{,}13 \cdot 10^{-30}$ m³, reduziert auf 0° und 76 cm Hg-Saule. Es ist z B für $\lambda = 0{,}375\ \mu = 3{,}75 \cdot 10^{-7}$ m die Extinktionskonstante $K = 5{,}6 \cdot 10^{-5}$ m⁻¹. Das ist ein außerordentlich kleiner Wert. Er bedeutet erst langs 18 km Weg eine Schwachung auf $1/e = 37\%$! Mit diesem Zahlenwert und der normalen Luftdichte $\varrho = 1{,}293$ kg/m³ gibt Gl. (185) als spezifische Molekulzahl der Luft

$$N = \frac{2{,}28 \cdot 10^{35}}{\text{Kilogramm}} = \frac{6{,}6 \cdot 10^{26}}{\text{Kilomol}}.$$

[Mittleres Molekulargewicht der Luft $(M) = 29$.]

Dieser Wert ist nur 10 Prozent größer als der nach den besten Verfahren gemessene (Elektrizitätsband, §§ 105 und 142).

§ 100. Streuungsextinktion von Röntgenlicht.

Ein weiterer, durch Einfachheit ausgezeichneter Sonderfall der Streuung findet sich im Röntgengebiet. Dort kommt die Extinktion in leichten Elementen zwischen $\lambda = 2$ und $10 \cdot 10^{-11}$ m $(= 0{,}2—1\ \text{Å})$ fast nur durch S t r e u u n g zustande. Dabei sind die experimentell bestimmten Extinktionskonstanten K in erster Näherung unabhangig von der Wellenlange λ der Massendichte ϱ proportional. Man findet also in einem größeren Spektralbereich das Verhaltnis K/ϱ konstant und uberdies sogar unabhängig von der chemischen Beschaffenheit des streuenden Stoffes! (Abb. 343). Man mißt mit guter Näherung für die Elemente mit kleinem Atomgewicht (A)

$$\frac{K}{\varrho} = 0{,}02\ \frac{\text{m}^2}{\text{kg}}. \qquad (187)$$

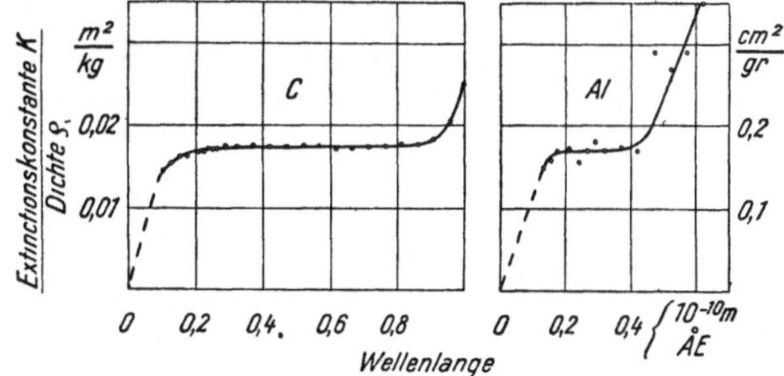

Abb. 343 Einfluß der Wellenlange auf die Streulung des Rontgenlichtes durch leichte Atome Die Ordinate gibt die spezifische Extinktionskonstante K/ϱ. Dabei bedeutet K die allein von der Streuung herruhrende Extinktionskonstante und ϱ die Dichte (Statt K wird im Rontgenschrifttum meist δ geschrieben und fur δ/ϱ wird der Wert 0,2 cm²/g angegeben) Nach Messungen von C. W Hewlett, bei denen der von der Absorption herruhrende Anteil der Extinktion rechnerisch ausgeschaltet worden ist

Die Streuung des Rontgenlichtes ist von der chemischen Vereinigung der Atome zu Molekülen unabhangig. Infolgedessen wirken fur Rontgenlicht nur Elektronen im Innern der Atome als streuende Teilchen. Diese sind schwingungsfähig an die positive Ladung des Atoms gebunden Das elektrische Wechselfeld

des einfallenden Lichtes erregt die Elektronen zu erzwungenen Schwingungen
um ihre Ruhelage. Die positive Ladung bleibt dabei zusammen mit der großen
Masse des Atoms in Ruhe.

Die Abstände zwischen den einzelnen Elektronen eines Atoms sind größer
als λ, die Verteilung der Elektronen ist ungeordnet. Soweit stimmen die Bedingungen mit denen·der Rayleighschen Streuung überein. Daneben aber gibt es
einen entscheidenden Unterschied Die Eigenfrequenz ν_0 der Elektronen
ist klein gegenüber der Frequenz ν des Röntgenlichtes. Dadurch wird
K von λ unabhängig. — Begründung:

Wir setzen wieder in Gl. (158) von S. 170 $\mathfrak{K}_0 = e\,\mathfrak{E}_0$ (e = Elektronenladung),
vernachlässigen aber diesmal ν_0 als klein neben ν. So erhalten wir für die Amplitude des hin und her schwingenden Elektrons

$$l = \frac{1}{4\,\pi^2}\,\frac{e}{m\,\nu^2}\cdot\mathfrak{E}_0 \tag{188}$$

oder nach Multiplikation mit der Ladung e

$$\frac{\mathfrak{w}_0}{\mathfrak{E}_0} = \frac{1}{4\,\pi^2}\,\frac{e^2}{m\cdot\nu^2} = \frac{e^2}{m}\cdot\frac{\lambda^2}{4\,\pi^2\,c^2} = \alpha. \tag{189}$$

In Worten: Das Verhältnis $\mathfrak{w}_0/\mathfrak{E}_0$, die Polarisierbarkeit α, ist hier (wegen $\nu \gg \nu_0$)
proportional zu λ^2.

Diesen Wert von α setzen wir in Gl. (183) von S. 177 ein. Dabei hebt sich
λ^4 im Zähler und Nenner fort. Es verbleibt

$$K = N_v\,\frac{e^4}{6\,\pi\,\varepsilon_0^2\,m^2\,c^4}. \tag{190}$$

(K = Extinktionskonstante,   m^{-1}; $N_v = \dfrac{\text{Elektronenzahl}}{\text{Volumen}}$.   Elektronenladung $e = 1{,}6$
10^{-19} Amp.Sek.;   Elektronenmasse $m = 9{,}1\cdot10^{-31}$ kg;   Influenzkonstante $\varepsilon_0 = 8{,}86$
$\cdot\,10^{-12}$ Amp.Sek./Volt-Meter; $c = 3\cdot10^8$ m/sec.)

Der Bruch enthält außer N_v nur Konstanten. Einsetzen ihrer Werte ergibt:

$$K = 6{,}6\cdot10^{-29}\ \text{Meter}^2\ N_v. \tag{190a}$$

N_v bedeutet diesmal das Verhältnis Elektronenzahl/Volumen. Auf jedes
Atom entfallen Z Elektronen; folglich ist

$$N_v = Z\cdot\frac{\text{Zahl der Atome}}{\text{Volumen}} = Z\,N\varrho. \tag{191}$$

Dabei ist ϱ die Dichte des streuenden Stoffes und N seine spezifische Atomzahl, also

$$N = \frac{6{,}02\cdot10^{26}}{(A)\ \text{Kilogramm}}. \tag{192}$$

[(A) = Atomgewicht, reine Zahl.]

Einsetzen von (191) und (192) in (190a) ergibt das Verhältnis

$$\frac{\text{Extinktionskonstante } K}{\text{Dichte } \varrho} = 0{,}04\,Z\,\frac{\text{m}^2}{\text{Kilomol}} = 0{,}04\,\frac{Z}{(A)}\cdot\frac{\text{m}^2}{\text{kg}}. \tag{193}$$

Ein Vergleich mit den gemessenen Zahlen, also Gl. (187), ergibt $Z/A \approx 0{,}5$.
D. h. ein leichtes Atom vom Atomgewicht (A) enthält $Z \approx A/2$ Elektronen.
Das ist ein für die Kenntnis vom Atombau grundlegendes Ergebnis (J J. Thom-
son 1906).

Die von der Wellenlänge unabhangige Streuung [Gl. (187)] findet sich, wie betont, nur in einem engen Spektralbereich des Rontgenlichtes. — Bei langeren Wellen steigt K/ϱ (Abb. 343). Das hat folgende Ursache:

Die Leistung der gestreuten Strahlung ist proportional zu $\mathfrak{W}_0^2$, d. h. dem Quadrat der Dipolamplitude Gl. (174). Bei hinreichend großem Abstande zwischen den einzelnen Elektronen sind die Dipole voneinander unabhangig. Die Streuleistung von Z Elektronen ist dann proportional zu $Z \cdot \mathfrak{W}^2$. — Ist ihr Abstand klein gegen λ, so schwingen benachbarte Elektronen mit gleicher Phase. Im Grenzfall können Z Elektronen gemeinsam als ein Dipol mit Z-fachem Moment schwingen. Dann aber wird die Streuleistung proportional zu $(Z\,\mathfrak{W})_0^2$, sie ist also Z-mal so groß wie bei Z voneinander unabhangig schwingenden Dipolen.

Bei kurzen Wellen ($< 0{,}2$ Å) sinkt K/ϱ mit λ, vgl. Abb. 343. Wir verzeichnen hier nur die wichtige Tatsache. Man benutzt sie zur Bestimmung der Wellenlange aus Extinktionsmessungen. Die Wellenlangen der γ-Strahlung radioaktiver Substanzen werden fast ausschließlich auf diesem Wege gemessen. Leider geht das oft nicht ohne recht kuhne graphische oder rechnerische Extrapolation.

§ 101. Streuung durch geordnete Teilchen. Eine oder mehrere Gruppen einander gleicher Gebilde können raumlich in periodischen Folgen angeordnet und so zu „Gittern" vereinigt werden. Die großartigsten Beispiele bietet die Natur im Aufbau der festen Korper, in den Raumgittern der Kristalle Als optische Gitterkonstante der Raumgitter wirkt der Abstand D zweier benachbarter Netzebenen. D ist in einem NaCl-Kristall $= 2{,}81 \cdot 10^{-10}$ m, vgl. S. 103, Anm. 1. In einer von Schallwellen durchsetzten Flussigkeit (§ 62) ist D der Abstand zweier Gebiete gleicher Dichte, usw.

Von Licht getroffen, werden die einzelnen Gitterbausteine zu Ausgangsorten neuer Wellenzüge, und diese addieren sich in den verschiedenen Richtungen nach Maßgabe ihrer Gangunterschiede. Dabei sind zwei Falle zu unterscheiden, getrennt durch die Grenze $\lambda/2 = D$. Diese Grenze ergibt sich aus der Braggschen Gl. (64 v. S. 103). In ihr kann $\sin\gamma$ nicht > 1, m nicht < 1 werden.

Fur $\lambda/2 < D$ werden aus dem primaren Bundel seitliche Teilbundel abgezweigt, gekennzeichnet durch die „Ordnungszahlen" $m = \pm\, 1, 2, 3, \, .\,.$ Es entstehen die bekannten Beugungsfiguren der Raumgitter. Sie sind in § 58 ausführlich dargestellt worden.

Anders im Falle $\lambda/2 > D$. Dann verbleibt nur das unabgelenkte Bundel nullter Ordnung D. h. ein parallel begrenztes Lichtbundel durchsetzt das Gitter ohne seitliche Verluste.

Ein streng periodisches, fehlerfreies Gitter ist ein idealisierter Grenzfall. Alle wirklichen Gitter haben Fehler. Das gilt nicht nur von mechanisch hergestellten Gittern, sondern auch von den Raumgittern der Kristalle. Jeder sogenannte „Einkristall" besteht in Wirklichkeit aus zahllosen, mauerwerkartig zusammengefugten, kleinen, parallel orientierten Einkristallen. Die streng periodische Ordnung wird durch zahlreiche mehr oder minder gut passende Fugen oder Stoßstellen unterbrochen. Aber selbst im Inneren der Mikroeinkristalle wird die Ordnung durch die Warmebewegung lokal gestort. Die Wärmebewegung besteht in mechanischen Eigenschwingungen oder stehenden Wellen sehr hoher Frequenz (ν bis zu 10^{13} s^{-1}). Dadurch werden die Gitter „verschwommen" (§ 62). Infolgedessen andert sich zwar die Verteilung der Strahlungsstarke auf die einzelnen Interferenzpunkte (Ordnungen), aber die Interferenzpunkte bleiben auch in einem heißen Kristall scharf.

Für eine Streuung sichtbaren Lichtes ist die Gitterkonstante D aller Kristalle viel zu klein. Die von den stehenden Wellen der Warmebewegung herruhrenden Dichteanderungen lassen aber in Einzelfallen, z. B. in heißen Quarzkristallen, eine Streuung in gerade noch nachweisbarer Große zustande kommen. Entsprechendes gilt für die koharente Streuung durch Flussigkeiten. Flussigkeiten stehen in ihrem Aufbau den festen Körpern viel naher als den Gasen. In kleinen und zeitlich rasch wechselnden Gebieten haben die Moleküle stets eine periodisch-regelmaßige Anordnung.

§ 102. Streuung von Röntgenlicht durch einzelne Moleküle.

Einzelne von ihresgleichen unabhangige Molekule gibt es nur in Gasen und Dampfen. Bei der Vereinigung zu Flussigkeiten oder Festkörpern büßen die Molekule ihre Selbständigkeit mehr oder minder ein. In den typischen Ionenkristallen, wie z B NaCl, verliert die Vorstellung selbstandiger Molekule 'uberhaupt jeden Sinn Man kann höchstens den ganzen Kristall als ein Riesenmolekul bezeichnen

Die einzelnen Moleküle sind aus Atomen zusammengesetzt. In der unendlichen Mannigfaltigkeit der Molekulgestalt finden sich einige besonders häufige Grundformen. Wir sehen in Abb. 344, aus kleinen Kugeln zusamengestellt, die bekanntesten Formen, namlich Ring, Kette, Wanne und Sessel. — Jede Kugel soll den Schwerpunkt eines Atomes bedeuten, oder auch den Schwerpunkt seiner Elektronenladung Die Abstande D dieser Schwerpunkte

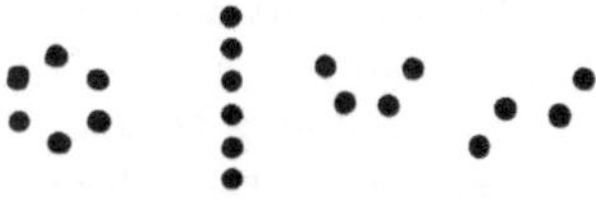

Abb. 344. Zum Aufbau von Molekulen aus Atomen.

(Größenordnung einige 10^{-10} m) sind größer als die halbe Wellenlange von hartem Röntgenlicht (Größenordnung einige 10^{-11} m), ihre Anordnung regelmaßig. Folglich setzen sich die durch Streuung entstehenden Sekundarwellen nach Maßgabe ihrer Phasendifferenzen zusammen, es gibt in einzelnen Richtungen Maxima und Minima. Oder anders gesagt: Die Streuung des Röntgenlichtes an den Bausteinen einzelner Moleküle fuhrt zu Beugungsfiguren. Diese erlauben rukwarts einen Schluß auf die Anordnung der Atome im Molekulbau

Das Wesentliche dieses Gedankenganges laßt sich hübsch mit Wasserwellen von etwa 1,5 cm Wellenlange vorfuhren. Als „Atome" dienen kleine Stahlkugeln (etwa 3 mm Radius) dicht unter der Wasseroberflache. Jede dieser unsichtbaren „Klippen" wird, von den Primarwellen getroffen, zum Ausgangspunkt sekundärer, gestreuter Wellen. Die Abb. 345—350 geben Momentbilder. Sie zeigen die Sekundärwellen als Beugungsfiguren auf dem Untergrund der primären Wellen. 'In allen Aufnahmen überwiegt die „Vorwartsstreuung". D h. der Winkel zwischen gestreuter und primarer Strahlung ist kleiner als 90°.

Für Ring- und fur Kettenmoleküle sind in diesen Modellversuchen je zwei Lagen benutzt. In Wirklichkeit kommen bei der Streuung des Röntgenlichtes in Gasen auch alle Zwischenlagen vor. Die Gesamtstreuung ist dann ein Mittel-

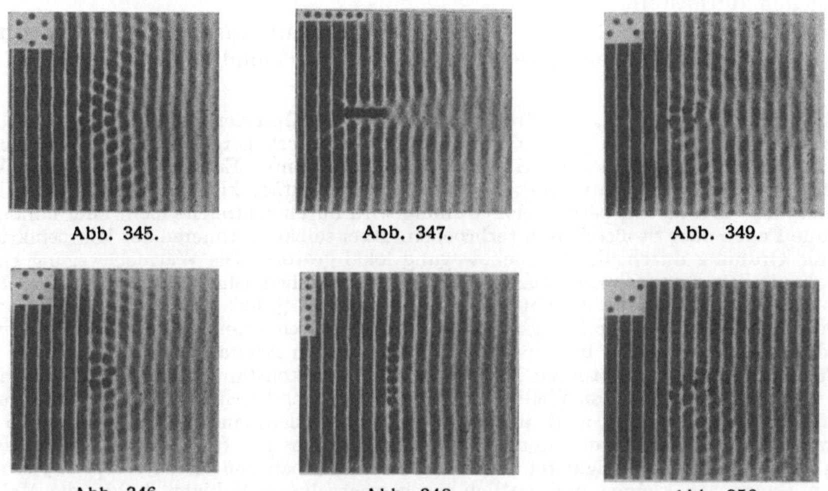

Abb. 345.   Abb. 347.   Abb. 349.

Abb. 346.   Abb. 348.   Abb 350.

Abb. 345—350. Modellversuche zur Streuung durch einzelne Molekule verschiedener Gestalt.

wert der Streuung in den verschiedenen Einzellagen. — Für die Sessel- und Wannenform ist je nur eine Stellung photographiert worden. In allen Bildern ist die genaue Lage der Atome in der oberen Ecke (nach Aufnahmen in ruhigem Wasser) beigefügt worden. Die Anwendung kurzer Wellen zur Erforschung des Molekülbaues hat eine große Zukunft.

§ 103. Streuung von sichtbarem Licht durch große schwach absorbierende Teilchen.

Im vorigen Paragraphen waren die streuenden Moleküle größer als die Wellenlänge des gestreuten Röntgenlichtes Infolgedessen war die gestreute Strahlung nicht mehr, wie bei der Rayleighschen Streuung, rotationssymmetrisch um die Moleküle herum verteilt (Abb 337 b). Es traten Interferenzen auf, es wurden einzelne Winkelbereiche bevorzugt. Insbesondere wurde nach vorwärts, d. h. in die Richtung des primären Bündels und die ihm benachbarten Winkelbereiche viel mehr Sekundärstrahlung hineingestreut als nach rückwärts.

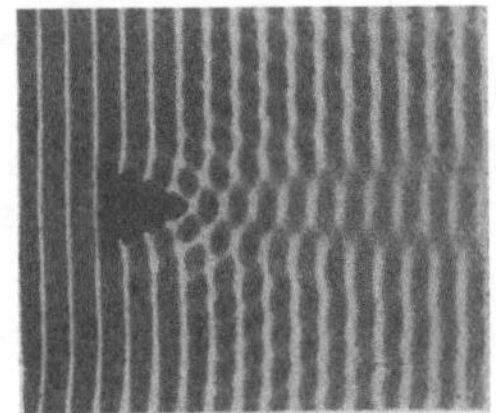 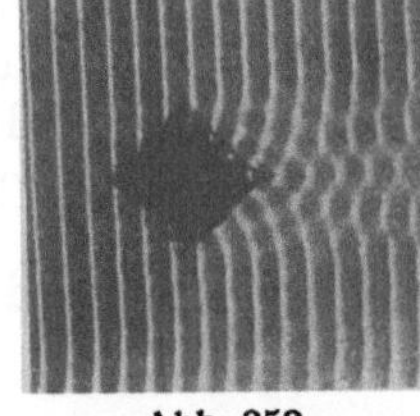 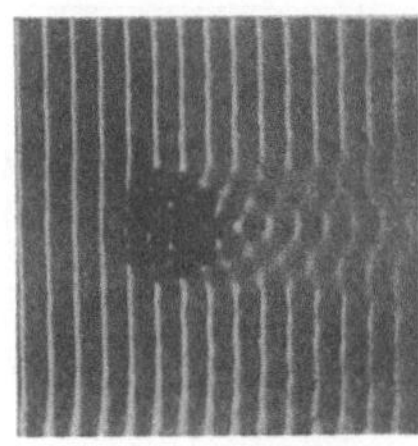

Abb 351.   Abb 352.   Abb 353.

Abb 351—353. Modellversuche zur Streuung des Lichtes durch große, schwach absorbierende Teilchen von dreieckigem, quadratischem und kreisförmigem Querschnitt.

Die gleichen Verhältnisse beobachten wir oft im sichtbaren und ultravioletten Spektralbereich. Die meisten Schwebestoffe unserer Atmosphäre sind größer als die mittlere Lichtwellenlänge. Die Wassertropfen des Nebels und der Wolken sowie die feinen Eiskristalle der Zirruswolken haben im allgemeinen Durchmesser zwischen 5 und 50 μ, also vom 10—100fachen der Wellenlänge. Die Staubteilchen der Zimmerluft („Sonnenstäubchen") und des städtischen Dunstes haben ebenfalls etliche μ Durchmesser.

Die Streuung durch diese Gebilde läßt sich ebenso wie die Streuung durch Moleküle gut im Modellversuch mit Wasserwellen vorführen. In den Abb. 351 bis 353 haben die streuenden Gebilde geometrisch einfache Formen, Dreieck, Kreis und Quadrat. Bei den Versuchen war der atomistische Aufbau aller Stoffe nachgeahmt. Die Streukörper bestanden aus einem dünnen Drahtrahmen, eng vollgepackt mit kleinen, die Oberfläche nicht erreichenden Kugeln. Man sieht sofort die Bevorzugung der Vorwärtsstreuung und das Auftreten von Interferenzen. Diese verlieren bei einer Mittelwertsbildung über viele, verschiedenartig orientierte Teilchen natürlich an Schärfe, doch bleiben gewisse Vorzugsrichtungen, vor allem nach vorwärts, erhalten. — Die Abb. 354 soll diese

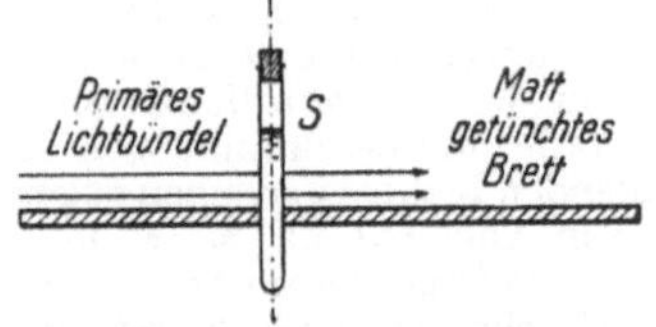

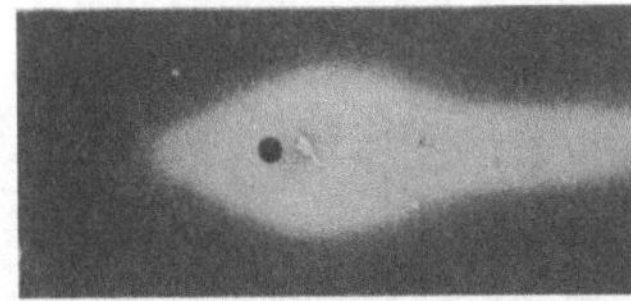

Abb. 354. Grobe Teilchen streuen sichtbares Licht vorzugsweise nach vorwärts, d. h. in Richtung des Primärbundels. Das Glasrohr S enthält eine Aufschwemmung feiner Schwefelteilchen in Wasser. (Man fügt einer Lösung von $Na_2S_2O_3$ etwas H_2SO_4 hinzu.) Oben Seitenansicht, unten Aufsicht als photographisches Positiv. Das primäre Bundel (Rotfilterlicht) geht in der Pfeilrichtung, ohne zu streifen, in einigen Zentimetern Abstand parallel über das Brett hinweg.

Modellversuche mit Beobachtungen an sichtbarem Licht erganzen. Als Streukörper dient eine Wolke feiner Schwefelteilchen.

Ein wichtiger Punkt kann in den Modellversuchen nicht zum Ausdruck kommen, nämlich die Abhängigkeit der Streuung von der Wellenlange. Es gilt nicht mehr das Rayleighsche Gesetz, also Extinktionskonstante

$$K = \text{const } \lambda^{-4}. \qquad (183) \text{ von S. 177}$$

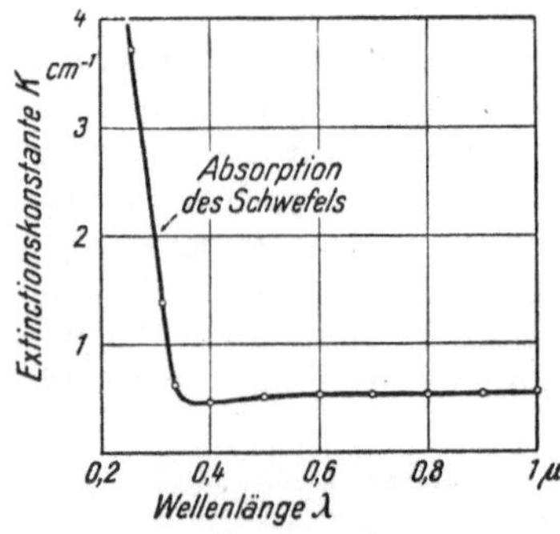

Abb. 355. Einfluß der Wellenlange auf die Extinktionskonstante, der in Abb 354 benutzten Aufschwemmung feiner Schwefelteilchen. Unterhalb von $\lambda = 0,35 \mu$ beginnt der Schwefel zu absorbieren, d. h. die Strahlung nicht mehr zu zerstreuen, sondern in Warme zu verwandeln.

Der Exponent wird um so kleiner, je großer die Teilchen werden. Im Beispiel der Abb 355 ist K für $\lambda > 0,4 \mu$ praktisch von λ unabhangig geworden, der Exponent also Null. In anderen Fällen kann er sogar positiv werden. Der Grund ist der gleiche wie auf S. 180 bei der Streuung des Röntgenlichtes: Die von der Größe der streuenden Teilchen („Antennenlänge") bedingte Eigenfrequenz ν_0 ist nicht mehr groß gegenüber der Frequenz ν des einfallenden Lichtes, infolgedessen treten Resonanzerscheinungen auf.

Die Vorwartsstreuung an vielen einzelnen Teilchen erschließt uns auch das Verständnis der „Streureflexion" an matten Flächen. Matte Flächen bestehen aus feinen (meist kristallinen) Staubteilchen oder Fasern (Papier!) schwach absorbierender Stoffe. — Wir haben bei der Streureflexion drei Anteile zu unterscheiden. — Erstens eine Reflexion an zahllosen winzigen, ungeordnet orientierten Spiegelchen, den Grenzflachen der Staubteilchen. Die Strahlungsstärke des von den ungeordneten Spiegelchen reflektierten Lichtes folgt im allgemeinen unabhangig vom Einfallswinkel dem Lambertschen Cosinusgesetz [Gl. (30) u. Abb. 130 in § 27]. Erst bei großen Einfallswinkeln werden die der Lichtquelle abgewandten Richtungen bevorzugt: in diese Richtungen gelangen die Strahlungen sehr flach getroffener Spiegelchen und diese sind nach den Fresnelschen Formeln (§ 84) größer als für die steil getroffenen Spiegelchen. — Zweitens eine Streuung durch die Pulverkristalle. Sie beschränkt sich bei größeren Teilchen uberwiegend auf die Richtung des einfallenden Lichtes und einen engen, diese Richtung umhüllenden Kegel: „Vorwärtsstreuung", wie in Abb. 251/53. Sie ist im allgemeinen in die Pulverschicht hinein gerichtet und erzeugt in den tieferen Schichten eine Vielfachstreuung. Auch diese führt für die aus der Schichtoberfläche wieder austretende Strahlung zum Lambertschen Cosinusgesetz (Abb. 537 und 538). Erst bei großem Einfallswinkel, also flachem Einfall, ragt ein Teil des Kegels über die matte Fläche heraus und dadurch wird die der Lichtquelle abgewandte Richtung abermals bevorzugt (Abb. 541). — Drittens kann bei genügend großen Einfallswinkeln auch die matte Flache als ganzes überraschend gut wie ein Spiegel wirken, Abb. 356. Grund: Die obersten Gipfel wirken als flächenhafte Punktgitter mit statistisch verteilter Gitterkonstante. Ihre nullte Ordnung hat für alle Teilgitter die gleiche, dem Reflexionsgesetz entsprechende Richtung. Je flacher der Lichteinfall, desto kleiner die Gitterkonstanten infolge perspektivischer Verkürzung. Dadurch fallen die höheren Ordnungen aus, und schließlich kommt die ganze von der Gitterbeugung herruhrende Strahlungsleistung der nullten Ordnung zugute.

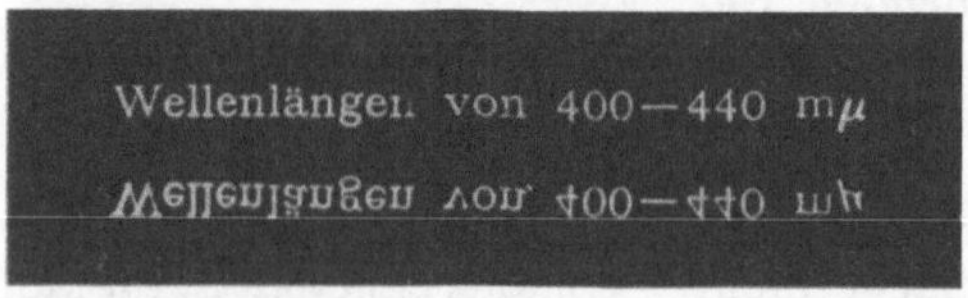

Abb 356 Unten direktes, oben an einer Mattglasscheibe bei streifendem Einfall gespiegeltes Bild einer Druckschrift (Einfallswinkel $\alpha = 89,5°$) Man kann statt der Druckschrift auch einen Spalt mit einer Linse auf dem Wandschirm abbilden und dabei ein flach getroffenes Mattglas als Spiegel benutzen. Mit wachsendem Einfallswinkel erscheint auf dem Wandschirm zunachst eine Aufhellung durch die Vorwartsstreuung Auf diesem hellen Grunde sieht man, anfanglich schwach und rotlich, dann heller und unbunt werdend, das gespiegelte Bild des Spaltes.

§ 104. Rückführung der Brechung auf Streuung. In § 103 sind die streuenden Körper (Quadrat usw.) durchsichtig. Man kann in den Abb. 351—353 — wenn auch mit einiger Mühe — die Wellen auch „im Inneren" der Körper verfolgen. Dabei findet man beispielsweise für den Körper mit kreisförmigem Querschnitt, das in Abb. 357 skizzierte Bild: Die Wellen laufen im Gebiet der Sekundärstrahler langsamer als außerhalb, die Wellenberge bleiben deutlich zurück. Oder anders ausgedruckt: Das kreisförmig eingegrenzte Gebiet hat durch die Sekundarstrahler in seinem Inneren eine Brechzahl bekommen. Diese grundlegende Tatsache soll sogleich mit einem noch eindrucksvolleren Schauversuch belegt werden.

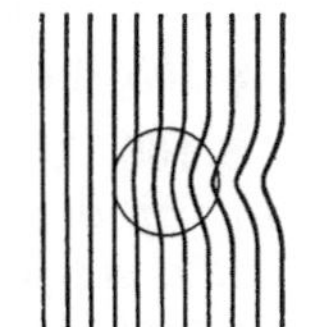

Abb. 357. Entstehung einer Phasenverschiebung durch Sekundarwellen. Nach Abb. 353 skizziert.

Die bekannteste Wirkung der Brechung zeigen uns die Linsen. Deswegen stellen wir in Abb. 358 die „Sekundarstrahler" auf einer Fläche mit linsenformigem Querschnitt zusammen. Die streuenden Atome sind wieder kleine Stahlkugeln unterhalb der Wasseroberfläche. Sie sind ungeordnet, ihre Durchmesser und die Abstande ihrer Mittelpunkte sind wieder kleiner als die Wellenlange. In Abb. 359 laufen Wasserwellen mit gerader Front leicht schrag geneigt gegen einon weiten Spalt. Der Spalt blendet ein parallel begrenztes Wellenbuschel aus. (Die Beugung ist gut zu sehen!)

In Abb. 360 sind die Hindernisse in die Spaltoffnung hineingestellt worden. Erfolg: Die vorher parallel gebundelten Wellen sind in einem

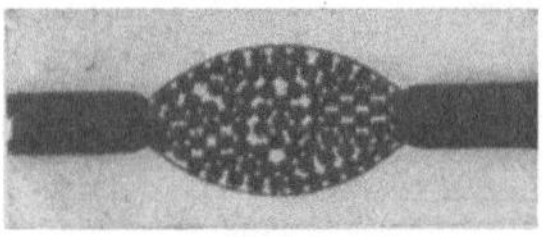

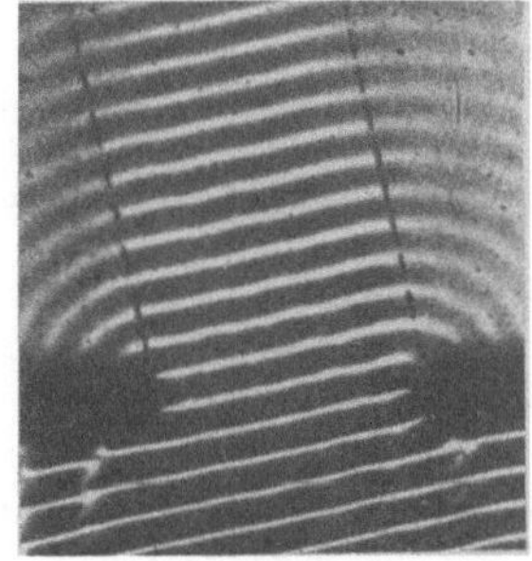

Abb. 358.

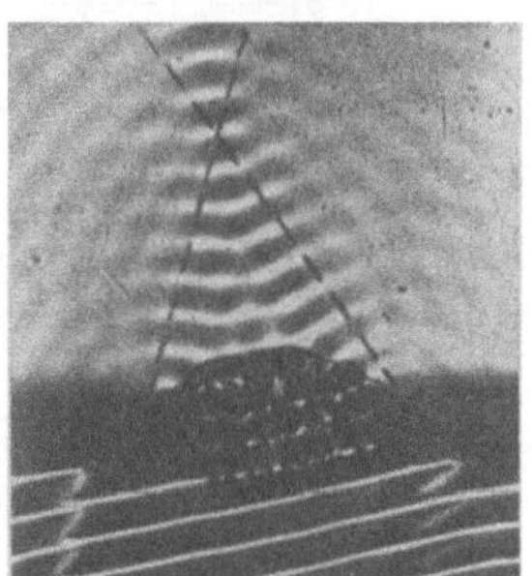

Abb 359.

Abb. 360.

Abb. 358—360. Wasserwellen zeigen die Entstehung der Brechung durch phasenverschobene Sekundarwellen

Bildpunkt vereinigt worden. — Jetzt ist jeder Zweifel behoben: Die Wellen durchlaufen den Bereich der Sekundärstrahler mit verminderter Phasengeschwindigkeit. Der Bereich der Sekundärstrahler besitzt eine Brechzahl n! Wir berechnen sie mit der elementaren Linsenformel

$$(n-1)\frac{2}{R} = \frac{1}{f} \qquad \text{Gl. (15) von S. 11}$$

(R = Radius der Linsenbegrenzung, in Abb. 358 = 7 cm)

und erhalten $n = 1{,}4$.

Die Deutung ergibt sich zwanglos. Die in und hinter der Linse verlaufende Welle ist eine Resultierende sämtlicher durch Streuung entstandenen Sekundärwellen und der Primärwelle. Die primaren Wellen losen sekundare aus, diese tertiäre usw. Die Resultierende bleibt zurück. Folglich muß schon jede einzelne durch Streuung entstandene Welle gegenüber der sie erzeugenden eine negative Phasenverschiebung δ' haben. **Die Phasenverschiebung δ' der durch Streuung gebildeten Sekundärwellen ist die Ursache der Brechung.**

In der Optik haben wir aber nicht nur Brechung, sondern auch Dispersion. D. h. die Brechzahl n hangt von der Frequenz des Lichtes ab Folglich muß die Phasenverschiebung δ' ebenfalls von der Frequenz der einfallenden Welle abhangen Das werden wir in § 106 naher ausführen. Zunachst sollen einmal in § 105 die empirischen Tatsachen der Dispersion zusammengestellt werden.

§ 105. Dispersion und Absorption, Tatsachen.

Die Abhangigkeit der Brechzahl von der Wellenlange wird am übersichtlichsten graphisch dargestellt. Der Verlauf solcher „Dispersionskurven" ist für die meisten Stoffe nur recht luckenhaft bekannt. Am kleinsten sind die Lucken bei den einfachsten festen Körpern, den regularen Kristallen der Alkalihalogenide Die Abb 362 gibt als Beispiel die Dispersionskurve von NaCl (Steinsalz). Die Abszisse ist logarithmisch geteilt, und zwar nach Zehnerpotenzen der Wellenlange fortschreitend.

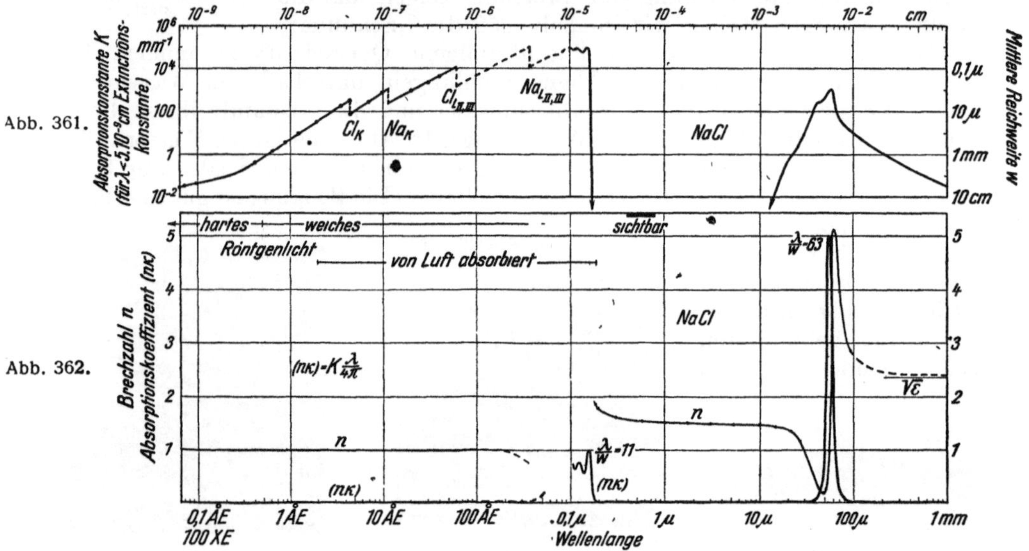

Abb. 361.

Abb. 362.

Abb. 361 und 362 Brechung und Absorption des Lichtes durch einen NaCl-Kristall zwischen $\lambda = 6 \cdot 10^{-10}$ cm und 0,1 cm, also in einem Bereich von rund 28 Oktaven Der Absorptionskoeffizient $(n\,\nu)$ erreicht nur in zwei engen Wellenlangenbereichen, namlich etwa 0,04 bis 0,2 μ und etwa 20 bis 90 μ, praktisch bedeutsame Werte. In diesen Bereichen sind die Hochstwerte des Verhaltnisses λ/w vermerkt. — Abb 361 gehort zum Text von S 198 Die kleinste vorkommende Reichweite $w =$ etwa 0,01 μ ist etwa gleich dem 30fachen des Netzebenenabstandes Die Entstehung der „Kanten" Cl_K usw wird in § 131 behandelt.

Im allgemeinen steigt die Brechzahl n mit abnehmender Wellenlange: Dann nennt man die Dispersion „normal". In einigen Spektralbereichen aber fallt n mit abnehmender Wellenlange Dann nennt man die Dispersion „anomal", d. h. „von der Regel abweichend" (wörtlich: uneben). — Im Gebiet des Röntgenlichtes (d h. $\lambda <$ ca $5 \cdot 10^{-6}$ cm) sind die Brechzahlen durchweg ein wenig kleiner als 1. Das kommt aber im Ordinatenmaßstab des Schaubildes nicht zum Ausdruck. Im Gebiet langer Wellen nahert sich die Brechzahl einem Grenzwert. Dieser ist gleich der Wurzel aus der statisch gemessenen Dielektrizitatskonstanten ε, also $n = \sqrt{\varepsilon}$ (vgl. Elektrizitatsband, §§ 44 und 155).

Die ausgezeichneten Stellen der Dispersionskurven, also die Gebiete der starken Änderungen von n und die des anomalen Verlaufes, fallen mit Absorptionsgebieten zusammen · Das ist durch zahllose Erfahrungen gesichert.

Leider ist der spektrale Verlauf des Absorptionskoeffizienten $(n\,\varkappa)$ im allgemeinen auch nur lückenhaft bekannt. Doch machen die Alkalisalzkristalle wieder eine rühmliche Ausnahme. In Abb. 362 ist auch die Absorptionskurve des NaCl eingetragen. Für einige Maxima sind die Werte von λ/w vermerkt.

Die Extremwerte von n und $(n\varkappa)$ finden sich im Ultraroten. Dort soll nach der Beerschen Formel [Gl. (131) von S. 162] das Reflexionsvermögen R sehr groß sein. Das ist in der Tat der Fall; die Abb. 363 zeigt Messungen an vier verschiedenen Kristallen. Der Maßstab der Abszissen ist dreimal so groß wie in Abb. 362. Man nennt diese Reflexionsmaxima „Reststrahlbanden". Ihre Lage wird sowohl von n wie von $(n\varkappa)$ bestimmt, folglich fallen ihre Maxima nur näherungsweise mit denen der Absorptionskurve $(n\varkappa)$ zusammen.

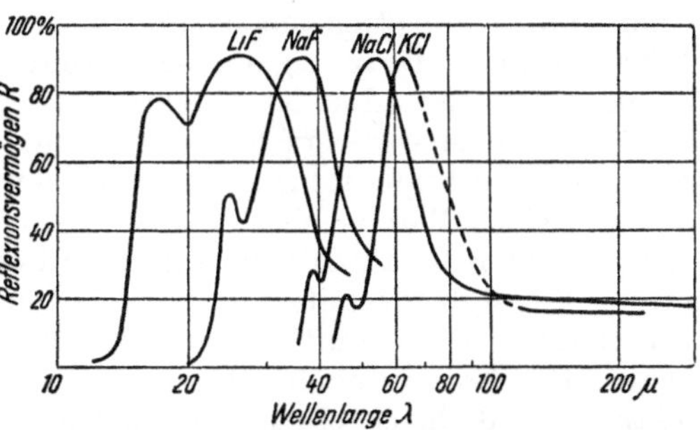

Abb. 363. Reststrahlen von 4 Alkalihalogenidkristallen. (Die Banden sind alteren Darstellungen entgegen keine einfachen Glockenkurven.)

Der seltsame Name Reststrahlen knüpft an die erste Beobachtungsart an. U. Rubens ließ die Strahlung eines Gasglühlichtbrenners einige Male zwischen Kristallplatten hin und her reflektieren und dann zum Strahlungsmesser gelangen (Thermosäule). Der verbleibende „Rest" umfaßte praktisch nur noch Wellen aus dem Spektralbereich der Reflexionsmaxima. Diese „Reststrahlen" werden durch dünne Glimmer- und Glasplatten absorbiert, passieren aber dicke Schichten aus Paraffin usw. Bequemer Schauversuch, am einfachsten mit Platten aus LiF oder CaF_2.

Der enge Zusammenhang von Dispersion und Absorption wird in den Abb. 364 bis 368 noch mit fünf weiteren Beispielen vorgeführt.

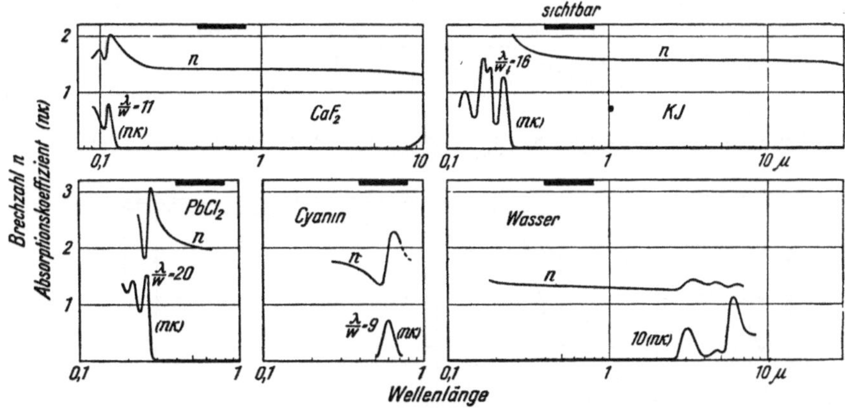

Abb. 364—368. Funf weitere Beispiele fur Dispersion und Absorption. (Die Doppelbrechung des $PbCl_2$ ist im Maßstab der Figur nicht darzustellen.)

Die Metalle nehmen eine Sonderstellung ein. Die Abb. 369 zeigt als Beispiele den spektralen Verlauf von n und $(n\varkappa)$ für Gold und für Silber. Die Brechzahlen unterschreiten den Wert 1 erheblich. Die Phasengeschwindigkeit kann im Silber fast $20 \cdot 10^8$ m/sec erreichen, statt nur $3 \cdot 10^8$ m/sec im Vakuum. — Wichtiger aber ist der Verlauf der Absorptionskonstante $(n\varkappa)$. $(n\varkappa)$ steigt vom Sichtbaren an steil und stetig in Richtung längerer Wellen. Bei $\lambda = 4,8\ \mu$ findet sich bei Gold $(n\varkappa) = 33$. D. h. die mittlere Reichweite w dieser Strahlung beträgt nur noch rund $^1/_{400}$ der Wellenlänge! — Die großen $(n\varkappa)$ Werte verursachen das hohe Reflexionsvermögen R der Metalle [vgl. Gl. (131) von S. 162]. Es ist in Abb. 370

für drei Metalle gezeichnet. Der Abszissenmaßstab ist der gleiche wie in Abb. 363 (Reststrahlen).

Soweit die Tatsachen. — Zur Ergänzung soll der Zusammenhang von Dispersion und Absorption noch mit einem eindrucksvollen Schauversuch vorgeführt werden. Dazu eignen sich weder feste Körper noch Flüssigkeiten[1], man muß Dämpfe oder Gase benutzen. Am bequemsten ist Na-Dampf. Die Abb. 371 zeigt eine geeignete Anordnung. Sie wirft mit einem (in der Skizze zufällig geradsichtigen) Prisma P das kontinuierliche Spektrum einer Bogenlampe auf einen Wandschirm, und zwar in horizontaler Lage.

Dicht hinter die abbildende Linse wird ein mit Na-Dampf gefülltes Eisenrohr gesetzt. Es ist beiderseits mit Glasplatten verschlossen. Das Na wird in der Mitte verdampft, die Luftkühlung an den Enden verhindert das Beschlagen der Fenster. Der Na-Dampf absorbiert den Bereich um $\lambda = 0{,}589\ \mu$. Das horizontale Spektrum wird durch einen Absorptionsstreifen D unterbrochen (Abb. 372a).

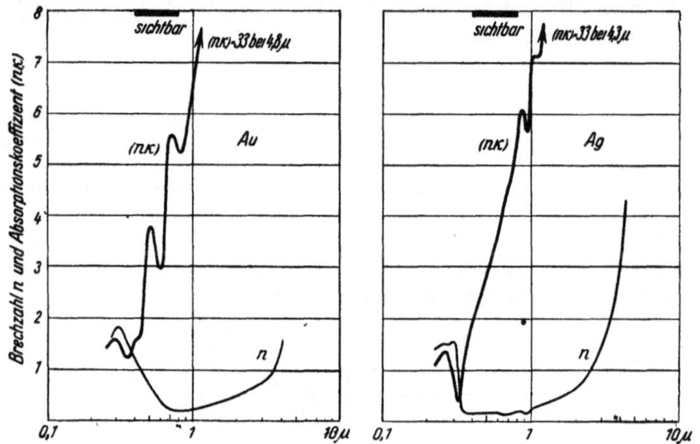

Abb. 369   Brechzahl n und Absorptionskoeffizient $(n\varkappa)$ von Gold und Silber zwischen 0,2 μ und 5 μ
Die Messungen an Gold bedürfen einer Nachprüfung.

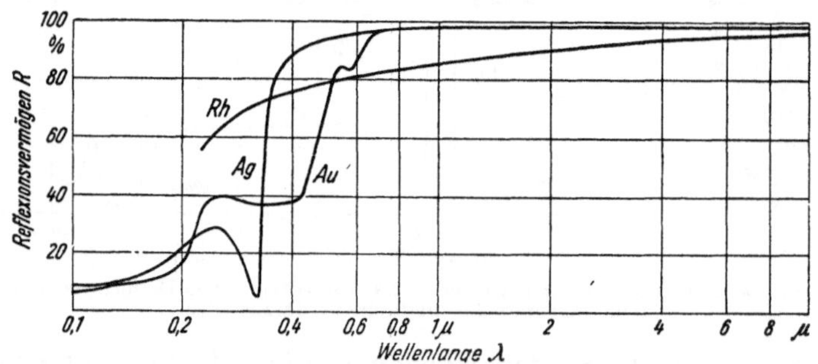

Abb. 370. Einfluß der Wellenlänge auf das Reflexionsvermögen von Gold, Silber und Rhodium. Letzteres ist wegen seiner Unempfindlichkeit für Spiegel ohne Glasschutz besonders geeignet   Außerdem schwächen dünne durchsichtige Rhodiumspiegel alle Wellenlängenbereiche des sichtbaren Spektrums (0,4—0,7 μ) um praktisch gleiche Bruchteile, „Graufilter".

---

[1] Die Begründung ergibt sich aus Gl. (199) auf S. 192. n bekommt nur dann hohe Werte, falls die Differenz der Frequenzquadrate, also $\nu_0^2 - \nu^2$, klein wird. Damit gerät man bei den breiten Absorptionsbanden der Flüssigkeiten und festen Körper in das undurchsichtige Gebiet hinein. Man kann da auch nicht durch eine Verminderung von $N\nu$, der Konzentration der absorbierenden Moleküle, Abhilfe schaffen. Denn zugleich mit $N\nu$ vermindert man auch die Brechzahl n.

Nach diesem Vorversuch wird außer den Enden nun auch die Oberseite des Rohres gekühlt. Dadurch bekommt die Na-Dampfwolke eine prismenartige

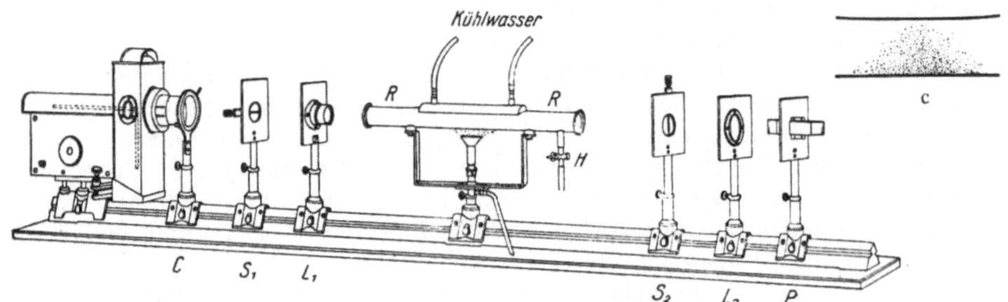

Abb. 371. Zur Vorführung der anomalen Dispersion des Na-Dampfes (A Kundt, 1880, verbessert durch R. W. Wood, 1902). S_1 horizontaler, S_2 vertikaler Spalt, P geradsichtiges Prisma. Das Dampfprisma lenkt Wellen mit einer Brechzahl $n > 1$ nach unten ab, Wellen mit einer Brechzahl $n <$ nach oben Beispiel in Abb. 372b. Dort wird das untere Ende des Spaltes S_2 oben auf dem Schirm abgebildet. Eine Zylinderlinse zwischen R und S_2 verbessert die Sichtbarkeit

Gestalt (c in Abb. 371). An der heißen Stelle, d h. unten in der Mitte, ist die Dampfdichte groß; nach oben und zu den Seiten hin nimmt sie ab[1] Dieses Dampfprisma läßt den größten Teil des Spektrums in seiner ursprünglichen Lage. Für diese Spektralgebiete ist also die Brechzahl des Na-Dampfes praktisch gleich 1. Zu beiden Seiten der Absorptionsbande hingegen wird das Licht in vertikaler Richtung abgelenkt. Auf der roten Seite geht die Ablenkung auf dem Spalt S_2

Abb 372b

Abb 372a und b Anomale Dispersion von Na-Dampf, vorgeführt gemäß Abb. 371 Photographisches Positiv Die außer der Absorptionsbande D noch sichtbaren Absorptionsstreifen gehören zu Na-Molekülen. Sie haben infolge geringer Konzentration keinen merklichen Einfluß auf die Brechzahl des Dampfes

nach unten, d. h. die Brechzahl ist $>$ 1. Auf der violetten Seite der Bande geht die Ablenkung auf dem Spalt S_2 nach oben, d h. die Brechzahl ist < 1. Das Spektrum bildet also einen aus zwei Ästen bestehenden bunten Kurvenzug (Abb. 372b). Sein Verlauf gibt direkt die Dispersionskurve des Na-Dampfes zu beiden Seiten der Absorptionsbande. Das Kurvenstück innerhalb der Bande fehlt in Abb. 372b. Man kann es nur bei mäßiger Absorption sehen, und auch dann nur bei Einzelbeobachtung.

§ 106. Qualitative Deutung der optischen Dispersionskurven. Die Abhängigkeit der Brechzahl von der Wellenlänge zeigt in der Nachbarschaft gewisser ausgezeichneter Wellenlängen oder Frequenzen einen sehr charakteristischen Verlauf. Wir verweisen auf Abb. 362, 366, 367 und wiederholen den Verlauf schematisch in Abb. 378. Diese Abhängigkeit der Brechzahl von der Wellen-

---

[1] Leider kann man Na-Dampf nicht einfach mit einem geheizten glasernen Hohlprisma begrenzen. Die gegen Na-Dampf unempfindlichen Glassorten (Na-Dampflampen!) vertragen nicht die erforderliche Temperatur, ca. 600°.

länge oder Frequenz ist qualitativ unschwer zu deuten. Wir greifen zu diesem Zweck auf die Modellversuche mit mechanischen Wellen zurück.

In Abb. 358 und 360 bestanden die Sekundärstrahler aus kleinen starren Kugeln unterhalb der Wasseroberfläche. Man denke sich diese Sekundärstrahler durch schwingungsfähige Gebilde oder Resonatoren ersetzt, beispielsweise durch atmende „Kugeln" (Mechanikband S. 229). Ihre Eigenfrequenz sei v_0. Die einfallenden Primärwellen sollen die Frequenz v besitzen und die Resonatoren zu erzwungenen Schwingungen erregen. Dann werden sowohl die erzwungenen Amplituden l wie die Phasendifferenzen zwischen Resonator und Primärwelle durch das Verhältnis v/v_0 bestimmt. Das ist aus den Abb. 329/30 bekannt. Außerdem ist die Amplitude jeder Sekundärwelle ihrerseits gegenüber der Amplitude l des Sekundärstrahlers um $-90°$ phasenverschoben[1].

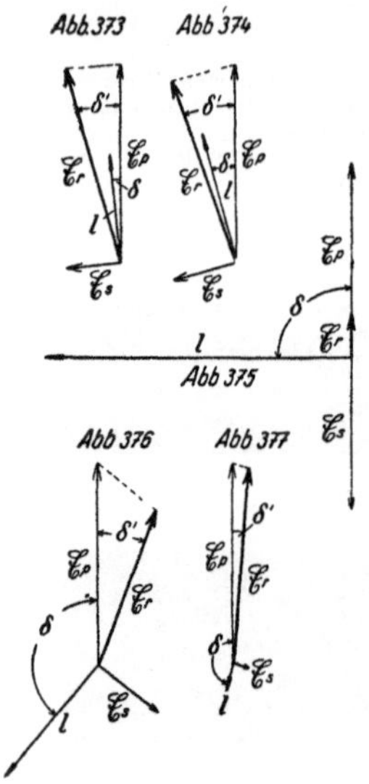

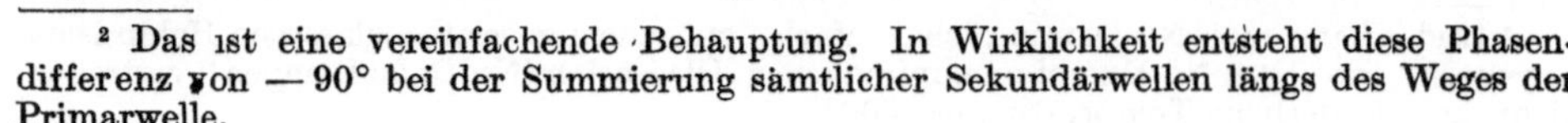

So gelangen wir zu den einfachen Zeigerdiagrammen der Abb. 373—377. In ihnen bedeutet

$\mathfrak{E}_p$ die Amplitude der primären Welle,

l die Amplitude der erzwungenen Schwingungen, ihre Relativwerte werden aus Abb. 330 entnommen ($\varLambda = 1$ gewählt),

δ den Phasenwinkel zwischen l und $\mathfrak{E}_p$. Er wird aus der Abb. 329 entnommen ($\varLambda = 1$),

$\mathfrak{E}_s$ die Amplitude der von den Resonatoren ausgehenden Sekundärwellen,

$\mathfrak{E}_r$ die aus primären und sekundären Wellen resultierende Wellenamplitude,

δ' den Phasenwinkel zwischen $\mathfrak{E}_r$ und $\mathfrak{E}_p$. Die Zeit und die Phasenwinkel δ und δ' werden im Uhrzeigersinn positiv gezählt.

In Abb. 373 ist $v \ll v_0$ und δ sehr klein. δ' bekommt einen kleinen negativen Wert. D. h. die resultierende Welle ist gegenüber der primären ein wenig verzögert, oder die Brechzahl n etwas größer als 1. Sie ist als Punkt α in Abb. 378 eingetragen.

In Abb. 374 ist $v < v_0$, etwa $v = \frac{1}{2}\, v_0$, δ ist auf etwa $-15°$ gewachsen. Dabei ist δ' negativ geblieben, aber größer geworden. D. h. die Brechzahl n ist gestiegen: Punkt β in Abb. 378.

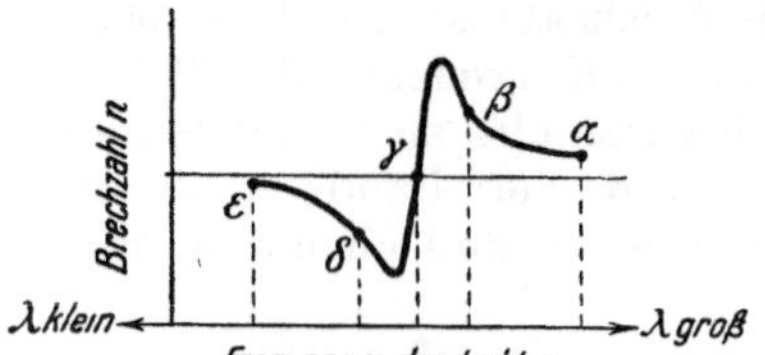

In Abb. 375 ist $v = v_0$, also $\delta = -90°$. Die resultierende Amplitude $\mathfrak{E}_r$ hat (als Differenz $\mathfrak{E}_p - \mathfrak{E}_s$) die gleiche Richtung wie $\mathfrak{E}_p$. Also ist $\delta' = 0$ oder $n = 1$; Punkt γ.

In Abb. 376 ist $v > v_0$, etwa $= 1{,}25\, v_0$ und $\delta = -140°$. Dadurch hat δ' einen positiven Wert erhalten. Die resultierende Amplitude $\mathfrak{E}_r$ läuft der primären $\mathfrak{E}_p$ voraus. D. h. die Brechzahl ist kleiner als 1, Punkt δ.

In Abb. 377 endlich ist $v \gg v_0$ und δ fast $-180°$.

Abb 373—377. Zur Entstehung der Dispersion durch phasenverschobene Sekundärwellen. Zeit im Uhrzeigersinn.

Abb 378. Schema einer Dispersionskurve im Bereich und in der Nachbarschaft einer optischen Eigenfrequenz.

δ' ist positiv geblieben, seine Größe aber hat abgenommen, n hat sich dem Wert 1 genähert, ist aber noch kleiner als 1, Punkt ε.

---

[1] Das ist eine vereinfachende Behauptung. In Wirklichkeit entsteht diese Phasendifferenz von $-90°$ bei der Summierung sämtlicher Sekundärwellen längs des Weges der Primärwelle.

Wir erhalten in Abb 378 eine typische Dispersionskurve Sie zeigt qualitativ die gleichen Züge wie die in der Optik beobachteten Die ausgezeichnete Wellenlänge entspricht bei den optischen Messungen dem Maximum einer Absorptionsbande.

§ 107. Quantitative Behandlung der Dispersion. In quantitativer Hinsicht war die Darstellung des vorigen Paragraphen durchaus unbefriedigend Sie unterschied vor allem nur die erregende Primärwelle von den erregten Sekundärwellen. In Wirklichkeit erregen aber die Sekundarwellen ihrerseits Tertiärwellen und so fort. Erst die Gesamtheit aller Wellen ergibt die schließlich resultierende Welle. Die Summierung ist rechnerisch nicht einfach, aber durchfuhrbar. Im allgemeinen vermeidet man die Muhe jedoch mit folgendem Verfahren

Man nimmt je Molekül[1] ein schwingungsfahig gebundenes Elektron an, seine Eigenfrequenz sei v_0 Es kann unter der Einwirkung einer periodischen Kraft mit der Amplitude $\mathfrak{K}_0 = e \cdot \mathfrak{E}_0$ erzwungene Schwingungen ausführen. Seine Amplitude l ergibt sich aus Gl. (158) von S. 170 proportional zu $\mathfrak{E}$, der Amplitude der Primärwelle, umgekehrt proportional zur Elektronenmasse m und außerdem abhängig von der Frequenz v der Primärwelle So entsteht ein schwingender Dipol, sein elektrisches Moment bekommt die Amplitude

$$\mathfrak{w}_0 = e \cdot l = \mathfrak{E}_0 \frac{e^2}{m} f(v). \tag{194}$$

Das Verhältnis

$$\frac{\mathfrak{w}_0}{\mathfrak{E}_0} = \frac{e^2}{m} f(v) = \alpha \tag{195}$$

ist die elektrische Polarisierbarkeit des Moleküls bei der hohen Frequenz der Lichtwellen.

Früher hatten wir $v \ll v_0$ angenommen. Dadurch wurde die Polarisierbarkeit α von der erregenden Frequenz unabhangig (§ 95). Infolgedessen konnte α aus der statisch (d. h. $v = 0$) gemessenen Dielektrizitätskonstante berechnet werden. Dazu diente auf S. 172 die Gleichung

$$\frac{\mathfrak{w}}{\mathfrak{E}} = \alpha = \frac{3\,\varepsilon_0}{N_v} \frac{\varepsilon - 1}{\varepsilon + 2}. \tag{168}$$

(ε_0 = Influenzkonstante = $8{,}86 \cdot 10^{-12}$ Amperesekunden/Volt-Meter, N_v = Zahl der polarisierbaren Moleküle/Volumen.)

Jetzt gehen wir den Weg in umgekehrter Richtung. Wir lassen die Beschrankung $v \ll v_0$ fallen, machen α dadurch von v abhängig [Gl. (195!)], setzen die α-Werte in Gl. (168) ein und berechnen so für jeden Wert der erregenden Frequenz v einen besonderen Wert von ε So erhalten wir — sprachlich nicht gerade schön — eine von der Frequenz v abhängige Dielektrizitatskonstante.

Danri kommt endlich der entscheidende Schritt. Nach Maxwell gilt fur lange elektrische Wellen (Elektrizitatsband, § 155)

$$n = \sqrt{\varepsilon}, \tag{196}$$

dabei bedeutet ε statische, d. h. fur $v = 0$ gemessene Dielektrizitatskonstante.

Die gleiche Beziehung wendet man nun auch auf die Lichtwellen an, benutzt aber für jede Frequenz v die eigens für sie berechnete, also von v abhangige Dielektrizitatskonstante. Auf diese Weise kann man die Abhängigkeit der Brechzahl n von v oder λ recht befriedigend wiedergeben.

---

[1] Hier, wie stets, gleich kleinste selbstandige Einheit, also oft auch Atom oder Ion.

Dieser Gedanke soll jetzt kurz quantitativ durchgeführt werden. Wir schreiben wieder für das erzwungene Dipolmoment des Moleküls

$$\mathfrak{w}_0 = e \cdot \mathfrak{l}, \tag{194}$$

rechnen aber l wirklich aus mit der Gl.

$$l = \frac{1}{4\,\pi^2}\,\frac{e \cdot \mathfrak{E}_0}{m}\,\frac{1}{\sqrt{(\nu_0^2 - \nu^2)^2 + \left(\dfrac{\varLambda}{\pi}\right)^2 \nu_0^2\,\nu^2}} \, . \tag{158 von S. 170}$$

Dabei wollen wir auf den Frequenzbereich nahe der Eigenschwingung ν_0 verzichten. Uns genügen die Bereiche $\nu < 0{,}7\,\nu_0$ und $\nu > 1{,}4\,\nu_0$. In diesen Bereichen sind die erzwungenen Ausschläge l praktisch von $\varLambda$, dem logarithmischen Dekrement, unabhängig (Abb. 330, $\varLambda \lessgtr 1$). Daher können wir den zweiten Summanden im Nenner streichen und bekommen

$$l = \frac{1}{4\,\pi^2} \cdot \frac{e}{m}\,\mathfrak{E}_0\,\frac{1}{\nu_0^2 - \nu^2} \tag{197}$$

oder

$$\alpha = \frac{e\,l}{\mathfrak{E}_0} = \frac{\mathfrak{w}_0}{\mathfrak{E}_{0_\bullet}} = \frac{1}{4\,\pi^2}\,\frac{e^2}{m} \cdot \frac{1}{\nu_0^2 - \nu^2} \tag{198}$$

Diesen Wert der frequenzabhängigen Polarisierbarkeit α setzen wir in Gl. (168) ein, schreiben n^2 statt des frequenzabhängigen ε und bekommen

$$\frac{n^2 - 1}{n^2 + 2} = \frac{1}{12\,\pi^2\,\varepsilon_0} \cdot \frac{e^2}{m} \cdot N_v \cdot \frac{1}{\nu_0^2 - \nu^2} = 26{,}9\,\frac{\mathrm{m}^3}{\mathrm{sec}^2} \cdot N_v\,\frac{1}{\nu_0^2 - \nu^2} \, . \tag{199a}$$

($\varepsilon_0 =$ Influenzkonstante $= 8{,}86 \cdot 10^{-12}$ Amp.Sek./Volt $\cdot$ Meter, $\quad e = 1{,}6 \cdot 10^{-19}$ Amp. Sek.,

$m =$ Masse des Elektrons $= 9{,}11 \cdot 10^{-31}$ kg, $\quad N_v = \dfrac{\text{Zahl der polarisierbaren Moleküle}}{\text{Volumen}}$.)

Die Gl. (199) setzt nur eine einzige Eigenfrequenz ν_0 und ein Elektron je Molekül voraus. In Wirklichkeit besitzt jeder Stoff eine ganze Reihe (i) optischer Eigenschwingungen und oft auch mehrere (b) wirksame Elektronen je Molekül. Daher muß man statt Gl. (199a) eine Summe schreiben, nämlich

$$\boxed{\frac{n^2 - 1}{n^2 + 2} = 26{,}9\,\frac{\mathrm{m}^3}{\mathrm{sec}^2}\,N_v\,\sum_i \frac{b_i}{\nu_{0\,i}^2 - \nu^2} \, .} \tag{199b}$$

Diese „Dispersionsformel" bewährt sich gut für Gase und Dämpfe, abgesehen natürlich vom Bereich ihrer Eigenfrequenz ν_0. Für Flüssigkeiten und Festkörper soll man sie aber kaum höher bewerten als eine brauchbare Interpolationsformel. Die Tabelle 4 gibt ein Zahlenbeispiel für Steinsalz, also NaCl.

Tabelle 4. Dispersion des NaCl zwischen $0{,}3\,\mu$ und $5\,\mu$ (Abb. 362).
($N_v = \mathbf{N}\,\varrho = 2{,}28 \cdot 10^{28}$ Ionenpaare/Kubikmeter; $\quad b = 4; i = 1; \nu_0 = 2{,}85 \cdot 10^{15}.$ sec^{-1}.)

λ in μ	0,3	0,4	0,5	0,7	1	2	5
n gemessen	1,607	1,568	1,552	1,539	1,532	1,527	1,519
n nach Gl. (199) berechnet .	1,610	1,567	1,550	1,535	1,528	1,522	1,521

Die Abweichungen zwischen Rechnung und Beobachtung überschreiten nirgends 5 Einheiten der dritten Stelle. Dabei ist nur eine einzige Eigenfrequenz $\nu_0 = 2{,}85 \cdot 10^{15}$ sec^{-1} benutzt worden. Ihr entspricht die Wellenlänge $\lambda_0 = 0{,}105\,\mu$. Man kann sie als „Schwerpunkt" der $(n\varkappa)$-Kurve im Ultravioletten (Abb. 362) bezeichnen. Selbstverständlich kann man mit $i = 3$ oder 4 die Übereinstimmung zwischen Rechnung und Messung auch in den höheren Dezimalen erreichen. Das ist aber unergiebig.

Für Röntgenlicht spielt die chemische Vereinigung von Atomen zu Molekulen keine Rolle mehr (vgl. S. 199). Es bedeutet daher N_v in Gl. (199b) das Verhaltnis Atomzahl/Volumen also

$$N_v = \boldsymbol{N} \cdot \varrho.$$

$N = $ spezif. Atomzahl $= \dfrac{6{,}02 \cdot 10^{26}}{(A)\ \text{Kilogramm}}$; $(A) = $ Atomgewicht, reine Zahl; $\varrho = $ Dichte.)

Ferner bedeutet b die Zahl Z aller Elektronen in einem Atom. Diese Zahl Z ist empirisch $\approx 0{,}5\ (A)$ gefunden worden (100), d. h. gleich dem halben Atomgewicht (A). Somit wird in Gl. (199b)

$$N_v \cdot b = \frac{\text{Elektronenzahl}}{\text{Volumen}} = \boldsymbol{N}\,\varrho\,Z = \boldsymbol{N}\,\varrho \cdot 0.5\ (A).$$

Die Brechzahl n ist kaum von 1 verschieden. Folglich ist $(n^2 - 1) \approx 2 \cdot (n - 1)$ und $(n^2 + 2) \approx 3$. Endlich ist $v_0 \ll v$ und $v = c/\lambda$ So erhalt man aus (199b)

$$(1 - n) = 1{,}34 \cdot 10^{11}\,\frac{\text{Meter}}{\text{kg}} \cdot \varrho \cdot \lambda^2. \tag{199c}$$

Die Brechzahl n soll im Röntgengebiet also etwas kleiner als 1 sein. Das entspricht der Beobachtung (vgl. § 105, S. 186). Zahlenbeispiel· $\varrho = 10\ \text{g/cm}^3 = 10^4\ \text{kg/m}^3$ und $\lambda = 1\ \text{ÅE} = 10^{-10}\ \text{m};\ n = 0{,}999986$.

Die Dispersionsgleichung (199) umfaßt also den ganzen Spektralbereich vom ultraroten bis zum Röntgenlicht. Sie versagt auch nicht im Gebiet der längsten Wellen. Nur muß man dort außer der Sekundarstrahlung von Elektronen auch die Sekundarstrahlung von Ionen oder von noch größeren Gebilden berücksichtigen.

§ 108. Brechung und Dichte. Spezifische Refraktion. Mitführung. Zur Herleitung der Dispersionsgleichung (199) hatten wir die elektrische Polarisierbarkeit α eines einzelnen Moleküles bei der hohen Frequenz des Lichtes benutzt. Man erhält durch Zusammenfassung der Gl. (168) und (196) auf S. 191 mit der Molekülzahldichte $N_v = \boldsymbol{N}\,\varrho$ als elektrische Polarisierbarkeit

$$\alpha = \frac{3\,\varepsilon_0}{\boldsymbol{N}\,\varrho} \cdot \left(\frac{n^2 - 1}{n^2 + 2}\right) = \frac{3\,\varepsilon_0}{\boldsymbol{N}} \cdot R'. \tag{200}$$

Dabei nennt man $\qquad R' = \dfrac{1}{\varrho}\left(\dfrac{n^2 - 1}{n^2 + 2}\right)$

die spezifische Refraktion. Ihre Dimension ist Volumen/Masse. Als Masseneinheit benutzt man entweder Kilogramm oder Kilomol.

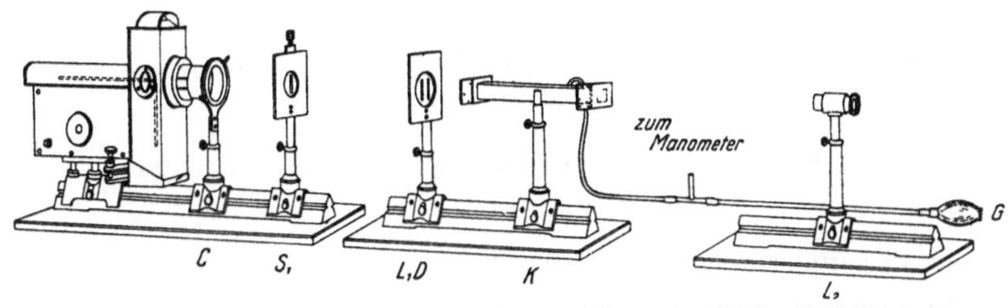

Abb. 379. Interferometer zur Bestimmung der Brechzahl von Gasen bei verschiedener Dichte Schema in Abb. 157 Die beiden Spalte D unmittelbar hinter der Linse L_1 ($f = 2$ m) sind 2 mm weit. Ihr Abstand betragt 10 mm Die Abstande S_1L_1 und L_1L_2 betragen etwa 4 m. Beide Lichtbundel durchsetzen die zum Abschluß der Gaskammer K dienenden, hinreichend uberstehenden Glasfenster. Gummiballgeblase.

Für Gase und fur verdünnte Lösungen ist $n \approx 1$ Dann bekommt man

$$(n - 1)/\varrho = \text{const} = 1{,}5\ R'. \tag{200 b}$$

(In Losungen ist $n = n_{\text{Losung}}/n_{\text{Losungsmittel}}$ und ϱ die Konzentration, also das Verhaltnis der Masse des gelosten Stoffes zum Volumen des Losungsmittels.)

In der Tabelle 5 findet man Zahlenbeispiele sowohl für die spezifische Refraktion wie fur die elektrische Polarisierbarkeit α Beide Großen ergeben sich weitgehend unabhängig vom Aggregatzustand und von der chemischen Bindung.

Die Gl. (200 b) besagt: Bei Gasen ist $(n-1)$ proportional der Dichte, bei Lösungen proportional der Konzentration. - Der Zusammenhang von Brechzahl n und Gasdichte eignet sich gut zur Vorfuhrung. Ein Praktikumsversuch wird in Abb 379 erlautert.

Tabelle 5. Elektrische Polarisierbarkeit α einzelner Moleküle in Wechselfeldern von der hohen Frequenz des Lichtes. $(\nu = 5{,}1 \cdot 10^{14}\ \text{sec}^{-1}.)$

Stoff	Dichte ϱ in $\dfrac{\text{kg}}{\text{m}^3}$	Spezifische Molekulzahl N in kg^{-1}	Gemessene Brechzahl n_D fur $\lambda = 0{,}589\ \mu$	Sezifische Refraktion $R' = \dfrac{1}{\varrho} \cdot \dfrac{n^2-1}{n^2+2}$ in $\dfrac{\text{m}^3}{\text{kg}}$	Elektrische Polarisierbarkeit eines Molekules $\alpha = R' \cdot \dfrac{3\varepsilon_0}{N}$ in $\dfrac{\text{Amp Sek Meter}}{\text{Volt/Meter}}$
O_2 flüssig, $-183°$ . . .	1130	$\Big\}$ $1{,}88 \cdot 10^{25}$	1,222	$1{,}25 \cdot 10^{-4}$	$1{,}77 \cdot 10^{-40}$
O_2 Gas, $0°$ und 76 cm Hg	1,43		$1{,}00027_2$	$1{,}26 \cdot 10^{-4}$	$1{,}78 \cdot 10^{-40}$
Wasser, flüssig	1000	$\Big\}$ $3{,}34 \cdot 10^{25}$	1,334	$2{,}06 \cdot 10^{-4}$	$1{,}64 \cdot 10^{-40}$
Wasserdampf, $0°$, reduziert auf 76 cm-Hg-Säule	0,805		1,000255	$2{,}12 \cdot 10^{-4}$	$1{,}68 \cdot 10^{-40}$

Eine seltsame, „Mitführung des Lichtes" genannte Tatsache ist 1818 von A. Fresnel vorausgesagt und 1851 von A. H. L. Fizeau aufgefunden worden: Ein in der Lichtrichtung mit der Geschwindigkeit u bewegter Stoff hat eine andere Brechzahl als der gleiche Stoff in Ruhe. Die Geschwindigkeit u des Stoffes verandert also die Geschwindigkeit c/n des Lichtes in diesem Stoff, aber nicht etwa um den vollen Betrag $\pm u$, sondern (Naherung!) nur um den Betrag $\pm u\ (1 - 1/n^2)$ [1].

Die Mitführung des Lichtes kann man sich wenigstens qualitativ mit der Gleichung

$$\frac{(n^2 - 1)}{(n^2 + 2)} = \text{const}\ N_v \tag{199}$$ von S. 192

verstandlich machen. — In dieser Gleichung bedeutet N_v das Verhaltnis (Molekülzahl/Volumen). N_v bedeutet aber zugleich die Zahl der Moleküle, die ein kurzer Lichtstoß (Bündelquerschnitt $= 1\ \text{m}^2$) in der Zeit $t = \text{l}\Big/\dfrac{c}{n}$ Sekunden erreicht und zur Sekundärstrahlung anregt. Jetzt bewege sich der Stoff in der gleichen Richtung wie das Licht. Dann werden in t Sekunden nicht mehr N_v, sondern nur noch $N_v\ \dfrac{\dfrac{c}{n} - u}{\dfrac{c}{n}}$ Molekule erreicht und zur Sekundarstrahlung angeregt. Also wird in Gl. (199) N_v und damit das Verhältnis $\dfrac{n^2-1}{n^2+2}$ kleiner. D. h. die Brechzahl ist im mitlaufenden Stoff kleiner als im ruhenden. Beim Ausrechnen bekommt man als Mitführungszahl aber nicht $\Big(1 - \dfrac{1}{n^2}\Big)$, sondern $\Big(1 - \dfrac{a}{n^2}\Big)$. Dabei hat a nur für $n = 2$ den empirisch gesicherten Wert 1.

---

[1] Anordnung wie in Abb. 379. Nur durchsetzen beide Lichtbundel eine mit Wasser gefüllte Kammer. Das Wasser stromt in beiden Kammern in entgegengesetzten Richtungen mit der Geschwindigkeit u.

Elegant, aber wie leider immer nur formal, bekommt man die Mitführung aus den Lorentz-Transformationen der Relativitätstheorie.

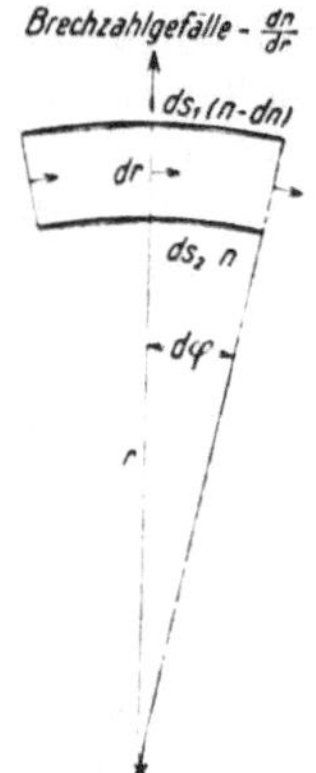

Abb. 380 Zur Herleitung der Gl. (201). Die drei Pfeile markieren die Kippung der an ihren Enden gezeichneten Wellenberge. Für die „optischen Weglangen" gilt nach Gl. (4a) S 5
$$ds_1 \cdot (n - dn) = ds_2 \cdot n.$$
Ferner entnimmt man der Skizze geometrisch
$$ds_1 = d\varphi(r + dr),$$
$$ds_2 = d\varphi \cdot r.$$
Die Zusammenfassung der drei Gleichungen gibt Gl (201).

§ 109. Krumme Lichtstrahlen. Schlierenmethode

Die Brechzahl einer monochromatischen Strahlung hangt von der Konzentration N_v der wirksamen Moleküle ab [Gl. (199)]. Diese kann man innerhalb eines Raumes stetig ändern und so der Brechzahl ein Gefälle erteilen. In einem solchen Raume beobachtet man Lichtbundel mit gekrummten Grenzen, z. B. in Abb. 381 Zeichnerisch stellt man die Grenzen gekrummter Bundel oder auch ihre Achsen mit krummen Lichtstrahlen dar. Der Krummungsradius eines Strahles ändert sich im allgemeinen langs seines Weges. Fur jeden Ort x gilt

$$r = \frac{n}{d\,n/d\,r}. \tag{201}$$

(Herleitung unter Abb. 380.)

Dabei ist $d\,n/d\,r$ das Brechungsgefalle am Orte x in der zum Strahle senkrechten Richtung.

Experimentell lassen sich Brechzahlgefalle mit Lösungen herstellen. Am besten nimmt man zwei in jedem Verhältnis mischbare Flüssigkeiten und schichtet Lagen von passend gewählten Zusammensetzungen übereinander. Die anfänglich vorhandenen Schichtgrenzen verschwinden bald durch Diffusion. Auf diese Weise ist in Abb. 381 ein angenahrt lineares Brechzahlgefalle verwirklicht. Unten liegt reiner Schwefelkohlenstoff ($n = 1,63$), oben reines Benzol ($n = 1,50$), der Ubergang ist mit etwa 10 Schichten von je 1 cm Dicke hergestellt worden. Das Lichtbündel wird im Scheitel am stärksten gekrummt, d. h. sein Krümmungsradius r bekommt seinen kleinsten Wert. Das entspricht der Gl. (201): Im Scheitel ist das Gefalle der Brechzahl senkrecht zur Lichtrichtung am größten.

In Abb. 382 liegt das Brechungsgefalle ebenfalls vertikal, es wechselt aber in halber Höhe seine Richtung. Auf diese Weise kann man ein Lichtbundel mit wellenförmigem Verlauf vorführen.

Mit Lösungen und Diffusion lassen sich ferner radialsymmetrische Brechungsgefalle herstellen. Für Vorführungen begnügt man sich mit Zylindersymmetrie.

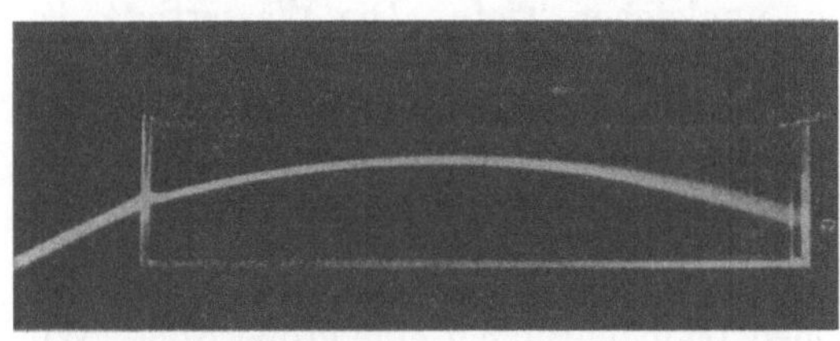

Abb. 381. Ein gekrummtes Lichtbundel in einer Flussigkeit mit vertikalem, angenahert linearem Brechungsgefalle. Die rechts auftretende Facherung ist eine Folge der Dispersion: Die Bahn der kurzen Wellen ist am starksten gekrummt. Zugleich Modellversuch zur Entstehung des „grunen Strahles" (S. 196).

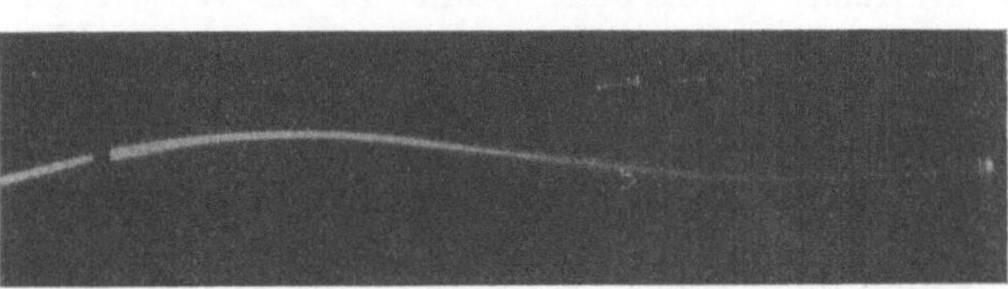

Abb. 382. Lichtbundel mit wellenformigem Verlauf. Die Brechzahl hat in der Mitte ihren größten Wert. Unten gesattigte konzentrierte Alaunlosung, Dichte = 1,04 g/cm³. Daruber Glyzerin mit Alkohol, etwa 1 : 1. Dichte = 1,01 g/cm³. Oben Wasser mit etwa 10% Alkohol Dichte = 0,98 g/cm³. Alle Losungen mit Chininsulfat und Schwefelsaure versetzt und die Grenzen durch eine mehrstundige Diffusion beseitigt. Rezept von *R. W. Wood*.

13*

Die Abb. 383 zeigt im Längsschnitt einen kurzen zylindrischen Gelatinepudding mit ebenen Endflächen. In ihm ist Glyzerin gelöst, die Konzentration ist in der Achse am größten, an der Mantelfläche gleich Null. So entsteht ein Brechungsgefälle in radialer Richtung. Ein solcher Zylinder wirkt als Sammellinse. Einige Strahlen sollen die Abbildung eines Dingpunktes veranschaulichen. Die Strahlen sind im Innern des Zylinders gekrümmt.

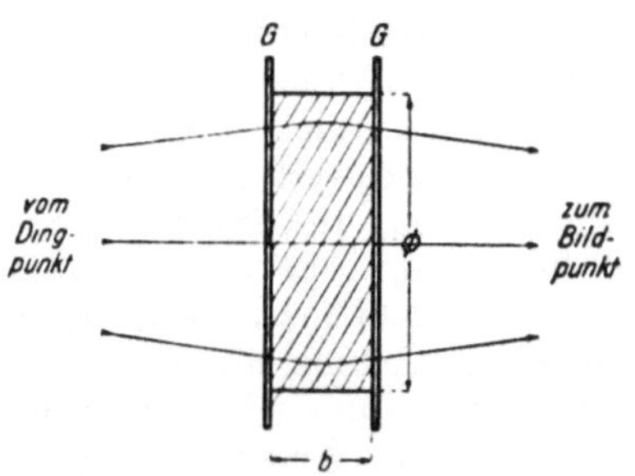

Abb. 383. Ein eben begrenzter Zylinder mit radialem Brechungsgefälle wirkt wie eine Sammellinse. (Der Gelatinezylinder enthielt ursprünglich Glyzerin in hoher Konzentration und gleichmäßiger Verteilung. Dann wurden die planen Endflächen mit Glas abgedeckt und der Zylinder in Wasser gestellt. Dabei diffundierte ein Teil des Glyzerins aus dem Zylindermantel heraus. So entstand das richtige Konzentrationsgefälle.)

Die Abbildung mit gekrümmten Strahlen spielt in den Augen der Tiere eine große Rolle. An erster Stelle sind wohl die Facettenaugen der Insekten in ihren verschiedenen Ausführungsformen zu nennen. Doch sind auch in der Linse des Wirbeltierauges Brechungsgefälle und gewölbte Begrenzung kombiniert. Strenggenommen muß man in einer Skizze des menschlichen Auges die Strahlen im Innern der Linse gekrümmt zeichnen.

Ihrer Wichtigkeit halber wollen wir die Abbildung mit krummen Strahlen auch in die Wellendarstellung übersetzen. Zu diesem Zweck bringen wir in Abb. 385 einen Modellversuch mit Wasserwellen. — Wir gehen von Abb. 359, S. 185, aus und legen zwischen die beiden Spaltbacken unter die Wasseroberfläche ein flach zylindrisch gewölbtes Metallblech. Sein Querschnitt ist in Abb. 384 skizziert. Seine Achsenrichtung steht senkrecht zum Spalt, seine Gestalt ist rechteckig. So entsteht ein rechteckig begrenzter Flachwasserbereich von ungleicher Tiefe. Die Wassertiefe ist in der Mitte bei a am kleinsten, an den seitlichen Rändern am größten. Infolgedessen laufen die Wellen in der Mitte langsamer als an den Rändern. Sie verlassen den rechteckigen Bereich konvergent und vereinigen sich in einem Bildpunkt (Abb. 385).

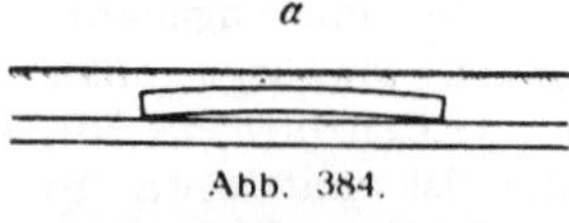

Abb. 384.

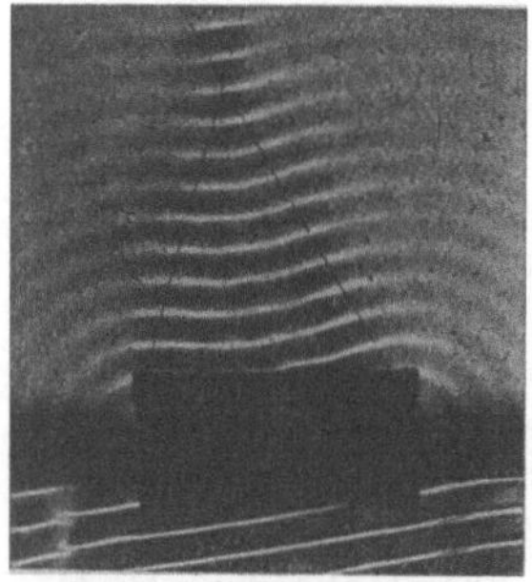

Abb. 385.

Abb. 384 und 385. Ein Modellversuch mit Wasserwellen veranschaulicht den Wellenverlauf in Abb. 383

Brechungsgefälle mit Kugelsymmetrie spielen bei astronomischen Beobachtungen eine große Rolle. Wir erwähnen nur ein Beispiel. Die Dichte der Erdatmosphäre nimmt von unten nach oben ab. Ein tangential zur Erdoberfläche einfallender Strahl erreicht das Auge des Beobachters auf gekrümmter Bahn. Die den Horizont berührende Sonne ist in Wirklichkeit gerade untergegangen, die „atmosphärische Strahlenbrechung" läßt sie um 32 Bogenminuten zu hoch erscheinen. Daher kann bei einer Mondfinsternis ein überraschender Fall eintreten: Man sieht die Sonne und den verfinsterten Mond einander gegenüberstehend beide zugleich oberhalb des Horizontes.

Beim Sonnenuntergang sieht man nicht selten, vor allem auf See, den zuletzt verschwindenden Rest der Sonnenscheibe grünblau aufleuchten. Diese als „grüner Strahl" bekannte Erscheinung erklärt sich durch die starke Bahnkrümmung des kurzwelligen Lichtes (Abb. 381) und keineswegs durch eine Kontrastwirkung im Auge

An der atmosphärischen Strahlenbrechung ist das Schwerefeld der Erde nur indirekt beteiligt. Es erzeugt im Verein mit der molekularen Warmebewegung ein Dichtgefalle der Gasmoleküle und dadurch das Brechungsgefalle.

Überraschenderweise scheinen aber Schwerefelder schon ohne Mitwirkung von Molekülen ein Brechungsgefalle im leeren Raum erzeugen zu können. Das Licht der Fixsterne erfährt (nur bei Sonnenfinsternissen sichtbar) unmittelbar neben der Sonnenscheibe eine Strahlenablenkung von ungefahr 2 Bogensekunden. Eine Deutung der Tatsache steht noch aus. Sie spielt in der allgemeinen Relativitätstheorie eine wichtige Rolle.

Man kann diese Tatsache mit folgendem Satz beschreiben: Das Licht benimmt sich im Schwerefeld wie ein Geschoß der Geschwindigkeit $u = 3 \cdot 10^8$ m/sec. Es durchläuft eine Parabelbahn.

Örtliche Gefalle von Konzentration und Brechzahl in einer ungestorten Umgebung erzeugen die allbekannten Schlieren. Man halte ein brennendes Streichholz in etwa 2 m Abstand vor eine punktförmige Lichtquelle (z. B Bogenlampenkrater). Dann erscheinen die heißen Flammengase an der Wand als Schlieren Das sind schattenähnliche Bilder, teils dunkler, teils heller als die Umgebung. In den dunklen Gebieten fehlt Strahlung, sie ist durch ein Brechungsgefälle zur Seite abgelenkt worden. Sie trifft andere Teile des Schirmes, und diese erscheinen aufgehellt.

Diese einfache Form der Schlierenbeobachtung benutzt eine Hellfeldbeleuchtung (S. 46). Sie genügt in vielen Fällen, z. B. zur Vorführung von Wolken oder Strahlen aus Benzindampf, Leuchtgas usw. Mit einer Dunkelfeldbeleuchtung läßt sich die Empfindlichkeit erheblich steigern. Die Beobachtungsfläche (Wandschirm, photographische Platte, Netzhaut) wird vor der direkten Strahlung geschützt, man läßt zu ihr nur seitlich abgelenkte Strahlung gelangen. Die Abb. 386 zeigt dies Verfahren, bekannt unter dem Namen Schlierenmethode (vgl. S. 114).

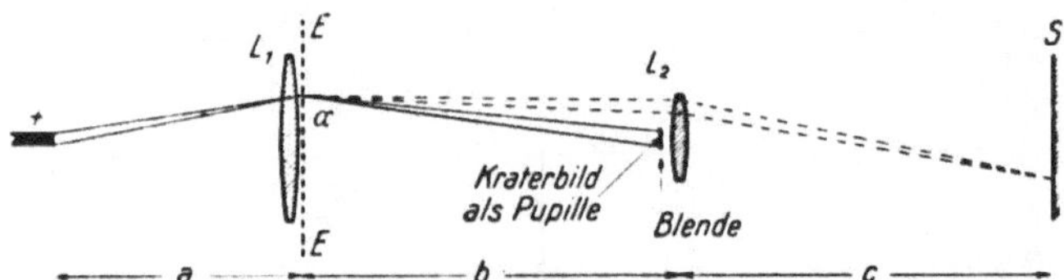

Abb 386. Toplersche Schlierenmethode. Die Dingebene $E\,E$ entspricht dem Diapositiv eines Projektionsapparates Es ist nur ein zum Punkt a der Dingebene gehorendes Teilbundel mit seinen beiden Randstrahlen skizziert (Man denke sich bei a ein kleines Loch.) Der Durchmesser der abbildenden Linse muß großer sein als die Eintrittspupille Man kann diese Linse außerhalb der Pupille zonenweise farben, z B. von innen nach außen rot, grun usw Dann sieht man schwache, das Licht wenig ablenkende Schlieren rot, starkere, das Licht mehr ablenkende Schlieren grun usw. Zahlenbeispiel fur einen Schauversuch: Linse $L_1 : f = 1$ m, ⌀ $= 12$ cm, $a = 1{,}5$ m, $b = c = f_2 = 4$ m

Die Anordnung gleicht im Prinzip einem Projektionsapparat nur wird die Pupille der abbildenden Linse (Lampenbild) durch eine Blende abgedeckt. Daher kann keine Strahlung der Lampe auf dem normalen Wege (ausgezogene Strahlen) zum Schirm gelangen, sondern nur abgelenkt (gestrichelt) durch irgendwelche Inhomogenitäten im Bereich der Dingebene $E\,E$. Diese abgelenkte Strahlung entwirft auf dem Schirm ein Bild der Inhomogenitaten, und zwar hell auf dunklem Grunde. — Bei der praktischen Ausführung gibt man der Kondensorlinse eine Brennweite von mehreren Metern Lange. Dadurch erreicht man eine hohe Empfindlichkeit. Beispiele so gewonnener Schlierenbilder finden sich im Mechanikband (Abb. 429/31).

Die kreisformige Blende vor der Pupille wird oft durch eine Schneide ersetzt. Damit schaltet man alle parallel zur Schneide gerichteten Brechungsgefalle aus. So kann man die Richtung der Brechungsgefälle ermitteln.

§ 110. Allgemeines über die Darstellung der Lichtabsorption. Die empirisch gefundenen Dispersionskurven ließen sich durch erzwungene Schwingungen deuten: Man hatte im Innern der Moleküle elektrische Resonatoren anzunehmen; ihre Eigenfrequenzen ν_0 stimmten in den Maximis der Absorptionsbanden mit den Frequenzen ν überein. — Bei dieser Sachlage wird man zwangsläufig auf eine Deutung des Absorptionsvorganges geführt: Die Dampfung der Resonatoren verzehrt einen Teil der einfallenden Lichtenergie und verwandelt ihn in andere Energieformen, z. B. in Wärme. Die quantitative Durchfuhrung dieses Gedankens folgt in § 111. Zuvor bringen wir einige wichtige Bemerkungen uber die zahlenmäßige und graphische Darstellung der Lichtabsorption.

Zur Messung der Lichtabsorption benutzt man drei verschiedene Größen:

1. die Absorptionskonstante K definiert auf S. 144,
2. ihren Kehrwert, die mittlere Reichweite des Lichtes, also $w = K^{-1}$,
3. den Absorptionskoeffizienten $(n\varkappa)$ definiert durch die Gl.

$$(n\varkappa) = \frac{\lambda}{4\pi} \cdot K. \qquad \text{(Gl. (125) von S. 161}$$

Die Größe $(n\varkappa)$ benutzt man bei der Darstellung der Lichtausbreitung mit Hilfe von Wellen, z. B. bei der Reflexion an Oberflächen und Trennflächen. Man benötigt $(n\varkappa)$, falls die Absorption „stark", d. h. $w < \lambda$ ist.

Mit der Größe K hingegen erfaßt man den energetischen Umsatz der Strahlung im Innern des Körpers, unabhangig von den Sondervorgangen an der Oberfläche. Für $w > \lambda$ ist nur K von Bedeutung, nicht $(n\varkappa)$.

Eine graphische Darstellung von K langs des Spektrums gibt ein ganz anderes Bild als eine solche von $(n\varkappa)$. Das zeigt ein Vergleich der Abb. 361 und 362 auf

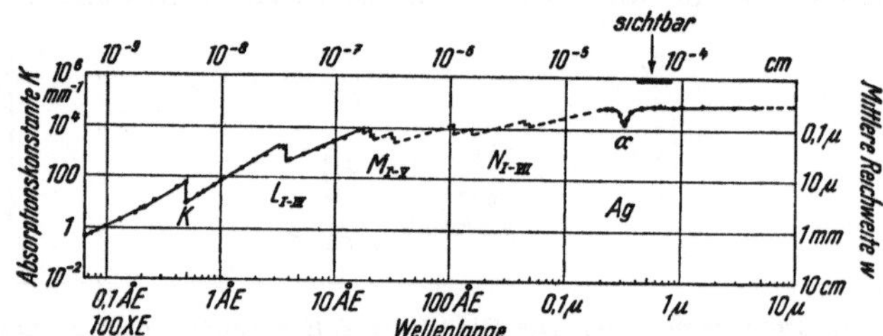

Abb. 387. Das Absorptionsspektrum eines Metalles (Silber). Gleicher Maßstab wie in Abb. 361. Die dort im NaCl vorhandene Absorptionslucke zwischen rund 0,2 und 20 μ fehlt hier. Das kleine Minimum α bei $\lambda = 0,32\ \mu$ ist dieser Lucke in keiner Weise vergleichbar. Die mittlere Reichweite w des Lichtes erreicht in ihr nur einen Wert von rund 0,1 μ!

S. 186. Beide beziehen sich auf den gleichen Stoff, namlich auf NaCl (Steinsalz). Am größten sind die Unterschiede im Röntgengebiet, $(n\varkappa)$ hat dort verschwindend kleine Werte, K hingegen große.

Die Absorption des Röntgenlichtes wird meistens stark unterschätzt. Die kleinsten Absorptionskonstanten K oder die größten Reichweiten w des Lichtes finden sich im allgemeinen keineswegs im Rontgengebiet, sondern im Sichtbaren und in den benachbarten (vor allem den ultraroten) Spektralbereichen (Abb. 361). Eine Ausnahme machen nur die Metalle (einschließlich der metallartigen Verbindungen, z. B. der Metallsulfide). Durch Metalle wird tatsächlich hartes Röntgenlicht weniger absorbiert als ultraviolettes oder sichtbares Licht, vgl. Abb. 387. — Die Überlegenheit des Röntgenlichtes gegenüber „gewöhnlichem" Licht besteht in etwas anderem: Es wird durch inhomogene, trübe Medien, wie Holz, Fleisch, Knochen usw., nicht durch Streureflexion zerstreut: Es nimmt

von den zahllosen unregelmaßigen Grenzflachen zwischen den einzelnen Bestand-
teilen inhomogener Körper keine Notiz. Grund: $n = 1$ und $(n \varkappa)$ verschwindend
klein (Abb. 362). „Gewöhnliches" Licht ist jedoch gegen innere Grenzflachen
äußerst empfindlich: Die Streureflexion verursacht eine starke Extinktion. Zu
Speisesalz zerpulvert, läßt auch NaCl kein sichtbares Licht hindurch (Grund
$n > 1$) und daher vielfache Reflexionen, § 82).

Der Fortfall der Streureflexion im Rontgengebiet bedeutet keineswegs einen Fortfall
der Streuung. Diese spielt bei hartem Röntgenlicht ($\lambda < 10^{-11}$ m) eine erhebliche Rolle
(§ 100). Sie entsteht durch den Compton-Effekt (§ 167) und bei noch kleineren Wellen auch
durch Kernprozesse.

Die Absorptionskonstante K andert sich langs des Spektrums um viele Zehnerpotenzen. Daher muß man zur Darstellung großer Spektralbereiche die Ordinate
logarithmisch unterteilen. Beispiele finden sich in den Abb. 361 und 387.
Für kleine Spektralbereiche hingegen, etwa eine oder wenige Oktaven, genügt
eine einfache Ordinatenteilung. Beispiele in Abb. 388 und 389. — Die Absorptionsspektra bestehen allgemein aus einer Anzahl einzelner glockenartiger Banden. In
der Regel sind sie nur unvollkommen voneinander getrennt, oft fließen einzelne
schmale Banden zu breiten „unaufgelösten" Banden zusammen (Beispiel in
Abb. 495) Das gilt vor allem für Flüssigkeiten und feste Körper.

Man merke sich für einen vorlaufigen Überblick: Im Gebiet des harten Rontgenlichtes sind die Absorptionsspektra allein durch die Atome bestimmt. Sie
setzen sich additiv aus den Absorptionsspektren der anwesenden Atome zusammen. Chemische Bindung und Aggregatzustand sind ohne Einfluß. — Schluß:
Die Absorption der Strahlung erfolgt in weit innen gelegenen, vor Einflussen der
Umgebung geschützten Atomschichten.

Im Gebiet des weichen Röntgenlichtes beginnt die chemische Bindung sich
bemerkbar zu machen und ebenfalls der Aggregatzustand: Kristalle zeigen
einige neue, den einzelnen Molekülen fehlende Banden. — Folgerung: Die für
den Absorptionsvorgang maßgebenden Atomschichten liegen, äußeren Einflüssen
nicht mehr ganz unzugänglich, unweit der Oberfläche.

Im ganzen übrigen Bereich, also im Ultravioletten, Sichtbaren und Ultraroten, hangen die Absorptionsspektra der Atome weitgehend vom Aggregatzustand ab. Außerdem entstehen durch ihre Vereinigung zu Molekulen neue
Banden. — Schluß: Hier erfolgt die Lichtabsorption in den äußersten, auch für
chemische Bindung, Flüssigkeitsbildung und Kristallbau maßgebenden Atomschichten.

**§ 111. Quantitative Deutung der Absorptionsbanden. Absorptions-Spektral-
analyse.** Der Grundgedanke ist bereits aus § 110 bekannt: Das einfallende
Licht soll elektrische Resonatoren in den Molekülen zu erzwungenen Schwingungen anregen. Dabei soll ein Teil der Lichtenergie durch den Dämpfungs-
mechanismus der Resonatoren in diffuse Streustrahlung oder in irgendeine
andere Energieform, z. B. in Warme, umgesetzt werden. Zugunsten dieser Deutung spricht schon die Gestalt einzelner, d. h. von ihren Nachbarn gut getrennter
Absorptionsbanden. Sie zeigen oft eine auffallende Ähnlichkeit mit der Energie-
Resonanz-Kurve erzwungener Schwingungen, also mit Abb. 332 In dieser
Abbildung bedeutet die Ordinate die von einem gedämpften Resonator verzehrte
mittlere Leistung $\overline{W}_\nu$ (Energie/Zeit, meßbar in Watt).

Die quantitative Ausführung des Grundgedankens lehnt sich eng an § 99 an.
Es sollen also als elektrische Resonatoren wieder Dipole angenommen werden.
Das einfallende Licht soll wieder parallel gebündelt sein. Der absorbierende
Stoff soll eine verdünnte Lösung sein und die Brechzahl n besitzen.

In einem Bündelabschnitt mit der Länge Δx und dem Querschnitt F befinden sich $N'_v\, F\, \Delta x$ gedämpfte Resonatoren. Sie erzeugen eine Absorptionskonstante

$$K = \frac{\Delta \overline{\dot{W}}_v}{\overline{\dot{W}}_p} \cdot \frac{1}{\Delta x} \cdot \qquad \text{[Definitionsgleichung (79) von S. 143]}$$

Darin bedeutet $\Delta \overline{\dot{W}}_v$ die von den Resonatoren verzehrte Leistung und

$$\overline{\dot{W}}_p = n \frac{\varepsilon_0}{2} \mathfrak{E}_0^2\, c\, F \qquad \text{Gl. (179) von S. 177}$$

die Leistung der F durchsetzenden und die Resonatoren erregenden Strahlung[1]. $\Delta \overline{\dot{W}}$ setzt sich additiv aus der von allen Resonatoren verzehrten Leistung zusammen. Jeder einzelne von ihnen verzehrt die Leistung

$$\overline{\dot{W}}_v = 4\,\pi\, H \cdot \overline{W}_{\text{kin}}. \qquad \text{Gl. (164 b) von S. 171}$$

Darin ist H die Halbwertsbreite der Energie-Resonanz-Kurve, $\overline{W}_{\text{kin}}$ ist der aus Gl. (161) von S. 170 bekannte Mittelwert der im Resonator enthaltenen kinetischen Energie, also

$$\overline{W}_{\text{kin}} = \left(\frac{1}{4\,\pi}\right)^2 \frac{e^2\, \mathfrak{E}_w^2}{m} \frac{v^2}{(v_0^2 - v^2)^2 + \left(\dfrac{\Delta}{\pi}\right)^2 \cdot v_0^2\, v^2} \tag{161}$$

$(\Delta = $ logarithmisches Dekrement des Resonators.$)$

Die Amplitude $\mathfrak{K}_0$ der erregenden Kraft ist hier nicht $= e\,\mathfrak{E}_0$ gesetzt, sondern $= e\,\mathfrak{E}_w$ $\mathfrak{E}_w$ ist die den einzelnen Resonator erregende Amplitude des Lichtes. Sie ist in Körpern mit einer Brechzahl $n > 1$ (Flüssigkeiten und Kristallen) größer als die im Vakuum vorhandene Feldstärkenamplitude $\mathfrak{E}_0$. Es gilt

$$\mathfrak{E}_w = \frac{\mathfrak{E}_0}{3}\,(n^2 + 2). \qquad \begin{array}{l}[(202) = (48\,\text{b})\ \text{v. S. 63} \\ \text{der Elektr.-Lehre]}\end{array}$$

Die Zusammenfassung dieser Gleichungen ergibt als Absorptionskonstante

$$K = \frac{N'_v\, e^2}{2\,\pi\, c\, \varepsilon_0\, m} \cdot \frac{H \cdot v^2}{(v_0^2 - v^2)^2 + \left(\dfrac{\Delta}{\pi}\right)^2 \cdot v_0^2\, v^2} \cdot \frac{(n^2 + 2)^2}{9\,n}. \tag{203}$$

Mit $v = v_0$ erhalten wir den Höchstwert $K_{\max}$. Gleichzeitig lösen wir nach N'_v auf, entfernen Δ mit Hilfe der Gl. (162 a) von S. 171 und erhalten

$$N'_v = \frac{2\,\pi\, c\, \varepsilon_0\, m}{e^2}\, \frac{9\,n}{(n^2 + 2)^2}\, K_{\max} \cdot H. \tag{204}$$

Endlich setzen wir N'_v proportional zu N_v, der Zahl der Moleküle im Einheitsvolumen, und erhalten

$$\boxed{N_v = \text{const} \cdot K_{\max} \cdot H.} \tag{205}$$

Die Konstante hat die Dimension sec m^{-2},
$K = $ Absorptionskonstante in m^{-1},
$H = $ Halbwertsbreite der Bande im Frequenzmaß (sec^{-1}),
$N'_v = $ Zahl der Resonatoren/Volumen, $N_v = $ Zahl der absorbierenden Moleküle/Volumen,
  $\varepsilon_0 = $ Influenzkonstante $= 8{,}86 \cdot 10^{-12}$ Amp.Sek./Volt-meter,
  $e = $ Elementarladung $= 1{,}6 \cdot 10^{-19}$ Amp.Sek., $c = 3 \cdot 10^8$ m/sec,
  $m = $ Masse der schwingenden Ladung, für ein Elektron z. B. $9 \cdot 10^{-31}$ kg,
  $n = $ der zu v_0, der Frequenz des Bandenmaximums, gehörenden Brechzahl des Stoffes.
Die Dispersion spielt keine merkliche Rolle.

---

[1] Die Begründung für den Faktor n findet man auf S. 149. In § 99 war $n \approx 1$.

Überraschenderweise erscheint in Gl. (205) nur die Halbwertsbreite H, nicht aber das Verhältnis $H/\nu_0 = \Lambda/\pi$ ($\Lambda = \log$ Dekrement!).

Bei der Herleitung dieser Gleichungen ist die wechselseitige Beeinflussung der absorbierenden Moleküle außer Ansatz geblieben. Aus diesem Grunde können beide Gleichungen nur für verdünnte Lösungen und für Gase mäßiger Dichte (n nahezu $= 1$!) gelten.

Mit der Gl. (203) kann man die Gestalt der Absorptionskurven berechnen. Die Abb. 388/89 geben zwei Beispiele. — Abb. 388 bezieht sich auf eine feste Lösung von Kalium in einem KBr-Kristall. Ein kleiner Bruchteil der K^+-Ionen, etwa 1 auf $3 \cdot 10^5$, hat als Partner nicht ein Br^--Ion, sondern ein Elektron. Beide zusammen bilden ein absorbierendes Zentrum, in diesem Fall kurz „Farbzentrum" genannt. — Abb. 389 gilt für eine dampfförmige Lösung von Quecksilber in verdichtetem Wasserstoff. Auf rund $6 \cdot 10^6$ H_2-Moleküle entfällt ein Hg-Atom.

Man beachte die verschiedene Teilung der Abszissen. In Abb. 388 ist die Absorptionskurve eine breite Bande, man findet das Verhältnis $H/\nu_0 = 0,264$ oder $H = 1,21 \cdot 10^{14}$ sec^{-1}. In Abb. 389 hingegen handelt es sich um eine durch thermische Zusammenstöße verbreiterte Spektrallinie. Es ist $H/\nu_0 = 3 \cdot 10^{-4}$ oder $H = 3,54 \cdot 10^{11}$ sec^{-1}. In beiden Beispielen stimmen die berechneten Kurven recht befriedigend mit den Meßpunkten überein. Somit liefert die Voraussetzung der Rechnung, die Annahme exponentiell gedämpfter Resonatoren, ein durchaus brauchbares Bild der tatsächlichen Verhältnisse. Das ist aber keineswegs bei allen Absorptionsbanden der Fall. Die systematischen Abweichungen zwischen Rechnung und Messung werden in den meisten Fällen erheblich größer als in den Abb. 388/89. Dann kann man exponentiell gedämpfte Resonatoren nur noch als rohes Bild bewerten.

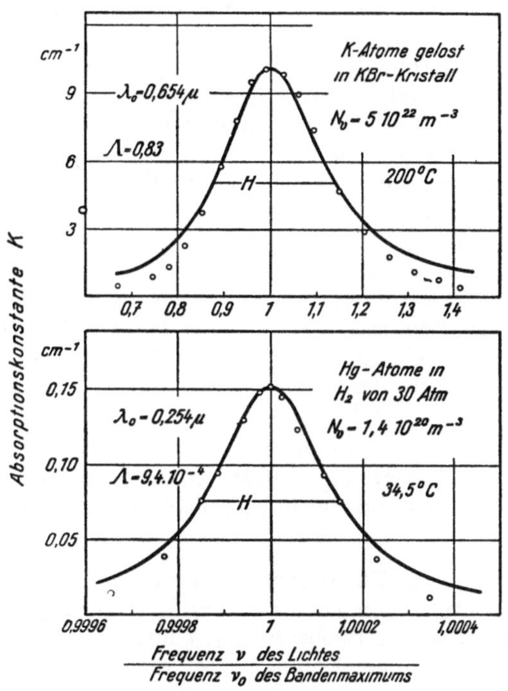

Abb. 388 und 389. Darstellung optischer Absorptionsbanden durch Energie-Resonanzkurven (Abb. 332) (Abb. 389 nach Messungen von G. Joos.) Vgl. S. 227

Die Gl. (205) dient zur Bestimmung von N_v, des Verhältnisses (Molekülzahl/Volumen), oder kurz, der Molekülkonzentration. Man kann also eine Molekülkonzentration N_v auf optischem Wege messen, nämlich aus Höhe und Halbwertsbreite einer Absorptionsbande. Dies Verfahren ist, der Herleitung von Gl. (205) entsprechend, auf kleine Konzentrationen beschränkt. Nur dann ist das Produkt $K_{\max} \cdot H$ proportional zu N_v [„Beersches Gesetz", § 81, Gl. (205)].

Vorsicht verlangt die Bestimmung der Konstanten der Gl. (205). In Einzelfällen, z. B. dem in Abb. 388 gewählten, kann man erfahrungsgemäß $N_v = N_v'$

setzen, d h die Konstante mit Gl (204) aus universellen Größen und der Brechzahl des Lösungsmittels berechnen[1]. In der Mehrzahl der Fälle aber, z. B. in Abb. 389, muß man die Konstante empirisch, mit einer chemisch meßbaren Konzentration N_v, bestimmen. Das ist oft schwierig.

Die optische „Absorptions-Spektralanalyse" ist der chemischen Analyse an Empfindlichkeit überlegen. Wir überschlagen die Größenordnungen: Die Konstante der Gl. (205) hat die Größenordnung $6 \cdot 10^5$ sec m^{-2}. Bei 10 cm Schichtdicke lassen sich Absorptionskonstanten K_{max} bis herab zu 1 m^{-1} ($= 0,01$ cm^{-1}) messen. — Entscheidend wird jetzt die Größe H. Für feste und flüssige Körper wird H nur selten kleiner als 10^{14} sec^{-1}. Mit diesen Zahlenwerten kann man noch etwa 10^{20} Moleküle je Kubikmeter optisch bestimmen. Nun enthält 1 m^3 eines festen oder flüssigen Stoffes der Größenordnung nach 10^{28} Moleküle[2]. Man kann also optisch ein gelöstes Molekül noch unter 10^8 Molekülen eines festen oder flüssigen Lösungsmittels erfassen. — In Gasen und Dämpfen ist die Größe H erheblich kleiner, Werte von 10^{10} sec^{-1} sind nicht selten. Dann genügt eine Absorption in 10 cm Schichtdicke, um 10^{16} Moleküle je Kubikmeter nachzuweisen. Einer solchen Moleküldichte entspricht ein Dampfdruck der Größenordnung 10^{-9} Atmosphären.

Quecksilber hat bei Zimmertemperatur einen Sättigungsdampfdruck ($=$ Dampfspannung) von $1,6 \cdot 10^{-6}$ Atmosphären. In unzureichend gelüfteten Laboratoriumsräumen können daher in 1 m^3 Luft ebenso viele Hg-Dampfmoleküle enthalten sein wie in einem Hg-Tropfen von 1 mm^3 Inhalt. Optisch läßt sich bereits ein kleiner Bruchteil dieses Gehaltes bestimmen. Man benutzt für die Absorptionsmessungen die Wellenlänge $\lambda = 0,2537$ μ. Ein Schauversuch wird in Abb. 419 folgen.

Auch in flüssigen und festen Stoffen ist die Absorptions-Spektralanalyse mit Nutzen angewandt worden, so bei der Auffindung des antirachitischen Vitamins und der physikalischen Untersuchung des „latenten" photographischen Bildes.

§ 112. Zur Beschaffenheit der optisch wirksamen Resonatoren. Die klassische Deutung von Dispersion und Absorption mit Hilfe erzwungener Schwingungen vermag die Beobachtungen mit guter Näherung wiederzugeben. Sie soll daher durch einige Angaben über die Art der Resonatoren ergänzt werden.

Das Licht ruft wie ein elektrisches Wechselfeld in den Molekülen[3] Influenz hervor: Die Moleküle werden elektrisch „deformiert" oder „polarisiert", die Schwerpunkte ihrer positiven und negativen Ladungen gegeneinander verschoben. Diese periodische Änderung der Ladungsverteilung ersetzt man durch das Schema eines schwingenden Dipols. An seinen Enden werden zwei Elementarladungen angenommen, also $\pm 1,6 \cdot 10^{-19}$ Amperesekunden.

Die Masse des Moleküls kann sich in sehr verschiedener Weise auf die Träger der beiden Ladungen verteilen. In einem Grenzfall ist der negativen Ladung nur die kleine Masse eines Elektrons zugeordnet, also $9 \cdot 10^{-31}$ kg, und die ganze übrige große Molekülmasse der positiven Ladung. Dann bleibt das Molekül als positives Ion praktisch in Ruhe, der Dipol entsteht nur durch Schwingungen des Elektrons um seine Ruhelage. Man spricht kurz von einem „quasielastisch

---

[1] Das Verhältnis $f = N_v'/N_v$, also eine reine Zahl, wird oft Resonatorenstärke genannt.

[2] Gilt genau für einen Stoff mit dem Molekulargewicht 100 und der Dichte 1,66 g/cm^3 $= 1660$ kg/m^3.

[3] Vgl. Anmerkung 1 auf S. 191.

gebundenen" Elektron. Dies Ersatzschema hat sich oben sowohl für sichtbares Licht wie für Ultraviolett und Röntgenlicht quantitativ gut bewahrt.

Anders im ultraroten Spektralgebiet. — Dort haben wir die zu den Reststrahlen gehörenden Absorptionsbanden kennengelernt. Sie wurden an kubischen Ionenkristallen beobachtet (Abb. 363). Eine Platte aus diesen Kristallen kann höchstens so dünn werden wie der Abstand D zweier benachbarter Gitterbausteine, also z. B. eines Na^+- und eines Cl^--Ions im NaCl. Eine solche Platte der Dicke D hat eine mechanische Eigenfrequenz

$$v = \frac{u}{2\,D}. \tag{207}$$

Dabei ist u die Schallgeschwindigkeit im Kristall. — Die so mechanisch berechnete Frequenz stimmt mit der optischen Frequenz der Reststrahlbande überein. Das zeigen die Zahlen der Tabelle 6.

Tabelle 6.

Kristall	Schall-geschwindigkeit[1]	Abstand D benachbarter Gitterbausteine (positives Alkaliion und negatives Halogenion)	Frequenz der Reststrahlbande	
			berechnet nach Gl, (207)	beobachtet
NaCl	$3{,}3_1 \cdot 10^3$ m/sec	$2{,}81 \cdot 10^{-10}$ m	$5{,}9 \cdot 10^{12}$ sec^{-1}	$5{,}8 \cdot 10^{12}$ sec^{-1}
KCl	$3{,}0_9$	$3{,}14$	$4{,}9$	$4{,}7$
KBr	$2{,}3_2$	$3{,}29$	$3{,}5$	$3{,}6$
KJ	$1{,}9_5$	$3{,}52$	$2{,}8$	$2{,}7$

Man kann also im Falle der Reststrahlen eine optische Frequenz aus Daten nicht optischer Art berechnen. Darin liegt die grundsätzliche Bedeutung dieser 1908 von E. Madelung entdeckten Tatsache.

Diese Tatsache führt zugleich zu einer Aussage über die Art der Resonatoren im Reststrahlgebiet: Beide Elementarladungen sind an die große Masse von Ionen gebunden. Diese Ionen, z. B. Na^+ und Cl^-, schwingen gegeneinander und bilden so einen schwingenden Dipol. Hier ist also das Bild des Dipols schon mehr als ein Ersatzschema.

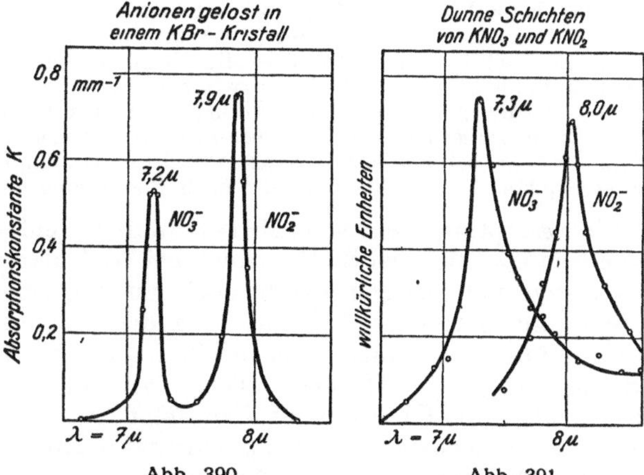

Abb. 390.   Abb. 391.

Abb. 390 und 391. Absorptionsspektra von NO₃- und NO₃-Ionen. Für Abb. 391 wurden dunne Kristallschichten von KNO₃ und KNO₂ benutzt, für Abb. 390 eine Losung der Ionen in einem KBr-Kristall. Der angegebene Molgehalt bezieht sich auf den Schmelzfluß, aus dem der Kristall hergestellt wurde. Im Kristall ist der Molgehalt ungefähr zehnmal kleiner als in der Schmelze.

---

[1]) Die Schwingungsdauer $T = 1/v$ für die mechanische Grundschwingung eines Stabes ist $= 2\,D/u$. D. h. eine longitudinale elastische Störung durchläuft während der Zeit T die ganze Stablänge D zweimal, nämlich auf dem Hin- und dem Rückweg. — Als Schallgeschwindigkeit im Innern eines festen Körpers wird fast immer stillschweigend der für den Sonderfall eines Stabes gültige Wert angegeben [vgl. Mechanikband, Abb. 339 und Gl. (203)]. — In Gl. (207) muß jedoch der für einen allseitig ausgedehnten Körper gültige Mittelwert benutzt werden.

In den einfachsten Ionenkristallen, also vom Typus NaCl, haben die Molekule jede individuelle Existenz verloren. Das ist aber ein Grenzfall. In vielen anderen Kristallen bewahren ganze Molekule oder Teile von ihnen ein Sonderdasein. In solchen, auch im Kristallverband selbstandigen Molekulen konnen paarweise entgegengesetzt geladene Bausteine Dipole bilden und durch erzwungene Schwingungen ultrarotes Licht absorbieren. Zwei aus vielen Beispielen finden sich in den Abb. 390/91. Beide Bilder zeigen je eine der NO_3- und der NO_2-Gruppe zugehorige Absorptionsbande. Sie liegen bei etwa 7,2 und 8,0 μ. Abb 391 gilt fur KNO_3- und KNO_2-Kristalle, Abb. 390 fur eine Lösung dieser Salze in einem KBr-Kristall. In diesem zweiten Fall ist ein Mischkristall gebildet, einzelne Br^--Ionen sind teils durch NO_2^--, teils durch NO_3^--Ionen ersetzt worden. — Trotz des verschiedenen Kristallbaues liegen die Absorptionsbanden des NO_3^- und des NO_2^- in beiden Fallen praktisch gleich. So fuhrt also die Absorption ultraroter Strahlung zur Kenntnis innerer, fur die einzelnen Molekule charakteristischer Schwingungsfrequenzen. Man hüte sich aber vor einem Irrtum: Große, aus vielen Bausteinen zusammengesetzte Molekule können viele Eigenfrequenzen besitzen (vgl. Mechanikband, Abb. 320!), aber nur ein Teil der Frequenzen gehort zu Schwingungen elektrisch geladener Molekülteile. Nur diese Schwingungen konnen sich durch Absorptionsbanden bemerkbar machen. Der optische Nachweis der übrigen erfolgt auf anderem Wege (siehe § 115, Raman-Streuung).

Die permanenten elektrischen Momente der polaren Molekule haben für die Absorption und Dispersion im optischen Spektralbereich keine Bedeutung. Ihre Rolle beginnt erst im Gebiet der elektrischen Wellen. Dort konnen Flussigkeiten mit Dipolmolekülen starke Absorption zeigen und hohe Brechzahlen erreichen. Ein bekanntes Beispiel ist Wasser Zwischen $\lambda = 0,1$ cm und $\lambda = 10$ cm steigt seine Brechzahl n vom optischen Wert 1,33 (Abb. 368) bis auf 9 und die Dielektrizitatskonstante $\varepsilon = n^2$ bis auf 81. — Die Deutung ist folgende: Das elektrische Feld gibt (der Wärmebewegung entgegen) den Achsen der Dipole eine Vorzugsrichtung. Dazu muß es die Moleküle gegen reibungsähnliche Kräfte drehen. Es entsteht eine Phasenverschiebung zwischen der Amplitude des Drehwinkels und der Feldstarke. Für die quantitative Behandlung hat man nicht (wie bei den nur polarisierbaren Molekulen) mit einer Eigenfrequenz zu rechnen, sondern mit dem Kehrwert einer Relaxationszeit. Sie beträgt beim Wasser etwa 10^{-11} sec. Es ist die Zeit, innerhalb derer eine von einem Feld hergestellte Ordnung nach Beseitigung des Feldes auf $1/e = 37\%$ abfällt.

Die Absorptionsspektra der Metalle unterscheiden sich im Rontgengebiet nicht von denen aller übrigen Stoffe. Auch bei Wellenlangen $> 0,1$ μ ist den Spektren aller festen und flüssigen Stoffe noch ein Zug gemeinsam: Sie lassen einzelne, zuweilen gut getrennte Absorptionsbanden erkennen; die zugehorigen Absorptionskonstanten K nahern sich in allen Maximis übereinstimmend der Größenordnung 10^5 mm^{-1}. Daneben aber zeigen die Metalle eine Besonderheit: Bei allen nichtmetallischen Stoffen folgt auf die Banden der „gebundenen" Elektronen zunächst eine absorptionsfreie Lucke (Abb. 361). Erst dann setzt im Ultraroten die Absorption durch Ionen ein. Bei den Metallen hingegen beginnt im Ultravioletten eine zusätzliche, mit wachsender Wellenlange kontinuierlich ansteigende Absorption. Meist überlagert sie sich schon den langwelligsten, von gebundenen Elektronen herrührenden Banden (Abb. 369). Sie laßt keine absorptionsfreie Lücke entstehen und bringt die Absorptionskonstante im Ultraroten auf die Größenordnung 10^5 mm^{-1}.

Diese zusätzliche, allen übrigen Stoffen fehlende Absorption der Metalle wird durch ihre elektrische Leitfähigkeit k verursacht, sie entsteht also durch „freie" oder „Leitungselektronen". — Bei $\lambda > 10$ μ kommt praktisch allein diese Absorption durch freie Elektronen in Frage. Dort kann man sie ebenso wie im Bereich elektrischer Wellen aus der Leitfähigkeit k berechnen. Es gelten die fur elektrische Wellen aufgestellten Beziehungen[1], nämlich

$$n = (n\,\varkappa) = \sqrt{\frac{1}{4\,\pi\,\varepsilon_0}\cdot\frac{k}{\nu}} = 5{,}47\;\sqrt{\mathrm{Ohm}}\cdot\sqrt{k\cdot\lambda} \tag{208}$$

und

$$K = \sqrt{\frac{4\,\pi}{\varepsilon_0\,c}\cdot\frac{k}{\lambda}} = 68{,}8\;\sqrt{\mathrm{Ohm}}\cdot\sqrt{\frac{k}{\lambda}}. \tag{209}$$

n = Brechzahl, $(n\,\varkappa)$ = Absorptionskoeffizient, definiert durch Gl. (125) von S. 161.
K = Apsorptionskonstante, definiert durch Gl. (79) von S. 143, gemessen in m^{-1},
λ = Wellenlänge in m
k = spezifische elektrische Leitfähigkeit, gemessen in Ohm^{-1} Meter^{-1}. Zahlenwerte in
    Tabelle 8, § 113 des Elektrizitätsbandes,
ε_0 = Influenzkonstante = $8{,}86 \cdot 10^{-12}$ Amp.Sek./Volt Meter.

Zahlenbeispiele: Für Silber, also ein sehr gut leitendes Metall, ist $k = 62 \cdot 10^6$ Ohm^{-1} Meter^{-1}. Bei $\lambda = 10\,\mu$ ($= 10^{-5}$ Meter) ist $n = (n\,\varkappa) = 136$ und

---

[1] Die Herleitung geht wieder von der **Maxwell**schen Beziehung

$$n^2 = \varepsilon \tag{196} \text{ v. S. 191}$$

aus. Die Dielektrizitätskonstante ε ist bedingt durch die Elektrisierung $\mathfrak{P}$ des Körpers, d. h. dem Verhaltnis elektrisches Moment/Volumen. Es gilt

$$\varepsilon = 1 + \frac{\mathfrak{P}_0}{\varepsilon_0\,\mathfrak{E}_0}. \tag{170} \text{ v. S. 172}$$

$\mathfrak{P}$ setzt sich in einem leitenden Körper aus zwei Anteilen zusammen. Der eine, $\mathfrak{P}_A$, rührt wie beim Isolator von der Influenzwirkung auf die einzelnen Atome her. Der andere Anteil $\mathfrak{P}_L$, entsteht durch den vom elektrischen Felde erzeugten Leitungsstrom

$$J_L = \mathfrak{E}\cdot F \cdot k \qquad \text{Elektr.-Band XIII (179a) } (\alpha)$$

(F = Querschnitt, k = Leitfähigkeit, l = Länge des Körpers).
Dieser Strom transportiert in der Zeit t die Elektrizitätsmenge

$$q_t = \int_0^t J(\tau)\,d\tau = \mathfrak{E}_0 F k \int_0^t \cos\omega\,\tau\,d\tau = (\mathfrak{E}_0 F k \sin\omega\,t)/\omega.$$

Dadurch wird ein elektrisches Moment $q\cdot l$ und eine Polarisation

$$\mathfrak{P}_L(t) = q_t\,l/V = (\mathfrak{E}_0\,k\sin\omega\,t)/\omega = \mathfrak{P}_{0L}\sin 2\,\pi\,\nu\,t$$

erzeugt, die hinter der vom Verschiebungsstrom herrührenden Polarisation $P_A(t) = P_{0A}\cos 2\,\pi\,\nu\,t$ um 90° zurückbleibt. Ihre Summe ist also

$$\mathfrak{P}_0 = \mathfrak{P}_{0A} - i\,\mathfrak{P}_{0L} = \mathfrak{P}_{0A} - i\,\frac{\mathfrak{E}_0\,k}{2\,\pi\,\nu}. \tag{γ}$$

Wir vernachlässigen $\mathfrak{P}_{0A}$ neben $\mathfrak{P}_{0L}$, setzen $\mathfrak{P}$ in Gl. (170) ein und erhalten eine komplexe Dielektrizitätskonstante

$$\varepsilon' = 1 - i\,\frac{k}{2\,\pi\,\nu\,\varepsilon_0}. \tag{δ}$$

Folglich wird auch die Brechzahl $n' = \sqrt{\varepsilon'}$ eine komplexe Größe

$$n' = n - n\,i\,\varkappa. \tag{128} \text{ v. S. 162}$$

Schließlich vernachlässigen wir den Posten 1 in Gl. (δ) und erhalten

$$(n - i\,n\,\varkappa)^2 = -i\,\frac{k}{2\,\pi\,\nu\,\varepsilon_0}$$

oder

$$n^2 - i\cdot 2\,n^2\,\varkappa - n^2\,\varkappa^2 = -i\,\frac{k}{2\,\pi\,\nu\,\varepsilon_0}.$$

Gleichsetzen der Imaginärteile ergibt

$$2\,n^2\,\varkappa = \frac{k}{2\,\pi\,\nu\,\varepsilon_0}$$

und Gleichsetzen der Realteile

$$n^2 - n^2\,\varkappa^2 = 0$$

oder

$$\varkappa = 1 \text{ und } n = (n\,\varkappa) = \sqrt{\frac{k}{4\,\pi\,\nu\,\varepsilon_0}}. \tag{208}$$

$K = 1,7 \cdot 10^5$ mm^{-1}　Für Quecksilber, ein schlecht leitendes Metall, lauten die entsprechenden Zahlen: $k = 1,04 \cdot 10^6$ Ohm^{-1} Meter^{-1}, $n = (n\varkappa) = 17,6$ und $K = 2,2 \cdot 10^4$ mm^{-1}

Für derart hohe und gleiche Werte von n und $(n\varkappa)$ vereinfacht sich die Beer-sche Formel für das Reflexionsvermögen R. Man erhält statt Gl. (131) von S. 162 die gute Näherung von Drude

$$R = 1 - \frac{2}{(n\varkappa)} \tag{210}$$

oder mit Gl. (208)

$$R = 1 - \frac{0,366 \, \text{Ohm}^{-\frac{1}{2}}}{\sqrt{k\lambda}}. \tag{211}$$

Einsetzen der obigen Zahlenwerte ergibt: bei $\lambda = 10 \, \mu$ reflektiert Silber 98,5 % der senkrecht einfallenden Strahlungsleistung. (Vgl. dazu Abb. 370.) — In § 162 werden wir auf die Gl. (211) zurückkommen.

Freie Elektronen kommen nicht nur in Metallen vor, sondern auch in ionisierten Gasen. Sie finden sich stets in den oberen Schichten unserer Atmosphäre. Dort entstehen sie durch ionisierende Strahlungen, vor allem durch ultraviolettes Licht. Ihre Konzentration hat in 100 km Höhe die Größenordnung $N_v = 10^{11}$ m^{-3}.

Die von diesen freien Elektronen erzeugte Brechzahl ist aus der Gl. (199) von S. 192 zu berechnen. Man setzt die Eigenfrequenz $\nu_0 = 0$ und erhält

$$n^2 = \frac{1 - 53,8 \, \dfrac{\text{m}^3}{\text{sec}^2} \cdot \dfrac{N_v}{\nu^2}}{1 + 26,9 \, \dfrac{\text{m}^3}{\text{sec}^2} \cdot \dfrac{N_v}{\nu^2}}. \tag{212}$$

Für eine Elektronenkonzentration von $N_v = 10^{11}$ m^{-3} liefert Gl. (212) im Frequenzbereich des sichtbaren und ultraroten Lichtes (etwa $10^{15} - 10^{12}$ sec^{-1}) noch keine merklich von 1 abweichende Brechzahl. Anders im Gebiet der elektrischen Wellen: Für $\nu = 3 \cdot 10^6$ sec^{-1} (entsprechend $\lambda = 100$ m) gibt Gl. (212) $n = 0,56$, also eine Phasengeschwindigkeit von $5,4 \cdot 10^8$ m/sec. Für

$$\frac{N_v}{\nu^2} > \frac{1}{53,8} \frac{\text{sec}^2}{\text{m}^3} \quad \text{oder} \quad N_v \lambda^2 > 1,65 \cdot 10^{15} \, \text{m}^{-1} \tag{213}$$

liefert Gl. (212) sogar negative Werte für n^2, d. h. die Brechzahl wird imaginär. Dann erfahren selbst senkrecht einfallende Wellen eine Totalreflexion. Mit ihrer Hilfe kann man die Größe der Elektronenkonzentration in verschiedenen Höhen bestimmen. Ein Zahlenbeispiel folgt in Tabelle 7. „Echos" für $\lambda < 30$ m sind selten. Die für sie notwendige Elektronenkonzentration $N_v > 1,8 \cdot 10^{12}$ m^{-3} kommt nur gelegentlich vor, und dann meist erst in Höhen von etwa 250 km.

Tabelle 7.

	125 Meter	102 Meter
Ein Signal mit der Wellenlänge $\lambda = $		
wird gemäß Gl. (213) total reflektiert bei einer Elektronenkonzentration $N_v = $	$1,1 \cdot 10^{11}$ m^{-3}	$1,6 \cdot 10^{11}$ m^{-3}
Seine Laufzeit t für Hin- und Rückweg wird gemessen =	$6,33 \cdot 10^{-4}$ sec	$1 \cdot 10^{-3}$ sec
Also lag die zur Totalreflexion führende Konzentration N_v in der Höhe $H_r = \frac{1}{2} t c = $	95 km	150 km

Die freien Elektronen der oberen Luftschichten (Kenelly-Heaviside-Schichten) sind für den Nachrichtendienst von großer Bedeutung. Sie reflektieren die elektrischen Wellen und leiten sie (auf gekrümmten Bahnen) ihrem fernen Ziele zu.

§ 113. Extinktion durch kleine stark absorbierende Teilchen, insbesondere durch kolloidale Metalle ($\varnothing \ll \lambda$).

Nach der Behandlung der Dispersion kommen wir noch einmal auf die Extinktion durch fein verteilte kleine Teilchen zurück. Dort ist noch eine Lücke zu schließen.

Organische Farbstoffe und Metalle besitzen schon im sichtbaren Spektralbereich s t a r k e Absorption. In feiner Verteilung zeigen sie ganz andere Extinktionsspektra[1] als in zusammenhängender Schicht. Ein altbekanntes Beispiel liefern die Rubingläser. Sie enthalten fein verteiltes Gold, lassen aber nicht, wie eine dünne Goldhaut, grünes Licht hindurch, sondern rotes (Abb. 392). Der Durchmesser der einzelnen Goldteilchen liegt unter der Auflösungsgrenze des Mikroskopes, doch erzeugt jedes Teilchen bei Dunkelfeldbeleuchtung im Gesichtsfeld des Mikroskopes ein buntes Beugungsscheibchen. Es wird also von jedem Teilchen Licht zerstreut[2].

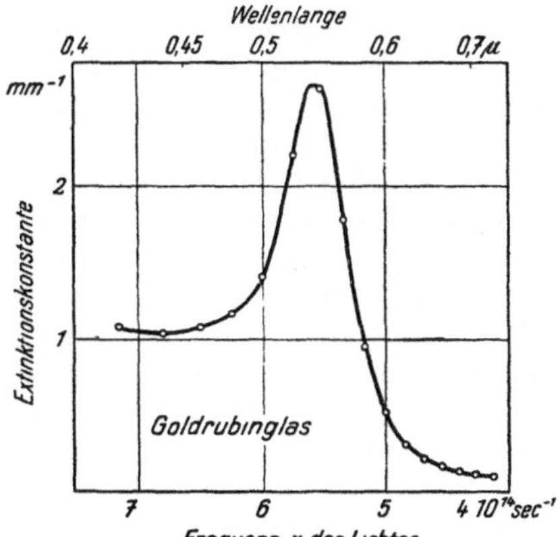

Abb. 392. Extinktionsspektrum eines Goldrubinglases.

— Die Anteile von Streuung und Absorption hängen nach vielfaltigen Erfahrungen sehr von der Größe der Teilchen ab: Kleine Teilchen streuen sehr wenig, sie schwächen das Licht ganz überwiegend durch Absorption.

Zur quantitativen Untersuchung eignet sich besonders feinverteiltes Natrium in einem NaCl-Kristall. — Ein heißer NaCl-Kristall nimmt in Na-Dampf überschüssige Na-Atome auf. Der Mechanismus dieses Vorganges ist bekannt: Ein kleiner Teil der negativen Chlor-Ionen wird durch thermisch hineindiffundierende Elektronen verdrängt und ersetzt. Die so entstandenen Na-Atome ($=$ Na$^+$ — Ion $+$ Elektron) werden oft kurz als „Farbzentren" bezeichnet.

Im Gleichgewicht ist die Atomzahlkonzentration N_v im Kristall nahezu ebenso groß, wie im Dampf, bei 500° C ist beispielsweise $N_v = 5 \cdot 10^{22}$ m^{-3}. Bei Zimmertemperatur würde im Kristall $N_v = 3 \cdot 10^{11}$ m^{-3} sein. Derartig kleine Konzentrationen lassen sich aber selbst durch die Absorptionsspektralanalyse nicht mehr nachweisen (S. 202). Infolgedessen muß man den Kristall „abschrecken" und so die bei hoher Temperatur eingestellte Konzentration bis auf Zimmertemperatur herunterretten.

Die Abb. 393 zeigt links das Extinktionsspektrum F einer so „eingefrorenen"

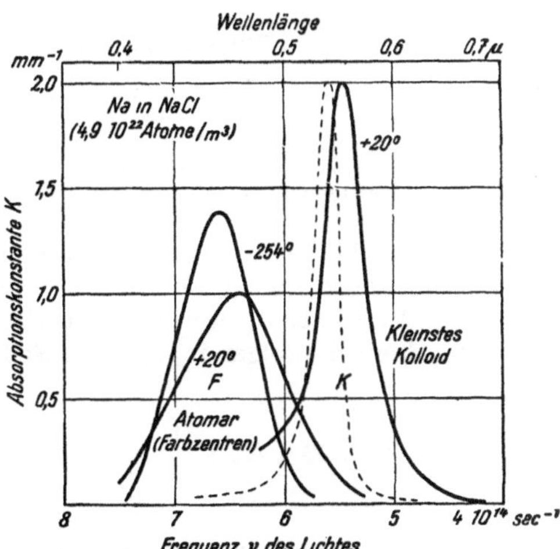

Abb. 393. Absorptionsspektra von atomar und kolloidal gelöstem Metall (Na in NaCl-Kristall). Die gestrichelte Kurve für das kleinste, noch nicht streuende Kolloid ist mit Gl. (223) berechnet worden.

---

[1] Extinktion ist auf S. 143 definiert worden, „starke" und „schwache" Absorption auf S. 145.

[2] Diesen Nachweis einzelner Teilchen nennt man „ultramikroskopisch" (Siedentopf und Zsigmondy).

atomaren Lösung von Na in einem NaCl-Kristall, und zwar für zwei Beobachtungstemperaturen. Die Extinktion entsteht hier lediglich durch Absorption. Es ist keine Spur einer Streuung bemerkbar.

Bei Zimmertemperatur hält sich eine eingefrorene Konzentration in einem NaCl-Kristall jahrelang. Bei 300° hingegen hat die Diffusionsgeschwindigkeit schon eine meßbare Größe. Infolgedessen kann das Kristallgitter einen Teil des zuviel gelösten Natriums ausscheiden und zu kolloidalen Teilchen zusammenflocken lassen. Dadurch wird die Bande F erniedrigt. Gleichzeitig erscheint eine neue Extinktionsbande K mit einem Maximum bei 0,550 μ. Das in ihr ausgelöschte Licht wird praktisch nur absorbiert und nicht gestreut. Ihre Lage ändert sich, im Gegensatz zur Bande F, fast gar nicht mit der Temperatur. — Bei längerer Erwärmung wachsen die Teilchen, ihre Extinktionsbande verschiebt und erweitert sich in Richtung längerer Wellen. Erst dann beginnt der Kristall auch zu streuen, anfänglich schwach und später stark.

Das Maximum der neuen Bande K liegt (bei Zimmertemperatur gemessen) stets mindestens 0,08 μ langwelliger als das Maximum der Bande F. Es geht also nicht etwa die Bande F durch eine kontinuierliche Verschiebung in die Bande K über. Infolgedessen muß man die neue Bande K den kleinsten überhaupt beständigen Kolloidteilchen zuschreiben.

Für die atomar gelösten Metalle („Farbzentren") läßt sich die Gestalt der Bande F mit Hilfe gedämpfter Resonatoren darstellen (§ 111, Abb. 388). Die Lage der Bande wird von der Gitterkonstanten a der Kristalle (S. 103, Anm. 1) bestimmt. Für die Frequenz des Maximums gilt bei 20° C die empirische Beziehung

$$\nu_{max} \cdot a^2 = 2{,}01 \cdot 10^{-4}\ \text{sec}^{-1}\,\text{m}^2. \qquad (214)$$

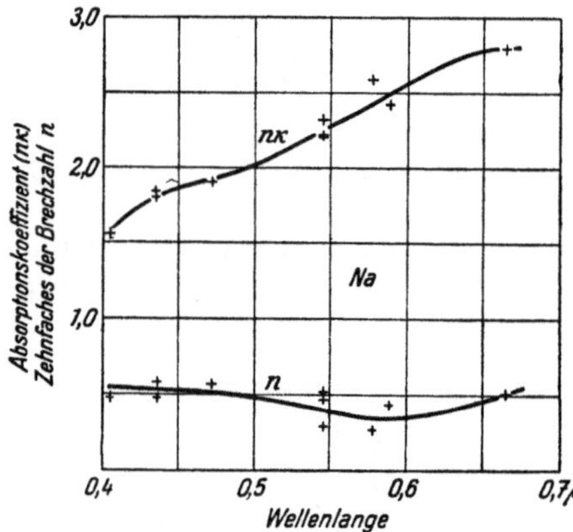

Abb. 394. Die optischen Konstanten des Natriums im Sichtbaren.

Für die kolloidal gelösten Metalle hingegen werden Gestalt und Lage der Bande K von den optischen Konstanten der Metalle bestimmt, und zwar den an massiven Stücken gemessenen Werten von n und $(n\varkappa)$. Mit ihrer Hilfe kann man bei den kleinsten Kolloiden ($\varnothing \ll \lambda$) die Absorptionskonstante K für verschiedene Wellenlängen berechnen. Dazu dient die folgende, erst am Schluß des Paragraphen hergeleitete Gleichung

$$K = 36\,\pi\,N_v\,V\,\frac{1}{\lambda} \cdot \frac{\dfrac{n^2\varkappa}{n_u}}{\left[\left(\dfrac{n}{n_u}\right)^2 + \left(\dfrac{n\varkappa}{n_u}\right)^2\right]^2 + 4\left[\left(\dfrac{n}{n_u}\right)^2 - \left(\dfrac{n\varkappa}{n_u}\right)^2 + 1\right]}. \qquad (223)$$

n_u ist die Brechzahl des „Lösungsmittels", λ die Wellenlänge in Luft, N_v die Konzentration der Teilchen definiert als Teilchenzahl/Volumen, und V das Volumen des einzelnen Teilchens.

Für unser Schulbeispiel, das kleinste Na-Kolloid in einem NaCl-Kristall, sind die optischen Konstanten des Natriums in Abb. 394 zusammengestellt. n_u, die Brechzahl der Umgebung, also des NaCl-Kristalles, ist praktisch konstant = 1,55 (Abb. 362). Über N_v und V ist nichts Sicheres bekannt, daher rechnen wir nur das rechts stehende Produkt der Gl. (223) für verschiedene Werte von λ

aus. So gelangen wir zu der in Abb. 393 gestrichelten Kurve. Ihr Höchstwert ist durch Wahl der Konstante in Gl. (223) gleich dem beobachteten gemacht worden. n und $(n\,\varkappa)$ hängen kaum von der Temperatur ab, folglich gilt das gleiche für die berechnete Extinktion.

Ergebnis: Die Rechnung vermag die beiden wesentlichen Zuge der Lichtabsorption durch kleinste Metallkolloide richtig wiederzugeben, namlich die geringe Breite ihrer Bande und ihre geringe Abhangigkeit von der Temperatur. Überdies fällt das berechnete Maximum nahezu mit dem gemessenen zusammen[1]. Die verbleibende Differenz ist nicht bedenklich. Man könnte sie durch geringfügige Änderungen der Interpolationskurven für n und $(n\,\varkappa)$ beseitigen [vgl. Gl. (224)].

Bei der Herleitung der Gl. (223) verfährt man ebenso wie in der Dispersionstheorie (§ 107). Man berechnet die Brechzahl n_L der kolloidalen Lösung mittels der Maxwellschen Beziehung

$$n^2_{\text{Losung}} = \varepsilon_{\text{Losung}}\,.$$

Die Dielektrizitätskonstante der Lösung berechnet man aus der elektrischen Polarisierbarkeit $\mathfrak{W}/\mathfrak{E}$ der Teilchen. Für letztere braucht man die Dielektrizitätskonstante der Teilchen. Diese gewinnt man durch eine abermalige Anwendung der Maxwellschen Beziehung, man setzt

$$\varepsilon_{\text{Teilchen}} = n^2_{\text{Teilchen}} \qquad\qquad (196)\,\text{v. S. 191}$$

Diese Brechzahl ist bei stark absorbierenden Teilchen komplex, es gilt

$$n'_{\text{Teilchen}} = (n - i\,n\,\varkappa)_{\text{Teilchen}}\,. \qquad\qquad (128)\ \text{v. S. 162}$$

Mit Hilfe von (196) und (128) wird zweierlei erreicht: Erstens wird die Dielektrizitätskonstante von der Wellenlange λ abhängig. Zweitens wird auch die Brechzahl der Lösung komplex, man bekommt

$$n'_{\text{Losung}} = (n - i\,n\,\varkappa)_{\text{Losung}}\,. \qquad\qquad (215)$$

Daraus kann man dann $(n\,\varkappa)_L$, den gesuchten Absorptionskoeffizienten der Lösung, ausrechnen.

Im einzelnen beginnt man mit der Berechnung der Dielektrizitätskonstanten der Losung. Diese gewinnt man in zwei Schritten: Beim ersten Schritt nimmt man die Teilchen frei im Raume schwebend an, also noch nicht in einen Stoff eingebettet. Dann hat der Raum mit Teilchen eine Dielektrizitätskonstante ε_m, definiert durch die Gleichung

$$\varepsilon_m = \frac{\text{Verschiebungsdichte } \mathfrak{D}_m \text{ mit Teilchen}}{\text{Verschiebungsdichte } \mathfrak{D} \text{ ohne Teilchen}}\cdot \qquad \begin{array}{l}(216) = (47) \text{ des}\\ \text{Elektrizitätsbandes}\end{array}$$

Die zusatzliche, von den Teilchen herrührende Verschiebungsdichte $\mathfrak{P} = \mathfrak{D}_m - \mathfrak{D}$ (Elektrisierung genannt), entsteht durch die influenzierten elektrischen Momente $\mathfrak{W}$ aller $N\nu$ im Einheitsvolumen enthaltenen kugelformigen Teilchen, es gilt

$$\mathfrak{P} = N\,\mathfrak{W}/V = N_v\,\mathfrak{W}\,. \qquad\qquad (169)\ \text{v. S. 172}$$

Somit bekommen wir

$$\varepsilon_m = \frac{\mathfrak{D}_m}{\mathfrak{D}} = \frac{\mathfrak{D} + \mathfrak{P}}{\mathfrak{D}} = 1 + \frac{N_v\,\mathfrak{W}}{\varepsilon_0\,\mathfrak{E}} \qquad\qquad (217)$$

$(\varepsilon_0 = \text{Influenzkonstante})$.

Jetzt kommt ein wesentlicher Punkt: Laut Voraussetzung ist der Durchmesser der Teilchen klein gegenüber der erregenden Wellenlange. Also ist die (Antennen-) Eigenfrequenz der

---

[1] Ist $n \ll (n\,\varkappa)$, so kann man die Lage des Maximums rasch überschlagen. Es liegt bei der Wellenlänge, für die die Beziehung

$$(n\,\varkappa)_{\text{Metall}} = \sqrt{2}\cdot n_{\text{Umgebung}} \qquad\qquad (224)$$

erfüllt ist. In diesem Fall wird nämlich der Nenner von Gl. (223) gleich Null.

Teilchen viel höher als die des Lichtes. Außerdem hat die elektrische Feldstärke innerhalb des Teilchens überall die gleiche Phase. Infolgedessen kann man das erregte elektrische Moment $\mathfrak{W}$ noch nach der einfachen, auf S. 172 hergeleiteten Gleichung berechnen, nämlich

$$\mathfrak{W} = V\,\mathfrak{E}\,3\,\varepsilon_0\,\frac{\varepsilon-1}{\varepsilon+2}. \qquad (166)\ \text{v. S. 172}$$

Hierin ist ε die Dielektrizitätskonstante des Teilchenstoffes, $\mathfrak{E}$ die Amplitude der ein einzelnes Teilchen influenzierenden Feldstärke.

Die Zusammenfassung von (217) und (166) liefert

$$\varepsilon_m = 1 + 3\,N_v\,V\,\frac{\varepsilon-1}{\varepsilon+2}. \qquad (218)$$

Beim zweiten Schritt werden die Teilchen in das „Lösungsmittel" mit der Dielektrizitätskonstanten ε_u eingebettet. Dann ist ε durch $\varepsilon/\varepsilon_u$ zu ersetzen. Alsdann folgt die zweifache Anwendung der Maxwellschen Beziehung. Erstens schreibt man für die Brechzahl der Lösung (vgl. § 108)

$$n_L = \sqrt{\varepsilon_m \cdot \varepsilon_u}$$

und zweitens für die Dielektrizitätskonstante des Teilchenstoffes

$$\varepsilon = n^2_{\text{Teilchen}} = n^2.$$

Das ergibt

$$n_L^2 = n_u^2 + 3\,N_v\,V\,n_u^2\,\frac{\left(\dfrac{n}{n_u}\right)^2 - 1}{\left(\dfrac{n}{n_u}\right)^2 + 2}. \qquad (219)$$

In dieser Form gibt die Gleichung die Brechzahl einer Lösung mit nicht absorbierenden kolloidalen Teilchen.

Jetzt wird diese Gleichung auf den Fall absorbierender Teilchen erweitert. Links wird n_L durch die komplexe Brechzahl der Lösung $n'_L = n_L - i\,(n\,\varkappa)_L$ ersetzt, rechts die Teilchenbrechzahl n durch die komplexe, die beiden optischen Konstanten des gelösten Metalles enthaltende Brechzahl

$$n' = n - i\,(n\,\varkappa). \qquad (220)$$

Dann rechnet man Gl. (219) aus. Zunächst bekommt man

$$n_L^2 - (n\,\varkappa)_L^2 - n_u^2 - 2\,i\,n_L^2\,\varkappa_L = 3\,N_v\,V\,n_u^2\,\frac{\left(\dfrac{n'}{n_u}\right)^2 - 1}{\left(\dfrac{n'}{n_u}\right)^2 + 2} \qquad (221)$$

oder

$$i\,n_L^2\,\varkappa_L = -\,\text{Imaginärteil von}\left[\frac{3}{2}\,N_v\,V\,n_u^2\,\frac{\left(\dfrac{n'}{n_u}\right)^2 - 1}{\left(\dfrac{n'}{n_u}\right)^2 + 2}\right]. \qquad (222)$$

Dann vernachlässigt man den kleinen Unterschied zwischen n_z und n_u, rechnet den Inhalt der Klammer aus[1] und ersetzt den Absorptionskoeffizienten der Lösung $(n\,\varkappa)_L$ durch die Absorptionskonstante

$$K = \frac{4\,\pi\,(n\,\varkappa)_L}{\lambda}. \qquad (125)\ \text{v. S. 161}$$

So bekommt man die obenstehende Gleichung (223).

§ 114. Extinktion durch grobe, stark absorbierende Kolloidteilchen. Künstlicher Dichroismus und künstliche Doppelbrechung. Bei den feinsten Metall- und Farbkolloiden wird keine Sekundärstrahlung beobachtet, sondern nur Absorption. Für sehr kleine Werte von $\varnothing/\lambda$ ist der „Strahlungswiderstand" der

---

[1] Zum Ausrechnen des komplexen Bruches multipliziert man Zähler und Nenner mit der konjugiert komplexen Größe des Nenners.

Antennen [Gl. (177) v. S. 173] zu klein[1]. Erst bei Kollodien mit großen Teilen (Durchmesser oder Umfang mit λ vergleichbar) gesellt sich zur Absorption eine Sekundärstrahlung oder Streuung hinzu. Dabei werden die einzelnen Abschnitte eines Kolloidteilchens von der Primärwelle nicht mehr mit der gleichen Phase erregt. Infolgedessen gibt es Interferenzen, die Sekundärstrahlung bekommt Vorzugsrichtungen, insbesondere in Richtung der Primärstrahlung, die Vorwärtsstreuung überwiegt. Man darf also bei der quantitativen Darstellung dieser

Vorgänge nicht mehr von der einfachen elektrischen Polarisation kleiner Kugeln ausgehen. Man muß vielmehr ähnlich verfahren wie bei der Berechnung von Oberschwingungen von Antennen. In diese Rechnung geht als wesentliche Größe die Gestalt der Teilchen ein, aber gerade diese ist bei großen Kolloiden meistens unbekannt.

Wir können diese verwickelten Dinge nicht im einzelnen verfolgen, wir begnügen uns mit einer qualitativen Behandlung des künstlichen Dichroismus (§ 71). Dazu benutzen wir ein grobes Na-Kolloid in einem NaCl-Kristall. Der Kristall sieht im durchfallenden Licht violett, im auffallenden gelbbraun aus. Seine breite Extinktionsbande hat ein Maximum bei etwa 0,59 μ,

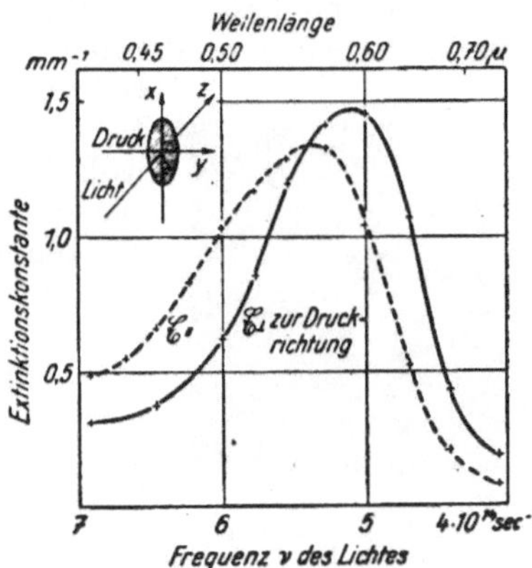

Abb. 395. Kunstlicher Dichroismus.

und zwar im polarisierten Licht unabhängig von der Lage der Schwingungsebene.

Alsdann wird der Kristall parallel einer Würfelkante gepreßt. Erfolg: Der Kristall ist dichroitisch geworden, d. h. er zeigt jetzt im polarisierten Licht zwei einander überlappende Extinktionsbanden (Abb. 395). Deutung: Durch die Pressung haben die Teilchen eine längliche Gestalt (Nebenskizze) erhalten. Im

Falle $\mathfrak{E}_\perp$ schwingt die Amplitude parallel dem längeren Teilchendurchmesser x, im Falle $\mathfrak{E}_{||}$ parallel zum kürzeren y. Im Falle $\mathfrak{E}_\perp$ ist vorzugsweise der lange Durchmesser des Teilchens für die Wellenlänge maßgebend, im Falle $\mathfrak{E}_{||}$ hingegen der kurze.

Alle doppelbrechenden Stoffe sind dichroitisch, das folgt zwangsläufig aus dem allgemeinen Zusammenhang von Dispersion und Absorption (§§ 105/07). Der Zusammenhang wird in Abb. 396 schematisch dargestellt. Die ausgezogenen Kurven beziehen sich auf die eine der beiden polarisierten Teilschwingungen, die gestrichelte auf die andere, zu ihr senkrecht schwingende. Bei farblosen Stoffen (Kalkspat, Glimmer, Quarz) enden beide Ab-

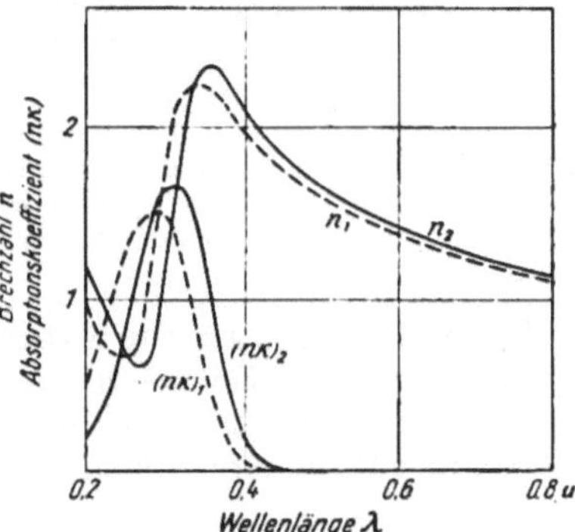

Abb. 396.   Schematische Skizze zum Dichroismus aller doppelbrechenden Stoffe.

sorptionsspektra schon vor dem sichtbaren Spektralbereich im Ultravioletten.

Die Herstellung sehr dünner doppelbrechender Kristallschichten ist recht schwierig. Deswegen sind die für die Doppelbrechung maßgebenden Absorptions-

---

[1] Bei diesem Vergleich muß man sich übrigens vor einem im Schrifttum verbreiteten Mißverständnis hüten: Die Extinktionskurven K der Kolloide in Abb. 393 sind keine „optischen Resonanzkurven", ihre Gestalt wird vielmehr von der Dispersion der optischen Konstanten des Teilchenstoffes bedingt.

banden nur in ganz vereinzelten Fällen ausgemessen worden. Beim künstlichen Dichroismus ist die Konzentration der lichtschwächenden Teilchen gering und daher braucht man sich nicht mit dünnen Kristallschichten zu plagen. Dafür ist nun aber die von den Teilchen erzeugte Doppelbrechung nur klein und überdies von der Doppelbrechung des verspannten festen Lösungsmittels überlagert (§ 78). Daher kann man die Doppelbrechung durch parallel gerichtete längliche Teilchen hier mit einfachen Hilfsmitteln nicht sicher nachweisen. Das gelingt aber in anderen Fällen. — Man kann auf mannigfache Weise auch bei hohen Konzentrationen eine Parallelrichtung winziger Teilchen erzielen, u. a. durch

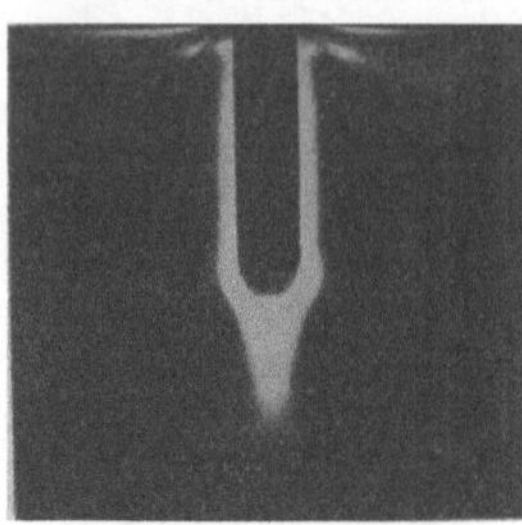

Abb 397. Schauversuch zur Strömungsdoppelbrechung, photographisches Positiv — Eine etwa 1 cm tiefe Glaskuvette mit einer Aufschwemmung von V_2O_5 in Wasser wird zwischen gekreuzten Nikols beobachtet (Abb 268). Beim Eintauchen eines Glasstabes flammen die von der Strömung erfaßten Schichten hellrot auf Ebenso läßt sich beim Rühren die Turbulenz zeigen und in einem Rohr die laminare Strömung mit der an der Rohrwand ruhenden Grenzschicht

elektrische Felder oder mit Hilfe laminar strömender Flüssigkeiten. Man bringe z. B. einige Tropfen einer Aufschwemmung von Vanadiumpentoxyd (V_2O_5) in Wasser zwischen zwei Glasplatten, und verschiebe beide Platten gegeneinander um einige Millimeter. Sogleich wird die Schicht doppelbrechend. Sie wirkt in Abb. 268 genau wie eine Kristallplatte G („Strömungs-Doppelbrechung"). Noch eindrucksvoller ist der in Abb. 397 beschriebene Schauversuch. — Künstliche Doppelbrechung läßt sich auch mit Hilfe polarer sowie unpolarer, aber elektrisch stark deformierbarer Moleküle herstellen. Die bekanntesten Beispiele liefern Nitrobenzol und Schwefelkohlenstoff. Man ersetzt die Kristallplatte G in Abb. 268 durch einen mit diesen Flüssigkeiten gefüllten Plattenkondensator, stellt die Feldrichtung zur Lichtrichtung senkrecht und verwendet Feldstärken $\mathfrak{E}$ in der Größenordnung 10^5 Volt/m. Beim Eintritt der Doppelbrechung wird das Gesichtsfeld aufgehellt, die vom Analysator durchgelassene Strahlungsleistung steigt proportional zu $\mathfrak{E}^2$ an. Dieser nach Joh. Kerr (1875) benannte Effekt wird zum Bau von Steuerorganen für Licht (Lichtrelais) ausgenutzt.

Deutung für die den Kerr-Effekt zeigenden Moleküle: Diese Moleküle sind unsymmetrisch gebaut; sie besitzen eine Richtung bevorzugter Polarisierbarkeit. Die vom Felde gebildeten Dipole sind der Feldstärke $\mathfrak{E}$ proportional. Außerdem werden die polarisierten Moleküle mit wachsender Feldstärke der Wärmebewegung entgegen etwas ausgerichtet. Daher steigt der Kerr-Effekt mit $\mathfrak{E}^2$.

§ 115. Die Ramansche Streuung

ist unser erstes Beispiel für eine inkohärente Streuung (§ 97). Weitere Beispiele werden in Kapitel XIII folgen.

Wir bringen zunächst einen Modellversuch. In Abb. 398 durchläuft ein Wechselstrom die Primärspule P eines Transformators. Der von der Spule S ausgehende

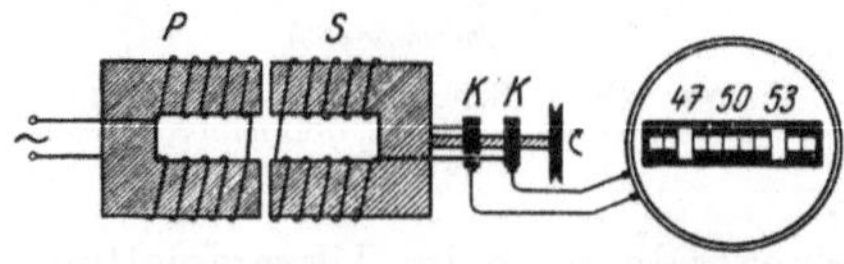

Abb. 398. Ein Transformator mit periodisch veränderlicher magnetischer Polarisierbarkeit. $K\,K$ Schleifringe

sekundäre Wechselstrom wird einem technischen Zungenfrequenzmesser zugeleitet, also einem mechanischen Spektralapparat. Dieser zeigt uns eine Frequenz. ν_p an, im Beispiel 50 sec⁻¹. Der Transformator besitzt eine besondere Bauart. Seine beiden Spulen P und S können mit ihren Eisenkernen gegeneinander in Drehungen oder Schwingungen versetzt werden Dadurch kann die magnetische Polarisierbarkeit oder Magnetisierbarkeit der Eisenkerne periodisch geändert werden. Gezeichnet ist in Abb. 398 der erste Fall, die Spule S läßt sich mit einer Schnurscheibe drehen.

Die Frequenz sei beispielsweise $v_s = 3\ \text{sec}^{-1}$. Während der Drehung zeigt der Spektralapparat statt der Frequenz 50 die Frequenzen 47 und 53 sec^{-1} an. Oder allgemein: Bestehen in einem Transformator innere Schwingungen oder Rotationen von kleiner Frequenz v_s, so finden sich im Sekundarstrom die neuen Frequenzen $(v_p - v_s)$ und $(v_p + v_s)$.

Das optische Gegenstück dieser Erscheinung ist die Ramansche Streuung. Einzelne Moleküle des lichtstreuenden Körpers übernehmen die Rolle des Transformators. Ihre elektrische Polarisierbarkeit a (S. 172) wird durch innere Schwingungen oder Rotationen periodisch verändert. Infolgedessen vereinigen sie die Frequenz v_s dieser Änderung mit der Frequenz v_p der Primärstrahlung. Die Sekundarstrahlung dieser Moleküle enthalt statt der primären Frequenz v_p die Frequenzen $(v_p - v_s)$ und $(v_p + v_s)$.

Die Ramansche Streuung eignet sich nur für Einzelbeobachtung· Man zeigt sie meist an flussigem Benzol (C_6H_6). Eine brauchbare Anordnung ist in Abb. 399 skizziert. Im Spektralapparat sieht man das in Abb 400 photographierte Bild.

Die neu auftretenden Frequenzen v_s sind aus dem Absorptionsspektrum des Benzols im Ultraroten bekannt. Sie entsprechen je einer Bande mit einem Maximum bei 10,3 μ und 8,4 μ. Das gleiche gilt fur zahllose andere Falle, z. B. fur wasserige Lösungen irgendeines Nitrates. Dort findet man u. a. als Frequenz einer inneren Schwingung

$$v_s = 4{,}17 \cdot 10^{13}\ \text{sec}^{-1}.$$

Diese Frequenz entspricht der Absorptionsbande bei $\lambda = 7{,}2\ \mu$. Wir kennen sie aus dem Absorptionsspektrum des NO_3-Ions (Abb. 390). — Ein Beispiel für eine Rotationsfrequenz wird in § 144 folgen.

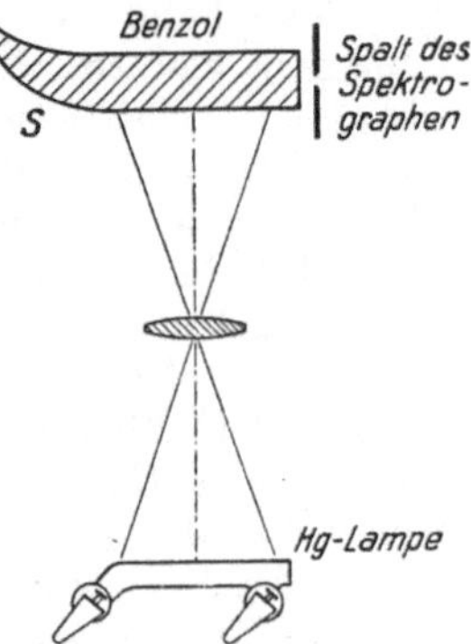

Abb. 399. Einfache Anordnung zur Beobachtung der Ramanschen Streuung. Der Schwanz S des Glasrohres verhindert storende Reflexion.

Im ultraroten Absorptionsspektrum können sich nur die inneren Schwingungen elektrisch geladener Molekülbestandteile oder die Rotationen von polaren Molekülen bemerkbar machen, denn nur Dipole können Licht absorbieren. Zur

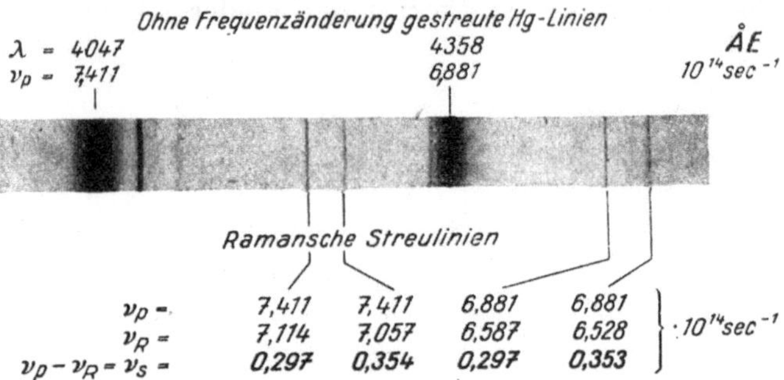

Abb 400. Ramansche Streuung in Benzol, photographisches Negativ

Entstehung der Ramanstreuung genugt aber jede periodische Änderung der Polarisierbarkeit. Infolgedessen machen sich viele andere innere Schwingungen der Moleküle und Rotationen bemerkbar. Darin liegt die große Bedeutung der Ramanschen Streuung für die Erforschung des Molekülbaues. Wegen dieser wichtigen Anwendung bringen wir noch einige für die Beobachtung dieser Streuung nützliche Einzelheiten.

Die Strahlungsstärke der Ramanschen Streuung steigt im allgemeinen wie die
der Rayleighschen mit ν_p^4 (S. 177). Besonders wirksam ist jedoch die Lichtabsorption im Bereiche einer Absorptionsbande des streuenden Stoffes. Dann wirkt
die verschluckte Energie ebenso wie eine Temperaturerhöhung, sie erregt die inneren
Schwingungen der Moleküle sowie ihre Rotationen. Die Verteilung der gestreuten
Strahlungsleistung auf die verschiedenen Linien hängt stark von der Temperatur
ab. Einzelheiten lassen sich nur mit Kenntnis des XII. Kapitels behandeln. Besonders aufschlußreich ist die Ramansche Streuung von linear polarisiertem
Licht. In Einzelfällen ist die Winkelverteilung des Streulichtes die gleiche wie
bei der Rayleighschen Streuung (Abb. 337a). Dann entsteht die gestreute
Linie durch Mitwirkung einer allseitig symmetrischen inneren Schwingung. Nur
eine solche kann von der thermisch wechselnden Orientierung des Moleküls
unabhängig bleiben. Im allgemeinen ist aber das Streulicht mehr oder minder
depolarisiert, ebenso wie bei der Rayleighschen Streuung durch längliche
Teilchen. In diesen Fällen wechselt also die Richtung der inneren Schwingungen
zugleich mit der thermisch wechselnden Orientierung der Moleküle. Folglich
müssen die inneren Schwingungen innerhalb des Moleküles eine feste, durch den
Molekülbau bedingte Richtung besitzen.

Die Rayleighsche Streuung durch Moleküle (also nicht durch Schwebeteilchen) ist in Flüssigkeiten ebenso gering wie in Festkörpern und nur mühsam
nachzuweisen. Dagegen läßt sich die Ramansche Streuung sowohl in Flüssigkeiten wie in Festkörpern bequem beobachten. Darin äußert sich der grundsätzliche Unterschied einer kohärenten und einer inkohärenten Streuung. Das soll
kurz ausgeführt werden: In Flüssigkeiten und Festkörpern sind die Abstände der
Moleküle klein gegen die Wellenlänge des Lichtes, die Sekundärstrahlungen
benachbarter Moleküle bekommen also feste Phasenbeziehungen. Diese werden
nur durch lokale Schwankungen der Dichteverteilung und Molekülanordnung
gestört, aber lange nicht so vollkommen wie in Gasen. Daher wird die allseitige
Streuung in Flüssigkeiten und Festkörpern erheblich durch Phasenbeziehungen
behindert. Die Ramansche Streuung hingegen ist inkohärent. Es fehlen von
vornherein Phasenbeziehungen, und daher können auch die eng gepackten
Moleküle der Flüssigkeiten und Festkörper unbehindert allseitig streuen.

XI. Quantenhafte Absorption und Emission der Atome.

§ 116. Vorbemerkung. Im letzten Kapitel haben wir die Wechselwirkung zwischen der Strahlung und den Molekülen schon ziemlich eingehend behandelt. Dabei konnten wir mit den in der Mechanik und in der Elektrizitätslehre entwickelten Vorstellungen auskommen. Diese Darstellungsweise, meist „klassische Optik" genannt, wird auch weiterhin ihre Berechtigung und Bedeutung behalten, doch sind ihrer Anwendbarkeit Grenzen gesetzt. — Für ein tieferes Eindringen in den Zusammenhang von Strahlung und Materie muß man neue, an Erfahrungen der Molekularphysik gewonnene Erkenntnisse zu Hilfe nehmen. In allen diesen Erkenntnissen steckt die fundamentale, 1900 von Max Planck entdeckte Naturkonstante $h = 6{,}6 \cdot 10^{-34}$ Watt $\cdot$ sec^2.

Experimentell gelangt man zu ihr am einfachsten durch Beobachtungen der lichtelektrischen Wirkung an Metallen. Darum stellen wir diese an den Anfang und bestimmen den Wert von h sogleich in einem Schauversuch.

§ 117. Grundversuche der lichtelektrischen Wirkung (Photoeffekt). Die einfachste Form der lichtelektrischen Wirkung ist heute durch die technische Anwendung von „Photozellen" im Tonfilm usw. allgemein bekanntgeworden. Ein vom Licht getroffenes Metall sendet Elektronen aus, und diese können einen elektrischen Strom erzeugen (Abb. 38 von S. 17). Es handelt sich sicher um Elektronen. Das zeigt man gemäß Abb. 401. Man beschleunigt die vom Licht ab-

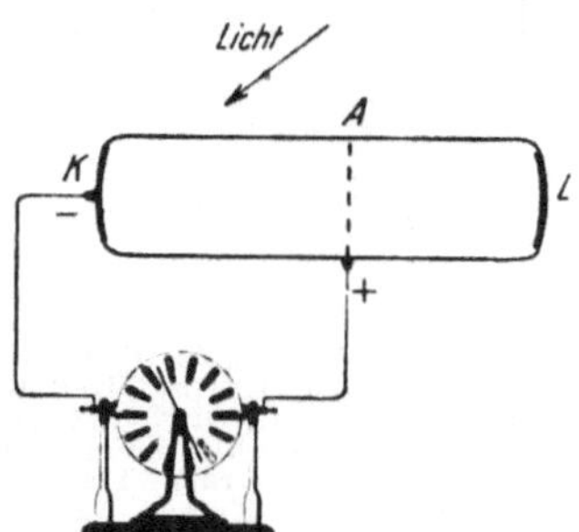

Abb. 401. Lichtelektrisch ausgeloste Elektronen erregen als schnelle Kathodenstrahlen die Fluoreszenz eines Leuchtschirmes. Beim Abblenden des ultravioletten Lichtes und beim Abschalten der Spannung verschwindet der Leuchtfleck. Bequemer Schauversuch. (Kathode aus Kalium. Netzanode aus Ni, Leuchtschirm aus Kalziumwolframat. Hochevakuiertes Duranglasrohr.)

gespaltenen Ladungsträger mit einer Spannung von etwa 10^4 Volt und läßt sie als Strahlen gegen einen Leuchtschirm L fliegen. Diese Strahlen lassen sich genau wie Kathodenstrahlen durch ein Magnetfeld beeinflussen. Man kann sie mit einem Stabmagneten seitlich ablenken oder mit einer über das Rohr geschobenen Stromspule in einem hell leuchtenden Fleck vereinigen.

Die Elementarereignisse, den Austritt der einzelnen Elektronen, zeigt man gemäß Abb. 402. Ein Goldspiegel bildet die negative

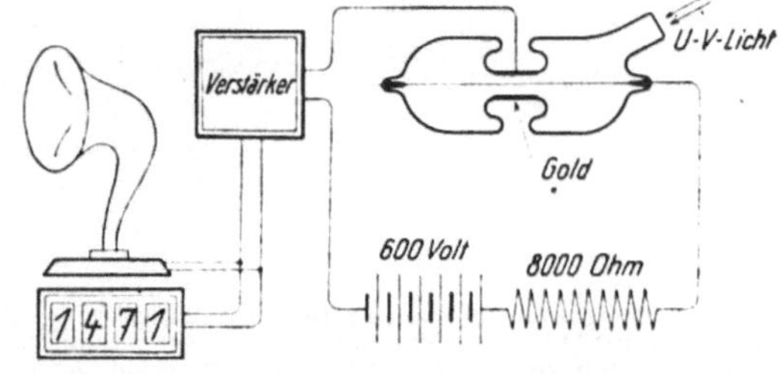

Abb. 402. Nachweis einzelner vom Licht abgespaltener Elektronen mit einem Zahlrohr.

zylindrische Elektrode eines Geiger-Müllerschen Zählrohres (Abb. 437 des Elektrizitätsbandes). Das ultraviolette Licht kann durch ein Quarzfenster eintreten. Die Stromstöße der einzelnen, mit statistischer Unregelmäßigkeit abgespaltenen Elektronen werden mit Verstärker und Lautsprecher hörbar gemacht oder mit einem Zahlwerk gezahlt. Die Anordnung ist außerst empfindlich. Es genügt die ultraviolette Strahlung eines in 10 m Abstand brennenden Streichholzes oder das wenige vom Hörsaalfenster durchgelassene Ultraviolett des diffusen Tageslichtes

§ 118. Die lichtelektrische Gleichung und das Plancksche h. Ein lichtelektrischer Strom kommt schon ohne Hilfe eines elektrischen Feldes zustande. Man kann in Abb. 38 die Stromquelle fortlassen. An die quantitative Untersuchung dieser Tatsache knüpfen sich Schlüsse von weittragender Bedeutung.

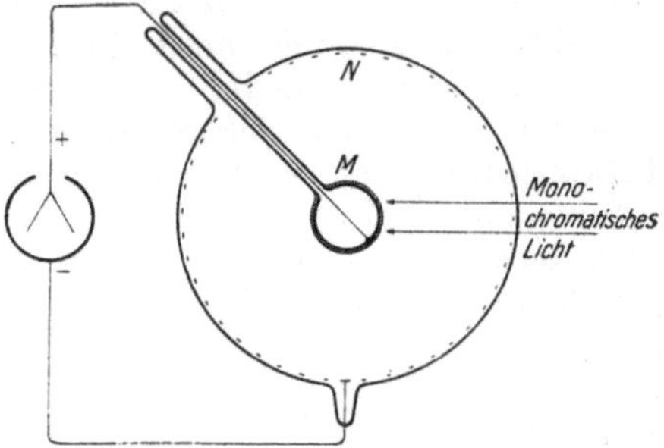

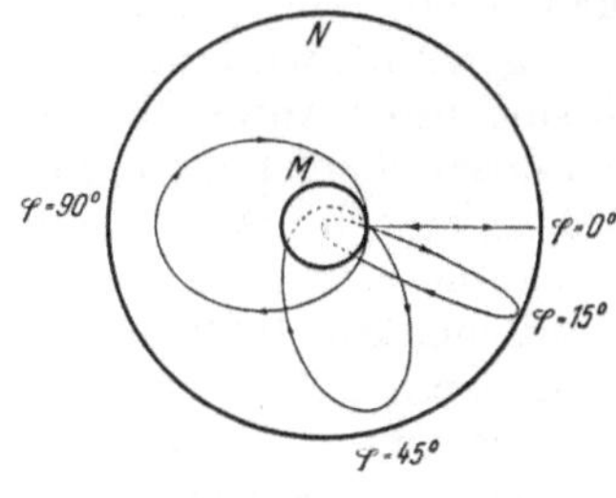

Abb. 403 Zur Messung der Planckschen Konstanten h im Schauversuch. Kugel M mit Kalium uberzogen, N Nickeldrahtnetz Meßbereich des Einfadenvoltmeters (Elektrizitats-Band, Abb. 131) bis 5 Volt. Die Kugel M kann mit flussiger Luft gefullt werden. Dann schlagt sich beim Heizen der Zelle samtliches Kalium auf der Kugel nieder. Alles andere bleibt kaliumfrei. Das ist der eine Vorteil der radialsymmetrischen Anordnung Der andere ist das wohldefinierte Feld

Abb 404 Flugbahn von 4 der schnellsten Elektronen nach Erreichen der Grenzspannung. Der eine Brennpunkt der Ellipse liegt im Kugelmittelpunkt, vgl. Mechanik, Abb 82. Oft haben Photozellen die Form eines flachen Plattenkondensators. Dann entarten die Ellipsen zu Parabeln.

Wir benutzen in Abb 403 eine radialsymmetrische Anordnung. Diese „Photozelle" besteht aus einer Kaliumkugel M und einem weitmaschigen Nickeldrahtnetz N. Sie bildet zusammen mit dem statischen Voltmeter einen Kondensator, seine Kapazitat sei C.

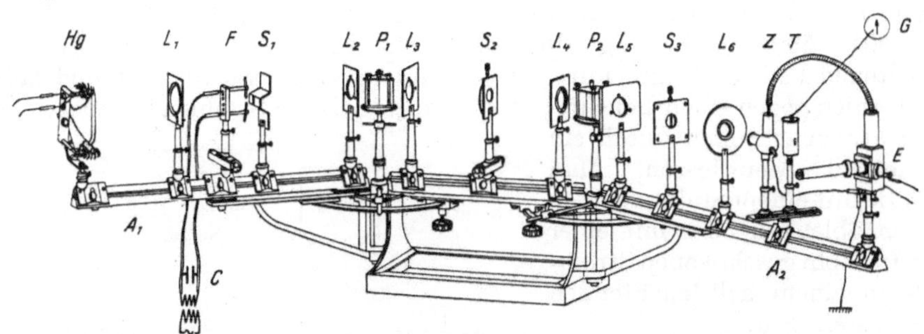

Abb 405. Doppelmonochromator fur physikalische Zwecke In dem gezeichneten Beispiel soll eine Photozelle Z mit Hilfe einer Thermosaule T in Ampere je Watt Strahlungsleistung geeicht werden (E = Einfadenelektrometer zur Strommessung, Elektr -Band, Abb. 131) Z und T konnen auf einem Schlitten abwechselnd in den Strahlengang gebracht werden — Als Lichtquelle dienen eine Hg-Lampe und eine Funkenstrecke F F kann auf einem Schlitten zur Seite geschoben werden. Dann bildet die Linse L_1 die Hg-Lampe auf den Eingangsspalt S_1 ab — Die Arme A_1 und A_2 werden beim Wechsel der Wellenlangen geschwenkt, die nicht achromatischen Linsen verschoben Oft wird auch eine Lichtquelle mit kontinuierlichem Spektrum (W-Band-Lampe) benutzt. Dann bleiben die Arme stehen. Zum Wechsel der Wellenlange genugt die Verschiebung des mittleren Spaltes S_2 mit einem Mikrometerschlitten Die Spalte S_1 und S_2 mussen so eng gemacht werden, daß ihre weitere Verengerung das Ergebnis, z B die Gestalt eines Absorptionsspektrums, nicht mehr verandert Der ganze Arm A_1 befindet sich in einem lichtdichten Kasten Schwarz gezeichnet sind nur Reste seiner Bodenflache unter den Reitern von F und L_2.

Die Kaliumkugel wird mit streng monochromatischem[1] Licht bestrahlt. In kurzer, von Kapazität und Bestrahlungsstärke (Watt/m²) abhängiger Zeit macht das Voltmeter bei einem Höchstausschlag halt. Die zugehörige Grenzspannung K betrage beispielsweise 2,86 Volt. Aus dieser Beobachtung ist zu schließen:

Die Elektronen verlassen das bestrahlte Metall mit einer Geschwindigkeit, und daher können sie zwischen M und N ein elektrisches Feld aufbauen. Seine Spannung steigt bis zum Höchstwert U. Bei dieser Grenzspannung können die schnellsten Elektronen noch gerade bis an das Netz N vordringen, aber auch das nur bei senkrechtem Austritt aus der Kaliumfläche (Abb. 404). Bei schrägem Austritt müssen sie früher umkehren und auf Ellipsenbahnen zur Kugel M zurücklaufen.

Aus der Grenzspannung U läßt sich die kinetische Energie W_{kin} der schnellsten, vom Licht abgespalteten Elektronen berechnen. Es gilt (Elektrizitätsband § 97):

$$W_{kin} = \tfrac{1}{2}\,mu^2 = e\,U \tag{224}$$

$$m = \text{Masse des Elektrons} = 9{,}11 \cdot 10^{-31}\ \text{kg},$$
$$e\ \text{seine Ladung} = 1{,}6 \cdot 10^{-19}\ \text{Amp.Sek}).$$

Zahlenbeispiel:

$$U = 2{,}86\ \text{Volt};\quad u = 10^6\ \text{m/sec},$$
$$W_{kin} = 4{,}6 \cdot 10^{-19}\ \text{Wattsekunden}.$$

Die Multiplikation der Zahlenwerte von e und U unterbleibt im Schrifttum meistens. Man schreibt z. B.:

$$W_{kin} = 2{,}86\ e\ \text{Volt}$$

ließ: 2,86 Elektronenvolt

(also 1 e Volt $= 1{,}6 \cdot 10^{-19}$ Wattsekunden).

Die Grenzspannung U ist von der Bestrahlungsstärke (Watt/m²) der Metallfläche unabhängig, also im klassischen Bilde unabhängig von der Amplitude des elektrischen Lichtvektors $\mathfrak{E}$! Das war eine äußerst überraschende, grundlegende Entdeckung (Ph. Lenard 1902).

Bei der nächsten Beobachtung wird die Frequenz des eingestrahlten Lichtes variiert. Das Ergebnis ist in Abb. 406 dargestellt: Der Höchstwert der kinetischen Energie

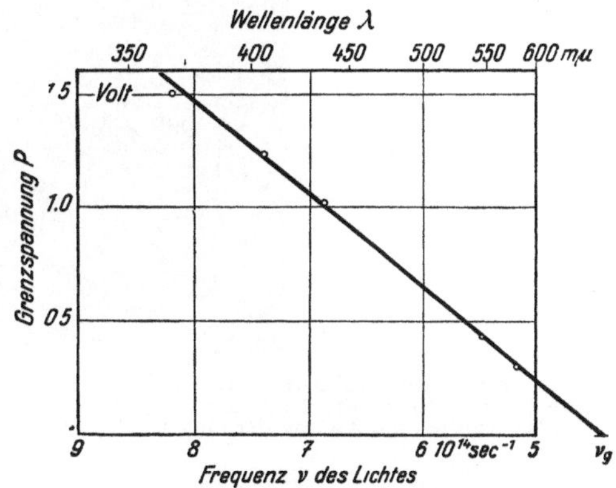

Abb. 406. Abhängigkeit der lichtelektrischen Grenzspannung von der Frequenz des Lichtes, gemessen gemäß Abb. 403.

hängt linear von der Frequenz v des Lichtes ab. Es gilt[2]

$$W_{kin} = e\,U = \text{const}\,(v - v_g). \tag{225}$$

Die Konstante bestimmt die Neigung der Geraden in Abb. 406. Diese Neigung

---

[1] Streng monochromatisches Licht wird nicht nur für diesen, sondern auch viele andere Versuche benötigt. Wegen der Streuung an Prismen und Linsen kann man es nur mit doppelter spektraler Zerlegung erhalten. Die Abb. 405 zeigt eine bewährte Ausführungsform eines „Doppelmonochromators"

[2] So hat A. Einstein 1905 Lenards „bahnbrechende Arbeit" gedeutet, obwohl Lenard die Abhängigkeit von der Lichtfrequenz garnicht untersucht hatte.

ist für alle Metalle die gleiche. Verschiedene Metalle ergeben verschiedene Werte der Grenzfrequenz ν_g[1], die Geraden sind nur parallel zueinander verschoben.

Als Zahlenwert der Konstanten liefert Abb. 406

$$\text{const} = 6{,}6 \cdot 10^{-34} \text{ Watt} \cdot \text{sec}^2.$$

Das ist die von Planck auf ganz anderem Wege entdeckte Fundamentalkonstante. Als ihr bestbestimmter Wert gilt heute

$$h = 6{,}62 \cdot 10^{-34} \text{ Watt} \cdot \text{sec}^2.$$

Somit lautet die lichtelektrische Gleichung

$$e\,U = h\,(\nu - \nu_g). \tag{226}$$

Dieser Gleichung kann man zwei Aussagen entnehmen:

1. $h\,\nu$ bedeutet die kinetische Energie der Elektronen innerhalb des bestrahlten Körpers. Sie wird den Elektronen vom Licht übermittelt, also im elementaren Absorptionsprozeß übertragen. Für den Elementarprozeß selbst gilt

$$e\,U = h\,\nu, \tag{227}$$

d. h. die Lichtenergie wird in einzelnen von der Frequenz ν abhängigen Beträgen absorbiert. Ein Elementarbetrag $h\,\nu$ wird kurz als „Lichtquant" bezeichnet.

2. Die vom Material abhängige Größe $h\,\nu_g$ hat nur eine nebensächliche Bedeutung. Sie mißt einen Energieverlust beim Verlassen der Körperoberfläche, eine „Abtrennungsarbeit"

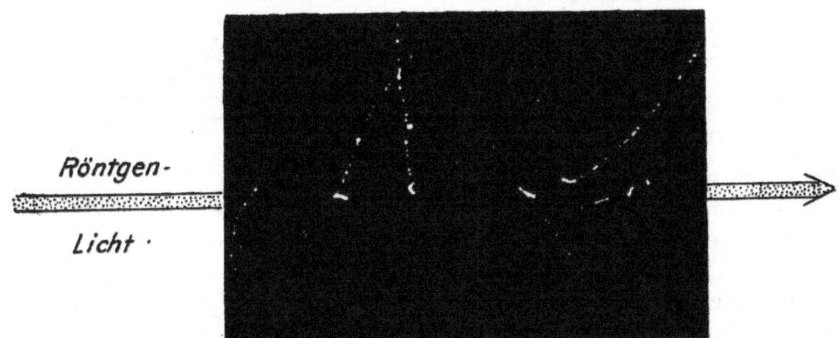

Abb. 407. Nebelkammerbild der lichtelektrischen Wirkung von Röntgenlicht. Mittlere Wellenlänge 0,6 ÅE, entsprechend $2 \cdot 10^4$ eVolt. Hier sind nur die Elektronen mit langer Bahnspur zu beachten, die kurzen dicken Bahnspuren am Anfang der langen dünnen werden erst im § 133 besprochen werden. Aufnahme von P. Auger.

Der Schauversuch zur Bestimmung von h umfaßte nur einen engen Frequenzbereich, noch nicht einmal eine Oktave. Die lichtelektrische Gleichung ist aber im weiten Bereich des Röntgenspektrums experimentell geprüft und bestätigt worden. Einwandfreie Messungen sind in einem Bereich von mindestens 10 Oktaven ($\lambda < 30$ ÅE) ausgeführt worden. Es wurden teils äußerst dünne Folien bestrahlt, teils Gase. Die Einzelheiten werden in anderem Zusammenhange folgen (§ 133).

---

[1] Als Grenzfrequenz des K wird in diesem Schauversuch $\nu_g = 4{,}42 \cdot 10^{14}$ sec^{-1} gemessen: dieser Wert ist noch durch die Voltaspannung zwischen Ni und K (Elektrizitätslehre § 129) verfälscht. Die Ausschaltung dieses Fehlers ist hier belanglos. (Man kann z. B. beide Elektroden aus gleichem Metall wählen und die Anode vor reflektiertem Licht schützen.) Ni wird erst bei Frequenzen $> 1{,}1 \cdot 10^{15} \cdot$ sec^{-1} empfindlich. Es wurden aber im Schauversuch keine Frequenzen $> 9 \cdot 10^{14}$ sec^{-1} benutzt. Folglich konnte auch reflektiertes Licht keine störenden Elektronen an der Nickelnetzanode auslösen.

Den hohen Frequenzen entsprechend, haben die vom Röntgenlicht ausgelösten Elektronen eine große kinetische Energie. Sie können daher mit den für Kathodenstrahlen und für β-Strahlen entwickelten Verfahren untersucht werden. An erster Stelle ist die Nebelkammer zu nennen (Elektrizitäts-Band § 141). Die Abb. 407 zeigt ein Beispiel. Ein schmales Bündel Röntgenlicht mit einer mittleren Wellenlänge von 0,6 ÅE durchläuft in der Pfeilrichtung ein Gemisch von 5 % Argon in Wasserstoff. Das Röntgenlicht wird nur von Argon absorbiert. Man sieht fünf dünne, praktisch gleich lange Bahnspuren. Mit stereoskopischen Aufnahmen kann man die Bahnlänge der ausgelösten Elektronen bestimmen und daraus ihre kinetische Energie $e\,U$. Der Zusammenhang von Bahnlänge und $e\,U$ ist ja aus Untersuchungen an Kathodenstrahlen gut bekannt. — Erheblich genauer erhält man jedoch die kinetische Energie der Elektronen durch Messung ihrer Bahnkrümmung im Magnetfeld. Die für lichtelektrische Beobachtungen brauchbarsten Verfahren werden später in ·§ 133 beschrieben werden.

Die Absorption der Lichtstrahlung in Form einzelner, von der Frequenz abhängiger Quanten gehört heute zu den bestgesicherten Tatsachen der physikalischen Erfahrung. Diese Behauptung wird durch den Inhalt des folgenden Paragraphen erhärtet werden.

§ 119. Spektrallinien der Atome. Serien. Kombinationsprinzip.

, Selten hat eine sinnfällige und ausgiebig untersuchte physikalische Erscheinung dem Verständnis so viel Schwierigkeiten bereitet, wie die linienhafte Lichtabsorption und Emission der Gase und Dampfe. Man konnte die Emission sowohl thermisch wie elektrisch anregen und mit verschiedenen Erregungsbedingungen (Temperatur, Dichte, Gaszusätze, Stromstärke, Feldstärke u. a.) recht verschieden aussehende Spektra erzielen. Man lernte allmählich die komplizierten Spektra der Moleküle von den einfacheren der Atome unterscheiden. Viele Stoffe bestehen ja in Dampf- und Gasform überwiegend aus einzelnen Atomen, z. B. die Metalle und die Edelgase. Bei anderen Stoffen wird dieser Zustand nur bei sehr hohen Temperaturen erreicht. In Wasserstoff sind z. B. bei 3000° C erst 8 % aller Moleküle in Atome dissoziiert, bei 5000° C aber schon 96 %. — Das gilt für den stationären Zustand des Dissoziationsgleichgewichtes, z. B. in der Atmosphäre heißer Fixsterne. Man kann aber H_2 statt thermisch auch elektrisch dissoziieren und so atomaren Wasserstoff erhalten. Seine Lebensdauer ist zwar bei tiefen Temperaturen nur gering, doch läßt sich durch geeignete Kunstgriffe für manche Zwecke eine genügende Atomkonzentration aufrechterhalten (vgl. Anm. 1 auf S. 220).

In vielen Fällen konnte man die gleichen Spektrallinien der Atome sowohl im Spektrum der Absorption wie der Emission beobachten. Hier ist zunächst ein berühmter Versuch von G. Kirchhoff (1859) zu nennen. Er zeigt die Übereinstimmung der Lichtfrequenz bei Absorption und Emission allerdings nur für eine einzige Spektrallinie, die D-Linie[1] des Na-Dampfes ($\lambda = 0{,}589\ \mu$).

---

[1] Bei dem im Schauversuch benutzten Dampfdruck handelt es sich nur um eine breite Spektrallinie. Bei kleinem Dampfdruck zerfällt die D-Linie in zwei einwandfrei getrennte Einzellinien, in ein Dublett mit den Wellenlängen 0,5890 und 0,5896 μ. Diese beiden eng benachbarten Linien lassen sich auch ohne Spektralapparat voneinander trennen. Man stellt in den Strahlengang hintereinander zwei gekreuzte Nikols und zwischen diese eine parallel zur optischen Achsenrichtung geschnittene Quarzplatte von etwa 32 mm Dicke. Dann tritt das Licht beider Linien linear polarisiert in den Quarz ein, und in ihm wird die Schwingungsebene gedreht, für D_1 um 180°, für D_2 nur um 90°. Folglich kann das Licht der D_2-Linie das zweite Nikol passieren. Ebenso kann man allein D_1 erhalten. Man braucht nur die Schwingungsebenen der Nikols einander parallel zu stellen.

In Abb. 408 kann der Spalt eines Spektralapparates von zwei hintereinander befindlichen Lichtquellen bestrahlt werden. Die dem Spalt nahe ist eine Bunsenflamme mit einem Zusatz von Na-Dampf (Höchsttemperatur etwa 1800° C; das flüssige Metall befindet sich am Fuß der Flamme in einer kleinen Eisenpfanne).

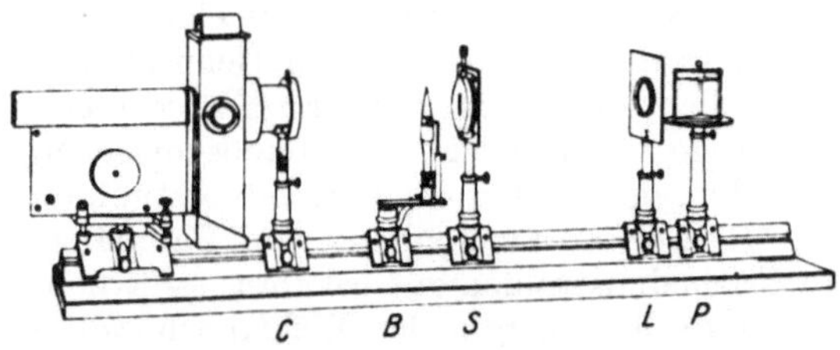

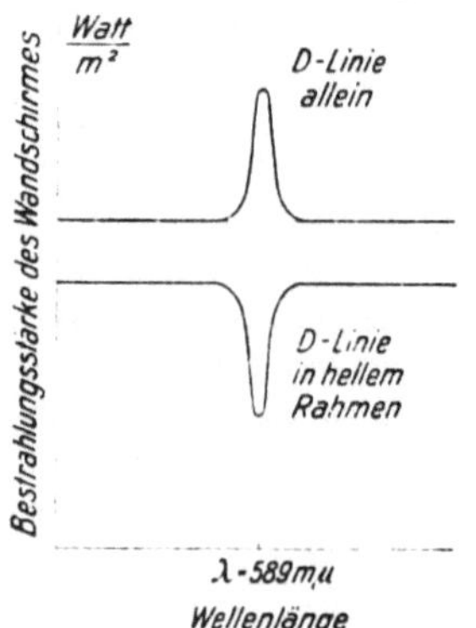

Abb. 408. Umkehrung einer Spektrallinie nach Kirchhoff. Der Versuch soll an dieser Stelle nur die Gleichheit einer Lichtfrequenz bei Absorption und Emission zeigen. Seine fundamentale Bedeutung für die Temperaturstrahlung wird erst in § 160 behandelt werden.

Die dem Spalt fernere Lichtquelle ist eine Bogenlampe (Temperatur etwa 4000° C.

Zunächst brennt nur die Flamme. Auf dem Wandschirm sehen wir allein die D-Linie in gelber Farbe Dann wird außerdem die Bogenlampe eingeschaltet. Ihre Strahlung kann nur durch die dampfhaltige Flamme hindurch zum Spalt gelangen — Jetzt sehen wir ein helles kontinuierliches Spektrum von Rot bis Violett, aber genau am Ort der D-Linie von einem schwarzen Streifen unterbrochen. — Erklärung:

Die natriumhaltige Flamme allein sendet nur die Strahlung der D-Linie aus. Die Verteilung der Strahlungsleistung im Spektrum wird schematisch oben in Abb. 409 dargestellt. — Beim Zuschalten der Bogenlampe bleibt die Strahlung des Na-Dampfes ungeändert, die ihr frequenzgleiche Strahlung der Bogenlampe wird vom Dampf nicht hindurchgelassen. Infolgedessen wird die D-Linie auf dem Leuchtschirm nunmehr beiderseits von einem hellen kontinuierlichen Spektrum eingerahmt. In diesem hellen Rahmen sehen wir die D-Linie nicht mehr gelb, sondern schwarz. Es handelt sich bei diesem Wechsel des Farbtones, wie bei allem Farbensehen, nur um einen psychologischen Vorgang.

Ein sehr eindrucksvolles Beispiel für die Frequenzgleichheit der Absorptions- und Emissionslinien liefert der atomare Wasserstoff. Die Abb. 410 und 411 zeigen seine sog. „Balmerlinien" in einem Emissionsspektrum[1] und in einem Absorptionsspektrum je einer Fixsternatmosphäre[2]. In beiden Fallen sind, wenngleich nur schwach, auch Linien anderer Atome vorhanden. Deswegen wird das H-Spektrum in Abb. 412 noch einmal in einer Zeichnung wiederholt.

Die Linien des atomaren Wasserstoffs sind offensichtlich gesetzmäßig in einer Reihe oder Serie angeordnet. J. J. Balmer, ein Schweizer, hat 1885 als erster

Abb. 409. Zum Versuch von Kirchhoff. Man denke sich die Ordinatenwerte mit einem Thermoelement gemessen. Das Minimum der unteren Kurve erhebt sich ebensoweit über die Abszisse, wie das Maximum der oberen.

---

[1] Die Emissionslinien lassen sich bequem mit einem elektrischen Entladungsrohr beobachten. Am besten benutzt man ein elektrodenloses gemäß Abb. 302 des Elektrizitats-Bandes oder ein etwa 2 m langes Rohr mit feuchtem, stromendem Wasserstoff (R. W. Wood). Der Wasserdampf nimmt der Glaswand die Fahigkeit, den von der Entladung gebildeten atomaren Wasserstoff rasch zu zerstoren.

[2] Die Absorptionslinien der Sternatmosphäre werden allgemein „Fraunhofersche Linien" genannt. Fraunhofer hat ab 1814 diese Linien zur Definition monochromatischer Strahlungen benutzt, vor allem für die Messung von Brechzahlen. Fraunhofer kannte übrigens auch die helle D-Linie in der Strahlung einer Kerzenflamme, aber nicht ihre Zuordnung zum Natrium. Die Deutung der Fraunhoferschen Linien durch Absorption stammt von Kirchhoff und Bunsen. Für sie wurde der „Umkehrversuch" (Abb. 408) ersonnen. Er gab die Berechtigung, die Spektralanalyse auch auf Absorptionsspektren auszudehnen.

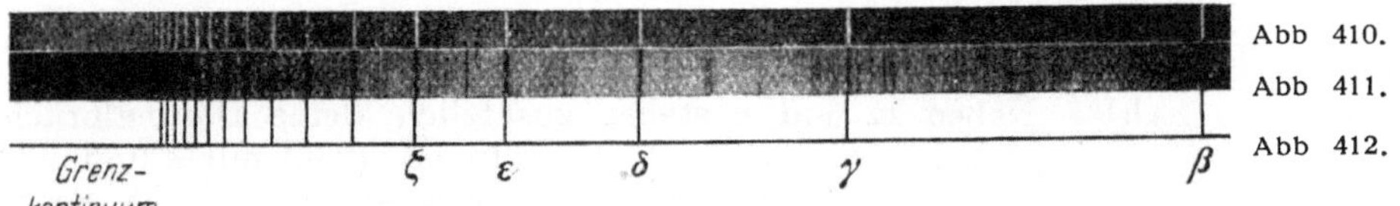

Abb 410 und 411 Die Balmerlinien des atomaren Wasserstoffs in Emission und Absorption, mit Ausnahme der weit rechts liegenden roten Linie α ($\lambda = 486$ mμ, blaugrun,
$\varepsilon = 398$ mμ, außerstes violett) Photographische Positive Es sind Spektra der Fixsterne γ Cassiopeiae und α Cygni Leider sind die Spektra auf zwei verschiedenen Filmen
aufgenommen worden. Die noch erkennbaren Abweichungen in der Lage der Linien
beruhen auf ungleicher Schrumpfung der beiden Filme

Abb 412. Zeich-
nung der Bal-
merserie   des
atomaren Was-
serstoffs

den Zusammenhang der Wellenlangen mit einer allgemeinen Formel dargestellt,
namlich

$$\lambda = 3645{,}6\,\frac{n^2}{n^2-m^2}\,\text{ÅE} \tag{228}$$

(ÅE = Angstromeinheit = 10^{-10} m.)

n und m sollten ganze Zahlen sein, im Sonderfall der Abb 410/11 m konstant $= 2$
und $n = 3, 4, 5, \ldots$

C. Runge ersetzte 1888 die Wellenlänge durch die Frequenz ν, und J. R. Rydberg gab 1890 der „Serienformel" die endgultige Gestalt

$$\boxed{\nu = Ry \cdot \left(\frac{1}{m^2}-\frac{1}{n^2}\right)} \tag{229}$$

(Ry = Rydberg-Frequenz = $3{,}29 \cdot 10^{15}$ sec^{-1}).

Später hat man außer der Balmerserie weitere Serien des atomaren Wasserstoffs
beobachtet, heute kennt man folgende funf:

$$\nu = Ry \cdot \left(\frac{1}{1^2}-\frac{1}{n^2}\right); \quad n = 2, 3, 4 \ldots \text{Th Lyman 1906} \tag{230}$$

$$\nu = Ry \cdot \left(\frac{1}{2^2}-\frac{1}{n^2}\right); \quad n = 3, 4, 5 \ldots \text{J. J. Balmer 1885} \tag{231}$$

$$\nu = Ry \cdot \left(\frac{1}{3^2}-\frac{1}{n^2}\right); \quad n = 4, 5, 6 \ldots \text{F. Paschen 1908} \tag{232}$$

$$\nu = Ry \cdot \left(\frac{1}{4^2}-\frac{1}{n^2}\right); \quad n = 5, 6, 7 \ldots \text{F. S. Brackett 1922} \tag{233}$$

$$\nu = Ry \cdot \left(\frac{1}{5^2}-\frac{1}{n^2}\right); \quad n = 6, 7, 8 \ldots \text{A. H. Pfund 1924} \tag{234}$$

Die serienmäßige Anordnung der Spektrallinien ist keineswegs auf das einfachste
Atom, das H-Atom, beschränkt. Sie ist vor 1900 schon für viele Atome aufgefunden worden. Rydberg gab das allgemeine Schema[1]

$$\nu = Ry \cdot \left(\frac{1}{(m+s)^2}-\frac{1}{(n+p)^2}\right). \tag{235}$$

---

[1] In der spektroskopischen Literatur dividiert man nach altem Brauch die Gl. (235)
beiderseits mit der Lichtgeschwindigkeit c. Dann bekommt man statt der Frequenz ν den
Kehrwert der Wellenlange, also $1/\lambda$, genannt die Wellenzahl ν^*, und statt der Rydberg-
frequenz Ry die Rydbergkonstante $Ry^* = 109\,700$ cm^{-1}. Man schreibt

$$\nu^* = \frac{Ry^*}{(m+s)^2} - \frac{Ry^*}{(n+p)^2}$$

und nennt die beiden Brüche die „Terme". Also $\nu^* = T_1 - T_2 =$ fester Term minus Lauf-
term. Dabei gilt:

Photonenenergie = Wellenzahl $\cdot\ 1{,}24 \cdot 10^{-4}$ Elektronenvolt $\cdot$ cm.

Dabei ist m eine kleine, innerhalb einer Serie konstante ganze Zahl 1, 2, 3 ..., n hingegen durchläuft für die Glieder einer Serie eine Folge ganzer Zahlen; n ist eine „Laufzahl". Neben m und n stehen zusätzlich kleine Dezimalbrüche, in Gl. (235) mit s und p bezeichnet, in anderen Serienformeln auch mit d und f.

In Abb. 413 vereinigt eine Zeichnung die drei wichtigsten Serien des Na-Atoms. Darunter stehen die Serienformeln, links in der ausführlichen Form, rechts in einer von F. Paschen angegebenen, viel benutzten Kurzschrift.

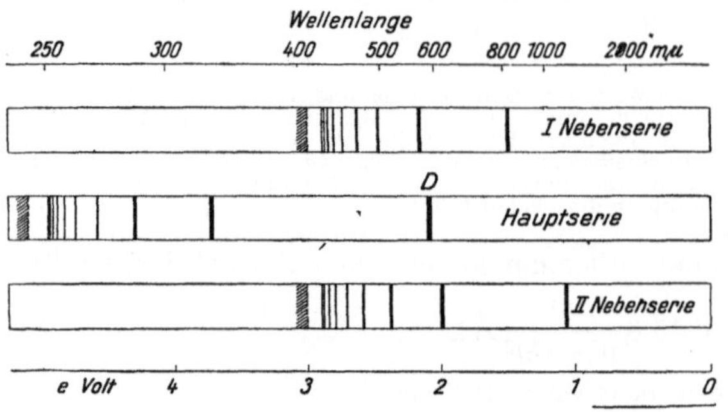

Abb. 413. Drei von den Spektralserien des Na-Atomes. Seriengrenzen gestrichelt. — Ihre formelmäßige Darstellung lautet:

Hauptserie: $\nu = Ry \cdot \left(\dfrac{1}{(1+s)^2} - \dfrac{1}{(n+p)^2}\right)$ oder $(1\,s - n\,p)$
$s = 0,629, \quad p = 0,144, \quad n = 2, 3, 4 \ldots$

I. Nebenserie: $\nu = Ry \cdot \left(\dfrac{1}{(2+p)^2} - \dfrac{1}{(n+d)^2}\right)$ oder $(2\,p - n\,d)$
$p = 0,144, \quad d = 0,070, \quad n = 3, 4, 5 \ldots$

II. Nebenserie: $\nu = Ry \cdot \left(\dfrac{1}{(2+p)^2} - \dfrac{1}{(n+s)^2}\right)$ oder $(2\,p - n\,s)$
$p = 0,144, \quad s = 0,629, \quad n = 2, 3, 4 \ldots$

Ferner nicht gezeichnet die Bergmann-Serien. Die erste wird dargestellt durch

$$\nu = Ry \cdot \left(\frac{1}{(3+d)^2} - \frac{1}{(n+f)^2}\right) \text{ oder } (3\,d - n\,f)$$
$$d = 0,070, \quad f = 0,20, \quad n = 4, 5, 6 \ldots$$

Die Hauptserien der Alkalimetalle lassen sich bequem im Absorptionsspektrum des Dampfes beobachten. Beim Na fällt nur die langwelligste Linie, die D-Linie, in den sichtbaren Spektralbereich, alle übrigen Linien dieser Serie liegen im Ultravioletten. Hingegen gehören die meisten Linien der Nebenserien dem sichtbaren Spektralbereich an. Man findet sie leicht im Emissionsspektrum: Man versieht die positive Kohle einer Bogenlampe mit einer Bohrung, füllt diese mit Na_2CO_3 und wirft das Spektrum auf einen Wandschirm.

Auf die Entdeckung der Serien folgte die Auffindung des Kombinationsprinzipes durch W. Ritz (Göttingen, 1908). Es lautet in Ritz' eigenen Worten: „Durch additive oder subtraktive Kombination, sei es der Serienformeln selbst, sei es der in sie eingehenden Konstanten, lassen sich neue Serienformeln bilden." Sie „gestatten gemessene, neu entdeckte Linien aus früher bekannten zu berechnen".

§ 120. Das Niveauschema der Atome. 1913 kam dann der für das Verständnis der Spektren entscheidende Fortschritt. Man verdankt ihn dem Dänen Niels Bohr. — Bekannt war die lichtelektrische Gleichung

$$h\,\nu = e\,U, \qquad\qquad \text{(227) v. S. 218}$$

und ihre Deutung, die Absorption des Lichtes in quantenhaften Energiebeträgen der Größe $h\,\nu$. Bekannt waren ferner die Formeln der Spektralserien, insbesondere die des H-Atoms,

$$\nu = Ry \left(\frac{1}{m^2} - \frac{1}{n^2}\right) \qquad\qquad \text{(229) v. S. 221}$$

mit der Rydberg-Frequenz $Ry = 3{,}29 \cdot 10^{15}$ sec^{-1}, und endlich das Ritzsche Kombinationsprinzip. Als Ausgangspunkt diente die Gl. (229).

Diese Gleichung wird beiderseits mit der Planckschen Konstanten h multipliziert, also

$$h\,\nu = \frac{Ry \cdot h}{m^2} - \frac{Ry \cdot h}{n^2}. \qquad\qquad \text{(229a)}$$

Dann steht links $h\nu$, also eine Energie: Folglich muß es sich rechts um die Differenz zweier Energien handeln, also

$$h\nu = W_{\text{Ende}} - W_{\text{Anfang}}. \tag{236}$$

Die Energien E_{Anfang} und E_{Ende} werden Niveaus genannt. **Jedem Niveau wird ein Energiezustand des Atoms zugeordnet. Dann ist die Energie $h\nu$ einer jeden Spektrallinie gleich der Energiedifferenz zwischen zwei energetisch verschiedenen Zuständen des Atoms. Lichtabsorption soll die Energie des Atoms vergrößern, Lichtemission soll sie verkleinern.**

Bei der Absorption muß der feste Wert W_{Anfang} klein, der Wert W_{Ende} groß sein. Ferner muß der feste Wert m dem Anfangszustand, die Laufzahl n dem Endzustand zugehören. Folglich darf man nicht setzen

$$W_{\text{Anfang}} = \frac{Ry \cdot h}{m^2} \quad \text{und} \quad W_{\text{Ende}} = \frac{Ry \cdot h}{n^2}$$

sondern man muß schreiben

$$W_{\text{Anfang}} = X - \frac{Ry \cdot h}{m^2}$$

und

$$W_{\text{Ende}} = X - \frac{Ry \cdot h}{n^2}$$

Dabei ist X die Höchstenergie des Atoms. Ihr Wert ist unbekannt und gleichgültig.

Auf Grund dieser Definition der Energieniveaus W_{Anfang} und W_{Ende} läßt sich eine Stufenfolge der Atomenergie, ein Niveauschema, aufstellen. Zu diesem Zweck setzt man in dem Bruch $\dfrac{Ry \cdot h}{n^2}$ der Reihe nach $n = 1, 2, 3 \ldots$ Dann bekommt man

für $n =$	1	2	3	$\ldots$	∞	
$\dfrac{Ry \cdot h}{n^2} = \Big\{$	21,7	5,42	2,41	$\ldots$	0	$\cdot 10^{-19}$ Wattsek.
	13,53	3,39	1,50	$\ldots$	0	$\cdot e$Volt

Die in eVolt angegebenen Werte sind in Abb. 414 zusammengestellt, und zwar in der rechten Ordinate abwärts nach steigenden Beträgen geordnet. Die rechte Ordinate gibt dann die zum Erreichen des Höchstwertes X noch fehlende (oder „negative") Atomenergie. In der linken Ordinate ist der Nullpunkt um den Wert 13,53 eVolt verschoben. Statt 0 heißt es 13,53 eVolt, statt $-3,39\,e$Volt heißt es 10,14 eVolt usf. Auf diese Weise gibt die linke Ordinate den Zuwachs der Atomenergie gegenüber irgendeinem unbekannten Wert des Grundzustandes. Im allgemeinen benutzt man die linke Ordinate, in manchen Fallen ist aber die rechte bequemer (S. 252).

Dieses Niveauschema des H-Atoms stellt die $h\nu$-Energie einer jeden seiner Spektrallinien dar als Differenz zweier Energieniveaus. Die Differenzen sind durch vertikale Striche angedeutet, und in einigen von ihnen ist die der

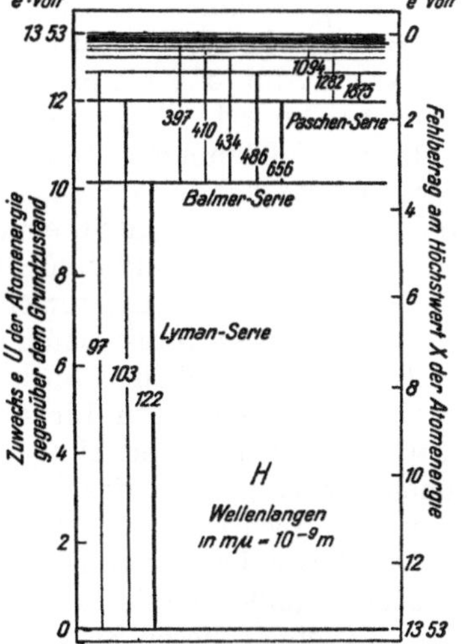

Abb. 414. Einfaches Niveauschema des H-Atoms mit drei von den fünf heute bekannten Serien.

Strichlänge entsprechende Lichtwellenlänge eingetragen. Auf diese Weise umfaßt das Schema alle funf für atomaren Wasserstoff gefundene Spektralserien Gl. (230)—(234), doch sind nur für drei die Namen und einige Wellenlängen eingetragen.

In entsprechender Weise hat man heute fur viele Atome ein Niveauschema aufgestellt. Als Fuhrer bei dieser teilweise sehr mühsamen Arbeit diente vor allem das Ritzsche Kombinationsprinzip. Man ist bei allen anderen Atomen aber nicht, wie beim H, mit einer einfachen Leiter ausgekommen, man hat deren

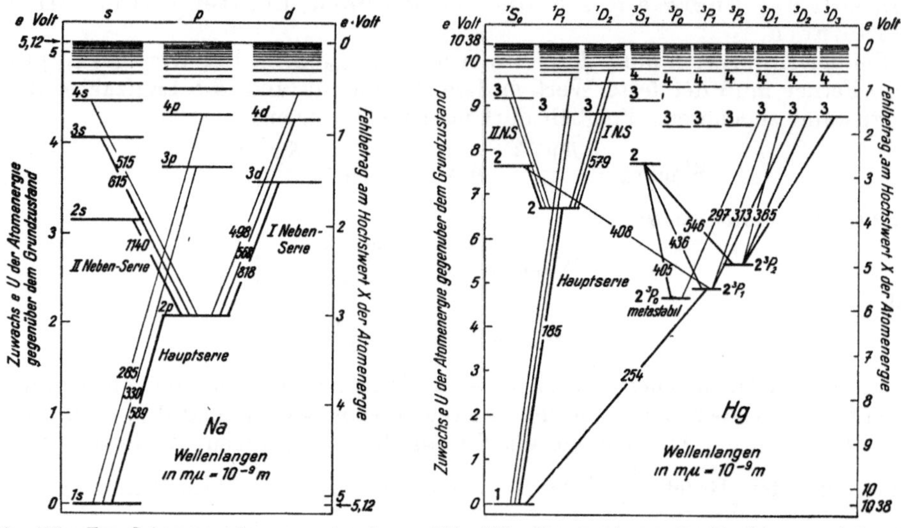

Abb 415   Fur Schauversuche ausreichendes Niveauschema des Na-Atoms

Abb. 416   Niveauschema des Hg-Atoms mit den fur Schauversuche wichtigsten Spektrallinien. Links Einfach-, rechts Dreifachniveaus.

mehrere nebeneinander stellen mussen. Die Abb. 415 und 416 geben das Niveauschema für Na und das fur Hg. Wir brauchen sie beide nur für Vorfuhrungsversuche. Darum sind Energieniveaus mit weniger als 10^{-2} eVolt Energiedifferenz zu einem Niveau zusammengefaßt. Dadurch erscheint z. B. die D-Linie des Na in Abb. 415 als einfache Linie mit der Wellenlänge 589 mμ und nicht als enges Dublett. (Vgl. Anmerkung 1 von S. 219.)

In den Zeichnungen 415 und 416 ist die Entstehung der wichtigsten Spektrallinien wieder durch Striche, und zwar diesmal schräge, angedeutet. Man darf aber solche Striche nicht etwa wahllos zwischen den Sprossen verschiedener Leitern einzeichnen und dann fur jeden solchen Pfeil eine Spektrallinie erwarten. Die Ubergänge zwischen verschiedenen Niveaus werden vielmehr nach bestimmten, hier zu weit fuhrenden ,,Auswahlregeln" bestimmt.

Jedes Niveauschema wird fur einen bestimmten Frequenz- oder Spektralbereich aufgestellt. Fur Licht im engeren Sinne umfaßt es die eine Oktave des sichtbaren Lichtes und einige der beiderseits angrenzenden Oktaven. Für die hohen Oktaven, also das Röntgenlicht, wird stets ein zweites Niveauschema gezeichnet (weiter in § 131).

Die tiefste Leitersprosse eines Niveauschemas ist dem niedrigsten fur Lichtabsorption und -emission maßgebenden Energiezustand eines Atoms zugeordnet. Man bezeichnet diesen Zustand als Grundzustand und stellt ihm alle übrigen, den hoheren Leitersprossen zugeordneten Zustande als angeregte gegenuber. Man unterscheidet das Grundniveau und die hoheren Niveaus.

Zur Bezeichnung der einzelnen Niveaus sind nur in der Abb. 415 die ursprünglichen, von Paschen angegebenen Symbole mit empirischen Laufzahlen benutzt worden. Das Grundniveau des Na beispielsweise hieß 1 s. Später sind im Schrifttum etliche andere, mit dem jeweiligen Stand der Atommodelle wechselnde Symbole vorgeschlagen worden. Neuerdings haben sich die von Sommerfeld sowie von Russel und Saunders empfohlenen weitgehend durchgesetzt, und auch wir wollen sie ausschließlich benutzen. Diese Symbole bestehen aus großen Buchstaben, ganzen Zahlen und Brüchen. So heißt z. B. das Grundniveau des Na nicht 1 s, sondern 1 $^2S\frac{1}{2}$ (lies: Eins-Dublett-S-Einhalb).

Zur Erläuterung dieser symbolischen Schreibweise nehme man Abb. 416 zur Hand. Der kleine Index links oben kennzeichnet mit 1, 2, 3 ... die Zugehörigkeit des Niveaus zu einem System von Einfach-, Doppel-, Dreifach- usw. Niveaus. Der große Buchstabe (S, P, D, F) kennzeichnet innerhalb dieses Systems eine Niveauleitergruppe. Die einzelnen Leitern einer Gruppe werden dann durch den Index rechts unten gekennzeichnet. Die S-Leiter ist in jedem Niveausystem einfach. Trotzdem wird auch ihr, mit Rücksicht auf bestimmte Atommodelle, unten rechts ein Index angefügt (z. B. $^3S_1$ in Abb. 416). Schließlich muß nun noch die Sprosse der nunmehr festgelegten Leiter gekennzeichnet werden. Dazu dienen bei uns, wie bei den Paschen-Symbolen, die empirischen Laufzahlen, sie werden als große Ziffern an den Anfang gestellt.

Hg 2 $^3P_0$ heißt also: Man suche im Dreifach-Niveau- (oder Triplett-) System des Hg-Atoms aus der Gruppe der P-Leitern die mit 0 markierte heraus und suche in ihr die mit 2 markierte Sprosse. Sie liegt bei 4,66 eVolt.

Die Verwendung von Brüchen zur Indizierung erscheint seltsam. Die Begründung wird in § 134 folgen.

§ 121. Angeregte Zustände und ihre Lebensdauer.
Unter normalen Bedingungen von Temperatur und Druck befinden sich die Atome im Grundzustand Sie können daher nur eine Serie von Spektrallinien absorbieren, deren unteres Niveau dem Grundzustand angehört. Eine solche Serie heißt Hauptserie. Beim Na ist es beispielsweise die mit der D-Linie beginnende.

Die Hauptserie des H-Atoms ist die Lymanserie. Ihre größte Wellenlänge ist $\lambda = 122$ mμ. Unterhalb von $\lambda =$ etwa 185 mμ wird Zimmerluft undurchlässig (Abb. 362). Man kann daher die Hauptserie des H nur mit einem Vakuumspektrographen beobachten. Dieser eignet sich schlecht für Vorführungsversuche. In der Atmosphäre heißer Fixsterne hingegen haben die thermischen Stöße bereits einen merklichen Bruchteil der H-Atome in den ersten angeregten Zustand versetzt. Das zugehörige Niveau (10,2 eVolt, Abb. 414) ist das niedrigste der Balmerserie. Infolgedessen kann die Sternatmosphäre auch die Linien der Balmerserie absorbieren (Abb. 411).

Eine Anreicherung von Atomen im angeregten Zustand, oder kürzer von angeregten Atomen, wird durch ihre winzige

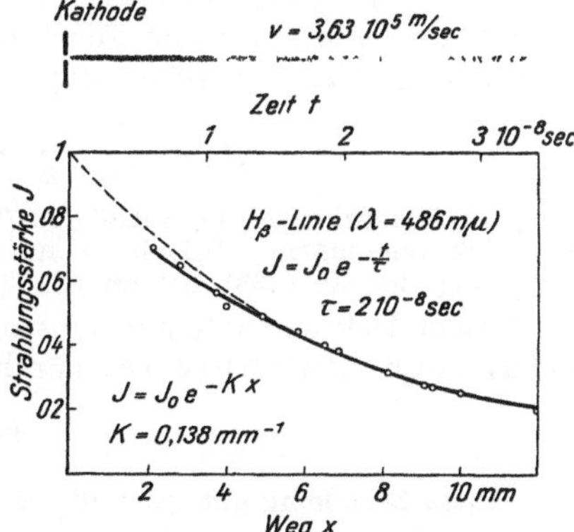

Abb. 417. Die Lichtemission eines Kanalstrahlbündels im Hochvakuum. Dicht hinter der Kathode D stören einige hier belanglose Nebenerscheinungen. Im weiteren Verlauf fällt die Strahlungsstärke J (Watt/Raumwinkel, ausgezogene Kurve) gut mit der gestrichelten Exponentialkurve zusammen (W. Wien, 1921).

mittlere Lebensdauer verhindert[1]. Diese ist im allgemeinen nicht größer als höchstens einige 10^{-8} Sekunden. Sie wird experimentell an Kanalstrahlen bestimmt. Man beobachtet das Abklingen der Lichtemission längs ihrer Flugbahn im Hochvakuum (Abb. 417). Es erfolgt exponentiell mit Weg und Zeit Man findet für die Strahlungsstarke J nach der Zeit t

$$J = J_0\, e^{-t/\tau} \qquad (236\,\text{a})$$

und daraus ergibt sich dann die mittlere Lebensdauer τ ebenso wie beim Zerfall eines radioaktiven Stoffes. In dem gezeichneten Beispiel betragt die mittlere Lebensdauer τ des angeregten H-Atoms $2 \cdot 10^{-8}$ sec.

Im allgemeinen berechnet man jedoch die Lebensdauer eines angeregten Zustandes. Zu diesem Zweck greift man auf das klassische Bild zurück. Im klassischen Bilde tritt an die Stelle der Lebensdauer τ eines angeregten Zustandes die Dämpfung des strahlenden Dipols, gemessen durch seine Dämpfungskonstante α oder sein logarithmisches Dekrement Λ Man schreibt statt der Gl. (236a)

$$J = J_0\, e^{-2\,\alpha\, t}, \qquad (237)$$

setzt also in Gl. (236a) $\tau^{-1} = 2\,\alpha$. Dann ist nach Gl. (155) v. S. 169

$$\left.\begin{array}{l} \alpha = \text{Dämpfungskonstante} \\[4pt] \dfrac{\alpha}{\nu} = \dfrac{1}{2\,\nu\,\tau} = \Lambda = \text{logarithmisches Dekrement} \end{array}\right\} \left.\begin{array}{l} \text{der Amplitude des strahlenden} \\ \text{Dipols.} \end{array}\right\} \qquad (237\,\text{a})$$

Die Dämpfung ergibt sich aus der Halbwertsbreite H der Spektrallinie (S. 170), es gilt
$$\Lambda = \pi\, H/\nu \qquad \text{Gl. (162a) v. S. 171}$$

$$(H \text{ im Frequenzmaß, also } \sec^{-1})$$

oder
$$\Lambda = \pi\, H^*/\lambda \qquad (162\,\text{b})$$

$$(H^* = \text{Halbwertsbreite im Wellenlängenmaß}).$$

Dieses Dekrement Λ setzen wir in Gl. (237a) ein und erhalten als Lebensdauer

$$\tau = \frac{1}{2\,\pi\,H}. \qquad (237\,\text{b})$$

Bei einem freien, nicht durch thermische Zusammenstöße gestörten Atom kommt die Dämpfung nur durch die Strahlung seines Dipols zustande. Diese Strahlungsdämpfung erzeugt ein logarithmisches Dekrement

$$\Lambda_S = \frac{\pi}{3\,\varepsilon_0} \cdot \frac{e^2\,\nu}{m \cdot c^3} = (1{,}23 \cdot 10^{-22}\ \sec) \cdot \nu. \qquad (238)$$

[$\varepsilon_0 =$ Influenzkonstante $= 8{,}86 \cdot 10^{-12}$ Amp.Sek./Volt $\cdot$ m. $e = 1{,}6 \cdot 10^{-19}$ Amp.Sek. $m =$ Elektronenmasse $= 9{,}1 \cdot 10^{-31}$ kg. $c = 3 \cdot 10^8$ m/sec; $\nu =$ Lichtfrequenz in $\sec^{-1}$. Die Herleitung der Gl. (238) hat an Gl. (174) v. S. 173 und (164a) v. S. 171 anzuknüpfen.]

Diesem Dekrement entspricht eine bestimmte Halbwertsbreite, genannt die natürliche Linienbreite, nämlich

$$H_S = \Lambda_S\, \frac{\nu}{\pi} \qquad (238\,\text{a})$$

---

[1] Diese Beziehung gilt ganz allgemein. Entstehen N Individuen in der Zeit t mit der mittleren Lebensdauer τ, so ist der stationäre Bestand $n = \dfrac{N}{t} \cdot \tau$. — Beispiel: In Deutschland wird ungefähr alle 20 Sekunden ein Kind geboren, also ist das Verhältnis $\dfrac{\text{Geburtenzahl } N}{\text{Zeit } t} \approx \dfrac{5 \cdot 10^{-2}}{\sec}$. Ferner ist die mittlere Lebensdauer eines Deutschen ≈ 53 Jahre $= 1{,}6 \cdot 10^9$ sec. Folglich ist der stationäre Bestand der deutschen Bevölkerung $n \approx 5 \cdot 10^{-2}\ \sec^{-1} \cdot 1{,}6 \cdot 10^9\ \sec = 80$ Millionen.

und im Quantenbilde die **natürliche Lebensdauer** des angeregten Zustandes.

$$\tau_S = \frac{1}{2 \pi H_S}. \tag{238b}$$

Zahlenbeispiel: Für die in Abb. 417 benutzte Spektrallinie H_β ist

$\nu = 6,2 \cdot 10^{14}$ sec^{-1}, $\qquad\qquad As = 7,6 \cdot 10^{-8}$ [nach Gl. (238)],

$H_S = 1,50 \cdot 10^7$ sec^{-1} [nach Gl. (238a)] $\quad \tau_S = 1,06 \cdot 10^{-8}$ sec [nach Gl. (238b)].

Die aus der klassischen Strahlungsdämpfung berechnete natürliche Lebensdauer τ_S stimmt der Größenordnung nach mit dem an Kanalstrahlen gemessenen Wert überein. Das Verhältnis zwischen natürlicher Linienbreite H_S^* und Wellenlänge λ ist

$$\frac{H_S^*}{\lambda} = \frac{H_s}{\nu} = 2,4 \cdot 10^{-8},$$

also der Kehrwert $4 \cdot 10^7$ größer als das Auflösungsvermögen der leistungsfähigsten Spektralapparate (§ 56). Meßtechnisch darf man daher die **natürliche Linienbreite gleich Null** setzen oder die zugehörigen Wellenzüge als praktisch unendlich lang betrachten.

In Wirklichkeit zeigt nun aber jede Spektrallinie in Spektralapparaten von genügendem Auflösungsvermögen die Gestalt einer Bande von geringer, aber durchaus meßbarer Breite (S. 98). Die tatsächlich **beobachteten Halbwertsbreiten der Spektrallinien entstehen stets durch sekundäre Einflüsse** — Zunächst ist der Dopplereffekt zu nennen. Die thermische Geschwindigkeit u der Atome verändert die vom Beobachter wahrgenommene Wellenlänge λ_B: Nach Gl. (74) v. S. 122 gilt für kleine Werte von u/c

$$\lambda_B = \lambda \pm \Delta \lambda = \lambda \left(1 \pm \frac{u}{c} \right).$$

Beispiel: Die mittlere thermische Geschwindigkeit der H-Atome ist bei Zimmertemperatur $= 1850$ m/sec. Somit ergibt sich

$$\cdot \frac{\Delta \lambda}{\lambda} = \pm \frac{1,85 \cdot 10^3}{3 \cdot 10^8} = \pm 6 \cdot 10^{-6}$$

oder

$$\frac{H^*}{\lambda} = 1,2 \cdot 10^{-5},$$

d. h. die vom Dopplereffekt verursachte Halbwertsbreite der Linie ist beim Wasserstoff von Zimmertemperatur fast 500mal größer als die natürliche, nur von der Strahlungsdämpfung bewirkte Linienbreite H_S. Außerdem bewirken die thermischen Zusammenstöße der strahlenden Atome mit anderen Molekülen eine „Stoßdämpfung“. Das bedeutet im klassischen Bilde: Die Dipolschwingungen im Atom werden durch den Stoßvorgang vorzeitig abgebrochen, der Wellenzug wird verkürzt und damit die Spektrallinie verbreitert[1]. In der Quantensprache hingegen heißt es: Der thermische Zusammenstoß verkürzt die Lebensdauer τ des angeregten Atoms und vergrößert dadurch die Halbwertsbreite H. Es gilt ja

$$H = \frac{1}{2 \pi \tau}. \tag{237b}$$

Ein krasses Beispiel einer solchen Stoßdämpfung lag in Abb. 389 vor. Dort war die Halbwertsbreite der Hg-Linie 254 mμ gleich $3,54 \cdot 10^{11}$ sec^{-1}, die Lebens-

---

[1] Der Flächeninhalt der Absorptionskurve oder das Produkt aus ihrer Halbwertsbreite und der Absorptionskonstanten im Bandenmaximum bleibt dabei ungeändert, vgl. Gl. (205) von S. 200.

dauer τ also nur $4,5 \cdot 10^{-13}$ sec. Sie war also rund 10^5mal kleiner als bei einem ungestörten Atom (siehe oben).

Viele Spektrallinien lassen sich nur in Absorptionsspektren beobachten Die geringe Halbwertsbreite der meisten Linien fuhrt da zu einer experimentell sehr unangenehmen Folgerung: Man kann wohl die Frequenz einer Linie bestimmen, d. h. die Lage ihres Absorptionsmaximums, man kann aber nicht die Linie wie eine kleine schmale Bande ausmessen und ihre Gestalt bestimmen. Fur solche Messungen mussen innerhalb des Spektralbereiches der Linienbreite eine ganze Reihe „monochromatischer" Strahlungen zur Verfugung stehen, Solche Strahlungen kann man aber nicht aus einem kontinuierlichen Spektrum ausblenden; die Spalte mußten sehr eng gemacht werden und dann lassen sie keine fur die Meßinstrumente ausreichende Strahlungsleistung hindurch. Das gilt vor allem fur alle Absorptionslinien im Ultraroten (vgl. Abb 486).

Aus diesem meßtechnischen Grunde hat man nur fur ganz wenige durch Stoßdampfung abnorm verbreiterte Absorptions-Spektrallinien die Bandengestalt ausmessen konnen. Die Abb. 389 gab ein Beispiel. — Bei Emissionslinien fallt diese Schwierigkeit fort Ihre Gestalt oder Struktur ist in vielen Fallen mit hoch auflosenden Spektralapparaten einwandfrei ermittelt worden (vgl. Abb 483 und 484)

§ 122. Resonanz- und Mehrlinien-Fluoreszenz.

Eine vom Grundniveau ausgehende Lichtabsorption kann auf bestimmte ausgezeichnete Frequenzen fuhren: Lichtenergie dieser Frequenzen wird nach der Absorption mit ungeanderter Frequenz wieder ausgestrahlt. Diese „Resonanzfluoreszenz" kann sogar 100 % Nutzeffekt besitzen. Voraussetzung ist nur eine niedrige Dampfdichte, die Zahl der gaskinetischen Zusammenstoße muß klein sein. Aus dem gleichen Grunde muß auch die Anwesenheit fremder Moleküle vermieden werden. Diese fuhrt zu einer Schwachung, manchmal sogar Unterdrückung der Resonanzfluoreszenz. Gaskinetische Zusammenstoße können also den Anregungszustand eines Atomes zerstoren, ohne daß es zu einer Lichtemission kommt. Man nennt solche Stöße „Stoße zweiter Art"

Na besitzt nur eine ausgezeichnete Frequenz, namlich die der D-Linie. Man kann daher die Fluoreszenz bequem im Schauversuch vorfuhren. Die Abb. 418 zeigt eine geeignete Anordnung. Sie benutzt Na-Dampf mit kleiner Dampfdichte

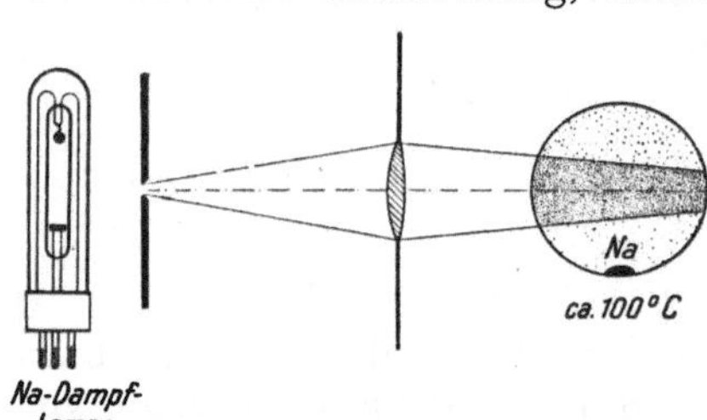

Abb. 418. Schauversuch zur Resonanzfluoreszenz des Na.

(z. B. 100° C und Sattigungsdruck $p = 10^{-7}$ mm Hg-Saule). Das primare erregende Licht entstammt einer technischen Na-Lampe. Sein Weg im Dampfgefaß macht sich durch eine gelbe Sekundarstrahlung bemerkbar. Sie enthalt keine andere Frequenz als die Primarstrahlung, also nur die D-Linie.

Die scharf begrenzte Bahn der primaren Strahlung ist allseitig von einer leuchtenden gelben Hulle umgeben. Sie erfullt das ganze Dampfgefaß. Es handelt sich um eine von der Sekundarstrahlung angeregte Tertiarstrahlung und so fort. Das ganze zur Fluoreszenzstrahlung angeregte Gefaß wird oft kurz als Resonanzlampe bezeichnet. Sie liefert infolge ihrer niedrigen Temperatur eine besonders monochromatische Strahlung.

Die D-Linie ist ja streng genommen eine Doppellinie (S. 219). Ihre beiden Komponenten sind in der Strahlung der Resonanzlampe scharf getrennt. Die als D_2 bezeichnete Komponente hat bei 300° C erst eine Halbwertsbreite von 0,002 m μ. Im klassischen Bilde sagt man: Das Atom strahlt, als Dipol schwingend, die gesamte aufgenommene Energie wieder aus. Das ist geschehen, bevor es mit einem anderen Atom zusammenstößt. Infolgedessen wird die optisch aufgenommene Energie auch nicht teilweise in Warmebewegung verwandelt, es liegt eine reine „Strahlungsdämpfung" vor. Die beobachtete Halbwertsbreite entsteht nur sekundar durch den Dopplereffekt (S. 227).

In der Quantensprache heißt es dagegen: Zwischen dem oberen Niveau der D-Linien und ihrem unteren, dem Grundniveau, liegt kein Niveau. Der bei der Absorption der D-Linien erreichte Energiezustand kann daher bei der Emission nur in den Grundzustand zurückverwandelt werden. Dabei kann nur Licht mit der Frequenz der D-Linien ausgestrahlt werden. Der Nutzeffekt muß 100 % betragen, sofern nur die mittlere Lebensdauer des angeregten Zustandes sehr klein gegenuber der mittleren Stoßzeit, d. h der Zeit zwischen zwei gaskinetischen Zusammenstoßen.

Lehrreich ist eine Fortsetzung des Versuches. Man umgibt das Dampfgefaß mit einem elektrischen Ofen mit den notigen Fenstern und steigert durch Temperaturerhohung die Dichte des Na-Dampfes. Dabei zieht sich der fluoreszierende Bereich mehr und mehr auf die Eintrittsstelle der Primarstrahlung zurück. Man sieht schließlich nur noch eine dunne Oberflachenschicht leuchten. Bei noch hoheren Dampfdichten spiegelt diese Schicht. Ihr Reflexionsvermogen wird der eines festen Metalls vergleichbar, aber dabei scharf selektiv. Folglich unterscheidet sich die Brechzahl des dichten Dampfes schon merklich von 1. — Früher haben wir die Entstehung einer Brechzahl auf die Sekundarstrahlung der Atome zuruckgefuhrt (S. 185). Die Brechzahl sollte mit der Atomzahldichte N_v ansteigen [Gl. (199) v. S. 192]. Diese Darstellung findet hier ihre sinnfallige Bestatigung.

Das Hg-Atom hat zwei Resonanzlinien, namlich $\lambda = 185$ und $\lambda = 254\,\mathrm{m}\mu$. Die erste liegt an der Durchlässigkeitsgrenze der Luft, scheidet also fur einfache Schauversuche aus. Hingegen kann man mit $\lambda = 254\,\mathrm{m}\mu$ bequem experimentieren, z. B. eine Resonanzlampe (S. 228) anfertigen. Sie besteht aus einer Quarzglaskugel und enthalt Hg-Dampf von Zimmertemperatur (Sattigungsdruck etwa $1,5 \cdot 10^{-3}$ mm Hg-Saule). Als Primarstrahlung benutzt man das Licht einer Hg-Bogenlampe mit einigen, unter Abb 419 erläuterten Kunstgriffen. Die Sekundar- oder Fluoreszenzstrahlung wird mit einem Leuchtschirm aus Bariumplatincyanur sichtbar gemacht. In Abb. 419 wird mit einer solchen Resonanzlampe ein Schattenwurf vorgeführt, und zwar von einer Hg-Dampfwolke. Diese entströmt einem handwarmen Hg-Tropfen vor dem Leuchtschirm. Der Schatten erscheint trotz der kleinen Dampfdichte (etwa $5 \cdot 10^{19}$ Hg-Atome je m³) tiefdunkel. Das ist nach unseren fruheren Darlegungen über die Absorptions-Spektralanalyse (S. 202) nicht

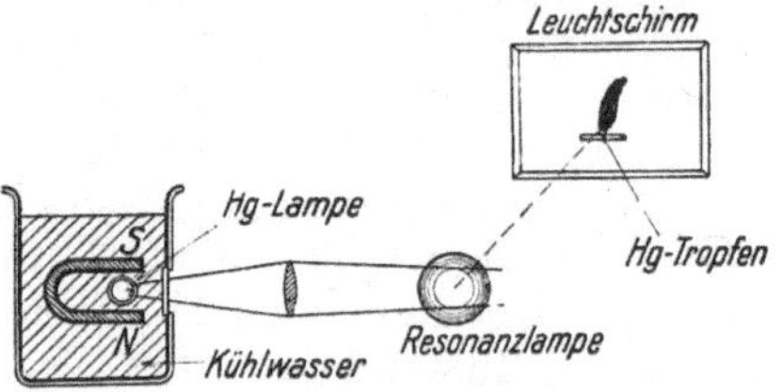

Abb 419. Schauversuch mit einer Hg-Resonanzlampe Die Fluoreszenzstrahlung entwirft auf dem Leuchtschirm das Schattenbild der Hg-Dampfwolke über einem handwarmen Hg-Tropfen. Mit einem Strahlungsmesser (Photozelle) statt des Leuchtschirmes kann man so bei 10 cm Schichtdicke noch ca. 10^{16} Hg-Atome je m³ Luft nachweisen. Die primare Lichtquelle wird mit fließendem Wasser gekuhlt und der heiße Stromfaden wird mit einem Magneten an die Quarzrohrwand herangezogen So wird die Absorption in den außeren kuhlen Randschichten des Hg-Dampfes oder kurz. die Selbstumkehr der Resonanzlinie 254 mμ vermieden.

überraschend: Die Empfindlichkeit dieses Nachweises war um so großer, je kleiner die Halbwertsbreite der absorbierten Spektralbande oder -linie ist.

Die Resonanzfluoreszenz bildet einen Sonderfall. Im allgemeinen versetzt die Absorption einer Spektrallinie aus dem Grundzustand in irgendeinen der hoheren angeregten Zustande Die Ruckkehr zum Grundzustand kann dann in verschiedener Weise erfolgen Entweder direkt, dann wird nur die primare Frequenz wieder ausgestrahlt, oder in mehreren Stufen über die bei der Absorption übersprungenen Niveaus: dann können auch die zu den Differenzen dieser Niveaus gehörenden Spektrallinien in der Sekundärstrahlung erscheinen. So kann man z. B. in Na-Dampf eine Primärstrahlung der Wellenlange $\lambda = 330\,m\mu$ ($= 3{,}74\,e$Volt) einstrahlen (Licht eines Zn-Funkens) Die sekundäre oder Fluoreszenzstrahlung enthält dann nicht nur die ultraviolette Linie $330\,m\mu$ des Natriums, sondern auch seine allbekannte gelbe D-Linie ($2{,}1\,e$Volt)[1].

Ein zweites Beispiel: Man erregt Hg-Dampf von Zimmertemperatur mit dem unzerlegten Licht einer technischen Hg-Bogenlampe zur Fluoreszenz. Bei großer Strahlungsstärke des primären Lichtes kann man dann im sekundären oder Fluoreszenzlicht alle Wellenlängen des Primärlichtes beobachten. — Deutung: Im ersten Augenblick befinden sich alle Hg-Atome im Grundniveau, können also nur die Resonanzlinie $\lambda = 254\,m\mu$ absorbieren[2]. Durch die Absorption wird das Energieniveau $2\,^3P_1$ erreicht (Abb. 416). Die Lebensdauer der so angeregten Atome beträgt zwar nur einige 10^{-8} sec. Trotzdem kann bei starker Primarstrahlung ein endlicher Bestand angeregter Atome entstehen. Nach Abb. 416 vermögen diese ihrerseits weitere Wellenlängen zu absorbieren, z. B. $\lambda = 313\,m\mu$ und $\lambda = 436\,m\mu$. Damit werden die Niveaus $3\,^3D_2$ und $2\,^3S_1$ erreicht. Von diesen aus werden die Niveaus $2\,^3P_2$ und $2\,^3P_0$ zugänglich, und so fort. Beim Übergang von den höheren zu den niedrigeren Niveaus erscheinen die zugehörigen Linien in Emission. Man spricht von einer Mehrlinienfluoreszenz mit einer „stufenweisen Anregung".

§ 123. Sensibilisierte Fluoreszenz.

Die Resonanzstrahlung der Hg-Atome läßt sich auf eine sehr bemerkenswerte Weise stören: Man setzt dem Hg-Dampf den Dampf eines anderen Metalles zu, z. B. von Thallium. Als Primärstrahlung wird weiterhin die Hg-Linie $254\,m\mu$ benutzt. Trotzdem erscheint jetzt nicht nur diese Linie im Fluoreszenzlicht, sondern auch die grüne Linie des Tl ($\lambda = 535\,m\mu$). Diese Erscheinung heißt sensibilisierte Fluoreszenz (G. Cario 1922). Ihre Deutung ist folgende: Die Anregungsenergie der grünen Tl-Linie und der Linien einiger anderer, ebenfalls als Zusatz brauchbarer Metalle (z. B. Na, Ag) ist kleiner als die Anregungsenergie für die Resonanzlinie des Hg. Im Niveauschema heißt das: Das obere Niveau der Hg-Resonanzlinie ($4{,}86\,e$Volt) liegt höher als das obere Niveau der grünen Tl-Linie ($3{,}27\,e$Volt). Bei hinreichender Dampfdichte können angeregte Hg-Atome mit Tl-Atomen zusammenstoßen und diese dadurch in den angeregten Zustand versetzen. Dazu muß nur ein Energiebetrag von $3{,}27\,e$Volt übertragen werden. Der Rest, also $4{,}86 - 3{,}27 = 1{,}59\,e$Volt wird nach Maßgabe des Massenverhältnisses in kinetische Energie der beiden Stoßpartner verwandelt. Nach kurzer Zeit strahlt das angeregte Tl-Atom die gespeicherte Energie in Form seiner grünen Linie aus. Diese Linie ist durch Dopplereffekt verbreitert. Das Tl-Atom hatte ja bei der Energieübertragung eine erhebliche Vergrößerung seiner Molekulargeschwindigkeit erfahren. Das Entsprechende gilt für einige nicht sichtbare, im Ultraviolett gelegene Linien des Thalliums. Sie finden sich neben der sichtbaren grünen Linie ebenfalls im Licht der sensibilisierten Fluoreszenz.

§ 124. Metastabile Zustände.

Wir behandelten soeben die sensibilisierte Fluoreszenz des Hg-Dampfes mit Tl-Zusatz. Diese Fluoreszenz wird durch Bei-

---

[1] In Abb. 415 kann der Übergang vom Niveau $3\,p$ nach $2\,p$ optisch nicht direkt erfolgen, sondern nur auf dem Umweg über $2\,s$ oder $3\,d$. Die dabei emittierten Spektrallinien liegen im Ultraroten.

[2] Die andere Resonanzlinie ($\lambda = 185\,m\mu$) kommt nicht in Frage, sie wird im Quarzglas und in der Luft absorbiert.

fugung etlicher chemisch indifferenter Gase, z. B. Argon oder Stickstoff, von einigen mm Druck in eigenartiger Weise beeinflußt: Die Resonanzlinie des Hg ($\lambda = 254$ mμ) wird unterdrückt. Das ist nach den Erfahrungen über Resonanzfluoreszenz nicht überraschend. Seltsamerweise wird aber gleichzeitig die Fluoreszenzemission der Tl-Linien erheblich verstärkt. — Ähnlich ist der Einfluß der gleichen Fremdgase auf die in § 122 beschriebene Mehrlinienfluoreszenz des reinen Hg-Dampfes. Auch hier schwächen die Fremdgase die Emission der Resonanzlinie, verstärken aber gleichzeitig die Emission einiger anderer Hg-Linien insbesondere die der sichtbaren mit den Wellenlangen 407 mμ, 436 mμ und 546 mμ.

Beide Erscheinungen lassen sich auf ein ausgezeichnetes Niveau des Hg-Atoms zuruckführen. Dies Niveau (4,66 eVolt) ist in Abb. 416 mit $2\,^3P_0$ bezeichnet. Zu diesem Niveau führt vom Grundzustand des Hg-Atoms, also $1\,^1S_0$ in Abb. 416, kein optischer Übergang. Dies Niveau kann nur auf einem Umweg erreicht werden: Absorption der Resonanzlinie ($\lambda = 254$ mμ) versetzt das Atom aus dem Grundzustand ($1\,^1S_0$) in den angeregten Zustand $2\,^3P_1$. Im angeregten Zustand kann das Hg-Atom mit einem Fremdmolekul zusammenstoßen und durch einen geringfügigen Energieverlust (etwa 0,2 eVolt) in das Niveau $2\,^3P_0$ gelangen. Dieser Übergang erfolgt ohne Strahlung, die abgegebene Energie wird meistens in kinetische Energie der beiden Stoßpartner verwandelt. Es handelt sich also um ,,Stöße zweiter Art'' (S. 228). Daraus ergibt sich folgende Lage: In einem von Fremdgasen freien Hg-Tl-Dampfgemisch halt sich der niedrigste, durch optische Anregung erreichte Zustand des Hg (Niveau $2\,^3P_1$) nur einige 10^{-8} sec (§ 121). Dann erfolgt die Rückkehr in den Grundzustand, also die Emission der Hg-Resonanzlinie 254 mμ. Nur vereinzelte Hg-Atome kollidieren im angeregten Zustand mit einem Tl-Atom und übertragen diesem ihre Anregungsenergie. Daher können nur wenige Tl-Atome ihre Linien emittieren. — Nach Zumischung des Fremdgases hingegen geraten viele der angeregten Hg-Atome auf dem Umweg über das Niveau $2\,^3P_1$ in das Niveau $2\,^3P_0$. Von diesem aus aber führt kein optischer Übergang in den Grundzustand $1\,^1S_0$ des Hg-Atoms (Abb. 416) zurück. Infolgedessen kann das Hg-Atom sehr lange, nach Messungen bis zu 10^{-2} sec, in diesem Zustand verharren, der Zustand ist ,,metastabil''. Während dieser langen Lebensdauer kann das angeregte Hg-Atom mit Sicherheit auf ein Tl-Atom treffen, diesem die Anregungsenergie übertragen und so die Emission der Tl-Linien ermöglichen. —

In entsprechender Weise ist die Rolle der Fremdgase bei der Mehrlinienfluoreszenz des Hg-Dampfes zu verstehen. Dank ihrer großen Lebensdauer können sich Hg-Atome im metastabilen Zustand anreichern. Infolge dessen kann die Linie 405 mμ gut absorbiert werden und dadurch viele Atome in den $2\,^3S_1$-Zustand versetzen. Das $2\,^3S_1$-Niveau ist das obere Niveau für die Emission der drei sichtbaren Linien 405, 436 und 546 mμ. Daher treten diese in der Mehrlinienfluoreszenz bevorzugt in Erscheinung.

Metastabile Niveaus finden sich bei vielen Atomen. Immer treten sie infolge ihrer abnorm großen Lebensdauer besonders hervor. Daher ist ihre Kenntnis unerläßlich.

§ 125. Serien-Grenzkontinuum und Photoeffekt an Gasatomen. Jedes Niveauschema beruht auf zwei experimentellen Erfahrungen, dargestellt durch die lichtelektrische Gleichung (227) und die Serienformeln [z. B. (230)—(234)]. Die den Serienformeln zugrunde liegenden Beobachtungen sind aber noch nicht vollständig ausgenutzt worden. Man nehme die Photographie einer Serie zur Hand, z. B. die

Emissionsserie des K (Abb. 420) oder eine Absorptionsserie des H (Abb. 411).
Die Spektrallinien drängen sich gegen das Ende der Serie mehr und mehr zusammen. Sie konvergieren deutlich gegen eine Grenzfrequenz ν_g. Hinter dieser
Grenze aber folgt ein kontinuierliches Spektrum, das Serien-Grenzkontinuum,
d. h. einzelne Atome können nicht nur Spektrallinien absorbieren und emittieren, sondern auch kontinuierliche Spektra mit nicht unerheblicher Breite.

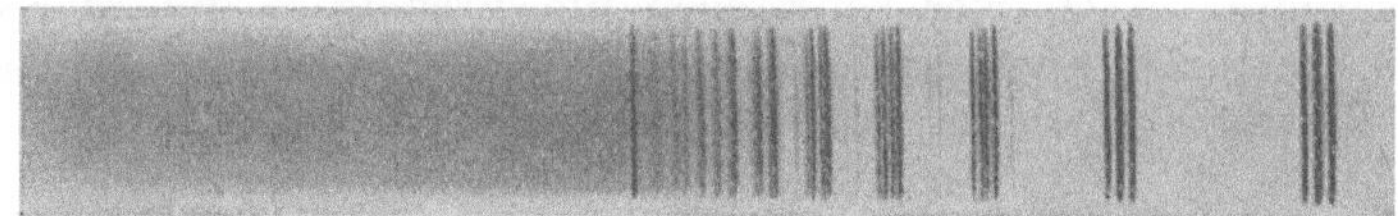

Abb. 420. Die Nebenserien im Emissionsspektrum des K-Dampfes mit dem Grenzkontinuum.
Aufnahme von H. Krefft.

Das ist der optische Befund. Hinzu kommt ein elektrischer: Lichtabsorption im Grenzkontinuum ruft an den Atomen eine lichtelektrische Wirkung hervor, es treten freie Elektronen auf. Das ist qualitativ durch viele Arbeiten gesichert. Die quantitativen Ergebnisse sind noch recht unbefriedigend. Das liegt
an äußerlichen Schwierigkeiten der experimentellen Technik. Man muß Dämpfe
der Alkalimetalle benutzen. Diese bestehen bei den erforderlichen Dampfdichten
nicht nur aus Atomen. Sie enthalten stets störende Metallmoleküle, z. B. K_2.
Aus dem gleichen Grunde ist auch noch kein brauchbarer Schauversuch bekannt.

Das Auftreten dieser lichtelektrischen Wirkung führt zu einer wichtigen Ergänzung des Niveauschemas. Man kann sich vom Wesen der verschiedenen
Energieniveaus eine erste, vorläufige Vorstellung machen. Man kann sagen: Der
Übergang von einer Energiestufe des Atoms zu einer anderen erfolgt durch den
Platzwechsel eines Elektrons. Die zum Kontinuum gehörigen hohen
Frequenzen $> \nu_g$ machen bei der Lichtabsorption das Elektron ganz frei. Der
absorbierte Energiebetrag $h\nu$ ist größer als der zur Seriengrenze ν_g gehörige.
Dem Elektron verbleibt nach seinem Austritt aus dem Atombereich noch ein
Überschuß in Form kinetischer Energie

$$\tfrac{1}{2}\, m\, u^2 = h\, (\nu - \nu_g) \tag{225}$$

Hier hat der Energiebetrag $h\,\nu_g$ wie auf S. 218 wieder die Bedeutung einer Elektronen-Abtrennungsarbeit. Man nennt sie für ein einzelnes Atom oder Molekül
die Ionisierungsarbeit. Die Tabelle 8 gibt einige Zahlenwerte:

Tabelle 8.

Atom	Frequenz ν_g der Seriengrenze	Ionisierungsarbeit	
		optisch aus ν_g berechnet	elektrisch gemessen
Na	$1{,}25\cdot10^{15}\ \text{sec}^{-1}$	5,17 eVolt	5,13 eVolt
K	$1{,}05\cdot10^{15}$,,	4,34 ,,	4,1 ,,
Cs	$0{,}94\cdot10^{15}$,,	3,88 ,,	3,9 ,,
Ca	$1{,}48\cdot10^{15}$,,	6,12 ,,	6,01 ,,
Hg	$2{,}52\cdot10^{15}$,,	10,39 ,,	10,2 ,,

Aus dieser Vorstellung vom Wesen der kontinuierlichen Absorption [Gl. (225)]
ergibt sich folgendes für die Emission: Ein positives Atomion kann freie Elektronen einfangen und dabei in den Grundzustand zurückkehren. Das kann
entweder direkt geschehen oder stufenweise, d. h. mit Aufenthalten in einigen
Zwischenniveaus Das Elektron kann vor dem Einfangen relativ zum Atomion
in Ruhe sein oder eine kinetische Energie $\tfrac{1}{2}\, m\, u^2$ besitzen. Im ersten Fall wird
während des Einfangens eine linienhafte Emission stattfinden, entweder mit

der Grenzfrequenz ν_g oder mit einigen anderen Frequenzen der Serie. Im zweiten Fall gehört die Emission zum Frequenzbereich des **Kontinuums**, es gilt -

$$h\,\nu = h\,\nu_g + \tfrac{1}{2}\,m\,u^2. \tag{225}$$

Nach neueren Untersuchungen kommen die kontinuierlichen Absorptionsspektra der Fixsterne nur durch Überlagerung solcher Serien-Grenzkontinua zustande. Sie spielen also eine große Rolle.

§ 126. Niveauschema und Elektronenstoß. Mit dem Niveauschema kann man eine Fülle optischer Erscheinungen bei Absorption und Emission der Atome in einen geordneten quantitativen Zusammenhang bringen. Dabei ist das Niveauschema erfreulicherweise von jeder Art von Atommodell unabhängig.

Das Niveauschema leistet aber noch mehr: Es umfaßt auch vieles von der Wechselwirkung zwischen Atomen und Elektronen. Das darf im Rahmen der Optik keinesfalls außer acht bleiben. In der Mehrzahl der Fälle wird ja die Emission der Gase mit Hilfe elektrischer Entladungen angeregt. Bei diesen spielt der **Elektronenstoß**, der Zusammenstoß von Atomen und Elektronen, eine ausschlaggebende Rolle.

Zur Einführung ist ein von **Gehrcke** und **Seeliger** stammender Versuch zu nennen (Abb. 421). Er ist 1912, also im Jahre vor **Bohrs** großer Arbeit, ausgeführt worden· Ein Plattenkondensator NA befindet sich in verdünntem Argon. Die positive Platte N ist ein Netz. Durch ihre Maschen tritt von der Spannung U beschleunigt ein Elektronenbündel als fadenförmiger Kathodenstrahl ein, und zwar leicht schräg gegen die Feldlinien geneigt. Die Elektronen „fallen" auf parabolischer Bahn[1] zur positiven Platte N zurück. Der größte Teil der Parabel ist als leuchtende Spur im Gas zu verfolgen. Nur der Scheitel der Parabel bleibt ganz dunkel. Die beiden Schenkel wechseln beiderseits in gleichem Abstand

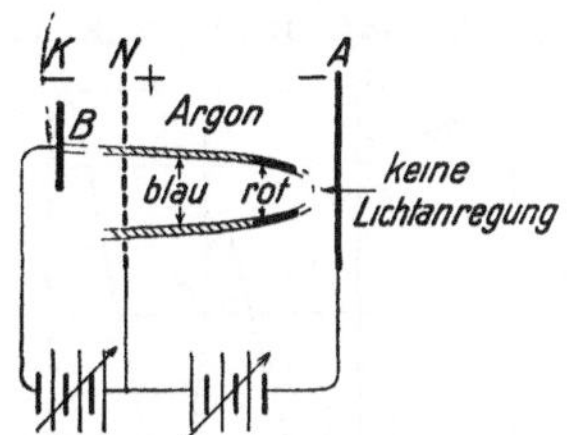

Abb 421 Qualitativer Schauversuch zur Anregung von Spektrallinien durch Elektronenstoß Glühkathode mit einem kleinen Fleck B aus Bariumoxyd, „Wehneltkathode" (vgl Elektrizitäts-Band, Abb. 319). Großenordnung der Spannung 100 Volt.

von der Anode sprungweise ihren Farbton. — Die Deutung dieses qualitativen Versuches lautete: Die Elektronen brauchen zur Anregung der Lichtemission eine gewisse Mindestenergie. Daher bleibt der Scheitel der Parabel, das Gebiet kleinster Elektronengeschwindigkeit, dunkel. Die Mindestenergie (heute Anregungsenergie) ist für verschiedene Spektrallinien verschieden. Sie ist klein für die rot, groß für die blau erscheinende Emission.

Quantitativ läßt sich jede Anregung von Atomen durch Elektronenstoß auf zwei Arten untersuchen. Sie unterscheiden sich nur durch den Nachweis der Anregung. Dieser kann optisch oder elektrisch erfolgen. Beim Überschreiten bestimmter Spannungen beobachtet man optisch das Aufleuchten von Spektrallinien, elektrisch das Auftreten langsamer, beim Anregungsvorgang abgebremster Elektronen. — Beides soll näher ausgeführt werden.

Die elektrischen Verfahren benutzen fast immer eine von Ph. **Lenard** 1902 angegebene Anordnung (Abb. 422) Sie diente damals nur zur Messung der größten Anregungsenergie, also der Ionisierungsarbeit. — Zwischen der Elektronenquelle K (heute meist Glühkathode) und der

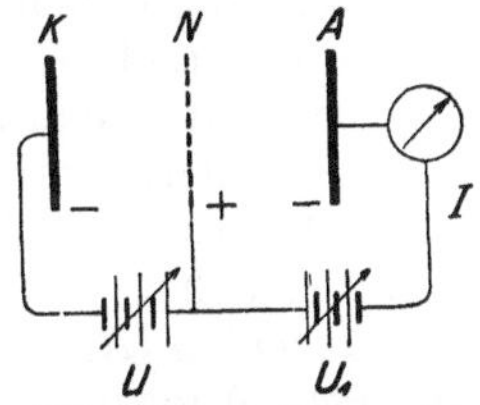

Abb. 422. Ionisierung durch Elektronenstoß. Messung der Ionisierungsarbeit. (Lenard.)

---

[1] Vgl. Abb. 404, Satzbeschriftung.

Auffangeelektrode A befindet sich eine gitterförmige Hilfselektrode N. Die zur Beschleunigung der Elektronen dienende Spannung U wird stets etwas kleiner gehalten als die Spannung U_1 zwischen N und A. Infolgedessen können keine Elektronen nach A gelangen, sondern nur positive, zwischen N und A durch Elektronenstoß gebildete Ionen. Treten positive Ionen auf, so hat $e\,U$ den Wert der Ionisierungsarbeit erreicht.

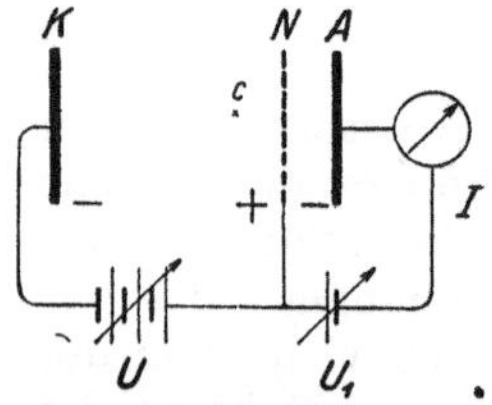

Abb. 423. Anregung einer Resonanzlinie durch Elektronenstoß. Messung der Anregungsenergie.

Die Anregung der niedrigeren Energieniveaus erkennt man, wie erwähnt, am Auftreten langsamer Elektronen. An erster Stelle ist ein Versuch von Franck und Hertz zu nennen. Er mißt die Anregungsenergie der Hg-Resonanzlinie $\lambda = 254$ mμ. Er läßt sich mit Hg-Dampf enthaltenden technischen Dreielektrodenröhren ausführen und sollte in keinem Anfängerpraktikum fehlen.

In den technischen Rohren sind die drei Elektroden meistens zylindersymmetrisch angeordnet, wir zeichnen aber in Abb. 423 die übersichtlichere Plattenform. Die Spannung U dient zur Beschleunigung der Elektronen, die kleine Spannung U_1 vermag nur ganz langsame Elektronen vom Auffänger fernzuhalten. Mit

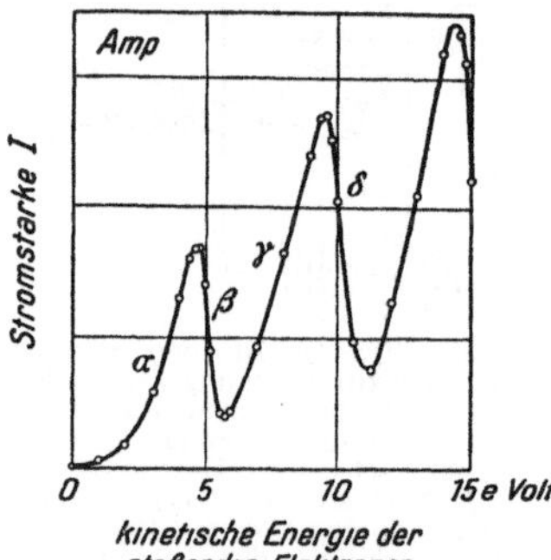

Abb. 424. Periodisches Auftreten langsamer Elektronen bei der Anregung der Hg-Resonanzlinie 254 mμ durch Elektronenstoß.

wachsender Spannung U nimmt der Elektronenstrom I zu (Kurvenstück α in Abb. 424). Bei $U = 4{,}9$ Volt erreichen die Elektronen unmittelbar vor dem Netz N die kinetische Energie 4,9 eVolt. Diese ist gleich der Energie des $2\,{}^3P_1$-Niveaus (Abb. 416). Daher werden die getroffenen Hg-Atome bis zu diesem Niveau angeregt. Dabei verlieren die stoßenden Elektronen ihre kinetische Energie. Ohne Geschwindigkeit vermögen sie nicht mehr von N nach A zu laufen. Infolgedessen sinkt der Strom jäh, Kurvenstück β in Abb. 424.

Bei weiter wachsender Spannung U wird die Anregungsenergie schon in einigem Abstand vor dem Netz erreicht, etwa bei C. Dann verlieren die Elektronen schon dort durch Anregung des $2\,{}^3P_1$-Niveaus ihre Geschwindigkeit. Aber auf dem Rest des Weges, also längs $C\,N$, werden sie von neuem beschleunigt, und dank der gewonnenen Geschwindigkeit können sie wieder nach A gelangen. Der Strom beginnt abermals zu steigen, Kurvenstück γ in Abb. 424. Bei $U = 9{,}8$ Volt wird die Anregungsenergie des $2\,{}^3P_1$-Niveaus auf dem Wege $K\,N$ zweimal erreicht, das erstemal in der Mitte, das zweitemal unmittelbar vor dem Netz. Folglich sinkt der Strom zum zweitenmal (Kurvenstück δ). Ohne Geschwindigkeit können die Elektronen wiederum nicht von N nach A gelangen.

In anderen Fällen läßt sich die Anregung der Energieniveaus durch Elektronenstoß optisch recht einfach nachweisen. Im Sichtbaren beobachtet man am besten subjektiv mit einem Spektroskop. Beim Überschreiten bestimmter Spannungen sieht man neue Spektrallinien aufleuchten. Dann ist die Elektronenenergie $e\,U$ gleich der Energie des oberen der zu den Linien gehörigen Atomniveaus. In Schauversuchen bewirken die neu hinzukommenden Linien oft einen auffälligen Farbumschlag (Abb. 421). Für einen großen Kreis empfiehlt sich die in Abb. 427 skizzierte Anordnung.

Der wichtigste Inhalt dieses Paragraphen lautet zusammengefaßt: Das Energieniveauschema der Atome stützt sich nicht allein auf die optische Messung der

Serienfrequenzen. Die Größe der einzelnen Energieniveaus läßt sich auch aus **elektrischen** Messungen herleiten, nämlich aus der Untersuchung des Elektronenstoßes.

Die weitere Erforschung der Spektrallinien ist mit der Entwicklung von Atommodellen verknüpft und mit einer vertieften Einsicht in das periodische System der Elemente. § 127 wird einige für das Folgende wichtige Dinge zusammenfassen.

§ 127. Atommodelle und die Ordnungszahl der Elemente.

Unsere heutigen Kenntnisse über die Elektronen stammen in der Hauptsache aus den Jahren 1897/99. In dieser Zeit wurden von E. Wiechert, J. J. Thomson und Ph. Lenard Ladung, Masse und Geschwindigkeit der Elektronen gemessen. Damals erkannte man in den Elektronen die Atome der negativen Elektrizität.

Gleichzeitig begannen die Bemühungen, mit Hilfe von Elektronen und gleich großen positiven Ladungen Atome modellmäßig aufzubauen. Diese Modelle sollten zweierlei leisten. Sie sollten erstens die Emission und Absorption der Spektrallinien auf Schwingungen der Elektronen zurückführen. Zweitens sollten sie den periodischen Aufbau im System der Elemente verständlich machen. Das periodische System der Elemente (S. 346) darf hier als bekannt vorausgesetzt werden: Man ordnet alle Atome nach wachsendem Atomgewicht[1] in eine horizontale Reihe, bricht aber nach einer Anzahl von Schritten ab und beginnt eine neue Reihe. Auf diese Weise bekommt man außer den horizontalen auch vertikale Reihen. Die in einer vertikalen Reihe untereinander stehenden Elemente zeigen in vielen Eigenschaften eine weitgehende Übereinstimmung. Als Beispiel nennen wir die erste Vertikalreihe mit Wasserstoff und den Alkalimetallen.

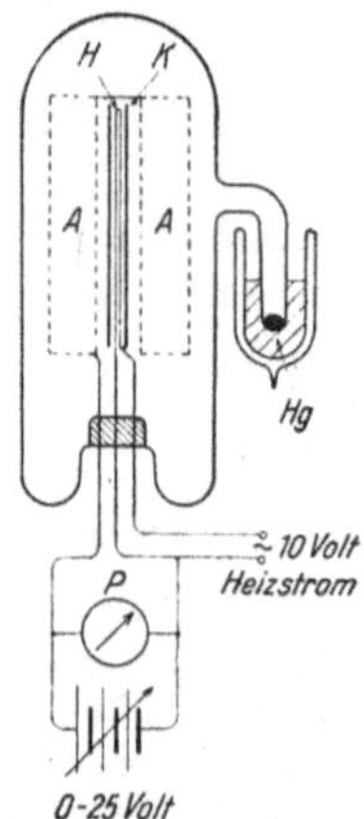

Abb. 427. Vorführung der Anregungsspannungen in einem Gemisch von Neon und Hg-Dampf. Als Elektronenquelle dient eine Glühkathode ohne Spannungsabfall (Äquipotentialkathode). Das ist hier ein Rohr aus einer BaO₂ enthaltenden keramischen Masse. Es wird von innen durch die Strahlung eines Wolframdrahtes zu schwacher Glut erhitzt. Die Anode ist ein aus zwei konzentrischen Nickelspiralen bestehender Drahtkäfig. Bei $U = 15$ — 20 Volt sieht man ein grünlich-bläuliches Leuchten des Hg-Dampfes, bei 20 Volt leuchtet das Rohr rot (rote Neonlinien), bei 21 Volt gelbrot (rote und gelbe Neonlinien). Die Absolutwerte dieser Spannungen sind um etwa 2 Volt durch die Berührungsspannung zwischen Anode und Kathode verfälscht.

Die Spektrallinien einer Serie hoffte man in Analogie zu Grund- und Oberschwingungen behandeln zu können. Infolgedessen benötigte man stabile Ruhelagen der Atome und, wie bei der elastischen Bindung, ein lineares Kraftgesetz

$$\mathfrak{K} = \text{const } r. \qquad \text{(13) des Mechanik-Bandes}$$

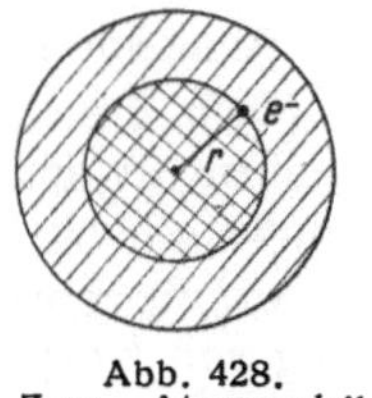

Ein von W. Thomson (Lord Kelvin) 1902 vorgeschlagenes Modell erfüllte diese Forderungen. — Für die positive Ladung wurde eine gleichförmige Verteilung im ganzen Raum des Atoms angenommen. Innerhalb dieser positiven Wolke sollten sich die Elektronen befinden. In der Abb. 428 bedeutet der schraffierte Kreis die positive Wolke, der Punkt e^- eines von den Z Elektronen, und zwar im Abstand r vom Mittelpunkt. Der Radius r zerlegt die Kugel in einen karierten Kern und eine schraffierte Schale. Die positive Ladung der Schale übt keine Kraft auf das

Abb. 428. Zum Atommodell von Lord Kelvin (= William Thomson) und J. J. Thomson.

---

[1] Mit geringfügigen Umstellungen (Ar vor K, Co vor Ni und Te vor J).

Elektron aus, denn im Innern eines geladenen Hohlraumes gibt es kein elektrisches Feld (Elektrizitätslehre, § 18). Die Ladung des karierten Kerngebietes wirkt wie eine Punktladung $(Z\,e)^+$ im Mittelpunkt, es gilt das Coulombsche Gesetz

$$\text{Kraft}\quad \mathfrak{K} = \text{const}\,\frac{(Z\,e)^+\,e^-}{r^2}. \qquad (240) = \text{Gl. (21) des Elektr.-Bandes}$$

Die wirksame positive Ladung $(Z\,e)^+$ ist proportional zum karierten Kugelvolumen $\frac{3}{4}\,r^3\,\pi$ und zur räumlichen Ladungsdichte. Daher ergibt sich

$$\mathfrak{K} = \text{const}\,\frac{r^3}{r^2} = \text{const}\cdot r, \qquad (241)$$

also das lineare Kraftgesetz.

Bisher wurde nur ein Elektron innerhalb der positiven Wolke betrachtet. Seine stabile Ruhelage ist der Kugelmittelpunkt. 2, 3, 4 ... Z Elektronen gruppieren sich stabil in bestimmten Anordnungen, z. B. vier Elektronen auf den Ecken eines Tetraeders. Dann herrscht Gleichgewicht zwischen der Anziehung der Elektronen durch den Mittelpunkt der positiven Kugel und der wechselseitigen Abstoßung der Elektronen untereinander. Die räumliche Anordnung einer großen Anzahl von Elektronen ist schwierig zu berechnen, der Fall einer ebenen Anordnung hingegen ist 1904 von J. J. Thomson quantitativ klargestellt worden Das Ergebnis war sehr überraschend. Zwei bis fünf Elektronen lassen sich stabil auf einem Ringe unterbringen, eine größere Zahl hingegen nur auf mehreren konzentrisch angeordneten Ringen[1].

6	7	8	9
1 5	1 6	1 7	1 8
17	**18**	**12**	**20**
1 5 11	1 6 11	1 7 11	1 7 12
32	**33**	**34**	**35**
1 5 11 15	1 6 11 15	1 7 11 15	1 7 11 16

Abb. 429. Zu J. J Thomsons Darstellung des periodischen Systems mit konzentrischen Elektronenringen im Kelvin-Thomsonschen Atommodell. In den kleinen Quadraten steht Z, die Zahl der Elektronen des Atoms. Man lese 19 statt 12 Kursiv· Zahl der Elektronen in den stabilen konzentrischen Ringen

Die Abb. 429 bringt Beispiele solcher stabiler Anordnungen Die Zahl der untergebrachten Elektronen ist jeweils links oben in der Ecke vermerkt. Die kursiv geschriebenen Zahlen bedeuten die Anzahl der in den einzelnen konzentrischen Ringen stabil untergebrachten Elektronen. In jeder Vertikalreihe zeigen die untereinander stehenden Atommodelle deutlich gemeinsame Züge, sie besitzen den gleichen Aufbau ihrer inneren Ringe. Mit dieser Verwandtschaft der Atommodelle in den Vertikalreihen war ein Hauptzug im periodischen System der Elemente getroffen. Thomson belegte die Analogie mit zahlreichen Einzelheiten aus den chemischen Erfahrungen.

Nach diesen Erfolgen konnte die Bedeutung der elektrischen Elementarteilchen für den Aufbau der Atome kaum noch zweifelhaft sein. Auch war der grundsätzliche Weg für ein Verständnis des periodischen Systems gefunden.

Auf ein ganz anderes Atommodell führten Untersuchungen über den Durchgang von Korpuskularstrahlen durch Materie. Beim Durchgang schneller Elektronen $(u > 0{,}3\,c)^2$ wird im wesentlichen nur die Zahl der Elektronen vermindert und nur wenig ihre Geschwindigkeit. Infolgedessen gilt für ein breites, parallel

---

[1] Diese stabilen Anordnungen lassen sich nicht nur berechnen, sondern auch in Modellversuchen vorführen. Statt der Elektronen benutzt man gleichnamige Pole kleiner Magnete. Die Magnete schwimmen, von kleinen Korkringen getragen, mit vertikaler Längsachse auf Wasser.

[2] $c = $ Lichtgeschwindigkeit.

begrenztes Strahlenbündel formal das gleiche Extinktionsgesetz wie für Licht, also

$$n = n_0\, e^{-K\,d}. \tag{242}$$

(n_0 = Zahl der einfallenden, n = Zahl der in Strahlrichtung durchgelassenen Elektronen.)

Die Extinktionskonstante K wird experimentell proportional zur Dichte ϱ des durchstrahlten Stoffes gefunden. Infolgedessen hat es Sinn, den absorbierenden Querschnitt eines einzelnen Atomes, also das Verhältnis

$$f = K/N_v$$

(N_v = Atomzahl/Volumen = $\varrho\, N$; $N = 6{,}02 \cdot 10^{26}$/Kilomol)

zu berechnen (vgl. Abb. 292c).

Der absorbierende Querschnitt f sinkt mit zunehmender Geschwindigkeit der Elektronen Für die größten Geschwindigkeiten, $u = 0{,}99\,c$, ergibt sich z. B. der absorbierende Querschnitt eines Platinatoms zu rund $f = 3 \cdot 10^{-26}$ m². Aus diesen Messungen zog Lenard 1903 einen außerordentlich fruchtbaren Schluß: Die Masse eines Atoms ist auf ein winziges Volumen zusammengedrängt. Oder, anders ausgedrückt: 1 m³ Platin besteht im wesentlichen aus leerem Raum. Die in ihm enthaltene Masse beansprucht nur das winzige Volumen von $^1/_3$ mm³.

Damit war die Grundlage eines neuen Atommodells geschaffen E. Rutherford baute es 1911 weiter aus. α-Strahlen erfahren gelegentlich beim Durchgang durch ein Atom Richtungsablenkungen von mehr als 90°. Derartige Ablenkungen sind nur möglich, wenn die positive Ladung auf einen Kern von etwa 10^{-14} m Durchmesser zusammengeballt ist. Die negativen Ladungen können dann aber nicht mehr wie beim Kelvin-Thomsonschen Modell stabile Ruhelagen besitzen. Ihre Stabilität kann nur, wie die der Planeten in der Astronomie, eine dynamische sein. Daher entschied sich Rutherford für ein schon vor ihm mehrfach gebrauchtes Bild: Die Elektronen sollten wie kleine Planeten die positive Ladung umkreisen. Gegen ein solches Modell ist aber ein schwerer Einwand zu erheben: Es ist nicht stabil! Grund. Jede Kreisbahn läßt sich durch zwei zueinander senkrechte, um 90° gegeneinander phasenverschobene lineare Schwingungen ersetzen. Ihre Frequenz ist die gleiche wie die der Kreisbewegung. Ein kreisendes Elektron ist gleichwertig mit zwei kleinen in der gleichen Frequenz schwingenden elektrischen Dipolen Derartige Dipole strahlen, verlieren also Energie. Die Strahlungsdämpfung verkleinert im Bereich optischer Frequenzen die Amplitude des Dipols schon in rund 10^{-8} Sekunden auf $1/e = 37\,\%$ [Gl. (238) von S. 226]. Folglich nähert sich das Elektron auf einer Spiralbahn dem Kern und schon nach einigen 10^{-8} Sekunden muß es an den Kern herangehen.

Für die Gesamtheit der Atome, zusammengefaßt im periodischen System der Elemente, brachte dann Anfang 1913 A. van den Broek einen ganz entscheidenden Fortschritt. Er ergänzte das System durch einige neu aufgefundene radioaktive Elemente und numerierte alle Elemente mit einer fortlaufenden Folge oder Ordnungszahl Z von 1—92. Diese Ordnungszahlen identifizierte van den Broek mit der Zahl der im Atom enthaltenen Elementarladungen. Ein Atom der Ordnungszahl Z soll Z positive Elementarladungen im Kern und Z außen befindliche Elektronen besitzen. Diese Elektronen sollen in Form konzentrischer Ringe oder Schalen angeordnet sein. Van den Broek folgt darin einer Darstellung von J. J. Thomson (1911) über die Entstehung der für jede Atomart charakteristischen Röntgenspektrallinien K, L, M ...: Die Elektronen der innersten Schale erfordern die größte Ionisierungsarbeit (viele Tausende eVolt). Beim Ersatz eines fehlenden Elektrons wird die für das Atom charakteristische K-Linie emittiert. Die nach außen folgende Schale hat eine kleinere Ionisierungsarbeit, der Ersatz eines fehlenden Elektrons liefert die L-Linie des Atoms, usw.

Das war der Stand der Atommodelle und das Verständnis des periodischen Systems der Elemente vor dem Eingreifen Bohrs. Die Kenntnis dieser Dinge wird die weitere Darstellung vereinfachen und erleichtern.

§ 128. Zusammenhang der Rydbergschen Frequenz mit e und h. Bohrsches Atommodell.

Die in dem Niveauschema zugrunde gelegten Serienformeln enthielten eine empirisch gefundene, nach Rydberg benannte Frequenz Ry. Bohr hat diese Frequenz auf das elektrische Elementarquantum e und die Plancksche Konstante h zurückführen können. Dazu bediente er sich des Planetenmodells für das H-Atom. Er behandelte zunächst den einfachsten Fall, die Kreisbahn.

Eine positive Elementarladung $+\,e$ zieht eine negative $-\,e$ an mit der Kraft

$$\mathfrak{K} = \frac{e^+\,e^-}{4\,\pi\,\varepsilon_0\,r^2} \qquad (245) = \text{Gl. (21) des Elektr.-Bandes}$$

oder abgekürzt

$$\mathfrak{K} = \frac{a}{r^2}, \quad \text{wo} \quad a = \frac{e^+\,e^-}{4\,\pi\,\varepsilon_0}. \tag{246}$$

$(\varepsilon_0 = \text{Influenzkonstante} = 8{,}86 \cdot 10^{-12} \text{ Amp.Sek./Volt} \cdot \text{Meter.})$

Diese Kraft liefert die Radialbeschleunigung für eine Kreisbahn mit der Bahngeschwindigkeit u, also

$$\frac{M\,u^2}{r} = \frac{a}{r^2} \qquad (247) = \text{Gl. (6) des Mech.-Bandes}$$

oder

$$r = \frac{a}{M\,u^2}. \tag{248}$$

$(M = \text{Masse des Elektrons} = 9 \cdot 10^{-31} \text{ kg.})$

In dieser Kreisbahn hat das umlaufende Elektron die **Frequenz**

$$\nu^\circ = \frac{u}{2\,r\,\pi} = \frac{1}{2\,\pi}\sqrt{\frac{a}{r^3\,M}} \tag{249}$$

und die kinetische Energie

$$W_{\text{kin}} = \frac{1}{2}\,M\,u^2 = \frac{1}{2}\,\frac{a}{r}. \tag{250}$$

Seine potentielle Energie[1] ist

$$W_{\text{pot}} = \int_{r=0}^{r=\infty} \mathfrak{K}\,d\,r - \int_{r=r}^{r=\infty} \mathfrak{K}\,d\,r = X - \int_{r=r}^{r=\infty} \frac{a}{r^2}\,d\,r = X + \frac{a}{r}\bigg|_{r=r}^{r=\infty}, \tag{251}$$

$$W_{\text{pot}} = X - \frac{a}{r}. \tag{252}$$

---

[1] Die potentielle Energie ist als Differenz zweier Hubarbeiten definiert. Die erste X ist längs des Weges von $r = 0$ bis $r = \infty$ zu leisten und unbekannt, weil das Kraftgesetz für sehr kleine Werte von r nicht bekannt ist. Die zweite ist auf dem Wege $r = r$ bis $r = \infty$ zu leisten. Für diesen Weg ist das Kraftgesetz bekannt. X wird oft ohne jede Berechtigung gleich Null gesetzt.

Die Gesamtenergie W des Elektrons auf seiner Kreisbahn ist die Summe $W_{\text{kin}} + W_{\text{pot}}$, also

$$W = X - \frac{1}{2}\frac{a}{r}. \tag{253}$$

Nun kommt ein entscheidender Schritt. Das Planetenmodell ist infolge der Strahlungsdampfung nicht stabil (S. 237). Bohr erzwingt jedoch die Stabilität mit einem Gewaltstreich. Er sagt: Die Strahlungsdämpfung ergibt sich aus der klassischen Elektrodynamik, also den Maxwellschen Gleichungen. Diese verlieren im Innern der Atome ihre Gültigkeit. Im Atominnern ist das Plancksche h die beherrschende Größe. Mit ihrer Hilfe läßt sich eine Stabilitätsbedingung formulieren. Sie lautet: Impuls mal Bahnlänge gleich einem ganzzahligen Vielfachen von h, also

$$M u \cdot 2 r \pi = m h; \quad m = 1, 2, 3 \ldots \tag{254}$$

Durch Einsetzen dieser Stabilitätsbedingung in die obenstehenden Gl. (248), (249) und (253) bekommt man für die stabilen Bahnen die Radien[1]

$$r = \varepsilon_0 \frac{h^2}{\pi M e^2} \cdot m^2, \tag{255}$$

die Umlauffrequenzen

$$\nu^\circ = \frac{1}{\varepsilon_0^2} \cdot \frac{e^4 M}{4 h^3} \cdot \frac{1}{m^3}, \qquad m = 1, 2, 3 \ldots . \tag{256}$$

die Gesamtenergien

$$W_m = X - \frac{1}{\varepsilon_0^2} \cdot \frac{e^4 M}{8 h^2} \cdot \frac{1}{m^2}. \tag{257}$$

$h = 6{,}62 \cdot 10^{-34}$ Watt $\cdot$ sec^2; $e = 1{,}6 \cdot 10^{-19}$ Amp.Sek.; Elektronenmasse $M = 9{,}11 \cdot 10^{-31}$ kg. Influenzkonstante $\varepsilon_0 = 8{,}86 \cdot 10^{-12}$ Amp.Sek./Volt $\cdot$ Meter.

Gl. (257) besagt in Worten: Mit zunehmender Größe von m, der ganzen Zahl in der Stabilitätsbedingung (254), wächst die Gesamtenergie des kreisenden Elektrons bis zum unbekannten Höchstwert X. Der Übergang von der m-ten in die n-te stabile Bahn kann nur erfolgen unter Aufnahme eines Energiebetrages

$$\Delta W = W_n - W_m = \frac{1}{\varepsilon_0^2}\frac{e^4 M}{8 h^2}\left(\frac{1}{m^2} - \frac{1}{n^2}\right). \tag{258}$$

Diese Energie soll nach Bohr in monochromatischer Strahlung bestehen. Für die Größe ihrer Frequenz soll wieder die Plancksche Konstante h maßgebend sein. Als „Frequenzbedingung" soll gelten

$$\Delta W = h \nu. \tag{259}$$

Gleichsetzen von (258) und (259) liefert

$$\nu = \frac{1}{\varepsilon_0^2} \cdot \frac{e^4 M}{8 h^3}\left(\frac{1}{m^2} - \frac{1}{n^2}\right)$$

und

$$\nu = Ry\left(\frac{1}{m^2} - \frac{1}{n^2}\right), \tag{260}$$

---

[1] $m = 1$ gibt den kleinsten der stabilen Radien, nämlich

$$r_{\text{min}} = 0{,}53 \cdot 10^{-10} \text{ Meter.} \tag{255}$$

Aus der kinetischen Gastheorie hatte man als Radius des Wasserstoffmoleküls $1{,}1 \cdot 10^{-10}$ m hergeleitet. Diese Werte passen gut zusammen.

d. h. die Balmersche Serienformel mit der Rydbergschen Frequenz[1]

$$Ry = \frac{1}{\varepsilon_0^2} \cdot \frac{e^4\, M}{8\, h^3} \tag{261}$$

[Einheiten unter Gl. (257).]

Einsetzen der Zahlenwerte ergibt $Ry = 3{,}28 \cdot 10^{15}\,\mathrm{sec}^{-1}$. Gemessen war $3{,}29 \cdot 10^{15}$.

In **Bohrs** Herleitung der **Balmerschen** Formel erscheint die **Plancksche** Konstante h zweimal wie ein deus ex machina. Das erstemal sichert h die Stabilität des Atommodelles, es zeichnet bestimmte Bahnen als stabil aus. Das zweitemal bestimmt h die Frequenz der Strahlung beim Übergang des Elektrons von einer stabilen Bahn auf eine andere stabile. Dabei bleibt der Mechanismus der Strahlungsemission und Absorption völlig ungeklärt. Eine Ausnahme macht nur der Grenzfall der kleinsten Lichtfrequenzen. Wir betrachten den Übergang zwischen zwei **benachbarten** Bahnen mit **großen** Radien, machen also in Gl. (260) m groß und setzen $n = (m + 1)$. Dann wird

$$\frac{1}{m^2} - \frac{1}{(m+1)^2} = \frac{2}{m^3}$$

und die Lichtfrequenz

$$\nu = \frac{1}{\varepsilon_0^2} \cdot \frac{e^4\, M}{4\, h^3} \cdot \frac{1}{m^3} \tag{262}$$

oder nach Vergleich mit Gl. (256)

$$\nu = \nu^\circ.$$

In Worten: Im Grenzfall kleiner Frequenzen stimmt die Frequenz des emittierten oder absorbierten **Lichtes** mit der Frequenz der **Elektronenbewegung** überein, also ebenso wie beim schwingenden Dipol. Der vom **Planckschen** h beherrschte Strahlungsmechanismus enthält das klassische Bild eines strahlenden Dipols als Grenzfall. Diese Tatsache wird als **Korrespondenzprinzip** bezeichnet. Es hat bei der Aufstellung der ersten „Auswahlregeln" (S. 224) eine wichtige Rolle gespielt.

Das **Bohrsche** Atommodell ist später weitgehend ausgebaut worden. Man hat die Vielheit der elliptischen Bahnen einbezogen, mancherlei Verfeinerungen angebracht und schließlich für viele Atome ästhetisch sehr erfreuliche, nicht selten mehrfarbige Bilder entworfen. Das alles gehört heute der Vergangenheit an. Geblieben ist die Verknüpfung der linienhaften Emission und Absorption mit dem **Planckschen** h, dargestellt im Schema der Energieniveaus. Geblieben ist der Zusammenhang der Rydberg-Frequenz mit den beiden Fundamentalgrößen e und h. Geblieben ist endlich eine tiefere Einsicht in das periodische System der Elemente. Das werden die nächsten Paragraphen zeigen.

§ 129. Spektralserien und periodisches System. In der ersten **Vertikalreihe** des periodischen Systems stehen untereinander Wasserstoff und die Alkalimetalle, also

$$_1\mathrm{H} \quad _3\mathrm{Li} \quad _{11}\mathrm{Na} \quad _{19}\mathrm{K} \quad _{37}\mathrm{Rb} \quad _{55}\mathrm{Cs}.$$

Die Zahlenindizes links unten bedeuten die Ordnungs- oder Kernladungszahl des Elementes.

---

[1] Im physikalischen Schrifttum macht man meist den Proportionalitätsfaktor zwischen der Flächendichte der Ladung und der elektrischen Feldstärke, also die Influenzkonstante ε_0, gleich $1/4\,\pi$. Dann braucht man nicht, wie gewöhnliche Sterbliche, die elektrische Ladung in Amperesekunden oder Coulomb zu messen, sondern darf „elektrostatische CGS-Einheiten" benutzen.

Die Spektralserien aller Alkalimetalle bestehen aus Dubletts. Das hatten wir auf S. 224 sogleich betont, aber zunächst beiseite gelassen. Sowohl in den Serienformeln (unter Abb. 413) wie im Niveauschema des Na (Abb. 415) hatten wir die engen Doppellinien als einfache Linien dargestellt. Strenger muß man aber jede Formel einer Spektralserie doppelt mit etwas verschiedenen Korrektionsgliedern schreiben, z. B. für die Hauptserie des K

$$\left.\begin{aligned} \nu_1 &= Ry \cdot \left(\frac{1}{(1+s)^2} - \frac{1}{(n+p_1)^2}\right), \\ s &= 0,77; \quad p_1 = 0,235, \\ \nu_2 &= Ry \cdot \left(\frac{1}{(1+s)^2} - \frac{1}{(n+p_2)^2}\right), \\ s &= 0,77; \quad p_2 = 0,232. \end{aligned}\right\} \quad n = 2, 3, 4 \ldots \ (263)$$

Ebenso muß man bei strengerer Darstellung im Niveauschema die beiden zu den Einzellinien des Dubletts gehörigen Energieniveaus trennen. Das ist z. B. für K in Abb. 431 geschehen.

Der Abstand der beiden Linien des Dubletts ist am größten bei Cäsium ($Z=55$), am kleinsten und mit einfachen Hilfsmitteln nicht mehr nachweisbar beim Li.

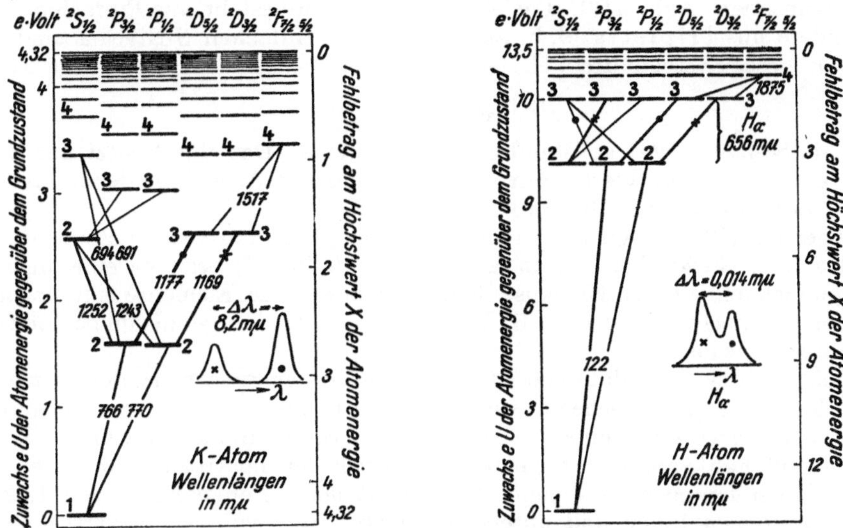

Abb. 431. Niveauschema für das neutrale Kaliumatom.   Abb. 432. Verfeinertes Niveauschema des neutralen Wasserstoffatoms.

Beim Vergleich beider Bilder denke man sich das 2 $^2S_{1/2}$-Niveau des Wasserstoffatoms etwas in die Höhe geruckt. Die Kurven zeigen die Gestalt je einer Doppellinie. Beim Wasserstoff ist es die rote H_α-Linie mit der mittleren Wellenlange $\lambda = 656$ mμ. Jede der beiden Einzellinien $\times$ und $\bullet$ kommt durch mehrere energetisch praktisch gleiche Ubergange zustande. Diese sind ebenfalls mit $\times$ und $\bullet$ markiert.

Über dem $_3$Li steht $_1$H. Auch seine Linien erweisen sich bei sehr verfeinerter Beobachtung als Dubletts. Ihre Trennung in Einzellinien gelingt aber nur mit Spektralapparaten von größtem Auflösungsvermögen. Außerdem werden in den Serienformeln des H-Atoms die Korrektionsglieder s, p usw. sehr nahe gleich Null. Infolgedessen fallen die beiden Nebenserien zu einer (der Balmerserie) zusammen. Aus diesem Grunde genügt für viele Zwecke das einfachste, aus Abb. 414 bekannte Niveauschema. Bei strengerer Darstellung muß man aber auch für H ein aus mehreren Leitern bestehendes Niveauschema zeichnen. Das ist in Abb. 432 geschehen.

Das Niveauschema des K (Abb. 431) ist typisch für das aller Alkaliatome, das verfeinerte Schema des H (Abb. 432) zeigt grundsätzlich den gleichen Aufbau. Alle Linien sind enge Dubletts. Man sagt daher kurz: „Die Spektra aller Alkaliatome sind wasserstoffähnlich."

Im H-Atom bewegt sich ein Elektron im Felde einer Zentralladung und erzeugt als „Leuchtelektron" die Spektra. Die „Wasserstoffähnlichkeit" der Alkalispektra verlangt daher eine grundsätzlich gleiche Anordnung in den Alkaliatomen. In jedem Alkaliatom müssen der positive Kern und $(Z-1)$ der Elektronen zusammen (als „Atomrumpf") ein enggepacktes System bilden und gemeinsam eine Zentralladung darstellen. Im Felde dieser Zentralladung muß sich das letzte der Elektronen, Nummer Z, als „Leuchtelektron" bewegen. Die quantitativen Unterschiede sind unschwer zu verstehen. Im H-Atom ist die Zentralladung praktisch punktförmig, in den Alkaliatomen hingegen hat das aus Kern und den $(Z-1)$ Elektronen bestehende Gebilde endliche Ausdehnung und Struktur.

Eine entsprechende Übereinstimmung der Spektren findet sich in den übrigen Vertikalreihen des periodischen Systems. In der Vertikalreihe II stehen links die Erdalkalien

$$_4\text{Be} \quad _{12}\text{Mg} \quad _{20}\text{Ca} \quad _{38}\text{Sr} \quad _{56}\text{Ba} \quad _{88}\text{Ra.}$$

Sie alle besitzen zwei vollständige Seriensysteme (also Hauptserie, Nebenserien Bergmannserien, Abb. 413). Das eine Seriensystem besteht aus Einfachniveaus, das andere aus Tripletts, d. h. außer den stets einfachen S-Niveaus sind alle Niveaus dieses Systems dreifach. — In der Vertikalreihe III stehen die Atome

$$_5\text{B} \quad _{13}\text{Al} \quad _{21}\text{Sc} \quad _{39}\text{Y.}$$

Auch sie besitzen zwei vollstandige Seriensysteme. Das eine besitzt nur Zweifach-, das andere nur Vierfachniveaus, auch hier mit Ausnahme der immer einfachen S-Niveaus (vgl. Abb. 416).

Allgemein gilt der von Rydberg entdeckte „Wechselsatz": Elemente mit geradzahliger chemischer Valenz (z. B. Vertikalreihe II) besitzen eine ungeradzahlige Vielfachheit der Niveaus. Hingegen haben die Elemente mit ungeradzahliger chemischer Valenz (z. B. Vertikalreihe III) eine geradzahlige Vielfachheit ihrer Niveaus.

Nicht minder aufschlußreich ist ein Vergleich der Spektra in den horizontalen Folgen des periodischen Systems. Das soll an zwei Beispielen gezeigt werden.

Zuvor erinnern wir an eine alte Einteilung der Spektrallinien. Sie unterscheidet Bogen- und Funkenlinien. Bogenlinien gehoren den neutralen Atomen an, die Funkenlinien den positiven Ionen. Man kennt heute Funkenlinien von 1, 2 ... 16fach geladenen Ionen und unterscheidet ein Atom von seinen verschiedenen Ionen durch römische Zahlen. Al I bedeutet das neutrale Al-Atom, Al II ein einfach positiv geladenes Ion, also Al$^+$, Al III ein zweifach positiv geladenes, also Al^{++}, und so fort.

Die Zuordnung einzelner Spektrallinien zu Atomen (I) oder positiven Ionen (II, III ...) erfolgt am sichersten mit Kanalstrahlen. Durch die Ablenkung im elektrischen und magnetischen Felde laßt sich sowohl die Masse wie die Ladung der leuchtenden Ionen bestimmen.

Bogen- und Funkenspektra des gleichen Atoms zeigen durchaus verschiedene Serien. Das Schulbeispiel liefert heute das Helium. Abb. 433 zeigt das Niveauschema des neutralen $_2$He-Atoms, Abb. 434 das des $_2$He$^+$-Ions. Das letztere gleicht in seinem Aufbau völlig dem des $_1$H-Atoms (Abb. 414), nur ist der Wert aller Energieniveaus um den Faktor 4 vergrößert. Oder anders gesagt: Die Spektren des einfach geladenen $_2$He gleichen im Aufbau denen des nullfach geladenen $_1$H

Das ist folgendermaßen zu deuten: $_2$He, das zweite Element des periodischen Systems, hat im Kern zwei positive Elementarladungen ($Z = 2$) und außen zwei Elektronen. Das $_2$He$^+$-Ion hingegen hat nur ein Elektron. Es gleicht also dem $_1$H-Atom, nur ist seine positive Ladung doppelt so groß wie die des $_1$H-Kernes. Folglich heißt es bei der Herleitung der Serienformel in § 128 nicht $(e^+)\,(e^-)$,

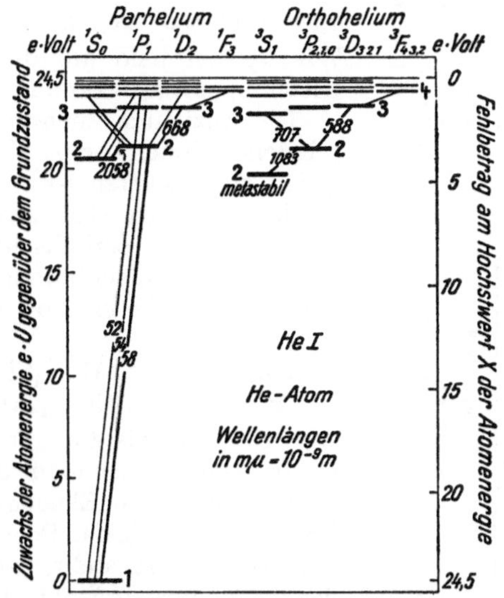

Abb. 433. Niveauschema des neutralen He-Atoms. Dies Atom besitzt zwei Seriensysteme, das eine (links) besteht aus Einfach-, das andere (rechts) aus Dreifachlinien Die Dreifachlinien sind aber nur mit Spektralapparaten sehr hoher Auflösung zu trennen und daher mußten in der Zeichnung je drei eng benachbarte Niveaus in eines zusammengefaßt werden. — Früher hat man die beiden Seriensysteme zwei verschiedenen „Modifikationen" des He-Atoms zugeschrieben und sie als Para- und Orthohelium unterschieden. Das Bohrsche Atommodell vermochte weder die Ionisierungsarbeit (24,5 eVolt) noch das Auftreten zweier Seriensysteme zu erklären

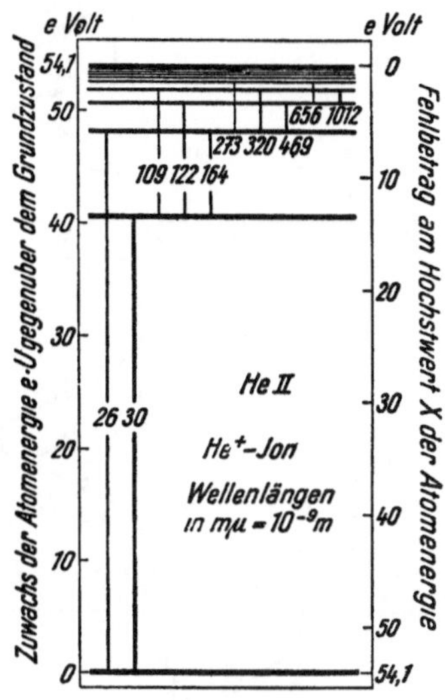

Abb 434 Einfaches Niveauschema des He+-Ions.

sondern $(2\,e)^+\,(e^-)$, und im Ergebnis erscheint vor der Rydberg-Frequenz der Faktor $Z^2 = 4$, also

$$\nu = 4\,Ry\left(\frac{1}{m^2} - \frac{1}{n^2}\right), \qquad (264)$$

$$(Ry = 3{,}29 \cdot 10^{15}\ \text{sec}^{-1}).$$

Auf $_2$He folgt als drittes Element des periodischen Systems $_3$Li. Für das zweifach geladene $_3$Li^{++}-Ion gilt das gleiche wie für das $_2$He$^+$-Ion. Sein Aufbau gleicht dem des $_1$H-Atoms, aber die Kernladung ist auf $(3\,e)^+$ erhöht. Folglich erscheint vor der Rydberg-Konstante der Faktor $3^2 = 9$. Im übrigen gleicht das Niveauschema dem des $_1$H-Atoms. Seine Hauptserie beginnt mit der Resonanzlinie $\lambda = 1/9 \cdot 122 = 13{,}6\ \text{m}\mu$, entsprechend einer Anregungsenergie von $9 \cdot 10{,}15 = 91{,}3\ e$Volt. Die Abb. 440 zeigt in einem Spektrogramm diese Resonanzlinie und die beiden ihr folgenden Linien der Li^{++}-Hauptserie. Auch ihre Wellenlängen (11,4 und 10,8 mμ) sind gerade 1/9 der entsprechenden Linien in der Hauptserie des H-Atoms (Abb. 414).

So geht es weiter: Jedes $(Z - 1)$fach geladene Ion der Ordnungszahl Z ist „wasserstoffgleich", d. h. es gilt die Serienformel

$$\nu = Z^2 \cdot Ry \cdot \left(\frac{1}{m^2} - \frac{1}{n^2}\right). \qquad (265)$$

Diese Formel ist heute bis zum fünffach geladenen Kohlenstoffion, also C^{+++++}, geprüft und bestätigt worden.

16 ·

Im Sonderfall $m = 1$ und $n = \infty$ gibt Gl. (265) die Seriengrenzfrequenz ν_g eines wasserstoffgleichen Ions. Durch Multiplikation von ν_g mit dem Planckschen h bekommt man die **Ionisierungsarbeit** dieses Ions, also die Arbeit zur Abtrennung des letzten ihm noch verbliebenen der Z-Elektronen. Es gilt

$$h\nu = e \cdot U = Z^2 \cdot Ry \cdot h. \quad (266)$$

Wir werden bald auf diese Gleichungen zurückkommen.

Die Zuziehung mehrfach geladener Ionen beim Vergleich der Spektren ist auch in den anderen Horizontalreihen des periodischen Systems sehr aufschlußreich. Die dritte Reihe enthält die Atome

$$_{11}\mathrm{Na} \quad _{12}\mathrm{Mg} \quad _{13}\mathrm{Al} \quad _{14}\mathrm{Si}$$
$$_{15}\mathrm{P} \quad _{16}\mathrm{S} \quad _{17}\mathrm{Cl} \quad _{18}\mathrm{Ar}.$$

Die Abb. 435 bis 439 geben je ein Niveauschema für die ersten fünf dieser Elemente. Dabei ist für $_{11}\mathrm{Na}$ das Bogenspektrum dargestellt, also das des neutralen Atoms, für die übrigen je ein Funkenspektrum, und zwar für

$$_{12}\mathrm{Mg}^+ \quad _{13}\mathrm{Al}^{++}$$
$$_{14}\mathrm{Si}^{+++} \quad _{15}\mathrm{P}^{++++}.$$

Das Niveauschema zeigt in allen Fällen ganz unverkennbar den gleichen Bau, nur wachsen die Absolutwerte der Energieniveaus mit zunehmender Ordnungszahl. Die (Funken-) Spektralserien eines n-fach geladenen Ions der Ordnungszahl Z gleichen den (Bogen-) Spektralserien des ungeladenen Atoms mit der Ordnungszahl $(Z — n)$. „Spektroskopischer Verschiebungssatz." Dieser Satz gilt in großen Bereichen des periodischen Systems. In jedem dieser Bereiche ergibt sich dann als Folgerung: Im n-fach geladenen Ion der Ordnungszahl Z sind die

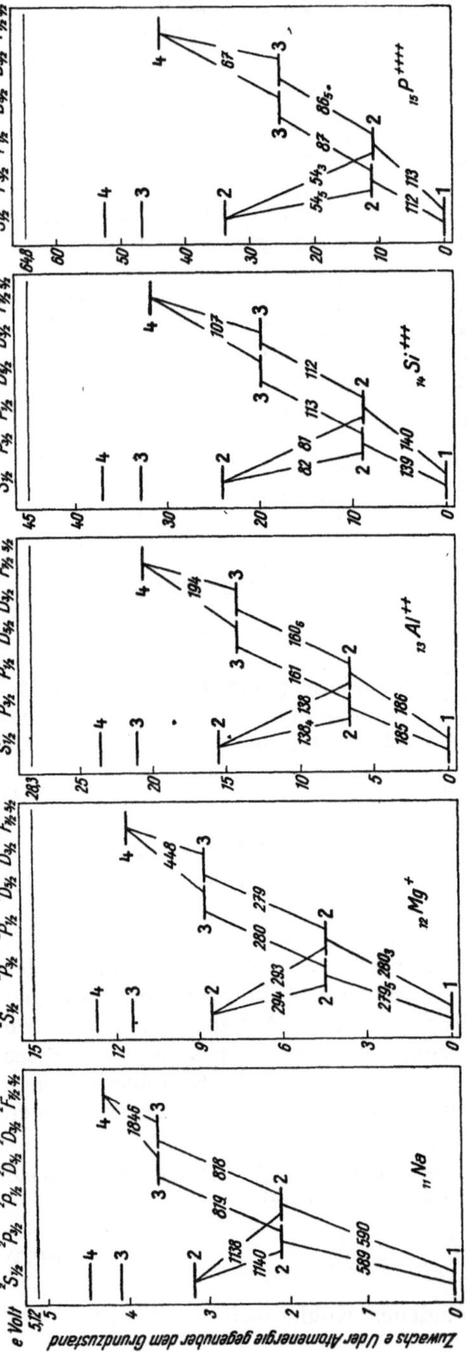

Abb. 439.

Abb. 438.

Abb. 437.

Abb. 436.

Abb. 435.

Abb. 435.—439. Zum spektroskopischen Verschiebungssatz. Die Niveaus der P, D, F .. Lettern sind zweifach, also Dubletts. Daher oben links der Index 2 neben S, P usw. Die beiden eng benachbarten Niveaus $^2F_{7/2}$ und $^2F_{5/2}$ sind in eines zusammengefaßt. Alle Wellenlängen in $m\mu = 10^{-6}$ mm $= 10^{-9}$ m. Man beachte die Zunahme der Ionisierungsarbeit von 5,12 eVolt bis zu 64,8 eVolt. Sie entsteht durch das Anwachsen der wirksamen, d. h. nicht durch Elektronen kompensierten Kernladung, vgl S 242, Abs 2.

noch verbliebenen $(Z-n)$ Elektronen um den Kern herum ebenso angeordnet, wie die $(Z-n)$ Elektronen des neutralen Atoms mit der Ordnungszahl $(Z-n)$.

Dieser zwingende Schluß macht nun den Aufbau des periodischen Systems weitgehend verständlich. — Wir erinnern zunächst, der Ordnungszahl folgend, noch einmal an die periodisch wiederkehrenden Eigenschaften der verschiedenen Atome. Wir beginnen z. B. mit $_3$Li, einem Alkalimetall. Die nächstfolgenden Elemente $_4$Be und $_5$B haben mit $_3$Li noch einiges gemein. Dann aber folgen Elemente mit ganzlich anderen Eigenschaften, namlich $_6$C, $_7$N, $_8$O, $_9$F, $_{10}$Ne.

Nach acht Schritten aber, d. h. nach weiterem Einbau von je acht Kernladungen und Elektronen, stoßen wir wieder auf ein Alkalimetall, namlich $_{11}$Na. Fortschreitend begegnen wir

Abb. 440. Die drei ersten Linien der Hauptserie des wasserstoffahnlichen $_3$Li++-Ions, aufgenommen von B. Edlen mit einer Vakuumfunkenstrecke und einem streifend getroffenen Strichgitter aus Glas Die zweite Linie rechts gehort zu einem O-Ion mit funf positiven Elementarladungen, also dem $_8$O+++++-Ion.

wieder Elementen mit neuen Eigenschaften, aber nach abermals 8 Schritten finden wir wieder ein Alkalimetall, namlich $_{19}$K. Ebenso folgen die beiden anderen Alkalimetalle $_{37}$Rb und $_{55}$Cs nach je 18 Schritten.

Die Alkalimetalle haben wasserstoffahnliche Spektren. Daraus schlossen wir oben: Es mussen $(Z-1)$ ihrer Elektronen dem Kern erheblich näher untergebracht sein als das letzte, Nr.-Z, das Leuchtelektron. Beim $_3$Li mussen sich in Kernnahe zwei Elektronen befinden, beim $_{11}$Na $2 + 8 = 10$, beim $_{19}$K $2 + 8 + 8 = 18$, beim $_{37}$Rb $2 + 8 + 8 + 18 = 36$, beim $_{55}$Cs endlich $2 + 8 + 8 + 18 + 18 = 54$ Elektronen. Flächenhaft kann man diesen Einbau am einfachsten mit konzentrischen Ringen darstellen, raumlich mit konzentrischen Schalen. In beiden Fallen ist das letzte Elektron, das Leuchtelektron, draußen in großem Abstand einzuzeichnen. Wir bevorzugen statt solcher Skizzen eine weniger anspruchsvolle tabellarische Darstellung. Sie findet sich in der ersten Vertikalspalte der Tabelle 10.

Der Übergang von $_3$Li zu $_{11}$Na erfolgt über $_4$Be bis $_{10}$Ne und von $_{11}$Na zu $_{19}$K uber $_{12}$Mg bis $_{18}$Ar. In beiden Fallen mussen, der wachsenden Kernladung entsprechend, acht weitere Elektronen untergebracht werden. Dabei sind die neu hinzukommenden Elektronen anzufügen, ohne die Gruppierung der zuvor vorhandenen Elektronen zu andern. Das folgt aus dem spektroskopischen Verschiebungssatz. So gelangt man von $_3$Li und von $_{11}$Na nach rechts fortschreitend zu den Elektronenanordnungen in den ubrigen Vertikalreihen des periodischen Systems, und zwar zunächst bis $_{18}$Ar. — In der vierten Horizontalreihe beginnt man ebenso bei $_{19}$K, aber dann tritt bei $_{21}$Sc eine Komplikation ein: Der Verschiebungssatz versagt. Das erklärt sich durch einen hier beginnenden weiteren Ausbau der dritten, zunachst beim Edelgas $_{18}$Ar nur vorläufig abgeschlossenen Schale (M). Ihre Elektronenzahl wird auf dem Wege zu $_{29}$Cu bis auf den endgültigen Wert 18 erhoht. Von da an gilt dann der Verschiebungssatz wieder bis $_{39}$Y. Dort beginnt der Ausbau der vierten Schale (N) bis zur vorläufigen Elektronenzahl 18, sie wird bei $_{46}$Pd erreicht. Bei $_{57}$La versagt der spektroskopische Verschiebungssatz zum dritten Male, die vierte Schale (N) wird (bei $_{71}$Cp) auf ihre endgültige Elektronenzahl 32 gebracht. So laßt sich durch Ausnutzung der spektroskopischen Erfahrungen das ganze System aufbauen. — Links bei einem Alkalimetall beginnt jedesmal der Aufbau einer neuen „Schale", rechts beim Edelgas der gleichen Horizontalieihe ist sie (vorlaufig oder endgültig) „abgeschlossen".

Tabelle 10.

Ia Alkali-	*IIa* Erdalkali Metalle	*IIIa* Erd-	*VIIb* Halo-gene	*IX* Edel-gase	Namen der Schalen
1 H 1				2 He 2	K
3 Li 2 1	4 Be 2 2	5 B 2 3	9 F 2 7	10 Ne 2 8	K L
11 Na 2 8 1	12 Mg 2 8 2	13 Al 2 8 3	17 Cl 2 8 7	18 Ar 2 8 8	K L M
19 K 2 8 8 1	20 Ca 2 8 8 2	21 Sc 2 8 9 2	35 Br 2 8 18 7	36 Kr 2 8 18 8	K L M N
37 Rb 2 8 18 8 1	38 Sr 2 8 18 8 2	39 Y 2 8 18 9 2	53 J 2 8 18 18 7	54 X 2 8 18 18 8	K L M N O
55 Cs 2 8 18 18 8 1	56 Ba 2 8 18 18 8 2	57 La 2 8 18 18 9 2	85 ? (2) (8) (18) (32) (18) (7)	86 Rn 2 8 18 32 18 8	K L M N O P

Bohrs Darstellung von 5 Vertikalreihen des periodischen Systems der Elemente mit konzentrischen, teilweise unfertigen Elektronenschalen. Die Schalen werden nicht numeriert, sondern mit den Buchstaben K bis P bezeichnet. In den kleinen Quadraten steht Z, die van den **Broeksche** Ordnungszahl des Atomes oder die Anzahl der Elektronen in allen seinen Schalen. Zum Verständnis der Doppelreihen 19—36, 37—54 und der die Lanthaniden enthaltenden Reihe 55—86 muß man die Tafel auf S. 346 heranziehen. Rn = Radon = Radium-Emanation. In der Spalte IX steht die größte Zahl der in einer Schale vorkommenden Elektronen. Als solche finden sich nur

$$2 \cdot 1^2 = 2$$
$$2 \cdot 2^2 = 8$$
$$2 \cdot 3^2 = 18$$
$$2 \cdot 4^2 = 32$$

Diese Zahlen werden in § 139 näher behandelt. Das fehlende Halogen 85 ist noch nicht entdeckt. Die zu erwartenden Elektronenzahlen sind eingeklammert.

Tabelle 11.

Ordnungszahl Z	Element	Ionisierungsarbeit in eVolt für den Übergang		
		vom neutralen Atom zum einfach	vom einfach zum zweifach	vom zweifach zum dreifach
		geladenen positiven Ion		
1	H	13,5	—	—
2	He	24,5 Max.	54,1	—
3	Li	5,4 Min.	76 Max.	122
4	Be	9,5	18,1	154 Max.
5	B	8,3	24,2	38
6	C	11,2	24,3	46
7	N	14,5	29,6	47
8	O	13,6	35	55
9	F	18,6	32,3	?
10	Ne	21,5 Max.	41,0	?
11	Na	5,1 Min.	47 Max.	?
12	Mg	7,6	15	80 Max.
13	Al	5,95	18,8	28,3
14	Si	7,4	16,3	33,4
15	P	10,3	19,8	30,0
16	S	10,3	23,3	32,1
17	Cl	13,1	24,6	39,6
18	Ar	15,7 Max.	27,8	?
19	K	4,3 Min.	31,7 Max.	?
20	Ca	6,1	11.8	51 Max.

In J. J. Thomsons Darstellung des periodischen Systems (Abb. 429) waren die inneren Elektronenschalen der Modellatome für das chemische Verhalten bestimmend. Dieser Nachteil wird bei den Modellatomen in Tabelle 10 vermieden. Hier wird jede neue Schale auf der Außenseite des Atoms angelegt. Ihr erstes Elektron ist in chemischer Sprache das Valenzelektron des Alkaliatoms. — Der rechte Nachbar des Alkalimetalls, das zweiwertige Erdalkaliatom, hat in der Außenschale zwei Valenzelektronen, usf. Die Elemente mit abgeschlossenen Schalen hingegen, die Edelgase, sind chemisch inaktiv.

Dem chemischen Verhalten entspricht das physikalische. Als Beispiel bringen wir in Tabelle 11 Ionisierungsarbeiten für die Elemente mit den Ordnungszahlen $Z = 1 - 20$.

Die Edelgase $(2, 10, 18)$ erfordern für die Abtrennung des ersten Elektrons, also die Bildung eines einfach positiv geladenen Ions, die größte Ionisierungsarbeit. Grund: Bei den Edelgasen muß das erste Elektron aus dem Verbande einer abgeschlossenen Schale herausgeholt werden. Bei den Alkalimetallen $(3, 11, 19)$ ist das erst bei der Abtrennung des zweiten Elektrons nötig, also bei der Bildung eines zweifach geladenen positiven Ions. Darum ist erst die Ionisierungsarbeit für das zweite Elektron groß, also die zusätzliche Arbeit beim Übergang vom einfach zum zweifach geladenen Ion. Bei den Erdalkalimetallen $(4, 12, 20)$ wird erst das dritte Elektron einer abgeschlossenen Schale entrissen. Also erfordert erst die Verwandlung eines zweifach in ein dreifach geladenes Ion eine große Ionisierungsarbeit.

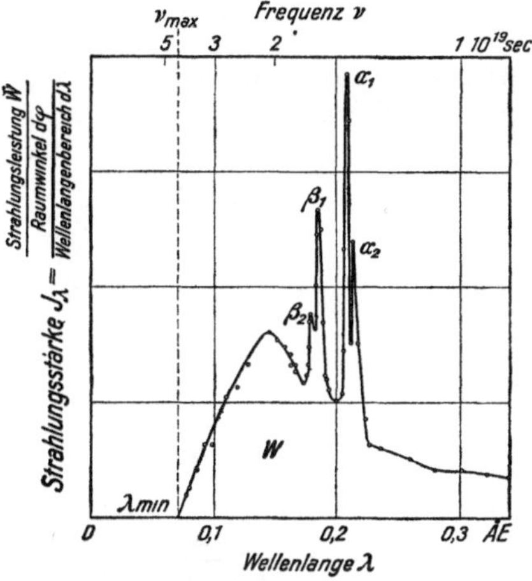

Abb. 441. Spektrale Energieverteilung der Strahlung einer massiven W-Antikathode bei einer Betriebsspannung von 1,68 10⁵ Volt, und zwar ohne Berücksichtigung der Absorptionsverluste innerhalb der Antikathode (gemessen von C. Berg). — Das kontinuierliche Spektrum zeigt links von den überlagerten Spektrallinien eine deutliche Einsattelung (vgl. dazu Abb. 446.) Dort ist der fehlende Teil des kontinuierlichen Spektrums in der Antikathode zur Anregung der benachbarten Spektrallinie benutzt worden. — Die Strahlungsstärken sind bei spektraler Zerlegung des Röntgenlichtes für eine Messung mit der Thermosäule viel zu gering. Man kann nur Bestrahlungsstärken von etwa 10⁻⁸ Watt/m² erhalten. Daher benutzt man zur Messung der Strahlungsstärke den Umweg über die Ionisation von Gasen. In einer mit Luft gefüllten Ionisationskammer bedeutet die Bildung je eines Ionenpaares die Absorption von Röntgenlichtenergie im Betrage von 32 *e*Volt. Das gilt mindestens im Wellenlängenbereich zwischen 0,15 und 2 ÅE.

§ 130. Kontinuierliches Röntgenspektrum und das Plancksche *h*.

Vorbemerkung: Wir haben bisher eine gesonderte Behandlung von Licht und Röntgenlicht vermieden. Sie ist sachlich auch in diesem Kapitel nicht gerechtfertigt doch erleichtert sie die Übersicht über den umfangreichen Stoff.

Jede Röntgenlampe zeigt — auch mit konstanter Spannung betrieben — ein kontinuierliches Spektrum. Ein Beispiel ist in Abb. 441 graphisch dargestellt. (Dem kontinuierlichen Spektrum überlagern sich meistens einige Röntgen-Spektrallinien der Antikathodenatome [§ 58]. So entstehen z. B. die vier Spitzen in Abb. 441 durch die *K*-Linien der W-Antikathode.) Das kontinuierliche Spektrum gehört zu einer dem Glühlicht ähnlichen Strahlung (Abb. 159/60). Im klassischen Bilde entsteht sie bei der Abbremsung der Elektronen in den Atomen der Antikathode, und daher wird sie Bremsstrahlung genannt.

Die Bremsrichtung der Elektronen fällt anfänglich noch ganz oder angenähert mit der Flugrichtung der Kathodenstrahlen zusammen. Infolgedessen ist die Bremsstrahlung teilweise linear polarisiert, ihre Schwingungsebene ist die Zeichenebene in Abb. 442. Außerdem hängt die Strahlungsstärke J von der Emissionsrichtung ϑ ab. Für langsame Elektronen ist sie die gleiche wie die eines strahlenden Dipols (Abb. 334 auf S. 173). Es gilt

$$J_\vartheta = \text{const}\,\cos^2\vartheta.\qquad\qquad (173)\ \text{v. S. } 173$$

Bei größeren Geschwindigkeiten u erzeugt der Dopplereffekt eine Asymmetrie, man beobachtet z. B. die in Abb. 443 gezeichnete Verteilung.

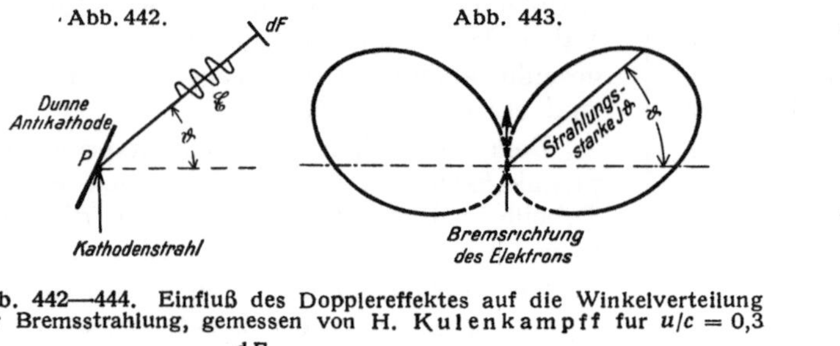

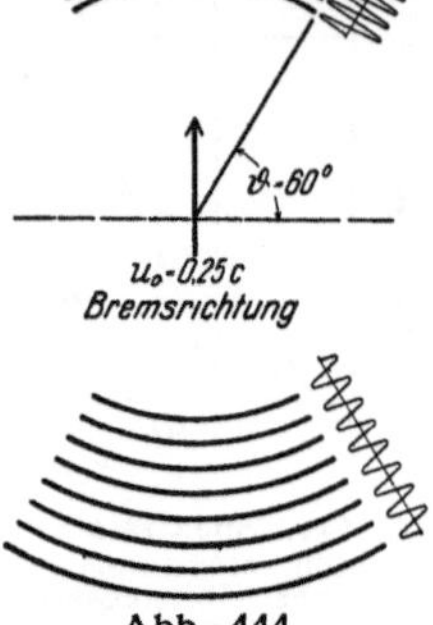

Abb. 442—444. Einfluß des Dopplereffektes auf die Winkelverteilung der Bremsstrahlung, gemessen von H. Kulenkampff fur $u/c = 0,3$

$$\frac{dF}{r^2} = \text{Raumwinkel } d\varphi.$$

$$\text{Strahlungsstarke } J_\vartheta = \frac{\text{Strahlungsleistung in Richtung } \vartheta}{\text{Raumwinkel } d\varphi}$$

also Dimension Watt/Raumwinkel.

Man denke sich die Bremsstrahlung in monochromatische Wellengruppen zerlegt. Eine von ihnen ist in Abb. 444 roh skizziert. In Richtung ϑ werden die Wellen im Verhältnis

$$\alpha = \left(1 - \frac{u}{c}\sin\vartheta\right)\qquad\qquad (267)$$

zusammengedrängt. Dadurch wird ihre Frequenz ν und die Energie $h\nu$ ihrer Energiequanten im Verhältnis $1/\alpha$ vergrößert. Gleichzeitig steigt die Konzentration der Quanten (d. h. Zahl/Volumen) wegen des Zusammendrängens der Wellen ebenfalls im Verhältnis $1/\alpha$. Die räumliche Energiedichte wächst daher im Verhältnis $1/\alpha^2$. Somit erhalt man für die Strahlungsstärke in Richtung ϑ statt der Gl. (173)

$$J_\vartheta = \text{const}\,\frac{\cos^2\vartheta}{\left(1 - \dfrac{u}{c}\sin\vartheta\right)^2}.\qquad\qquad (268)$$

(Fur Werte von u/c nahe bei 1 muß strenger mit den Lorentz-Transformationen des Relativitatsprinzips gerechnet werden.)

Der Dopplereffekt der Bremsstrahlung ist oft beobachtet worden. Er verschiebt (für Beobachtungsrichtungen ϑ zwischen $0°$ und $180°$) das Maximum des kontinuierlichen Spektrums (Abb. 441) in Richtung kürzerer Wellen. —

Das kontinuierliche Spektrum zeigt auf der Seite der kurzen Wellen stets einen scharfen Einsatz. Die zugehörige Höchstfrequenz ν_{max} wird bei gegebener Betriebsspannung U der Röntgenlampe allein durch das Plancksche h bestimmt. Alle Nebenbedingungen sind ohne Einfluß, selbst — trotz des Dopplereffektes! — der Emissionswinkel ϑ. Immer gilt

$$h\,\nu_{max} = e\,U.\qquad\qquad (227)\ \text{v. S. } 218$$

Man hat die ν_{max}-Werte in dem weiten Spannungsbereich zwischen $5\cdot10^3$ und

$170 \cdot 10^3$ Volt gemessen und für Präzisionsbestimmungen der Größe h benutzt (Abb. 445).

Deutung: Strahlung der Höchstfrequenz $\nu_{\max}$ wird dann ausgesandt, wenn ein Elektron seine gesamte kinetische Energie $\frac{1}{2} mu^2 = eU$ in einem einzigen atomaren Bremsprozeß einbüßt. Alle übrigen, also kleinere Frequenzen, kommen durch eine allmähliche oder in Stufen erfolgende Abbremsung der Elektronen längs ihrer Zickzackbahnen in der Antikathode zustande.

Die Abb. 441 gab uns die „spektrale Energieverteilung" der Bremsstrahlung. So bezeichnet man ganz allgemein in der Optik die Verteilung der Strahlungsstärke auf die einzelnen Wellen- oder Frequenzintervalle. — Die Energieverteilung ist in Abb. 441 noch durch die Absorption des Röntgenlichtes innerhalb der Antikathode entstellt. Dieser Nebeneinfluß läßt sich ausschalten[1]. Dann bekommt man für die Bremsstrahlung einer massiven Antikathode Spektralverteilungen wie in den Abb. 446/47. Beide Schaubilder stellen die gleichen Messungen dar, aber in zweierlei Weise. Links ist die Strahlungsstärke auf gleiche Wellenlängenintervalle $d\lambda$ bezogen, also J_λ, rechts auf gleich große Frequenzintervalle $d\nu$, also J_ν. Die zweite Art der Darstellung ist offensichtlich die zweckmäßigere. Sie gibt in weitem Bereich einen linearen Zusammenhang zwischen der Strahlungsstärke $J\nu$ und der Frequenz. Eine Abweichung findet sich nur dicht vor der Höchstfrequenz $\nu_{\max}$. Die Neigung der Geraden hängt nur von der Atomart der Antikathode ab, man findet sie

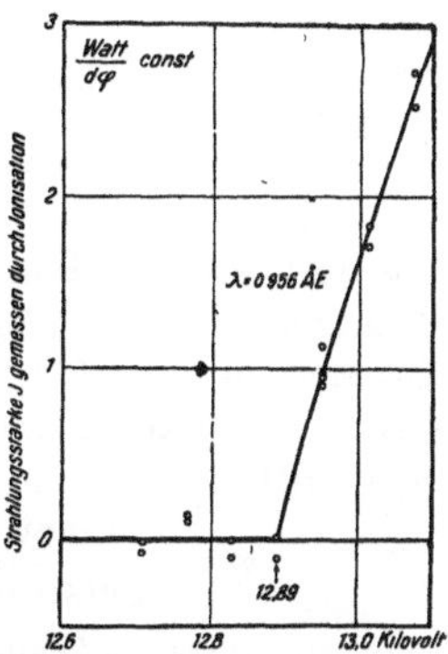

Abb. 445 Zur Bestimmung der Größe h stellt man meist den Spektralapparat auf eine bestimmte Wellenlänge ein und erhöht allmählich die Betriebsspannung der Röntgenlampe. Dann setzt die Emission bei einem gut meßbaren Schwellenwert der Spannung ein, in obigem von G. Schaltberger gemessenen Beispiel bei 12 890 Volt. (Die JU-Kurve wird eine „Isochromate" genannt.)

experimentell proportional zur Atomart der Antikathode ab, man findet sie

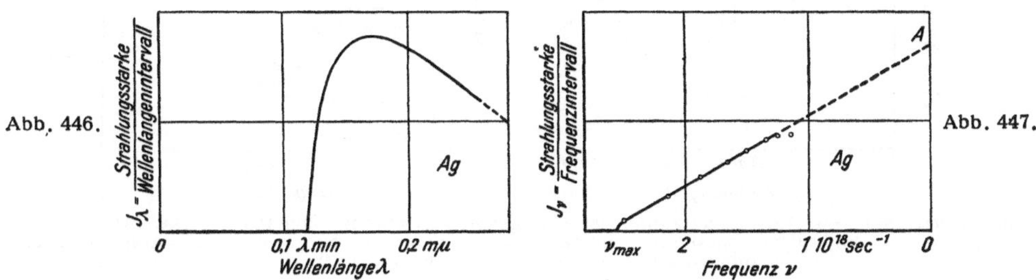

Abb. 446/47. Spektrale Energieverteilung der Röntgenbremsstrahlung einer massiven Antikathode nach Ausschaltung der Absorptionsverluste innerhalb der Antikathode. Beide Kurven geben die gleiche Meßreihe wieder. Zur Umrechnung der einen Darstellung auf die andere benutzt man die Beziehung

$$J_\lambda = -\frac{c}{\nu^2} \cdot J_\lambda .$$

(Herleitung:

$$\lambda = \frac{c}{\nu} ; \quad \frac{d\lambda}{d\nu} = -\frac{c}{\nu^2} ; \quad J_\lambda\, d\lambda = J_\nu\, d\nu .$$

Das Minuszeichen berücksichtigt die entgegengesetzte Richtung der Frequenz- und der Wellenlängenskala.)

[1] Man dreht die Antikathode in Abb. 442 um eine in P zur Zeichenebene senkrechte Achse. Dabei bleibt die Eindringungstiefe der stark diffundierenden Kathodenstrahlen ungeändert. Hingegen ändert sich der vom Röntgenlicht in der Antikathode zu durchlaufende Weg. Mit Hilfe der Wegänderungen lassen sich die Absorptionskonstanten (S. 144) für die einzelnen Wellenlängen bestimmen und die Absorptionsverluste rechnerisch ausschalten.

Ordnungszahl Z. Es ergibt sich mit guter Näherung die Beziehung

$$J_\nu = \text{const} \cdot Z \,(\nu_{max} - \nu). \tag{269}$$

(Die Konstante beträgt für die Strahlungsstärke eines einzelnen Elektrons etwa $4 \cdot 10^{-58}$ Watt $\cdot$ sec².)

Demnach ist die gesamte Strahlungsstärke der unzerlegten Bremsstrahlung gleich dem Flächeninhalt der Dreiecksfläche, $\nu_{max}\, OA$, also

$$J = \text{const} \cdot \frac{Z}{2}\, \nu^2_{max} \tag{270}$$

oder nach Gl. (227)

$$J = \text{const} \cdot \frac{Z}{2} \left(\frac{eU}{h}\right)^2 = \text{const}\, ZU^2. \tag{271}$$

Die Strahlungsstärke der unzerlegten Bremsstrahlung steigt also proportional zur Ordnungszahl Z des Antikathoden-Baustoffes und proportional zum Quadrat der Lampenspannung U.

Der Nutzeffekt der Bremsstrahlung ist sehr schlecht. Nach dem Mittel vieler Messungen gilt

$$\eta = \frac{\text{Leistung des Röntgenlichtes}}{\text{Leistung der Kathodenstrahlen}} \approx 10^{-9} \frac{Z\,U}{\text{Volt}}. \tag{272}$$

(Z = Ordnungszahl des Antikathodenbaustoffes.)

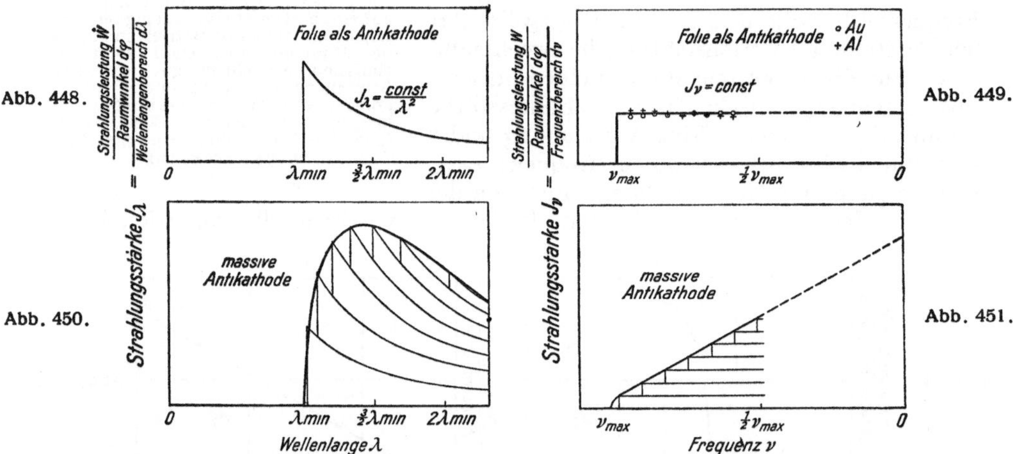

Abb. 448.   Abb. 449.   Abb. 450.   Abb. 451.

Abb. 448/49. Spektrale Energieverteilung der Röntgenbremsstrahlung einer 0,8 μ dicken Al-Folie als Antikathode. — Abb. 450/51. Zusammenhang zwischen der Spektralverteilung der Bremsstrahlung einer dünnen Antikathode mit der einer massiven

Zahlenbeispiel. Wolframantikathode, $Z = 74$, $U = 10^5$ Volt, $\eta = 7{,}4$ Promille. Bei diesem kläglichen Nutzeffekt sind noch nicht einmal die Absorptionsverluste in der Wand der technischen Röntgenlampen berücksichtigt worden! Die in den Abb. 446/47 dargestellten spektralen Verteilungskurven beziehen sich auf massive Antikathoden. Dünne Metallfolien oder noch besser Metalldampfstrahlen geben als Antikathode ein viel einfacheres Bild der spektralen Verteilung. Ein Beispiel findet sich in den Abb. 448/49, und zwar wieder sowohl mit der Darstellung von J_λ wie J_ν. In beiden Fällen springt die Strahlungsstärke bei einer scharfen Grenze von Null auf ihren Höchstwert. J_λ fällt dann proportional zu λ^{-2}, hingegen bleibt J_ν im ganzen Spektrum konstant.

Unter diesen Schaubildern zeigen zwei schematische Skizzen 450/51 den Zusammenhang dieser einfachen Spektralverteilung mit der verwickelten, an einer massiven Antikathode gemessenen.

Kurz zusammengefaßt lautet der Inhalt dieses Paragraphen: Die Emission der Röntgenbremsstrahlung läßt sich qualitativ im klassischen Bilde deuten. Die quantitativen Beziehungen aber werden vom Planckschen h und der Ordnungszahl Z der Antikathodenatome bestimmt.

§ 131. Spektrallinien und Niveauschema des Röntgenlichtes. Die Spektrallinien des Röntgenlichtes sind 1908 von C. G. Barkla und C. A. Sadler entdeckt worden. Sie wurden zunächst als eine für jede Atomart charakteristische Fluoreszenzstrahlung angeregt, später auch direkt durch Elektronenstoß. R. Whiddington bestimmte schon 1911 die erforderlichen Anregungsenergien in Elektronenvolt[1].

Ein Linienspektrum aus, dem Röntgengebiet begegnete uns zuerst in Abb. 221a. Es war mit einem räumlichen Kristallgitter photographiert worden. Zwei weitere Beispiele finden sich in Abb. 452. Sie sind mit einem mechanisch geteilten flachenhaften Strichgitter aufgenommen worden. Die experimentelle Technik ist heute für das Röntgengebiet ebenso vollkommen entwickelt wie für das sichtbare Spektralgebiet.

Die Abb. 453 vereinigt in einer Zeichnung die als K- und L-Gruppe benannten Spektrallinien des Platinatoms. Diese werden, wie alle Spektrallinien des Röntgengebietes, nur in Emissionsspektren beobachtet, nie in Absorptionsspektren.

Absorptionsspektra der Atome im Röntgengebiet sind uns schon aus den Abb. 361 und 387 bekannt. Sie bestehen aus breiten kontinuierlichen Banden. Die Abb. 454 gibt ein weiteres Beispiel. Die Banden lassen sich graphisch oder rechnerisch eindeutig trennen (Abb. 455). Jede einzelne hat die gleiche Gestalt wie ein Grenzkontinuum im sichtbaren und ultravioletten Gebiet (§ 125). Ihre scharfen Kanten[2] werden als K-, L-, M-... Kante bezeichnet. Hinter jeder solchen Kante fällt die Absorptionskonstante K proportional mit λ^3.

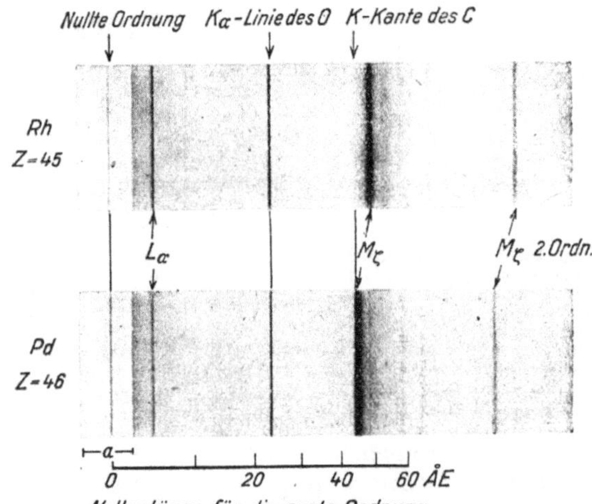

Abb 452. Rontgen-Emissionsspektra von $_{45}$Rh und $_{46}$Pd, photographische Negative in 1,54facher nat. Große. Der Einfluß der Ordnungs- oder Kernladungszahl Z auf die Lage der Spektrallinien ist an den beiden starksten Linien, namlich L_α und M_ζ, deutlich zu erkennen. Man vergleiche Abb. 457. — Der Vakuumspektrograph enthielt Dampfe des zur Abdichtung benutzten Fettes. Infolgedessen erscheint in beiden Spektren die K_α-Linie des $_8$O-Atomes und das K-Absorptions-Grenzkontinuum des $_6$C. Seine scharfe Kante tauscht im unteren Bilde eine Unsymmetrie der M_ζ-Linie vor. Die Bilder sind von H. Kiessig mit einem Glasplangitter (600 Striche je mm) aufgenommen worden. Das Rontgenlicht fiel streifend mit einem Glanzwinkel von ca. 1,5° ein, daher ist die Wellenlangenskala nicht linear geteilt. Die Platte war 40 cm vom Gitter entfernt. Der mit a markierte Bereich war zur Vermeidung einer Uberbelichtung eine Zeitlang abgedeckt.

---

[1] Bei diesen und allen gleichzeitigen, teilweise ausgezeichneten englischen Experimentalarbeiten war die Messung der Wellenlänge durch Beugung (von Laue 1912) noch nicht bekannt. Die Wellenlängen, damals Impulsbreiten genannt, wurden jedoch durch ihre Absorptionskonstanten in Al eindeutig definiert.

[2] Eine sehr weitgehende Näherung (vgl. § 143, Schluß).

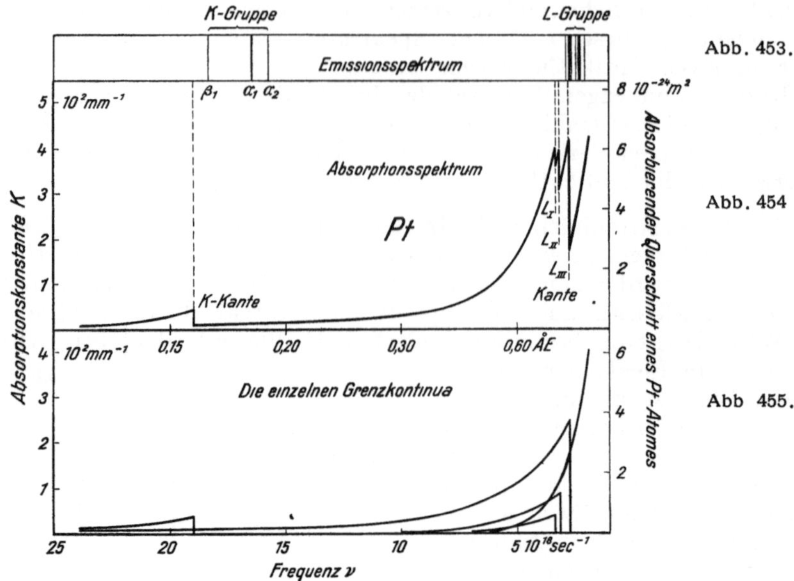

Abb. 453—454. Das Emissionsspektrum und das Absorptionsspektrum des Pt-Atoms im Bereich der K- und L-Liniengruppen. Die Absorptionskonstante K eines Elementes kann mit einer beliebigen festen, flüssigen oder gasförmigen Schicht gemessen werden, entweder mit dem Element allein oder durch Differenzmessung in Gemischen, in Lösungen oder in chemischen Verbindungen. Stets findet man im Röntgengebiet die Absorptionskonstante K praktisch unabhängig von der Umgebung und der chemischen Bindung proportional der Atomzahldichte oder Atomzahlkonzentration N_0 des Elementes in dem untersuchten Zustande. Daher hat es Sinn, das Verhältnis K/N_0 als absorbierenden Querschnitt eines einzelnen Atomes anzugeben (vgl. Abb 292c) Abb. 455. Zerlegung des Pt-Absorptionsspektrums in einzelne Grenzkontinua.

Mit den Frequenzen dieser Absorptionskonstanten läßt sich —ebenso wie früher mit den Absorptionslinien — ein Niveauschema entwerfen. Das ist in Abb. 456

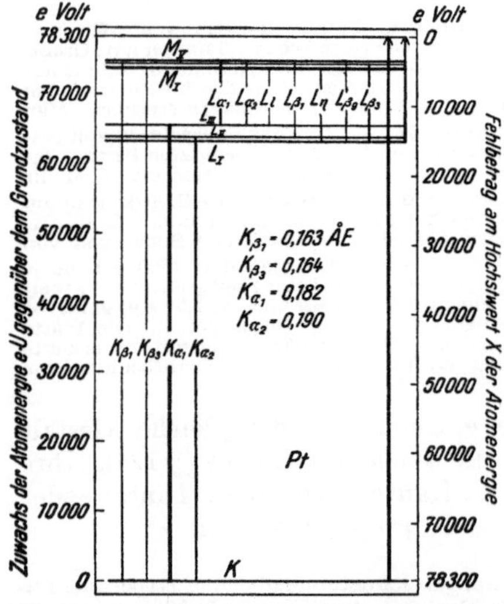

Abb. 456. Einfaches Röntgen-Niveauschema des Pt-Atoms. Die im Text als K_α bezeichnete Linie besteht aus zwei benachbarten Linien $K_{\alpha 1}$ und $K_{\alpha 2}$.

für Pt geschehen. Wie bei jedem Grenzkontinuum wird auch hier die Absorption durch einen Übergang aus einem Niveau bis zum oberen Rande des Schemas dargestellt. Das ist für die Wellenlänge der K-Kante ($\lambda = 0,158\,Å$E) durch einen vertikalen Pfeil angedeutet. Der dem Atom zugeführte Energiebetrag $h\nu$ kann bequem an der rechten Ordinate abgelesen werden, er beträgt für die K-Kante des Pt $7,86 \cdot 10^4$ eVolt.

Die Emission einer Spektrallinie wird durch einen Übergang zwischen einem hohen und einem tiefen Niveau dargestellt, das ist u. a. für die stärkste Linie der K-Gruppe, die K_α-Linie ($\lambda = 0,185\,Å$E), gezeichnet. Der beim Übergang ausgestrahlte Energiebetrag $h\nu$ wird an der linken Ordinate abgelesen, also im Beispiel $h\,\nu_{K\alpha} = 6,72 \cdot 10^4$ eVolt.

Das Röntgenniveauschema des Pt-Atoms (Abb. 456) ist typisch für das aller

Atome. Es zeigt in seinem Aufbau qualitativ Übereinstimmung mit dem einfachen Niveauschema des H-Atoms (Abb. 414) und der wasserstoffgleichen $(Z-1)$-fach geladenen Ionen der Ordnungszahl Z (z. B. $_2\mathrm{He}^+$ in Abb. 434, $_3\mathrm{Li}^{++}$, $_4\mathrm{Be}^{+++}$ usw).

In Abb. 457 sind die Atomspektren von 30 Elementen zusammengestellt, und zwar von oben nach unten in der Reihenfolge $Z = 1, 4, 7 \ldots$ Die Abszisse

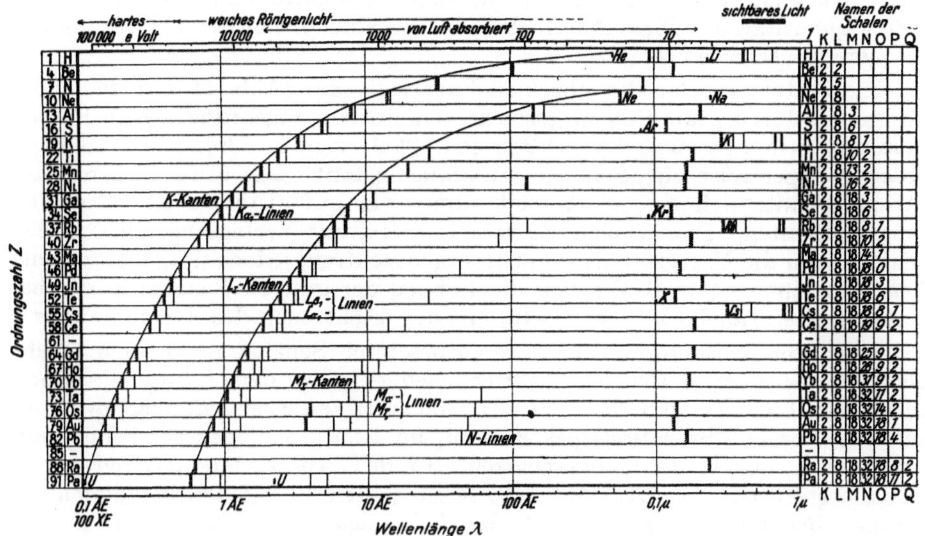

Abb. 457. Übersicht über die Linienspektra von 30 nach ihrer Kern- oder Ordnungszahl Z geordneten Atomen Links sind die van den Broekschen Ordnungszahlen Z vermerkt, rechts die Verteilung der Elektronen auf die einzelnen mit K, L, M. bezeichneten Schalen des Atoms Schräge Ziffern bedeuten noch unvollständige Besetzung. Die Elemente $Z = 61$ und $Z = 85$ sind noch nicht entdeckt Trotzdem kann die Lage ihrer Röntgenspektrallinien schon heute nicht zweifelhaft sein Mit Hilfe dieser Spektrallinien wird man die Elemente nachweisen können, auch wenn ihre Anreicherung nur bis zu Konzentrationen von etwa 1 Promille gelingen sollte

ist logarithmisch geteilt. Sie umfaßt daher den ganzen Wellenbereich vom technischen Röntgenlicht bis ins Ultrarot. — Von den K-, L-, M-Gruppen sind jeweils nur die stärksten Linien eingezeichnet und, soweit gemessen, auch die zugehörigen Absorptionskanten. Im Ultravioletten und im Sichtbaren sind nur die Kanten der Grenzkontinua eingetragen und bei einigen Elementen auch die Hauptserie und ein paar Linien anderer Serien.

In diesem Übersichtsbild (Abb. 457) zeigen die Kanten und die Liniengruppen links einen klaren Gang mit der Ordnungszahl Z. Quantitativ ist dieser Zusammenhang in der Abb. 458 dargestellt. Man findet eine fast lineare Beziehung zwischen den $h\,\nu$-Werten der Kanten und Linien mit Z^2, also dem Quadrat der Kernladungszahl So gilt z. B. für die K-Kante

$$h \cdot \nu_{K\text{-Kante}} = e U_{K\text{-Kante}} = (Z - a_1)^2 \cdot Ry \cdot h, \tag{273}$$

für die K_α-Linie

$$\nu_{K_\alpha} = (Z - a_2)^2\, Ry \left(\frac{1}{1^2} - \frac{1}{2^2}\right), \tag{274}$$

für eine L-Linie

$$\nu_L = (Z - a_3)^2 \cdot Ry \left(\frac{1}{2^2} - \frac{1}{3^2}\right). \tag{275}$$

(Ry = Rydbergfrequenz = $3{,}29 \cdot 10^{15}$ sec^{-1}; $h = 6{,}62 \cdot 10^{-34}$ Watt $\cdot$ sec^2.)

a_1, a_2, a_3 sind kleine, in den verschiedenen Bereichen von Z wechselnde Korrektionsgrößen, Abschirmungskonstanten genannt. Die Werte von a_1 und a_2 liegen dicht bei 1, a_3 ist etwa $= 7{,}5$.

Von diesen Korrektionsgrößen abgesehen, sind uns die Formeln bekannt. Sie gelten für wasserstoffgleiche Ionen, d. h. $(Z-1)$-fach geladene Ionen der Ordnungszahl Z [S. 243 Gl. (265), (266)]. Damit sind wir zum zweitenmal auf eine Wasserstoffähnlichkeit der Röntgenspektren gestoßen und diesmal sogar auf eine quantitative. Diese Ähnlichkeit hat zu einer fruchtbaren Deutung des Röntgenniveauschemas geführt:

Beim H-Atom wurden die einzelnen Energieniveaus (Abb. 414) modellmäßig bestimmten, durch Stabilität ausgezeichneten Bahnen zugeordnet. Ihre Radien sollten sich wie $1 : 4 : 9 : \ldots$ verhalten [Gl. (255) von S. 239]. Diese Bahnen wurden gruppenweise zu „Schalen" zusammengefaßt. Das eine Elektron des H-Atoms konnte sich zur selben Zeit immer nur auf einer dieser möglichen Bahnen aufhalten. Die übrigen standen ihm frei zur Verfügung. Das gleiche macht man für die Energieniveaus der Röntgenspektren, jedoch mit einer wesentlichen Ergänzung. Man denkt sich die Bahnen der inneren Schalen in der bekannten Weise (Tabelle 10 von S. 246) mit den Elektronen des Atoms besetzt.

Die Zuordnung der Röntgenniveaus zu besetzten Schalen des Atoms macht sogleich den einzigen wesentlichen Unterschied zwischen dem Röntgenlicht und dem übrigen Licht verständlich: Im allgemeinen treten Spektrallinien sowohl in Emissions- wie in Absorptionsspektren auf, im Röntgengebiet aber kennt man Spektrallinien nur in Emissionsspektren. In den Absorptionsspektren fehlen selbst die stärksten, mit K_α, M_- usw. bezeichneten Röntgenspektrallinien. — Deutung: Bei der Absorption z. B. der K_α-Linien müßte das Elektron vom K-Niveau (Abb. 456) in eines der L-Niveaus gelangen können, d. h. aus der K-Schale in die L-Schale. Das ist aber unmöglich, denn die L-Schale ist voll besetzt. Freie Plätze werden erst am Rande der Atome verfügbar, entweder in einer äußeren, noch nicht voll ausgebauten Schale, z. B. neben einem Leuchtelektron[1] (S. 242), oder ganz draußen im Bereich der freien Elektronen. Das macht energetisch nur einen Unterschied von wenigen eVolt. Praktisch muß das Röntgenlicht zur Absorption stets die volle, zu einer der Schalen K-, L-, $M \ldots$ gehörige Ionisierungsarbeit leisten können, und zwar auf Kosten seines $h\nu$-Betrages. Es muß das ebenso tun wie das sichtbare oder ultraviolette Licht bei der Absorption im Grenzkontinuum. Röntgen-Absorptionsspektra sind also wirklich Grenzkontinua, der auf S. 251 eingeführte Name war berechtigt. Der Unterschied gegenüber „gewöhnlichem" Licht liegt nur in der Größe der Ionisierungsarbeiten. Sie gehen im Röntgenlicht bis zu rund $1{,}2 \cdot 10^5$ eVolt (Abb. 458). Diese Ionisierungsarbeiten sind gleichzeitig die Anregungsenergien bei der Erzeugung der Röntgenspektrallinien durch Elektronenstoß.

Der auf die Anregung folgende Emissionsvorgang zeigt im Röntgenlicht keine Besonderheiten. Das aus einer inneren Schale, also einem tiefen Energieniveau herausgeholte Elektron wird von einem der höheren Niveaus aus ersetzt (Abb. 456).

---

[1] Das ließe sich nur an Dampfstrahl-Antikathoden beobachten. In diesem Fall müßten die Absorptionskanten auf der langwelligen Seite eine Feinstruktur bekommen, d. h. ihnen müßte ein schmaler Bereich linienhafter Absorption vorgelagert sein. Bei einatomigen Dämpfen müßten die Energiedifferenzen dieser Linien gegenüber den Kanten die gleichen sein wie die aus dem sichtbaren und ultravioletten Spektralbereich bekannten. Ihre Größenordnung ist also etwa 10 eVolt (Abb. 414/16). Das ist neben den $h\nu$-Energien des Röntgenlichtes (bis über 10^5 eVolt) nur schwer zu beobachten.

Bei den Röntgenspektrallinien mit langen Wellenlängen verschwindet der einfache, in Abb. 458 hervortretende Zusammenhang zwischen Linienfrequenz und Ordnungszahl Z. Die Abb. 459 gibt einige Beispiele. Die Knickpunkte in den Kurven hängen mit dem Ausbau der einzelnen Schalen zusammen. Die Satzbeschriftung gibt Einzelheiten.

Wir greifen noch einmal auf das Übersichtsbild 457 zurück und suchen nach Übergängen vom Röntgengebiet ins Ultraviolette und Sichtbare. — Die K-, L- und M-Gruppen enden bei je einem Edelgas mit abgeschlossener Schale. Die K-Gruppe endet bei $_2$He, die L-Gruppe bei $_{10}$Ne, die M-Gruppe bei $_{18}$Ar. Beim $_2$He ist die K-Schale abgeschlossen, beim $_{10}$Ne die L-Schale, bei $_{18}$Ar die M-Schale. (He und Ar fehlen zwar in Abb. 457, doch sind ihre Grenzkontinua am richtigen Platz vermerkt.) Die Hauptserien dieser Edelgase dürfen als Röntgenspektra bezeichnet werden, denn bei ihrer Anregung wird ein Elektron aus einer abgeschlossenen Schale entfernt. (Allerdings können bei He die K-Linien, bei Ne die L-Linien, bei Ar die M-Linien auch in Absorptionsspektren auftreten. Es gibt ja bei diesen Elementen keine weiter außen liegenden Schalen.) Bei allen nicht zur Gruppe der Edelgase gehörenden Elementen stehen die Hauptserien im langwelligen Gebiet nicht mit den Röntgenlinien in Zusammenhang. Sie entstehen durch Elektronen aus nicht abgeschlossenen Schalen an der Außenseite des Atoms. Für einige Atome kann man bereits ein Niveauschema für den gesamten Spektralbereich vom Röntgengebiet bis ins Ultrarote aufstellen. Die Abb. 464 S. 260 wird das am Beispiel

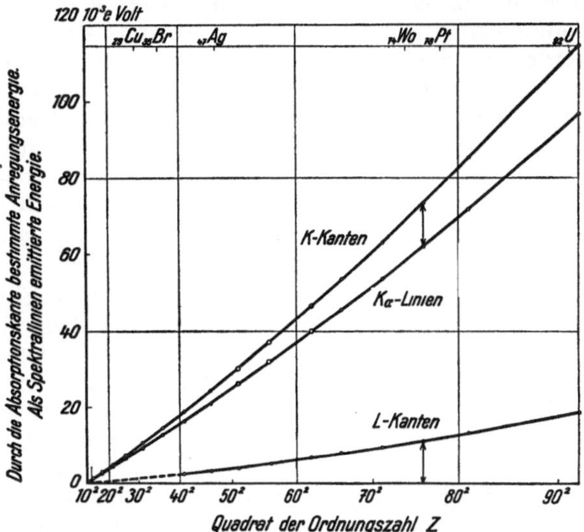

Abb. 458. Die von G. J Moseley 1913 entdeckten Beziehungen. Als K_α-Linie ist der Mittelwert der $K_{\alpha 1}$- und $K_{\alpha 2}$-Linien eingetragen, für die L-Kante der Mittelwert aus den beiden Teilkanten L_{II} und L_{III}. Die $h\,\nu$-Differenz zwischen der K-Kante und der K_α-Linie ist für jedes Element gleich der $h\,\nu$-Energie der L-Kante Das wird durch die gleiche Länge der beiden Doppelpfeile angedeutet.

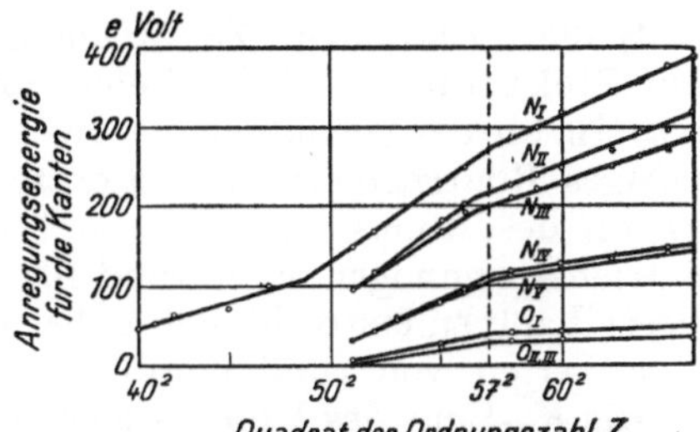

Abb. 459. Gültigkeitsgrenze der einfachen, in Abb. 458 dargestellten Beziehungen. Beim Aufbau der K- und L-Schale werden die mit wachsender Ordnungszahl hinzukommenden Elektronen stets auf einen Platz der äußersten Schale eingebaut und daher steigt die Anregungsenergie nahezu proportional mit Z^2 [Gl. (266) v. S. 244]. Die weiter außen liegenden Schalen M, N, O . . werden zum Teil gleichzeitig aufgebaut. So wird z B. der Aufbau der O-Schale bei $_{57}$La unterbrochen und erst die N-Schale von ihrem vorläufigen Wert 18 auf den Endwert von 32 Elektronen gebracht. Währenddessen steigt die Anregungsenergie für die Elektronen der äußeren Schalen langsamer als vor der Ordnungszahl Z = 57. Die Knickpunkte haben bei der Aufklärung des Schalenbaues der Elektronenhülle wertvolle Dienste geleistet

des K-Atoms zeigen. — Als einziges Element besitzt der Wasserstoff überhaupt keine abgeschlossene Schale und daher auch kein Röntgenspektrum.

Das Übersichtsbild 457 enthält Linienspektren voñ Atomen. Die Beobachtungen müssen daher grundsätzlich an einatomigen Dampfen der betreffenden Elemente (z. B. an Dampfstrahl-Antikathoden) ausgeführt werden. Durch die Vereinigung zu Molekulen und besonders zu den Riesenmolekulen der Kristalle werden die Spektren im Gebiet der langen Wellen völlig verandert. Auch beim langwelligen Röntgenlicht machen sich chemische Bindung und Kristallbau schon deutlich bemerkbar (§ 143). Nur im Gebiet des kurzwelligen Röntgenlichtes sind diese Einflüsse von ganz untergeordneter Bedeutung. Aus diesem Grunde konnten die meisten der in Abb. 457 dargestellten Röntgenspektrallinien und Kanten an festen Körpern beobachtet werden.

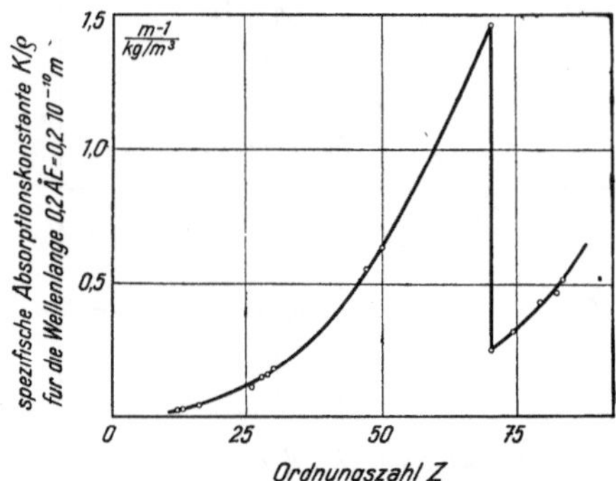

Abb. 460. Einfluß der Ordnungszahl Z auf die Absorption von hartem Rontgenlicht der Wellenlange $\lambda = 0,2$ ÅE $= 200$ XE $= 2 \cdot 10^{-9}$ cm. Die Darstellung geht ebenfalls auf C. G. Barkla zuruck Ihr Zusammenhang mit Abb 457 ist leicht ersichtlich.

Das Übersichtsbild 457 enthalt wohl Angaben uber die Lage der wichtigsten Absorptionskanten, aber nichts über die Größe der Absorptionskonstanten. Diese sind für verschiedene Wellenlangen nur für einzelne Beispiele dargestellt worden (Abb. 361, 387, 454). Darum bringt zum Schluß die Abb. 460 noch ein weiteres Übersichtsbild Es zeigt den Einfluß der Ordnungszahl Z auf die Hohe der Absorptionskonstanten nur für eine, aber praktisch wichtige Wellenlange, namlich $\lambda = 0,2$ ÅE. Sie entspricht einer Betriebsspannung von rund 60 Kilovolt.

§ 132. γ-Strahlen. Zur Erzeugung von Röntgenlicht benutzt man entweder den **Elektronenstoß**: Er liefert eine **Bremsstrahlung** und außerdem **Spektrallinien** des getroffenen Atoms. — Oder eine **Fluoreszenz**: Es wird kurzwelliges Röntgenlicht zur Absorption gebracht und damit werden **Spektrallinien** des Atoms angeregt. — Technische Röntgenlampen können heute fur Betriebsspannungen bis zu rund 10^6 Volt hergestellt werden. Die Bremsstrahlung dieser Lampen erstreckt sich daher mit ihrem kontinuierlichen Spektrum bis zu $h \cdot \nu$-Werten von rund 1 Million eVolt. Die kürzeste Rontgen-Spektrallinie ist die K_β-Linie des Urans, sie gehort also zum Element mit der höchsten Kernladungszahl ($Z = 92$). Ihre Wellenlange ist gleich 0,108 ÅE, ihre $h \cdot \nu$-Energie $= 114\,000$ eVolt.

Röntgenlicht findet sich ferner unter den Strahlungen „natürlich radioaktiver" Elemente (UX_1, Ra, RaB, RaC, RaD, ThB, ThC''). Bei einigen von ihnen (RaB, ThC'') kennt man Dutzende von Spektrallinien. Ihre $h\nu$-Betrage liegen zwischen 40 000 und 2,7 Millionen eVolt. Die kleinen Werte sind zwar von der gleichen Größenordnung wie für die K-Spektrallinien dieser Elemente, aber weiter geht die Übereinstimmung nicht. Die radioaktiven Vorgange und der außere Elektronenstoß geben **nicht** die gleichen Frequenzen. Bei den hohen $h\nu$-Werten sind selbst die Größenordnungen verschieden.

Aus diesen beiden Grunden kann das Röntgenlicht bei radioaktiven Vorgängen **nicht** in der **Elektronenhülle** der Atome entstehen, sondern nur in den **Kernen**. Wegen dieses anderen Ursprunges ist auch ein besonderer Name zweckmäßig: **Man bezeichnet alles nicht der Elektronenhülle entstammende Röntgenlicht als γ-Strahlen.**

γ-Strahlen lassen sich heute auch durch kunstliche Einwirkungen auf Atomkerne erzeugen. Beim Li-Kern genügt schon der Stoß eines α-Teilchens. Dabei entstehen γ-Strahlen mit einem $h\nu$-Wert von 600 000 eVolt.

In anderen Fällen vereinigt sich der getroffene Kern mit dem einschlagenden Geschoß zu einem neuen Kern von größerer Masse, man erzielt eine Kernumwandlung. Beispiel: Ein Berylliumatom mit der Kernladungszahl $Z = 4$ und der Massenzahl (fruher Atomgewicht) 9, also $^9_4$B, wird mit α-Strahlen, d. h. $_2$He^{++}-Ionen der Masse 4, beschossen. Bei seltenen Treffern reagieren beide Atomkerne miteinander und bilden dabei ein angeregtes (Zeichen *) Kohlenstoffatom $^{12}_6$C* und ein langsames Neutron (= ladungsloser Wasserstoffkern). Oder in Gleichungsform

$$^9_4\text{Be} + {}^4_2\text{He} \rightarrow {}^{12}_6\text{C*} + {}^1_0\text{n}.$$

Der angeregte Kohlenstoffkern kehrt nach einer winzigen Lebensdauer in den unangeregten Zustand zurück. Dabei emittiert er eine γ-Strahlung mit einem $h\nu$-Wert von 6 Millionen eVolt. Oder wieder in Gleichungsform

$$^{12}_6\text{C*} \rightarrow {}^{12}_6\text{C} + \gamma\ (6 \cdot 10^6\ e\text{Volt}).$$

Schließlich kann man $^7_3$Li-Kerne mit schnellen Protonen, also einfach positiv geladenen Wasserstoffkernen, beschießen. Ist ihre Energie größer als $5 \cdot 10^5\ e$Volt, so bekommt man einen Berylliumkern und außerdem γ-Strahlen mit einem $h\nu$-Wert von 17 Millionen eVolt. Die Reaktionsgleichung lautet

$$^7_3\text{Li} + {}^1_1\text{p} \rightarrow {}^8_4\text{Be} + \gamma\ (17 \cdot 10^6\ e\text{Volt}).$$

Durch diese Entwicklung der Kernphysik ist ein neuer Arbeitsbereich erschlossen worden, die Spektroskopie der Atomkerne. Formal behandelt man sie genau wie die Spektroskopie der Atomhulle. Die Aufstellung eines Energieniveauschemas ist schon fur manche Kerne gelungen. Bald wird wohl eine Spektroskopie des Elektrons folgen. Auch das Elektron scheint in sehr verschiedenen Zustanden vorzukommen (Meson!) und auch kaum anders die ubrigen „elementaren Bausteine" (Positron, Neutron, Proton usw.). Mit wachsender Kenntnis wachst die Fülle der Probleme.

Im ganzen Bereich des Röntgenlichtes wird die Wellenlange mit Beugungsgittern gemessen und die Frequenz ν aus der Beziehung $\nu = c/\lambda$ berechnet. Mit den so gewonnenen Frequenzen ist die lichtelektrische Gleichung $h\nu = e\,U$ im Bereich von mindestens 10 Oktaven experimentell gesichert worden Auch die Wellenlange der γ-Strahlen laßt sich noch mit Krıstallgittern messen. Erst im Gebiet der hochfrequenten γ-Strahlen tritt ein bemerkenswerter Wandel ein: Dort verliert die Wellenlange praktische Bedeutung, sie ist nicht mehr meßbar. Keine Gitterteilung, nicht einmal die der Kristalle, ist fein genug. Hıer kann man die Frequenz ν nur mit Hilfe der lichtelektrıschen Gleichung bestimmen. Man erzeugt mit der γ-Strahlung einen Photoeffekt und mißt die Energie $eU = h\nu$ der Elektronen. Einzelheiten folgen im nachsten Paragraphen.

§ 133. Photoeffekt, auch inneratomarer, im Röntgengebiet.
Der Photoeffekt im Röntgengebiet ist in § 118 nur kurz und qualitativ behandelt worden. — Seinen hohen Frequenzen entsprechend erteilt das Röntgenlicht den Elektronen große kinetische Energien. Man kann daher die Bahnen der Elektronen in einer Nebelkammer sichtbar machen und aus der Lange der Bahnen Geschwindigkeit und Energie der Elektronen bestımmen.

Für eingehende quantitative Untersuchungen laßt man die Elektronen in einem homogenen Magnetfeld laufen, und zwar senkrecht zu dessen Feldlinien. Dann werden ihre Bahnen kreisförmig Aus dem Krummungsradius r der Bahn und der Kraftflußdichte $\mathfrak{B}$ des Magnetfeldes läßt sich Geschwindigkeit und Energie der Elektronen bestimmen. Näheres in und unter Abb. 461.

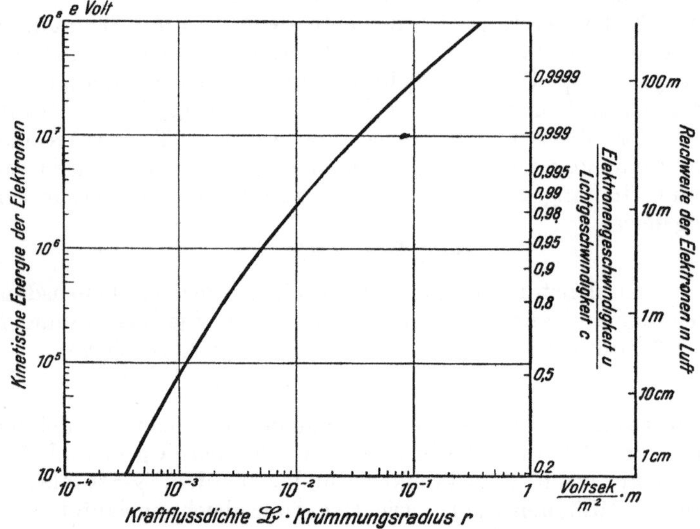

Abb. 461. Zur Bestimmung der Geschwindigkeit u und der kinetischen Energie $\frac{1}{2}\,m\,u^2 = e\,U$ aus dem Bahnradius eines Elektrons im homogenen Magnetfeld. Zur Berechnung der Kurve dienten die Gleichungen

$$\mathfrak{B}\,r = \frac{m}{e}\,u \qquad\qquad (184)$$

$$m = m_0\left(1 - \frac{u^2}{c^2}\right)^{-\frac{1}{2}} = m_0\left(1 + \frac{1}{2}\,\frac{u^2}{c^2} + \ldots\right), \qquad (226) \qquad \text{des Elektrizitats-Bandes}$$

$$\frac{1}{2}\,m\,u^2 = e\,U. \qquad\qquad (182)$$

$\mathfrak{B}$ = Kraftflußdichte in Voltsec/m² (= 10^4 Gauß), r = in Metern, $e = 1,6 \cdot 10^{-19}$ Amp.Sek.; $c = 3 \cdot 10^8$ m/sec. m_0 = Ruhmasse des Elektrons = $9,11 \cdot 10^{-31}$ kg. Die ganz rechts angefugte Ordinate beruht auf Messungen, wie sie in § 127 vor der Gl. (242) erwahnt wurden. Weitere Angaben uber die Reichweite korpuskularer Strahlen findet man im Elektrizitats-Bande, § 145, Tab. 17.

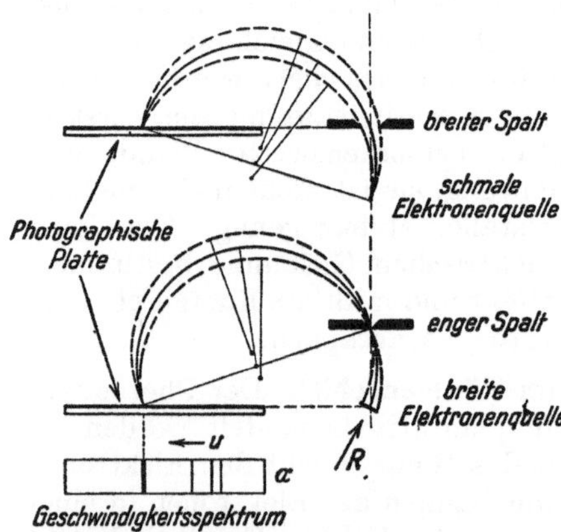

Abb. 462/63 Mit diesen beiden Anordnungen lassen sich Geschwindigkeitsspektra von Korpuskularstrahlen photographieren. Senkrecht zur Zeichenebene steht ein homogenes Magnetfeld der Kraftflußdichte B. Die Auswertung der Aufnahmen ist in und unter Abb. 461 erlautert worden.

Die Kreisbahnen der Elektronen lassen sich in photographischen Nebelkammerbildern ausmessen (z. B. Elektrizitäts-Band, Abb. 445). Besser aber ist ein anderes photographisches Verfahren. Die Abb. 462/63 zeigen es in zwei Ausführungen. Bei beiden steht das homogene Magnetfeld senkrecht zur Zeichenebene und ebenso die Längsrichtung der zu untersuchenden Elektronenquelle. Jeder Geschwindigkeit entspricht ein bestimmter Krümmungsradius und daher eine schmale Linie auf der photographischen Platte. Die Gesamtheit dieser Linien bildet ein „Geschwindigkeitsspektrum" (Abb. 463, unten).

Diese Anordnungen sind ursprünglich für die β-Strahlen radioaktiver Stoffe entwickelt worden. Erst später hat man sie mit großem Nutzen zur Untersuchung des Photoeffektes im Rontgenlicht herangezogen. — In diesem Falle dient ein von Röntgenlicht (Pfeil R) bestrahlter Körper als Elektronenquelle. Er bekommt die Form einer außerst dunnen Haut. Dann brauchen die Elektronen im Innern des Körpers keinen nennenswerten Weg zu durchlaufen, sie behalten ihre ursprungliche, vom Licht erzeugte Geschwindigkeit. Man könnte daher bei Einstrahlung von monochromatischem Röntgenlicht eine einheitliche Geschwindigkeit der Elektronen erwarten. Sie wird aber nicht beobachtet. Stets ergibt das Experiment ein ausgedehntes, aus mehreren Linien bestehendes Geschwindigkeitsspektrum. — In einem Beispiel werde Ag mit der K_α-Linie einer W-Antikathode bestrahlt, also mit einer $h\,v$-Energie von 59 100 eVolt. Man beobachtet im Geschwindigkeitsspektrum vier Linien. Ihnen entsprechen vier Gruppen von Elektronen mit je einer einheitlichen Geschwindigkeit. Sie besitzen folgende kinetische Energien:

$$\text{I. Gruppe } e \cdot U_I \;\;= 55\,800 \; e\text{Volt,}$$
$$\text{II. Gruppe } e \cdot U_{II} = 33\,800 \; e\text{Volt,}$$
$$\text{III. Gruppe } e \cdot U_{III} = 21\,300 \; e\text{Volt,}$$
$$\text{IV. Gruppe } e \cdot U_{IV} = 18\,600 \; e\text{Volt.}$$

Zur Deutung der I. und II. Gruppe braucht man nur die lichtelektrische Gleichung

$$e\,U = h\cdot v - J \qquad (226) \text{ v. S. 208}$$

Im Außenraum beobachtete kinetische Energie der Elektronen	Quantengroße des absorbierten Lichtes	Abtrennungsarbeit des Elektrons

und das Rontgenniveauschema des bestrahlten Atoms. Dieses liefert uns die Abtrennungs- oder Ionisierungsarbeiten fur die Elektronen aus den Schalen K, L, M usw. des Atoms.

In obigem Beispiel hatte die absorbierte K_α-Strahlung des W ein $h \cdot v$ = 59 100 eVolt. Die Ionisierungsarbeit des Ag-Atoms betragt

$$3\,340 \; e\text{Volt für ein Elektron aus der } L\text{-Schale,}$$
$$25\,400 \; e\text{Volt für ein Elektron aus der } K\text{-Schale.}$$

Somit liefert die lichtelektrische Gleichung für ein Elektron aus der L-Schale des Silbers
$$e \cdot U_I = 59\,100 - 3340 = 55\,760 \; e\text{Volt,}$$
und für ein Elektron aus der K-Schale des Silbers
$$e \cdot U_{II} = 59\,100 - 25\,400 = 33\,700 \; e\text{Volt.}$$
Beide Zahlen stimmen gut mit den beobachteten überein.

Die beiden anderen Linien, die Gruppen III und IV, stehen in keiner Beziehung zur primär absorbierten Strahlung des Wolframs. Sie entstehen durch einen sekundaren Vorgang: Das der K-Schale im Primärvorgang entrissene Elektron wird nach kurzer Zeit durch ein Elektron aus einer mehr außen liegenden Schale ersetzt, z. B. der M- oder der L-Schale. Dabei wird die K_γ- oder die K_α-Spektrallinie des Silberatoms emittiert. Diese beiden monochromatischen Strahlungen übernehmen jetzt ihrerseits die Rolle einer neuen Primarstrahlung. Mit ihren $h\,v$ Energien von 24 900 und 22 100 eVolt ionisieren sie ihr eigenes Mutteratom. Sie werfen z. B. aus der L-Schale je ein weiteres Elektron über den Atomrand hinaus. Das erfordert nur eine Ionisierungsarbeit von 3340 eVolt. So verbleiben den ausgeschleuderten Elektronen im Außenraum noch stattliche Betrage als kinetische Energie, namlich

$$e \cdot U_{III} = 24\,900 - 3340 = 21\,560 \; e\text{Volt,}$$
$$e \cdot U_{IV} = 22\,100 - 3340 = 18\,760 \; e\text{Volt.}$$

Demnach entstehen in unserem Beispiel die Elektronen der III. und IV. Energiegruppe durch einen inneratomaren Photoeffekt, also durch eine neuartige, im Bereich langer Wellen unbekannte Erscheinung.

In der Nebelkammer erzeugt der Photoeffekt des Röntgenlichtes sehr oft zwei Bahnen mit gleichem Ursprungsort (Abb. 407 auf S. 218). Die kurze Bahn gehört zu einem Elektron des sekundären inneratomaren Photoeffektes.

Das häufige Auftreten des inneratomaren Photoeffektes ist überraschend. Es läßt sich nicht mit den Erfahrungen über die Absorption des Röntgenlichtes in dünnen Schichten vereinigen. In seinem Mutteratom muß das Röntgenlicht um Größenordnungen mehr absorbiert werden, als man nach der „Schichtdicke" einer Atomhülle erwarten sollte. Das ist die einfachste Beschreibung des Tatbestandes. In Wirklichkeit wird das Röntgenlicht gar nicht erst zustande kommen, sondern ein anderer, strahlungsloser Wechsel zwischen den verschiedenen Energiezuständen eintreten.

Mit dieser Einschränkung kann man dem inneratomaren Photoeffekt eine große Rolle bei der β-Strahlung der radioaktiven Stoffe zuschreiben. Der Kern liefert nur β-Strahlen mit einem kontinuierlichen Geschwindigkeitsspektrum. Das Atom als Ganzes aber liefert ein Geschwindigkeitsspektrum mit vielen Linien. Das läßt sich (mit obiger Einschränkung!) folgendermaßen deuten: Die β-Strahlen des Kerns erregen Röntgenlicht der Elektronenhülle. Dies Röntgenlicht erzeugt einen inneratomaren Photoeffekt und durch ihn Elektronengruppen von einheitlicher Geschwindigkeit.

§ 134. Niveauschema und Quantenzahlen.

Wir haben, allgemeinem Brauch folgend, für das Röntgenlicht und das langwellige Licht je ein besonderes Niveauschema aufgestellt. Das ist nicht nur historisch, sondern auch sachlich gerechtfertigt. Die Energieniveaus der Atome umfassen im gewöhnlichen Licht nur $h\nu$-Bereiche der Größenordnung 10 eVolt, im Röntgenlicht hingegen Bereiche bis zur Größenordnung 10^5 eVolt.

Im Röntgengebiet bezeichnet man die einzelnen Niveaus mit den Buchstaben K, L, M, N . und den Indizes I, II, III ..., im langwelligen hingegen mit einer Zahl, einem der Buchstaben S, P, D, F . und je zwei an diese Buchstaben angehangte Indizes (S. 235).

Die Abb. 464 soll den Zusammenhang dieser beiden Bezeichnungsweisen klarstellen. Sie bezieht sich auf das Kaliumatom. Die Ordinate mußte logarithmisch unterteilt werden. Der obere Teil dieses Schemas stimmt mit der Abb. 431 überein, abgesehen von zwei Äußerlichkeiten: Die beiden F-Leitern sind hier nicht mehr in eine zusammengefaßt. Außerdem sind die Sprossen in allen Leitern anders numeriert worden. In Abb. 431 waren empirische Laufzahlen benutzt worden, gekennzeichnet durch steilen Druck. Hier in Abb. 464 beginnt die Sprossenzählung unten im K-Niveau mit der schräg gedruckten Ziffer 1.

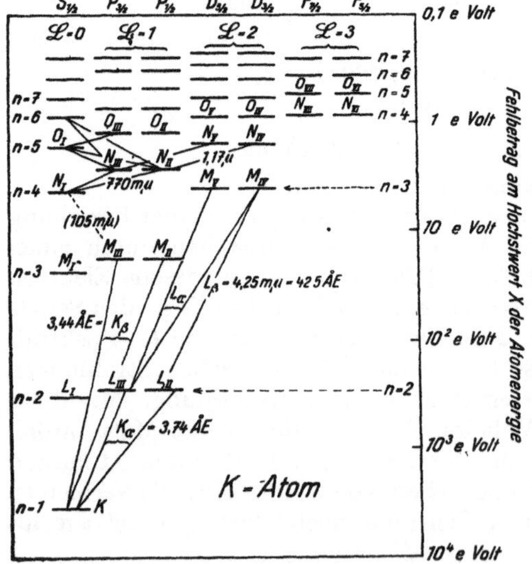

Abb. 464. Gemeinsames Niveauschema des K-Atoms für sichtbares und Röntgenlicht. Die gestrichelte Wellenlänge 105 mμ ist noch nicht beobachtet.

Im Röntgengebiet knüpfen die Bezeichnungsweisen unmittelbar an die graphische Darstellung der Absorptionsspektren an, z. B in Abb. 454. Im langwelligen hingegen ist die Bezeichnungsweise durch die Entwicklung der Atommodelle beeinflußt worden.

Ein Atommodell sucht alle im Niveauschema eines Atomes zusammengefaßten Energiezustände auf die Gruppierung und Bewegung von Elektronen im Felde des positiven Kernes zurückzuführen. Dabei werden die quantitativen Beziehungen ausschließlich durch die Plancksche Konstante h bestimmt, also durch

$$h = 6{,}62 \cdot 10^{-34} \begin{cases} \text{Wattsec} \cdot \text{sec}, & \text{Dimension [Energie} \cdot \text{Zeit]} \\ \text{Amperesekunde} \cdot \text{Voltsekunde}, & \text{Dimension [Ladung} \cdot \text{Kraftfluß]} \\ \text{kg} \dfrac{\text{m}}{\text{sec}} \cdot \text{m}, & \text{Dimension [Bahnimpuls } mu \cdot \text{Bahnlange } s] \\ \text{kg} \cdot \text{m}^2 \cdot \text{sec}^{-1}, & \text{Dimension [Tragheitsmoment } \Theta \cdot \text{Winkel-} \\ & \text{geschwindigkeit } \omega = \text{Drehimpuls].} \end{cases}$$

Die Plancksche Konstante h wird stets in Verbindung mit einer ganzen oder halben Zahl benutzt. Diese Zahlen werden Quantenzahlen genannt. In jedem vollstandigen Niveauschema erscheinen vier solcher Quantenzahlen. Wir wollen kurz ihre Bedeutung erlautern:

1. Die Hauptquantenzahl n. Sie bestimmt die Größenordnung der Atomenergie für die K, L, M . . Niveaus. Man findet die n-Werte in Abb. 464 neben den entsprechenden Buchstaben.

2. Die Nebenquantenzahl $\mathcal{L}$. Sie bestimmt den resultierenden Bahn-Drehimpuls aller Elektronen des Atoms. Dieser ist stets ein ganzzahliges Vielfaches $\mathcal{L}$ des elementaren Drehimpulses $h/2\pi$. Sie unterteilt die Niveaus K, L, W . . . in Teilniveaus I, II, III . . ., d. h. in die zu den verschiedenez Leitern S, P, D . . . gehörenden Sprossen. Die den einzelnen Leitern entsprechenden $\mathcal{L}$-Werte sind oben in Abb. 464 vermerkt. $\mathcal{L}$ kann Werte zwischen 0 und $(n-1)$ annehmen.

3. Die Spinquantenzahl $\mathcal{S}$ Sie bestimmt den resultierenden Kreisel-Drehimpuls aller Elektronen des Atoms. Dieser ist stets ein halb- oder ganzzahliges Vielfaches $\mathcal{S}$ des elementaren Drehimpulses $h/2\pi$. Der Kreisel-Drehimpuls eines einzelnen Elektrons, meist Spin oder Elektronendrall genannt, ist fur jedes einzelne Elektron gleich $\frac{1}{2} \cdot h/2\pi$. Der resultierende Kreisel-Drehimpuls eines Atomes ergibt sich als die algebraische Summe der einzelnen Kreisel-Drehimpulse $\frac{1}{2} \cdot h/2\pi$.

Die Summe $(2\mathcal{S}+1)$ wird im Niveauschema den Buchstaben S, P, D . . . links oben als Index beigefugt. Dieser Index bezeichnet die Multiplizitat der Leitern, also ihre Zugehörigkeit zu einem System von Einfach- oder Mehrfachleitern (vgl. S. 225).

4. Die innere Quantenzahl $\mathcal{J}$. Sie bestimmt den gesamten Drehimpuls des Atoms. Dieser ist stets ein halb- oder ganzzahliges Vielfaches $\mathcal{J}$ des elementaren Drehimpulses $h/2\pi$. Der gesamte Drehimpuls setzt sich vektoriell aus Bahn- und Kreisel-Drehimpulsen der Elektronen zusammen.

Im Niveauschema (Abb. 464) wird die innere Quantenzahl $\mathcal{J}$ den Leiterbuchstaben S, P, D . . . rechts unten als Index angehangt. $\mathcal{J}$ unterscheidet also die einzelnen Leitern innerhalb der S, P, D . . .-Gruppen der Mehrfachleitersysteme.

§ 135. Quantenzahlen und Vektordarstellung im Atommodell. Die Atommodelle sollen sehr verwickelte räumliche Vorgange darstellen, und das gelingt nur mit erheblichem Aufwand. Die gleiche Schwierigkeit besteht in der Chemie für den Molekülbau. Dort hat man sich für viele Aufgaben mit einer Art von Gerüst, nämlich den Strukturformeln, zu helfen gewußt. In der Physik gilt das Entsprechende, hier leistet ein Vektorgerüst, aufgebaut auf dem Bohrschen Modell, vortreffliche Dienste. Aus diesem Grunde wollen wir ein wenig auf die modellmäßige Deutung der Quantenzahlen eingehen.

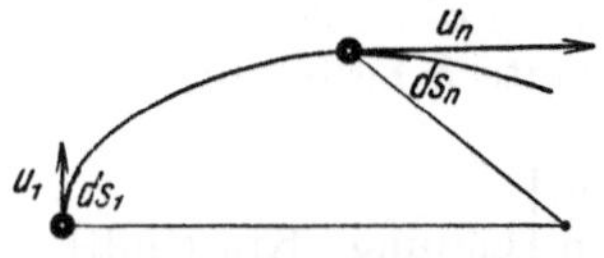

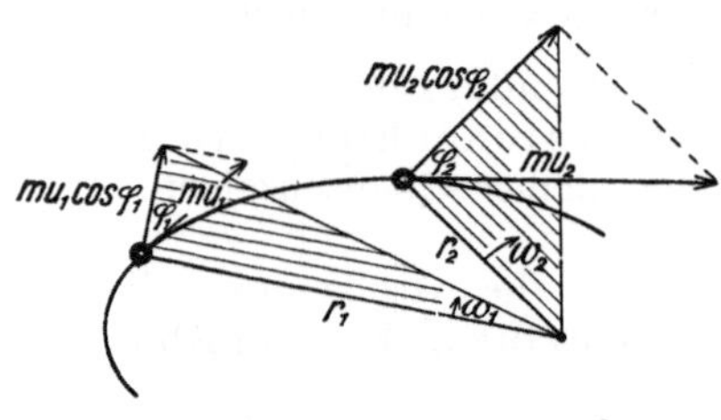

Abb. 465. Zur Definition der Liniensumme des Bahnimpulses $\int m\,u\,ds$. Als Bahn ist ein Stück einer Kepler-Ellipse gezeichnet.

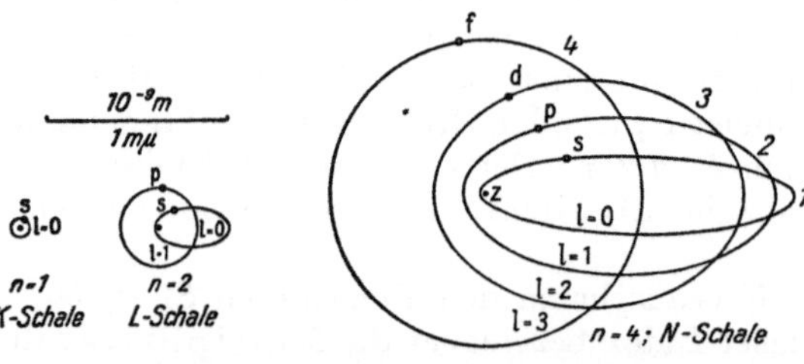

Abb. 466. Zur Definition des konstanten Bahndrehimpulses $\Theta\,\omega$ für ein Elektron in einer Ellipsenbahn. Der Betrag des Drehimpulses wird durch die schraffierten Dreiecksflächen dargestellt, seine Richtung durch einen zur Papierebene senkrechten Vektorpfeil. Die Momentanwerte des Trägheitsmomentes $\Theta = m\,r^2$ und die Winkelgeschwindigkeit $\omega = u/r \cos \varphi$ ändern sich periodisch beim Umlauf.

Die Hauptquantenzahl n führt die Energie der Niveaus $K, L, M \ldots$ auf einzelne, durch Stabilität ausgezeichnete Bahnen zurück. In einer solchen Bahn soll bei einem Umlauf die Liniensumme des Bahnimpulses (Abb. 465) für ein einzelnes Elektron ein ganzzahliges Vielfaches n der Größe h sein (S. 239).

Ein Modell mit der Hauptquantenzahl n allein liefert nur Kreisbahnen, und diese ergeben nur eine einzige Niveauleiter. Ihren Sprossen entsprechen Energieniveaus

$$X - Ry \cdot Z^2 \cdot \frac{h}{n^2}.$$

(Ergibt sich nach S. 223 und S. 243 $Ry =$ Rydbergfrequenz, $Z =$ Kernladungszahl, $n =$ Hauptquantenzahl, $X =$ unbekannter Höchstwert der Atomenergie.)

Diese eine Leiter genügt nur für das einfachste Niveauschema des H-Atoms (Abb. 414) und der wasserstoffgleichen $(Z - 1)$-fach geladenen Ionen der Ordnungszahl Z (Abb. 434).

Ellipsenbahnen bekommt man durch Einführung einer zweiten Quantenzahl, der azimutalen oder Nebenquantenzahl. Sie wird für ein einzelnes Elektron l genannt. Der Bahndrehimpuls eines solchen (Abb. 466) beträgt das $(l + 1)$-fache von $h/2\pi$. Die Werte von l gehen von Null bis $(n - 1)$. Die Abb. 467 gibt ein Beispiel.

Mit der Einführung der Ellipsenbahnen ist im Felde einer „punktförmigen" positiven Zentralladung [Kern des H-Atoms und der wasserstoffgleichen $(Z-1)$-fach geladenen Ionen der Kernladungszahl Z] noch nichts gewonnen. Die Ellipsenbahnen liefern trotz verschiedener Quantenzahlen die gleichen Energieniveaus: „Die Energieniveaus sind entartet."

— Das ändert sich erst bei Zentralladungen von größerer Ausdehnung und Struktur. Sie

Abb. 467. Rechts: Vier Kepler-Bahnen eines Elektrons mit der gleichen Hauptquantenzahl $n = 4$ und den Nebenquantenzahlen $l = 3$ bis $l = 0$. Alle vier Bahnen haben gleich lange große Achsen. In allen Bahnen hat das Elektron die gleiche Liniensumme des Bahnimpulses, die gleiche Umlaufzeit und die gleiche Energie [Gl. (257) von S. 239]. Verschieden sind nur die Bahndrehimpulse; sie verhalten sich wie die beigefügten schrägen Zahlen. Mitte: In gleichem Maßstab zwei Kepler-Bahnen mit der Hauptquantenzahl $n = 2$ und den beiden Nebenquantenzahlen $l = 1$ und $l = 0$. — Man bezeichnet die Bahnen und die in ihnen laufenden Elektronen oft mit den kleinen Buchstaben $s, p, d, f \ldots$ Die Bahn größter Exzentrizität heißt immer s-Bahn oder Bahn eines s-Elektrons. Eine s-Bahn ist nur bei der Hauptquantenzahl $n = 1$ kreisförmig. Bei $n = 1$ (K-Schale, ganz links) gibt es außer dieser Kreisbahn keine anderen Bahnen. [Für den Maßstab ist die Kernladung Z wie im H-Atom $= 1\,e$ angenommen. In einem $(Z - 1)$-fach geladenen Ion der Ordnungszahl Z sind alle Längen im Verhältnis $1 : Z^2$ zu verkürzen.]

finden sich bei allen Atomen mit Ordnungszahlen $Z > 1$, also z. B. bei den wasserstoffähnlichen Alkaliatomen. Für das Na-Atom gilt das in Abb. 468 skizzierte Schema. Der 11fach positiv geladene Kern ist von den beiden Elektronen der K-Schale und den 8 Elektronen der L-Schale umgeben. Diese Elektronen schirmen einen Teil der Kernladung ab, es verbleibt nur eine „effektive Kernladungszahl" Z^*. Die Ellipsen mit großer Exzentrizität, also kleiner Nebenquantenzahl l, geraten am dichtesten an die ausgedehnte Zentralladung (den „Atomrumpf") heran. Sie können sogar als „Tauch

Abb 468. Ebenes Modell des $_{11}$Na-Atoms zur Veranschaulichung einer Tauchbahn (Solche ebenen Bilder verstoßen gegen das Pauli-Prinzip [§ 139] und lassen nicht den Gesamtdrehimpuls Null der abgeschlossenen Schalen erkennen)

bahnen" in den Bereich der Zentralladung eindringen. Diese Ellipsenbahnen werden gestört, sie bekommen eine „Periheldrehung". Durch die Störung wird die Entartung aufgehoben, und nunmehr liefern die Ellipsenbahnen verschiedener Exzentrizität auch getrennte Niveauleitern $S, P, D \ldots$ mit den Energiestufen

$$X - Ry\,(Z^*)^2 \cdot \frac{h}{(n-s,p,d\ldots)^2}.$$

Sie erklären das einfachste Niveauschema der wasserstoffähnlichen Atome, z. B. das des Na-Atoms in Abb. 415.

Im Bohrschen Bilde hat die Ellipse größter Exzentrizität die Nebenquantenzahl $l = 0$ und den Bahndrehimpuls $1 \cdot h/2\,\pi$. Der Bahndrehimpuls Null kommt nicht vor, ihm würde eine lineare Pendelbahn entsprechen und diese müßte durch den Atomkern hindurchgehen. Im heutigen wellenmechanischen Atommodell (§ 169) ist das anders. Dort gibt die Nebenquantenzahl l allein, also nicht $(l + 1)$, den Bahndrehimpuls als Vielfaches von $h/2\,\pi$. Das überträgt man neuerdings unbedenklich auf das ebene Modell, man ignoriert also den Bahndrehimpuls der Ellipsen größerer Exzentrizität.

Man nennt heute ein Elektron ohne Bahndrehimpuls $(l = 0)$ ein s-Elektron. Ein p-Elektron hat den Bahndrehimpuls $1 \cdot h/2\,\pi$ (d. h. $l = 1$); ein d-Elektron hat den Bahndrehimpuls $2 \cdot h/2\,\pi$ (d. h. $l = 2$) usf. — Mit diesen Symbolen beschreibt man „Elektronen-Konfigurationen", z B. $3\,p\,d$ Sie bedeutet: Zwei Elektronen haben die Hauptquantenzahl $n = 3$, gehören also zu einem M-Niveau Das eine, p genannt, hat die Nebenquantenzahl $l = 1$, das andere d genannt, hat die Nebenquantenzahl $l = 2$.

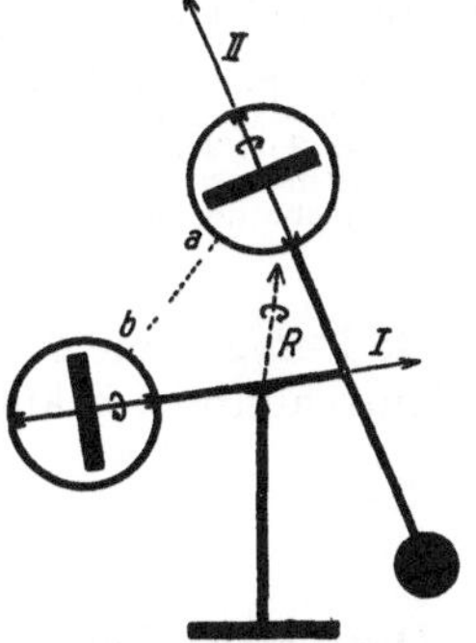

Abb. 469. 1. Zur vektoriellen Zusammensetzung zweier Drehimpulse I und II zu einem resultierenden R 2. Durch ein gespanntes Gummiband $a\,b$ können beide Kreisel aufeinander ein kleines Drehmoment ausüben. Seine Achse steht senkrecht zur Papierebene Dann vollführen beide Kreisel eine Prazessionsbewegung. Ihre Impulsachsen umkreisen auf Kegelmanteln die Impulsachse R

Wir waren oben nur bis zum einfachen Niveauschema eines wasserstoffähnlichen Atoms vorgedrungen. Es fehlt also noch die Aufspaltung der $S, P, D \ldots$-Leitern in Mehrfachniveaus, also z. B. eine Deutung für die beiden Komponenten der allbekannten D-Linie des Na. Es fehlt noch, allgemeiner gesprochen, eine modellmäßige Deutung für die Niveaumultiplizität. Sie kann nur durch Einführung des Elektronenspins erzielt werden, man muß den Kreiseldrehimpuls der Elektronen zum Bahndrehimpuls vektoriell addieren.

Die vektorielle Addition von Impulsen ist uns aus der Mechanik geläufig, mit ihrer Hilfe wurde die ganze Behandlung der Kreiselerscheinungen durchgeführt Dabei wurden Impulse unter beliebigen Richtungen zusammengesetzt (Abb. 469).

Im Bereich der Atome ist das nicht möglich. Das atomare Geschehen wird vom Planckschen h beherrscht, und dieses verlangt auch eine neue Vorschrift für die Addition von Impulsvektoren. Sie lautet in etwas vereinfachter Form: **Bei jeder vektoriellen Addition von elementaren Drehimpulsen muß der resultierende Drehimpuls wieder ein ganz- oder halbzahliges Vielfaches a des elementaren Drehimpulses $h/2\pi$ werden**[1]. Die Abb. 470 gibt ein Beispiel. Es werden die Bahndrehimpulse zweier Elektronen mit den Nebenquantenzahlen $l = 1$ und $l = 2$ zusammengesetzt, also Drehimpulse der

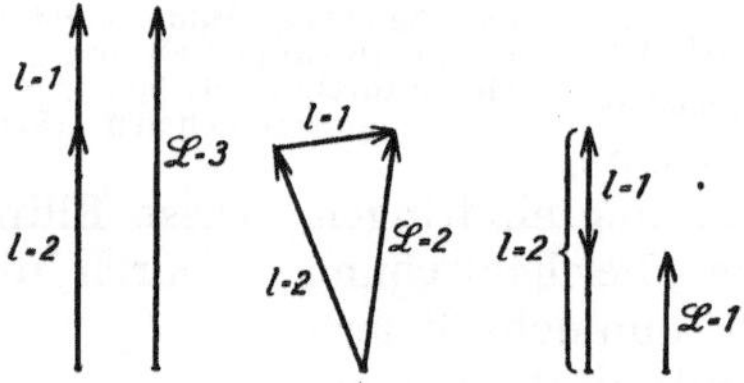

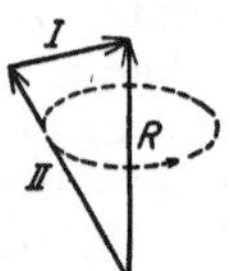

Abb. 470. Zur vektoriellen Addition zweier atomarer Drehimpulse nach der genäherten Quantenvorschrift. Das Beispiel bezieht sich auf die Bahndrehimpulse zweier Elektronen mit den Nebenquantenzahlen $l = 1$ und $l = 2$; d. h. das eine Elektron soll den Bahndrehimpuls $1 \cdot h/2\pi$ haben, das andere $2 \cdot h/2\pi$. Der resultierende Bahndrehimpuls des Atoms kann die Quantenzahlen $\mathcal{L} = 1, 2$ und 3 annehmen, er kann also das 1-, 2- oder 3fache des elementaren Bahndrehimpulses $h/2\pi$ werden.

Abb. 471. Magnetische Kopplung kann zu Präzessionsbewegungen um die Achse des resultierenden Drehimpulses führen. Das zeigt diese Skizze im Anschluß an Abb. 470 für den Fall $\mathcal{L} = 2$.

Größe $1 \cdot h/2\pi$ und $2 \cdot h/2\pi$. Es ergeben sich drei Möglichkeiten, der resultierende Bahndrehimpuls bekommt die Nebenquantenzahlen $\mathcal{L} = 1$, $\mathcal{L} = 2$ und $\mathcal{L} = 3$.

$$\left.\begin{array}{l}\mathcal{L} = 1 \\ \mathcal{L} = 2 \\ \mathcal{L} = 3\end{array}\right\} \text{ entspricht einer } \left\{\begin{array}{l}P\text{-Leiter,} \\ D\text{-Leiter,} \\ F\text{-Leiter.}\end{array}\right.$$

Die gleiche Vorschrift ist bei der Addition des Bahndrehimpulses $\mathcal{L} \cdot h/2\pi$ eines Atoms zum Spindrehimpuls $\mathcal{S} \cdot h/2\pi$ zu beachten. Man erhält den resultierenden Gesamtdrehimpuls $\mathcal{J} \cdot h/2\pi$ am bequemsten graphisch. Die Abb. 472 gibt zwei Beispiele. Durch Abzählen findet man die Zahl der $\mathcal{J}$-Werte für $\mathcal{L} > \mathcal{S}$ gleich $(2\mathcal{S} + 1)$, also gleich der Niveaumultiplizität (S. 242). Für $\mathcal{L} < \mathcal{S}$ hingegen bekommt man als Zahl der $\mathcal{J}$-Werte nur $(2\mathcal{L} + 1)$. Das ist die Zahl der bei der Nebenquantenzahl $\mathcal{L} < \mathcal{S}$ tatsächlich vorhandenen Niveauleitern. So ist z. B. für jede S-Leiter $\mathcal{L} = 0$, also gibt es nur einen $\mathcal{J}$-Wert, d. h. eine S-Leiter ist, der Erfahrung entsprechend, immer einfach (vgl. S. 242 und Abb. 464).

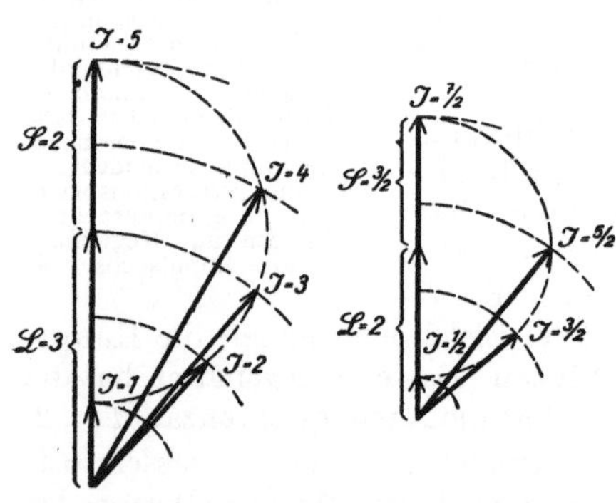

Abb. 472. 5 $\mathcal{J}$-Werte.   Abb. 473. 4 $\mathcal{J}$-Werte.

Abb. 472/73. Zwei Beispiele für die vektorielle Addition eines Bahndrehimpulses $\mathcal{L} \cdot h/2\pi$ und eines Spindrehimpulses $S \cdot h/2\pi$ zum resultierenden Drehimpuls $\mathcal{J} \cdot h/2\pi$ im Falle $\mathcal{L} > \mathcal{S}$.

An Hand der Beziehung

$$\text{Niveaumultiplizität} = (2\mathcal{S} + 1)$$

gelangt man leicht zum Rydbergschen Wechselsatz (S. 242):

Jedes Leuchtelektron, d. h. Elektron der nicht abgeschlossenen Außenschale, hat den Kreiseldrehimpuls $\frac{1}{2} \cdot h/2\pi$. Er soll durch einen kleinen Pfeil ($\uparrow$) dar-

---

[1] Streng das $\sqrt{a(a+1)}$fache.

gestellt werden. Alle Pfeile können sich nur parallel ($\uparrow\uparrow$) oder antiparallel ($\uparrow\downarrow$)
einstellen (algebraische Summierung). — Für ein Leuchtelektron (ungerade
Zahl), z. B. im H- oder Na-Atom, ist dann $S = \frac{1}{2}$, also die Multiplizitat $(2\,S + 1)$
$= 2$ (gerade Zahl). Für zwei Leuchtelektronen (gerade Zahl), z. B. in einem
Erdalkaliatom, gibt es die Spinquantenzahlen $S = 0$ ($\uparrow\downarrow$) und $S = 1$ ($\uparrow\uparrow$), also
die Multiplizitaten $(2\,S + 1) = 1$ und $= 3$ (ungerade Zahlen). Für drei Leucht-
elektronen (ungerade Zahl), z. B. im Al-Atom, gibt es $S = \frac{1}{2}$ ($\uparrow\uparrow\downarrow$) und $= \frac{3}{2}$ ($\uparrow\uparrow\uparrow$),
also die Multiplizitaten $(2\,S + 1) = 2$ und $= 4$ (gerade Zahlen) usf.

Ergebnis: Die Einführung des Elektronenspins hat einen großen Fortschritt gebracht. Sie bringt Ordnung in die doch ziemlich verwickelten Tatsachen der Niveaumultiplizität und vermag sie modellmäßig einfach zu beschreiben.

Bei der vektoriellen Addition der Elektronendrehimpulse ist außer der
Quantenvorschrift noch ein weiterer Punkt zu beachten. Sowohl die umlaufenden
wie die kreiselnden Elektronen besitzen ein magnetisches Moment $\mathfrak{m}_B$. Es
gilt (Elektr.-Lehre, § 76/78):

$$\frac{\text{magnet. Moment } \mathfrak{m}_B}{\text{mechan. Drehimpuls } \mathfrak{G}^*} = \begin{cases} \dfrac{\mu_0}{2} \cdot \dfrac{e}{m} \;\text{für ein umlaufen-}\atop \text{des Elektron} & (276) = (140) \text{ des Elektr.-} \\[2mm] & \text{Bandes} \\[2mm] \mu_0 \cdot \dfrac{e}{m} \;\text{für ein kreiseln-}\atop \text{des Elektron} & (153) \text{ des Elektr.-Bandes} \end{cases}$$

$\mu_0 = $ Induktionskonstante $= 1{,}256 \cdot 10^{-6}$ Voltsek/Amp.Meter.
$e/m = $ spezif. Elektronenladung $= 1{,}76 \cdot 10^{11}$ Amp.Sek./kg.

Zum elementaren Bahndrehimpuls $h/2\,\pi$ und zum Kreiseldrehimpuls oder
Spin $\frac{1}{2} \cdot h/2\,\pi$ gehört demnach das gleiche elementare magnetische Moment

$$\mathfrak{m}_B = \frac{\mu_0}{4\,\pi} \cdot \frac{e}{m} \cdot h = 1{,}15 \cdot 10^{-29} \text{ Voltsek.} \cdot \text{Meter.} \qquad (277) = (143) \text{ des El.-Bandes}$$

Man nennt $\mathfrak{m}_B$ ein Bohrsches Magneton.

Infolge dieses magnetischen Momentes sind Bahndrehimpuls und Kreisel-
drehimpuls eines Elektrons nicht unabhängig voneinander. Sie uben Drehmomente aufeinander aus, sie sind „gekoppelt". Im mechanischen Modell
(Abb. 469) kann man solche Drehmomente durch einen gespannten Gummifaden
$a\,b$ nachahmen. Sie erzeugen eine Präzessionsbewegung, d. h. jeder der beiden
Impulspfeile beschreibt einen Kegel um den resultierenden Drehimpuls R als
Achse. — Das Entsprechende gilt für die Addition der elementaren Drehimpulse, es wird in Abb. 471 angedeutet. Die Frequenz ν_p der Prazession bestimmt die Energiebetrage $h\,\nu_p$, um die sich in den Mehrfachleitern die Sprossen
mit gleicher Hauptquantenzahl unterscheiden. Bei starker Kopplung wird die
Frequenz der Prazession der Umlaufsfrequenz der Elektronen vergleichbar. Dann
gibt es sehr verwickelte Bewegungen, die einzelnen Impulse verlieren ihre selbstandige Bedeutung.

§ 136. Aufspaltung von Spektrallinien und Richtungsquantelung. 1896 fand
P. Zeeman, damals in Leiden, eine Frequenzanderung von Spektrallinien durch
ein magnetisches Feld. Diese Entdeckung hat in der wissenschaftlichen Welt
ein ahnliches Aufsehen erregt wie kurz zuvor in allen Kreisen die Entdeckung des
Röntgenlichtes. Die Zeemansche Entdeckung ergab eindeutig eine Verknupfung
der Lichtemission mit inneratomaren Bewegungen elektrischer Ladungen —
Heute ist diese Erkenntnis langst Allgemeingut geworden.

Die Frequenzanderung im Magnetfeld kann qualitativ im Schauversuch vorgeführt werden. Dazu benutzt man die Absorption. Es wird eine Na-Dampf-

lampe auf dem Wandschirm abgebildet. Ihr Licht muß unterwegs eine Na-haltige Bunsenflamme durchsetzen. Diese steht zwischen den Polen eines Elektromagneten. Beim Einschalten des Feldes wird das Lampenbild aufgehellt. Die Frequenzen der Primarstrahlung und der absorbierenden Atome stimmen nicht mehr ganz uberein, daher wird die Primarstrahlung weniger absorbiert.

Quantitative Untersuchungen ergeben eine Aufspaltung der Spektrallinien in mehrere Komponenten. Dabei sind drei Fälle zu unterscheiden:

Spektrallinien aus einem Einfachniveausystem zerfallen, quer zu den Feldlinien beobachtet, in drei Komponenten (Abb. 474). Die mittlere zeigt die ursprungliche Frequenz, die beiden außeren haben eine Frequenzanderung

$$\Delta \nu = \pm \frac{1}{4\,\pi} \cdot \frac{e}{m} \cdot \mathfrak{B} = 1{,}40 \cdot 10^{10} \frac{\mathrm{Amp\ Sek}}{\mathrm{kg}} \cdot \mathfrak{B} \qquad (278)\,[1]$$

($\mathfrak{B}$ = Kraftflußdichte des Magnetfeldes in Voltsek/m^2 = 10^4 Gauß, spezifische Elektronenladung $e/m = 1{,}76 \cdot 10^{11}$ Amp.Sek./kg.)

erfahren. Alle drei Komponenten erscheinen linear polarisiert. Die mittlere schwingt parallel, die beiden àußeren senkrecht zur Feldrichtung. In der Feldrichtung beobachtend, sieht man nur die beiden äußeren Komponenten, und zwar beide zueinander gegensinnig zirkular polarisiert[2]. — Die ganze Erscheinung wird „normaler Zeeman-Effekt" genannt.

Abb. 474 und 475. Beispiele fur die magnetische Aufspaltung von Spektrallinien. Die Beobachtungsrichtung liegt senkrecht zu den Feldlinien. — Abb. 474. Normaler Zeeman-Effekt der Cd-Linie $\lambda = 643{,}9\ m\mu$. Linien eines Einfach-Niveau-Systems zerfallen in drei Komponenten. In der mittleren Komponente schwingt der elektrische Vektor parallel, in den beiden außeren senkrecht zu den magnetischen Feldlinien. Daher kann man sie mit Hilfe eines Nikolschen Prismas einzeln photographieren. Ohne dies Prisma sieht man alle drei Linien zugleich, also die mittlere zwischen den beiden außeren — Abb. 475. Anomaler Zeeman-Effekt der beiden D-Linien des Na. Linien aus Mehrfach-Niveau-Systemen zerfallen in viele Komponenten Diese beiden Bilder sind ohne Nikolsches Prisma aufgenommen ·Unten sieht man die beiden D-Linien ohne Magnetfeld, oben ihre samtlichen Komponenten im Magnetfeld — Aufnahmen von E. Back.

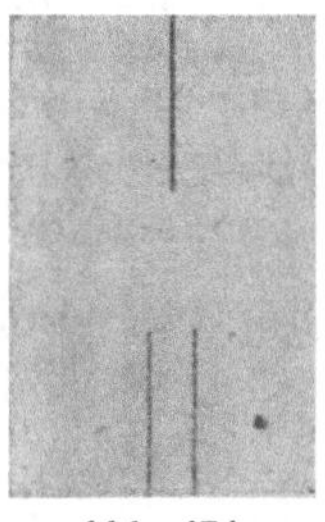

Abb. 474.

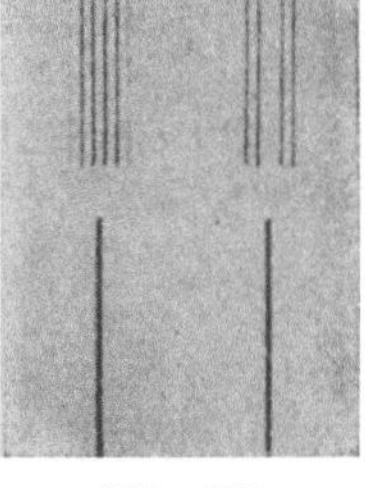

Abb. 475.

Bei Spektrallinien aus Mehrfachniveausystemen muß man „schwache" und „starke" Magnetfelder unterscheiden: In „schwachen" Magnetfeldern soll die magnetische Aufspaltung der Linien kleiner als der Abstand der einzelnen Komponenten des natürlichen Multipletts, in „starken" soll sie großer sein. — In schwachen Feldern beobachtet man eine magnetische Aufspaltung der Linien in viele Komponenten (Abb. 475). Das nennt man „anomalen" Zeeman-Effekt. Die Frequenzdifferenzen sind rationale Vielfache der im normalen Zeeman-Effekt beobachteten Werte $\Delta \nu$ (Rungesche Regel). In „starken" Magnetfeldern hingegen fallt diese Komplikation weg, man bekommt wieder einen normalen Zeeman-Effekt. Diese Vereinfachung heißt „Paschen-Back-Effekt".

In allen Fallen bedeutet die Aufspaltung der Spekrallinien das Auftreten neuer Energieniveaus im strahlenden Atom. Diese entstehen durch eine sehr eigentumliche Erscheinung, namlich die Richtungsquantelung.

Wir müssen an einige Dinge aus der Elektrizitätslehre anknüpfen: In den Abb. 476/78 bedeuten die gestrichelten Linien ein inhomogenes magnetisches

---

[1] Dimensionskontrolle:

$$\mathrm{sec}^{-1} = \frac{\mathrm{Amp.Sek}}{\mathrm{kg}} \cdot \frac{\mathrm{Voltsek}}{\mathrm{m}^2}; \qquad \mathrm{kg}\,\frac{\mathrm{m}^2}{\mathrm{sec}^2} = \mathrm{Voltamperesekunde} = \mathrm{Arbeit}$$

[2] In der langwelligen Komponente hat der Umlauf des Lichtvektors $\mathfrak{E}$ den gleichen Sinn wie die Elektronen in dem das Magnetfeld erzeugenden Strom.

Feld mit der Feldstärke $\mathfrak{H}$ und dem Feldgefälle $\partial\,\mathfrak{H}/\partial\,x$. — Durch dieses Magnetfeld sollen, senkrecht zur Feldrichtung einschlagend, kleine Geschosse hindurchfliegen. Einige von ihnen sind in der Feldmitte gezeichnet, andere in den feldfreien Teilen der Flugbahn. Alle Geschosse sollen das gleiche magnetische Moment $\mathfrak{M}$ besitzen, die Pfeile markieren seine Richtung und seine Neigung ϑ gegen $\mathfrak{H}$.

Auf alle Geschosse wirkt im Felde ein **Drehmoment**

$$\mathfrak{M}_{\text{mech}} = \mathfrak{M}\cdot\mathfrak{H}\sin\vartheta.\quad (279) = \text{Gl. (105) des Elektr.-Bandes}$$

Seine Achse steht senkrecht zur Papierebene. Außerdem wirkt auf alle Geschosse parallel zu $\mathfrak{H}$ eine **Kraft**

$$\mathfrak{K} = \mathfrak{M}\,\frac{\partial\,\mathfrak{H}}{\partial\,x}\cdot\cos\vartheta\quad (280) = \text{Gl. (110) des Elektr.-Bandes}$$

(Einheiten: Kraft $\mathfrak{K}$ in Großdyn, Drehmoment $\mathfrak{M}_{\text{mech}}$ in Großdynmeter, magnetisches Moment $\mathfrak{M}$ in Voltsekundenmeter, Feldstärke $\mathfrak{H}$ in Amp./Meter).

Im weiteren denken wir uns nun folgende Fälle unterschieden:

1. Abb. 476. Das Trägheitsmoment Θ des Geschosses um seine zur Papierebene senkrechte „freie" Achse ist klein. Die Geschosse können sich trotz ihrer kurzen Flugzeit im Felde parallel zu $\mathfrak{H}$ einstellen[1]. — Erfolg: Alle Geschosse werden durch die Kraft $\mathfrak{K}$ nach einer Seite abgelenkt, entsprechend $\vartheta = 0$ in Gl. (280).

2. Abb. 477. Die Einstellung der Geschosse in die Feldrichtung wird verhindert. Entweder gibt man den Geschossen ein großes Trägheitsmoment um die zur Papierebene senkrechte „freie" Achse. Dann werden die Neigungswinkel ϑ während der kurzen Flugzeit im Felde nur wenig geändert. Oder man läßt die Geschosse als Kreisel rotieren. Im gezeichneten Beispiel fallen ihre Drehimpulsachsen mit der

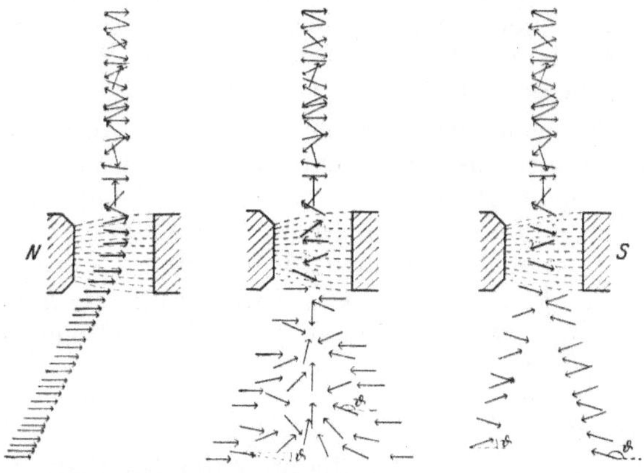

Abb. 476/78. Zur Richtungsquantelung. Ablenkung kleiner, mit einem magnetischen Moment versehener Geschosse durch ein inhomogenes Magnetfeld. Die Skizzen sollen „Momentbilder" sein und sie enthalten nur solche Geschosse, die während der „Aufnahme" der Bildebene parallel lagen.

Richtung der magnetischen Momente zusammen. Die Kreiselwirkung stabilisiert die ursprüngliche regellose Verteilung der Winkel ϑ vollständig. Die Geschosse vollführen im Feldbereich eine **Präzessionsbewegung**. Ihre Impulsachse (Pfeil) beschreibt um $\mathfrak{H}$ als Achse einen Kegel mit dem Öffnungswinkel ϑ.

3. In Abb. 478 sollen die Geschosse aus einem Schwarm oder Strahlenbündel paramagnetischer Ag-Atome bestehen. Ihr permanentes magnetisches Moment m_p ist mit einem mechanischen Drehimpuls verknüpft (Elektrizitats-Band § 76). Folglich muß das unter 2. über Kreiselgeschosse Gesagte auch für diese Atome gelten: Dank der Kreiselwirkung sollte jeder Neigungswinkel ϑ im

---

[1] Falls für eine hinreichende Dämpfung der Drehbewegungen gesorgt werden kann, z. B. durch die Nachbarschaft einer Kupferplatte, in der Wirbelstrome induziert werden konnen.

Magnetfeld stabilisiert werden und das Bündel hinter dem Felde beiderseits auseinanderfächern.

Soweit unsere Überlegungen. — Das Experiment aber liefert etwas grundsätzlich anderes: Das Strahlenbündel wird in zwei recht scharfe Teilbündel aufgespalten. Nach Gl. (280) bedeutet das: Die Ag-Atome konnten im Magnetfeld nicht beliebige Winkel ϑ beibehalten; die Kreiselwirkung vermochte nur zwei Winkel ϑ zu stabilisieren. — Die quantitative Auswertung des Versuches ergab $\vartheta = 0$ und $180°$, und $\mathfrak{m}_p$ gleich einem Bohrschen Magneton (S. 265).

Die Verallgemeinerung dieses wichtigen, von Stern und Gerlach ausgeführten Versuches hat zu folgender Erkenntnis geführt: Im atomaren Geschehen ist auch die Richtung von Drehimpulsen gequantelt, d. h. durch das Plancksche h bestimmt. Der Neigungswinkel ϑ zwischen Drehimpulsachse und einem magnetischen oder elektrischen Felde kann nur solche Werte annehmen, bei denen die Komponente in der Feldrichtung ein ganz- oder halbzahliges Vielfaches des elementaren Betrages $h/2\,\pi$ ist Diese Forderung wird kurz Richtungsquantelung genannt.

Nun zurück zum Zeeman-Effekt: Die Energieniveaus der Atome werden im Magnetfeld für einen ruhenden Beobachter um zusätzliche Energiebeträge erhöht oder erniedrigt. Diese Zusatzbeträge bestehen in der kinetischen Energie einer Präzisionsbewegung. Die Richtungsquantelung beschränkt sie auf einzelne diskrete Werte. Das muß näher ausgeführt werden.

Wir behandeln zunächst den normalen Zeeman-Effekt. Er tritt nur in Einfachniveausystemen auf, d. h. die Quantenzahl $\mathscr{S}$ ist gleich Null und daher die innere Quantenzahl gleich der Nebenquantenzahl $\mathscr{L}$. Der Gesamtdrehimpuls $\mathscr{J}\,h/2\,\pi$ entsteht lediglich durch Bahndrehimpulse von Elektronen (Abb. 479).

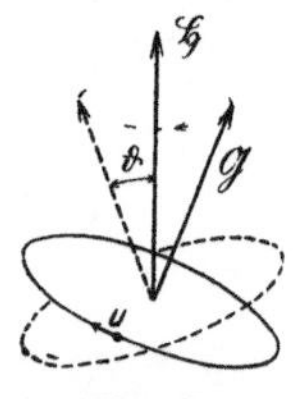

Abb. 479. Prazession des Bahn-Drehimpulses und Richtungsquantelung beim normalen Zeeman-Effekt

Dem Drehimpuls $\mathscr{L} \cdot h/2\,\pi$ entspricht ein magnetisches Moment von $\mathscr{L}$ Magnetonen, also

$$\mathscr{L} \cdot \mathfrak{m}_B = \frac{\mu_0}{4\,\pi} \cdot \frac{e}{m} \cdot h \cdot \mathscr{L}. \tag{283}$$

Auf die umlaufenden Elektronen wirkt das magnetische Feld. Dabei erzeugt es eine eigentümliche, von Larmor entdeckte Präzessionsbewegung mit der Frequenz

$$\nu_{\text{Larmor}} = \frac{1}{4\,\pi} \cdot \frac{e}{m} \mathfrak{B}. \tag{284}$$

Die Größe dieser Frequenz ist vom Winkel ϑ (Abb. 479) unabhängig. Das ist im Elektrizitätsbande (§ 77) ausführlich erläutert worden.

Zur Herstellung der Larmor-Präzession muß das magnetische Feld eine Arbeit leisten Durch diese ändert sich die kinetische Energie der umlaufenden Elektronen für einen ruhenden Beobachter um den Betrag

$$W_{\text{Larmor}} = \pm\, h\, \nu_{\text{Larmor}} \cdot \mathscr{L} \cos\vartheta = \pm\, \mathscr{L}\, \mathfrak{m}_B \cdot \mathfrak{H} \cos\vartheta \tag{285}$$

Herleitung: In Abb. 479 durchlaufe ein Elektron die Kreisbahn $2\,\pi\,r$ mit der Bahngeschwindigkeit u (in einem im Atom ruhenden Bezugssystem). Diesem Umlauf entspricht ein elektrischer Strom.

$$I = \frac{e \cdot u}{2\,r\,\pi}. \qquad\qquad \text{(73) in § 52 des Elektr.-Bandes}$$

Seine Bahn ist um den Winkel gegen die Richtung des Magnetfeldes geneigt. Beim Einschalten des Magnetfeldes entsteht längs der geneigten Elektronenbahn ein elektrischer Spannungsstoß

$$\int U\,dt = \mathfrak{B} \cdot r^2\,\pi\,\cos\vartheta. \qquad \text{(74) in § 58 des Elektr.-Bandes}$$

Dieser Spannungsstoß leistet die Arbeit

$$A = I\int U\,dt = \frac{e\,u}{2\,r\,\pi}\cdot\mathfrak{B}\,r^2\,\pi\,\cos\vartheta$$

und vergrößert oder verkleinert mit ihr für einen ruhenden Beobachter die Energie des umlaufenden Elektrons um den Betrag $W_{\text{Larmor}} = \pm A.$ — Zur Ausrechnung von W_{Larmor} brauchen wir noch die Bahngeschwindigkeit u, diese ist, bezogen auf ein im Atom ruhendes Bezugssystem, durch das Plancksche h vorgeschrieben. Es gilt $u = \mathcal{L}\,h/2\,r\,\pi\,m$. [Nach Gl. (141) in § 76 des Elektr.-Bandes.] Einsetzen dieses Wertes ergibt

$$W_{\text{Larmor}} = \pm\,h\cdot\frac{1}{4\,\pi}\cdot\frac{e}{m}\,\mathfrak{B}\cdot\mathcal{L}\cdot\cos\vartheta,$$

und daraus folgt (285) durch Einsetzen von (284) und (283).

Die Energie der Larmor-Präzession hängt also vom Neigungswinkel ϑ zwischen der Richtung des magnetischen Momentes $\mathfrak{M} = \mathcal{L}\,\mathfrak{m}_B$ und der Feldstärke $\mathfrak{H}$ ab, sie kann daher stetig veränderliche Werte annehmen. — Nun aber kommt als entscheidender Punkt die **Richtungsquantelung**: Dem magnetischen Moment $\mathfrak{M} = \mathcal{L}\cdot\mathfrak{m}_B$ entspricht der Bahndrehimpuls $\mathcal{L}\,h/2\,\pi$. Die **Komponente** eines **Drehimpulses darf in Richtung des Magnetfeldes nur ein ganzzahliges Vielfaches** $\mathfrak{M}$ des elementaren Drehimpulses $h/2\,\pi$ sein. D. h. die Richtungsquantelung verlangt

$$\mathcal{L}\,\frac{h}{2\,\pi}\cdot\cos\vartheta = \mathfrak{M}\,\frac{h}{2\,\pi} \qquad (285\,a)$$

und beschränkt damit den Neigungswinkel ϑ auf einige bestimmte Werte. $\mathfrak{M}$ wird **als magnetische Quantenzahl** bezeichnet. — Die Zusammenfassung von (285) und (285a) liefert als positive oder negative Zusatzenergie

$$W_{\text{Larmor}} = \pm\,\nu_{\text{Larmor}}\cdot h\cdot\mathfrak{M} = \pm\,\mathfrak{M}\,\mathfrak{m}_B\cdot\mathfrak{H}. \qquad (286)$$

In Abb. 480 sind solche Zusatzenergien mit verschiedenen $\mathfrak{M}$-Werten (z. B. oben $+2$; $+1$; -1; -2) in den Ausschnitt eines Niveauschemas eingetragen. Er veranschaulicht die Entstehung der Cd-Linie $\lambda = 643{,}8$ mμ ohne und mit Magnetfeld. Die mittlere Gruppe der schrägen Striche liefert Übergänge ohne Frequenzänderung, die linke Gruppe liefert Übergänge mit der Frequenzzunahme $\Delta\,\nu$, die rechte solche mit der Frequenzabnahme $\Delta\,\nu$.

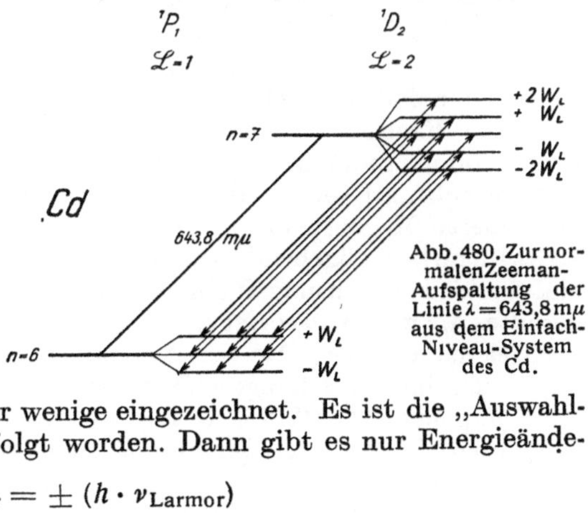

Abb. 480. Zur normalen Zeeman-Aufspaltung der Linie $\lambda = 643{,}8$ mμ aus dem Einfach-Niveau-System des Cd.

Aus der großen Zahl der möglichen Übergänge sind auch hier nur wenige eingezeichnet. Es ist die „Auswahlregel" $\Delta\,\mathfrak{M} = \pm 1$ oder $= 0$ befolgt worden. Dann gibt es nur Energieänderungen im Betrage

$$W_{\text{Larmor}} = \pm\,(h\cdot\nu_{\text{Larmor}})$$

oder Frequenzänderungen

$$\Delta\,\nu = \pm\,\nu_{\text{Larmor}} = \pm\,\frac{1}{4\,\pi}\cdot\frac{e}{m}\cdot\mathfrak{B}. \qquad \text{(278) v. S. 266}$$

Damit ist die Übereinstimmung mit der Beobachtung hergestellt. —

Bei Atomen mit Mehrfachniveausystemen setzt sich der Gesamtdrehimpuls $\mathcal{J}\,h/2\,\pi$ aus zwei Anteilen zusammen, dem resultierenden Bahndrehimpuls $\mathcal{L}\,h/2\,\pi$ und dem Kreiseldrehimpuls $\mathcal{S}\,h/2\,\pi$ der Elektronen. Die zugehörigen magnetischen Momente sind $\mathcal{L}\,\mathfrak{m}_B$ und $2\,\mathcal{S}\,\mathfrak{m}_B$ [Gl. (277) von S. 265]. Infolgedessen fällt das resultierende Moment $\mathcal{R}\,\mathfrak{m}_B$ nicht in die Richtung des Gesamtdrehimpulses $\mathcal{J}\,h/2\,\pi$ (Abb. 482).

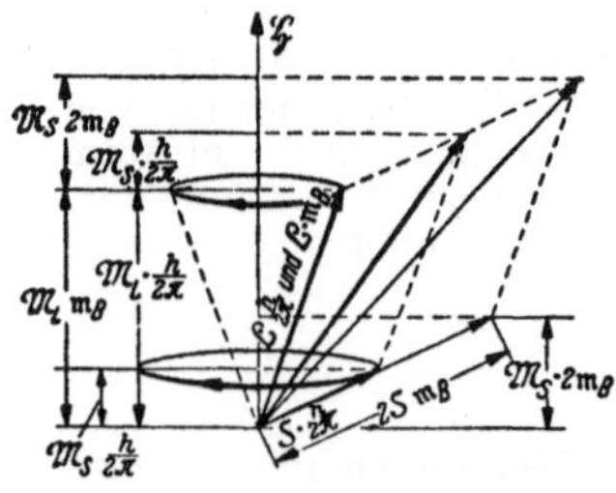

Abb. 481. Zur Richtungsquantelung beim Paschen-Back-Effekt. $\mathfrak{m}_B$ = Magneton, vgl. S. 265.

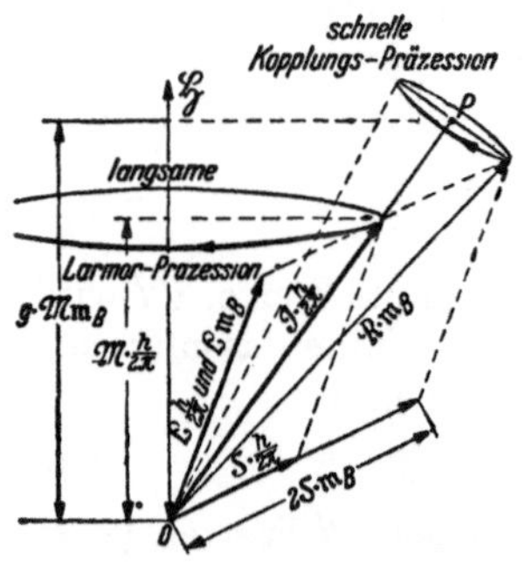

Abb. 482. Zur Richtungsquantelung beim anomalen Zeeman-Effekt.

Im Grenzfall eines starken Magnetfeldes, also unter den Bedingungen des Paschen-Back-Effektes, ist die Kopplung (S. 265) zwischen den beiden Drehimpulsen $\mathcal{L}\cdot h/2\,\pi$ und $\mathcal{S}\cdot h/2\,\pi$ zu vernachlässigen. Infolgedessen verschwindet die gemeinsame Präzession dieser beiden Drehimpulsachsen um die Achse des resultierenden Drehimpulses $\mathcal{J}\,h/2\,\pi$; beide vollführen nur noch eine Präzession um die Richtung des äußeren Magnetfeldes. Also muß man bei der Richtungsquantelung beide Einzelimpulse $\mathcal{L}\cdot h/2\,\pi$ und $\mathcal{S}\,h/2\,\pi$ unabhängig voneinander auf die Richtung der Feldstärke $\mathfrak{H}$ projizieren (Abb. 481). Man erhält dadurch für das ganze Atom zwei magnetische Quantenzahlen $\mathcal{M}_L$ und $\mathcal{M}_S$. Bei gleichem mechanischem Drehimpuls ist das von der Kreiselbewegung der Elektronen erzeugte magnetische Moment doppelt so groß wie das von ihrem Umlauf erzeugte. Das gleiche gilt von der kinetischen Energie der Larmor-Präzession. Folglich ist statt Gl. (286) zu schreiben

$$W_{\text{Larmor}} = \pm\,h\,\nu_{\text{Larmor}}\,(\mathcal{M}_L + 2\,\mathcal{M}_S).$$

Die in einem sehr starken Magnetfeld auftretenden Zusatzenergien werden also wieder ganzzahlige Vielfache von $h\,\nu_{\text{Larmor}}$; man erhält die gleichen Aufspaltungen der Energieniveaus wie beim normalen Zeeman-Effekt.

Im Grenzfall eines schwachen Feldes bleibt die Kopplung zwischen dem Bahn- und dem Kreiseldrehimpuls der Elektronen erhalten. Beide vollführen eine Präzession um die Achse des resultierenden Gesamtdrehimpulses $\mathcal{J}\,h/2\,\pi$. Dieser letztere vollführt seinerseits eine langsame Larmor-Präzession um die Richtung des äußeren Magnetfeldes. Für die Richtungsquantelung ist, wie stets, nur der Drehimpuls maßgebend: Die Komponente des Gesamtdrehimpulses $\mathcal{J}\cdot h/2\,\pi$ muß in der Feldrichtung $\mathfrak{H}$ ein ganzzahliges Vielfaches $\mathcal{M}$ des elementaren Drehimpulses $h/2\,\pi$ sein. Das ist in Abb. 482 dargestellt. Gleichzeitig zeigt dies Bild noch etwas anderes: Das resultierende magnetische Moment hat im zeitlichen Mittel den durch die Länge OP dargestellten Wert. OP hat in der Richtung $\mathfrak{H}$ die Komponente $g\cdot\mathcal{M}\,\mathfrak{m}_B$. D. h. diese Komponente ist um einen (nach Landé benannten) Faktor g größer als $\mathcal{M}$ Magnetonen. Diesen Faktor muß man berechnen und dann das Moment $g\cdot\mathcal{M}\,\mathfrak{m}_B$ in die Gl. (286) einsetzen. Dann bekommt man die Zusatzenergien für die verwickelten Aufspaltungen des anomalen Zeeman-Effektes.

§ 137. Die elektrische Aufspaltung von Spektrallinien ist 1913 von J. Stark entdeckt worden. Die Erscheinung ist im ganzen erheblich verwickelter als die Aufspaltung im Magnetfeld. In einfachen Fällen, insbesondere beim Wasserstoff, steigt die Aufspaltung proportional zur Feldstärke $\mathfrak{E}$. Für die Beobachtung genügen Feldstärken von 10^6 Volt/m. — Deutung: Das außere elektrische Feld zerstört die einfache Kugelsymmetrie der „punktförmigen" Zentralladung. Sie wirkt im gleichen Sinne wie die Elektronen des Atomrumpfes bei den wasserstoffähnlichen Atomen, z. B. den Alkalien (S. 245). Die Störung beseitigt die „Entartung" der Ellipsenbahnen, sie erteilt den Bahnen mit gleicher Hauptquantenzahl n, aber verschiedener Nebenquantenzahl l, auch verschiedene Energien. Die zu den Bahnen gehörigen Stufen des Niveauschemas fallen also im elektrischen Felde nicht mehr zusammen.

Bei der Mehrzahl der Atome hingegen steigt die Aufspaltung proportional dem Quadrat der Feldstärke. Man beobachtet bei Feldstärken der Größenordnung 10^7 Volt/m. Die Deutung dieses „quadratischen Starkeffektes" lehnt sich an die des Zeeman-Effektes an. Man erklärt die im Felde neu hinzukommenden Energieniveaus durch eine Kreiselpräzession der Atome. Das äußere elektrische Feld polarisiert die Atome und erteilt ihnen ein elektrisches Moment $\mathfrak{w} = \alpha \cdot \mathfrak{E}$ (α = Polarisierbaikeit, s. S. 272). Auf den so entstandenen Dipol übt das Feld ein Drehmoment $\mathfrak{M} = \alpha \cdot \mathfrak{E}^2$ aus und dieses verursacht die Präzession. Alles übrige verläuft dann wie beim Zeeman-Effekt. Die teilweise recht verwickelten Einzelheiten führen hier zu weit.

§ 138. Überfeinstruktur von Spektrallinien.

Das Bild einer Spektrallinie wird weitgehend von dem Auflösungsvermögen des benutzten Spektralapparates bestimmt (S. 93). Bei sehr großer Auflösung ($\lambda/d\,\lambda$ = einige 10^5) zeigen nur

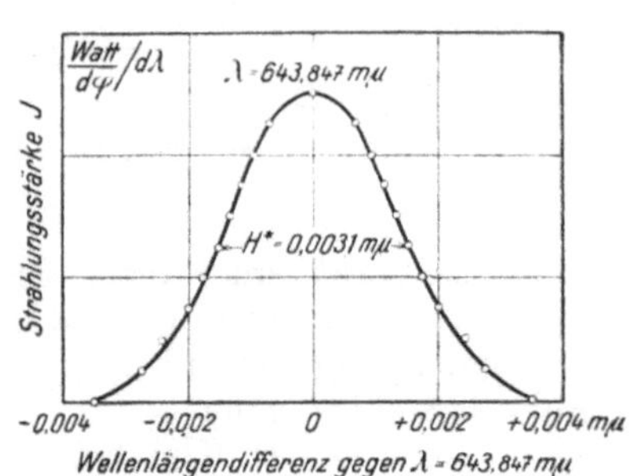

Abb. 483. Gestalt der Cd-Spektrallinie 643,9 mμ nach P. P. Koch. (Lies J_λ statt J.)

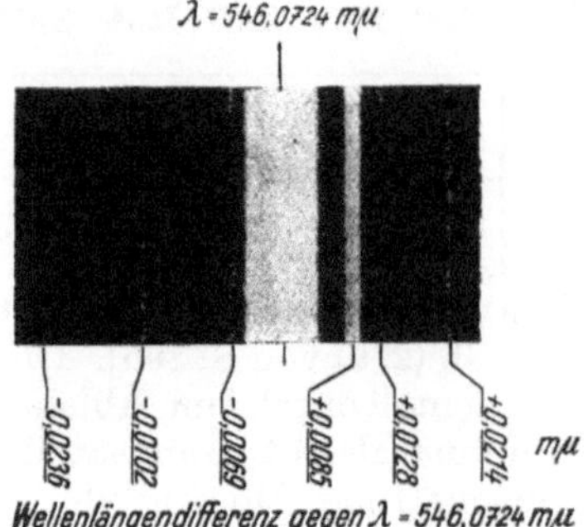

Abb. 484 Überfeinstruktur der Hg-Linie 546,07 mμ

noch vereinzelte Spektrallinien die einfache Glockenform wie in Abb. 483. Dies Bild bezieht sich auf das wohl bekannteste Beispiel einer wirklich einfachen Spektrallinie, namlich die rote Cd-Linie mit der Wellenlänge $\lambda = 643,9$ mμ[1]. Im allgemeinen zeigen auch die nach einem Vielfachniveauschema einfachen Spektrallinien noch eine „Überfeinstruktur". Hier ist als sehr bekanntes Beispiel die grüne Hg-Linie mit $\lambda = 546,07$ mμ zu nennen (Abb. 484).

Überfeinstruktur findet sich z. B. bei allen Mischelementen, d. h. bei einem Gemisch verschiedener Isotopen mit gleicher Kernladungszahl, aber verschiedener Kernmasse. Hier liefert das beste Beispiel der Wasserstoff. Sein Isotop, das Deuterium ($D = {}^2_1H$), also ein Wasserstoffatom mit der Kernladung $Z = 1$ und der Kernmasse 2, zeigt eine deutlich in Richtung kürzerer Wellen verschobene Balmer-Serie. Normalerweise ist das Deuterium dem Wasserstoff nur in einer Konzentration von $^1/_{5000}$ beigemischt. Bei einer Anreicherung des Deuteriums

---

[1]) Vgl. Mechanikband § 3.

aber lassen sich die beiden Balmer-Serien bequem nebeneinander beobachten. Die Linien erscheinen dann wie Dubletts.

, Nicht minder häufig als dieser „Isotopeneffekt", und oft schwer von ihm zu trennen, ist die andere Ursache der Überfeinstruktur, nämlich ein Drehimpuls des Atomkernes. Ein solcher findet sich bei vielen Elementen. Die Tabelle 12 gibt einige Beispiele. Dieser Kerndrehimpuls muß dem Gesamtdrehimpuls $\mathscr{J} \cdot h/2\,\pi$ der Elektronen eines Atoms vektoriell addiert werden.

Mit dem Kerndrehimpuls ist aber ebenso wie mit den Drehimpulsen der Elektronen ein magnetisches Moment verknüpft. Es ist ein halbzahliges Vielfaches eines Kernmagnetons. Dieses Kernmagneton ist rund 1840mal kleiner

Tabelle 12. Kerndrehimpulse einzelner Isotope[1].

Kern-Drehimpulse	Elemente
Null	He^4 C^{12} O^{16} $Ne^{20,\,22}$ S^{32} $Zn^{64,\,66,\,68}$ $Kr^{78,\,80,\,82,\,84,\,86}$ Se^{80} $Sr^{86,\,88}$ $Cd^{110,\,112,\,114}$ $Sn^{116,\,118,\,120}$ $X^{132,\,134,\,136}$ $Ba^{136,\,138}$ $Yb^{172,\,174,\,176}$ $Hf^{178,\,180}$ $Pt^{194,\,196,\,198}$ $Hg^{198,\,200,\,202,\,204}$ $Pb^{204,\,206,\,208}$
$\dfrac{1}{2} \cdot \dfrac{h}{2\,\pi}$	H^1 F^{19} P^{31} $Ag^{107,\,109}$ $Cd^{111,\,113}$ $Sn^{117,\,119}$ X^{129} Tu^{169} Yb^{171} $Hf^{177,\,179}$ Ir^{191} Pt^{195} Hg^{199} $Tl^{203,\,205}$ Pb^{207}
$1 \cdot \dfrac{h}{2\,\pi}$	H^2 Li^6 N^{14}
$\dfrac{3}{2} \cdot \dfrac{h}{2\,\pi}$	Li^7 Na^{23} $K^{39,\,41}$ $Cu^{63,\,65}$ $Ga^{69,\,71}$ As^{75} $Br^{79,\,81}$ Rb^{87} X^{131} Ba^{135} Au^{197} Hg^{201} Pa^{231}
$\dfrac{5}{2} \cdot \dfrac{h}{2\,\pi}$	Al^{27} Mn^{55} Zn^{67} Rb^{85} Sb^{121} J^{127} Pr^{141} $Eu^{151,\,153}$ Yb^{173} $Re^{185,\,187}$
$\dfrac{2}{7} \cdot \dfrac{h}{2\,\pi}$	Sc^{45} V^{51} Co^{59} Sb^{123} Cs^{133} La^{139} Ho^{165} Cp^{175} Ta^{181}
$\dfrac{9}{2} \cdot \dfrac{h}{2\,\pi}$	Kr^{83} Sr^{87} Nb^{93} In^{115} Bi^{209}

als ein Bohrsches Magneton. Das entspricht dem Massenverhältnis Proton: Elektron [siehe Gl. (276) von S. 265]. Die Kernmomente lassen sich trotz ihrer Kleinheit experimentell durch eine Ablenkung im inhomogenen Magnetfeld bestimmen. Die Anordnung gleicht grundsätzlich der in Abb. 478 skizzierten.

Das magnetische Moment des Kernes bewirkt trotz seiner Kleinheit eine zusätzliche Präzessionsbewegung der Teildrehimpulse um den gesamten resultierenden Drehimpuls des Atoms, also den gemeinsamen Drehimpuls von Elek-·tronenhulle und Kern. Dadurch werden die Energieniveaus aufgespalten und die Komponenten der Überfeinstruktur ·erzeugt.

§ 139. Das Eindeutigkeitsprinzip. In sehr starken Magnetfeldern wird die Kopplung zwischen den Bahndrehimpulsen der Elektronen einerseits, ihren Kreiseldrehimpulsen andererseits aufgehoben. In diesem Fall erfolgt die Richtungsquantelung im Magnetfeld unabhängig für Bahn- und Kreiseldrehimpulse (Paschen-Back-Effekt, Abb. 481). Dann liefert der Bahndrehimpuls eines einzelnen Elektrons in Richtung des Magnetfeldes einen Drehimpuls $m_l h/2\,\pi$, und der Kreiseldrehimpuls liefert $m_s h/2\,\pi$. So bekommt man in starken Magnetfeldern also neben der Hauptquantenzahl n und der Nebenquantenzahl l für jedes Elektron noch zwei weitere als „magnetische" bezeichnete Quantenzahlen m_l und m_s.

[1] Die Massenzahlen (Atomgewichte) der einzelnen Isotope sind hier durch Indizes nicht oben links, sondern oben rechts vermerkt.

W. Pauli jun. hat 1925 ein seltsames, aber sehr fruchtbares Postulat ausgesprochen: In einem Atom mit mehreren Elektronen müssen sich alle Elektronen mindestens durch eine ihrer vier Quantenzahlen n, l, m_l und m_s unterscheiden. Die dann verbleibenden Möglichkeiten sind in der Tabelle 13 zusammengestellt. Man findet bei den Hauptquantenzahlen $n = 1, 2, 3, 4 \ldots$ als Gesamtzahl der Möglichkeiten $2, 8, 18, 32 \ldots = 2 \cdot 1^2, 2 \cdot 2^2, 2 \cdot 3^2, 2 \cdot 4^2 \ldots$ Die gleichen Zahlen hatte Rydberg früher in den einzelnen Perioden des natürlichen Systems der Elemente gefunden, und später hat Bohr sie als Zahl der Elektronen in der K-, L-, M-, N- ... Schale gedeutet. So sind also in den einzelnen Schalen der Atome nicht mehr Elektronen vorhanden, als mit dem Eindeutigkeitsprinzip verträglich sind. Der Aufbau der Atome wird zweifellos durch das Eindeutigkeitsprinzip bestimmt, und das gleiche Prinzip hat sich auch bei vielen anderen physikalischen Erscheinungen als maßgebend erwiesen.

Tabelle 13.

Bei der Hauptquantenzahl	Kann die Nebenquantenzahl die Werte annehmen	Bei der Richtungsquantelung des Bahn-Drehimpulses parallel oder antiparallel zur Richtung des Magnetfeldes sind als magnetische Quantenzahlen möglich	des Kreisel-	Also sind insgesamt an Kombinationen verschiedener Quantenzahlen möglich
$n =$	$l =$	$m_l =$	$m_s =$	
1	0	0	$\pm$ ½	$1 \cdot 2 = 2$
2	1	$+1$ 0 -1	$\left.\begin{array}{c}\pm\\\pm\\\pm\end{array}\right\}$ ½	$4 \cdot 2 = 8$
	0	0	$\pm$ ½	
3	2	$+2$ $+1$ 0 -1 -2	$\left.\begin{array}{c}\pm\\\pm\\\pm\\\pm\\\pm\end{array}\right\}$ ½	$9 \cdot 2 = 18$
	1	$+1$ 0 -1	$\left.\begin{array}{c}\pm\\\pm\\\pm\end{array}\right\}$ ½	
	0	0	$\pm$ ½	
4	3	$+3$ $+2$ $+1$ 0 -1 -2 -3	$\left.\begin{array}{c}\pm\\\pm\\\pm\\\pm\\\pm\\\pm\\\pm\end{array}\right\}$ ½	$16 \cdot 2 = 32$
	2	$+2$ $+1$ 0 -1 -2	$\left.\begin{array}{c}\pm\\\pm\\\pm\\\pm\\\pm\end{array}\right\}$ ½	
	1	$+1$ 0 -1	$\left.\begin{array}{c}\pm\\\pm\\\pm\end{array}\right\}$ ½	
	0	0	$\pm$ ½	

XII. Quantenhafte Absorption und Emission von Molekülen.

§ 140. Vorbemerkung. Der von der Überschrift umfaßte Stoff ist sehr umfangreich. Ordnung und Übersicht läßt sich auch hier nur mit der Planckschen Konstanten h erzielen. Die quantitativen Beziehungen sind teilweise recht verwickelt und nur in einzelnen Fällen gut geklärt. Die Darstellung muß sich auf eine kleine Auswahl beschränken. — Den Abschluß bildet ein kurzer Überblick über die „Temperaturstrahlung". Diese ist zwar keineswegs auf Moleküle beschränkt, die thermische Anregung spielt auch bei einzelnen Atomen eine große Rolle, vor allem in der Astronomie. Aber die Schauversuche und die technischen Anwendungen benutzen ganz überwiegend die Temperaturstrahlung fester Körper, also eng gepackter Moleküle.

§ 141. Molekülspektra, Übersicht. Der Zusammenbau von Atomen zu Molekülen läßt die Absorptions- und Emissionsspektra im Gebiet des Röntgenlichtes

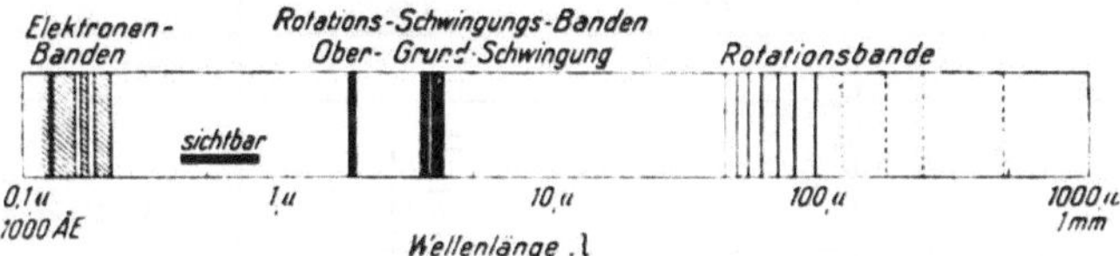

Abb. 485. Übersicht über das Absorptionsspektrum des HCl, also eines heteropolaren zweiatomigen Molekules. Im Ultraroten liegen drei aus Spektrallinien zusammengesetzte Banden, im Ultravioletten mehrere nicht in Linien aufgelöste Banden. Die Namen werden in § 144 begründet werden.

praktisch ungeändert. Ebenso spielt dort die enge Packung der Moleküle in festen Körpern und Flüssigkeiten nur eine sehr untergeordnete Rolle (S. 256). In den übrigen Spektralbereichen hingegen besitzen die Moleküle ganz andere Spektra als ihre Bestandteile, die Atome. Außerdem findet man oft erhebliche Abweichungen zwischen den Spektren einzelner Moleküle in Gasen und Dämpfen geringer Dichte und den Spektren der gleichen Moleküle im Verbande fester und flüssiger Körper.

Wir beginnen mit den Spektren einzelner, nicht durch ihre Nachbarn gestörter Moleküle. Sie bestehen, wie die Spektra der Atome, ganz überwiegend aus Spektrallinien. Daneben gibt es in einzelnen Frequenzbereichen kontinuierliche Spektren. — Der Linienreichtum der Molekülspektren ist ungleich größer als der Atomspektren.

Die einfachsten Molekülspektren finden sich bei den zweiatomigen Molekülen. Für diese sind zwei Grenzfälle der chemischen Bindung zu unterscheiden, die heteropolare und die homöopolare. Ein heteropolares Molekül besteht aus zwei Ionen mit entgegengesetzter Ladung, als einfaches Beispiel ist HCl zu nennen. Die Abb. 485 gibt einen Überblick über sein gesamtes Absorptionsspektrum zwischen $\lambda = 0{,}1\ \mu$ und 1 mm. Im Ultravioletten läßt es sich nicht in Linien auflösen. Im Ultraroten hingegen beobachtet man Gruppen scharfer schmaler Absorptionslinien. Für die zwischen $\lambda = 3$ und $4\ \mu$ gelegene Gruppe werden meist die Originalmessungen abgedruckt. Sie finden sich links in Abb. 486; rechts sind einige entsprechende Messungen für die Spektrallinien zwischen

20 und 100 μ beigefügt. Derartige Bilder führen leicht zu einem Mißverständnis, sie lassen die Linien viel zu breit und einem kontinuierlichen Grunde überlagert erscheinen. Näheres in der Satzbeschriftung.

Homöopolare Moleküle wie H_2, N_2, He_2^+ (kurzlebig!), Na_2, Hg_2, O_2, J_2, CO, CN usw. zeigen mit Ausnahme von Jod und Brom nur im kurzwelligen Ultraviolett Absorptionsspektra, das sichtbare und das gesamte ultrarote Gebiet sind absorptionsfrei. — Die Emissionsspektra der homöopolaren Moleküle

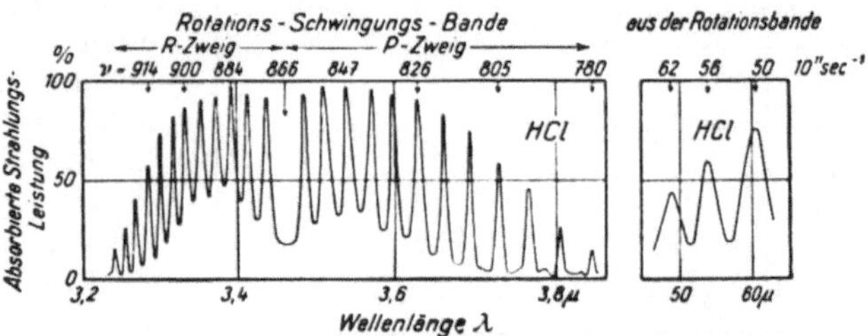

Abb. 486. Zwei der Abb. 485 zugrunde liegende Originalmessungen von Imes und von Czerny. Mit Rücksicht auf die kleinen Strahlungsstärken können die Spaltweiten des Spektralapparates nur wenig kleiner als die Abstände der Spektrallinien gewählt werden. Die Spaltweiten betragen ein Vielfaches der Linienbreite. Infolgedessen kann man für jede Linie nur ihre Lage feststellen und innerhalb einer Liniengruppe die Lage der maximalen Absorption.

besitzen auch im Sichtbaren und im kurzwelligen Ultrarot ausgedehnte Banden. Sie bestehen ganz überwiegend aus einzelnen Linien. Die Abb. 487 gibt ein bekanntes Beispiel. Es zeigt Teile aus dem Emissionsspektrum des N_2-Moleküles, ausgestrahlt von einem Kohlelichtbogen.

In den Atomspektren lassen sich gesetzmäßig angeordnete, zusammengehörige Spektrallinien aussondern und mit einem Namen, nämlich Serien, zusammenfassen. Die Serien bilden die Einheit für die Analyse der ganzen Atomspektren.

Entsprechendes gilt für die verwickelter gebauten Molekülspektren. Auch bei ihnen lassen sich gesetzmäßig angeordnete, zusammengehörige

Abb. 487. Ausschnitt aus dem Emissionsspektrum des N_2, also eines homöopolaren Moleküles.

Spektrallinien aussondern und mit einem Namen, nämlich Banden, zusammenfassen. Aus diesem Grunde ist „Bandenspektra" der Sammelname für alle Molekülspektra. Die Banden, also Liniengruppen[1], bilden aber nur die Grundeinheit für die Analyse der ganzen Molekülspektren. Man muß die Banden später zu höheren Einheiten, nämlich Bandengruppen, Bandengruppenserien und Bandensystemserien zusammenfassen (§ 143).

§ 142. Die Bande, die Grundeinheit eines Molekülspektrums,

ist weniger einfach gebaut als eine Spektralserie der Atome. Die Abb. 488 gibt ein typisches, für die Definition geeignetes Beispiel. Man sieht drei ineinander geschobene serienartige Folgen von Spektrallinien. Man unterscheidet sie mit den Buchstaben P, Q, R und nennt diese Folgen „Zweige". Die Frequenzen dieser sämtlichen, als „Bande" zusammengefaßten Spektrallinien lassen sich mit drei Konstanten und einer Laufzahl m darstellen. Es gilt mit sehr guter Näherung

$$\nu = A + B \pm 2\,B\,m + C\,m^2. \tag{287}$$

Das ist die Definitionsgleichung einer Bande, die „Bandenformel". Sie beruht auf grundlegenden Untersuchungen des französischen Astrophysikers H. Des-

---

[1] Der irreführende Name „Bande" ist durch Beobachtungen mit alten, schlecht auflösenden Spektralapparaten veranlaßt worden.

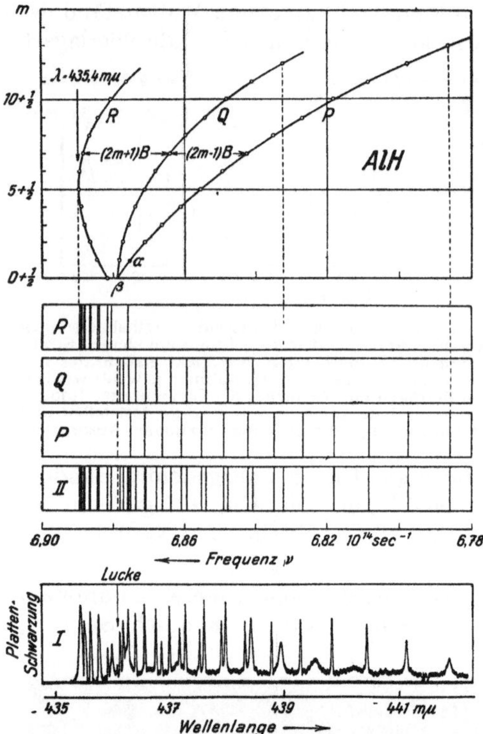

Abb. 488. Zur Definition einer aus Einfachlinien bestehenden Bande und zur optischen Messung des Trägheitsmomentes eines zweiatomigen Moleküles. — Es handelt sich um eine nach langen Wellen abschattierte Bande des AlH, ihre Kante liegt bei $\lambda = 435$ mμ. — Das unterste Teilbild zeigt die Verteilung der Plattenschwärzung im Originalnegativ. Die Kurve ist mit einem Registrierphotometer aufgenommen worden. Ihre Maxima lassen die Lage der Spektrallinien scharfer bestimmen, als eine Ausmessung des Negativs mit dem Auge. Die Mehrzahl der Spektrallinien ist deutlich voneinander getrennt. — Im Teilbild II sind die Linien der registrierten Bande auf eine Frequenzskala übertragen. In den dann folgenden Bildern ist die Bande in ihre drei „Zweige" P, Q, R zerlegt worden und oben sind diese Zweige nach R. Fortrat (Paris 1914) in einem Diagramm dargestellt. Dabei ist jeder Linie eine halbzahlige Laufzahl zugeordnet. Ihre Zahlung beginnt bei der strichpunktierten Lücke (T. Heurlinger, Stockholm 1918). Die drei Zweige dieses Diagrammes schneiden aus einer beliebigen horizontalen Geraden zwei mit Pfeilspitzen markierte Abschnitte heraus. Die Differenz dieser Abschnitte ist $= 2B$ — Im Beispiel ist $B = 1,5 \cdot 10^{11}$ sec⁻¹ In einer modellmäßigen Deutung der Bandenformel kann man aus der Konstanten B das Trägheitsmoment Θ des Moleküles berechnen. Dazu dient Gl (294) von S 280 Man findet so als Trägheitsmoment des AlH-Moleküles

$$\Theta_{AlH} = 5,6 \cdot 10^{-47} \text{ kg} \cdot \text{Meter}^2$$

landres (seit 1885). Die Laufzahlen m wurden ursprünglich von der Bandenkante ab gezahlt, spater von einer als Nullstelle ausgezeichneten Lücke in der Linienfolge. Anfanglich wurden ganzzahlige Laufzahlen benutzt, also $M = 0, 1, 2, 3 ..$ spater (wie in Abb 488 oben) halbzahlige, also $m = \frac{1}{2}, \frac{3}{2}, \frac{5}{2} ...$

Eine graphische Darstellung der Gl. (287) führt auf Parabeln. Das wird oben in Abb. 488 gezeigt Die beiden Vorzeichen vor dem Glied $2Bm$ geben den positiven oder R-Zweig und den negativen oder P-Zweig. Der Scheitel des einen Zweiges entspricht der Bandenkante. Endlich kann man die Konstante $B = 0$ setzen und den Null- oder Q-Zweig erhalten. Weiteres in der Satzbeschriftung.

Der Ausgangspunkt der Linienzahlung, die Lücke der Nullinie, tritt in Abb. 488 unten nicht so sinnfallig in Erscheinung, wie in Aufnahmen anderer Banden. Darum bringt Abb. 489 noch ein zweites Beispiel, eine Einzelbande aus dem Spektrum des O_2. Hier ist die Lücke sehr deutlich. Leider bringt aber das Bild zugleich eine neue Verwicklung: Alle Spektrallinien dieser O_2-Bande sind Dubletts. Infolgedessen zerfallen die Zweige des Fortrat-Diagrammes in Doppelzweige. Die Einzellinien des CN sind sogar Tripletts, bei ihnen gibt es eine dreifache Aufspaltung der PQR-Zweige usf. — Wir mussen uns aber auf Banden aus Einfachlinien, erlautert durch Abb. 488, beschranken.

§ 143. Niveauschema eines Molekülspektrums.
Fur eine weitere Ubersicht ersetzen wir vorubergehend eine ganze Bande durch eine einzige Linie, namlich ihre Nullinie, oder anschaulicher, wenn auch weniger streng, durch ihre Kante. Dann kann man die verwirrende Linienfulle eines molekularen Emissionsspektrums auf ein wesentlich einfacheres Bild, namlich auf ein Niveauschema zuruckfuhren Wir skizzieren in Abb. 490 nur ein schematisches Beispiel, ein auf Messungen beruhendes beansprucht zu viel Platz.

Das links unten dick gezeichnetes Niveau soll den Energieinhalt des Moleküls im Grundzustand darstellen. Die übrigen dick gezeichneten Niveaus sollen genau wie bei Atomen entstehen, also durch einen Platzwechsel von Elektronen[1].

An jedes „Elektronenniveau" schließt sich dann eine Reihe weiterer, dünn gezeichneter, mit einer Zahl s numerierter Niveaus an.

Zwischen diesen Niveaus sind Übergangspfeile gezeichnet, ihre Längen entsprechen den Frequenzen der beobachteten Spektrallinien: Die

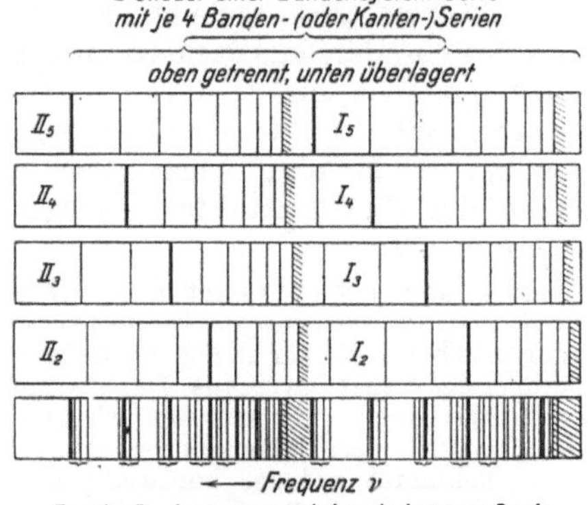

Abb. 489 Eine einzelne, aus Doppellinien bestehende Absorptionsbande des O_2-Moleküles. Ein Q-Zweig ist nicht vorhanden. Die Linien entstehen durch normalerweise nicht auftretende („verbotene") Übergange. Sie sind daher nur bei sehr großer Dicke der absorbierenden Gasschicht zu beobachten. Als solche diente die Erdatmosphare bei tiefem Sonnenstand. Es sind also „Fraunhofersche Linien irdischen Ursprungs" im Spektrum der Sonne bei α fehlt eine Linie. Photographisches Positiv nach R Mecke.

Pfeile II_5 und I_5 liefern Folgen von Kanten (oder strenger Nullinien), diese sind in der oberen Zeile von Abb. 491 skizziert. Die Pfeile II_4 und I_4 . liefern in Abb. 491 eine zweite Horizontalreihe usf.

In Wirklichkeit muß man sich diese Horizontalreihen übereinander gelegt denken (Abb. 491 unten). Außerdem bedeutet — das sei noch einmal wiederholt —

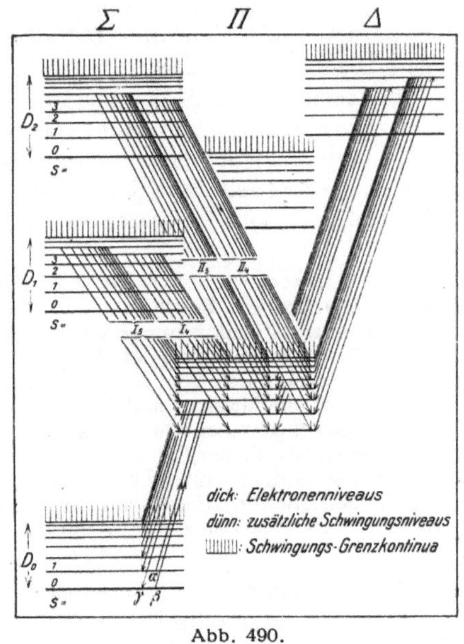

Abb. 490.

Abb. 491.

Abb 490/91. Rechts Schema eines Bandenspektrums Links seine Darstellung durch ein Niveauschema. Jede Linie bedeutet nicht eine Spektrallinie, sondern eine ganze, in Abb. 488 gezeichnete Bande! Das Bild gibt eine Vorstellung vom Linienreichtum eines Bandenspektrums und seiner muhsamen Analyse Bandengrenzkontinua schraffiert.

jede Linie in Abb. 491 eine ganze Bande. An Hand dieses Schemas sollen einige wichtige Bezeichnungen eingeführt werden:

Alle zum gleichen Elektronenubergang gehörenden Banden bilden je ein Bandensystem. Je ein solches Bandensystem tritt an die Stelle einer einzigen Spektrallinie eines Atomes. Man kann jedes Bandensystem eines Moleküles

---

[1] Jedes dieser Niveaus kann die Sprosse einer ganzen Leiter bilden. Diese Leitern werden dann mit den Buchstaben $\Sigma \Pi \Delta$ ... unterschieden, entsprechend den S.P.D. ...-Leitern der Atome. Diese Leitern stellen Bandensystemserien dar.

durch eine zweckmäßig ausgewählte Frequenz kennzeichnen und dann die Molekülspektren in **Bandensystemserien** zusammenfassen. Man kann diese Serien auch mit Formeln wie den **Balmer-Rydberg**schen darstellen.

Jedes Bandensystem zeigt eine Gliederung. Sie bildet in Abb. 491 **horizontale und vertikale Folgen oder Serien.**

Horizontale Folgen von Banden innerhalb eines Bandensystems lassen sich besonders eindrucksvoll im Fluoreszenzspektrum des J_2-Dampfes beobachten. Man erregt diese Fluoreszenz mit der schmalen grünen Hg-Linie ($\lambda = 546$ mμ) einer kühlen Hg-Bogenlampe. Sie fällt mit einer einzelnen aus den Zehntausenden der Absorptionslinien des J_2-Molekülspektrums zusammen, entsprechend etwa dem in Abb. 490 mit α oder β bezeichneten Pfeil. Bei der Fluoreszenzemission erscheint dann von jeder Bande nur eine Doppellinie, und die Folge dieser Doppellinien gibt genau das Bild einer Horizontalreihe in Abb. 491. Man kann also in der Fluoreszenz unsere Vereinfachung, nämlich den Ersatz einer Bande durch eine Linie (allerdings Doppellinie), verwirklichen.

Innerhalb der einzelnen Folgen ist die Strahlungsstärke der Banden nicht konstant. In Abb. 491 sind in jeder Horizontalreihe zwei Banden durch größere Strichdicke hervorgehoben. Diese ausgezeichneten Banden fügen sich in den getrennten Horizontalreihen zu **Diagonalfolgen** zusammen. In den vereinigten Horizontalreihen aber unterteilen sie die Gesamtheit der Banden in einzelne Bandengruppen (unterste Reihe der Abb. 491!). Die Bandengruppen bilden zusammen eine **Bandenserie** mit einer gemeinsamen Konvergenzstelle, jede Bandenserie mündet in ein **Bandengrenzkontinuum.** Ein Grenzkontinuum bedeutet bei einem Atom einen **Zerfall** des Atomes in ein positives Ion und ein Elektron. Die zur Spaltung notwendige Energiezufuhr ist die Ionisierungsarbeit. Man rechnet sie stets vom Grundzustand aus. Dementsprechend bedeutet ein Bandenserien-Grenzkontinuum den Zerfall eines Moleküles in seine Bausteine. Die zur Spaltung notwendige Energiezufuhr ist hier eine „Dissoziationsarbeit". Ihre Größe $D_1, D_2, D_3 \ldots$ ist im allgemeinen um so kleiner, je höher das Molekül schon zuvor angeregt war. Außerdem hangt sie von der Natur der Spaltprodukte ab (Ion + Ion, Atom + Atom, angeregtes Atom + Atom, usf.).

Im Rontgengebiet kommt man für ein Molekül nicht mit einem Niveauschema aus. Für Elektronenbewegungen in Richtung der Kernverbindungslinie ergibt sich ein etwas anderes Schema als für die übrigen Richtungen. Statt eines Grenzkontinuums erscheinen in ihm einige diskrete Niveaus. Daher stimmen zwar die Absorptionskanten der Moleküle mit denen ihrer Atome überein. Jedoch folgt auf jede Kante anfanglich kein kontinuierlicher Abfall der Absorptionskonstanten, sondern kleine, aber deutliche Maxima und Minima. Die Kante bekommt auf der kurzwelligen Seite eine „Feinstruktur", entsprechend Niveaudifferenzen in der Großenordnung 100 eVolt. Fur die Riesenmoleküle der Kristalle findet man das gleiche, mit Energiedifferenzen in der Großwerdung einiger Volt; die Deutung ist grundsatzlich dieselbe wie bei den Molekülen. Diese kleinen Energiedifferenzen machen sich auch bei den Rontgen-Emissionslinien von Kristallen durch eine Feinstruktur der Linien bemerkbar.

§ 144. Modellmäßige Deutung des Bandenniveauschemas.

Das Niveauschema eines Moleküles stellt ebenso wie das eines Atomes nur eine empirische Ordnung her: Die große Zahl der Spektrallinien wird auf eine wesentlich kleinere Zahl von Energieniveaus zurückgeführt. Im Interesse der Übersichtlichkeit hatten wir dabei jede Bande durch eine einzige ihrer Linien (Kante oder Nullinie) ersetzt. Das wollen wir jetzt aufgeben, dafür uns aber auf einen noch kleineren Ausschnitt aus dem Niveauschema eines Moleküles beschränken. Das geschieht in Abb. 492. Es zeigt nur **zwei** dick gezeichnete Elektronenniveaus und über ihnen mit mittlerer Strichdicke die mit s numerierten Niveaus von unbekanntem Ursprung. An jedes s-Niveau wird weiter mit ganz dünnen Strichen eine enge Niveaufolge angeschlossen und mit den Zahlen $r = 1, 2, 3 \ldots$ numeriert. So gibt also

Abb. 492 das Niveauschema für die Entstehung aller Spektrallinien einer Banden-serie (nicht Bandensystemserie!) mit ihrem Grenzkontinuum.

Die nächste Aufgabe ist. dann die Deutung dieser sämtlichen Niveaus mit Hilfe eines Molekülmodelles. Bohrs Deutung der Balmerschen Serienformel beruhte auf zwei Postulaten

1. der Frequenzbedingung: der $h\,\nu$-Betrag einer Spektrallinie ist gleich der Energiedifferenz zwischen zwei verschiedenen stabilen Zuständen des Atomes.

$$h\,\nu = \varDelta\,W = W_{\text{Ende}} - W_{\text{Anfang}}, \qquad \text{(236) v. S. 223}$$

2. der Stabilitätsbedingung: in einem stabilen Zustand ist der Dreh-impuls $\mathfrak{G}^{*}$ eines Atomes ein ganzzahliges Vielfaches m des elementaren Drehim-pulses $h/2\,\pi$, also

$$\mathfrak{G}^{*} = m\,\frac{h}{2\,\pi}.$$

Der Energiezustand eines Atomes wird durch die Energie W_e der kreisenden und kreiselnden Elektronen bestimmt. Bei Molekülen kommen außerdem zwei weitere Energien x hinzu.

1. die Schwingungsenergie W_s der Atome gegeneinander, sie soll passend gequantelt die in Abb. 492 mit s nume-rierten Niveaus erklaren,

2. die Rotationsenergie $W_r = \frac{1}{2}$ $\Theta\,\omega^2$ des als Ganzes rotierenden Molekü-les (Θ = Trägheitsmoment, ω = Win-kelgeschwindigkeit). Sie soll, passend gequantelt, die mit r numerierten Niveaus verständlich machen.

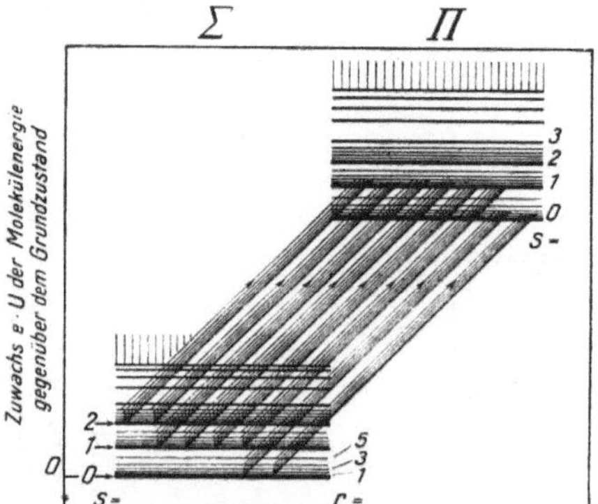

Abb. 492. Fortsetzung von Abb. 490. In einem kleinen Ausschnitte des Niveauschemas eines Bandenspektrums sind diesmal nicht nur die Niveaus fur die Nullinien (oder anschaulicher fur die Kanten) einiger Banden eingezeichnet, sondern auch die Niveaus fur die einzelnen Spektrallinien dieser Banden.

Für ein Molekül lautet daher die Frequenzbedingung

$$\nu = \frac{\varDelta\,W_e + \varDelta\,W_s + \varDelta\,W_r}{h} \qquad (288)$$

oder

$$\nu = \nu_e + \nu_s + \nu_r.$$

Diese modellmäßige Deutung der Bandenformel hat die Namen der Banden in den verschiedenen Spektralbereichen bestimmt (Abb. 485). Molekülrotationen allein können nur Spektrallinien im langwelligen Ultrarot erzeugen, sie bilden das Rotationsspektrum. Die Frequenzen ν_s der innermolekularen Schwin-gungen fallen ins kurzwellige Ultrarot. Im Verein mit den Rotationsfrequenzen erzeugen sie die Spektrallinien des Rotations-Schwingungsspektrums. Schließlich kann diesen beiden Frequenzen die hohe Frequenz ν_e eines Elek-tronenüberganges hinzugefügt werden. Dadurch entstehen die Spektrallinien im Sichtbaren und Ultravioletten, sie bilden ein Elektronenbanden-spektrum.

Ein vollständiges Modell muß alle drei Frequenzanteile ν_e, ν_s und ν_r quanti-tativ zu berechnen erlauben, auch bei erheblicher gegenseitiger Beeinflussung dieser Größen. Diese Aufgabe führt hier viel zu weit. Wir müssen uns mit einer einfachen Berechnung des Rotationsanteiles ν_r begnügen.

Dazu benutzen wir die Stabilitätsbedingung. Sie lautet für die Rotation eines Moleküles

$$\mathfrak{G}^* = \Theta\,\omega = \frac{h}{2\,\pi} \cdot m. \tag{290}$$

Zu jedem so ausgezeichneten Drehimpuls $\Theta\,\omega$ gehört als kinetische Energie des Moleküles

$$W_r = \frac{1}{2}\,\Theta\,\omega^2 = \frac{h^2}{8\,\pi^2\,\Theta} \cdot m^2 \tag{291}$$

Einer Änderung der Quantenzahl m um $\pm\,1$ entspricht eine Änderung des Rotationsenergie

$$\Delta\,W_r = \frac{h^2}{8\,\pi^2}\left[\frac{(m\pm 1)^2}{\Theta_{\text{Anfang}}} - \frac{m^2}{\Theta_{\text{Ende}}}\right], \tag{292}$$

$$\Delta\,W_r = \frac{h^2\,m^2}{8\,\pi^2}\left(\frac{1}{\Theta_A} - \frac{1}{\Theta_E}\right) \pm \frac{h^2 \cdot 2\,m}{8\,\pi^2\,\Theta_A} + \frac{h^2}{8\,\pi^2\,\Theta_A}. \tag{293}$$

Um ν zu berechnen, setzen wir (293) in (288) ein und benutzen dabei als Kürzungen

$$\frac{h}{8\,\pi^2\,\Theta_{\text{Anfang}}} \doteq B. \tag{294}$$

$$\nu_s + \nu_e = A.$$

$$\frac{h}{8\,\pi^2}\left(\frac{1}{\Theta_A} - \frac{1}{\Theta_E}\right) = C.$$

Dann bekommen wir

$$\nu = A + B \pm 2\,B\,m + C\,m^2, \tag{287}$$

also die **Deslandre**sche Bandenformel.

Die Rotationsenergie eines Moleküles [Gl. (291)] kann sich auf zwei Weisen ändern. Entweder ändert sich die Winkelgeschwindigkeit mit einem Wechsel der Quantenzahl m oder es ändert sich das Trägheitsmoment Θ. Im allgemeinen ändern sich beide Größen gleichzeitig. Es kann aber auch m konstant bleiben und nur das Trägheitsmoment wechseln[1]. Dann folgt aus Gl. (291) nicht (293), sondern

$$\Delta W_r = \frac{h^2 \cdot m^2}{8\,\pi^2} \cdot \left(\frac{1}{\Theta_A} - \frac{1}{\Theta_E}\right)$$

oder nach Gl. (288)

$$\nu = A + C\,m^2. \tag{287a}$$

Das ist die Bandenformel für den Sonderfall des Nullzweiges, in ihr fehlt die Konstante B.

§ 145. Bandenspektra und Gestalt der Moleküle. Das in § 144 skizzierte Modell liefert trotz seiner Vereinfachungen schon wertvolle Aussagen über den Molekülbau.

Die Gl. (294) führte die Konstante B der empirischen Serienformel auf das **Trägheitsmoment** Θ des Moleküles zurück. Man kann also Θ aus der empirischen Konstanten B bestimmen. Ein Beispiel für das AlH-Molekül findet sich in der Satzbeschriftung der Abb. 488, ein zweites soll an das Rotationsspektrum des HCl anknüpfen. Die **beobachteten** Spektrallinien des Rotationsspektrums

---

[1] Das ist möglich, wenn außer den Atomen oder Ionen auch Elektronen einen Beitrag zum Drehimpuls des Moleküles liefern.

lassen sich empirisch mit der Beziehung

$$\nu_r = 6{,}22 \cdot 10^{11}\,(m + \tfrac{1}{2})\ \mathrm{sec}^{-1}, \qquad (295)$$

$$m = \tfrac{9}{2},\ \tfrac{11}{2},\ \tfrac{13}{2}\ .\ \ .$$

darstellen Das zeigt Tabelle 13.

Tabelle 13. Rotationsfrequenzen ν_r im Spektrum des HCl

Beobachtet ist $\nu_r =$	3,12	3,72	4,35	4,97	5,57	6,18	$6{,}80 \cdot 10^{12}\ \mathrm{sec}^{-1}$
Berechnet wird $\nu_r =$	3,11	3,73	4,35	4,97	5,60	6,22	$6{,}84 \cdot 10^{12}\ \mathrm{sec}^{-1}$
Mit $m =$	$\tfrac{9}{2}$	$\tfrac{11}{2}$	$\tfrac{13}{2}$	$\tfrac{15}{2}$	$\tfrac{17}{2}$	$\tfrac{19}{2}$	$\tfrac{21}{2}$

Für ein Rotationsspektrum vereinfacht sich die allgemeine Bandenformel, also Gl (287), naherungsweise[1] zu

$$\nu_r = B + 2\,B\,m = 2\,B\,(m + \tfrac{1}{2}). \quad (296)$$

Ein Vergleich von (296) und (295) ergibt

$$B = 3{,}11 \cdot 10^{11}\ \mathrm{sec}^{-1}.$$

Molekül.	Gestalt Abstände in 10^{-10} m	Trägheitsmoment in 10^{-47} kg m²	Elektr. Moment in 10^{-30} Amp sek m	Innere Schwingungen und ihre Frequenz in 10^{13} sek^{-1}		
H_2	H—H, 0.75	0.47	0	$\nu \cdot 12.8$		
O_2	O—O, 1.2	19.0	0	$\nu \cdot 4.7$		
Cl_2	Cl—Cl, 1.98	114	0	$\nu \cdot 1.7$		
HCl	H—Cl, 1.28	2.7	3.4	$\nu \cdot 8.3$		
CO_2	O 1.15 C 1.15 O, 2.3	70	0	$\nu_1 \cdot 3.8$	$\nu_2 \cdot 2.0$	$\nu_3 \cdot 7.1$
N_2O	N N O, 2.3	66.0	0.47	$\nu_1 \cdot 3.9$	$\nu_2 \cdot 1.8$	$\nu_3 \cdot 6.7$
H_2O	H 1.01 O 105° 1.53 H; 1.0 / 1.9 / 3.0	6.0		$\nu_1 \cdot 10.8$	$\nu_2 \cdot 4.8$	$\nu_3 \cdot 11.3$

Abb. 493. Einige Beispiele fur Große und Gestalt zwei- und dreiatomiger Molekule Der Abstand der Bausteine folgt aus dem optisch gemessenen Tragheitsmoment, ihre Anordnung aus dem elektrisch gemessenen permanenten elektrischen Moment des Molekules (Elektrizitatsband, § 49) Ein permanentes elektrisches Moment kann nur bei unsymmetrischer Anordnung der Bausteine auftreten.

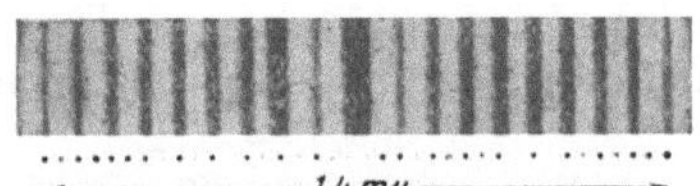

Abb. 494 Nachweis der Rotationsfrequenz des O_2-Molekules mit Hilfe der Ramanschen Streuung. Als Primarstrahlung dient die Hg-Linie $\lambda = 254\ \mathrm{m}\mu$. Im Streulicht erscheinen nur die Rotationsfrequenzen mit geraden Laufzahlen. Das ohne Frequenzanderung gestreute Licht ist durch ein Hg-Dampffilter geschwacht worden, um eine Überbestrahlung der Bildmitte zu verhindern.(Aufnahme von F Rasetti O_2-Druck etwa 10 Atmospharen, Expositionszeit etwa 50 Stunden.

Dieser Zahlenwert wird in Gl. (294) eingesetzt. Er liefert das **Trägheitsmoment** des **HCl-Moleküles** bei der kleinsten Rotationsfrequenz, namlich

$$\varTheta_{\mathrm{HCl}} = \frac{h}{8\,\pi_2\,B} = 2{,}7 \cdot 10^{-47}\ \mathrm{kg} \cdot \mathrm{Meter}^2.$$

Aus dem Tragheitsmoment des HCl-Molekules läßt sich der Abstand D seines H^+ und des Cl-Ions berechnen. Es ist

$$\varTheta = \frac{m_H \cdot m_{Cl}}{m_H + m_{Cl}} \cdot D^2,$$

$$m_H = 1{,}66 \cdot 10^{-27}\ \mathrm{kg}, \qquad m_{Cl} = 58{,}9 \cdot 10^{-27}\ \mathrm{kg},$$

$$D = 1{,}3 \cdot 10^{-10}\ \mathrm{Meter}.$$

Kurz zusammengefaßt: Das HCl-Molekül ist ein hantelförmiges Gebilde mit einer Lange von $1{,}3 \cdot 10^{-10}$ Meter (Abb. 493).

In dreiatomigen Molekülen konnen die Verbindungslinien der Atome oder Ionen eine Gerade bilden oder auch einen Winkel miteinander einschließen. Die Abb. 493 gibt je ein Beispiel für die drei vorhandenen Möglichkeiten. Leider ist die Analyse der Bandenspektra mehratomiger Molekule muhsam und zeitraubend.

---

[1] Die Konstante C ist $= 0$ gesetzt, d. h. die Anderung des Tragheitsmomentes vernachlässigt worden.

Neben der direkten Messung der Frequenzen im Ultraroten hat hier die indirekte mit Hilfe der Ramanschen Streuung eine große Bedeutung gewonnen. Deswegen ergänzen wir unsere früheren Darlegungen über die Ramansche Streuung (§ 115) noch mit einem weiteren Beispiel: Die Abb. 494 zeigt die Streuung der Hg-Linie $\lambda = 253,6$ mμ in gasförmigem Sauerstoff. Die primäre Linie wird beiderseits von nahezu äquidistanten, sekundären Linien eingerahmt. Die Frequenzdifferenzen zwischen Primär- und Sekundärlinien sind die gesuchten Rotationsfrequenzen des O_2-Moleküles.

§ 146. Bandenspektra gelöster und adsorbierter Moleküle. Viele Moleküle, insbesondere von organischen Verbindungen, zerfallen bei höheren Temperaturen. Daher können sie optisch nicht in Dampfform, sondern nur in Lösungen untersucht werden.

Polare Moleküle sind meist für Spektraluntersuchungen in Lösungen ungeeignet und nur mit Vorsicht zu verwenden. Als gelöste Stoffe assoziieren sie sich infolge ihres elektrischen Momentes mit Molekülen des Lösungsmittels. Als Lösungsmittel benutzt, können sie außer zu Assoziationen zu einer Zerspaltung der gelösten Stoffe führen. Allbekannt ist ja die Dissoziation in der wichtigsten der stark polaren Flüssigkeiten, nämlich Wasser.

Unter den nichtpolaren Flüssigkeiten finden sich für viele Stoffe indifferente Lösungsmittel. Sie beeinflussen die ultraroten (von inneren Schwingungen herrührenden) Teile der Molekülspektra nur wenig. Sie verändern die ultravioletten und sichtbaren (durch Elektronenübergänge entstandenen) Teile der Molekülspektren nicht wesentlich. Sie verbreitern nur die einzelnen Spektrallinien und lassen sie zu kontinuierlichen Banden zusammenfließen. Die Abb. 495 zeigt das an einem kleinen Ausschnitt aus dem ultravioletten Absorptionsspektrum des Benzols. Derartige Absorptionsspektra spielen bei der Erforschung großer und teilweise biologisch wichtiger Moleküle eine Rolle. Man kann z. B. aus der Lage bestimmter Banden die Zahl der vorhandenen Doppelbindungen entnehmen.

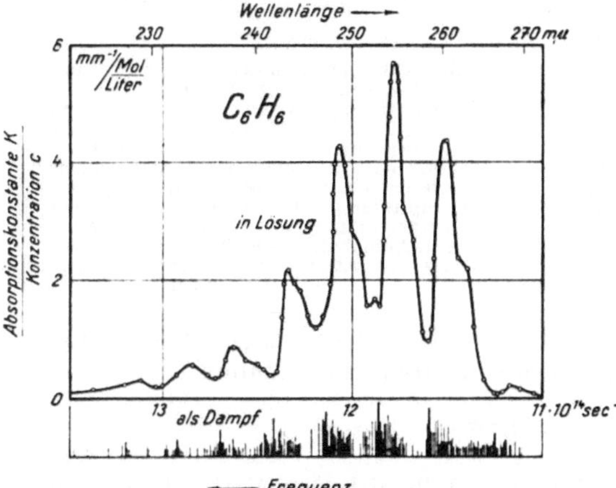

Abb. 495. Ausschnitt aus dem Absorptionsspektrum des C_6H_6 im Ultravioletten. Unten Dampf mit einem Druck von 50 mm Hg-Saule, Schichtdicke etwa 1 cm, oben Losung in Pentan mit einem Gehalt von 0,1 bis 1 Molprozent (nach V. Henri). Im unteren Teilbild wird die Strahlungsstarke der Spektrallinien durch die Strichlange dargestellt.

In Sonderfällen läßt sich die Lösung von Molekülen durch eine Adsorption in stark adsorbierenden Stoffen, z. B. in Silikagel, ersetzen.

Immer muß man bei der optischen Untersuchung gelöster Moleküle für kleine Konzentrationen sorgen und nötigenfalls große Schichtdicken benutzen. Bei großen Konzentrationen stören sich die gelösten Moleküle gegenseitig durch Assoziation.

In einigen Sonderfällen fallen allerdings die oben aufgezählten Nebeneinflüsse fort: Die Atome der Lanthaniden enthalten in ihrem Inneren zwei noch nicht voll besetzte Elektronenschalen, nämlich die N- und die O-Schale (S. 245). Beide werden durch die umhüllende P-Schale vor äußeren Einflüssen geschützt. In-

folgedessen findet man im Absorptionsspektrum lanthanidenhaltiger Moleküle
stets charakteristische Spektrallinien des Lanthanidenatomes. Bei tiefen Temperaturen sind die Linien kaum breiter als die freier Atome (Abb. 496). Diese
in den inneren Schalen entstehenden Spektrallinien werden dann auch von der Umgebung des Molekules, also einem flüssigen oder festen Lösungsmittel, nicht merklich beeinflußt.

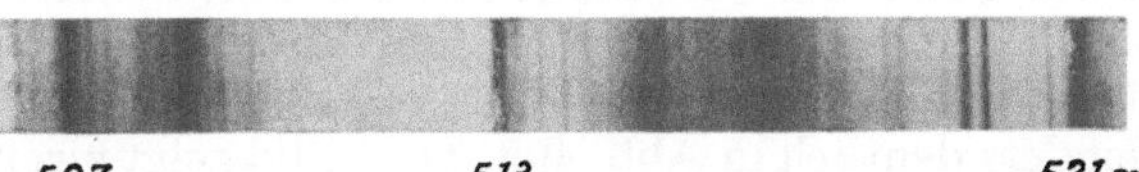

Abb. 496 Ausschnitt aus dem Absorptionsspektrum eines Neodymsalzes bei — 253°. [Zn₃Nd₂(NO₃)₁₂ · 24 H₂O.] (Photographisches Positiv.)

Vom letzten Beispiel abgesehen, ist in diesem Paragraphen nur von flüssigen
Lösungsmitteln gesprochen worden. Die Ausführungen gelten aber auch für
feste Lösungen. Beispiele folgen in § 157.

§ 147. Molekülspektra fester Körper.

In Molekülgittern behalten die
Moleküle eine weitgehende Selbständigkeit. Ihr Zusammenhalt mit den Nachbarn wird nur durch die van der Waalsschen Kräfte hergestellt. Bei dieser Bindungsart werden selbst Elektronenbandenspektra mit ihren Feinheiten wenig geändert. Molekülgitter finden sich vor allem bei organischen Stoffen, aber auch

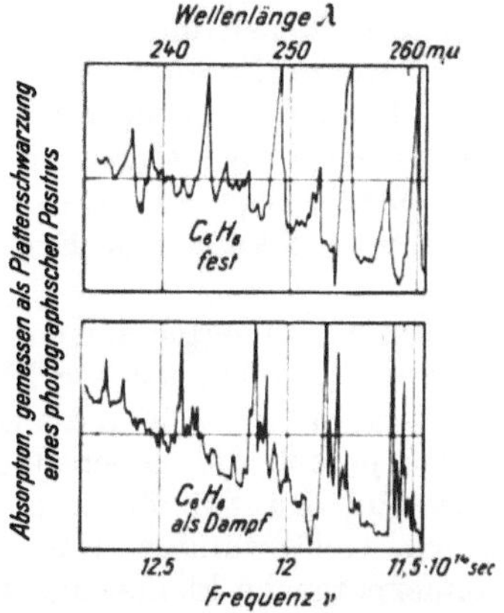

Abb. 497. Absorptionsspektrum
von festem und dampfförmigem
Benzol. Die Plattenschwarzung
(hier gemessen an photographischen Positiven) gibt nur die Lage
der Absorptionsmaxima. Nach
einer solchen photographischen
Aufnahme ist das Bandenspektrum im unteren Teil der Abb. 495
skizziert. Bei der Ausmessung
des Absorptionsspektrums mit
einem Strahlungsmesser im oberen Teil der Abb. 495 sind infolge
zu großer Spaltweiten Einzelheiten verlorengegangen.

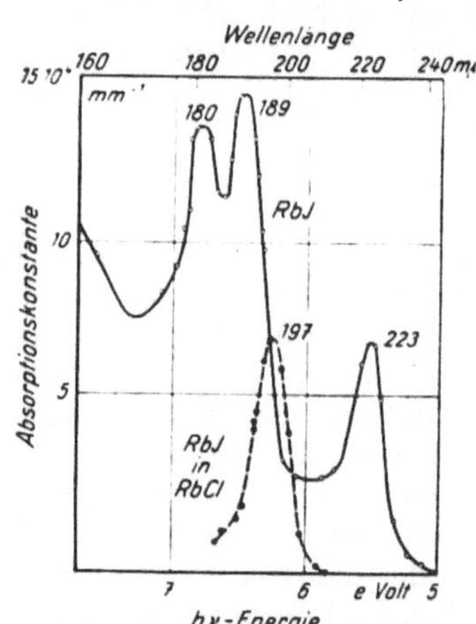

Abb. 498. Einfluß des umgebenden
Kristallgitters auf das Absorptionsspektrum von RbJ.

bei Elementen, etwa im festen H₂. — Als Beispiel kann wieder C₆H₆ genannt
werden. Die Abb. 497 gibt die gleichen Ausschnitte aus dem ultravioletten
Absorptionsspektrum, unten für Benzoldampf, oben für festes Benzol bei
tiefer Temperatur. Die Übereinstimmung beider Spektren ist offensichtlich. Der
Abstand der einzelnen Bandenmaxima ist in beiden Fällen der gleiche, nur sind
die Banden des festen Benzols als Ganzes um einige mμ in Richtung längerer
Wellen verschoben. So wird der Name „Molekülgitter" auch optisch gerechtfertigt.

Den mannigfachen Molekülgittern stehen als anderer Grenzfall die Ionengitter gegenüber, z. B. die der Alkalihalogenide (NaCl usw.). In Ionengittern büßen die Moleküle jede Selbständigkeit ein, man kann höchstens ganze Kristallblöcke als Riesenmoleküle bezeichnen.

Als Dampf absorbieren die Alkalihalogenide mit breiten kontinuierlichen Banden unterhalb von etwa $\lambda = 350$ mμ, im Kristallverband hingegen gibt·es wohl definierte Einzelbanden, und diese liegen bei erheblich kürzeren Wellen. Beispiele finden sich in den Abb. 362, 365 und 498. Der Einfluß des Gitters wird besonders deutlich in Abb. 498. Dies Bild zeigt zweimal das Absorptionsspektrum des RbJ. Die ausgezogene Kurve gehört zu einem RbJ-Kristall. Bei der·gestrichelten Kurve war 1 % RbJ in einem bis 185 mμ durchlässigen RbCl-Kristall eingebaut.

§ 148. Rückblick auf die Lichtabsorption durch Atome. Quantenäquivalentsatz.

Bei jeglicherArt von Lichtabsorption muß man einen Primärvorgang und eine Reihe spater folgender, sekundarer Vorgänge auseinander halten.

Bei einzelnen Atomen besteht der Primärvorgang entweder in einer Anregung oder in einer Ionisierung des Atomes. In beiden Fällen werden einzelne Atome vor ihresgleichen durch zusätzliche Energiebeträge ausgezeichnet. Bei der Anregung kann die Energie nur in diskreten, den Niveaudifferenzen des Atomes entsprechenden Beträgen aufgenommen werden. Bei der Ionisierung hingegen können Energiebeträge beliebiger, die Ionisierungsarbeit J übersteigender Größen absorbiert werden. Die Arbeit J wird als potentielle Energie zwischen Ion und Elektron gespeichert. Der J übersteigende Betrag wird in kinetische Energie des frei gewordenen Elektrons verwandelt.

Die natürliche Lebensdauer der angeregten, energiereichen Atomzustände ist bei freien, ungestörten Atomen von der Größenordnung 10^{-8} sec., doch kann sie bei verhältnismäßig seltenen „metastabilen" Zuständen die Größenordnung 10^{-2} sec erreichen. Im allgemeinen wird jedoch die Lebensdauer angeregter Atome durch Zusammenstöße aller Art· abgekürzt. Zusammenstöße z. B. mit gleichartigen Atomen, fremden Atomen, Gefäßwänden, Ionen, Elektronen usw. machen die Lebensdauer oft um Zehnerpotenzen kleiner als 10^{-8} sec. — Die Lebensdauer der Elektronen und Ionen wird durch die „Wiedervereinigung" begrenzt (Elektr.-Band, S. 151). Diese hängt von vielen Bedingungen ab, wir nennen die thermische Geschwindigkeit der Atome, die Gasdichte, die Konzentration und die Geschwindigkeit der geladenen Teilchen.

Am Ende dieser verschiedenen Lebensdauern beginnt jedesmal ein sekundärer Vorgang oder meist eine ganze Reihe von Sekundärvorgängen. — Am Ende einer natürlichen Lebensdauer wird die im Anregungsvorgang absorbierte Energie wieder in Form von Spektrallinien ausgestrahlt. Es gibt eine Linienfluoreszenz mit dem Grenzfall der Resonanzfluoreszenz. Die Sekundärstrahlung kann in ausgedehnten Gasmengen bald wieder absorbiert und in Tertiärstrahlung verwandelt werden usf. — Das Ende des freien Elektronenzustandes, die Wiedervereinigung von Elektronen und Ionen erzeugt ein Grenzkontinuum, also ein kontinuierliches Spektrum.

Am Ende einer verkürzten Lebensdauer können verschiedenartige Sekundärvorgänge auftreten. Im einfachsten Fall wird die Anregungsenergie bei einem Zusammenstoß ganz in kinetische Energie der Stoßpartner verwandelt, also in Wärmebewegung. — Ionen und neutrale Atome können sich vorübergehend zu Molekülionen vereinigen und ein Stoß schneller Elektronen vermag sie anzuregen. Aus diesem Grunde findet man z. B. bei jeder Gasentladung in Helium die Bandenspektra von He_2^+-Molekülionen. — In Gasgemischen können neben den absorbierenden auch fremde, an der primaren Lichtabsorption unbeteiligte Atome vorhanden sein. Diese Atome konnen sich dann lebhaft an den sekundären Vorgangen beteiligen. Die primar aufgenommene Anregungsenergie kann, insbesondere von metastabilen Niveaus aus, auf sie übertragen werden. Dann entsteht eine „sensibilisierte" Fluoreszenz. Ferner konnen Molekule verschiedener Art gebildet werden. Sie können zunächst angeregt sein und dann unter Emission einer Bandenlinie in den stabilen Grundzustand übergehen usf.

Dieser noch recht lückenhafte Rückblick zeigt schon fur Atome die zwingende Notwendigkeit, bei der Lichtabsorption den Primarvorgang von der Mannigfaltigkeit der sekundaren Vorgange zu unterscheiden. — Eine generelle Aussage laßt sich nur für den Primärvorgang machen, für ihn gilt der Quantenaquivalentsatz: Bei der Absorption einer monochromatischen Strahlung mit der Frequenz ν liefert der aufgenommene Energiebetrag W insgesamt

$$N = \frac{W}{h\nu} \tag{297}$$

elementare Primarvorgange.

Die obigen Ausführungen gelten nicht nur fur die Anregung oder Ionisierung von Atomen durch Lichtabsorption, sondern bei jeder Anregung oder Ionisierung von Atomen durch chemische, thermische oder elektrische Vorgange, z. B. durch den Stoß geladener Korpuskularstrahlen.

§ 149. Verbleib der in Molekülen absorbierten Lichtenergie. Die soeben für Atome zusammengestellten Vorgänge finden sich auch bei der Lichtabsorption durch Molekule, doch kommt zu den Sekundárvorgangen noch der Zerfall der Molekule hinzu. Die Bruckstücke können schon bei zweiatomigen Molekülen verschieden geartet sein. Neben neutralen und ionisierten Atomen können auch Atome in mannigfachen Anregungszuständen entstehen. Bei mehratomigen Molekulen kann der Zerfall Bruchstücke verschiedener Größe und Beschaffenheit liefern. Durch diese optische Dissoziation ergeben sich für die Sekundarvorgange ganze Gruppen neuer Möglichkeiten. Wir wollen aus der unubersehbaren Menge experimenteller Tatsachen in den folgenden Paragraphen nur ein paar typische Falle herausgreifen.

§ 150. Fluoreszenz von Molekülen in Dämpfen und flüssigen Lösungen. Als Fluoreszenz bezeichnet man jede durch Einstrahlung angeregte Lichtemission ohne merkliche Tragheit; d. h. das An- und Abklingen der Fluoreszenz braucht keine mit dem Auge wahrnehmbare Zeit. — Sicher ist das keine sachlich befriedigende Definition, sie entspricht aber dem allgemein eingebürgerten physikalischen Sprachgebrauch.

Für eine Fluoreszenz von Molekulen gibt es zahllose Beispiele. Bei Schauversuchen soll der Hauptteil des Emissionsspektrums in den sichtbaren Bereich fallen. Außerdem muß zur Erregung eine Kohlebogenlampe mit einem Ultraviolettfilter (S. 19) genugen.

In Dampfform benutzt man Molekule von Jod oder von Natrium. Die Jodfluoreszenz beobachtet man bei Zimmertemperatur, fur Natrium braucht man etwa 300° C. Dann enthalt der Metalldampf außer Na-Atomen Na_2-Molekule in ausreichender Zahl. Joddampf fluoresziert gelbbraun, Natriumdampf grünblau. Seine starksten Emissionsbanden liegen zwischen 460 und 550 mμ.

In flussigen Lösungen benutzt man organische Farbstoffe, z. B. Tetrajodfluoreszein in Wasser. Wasser besteht aus stark polaren Molekulen. Sie lagern sich an die Farbstoffmoleküle an, und erst dadurch entstehen komplexe, fluoreszenzfahige Moleküle. Das Fluoreszenzlicht erscheint in hellgruner Farbe.

Für jede Fluoreszenz gilt die **Stokessche Regel**: Die Frequenz oder der $h\nu$-Betrag des erregten Lichtes kann nicht größer sein als die Frequenz oder der $h\nu$-Betrag des erregenden Lichtes.

Nicht seltene, aber geringfügige Ausnahmen sind heute unschwer zu deuten. Dem absorbierten $h\nu$-Betrag des erregenden Lichtes kann sich thermische Schwingungsenergie des Moleküles addieren. Dann bildet die Summe beider den $h\nu$-Betrag des Fluoreszenzlichtes. Ein solcher Fall ist im Molekülniveauschema (Abb. 490) skizziert. Der zur Absorption gehörende Pfeil a beginnt unten beim Schwingungsniveau $s = 1$. Der links folgende, zur Emission gehörende Pfeil γ aber endet tiefer, nämlich bei $s = 0$. Der Pfeil γ ist etwas länger als der Pfeil a, folglich ist der emittierte $h\nu$-Betrag etwas größer als der absorbierte.

Der energetische Nutzeffekt der Fluoreszenz, also das Verhältnis von emittierter und absorbierter Strahlungsleistung, wird immer kleiner als 100% gefunden. Das entspricht der **Stokes**schen Regel: Jeder absorbierte Betrag $h\nu_a$ liefert im Fluoreszenzlicht nur einen kleineren Energiebetrag $h\nu_e$. — Hingegen beobachtet man für die Quantenausbeute

$$\eta = \frac{\text{Zahl der emittierten Energiebeträge } h\nu_e}{\text{Zahl der absorbierten Energiebetrage } h\nu_a}$$

nicht selten Werte von 100%. Die Abb. 499 gibt ein Beispiel.

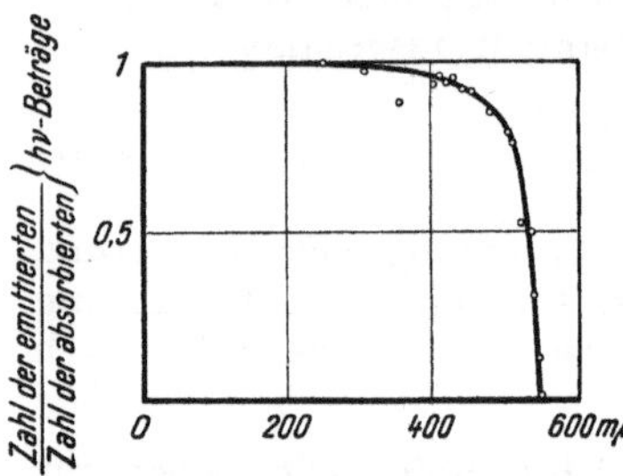

Abb. 499. Quantenausbeute der Fluoreszenz, gemessen an einer wasserigen Fluoreszenzeinlösung von S. I. Wawilow.

Die **Lebensdauer** der angeregten Zustände läßt sich grundsätzlich aus der Nachleuchtdauer der Fluoreszenz bestimmen, also aus der zum Abklingen erforderlichen Zeit. Technisch gelingt das allerdings nur für fluoreszierende Lösungen, die Dampffluoreszenz liefert keine ausreichende Strahlungsstärke. — Die Meßanordnung wird **Fluorometer** genannt, sie ist aus dem alten „Phosphoroskop" entstanden: Zwei periodisch arbeitende Verschlüsse lassen abwechselnd das primäre Licht zur Erregung eintreten und das Fluoreszenzlicht zur Beobachtung austreten. Die Zeit zwischen Schluß der Erregung und Beginn der Beobachtung kann mit mechanischen Mitteln bis auf etwa 10^{-5} sec herabgesetzt werden. Mit elektrisch gesteuerten Verschlüssen (S. 212) sind aber noch 10^{-9} sec sicher zu erreichen.

Auf diesem Wege ist die Lebensdauer angeregter Zustände in einer Reihe fluoreszierender flüssiger Farbstofflösungen gemessen worden. Sie wurde in der Größenordnung $5 \cdot 10^{-9}$ sec gefunden, also fast so groß wie die natürliche Lebensdauer angeregter Atome.

§ 151. Störung der Fluoreszenz. Polarisiertes Fluoreszenzlicht. Man kann die Fluoreszenz auf mancherlei Weise **stören**, nämlich durch hohe Konzentration, hohe Temperatur, Zusatz von Salzen, z. B. KJ usw. All diese Mittel verursachen Zusammenstöße angeregter mit anderen Molekülen. Bei diesen Zusammenstößen müssen die angeregten Moleküle ihre Anregungsenergie abgeben. Infolgedessen wird ihre mittlere Lebensdauer τ verkleinert. Nur ein Teil der angeregten Moleküle vermag seine Anregungsenergie bis zum Ende der natürlichen Lebensdauer zu behalten und dann als Fluoreszenzstrahlung zu verausgaben.

In der kurzen Zeitspanne zwischen Anregung und Ausstrahlung kann die Wärmebewegung die räumliche Orientierung der Moleküle nicht erheblich ändern. Infolgedessen läßt sich mit polarisiertem Licht auch ein **polarisiertes Fluoreszenzlicht** erzeugen.

Für Schauversuche benutzt man wieder Tetrajodfluoreszein in wässeriger Lösung. Die Beobachtungen verlaufen grundsätzlich ebenso wie bei der **Ray-**

leighschen Streuung (§ 98), doch findet man das Fluoreszenzlicht nur teilweise polarisiert.

Man kann den Einfluß der störenden Moleküldrehungen auf zwei Weisen herabsetzen. Entweder verkürzt man die Lebensdauer der Moleküle durch geeignete Zusatze, z. B. KJ, oder man vergrößert die Zähigkeit des Lösungsmittels, z. B. durch Zusatz von Glyzerin, Gelatine oder Zucker.

In Gasen und Dampfen kann die Polarisation des Fluoreszenzlichtes noch durch eine andere Ursache zerstört werden, nämlich durch Magnetfelder. Es wirken schon sehr schwache Felder, z. B. das der Erde. Dieser experimentelle Befund ist folgendermaßen zu deuten: Die Bahnebene des Leuchtelektrons vollfuhrt im Magnetfeld eine Prazessionsbewegung. Für die Umlaufzeit dieser Larmor-Präzession gilt

$$T = \frac{1}{\nu} = 4\,\pi\,\frac{m}{e} \cdot \frac{1}{\mathfrak{B}} \qquad\qquad (284)\ \text{v. S. } 268$$

$$\left(\frac{m}{e} = 5{,}65 \cdot 10^{-12}\,\frac{\text{kg}}{\text{Amp.Sek.}}\,;\ \text{Kraftflußdichte } \mathfrak{B} \text{ in Voltsekunden}/m^2 = 10^4\ \text{Gauß}\right).$$

T darf nicht so klein werden wie die mittlere Lebensdauer τ des angeregten Zustandes, sonst wird der Zusammenhang zwischen der Ebene der Elektronenbahn und der Schwingungsebene des primaren, erregenden Lichtes zerstort. — Eine quantitative Durchführung dieser Deutung fuhrt zu einer Bestimmung von τ, der mittleren Lebensdauer des angeregten Zustandes. So hat man τ fur zwei bekannte Beispiele von Resonanzfluoreszenz bestimmt. Man hat fur das Hg-Atom $\tau_{254\,m\mu} = 1{,}1 \cdot 10^{-7}$ sec gefunden und fur das Natriumatom $\tau_{589\,m\mu} = 10^{-8}$ sec. Beide sind von der gleichen Größenordnung wie die naturliche Lebensdauer der zu den Resonanzlinien gehörenden angeregten Zustände. (τ hängt ja von λ ab, vgl. § 121.)

Bei der Störung der Fluoreszenz kann die gespeicherte Energie zur Anregung des störenden Moleküles dienen. Schauversuch: Trypaflavin, an Silikagelpulver adsorbiert, wird im Vakuum durch sichtbares Licht zu lebhafter Fluoreszenz erregt. Eine verdünnte Sauerstoffatmosphäre zerstört die Fluoreszenz. Dabei werden die O_2-Moleküle angeregt und chemisch aktiv gemacht. Sie können daher andere Stoffe oxydieren, z. B. das farblose p-Leukanilin in einen roten Farbstoff verwandeln. Zur Vorführung adsorbiert man das Leukanilin ebenfalls an Silikagel, durchmischt die beiden Pulver und bestrahlt sie mit sichtbarem Licht: In kurzer Zeit tritt eine deutliche Rotfärbung ein.

Aus Zollgründen hat man früher Futtergerste mit einem Eosinfarbstoff kenntlich gemacht. Die mit dieser Gerste gefütterten Schweine bekamen unter den lichtdurchlassigen Hautgebieten, z. B. der Schnauze, schwere Entzündungen. Auch hier bewirkte die Störung der Fluoreszenz des Eosins eine Aktivierung anderer Moleküle.

§ 152. Photochemische Vorgänge in Dämpfen und flüssigen Lösungen.

Bei der Fluoreszenz handelt es sich im wesentlichen um innermolekulare Vorgänge. Am Schluß einer ungestörten Fluoreszenz befindet sich ein Molekül wieder in seinem ursprünglichen Zustand. In einem anderen Grenzfall erfahren die primär oder sekundär an der Lichtabsorption beteiligten Moleküle eine bleibende, oft tiefgreifende, chemische Veränderung. Die Zahl solcher chemischer Lichtwirkungen oder photochemischer Reaktionen ist unübersehbar.

Im Haushalt der Natur spielt die „Assimilation der Kohlensäure" durch die Pflanze die überragende Rolle. Unter der Wirkung des Sonnenlichtes werden auf der Erde je Sekunde größenordnungsmäßig 500 Tonnen Kohlenstoff gebunden. An der Reaktion ist ein Farbstoff, das Chlorophyll, beteiligt. Doch gelingt sie nur der lebenden Zelle. Es ist also außer dem Chlorophyll noch irgendein unbekannter, gerade für die lebende Zelle charakteristischer Stoff notwendig. Infolgedessen entzieht sich dieser wichtige photochemische Vorgang noch unserem Verstandnis. Ähnliches gilt von einer anderen, für unser Leben hochbedeutsamen chemischen Lichtwirkung, nämlich den Vorgangen im inneren Auge. — Einstweilen beherrscht man nur einfache photochemische Reaktionen. Wir werden in diesem und den beiden folgenden Paragraphen drei typische Fälle behandeln

Nur selten laßt sich bei photochemischen Reaktionen der primare Vorgang allein fassen und stabilisieren Man muß fast immer sekundare Vorgange beobachten und darin liegt die Schwierigkeit. Sie ist nur in verhaltnismaßig wenigen Fallen behoben. — Beispiel:

Das Absorptionsspektrum des HJ hat im Ultravioletten Elektronenbanden, ahnlich den in Abb 485 fur HCl gezeigten. Lichtabsorption in diesen Banden zersetzt die HJ-Molekule Fur je einen absorbierten $h\nu$-Betrag scheiden zwei HJ-Molekule aus und statt ihrer erscheint je ein H_2- und ein J_2-Molekül Die Tabelle 14 gibt Zahlenbeispiele fur drei verschiedene Lichtfrequenzen.

Tabelle 14.

Wellen-lange λ in mμ	Absorbierte Strahlungsleistung in Watt	Na/t = Zahl der absorbierten $h\nu$-Betrage/Zeit in sec^{-1}	Nm/t = Zahl zersetzten HJ-Molekule/Zeit in sec^{-1}	$\dfrac{Nm}{Na}$ = Quantenausbeute η
207	$1{,}38\cdot10^{-3}$	$1{,}46\cdot10^{13}$	$2{,}89\cdot10^{13}$	1,98
253	$1{,}63\cdot10^{-3}$	$2{,}11\cdot10^{13}$	$4{,}38\cdot10^{13}$	2,07
282	$2{,}46\cdot10^{-3}$	$3{,}67\cdot10^{13}$	$7{,}70\cdot10^{13}$	2,09

Mittel 2,05

Die Deutung lautet Im Primärprozeß wird von einem $h\nu$-Betrag ein HJ-Molekül zerspalten. In zwei anschließenden Sekundarvorgangen, namlich

$$H + HJ = H_2 + J$$

und

$$J + J = J_2$$

scheidet ein zweites HJ-Molekul aus.

Bei sehr vielen photochemischen Reaktionen dient der Primarprozeß nur zur Beschleunigung einer ohne Licht außerst langsam ablaufenden Reaktion. Der in einem Molekül absorbierte $h\nu$-Betrag macht das Molekul reaktionsfähig. Die bei der Reaktion frei werdende Energie kann dann durch Stoß an ein zweites Molekul abgegeben werden, dieses anregen und so ebenfalls zur Reaktion befahigen. So folgt auf einen primaren Lichtabsorptionsvorgang eine ganze Kette von Sekundärreaktionen. Die durch Sekundarprozesse umgebildeten Molekule konnen die Zahl der primar absorbierten $h\nu$-Beträge daher um Größenordnungen überschreiten, d. h. die Quantenausbeute η kann sehr hohe Werte annehmen. — Umgekehrt kann eine Verhinderung von Sekundarreaktionen eine sofortige Ruckbildung des primaren photochemischen Vorganges zur Folge haben. Es fehlt die Möglichkeit zur Stabilisierung der primaren Reaktionsprodukte In diesem Fall können die beobachteten Quantenausbeuten beliebig klein werden.

Photochemische Reaktionen mit sehr rascher Rückbildung eignen sich für Schauversuche. Man kann z. B. eine waßrige Losung von Methylenblau und Eisensulfat benutzen. Die blaue Lösung[1] wird im Licht einer Bogenlampe in etwa 10 Sekunden ausgebleicht und kaum langsamer kehrt die Farbung im Dunkeln zuruck. (Erklarung: Durch die Lichtabsorption wird das Farbstoffmolekul angeregt. Dann reagiert es zusammen mit einem Fe^{++}-Ion und einem H^+-Ion und bildet dabei eine farblose Farbstoff-Wasserstoff-Verbindung und ein Fe^{+++}-Ion.)

§ 153. Photochemische Vorgänge in Kristallen. Einfachster Fall: Nur Elektronenverlagerung.

Fur eine eingehendere Untersuchung photochemischer Vorgange bieten einfache Kristalle in mehrfacher Hinsicht gunstige Bedingungen.

---

[1] 5 g $FeSO_4 \cdot 7\,H_2O$ werden kalt in 100 cm³ Wasser gelöst, mit etwas Eisenpulver versetzt und filtriert, damit Fe^{+++}-Ionen verschwinden. Dann werden 0,2 cm³ HCl und etwas chlorzinkfreies Methylenblau zugesetzt. Schließlich wird die Losung durch langeres Abpumpen sauerstofffrei gemacht und luftdicht in ein Glasgefaß eingeschmolzen.

Durch passende Wahl der Temperatur lassen sich in ihnen verschiedene, sonst sehr kurzlebige Zustande der Moleküle stabilisieren Die Zahl der beteiligten Moleküle ist optisch aus Höhe und Breite der Absorptionsbanden zu ermitteln (S. 201). Endlich kann man für manche Einzelvorgange elektrische Beobachtungen hinzuziehen. — Das zeigen wir zunächst an einem der einfachsten heute bekannten Falle.

Man kann in Alkalihalogenidkristallen einen kleinen Bruchteil der Halogenionen (etwa 10^{-5}) durch Elektronen verdrängen und ersetzen (S. 201 und 208). Als Beispiel wahlen wir zunachst KCl. Die Elektronen werden in dreierlei Zustanden im Gitter beobachtet:

1. In einer durch eine Absorptionsbande F (Abb. 500) gekennzeichneten Bindung.

Im physikalischen, experimentell wohl begrundeten Bilde heißt es: Die Elektronen sitzen an einem Alkaliion nahe bei oder in einer Halogenionenlucke. — Vom chemischen Standpunkt gesehen, bilden die Elektronen mit je einem benachbarten K+-Ion neutrale, im Gitter „geloste" K-Atome. Ihr oft bequemer Name „Farbzentren" wurde schon früher erwahnt (S. 201).

2. In einer durch eine breite Absorptionsbande F' (Abb. 500) gekennzeichneten Bindung

Im physikalischen Bilde heißt es, ebenfalls experimentell wohl begründet: Die Elektronen sitzen an zwei Alkaliionen nahe bei oder in einer Halogenionenlucke, also im Gebiet einer negativen Überschußladung. — Chemisch kann man von gelosten Kaliummolekulen sprechen, in deren Gitterumgebung sich ein uberschüssiges Elektron befindet.

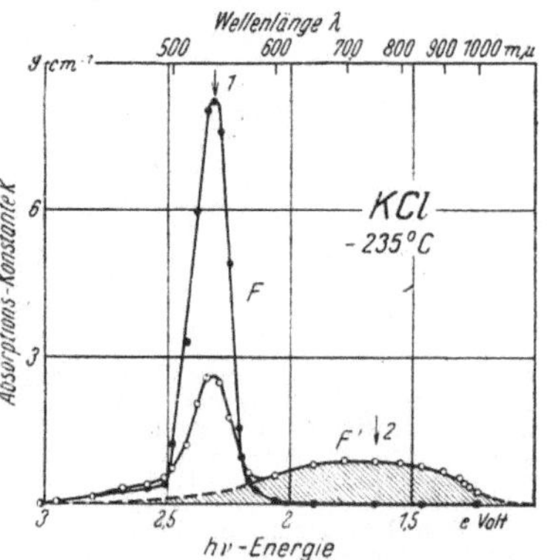

Abb. 500. Die durch Elektroneneinwanderung in einem KCl-Kristall entstehenden Absorptionsbanden F und F'. Im m³ sind $1{,}6 \cdot 10^{22}$ Chlorionen durch Elektronen ersetzt Die Spektren sind bei — 235° gemessen. Die beiden Banden entsprechen zwei verschiedenen Bindungsarten der Elektronen Anfanglich war nur die F-Bande vorhanden Hinterher ist durch Lichtabsorption bei — 100° der größere Teil der Elektronen aus der F-Bindung in die F'-Bindung uberfuhrt worden. Dabei ist die F-Bande erniedrigt und die F'-Bande aufgebaut worden

3. Frei wie in Metallen beweglich und wahrenddessen optisch nicht wahrnehmbar.

Ihre Konzentration N_v ist zu klein, Gl. (212) von S. 206.

Unterhalb von —80° haben beide Bindungsarten der Elektronen große Lebensdauern. In diesem Temperaturbereich lassen sich die Elektronen durch Lichtabsorption von der einen in die andere Bindung überführen. Lichtabsorption in der Bande F (Pfeil 1 in Abb. 500) baut die Bande F ab und die Bande F' auf. Lichtabsorption in der Bande F' (Pfeil 2) bewirkt das Umgekehrte. In beiden Fallen hängt jedoch die Zahl der die Bindungsart wechselnden Elektronen, umgerechnet auf die Zahl der absorbierten $h\nu$-Betrage, stark von der Temperatur ab. Das zeigen die beiden Kurven in Abb. 501. Aus dieser Temperaturabhangigkeit ergibt sich ein wichtiger Schluß: **Für die Entstehung einer F'-Bindung muß außer der absorbierten Lichtenergie auch eine zusatzliche Warmeenergie des Gitters verfügbar sein.**

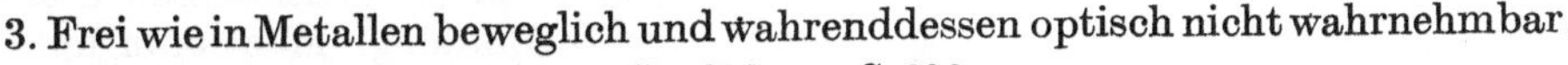

Abb. 501. Einfluß der Temperatur auf den durch Lichtabsorption bewirkten Wechsel der Elektronenbindung in einem KCl-Kristall.

Bei unzureichender Warmeenergie fallen die aus der F-Bindung befreiten Elektronen großenteils in die F-Bindung zuruck. Deswegen sinkt die Ausbeute des Überganges $F \rightarrow F'$ mit sinkender Temperatur. — Ohne ausreichende Warmebewegung konnen die aus der F'-Bindung befreiten Elektronen nicht in die F'-Bindung zuruckfallen, sie müssen alle eine F-Bindung aufsuchen. Daher steigt die Ausbeute fur den Übergang $F' \rightarrow F$ mit sinkender Temperatur.

Beim Übergang von der einen Bindung in die andere sind die Elektronen im Gitter frei beweglich. Sie bilden beim Anlegen eines elektrischen Feldes einen elektrischen Strom. Der Strom fließt nur während der Belichtung, in der anschlie-

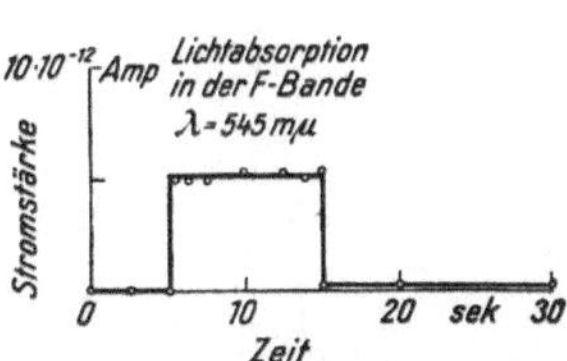

Abb 502. Der optisch ausgelöste Wechsel zwischen der F- und F'-Bindung der Elektronen erzeugt im elektrischen Felde einen Strom. Im Beispiel wurde in der F-Bande eines KCl-Kristalles eine Strahlungsleistung von $7,3 \cdot 10^{12}$ $h\nu$/sec absorbiert (λ etwa 545 mμ). Der Versuch verläuft beim optischen Übergang von F' nach F in gleicher Weise. Nur muß dann eine Wellenlänge von etwa 750 mμ eingestrahlt werden

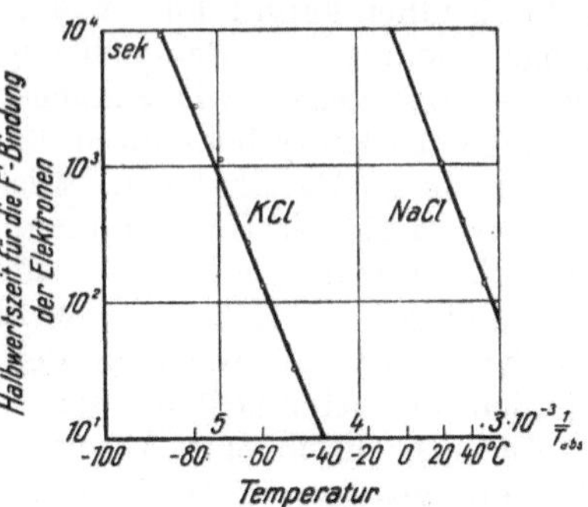

Abb. 503. Zum thermischen Zerfall der F'-Bindung der Elektronen in KCl- und NaCl-Kristallen

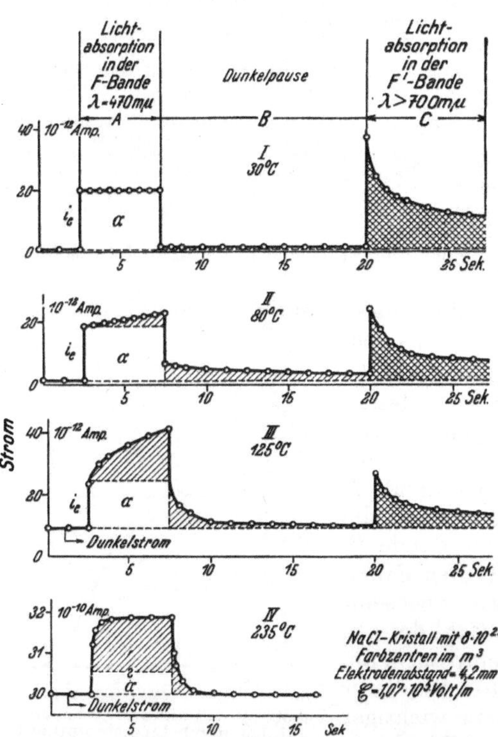

Abb. 504. Einfluß der Temperatur auf die Elektronen-übergänge $F \to F'$ und $F' \to F$ in einem NaCl-Kristall. Im Zeitbereich A wird bei den Fällen I—III eine Strahlungsleistung von $2,7 \cdot 10^{13}$ $h\nu$/sec absorbiert, im Fall IV nur $1,7 \cdot 10^{13}$ $h\nu$/sec. Der bei über 80° auftretende elektrolytische Dunkelstrom ist eine unwesentliche Nebenerscheinung. Die den Teilbildern 2—4 entsprechenden Stromzeitkurven treten bei anderen Kristallen, z. B. KCl und KBr, bei sehr viel tieferen Temperaturen in gleichartiger Form auf und dann frei von jedem Dunkelstrom

ßenden Dunkelpause sinkt er praktisch auf Null herunter (Abb. 502).

Die durch die F'-Bande gekennzeichnete Bindungsart ist erst bei tiefen Temperaturen haltbar, bei höheren beobachtet man einen thermischen Zerfall. Dieser erfolgt zeitlich keineswegs nach einem Exponentialgesetz, sondern anfänglich schneller, später langsamer. Es gibt also keine wohldefinierte mittlere Lebensdauer der F'-Bindung. Man kann nur die Zeit bestimmen, innerhalb derer die Zahl der Elektronen in der F'-Bindung von ihrem Anfangswert auf die Hälfte absinkt. Das ist in Abb. 503 für KCl und NaCl geschehen.

Der Einfluß der Temperatur auf die Lebensdauer der F'-Bindung macht eine Reihe weiterer, später für das Phosphoreszenzproblem wichtiger, elektrischer Beobachtungen verständlich. In Abb. 504 findet sich ein typisches Beispiel, und zwar gemessen an einem NaCl-Kristall. Die Ordinaten geben die vom Licht verursachten Ströme, Art und Dauer der Lichteinstrahlung sind am oberen Bildrand vermerkt. In allen vier Teilbildern entsteht die rechteckige Stromzeitfläche α während der Lichtabsorption in der F-Bande, also während des

Elektronenüberganges $F \to F'$. Die schraffierte Stromzeitfläche entsteht während der Rückkehr der Elektronen aus der F'- in die F-Bindung. Diese Rückkehr erfolgt auf dem Wege einer trägen thermischen Elektronendiffusion. Die Elektronen wechseln im Spiel der Wärmebewegung mehrfach oder sogar sehr oft den Ort ihrer F'-Bindung, bis sie endlich wieder in einer F-Bindung festgelegt werden Der thermische Diffusionsweg $F' \to F$ übertrifft den optisch eingeleiteten Weg $F \to F'$ im NaCl nur um etwa das Drei- bis Fünffache. Im KCl hingegen beträgt das Verhältnis 20—100 und im RbCl erreicht es sogar den Wert 10^4. Bei der Rückkehr $F' \to F$ macht sich ein Elektron daher durch einen viel größeren Beitrag zum Strom bemerkbar als beim optischen Übergang $F \to F'$ (Beispiele in Abb. 505)[1]. — Die karierte Stromzeitfläche entsteht während einer Lichtabsorption in der F'-Bande. Durch diese Absorption wird der Aufenthalt der Elektronen in der F'-Bindung verkürzt und somit die thermische Diffusion beschleunigt.

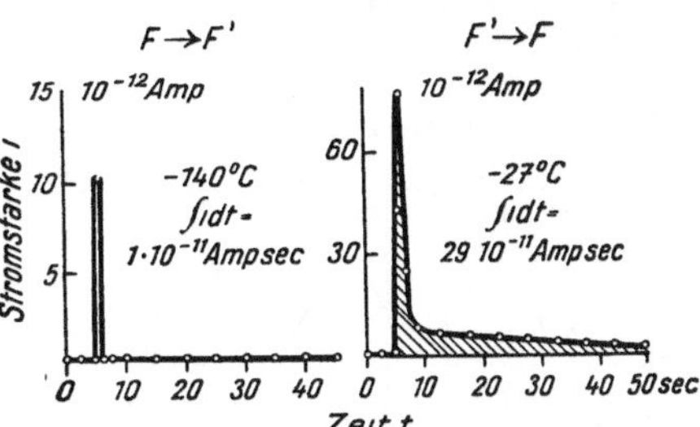

Abb. 505. In einem KCl-Kristall liefert der in träger thermischer Diffusion erfolgende Übergang $F' \to F$ eine erheblich größere Elektrizitätsmenge als der optisch ausgeloste Übergang $F \to F'$.

Bei $+30°$ ist die thermische Elektronendiffusion in der Dunkelpause noch gerade erkennbar, bei $+80°$ setzt sie schon während der Lichtabsorption in der F-Bande ein. Sie setzt sich während der Dunkelpause fort und wird nach 20 sec durch eine Lichtabsorption in der F'-Bande beschleunigt. Bei $+235°$ endlich fällt der Hauptteil der thermischen Diffusion schon zeitlich mit der Einstrahlung in die F-Bande zusammen. Nur ein Rest folgt im Anfang der Dunkelpause.

§ 154. Photochemische Zersetzungen in Ionenkristallen. Photographie. Unter den technischen Anwendungen photochemischer Vorgänge steht die Photographie an oberster Stelle. Die lichtempfindlichen Schichten der Filme und Platten enthalten in einem organischen Bindemittel winzige Körner aus Silberbromid, also kleine, aus Ag^+ und Br^--Ionen aufgebaute Kristalle. Aus diesem Grunde interessieren photochemische Vorgange in einfachen Ionenkristallen. Man untersucht sie am besten in Alkalihalogenidkristallen. Unter diesen ist KBr, also das dem AgBr entsprechende Salz, besonders geeignet.

Sorgfältige Beobachtungen führen auf ein unerwartetes Ergebnis: Im Inneren einheitlicher Ionenkristalle gibt es keine photochemischen Zersetzungen[2]. „Licht-

---

[1] In beiden Fallen bekommen die Bewegungen der Elektronen eine Vorzugsrichtung in der Richtung des elektrischen Feldes.

[2] Bei diesen Beobachtungen muß die mittlere Reichweite des Lichtes eine der Kristalldicke vergleichbare Große haben. Bei 1 cm Kristalldicke ist das nur noch für Licht aus dem langwelligen Ausläufer der ersten ultravioletten Absorptionsbande zu verwirklichen oder für hartes Rontgenlicht. — Trotz des oben mitgeteilten negativen Befundes darf man die Lage der ersten ultravioletten Absorptionsbande einfacher Ionenkristalle durch einen sehr kurzlebigen Elektronenubergang vom negativen Halogenion zum positiven Metallion deuten. Bei der Abtrennung des Elektrons vom negativen Ion muß eine als **Elektronenaffinitat** E bezeichnete Arbeit geleistet werden. Bei der Neutralisierung des positiven Ions wird die **Ionisierungsarbeit** J des Metallatomes gewonnen. Außerdem muß der Einfluß des Abstandes D der Gitternetzebenen berucksichtigt werden. Mit diesen Überlegungen findet man für die Frequenz des ersten Bandenmaximums die empirische Beziehung

$$h\nu = E - J + \frac{a}{D^2}. \tag{298}$$

Dabei ist a eine Konstante $= 1{,}57 \cdot 10^{10} \cdot e\mathrm{Volt} \cdot m^2$. Diese Beziehung bewahrt sich gut für alle Halogenide und Hydride der Alkalimetalle. (In diesen Hydriden ist der Wasserstoff Anion, also negativ geladen!)

empfindlich" werden diese Kristalle erst durch Einbau kleiner Mengen anderer, thermisch leicht zersetzlicher Moleküle, wie z. B. Kaliumhydrid.

Die Abb. 506 bis 508 zeigen die Anfänge der Elektronen-Bandenspektra von KBr, KH und von einem KBr-Kristall mit einem kleinen Zusatz von KH[1]. Die erste Bande des KH ist in der KBr-Umgebung um 0,16 eVolt in Richtung kürzerer Wellen verschoben, aber trotzdem noch gut von der ersten Bande des KBr getrennt.

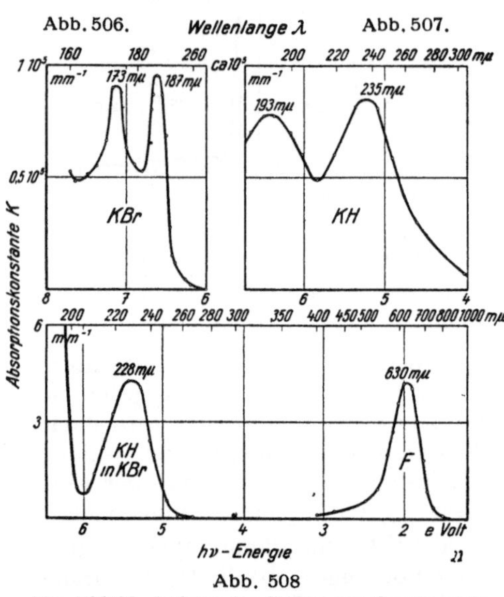

Abb. 506/08. Anfang der Elektronen-Bandenspektren für drei kubische Kristalle. Die Bande F zeigt photochemisch abgeschiedene Kaliumatome an

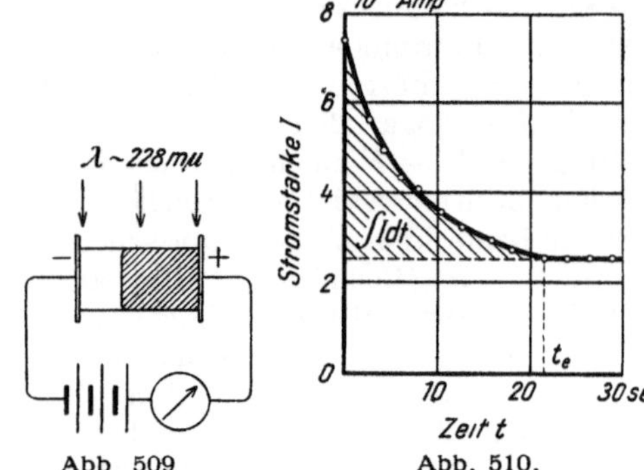

Abb. 509/10. Schauversuch zur elektrischen Messung der photochemischen Reaktionsprodukte in einem KH-KBr-Mischkristall. Zunächst werden N_a Energiebeträge $h\nu$ durch die KH-Bande (Abb. 508) absorbiert und dadurch N_e neutrale Kaliumatome gebildet. Sie erfüllen anfänglich den ganzen Kristall als blaue Wolke (sie sind also bei genügender Kristalldicke nicht unsichtbar oder „latent"!). Dann wird das elektrische Feld angelegt, und nunmehr bewegt sich die Wolke geschlossen mit scharfer Hinterfront (Abb. 509) zur Anode, und zwar nach dem Mechanismus der Elektronenüberschußleitung (Elektr.-Lehre, § 119). Währenddessen zeigt der elektrische Strom den in Abb. 510 bezeichneten Verlauf. Zur Zeit t_e hat die Wolke den Kristall verlassen und der Strom seinen konstanten, nur noch von Ionenwanderung herrührenden Wert erreicht. $\int I\,dt = Q$ ergibt die gesuchte Zahl N_e. Es gilt $N_e = Q/e$
$(e = 1,6 \cdot 10^{-19}$ Amp Sek$)$

Der Mischkristall ist ebenso lichtempfindlich wie die beste photographische Platte: In der KH-Bande absorbierte Strahlung zersetzt das KH in neutrale K- und H-Atome. Der Wasserstoff bleibt unsichtbar, aber die K-Atome erzeugen die Absorptionsbande F und durch sie eine Blaufärbung des Kristalles. (Schauversuch.)

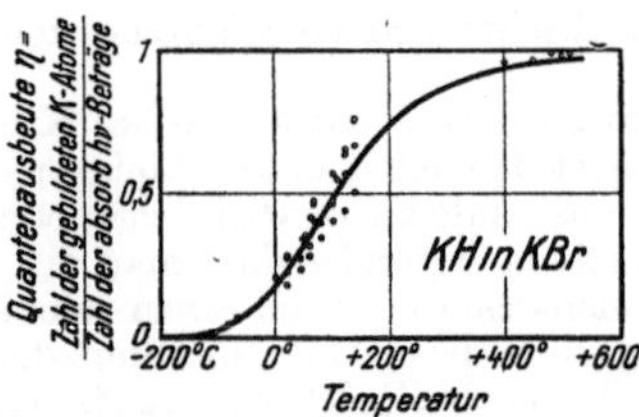

Abb. 511. Einfluß der Temperatur auf die photochemische Zersetzung des KH in einem KH-KBr-Mischkristall

Für quantitative Untersuchungen bestimmt man die Zahl der gebildeten K-Atome entweder optisch aus der Höhe und der Halbwertsbreite der F-Bande (S. 201) oder bei höheren Temperaturen elektrisch: Man läßt die Farbzentren im elektrischen Felde zum positiven Pol wandern und mißt die dabei fließende Elektrizitätsmenge (Näheres unter Abb. 509/10).

---

[1] Zur Herstellung eines solchen Mischkristalles löst man erst K-Dampf in einem heißen KBr-Kristall (S. 208). Dadurch wird er tiefblau verfärbt (F-Bande der Farbzentren). Hinterher läßt man H_2 von etwa 50 at Druck in den heißen Kristall hineindiffundieren. Dieser vereinigt sich mit dem K zu KH und dabei wird der Kristall im Sichtbaren wieder glasklar (Abb. 507) (Schauversuch).

Das Ergebnis solcher Messungen ist in Abb. 511 dargestellt. Die Ordinate ist die photochemische Ausbeute. Sie erreicht bei hohen Temperaturen den Wert 1, bei — 100° wird sie praktisch gleich Null. Auch für diesen photochemischen Vorgang spielen also Wärmeschwingungen des Gitters eine entscheidende Rolle.

Im Gegensatz zum Aufbau der F-Bande verschwindet der Abbau der KH-Bande nicht bei — 100° C. Der Zerfall KH in K + H erfolgt über zwei bei tiefen Temperaturen stabile Zwischenzustände. Sie lassen sich ebenfalls durch ihr Absorptionsspektrum nachweisen, doch führen die Einzelheiten hier zu weit.

Diese Befunde lassen sich sinngemäß auf die AgBr-Kristalle der photographischen Schichten übertragen. Auch einheitliche AgBr-Kristalle sind unempfindlich gegen Licht. Auch in diesen Ionenkristallen müssen Fremdmoleküle eingebaut sein, z. B. Schwefelverbindungen des Silbers. Normalerweise werden sie im Reifungsprozeß der Emulsionen an den Kristalloberflächen gebildet. Der Schwefel stammt aus dem Einbettungsmittel, also der Gelatine. Wirksamer aber ist eine Einführung der Schwefelverbindungen ins Innere der Kristalle.

In der photographischen Schicht ist das eingefangene Bild zunächst „latent". Die Beschaffenheit seiner Bausteine oder „Keime" ist noch umstritten. Nach Absorptionsversuchen an AgBr-Kristallen handelt es sich um kleine, aus Ag-Atomen zusammengeflockte Kolloide. Doch kann es auch anders sein. Auf jeden Fall ermöglichen die nach der Lichtabsorption entstandenen Keime einen Angriff des chemischen Entwicklers: Die AgBr-Kristalle werden zu Silber reduziert. Die nach der Reduktion vorhandenen Silberatome übertreffen an Zahl die primär eingestrahlten $h\,\nu$-Beträge um rund das 10^8-fache.

Die Latenz, die Unsichtbarkeit des eingefangenen Bildes, wird oft als eine rätselhafte und der photographischen Platte eigentümliche Erscheinung angesehen, aber zu Unrecht. Die normale Belichtung einer photographischen Platte erfordert, umgerechnet auf die Volumeneinheit des AgBr, nicht weniger absorbierte $h\,\nu$-Beträge als die KH-KBr-Mischkristalle. Doch ist die Schichtdicke der AgBr-Kristalle in der photographischen Platte nur etwa 1 μ. In solch kleinen Schichtdicken bleibt auch die Lichtwirkung in KH-KBr-Mischkristallen „latent". Erst bei Kristalldicken der Größenordnung 1 cm wird sie für das Auge erkennbar. — Ein einfacher Vergleich: Wasser sieht in der Schichtdicke einiger Meter blau aus (Blaue Grotte auf Capri), in einem Glas hingegen bei geringer Schichtdicke farblos.

§ 155. Allgemeines über Phosphoreszenz.

Als Phosphoreszenz bezeichnet man jede durch Einstrahlung hervorgerufene Lichtemission mit merklicher oder großer Trägheit. Das heißt, das An- und vor allem das Abklingen einer Phosphoreszenz braucht eine deutlich wahrnehmbare, oft sogar sehr lange Zeit. — „Fluoreszenz" und „Phosphoreszenz" werden sprachlich als Grenzfälle unterschieden, ähnlich wie „Leiter" und „Isolator". In Einzelfällen kann die Zuordnung strittig werden, das spielt aber praktisch keine Rolle.

Die Phosphoreszenz nimmt eine Mittelstellung ein zwischen der Fluoreszenz und den energiespeichernden photochemischen Vorgängen. Die vom Licht geschaffenen Zustände halten sich bei der Fluoreszenz nur winzige Bruchteile einer Sekunde, bei photochemischen Vorgängen in der Regel dauernd. Bei der Phosphoreszenz schafft das Licht Zustände von begrenzter, stark von der Temperatur abhängiger Haltbarkeit. Je nach den Bedingungen beobachtet man Lebensdauern zwischen Bruchteilen einer Sekunde und vielen Tagen.

Phosphoreszenz kommt nach unseren heutigen Kenntnissen nicht allein durch innermolekulare Vorgänge zustande. Es müssen mindestens mehrere Moleküle assoziiert sein. Das ist schon in zähen Lösungen zu erreichen, vollkommen aber erst in festen Körpern. Phosphoreszenzfähige Körper können oft während der Anregung auch fluoreszieren. Ihre Zahl ist, insbesondere bei tiefen Temperaturen, unübersehbar groß. — Wir behandeln in folgenden drei Gruppen: nämlich 1. feste organische Lösungen, 2. Halogenidphosphore und 3. Sulfidphosphore. Die dritte Gruppe zeigt eine Besonderheit: In ihr können die Elek-

tronenverlagerungen bei der Bildung und bei der Rückbildung der angeregten
Zustände elektrische Ströme meßbarer Größe verursachen. Die Elektronen-
bewegungen sind also in der dritten Gruppe nicht mehr auf das Innere einzelner
Molekülkomplexe beschränkt.

§ 156. Phosphoreszenz fester organischer Lösungen. Bei allen wohldefinierten
organischen „Phosphoren" handelt es sich um verdünnte Lösungen (etwa $1:10^4$
und darunter). Als Lösungsmittel dienen bei tiefen Temperaturen Alkohol oder
aromatische Verbindungen (Xylol, Pyridin, Chlorbenzol usw.), bei Zimmertemperatur feste wasserfreie Borsäure (Bortrioxydhydrat). Für Schauversuche
eignet sich neben vielen anderen Beispielen Naphthalin in Chlorbenzol bei —185°C,
oder bei Zimmertemperatur in fester Borsäure. Wahrend der Erregung (Kohlebogenlampe mit Ultraviolettfilter) zeigen beide Lösungen starke Fluoreszenz,
nach Schluß der Erregung Phosphoreszenz von sekundenlanger Dauer.

In beiden Fällen sieht man etwa 10 Banden zwischen 470 und 570 mμ. Sie
sind völlig verschieden von den Fluoreszenzbanden des Naphthalins in flüssigen
Lösungen (Banden zwischen 300 und 370 mμ).

Noch wirkungsvoller sind Lösungen von Phthalsäureanhydrid in fester Borsäure. Ihre grüne Phosphoreszenz erscheint etwa 1 sec lang in flammender
Helligkeit.

Für quantitative Untersuchungen sind bei diesen organischen Phosphoren
sowohl die gelösten Stoffe wie das Lösungsmittel zu kompliziert gebaut. Einfachere Verhältnisse bieten die jetzt folgenden phosphoreszenzfähigen Kristalle.
Wir behandeln sie in zwei grundsätzlich verschiedenen Gruppen.

§ 157. Halogenidphosphore. Man kann Schwermetallhalogenide, z. B. TlCl,
in konzentrierten wässerigen Lösungen von Alkalihalogeniden auflösen. Sie
bilden dann komplexe Ionen, z. B. von der Form $TlCl_4^-$. Diese Komplexe
sind fluoreszenzfähig, das erste Maximum ihres Elektronen-Banden-
spektrums liegt im bequem zugänglichen Ultraviolett. Die Emissionsbanden liegen im Violetten oder noch weiter im Sichtbaren.

Die gleichen Komplexe findet man in festen Lösungen von Schwermetall-
halogeniden in Alkalihalogenidkri-stallen. Die Abb. 512 zeigt die ersten
Absorptionsbanden an mehreren Bei-spielen: Die Banden sind offensichtlich für das zugesetzte Schwermetall kennzeichnend, ihre Lage ist fast die
gleiche wie in den wässerigen Lösun-

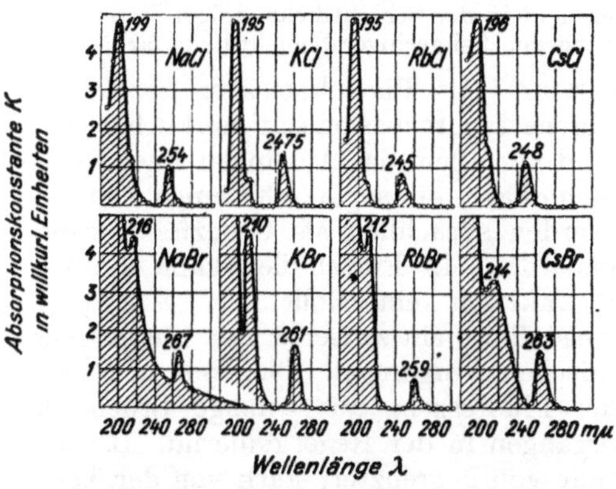

Abb. 512. Die Absorptionsspekra von 8 Alkali-
halogenidphosphoren mit Tl als Schwermetallzusatz.

gen. Die Emissionsbanden ihrer Fluoreszenz hingegen sind im Gitter nach
kürzeren Wellen verschoben. Die Hauptemissionsbande des TlCl in KCl liegt
im Ultravioletten, muß also im Schauversuch mit Hilfe eines Leuchtschirmes
(Platinbariumzyanür) vorgeführt werden.

Im angeregten Zustande besitzen die Energiespeicher neue Absorptionsbanden,
ihre Maxima liegen z. B. für den TlCl · KCl-Phosphor zwischen 350 und 1550 mμ.
Man kennt ihre Lage, denn eine Lichtabsorption in diesen Banden versetzt die
Energiespeicher in den Ausgangszustand zurück. Sie beschleunigt also die sonst

durch die Wärmebewegung verursachte und zur Lichtemission führende Rückbildung. — Damit ist das Ziel der weiteren Untersuchungen gegeben: Man muß die Energiespeicher an Hand ihrer Absorptionsspektren sowohl im unerregten wie im erregten Zustand chemisch identifizieren und ein Niveauschema für die verschiedenen Energiezustände aufstellen. Das wird trotz aussichtsreicher Anfange noch manche experimentelle Arbeit erfordern. Doch sind die Bedingungen in den bis weit ins Ultraviolett klar durchsichtigen Alkalihalogenidkristallen besonders günstig.

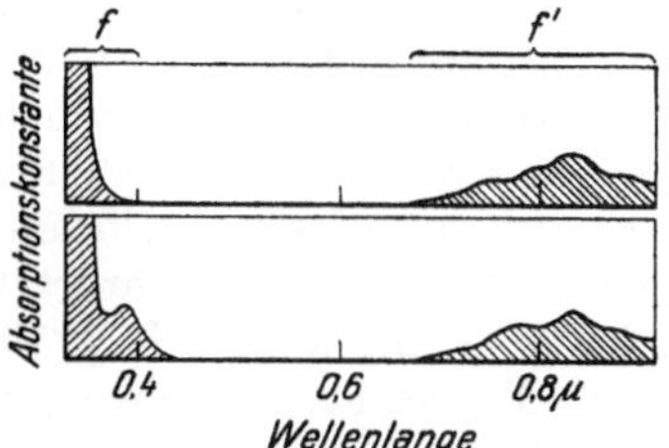

Abb. 516. Zwei schematische Darstellungen für die Elektronenabsorptionsbanden von Sulfidkristallen, links ohne, rechts mit angeregten Zuständen.

§ 158. Sulfidphosphore. Phosphoreszenz und Temperatur. Die Sulfidphosphore, die bekanntesten unter den Leuchtfarbstoffen der Technik, enthalten als Grundstoffe Sulfide des Zinks oder der Erdalkalimetalle. Die Elektronen-Bandenabsorption der reinen, zusatzfreien Sulfide beginnt am Anfang des Ultravioletten, also bei etwa $\lambda = 400$ mμ (Bereich f in Abb. 516). Eine Lichtabsorption im Bereich f erzeugt für lange Wellen einen neuen Absorptionsbereich f' (Schauversuch in Abb. 517). Er ist irgendwelchen angeregten Zuständen im Innern der Kristalle zuzuordnen oder anders ausgedrückt, irgendwelchen photochemischen Reaktionsprodukten Lichtabsorption in den f'-Banden oder Temperatursteigerung stellt den Ausgangszustand wieder her, die f'-Banden verschwinden. Beide Umwandlungen, also $f \rightarrow f'$ und $f' \rightarrow f$, sind mit Verlagerungen von Elektronen verknüpft: Man beobachtet im elektrischen Felde elektrische Ströme. Ihr zeitlicher Verlauf und ihre Abhangigkeit von der Temperatur sind grundsätzlich die gleichen wie im Falle der Alkalihalogenidkristalle, also in Abb. 504 und 505.

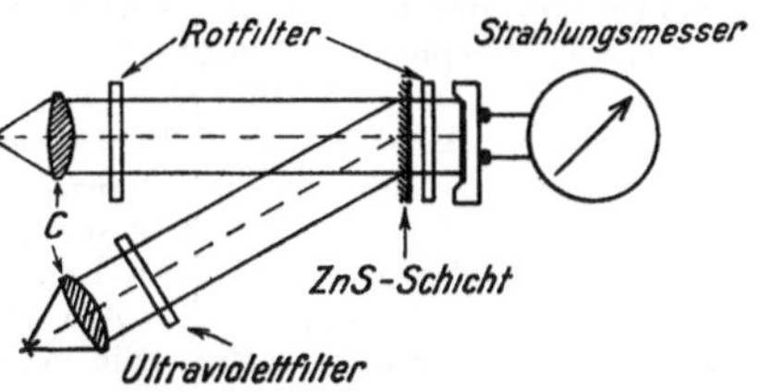

Abb. 517. Optischer Nachweis der langwelligen Absorptionsbanden f' angeregter Zustande in reinem ZnS. Schauversuch. Die Durchlassigkeit einer etwa 0,1 mm dicken Schicht von ZnS-Pulver wird wahrend der Einstrahlung von ultraviolettem Licht erniedrigt. Nach Schluß dieser Einstrahlung stellt sie sich in wenigen Sekunden auf den alten, zum unangeregten Kristall gehorenden Wert ein. Als Strahlungsmesser eignet sich ein Selen-Lichtelement (Abb. 39). Zur Fortsetzung des Versuches kann man das ZnS durch einen fertigen Phosphor ersetzen und damit die nebensachliche Rolle der Leuchtmolekule vorfuhren.

Bei den Alkalisalzkristallen waren die beiden Elektronenbindungen durch die optischen Absorptionsbanden F und F' gekennzeichnet. Dementsprechend unterscheiden wir bei den Sulfiden f- und f'-Bindungen. Bei tiefen Temperaturen sind nicht nur die F- und die f-Bindungen ortsfest, sondern auch die F'- und f'Bindungen. Bei hohen Temperaturen hingegen befinden sich die Elektronen der F'- und f'-Bindungen in thermischer Diffusion, d. h. die Bindungen sind nicht mehr ortsfest.

Die Änderungen der Elektronenbindung im Grundstoff verlaufen ohne Lichtemission. Man kann sie aber zur Anregung einer Lichtemission nutzbar machen. Zu diesem Zweck muß man in den kristallinen Grundstoff „Leuchtmoleküle" einbauen. Das erreicht man am einfachsten durch Zusatz winziger Mengen (ca. 10^{-4} Mol%) anderer Metallsulfide, z. B. von CuS zu ZnS oder Bi_2S_3 zu CaS[1].

Das ultraviolette Absorptionsspektrum wird durch die kleinen Zusatze nur unwesentlich verändert. Der langwellige Ausläufer der Absorptionsbanden f verschiebt sich z. B. bei

[1] An diesem Beispiel ist die Bedeutung der winzigen Schwermetallzusatze 1886 von A. Verneuil erkannt worden.

den Zinksulfiden nur etwas in Richtung längerer Wellen. Bei den Erdalkalimetallsulfiden bekommt der langwellige Auslaufer eine Struktur. Ein Beispiel findet sich in der zweiten Zeile der Abb. 516.

Die Lichtabsorption findet auch bei Anwesenheit der Leuchtmoleküle ganz überwiegend im Grundstoff statt. Erfolg der Lichtabsorption ist also wieder das Auftreten von f'-Bindungen. Bei der Rückbildung in f-Bindungen wird Energie frei. Diese kann oft 10 und mehr Netzebenen durchlaufen, die wenigen Leuchtmoleküle erreichen und anregen. Die Anregungsenergie wird dann gleich darauf (höchstens 10^{-8} sec später) als Phosphoreszenzlicht emittiert. Die ganzen in Abb. 504 und 505 schraffierten Stromzeitflachen werden bei den Sulfid- und verwandten Phosphoren von einer Lichtemission begleitet. Die Trägheit der Phosphoreszenz, das Nachleuchten, ist durch die Lebensdauer der f'-Bindungen bestimmt. Ortsfeste f'-Bindungen können Stunden und Tage haltbar sein. Hingegen halten sich die nichtortsfesten f'-Bindungen der thermisch diffundierenden Elektronen nur kurz. Je größer ihre Konzentration, desto kleiner die Lebensdauer. Einem anfanglichen jahen Abfall folgt im Verlauf weiterer Sekunden ein langsames Ausklingen wie in Abb. 505 (im Schrifttum „u-Prozeß" genannt).

Die zu den f und f' gehörenden Zustande in den Kristallen kann man, wie bereits geschehen, entweder physikalisch oder chemisch deuten. Auch dazu ist das Wesentliche schon auf S. 289 für die F- und F'-Bindungen gesagt.

Erfahrungsgemäß führt die Lichtabsorption im langwelligen Ausläufer des f-Absorptionsbereiches zu den am langsten haltbaren f'-Bindungen. Das gilt vor allem auch nach Zusatz der Leuchtmoleküle und der damit verknüpften Erweiterung des Absorptionsspektrums. Die f- und f'-Bindungen sind weniger einheitlich als die F- und F'-Bindungen im einfachen Schulbeispiel der nichtphosphoreszierenden Alkalihalogenidkristalle. Oft liegt das an der Zusammensetzung der Phosphore. Häufig mischt man zwei Grundstoffe, z. B. ZnS und CdS. Die Erdalkaliphosphore enthalten überdies meist Sulfate und Flußmittel. Man muß daher die Absorptionsbanden f und f' näher analysieren und·einzelne Teilmaxima bestimmten photochemischen Reaktionsprodukten zuordnen.

Die Emissionen der technisch hergestellten Sulfidphosphore sind recht verschieden. Ein Manganzusatz gibt praktisch stets die gleichen Leuchtmoleküle: Ihre Emission erscheint immer orangefarben. Bei anderen Leuchtmolekülen hängt die Lage der Emissionsbanden stark vom Einbettungsmittel ab. Am häufigsten sieht man in der Praxis Zinksulfide mit einem Zusatz von Kupfersulfid. Sie geben eine hellgrüne Emission.

Bei Manganphosphoren bewirkt eine Lichtabsorption in der f'-Bande eine starke Anfachung. Das heißt, der optisch ausgelöste Übergang $f' \rightarrow f$ verstärkt die schon thermisch ausgelöste Lichtemission. Beim ZnS-Phosphor mit Kupferzusatz hingegen liefert nur der thermisch ausgelöste Übergang $f' \rightarrow f$ starkes Phosphoreszenzlicht. Bei der optischen Auslosung dieses Überganges wird die frei werdende Energie größtenteils in Wärme verwandelt. Der zuvor hell leuchtende Phosphor wird rascher verdunkelt als durch die Wärmebewegung allein. Die „Auslöschung" war schon um 1800 bekannt (Goethes Farbenlehre, § 678), heute wird sie meistens Tilgung genannt. Anfachung und Tilgung sind keineswegs eine Besonderheit der beiden genannten Phosphore. Sie finden sich, nach Spektralbereichen getrennt und einander teilweise überlagernd, auch bei den übrigen. Das ist ebenfalls nur mit einer Reihe verschiedenartiger f'-Bindungen zu deuten.

Die Rückbildung der f'- in die f-Bindung läßt sich außer durch Wärme und Lichtabsorption im Bereich der f'-Banden auch durch außere elektrische Felder auslösen. Die Abb. 518 gibt ein Beispiel. Die abfallende Kurve zeigt das allmähliche Ausklingen der Phosphoreszenzstrahlung eines Zinksulfidphosphors mit Manganzusatz. Die überlagerten Zacken entstehen jedesmal durch kurzes Anlegen eines elektrischen Feldes, der Phosphor blitzt auf.

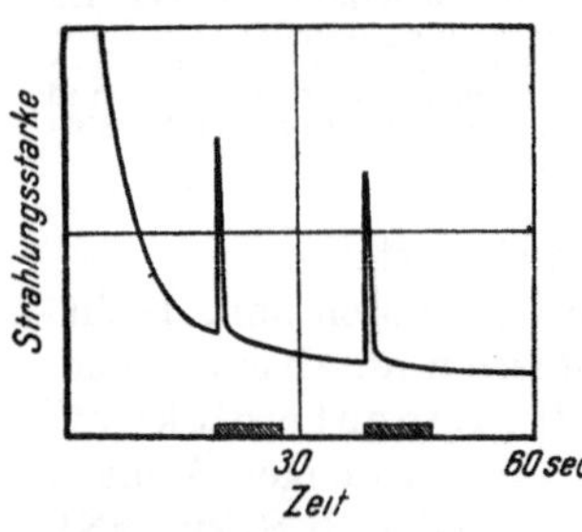

Abb. 518. Zerstorung angeregter Zustande in Phosphoren durch ein außeres elektrisches Feld. Das Feld ist wahrend der schraffierten Zeitbereiche angelegt.

Die Leuchtmolekule brauchen nicht immer durch Zusatze fremder Sulfide erzeugt zu werden. ZnS der außersten und nur im technischen Großbetriebe erzielbaren Reinheit kann bei geeigneter Warmebehandlung als Phosphor leuchten, und zwar mit einer zwischen 430 und 520 mμ gelegenen Bande. In diesem Fall muß das ZnS zu gleichen Teilen in seinen beiden verschiedenen Gittern kristallisieren, namlich im Zinkblende- und im Wurtzittyp. Ähnliche Phosphore aus chemisch einheitlichen Substanzen gibt es vor allem bei tiefen Temperaturen in nicht unbeträchtlicher Zahl. Als Beispiel nennen wir Bariumplatinzyanur. Fein gepulvert dient es auf Leuchtschirmen zum Nachweis von ultraviolettem und von Rontgenlicht. Bei Zimmertemperatur ist die Haltbarkeit seiner angeregten Zustande unmerklich klein. Man könnte fälschlich an eine echte Fluoreszenz denken, also an eine Lebensdauer von 10^{-8} sec. Unter — 100° C zeigt jedoch auch Bariumplatinzyanur eine sekundenlang dauernde Phosphoreszenz.

Neuerdings benutzt man Phosphore in Verbindung mit Hg-Dampflampen für Beleuchtungszwecke. Hg-Lampen vermögen bis zu etwa 80 % der elektrisch zugeführten Leistung in ultraviolette Strahlung umzusetzen. Mit dieser erregt man Phosphore und läßt sie sichtbares Licht aussenden.

Die $h\,\nu$-Beträge des sichtbaren Lichtes sind nur etwa halb so groß wie die des erregenden ultravioletten Lichtes. Dadurch gehen etwa 50 % der Strahlungsleistung verloren. Trotzdem kann man noch rund 40 % der aufgewandten elektrischen Leistung in eine für das Auge nutzbare Strahlung von angenehmem Farbton verwandeln.

In Laienkreisen erwartet man einen Fortschritt oft von einer Lichterzeugung auf chemischem Wege, und zwar anknüpfend an die von der Natur gelieferten Vorbilder (Leuchtbakterien, Leuchtinsekten usw.). Die bisherigen Erfahrungen mit chemischer Lichterzeugung sind aber wenig ermutigend. Selbst in den günstigsten Fällen, z. B. bei der Oxydation von 3-Aminophthalhydrazid in Gegenwart von Wasserstoffsuperoxyd (Schauversuch!) erreicht man nur einen Nutzeffekt von wenigen Zehntel Prozent.

§ 159. Ausbeute der lichtelektrischen Wirkung.

Die optischen Anregungsvorgänge in Kristallen können teils allein, teils unter Mitwirkung der Warmebewegung elektrische Ströme erzeugen. Dabei werden die Elektrizitätsträger teils im Kristall gebildet (primare Elektronen), teils durch eine Eigenart des Leistungsmechanismus von den Elektroden hinzugeliefert (sekundare Elektronen). So entstehen die mannigfachen Vorgange der „inneren lichtelektrischen Wirkung" oder „lichtelektrischen Leitung". Sie sind im Rahmen der Elektrizitatslehre zu behandeln (§ 121, XII. Aufl.). — Hier kommen wir noch einmal auf die äußere lichtelektrische Wirkung zurück.

In § 118 wurde der Einfluß der Lichtfrequenz auf die Energie der Elektronen ausgiebig besprochen, hingegen die Zahl der Elektronen und die lichtelektrische Ausbeute uberhaupt nicht erwahnt. Das kann jetzt nachgeholt werden.

Im allgemeinen steigt die Zahl der Elektronen, bezogen auf gleiche absorbierte Licht-

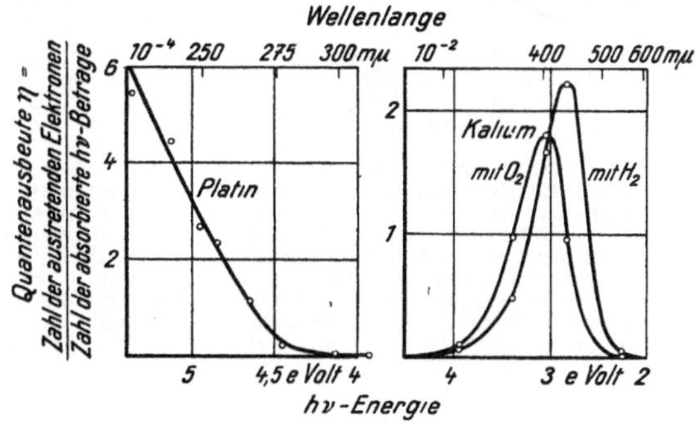

Abb. 519. Abb. 520.

Abb 519/20. — Abb. 519 Einfluß der Wellenlange auf die Elektronenausbeute beim normalen Photoeffekt des Platins. Die Pt-Flache bildete einen fast allseitig geschlossenen Hohlraum, absorbierte also wie ein „schwarzer Korper" alle einfallende Strahlung. — Abb. 520. Einfluß der Wellenlange auf die Elektronenausbeute beim selektiven Photoeffekt des Kaliums in wasserstoffhaltiger und in sauerstoffhaltiger Umgebung. Anordnung wie in Abb. 519. Im Maximum bekommt man als lichtelektrischen Strom etwa 10 Milliampere je Watt absorbierter Strahlungsleistung Diese Ausbeuten sind gleich bei der Auffindung der Erscheinung erreicht worden. Zahlreiche spatere Bemuhungen der Technik haben sie nicht verbessern konnen. Doch sind Fortschritte in der Haltbarkeit der Photozellen erzielt worden, vor allem für die Empfindlichkeit im Gebiet langer Wellen

energie, gleichförmig mit abnehmender Wellenlänge. Die Abb. 519 gibt ein Beispiel. Für $\lambda > 200$ mμ erfordert der Austritt eines Elektrons mehr als 1000 $h\,v$-Beträge!

Diese geringe Ausbeute kann nicht nur auf Absorptionsverluste der Elektronen auf ihrem Wege zur Metalloberfläche zurückgeführt werden. Die mittlere Reichweite des Lichtes ist in Metallen größenordnungsmäßig gleich 30 Netzebenenabständen. Man sollte mindestens die Elektronen aus der obersten Netzebene, also rund 3% verlustlos bekommen.

Nicht ganz so schlecht, nämlich rund 1%, sind die Ausbeuten bei den heute in Wissenschaft und Technik gleich unentbehrlichen Photozellen. Ihre Kathoden werden aus Alkalimetallen hergestellt, jedoch unter Mitwirkung von aktivem Wasserstoff, von Sauerstoff, Schwefel usw. Die Abb. 520 gibt die spektrale Verteilung der lichtelektrischen Ausbeute in zwei solchen Kaliumzellen. Beide zeigen eine dunkle, oft unmetallisch aussehende Oberfläche. Eine gleiche Verteilung der Ausbeute kann man auch an optisch einwandfrei spiegelnden Oberflächen von flüssigen Alkalilegierungen erhalten (Abb. 521), jedoch dann nur in einem Sonderfall: Der elektrische Lichtvektor muß eine Komponente senkrecht zur Metalloberfläche besitzen (Kurve α). Das Licht darf also nicht senkrecht einfallen und linear polarisiertes Licht darf nicht senkrecht zur Einfallebene schwingen. Sonst bekommt man nur einen „normalen" Anstieg der Ausbeute, Kurve β.

Die spektrale Verteilung dieser selektiven lichtelektrischen Wirkung zeigt die gleiche Gestalt wie die Absorptionsbande F in den Alkalisalzkristallen. Diese

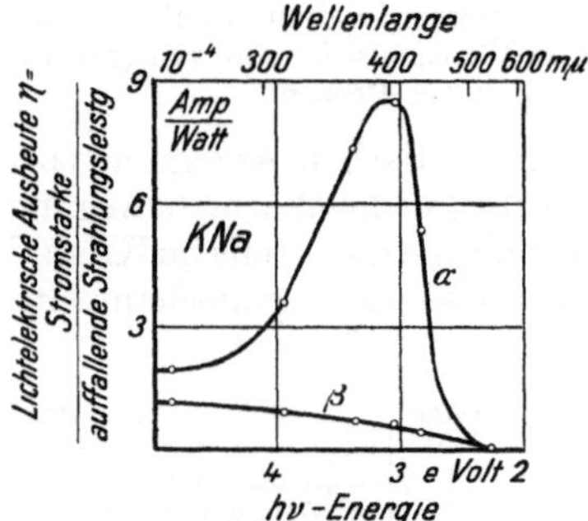

Abb. 521. Einfluß der Orientierung des elektrischen Lichtvektors auf die Elektronenausbeute des selektiven Photoeffektes an einer flüssigen KNa-Legierung Die Ausbeute ist nur auf gleiche auffallende Strahlungsleistung bezogen. Die wirksame Lichtabsorption erfolgt nicht im kompakten Metall, sondern in einer unsichtbaren adsorbierten Schicht. Vgl Abb. 523

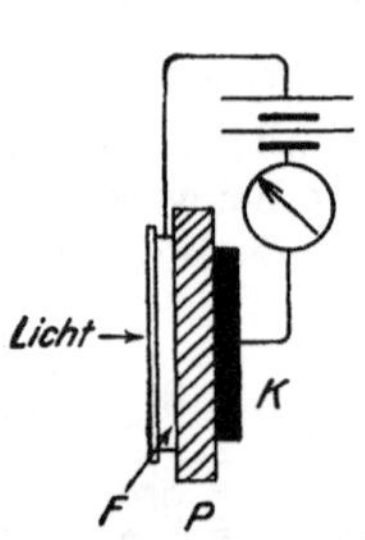

Abb. 522. Selektiver Photoeffekt des K in einer unsichtbaren Grenzschicht zwischen Kalium und Glas. Man darf nur kleine Elektrizitätsmengen fließen lassen, andernfalls wird das elektrische Feld zerstört.

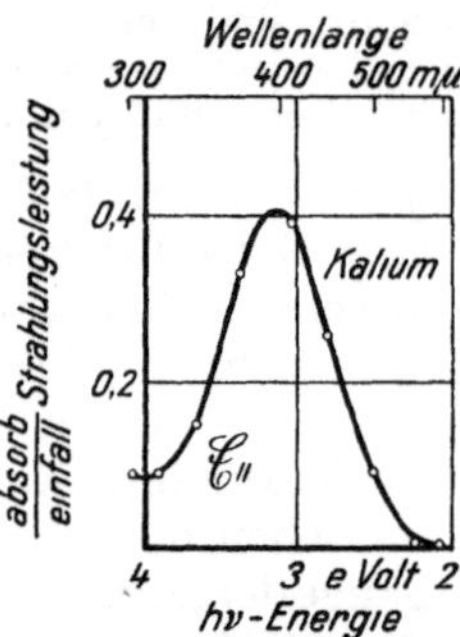

Abb. 523 Vektorabhängige Lichtabsorption einer dünnen, an Quarz adsorbierten K-Schicht im Gebiet des selektiven Photoeffektes. Für kurze Wellen sind Lichtverluste durch Streuung nicht ausreichend berücksichtigt worden.

Übereinstimmung ist keine äußerliche. Der selektive Photoeffekt entsteht durch Alkalimetalle in einer ähnlichen Bindung wie die der Atome im Innern der Kristalle. Mit der Verteilungskurve der Ausbeute mißt man auf elektrischem Wege die Absorptionsbande des atomar gebundenen Metalles.

Diese Auffassung stützt sich vor allem auf einen wenig bekannten Versuch: Der selektive Photoeffekt läßt sich nicht nur an freien Oberflächen, sondern auch in Grenzschichten zwischen zwei festen Körpern beobachten. In Abb 522 ist eine beliebige isolierende Kristall- oder Glasplatte P auf der rechten Seite mit einer dicken Kaliumschicht K überzogen, auf der linken ist eine durchsichtige Flüssigkeitselektrode F angebracht Bei Belichtung gibt es leicht meßbare Ströme. Sie sind anfänglich der Strahlungsleistung proportional. Ihre spektrale Verteilung ist die gleiche wie in Abb. 520. Die Ströme sind von der Feldrichtung unabhangig: Folglich kann der Ursprungsort der Elektronen nicht die blanke massive K-Flache sein, sondern nur fein verteiltes Metall innerhalb einer dünnen unsichtbaren Grenzschicht zwischen Metall und Isolator.

Auf ebenen Unterlagen (z. B. auf dem KNa-Spiegel in Abb. 521) ist die Lichtabsorption des fein verteilten Metalles mit starkem Dichroismus verbunden. Das zeigt man mit einer außerst dünnen Kaliumhaut auf gut entgasten Quarzplatten. Solche Häute sind bei senkrechtem Lichteinfall nahezu unsichtbar. Bei schräger Aufsicht sieht man sie nur, falls der elektrische Lichtvektor in der Einfallsebene schwingt. Eine K-Schicht erscheint dann gelb gefärbt (Schauversuch). Ihre Absorptionsbande hat die gleiche Gestalt wie die lichtelektrische Ausbeutekurve für Kalium in· sauerstoffhaltiger Umgebung (Abb. 523). — Die Entstehung dieses Dichroismus ist noch nicht geklärt, es gibt verschiedene Möglichkeiten.

§ 160. Allgemeines über Temperaturstrahlung. Die thermisch angeregte Strahlung, die Strahlung warmer Körper und der Flammen, ist seit grauer Vorzeit bekannt und zur Lichterzeugung ausgenutzt worden. Die Erforschung der thermischen Strahlung war daher nicht nur wissenschaftlich, sondern auch technisch bedeutsam. — Den Ausgangspunkt bildeten vier heute allbekannte qualitative Erfahrungen:

1. **Alle Körper strahlen sich gegenseitig Energie zu. Dabei werden die wärmeren abgekühlt, die kalteren erwärmt.** — Zur Vorführung muß man die Wärmeleitung ausschalten. Deswegen benutzt man zweckmäßigerweise zwei einander gegenuberstehende Hohlspiegel mit einem Abstand von etlichen Metern. In den Brennpunkt des einen setzt man einen Strahlungsmesser (Thermoelement). In den Brennpunkt des anderen hält man erst einen warmen Finger, dann ein mit Eiswasser gefülltes Gefäß. Im ersten Fall zeigt der Strahlungsmesser Erwärmung, im zweiten Abkühlung (scherzhaft: Kältestrahlung).

2. **Die Strahlungsstärke steigt jäh mit wachsender Temperatur.** — Zur Vorführung versieht man einen elektrischen Kochtopf mit einem Thermometer und stellt ihn als „strahlenden Sender" in etwa $\frac{1}{2}$ m Abstand vor einen Strahlungsmesser als „Empfänger".

3. **Mit wachsender Temperatur andert sich die Verteilung der Strahlungsstarke im Spektrum.** — Langsam elektrisch angeheizte Drahte zeigen die Reihenfolge: unsichtbare, nur den Warmesinn reizende Strahlung, dann Rotglut, Gelbglut, Weißglut.

4. **Bei gleicher Temperatur strahlt ein lichtabsorbierender Körper mehr als ein für Licht durchlässiger.** — Zur Vorführung erhitzt man verschiedene gleich große Körper nebeneinander in gleichen, nichtleuchtenden Bunsenflammen und beobachtet das Leuchten der Körper: Ein Stab aus klarem Glas absorbiert praktisch kein sichtbares Licht und leuchtet nur ganz schwach. Ein Stab aus·gefärbtem Glas absorbiert einen· Teil des sichtbaren Lichtes und leuchtet stark. Ein klares Glasrohr, gefüllt mit feinem Pulver des gefarbten Glases, zerstreut einfallendes sichtbares Licht. Das Licht kann nur zu kleinem Teil in das Innere vordringen und dabei absorbiert werden. Das Pulver absorbiert also weniger als das massive Stück, und demgemaß leuchtet es auch weniger als das massive. — Oder ein anderes Beispiel: Eine hell leuchtende Flamme von benzoldampfhaltigem („karburiertem") Leuchtgas wird vor den Kondensor eines Projektionsapparates gestellt: Auf dem Wandschirm erscheint

eın tiefdunkles Bild der Flamme Dıe zahllosen feinen in den Flammengasen schwebenden Kohleteilchen (Ruß) absorbieren einen merklichen Teil vom Licht der Projektionslampe. — Dann wird die Flamme in bekannter Weise durch Luftzufuhr in eine „Bunsenflamme" verwandelt, d. h. es wırd aller Kohlenstoff verbrannt und die Rußbildung verhindert. Infolgedessen ist auf dem Wandschirm kein Flammenbild zu sehen, dıe Flamme absorbiert nicht mehr sichtbares Licht. Zugleich ist ihre Emission verschwunden. Eine sichtbares Licht nicht absorbierende Flamme kann auch kein sichtbares Licht aussenden — Eine Kerzenflamme ergıbt ebenfalls im Projektionsapparat ein dunkles Bild. Allgemein beruht also die thermische Erzeugung des Glühlichts durch Flammen auf der Strahlung fester, sichtbares Licht absorbierender Körper, namlich der Rußteilchen.

Quantitativ werden diese Tatsachen durch das Kirchhoffsche Strahlungsgesetz beschrieben: Wir denken uns zwei beliebige Körper 1 und 2 einander gegenübergestellt, ıhr Abstand sei klein gegen ihre Abmessungen. Im stationaren Zustand muß dann der Körper 1 dem anderen 2 gerade so viel zustrahlen, wie er von diesem an Strahlungsleistung empfangt. 1 strahlt nach 2 seine eigene Strahlungseistung $\dot{W}_1$, außerdem reflektiert er den nicht absorbierten Bruchteil[1] $(1 - A_1)$ der von 2 zugestrahlten Leistung W_2 Die entsprechende Uberlegung gılt fur die von 2 nach 1 gesandte Strahlung. Daher ist im Gleichgewicht

$$\dot{W}_1 + (1 - A_1)\,\dot{W}_2 = \dot{W}_2 + (1 - A_2)\,\dot{W}_1$$

also

$$\dot{W}_1/A_1 = \dot{W}_2/A_2 \text{ oder } \gamma\,S_1^*/A_1 = \gamma\,S_2^*/A_2$$

und

$$S_1^*/A_1 = S_2^*/A_2 \tag{298}$$

falls S^* die Strahlungsdıchte (§ 27) bezeichnet und der Faktor γ die geometrıschen Verhaltnisse berucksichtigt. Diese Bezıehung gilt fur je zwei ganz beliebige Körper. Daher muß das Verhältnis S^*/A von allen Stoffeigenschaften unabhangig sein. Es kann nur von anderen Größen, wie z. B. Temperatur oder Wellenlange, abhangen. Diese Aussage ist das Kırchhoffsche Gesetz.

Eın Korper 1 mit dem Absorptionsvermögen $A_1 = 1$ absorbiert alle einfallende Strahlung, man nennt ihn „schwarz". Dann folgt aus Gl (298)

$$\boxed{S_2^* = S_1^* \cdot A_2.} \tag{299}$$

In Worten: Dıe Strahlungsdıchte S_2^* eınes belıebigen Korpers ist gleıch der Strahlungsdıchte S_1^* eines schwarzen Korpers, multiplıziert mıt dem Absorptionsvermögen A_2 des nichtschwarzen Körpers. — Die Strahlungsdichte eines schwarzen Korpers nımmt somit eine Sonderstellung eın. Sie war der Grund, die Strahlungsdichte eınes schwarzen Korpers ausgiebıg zu untersuchen.

' Bei spektraler Zerlegung kann eine endliche Strahlungsdichte immer nur einem Spektralbereich zugeordnet werden. Man muß daher die Strahlungsdıchte auf den Frequenzbereich $d\,\nu$ oder auf den Wellenlangenbereich $d\,\lambda$ beziehen, also entweder

$$\frac{d\,S^*}{d\,\nu} = S_\nu^* \quad \text{oder} \quad \frac{d\,S^*}{d\,\lambda} = S_\gamma^*. \tag{299}$$

§ 161. Der schwarze Körper und die Gesetze der schwarzen Strahlung. Die Lichtreflexıon Null, d. h. das Absorptıonsvermogen $A = 1$, laßt sıch mit eınem kleınen Loch ın der Oberflache eines lichtundurchlassıgen Kastens verwirklichen. Eın solches Loch erscheint noch ausgesprochener schwarz als eine danebengehal-

---

[1] Definıtionsgleıchung fur A ın § 162. — A_1 ıst der absorbıerteBruchteıl der auffallenden Strahlung, $(1 - A_1)$ also der reflektıerte Bruchteıl.

tene Rußschicht. Alles einfallende Licht wird absorbiert, und zwar unter mehrfacher, meist diffuser Reflexion. Einem Vorschlage von G Kirchhoff (1859) folgend hat man solche schwarzen Körper auf gleichförmig verteilte, hohe Temperatur erhitzt und ihre Offnung als Strahler benutzt Die aus der Öffnung austretende Strahlung wird „schwarze Strahlung" genannt

Für einen Schauversuch bringt man ein etwa 15 cm langes Platinrohr von etwa 2 cm Durchmesser in freier Luft elektrisch zum Glühen. Auf die Rohrwand ist mit Eisenoxyd ein schwach reflektierendes Kreuz gezeichnet. In seiner Nähe ist die Rohrwand durch ein kleines Loch unterbrochen. Am wenigsten leuchtet das blanke, gut reflektierende Platin, starker das schwach reflektierende Kreuz, am starksten aber das gar nicht reflektierende „schwarze" Loch.

Großere schwarze Korper baut man aus feuerfesten keramischen Massen. Meist genügt ein langes Rohr mit ein paar eingesetzten Querblenden. Die Außenwand wird mit Isoliermasse verkleidet, um an Heizenergie zu sparen. Für Meßzwecke bei hohen Temperaturen sind Wolframkörper sehr geeignet. Man montiert und beheizt sie ebenso wie die Wolframkörper in einer Glühlampe, verzichtet also auf einen außeren Warmeschutz.

Wesentlich für jeden brauchbaren schwarzen Körper ist eine ganz gleichformige Verteilung der Temperatur in seinem Inneren Ist sie erreicht, so kann man, durch das Loch blickend, im Inneren keinerlei Einzelheiten erkennen. Jedes Flachenelement des Inneren hat ganz unabhangig von seiner Beschaffenheit die

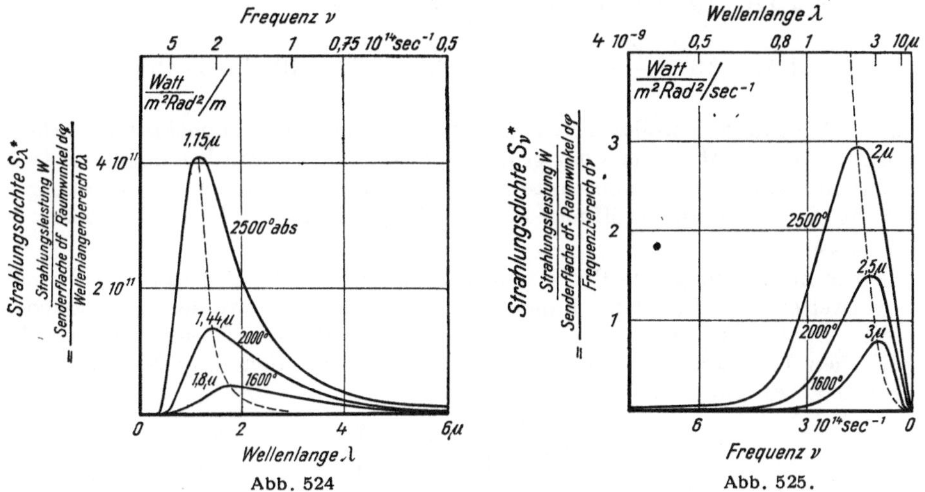

Abb. 524   Abb. 525.

Abb 524/25 Verteilung der Strahlungsdichte im Spektrum eines schwarzen Korpers, links bezogen auf gleiche Wellenlangenintervalle, rechts auf gleiche Frequenzintervalle. Die Kurven und die Gl (300) und (301) gelten fur unpolarisierte Strahlung.

gleiche Strahlungsdichte: Stark absorbierende Flachenstücke emittieren selbst viel und reflektieren wenig von der Strahlung aller ubrigen Flachenstücke. Für schwach absorbierende Flächenstucke gilt das Umgekehrte Sie emittieren selbst nur wenig, reflektieren dafür aber um so mehr von der einfallenden Strahlung der ubrigen Flachenstucke. Das laßt sich in mannigfacher Form vorführen, teils im Laboratorium, teils in großen technischen Öfen, z. B. in den Schmelzöfen der Glashutten oder in den Ofenkammern der Kokereien.

Fur die „schwarze" Strahlung, also die Strahlung aus der Offnung eines schwarzen Korpers, ist die Verteilung der Strahlungsdichte auf die verschiedenen Spektralintervalle äußerordentlich sorgfaltig untersucht worden, und vor allem auch ihre Abhangigkeit von der Temperatur. Die Ergebnisse sind in den Abb. 524 und 525 dargestellt. Als Ordinate sind links S_λ^*, rechts S_ν^* eingetragen, d h die

Strahlungsdichte S^* der Öffnungsfläche ist links auf gleiche Wellenlangenbereiche, rechts auf gleiche Frequenzbereiche bezogen.

Die von den einzelnen Kurven umfaßten Flachen, also links $\int S_\lambda^* \, d\lambda$ und rechts $\int S_\nu^* \, d\nu$ bedeuten die Strahlungsdichte S^* ohne spektrale Zerlegung. Daher sollen die einander entsprechenden Flachen zweckmaßigerweise in Abb. 524 und 525 gleich groß erscheinen. Das ist durch passende Wahl des Abszıssenmaßstabes erreicht worden.

Um die formelmäßige Darstellung der empirischen Ergebnisse haben sich hervorragende Physiker bemüht, den letzten Erfolg erzielte Ende 1900 Max Planck mit seiner berühmten Strahlungsformel:

$$S_\lambda^* = \frac{C_1}{\lambda^5} \cdot \frac{1}{e^{\frac{C_2}{\lambda T}} - 1} \tag{300][1]}$$

oder

$$S_\nu^* = C_3 \cdot \nu^3 \cdot \frac{1}{e^{C_4 \frac{\nu}{T}} \, 1}. \tag{301][1]}$$

C_1 bis C_4 sind empirische Konstanten mit den Werten

$$C_1 = 1{,}176 \cdot 10^{-16} \text{ Watt} \cdot \text{m}^2, \qquad C_2 = 1{,}432 \cdot 10^{-2} \text{ Meter} \cdot \text{Grad},$$

$$C_3 = 1{,}47 \ \cdot 10^{-50} \frac{\text{Watt} \cdot \text{sec}^4}{\text{m}^2}, \qquad C_4 = 4{,}78 \ \cdot 10^{-11} \text{ sec} \cdot \text{Grad}.$$

Diese Konstanten wollte Planck auf universelle Naturkonstanten zurückführen. Dabei machte er eine der größten physikalischen Entdeckungen, er fand die neue universelle Naturkonstante h. Planck benutzte als erster die Energiegleichung $E = h \cdot \nu$ und eröffnete mit ihr den Zugang zur Welt des atomaren Geschehens.

Es gibt heute eine ganze Reihe von Ableitungen für die Plancksche Formel. Wir verweisen auf die Darstellungen in allen Lehrbüchern der theoretischen Physik. Unabhängig von der Herleitung aber bleibt der Zusammenhang der empirischen Konstanten in der Strahlungsformel mit den universellen Naturkonstanten. Es gilt

$$C_1 = 2\, h\, c^2, \quad C_2 = \frac{h\, c}{k}, \quad C^3 = \frac{2\, h}{c^2}, \quad C^4 = \frac{h}{k}$$

h = Plancksche Konstante $= 6{,}62 \cdot 10^{-34}$ Watt $\cdot$ sec^2, k = Boltzmannsche Konstante $= 1{,}38_4 \cdot 10^{-23}$ Wattsek./Grad, c = Lichtgeschwindigkeit $= 3 \cdot 10^8$ m/sec.

Die Plancksche Strahlungsformel enthält zwei wichtige, schon vorher gefundene Gesetzmäßigkeiten als Sonderfalle.

I. Das Gesetz von Stefan-Boltzmann: Die gesamte von einer Flache f auf ihrer einen Seite ausgestrahlte Leistung $\dot{W}$ ($= \pi\, S^* f$, S. 58) steigt proportional mit der 4. Potenz der absoluten Temperatur T, also

$$\dot{W} = \sigma \cdot f \cdot T^4. \tag{303}$$

$$\sigma = \frac{2\, \pi^5\, k^4}{15\, c^2\, h^3} = 5{,}75 \cdot 10^{-8} \frac{\text{Watt}}{\text{m}^2 \, \text{Grad}^4}.$$

---

[1] Im sichtbaren Spektralbereich, also für $\lambda < 0{,}8\ \mu$, kann man bis $T = 3000°$ abs. das Glied — 1 im Nenner fortlassen. Der Fehler bleibt unter 1 Promille (Strahlungsformel von W. Wien).

Die Sonne strahlt näherungsweise wie ein schwarzer Körper. An der Sonnenoberfläche ist (S. 59)

$$\frac{\dot{W}}{f} = \pi\,S^* = 6{,}1 \cdot 10^7 \frac{\text{Watt}}{\text{m}^2}.$$

Dem entspricht nach Gl. (303) eine Temperatur von 5700° abs.

Bei praktischen Anwendungen dieser Gleichung will man oft die einem Körper durch Strahlung entzogene Leistung bestimmen. Dann muß man neben der vom Körper ausgestrahlten Leistung auch die von der Umgebung zugestrahlte Leistung berücksichtigen. Dadurch verkleinert sich die durch Strahlung abgegebene Leistung. Es gilt

$$\dot{W} = \sigma \cdot f\,(T^4 - T_u^4)$$
$$(T_u = \text{Temperatur der Umgebung}).$$

II. Das Verschiebungsgesetz von W. Wien: Die Wellenlänge $\lambda_{\max}$ mit dem Höchstwert der Strahlungsdichte je Wellenlängenbereich ist der absoluten Temperatur T umgekehrt proportional. Es gilt

$$\lambda_{\max} \cdot T = \frac{h\,c}{4{,}97 \cdot k} = 2{,}88 \cdot 10^{-3}\ \text{Meter} \cdot \text{Grad} = 2880\ \mu \cdot \text{Grad}. \qquad (304)$$

Im Sonnenspektrum beobachtet man den Höchstwert von S_λ^* bei der Wellenlänge $\lambda = 0{,}48\,\mu$. Dem entspricht für einen schwarzen Körper die Temperatur 6000° abs.

§ 162. Selektive thermische Strahlung. Beim schwarzen Körper ist das Verhältnis

$$\frac{\text{absorbierte Strahlungsleistung}}{\text{einfallende Strahlungsleistung}} = A,$$

genannt das Absorptionsvermögen, für alle Wellenläng $= 1$. Für alle übrigen Körper ändert sich A mit der Wellenlänge, und außerdem ist es immer kleiner als 1. Aus diesem Grunde bekommt man bei einer bestimmten Temperatur und Wellenlänge statt der Strahlungsdichte S_λ^* des schwarzen Körpers nur den Bruchteil $A \cdot S_\lambda^*$. Am kleinsten ist A im Falle „starker Absorption" (S. 145, $w < \lambda$), also bei den Metallen. Die Strahlung kann nicht tief in Metalle eindringen, oft müssen über 90% der einfallenden Leistung als reflektiertes Licht umkehren, statt absorbiert zu werden. Bei „schwacher Absorption" ($w > \lambda$) werden nur wenige Prozente der Strahlung durch Reflexion am Eindringen verhindert, und daher kann der größte Teil der einfallenden Strahlung absorbiert werden. Das geschieht aber erst in großen, für technische Zwecke unbrauchbaren Schichtdicken. Hinzu kommt eine weitere Verwicklung: Die optischen Konstanten ändern sich mit der Temperatur.

Man beherrscht diese Abhängigkeit nur für wenige Fälle in begrenzten Spektralbereichen, z. B. bei den Metallen im Ultrarot. Dort werden die Reflexionsverluste R nur von der elektrischen Leitfähigkeit der Metalle bestimmt (S. 205), und deren Temperaturabhängigkeit ist gut bekannt.

Im allgemeinen kann man daher für nichtschwarze Körper die Abhängigkeit der Größe S_λ^* von λ nur experimentell bestimmen, und das auch nur näherungsweise. Sehr wenige Körper überstehen große Temperaturänderungen ohne bleibende Umwandlungen. Fast immer hängt die Struktur des Inneren und der Oberfläche stark von der thermischen Vorgeschichte ab. Ein mikrokristallines Gefüge wird in ein grobes Mosaik gut reflektierender Einkristalle verwandelt usw.

Das alles spielt bei der Anwendung der thermischen Strahlung für Beleuchtungszwecke eine große Rolle. Die Aufgabe der Lampentechnik ist vom physikalischen Standpunkt leicht formuliert. Man soll undurchsichtige Körper mit kleinen Reflexionsvermögen erhitzen und durch genugend hohe Temperatur die größten Strahlungsdichten in den sichtbaren Spektralbereich verlegen. Das erfordert Temperaturen in der Größenordnung 6000° abs. Metalle mit sehr hohem Schmelzpunkt, z. B. W (T_s = etwa 3700° abs.), vertragen aber der Verdampfungsverluste halber auf langere Zeit nur Temperaturen von etwa 2700° abs.[1] oder höchstens 3400° abs.[2]. Auch dann muß die Verdampfung schon mit Hilfe

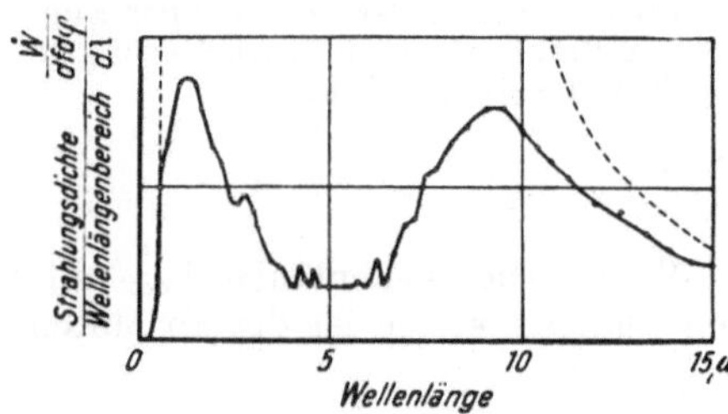

Abb. 526. Strahlungsdichte je Wellenlangenintervall, ausgezogene Kurve fur den Auerstrumpf, punktierte Kurve fur den schwarzen Korper von gleicher Temperatur.

indifferenter Gasatmospharen (Ar, Kr) herabgesetzt werden. Die physikalisch erwünschten Temperaturen sind also technisch nicht zu erreichen. Doch bleibt noch ein zweiter Weg offen. Man verzichtet auf sehr hohe Temperaturen, versucht aber Körper mit selektivem Absorptionsvermögen zu finden. Im Idealfall soll A uberall im sichtbaren Spektralbereich gleich 1, in allen übrigen Spektralbereichen aber gleich Null sein. Leider kann man aber auch das nur mit einer bescheidenen Naherung verwirklichen, z. B. beim Auerbrenner.

Der Auerbrenner ersetzt die von der Gasflamme erhitzten Rußteilchen durch einen „Glühstrumpf". Dieser besteht aus einer festen verdünnten Losung von sehr selektiv absorbierendem Zeroxyd (etwa 1%) in einer möglichst dünnen und daher moglichst wenig absorbierenden Schicht von Thoroxyd. Die Abb. 526 zeigt das Verhältnis Strahlungsdichte/Wellenlängenintervall (also S_λ^*) für einen technischen Auerstrumpf (T_{abs} = etwa 1800°) und darüber die Gestalt der S_λ^*-Kurve des schwarzen Korpers bei der gleichen Temperatur. —

Im blauen Spektralbereich fallen die Kurven zusammen, dort absorbiert der Auerstrumpf fast 100% und strahlt daher nahezu ebenso gut wie der schwarze Korper. Zwischen 1 und 7 μ aber ist das Absorptionsvermogen des Strumpfes niedrig, und dadurch wird die für Beleuchtung unnotige Strahlungsdichte im Gebiet dieser ultraroten Wellen klein. Für $\lambda > 9\,\mu$ nahert sie sich wieder der Strahlungsdichte des schwarzen Korpers.

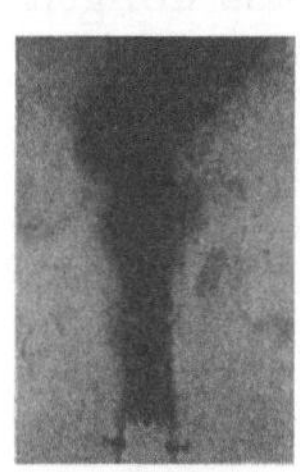

Abb 526a Grunblau gluhender ZnO-Qualm Im Licht einer Bogenlampe wirft der Qualm einen tiefschwarzen Schatten, wie die Rußteilchen einer leuchtenden Gas- oder Kerzenflamme.

Im sichtbaren Spektralbereich läßt sich die selektive thermische Emission gut in Schauversuchen vorfuhren: Eine kleine Quarzglasplatte wird zur Hälfte mit einer Schicht von ZnO, zur Halfte mit Pt überzogen. Bei der Erhitzung über einer Bunsenflamme beginnt das Platin rot, das ZnO hingegen blaugrun zu glühen. Grund: Heiße ZnO-Kristalle absorbieren mit einer sehr steil ansteigenden Absorptionskante nur den kurzwelligen Teil des sichtbaren Spektrums; folglich können sie auch nur diesen Teil thermisch emittieren. — Fur einen großen Zuschauerkreis erhitze man elektrisch einen verzinkten Eisendraht (Abb. 526a). Das Zink verdampft, oxydiert und der heiße ZnO-Qualm leuchtet weithin als grünblaue Fackel.

§ 163. Optische Temperaturmessung. Schwarze Temperatur und Farbtemperatur.

Die schwarze Strahlung und ihre Gesetze finden in der Messung hoher Temperaturen etwa aufwarts von 600° C eine wichtige Anwendung. Über

---

[1] Das ist die normale Betriebstemperatur gasgefullter Wolframlampen mit Doppelwendeldraht. Sie strahlen nahezu schwarz. Ihre Lebensdauer ist großer als 1000 Stunden.

[2] Wolframlampen fur Sonderzwecke, z. B. für Monochromatoren. Lebensdauer nur noch 1 bis 2 Stunden.

2600° C ist man überhaupt allein auf optische Temperaturmessung angewiesen[1]. Beispiele fanden sich schon in § 161.

Meist vergleicht man in einem engen Spektralbereich die Strahlungsdichte S_λ^* des Körpers von unbekannter Temperatur mit der Strahlungsdichte eines schwarzen Körpers von bekannter Temperatur T. Am einfachsten ist bei allen Vergleichen eine Nullmethode: Man verändert die bekannte Temperatur des schwarzen Körpers und macht dadurch seine Strahlungsdichte gleich der des zu messenden. Alsdann definiert man die wahre Temperatur des schwarzen Körpers als die „schwarze" Temperatur des zu messenden. Die schwarze Temperatur T_s eines Körpers bedeutet also: In einem bestimmten, stets anzugebenden Spektralbereich strahlt der Körper mit der gleichen Strahlungsdichte wie ein schwarzer Körper bei der wahren Temperatur T_s. Die wahre Temperatur eines Körpers muß immer höher liegen als seine schwarze. Sonst könnte der Körper trotz seines

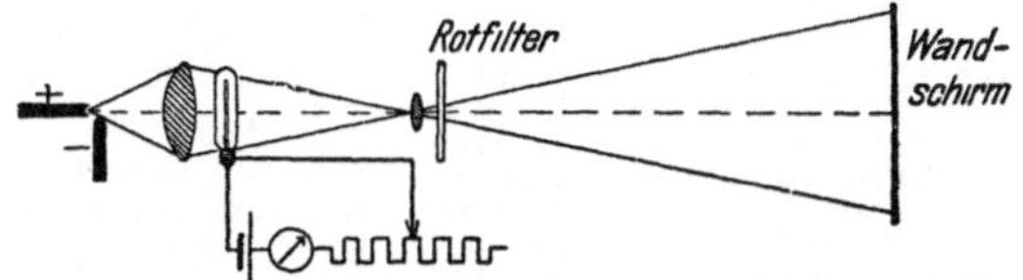

Abb. 527. Zur optischen Temperaturmessung mit einem Pyrometer. In diesem Schauversuch wird die Strahlungsdichte eines Bogenlampenkondensors mit der einer Wolframglühbirne verglichen. Bei passender Stromstärke wird der Lampenfaden unsichtbar.

Absorptionsvermögens $A_\lambda < 1$ nicht die gleiche Strahlungsdichte S_λ^* ergeben wie ein schwarzer Körper mit $A_\lambda = 1$.

Auf Grund dieser Definition baut man die handlichen Pyrometer. Ihr Hauptteil besteht aus einer Wolframglühlampe mit regelbarer Belastung, einem Strommesser und einem Rotfilter. Der Glühdraht wird vor das Bild einer strahlenden Fläche gestellt und seine Strahlungsdichte verändert. Stimmen die Strahlungsdichten des Drahtes und der Fläche überein, so wird der Draht unsichtbar (Schauversuch in Abb. 527). Man eicht das Instrument vor der Fläche eines schwarzen Körpers und vermerkt die wahren Temperaturen des schwarzen Körpers auf der Skala des Strommessers.

Die Abweichungen zwischen „schwarzer" und „wahrer" Temperatur sind oft erheblich, selbst bei Stoffen mit wenig selektivem Absorptionsvermögen, wie z. B.

Tabelle 15. Optische Temperaturmessungen an Wolfram.

	1000	1500	2000	3000° abs.
Wahre Temperatur	1000	1500	2000	3000° abs.
Schwarze Temperatur T_s, gemessen aus der Strahlungsdichte S_λ^* im Bereich um $\lambda = 665$ mμ .	964	1420	1857	2673° abs.
Farbtemperatur	1006	1517'	2033	3094° abs.

Das Verhältnis von wahrer zu schwarzer Temperatur ist nicht konstant, weil sich das Absorptionsvermögen des Metalles mit der Temperatur ändert.

beim technisch so wichtigen Wolfram. Das zeigen die beiden oberen Teile der Tabelle 15.

Aus diesem Grunde hat man außer der schwarzen Temperatur noch eine weitere Temperatur definiert, nämlich die Farbtemperatur. Für diese Definition benutzt man die unzerlegte sichtbare Strahlung, also ohne Rotfilter, und vergleicht nicht die Strahlungsdichte beider Körper, sondern ihren Farbton (Rot, Rotgelb usw.). Auch hier ist wieder eine Nullmethode, also eine Einstellung

---

[1] Gasthermometer mit Iridiumgefäßen sind noch bis 2000° C brauchbar. Thermoelemente aus Wolfram- und einer Wolfram-Molybdän-Legierung lassen noch 2600° C erreichen.

auf **Farbgleichheit**, das einfachste. Ein Schauversuch ist in Abb. 528 skizziert. Die bei Farbgleichheit vorhandene **wahre** Temperatur des schwarzen Körpers definiert man als die **Farbtemperatur** des mit ihm verglichenen Körpers. Die Farbtemperatur weicht im allgemeinen viel weniger von der wahren Temperatur ab als die schwarze. Auch dafür gibt Tabelle 15 ein Beispiel.

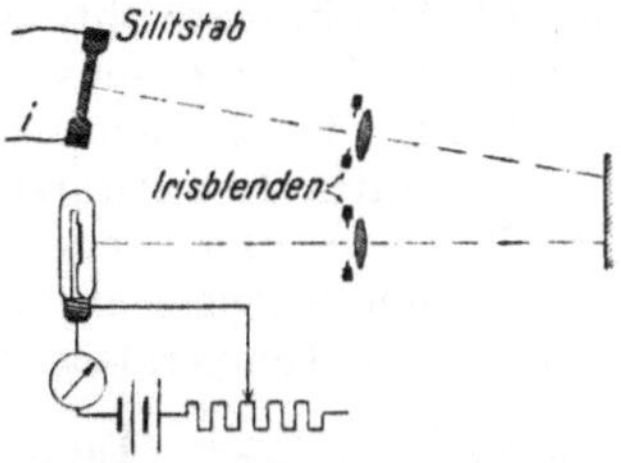

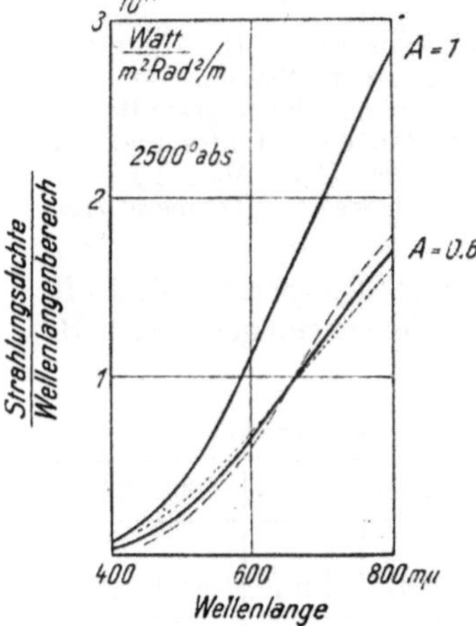

Abb. 528. Schauversuch zur Messung der Farbtemperatur. Als Körper mit unbekannter Temperatur dient ein elektrisch geheizter Silitstab. Als Vergleichsstrahler mußte eigentlich ein schwarzer Körper benutzt werden. Für diesen Schauversuch genügt aber vollauf eine Wolfram-Bandlampe mit regelbarer Stromstärke. Ein sicherer Farbvergleich verlangt angenähert gleiche Beleuchtungsstärken auf dem Wandschirm. Diese werden mit Hilfe der Irisblenden eingestellt.

Begründung: In Abb. 529 sind für den sichtbaren Spektralbereich zwei ausgezogene Kurven S_λ^* dargestellt, beide gelten für die gleiche beliebige Temperatur. Bei beiden ist das Absorptionsvermögen im ganzen sichtbaren Spektrum konstant aufgenommen worden. Bei der oberen ist $A = 1$ gesetzt, sie gilt also für einen schwarzen Körper. Für die untere ist $A = 0{,}6$ gewählt. Die Ordinaten beider Kurven unterscheiden sich also nur um einen konstanten Faktor 0,6 (Körper mit einem von λ unabhängigen Absorptionsvermögen $A < 1$ werden nicht selten „grau" genannt). Das Verhältnis

$$\frac{\text{Strahlungsdichte im Wellenbereich um } \lambda_1}{\text{Strahlungsdichte im Wellenbereich um } \lambda_2} = F$$

ist für die benutzte Temperatur charakteristisch [Gl. (300)]. Psychologisch bestimmt dies Verhältnis F den Farbton des strahlenden Körpers. Der **Farbton** ist also trotz verschiedener **Strahlungsdichte** für den schwarzen und für den nichtschwarzen Körper der gleiche, und umgekehrt bedeutet gleicher Farbton streng gleiche wahre Temperatur.

Im allgemeinen ist aber der Fall $A = $ const für den nichtschwarzen Körper nicht erfüllt. Die untere Kurve bekommt einen Verlauf wie beispielsweise den gestrichelten oder den punktierten (Abb. 529). Dann bedeutet die Farbgleichheit nur eine angenäherte Gleichheit der Temperaturen. Die Farbtemperatur fällt bei der gestrichelten Kurve größer, bei der punktierten kleiner aus als die wahre. Doch werden die Abweichungen nur bei sehr selektiv absorbierenden Körpern erheblich.

Dem blauen Himmel entspricht eine Farbtemperatur von etwa 12 000° abs., im April und Mai sogar bis zu 27 000° abs. D. h. die Verteilung der Strahlungsdichte je Wellenlängenintervall ist für das diffuse Himmelslicht die gleiche wie bei heißen Fixsternen (z. B. Sirius 11 200° abs., β Centauri 21 000° abs.)

Abb. 529. Zur Messung der Farbtemperatur.

XIII. Der Dualismus von Welle und Korpuskel.

§ 164. Rückblick. Am Anfang der wissenschaftlichen Optik benutzte man zur Darstellung des Lichtes ein korpuskulares Bild. Man verglich das Licht mit winzigen Geschossen großer Geschwindigkeit. I. Newtons „Optics" (1704) wird völlig von diesem Bilde beherrscht. Geradlinige Ausbreitung und Streuung ergeben sich zwanglos, Brechung und Polarisation durch einleuchtende Zusatzannahmen (Anziehung der Lichtpartikel durch Materie und Rotation der Lichtpartikel um eine freie Achse). Erst die Beugungs- und Interferenzerscheinungen verhalfen ab 1800 dem Wellenbilde zum Siege. Mit Hilfe transversaler Wellen lassen sich geradlinige Ausbreitung, Polarisation, Beugung und Interferenz in umfassender Weise beschreiben. Dabei bedarf es keiner Aussagen über die Natur der Wellen. Man braucht nur die Leistung der Strahlung durch ihre Wärmewirkung zu messen und die Amplitude der Wurzel aus der Leistung proportional zu setzen.

Die Wechselwirkung zwischen Licht und Materie, also die Erscheinungen der Streuung, der Brechung, der Dispersion und Absorption, deutet man durch den allgemeinen Formalismus erzwungener Schwingungen und die Aussendung phasenverschobener Sekundärwellen. Dabei benutzt man seit Jahrzehnten eine nähere Vorstellung über die Natur der Wellen. Man betrachtet Lichtwellen als kurze elektrische Wellen. Dann läßt sich eine ganze Reihe optischer Konstanten auf elektrische zurückführen, vor allem auf das Verhältnis $e/m = $ Elektronenladung zu Elektronenmasse, sowie auf das Verhältnis $N_v = $ Elektronenzahl/Volumen.

Dieser „klassischen" Behandlung optischer Fragen sind aber Grenzen gezogen. Sie versagt in den quantitativen Beziehungen bei den Linienspektren der Atome und Moleküle und deren termischer und elektrischer Anregung. In gleicher Beziehung versagt sie bei allen Begleitvorgängen der Lichtabsorption, wie Photoeffekt, Fluoreszenz, Phosphoreszenz und Photochemie. Bei all diesen Erscheinungen trifft man auf eine quantenhafte Unterteilung der Energie. Diese wird von der universellen durch Planck entdeckten Naturkonstanten h beherrscht. Mit Hilfe der Größe h kann man ein ungeheures Tatsachenmaterial ordnend zusammenfassen; man denke nur an die Rückführung der Rydberg-Frequenz auf die spezifische Elektronenladung e/m und die Plancksche Konstante h, oder an die Strahlungsgesetze.

§ 165. Licht als Korpuskel. Das Photon. Die großen, mit dem Planckschen h erzielten Erfolge sind in zweierlei Hinsicht noch unbefriedigend. Die emittierten oder absorbierten Energiebeträge $h\nu$ ergeben sich nur als Differenz zweier energetisch verschiedener Zustände des Moleküls oder Atoms, doch bleibt der Mechanismus sowohl der Emission wie der Absorption vollständig ungeklärt. Außerdem ist die quantenhafte Aufteilung der Energie nicht mit der Vorstellung einer allseitig gleichförmigen Wellenausbreitung vereinbar. Das kann für viele Fälle gezeigt werden, als Beispiel wählen wir einen Photoeffekt an einzelnen Gasmolekülen.

20*

Wir nehmen Abb. 407 (S. 218) zur Hand und denken uns die Nebelkammer etwa 1 m von der Röntgenlampe entfernt. In 1 m Abstand erzeugt eine Röntgenlampe Bestrahlungsstarken[1] von etwa 10^{-2} Watt/m². Ein Molekül hat einen Querschnitt der Größenordnung 10^{-19} m², könnte also in 1 sec höchstens 10^{-21} Wattsekunden $= 6 \cdot 10^{-3}$ eVolt mit seinem Querschnitt auffangen. Die Nebelkammer zeigt jedoch unmittelbar nach dem Einschalten der Röntgenlampe Elektronen mit Energien von 10^4 bis 10^5 eVolt, je nach der Betriebsspannung der Röntgenlampe. Bei gleichförmiger Verteilung der Strahlungsleistung könnte ein Molekül derart große Energiebeträge erst in Wochen oder Monaten ansammeln! Folglich ist die Grundlage dieser Überschlagsrechnung falsch: Die allseitig gleichförmige Ausbreitung der Strahlungsleistung gilt nur für den zeitlichen Mittelwert der Energieübertragung, aber nicht für die einzelnen Elementarvorgänge. Für diese paßt allein ein korpuskulares Bild: Die Energie muß auf dem Wege vom Sender zum Empfänger wie in einem fliegenden Geschoß

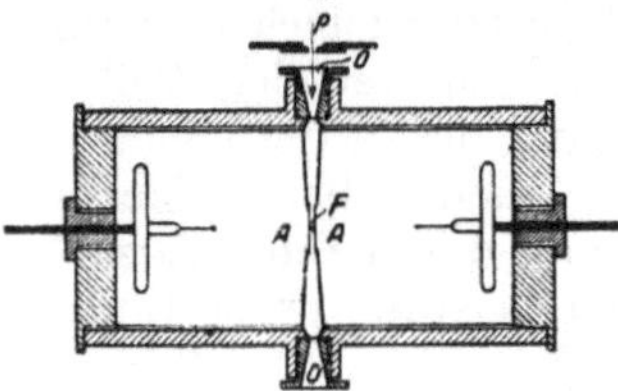

Abb. 530. Zur Emission des Rontgenfluoreszenzlichtes. Als Sekundarstrahler dient eine kleine Metallfolie von etwa ½ μ Dicke. Sie befindet sich zwischen den beiden aus 3 μ dickem Aluminium bestehenden Fenstern A zweier Spitzenzahler. Als „Spitzen" dienen zwei kleine Kugelelektroden, und hinter jeder von ihnen befindet sich ein großer Metallwulst. P = primares Röntgenlicht, O = Fenster aus 0,1 mm dickem Zelluloid, Gasdruck bis 7 Atm.

oder einer „Korpuskel" in engem Raume zusammengefaßt sein. So ist man nach einer Pause von etwa 120 Jahren wieder zu einer korpuskularen Auffassung des Lichtes zurückgekehrt; man braucht neben dem Bilde der Wellen das Bild der Lichtkorpuskeln oder „Photonen".

Entscheidend für die Wiederbenutzung des korpuskularen Bildes war letzten Endes eine fundamentale, 1926 von W. Bothe angestellte Beobachtung (Abb. 530). Bothe ließ Röntgenlicht von geringer Strahlungsstärke auf ein kleines Stück Kupfer- oder Eisenfolie fallen und in dieser K-Spektrallinien als Fluoreszenzlicht erregen. Zu beiden Seiten der Folie befand sich je ein Spitzenzähler. Sein Füllgas (Argon) absorbierte den größten Teil des Fluoreszenz-Röntgenlichtes, und zwar unter lichtelektrischer Abspaltung von Elektronen. Die so erzeugten Ausschlage beider Spitzenzähler zeigten keine zeitlichen Koinzidenzen. Folglich wurde die Lichtenergie im elementaren Emissionsakt in jedem Fall nur nach einer der beiden Seiten ausgesandt und nie gleichzeitig in beide Zahler. Das ist nur mit einem korpuskularen Bilde vereinbar.

Eine quantitative Fassung des korpuskularen Bildes verlangt eine Aussage über die Masse des Photons. — In der Elektrizitätslehre fanden wir in § 145 die Gleichung

$$m = \frac{W}{c^2}. \qquad (227) \text{ des Elektr.-Bandes}$$

Diese Gleichung behauptet einen fundamentalen Zusammenhang von Masse m, Energie W und Lichtgeschwindigkeit c. Die Gl. (227) wurde zunächst aus der Bahnkrümmung schneller Elektronen (β-Strahlen) im Magnetfeld hergeleitet. Später (§ 160) ergab sie sich nicht nur für die Masse von Elektronen, sondern allgemein für Massen aller Art, und zwar als Folgerung einer Erfahrungstatsache, nämlich des Relativitätsprinzips. Die Berechtigung dieser Verallgemeinerung zeigt sich sehr überzeugend bei den Vorgangen der Kernumwandlungen und der künstlichen Radioaktivitat.

---

[1] Z. B. Betriebsspannung $1{,}5 \cdot 10^4$ Volt, Stromstärke $= 10^{-2}$ Ampere, Nutzeffekt (S. 250) etwa 10^{-3}, Strahlungsleistung $= 0{,}15$ Watt.

Beispiel: Protonen, d. h. H-Kerne mit der Ladung $+ e$, werden in einem elektrischen Feld von einigen 10^5Volt Spannung beschleunigt und fallen dann auf ein dünnes Li-Blech. Dabei wird hin und wieder ein Proton von einem Li-Kern eingefangen, beide zusammen bilden einen neuen Kern und dieser zerfällt sofort in zwei α-Teile, d. h. also zwei He-Kerne mit je der Ladung $+ 2 e$. Die α-Strahlen fliegen in einander entgegengesetzten Richtungen davon und werden in einer Nebelkammer beobachtet. Aus ihrer Reichweite bestimmt man ihre kinetische Energie. Diese ergibt sich für beide α-Strahlen zu je $8,5 \cdot 10^6$ eVolt. Die Wärmetönung dieser Kernreaktion, also die Abnahme der inneren Energie während der Reaktion, ist also $2 \cdot 8,5 \cdot 10^6 = 17 \cdot 10^6$ eVolt. Die Reaktionsgleichung lautet

$$_3\mathrm{Li}^7 + {}_1\mathrm{H}^1 = {}_2\mathrm{He}^4 + {}_2\mathrm{He}^4 + Q.$$

Li-Atom   Proton   2 α-Strahlen   Wärme-
tönung

Der Energiebetrag Q ergibt sich durch die mit der Kernreaktion verknüpfte Abnahme Δm der Masse. Es ist

$$\Delta m = m_{\mathrm{Li}} + m_{\mathrm{H}} - 2\, m_{\mathrm{He}}.$$

Mit Hilfe der genauen Atomgewichte (A) ergibt sich

$$\Delta m = \underbrace{(7,01818 + 1,00813 - 2 \cdot 4,00389)}_{\text{Atomgewichte } (A)} \cdot \underbrace{1,635 \cdot 10^{-27} \text{ kg}}_{\substack{\text{zum Atomgewicht } (A) = 1 \\ \text{gehörende Masse}}}$$

oder ausgerechnet

$$\Delta m = 3,02 \cdot 10^{-29} \text{ kg}.$$

Dieser Masse Δm ist nach Gl. (227) die Energie

$$W_{\mathrm{kin}} = 3,02 \cdot 10^{-29} \text{ kg} \cdot 9 \cdot 10^{16} \frac{\text{Meter}^2}{\text{Sek}^2} = 2,72 \cdot 10^{-12} \text{ Wattsekunden}$$

äquivalent, oder

$$W_{\mathrm{kin}} = \frac{2,72 \cdot 10^{-12} \text{ Wattsek}}{1,60 \cdot 10^{-19} \text{Amp. Sek.}} = 2 \cdot 8,5 \cdot 10^6 \text{ eVolt}.$$

In Worten: Die beobachtete kinetische Energie der beiden α-Strahlen ist aus der während der Kernreaktion verschwundenen Masse Δm entstanden. Die Gl. (227) wird den Beobachtungen in glänzender Weise gerecht.

Die Gl. (227) von S. 303 läßt sich auch auf Photonen anwenden, man hat sinngemäß als Energie W den $h\nu$-Wert einzusetzen. So bekommen wir

$$m = \frac{h\nu}{c^2}. \tag{305}$$

($c = 3 \cdot 10^8$ m/sec = Lichtgeschwindigkeit.)

Die Tabelle 16 gibt einige Zahlenwerte:

Tabelle 16.

$h\nu$-Energie des Photons	Masse des Photons
1 eVolt	$1,78 \cdot 10^{-36}$ kg
$5,06 \cdot 10^5$ eVolt	$9,1 \ \cdot 10^{-31}$ kg = Ruhmasse eines Elektrons
$9,3 \ \cdot 10^8$ eVolt	$1,66 \cdot 10^{-27}$ kg = Masse eines H-Kernes oder Protons
$1,9 \ \cdot 10^{11}$ eVolt	$3,42 \cdot 10^{-25}$ kg = Masse eines Hg-Atoms

Der in Gl. (305) enthaltene Zusammenhang von $h\nu$-Energie und Photonenmasse offenbart sich nun höchst sinnfällig bei der Wechselwirkung zwischen γ-Strahlen hoher $h\nu$-Werte und Atomen. Bei der Absorption von γ-Strahlen verschwinden etliche Photonen und statt ihrer erscheinen Paare von Elektronen, bestehend aus je einer positiven und einer negativen elektrischen Elementarladung $(1,60 \cdot 10^{-19}$ Amp.Sek.). Man beobachtet diese Elektronenpaare in einer Nebelkammer innerhalb eines homogenen magnetischen Feldes (Abb. 530a). Aus der Bahnkrümmung ergibt sich die kinetische Energie der Elektronen (vgl. Abb. 461). Dabei findet man experimentell die Beziehung

$$\tfrac{1}{2} m\, u_+^2 + \tfrac{1}{2} m\, u_-^2 = h\nu - 1,12 \cdot 10^6 \text{ eVolt}.$$

Das bedeutet: Die Erschaffung eines Elektronenpaares erfordert eine Energie $W = 1,12 \cdot 10^6\,e$Volt; nur der Rest $h\nu - W$ bleibt verfügbar, um dem Positron und dem Elektron eine kinetische Energie zu erteilen. — Dieser experimentell gefundene Energiebetrag ist $= 2 \cdot 5,06 \cdot 10^5\,e$Volt, und $5,06 \cdot 10^5\,e$Volt ist nach Tabelle 16 nichts anderes als das Energieäquivalent der Elektronenruhmasse $9,1 \cdot 10^{-31}$ kg. — Das Entsprechende gilt bei der Umkehr des eben beschriebenen Vorganges: Positronen haben eine sehr kleine Lebensdauer. Sie werden durch Zusammenstöße mit Atomen zunächst verlangsamt; dann vereinigen sie sich im Kernfeld eines Atoms mit einem Elektron. Bei diesem Vorgang tritt eine „Zerstrahlung" ein: D. h. ein Elektronenpaar, bestehend aus Positron und Elektron, verschwindet und statt seiner erscheinen zwei γ-Photonen, jedes mit einer $h\nu$-Energie von $5,06 \cdot 10^5\,e$Volt, entsprechend einer Wellenlänge von $2,4 \cdot 10^{-12}$ m.

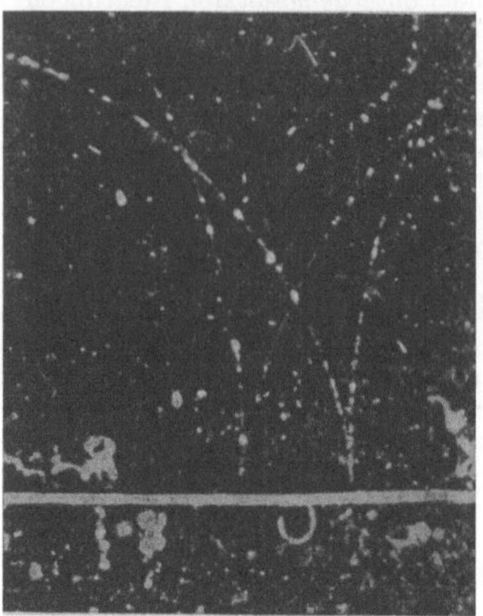

Abb. 530a. Bildung von 2 Elektronenpaaren bei der Absorption von γ-Photonen in einer Bleifolie von 0,33 mm Dicke. Die γ-Strahlung kam von unten. Ihre $h\nu$-Energie war $17,6 \cdot 10^6\,e$Volt. Die Nebelkammer befand sich in einem Magnetfeld mit der Kraftflußdichte $\mathfrak{B} = 0,25$ Voltsek/m² $= 2500$ Gauß. (W. A. Fowler und C C Laurissen)

Somit steht die fundamentale Gl. (227) auch in der Optik in bester Übereinstimmung mit der Erfahrung. Daher darf man die Masse m eines Photons aus seiner $h\nu$-Energie berechnen (305).

Mit der Masse des Photons ist dann ohne weiteres auch sein Impuls gegeben. Die Geschwindigkeit des Photons ist die Lichtgeschwindigkeit c. Folglich gilt für den Impuls eines Photons

$$\mathfrak{G} = \frac{h\nu}{c} = \frac{h}{\lambda}. \tag{306}$$

§ 166. Impuls des Photons. Dopplereffekt und Strahlungsdruck.

Die Brauchbarkeit des Photonenbildes wollen wir zunächst an zwei Beispielen zeigen, nämlich dem Dopplereffekt und dem Strahlungsdruck.

Eine mit der Geschwindigkeit $\pm u$ bewegte Wellenquelle zeigt dem ruhenden Beobachter nicht die Frequenz ν, sondern

$$\nu' = \nu\left(1 \pm \frac{u}{c}\right). \qquad \text{Gl. (74) v. S. 122}$$

(Oberes Vorzeichen für Abstandsverminderung.)

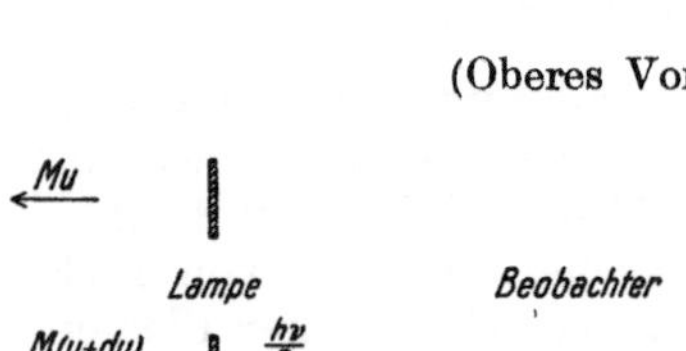

Diese als Dopplereffekt bekannte Beziehung wurde schon im Mechanikband für Schallwellen hergeleitet und in § 67 für das Licht übernommen. — Im Photonenbilde führt man den Dopplereffekt auf den Rückstoß der ausgesandten Photonen zurück.

In Abb. 531 bewege sich oben eine Lampe mit der Geschwindigkeit u nach links. Unten hat die

Abb. 531. Zur Herleitung des Dopplereffektes

Lampe ein Photon nach rechts ausgesandt. Durch den Rückstoß ist ihre Geschwindigkeit um $d\,u$ vergrößert worden. Die Größe von $d\,u$ folgt aus dem

Impulssatz (Mechanikband § 44), es gilt

$$M\,u = M\,(u + d\,u) - \frac{h\,\nu}{c} \tag{307}$$

oder

$$d\,u = \frac{h\,\nu}{M\,c}. \tag{307a}$$

Durch diesen Geschwindigkeitszuwachs ist auch die kinetische Energie der Lampe vergrößert worden, und zwar um den Betrag

$$d\,W = \frac{1}{2}\,M\left(u + \frac{h\,\nu}{M\,c}\right)^2 - \frac{1}{2}\,M\,u^2 = h\,\nu\cdot\frac{u}{c} + \frac{1}{2\,M}\left(\frac{h\,\nu}{c}\right)^2$$

oder bei großer Masse M

$$d\,W = h\,\nu\,\frac{u}{c}. \tag{308}$$

Dieser Energiezuwachs muß von derselben Quelle geliefert werden wie die Energie des Photons. Sie muß einem innermolekularen Elektronenübergang entstammen. Infolgedessen ist bei bewegter Lampe für das Photon nur ein um $d\,W$ kleinerer Energiebetrag verfügbar als bei ruhender Lampe, nämlich

$$h\,\nu' = h\,\nu - h\,\nu\cdot\frac{u}{c} \tag{309}$$

oder

$$\nu' = \nu\left(1 - \frac{u}{c}\right). \tag{74}$$

Das ist die gesuchte Gleichung des Dopplereffektes. Bei ihrer Herleitung entfernte sich die Lampe vom Beobachter. Bei umgekehrter Richtung, also bei Annäherung, bekommt man auf gleichem Wege das positive Vorzeichen.

Der Strahlungsdruck des Lichtes entsteht bei der Absorption und Reflexion des Lichtes. Seine Existenz ist schon von Johannes Kepler behauptet worden. Kepler erklärte den Schweif der Kometen durch kleine, vom Sonnenlicht nach hinten weggedrückte Teilchen. Später hat der Strahlungsdruck bei der Erforschung der Temperaturstrahlung eine große Rolle gespielt. Man kann ihn streng nach dem Wellenbilde behandeln, die korpuskulare Darstellung ist aber erheblich einfacher. — In Abb. 532 wird eine Wand der Fläche F senkrecht von einem Parallellichtbündel getroffen. Die Konzentration der Photonen, also das Verhältnis von Photonenzahl zu Volumen, sei N_v. In der Zeit $d\,t$ treffen dann $N_v\cdot F\,c\,d\,t$ Photonen gegen die Wand F. Der Aufprall sei unelastisch, d. h. die Strahlung werde vollkommen absorbiert. Dann übertragen die Photonen

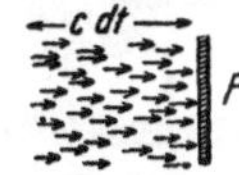

Abb. 532. Zur Herleitung des Strahlungsdruckes.

ihren gesamten Impuls $N_v\cdot F\,c\,d\,t\cdot\dfrac{h\,\nu}{c}$ auf die Wand und erzeugen dadurch einen Kraftstoß

$$\Re\,d\,t = N_v\cdot F\,c\,d\,t\cdot\frac{h\,\nu}{c}. \tag{310}$$

Das Produkt $N_v\,c\cdot h\,\nu$ ist die je Flächeneinheit auftreffende Strahlungsleistung, also die Bestrahlungsstärke b, gemessen in Watt/m². Somit bekommt man bei senkrechtem Einfall des Lichtes auf eine absorbierende Fläche den

$$\text{Strahlungsdruck }\; p_A = \frac{\Re}{F} = \frac{\text{Bestrahlungsstärke } b}{\text{Lichtgeschwindigkeit } c}. \tag{311}$$

Bei elastischem Aufprall der Photonen, d. h. bei vollkommener Reflexion, fliegt jedes Photon mit ungeänderter Geschwindigkeit in umgekehrter Richtung zurück. Daher ist der übertragene Impuls doppelt so groß wie bei unelastischem Aufprall (Mechanikband, § 45). Folglich ergibt sich bei senkrechtem Einfall des Lichtes auf eine reflektierende Flache der

$$\text{Strahlungsdruck } \quad p_R = 2 \cdot \frac{\text{Bestrahlungsstärke } b}{\text{Lichtgeschwindigkeit } c}. \qquad (312)$$

Die Lichtgeschwindigkeit c steht also im Nenner, und deswegen werden die Drucke nur klein. — Zahlenbeispiel: Sonnenlicht werde an der Erdoberflache senkrecht mit einem Spiegel aufgefangen. Es erzeugt eine Bestrahlungsstarke $b = 1{,}4 \cdot 10^3$ Watt/m² (S. 59) und einen Strahlungsdruck

$$p_R = \frac{2 \cdot 1{,}4 \cdot 10^3 \text{ Watt/m}^2}{3 \cdot 10^8 \text{ m/sec}} \approx 10^{-5} \frac{\text{Großdyn}}{\text{m}^2} = 1 \frac{\text{Millipond}}{\text{m}^2}.$$

Ein so kleiner Druck läßt sich heute noch nicht in Schauversuchen vorfuhren. Man hat ihn jedoch mehrfach experimentell einwandfrei gemessen und mit Gl. (312) übereinstimmend gefunden.

An der Oberflache der Sonne ist die Bestrahlungsstärke b ebenso groß wie das auf S. 60 definierte Emissionsvermögen πS^* der Sonne, also $b = 6 \cdot 10^7$ Watt/m². Dort wird der Strahlungsdruck $= 40$ Pond/m². Dieser Druck ist von gleicher Großenordnung wie der von der Gravitation herrührende. Daher ist der Strahlungsdruck für den Aufbau und die Dichteverteilung im Innern der Sterne ebenso wichtig wie die Gravitation. Er verhindert z. B. die Existenz von Fixsternen mit einer Masse über 10^{32} kg (Masse der Sonne $= 1{,}9 \cdot 10^{30}$ kg, Masse der Erde $= 5{,}7 \cdot 10^{24}$ kg).

§ 167. Impuls des Photons und Comptoneffekt.

Als Comptoneffekt bezeichnet man eine eigenartige Verknüpfung von Lichtstreuung und lichtelektrischer Wirkung. — Dopplereffekt und Strahlungsdruck lassen sich noch streng nach dem Wellenbilde behandeln. Das korpuskulare Bild bringt nicht mehr, es führt nur im Fall des Strahlungsdruckes einfacher zum Ziel als das Wellenbild. Ander beim Comptoneffekt. Bei ihm genügt das Wellenbild nur noch für eine qualitative Darstellung, eine quantitative muß sich des Photonenbildes bedienen.

Im gewöhnlichen Photoeffekt übernimmt das Elektron den vollen $h\nu$-Betrag des absorbierten Lichtes, beim Comptoneffekt hingegen nur einen Teil, der Rest wird als Streulicht mit vergrößerter Wellenlange wieder ausgestrahlt. Die Zunahme $\Delta\lambda$ der Wellenlänge hängt nur ab vom Winkel ϑ zwischen der Streurichtung und der Primarstrahlrichtung, jedoch nicht von der Art des streuenden Atoms und auch nicht von der Größe der Wellenlänge λ. Für $\vartheta = 90°$ beobachtet man stets

$$\Delta\lambda = 2{,}4 \cdot 10^{-12} \text{ m} = 0{,}024 \text{ ÅE}. \qquad (313)$$

Prozentual wird also die Änderung erst im Gebiet sehr kleiner Wellenlangen erheblich, d. h. im Spektralbereich des harten Röntgenlichtes, mit Wellenlängen unter 0,2 ÅE und $h\nu$-Werten über 60 000 eVolt. Dort laßt sich der Comptoneffekt qualitativ unschwer beobachten (Abb. 533a). Die quantitativen Bestimmungen sind muhsam. Die

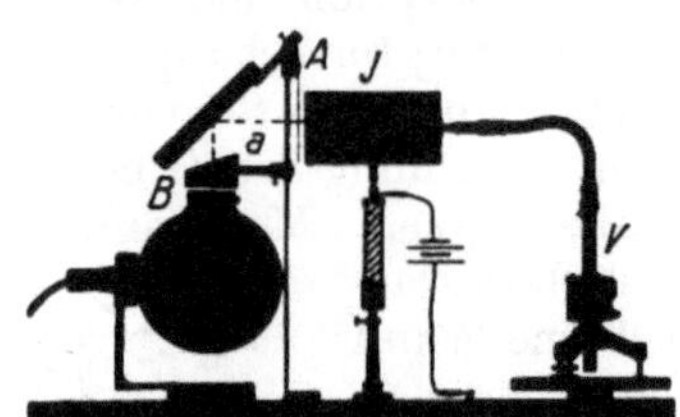

Abb. 533a. Schauversuch zum Comptoneffekt. Scheitelspannung an der Rontgenlampe 6 · 10⁴ Volt. Als streuender Sekundarstrahler dient eine 1 cm dicke Al-Platte. Die Änderung der Wellenlange durch die Streuung wird mit Hilfe der Absorption nachgewiesen. Zu diesem Zweck wird eine 0,7 mm dicke Cu-Platte abwechselnd in die Stellung A und in den Spalt B zwischen der Lampe und der Rohrblende a gebracht, und die Strahlungsstarke des Streulichtes mit der Ionisationskammer J gemessen. Falls die Streuung ohne Anderung der Wellenlange erfolgte, mußte sich bei beiden Stellungen die gleiche Strahlungsstarke ergeben. Tatsachlich findet man aber mit der Stellung A nur rund 50% des zur Stellung B gehorenden Wertes. Folglich ist die mittlere Absorptionskonstante des Streulichtes großer als die des primaren Lichtes, d. h. die mittlere Wellenlange ist durch die Streuung vergroßert worden.

Strahlungsstärke des Streulichtes ist klein, und daher brauchen Spektralaufnahmen sehr lange Expositionszeiten. Die im Comptoneffekt ausgelösten Elektronen, kurz „Rückstoßelektronen" genannt, untersucht man am besten in einer Nebelkammer. Sie spielen bei der Ionisation von Gasen durch hartes Röntgenlicht eine wichtige Rolle.

Zur Erklärung des Comptoneffektes überträgt man die Gesetze des mechanischen Stoßes auf den Zusammenstoß eines Photons mit einem lose im Atom gebundenen Elektron. Man wendet sowohl den Energiesatz wie den Impulssatz an und erhält an Hand der Abb. 533b folgende Beziehungen:

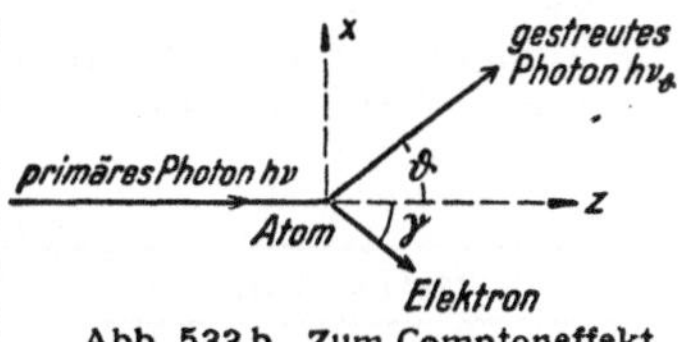

Abb. 533 b. Zum Comptoneffekt

	Vor dem Stoß besitzt das einfallende Photon		**Nach dem Stoß** besitzt das ausgeschleuderte Elektron		das gestreute Photon
die Energie	$h\nu$	$=$	$\dfrac{1}{2}m u^2$	$+$	$h\nu_\vartheta$ (314)
den Impuls in Richtung z . . .	$\dfrac{h\nu}{c}$	$=$	$m u \cos\gamma$	$+$	$\dfrac{h\nu_\vartheta}{c}\cos\vartheta$ (315)
den Impuls in Richtung x . . .	0	$=$	$-m u \sin\gamma$	$+$	$\dfrac{h\nu_\vartheta}{c}\sin\vartheta$ (316)

Man eliminiert erst γ aus den Gl. (315) und (316) und dann u mit Hilfe von Gl. (314). Dabei vernachlässigt man $(\nu - \nu_\vartheta)$ neben ν und bekommt

$$\nu_\vartheta = \nu\left[1 - \frac{h\nu}{m c^2}(1 - \cos\vartheta)\right]. \qquad (317)$$

Endlich setzt man $\Delta\lambda = \lambda_\vartheta - \lambda =$ angenähert $c\cdot\dfrac{\nu - \nu_\vartheta}{\nu^2}$. Dann ergibt sich

$$\Delta\lambda = \frac{h}{m c}\cdot(1 - \cos\vartheta) \qquad (318)$$

und für den Sonderfall $\vartheta = 90°$

$$\Delta\lambda_{90°} = \frac{h}{m c} = \frac{6{,}62\cdot 10^{-34}}{9{,}1\cdot 10^{-31}\cdot 3\cdot 10^8} = 2{,}4\cdot 10^{-12}\,\text{m} = 0{,}024\,\text{ÅE},$$

also in bester Übereinstimmung mit dem gemessenen Wert [Gl. (313)].

Der Comptoneffekt findet Anwendung bei der Bestimmung der Energie von γ-Strahlen mit $h\nu$-Werten zwischen etwa 10^6 und 10^7 eVolt. Für noch höhere Werte benutzt man die Umwandlung von γ-Photonen in je ein Paar negativer und positiver Elektronen. Vgl. S. 310.

§ 168. Materiewellen. Wir wiederholen kurz: Nach der Entdeckung der Planckschen Konstanten h genügte das Wellenbild nicht mehr allein für eine Darstellung der Lichtstrahlung. Neben ihm mußte das korpuskulare Bild der Photonen entwickelt werden. Dabei ergab sich für ein Lichtteilchen oder Photon

die Energie $W = h\nu = mc^2$ (305) und der Impuls $\mathfrak{G} = \dfrac{h\nu}{c} = \dfrac{h}{\lambda}$. (306)

Eine entsprechende, aber gegenläufige Entwicklung hat sich in der Behandlung korpuskularer Strahlen (Kathodenstrahlen, Atomstrahlen usw.) vollzogen: Hier erwies sich das bisher allein benutzte korpuskulare Bild nicht mehr als ausreichend, neben ihm mußte ein Wellenbild entwickelt werden. Dabei wurde die quantitative Seite dieses Wellenbildes vom Planckschen h bestimmt. Diese Entwicklung setzte an zwei verschiedenen Punkten ein:

Zuerst ersetzte L. de Broglie (1925) in Gl. (306) den Impuls des Photons durch den Impuls $m\,u$ eines beliebigen materiellen Teilchens, er schrieb also

$$m\,u = \frac{h}{\lambda} \quad \text{oder} \quad \lambda = \frac{h}{m\,u}. \tag{319}$$

Mit dieser Gleichung wird jedem materiellen Teilchen zunächst rein formal eine Wellenlänge λ zugeordnet. Ihre Größe sinkt mit zunehmender Geschwindigkeit u der Teilchen. Es folgen Beispiele für die Wellenlängen von Elektronen.

Tabelle 17.

Energie der Elektronen	10	10^2	10^3	10^4	10^5	eVolt
de Broglie-Wellenlänge	3,9	1,2	0,39	0,12	0,037	10^{-10} m oder ÅE

Die Wellenlangen sind also von der gleichen Größenordnung wie im Röntgengebiet. Folglich kommen für ihren Nachweis vor allem Beugungsversuche an Kristallgittern in Frage. Man hat nur die Röntgenlichtbündel durch Elektronenstrahlbündel zu ersetzen.

Der experimentelle Weg wurde erst an zweiter Stelle beschritten, und zwar von C. J. Davisson und L. H. Germer. Nach älteren, schon 1921 begonnenen Vorarbeiten kamen 1927/28 durchschlagende Erfolge. Es wurden Elektronenstrahlen an gut.entgasten Metallkristallen reflektiert. Sie gaben je nach der Versuchsanordnung die gleichen „Beugungsspektra" wie Röntgenlicht von entsprechenden Wellenlängen. Dabei wurde die Beziehung (319) quantitativ erfüllt.

Am einfachsten ist auch für die Elektronenstrahlbeugung das Verfahren von Debye und Scherrer (Abb. 224). Man ersetzt das feine kristalline Pulver durch eine sehr dünne mikrokristalline Folie, z. B. aus Gold. Die Abb. 534 zeigt eine photographische Aufnahme solcher Elektronenbeugungsringe. Sie lassen sich gut auf einem Leuchtschirm beobachten und einem kleineren Kreis im Schauversuch vorführen.

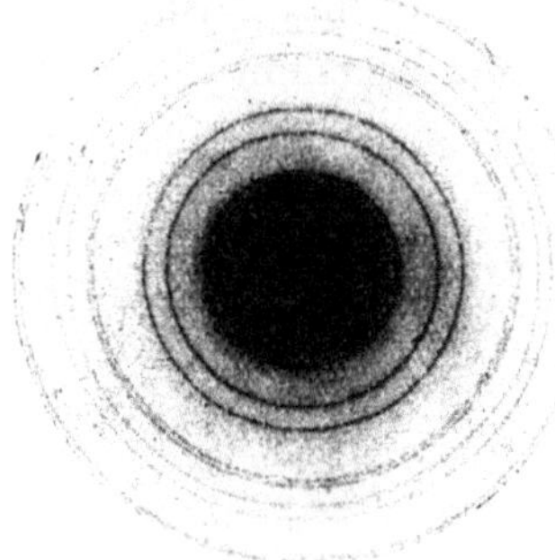

Abb. 534. Beugungsringe von Elektronen beim Durchgang durch eine dunne mikrokristalline Silberfolie. Energie der Elektronen = $3,6 \cdot 10^4$ eVolt. Wellenlange der Elektronen = $6,45 \cdot 10^{-12}$ m = 0,0645 ÅE. Aufnahme von R. Wierl. Belichtungszeit 0,1 sec.

O. Stern und seine Mitarbeiter konnten später die entsprechenden Versuche auch für Heliumatomstrahlen durchführen. Die Strahlen besaßen nur die thermische, zur Zimmertemperatur gehörige Geschwindigkeit. Die Reflexion erfolgte an der Oberfläche eines LiF-Kristalles. Die Einzelheiten dieser recht schwierigen Versuche fuhren leider zu weit. Die gemessenen Wellenlangen standen auch hier in voller Übereinstimmung mit der de Broglieschen Gl. (319).

Erfreulicherweise läßt sich die Beugung von Korpuskularstrahlen auch ohne Kristallgitter nachweisen. Es genügt schon, den geraden Rand einer Metallblende in ein Elektronenstrahlbündel hineinzubringen. Dann erhält man die zu einer Halbebene gehörende Beugungsfigur (Abb. 534a). Sie gleicht durchaus der mit Licht erhaltenen Abb. 186.

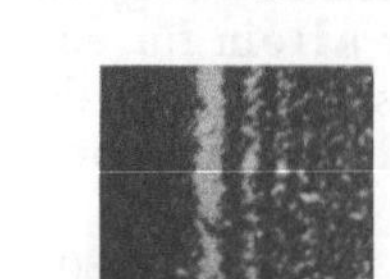

Abb. 534a Beugung von Elektronen an einer Halbebene $\lambda = 6,6 \cdot 10^{-12}$ m = 0,066 ÅE, entsprechend $3,4 \cdot 10^4$ eVolt Photographisches Positiv in 90facher Vergroßerung. (H Borsch)

Unabhängig von aller Spekulation ist also eine Tatsache völlig gesichert: Man kann mit Korpuskularstrahlen, und zwar sowohl mit Elektronen- oder Kathodenstrahlen als auch mit Strahlen neutraler Atome, Beugungserscheinungen erhalten. Folglich muß man auch bewegten materiellen Teilchen eine Wellenlänge zuordnen Ihre Größe wird durch den Impuls des Teilchens und das Plancksche h bestimmt [Gl. (319)].

Die mit Elektronen erzeugten Beugungserscheinungen haben bereits eine bedeutsame praktische Anwendung gefunden, nämlich im Bau der Elektronenmikroskope. Aus dem Elektr.-Bande (§ 98a) kennen wir die Möglichkeit, sowohl magnetische wie elektrische „Linsen" herzustellen. Zwei oder mehr derartige Linsen lassen sich genau wie in der Optik zu einem Mikroskop zusammenfassen. Die Leistungsgrenze eines Mikroskopes wird nur durch die Wellenlänge der benutzten Strahlung und den Öffnungswinkel des vom Objektiv aufgenommenen Strahlenbündels bestimmt. — Nach einer Beschleunigung mit einer Spannung von $5 \cdot 10^4$ Volt hat man Elektronen eine Wellenlänge von nur $5,5 \cdot 10^{-12}$ m zuzuordnen. Sie ist also rund 10^5mal kleiner als die mittlere Wellenlänge sichtbaren Lichtes. Ein mit solchen Elektronen arbeitendes Mikroskop müßte also 10^5mal kleinere Gegenstände beobachten lassen als ein Lichtmikroskop. Das hat man zwar experimentell noch nicht erreicht, weil man bisher nur Elektronenbündel von kleinem Öffnungswinkel u anwenden kann. Für größere Öffnungswinkel kann man die „Abbildungsfehler" der magnetischen oder elektrischen Linsen noch nicht genügend beheben. Aber trotzdem hat man schon jetzt, wenige Jahre nach Beginn dieser neuen technischen Entwicklung, die Leistung des Lichtmikroskopes um etwa das Hundertfache übertroffen. Man kann bereits heute Gegenstände von nur einigen 10^{-9} Durchmesser beobachten, d. h. Gebilde in der Größenordnung großer chemischer Moleküle.

Genau wie in der Optik mißt man auch bei den Materiewellen nur eine Wellenlänge. In der Optik kann man außerdem wenigstens in einem einzigen Falle auch die Phasengeschwindigkeit der Wellen (S. 115) messen, nämlich im dispersionsfreien Vakuum. Aus Wellenlänge und Phasengeschwindigkeit berechnet man als dritte Größe die Frequenz $\nu = c/\lambda$. Für die Materiewellen hingegen kann man die Phasengeschwindigkeit nie messen und daher auch keine Frequenz berechnen. Infolgedessen muß man sich auf eine Analogie beschränken: Man definiert eine Frequenz ν der Materiewelle mit der Energiegleichung

$$\nu = \frac{W}{h} \tag{320}$$

und berechnet mit ihrer Hilfe dann eine Phasengeschwindigkeit

$$v = \nu \cdot \lambda. \tag{321}$$

In Gl. (320) bedeutet dabei W die gesamte Energie des Teilchens. Sie setzt sich aus drei Anteilen zusammen, nämlich

1. einer der Masse m entsprechenden absoluten Energie $W_{\text{abs}} = m\,c^2$ (305) = Gl. (227) des Elektrizitäts-Bandes,

2. der kinetischen Energie $\tfrac{1}{2}\,m\,u^2$
   ($u = $ Teilchengeschwindigkeit),

3. einer potentiellen Energie E_{pot} in irgendeinem Felde.
Daher muß man Gl (320) allgemein in der Form

$$\nu = \frac{W_{\text{abs}} + W_{\text{kin}} + W_{\text{pot}}}{h} \tag{322}$$

schreiben. — Man kann die so erhaltene Phasengeschwindigkeit in die de Brogliesche Impulsgleichung (319) einsetzen. Dann erhält man statt (319)

$$\text{Impuls} \quad m\,u = \frac{h}{\lambda} = \frac{W}{v} = \frac{h\,\nu}{v}. \tag{323}$$

Außerdem kann man die Abhängigkeit der Phasengeschwindigkeit v von der Wellenlänge λ, oder kurz die Dispersion, berechnen. Man bekommt durch Zusammenfassung von (321) und (322)

$$v = \frac{\lambda\, m\, c^2}{h} + \frac{h}{2\,\lambda\,m} + \frac{W_{\text{pot}}}{h} \cdot \lambda \tag{324}$$

und

$$\frac{d\,v}{d\,\lambda} = \frac{m\,c^2}{h} - \frac{h}{2\,m\,\lambda^2} + \frac{W_{\text{pot}}}{h}. \tag{325}$$

In der Gl. (322) überwiegt im allgemeinen das erste Glied, und dann heißt es

$$v = \frac{W_{\text{abs}}}{h} = \frac{m\,c^2}{h} \tag{326}$$

oder zusammengefaßt mit (323)

$$u \cdot v = c^2. \tag{327}$$

Diese Gleichung führt zu einer wichtigen Folgerung. u, die Bahngeschwindigkeit des materiellen Teilchens, ist immer kleiner als die Lichtgeschwindigkeit c. Folglich ist die Phasengeschwindigkeit der Materiewellen immer größer als die Lichtgeschwindigkeit $c = 3 \cdot 10^8$ m/sec.

Phasengeschwindigkeiten größer als c kommen auch in der Optik häufig vor, nämlich als untrennbare Begleiterscheinung der Dispersion (S. 187 und 206). Man kann dann nur die Brechzahl messen und mit ihrer Hilfe die Phasengeschwindigkeit als Rechengröße bestimmen. Jede Dispersion macht die direkte Messung einer Phasengeschwindigkeit unmöglich (§ 64, Schluß).

Im Gegensatz zu den Lichtwellen zeigen nun die Materiewellen auch im Vakuum Dispersion. Infolgedessen kann man die Phasengeschwindigkeit der Materiewellen nicht einmal im Vakuum messen, sie ist in allen Fällen nur eine Rechengröße.

In der Optik ist die Gruppengeschwindigkeit auch in dispergierenden Stoffen meßbar. Wie steht es mit der Gruppengeschwindigkeit der Materiewellen ? — Wir berechnen sie aus der Definitionsgleichung der Gruppengeschwindigkeit v

$$v^* = v - \lambda\,\frac{d\,v}{d\,\lambda}. \tag{65} \text{ von S. 115}$$

Einsetzen von (324) und (325) ergibt

$$v^* = \frac{h}{m\,\lambda} = u. \tag{328}$$

D. h. die Bahngeschwindigkeit u eines materiellen Teilchens ist gleich der Gruppengeschwindigkeit v^* seiner Materiewellen. Das ist ein zwar keineswegs anschauliches, aber einfaches Ergebnis. Es beruht auf der oben vereinbarten Definition der Frequenz (Gl. 320). Diese Definition ist demnach offenbar zweckentsprechend.

§ 169. Die wellenmechanische Statistik. Die Entdeckung von Beugungserscheinungen ist für die Darstellung der Elektronen- und Atomstrahlen ebenso umwälzend gewesen wie seinerzeit für die Darstellung des Lichtes. Diese Entdeckung verlangte gebieterisch ein Wellenbild, doch hatte man aus den Erfahrungen der Optik gelernt. Man vermied die Alternative Korpuskel oder Welle und entschied sich gleich für einen Dualismus von Korpuskel und Welle.

Wir fassen die wichtigsten Aussagen dieser dualistischen Darstellungsweise in der Tabelle 18 zusammen, und zwar für Photonen einerseits, für Elektronen und Atome andererseits.

Tabelle 18.

	Photonen im Vakuum	Elektronen und Atome im Vakuum
Masse in Ruhe	Null	m_0
Teilchengeschwindigkeit . . .	$c = 3 \cdot 10^8$ m/sec	u
Energie des Teilchens	$W = h\nu$	$W = m_0 c^2 + \dfrac{1}{2} m_0 u^2 + \ldots + W_{\mathrm{pot}} = h\nu$
Masse während der Bewegung .	$m = \dfrac{W}{c^2} = \dfrac{h\nu}{c^2}$	$m = \dfrac{m_0}{\sqrt{1 - \left(\dfrac{u}{c}\right)^2}}$ [1]
Phasengeschwindigkeit der zugehörigen Welle	$c = 3 \cdot 10^8$ m/sec	$v = \dfrac{c^2}{u}$
Impuls des Teilchens	$mc = \dfrac{W}{c} = \dfrac{h\nu}{c} = \dfrac{h}{\lambda}$	$mu = \dfrac{W}{v} = \dfrac{h\nu}{v} = \dfrac{h}{\lambda}$
Dispersion der Phasengeschwindigkeit	Null	$\dfrac{dv}{d\lambda} = \dfrac{mc^2}{h} - \dfrac{h}{2m\lambda^2} + \dfrac{W_{\mathrm{pot}}}{h}$
Gruppengeschwindigkeit der Wellen	c	u

Der Dualismus ist sicher unbefriedigend, die Übersicht in Tabelle 18 zeigt
aber auch ein erfreuliches Ergebnis, namlich eine weitgehende Gleichartigkeit oder
Verwandtschaft aller Strahlungsvorgänge. Das Lichtkorpuskel, das Photon,
erscheint als ein Grenzfall der sonst bekannten Korpuskeln, Elektronen usw.
Es ist durch drei Merkmale gekennzeichnet:

1. Das Photon existiert nicht in Ruhe, dann ist seine Masse Null.
2. Das Photon hat im Vakuum immer die Geschwindigkeit $c = 3 \cdot 10^8$ m/sec.
3. Seine Phasen- und Gruppengeschwindigkeit sind im Vakuum identisch,
und aus diesem Grunde ist auch die Phasengeschwindigkeit im Vakuum meßbar.

Die innere Verwandtschaft aller Strahlungsvorgange verlangt auch eine formal
einheitliche Behandlung. Für diese ist die „Welle" von entscheidender Bedeutung. — Der Begriff Welle ist uns aus vielfältigen Erfahrungen des täglichen
Lebens (Seilwellen, Wasserwellen usw.) und durch die Erforschung des Schalles
weitgehend vertraut und dadurch „anschaulich" geworden. In den Wellen sehen
wir stets eine räumlich und zeitlich wechselnde Anordnung und Verteilung un-
geheurer Mengen von Individuen. Über Lage, Geschwindigkeit usw. des einzelnen
Teilchens erfahren wir gar nichts. Man denke z. B. an die so überaus anschaulichen Oberflachenwellen auf Wasser einerseits, und das molekulare Bild dieser
Oberfläche (S. 167) andererseits.

Eine Ubertragung der Wellenvorstellung auf das Vakuum ist schon eine weitgehende Abstraktion. Nehmen wir als Beispiel stehende elektrische Wellen
zwischen zwei parellelen Drähten zunächst in einer Atmosphäre des Edelgases
Neon (Elektrizitats-Band, Abb. 468). Das Neon leuchtet, seine Leuchtdicke zeigt
die periodische Verteilung einer stehenden Welle. Diese Verteilung betrifft wieder
eine ungeheure Menge einzelner Individuen, uber Ort und Bewegung der einzelnen
leuchtenden Atome erfahren wir gar nichts. Darauf pumpen wir das Gas heraus-
und damit verschwindet jede sichtbare Spur einer wellenförmigen Verteilung.
Trotzdem behaupten wir auch für das Vakuum die Existenz einer stehenden
„elektrischen Welle". Mit dieser Behauptung wollen wir aber nur folgende
Erfahrung ausdrücken: Wir können jederzeit wieder Gas einfullen oder Faser,

---

[1] Vgl. Elektr.-Band Gl. (226) in § 145.

staub zwischen die Drähte bringen oder ein Bündel Kathodenstrahlen parallel zu den Drähten hindurchschicken; in allen Fällen werden die zahllosen einzelnen Teilchen in ihrer Verteilung wieder das Bild einer stehenden Welle ergeben.

Diese und ähnliche Überlegungen sind nun sinngemäß zu erweitern und auf das Bild der Licht- und Materiewellen zu übertragen. Wir beobachten stets nur die Verteilung zahlloser Individuen in charakteristischen, mit Wellen beschreibbaren Verteilungen, z. B. in Beugungsfiguren. Die Wellen für sich allein sind eine Abstraktion.

Eine quantitative Formulierung dieser Gedankengänge wird in der wellenmechanischen Statistik durchgeführt. Man berechnet die beobachteten Verteilungen, gemittelt über sehr viele Individuen, mit einer für Wellen charakteristischen, von Schrödinger formulierten Differentialgleichung. In diese Gleichung ist die Plancksche Konstante hineingesteckt worden. Man verzichtet bewußt auf jede Aussage über das „Schicksal" (Weg, Geschwindigkeit usw.) der einzelnen Individuen (Photonen, Elektronen usw.). Diese Individuen sind ja sowieso nicht unterscheidbar. Schon das kleinste uns bekannte „Namensschild", ein angeheftetes Elektron, verändert das Wesen des Individuums radikal, aus einem Atom wird ein Ion mit ganz neuen Eigenschaften usf. Man wird einwenden: Dann verzichte man auf das „Namensschild" und verfolge, mit dem Auge fixierend, ein einzelnes Individuum wie ein Schaf in der Herde (selbstverständlich bewaffnet mit einem Mikroskop von ausreichender Leistung). Aber auch diese „schonendste" Beobachtung eines Individuums ist in der atomaren Welt schon ein sehr störender Eingriff: Die zum Sehen benutzten Photonen andern. durch ihren Rückstoß Ort und Geschwindigkeit des fixierten Individuums.

Zur quantitativen Formulierung dient ein einfaches Gedankenexperiment.

Es soll der Ort eines Elektrons durch ein „Übermikroskop" innerhalb eines Bereiches $\pm y$ festgestellt werden. Dann muß das Mikroskop nach S. 45 die Bedingung

$$y \approx \frac{\lambda}{\sin u} \tag{329}$$

erfüllen ($u =$ dingseitiger Öffnungswinkel). — Nun kommt die grundsätzliche Schwierigkeit: Jedes zur Beobachtung benutzte Photon wird beim Zusammenstoß mit dem Elektron um einen Winkel ϑ abgelenkt (Abb. 533b), und gleichzeitig erteilt sein Rückstoß (wie beim Comptoneffekt) dem Elektron quer zur Lichtrichtung einen Impuls

$$\Delta \mathfrak{G} \approx \frac{h}{\lambda} \cdot \sin \vartheta.$$

Der Ablenkungswinkel ϑ darf nicht großer werden als u, sonst kann das Photon nicht mehr in das Objektiv des Mikroskops hineingelangen. Also ist die größte zulässige Impulsänderung

$$\Delta \mathfrak{G} \approx \frac{h}{\lambda} \cdot \sin u. \tag{330}$$

Die Zusammenfassung von (329) und (330) ergibt

$$y \cdot \Delta \mathfrak{G} \approx h.$$

In Worten: Das Plancksche h setzt der Beobachtungsmöglichkeit bestimmte Grenzen. Man kann nicht den Ort y und die Impulsänderung $\Delta \mathfrak{G}$ eines Individuums gleichzeitig mit beliebiger Genauigkeit messen. Man kann die Genauigkeit der einen Messung stets nur auf Kosten der anderen steigern. Das ist die von Heisenberg eingeführte Ungenauigkeitsrelation. Man kann elementare Individuen (Elektronen, Atome, Photonen usw.) nicht ebenso umfassend beobachten wie makroskopische Gebilde. Zur Unmöglichkeit ihrer Identifizierung kommt eine zweite Unmöglichkeit hinzu, nämlich die der gleichzeitigen Messung mehrerer Bestimmungsstücke, z. B. Ort und Geschwindigkeit.

Infolgedessen müssen wir uns grundsätzlich mit einer Statistik bescheiden. Unsere Aussagen müssen sich auf räumliche und zeitliche Mittelwerte beschränken. Für diese Statistik braucht man den mathematischen Formalismus einer Wellenausbreitung. Die Amplitude dieser Wellen hat keine physikalische Bedeutung, sondern erst das Ergebnis der Rechnung, die mit der Beobachtung vergleichbare statistische Verteilung der atomaren Individuen. Das gilt in gleicher Weise für die Wellen des Lichtes wie die Materiewellen. Aus diesem Grund haben wir von vornherein in diesem Buche alle unnötigen Aussagen über die Amplituden der Lichtwellen vermieden, und zum Schluß auch die Aussage Lichtwelle = elektrische Welle auf ihren wahren Gehalt zurückgeführt.

Ein näheres Eingehen auf die wellenmechanische Statistik überschreitet den Rahmen dieses Buches. Nur ein Punkt sei kurz erwähnt. Man hat diese Statistik mit großem Erfolg auf die Bewegung der Elektronen im Felde des positiven Atomkernes angewandt. Das Ergebnis liefert die Häufigkeit, mit der man z. B. das Elektron des H-Atomes in einem bestimmten Abstand vom Kern antreffen kann. Diese Gebiete größter Häufigkeit bilden im einfachsten Falle konzentrische Kugelschalen von erheblicher Dicke. Sie entsprechen den K-, L-, M- . . . Schalen des Bohrschen Modells. Die stationären Haufigkeitsverteilungen besitzen kein elektrisches Moment, strahlen also auch nicht. Während des Überganges aus einer stationären Häufigkeitsverteilung in eine andere tritt aber vorübergehend eine Verteilung mit einem elektrischen Moment auf, und diese schwingt mit der gleichen Frequenz wie die während des Überganges ausgestrahlte Lichtwelle. So rechtfertigt das wellenmechanische Atommodell die klassische Vorstellung schwingender Dipole im Innern der Atome.

XIV. Über Strahlungsmessung und Lichtmessung.
Über Farben und Glanz.

§ 170. Vorbemerkung. Dies letzte Kapitel zerfällt in zwei Teile. Der erste behandelt noch einige die Strahlung und ihre Messung betreffende physikalische Fragen. Sie hätten sachlich an früheren Stellen gebracht werden können; hier aber geben sie eine erwünschte Vorbereitung und Überleitung zum zweiten Teil. In diesem zweiten Teil verlassen wir das Arbeitsgebiet der Physik. Wir zeigen zunächst, wie die Photometrie die Strahlungsgrößen mit einer biologischen Bewertung mißt und bringen dann eine Reihe psychologischer Tatsachen zur Entstehung der Farben und des Glanzes. Leider lassen sich vielen dieser Tatsachen noch keine sinnesphysiologischen Vorgänge zuordnen. Trotzdem ist ihre Kenntnis nicht minder wichtig als die der physikalischen Gesetzmäßigkeiten. Man braucht sie nicht nur für physikalische Beobachtungen, sondern auch für technische Anwendungen und zahlreiche Fragen des täglichen Lebens. — Es soll nur eine knappe Auswahl aus der Fülle des Stoffes gegeben und auf alle Vollzähligkeit verzichtet werden.

Erster Teil.

§ 171. Absolute Eichung von Strahlungsmessern. In den bisherigen Kapiteln haben wir dauernd die Strahlungsleistung mit einem in Watt geeichten Thermoelement gemessen. Doch ist eine Beschreibung des Eichverfahrens unterblieben.

Eine solche Eichung erfolgt im allgemeinen in zwei Schritten. Im ersten bestrahlt eine Lichtquelle von großer Strahlungsstärke (Sonne, 1000-Watt-Lampe od. dgl.) einen unempfindlichen Strahlungsmesser, z. B. eine berußte Metallplatte mit einem eingesetzten Thermometer und einer elektrischen Heizvorrichtung. Man wartet bis zur Einstellung einer konstanten Temperatur. Dann blendet man die Strahlung ab und hält die gleiche Temperatur mit der elektrischen Heizung aufrecht. Die dazu erforderliche Leistung (Volt · Ampere) ist gleich der vorher benutzten Strahlungsleistung. Damit ist der unempfindliche Strahlungsmesser geeicht. — Im zweiten Schritt vergleicht man das empfindliche Thermoelement (kleine Fläche) mit dem geeichten unempfindlichen Strahlungsmesser (große Fläche). — Soweit das Grundsätzliche des Verfahrens (Praktikumsaufgabe).

Im Laboratorium verfährt man einfacher. Die Technik bringt die nach Hefner benannten Normallampen (Abb. 535) in den Handel, auf Wunsch sogar mit amtlichem Eichschein. Mit einer solchen Normallampe bestrahlt man das Thermoelement

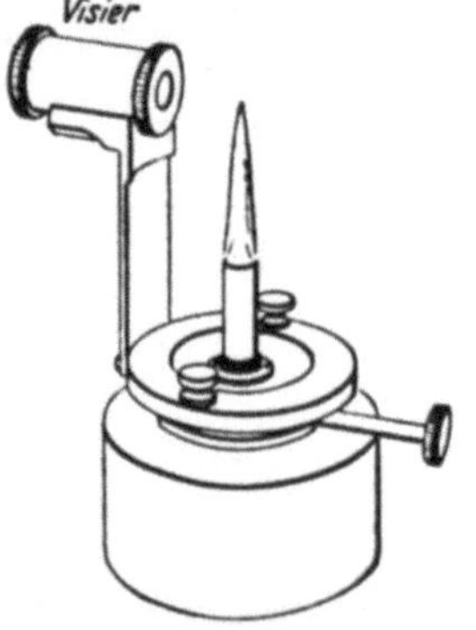

Abb. 535. Zur Eichung eines Strahlungsmessers (Thermoelement) in Watt dient eine Hefnersche Normallampe (Brennstoff Amylazetat, Durchmesser des Dochtes 8 mm, Flammenhöhe, mit Visier gemessen, gleich 40 mm). Mit einer Blende wird die Strahlung der heißen Gase oberhalb der Flamme ausgeschaltet. CO_2- und H_2O-Gehalt der Zimmerluft stören durch Absorption. Darum soll man in einem gut gelüfteten Raum arbeiten und den Abstand von 1 m innehalten.

in 1 m horizontalem Abstand. Dort erhalt jeder senkrecht getroffene cm² eine Leistung von $9,4 \cdot 10^{-5}$ Watt.

§ 172. Eigenstrahler und Fremdstrahler. Streureflexion und ihre Richtungsabhängigkeit.

Wir haben die Worte Lichtquelle, Strahler und Sender nebeneinander in der gleichen Bedeutung gebracht. Oft passen alle drei Worte gleich gut. Gelegentlich aber ist eines von ihnen bezeichnender als die anderen. — Als Empfänger dienen unser Auge, Strahlungsmesser oder beliebige bestrahlte Flächen.

Die Sender teilt man zweckmäßig in zwei Gruppen ein:

I. Eigen- oder Primärstrahler, z. B. Sonne, Lampen, phosphoreszierende Substanzen,

II. Fremd- oder Sekundärstrahler, z. B. der Mond, diese Druckseite, Zimmermöbel, fluoreszierende Körper usw.

Für die Sekundär- oder Fremdstrahler gelten die gleichen energetischen Definitionen wie für die Primärstrahler, also z. B.

$$\text{Strahlungsstärke } J_\vartheta = \frac{\text{Strahlungsleistung in Richtung } \vartheta}{\text{Raumwinkel } d\varphi}.$$

Für jedes Flächenelement ist die Strahlungsstärke der Sekundärstrahlung proportional der von der Primärstrahlung erzeugten Bestrahlungsstärke (S. 57). Die Sekundärstrahlung an matten Flächen entsteht durch die am Schluß von § 103 ausführlich behandelte „Streureflexion", also eine Überlagerung von Streuung und Reflexion an zahllosen, winzigen, ungeordneten Spiegelchen. Gestalt, Größe und Anordnung der ungeordneten Spiegelchen und Streuteilchen können in weiten Grenzen variieren, infolgedessen kann die Strahlungsstärke der Sekundärstrahlung in sehr verschiedener Weise von der Richtung abhängen.

Wir geben in den Abb. 537 bis 542 einige Beispiele in Schauversuchen. Sie sind alle nach dem gleichen Verfahren gewonnen (Abb. 536). Die Primärstrahlung P ist parallel gebündelt. Sie streift

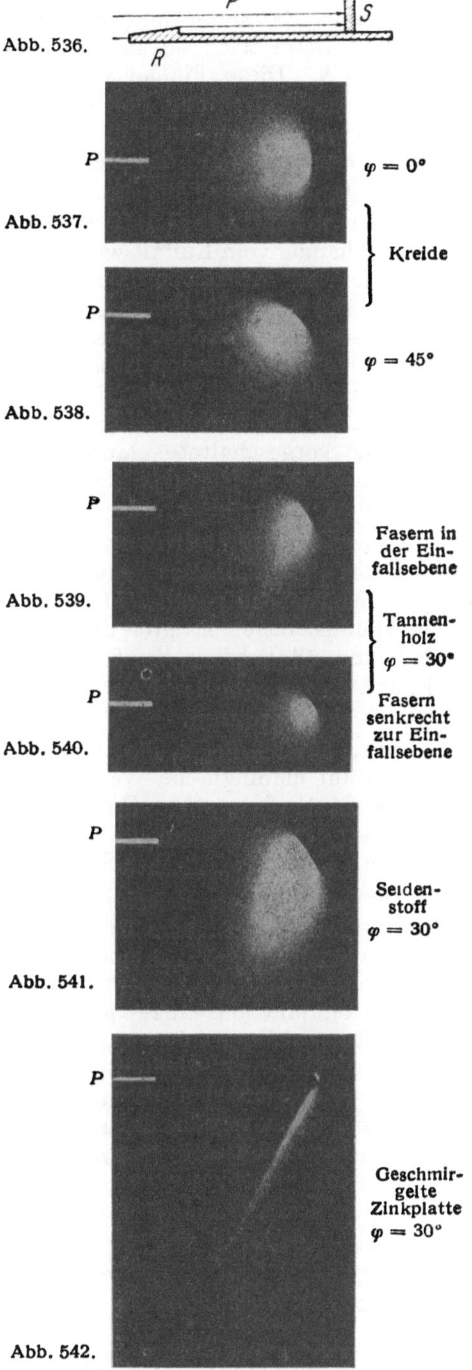

Abb. 536 bis 542 Richtungsverteilung der Sekundärstrahlung (Streureflexion) matter Flächen von verschiedener Oberflächenbeschaffenheit. P = Richtung und Breite des einfallenden Primärlichtbundels. Oben Versuchsanordnung. Näheres im Text

eine flache Rampe R und markiert dadurch ihre Richtung und ihren Querschnitt. Dann trifft sie auf die ebene Oberfläche des Fremd- oder Sekundärstrahlers S. Diese Fläche steht senkrecht auf einem matt getünchten Brett. Die Sekundärstrahlung bestrahlt das Brett und erzeugt an ihm eine Tertiärstrahlung. Diese gelangt ins Auge oder in die photographische Kamera. Beide blicken senkrecht auf das Brett.

Die Abb. 537 und 538 sind mit einer ebenen Kreidefläche hergestellt. Kreide zeigt eine fast „ideal diffuse" Streureflexion. D. h. die Sekundarstrahlung ist unabhangig vom Einfallswinkel der Primärstrahlung symmetrisch zur Flächennormale der Kreideoberfläche verteilt: Das Lambertsche Kosinusgesetz (Abb. 130) ist für die Sekundärstrahlung der Kreide mit guter Näherung erfüllt.

Papier und Porzellan geben eine ähnliche Verteilung der Sekundärstrahlung, auch ihre Streureflexion ist sehr diffus. Das gilt nicht nur für mattes, sondern auch für glänzendes Papier, nicht nur für unglasiertes, sondern auch für glasiertes Porzellan. Die oberflächlichen Harz-, Leim- oder Glasurschichten wirken nur wie eine vorgeschaltete plane Glasplatte: Sie geben eine zusätzliche, auf die Einfallsebene beschränkte Spiegelung, aber keine Streureflexion in einem bevorzugten Winkelintervall.

Eine Streureflexion mit Vorzugsrichtung findet sich in Abb. 539. Dort dient ein glattgehobeltes Tannenbrett als Sekundärstrahler, die Holzfasern liegen der Einfallsebene parallel. In Abb. 540 hingegen liegen die Fasern senkrecht zur Einfallsebene. Es gibt nur eine diffuse Streureflexion ohne ausgezeichnete Richtung, ähnlich wie bei Kreide und wie bei Papier Diese Abhängigkeit der Streureflexion von der Faserrichtung wird technisch vielfach ausgenutzt, z. B. bei Parkettmustern.

Sehr ähnlich liegen die Dinge bei vielen Geweben. Man kann den feinen Fasern auf mannigfache Weise Vorzugsrichtungen geben. So erhält man z. B. glänzende Seidenstoffe. Ihre Streureflexion hat ausgezeichnete Richtungen. Abb. 541. Oft läßt man die Faserrichtung in Mustern wechseln, z. B. bei Damasten aller Art (Tischtücher, Möbelstoffe usw.).

Die auffälligsten Beispiele einer Streureflexion in bevorzugten Richtungen liefern die Metalle. Beim Feilen, Hobeln und Schmirgeln bekommen die Oberflächen eine „Strichrichtung". Legt man diese in die Einfallsebene, so nähert sich die Streureflexion bereits einer Spiegelung, d. h. für eine bevorzugte Richtung gilt: Streureflexionswinkel gleich Einfallswinkel (Abb. 542). Doch bleibt die Sekundärstrahlung keineswegs auf die Einfallsebene beschränkt. Es liegt noch Streureflexion vor und keine Spiegelung. Der Grenzübergang Streureflexion→Spiegelung erfolgt erst bei wesentlich feinerer Struktur der Oberfläche: Die Größe ihrer einzelnen regellos orientierten Flächenelemente sowie ihre gegenseitigen Abstände müssen klein gegenüber der Wellenlänge werden (S. 184).

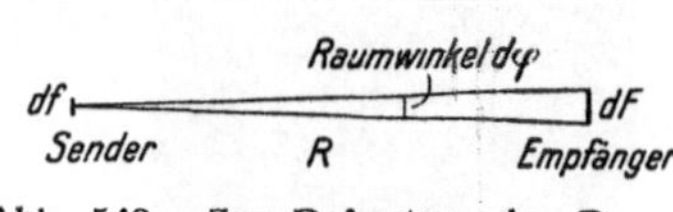

Abb. 543. Zur Definition der Bestrahlungsstarke.

§ 173. Experimentelle Hilfsmittel für die Änderung einer Bestrahlungsstärke. In den folgenden Paragraphen werden wir häufig die Bestrahlungsstärke b einer Fläche dF ändern müssen, ohne am Sender etwas ändern zu dürfen. Einige dazu geeignete Hilfsmittel wollen wir vorher behandeln.

Nach der Keplerschen Gleichung

$$\text{Bestrahlungsstarke } b = \frac{\text{Strahlungsstärke } J \text{ des Senders}}{(\text{Abstand } R \text{ des Senders})^2} \quad (30\,\text{b}) \text{ von S. 57}$$

gibt es zwei Möglichkeiten zur Änderung der Bestrahlungsstärke (Watt/m^2): Man kann die vom Sender ausgehende Strahlungsstärke auf dem Wege zum Empfänger ändern, oder den **Abstand** R zwischen Sender und Empfänger. Das letztere ist das einfachere. Es kann völlig stetig geschehen, führt aber leider oft zu Abständen von lästiger Größe. Daher läßt man meist den Abstand R konstant und verändert unterwegs die **Strahlungsstärke.**

Unabhängig von dem benutzten Spektralbereich kann man das meistens nur für den räumlichen oder zeitlichen **Mittelwert** der Strahlungsstärke erreichen. Den **räumlichen** Mittelwert ändert man mit **Siebblenden.** Diese sind aber nur in Verbindung mit abbildenden Linsen zu gebrauchen, man muß sie dicht vor die Linsen stellen. Siebblenden ändern überdies die Strahlungsstärke nur stufenweise, nicht stetig.

Den **zeitlichen** Mittelwert einer Strahlungsstärke ändert man mit einer rasch **rotierenden Sektorscheibe.** Eine solche ist in Abb. 544 skizziert. Man kann sie quer zur Lichtrichtung verschieben und so den durchgelassenen Bruchteil der Strahlung stetig verändern.

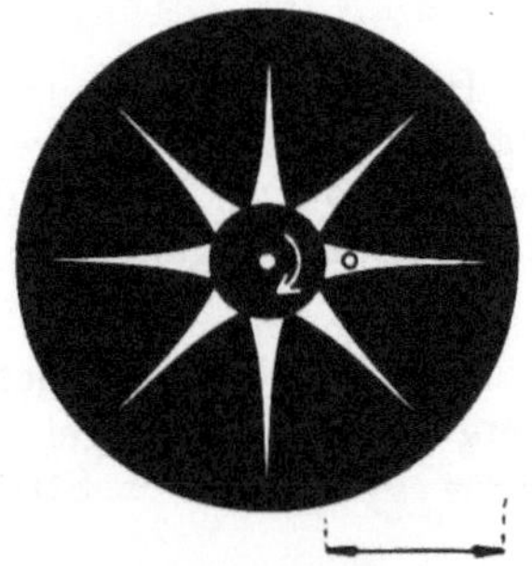

Abb 544 Rotierende Sektorscheibe zur Änderung des zeitlichen Mittelwertes einer Strahlungsstärke. Mehr als etwa 30 bis 60 Dunkelpausen je Sekunde werden vom Auge nicht mehr wahrgenommen. Der Kreis bedeutet den Querschnitt des Lichtbundels. Ein Schlitten ermöglicht eine seitliche Verschiebung der Sektorscheibe in Richtung des Doppelpfeils

Für einen begrenzten Spektralbereich, z. B. den sichtbaren allein, ist eine stetige Änderung der Strahlungsstärke einfach zu erreichen. Auch braucht man sich nicht auf die Mittelwerte zu beschränken. Man schaltet z. B. in den Strahlengang ein sogenanntes „Graufilter" veränderlicher Dicke. Es besteht meistens aus zwei übereinander schiebbaren schlanken Glaskeilen mit einer von der Wellenlänge unabhängigen Absorptionskonstanten. Oder man benutzt zwei hintereinander gestellte und gegeneinander verdrehbare Polarisationsprismen (Nikols). Polarisationsfolien sind ihres großen Durchmessers halber bequemer, doch absorbieren sie für viele Zwecke zu selektiv.

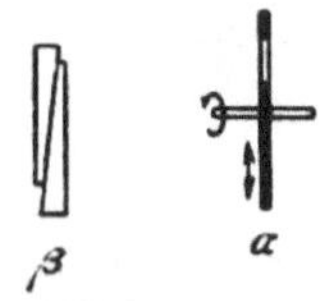

Zum Schluß wollen wir für die beiden häufigsten Hilfsmittel zur Änderung der Strahlungsstärke noch je ein **Zeichenschema** einführen (Abb. 545). Für die Sektorscheibe oder Siebblenden benutzen wir das Schema α, für Graukeile oder Polarisatoren

Abb. 545. Zeichenschema für zwei Gruppen technischer Hilfsmittel zur Änderung von Strahlungsstärken.

das Schema β. Dann brauchen wir die später folgenden Bilder nicht mit nebensächlichen Einzelheiten zu belasten.

§ 174. Vergleich von Strahlungsstärken verschiedener Strahler.

Zur **absoluten** Messung der Strahlungsstärken J_x (Leistung/Raumwinkel) braucht man einen in Watt geeichten Strahlungsmesser (Thermoelement). In Ermangelung einer Eichung muß man sich mit **Vergleichsmessungen** behelfen. Bei diesen wählt man irgendeinen Strahler. z. B. eine Kerze, als **Strahlungsnormal** und definiert ihre Strahlungsstärke J_E als Einheit. Dann kann man beliebige Strahlungsstärken J_x in Vielfachen dieser Einheit der Strahlungsstärke messen.

Derartige Vergleichsmessungen gehen am besten von Gl. (30b), S. 322, aus. **Man erzeugt mit beiden Strahlern die gleiche Bestrahlungsstärke** b. Zu diesem Zweck verändert man entweder den **Abstand** R_x des zu messenden

Strahlers (Abb. 546); dann gilt

$$J_x = (R_x/R_E)^2 \cdot J_E,$$

oder man macht die Abstande R beider Strahler gleich groß (Abb. 547) und schwächt die Strahlungsstarke J_x unterwegs auf den Bruchteil $1/p$; dann gilt

$$J_x = p \cdot J_E.$$

In beiden Fallen wird die Gleichheit der Bestrahlungsstärke durch die Erwärmung des Empfängers (Thermoelement) festgestellt, also durch einen nichtselektiven, d. h. von der Wellenlänge der Strahlung unabhängigen, physikalischen Vorgang.

Zweiter Teil.

§ 175. Die Photometrie. Von dem soeben behandelten physikalischen Vergleichsverfahren gelangt man auf einfachstem Wege zur Photometrie. Diese bewertet die Strahlung nicht nach ihrer Leistung (Energie/Zeit oder

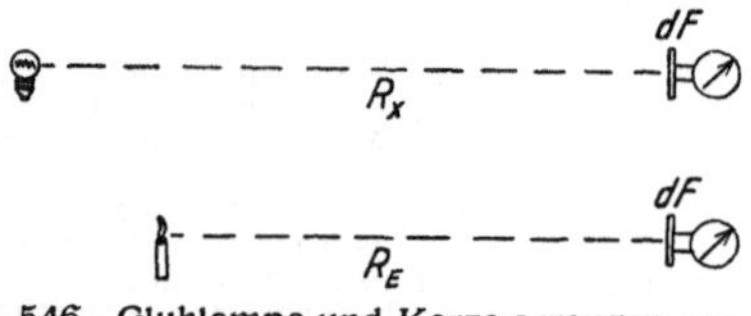

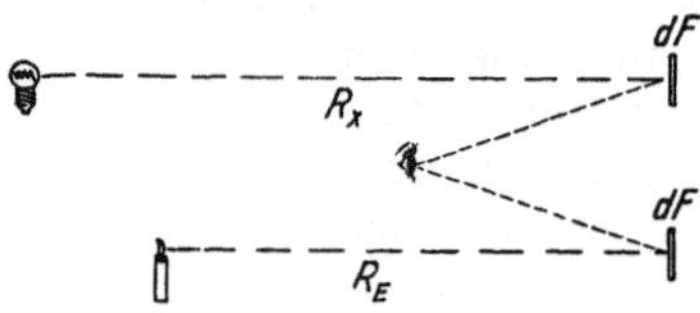

Abb. 546. Gluhlampe und Kerze erzeugen aus verschiedenem Abstand die gleiche Bestrahlungsstarke des Empfangers (Thermoelement) dF sind zwei gleiche unbunte, z. B. weiße Flachen.

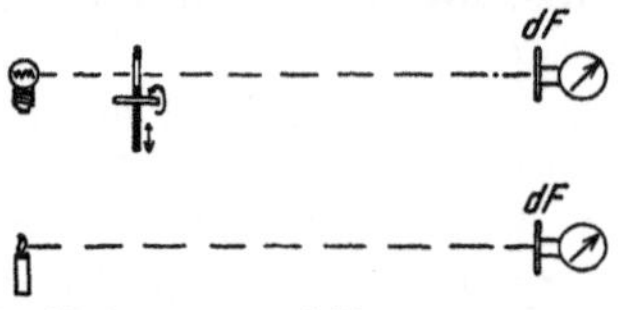

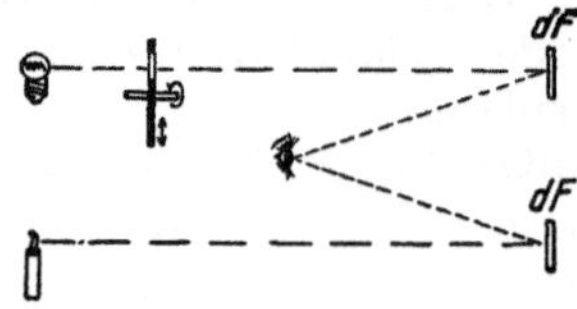

Abb. 547. Gluhlampe und Kerze erzeugen aus gleichem Abstand die gleiche Bestrahlungsstärke, nachdem man die eine Strahlungsstarke mit einem rotierenden Sektor auf $1/p$ herabgesetzt hat.

„Energiestrom"), sondern nach ihrer Wirkung auf unseren Lichtsinn. Man ersetzt die in Abb. 546/47 gleiche Bestrahlungsstärke der Flächen dF durch eine vom Lichtsinn (Auge) festgestellte gleiche Beleuchtungsstärke (Abb. 548/49).

Abb. 548. Gluhlampe und Kerze erzeugen aus verschiedenen Abstanden die gleiche Beleuchtungsstarke. dF sind zwei gleiche, unbunte, am besten weiße Flachen.

Abb. 549. Gluhlampe und Kerze erzeugen aus gleichem Abstand die gleiche Beleuchtungsstarke, nachdem man die eine Lichtstarke unterwegs mit einem rotierenden Sektor herabgesetzt hat.

Dann aber vergleicht man nicht mehr Strahlungsstärken, sondern Lichtstärken, d. h. allgemein: die mit ihrer Wirkung auf den Lichtsinn gemessenen Strahlungsgrößen mussen neue Namen und eigene Buchstaben (siehe Vorwort) bekommen. Man sagt für den Sender

Lichtstärke	statt Strahlungsstärke	(Leistung/Raumwinkel)
Leuchtdichte	statt Strahlungsdichte	$\left(\dfrac{\text{Leistung}}{\text{Raumwinkel}} \middle/ \text{Fläche}\right)$
Lichtstrom oder Lichtleistung	statt { Energiestrom oder Strahlungsleistung }	(Leistung)

für den Empfanger

Beleuchtungsstärke statt Bestrahlungsstärke (Leistung/Fläche) und sowohl für den Sender wie für den Empfanger Lichtmenge statt Strahlungsenergie.

Bei quantitativen Angaben bezeichnet man die Einheit des Raumwinkels zweckmäßig als Rad^2 oder als Steradien, vgl. S. 350.

Das physikalische System bedarf keiner neuen Grundgröße. Es geht aus von der Leistung der Strahlung, meßbar in Watt und gibt den mit dem Watt abgeleiteten Einheiten, z. B. Watt/m^2, vernünftigerweise keine neuen Namen. — Das photometrische System hingegen mißt die mit dem Lichtsinn biologisch bewertete Strahlungsstärke, also die Lichtstärke, als Grundgröße. D. h. sie schafft für sie eine eigene Einheit, genannt Kerze. Die Einheit Kerze wird mit einer vereinbarten Normallichtquelle hergestellt. Als solche benutzte man fruher die Hefnersche Normallampe (Abb. 535, Hefnerkerze, HK), neuerdings einen schwarzen Körper, mit einer Öffnung von 1/60 cm^2 und einer Temperatur von 1770 Grad C, dem Erstarrungspunkt des Platins (Neue Kerze, NK)[1].

Bei der Hefnerlampe ist die Strahlung in horizontaler Richtung zu benutzen, beim schwarzen Körper die Strahlung senkrecht zur Öffnung.

Nun aber kommt etwas recht Überflüssiges: Man gibt allen abgeleiteten Einheiten besondere Namen, und durch sie bekommt diese harmlose Meßkunst das Ansehen einer wahrhaft esoterischen Lehre. Wir stellen in der Tabelle 19 nur die Namen der gebräuchlichsten abgeleiteten Einheiten zusammen und verweisen wegen der übrigen (z. B. Lambert, Phot usw.) auf das Sachverzeichnis.

Tabelle 19.

(Rad^2 oder Steradian bezeichnet den räumlichen Einheitswinkel, vgl. S. 350.)

	Begriff	Definition	Einheit	Name der abgeleiteten Einheit	
				bei hell-adaptiertem Auge	bei dunkel-adaptiertem Auge
Für den Sender	Lichtstarke	Grundgröße	Kerze (NK)	—	—
	Leuchtdichte	Lichtstärke/scheinbare Senderfläche (Abb. 131)	$! \to \dfrac{\text{Kerze}}{\text{cm}^2}$	Stilb, sb	$10^7\,\pi\,\text{Skot}$
	Lichtstrom	Lichtstarke · Raumwinkel	Kerze · Rad^2	Lumen, lm	—
Für den Empfänger	Beleuchtungsstärke	$\dfrac{\text{Lichtstrom}}{\text{Empfangerflache}} = \dfrac{\text{Lichtstärke d. Send.}}{(\text{Abstand d. Send.})^2}$	$\dfrac{\text{Kerze} \cdot \text{Rad}^2}{\text{Meter}^2} = \dfrac{\text{Kerze}}{\text{Meter}^2}$	Lux, lx (früher Meterkerze)	$10^3\,\text{Nox}$

Besitzt ein Eigenstrahler eine von der Richtung unabhängige Lichtstarke 1 Kerze, so sendet er in die umgebende Kugelfläche, also in den Raumwinkel $4\,\pi$, den Lichtstrom $4\,\pi$ Lumen. Bei der Mehrzahl der Lichtquellen ist die Lichtstarke genau wie die Strahlungsstarke vom Einfallswinkel ϑ abhängig. Dann muß über die Kugelflache summiert werden.

Unter der Beleuchtungsstärke $n\,\dfrac{\text{Kerzen}}{\text{m}^2} = n$ Lux strahlt ein ideal diffus streuender Fremdstrahler (S. 321) als „Sekundarstrahler" seinerseits mit einer Leuchtdichte $\dfrac{n\,r}{\pi}\,\dfrac{\text{Kerzen}}{\text{m}^2} = n\,r$ Apostilb; $(r = \text{Reflexionsvermögen})$. Man benutzt also für $\dfrac{1}{\pi}\,\dfrac{\text{Kerze}}{\text{m}^2}$ den Namen Apostilb.

§ 176. Definitionen der gleichen Beleuchtungsstärke. Heterochrome Photometrie.

Die Lichtmessung (Abb. 548/49) beruht auf der Herstellung zweier gleicher Beleuchtungsstärken. Beim Vergleich zweier Lichtquellen der

[1] Ein allgemein gültiger Umrechnungsfaktor zwischen Hefnerkerze und neuer Kerze kann grundsätzlich nicht angegeben werden, weil die beiden Typen von Normallampen verschiedene spektrale Energieverteilungen besitzen. Angenähert gilt: 1 neue Kerze = 1,1 Hefnerkerze

gleichen Bauart, z. B. einer großen und einer kleinen Wolframglühlampe mit normaler Belastung, ist die Einstellung gleicher Beleuchtungsstärken ohne weiteres klar. Man läßt die beiden Flächen dF der schematischen Abb. 548/49 irgendwie aneinander grenzen. Bei gleicher Beleuchtungsstärke verschwindet die Grenze, die beleuchteten Flächen unterscheiden sich überhaupt nicht mehr, die Gleichheit wird zur Identität. — Anders beim Vergleich verschiedenartiger Lichtquellen, z. B. einer gelb leuchtenden Na-Dampf-Lampe und · einer blaugrün leuchtenden Hg-Dampf-Lampe, oder zweier Bogenlampen mit bunten Filterfenstern, die eine mit einem roten, die andere mit einem blauen. Hier

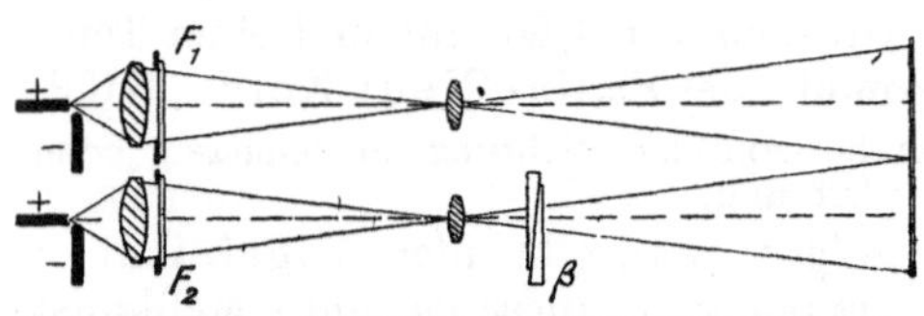

Abb. 550. Zur Definition gleicher Beleuchtungsstärke mit Hilfe gleicher Sehscharfe. — Das Umfeld soll bei diesen und den folgenden photometrischen Schauversuchen mit einer Beleuchtungsstärke von rund 10 HK/m² beleuchtet werden. Es strahlt dann selbst diffus mit einer Leuchtdichte von etwa 3 HK/m².

muß der Begriff der gleichen Beleuchtungsstärke erst durch eine Definition festgelegt werden. Für eine solche Definition kann man eine Reihe psychologischer Tatsachen benutzen. Wir bringen an Hand von Experimenten einige Beispiele:

1. Sehschärfe. In Abb. 550 werden auf einem Zeitungsblatt nebeneinander zwei rechteckige Felder mit je einer Bogenlampe beleuchtet, das eine rot, das andere grün. Die Beleuchtungsstärke des einen Feldes kann mit der Vorrichtung β in meßbarer Weise stetig verändert werden. Man kann mit bemerkenswerter Sicherheit auf gleiche Lesbarkeit oder gleiche Sehschärfe in beiden Feldern einstellen. Daher kann man unabhängig von der Farbe gleiche Sehschärfe als Kennzeichen gleicher Beleuchtungsstärke definieren.

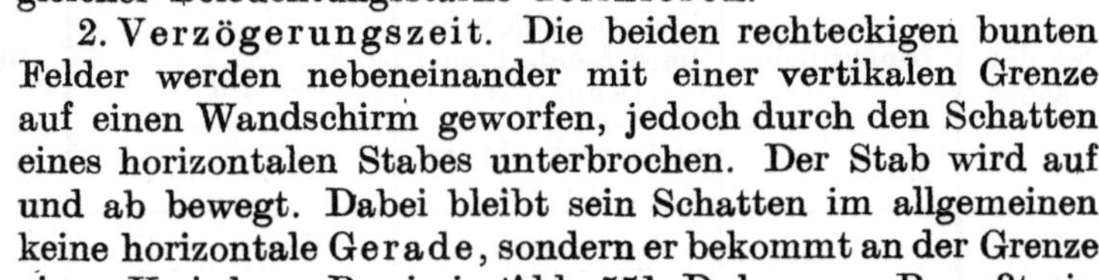

Abb. 551. Zur Definition gleicher Beleuchtungsstärke durch gleiche Verzögerungszeit.

2. Verzögerungszeit. Die beiden rechteckigen bunten Felder werden nebeneinander mit einer vertikalen Grenze auf einen Wandschirm geworfen, jedoch durch den Schatten eines horizontalen Stabes unterbrochen. Der Stab wird auf und ab bewegt. Dabei bleibt sein Schatten im allgemeinen keine horizontale Gerade, sondern er bekommt an der Grenze einen Knick, z. B. wie in Abb. 551. D. h. unser Bewußtsein nimmt die Bewegungen erst mit einer gewissen, von der Beleuchtungsstärke abhängigen Verzögerung wahr. Wir können wieder die Beleuchtungsstärke des einen Feldes variieren (Vorrichtung β) und mit großer Sicherheit auf ein Verschwinden des Knickes einstellen. Daher kann man unabhängig von der Farbe auch die gleiche Verzögerungszeit als Kennzeichen gleicher Beleuchtungsstärke definieren

In technischen Photometern erzeugt man mit Verzögerungen verschiedener Große stereoskopische Effekte. Ihr Verschwinden bedeutet gleiche Beleuchtungsstärke. Schauversuch: Man lasse ein Pendel, am besten bifilar aufgehängt, in einer Ebene schwingen. Der Beobachter betrachtet es mit beiden Augen, hält aber vor das eine irgendein dunkles oder gefärbtes Glas. Dann sieht er das Pendel auf einer Ellipsenbahn laufen.

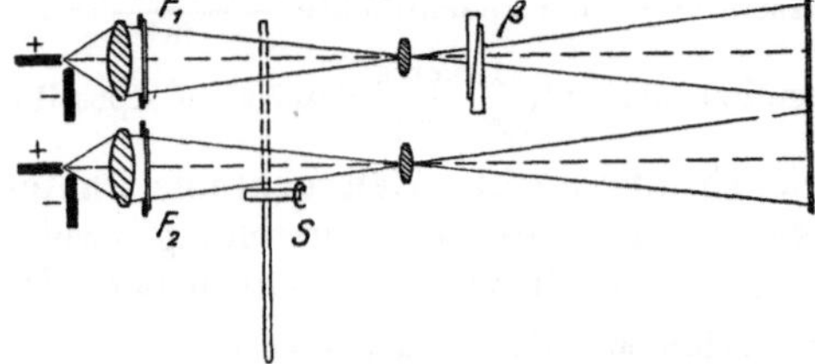

Abb. 552. Zur Definition gleicher Beleuchtungsstärke durch gleiche Frequenzgrenze des Flimmerns

3. Frequenzgrenze des Flimmerns. Intermittierende Beleuchtung, z. B. hergestellt mit der rotierenden Sektorscheibe in Abb. 552, erzeugt ein Flimmern. Dieses verschwindet ober-

halb einer **Grenzfrequenz**. Je höher die Beleuchtungsstärke (Vorrichtung β), desto höher die Grenzfrequenz. Bei verschiedenfarbiger Beleuchtung kann man gleiche Frequenzgrenze des Flimmerns als Kennzeichen gleicher Beleuchtungsstärke **definieren**.

4. **Flimmerfreier Feldwechsel.** Die beiden bunten beleuchteten Felder werden nicht wie bisher **nebeneinander**, sondern genau passend **aufeinander** gelegt (Abb. 553) und mit einem rotierenden Sektorverschluß dem Auge **abwechselnd** dargeboten, etwa 10mal je Sekunde. Im allgemeinen sieht man einen flimmernden Wechsel des **Farbtones**. Durch Änderung der einen Beleuchtungsstärke (Vorrichtung β) kann man das **Flimmern** beseitigen. Das **Auge** sieht dann das Feld in einer ruhigen

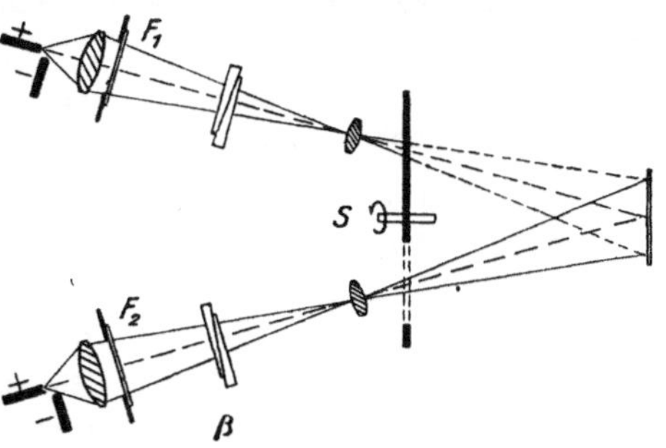

Abb. 553. Zur Definition gleicher Beleuchtungsstärke durch flimmerfreien Feldwechsel.

Mischfarbe. Dieser flimmerfreie Feldwechsel kann unabhangig von der Farbe als Kennzeichen gleicher Beleuchtungsstärke **definiert** werden.

Diese verschiedenartigen Definitionen für die Gleichheit zweier Beleuchtungsstärken führen zu leidlich übereinstimmenden Ergebnissen. Mit ihrer Hilfe kann man die Lichtstärken der verschiedenartigsten Lichtquellen vergleichen und messen, und zwar in Vielfachen der vereinbarten Einheitsstärke, der Kerze. Die Zahlenwerte der Photometrie können selbstverständlich nur für einen mittleren Normalmenschen gelten und auch für ihn nur bei seinem normalen, nicht durch irgendwelche besonderen Beanspruchungen geänderten Befinden.

§ 177. Spektrale Empfindlichkeitsverteilung des Auges. Objektive Photometrie. Nach den Darlegungen des vorigen Paragraphen lassen sich Lichtstärken **unabhängig von ihren Farben** in Kerzen messen. Infolgedessen kann man die spektrale Verteilung der Augenempfindlichkeit experimentell bestimmen.

Als **Empfindlichkeit des Auges** definiert man das von der Wellenlänge abhängige Verhältnis

$$E_\lambda = \frac{\text{photometrisch in Kerzen gemessene Lichtstärke}}{\text{physikalisch in Watt/Rad}^2 \text{ gemessene Strahlungsstärke}}$$

E_λ hat also die Einheit $\dfrac{\text{Kerze}}{\text{Watt/Rad}^2} = \dfrac{\text{Lumen}}{\text{Watt}}$. Ihre Dimension ist eine reine Zahl. Denn Lichtstärke ist ja eine biologisch bewertete Strahlungsstarke.

Die Meßmethoden sind aus den vorangehenden Paragraphen zur Genüge bekannt. Das Ergebnis — ein Jahresmittel über Hunderte von Individuen — ist in Abb. 554 dargestellt. Es gilt für das hell adaptierte Auge, d. h. für den Zustand des Auges bei Leuchtdichten > 3 Kerzen/m². Das Maximum der Empfindlichkeits-

kurve liegt dann bei der Wellenlänge $\lambda = 555\,\text{m}\mu$, dort ist $E_{\max} = 694\,\dfrac{\text{Kerzen}}{\text{Watt/Rad}^2}$.

Der Kehrwert dieses **Höchstwertes**, also $1,44 \cdot 10^{-3}$ Watt/Lumen, wird oft als **mechanisches Lichtäquivalent** bezeichnet.

Die Lage des Empfindlichkeitsmaximums läßt sich qualitativ schon mit ganz einfachen Schauversuchen vorführen. Man entwirft ein Spektrum mit einer Bogenlampe auf dem Wandschirm und betrachtet die Strahlungsstärke der einzelnen Wellenlängenbereiche in roher, aber genügender Näherung als konstant. In den Strahlengang setzt man eine Sektorscheibe und steigert allmählich die Drehfrequenz: Zunächst flimmert das ganze Spektrum, dann werden die Enden (violett und rot) flimmerfrei. Der flimmernde Bereich wird mehr und mehr eingeengt. **Zuletzt wird die Frequenzgrenze des Flimmerns im Grünen, also im Bereich der Höchstempfindlichkeit, erreicht.** — Oder noch einfacher: Man entfernt die Sektorscheibe und hält quer vor den Spalt eine Nadel. Sie unterteilt das Spektrum in seiner ganzen Länge horizontal durch einen geraden schwarzen Strich. Dann bewegt man die Nadel langsam auf und nieder. Dadurch wird der schwarze Strich durchgebogen, die beiden Enden im Rot und Violett bleiben zurück. Der Scheitel des Bogens liegt im Grünen, d. h. im Gebiet der Höchstempfindlichkeit ist die Verzögerungszeit des Auges am kleinsten.

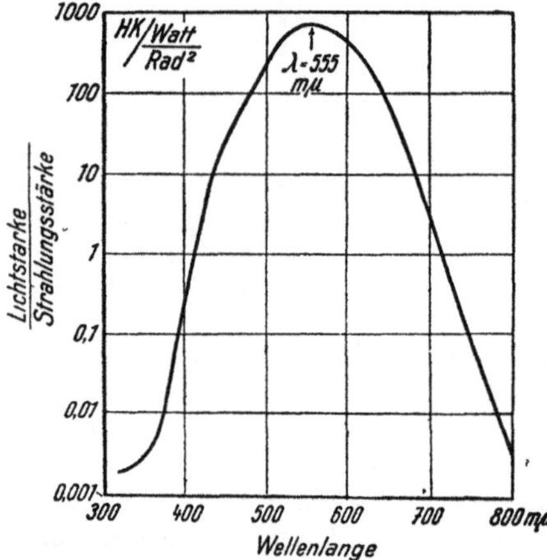

Abb. 554. Spektrale Empfindlichkeitsverteilung des hell adaptierten Auges nach den zur Zeit international angenommenen Werten. Man kann auch die 10% aller männlichen Beobachter mit leichten Störungen des Farbensinnes ausschalten. Dann verschiebt sich das Maximum zur Wellenlänge 565 mμ. Üblicherweise bezeichnet man nur den Wellenlangenbereich von 400 bis 750 mμ als sichtbar. Das ist also nicht frei von Willkür.

Bei kleinen Beleuchtungsstärken des Auges treten die Empfangsorgane der hell adaptierten Netzhaut, die Zäpfchen, außer Funktion. Statt ihrer treten andere Empfangsorgane, die Stäbchen, in Tätigkeit. Bei Beleuchtungsstärken $< 3 \cdot 10^{-8}$ Kerzen/m² arbeiten diese allein. Die spektrale Empfindlichkeitsverteilung des Auges ist dann in Richtung kürzerer Wellen verschoben. Das Maximum liegt bei ungefähr 510 mμ. Dabei reagiert das Auge noch auf eine Bestrahlungsstärke von etwa $6 \cdot 10^{-13}$ Watt/m², d. h. durch seine Pupille von $5 \cdot 10^{-5}$ m² Fläche, muß eine Strahlungsleistung von etwa $3 \cdot 10^{-17}$ Watt[1] oder ein Lichtstrom von etwa $2 \cdot 10^{-14}$ Lumen eintreten. Mit den Stäbchen kann das Auge die Dinge nicht mehr farbig sehen. „Bei Nacht sind alle Katzen grau." Die Stäbchen fehlen im Winkelbereich der größten Sehschärfe (S. 51). Daher verschwinden die Dinge beim Fixieren, beim Vorbeiblicken treten sie wieder auf. Man sieht „Irrlichter" und huschende Gespenster.

Zur Vorführung dieser Tatsachen entwirft man in einem völlig verdunkelten Hörsaal ein Spektrum auf dem Wandschirm und regelt die Beleuchtungsstärke des Spaltes mit Hilfe zweier Nikols. Nach einigen Minuten sind die Beobachter dunkeladaptiert. Das Spektrum erscheint als silbrig glänzendes Band, das Maximum im zuvor „blauen" Gebiet hebt sich deutlich hervor. Beim Fixieren sieht man nichts, man muß vorbeiblicken.

Mit der Bestimmung der beiden spektralen Empfindlichkeitsverteilungen des hell- und des dunkeladaptierten Auges sind die psychologischen Grundlagen der Lichtmeßkunst (Photometrie) geschaffen. Für technisch-wirtschaftliche Zwecke kann man in internationaler Vereinbarung geschickt ausgewählte Mittelwerte (z. B. Abb. 554) als verbindlich erklären. Auf ihnen fußend, kann man dann die praktischen Lichtmessungen ohne den Lichtsinn allein durch **Instrumente** ausführen lassen. Man kann unschwer einem lichtelektrischen Strahlungsmesser (Photozelle + Strommesser, Abb. 38) eine gleiche spektrale Empfindlichkeitsverteilung geben wie dem Auge. Sehr geeignet ist der selektive Photoeffekt der Alkalimetalle, speziell des Cäsiums, in Verbindung mit bestimmten Filtern. Solche Zusammenstellungen werden oft „objektive Photometer" genannt. Sie bewerten die Leistung einer Strahlung (Watt) mit dem gleichen, **mit der Wellenlänge wechselnden Maß** wie ein vereinbartes mittleres Normalauge. Die Skala

---

[1] Entsprechend ca. 50 Lichtquanten in 0,5 sec, d. h. der Summierungszeit, während derer das dunkeladaptierte Auge nur auf das **Produkt** von Strahlungsleistung und Einstrahlungszeit reagiert. (Summierungszeit des helladaptierten Auges ca. 0,05 sec.)

des Strommessers kann direkt auf photometrische Einheiten, z. B. Kerzen umge-
eicht werden. In dieser und in anderen Formen löst die technische Photometrie
durch Vereinbarung meßtechnischer Spielregeln die Aufgabe, wirtschaftlich
brauchbare Angaben zu liefern und Streitereien zu vermeiden. — Für das Sehen
eines einzelnen Individuums sind ihre Zahlenangaben durchaus nicht verbindlich.
Wo sich Folgerungen aus den Zahlen und das Sehen widersprechen, ist stets das
Auge im Recht!

§ 178. Helligkeit. Dies häufige Wort der Gemeinsprache wird meistens im
Sinne von Leuchtdichte, also Kerzen/m², angewandt, und zwar sowohl für Eigenstrahler (Lampen) wie für Fremdstrahler (Möbel, Druckschrift). Daneben benutzt
die Gemeinsprache das Wort Helligkeit auch im Sinne von Lichtstärke, d. h.
allein für die Kerzenzahl einer Lampe, eines Leuchtkäfers usw., ohne Rücksicht
auf die Größe der strahlenden Fläche. Die Astronomen endlich benutzen das
Wort Helligkeit in dreierlei verschiedenen Bedeutungen, darunter am häufigsten
im Sinne von Beleuchtungstärke[1]

$$B = \frac{\text{Lichtstrom}}{\text{Empfangerfläche}} = \frac{\text{Lichtstärke } i \text{ des Sternes}}{(\text{Abstand } R \text{ des Sternes})^2} \tag{331}$$

[1] Die Astronomen vergleichen nur die von zwei Sternen auf der Erde hervorgerufenen
Beleuchtungsstärke B_1 und B_2. Dann definieren sie (auf Grund einer langen historischen
Entwicklung) mit der Gleichung
$$m_2 - m_1 = 2,500 \log (B_1/B_2) \tag{332}$$
eine Differenz zweier Zahlen m_2 und m_1 und nennen diese Zahlen die „visuellen Größen-
klassen" der beiden Sterne. Der Wert m_1 wird in willkürlicher Vereinbarung für den Stern
Capella $= + 0,2$ gesetzt. In dieser Skala ist die visuelle Größenklasse m für gerade noch mit
dem bloßen Auge erkennbare Sterne $+ 6$, für α-Cygni (Deneb) $+ 1,3$, für Sirius $- 1,6$, für die
Sonne $- 26,7$. (Man vergleiche die Definition der Phonzahl in § 129 des Mechanikbandes.)

Als Parallaxe eines Fixsternes definieren die Astronomen den Winkel
$$\alpha = \frac{\text{Erdbahnradius } r}{\text{Fixsternabstand } R}. \tag{333}$$
Als Längeneinheit benutzen sie den Abstand R_0, aus dem der Erdbahnradius r unter einem
Winkel $\alpha = 1''$ gesehen wird, also
$$R_0 = r/1'' = 1 \text{ Parsek.} = 3{,}08 \cdot 10^{16} \text{ Meter} \tag{334}$$
$$[1'' = (1/3600)° = 4{,}85 \cdot 10^{-6}; \; r = 1{,}49 \cdot 10^{11} \text{ m}].$$
Aus Gl. (333) und (334) ergibt sich für einen Fixstern mit der Parallaxe α der Abstand
$$R = \frac{1''}{\alpha} \cdot R_0 = \frac{1''}{\alpha} \text{ Parsek.} \tag{335}$$

In Gl. (332) waren die Beleuchtungsstärken B benutzt. Bei bekannten Abständen R
verwenden die Astronomen statt ihrer die Lichtstärken $i = B R^2$ [Gl.(331)] und definieren
mit der Gleichung
$$M_2 - M_1 = 2,5 \log i_1/i_2 = 2,5 \log B_1 R_1^2/B_2 R_2^2 \tag{336}$$
eine Differenz zweier Zahlen M_2 und M_1 und nennen diese Zahlen die „absoluten Hellig-
keiten" oder die „absoluten Größen". Die Zusammenfassung von (332) und (336) ergibt
$$M_2 - M_1 = m_2 - m_1 + 5 \log R_1/R_2. \tag{337}$$
Für einen Fixstern, der im Abstand $R_1 = 10$ Parsek. zur „visuellen Größenklasse" $m_1 = 0$
gehört, wird $M_1 = 0$ gesetzt. So ergibt sich für einen Fixstern mit dem Abstande R_2 und
der visuellen Größenklasse m_2 als absolute Helligkeit die Zahl
$$M_2 = m_2 + 5 \log 10 \text{ Parsek.}/R_2 \tag{338}$$
oder, wenn man mit (335) seinen Abstand R_2 durch seine Parallaxe α_2 ersetzt,
$$M_2 = m_2 + 5 + 5 \log \alpha_2/1''. \tag{339}$$
Als „photographische Helligkeit" bezeichnen die Astronomen das Verhältnis
$$B' = \frac{\text{photochemisch bewertete Strahlungsstärke } J \text{ des Sternes}}{(\text{Abstand } R \text{ des Sternes})^2}.$$
Mit den Größen B' statt B definieren sie dann mit einer (332) entsprechenden Gleichung
Zahlen, die sie als „photographische Größenklassen" bezeichnen.

Bei diesem trostlosen Durcheinander soll man das Wort Helligkeit nach Möglichkeit vermeiden, ebenso wie das meist ungenügend definierte Wort Intensität — Die

$$\text{Leuchtdichte} = \frac{\text{Lichtstärke}}{\text{scheinbare Senderfläche (Abb. 131)}}$$

ist bei Gültigkeit des Lambertschen Gesetzes (S. 56), also sowohl bei Selbstleuchtern als auch bei ideal diffus zerstreuenden Fremdleuchtern, von der Emissionsrichtung unabhängig. Daher erscheint die leuchtende Sonnenkugel dem Auge als gleichförmig leuchtende Scheibe wie auch eine einseitig beleuchtete Kreidekugel.

Das Auge vermag sich einem erstaunlich großen Leuchtdichtebereich anzupassen oder zu adaptieren, nämlich dem Bereich zwischen $2 \cdot 10^{-6}$ und $2 \cdot 10^5$ Kerzen/m². Bei jedem Adaptierungszustand darf eine gewisse Leuchtdichte nicht überschritten werden, sonst tritt Blendung ein, d. h. die Sehschärfe und das Unterscheidungsvermögen für Farben wird stark beeinträchtigt. An der oberen Grenze des Adaptierungsvermögens warnen erst Unbehagen, dann Schmerz vor einer dauernden Schädigung des Auges. Die Leuchtdichten vieler Lichtquellen gehen über den Adaptierungsbereich des Auges hinaus. Das zeigt die Tabelle 20.

Tabelle 20. Beispiele für Leuchtdichten.

Eigenleuchter	Leuchtdichte	
Nachthimmel	etwa 10^{-7}	Kerzen/cm² oder
Neonlampe	etwa 0,1	Stilb ↑ !
Gasglühlichtlampe	6	
Hg-Bogenlampe	0,18	
Wolframglühlampe mit Gasfüllung	0,5—3,5	
Kohlebogenkrater (schwarze Temperatur $= 3820°$ abs.)	´ 18	$\dfrac{\text{Kilokerzen}}{\text{cm}^2}$ ←!
Desgl. mit Zusatz von Cerfluorid (Becklampe) . . .	40—120	
Hg-Hochdrucklampe (Quarzkugel, 45 Atm.) .	60[1]	
Sonne	100—150	
Fremdleuchter (Sekundarstrahler)	Leuchtdichte	
Gegenstände in beleuchteten Arbeits- und Wohnräumen	$< 0,1$	
Gegenstände auf Arbeitsplätzen für sehr feine Arbeiten	etwa 1	
Gegenstände auf der Straße, Sonne im Rücken . .	etwa 5	Kilokerzen/m²
Gegenstände im Freien bei trübem Wetter . ,	etwa 3	

Wichtig ist der Einfluß der optischen Instrumente auf die Leuchtdichte der betrachteten Gegenstände. Die physikalischen Grundlagen sind in § 30 behandelt worden. Doch spielen außerdem psychologische Dinge eine wesentliche Rolle.

§ 179. Unbunte Farben, Entstehungsbedingungen.
Temperaturmessungen auf optischem Wege und technische Lichtmessungen können die Farben der Strahler nicht außer acht lassen. Infolgedessen muß sich auch der Physiker mit den Grundlagen der Farbenlehre vertraut machen.

Die unbunten Farben lassen sich in einer Reihe, der „Grauleiter", anordnen. An einem Ende steht Weiß, am andern Schwarz.' Der Übergang führt über die grauen Farben. Er kann stetig erfolgen oder in mehreren, z. B. 10 kontrastgleichen Stufen. Zur Vorführung der Grauleiter benutzt man anfänglich handelsübliche matte weiße, graue und schwarze Papiere (Abb. 555, Tafel I) und beleuchtet sie mit Tageslicht oder mit Glühlicht (S. 3).

---

[1] Für kurze Zeiten (Bruchteile einer Sekunde) läßt sich der Wert erheblich überschreiten, er kann die Leuchtdichte der Sonne um ein Vielfaches übertreffen.

Physikalisch ist allen diesen unbunten Flächen eines gemeinsam: Im sichtbaren Spektralbereich hängt ihr diffuses Reflexionsvermögen nur wenig — im Idealfall gar nicht — von der Wellenlänge ab. Die verschiedenen unbunten Flächen unterscheiden sich nur durch die Größe ihres Reflexionsvermögens. Dies beträgt beim weißen Papier etwa 90 %, beim schwarzen nur etwa 6 %. Aus diesem Grunde reflektieren alle unbunten Flächen (weiße, graue und schwarze) eine sichtbare Strahlung von gleicher spektraler Verteilung in unser Auge, verschieden ist nur die Strahlungsdichte $\left(\dfrac{\text{Leistung}}{\text{Raumwinkel}}\Big/\text{Fläche, Einheit } \dfrac{\text{Watt}}{\text{Rad}^2}\Big/\text{m}^2\right)$, oder photometrisch gemessen die Leuchtdichte (Kerzen/m^2). — Dem entspricht eine sehr wichtige Erfahrung: Jede unbunte Fläche zeigt, für sich allein in einem dunklen Raume von Glühlicht beleuchtet, stets die gleiche Farbe, nämlich Weiß.

Schauversuch: In Abb. 556 wird eine kreisförmige Lochblende vor den Kondensor einer Bogenlampe gestellt und auf einem Schirm abgebildet. Als solcher wird zunächst im erleuchteten Hörsaal eine weiße Papptafel aufgehängt und danach

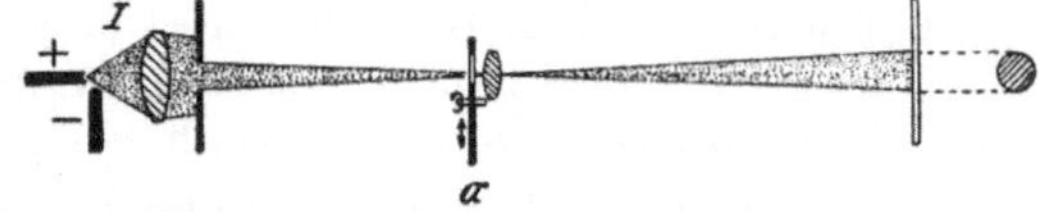

Abb. 556. Zur Entstehung der Farbe Weiß.

wird im verdunkelten Hörsaal beobachtet: Man sieht eine leuchtende weiße Kreisscheibe. Dann wird die Bogenlampe ausgeschaltet, die weiße Papptafel wird heimlich durch eine schwarze ersetzt, die Belastung der Bogenlampe wird vergrößert und von neuem beobachtet. Der Beobachter sieht wieder eine leuchtende weiße Fläche, etwa wie den weißen Mond auf dem Himmelsgrund.

Eine unbunte Fläche allein kann also nie grau oder schwarz gesehen werden. Zum Grau- oder Schwarzsehen braucht das Auge im Gesichtsfeld noch eine zweite Fläche von größerer Leuchtdichte. Das läßt sich auf zweierlei Weise erreichen: Entweder benutzt man mindestens zwei unbunte Flächen von verschiedenem Reflexionsvermögen und beleuchtet die Flächen gemeinsam mit Glühlicht. Oder man benutzt nur eine unbunte Fläche und beleuchtet auf ihr zwei getrennte Felder mit zwei Lampen verschiedener Lichtstärke. Das geschieht in Abb. 557. Die Lampe I beleuchtet ein kreisrundes „Infeld", die Lampe II ein außen rechteckig begrenztes „Umfeld".

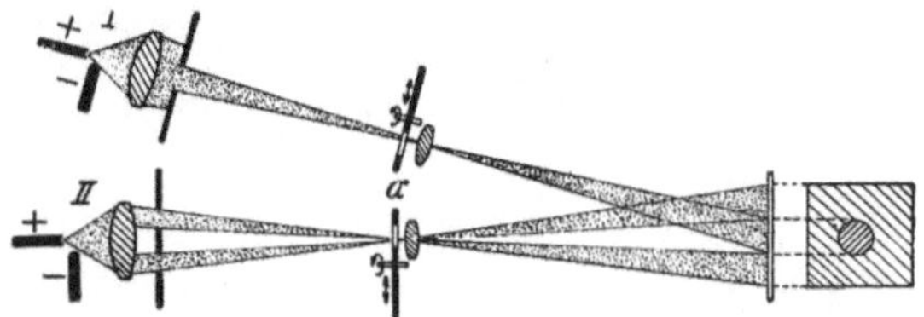

Abb. 557. Zur Entstehung der Farben Grau und Schwarz.

Beide Beleuchtungsstärken können mit den Vorrichtungen a in weiten Grenzen stetig verändert werden. — Als Schirm benutzt man irgendein mattes unbuntes, meist weißes Papier.

Zunächst wird nur das Infeld bestrahlt und die Leuchtdichte seiner Streustrahlung auf einen mittleren Wert gebracht. Das Infeld erscheint rein weiß. Dann wird das Infeld — ohne an seiner Bestrahlung etwas zu ändern — von einem leuchtenden Umfeld umgeben. Sofort schlägt die Farbe des Infeldes in ein Grau um. Je stärker die Bestrahlung des Umfeldes, desto dunkler das Grau. Man kann die ganze Grauleiter bis zu tiefem Schwarz durchlaufen, ohne, wir wiederholen, an der Strahlung des Infeldes irgend etwas zu ändern. Zum Schluß wird die Bestrahlung des Infeldes fortgenommen, also allein sein beleuchteter Rahmen gelassen. Nunmehr erscheint das Infeld noch schwärzer als das beste mattschwarze Papier oder selbst als Ruß.

Ergebnis: Ein Körper bekommt die Farbe Schwarz nicht durch seine eigene Strahlung, sondern durch die der Umgebung. Ohne Licht sieht man gar nichts,

Schwarz sieht man erst durch Licht aus der Umgebung. — An den grauen Farben sind zwei sichtbare Strahlungen beteiligt. Die eine geht von dem Körper aus, die andere von seiner Umgebung. Das Verhältnis beider Leuchtdichten unterscheidet die verschiedenen grauen Farben.

§ 180. Bunte Farben, ihr Ton und ihre Verhüllung. Wir entwerfen mit Gluhlicht ein kontinuierliches Spektrum. Schon bei flüchtiger Betrachtung überrascht die geringe Zahl verschiedener Farben. Eine große Gruppe, die Purpurtöne (Rotwein usw.), fehlt ganzlich. Vergeblich sucht man nach den häufigsten Farben unserer Kleidung, der Möbel und Tapeten. Es gibt kein Braun, kein Rosa, kein Dunkelgrün usw. Nach einer Farbentafel (z. B. O. Radde 1878) erscheint der Farbenbestand eines Spektrums geradezu armselig. Mit Recht nennt man zwar eine Strahlung aus einem engen Wellenlängenbereich monochromatisch, denn zu jedem solchen Bereich gehört eine charakteristische bunte Farbe. Aber der Satz darf keineswegs umgekehrt werden, denn nur in seltenen Fällen entstehen bunte Farben durch eine monochromatische Strahlung.

In die schier unübersehbare Fülle bunter Farben ist unschwer Ordnung zu bringen. Jede bunte Farbe zeigt einen bestimmten, nicht näher definierbaren Ton, nämlich Rot, Gelb, Purpur usw. Zu diesem Ton kann als zusätzliches Bestimmungsstück eine „Verhüllung" hinzukommen, d. h. ein Rot kann weißlich oder schwärzlich sein, auch ein zusätzliches Grau kann oft deutlich hervortreten.

Unverhüllte oder freie Farben lassen sich mit Filtergläsern herstellen und nach ihrer Ähnlichkeit auf einem geschlossenen Kreise anordnen (Abb. 558, Tafel I). In diesem Farbenkreis ist jeder Farbton seinen beiden Nachbarn ähnlicher als jedem anderen Tone.

Die Darstellung eines reinen Farbenkreises mit 12 matten, bunten Papieren ist nur ein Notbehelf.

Zur Vorführung der Verhüllung ergänzt man die Abb. 557 durch eine dritte Projektionslampe (Abb. 559). Sie bestrahlt ebenfalls nur das Infeld, und zwar

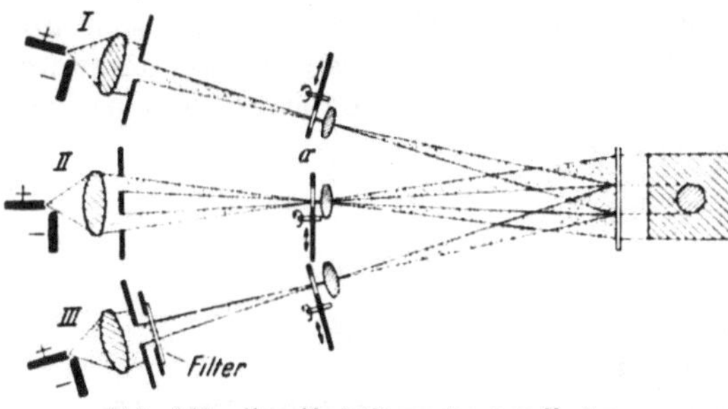

Abb. 559. Zur Verhüllung bunter Farben.

zunächst durch ein Rotfilter. Dann werden nacheinander vier Versuche ausgeführt:

1. Es brennt nur die Lampe *III*, das Infeld erscheint in einem unverhüllten oder freien Rot.

2. Das Rot des Infeldes soll weiß verhüllt werden. Zu diesem Zweck wird das Infeld zusätzlich vom Licht der Lampe *I* bestrahlt und die Bestrahlungsstärke langsam mit der Vorrichtung a gesteigert. Damit gelangen wir vom unverhüllten Rot über Rosa zu unbuntem Weiß.

3. Das Rot des Infeldes soll schwarz verhüllt werden. Die Lampe *I* wird abgeschaltet und dafür das Umfeld in steigendem Betrage mit dem Glühlicht der Lampe *II* bestrahlt. Wir gelangen vom unverhüllten Rot über schöne dunkelrote Farben zu unbuntem Schwarz.

4. Das Rot des Infeldes soll grau verhüllt werden. Dazu muß man es gleichzeitig mit Weiß und Schwarz verhüllen, also sowohl das Infeld (Lampe *I*) wie das Umfeld (Lampe *II*) mit Glühlicht bestrahlen. Mit Hilfe der Vorrichtungen a

kann man beide Bestrahlungsstärken variieren und von unverhülltem Rot über
Graurot zu jedem beliebigen un-
bunten Grau gelangen.

Sämtliche Verhüllungen eines
einzigen Farbtones lassen sich
flächenhaft mit dem Hering-
schen Verhüllungsdreieck darstellen (Abb. 560, Tafel I). Ein solches

Abb. 561. Schwarzverhüllung einer bunten Farbe gelingt
nur bei Anwesenheit einer zweiten beleuchteten Fläche

Verhüllungsdreieck gehört also zu jedem einzelnen Farbton des Farbenkreises.
In dieser Weise lassen sich, passend abgestuft, all die mannigfachen Farben in
Natur und Technik katalogisieren, und mit Zahlen und Buchstaben bezeichnen.
Das geschieht in den gebräuchlichen Farbentafeln des Handels. Diese beruhen
ausnahmslos auf den klassischen Arbeiten von Ewald Hering (1834—1918).

Eine schwarz oder grau verhüllte bunte Farbe kann ebensowenig
wie eine schwarze oder graue Farbe allein im Gesichtsfeld erscheinen.
In Abb. 561 wird eine braune Papierscheibe vor einem unbunten Schirm gestellt
und im verdunkelten Hörsaal zunächst allein mit Glühlicht bestrahlt. Man sieht
kein Braun, sondern nur den zu Braun gehörigen unverhüllten Farbton, ein stark
rötliches Gelb[1]. Dann erweitert man den beleuchtenden Lichtkegel und bestrahlt
auch den Schirm. Sofort ist die Schwarzverhüllung vorhanden, aus dem rötlichen
Gelb ist ein typisches Braun geworden.

§ 181. Farbfilter für unverhüllte Farben. Im vorigen Paragraphen haben wir
lichtstarke, von aller Weißverhüllung freie Farben mit Hilfe passend ausgewählter
Filter herstellen können. Welche Bereiche $\varDelta \lambda$ aus dem Spektrum des Glühlichts
muß ein derartiges Filter hindurchlassen? Das wollen wir an Hand der Abb. 562
experimentell beantworten, und zwar beispielsweise für einen ganz unverhüllten
grünen Ton.

Das Glühlicht der Bogenlampe kommt aus einem Spalt S und beleuchtet die
Lochblende F. Diese wird mit der Linse L_2 auf dem Wandschirm abgebildet.
Unterwegs wird das Glühlicht mit Hilfe des Prismas und der Linsen spektral
zerlegt. Das kontinuierliche Spektrum erscheint in der Ebene $a\,a$. In dies Spektrum setzt man eine Schablone aus undurchsichtigem Karton. Als solche benutzt
man zuerst einen schmalen Schlitz (A in Abb. 562) und sucht den gewünschten
Ton[2] heraus. Dann erweitert man den Schlitz allmählich beiderseits zu einem

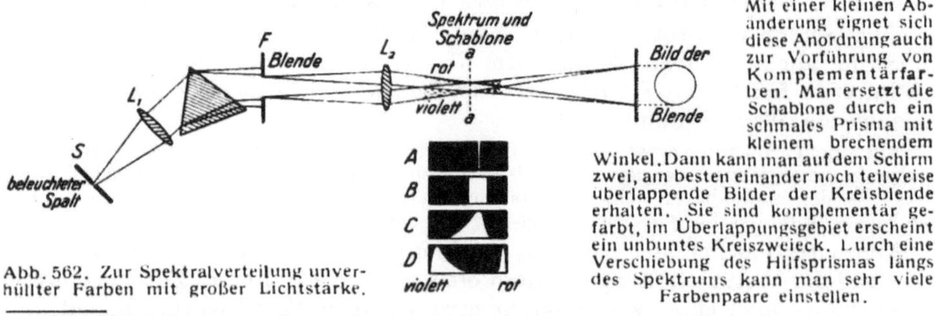

Abb. 562. Zur Spektralverteilung unverhüllter Farben mit großer Lichtstärke.

Mit einer kleinen Ab-
änderung eignet sich
diese Anordnung auch
zur Vorführung von
Komplementärfar-
ben. Man ersetzt die
Schablone durch ein
schmales Prisma mit
kleinem brechendem
Winkel. Dann kann man auf dem Schirm
zwei, am besten einander noch teilweise
überlappende Bilder der Kreisblende
erhalten. Sie sind komplementär gefärbt, im Überlappungsgebiet erscheint
ein unbuntes Kreiszweieck. Durch eine
Verschiebung des Hilfsprismas längs
des Spektrums kann man sehr viele
Farbenpaare einstellen.

---

[1] Die Entstehung von Braun läßt sich mit ganz einfachen Mitteln vorführen. Man
beklebt eine Kreisscheibe mit drei Sektoren aus farbigem Papier, und zwar etwa 210° schwarz,
90° rot, 60° gelb und versetzt die Scheibe in rasche Rotation. Durch die Bewegung verschwinden die drei einzelnen Farben in einem einheitlichen Braun.

[2] Für die Purpurtöne braucht man zwei schmale Schlitze einen im Blauen oder Violetten,
den anderen im Roten.

breiten Rechteck. Durch Probieren findet man bald die größte, noch zulässige Breite (Schablone B), sie liefert die größte, noch ohne Weißverhüllung erzielbare Lichtstärke. Das Verhaltnis $\varDelta\,\lambda : \lambda$ erreicht dabei den Wert von einigen Zehnteln, die Strahlung ist also im physikalischen Sinne durchaus nicht monochromatisch! Zum Schluß kann man die steilen Flanken der Schablone beiderseits abschrägen (C). Das ändert weder die Lichtstärke noch die Verhullungsfreiheit. — In gleicher Weise wie soeben für einen grünen Ton lassen sich breite Schablonen für jeden anderen von Weißverhüllung freien Farbton des Farbenkreises herstellen. Die Schablone D in Abb. 562 zeigt ein Beispiel für einen Purpurton.

Solche Schablonen mit schrägen und gebogenen Flanken lassen sich nun durch Filter aus selektiv absorbierenden Stoffen ersetzen. Das Filter muß die gleichen breiten Bereiche des Spektrums hindurchlassen wie die Schablone. Für Schau-

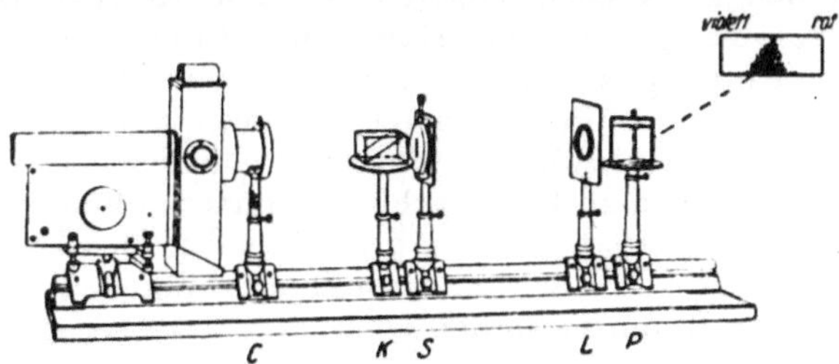

Abb 563. Schauversuch zur selektiven Lichtabsorption von Losungen. Die Losungen werden in einer keilformigen Schicht vor den Spalt des Spektralapparates gestellt. Eine gleich große keilformige Wasserschicht verhindert eine storende Ablenkung durch Prismenwirkung. Oben rechts sieht man den durchgelassenen Bereich des Spektrums. Dichte Punktierung bedeutet große Lichtstarke Man denke sich das Spektrum in horizontale Streifen zerlegt. Dem obersten Streifen entspricht (Bildumkehrung!) die große Schichtdicke der Losung, es wird nur ein schmaler Bereich des Spektrums durchgelassen. Einem mittleren Horizontalstreifen des Spektrums entspricht eine mittlere Schichtdicke, der durchgelassene Bereich umfaßt bereits einige Zehntel des Spektrums, und so fort

versuche verfährt man nach Abb. 563. Man wirft das Spektrum des Glühlichtes (Bogenlampe) auf den Wandschirm, stellt aber vor den Spalt eine Filterküvette mit diagonaler Trennwand. Die klar gezeichnete Kammer enthält reines Wasser, in die schraffierte Kammer wird die Farbstofflösung eingefüllt. Dann erscheint das Spektrum auf dem Schirm wie von einer Schablone eingeengt. Man ändert die Zusammensetzung der Lösung und die Schichtdicke, bis der Umriß des Spektrums mit der Öffnung der gewünschten Schablone übereinstimmt.

Zum Schluß entfernt man das Prisma, erweitert den Spalt erheblich und bildet ihn allein auf dem Wandschirm ab. Hinter der größten Filterdicke erscheint er in freier bunter Farbe, mit abnehmender Schichtdicke zeigt sich eine zunehmende Weißverhüllung.

Aus einem größeren Vorrat von Lichtfiltern sind die zur Herstellung freier, unverhüllter Farben geeigneten unschwer herauszufinden. Man betrachtet durch die Filter einen Farbenkreis. Bei den brauchbaren sieht man die eine Halfte des Kreises hell, die andere dunkel. Die hellste Stufe des Farbenkreises zeigt den mit dem Filter herstellbaren Farbton.

Konzentration und Schichtdicke bestimmen bei Farbfiltern keineswegs nur den Grad der Weißverhüllung, sondern oft auch den Farbton. Zur Vorführung dessen bildet man eine Wolframglühlampe auf dem Wandschirm ab und läßt ihre Strahlung ein keilförmiges Filter. z. B. aus Indigolösung, passieren (Keil $\approx 20^{\circ}$, $c \approx 0{,}05$ g/Liter). Hinter einer kleinen Schichtdicke sieht man die Lampe blaugrün, hinter einer großen weinrot. Der Farbumschlag erfolgt recht scharf bei einer Schichtdicke von etwa 3,5 cm, falls die Lampe ihre normale Temperatur hat.

Die Deutung ergibt sich aus Abb. 564. Das Teilbild a zeigt die Abhangigkeit der Absorptionskonstanten K von der Wellenlänge. Sie ist im Roten klein, dann steigt sie zu einem Maximum im Orange ($\lambda = 605\,\mathrm{m}\mu$), bleibt aber im Blauen größer als im Roten.

Die Teilbilder b und c geben die Durchlässigkeiten D, definiert durch die Gleichung

$$D = \frac{\text{durchfallende Strahlungsleistung}}{\text{einfallende Strahlungsleistung}},$$

für eine kleine und für eine große Schichtdicke. Von der kleinen Schichtdicke (b) werden die kurzen und die langen Wellen gleich gut hindurchgelassen: Es überwiegt der breite Bereich der kurzen Wellen und daher erscheint das Lampenbild blaugrün. Bei großer Schichtdicke (c) werden die kurzen Wellen viel stärker geschwächt als die langen Daher überwiegt der rote Spektralbereich, das Lampenbild erscheint weinrot.

Die zum Farbumschlag gehorende Dicke andert sich mit der Temperatur der Lampe (Schauversuch). Man kann daher eine Dickenskala in eine Temperaturskala umeichen. So entsteht ein sehr kleines handliches Instrument zur Messung von Farbtemperaturen.

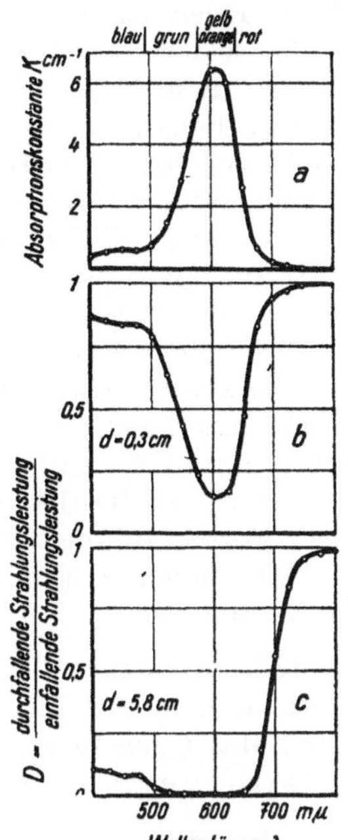

Abb. 564. Zur Abhangigkeit des Farbtones eines Filters von seiner Schichtdicke

§ 182. Farbstoffe. Die Filter enthalten als feste oder flüssige Lösungen selektiv absorbierende Stoffe. Zu derartigen Lösungen gehoren auch die meisten technischen Farbstoff- oder Pigmentschichten. Diese Schichten werden in zweierlei Weisen auf die Körper aufgebracht:

Bei den Lackfarbenschichten ist die Lösung frei von allen trübenden Inhomogenitäten Man kann durch die Schicht hindurch Einzelheiten der Körperoberfläche erkennen. Das Licht gelangt von der Lichtquelle bis zur Oberfläche des Körpers und wird an ihr zerstreut. Daher durchsetzt es auf dem Wege von der Lichtquelle bis zum Auge zweimal die ganze absorbierende Schicht. Infolgedessen lassen sich bei richtiger Konzentration recht freie, kaum verhüllte Farbtöne erzielen. Die Lichtreflexion an der Oberflache der Lackschicht kann zwar eine schwache Weißverhüllung liefern, doch kann man die Oberfläche der Lackschicht spiegelglatt machen und die Störung auf den Winkelbereich des gespiegelten Lichtes beschränken. Noch besser ist eine Beseitigung der oberflächlichen Reflexion. Sie gelingt am besten bei den als Samt bekannten Geweben. Schwarzverhüllung (z. B. bei zahllosen Kleiderstoffen) ist im beliebigen Grade zu erzielen. Man braucht nur die Konzentration der absorbierenden Stoffe zu erhöhen.

Die Deckfarbenschichten werden künstlich trübe gemacht. Meist wird der selektiv absorbierende Stoff nicht gelöst, sondern als Pulver fein verteilt in ein Bindemittel eingebettet. Das einfallende Licht kann nicht bis zur Oberfläche des überzogenen Körpers vordringen. Es kehrt schon vorher, durch Streuung abgelenkt, zurück. So wird zwar die Oberfläche des Körpers abgedeckt, aber ein wesentlicher Anteil der Strahlung durchsetzt nur einen Bruchteil der Schichtdicke. Infolgedessen entsteht eine erhebliche Weißverhüllung. Eine Schwarzverhüllung ist auch bei den Deckfarbenschichten durch hohe Konzentration zu erreichen, aber die stets gleichzeitig vorhandene Weißverhüllung stört. Beide Verhüllungen zusammen geben eine **Grauverhüllung**, und viele Grauverhüllungen erscheinen ausgesprochen „schmutzig".

Den Gegensatz von Lackfarben- und Deckfarbenschichten kann man mit jeder Tasse Tee vorführen. Klarer Tee bildet eine Lackfarbenschicht, die Teeblätter auf dem Boden sind gut zu sehen. Eintraufeln von etwas Milch verwandelt die Lackfarbenschicht in eine trübe Deckfarbenschicht. Der Boden wird unsichtbar, und gleichzeitig tritt eine starke Weißverhüllung hervor.

Im allgemeinen entstehen die Farben der Körper, sowohl die natürlichen wie die durch Farbstoffüberzüge erzeugten, durch selektive **Absorption**. Selektive **Reflexion** spielt praktisch nur bei den Farben der Metalle eine Rolle.

Mehrfach an Gold oder Kupfer gespiegeltes Bogenlampenlicht erzeugt auf dem Wandschirm nur wenig verhüllte rötliche Farben.

Ein reizvolles Kapitel bilden die **Schillerfarben**, z. B. auf den Flügeln der Schmetterlinge und Käfer oder auf Ziergefäßen aller Art. Sie setzen stets eine bestimmte **Struktur** der Körperoberfläche voraus. Diese kann zu mannigfacher, von der **Richtung** abhängiger selektiver Lichtreflexion führen. Wir nennen Farben dünner Blättchen, selektive Lichtdurchlässigkeit an der Grenze der Totalreflexion u. a. m. Die Einzelheiten sind gut bekannt, bringen aber nichts grundsätzlich Neues.

§ 183. Entstehung des Glanzes. Oft sehen wir Körper nicht nur farbig, sondern auch glänzend. Als Beispiele nennen wir poliertes Holz und sauber geputzte Metallgegenstände, z. B. einen Kupferkessel. — **Glanz sehen wir bei jeder Lichtstreuung mit ausgesprochenen Vorzugsrichtungen.** Bei derartiger Streuung genügen schon kleine Bewegungen des Körpers oder des Beobachters, um die vom Auge gesehene Leuchtdichte stark zu verändern. Das Wesentliche erläutert ein einfacher Schauversuch.

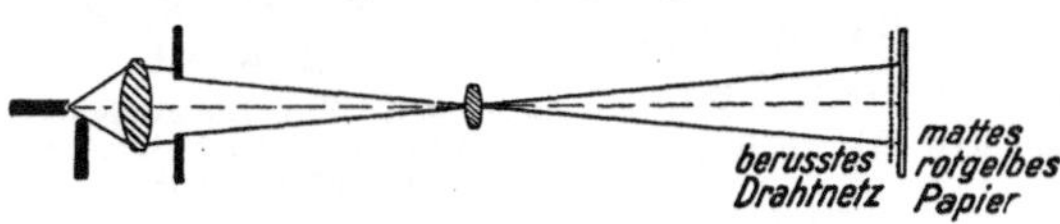

Abb. 565. Zur Entstehung des Glanzes.

In Abb. 565 steht rechts ein glanzloses, mattes orangerotes Papier. In einigen Millimeter Abstand vor ihm befindet sich ein berußtes und daher ebenfalls glanzloses, leicht welliges Drahtsieb. Links steht die beleuchtende Bogenlampe. Papier und Sieb können gemeinsam gedreht oder geschwenkt werden. Jeder Beobachter glaubt, eine etwas verbeulte, aber stark **glänzende Kupferplatte** zu sehen. Grund: Auf der Papierfläche liegt der Schatten des Siebes. Bei bestimmten Stellungen blickt der Beobachter durch die Maschen des Siebes auf die Schatten der Drähte, die Leuchtdicke ist klein. — Aus einer etwas anderen Stellung aber sieht er durch die Siebmaschen auf die nicht abgeschatteten Teile des Papieres, die Leuchtdichte ist groß. — Glanz wird also **gesehen**, er ist ebensowenig wie die Farbe eine physikalische Eigenschaft der Körper.

Zum Schluß verweisen wir noch einmal auf die Vorbemerkung in § 170. Es ist keinerlei Vollständigkeit angestrebt worden. Dies Kapitel sollte nur zu eigener Beschäftigung mit dem ebenso mannigfaltigen wie reizvollen Gebiet der Farben anregen. Auch der größte Aufwand an Druckerschwärze kann nicht die eigene Beobachtung, das Sehen der Farben, ersetzen.

Anhang: Dosierung von Röntgenlicht.

Jede Dosierung von Röntgenlicht[1] hat an folgende experimentelle Bedingungen anzuknüpfen:

Eine Schicht mit der Fläche F, der Dicke Δx und der Masse Δm werde von Röntgenlicht in der x-Richtung durchstrahlt. Die eintretende Energie sei W_1, die austretende W_2, die Differenz $\Delta W = W_1 - W_2$ sei klein gegen W_1, d. h. die Schichtdicke Δx sei klein gegen die mittlere Reichweite des Röntgenlichts (§§ 81 und 105). Dann wird die Strahlungsenergie ΔW in der Schicht mit der Masse Δm absorbiert.

Trotz der großen Wichtigkeit der Dosierung für medizinische und biologische Zwecke hat man die Grundlage aller Erörterungen, nämlich den Begriff Dosis[2], bisher noch nicht eindeutig, d. h. mit einer Gleichung, definiert. — Wir definieren die Dosis als einen physikalischen Begriff für einen physikalischen Vorgang, namlich für die Ionisierung der Luft.

Man mißt mit Hilfe eines Sättigungsstromes (El.-Lehre § 95) die Gesamtladung Q_i der Ionen eines Vorzeichens, die bei der Absorption einer Strahlungsenergie ΔW (und voller Ausnutzung aller Sekundärstrahlen) in einer Luftschicht der Masse Δm erzeugt werden. Dann definieren wir

$$\text{Dosis } D = \frac{\text{Ladung } Q_i \text{ der Ionen}}{\text{Masse } \Delta m \text{ der absorbierenden Luftschicht}}. \tag{α}$$

Wir definieren also als Dosis die vom Röntgenlicht erzeugte spezifische Ionisierung. Ihre Einheit ist 1 Amperesekunde/Kilogramm. Für einen Bruchteil dieser Einheit benutzen wir einen besonderen Namen, nämlich 1 Röntgen (abgekürzt 1 r), definiert durch die Gleichung

$$1 \text{ Röntgen} = 2{,}58 \cdot 10^{-4} \text{ Amperesekunde/Kilogramm.} \tag{β}$$

(Der ungeschickte Zahlenfaktor, also $2{,}58 \cdot 10^{-4}$ statt etwa 10^{-3}, ist willkürlich gewählt worden und nur historisch zu entschuldigen.)

Die in einer durchstrahlten Körperschicht bei der Absorption biologisch wirkenden Elementarprozesse sind im einzelnen nicht bekannt. Für ihre Zahl nimmt man die gleiche Abhängigkeit von der Frequenz des Röntgenlichtes und von der Masse der durchstrahlten Schicht an, wie man sie für die Zahl und die Ladung Q_i der in Luft erzeugten Ionen beobachtet. Man mißt die Dosis an der oberen Grenzfläche der zu behandelnden Körperschicht[3] nach Gl. (α) und behauptet, daß die gleiche Dosis, also spezifische Ionisierung, auch im Inneren der zu behandelnden Schicht vorhanden ist. Formal betrachtet man daher die biologisch wirksamen Elementarprozesse als eine Ionenbildung im organischen Gewebe; oder anders gesagt: Man betrachtet die durchstrahlte Körperschicht

---

[1] oder medizinisch und biologisch verwerteten Korpuskularstrahlen.

[2] oder Dosisleistung = Dosis/Zeit, Einheit z. B. Rontgen/Minute.

[3] Liegt die Schicht unzugänglich im Inneren eines dicken Körpers, so muß man die spezifische Ionisierung im Inneren eines Phantomes, am einfachsten aus Wasser, messen oder an Hand einer Tabelle berechnen. Bei der Messung ist die Grundregel aller Meßtechnik zu beachten, daß die Messung die zu messende Größe nicht verändern darf.

338

wie eine Luftschicht, die auf die Dichte des Körpers komprimiert ist und vom
Röntgenlicht ionisiert wird.

Für manche Überlegungen geht man noch einen Schritt weiter. — Erfahrungsgemäß findet man unabhangig von der Frequenz des Röntgenlichtes das namen-
lose Verhaltnis

$$Z = \frac{\text{absorbierte Strahlungsenergie } \Delta W}{\text{von ihr erzeugte Ionenladung } Q_i} \approx 33 \frac{\text{Wattsek.}}{\text{Amperesek.}} \approx 33 \text{ Volt.} \qquad (\gamma)$$

Man hat also die spezifische Ionisierung D mit dem Faktor Z zu multiplizieren,
um die

$$\text{spezifische Energie } W_m = \frac{\text{absorbierte Energie } \Delta W}{\text{Masse } \Delta m \text{ der durchstrahlten Schicht}} \qquad (\delta)$$

zu erhalten. — Dies für die Gasionisation unbedenkliche Verfahren wendet man
fur eine erste Orientierung auch auf das Innere durchstrahlter Körper an.

Beispiel: Die Bestrahlung einer Krebsgeschwulst erfolge mit der Dosis $D = 5000$ r.
Dann ist nach (δ), (β) und γ) die spezifische Energie

$$W_m = D \cdot Z = 5000 \cdot 2{,}58 \cdot 10^{-4} \frac{\text{Amperesek.}}{\text{Kilogramm}} \cdot 33 \text{ Volt} = 42{,}5 \frac{\text{Wattsek.}}{\text{Kilogramm}} = 10^{-2} \frac{\text{Kilokalorie}}{\text{Kilogramm.}}$$

In Wärme umgesetzt, würde also die spezifische Energie die Temperatur des bestrahlten
Körpers nur um 0,01 Grad erhohen. Statt Erwärmung finden sicher überwiegend biologisch-
chemische Reaktionen statt. In roher Näherung wird man, wie bei der Ionisation der Luft,
für je einen Energiebetrag von 33 Elektronenvolt $= 5{,}3 \cdot 10^{-18}$ Wattsekunden einen Elementarprozeß annehmen dürfen. Dann entsprechen der Dosis 5000 r rund 10^{19} Elementarprozesse
pro Kilogramm. Der menschliche Korper enthalt im Mittel $3 \cdot 10^{11}$ Zellen pro Kilogramm.
Demgemaß entfallen bei der Dosis 5000 r im Mittel auf eine Körperzelle rund $3 \cdot 10^7$ Elementarprozesse.

Bei allen biologischen Wirkungen des Röntgenlichts handelt es sich letzten
Endes um ähnliche Vorgänge wie bei photochemischen Reaktionen in fester
Körpern (§ 153). Die Konzentration der Reaktionsprodukte wächst keineswegs
proportional der absorbierten Energie, sondern langsamer, weil Gegenreaktionen
eine Rückbildung bewirken. Derartige Gegenreaktionen entstehen durch thermische Vorgänge und durch biologische Regeneration in der lebenden Zelle[1]. Diese
Gegenreaktionen bedingen eine „mittlere Lebensdauer" der Reaktionsprodukte.
Infolgedessen kommt es bei den biologischen Vorgängen ebenso wie bei den
photochemischen Reaktionen nicht allein auf die absorbierte Energie an, also
das Produkt aus Strahlungsleistung und Zeit; vielmehr muß man beide Faktoren
unabhängig voneinander einzeln berücksichtigen. Man kann die Rückbildung nur
dann vernachlassigen, wenn die Einstrahlzeit klein gegen die mittlere Lebensdauer
bleibt. Wahrend der mittleren Lebensdauer werden die Wirkungen der absorbierten Strahlungen summiert, und nur so lange kommt es allein auf das Produkt
aus Strahlungsleistung und Zeit an, also die eingestrahlte Energie. Ein Beispiel:
Für das hell adaptierte Auge betragt die Summierungszeit etwa $1/_{20}$ Sekunde.
Infolgedessen kann man z. B. $2 \cdot 10^{-5}$ Sekunden lang die Sonnenscheibe
(10^5 Kerzen/cm^2) betrachten, ohne sie heller zu sehen als eine $2 \cdot 10^{-2}$ Sekunden
lang betrachtete schwach glühende Wolframbandlampe (10^2 Kerzen/cm^2).

---

[1] Bei den „Phosphore" genannten Substanzen (§ 158) wird die thermische Rückbildung
von einer Lichtemission begleitet, und darum ist sie bequem mit dem Auge zu beobachten.

Sachverzeichnis.

Periodisches System der Elemente.

Ordnungszahlen (fett) und chemische Atomgewichte (1947) als dimensionslose Zahlen.

Periode \ Gruppe	I	II	III	IV	V	VI	VII	VIII	IX
I	**1** H 1,008								**2** He 4,003
II	**3** Li 6,94	**4** Be 9,02	**5** B 10,82	**6** C 12,01	**7** N 14,01	**8** O 16,00	**9** F 19,00		**10** Ne 20,18
III	**11** Na 23,00	**12** Mg 24,32	**13** Al 26,97	**14** Si 28,06	**15** P 30,98	**16** S 32,06	**17** Cl 35,46		**18** Ar 39,94
IV	**19** K 39,10	**20** Ca 40,08	**21** Sc 45,10	**22** Ti 47,90	**23** V 50,95	**24** Cr 52,01	**25** Mn 54,93	**26** Fe 55,85 **27** Co 58,94 **28** Ni 58,69	**36** Kr 83,7
IV	**29** Cu 63,57	**30** Zn 65,38	**31** Ga 69,72	**32** Ge 72,60	**33** As 74,91	**34** Se 78,96	**35** Br 79,92		
V	**37** Rb 85,48	**38** Sr 87,63	**39** Y 88,92	**40** Zr 91,22	**41** Nb 92,9	**42** Mo 95,95	**43** Tc (99)	**44** Ru 101,7 **45** Rh 102,9 **46** Pd 106,7	**54** X 131,3
V	**47** Ag 107,88	**48** Cd 112,4	**49** In 114,8	**50** Sn 118,7	**51** Sb 121,8	**52** Te 127,6	**53** J 126,9		
VI	**55** Cs 132,9	**56** Ba 137,4	**57** La 138,9 [Lanthaniden]	**72** Hf 178,6	**73** Ta 180,9	**74** W 183,9	**75** Re 186,3	**76** Os 190,2 **77** Ir 193,1 **78** Pt 195,2	**86** Rn (222)
VI	**79** Au 197,2	**80** Hg 200,6	**81** Tl 204,4	**82** Pb 207,2	**83** Bi 209,0	**84** Po (210)	**85** At (211)		
VII	**87** Fr (223)	**88** Ra 226,1	**89** Ac (227) [Uraniden]						

Lanthaniden														
	58 Ce 140,1	**59** Pr 140,9	**60** Nd 144,3	**61** Il (147)	**62** Sm 150,4	**63** Eu 152,0	**64** Gd 156,9	**65** Tb 159,2	**66** Dy 162,5	**67** Ho 164,9	**68** Er 167,2	**69** Tm 169,4	**70** Yb 173,1	**71** Cp 175,0

Uraniden ..						
	90 Th 232,1	**91** Pa (231)	**92** U 238,1	**93** Np (237)	**94** Pu (239)	**95** Am (241)	**96** Cm (242)

Nebenbegriffe.

Abgeleitete physikalische Begriffe müssen nach allgemeiner Auffassung unabhängig von speziellen Einheiten definiert werden. Trotzdem finden sich im Schrifttum noch viele entbehrliche, nur mit Hilfe spezieller Einheiten definierbare *Nebenbegriffe*. — In allen folgenden Beispielen bedeutet (M) das Molekulargewicht als dimensionslose Zahl. — (M) Gramm wird Mol genannt.

$$\textit{Molvolumen} = \frac{\text{Volumen}}{\text{Masse}} \cdot (M)\ \text{Gramm} = \text{spezif. Volumen} \cdot (M)\ \text{Gramm}$$

$$\textit{Molwärme} = \frac{\text{Wärmemenge}}{\text{Masse Temp.}} \cdot (M)\ \text{Gramm} = \text{spezif. Wärme} \cdot (M)\ \text{Gramm}$$

$$\textit{Loschmidtzahl} = \frac{\text{Molekülzahl}}{\text{Masse}} \cdot (M)\ \text{Gramm} = \text{spezif. Molekülzahl} \cdot (M)\ \text{Gramm}$$

$$\textit{Zahl der Mole} = \frac{\text{Masse } M}{(M)\ \text{Gramm}} = \frac{\text{Molekülzahl } n}{\textit{Loschmidtzahl}}$$

$$\textit{molare Gaskonstante} = \text{Gaskonstante } R \cdot (M)\ \text{Gramm}$$
$$= \text{Boltzmannkonstante} \cdot \textit{Loschmidtzahl}$$

$$\textit{Faradayzahl} = \frac{1}{z} \cdot \frac{\text{Ionenladung}}{\text{Ionenmasse}} \cdot (M)\ \text{Gramm} = \frac{1}{z} \cdot \text{spezif. Ionenladung} \cdot (M)\ \text{Gramm}$$
$$(z = \text{Wertigkeit})$$

$$\textit{Molsuszeptibilität} = \frac{\text{Suszept.}}{\text{Dichte}} \cdot (M)\ \text{Gramm} = \text{spezif. Suszept.} \cdot (M)\ \text{Gramm}$$

$$\textit{Molrefraktion} = \frac{\text{Refraktion}}{\text{Dichte}} \cdot (M)\ \text{Gramm} = \text{spezif. Refraktion} \cdot (M)\ \text{Gramm}$$

$$\textit{Äquivalentleitfähigkeit} = \frac{1}{z} \cdot \frac{\text{spezif. Leitfähigkeit}}{\text{Massenkonzentration}} \cdot (M)\ \text{Gramm}$$

Neuerdings findet man im Schrifttum die Stoffmenge neben Länge, Masse usw. wie eine weitere (stillschweigend eingeführte) Grundgröße behandelt. Für ihre Einheit benutzt man leider das früher für (M) Gramm eingeführte Wort Mol mit der Festsetzung: Die Einheitsstoffmenge 1 Mol enthält ebenso viele Moleküle wie 32 g Sauerstoff. Die nicht mit der Grundgröße Masse, sondern mit der Stoffmenge als Grundgröße gebildeten Größen müssen natürlich eigene Namen und Buchstaben erhalten. Als solche benutzt man Namen und Buchstaben der alten Nebenbegriffe.

Beispiele: Man schreibt

nicht mehr *Molwärme* $C = 6\ \dfrac{\text{cal}}{\text{Grad}}$, sondern Molwärme $C = 6\ \dfrac{\text{cal}}{\text{Mol} \cdot \text{Grad}}$

nicht mehr *Molvolumen* $v = 22{,}4$ Liter, sondern Molvolumen $v = 22{,}4\ \dfrac{\text{Liter}}{\text{Mol}}$

nicht mehr *Loschmidtzahl* $L = 6{,}02 \cdot 10^{23}$, sondern Loschmidtzahl $L = \dfrac{6{,}02 \cdot 10^{23}}{\text{Mol}}$

(Nebenbegriffe *kursiv* gedruckt)

Zur Umrechnung der mit der alten Grundgröße Masse gebildeten Größen auf die mit der neuen Grundgröße Stoffmenge gebildeten Größen dient ein „Molgewicht" genanntes Verhältnis

$$\frac{\text{Masse}}{\text{Stoffmenge}} = (M)\ \frac{\text{Gramm}}{\text{Mol}}.$$

Das ist einwandfrei, aber umständlicher als die alte Anwendung der individuellen Masseneinheiten Mol $= (M)$ Gramm.

Oft gebrauchte Gleichungen.

$$\text{Spezif. Molekülzahl } N = \frac{\text{Molekülzahl } n}{\text{Masse } M} = \frac{6{,}02 \cdot 10^{26}}{\text{Kilomol}}$$

[Individuelle Masseneinheit Kilomol $= (M)$ Kilogramm; $(M) = $ Molekulargewicht, Zahl]

$$\text{Masse } m \text{ eines Moleküles} = 1/N$$

Beispiel für O_2: Molekulargewicht $(M) = 32$; daher für O_2 1 Kilomol $= 32$ kg. Also

$$m_{O_2} = \frac{1 \text{ Kilomol}}{6{,}02 \cdot 10^{26}} = \frac{32 \text{ kg}}{6{,}02 \cdot 10^{26}} = 5{,}31 \cdot 10^{-26} \text{ kg}$$

$$\left. \begin{array}{l} \text{(Massen-)Dichte } \varrho = \dfrac{\text{Masse } M}{\text{Volumen } V} \\[2ex] \text{Molekülzahldichte } N_v = \dfrac{\text{Molekülzahl } n}{\text{Volumen } V} \end{array} \right\} N_v = \varrho\, N$$

Beispiel für Al: Atomgewicht $(A) = 27$; daher für Al 1 Kilomol $= 27$ kg. Somit entweder

$$\left. \begin{array}{l} \varrho = 2700\, \dfrac{\text{kg}}{\text{m}^3} \text{ und } N = \dfrac{6{,}02 \cdot 10^{26}}{27 \text{ kg}} = \dfrac{2{,}23 \cdot 10^{25}}{\text{kg}} \\[2ex] \varrho = \dfrac{2700}{27}\, \dfrac{\text{Kilomol}}{\text{m}^3} = 100\, \dfrac{\text{Kilomol}}{\text{m}^3} \text{ und } N = \dfrac{6{,}02 \cdot 10^{26}}{\text{Kilomol}} \end{array} \right\} N_v = \varrho\, N = 6 \cdot 10^{28}/\text{m}^3$$

oder

Für ideale Gase

$$\left. \begin{array}{l} \text{Dichte } \varrho = \dfrac{\text{Masse } M}{\text{Volumen } V} = 0{,}0446\, \dfrac{\text{Kilomol}}{\text{m}^3} \\[2ex] \text{Spezif. Volumen} = \dfrac{\text{Volumen } V}{\text{Masse } M} = 22{,}4\, \dfrac{\text{m}^3}{\text{Kilomol}} \end{array} \right\} \begin{array}{l} \text{für } T = 0\,^\circ \text{ C} \\ p = 760 \text{ mm Hg-Säule.} \end{array}$$

Beispiel für Luft: 1 Kilomol $= 29$ kg; $\varrho_{\text{Luft}} = 0{,}0446 \cdot 29 \text{ kg/m}^3 = 1{,}293 \text{ kg/m}^3$

$$\left. \begin{array}{l} \text{Massenkonzentration } c = \dfrac{\text{Masse des gelösten Stoffes}}{\text{Volumen der Lösung}} \\[2ex] \text{Molekülkonzentration } N_v = \dfrac{\text{Zahl der gelösten Moleküle}}{\text{Volumen der Lösung}} \end{array} \right\} N_v = c\, N$$

$$\text{Spezif. Ionenladung} = \frac{\text{Ladung } z\,e \text{ des Ions}}{\text{Masse } m \text{ des Ions}} = N\,z\,e = z \cdot 9{,}65 \cdot 10^7 \frac{\text{Amperesek}}{\text{Kilomol}}$$

$z = $ Wertigkeit; $1/z$ Kilomol $= 1$ Kilogrammäquivalent

$$N \cdot e \cdot \text{Volt} = 9{,}65 \cdot 10^7 \text{ Wattsek/Kilomol} = 2{,}30 \cdot 10^4 \text{ Kilokal/Kilomol}$$

$$H\text{-Ionen-Konzentration } c_H = \frac{\text{Masse der } H\text{-Ionen}}{\text{Volumen der Lösung}}$$

$$\text{Wasserstoff-Exponent } p_H = \log_{10} \frac{1 \text{ Mol/Liter}}{c_H}$$

Beispiel für reinstes Wasser bei 25° C

$$c_H = 0{,}1 \text{ Milligramm/m}^3 = 10^{-7} \text{ Mol/Liter}$$

$$p_H = \log_{10} \frac{1 \text{ Mol/Liter}}{10^{-7} \text{ Mol/Liter}} = \log_{10} 10^7 = 7$$

$$\text{Licht-Wellenlänge } \lambda = \frac{1{,}239 \cdot 10^4 \text{ Volt}}{\text{Spannung } U} \text{ ÅE}$$

$$\text{Elektronen-Wellenlänge } \lambda = \sqrt{\frac{150 \text{ Volt}}{\text{Spannung} \cdot U}} \text{ ÅE}$$

Beispiele: $U = 5$ Volt; $\lambda_{\text{Licht}} = 2478$ ÅE; $\lambda_{\text{Elektron}} = 5{,}46$ ÅE

$$\text{Photonenenergie} = \text{Wellenzahl} \cdot 1{,}24 \cdot 10^{-4} \text{ cm Elektronenvolt}$$

Längen-Einheiten.

1 Mikron $= 1\,\mu = 10^{-3}\,\text{mm} = 10^{-6}\,\text{m}$; 1 Millimikron $= 1\,m\mu = 10^{-9}\,\text{m}$
1 Angströmeinheit $= 1\ \text{ÅE} = 10^{-10}\,\text{m}$; 1 X-Einheit $= 1\ \text{XE} = 0{,}998 \cdot 10^{-13}\,\text{m}$
1 Parsec $= 3{,}08 \cdot 10^{16}\,\text{m} = 3{,}26$ Lichtjahre

Kraft-Einheiten.

1 Großdyn $= 1\ \text{kg} \cdot \text{m/sec}^2 = 10^5\ \text{dyn} = 0{,}102$ Kilopond
1 Kilopond $= 9{,}81$ Großdyn   1 Millipond $= 0{,}98$ dyn

Druck-Einheiten.

	$\dfrac{\text{Großdyn}}{\text{m}^2}$ $(= 10^{-5}\,\text{bar})$	Techn Atmosphäre $= \dfrac{1\ \text{Kilopond}}{\text{cm}^2}$	physikalische Atmosphare	1 mm Hg-Saule $= 1$ Torr	1 mm Wassersaule
1 Großdyn/m² 10⁻⁵ bar	1	$1{,}02_0\ 10^{-5}$	$9{,}86_9\ 10^{-6}$	$7{,}50_1\ 10^{-3}$	$0{,}102_0$
1 techn. Atmosphäre 1 Kilopond/cm²; (at)	$9{,}80_7 \cdot 10^4$	1	$0{,}967_8$	$7{,}35_6\ 10^2$	10^4
1 physikalische Atmosphäre; (Atm)	$1{,}01_3 \cdot 10^5$	$1{,}03_3$	1	760	$1{,}03_3 \cdot 10^4$
1 mm Hg-Säule 1 Torr	$1{,}33_3 \cdot 10^2$	$1{,}36_0\ 10^{-3}$	$1{,}31_6 \cdot 10^{-3}$	1	$13{,}6_0$
1 mm Wassersäule	$9{,}80_7$	10^{-4}	$9{,}67_8 \cdot 10^{-3}$	$7{,}35_6 \cdot 10^{-2}$	1

Energie-Einheiten.

	Wattsekunde $=$ Großdynmeter	Kilowattstunde	Kilokalorie	Kilopondmeter	Liter-Atmosphare[2]
1 Wattsekunde 1 Großdynmeter	1	$2{,}77_8 \cdot 10^{-7}$	$2{,}38_9 \cdot 10^{-4}$	$0{,}102_0$	$1{,}02_0 \cdot 10^{-2}$
1 Kilowattstunde	$3{,}600 \cdot 10^6$	1	$860^{1)}$	$3{,}67_2\ 10^5$	$3{,}67_2 \cdot 10^4$
1 Kilokalorie[1]	$4{,}18_6 \cdot 10^3$	$1{,}16_3 \cdot 10^{-3}$	1	$427{,}_0$	$42{,}7_0$
1 Kilopondmeter	$9{,}80$	$2{,}72_3 \cdot 10^{-6}$	$2{,}34_2 \cdot 10^{-3}$	1	$0{,}100$
1 Liter-Atmosphäre[2]	$98{,}0$	$2{,}72_3 \cdot 10^{-5}$	$2{,}34_2 \cdot 10^{-2}$	$10{,}0$	1

[1]) Nach internationaler Definition für Dampfdrucktabellen. [2]) Technische Atmosphäre.

1 Elektronenvolt $= 1$ e Volt $= 1{,}60_2\ 10^{-19}$ Wattsekunde $= 1{,}074 \cdot 10^{-6}$ TME
1 TME $= 1$ Tausendstelmassen-Einheit $=$ Ruhenergie eines (gedachten) Teilchens vom Atomgewicht 10^{-3}, also der Masse $1{,}66 \cdot 10^{-30}$ kg. — 1 TME $= 1{,}49_1 \cdot 10^{-13}$ Wattsekunde $= 9{,}30_3 \cdot 10^5$ e Volt.

Winkelmessung.

Ebene Winkel werden allgemein durch das Verhältnis $\dfrac{\text{Bogenlänge } b}{\text{Radius } r}$ gemessen, räumliche Winkel durch das Verhältnis $\dfrac{\text{Kugelflächenstück } f}{(\text{Radius } r)^2}$. Somit werden alle Winkel als abgeleitete Größen durch dimensionslose Zahlen gemessen.

Das mit dem Zeichen ° geschriebene Wort Grad ist nur eine dem Dutzend entsprechende Zähleinheit, definiert durch die Gleichung

$$° = \frac{2\,r\,\pi\,/\,360}{r} = \frac{\pi}{180} = 0{,}0175.$$

Daher ist z. B. $\alpha = 100°$ identisch mit $\alpha = 100 \cdot 0{,}0175 = 1{,}75$.

Die Einheit aller Winkel ist die Zahl 1. Als Einheit eines ebenen Winkels nennt man die Zahl 1 oft zweckmäßig Radiant (gekürzt Rad, englisch radian), als Einheit des räumlichen Winkels (Radiant)^2 (gekurzt Rad^2, englisch steradian). Mit diesen Namen der Zahl 1 kann man zum Ausdruck bringen, daß in der Dimension einer physikalischen Größe ein Winkel enthalten ist. Das ist dann angebracht, wenn eine Dimension als kurzgefaßte Meßvorschrift dienen soll. — Die Gleichung 1 Radiant = 57,3° formuliert die Identität

$$1 \text{ Radiant} = 57{,}3 \cdot 0{,}0175 = 1.$$

Ein Kegel mit dem Öffnungswinkel $2\,u$ schneidet aus einer um seine Spitze beschriebenen Kugel das Flächenstück $f = 2\,r^2\,\pi\,(1 - \cos u)$ heraus.

Für $u = 32{,}8°$ wird der räumliche Winkel $\varphi = 1 = \text{Rad}^2$. Er schneidet aus der Kugel das Flächenstück $f = r^2$, also den Bruchteil $r^2/4\,\pi\,r^2 = 1/4\,\pi \doteq 7{,}96\,\%$ heraus.

Als Einheit wird auch benutzt

$$1 \text{ Quadratgrad} = 1(°)^2 = (\pi/180)^2 \cdot \text{Rad}^2 = 3{,}05 \cdot 10^{-4}.$$

Wichtige Konstanten.

Gravitationskonstante	γ	$= 6{,}66_4 \cdot 10^{-11}$ Großdyn m^2/kg^2
Influenzkonstante	ε_0	$= 8{,}85_9 \cdot 10^{-12}$ Amperesek/Voltmeter
Induktionskonstante	μ_0	$= 1{,}25_6 \cdot 10^{-6}$ Voltsek/Amperemeter
Lichtgeschwindigkeit im Vakuum	c	$= (\varepsilon_0\,\mu_0)^{-1/2} = 2{,}998 \cdot 10^8$ m/sec
Wellenwiderstand des Vakuums	Γ	$= (\mu_0/\varepsilon_0)^{1/2} = 376{,}5$ Ohm
Atomgewicht des Protons	$(A)_P$	$= 1{,}0075$
Atomgewicht des Neutrons	$(A)_n$	$= 1{,}0089_5$
Masse des Protons	m_P	$= 1{,}67_3 \cdot 10^{-27}$ kg
Ruhenergie des Protons	$(W_P)_0$	$= 9{,}3_8 \cdot 10^8$ Elektronenvolt
Ruhmasse des Elektrons	m_0	$= 9{,}10_7 \cdot 10^{-31}$ kg
Ruhenergie des Elektrons	$(W_e)_0$	$= 5{,}11 \cdot 10^5$ Elektronenvolt
Protonenmasse/Elektronenmasse	m_P/m_0	$= 1836$
Elektrische Elementarladung	e	$= 1{,}60_2\ 10^{-19}$ Amperesekunden
Spezifische Elektronenladung	e/m_0	$= 1{,}75_9\ 10^{11}$ Amperesek/kg
Boltzmannsche Konstante	k	$= 1{,}38 \cdot 10^{-23}$ Wattsekunden/Grad
		$= 1/11\,600 \cdot e$ Volt/Grad
Plancksches Wirkungsquantum	h	$= 6{,}6_2 \cdot 10^{-34}$ Watt $\cdot$ sec^2
Kleinster Bahnradius des H-Atoms	a_H	$= \varepsilon_0\,h^2/\pi\,m_0\,e^2 = 5{,}29_2 \cdot 10^{-11}$ m
Bohrsches Magneton	m_B	$= \mu_0\,h\,e/4\,\pi\,m_0 = 1{,}16_5 \cdot 10^{-29}$ Voltsek. Meter
Klassischer Elektronenradius	r_{el}	$= \mu_0\,e^2/4\,\pi\,m_0 = 2{,}81_8 \cdot 10^{-15}$ m
Rydbergfrequenz	R_y	$= e^4\,m_0/8\,\varepsilon_0^2\,h^3 = 3{,}29 \cdot 10^{15}$ sec^{-1}
Rydbergkonstante	R_y^*	$= e^4\,m_0/8\,\varepsilon_0^2\,h^3\,c = 10\,973\,730{,}4$ m^{-1}
Compton-Wellenlänge	λ_C	$= h/m_0\,c = 2{,}426 \cdot 10^{-12}$ m
Sommerfeldsche Feinstrukturkonstante α		$= e^2/2\,\varepsilon_0\,h\,c = 1/137$

$$= \frac{\text{Geschwindigkeit } u \text{ des Elektrons in der kleinsten } H\text{-Bahn}}{\text{Lichtgeschwindigkeit } c}$$

Verbesserungen

Seite 61. Für die Zeilen 23—26 v. o. benutze man folgenden Text:

Sein Winkeldurchmesser ist $2\,\alpha = 2\,\lambda/B$, sein Durchmesser $D = 2\,\lambda\,f/B$, seine Fläche $F \sim (f/B)^2 \sim \sin^2 u'_m$. Die auf diese Fläche F einfallende Strahlungsleistung $\dot{W}$ ist dem Quadrat des Objektivdurchmessers B proportional, also $\dot{W} \sim B^2$. Somit wird die Bestrahlungsstärke des Beugungsteilchens $b = \dot{W}/F \sim B^2 \sin^2 u'_m$; sie steigt also bei gegebenem Öffnungswinkel u'_m noch mit dem Quadrat des Objektivdurchmessers B.

Seite 108. Für die Zeilen 16—25 v. o. benutze man folgenden Text:

Man berechnet für irgendeinen der Strahlen zwischen zwei Punkten X und Y die optische Weglänge. D. h. man zerlegt das Stück XY des Strahles in die in Wasser und die in Luft verlaufenden Abschnitte S_W und S_L, multipliziert die ersteren mit der Brechzahl $n = 1{,}33$ des Wassers und bildet die Summe $n\,S_W + S_L = L$. Alsdann legt man auf den übrigen Strahlen Punkte Y derart fest, daß auch für diese Strahlen zwischen ihren Punkten X und Y die optischen Weglängen gleich L werden. Die Verbindung der so festgelegten Punkte Y liefert die Gestalt der Wellenfläche nach dem Passieren des Wassertropfens.

Seite 217. Zeile 3 v. o. lies U statt K.

Die Beschaffenheit des verfügbaren Papiers war nicht für alle in Autotypie wiedergegebenen Bilder ausreichend. In etlichen sind wesentliche Einzelheiten nicht zu erkennen. Deswegen folgen auf den nächsten Seiten Wiederholungen dieser Bilder auf einem für Autotypien gut geeigneten Papier.

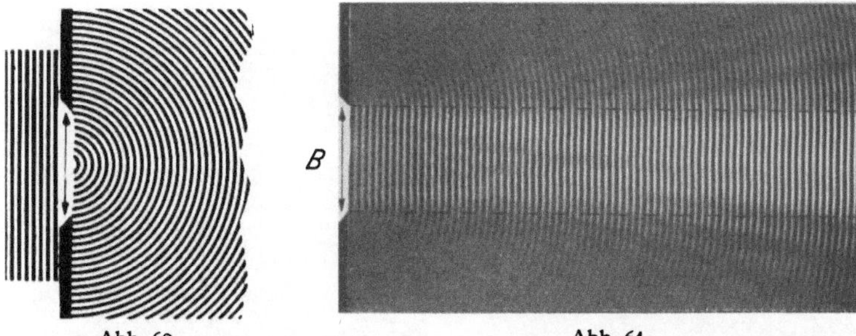

Abb. 60.   Abb. 61.

Abb 60 und 61. Modellversuch zur Begrenzung ebener Wellen durch einen weiten Spalt. — Zugleich Schema einer „Fresnelschen Beugung" In Abb 60 sind die Wellen auf eine Glasplatte gezeichnet. Ihr Profil ist nicht sinus-, sondern kastenförmig gewählt, weil die Feinheiten doch im Druck verlorengehen. Bei einwandfreier Wiedergabe sollten in Abb 61 der Grund dem Auge grau erscheinen, Wellenberge grauweiß bis weiß, Wellentäler grauschwarz bis schwarz Meist werden im Druck die Farben des Grundes denen der Täler zu ähnlich. Dieser Schönheitsfehler muß auch bei allen späteren Modellversuchen zum Wellenverlauf in Kauf genommen werden.

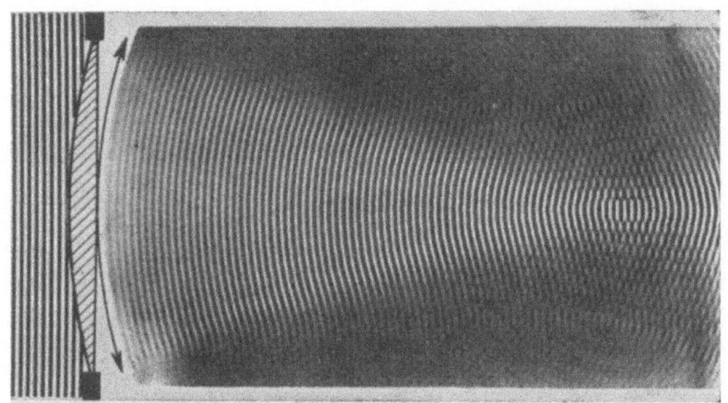

Abb. 62. Modellversuch zur Entstehung des Bildpunktes einer Linse als Beugungsfigur ihrer Öffnung. — Zugleich Schema einer Fraunhoferschen Beugung — Im „Bildpunkt" und in seiner Nähe sind die Wellen eben.

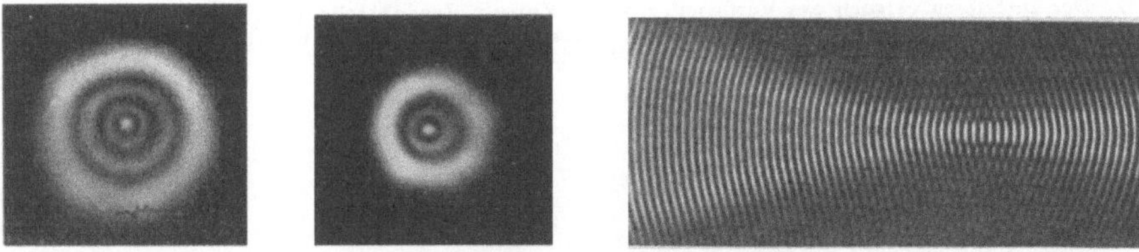

Abb.'63 Links Zwei „extrafokale Beugungsfiguren" eines fernen Lichtpunktes. Sie sind mit einem Fernrohrobjektiv ($f = 4$ m, $\varnothing = 12$ cm) in 35 und 25 mm Abstand von der Brennebene mit 30facher Vergrößerung photographiert Rechts Modellversuch zur Entstehung dieser Beugungsfigur. Man besehe das Bild schräg in seiner Längsrichtung Es ist genau wie in Abb 62 ausgeführt, doch ist nur die Umgebung des Brennpunktes photographiert worden

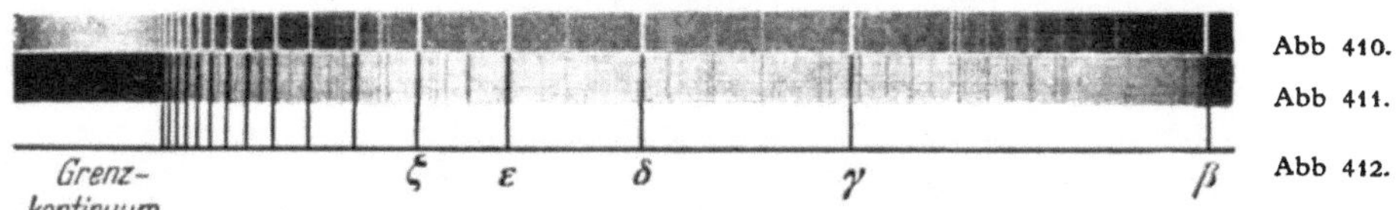

Abb 410.

Abb 411.

Abb 412.

Abb 410 und 411. Die Balmerlinien des atomaren Wasserstoffs in Emission und Absorption, mit Ausnahme der weit rechts liegenden roten Linie α ($\beta = 486$ mμ, blaugrün, $\varepsilon = 398$ mμ, äußerstes violett) Photographische Positive Es sind Spektra der Fixsterne γ Cassiopeiae und α Cygni Leider sind die Spektra auf zwei verschiedenen Filmen aufgenommen worden. Die noch erkennbaren Abweichungen in der Lage der Linien beruhen auf ungleicher Schrumpfung der beiden Filme.

Abb 412 Zeichnung der Balmerserie des atomaren Wasserstoffs

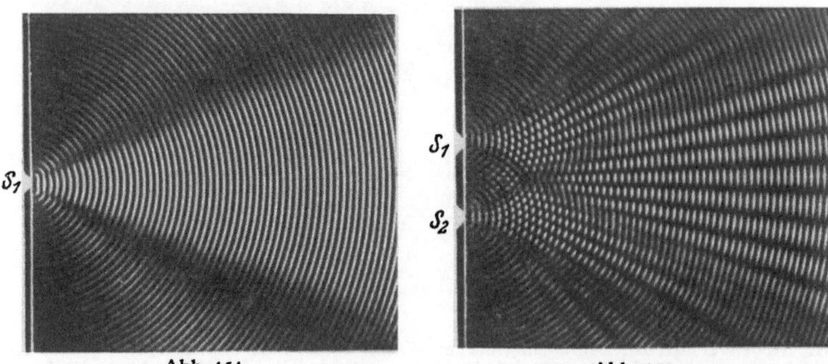

Abb. 151. Abb. 152.

Abb. 151 und 152. Zwei Modellversuche zum Youngschen Interferenzversuch. Links das divergent aus einem Spalt austretende Lichtbundel, rechts die Durchschneidung der aus beiden Spalten austretenden Bundel. Abb. 151 ist ebenso entstanden wie Abb. 61. Zur Herstellung der Abb. 152 sind zwei Glasbilder der Abb. 151 ubereinander gelegt worden.

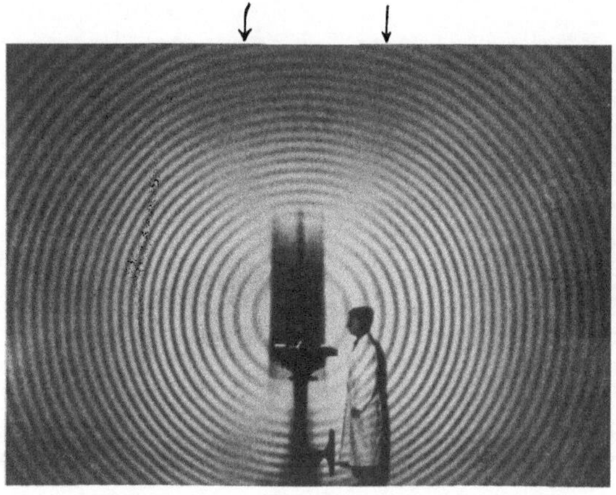

Abb. 162.

Abb. 162. Der Interferenzversuch des Verfassers erzeugt Young-Fresnelsche Interferenzen mit einer plan-parallelen Platte und divergierenden Lichtbundeln. Abstand zwischen Lampe und Platte einige Zentimeter, zwischen Lampe und Wandschirm etliche Meter.

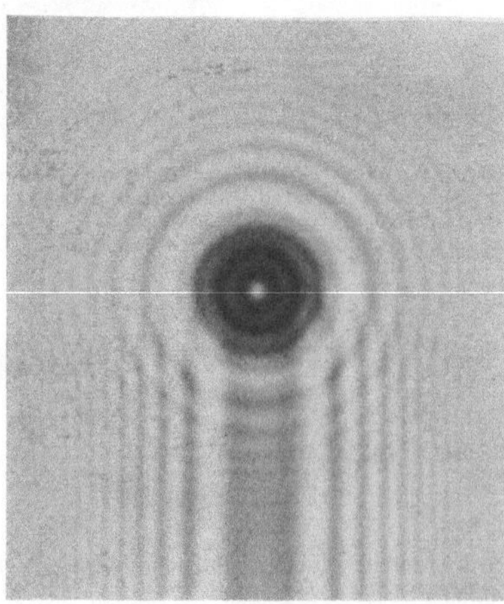

Abb. 190. Etwa $^1/_{25}$ naturlicher Große. So sieht im Abstande $a = b = 11$ km der Schatten eines Tellers aus, der 12 cm Durchmesser hat und an einem Stiel von 1,2 cm Dicke gehalten wird. Aufnahme mit einem kleinen Modell von 4,8 mm Durchmesser im Abstande $a = b = 18$ m.

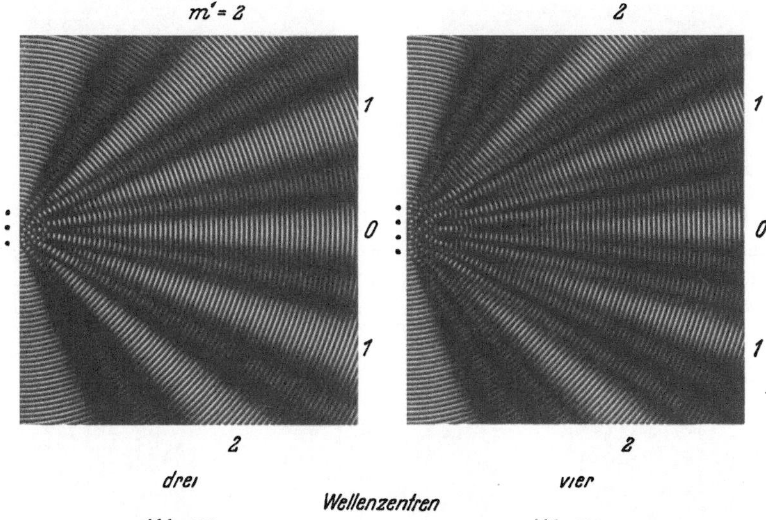

Abb. 199

Abb 200

Abb. 199 und 200. Modellversuch zur Interferenz von drei und vier Wellenzugen mit aquidistanten, durch Punkte markierten Zentren. Es werden drei bzw. vier Glasbilder (vgl Abb 60) aufeinander projiziert. Die Ziffern bedeuten die Ordnungszahlen m'.

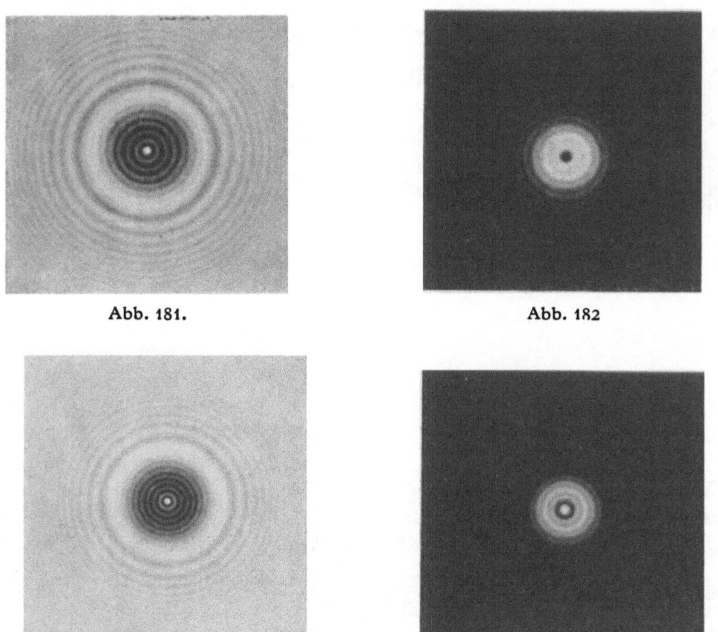

Abb. 181.

Abb. 182

Abb. 183.

Abb 184

Abb. 181 bis 184 Links zwei Schatten einer Kreisscheibe (Stahlkugel) von 5 mm Durchmesser, rechts zwei Beugungsfiguren einer gleich großen Kreisoffnung Bei Abb. 181 und 182 war $a = b = 9{,}5$ m, bei Abb 183 und 184 $= 6{,}5$ m. Rotfilterlicht. Durchmesser der Lichtquelle $L = 0{,}2$ mm. Photographische Positive.

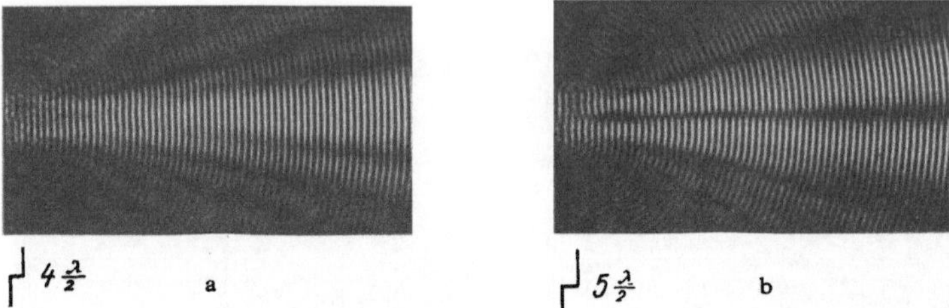

Abb. 231a und b. Modellversuche zur Beugung durch eine Stufe. Der Weg des hin und her bewegten Wellenzentrums enthalt bei Abb. 231a eine Stufe der Hohe $4\frac{\lambda}{2}$, bei Abb. 231b der Hohe $5\frac{\lambda}{2}$. Die Bilder zeigen den Verlauf der Wellen fur die Fresnelsche Beobachtungsart und entsprechen bei genugender Entfernung von der Stufe den in Abb. 230a und b graphisch dargestellten Grenzfallen.

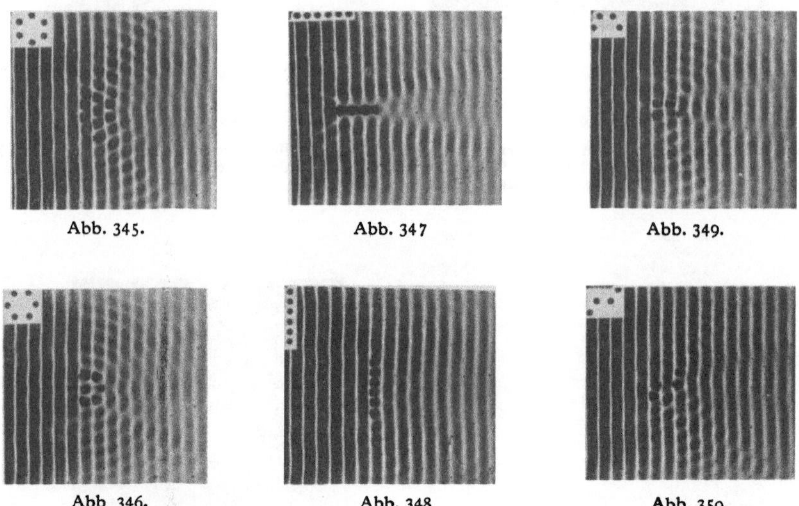

Abb. 345.   Abb. 347   Abb. 349.

Abb 346.   Abb. 348   Abb. 350.

Abb 345 bis 350   Modellversuche zur Streuung durch einzelne Molekule verschiedener Gestalt.

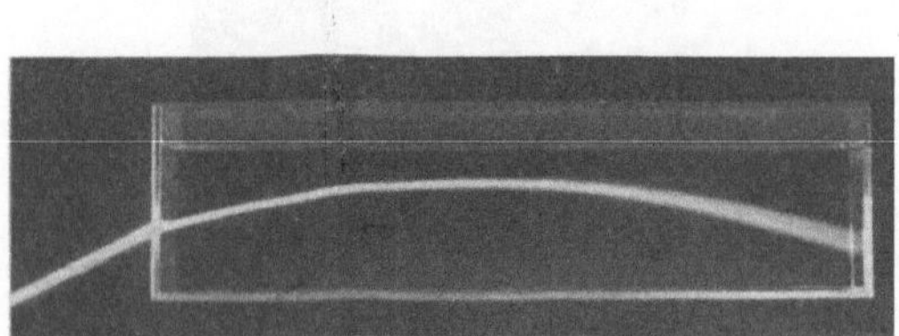

Abb. 381 Ein gekrummtes Lichtbundel in einer Flussigkeit mit vertikalem, angenahert linearem Brechungsgefalle. Die rechts auftretende Facherung ist eine Folge der Dispersion Die Bahn der kurzen Wellen ist am starksten gekrummt. Zugleich Modellversuch zur Entstehung des „grunen Strahles" (S 196).

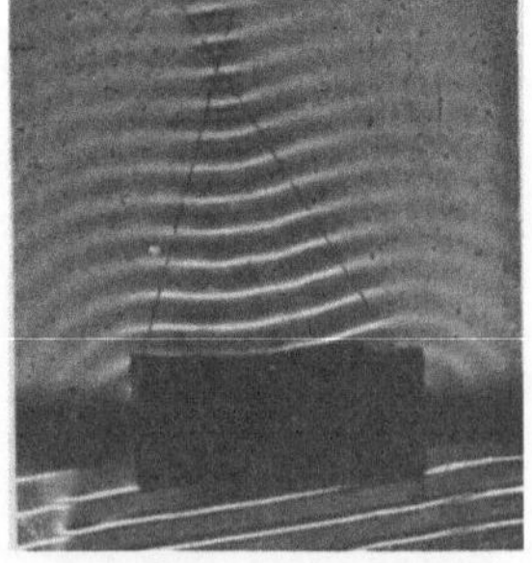

Abb. 385 Ein Modellversuch mit Wasserwellen veranschaulicht den Wellenverlauf in Abb. 383.

In Abb. 93 ersetze man Ba und Bi durch B'_a und B'_i und in der dritten Textzeile daruber „ferner" durch „naher".

Abb. 555 Grauleiter

Abb. 558   Farbenkreis

Abb. 560 Verhüllungsdreieck (E. Hering 1874)

Pohl, Optik   Springer-Verlag in Berlin
Farbtöne Muster-Schmidt, Göttingen